"十三五"国家重点出版物出版规划项目

国家出版基金项目
NATIONAL PUBLICATION FOUNDATION

采矿手册

第九卷　矿山建设与管理

古德生◎总主编

廖江南◎主编

刘福春　卿仔轩◎副主编

Mining Handbook

中南大学出版社
www.csupress.com.cn
·长沙·

内容提要

　　本卷共七章。分别为：第 1 章矿山建设项目决策和设计；第 2 章矿山建设项目投资与经济评价；第 3 章矿山建设项目管理；第 4 章矿山运营管理；第 5 章矿产资源保护与综合利用；第 6 章绿色矿山；第 7 章国际矿业咨询。

　　本卷重点介绍了国内矿山设计的主要内容和设计方法，以及新型开采技术的推广应用，首次系统全面地总结了矿山建设、生产运营现代化管理模式，论述了国际矿业咨询相关内容，收集整理了一些最新的工程案例。内容编排新颖，极具实用性，可供矿山生产和管理等的科研和设计人员使用，也可作为高等学校师生的工具书。

《采矿手册》总编辑部

总　主　编　古德生
总 编 辑 部　（按姓氏笔画排序）
　　　　　　　王李管　古德生　刘放来　汤自权　吴爱祥
　　　　　　　周连碧　周爱民　赵　文　战　凯　唐绍辉
　　　　　　　廖江南
编辑部工作室　古德生　刘放来　王青海　鲍爱华　谭丽龙
　　　　　　　胡业民

《采矿手册 第九卷 矿山建设与管理》编写人员

主　　　　编　廖江南
副　主　编　刘福春　卿仔轩
编 撰 人 员　（按姓氏笔画排序）
　　　　　　　丁浪平　尤　祎　朱志根　刘名贵　李　飞
　　　　　　　李好月　吴秀琼　何海泉　张应莉　昌　珺
　　　　　　　畅文生　易晓剑　段进超　郭明明　龚元翔
　　　　　　　淡永富　彭福民　曾莉莉　谢　飞　廖峻生
　　　　　　　熊小放　熊有为

《采矿手册 第九卷 矿山建设与管理》审稿人员

主　　　　审　刘育明
审　稿　人　（按姓氏笔画排序）
　　　　　　　王清来　余南中　陈建双　唐　建

Preface 总 序

　　矿产资源是在地球长达 46 亿多年的演化过程中形成的、不可再生的可开发利用矿物质的聚合体。矿业是人类开发利用矿产资源而形成的产业，包括矿产地质勘探、矿床开采和矿物加工，是获取初级矿产品、为后续工业提供原材料的基础性产业。

　　人口、资源、环境是人类社会可持续发展的三大要素，而矿产资源是核心要素。人猿揖别后，人类文明"一切从矿业开始"：从旧石器时代到当前大数据、人工智能、物联网协同发展的"大人物"时代，人类从未须臾离开过矿业！矿产资源的开发利用与人类社会的发展，在历史长河中相辅相成，各类矿产资源为人类的衣、食、住、行，社会的发展与科技进步提供了重要的物质基础，衍生了人类社会，创造了人类的物质文明、科技文明和精神文明。现代社会的冶炼和压延加工业、建筑业、化学工业、交通运输业、机械电子业、航空航天业、核能业、轻工业、医药业和农业等国民经济的各行各业，没有矿业一切都将成无米之炊。

　　绵延五千年，在中华大地上，华夏儿女得以生存发展与繁衍生息，中华文明的传承和发扬光大，与矿产资源的开发密不可分。华夏祖先是世界上开发利用矿产资源最早、矿物种类最多的先民之一，在世界矿业史上开创了辉煌的时代，创造了灿烂的矿冶文明。1973 年，在陕西临潼姜寨遗址中出土的黄铜片和黄铜管状物，年代测定为公元前 4700 年左右，是世界上最古老的冶炼黄铜，标志着我们的祖先早已为人类青铜时代的到来奠定了坚实的基础。出土了成批青铜礼器、兵器、工具、饰物等的二里头文化，表明在距今已有 4000 余年的夏朝时期，华夏文明就已进入了青铜时代。2009 年，在甘肃临潭磨沟寺洼文化墓葬中出土的两块铁条，距今已有 3510~3310 年，表明 3000 多年前华夏的铁矿采冶技术就已经相当成熟，为春秋战国时期大量开采铁矿、使用铁器和人类跨入铁器时代奠定了基础。到了近代，特别是 1840 年鸦片战争以后，由于列强的掠夺、连年战乱和长期闭关锁国，中国矿业开始逐渐落后于西方国家。

　　1949 年，中华人民共和国成立后，国民经济得到了迅猛的恢复和发展，中国矿业从年产钢 15 万吨、10 种有色金属 1.3 万吨、煤炭 3200 万吨、原油 12 万吨起步，开启了快速发展与重新崛起的新纪元。

　　20 世纪 50 年代初期，为规划"建设强大的社会主义国家"，振兴矿业成为头等大事。

1

1950 年 2 月 17 日，正在苏联访问的毛泽东主席在莫斯科为中国留学生亲笔题写了"开发矿业"四个大字，号召有志青年积极投身祖国的矿山事业，为中国矿业的发展和壮大贡献青春和智慧。七十多年弹指一挥间，经过几代人的努力，我国已探明了一大批矿产资源，建成了比较完整、齐全的矿产品供应体系，为国民经济的持续、快速、协调、健康发展提供了重要的物质保障，取得了举世瞩目的成就：2019 年生产钢材 12.05 亿吨，10 种有色金属 5866 万吨，原煤 38.5 亿吨，原油 1.91 亿吨。

1 矿业特点与产业定位

在人类社会漫长的发展过程中，被发现和利用的矿产种类越来越多。依据矿业经济和社会发展的不同历史阶段所需矿物种类的差异性，可以大致将矿产资源分为三类：

第一类是传统矿产，包括铜、铁、铅、锌、锡、煤和黏土等工业化初期需要的主导性矿产品。

第二类是现代矿产，包括铝、铬、锰、钨、镍、矾、铀、石油、天然气和硅等工业化成熟期到高技术发展初期广泛利用的矿产品。

第三类是新兴矿产，包括钴、锗、铂、稀土、钛、锂、金刚石、高纯石英、晶质石墨等知识经济高技术时代大量使用的矿产品。

一个国家的科技及经济处于哪个发展阶段，依据上述三类矿产品的生产量和需求量的比例就可做出判断。当今世界正面临着新的技术革命，不仅需要第一类、第二类矿产，还需要大力开发第三类矿产。比如，航空航天、医疗设备、电子通信、国防装备等，都需要大量的新兴矿产品。

在联合国的《国际标准行业分类》(ISIC-4.0) 和欧盟标准产业分类 (NACE2006)、北美产业分类 (NAIC2012) 等文件中，矿业 (包括探矿、采矿和选矿) 均归属于从自然界获取初级矿产品、为后续加工产业 (第二产业) 提供原材料的第一产业。世界矿业大国和矿产品消费大国，如俄罗斯、美国、巴西、澳大利亚、新西兰、加拿大、南非等，都把矿业作为一个独立产业门类且归属为第一产业。仅有日本、德国等少数国家，因其国内矿产资源较为贫乏，所需要的矿产品主要依靠国外进口，矿业在其国民经济中所占份额较少，而把矿业列为第二产业。

由于历史的原因，我国矿业被划分在第二产业，这是不合适的。中华人民共和国成立之初所确定的产业分类法，是从苏联移植的按生产单位性质划分产业类型的方法，完全没有考虑经济活动的性质。因此，把设在冶金联合企业 (包含探矿、采矿、选矿、冶炼和材料加工等生产业务) 内部的矿山采掘生产作业 (探矿、采矿、选矿) 连带划入了第二产业。几十年来，我国一直维持着这一分类法。到 2003 年，国家统计局颁布的《三次产业划分规定》及现行的《国民经济行业分类》(GB/T 4754—2017) 中，依然将采矿业划归为第二产业，且把勘查业划归为第三产业。这种把矿业等同于加工业的产业分类方法，混淆了企业经济活动的性质，压制了矿山企业的经济活力，实在有待商榷。马克思在《资本论》中阐述剩余价值学说时，就曾论述到：农业、矿业、加工业和交通运输业是人类社会的四大生产部类，农业和矿业是直接从自然界获取原料的生产部类，是基础性产业；加工业是对农业和矿业所获得的原料进行加工，以满足社会的需求；交通运输业是连接农业、矿业、加工业等的纽带和桥梁；没有农业和矿业的发展，就没有加工业和交通运输业的繁荣。

随着经济和社会的发展，中国已成为世界第一矿业大国，理应同世界上绝大多数国家一样，把矿业归属于第一产业。从生产活动的性质上看，矿业不仅应该划归第一产业，而且它还应该是个独立的产业门类。因为它与一般工业有本质的不同，主要有如下特性：

(1)建矿选址的唯一性。一般工业可选择相对有利于人们生产、生活的地区建厂，而矿山只能建在矿床所在地。大多数蕴藏矿产资源的地区往往是水、电、交通条件很差的边远山区，建矿如同建社会，矛盾多、投资大、工期长。

(2)开采对象的差异性。开采对象资源禀赋天然注定，其工业储量、有用矿物种类与价值、赋存条件、矿床形态、矿岩的物理力学性质、矿石品位等的差异非常大，由其所决定的生产方式、开发规模、服务年限与可营利性等千差万别。这些差别表明矿山投资风险高、技术工艺多变、建设周期长。

(3)作业场所的不确定性。矿山开采作业人员和设备的工作面随着生产推进而日新月异，同时还面对地质构造、地下水、地压、矿体边界等许多不确定性，以及采、掘(剥)等主要生产工序间的协同性，导致矿山生产作业、安全管控难度大、风险高。

(4)矿产资源的不可再生性。矿产资源是地质作用下形成的有用矿物质的聚合体，是不可再生的，因此，矿山终将随着资源的枯竭而关闭，大量固化工程将报废，大量固定资产因失效而流失，同时还有大量的如闭坑等善后处理工程。

(5)产业发展的艰难性。目前，矿山生产与建设需要遵守国家五十多项法律法规，矿山建设准备工作纷繁复杂；矿山生产设施和废渣排放需要占用大量土地，矿山建设与矿区周边复杂的利益关系往往使得矿地关系协调异常困难；受矿床赋存条件制约，矿山建设工程量大、建设周期长、投资风险高；采矿生产过程需要经常移动作业地点、资源赋存条件也往往不断变化，这些都会导致生产安全、生态环境等诸多不确定性，根本不可能用管理工厂的固定工艺流程的办法来管理矿山。

(6)矿业的基础性。矿业处于工业产业链的最前端，它为后续加工业提供初级原料，向下游产业输送巨大的潜在效益，全面支撑国民经济的可持续发展。我国85%的一次能源、80%的工业原材料、70%以上的农业生产资料均来自矿业。没有矿业就没有工业、没有国防，也没有国家现代化。矿业与粮食一样是国家立业之根本。

世界上最早认识到矿业处于国民经济基础地位的是现代工业发源地英国，其后是非常重视矿产资源基础地位、掀起了第二次工业革命浪潮的美国。当今时代，矿业在国民经济的发展和国家安全中的重要性尤为突出。但是，长期以来我国矿业被定位为第二产业，与加工业混为一谈，这漠视了矿业的特殊性，严重扭曲了矿业的租税制度，导致我国的矿业管理几近碎片化，致使矿负担过重、资源开发过度、环境破坏严重，形成了当代矿业发展与后代子孙的资源权益同时受损的局面。在面临百年未有之大变局的今天，国际政治、经济、军事环境复杂多变、世局纷扰，无不涉及矿产资源的激烈竞争。对于我国这样一个涉及油气、煤炭、冶金、有色金属、化工、核工业、建材等领域的矿业大国来说，缺乏全国性的统一管理部门，对我国经济和社会的健康发展与有效应对复杂多变的国际环境十分不利。现实在呼唤：中国矿业应该与同是基础产业的农业一样划入第一产业，并由独立部门负责管理，以加强我国矿业发展的战略规划和政策引导。这有利于将矿业作为一个整体纳入国民经济体系之中，有利于制定统一的矿业发展战略和发展规划，有利于制定统一的方针政策和行业规范，有利于协调不同行业之间的矛盾，有利于解决行业内部遇到的共同问题，有利于制定并实施全球资源战略和参与国际竞争。让中国矿业大步跨出国门，积极融入"一带一路"建设，这也是第一矿业大国应有的担当。

2　矿产资源开发的世界视野

矿产资源的不可再生性，决定了世界矿产资源保有量的枯竭性和供应量的有限性。加上矿产资源供需不均衡，致使世界范围内争夺矿产资源的矛盾加剧，造成了全球局势的纷扰动荡。

在近代，全球地缘政治复杂多变，无不与资源争夺有关。矿产资源丰富本是一个国家的优势，但在世界资源激烈争夺的过程中，相对弱小的国家，资源优势成为了外国入侵的导火索，如某些中东国家的石油，非洲国家的钻石、黄金等，都带着资源争夺的血腥味。

当前，全球四千三百多家国际矿业公司中，尤其是占比达 63.5% 的加拿大、美国、澳大利亚等国的矿业公司，在一百多个国家和地区既争夺资源，又争夺市场。这种争夺不仅表现在贸易摩擦和投资竞争的激烈性上，也表现在这些国际矿业公司与东道国之间矛盾的尖锐性上，有时甚至演化成为领土间的争端和冲突，造成世界经济、政治和军事的动荡不安。

邓小平同志在 1992 年曾经说过："中东有石油，中国有稀土"，中国稀土年产量曾经独占全球的九成。随着高新科技产业的快速崛起，稀土资源成为极其重要的战略资源，特别是产于中国南方离子吸附型矿床中的钆、铽、镝、钬、铒、铥、镱、镥、钇、钪等 10 种重稀土。长时间超大规模、超强度的无序开采，给中国南方稀土矿区的生态环境带来了非常严重的破坏。为了保护生态环境，国家 2007 年决定对稀土出口实行配额管理，使得稀土的出口量缩减了 35%~40%。2012 年，美国、欧盟、日本等纠集起来，在世界贸易组织对中国的稀土配额管理制度横加指责、粗暴干涉。这些深刻地反映出世界矿产资源争夺与国际市场贸易战的激烈程度。

作为世界第一矿业大国，中国矿业对世界矿业的影响举足轻重，在矿业市场全球化的环境下，中国矿业已经深深地植根于全球化的矿业市场中，面对日益激烈的竞争，中国应加快从矿业大国向矿业强国转变。

到 2050 年，全球人口将会突破 90 亿，水、粮食和矿产资源的需求将大幅增加。资源过度开发利用所带来的环境破坏，以及资源过度消耗所造成的环境污染与气候变迁，将使人类面临更为严峻的生态危机。

放眼世界，资源是世局纷扰的主要因素。资源占有和资源供应决定着国家战略。发达国家之所以不惜投入巨资发展太空科技，研究打造月球基地和小行星采矿，努力向外太空发展，除了国家安全战略方面的考虑外，开发太空资源是其重要动因。未来一定是谁掌握了未来资源，谁就掌握了未来。

当前，我国经济已由高速发展阶段转向高质量发展阶段，对矿产资源的需求也由全面、持续、快速增长转变为差异化增长。矿产资源的供给安全正逐步突破以数量、规模、成本、利润为目标的市场供给范围，新一轮科技革命必将驱动矿产资源的供应安全渗透到国家经济发展和地缘政治领域。

面对错综复杂的国际环境，中国矿业要紧扣矿业领域新的发展阶段、新的发展理念、新的发展格局，以推进高质量低碳发展为目标，以短缺矿产资源找矿突破为重点，以树立绿色低碳矿业新形象为标志，加快构筑互利共赢的全球产业链、供应链命运共同体，形成以国内大循环为主体、国内国际双循环相互促进的发展新格局。

3　矿业的可持续发展

矿业要坚定不移地走可持续发展之路，"绿色开发"将成为矿业发展的永恒主题。人类在石器时代，对矿产品的认识、采集、加工利用等活动仅在地表进行，矿产品产量、开采方式和废弃物排放等，与生态环境的承载能力基本上相适应。自青铜时代起，铜、铁等矿产品先后出现规模化开采矿点，涉及地表、地下开发，但规模有限，对生态环境的影响也有限，故早期人类并没有十分重视矿业对周边生态环境的影响。进入工业化时代以后，经济和社会的发展使得矿产资源的需求量激增，矿业对生态环境的破坏也越来越严重。为了解决现代工业发展与生态环境保护间的矛盾，自20世纪70年代以来，人类在不懈地探求生存和发展的新道路，提出了"可持续发展"理念，倡导绿色矿业。经过几十年的实践，可持续发展和绿色矿业的理念，已被越来越多的人接受，并已成为全球共识。

我国是世界上少有的几个资源总量大、矿种配套程度较高的资源大国之一，矿产资源总量居世界第三位。但是，大宗矿产资源赋存条件不佳，可持续供给能力不强，人均资源量约为世界人均的58%。从这个意义上说，我国实际上还是一个资源相对贫乏的国家。目前，我国的镍、铜、铁、锰、钾、铅、铝、锌等大宗矿产品的后备资源储量较少，品质不高，且经过多年远高于全球平均水平的高强度开采，资源消耗过快，静态储采比大幅下降，总体上处于相对危机状态。

目前，我国正处于工业化中期阶段，对矿产资源的需求强度将进入高峰期，矿产资源的供需矛盾日益突出，因此，矿产资源的可持续开发利用更加引人瞩目。自20世纪末以来，我国矿业的可持续发展理念有了很大升华，归纳为以下四点：

（1）矿业经济的全球观。将一个国家和地区的资源供求平衡过程与国际平衡过程紧密地联系起来，采取两种资源和两个市场的战略方针和对策，稳定、及时、经济、安全地在国际范围内，实现国内总供给和总需求的平衡；同时积极、主动地适应矿业全球化的大趋势，以获得全球竞争与合作的"红利"，防止被边缘化。

（2）矿业的可持续发展观。将矿产资源的开发利用和生态环境的保护与整治紧密联系起来，强调资源利用的世界时空公平性和资源效益的综合性，在生产和消费模式上，实现由浪费资源到节约资源和保护资源，由粗放式经营到集约化经营，由只顾当代利用到兼顾后代持续利用的转变。

（3）资源开发利用增值观。通过科技进步，提高资源的综合回收率，开拓资源应用的新领域，延伸资源开发利用的产业链，从根本上改变"自然资源无价"和"劳动唯一价值论"的传统观念，使资源得到最大限度的利用。

（4）矿产资源供应安全观。矿产资源在很大程度上决定着一个国家的经济发展实力和综合国力，因此，资源需求大国应大大提高资源供求意义上的国家安全观，强化重要资源的安全供给。

矿业可持续发展是矿产资源开发利用与人口、经济、环境、社会发展相协调的可持续发展。2003年，我国提出了"坚持以人为本，实现全面、协调、可持续发展"的科学发展观，它成为我国实施可持续发展战略的原动力和重要指导方针。为了实现矿产资源可持续开发，在树立上述四个新观念的基础上，人们十分关注与矿产资源可持续开发相关的矿业政策与措施：

（1）健全矿产资源法律法规体系。在已有《矿产资源法》《固体废物污染环境防治法》等的基础上，制定《矿山环境保护法》《矿业市场法》等法律；科学编制和严格实施矿产资源规划，加强对矿产资源开发利用的宏观调控，促进矿产资源勘查和开发利用的合理布局；健全矿产资源有偿使用制度，加强矿山生态环境保护和治理，制定矿业监督监察工作条例，加强矿业执法、检查和社会监督。

（2）择优开发资源富集区。加强矿产资源调查评价和矿产勘查工作，积极开拓资源新区，开发国家短缺的和有利于西部经济发展的矿产资源；依据资源配置市场化的战略思路，对战略性资源实行保护性开采；按照价值规律调节资源供求关系，重视开发利用过程中资源价值的增值问题；科学地探索和总结矿床地质理论，不断创新勘探技术与方法，提高矿产资源保证程度。

（3）提高矿产资源开采和回收利用水平。依靠科技进步，推广采、选、冶高新技术，大力提高矿石回采率和伴生、共生组分的回收利用能力，最大限度地合理利用矿产资源，减少矿业对环境的影响；促进资源开发的节能降碳、绿色发展；大力培养全民节约资源和保护资源的意识，建立节约资源和循环利用资源的社会规范。

（4）用好国内外两种资源、两个市场。从国内矿产资源供应为主，转变为立足国内资源，通过扩大国际矿产品贸易、合作勘查开发和购置矿业股权等途径，最大限度地分享国外资源；组建海外经济联合体，形成利益共同体，掌控海外矿冶产业链的主导权，以稳定国外资源供应。对国内优势矿产，坚持保护性开发，以保障国家资源安全。

（5）矿产开发与环境保护协调发展。推进矿产资源开发集约化之路，提高矿业开发的集中度，发挥规模经济效益；发展现代装备技术，提高采掘装备水平，变革采矿工艺技术，"在保护中开发，在开发中保护"，推进安全生产、绿色发展，促进矿产资源开发利用与生态建设和环境保护的协调发展。

（6）建立重要战略矿产资源储备制度。采用国家储备与社会储备相结合的方式，实施战略性矿产资源储备；建立重要战略矿产资源安全供应体系和预警系统，最大限度地保障国家经济和国防建设对资源的需求；完善相关经济政策和管理体制，以应对国内紧缺支柱性矿产供应中断和国际市场的突发事件；积极开展大洋与极地矿产资源的调查研究，为开发海底与极地资源做好技术储备。

4　金属矿采矿工程

我国目前已经发现的矿产有173种，其中金属矿产59种、非金属矿产95种、能源矿产13种、水气矿产6种。本书所涵盖的内容主要涉及金属矿产资源的开采领域，包括已探明储量的54种金属矿产。

根据金属矿床赋存的空间环境和所采用的采矿工艺技术及装备的不同，金属矿床的开采方式目前一般分为露天开采、地下开采和海洋开采三种。

"露天开采"用于开采近地表的矿床。我国的铁矿石和冶金辅助原料，以及化工、建材及其他非金属矿产多采用露天开采。

"地下开采"用于开采上覆岩土层较厚或滨海、滨江、滨湖的矿床。我国的铅、锌、钨、锡、锑、金等有色金属矿产主要采用地下开采。

"海洋开采"用于开采海水、海底表层沉积物和海底浅表基岩中的有用矿物，至今仍然处于探索阶段。我国已于1991年成为海底资源"先驱投资者"国家，在国际公海上获得了15万 km² 的"开辟区"和"保留区"的权利。我国在深海海底资源勘探、深海耐高压采掘设备和机器人等领域的研究，也已取得重要进展。

采矿工程学科是一个以矿山地质、矿床开采系统与方法、采矿工艺技术、矿山装备与信息技术、数字矿山与智能采矿、矿床开采设计、矿山建设与管理、矿山安全与环境工程等为主线，以岩体力学为专业基础理论，以机械化、自动化、信息化、智能化为重要技术支撑的工程科学技术学科。为了开发利用矿岩中的有用矿物资源，需要在长期地质作用下所形成的矿岩体中进行采掘作业而形成采矿工程，因而打破了亿万年来地层结构的原始应力平衡状态，必须通过支护、充填或崩落等地压控制手段在矿岩中形成一个新的应力平衡。但在长期的地质作用下所形成的板块、地块、断层、裂隙、层理、节理等多层次的结构体存在着复杂多变的地应力，直接影响着岩体本构关系的性质，使得采矿工程学科的基础理论与工艺技术比一般工程学科更加复杂。作为采矿工程基础理论的岩体力学，由于受到开采过程中多种随机因素的影响，要研究和处理非均质、非连续介质、内部充满各种软弱面的力学问题，也变得十分复杂。但在近代计算力学成果的基础上，通过计算机仿真技术，岩体力学已经能够从工程的角度诠释混沌问题的本质，为采矿工程技术的发展提供科学基础。

5　金属矿采矿的未来

我国钢铁和有色金属产量已于 2000 年前后分别跃居世界第一位，成为世界金属矿业大国。如今，我国正处于迈向矿业强国的重要转折期。站在世界矿业科技前沿的高度，去审视我国金属矿业的发展状况，前瞻未来，明确重点发展领域，全面落实可持续发展、绿色开发理念，努力构建非传统的"深地"开采模式，寻求"智能采矿"技术的新突破，是当代中国矿业人的重大使命。

(1)遵循矿业可持续发展模式——绿色开发。遵循矿业可持续发展的模式，将矿区资源、环境和社会看作一个有机整体，在充分开发、有效利用矿产资源的同时，保护矿区土地、水体、森林等生态环境，实现资源–环境–经济–社会的和谐发展是绿色开发的基本特征。"绿色开发"的技术内涵很广，主要包括矿区资源的高效开发设计和闭坑设计，矿区循环经济规划设计，固体废料产出最小化和资源化，节能减排，矿产资源的充分综合回收，矿区水资源的保护、利用与水害防治，矿区生态保护与土地复垦，矿山重金属污染土地生物修复，矿区生态环境的容量评价等。

2005 年 8 月 15 日，习近平同志首次提出"绿水青山就是金山银山"的理念。按照"绿水青山"和"金山银山"和谐共存、互利互惠的基本原则，充分依靠不断创新的充填采矿工艺技术和装备，特别是金属矿山"采、选、充"一体化技术、特殊资源原位溶浸开采技术、闭坑后采掘空间绿色开发利用技术，推广节能降碳、绿色发展的矿业新模式，是矿山企业践行"绿水青山就是金山银山"的绿色发展理念、建设美丽中国的时代要求。

新建矿山必须牢牢把"绿色、智能、安全、高效"作为矿山建设发展方向，高起点、高标准建设，把绿色发展理念贯穿到矿产资源开发的全过程，一次性建成"生态型、环保型、安全型、数字化"的绿色矿山，正确处理和妥善解决好矿产资源开发与生态环境保护这个主要矛盾，实现"开发一矿、造福一方"的目标，不断增强企业员工和矿区人民群众的获得感、幸福感和安全感。

已建成矿山应该秉持"天地与我并生，而万物与我为一"的中国传统哲学思想，把矿区的资源与环境作为一个整体，在充分回收利用矿产资源的同时，协调开发利用和保护矿区的土地、森林、水体等各类资源，实现绿色发展。

(2)开拓矿业的科技前沿——深部(深地)开采。由于浅部资源正在消耗殆尽，未来金属矿山开采的前沿领域必将是深部开采。对于"深部"概念的确定，国内外采矿专家、学者历经近半个世纪的研究，到目前为止尚无统一的标准。我国有些专家、学者建议以岩爆发生频率明显增加作为标准来界定，普遍认为矿山转入深部开采的深度为超过 800~1000 m。谢和平院士指出：确定深部的条件应是由地应力水平、采动应力状态和围岩属性共同决定的力学状态，而不是量化的深度概念，这种力学状态可以经过力学分析得到定量化的表述，并从力学角度出发，提出了"亚临界深度""临界深度""超临界深度"等概念。

"深地"的科学内涵包括揭露陆地岩石圈结构，揭示地壳结构构造、地壳活动规律与矿物质组成；探索地球深部矿床成矿规律，开展深部矿产资源、热能资源勘查与开发；进行城市地下空间安全利用、减灾、防灾与深地核废料处理等。为开发"深地"基础科学与工程技术研究，2016 年、2017 年，国家项目"深部岩体力学与采矿基础理论研究""深部金属矿建井与提升关键技术""深部金属矿安全高效开采技术"和"金属矿山无人开采技术"等已先后启动，我国矿业拉开了向"深地"进军的大幕。

随着开采深度的增加，开采难度将越来越大。开采深度达到 2000 m 后，开采环境将更加恶化，井下温度将高达 60℃ 以上，地应力在 100 MPa 以上，开采活动变得更加困难，这被视为进入"超深开采"（或"深地开采"）阶段。"高地应力能""高地热能"和"高水势能"的"三高能"特殊开采环境，现有传统技术已经难以应对。因此，"深地开采"必将成为矿业发展的前沿领域。

任何事物都有两面性，如可以引起岩爆、造成事故的"高地应力能"，目前已能利用其诱导岩石致裂来提高破碎效果。严重危害人的健康，甚至能引发炸药自爆的"高地热能"或许可用来供暖、发电，甚至实现深井降温；可造成管网爆裂和深井排水成本大幅增加的"高水势能"或许可作为新的动力源，用于矿浆提升或驱动井下机械设备。从能量角度思考，可以说，深地开采中的难题源自"三高能"的可致灾性，而这些难题的解决在一定程度上又寄望于"三高能"的开发利用。因此，在"深地"开采中，既要研究"三高能"的能量控制与转移，以防止诱发灾害，又要研究"三高能"的能量诱导与转化，为"深地"开采所利用。遵循这一技术思路，在基础理论、装备与工程技术的研究中，就会有更宽广的路线，实现安全、高效、绿色开采，从而有更宽阔的空间发展未来的"深地"矿业科技。

"深地"开采包含许多需要研究开发的高端领域，如：整体框架多点支撑推进、导向钻进的智能竖井掘进机械；深井集约开采智能化无轨采掘装备；大矿段多采区协同作业连续采矿技术；高应力储能矿岩的诱导致裂与深孔耦合崩矿技术；深井开采过程地压调控与区域地压监测技术；井下磨矿、泵送地面选厂的浆体输送技术；深部井底泵站与全尾砂膏体泵压充填技术；"深地"地热开发利用与热害控制技术；集约开采生产过程智能管控技术，等等。

"深地"矿物资源、能源资源的开发利用，已引起世人的极大关注，它是未来矿业的重要领域，是矿业发展高技术的战略高地。

（3）迈向矿业的未来目标——智能采矿。智能采矿是新一代信息智能技术与矿山开发技术深度融合，人文智慧与系统智能高效协同，通过人-机-环-管 5G 网络化数字互联智能响应矿产资源开发环境变化，实现采矿作业遥控化、采掘装备智能化、开采环境数字化、生产管理信息化的绿色智能、安全高效开采技术，是 21 世纪矿业发展的必然趋势。近期目标是全面实现矿山采矿机械化、信息化、自动化，个别矿山初步构建较完善的智能采矿应用场景，针对井下有轨/无轨作业装备实行局部智能调度；中期目标是构建完善成熟的智能感知、智能决策、自动执行的智能采矿技术规范与标准体系，以矿山无轨装备远程自主智能化作业为基础，实现矿山开拓设计、地质保障、采掘(剥)、出矿(充填)、运输通风、供风排水、地压监控等系统的智能化决策和自动化协同运行；远期目标是矿山开采全过程三维可视化及数据实时采集智能化处理、矿山生产决策及管控一体化平台高效协同，地下矿山生产作业全部实现机器人替代，矿产资源开发实现全流程智能化开采。

矿业作为传统而复杂的产业，面对着采矿条件复杂、生产体系庞大、采掘环境多变等诸多挑战，抓住新一代信息技术变革机遇，树立互联网新思维，利用无线遥控传感技术、云计算、人工智能、机器视觉、虚拟现实、无人驾驶、工业机器人等先进技术，解决了生产、设备、人员、安全等制约矿山发展的瓶颈问题，着力打造"智能化矿山"，是当前矿业高质量发展的努力方向。

"智能采矿"的发展，起步于数字矿山的基础平台建设，发展于信息化智能化采矿技术的创新过程。近几年来，一批具有远见卓识的矿山企业，已把矿山数字化、信息化列为矿山基础设施工程，初步建成了集多功能于一体的矿山综合信息平台，包括矿产资源评价、资源动态管理、开采优化设计、矿山安全生产指挥调度中心、灾害远程监测与预报、矿山固定设备远程集中控制、井下移动目标跟踪定位、智能采装运设备检测与遥控系统、生产经营管理，等等。一批如杏山铁矿、迪庆普朗铜矿、城门山铜矿、乌山铜矿、三山岛金矿和即将投产的思山岭铁矿等智能化矿山标杆企业，已经走在前头。总体而言，我国大型矿山企业的智能化发展水平与国际先进水平的差距正逐步缩小，其中在智能化装备技术应用方面已基本与国际实现同步发展；在智能软件设计和应用，以及井下有轨矿山智能化改造等方面已经处于国际先进水平。

"智能采矿"是一个综合的系统工程，在推进智能采矿的过程中，需要矿业软件、矿山装备与通信信息等学科及产业部门的大力合作和支撑，但把握矿山工程活动全局的采矿工作者要做实践智能采矿的主导者，以推动矿业全面升级：实现采矿作业室内化，最大限度地解决矿山生产安全问题，使大批矿工远离井下作业环境；实现生产过程遥控化，大幅提高井下作业生产效率，大幅降低井下通风、降温等费用；实现矿床开采规模化，大幅提升矿山产能，大幅降低采矿成本，使大规模低品位矿床得到更充分的利用；实现职工队伍知识化，大幅提升职工队伍的知识结构，使矿工弱势群体的社会地位发生根本性的改变。

人类文明始于矿业，未来仍将以矿业为基石，伴随着中华文明的伟大复兴，中国采矿必将走向星辰大海，前途一片光明！

Foreword 前言

矿产资源是经济社会发展和生态文明建设的重要物质基础，矿山建设是我国国民经济极其重要的基础性产业。中华人民共和国成立以来，矿产资源种类和储量大幅增长，已发现矿产种类 173 种，探明储量的矿产种类从十几种增至 162 种，我国成为世界上少数几个矿产种类齐全、资源储量丰富的矿产大国之一。随着我国国民经济的飞速发展，矿产资源产业规模、开采技术得到显著提升。同时，矿山建设是一个复杂的系统工程，其投资大、建设周期长、不确定因素多，且涉及的专业技术面广。随着我国对矿山开采安全、环保、资源综合利用、绿色矿山建设等方面的要求不断提高，特别是 2018 年在《中华人民共和国宪法修正案》中首次将生态文明写入宪法，绿色矿山建设已经上升为国家战略，在工业文明转向生态文明的时代背景下，绿色矿山建设是实现矿业高质量发展的重要途径和必然要求，也是我国实现由矿业大国向矿业强国转变的必由之路，因此矿山建设急需由原来的粗放型管理转向精细化、系统化管理。

本卷在总结前人知识积累的基础上，结合国内矿山建设实际情况及国家政策导向要求，详细介绍了我国投资国内、国外矿山项目，以及外商投资我国矿山项目的有关规定。从设计的角度出发，系统阐述了矿山建设项目投资决策和设计所涵盖的主要内容；在国家现行财税制度和价格体系的前提下，在项目技术方案的基础上，从项目的角度出发，提出对拟建矿山项目进行经济评价的科学分析方法，为项目的科学决策提供支撑依据。矿山建设项目管理，详细介绍了项目采购、施工、控制、试车、竣工验收等矿山建设全过程管理的主要内容，并用案例说明。矿山运营管理贯穿于企业生产运营始终，涵盖矿产资源的勘探、开采、加工、销售等活动全过程；矿山企业不仅要注重生产管理，更要加强安全、环保、职业健康管理，创新并应用如合同采矿等新的生产管理模式，提升信息化管理水平。矿山企业只有做好生产运营环节的管理工作，不断进行技术和管理创新，降低生产运营成本，企业才能具有较强的竞争力。为贯彻落实新发展理念，本卷还着重介绍了矿产资源保护与综合利用及绿色矿山建设的相关内容。

　　本卷由长沙有色冶金设计研究院有限公司、全国工程勘察设计大师廖江南教授级高工担任主编，长沙有色冶金设计研究院有限公司刘福春教授级高工、卿仔轩教授级高工为副主编，共分7章，其中第1章由朱志根、淡永富、吴秀琼、谢飞、熊有为、昌珺、郭明明、尤祎撰写，第2章由易晓剑、张应莉撰写，第3章由何海泉、彭福民、刘名贵、丁浪平、畅文生、廖峻生撰写，第4章由李飞、龚元翔、曾莉莉撰写，第5章由段进超撰写，第6章由龚元翔、李好月撰写，第7章由熊小放撰写。本卷由中国恩菲工程技术有限公司刘育明教授级高工担任主审，昆明有色冶金设计研究院有限公司余南中教授级高工、中国瑞林工程有限公司王清来教授级高工、中国恩菲工程技术有限公司唐建教授级高工、长沙有色冶金设计研究院有限公司陈建双教授级高工组成审稿专家组，主审和审稿专家组成员在百忙之中对本卷进行了认真审阅，并召开了多次审稿专题研讨会，形成了具体的修改意见与建议。长沙有色冶金设计研究院有限公司全国工程勘察设计大师刘放来教授级高工对本卷文章结构、内容进行了具体指导、通篇审阅，提出了非常宝贵的意见和修改建议。此外，还有一大批没有署名的人员，提供了素材和工程实例，进行了文字编录、插图绘制等工作。在此感谢刘育明主审及审稿专家，感谢刘放来大师，同时对参与本卷工作的有关人员一并表示致谢。

　　本卷虽由长期工作在矿山设计、科研、建设、生产一线的技术、研究和工程管理人员共同编写，但仍有可能存在一些不足和错误之处，希望读者不吝赐教、批评指正，以便在再版时修正和完善。

　　本卷在编写过程中，部分引用了原《采矿手册》《采矿设计手册》等资料，并参阅了大量的国内外文献。在此谨向文献作者表示衷心的感谢，对遗漏标注的个别引用文献的作者，表示真诚的歉意。

编　者

2022 年 11 月于长沙

Contents **目录**

1

第1章

矿山建设项目决策和设计

1.1 投资矿山项目的有关规定

1.1.1 投资国内矿山项目

为加快转变经济发展方式，推动产业结构调整和优化升级，完善和发展现代产业体系，2005年12月2日，经国务院批准，中华人民共和国国家发展和改革委员会发布了《产业结构调整指导目录(2005年本)》(第40号令)。历经三次修改完善，2019年10月30日，中华人民共和国国家发展和改革委员会修订发布了《产业结构调整指导目录(2019年本)》。产业结构调整指导目录对鼓励、限制和淘汰的国内矿山投资项目有具体规定，主要内容见表1-1。

表1-1 国内矿山投资项目鼓励、限制和淘汰类表

投资项目 类别	项目所属 类别	《产业结构调整指导目录(2019年本)》
鼓励类	钢铁	①黑色金属矿山接替资源勘探及关键勘探技术开发，低品位难选矿综合选别和利用技术，高品质铁精矿绿色高效智能化生产技术与装备； ②冶金固体废弃物(含冶金矿山废石、尾矿，钢铁厂产生的各类尘、泥、渣、铁皮等)综合利用先进工艺技术
	有色金属	①有色金属现有矿山接替资源勘探开发，紧缺资源的深部及难采矿床开采； ②高效、低耗、低污染、新型冶炼技术开发； ③高效、节能、低污染、规模化再生资源回收与综合利用：a.废杂有色金属回收；b.有价元素的综合利用；c.赤泥及其他冶炼废渣综合利用；d.高铝粉煤灰提取氧化铝；e.钨冶炼废渣的减量化、资源化和无害化利用处置

续表1-1

投资项目类别	项目所属类别	《产业结构调整指导目录（2019年本）》
鼓励类	黄金	①黄金深部（1000 m以下）探矿与开采； ②从尾矿及废石中回收黄金； ③黄金冶炼有价元素高效综合利用［难处理矿石选冶回收率≥75%；低品位矿石选冶回收率≥65%（不含堆浸）；当黄金与其他矿物共生时，综合利用率≥70%；当黄金与其他矿物伴生时，综合利用率≥50%］
	石化化工	硫、钾、硼、锂、溴等短缺化工矿产资源勘探开发及综合利用，磷矿选矿尾矿综合利用技术开发与应用，中低品位磷矿、萤石矿采选与利用，磷矿、萤石矿伴生资源综合利用
	机械	数字化、智能化、网络化工业自动检测仪表，原位在线成分分析仪器，电磁兼容检测设备，智能电网用智能电表（具有发送和接收信号、自诊断、数据处理功能），具有无线通信功能的低功耗各类智能传感器，可加密传感器，核级监测仪表和传感器； ②矿井灾害（瓦斯、煤尘、矿井水、火、围岩噪声、振动等）监测仪器仪表和安全报警系统； ③水文数据采集仪器及设备、水文仪器计量检定设备； ④500万t/年及以上矿井、薄煤层综合采掘设备，1000万t/年及以上大型露天矿关键装备； ⑤撬毛台车、天井钻机钻、多功能破碎清塞机、双系统制动静液压四驱地下矿用多功能服务车、矿用便携式气体检测仪、井下近矿体帷幕注浆技术、井下电机车远程操控技术、膏体及高浓度尾矿充填技术与装备、切割井钻机
	环境保护与资源节约综合利用	①矿山生态环境恢复工程； ②海洋环境保护及科学开发、海洋生态修复； ③环境监测体系工程； ④"三废"综合利用与治理技术、装备和工程； ⑤"三废"处理用生物菌种和添加剂开发与生产； ⑥含汞废物的汞回收处理技术、含汞产品的替代品开发与应用； ⑦废水零排放，重复用水技术应用； ⑧高效、低能耗污水处理与再生技术开发； ⑨城镇垃圾、农村生活垃圾、农村生活污水、污泥及其他固体废弃物减量化、资源化、无害化处理和综合利用工程； ⑩高效、节能、环保采矿、选矿技术（药剂）；低品位、复杂、难处理矿开发及综合利用技术与设备； ⑪共生、伴生矿产资源综合利用技术及有价元素提取； ⑫尾矿、废渣等资源综合利用及配套装备制造
	公共安全与应急产品	①堤坝、尾矿库安全自动监测报警技术开发与应用； ②煤炭、矿山等安全生产监测报警技术开发与应用； ③矿山、工程和危险化学品安全生产避险产品及设施； ④矿山数字化技术开发与应用，安全生产模拟实训技术开发与应用，细粒尾矿模袋法堆坝安全技术； ⑤大型高尾矿库溃坝灾害防控关键技术研究及应用示范

续表1-1

投资项目类别	项目所属类别		《产业结构调整指导目录(2019年本)》
限制类	有色金属		①新建、扩建钨金属储量小于1万t、年开采规模小于30万t矿石量的钨矿开采项目(现有钨矿山的深部和边部资源开采扩建项目除外),钨、钼、锡、锑冶炼项目(符合国家环保节能等法律法规要求的项目除外)以及氧化锑、铅锡焊料生产项目,稀土采选、冶炼分离项目(符合稀土开采、冶炼分离总量控制指标要求的稀土企业集团项目除外); ②新建、扩建原生汞矿开采项目
	黄金		①日处理金精矿200 t(不含)以下的原料自供能力不足50%(不含)的独立氰化项目(生物氰化提金工艺除外); ②日处理矿石300 t(不含)以下的无配套采矿系统的独立黄金选矿厂项目; ③日处理金精矿200 t(不含)以下的无配套采矿系统的独立黄金冶炼厂火法冶炼项目; ④1500 t/d(不含)以下的无配套采矿系统的独立堆浸场项目; ⑤日处理岩金矿石300 t(不含)以下的露天采选项目、100 t(不含)以下的地下采选项目; ⑥年处理砂金矿砂30万 m³(不含)以下的砂金开采项目; ⑦林区、基本农田、河道中开采砂金项目
	机械		①2臂及以下凿岩台车制造项目; ②装岩机(立爪装岩机除外)制造项目; ③3 m³及以下小矿车制造项目; ④直径2.5 m及以下绞车制造项目; ⑤直径3.5 m及以下矿井提升机制造项目; ⑥40 m²及以下筛分机制造项目; ⑦直径700 mm及以下旋流器制造项目; ⑧斗容3.5 m³及以下矿用挖掘机制造项目; ⑨矿用搅拌、浓缩、过滤设备(加压式除外)制造项目
淘汰类	落后生产工艺装备	有色金属	①20000 t/a(REO)以下混合型稀土矿山开发项目;5000 t/a(REO)以下的氟碳铈矿稀土矿山开发项目;500 t/a(REO)以下的离子型稀土矿山开发项目; ②2000 t/a(REO)以下的稀土分离项目; ③原生汞矿开采(2032年8月16日)
		黄金	①混汞提金工艺; ②日处理能力50 t(不含)以下采选项目; ③整体矿石汞齐化;露天焚烧汞合金或经过加工的汞合金;在居民区焚烧汞合金;在没有首先去除汞的情况下,对添加了汞的沉积物、矿石或尾矿石进行氰化物浸出处理
		机械	①QT16、QT20、QT25井架简易塔式起重机; ②KJ1600/1220单筒提升绞机

续表1-1

投资项目类别	项目所属类别	《产业结构调整指导目录(2019年本)》
淘汰类	落后生产工艺装备 采矿	①集中铲装作业时人工装卸矿岩； ②未安装捕尘装置的干式凿岩作业； ③主要无轨运输巷道及露天采场采用人力或畜力运输矿岩； ④地下矿山使用非阻燃电缆、风筒和输送带； ⑤地下矿山主要井巷使用木支护； ⑥地下矿山采用空场法采矿(无底柱采矿法)、采场内人工装运作业； ⑦地下矿山采用横撑支柱采矿法； ⑧露天矿山采用扩壶爆破； ⑨露天矿山采用掏底崩落、掏挖开采、不分层的"一面墙"开采； ⑩露天矿山使用爆破方式对大块矿岩进行二次破碎
	落后产品 机械	①WP-3挖掘机； ②0.35 m³以下的气动抓岩机； ③矿用钢丝绳冲击式钻机； ④TD62型固定带式输送机； ⑤3 t直流架线式井下矿用电机车； ⑥A571单梁起重机； ⑦8-18系列、9-27系列高压离心通风机； ⑧TD60、TD62、TD72型固定带式输送机； ⑨非定型竖井罐笼，φ1.2 m以下(不含)用于升降人员的提升绞车，KJ型矿井提升机，JKA型矿井提升机，XKT型矿井提升机，JTK型矿用提升绞车，带式制动矿用提升绞车，TKD型提升机电控装置及使用继电器结构原理的提升机电控装置，专门用于运输人员、油料的无轨胶轮车使用的干式制动器，无稳压装置的中深孔凿岩设备

1.1.2 投资境外矿山项目

为加强境外投资宏观指导，优化境外投资综合服务，完善境外投资全程监管，促进境外投资持续健康发展，维护我国国家利益和国家安全，2017年8月4日，国务院办公厅转发《国家发展改革委 商务部 人民银行 外交部关于进一步引导和规范境外投资方向指导意见的通知》(国办发〔2017〕74号)(以下简称《意见》)的通知，部署加强对境外投资的宏观指导，引导和规范境外投资方向，推动境外投资持续合理有序健康发展。《意见》中投资境外矿山项目相关规定见表1-2。

表 1-2　投资境外矿山项目相关规定

项目类别	相关规定内容
鼓励类	在审慎评估经济效益的基础上稳妥参与境外能源资源勘探和开发
限制类	①限制赴与我国未建交、发生战乱或者我国缔结的双、多边条约或协议规定需要限制的敏感国家和地区开展境外投资； ②使用不符合投资目的国技术标准要求的落后生产设备开展境外投资； ③不符合投资目的国环保、能耗、安全标准等境外投资
禁止类	境内企业参与危害或可能危害国家利益和国家安全等的境外投资

1.1.3　外商投资我国矿山项目

开放发展是国家提出的新发展理念的重要内容，利用外资是开放发展的重要途径，有利于引入资金、技术、管理、人才和商业模式，促进经济增长、技术进步、产业升级、对外贸易和改革创新。我国作为配套齐全的制造业基地和快速增长的消费市场，也为外商投资企业提供了发展机遇。因此，做好利用外资工作对于实施互利共赢开放战略具有重要意义。2021 年12 月 27 日，国家发展和改革委员会与商务部联合发布了《外商投资准入特别管理措施（负面清单）（2021 年版）》（以下简称"2021 年版负面清单"），于 2022 年 1 月 1 日起施行。按照"2021 年版负面清单"，境外在我国投资的矿山项目规定如下：

禁止投资稀土、放射性矿产、钨勘查、开采及选矿。

1.2　矿山建设项目投资决策

矿山项目投资决策一般需进行概略研究，以寻找有价值的矿床开采投资机会；初步可行性研究，判断选择的矿床开采项目是否应进一步开展可行性研究；可行性研究，对拟建矿山开采项目的建设方案进行详细的技术经济分析、比较和论证，得出建设项目是否值得投资的研究结论。上述三个阶段不一定全部进行，可根据项目实际情况而定。

1.2.1　概略研究

矿床开采概略研究是指为寻找有价值的矿床开采投资机会进行的准备性调查研究，也称矿床开采投资机会研究或投资机会鉴别。通过调查分析矿床资源特征、资源储量可利用和已利用状况、相关产品的需求和限制条件、外部建设条件，结合企业的发展战略、经营目标，以及企业的财力、物力、人力资源等，研究寻找开发某矿床矿产资源的投资机会。矿床开采概略研究的主要内容包括调查项目背景、矿产资源条件及发展远景、市场需求、投资和税收政策等投资环境，初步规划矿床开采建设方案，按类比法粗略估算建设投资和生产成本，对需要的投入和可能的产出进行准备性的分析研究，判别该矿床开采项目是否有进一步开展下阶段研究的价值。中国在地质勘查工作中开展的概略研究是指对矿床开发经济意义的概略评价，其目的是确定地质勘查投资机会。

1.2.2　初步可行性研究

矿床开采初步可行性研究是指对矿床开采进行初步的技术、经济分析，以及社会、环境评价，判断选择的矿床开采项目是否应进一步开展可行性研究，也称矿床开采预可行性研究。

1. 初步可行性研究的作用和要求

初步可行性研究的重点是根据矿产资源开采的有关法律法规，区域、行业规划和矿区开发规划等，经过调查研究、市场预测、技术经济分析，从宏观上论证矿床开采项目建设的必要性和可能性。初步可行性研究的深度介于概略研究和可行性研究之间，矿床开采项目投资和成本费用主要采用相对粗略的估算指标法，也可采用分类估算法估算。

2. 初步可行性研究的主要内容

矿床开采初步可行性研究的主要内容见表1-3。

表1-3　矿床开采初步可行性研究的主要内容

项目类别	主要内容
矿床开采初步可行性研究	①矿床开采项目建设的必要性和依据； ②市场分析与预测； ③产品方案、拟建规模和厂址初步选择； ④生产工艺和主要设备； ⑤主要原材料来源及其他建设条件； ⑥项目建设与运营方案； ⑦环境保护； ⑧矿山地质环境与治理措施； ⑨水土保持及土地复垦； ⑩矿山安全； ⑪投资初步估算、资金筹措与投资初步使用计划； ⑫财务效益与经济效益初步分析； ⑬环境影响和社会影响初步评价； ⑭投资风险初步分析

1.2.3　可行性研究

矿床开采可行性研究是指根据拟建矿床开采项目的建设条件，对建设方案进行详细的技术经济分析、比较和论证，得出该矿山建设方案是否合理、建设项目是否值得投资的研究结论。

1. 可行性研究的作用和要求

开展可行性研究工作应了解以往是否编制过与建设项目有关的企业规划或地区规划。如有，应收集规划资料及主管部门或企业对规划的审批意见。应有经矿产资源储量评审中心评审并已在国土部门备案的地质资料；应有科研单位提供的可以满足初步选择生产工艺流程和主要设备的试验资料；应有满足可行性研究确定厂址需要的工程地质、水文地质及地形测绘资料；建矿地区的自然地理、经济发展、原燃料的成分及供应、给排水、供电、交通运输、水文、气象、环保等方面的资料；应有技术经济估算的相关资料；引进技术、设备时应有所需要的国外厂商、引进内容、设备形式、规格、价格、供货情况等资料；改、扩建项目应有现有生产、设备、环保、技术经济等方面的资料。矿床开采可行性研究的主要作用和要求分别见表 1-4 和表 1-5。

表 1-4　矿床开采可行性研究的主要作用

矿床开采可行性研究的主要作用	说明
投资决策的依据	可行性研究对项目产品的市场需求、市场竞争力、建设方案、项目需要投入的资金、可能获得的效益以及项目可能面临的风险等都要作出明确结论
筹措资金和申请贷款的依据	银行等金融机构一般都要求企业提交可行性研究报告，通过对可行性研究报告的评估，分析项目产品的市场竞争力、采用技术的可靠性、项目的财务效益和还款能力，然后决策是否对项目提供贷款
编制初步设计文件的依据	初步设计文件一般是在可行性研究的基础上，根据审定的可行性研究报告进行编制
主要设备预订货的依据	
编制专项报告的基本依据，编制专项报告的基础资料	
编制新技术、新设备研制计划的依据	
补充勘探、补充试验及其他工作的依据	
引进技术、引进设备与国外厂商谈判和签约的依据	

表 1-5　矿床开采可行性研究的要求

矿床开采可行性研究的要求	说明
预见性	可行性研究不仅应对矿床开采历史、开采现状资料进行研究和分析，还应对未来市场需求、投资效益进行预测和估算
客观公正性	可行性研究必须坚持实事求是，在调查研究的基础上，按照客观情况进行论证和评价
可靠性	可行性研究应认真研究确定项目的技术经济措施，以保证项目的可靠性，同时也应否定不可行的项目或方案，以避免投资损失
科学性	可行性研究必须应用现代科学技术手段进行市场预测，运用科学的评价指标体系和方法分析评价项目的财务效益、经济效益和社会影响，为项目决策提供科学依据

2. 可行性研究的编制内容

可行性研究报告一般应包括以下内容：

1) 总论

总论是对可行性研究报告的简要介绍和综述可行性研究报告的简要结论，其内容主要有：可行性研究报告的编制依据及原则；项目及建设单位背景、项目建设条件；项目设计范围与项目界区外配套工程；建设方案；环保、节能、安全卫生、水土保持、复垦、消防；项目建设进度安排；绿色矿山、智能矿山建设内容；主要设计创新内容；投资及经济效果；存在的主要问题及建议；综合技术经济指标表。

2) 市场分析

市场分析是对市场规模、特点、性质及变化趋势等进行的研究。主要内容包括市场需求分析，原料、燃料、辅助材料及动力供应能力分析，产品研究（产品方案），价格分析，产品在国内外市场的竞争能力分析等内容。

3) 建设方案研究

（1）规模方案

根据资金、资源、市场需求、自然条件、技术条件、区域经济条件等方面，提出可能选择的不同建设规模方案，并进行综合比较。根据比较结果提出推荐的建设规模方案，论述项目拟采用规模的理由，以及预留发展余地分期建设或提前投产所需措施的理由。

（2）产品方案

根据市场需求、技术条件等因素提出项目建设的产品方案，列出推荐的主产品、副产品及中间产品的名称、数量、规格、相态、质量和去向，以及产品执行的质量和技术标准。

（3）工艺方案

①工艺方案选择的原则条件

简述有关主管部门和建设单位的要求，拟定工艺方案的选择原则；企业建设的技术目标；工艺技术来源并论述必要性和可靠性；简述项目建设的外部条件，如供水、供电、交通、通信、辅助材料等自然环境条件和地区经济状况等。

②采矿工艺方案

a. 开采方式确定

开采方式有露天开采、地下开采、露天地下联合开采三种开采方式。当不能简单确定矿床开采方式时，应进行技术经济比较确定，简述比较结果。

b. 露天采场境界方案比较

对不同的境界方案，从基建剥离、剥采比、建设周期、出矿品位、排土场条件等进行技术经济比较，提出最佳方案。

c. 采矿方法和采剥方法

选择地下采矿方法时应进行方案比较，方案比较内容包括开采安全性、工艺流程复杂性、采矿劳动生产率、矿石贫化损失率、设备装备水平、主要材料消耗、采切工程量、采矿成本等，必要时还应比较产出矿山最终产品的综合经济效益。

确定露天开采采剥方法时应进行分析研究，考虑技术装备、开采强度和经济指标。

d. 开拓运输方案

开拓运输方案比较内容有：井巷工程量、露天剥离工程量、露天矿基建工程量，工程地质及施工条件，基建投资、生产经营费用，地表工业场地配置，与选矿厂的关系，占用土地数量等。

e. 其他方案

必要时，通风系统、降温系统、排水系统和充填系统也要进行方案比较，并对推荐方案作简要说明。

③选矿方案

选矿方案主要应包括碎磨、选别和脱水等工序。

a. 碎磨应以"多碎少磨""以碎代磨"为原则进行方案比较，其设备可作国产或进口设备比较。

b. 选别主要是根据试验而决定，若试验深度不够，可参照类似矿山选矿厂选别设计方案，下阶段补充选别方案。选别应包括不同流程(预选、混选、优先及各种选矿方法，产品方案及综合回收等)和所用设备的比较。

c. 脱水一般用二段，即浓缩和过滤，有特殊要求时可采用三段，即二段加干燥。粗粒重选精矿或非常容易过滤的物料可用水平带式过滤机或自然脱水。

(4)厂址方案

厂址方案一般应包括厂址选择的原则、主要依据，厂址方案的构成，厂址方案的技术经济分析比较，推荐厂址方案的论证。

(5)企业总体布置方案

一般应包括企业总体布置方案的构成，各总体布置方案的技术条件、占地面积与拆迁情况，工程量、投资费用、经营费用、环境保护、水土保护、土地复垦等情况，各场地对分期建设的适应及满足情况，对于各种防护距离要求满足的情况等，列表比较，提出推荐方案。

(6)公用辅助设施建设方案

公用辅助设施建设方案包括给排水、供电、尾矿设施、环境治理等方案比较的研究和论证。

4)地质资源分析

地质资源分析的主要内容包括矿区及矿床地质概况，矿产资源及储量，矿床水文地质条件与矿石选冶试验，矿床勘查工作评述，矿山基建与生产地质勘查工作评述，存在的主要问题及建议。

5)采矿研究

采矿研究的主要内容包括岩石力学研究，矿床开采方式，开采范围，露天境界的确定和采剥工艺或地下采矿方法，矿山工作制度与生产能力，开拓、运输系统，排水系统，压风及供水系统，地下矿山通风系统，降温系统，充填系统，井巷工程，辅助设施，矿山基建工程量与基建进度计划，矿山生产进度计划，存在的主要问题与建议。

6)选矿与尾矿设施

选矿与尾矿设施包括原矿，选矿试验，设计流程及指标，生产能力与工作制度，主要设备选择，设备配置与厂房布置，辅助设施，尾矿设施，存在的主要问题及建议。

7)总图运输

总图运输包括总平面布置，排土场、尾矿库和内外部运输方案。

8）公用辅助设施及土建工程

公用辅助设施及土建工程包括给排水，电力与通信，自动化仪表，热工，暖通与空调，土建工程，机、汽、电修与仓库，行政生活福利设施，存在的主要问题及建议。

9）节能

节能包括能耗指标与分析，节能、节水措施。

10）环境保护

环境保护包括建设地区环境现状，设计采用的标准，主要污染源、污染物排放状况及治理，环保投资及定员，环境影响评价分析，存在的主要问题及建议。

11）水土保持与复垦

水土保持与复垦包括水土保持方案编制原则，地区概况，建设过程中的水土流失预测，流失防治方案；复垦工作量及计划安排，投资估算及效益分析，方案实施的保证措施。

12）劳动安全卫生与消防

劳动安全卫生与消防包括矿山项目生产过程中的职业危害、安全危害因素及其影响分析；安全、职业卫生对策与措施；消防方案与措施。

13）智能矿山

智能矿山是矿山建设的发展方向之一，可根据企业发展规划、资金投入，以及矿山资源条件等，提出矿山智能矿山建设方案或规划。

14）项目实施计划

项目实施计划包括项目范围、项目实施措施、项目界区内工程实施进度、项目界区外配套工程进度要求。

15）企业组织及定员

企业组织及定员包括组织机构、劳动定员与劳动生产率、工资与福利、职工培训。

16）社会影响评价分析

社会影响评价分析包括分析拟建矿山项目的社会影响、主要利益相关者的需求和对项目的支持和接受程度，分析项目的社会风险，提请业主方关注并做好相应的预案。

17）投资估算及资金筹措

投资估算及资金筹措包括建设投资估算、流动资金估算、资金筹措设想及费用、项目总投资。

18）成本与费用

成本与费用包括成本估算说明、产品制造成本、期间成本、总成本费用、成本分析。

19）财务分析

财务分析包括损益计算、清偿能力指标计算、盈利能力指标计算、不确定性分析、相关效益分析、综合评价。

20）可行性研究报告附表

21）可行性研究报告附件

22）可行性研究报告附图

1.3　矿山项目核准、备案和取得采矿许可证的有关规定

1.3.1　矿山项目核准和备案

为规范政府对企业投资项目的核准和备案行为，加快转变政府的投资管理职能，落实企业投资自主权制定，国务院于 2016 年 12 月 14 日发布了《企业投资项目核准和备案管理条例》(中华人民共和国国务院令第 673 号)，2017 年 2 月 1 日起施行。依据《中华人民共和国行政许可法》《企业投资项目核准和备案管理条例》等有关法律法规，国家发展和改革委员会于 2017 年 3 月 8 日制定了《企业投资项目核准和备案管理办法》(中华人民共和国国家发展和改革委员会令第 2 号)，自 2017 年 4 月 8 日起施行。

1. 矿山项目核准

实行核准制的矿山项目，是指企业不使用政府性资金，投资列入国务院颁发的《政府核准的投资项目目录》内的重大项目和限制类项目。为落实企业投资自主权，坚持企业投资核准范围最小化，原则上由企业依法依规自主决策投资行为。对关系国家安全和生态安全，涉及全国重大生产力布局、战略性资源开发和重大公共利益等项目，实行核准管理，并以清单方式列明，最大限度缩减核准事项。项目的市场前景、经济效益、资金来源和产品技术方案等均由企业自主决策、自担风险，并依法办理环境保护、土地利用、资源利用、安全生产、城市规划等许可手续和减免税确认手续。

实行核准制的企业投资项目，应当向核准机关提交项目申请书，不再需要批准项目建议书、可行性研究报告和开工报告程序。政府对企业提交的项目申请报告，主要从维护经济安全、合理开发利用资源、保护生态环境、优化重大布局、保障公共利益、防止出现垄断等方面进行核准。对于外商投资项目，政府还要从市场准入、资本项目管理等方面进行核准。核准制的项目一般是在企业完成项目可行性研究后，根据可行性研究的基本意见和结论，委托具备相应工程咨询资质的机构编制项目申请报告，按照事权划分，分别报政府投资主管部门进行核准。由国务院投资主管部门核准的项目，其项目申请报告应由具备甲级工程咨询资格的机构编制。

项目申报单位在向项目核准机关报送申请报告时，需根据国家法律、法规的规定，附送城市规划、国土资源、环境保护、水利、节能等行政主管部门出具的审批意见和金融机构项目贷款承诺。

项目核准机关在受理核准申请后，如有需要，应委托符合资质要求入选的咨询中介机构进行评估。矿山项目核准程序见图 1-1。

2. 矿山项目备案

根据中共中央、国务院印发的《关于深化投融资体制改革的意见》和国务院《企业投资项目核准和备案管理条例》，除《政府核准的投资项目目录》范围以外的企业投资项目，一律实行备案制。

实行备案制的企业投资项目，由企业自主决策，按照属地原则，企业应当在开工建设前通过在线平台将相关信息告知备案机关，并对备案项目信息的真实性负责。信息主要包括企业基本情况，项目名称、建设地点、建设规模、建设内容，项目总投资额，以及项目符合产业

政府主管部门 决策主流程 咨询机构

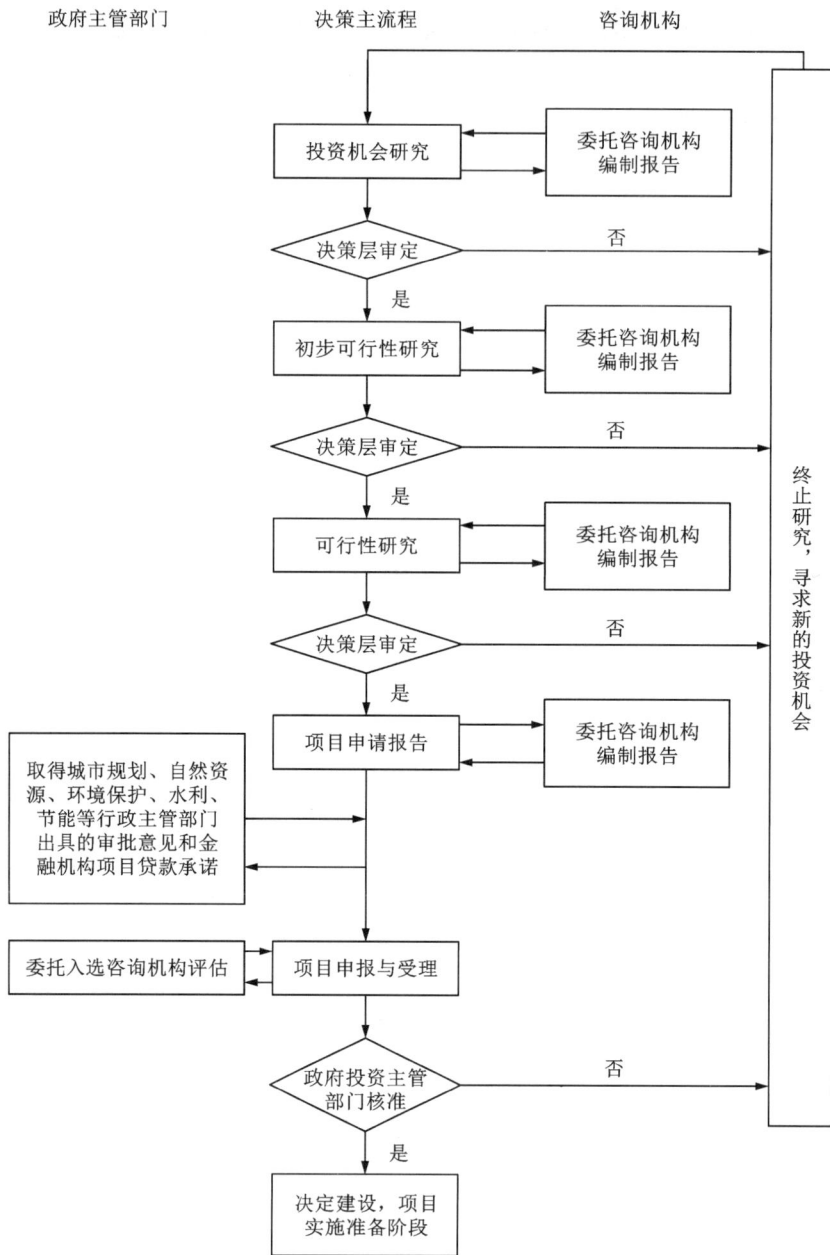

图 1-1 矿山项目核准程序

政策的声明。

备案机关收到规定的全部信息即为备案，企业提交的备案信息不齐全的，备案机关应指导企业补全；企业需要备案证明的，可以要求备案机关出具或者通过在线平台自行打印。

已备案项目信息发生较大变更的，企业应当及时告知备案机关。备案机关发现已备案项目属于产业政策禁止投资建设或者实行核准管理的，应当及时告知企业予以纠正或者依法办理核准手续,并通知有关部门。

项目备案申请单位依据《项目备案证明》和项目备案代码办理城市规划、国土资源、环境保护、消防、市政、设备进口减免税等后续手续。

矿山项目备案程序见图 1-2。

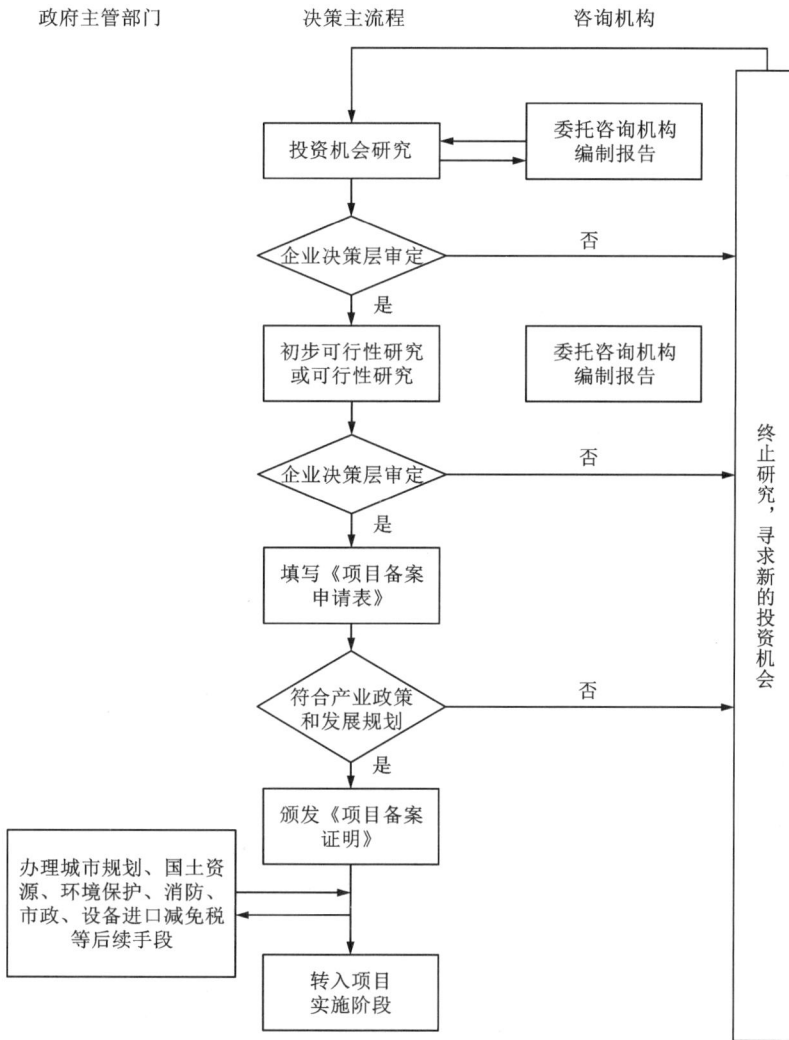

图 1-2 矿山项目备案程序

1.3.2 采矿许可证办理

《中华人民共和国矿产资源法实施细则》对采矿权的含义进行了解释。采矿权是指在依法取得的采矿许可证规定的范围内,开采矿产资源和获得所开采矿产品的权利。根据我国有关法律规定,企业必须依法取得采矿许可证,拥有采矿权才能获得开采矿产资源的权利,其采矿权才能得到法律的保护。因此,采矿许可证办理是企业进行矿山建设前期的重要工作。

依据《中华人民共和国矿产资源法》和《矿产资源开采登记管理办法》，采矿许可证的申领分为两个程序，一是划定矿区范围，二是申领采矿许可证。

1. 划定矿区范围

矿区范围是指经登记机关依法划定的可供开采矿产资源的范围、井巷工程施工分布范围或者露天剥离范围的立体空间区域。矿区范围是采矿权人从事开采活动、履行法律授予的权利和义务的空间区域范围。因此，矿区范围的划定是申请人从事矿山建设一切前期工作的前提。

划定矿区范围，作为采矿权审批程序中的第一个环节，必须由登记管理机关进行。划定矿区范围的工作程序如下：

1）矿区范围申请（矿产资源开发利用初步方案）

采矿权申请人提出划定矿区范围的申请。按开采登记办法规定的发证权限和地矿主管部门对省（区、市）地矿主管部门采矿权审批的授权，申请人将划定矿区范围的申请资料报登记管理机关进行审查，在申请中应说明：

（1）办矿必要性；

（2）地质勘查工作概况、地质资料取得的方式；

（3）矿产资源开发利用初步方案并附申请开采的矿区范围（以国家直角坐标标定）；

（4）矿山建设投资渠道的计划安排及其他需要说明的问题等。

2）矿区范围划定

登记管理机关在收到申请人报送的申请资料后，应对申请人地质报告的可靠程度和矿产资源开发利用初步方案的合理性等进行认真审查，作出是否同意开采的决定。同意开采的，在划定矿区范围的同时批准开采的矿种，确定矿区范围予以保留的期限。另外，采矿登记管理机关还将对矿产资源的开发利用方案提出具体的意见和要求，包括对矿山建设规模、矿产资源综合开发利用、综合回收等方面的要求。

3）矿区范围预留

矿区范围划定后，意味着登记管理机关同意申请人在该区域从事开采矿产资源的准备工作。因此，各级登记管理机关在该区域内不再受理新的采矿权申请。矿区范围预留期根据矿山建设前期工作所需的时间规定如下：大型矿山不得超过 3 年，中型矿山不得超过 2 年，小型矿山不得超过 1 年。

2. 申领采矿许可证

根据我国相关部门的规定，申领采矿许可证主要包括以下步骤及内容：

1）采矿许可证办理申请

采矿许可证是拥有采矿权的唯一法律凭证，因此，采矿权申请人只有真正持有采矿许可证才意味着成为合法的采矿权人，才在法律上获取了相应的权利。领取采矿许可证是采矿权申请的第二步。

2）领取采矿许可证应提交的资料

采矿权申请人在领取采矿许可证时，应向法定的登记管理机关提交下列资料：

（1）采矿权申请登记书；

（2）矿区范围图；

（3）采矿权申请人资质条件的证明；

（4）矿产资源开发利用方案；

（5）申请由国家出资探明矿产地采矿权的，应报送采矿权评估的有关资料；

（6）环境影响报告及环境管理部门的审批文件；

（7）国务院地质矿产主管部门要求的其他材料。

3）办理采矿许可证

登记管理机关在收到采矿权申请人报送的登记申请资料时，首先应了解该矿区范围内矿业权是否已设置及有关情况，这是确保矿区范围排他性的重要措施。

登记管理机关在受理申办登记资料 40 日内，作出是否同意办理采矿登记的决定。同意登记的，办理有关手续，通知采矿权申请人交纳有关费用后，颁发采矿许可证；不同意登记的，说明理由，将申请登记资料退回。受理采矿登记日期应从收到完整并符合采矿登记要求的资料之日算起。

由于采矿许可证办理受国家相关政策影响较大，其办理程序和流程以国务院地质矿产主管部门出台的相关规定为准。

1.4　获得核准或备案需编制的主要专项报告

1.4.1　项目申请报告

编写矿床开采项目申请报告，应根据政府公共管理的要求，对拟建矿床开采项目从规划布局、资源利用、征地移民、矿山生态环境、经济和社会影响等方面进行综合论证；对市场、技术、资金来源、财务效益等不涉及政府公共管理等问题可不进行详细论证，但需加以简要说明。

1. 境内投资项目申请报告

境内项目申请报告可以由项目单位自行编写，也可以由项目单位自主委托具有相关经验和能力的工程咨询单位编写。

在我国境内建设的企业投资项目申请报告编写，采用《国家发展改革委关于发布项目申请报告通用文本的通知》（发改投资〔2017〕684 号）中的项目申请报告通用文本。项目申请报告通用文本内容如下：

1）申报单位及项目概况

（1）项目申报单位概况。包括项目申报单位的主营业务、经营年限、资产负债、股东构成、主要投资项目、现有生产能力等内容。

（2）项目概况。包括拟建项目的建设背景、建设地点、主要建设内容和规模、产品和工程技术方案、主要设备选型和配套工程、投资规模和资金筹措方案等内容。

2）发展规划、产业政策和行业准入分析

（1）发展规划分析。拟建项目是否符合有关国民经济和社会发展总体规划、专项规划、区域规划等要求，项目目标与规划内容是否衔接和协调。

（2）产业政策分析。拟建项目是否符合有关产业政策的要求。

（3）行业准入分析。项目建设单位和拟建项目是否符合相关行业准入标准的规定。

3）资源开发及综合利用分析

（1）资源开发方案。资源开发类项目，包括对金属矿、煤矿、石油天然气、建材矿以及水（力）、森林等资源的开发，应分析拟开发资源的可开发量、自然品质、赋存条件、开发价值等，评价是否符合资源综合利用的要求。

（2）资源利用方案。包括项目需要占用的重要资源品种、数量及来源情况；多金属、多用途化学元素共生矿、伴生矿以及油气混合矿等资源的综合利用方案；通过对单位生产能力和主要资源消耗量指标的对比分析，评价资源利用效率的先进程度；分析评价项目建设是否会对地表（下）水等其他资源造成不利影响。

（3）资源节约措施。阐述项目方案中作为原材料的各类金属矿、非金属矿及水资源节约的主要措施方案。对拟建项目的资源消耗指标进行分析，阐述在提高资源利用效率、降低资源消耗等方面的主要措施，论证是否符合资源节约和有效利用的相关要求。

4）节能方案分析

（1）用能标准和节能规范。阐述拟建项目所遵循的国家和地方的合理用能标准及节能设计规范。

（2）能耗状况和能耗指标分析。阐述项目所在地的能源供应状况，分析拟建项目的能源消耗种类和数量。根据项目特点选择计算各类能耗指标，与国际国内先进水平进行对比分析，阐述是否符合能耗准入标准的要求。

（3）节能措施和节能效果分析。阐述拟建项目为了优化用能结构、满足相关技术政策和设计标准而采用的主要节能降耗措施，对节能效果进行分析论证。

5）建设用地、征地拆迁及移民安置分析

（1）项目选址及用地方案。包括项目建设地点、占地面积、土地利用状况、占用耕地情况等内容。分析项目选址是否会造成相关不利影响，如是否压覆矿床和文物，是否有利于防洪和排涝，是否影响通航及军事设施等。

（2）土地利用合理性分析。分析拟建项目是否符合土地利用规划要求，占地规模是否合理，是否符合集约和有效使用土地的要求，耕地占用补充方案是否可行等。

（3）征地拆迁和移民安置规划方案。对拟建项目的征地拆迁影响进行调查分析，依法提出拆迁补偿的原则、范围和方式，制订移民安置规划方案，并对是否符合保障移民合法权益、满足移民生存及发展需要等要求进行分析论证。

6）环境和生态影响分析

（1）环境和生态现状。包括项目场址的自然环境条件、现有污染物情况、生态环境条件和环境容量状况等。

（2）生态环境影响分析。包括排放污染物类型、排放量情况分析，水土流失预测，对生态环境的影响因素和影响程度，对流域和区域环境及生态系统的综合影响。

（3）生态环境保护措施。按照有关环境保护、水土保持的政策法规要求，对可能造成的生态环境损害提出治理措施，对治理方案的可行性、治理效果进行分析论证。

（4）地质灾害影响分析。在地质灾害易发区建设的项目和易诱发地质灾害的项目，要阐述项目建设所在地的地质灾害情况，分析拟建项目诱发地质灾害的风险，提出防御的对策和措施。

（5）特殊环境影响。分析拟建项目对历史文化遗产、自然遗产、风景名胜和自然景观等可能造成的不利影响，并提出保护措施。

7) 经济影响分析

(1) 经济费用效益或费用效果分析。从社会资源优化配置的角度，通过经济费用效益或费用效果分析，评价拟建项目的经济合理性。

(2) 行业影响分析。阐述行业现状的基本情况及企业在行业中所处地位，分析拟建项目对所在行业及关联产业发展的影响，并对是否可能导致垄断等进行论证。

(3) 区域经济影响分析。对于区域经济可能产生重大影响的项目，应从区域经济发展、产业空间布局、当地财政收支、社会收入分配、市场竞争结构等角度进行分析论证。

(4) 宏观经济影响分析。对于投资规模巨大、对国民经济有重大影响的项目，应进行宏观经济影响分析。涉及国家经济安全的项目，应分析拟建项目对经济安全的影响，提出维护经济安全的措施。

8) 社会影响分析

(1) 社会影响效果分析。阐述拟建项目的建设及运营活动对项目所在地可能产生的社会影响和社会效益。

(2) 社会适应性分析。分析拟建项目能否为当地的社会环境、人文条件所接纳，评价该项目与当地社会环境的相互适应性。

(3) 社会风险及对策分析。针对项目建设所涉及的各种社会因素进行社会风险分析，提出协调项目与当地社会关系、规避社会风险、促进项目顺利实施的措施方案。

2. 境外投资项目申请报告

境外竞标或收购项目，应在投标或对外正式开展商务活动前，向国家发展和改革委员会报送书面报告。国家发展和改革委员会在收到书面报告之日起 7 个工作日内出具有关确认函件。报告的主要内容包括：

(1) 投资主体基本情况；

(2) 项目投资背景情况；

(3) 投资地点、方向、预计投资规模和建设规模。

报送国家发展和改革委员会项目申请报告应包括以下内容：

(1) 项目名称、投资方基本情况；

(2) 项目背景情况及投资环境情况；

(3) 项目建设规模、主要建设内容、产品、目标市场，以及项目效益、风险情况；

(4) 项目总投资、各方出资额、出资方式、融资方案及用汇金额；

(5) 购并或参股项目，应说明拟购并或参股公司的具体情况。

报送国家发展和改革委员会项目申请报告应附以下文件：

(1) 公司董事会决议或相关的出资决议；

(2) 证明中方及合作外方资产、经营和资信情况的文件；

(3) 银行出具的融资意向书。

以有价证券、实物、知识产权或技术、股权、债权等资产权益出资的，按资产权益的评估价值或公允价值核定出资额，并提交具备相应资质的会计师、资产评估机构等中介机构出具的资产评估报告，或其他可证明有关资产权益价值的第三方文件。

对于投标、购并或合资合作项目，应提交中外方签署的意向书或框架协议等文件。

境外竞标或收购项目,应按规定报送信息报告,并附国家发展和改革委员会出具的有关确认函件。

3.外资企业在我国境内投资项目申请报告

外资企业在我国境内投资项目申请报告,需满足《国家发展改革委关于发布项目申请报告通用文本的通知》(发改投资〔2017〕684号)中的项目申请报告通用文本要求,另外,还应包括以下内容:

(1)项目名称、经营期限、投资方基本情况;

(2)项目建设地点,对土地、水、能源等资源的需求,以及主要原材料的消耗量;

(3)涉及公共产品或服务的价格;

(4)项目总投资、注册资本及各方出资额、出资方式及融资方案,需要进口的设备及金额。

外商投资项目申请报告应附以下文件:

(1)中外投资各方的企业注册证(营业执照)、商务登记证及经审计的最新企业财务报表(包括资产负债表、损益表和现金流量表)、开户银行出具的资金信用证明;

(2)投资意向书,增资、购并项目的公司董事会决议;

(3)银行出具的融资意向书;

(4)国家或省级生态环境保护行政主管部门出具的环境影响评价意见书;

(5)省级规划部门出具的规划选址意见书;

(6)国家或省级自然资源管理部门出具的项目用地预审意见书;

(7)以国有资产或土地使用权出资的,需由有关主管部门出具确认文件。

1.4.2　矿产资源开发利用方案

我国政府高度重视矿产资源的合理开发利用和保护,明确规定矿产资源属国家所有,由国务院行使国家对矿产资源的所有权。1998年2月12日颁布的《矿产资源开采登记管理办法》,首次规定采矿权申请人申请办理采矿许可证时,按现行规定应当向登记管理机关提交矿产资源开发利用方案。

矿产资源开发利用方案编制提纲可参考《国土资源部关于加强对矿产资源开发利用方案审查的通知》(国土资发〔1999〕98号)中的相关要求,并按规定权限上报审批。主要内容包括:

(1)矿区位置、隶属关系、企业性质,编制依据;

(2)产品需求和市场供应情况,产品价格分析;

(3)矿区矿产资源、矿区总体规划概况;

(4)开采方式、矿石加工及产品方案、矿山建设规模、厂址选择及总图布置等主要建设方案的确定;

(5)采矿工艺;

(6)选矿及尾矿设施;

(7)环境保护;

(8)矿山地质环境与治理措施;

(9)水土保持及土地复垦;

（10）矿山安全；

（11）投资估算及技术经济评价；

（12）开发利用方案简要结论；

（13）附件、附表、附图。

1.4.3　地质灾害危险性评估报告

1.地质灾害危险性评估的主要任务

（1）查明工程建设场地地质环境条件、自然地理及工程概况。

（2）查明建设场地地质灾害发育类型、现状、分布及影响因素，进行地质灾害危险性现状评估。

（3）调查、分析评估区内潜在的地质灾害、工程建设可能引发或加剧地质灾害及其危险性，以及工程建设和建成后可能遭受的地质灾害及其危险性，进行地质灾害危险性预测评估。

（4）对评估区内地质灾害危险性进行综合评估，划分地质灾害危险性评估分区，评估场地适宜性，并提出相应的防治措施和建议。

2.分级评估制度

评估工作级别按照建设项目的重要性和地质环境条件复杂程度分为三级。具体分级标准和评估技术要求按照《国土资源部关于加强地质灾害危险性评估工作的通知》（国土资发〔2004〕69 号）执行，对承担地质灾害危险性评估单位实行资质管理制度。按 2005 年 7 月 1 日起施行的《地质灾害危险性评估单位资质管理办法》（国土资源部令第 29 号）进行管理。评估单位自行组织具有资质的地质灾害防治专家对拟提交的地质灾害危险性评估报告进行技术审查，并由专家组提出书面意见。

3.地质灾害危险性评估报告编制内容

地质灾害危险性评估报告编制主要内容包括：

1）前言

说明评估任务由来，评估工作的依据、主要任务和要求。

2）评估工作概述

具体包括工程和规划概况与征地范围、以往工作程度、工作方法及完成的工作量，以及评估范围与级别的确定。

3）地质气象条件

评估项目所在的气象、水文、地表地形、地层岩性、地质构造与区域地壳稳定性、工程地质条件、水文条件，以及人类工程活动对地质环境的影响等。

4）地质灾害危险性现状评估

地质灾害类型及特征，需阐述已发生的灾种、数量、分布、规模、形成机制、危害对象及稳定性等。

地质灾害危险现状评估，需按灾种分别进行评估。

5）地质灾害危险性预测评估

地质灾害危险性预测评估主要包括工程建设引发或加剧地质灾害危险性的预测和工程建设可能遭受地质灾害危险性的预测。在山地丘陵进行工程建设，一般工程设计挖方切坡工程在不稳定边坡必须进行危险性预测评估，可列专节进行论述。

6）地质灾害危险性综合分区评估及防治措施

地质灾害危险性综合分区评估及防治措施主要包括地质灾害危险性综合评估原则与量化指标的确定、地质灾害危险性综合分区评估、建设场地适宜性分区评估、防治措施等。

7）结论与建议

1.4.4　水资源论证报告

水资源论证是指依据江河流域或者区域综合规划以及水资源专项规划，对新建、改建、扩建的矿山建设项目的取水、用水、退水的合理性以及对水环境和他人合法权益的影响进行综合分析论证的专业活动。矿山建设项目水资源论证报告分为地表水资源论证报告和地下水水资源论证报告。

1．水资源论证管理

为促进水资源的优化配置和可持续利用，保障建设项目的合理用水要求，根据《取水许可制度实施办法》和《水利产业政策》制定了《建设项目水资源论证管理办法》，自 2002 年 5 月 1 日起施行。

（1）对于直接从江河、湖泊或地下取水并需申请取水许可证的新建、改建、扩建的建设项目，建设项目业主单位应当按照该办法的规定进行建设项目水资源论证，在项目核准或备案前完成编制建设项目水资源论证报告。

（2）建设项目利用水资源，必须遵循合理开发、节约使用、有效保护的原则；符合江河流域或区域的综合规划及水资源保护规划等专项规划；遵守经批准的水量分配方案或协议。

（3）县级以上人民政府水行政主管部门负责建设项目水资源论证工作的组织实施和监督管理。

（4）从事建设项目水资源论证工作的单位，必须取得相应的建设项目水资源论证资质，并在资质等级许可的范围内开展工作。

（5）业主单位应当委托有建设项目水资源论证资质的单位，对其建设项目进行水资源论证。

2．建设项目水资源论证报告书编制内容

（1）建设项目概况；

（2）取水水源论证；

（3）用水合理性论证；

（4）退（排）水情况及其对水环境影响分析；

（5）对其他用水户权益的影响分析；

（6）其他事项。

1.4.5　安全预评价报告

矿山项目安全预评价是依据矿山项目可行性研究报告中相关基础资料和建设方案，辨识与分析建设项目、生产活动潜在的危险、有害因素，确定其与安全生产法律法规、标准、行政规章、规范的符合性，预测发生事故的可能性及其严重程度，提出科学、合理、可行的安全对策措施建议，做出安全评价结论的活动。

1. 基本原则

安全预评价的目的是贯彻"安全第一、预防为主、综合治理"的方针，为建设项目初步设计提供科学依据，以利于提高建设项目本质安全程度。基本原则是由具备国家规定资质的安全评价机构，科学、公正、合法地开展安全预评价。

2. 准备工作

项目建设单位首先要选择具有相应资质的安全评价机构开展安全预评价报告的编制工作。建设单位需提供的基础资料如下：

1）建设项目综合性资料

（1）建设单位概况；

（2）建设项目概况；

（3）建设工程总平面图；

（4）建设项目与周边环境关系位置图；

（5）建设项目工艺流程及物料平衡图；

（6）气象资料。

2）建设项目设计依据

（1）建设项目立项批准文件；

（2）建设项目设计依据的地质、矿区测绘资料；

（3）建设项目设计依据的其他安全资料。

3）建设项目设计文件

（1）建设项目可行性研究报告；

（2）改建、扩建项目相关的其他设计文件。

4）安全设施、设备、工艺、物料资料

（1）生产工艺中的工艺过程描述与说明；

（2）生产工艺中的安全系统描述与说明；

（3）生产系统中主要设施、设备和工艺数据表；

（4）原料、中间产品、产品及其他物料资料。

5）安全机构设置及人员配置

6）安全专项投资估算

7）历史监测数据和资料

8）其他可用于建设项目安全预评价的资料

3. 安全预评价报告编制内容

为进一步规范金属非金属矿山建设项目安全评价工作，根据《安全生产法》《建设项目安全设施"三同时"监督管理办法》（国家安全生产监督管理总局令第36号）和《金属非金属矿山建设项目安全设施目录（试行）》（国家安全生产监督管理总局令第75号），国家安全生产监督管理总局制定了金属非金属地下矿山、露天矿山建设项目安全预评价报告编写提纲，见《国家安全监管总局关于印发金属非金属矿山建设项目安全评价报告编写提纲的通知》（安监总管—〔2016〕49号）。主要内容如下：

1）前言

简述项目的建设背景、项目性质（新建、改建、扩建）、开采方式和采矿方法等基本情况，评价项目委托方及评价要求、评价工作过程等。

2）评价对象与依据

根据项目可行性研究报告、《金属非金属矿山建设项目安全设施目录（试行）》（国家安全生产监督管理总局令第75号）和有关法律法规等，明确评价对象、评价项目名称和安全预评价范围。

列出该建设项目应遵循的安全生产法律、行政法规、部门规章、地方性法规、地方政府规章和有关规范性文件；列出采用与建设项目相关的现行标准（包括国家标准、行业标准、地方标准）、规程、规范，并标注其标准号；列出建设项目安全预评价所依据的有关技术资料，以及其他的评价依据。

3）建设项目概述

建设项目概述包括项目建设单位概况、自然环境概况、建设项目地质概况，以及工程建设方案概况。

4）定性定量评价

针对建设项目的特点，分单元辨识项目投产后的危险、有害因素，分析可能发生的事故类型，预测事故后果严重等级；评价项目建设方案与相关安全生产法律法规、技术规范的符合性；采用定性定量的方法分析评价其安全性及其发生事故的后果。改建或扩建工程，应在每个评价单元中分析和评价旧系统、与原系统的相互关系和影响等。

5）安全对策措施及建议

依据国家安全生产相关法律法规和标准规范的要求，根据定性定量预评价存在的问题或不足，分单元有针对性地提出对应的安全技术与管理措施或建议，为《安全设施设计》的编写提供参考，提出的安全措施或建议应具有实用性和可操作性，尽量推广先进适用技术和工艺，同时安全措施也可以是具有先进性和前瞻性的研究成果。

6）评价结论

简要列出主要危险、有害因素，指出评价对象应重点防范的重大危险有害因素；明确应重视的安全对策措施建议；明确评价对象潜在的危险、有害因素在采取安全对策措施后，能否得到控制以及受控的程度如何。给出评价对象从安全生产角度是否符合国家有关法律、法规、规章、标准和规范的要求的结论。

7）附图

1.4.6　职业病危害预评价报告

职业病危害预评价是指对可能产生职业病危害的建设项目，针对其可能产生的职业病危害因素、对劳动者的健康影响与危害程度、所需防护措施等进行预测性分析与评价，确定建设项目在职业病防治方面的可行性。它是由识别、分析、评价、控制等若干步骤组成的一个系统过程，为职业病防护设施设计提供基础。其评价的目的与任务是确认建设项目对职业健康风险的控制效果，评价防护设施的符合性与有效性，并对建设项目的职业健康风险提出有效的控制措施要求。

根据2018年12月29日修改实施的《中华人民共和国职业病防治法》，企业可自行组织编制职业病危害预评价报告，减轻了企业负担。职业病危害预评价报告编制需按《建设项目职业病危害预评价报告编制要求》（ZW-JB-2014-004）进行。主要内容如下：

1）评价范围

原则上以拟建项目可行性研究报告中提出的建设内容为准，并包括拟建项目建设施工和设备安装调试过程。对于改建、扩建建设项目和技术改造、技术引进项目，评价范围还应包括建设单位的职业卫生管理基本情况以及设备设施的利旧内容。

对于可研阶段施工方案尚未确定的情况，预评价报告可作说明后省去相关分析评价内容，仅需在补充措施建议中明确建设单位相关职责；待施工方案最终确定后，建设单位可委托具有相应资质的职业卫生服务机构补充相关预评价内容，并报安全监管部门备案。

2）评价方法

根据拟建项目的具体情况，一般采用类比法、检查表分析法、职业病危害作业分级等方法进行综合分析以及定性和定量评价，必要时可采用其他评价方法。

3）评价基本原则

4）评价过程

通过工程分析，初步识别生产工艺过程、劳动过程、生产环境及建设期可能存在的职业病危害因素及其来源、特点与分布；对于改建、扩建建设项目和技术引进、技术改造项目，工程分析还应明确工程利旧情况。

有些项目可采用类比法进行职业病危害预评价工作。

职业病危害评价包括：

（1）职业病危害因素识别与评价；

（2）职业病防护设施分析与评价；

（3）个体防护用品分析与评价；

（4）应急救援设施分析与评价；

（5）总体布局分析与评价；

（6）生产工艺及设备布局分析与评价；

（7）建筑卫生学评价；

（8）辅助用室分析与评价；

（9）职业卫生管理分析与评价；

（10）职业卫生专项投资分析与评价。

在对拟建项目全面分析、评价的基础上，针对可行性研究报告中存在的不足，提出控制职业病危害的具体补充措施，给出评价结论。

5）报告编制

（1）汇总获取的各种资料、数据，完成建设项目职业病危害预评价报告与资料性附件的编制；

（2）建设项目职业病危害预评价主报告应全面、概括地反映拟建项目预评价工作的结论性内容与结果，应用语规范、表述简洁，并单独成册。

1.4.7　水土保持方案报告

根据《中华人民共和国水土保持法》，在山区、丘陵区、风沙区以及水土保持规划确定的容易发生水土流失的其他区域开办可能造成水土流失的生产建设项目，生产建设单位应当编制《水土保持方案》。

根据《水利部办公厅关于贯彻落实国发〔2015〕58 号文件进一步做好水土保持行政审批工作的通知》(办水保〔2015〕247 号)的规定:申请人可按要求自行编制《水土保持方案》,也可委托有关机构编制,审批部门不得以任何形式要求申请人必须委托特定中介机构提供服务。

编制水土保持方案报告书需要的资料包括政府性背书文件(如备案通知书、选址意见的函、国有土地使用证等)、可行性研究报告、岩土工程勘察报告、总平面布置图、地形图等。需要注意的是,若项目与其他工程有依托关系,如调用土石方、拆迁(移民)安置、临时征占地等,均应有相关说明性文件。

水土保持方案主要内容包括:

(1)综合说明;

(2)水土保持方案编制总则;

(3)项目概况、项目区概况;

(4)主体工程水土保持分析与评价;

(5)水土流失防治责任范围及防治分区;

(6)水土流失预测;

(7)水土流失防治目标及防治措施布设;

(8)水土保持监测;

(9)水土保持投资估算及效益分析;

(10)方案实施的保障措施;

(11)方案结论与建议。

1.4.8　环境影响评价报告

环境影响评价是以可行性研究报告为依据,在项目初步设计之前完成的。主要对规划和建设项目实施后可能造成的环境影响进行分析、预测和评价,提出预防或者减轻不良影响的对策和措施。环境影响评价报告是环境影响评价工作成果的集中体现,是环境影响评价承担单位向其委托单位或主管单位提交的工作文件。经环境保护主管部门审查批准的环境影响报告,是领导部门对建设项目作出正确决策的主要依据的技术文件之一。它对设计单位来说是进行环境保护设计的重要参考文件,具有重要的指导意义;它对建设单位在工程竣工后进行环境管理同样具有重要的指导作用。

我国实行建设项目环境影响评价制度,《中华人民共和国环境影响评价法》(2018 年12 月 29 日修正版)和《建设项目环境保护管理条例》(2017 年 7 月 16 日修订)等相关法律法规明确规定,根据建设项目对环境的影响程度,对建设项目的环境影响评价实行分类管理。

建设单位应当按照下列规定组织编制环境影响报告书、环境影响报告表或者填报环境影响登记表:①可能造成重大环境影响的,应当编制环境影响报告书,对产生的环境影响进行全面评价;②可能造成轻度环境影响的,应当编制环境影响报告表,对产生的环境影响进行分析或者专项评价;③对环境影响很小、不需要进行环境影响评价的,应当填报环境影响登记表。

1.环境影响报告编制要求

环境影响报告书的编制要满足以下基本要求:

(1)环境影响报告书的编制应符合《建设项目环境保护管理条例》(2017 年 7 月 16 日修

订)、《建设项目环境影响报告书(表)编制监督管理办法》(2019 年 11 月 1 日起施行)和《建设项目环境影响报告书内容提要》的要求,内容要全面,重点要突出,实用性要强。

(2)基础数据可靠。基础数据是评价的基础。基础数据有错误,特别是污染源排放量有错误,不管选用的计算模式多正确,计算得多么精确,其计算结果都是错误的。因此,基础数据必须可靠。

(3)预测模式及参数选择合理。环境影响评价预测模式都有一定的适用条件。参数也因污染物和环境条件的不同而不同。因此,预测模式和参数选择应"因地制宜",应选择推导(总结)条件和评价环境条件相近(相同)的模式,选择总结参数时环境条件和评价环境条件相近(相同)的参数。

(4)结论观点明确,客观可信。结论中必须对建设项目的可行性、选址的合理性作出明确回答,不能模棱两可。结论必须以报告书中客观的论证为依据,不能带感情色彩。

(5)语句通顺、条理清楚、文字简练、篇幅不宜过长。凡带有综合性、结论性的图表应放到报告书的正文中,带有参考价值的图表应放到报告书中,以减少篇幅。

(6)环境影响报告书中应有评价资格证书,报告书的署名。报告书编制人员按行政总负责人、技术总负责人、技术审核人、项目总负责人,依次署名盖章,报告编写人要写署名。

2. 环境影响报告编制内容

根据《中华人民共和国环境影响评价法》(2018 年 12 月 29 日修正版)、《建设项目的环境保护管理条例》(2017 年 7 月 16 日修订)、《政府核准的投资项目目录(2016 年本)》要求,我国建设项目环境影响评价实行分类管理、分级审批。矿山环境影响报告书由建设单位在可行性研究阶段委托持有生态环境部颁发的《环境影响评价资格证书》的评价服务机构完成。环境影响报告书编制完成后,由建设单位按审批权限上报环境保护主管部门审批,同时抄报有关部门。有水土保持的建设项目,其水土保持方案必须纳入环境影响报告书。

建设项目的环境影响报告书应当包括下列内容:

(1)建设项目概况;

(2)建设项目周围环境现状;

(3)建设项目对环境可能造成影响的分析、预测和评估;

(4)建设项目环境保护措施及其技术、经济论证;

(5)建设项目对环境影响的经济损益分析;

(6)对建设项目实施环境监测的建议;

(7)环境影响评价的结论。

1.4.9　矿山地质环境保护与土地复垦方案

为贯彻落实党中央、国务院关于深化行政审批制度改革的有关要求,切实减少管理环节,提高工作效率,减轻矿山企业负担,按照《土地复垦条例》《矿山地质环境保护规定》的有关规定,《国土资源部办公厅关于做好矿山地质环境保护与土地复垦方案编报有关工作的通知》(国土资规〔2016〕21 号),明确规定矿山企业的《矿山地质环境保护与治理恢复方案》和《土地复垦方案》进行合并编报。矿山企业不再单独编制《矿山地质环境保护与治理恢复方案》《土地复垦方案》。合并后的方案以采矿权为单位进行编制,即一个采矿权编制一个方案。方案名称为:矿业权人名称+矿山名称+矿山地质环境保护与土地复垦方案。

1. 方案编制要求

(1)采矿权申请人在申请办理采矿许可证前,应当自行编制或委托有关机构编制《矿山地质环境保护与土地复垦方案》。

(2)在办理采矿权变更时,涉及扩大开采规模、扩大矿区范围、变更开采方式的,应当重新编制或修订《矿山地质环境保护与土地复垦方案》。

(3)在办理采矿权延续时,《矿山地质环境保护与土地复垦方案》超过适用期或方案剩余服务期少于采矿权延续时间的,应当重新编制或修订。矿山企业原《矿山地质环境保护与治理恢复方案》和《土地复垦方案》其中一个超过适用期的或方案剩余服务期少于采矿权延续时间的,应重新编制《矿山地质环境保护与土地复垦方案》。

(4)《矿山地质环境保护与土地复垦方案》的编制按照《矿山地质环境保护与土地复垦方案编制指南》(国土资规〔2016〕21号附件)执行。矿山企业在编制《矿山地质环境保护与土地复垦方案》过程中,应当充分听取相关权利人意见。

2. 方案编制内容

《矿山地质环境保护与土地复垦方案》主要内容包括:

1)前言

任务的由来、编制目的、编制依据、方案适用年限及编制工作概况。

2)矿山基本情况

矿山简介、矿区范围及拐点坐标、矿山开发利用方案概述,以及矿山开采历史及现状。

3)矿区基础信息

矿区基础信息包括矿区自然地理、矿区地质环境背景、矿区社会经济概况、矿区土地利用现状、矿山及周边其他人类重大工程活动,以及矿山及周边矿山地质环境治理与土地复垦案例分析。

4)矿山地质环境影响和土地损毁评估

矿山地质环境影响和土地损毁评估包括矿山地质环境与土地资源调查概述、矿山地质环境影响评估、矿山土地损毁预测与评估和矿山地质环境治理分区与土地复垦范围。

5)矿山地质环境治理与土地复垦可行性分析

矿山地质环境治理与土地复垦可行性分析包括矿山地质环境治理可行性分析、矿区土地复垦可行性分析等内容。

6)矿山地质环境治理与土地复垦工程

矿山地质环境治理与土地复垦工程包括矿山地质环境保护与土地复垦预防、矿山地质灾害治理、矿区土地复垦、含水层破坏修复、水土环境污染修复、矿山地质环境监测以及矿区土地复垦监测和管护。

7)矿山地质环境治理与土地复垦工作部署

矿山地质环境治理与土地复垦工作部署包括总体工作部署、阶段实施计划和近期年度工作安排。

8)经费估算与进度安排

经费估算与进度安排包括经费估算依据、矿山地质环境治理工程经费估算,以及总费用汇总与年度安排。

9)保障措施与效益分析

保障措施与效益分析包括组织保障、技术保障、资金保障、监管保障、效益分析和公众参与。

10)结论与建议

11)附件

附件包括附图、附表和其他附件。

1.4.10　建设项目用地预审报告

建设项目用地预审,是指在建设项目可行性研究阶段,政府土地行政主管部门依照《建设项目用地预审管理办法》(2008 年 11 月 12 日国土资源部第 13 次部务会议修正通过,自 2009 年 1 月 1 日起施行)、《国土资源听证规定》(国土资源部令第 22 号)、《国务院关于深化改革严格土地管理的决定》(国发〔2004〕28 号)对建设项目涉及土地利用的事项进行的审查。建设项目用地预审是实施土地利用总体规划的一项重要措施。预审意见是建设项目批准、核准的必备文件,农用地转用、土地征用必须预审过关才能批准项目用地。

1.建设项目用地预审申报材料

根据有关规定,建设项目用地预审需提交下列材料:

(1)国家(省)发展和改革委员会同意开展前期工作的函;

(2)法人资格证明复印件 1 份;

(3)法人代表身份证复印件 1 份;

(4)营业执照复印件 1 份;

(5)建设用地预审申请表 1 份;

(6)建设用地预审申请报告 1 份;

(7)项目可行性研究报告 1 份;

(8)建设用地项目勘测定界图 1 份;

(9)建设用地拟选址所在地 1∶10000 标准分幅土地利用现状图 1 份;

(10)建设用地拟选址所在地乡镇土地利用总体规划图 1 份;

(11)不压覆矿床证明;

(12)项目平面规划布置图;

(13)地质灾害危险性评估报告;

(14)建设部门规划选址意见 1 份;

(15)补充耕地项目新增耕地验收确认文件;

(16)县市级国土资源部门用地初审意见。

2.报告编制内容

建设用地预审申请报告是建设项目申请用地的主要材料,要求内容简单明了、重点突出,使审批主管部门能够了解项目的基本情况、申请用地的理由及已开展的工作情况等。主要内容包括:

1)建设项目基本情况

项目类型、项目所在地、建设规模、主要建设内容、拟定工程投资等。

2）项目拟选址情况

项目拟选址所在地、选址方案比较简况、矿产资源开发项目取得划定矿区范围批准文件情况等。

3）拟建项目用地情况

拟用地总规模、拟占用农用地规模、拟占用建设用地规模、拟占未利用地规模、根据《工程项目建设用地指标》规定的各用地组成情况等。

涉及占用耕地的项目，还需补充耕地占用的初步方案。

1.5 矿山开采初步设计

1.5.1 有关法律、法规及设计原则

1. 法律、法规和规程、规范

矿山开采设计的主要法律、法规见表1-6。

表1-6 矿山开采设计的主要法律、法规

序号	法律、法规名称	施行日期
1	中华人民共和国矿产资源法	1997年1月1日起施行，2009年修正版
2	中华人民共和国矿山安全法	1993年5月1日起施行，2009年修正版
3	中华人民共和国环境保护法	2014年修订版，2015年1月1日起施行
4	中华人民共和国安全生产法	2021年修订版，2021年9月1日起施行
5	中华人民共和国海洋环境保护法	2004年4月1日起施行，2017年修正版
6	中华人民共和国水土保持法	2010年修订版，2011年3月1日起施行
7	中华人民共和国节约能源法	2008年4月1日起施行，2018年修正版
8	中华人民共和国职业病防治法	2002年5月1日起施行，2018年修正版
9	中华人民共和国劳动法	1995年1月1日起施行，2018年修正版
10	中华人民共和国消防法	2009年5月1日起施行，2021年修正版
11	中华人民共和国突发事件应对法	2007年11月1日起施行
12	中华人民共和国矿山安全法实施条例	1996年10月30日起施行
13	工伤保险条例	2011年1月1日起施行
14	民用爆炸物品安全管理条例	2006年9月1日起施行，2014年修正
15	取水许可管理办法	2017年12月22日起施行
16	古生物化石保护条例实施办法	2015年5月11日起施行
17	非煤矿矿山企业安全生产许可证实施办法	2015年7月1日起施行
18	矿产资源开采登记管理办法	2014年7月29日起施行

续表1-6

序号	法律、法规名称	施行日期
19	矿山闭坑地质报告审批办法	1995 年 3 月 11 日起施行

注：以上统计时间截至 2021 年 7 月 31 日，法律、法规再次修正、修订后以其新版本为准。

矿山开采设计的主要规程、规范见表 1-7。

表 1-7　矿山开采设计主要规程、规范

序号	规程、规范名称	标准编号
1	爆破安全规程	GB 6722
2	非煤露天矿边坡工程技术规范	GB 51016
3	建筑设计防火规范	GB 50016
4	有色金属矿山工程建设项目设计文件编制标准	GB/T 50951
5	有色金属矿山井巷工程设计规范	GB 50915
6	冶金矿山采矿设计规范	GB 50830
7	钢铁企业节能设计规范	GB 50632
8	有色金属矿山节能设计规范	GB 50595
9	钢铁冶金企业设计防火规范	GB 50414
10	20 kV 及以下变电所设计规范	GB 50053
11	建筑边坡工程技术规范	GB 50330
12	有色金属采矿设计规范	GB 50771
13	低压配电设计规范	GB 50054
14	建筑物防雷设计规范	GB 50057
15	有色金属工程设计防火规范	GB 50630
16	供配电系统设计规范	GB 50052
17	矿山电力设计标准	GB 50070
18	矿山安全标志	GB 14161
19	工业建筑防腐蚀设计规范	GB 50046
20	金属非金属矿山安全规程	GB 16423
21	室外给水设计规范	GB 50013
22	室外排水设计规范	GB 50014
23	矿山井架设计规范	GB 50385
24	生产设备安全卫生设计总则	GB 5083
25	污水综合排放标准	GB 8978

续表1-7

序号	规程、规范名称	标准编号
26	智慧矿山信息系统通用技术规范	GB/T 34679
27	机械安全防护的实施准则	GB/T 30574
28	生产经营单位生产安全事故应急预案编制导则	GB/T 29639
29	泵站设计规范	GB/T50265
30	生产过程安全卫生要求总则	GB/T12801
31	非金属矿行业绿色矿山建设规范	DZ/T 0312
32	化工行业绿色矿山建设规范	DZ/T 0313
33	黄金行业绿色矿山建设规范	DZ/T 0314
34	冶金行业绿色矿山建设规范	DZ/T 0319
35	有色金属行业绿色矿山建设规范	DZ/T 0320
36	化工矿山地下采矿设计规范	HG/T 22809
37	金属非金属地下矿山监测监控系统建设规范	AQ 2031
38	金属非金属地下矿山人员定位系统建设规范	AQ 2032
39	金属非金属地下矿山紧急避险系统建设规范	AQ 2033
40	金属非金属地下矿山压风自救系统建设规范	AQ 2034
41	金属非金属地下矿山供水施救系统建设规范	AQ 2035
42	金属非金属地下矿山通信联络系统建设规范	AQ 2036
43	石膏矿地下开采安全技术规范	AQ 2015
44	金属非金属地下矿山通风技术规范 通风系统	AQ 2013.1
45	金属非金属地下矿山通风技术规范 局部通风	AQ 2013.2
46	金属非金属地下矿山通风技术规范 通风系统检测	AQ 2013.3
47	金属非金属地下矿山通风技术规范 通风管理	AQ 2013.4
48	金属非金属地下矿山通风技术规范 通风系统鉴定指标	AQ 2013.5
49	金属非金属矿山排土场安全生产规则	AQ 2005

注：以上统计时间截至2021年7月31日，规程、规范更新后以其新版本为准。

2. 设计原则

矿床开采项目主要遵循以下设计原则：

（1）遵守矿产资源法及其实施细则、矿山安全法及其实施条例、环境保护法、建设工程勘察设计管理条例等法律、法规和矿山生态环境保护与污染防治技术政策及有关矿床开采设计的规程、规范。

（2）充分回收和合理利用矿产资源，采取合理的开采顺序、开采方法，"三率"指标应符合行业准入条件。在开采主要矿产的同时，对具有工业价值的共生和伴生矿产应统一规划、综合开采、综合利用、防止浪费；对暂时不能综合开采或必须同时采出而暂时还不能综合利用的矿产，应采取有效的保护措施。

（3）露天开采矿山宜推广"剥离—排土—造地—复垦"一体化技术；地下开采矿山宜推广应用充填采矿工艺技术，利用尾砂、废石充填采空区，推广减轻地表沉陷的开采技术；水力开采的矿山，宜推广水重复利用率高的开采技术；有条件的矿山，宜研究推广溶浸采矿工艺技术，发展集采、选、冶于一体，直接从矿床中获取金属的工艺技术。

（4）矿山设计应积极采用国内外新工艺、新技术、新设备、新材料，提高矿山数字化、信息化、智能化水平。

（5）矿山建设应贯彻执行绿色矿山建设规范要求，体现绿色矿山设计理念，促进矿业和谐可持续发展。

1.5.2　初步设计编制要求及依据

1. 编制要求

初步设计文件由设计说明书、图纸、主要设备及材料表和工程概算书等内容组成，其深度应满足：

（1）为主要设备和材料采购订货提供依据；

（2）为签订土地征用及居民搬迁协议提供依据；

（3）为控制基建投资、进行建设施工招标及编制基建计划提供依据；

（4）指导编制施工图设计；

（5）为进行施工准备和人员培训及规划生产提供依据。

有色金属矿山开采初步设计编制内容和深度可参考《有色金属矿山工程建设项目设计文件编制标准》（GB/T 50951—2013），主要编制内容见表 1-8。化工矿山建设初步设计编制内容和深度可参考《化工矿山企业初步设计内容和深度的规定》（HG/T 22801—2013），主要编制内容见表 1-9。

表 1-8　有色金属矿山开采初步设计编制主要内容

序号	章名	主要内容
第一章	总论	概述；设计基本原则；工作制度及设计规模；厂址；主要设计方案；项目建设进度；项目综合效益及评价；存在的问题及建议
第二章	地质	概述；矿区及矿床地质；矿床地质勘查工作及其质量评述；资源量；基建和生产探矿设计；矿床开采技术条件；矿床防治水
第三章	岩石力学	岩体稳定性地质背景；矿岩物理力学性质；岩体结构分类；原岩应力；露天边坡稳定性；岩体稳定性或可崩性评价；岩石力学监测；下一阶段岩石力学研究工作

续表1-8

序号	章名	主要内容
第四章	采矿：露天开采	开采范围及开采方式选择；露天开采境界确定；矿山生产规模、工作制度、产品方案和服务年限；开拓运输；采剥工作；基建、生产进度计划；矿山关闭和环境治理；露天矿防洪、排水及通风；爆破器材库；存在的问题及建议
	采矿：砂矿开采	开采范围、开采方法和开采顺序；矿床开拓及输送；剥离与开采工作；采场供水和排水；基建采剥进度计划；开采对环境的影响及改善修复；存在的问题及建议
	采矿：地下开采	开采范围及开采技术条件；采矿方法；矿山生产规模；开拓运输系统；井巷工程；充填设施；矿井通风；井下排水和排泥设施；矿山压风及供水系统；辅助设施；基建进度计划；采掘进度计划；存在的问题及建议
第五章	选矿	概述；原矿；选矿试验；设计工艺流程及指标；规模和工作制度；主要工艺设备选择及计算；厂房布置和设备配置；药剂设施；自动化；技术检查站；实验室、化验室及试料加工站；辅助设施；存在的问题及建议
第六章	尾矿处置	设计依据；尾矿库；尾矿处置方案及工艺；脱水与分级；矿浆输送；尾矿堆存与排放；尾矿库的污染控制；尾矿水的回收与排放；尾矿坝；防、排洪设施、尾矿库安全监测；尾矿库封闭及生态恢复；运营管理及辅助设施；存在的问题及建议
第七章	总图运输	设计依据及基础资料；区域概况；总体布置；工业场地总平面布置；办公生活区总平面布置；矿山防洪及河流改道；排土场；工业场地主要工程量和主要技术经济指标；内外部运输；存在的问题及建议
第八章	给排水	设计依据及范围；给水；排水；存在的问题及建议
第九章	电气	设计依据及范围；电源及供配电；电力传动及控制；电气照明；电修；存在的问题及建议
第十章	自动控制	设计依据和范围；自动控制；存在的问题及建议
第十一章	电信和铁路信号	设计依据及范围；电信；铁路信号；存在的问题及建议
第十二章	热力	设计依据及范围；锅炉房；燃油自备电站；煤气发生站；动力管网；存在的问题及建议
第十三章	供暖、通风与空气调节	设计依据及范围；供暖通风与空气调节；存在的问题及建议
第十四章	机修	设计依据及范围；工作量计算；机修设施；仓储设施；存在的问题及建议
第十五章	建筑与结构	设计依据及原则；建筑物及建筑材料；主要建（构）筑物设计方案；特殊构筑物；办公生活设施；存在的问题及建议
第十六章	节能	概述；能耗指标；节能措施

续表1-8

序号	章名	主要内容
第十七章	环境保护和水土保持	环境保护；水土保持；存在的问题及建议
第十八章	安全、消防、职业卫生与健康	安全；职业卫生与健康、消防设施、矿山安全卫生管理机构；存在的问题及建议
第十九章	概算	概述；编制原则和主要依据；概算投资；投资分析；存在的问题及建议
第二十章	技术经济	概述；组织机构及定员；自己筹措及投资进度；成本与费用；利润计算；财务分析；综合评价；存在的问题及建议

表1-9　化工矿山开采初步设计编制主要内容

序号	章名	主要内容
第一章	总论	概述；设计基本原则；设计规模、项目组成及产品方案；厂址与工业场地；主要设计方案；环境保护及综合利用；安全与职业卫生；节能与减排；消防；项目实施计划；企业建设综合经济效益；存在的问题及解决意见
第二章	技术经济	综合技术经济指标；主要设计方案论述；劳动定员与劳动生产率；总投资及资金筹措；成本费用；财务评价；综合评价
第三章	地质	矿区及矿体(层)地质；资源/储量计算；对矿区地质勘探工作评述；基建和生产地质工作；矿床水文地质；矿床疏干；注浆堵水；工程地质条件；矿区环境条件；矿区开采技术条件综述
第四章	采矿：地下开采	设计基础条件；矿山生产规模；开拓运输系统；采矿方法；充填设施和充填材料；矿井通风；井下排水；辅助设施；基建进度计划；采掘进度计划
	采矿：地下水溶法开采	设计依据和范围；矿床开采技术条件；首采区的确定；开采顺序、开采矿层(矿群)以及首采工业矿层(矿群)的选择；生产规模及产品方案；开采方法与开采工艺；开采主要工艺参数；钻井工程；采集卤工程；基建进度计划；矿区生产车间组成及车间概况；主要物料、燃料、动力消耗指标，需要数量及来源；存在的问题及解决意见
	采矿：露天开采	开采范围和开采技术条件；露天开采境界的确定；矿山生产规模、服务年限及工作制度；矿床开拓；采剥工作；基建工程；采剥进度计划；排土场；露天采场的防洪排水；爆破材料设施
	采矿：卤水矿床开采	卤水开采；卤水输送；盐田
第五章	矿山机械	地下开采、露天开采窄轨运输；矿(岩)带式输送机；矿浆管道输送；盐浆和卤水管道(渠道)输送；竖井提升；斜井(坡)提升；空气压缩设施；地下矿或露天采场供水设施；地下矿或露天采场排水设施；主通风设施；双线和单线循环式货运索道；简易重力索道

33

续表1-9

序号	章名	主要内容
第六章	选矿	概述；原矿；选矿试验概况；设计工艺流程及指标；生产能力和工作制度；主要设备的选择与计算；选矿厂的厂房布置和设备配置；药剂设施；实验室和化验室；技术检查；辅助设施
第七章	尾矿设施	概述；设计所需基础资料；尾矿库；尾矿库水文计算；尾矿库坝体稳定性分析；尾矿库库区防渗及尾矿坝排渗；尾矿库管理；尾矿库环境保护；尾矿库安全生产管理；尾矿输送系统；尾矿水
第八章	总图运输	设计依据；区域概况；矿区现状；总体布置；工业场地总平面布置；外部运输；内部运输；生活物资和人员运输以及设备计算；主要工程量汇总表
第九章	给水排水	设计依据及设计范围；原有给水排水设施；给水；排水
第十章	电力与电信	概述；供电；牵引变电所及牵引网络；电力传动；过电压保护、防雷及接地；电气照明；电修、电信
第十一章	自动化与仪表	概述；全矿自动化水平；仪表维修室；存在的问题及解决意见
第十二章	采暖通风与热工	采暖通风；热工
第十三章	机修、汽修及辅助设施	概述；机修、汽修设施体制及组成；修理工作量的计算；机械备件年需要量；机修、汽修设施装置水平；辅助设施；机修、汽修设施、设备、人员、面积汇总表
第十四章	土建	概述；主要设计依据；主要车间建筑结构的确定；行政福利设施；生活区的规划
第十五章	环境保护	设计依据；设计原则及设计范围；矿区环境状况简述；环境工程的指标；污染源及其控制措施；环境影响评价；环境风险评价；环境监测；环境保护管理机构；环境影响评价报告及批复的落实；环保投资概算；存在的问题及解决意见
第十六章	安全	设计依据；工程概述；地质安全影响因素；矿床开采安全评述；总平面布置；机电和其他；矿山安全保健辅助设施；矿山安全机构及设施；存在的问题及解决意见
第十七章	职业卫生	设计依据；工程概述；生产过程中可能产生职业病危害的场所及危害影响分析；职业卫生防护措施及预期效果分析；生产车间卫生特征分级，确定辅助用室及卫生设施数量；职业病防治工作的组织管理；职业卫生防护设施投资概算；存在的问题及解决意见
第十八章	节能	编制依据；项目概况；资源、能源供需状况；项目节能分析与措施；项目能耗评价；结论
第十九章	消防	设计依据及工程简述；火灾危险性及防火措施；消防系统
第二十章	土地复垦	概述；土地保护措施；土地复垦设计；土地复垦效益与技术经济指标
第二十一章	概算	概算的编制原则；总概算书

2. 编制依据

编制矿山开采建设项目初步设计依据主要包括：

(1)法律、法规及规程、规范；

(2)设计委托书或设计合同；

(3)基础资料主要包括：

①可行性研究报告；

②经评审并已备案、满足矿床开采初步设计要求的地质报告；

③矿区工程地质、水文地质及矿区测绘等资料；

④水、电、交通运输等外部建设条件和机修、汽修外部协作条件及征地、拆迁等资料；

⑤环境影响评价报告、安全预评价报告、水土保持方案、土地复垦方案及其他专项报告及其批复文件；

⑥选矿试验研究报告；

⑦对于改、扩建项目，应有开采现状图，已有工程的平面布置图，与改、扩建项目有关的车间及建筑物的竣工图或实测图、设备配置图、隐蔽工程竣工图，需要利用建筑物的地上、地下管线图；

⑧技术经济有关资料。

1.5.3　井田划分和开采方式选择

1. 井田划分

1)井田划分的影响因素和方式

(1)影响井田划分的主要因素

①矿产资源/储量、质量及勘探程度；

②矿床开采技术条件、矿体走向长度及矿体个数；

③投资限制；

④矿床开采、矿石选别技术；

⑤资源整合；

⑥经济效果等。

(2)井田划分方式

①矿区走向很长，储量很大，且矿体连续，可将矿区划分成几个井田。如开阳磷矿区、胡集矿区、弓长岭铁矿区等。

②矿区走向很长，矿体不连续，但每个矿段储量很大，可根据自然条件划分成几个井田。如金川镍矿区、712矿区等。

③矿区范围较大，由几条或几十条各自独立的矿体或矿段组成，可分成若干个坑口独立进行开采，但其出矿系统是统一的，因而将分散的坑口集中起来，形成一个井田。如东川矿务局的因民矿井田由面山、猴跳崖、张口洞、英歌架及大臂槽等坑口组成，落雪矿由龙山、老山、稀矿山、小溜口及月亮洞等坑口组成。

④矿区由一个或几个矿体(矿段)组成，划分为一个井田。如锦屏磷矿、凤凰山铜矿等。

此外，瑞典基律纳铁矿走向长4000 m，平均厚度为85 m，最大勘查深度达2000 m，生产规模为2200万 t/年，是世界上最大的地下开采矿山之一。但基律纳铁矿并没有划分成几个井田开采，而采用竖井群集中开拓，集中建厂方案。

2）井田划分实例

（1）贵州开阳磷矿区的井田划分

开阳矿区为浅海沉积层状磷块岩矿床，产状背斜呈梭形，其轴部受侵蚀作用，成洋水河。形成东西两翼，南北端倾斜。矿体走向总长 15 km，倾向延深 500~700 m。总储量为 3.4 亿 t，矿体厚度为 2~7 m。

矿区背斜轴部的洋水河两岸较平坦，适于布置全矿区的工业场地，且工业场地位于井田下盘，能直接与洋水河工业区相连。根据矿床地质与构造特征、储量分布、地表地形与水文条件、开采技术条件与勘探程度等因素，进行总体规划及技术经济比较，决定将矿区划分为六个井田。背斜东翼由南至北分为牛赶冲、马路坪、沙坝土三个井田；背斜西翼由南至北分为用沙坝、两岔河两个井田；位于背斜轴部分有极乐井田，详见图 1-3。

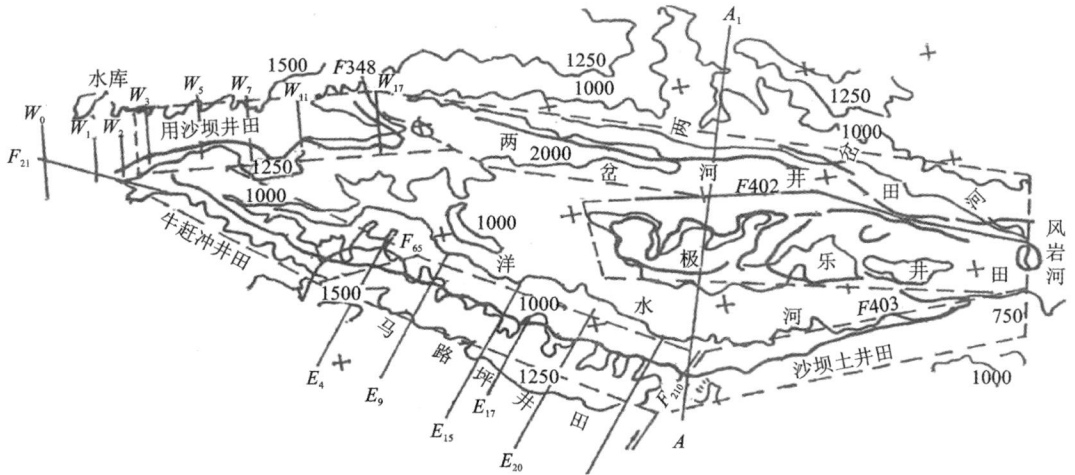

图 1-3 贵州开阳磷矿区的井田划分

（2）甘肃金川矿区的井田划分

甘肃金川镍铜矿区，走向北西 50°，含矿超基性岩体全长 6 km，倾向南西，倾角一般在 70°以上，局部地段稍缓，含矿岩体沿走向和倾斜方向有明显的膨缩变化和波状起伏。

由于含矿岩体受北东向断层切割，根据断层位置、矿体赋存形态和标高，以及矿体勘探的先后，曾将矿床分为 Ⅰ、Ⅱ、Ⅲ、Ⅳ四个相对独立的矿区。其中：由西而东，F_8 断层以西的三矿区，称为三号井田；F_8 和 F_{16} 断层中间部分的一矿区，称为一号井田，一号井田又分为露天矿和地下矿；F_{16} 和 F_{23} 断层中间部分的二矿区，称为二号井田；F_{23} 断层以东的四矿区，称为四号井田。

后由于资源整合与管理调整，原三矿区和原一矿区合并为龙首矿区，称为一号井田；原二矿区没有变化，称为二号井田；原四矿区更名为三矿区，称为三号井田。见图 1-4。

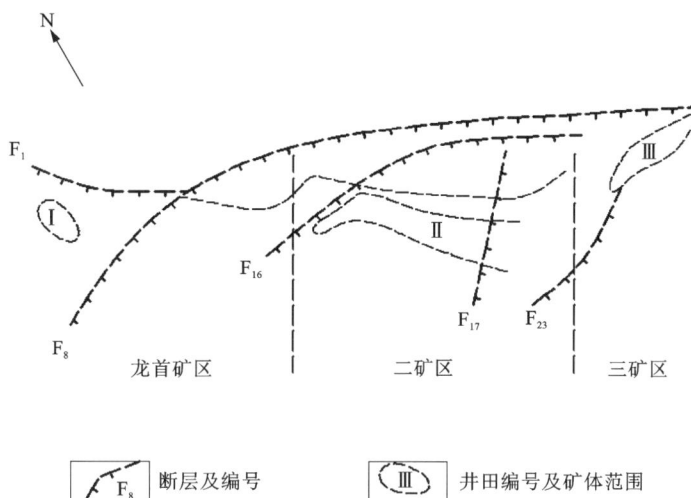

图1-4 甘肃金川矿区的井田划分

2. 开采方式选择

1) 影响开采方式选择的主要因素

(1) 矿床开采技术条件

矿床开采技术条件主要包括矿体赋存特征和矿区工程地质、水文地质和环境地质条件等，矿床开采技术条件是影响矿床开采方式的关键因素之一。

矿体赋存特征很大程度上决定着矿床开采方式。从矿体空间形态延深方面可把矿体形态划分成等轴型矿体、柱状型矿体、板状型矿体、过渡型矿体、复杂型矿体、脉状矿体。矿体产状包括矿体空间位置、埋藏深度、矿体与围岩空间关系、矿体与地质构造空间关系等。一般的柱状型矿体、板状型矿体多呈大规模产出，是露天开采的理想矿床，而脉状矿体、复杂型矿体多属于地采类型。矿体埋藏深度是决定采用何种开采方式的关键因素，上部覆盖层的厚薄，决定剥离成本，若矿石承担的剥离成本过高，则露天开采不再具有优势。

矿山工程地质研究的是矿区的矿岩工程地质分组及特征、矿体的围岩及其稳定性，其成果是露天设计时境界边坡角取值的重要依据，是地采井巷支护及采场地压管理的依据，在开采方式比选时应考虑矿山工程地质因素对开采成本的影响。

矿山水文地质条件是影响矿山开采方式的另一重要因素。露天开采的坑内积水主要来源于大气降水和地下涌水，其坑内总水量往往比地采矿山大，但露天矿山的排水系统布置简单，方式多样，排水能力大，且若出现特殊情况时人员设备撤离方便，一般对涌水量没有严格要求。地采矿山则必须考虑矿山涌水问题，井下涌水会给井巷施工造成很大影响，大量涌水也会影响井下正常生产。溶浸采矿对矿山水文地质条件要求则更高。

矿山环境地质包括区域稳定性分析、矿区社会环境及自然地理环境评价、矿区水环境评价及矿区不良地质条件分析等，露天矿山存在大规模产生较大的扬尘、采矿及排土场对地表植被破坏大，这势必会对当地的环境地质产生较大影响，因此需考虑环境地质的承受能力。

(2) 外部开采环境

开采方式选择时，矿山外部环境首先应考虑矿山所在区域有无保护性区域或遗址以及国家和地方规划的水资源保护区、文物保护区和自然保护区，矿山所在区域的发展规划、功能区规划和生态红线及对环境保护的要求等因素影响；另外还要考虑交通、供电、供水、通信等外部条件的制约，以及露天开采对地表原始景观的影响、排土场(废石场)和尾矿库布置等因素影响。

2)开采方式的选择

(1)开采方式选择

矿床开采方式分为地下开采、露天开采和地下与露天联合开采。

矿山是采用露天开采还是地下开采，或者露天与地下联合开采，要根据矿床开采技术条件研究确定。

在矿山建设中，一般根据对矿体赋存特征的研究就可以确定其开采方式。下列情况需要通过技术经济比较才能确定其矿床开采方式：

①一些矿体埋深中等、规模较大、矿围岩破碎、矿区水文地质条件复杂、涌水量大、用地下开采比较困难的矿体；

②一些矿体厚度中等、埋藏深度中等的倾斜矿体；

③矿体厚度较大、埋藏较深的急倾斜矿体。

(2)开采方式比较

为了合理确定矿床开采方式，有时需要在可行性研究或初步设计中对两种开采方式进行综合的技术经济比较和分析，比较的主要内容如下：

①可以达到的开采规模，或同样规模的潜在能力；

②可采矿石量及服务年限；

③采出的矿石质量；

④需要的主要建设工程量及投资费用；占地及拆迁量，对生态的影响程度，生态恢复费用；

⑤生产成本和经营费用；

⑥建设的速度，包括建设投产时间及达产时间；

⑦经济效益，包括投资的收益率和投资偿还期；

⑧矿产资源的损失和利用程度；

⑨生产劳动条件和环境影响情况，与当地规划符合度；

⑩主要设备、材料和能源的需要量等。

由于露天开采的安全生产劳动条件比地下开采要好，矿产资源回采率较高，容易实现达产达标，在经济效益相差不大且地表环境允许的情况下宜尽量采用露天开采。

(3)技术可行性

技术可行性是指采用的技术方案不能超出当前所拥有的或掌握的技术边界。近年来矿山开采技术发展突飞猛进，随着装备制造业的发展，矿山开采规模逐步增大，复杂条件下的矿山开采技术也越来越成熟，但具体采用何种开采方式，仍需进行详细的技术可行性分析比较。如在节理裂隙发育、岩层风化严重、岩体稳定性极差的矿床采用地下开采的技术可行性一般需要论证；在采用露天开采时，若经济上可接受的边坡维护技术不能保证采场生产安全，则露天开采在技术上也不可行。再如埋藏较深的大型低品位矿床，采用自然崩落法开采在经济上较为合理，但若矿体的节理裂隙不发育，矿体可崩性较差，则在技术上不可行。

（4）经济合理性

经济合理性是决定矿山开采方式的最根本因素。在市场经济中，项目的经济效益是首先要考虑的。判断一种开采方式是否可行的最简单方法是看其经济合理性。对于任何一种在技术上可行、开采条件和环境允许的开采方式均需进行经济效益评价，估算项目关键经济指标，并评估其经济风险和收益情况。

（5）生态环境可行性

应处理好矿权设置与国家规划区的关系，矿权不能占用国家规划区、自然保护区、重要风景区、自然或文化遗产保护区、地质公园、基本农田等地方。

在矿产资源开发全过程中，实施科学有序开采，对矿区及周边生态环境扰动控制在可允许的范围内，实现矿区环境生态化是建设绿色矿山的重要内容，直接影响着矿床开采方式。

矿区环境基本要求：①矿区功能分区布局合理，矿区应绿化、美化，整体环境整洁美观；②厂址选择合理，尾矿库和排土场位置应选择渗透性小的场地，防止对地下水造成污染；③生产、运输、贮存等管理规范有序。

矿区生态环境保护：①应按照矿山地质环境保护与土地复垦方案进行环境治理和土地复垦；②应建立环境监测与灾害应急预警机制，设置专门机构，配备专职管理人员和监测人员。

（6）安全可靠性

矿山开采属于高危险性行业，必须高度重视生产安全。矿山安全可靠性直接决定着矿床开采方式，必须认真研究和考虑。

矿山合理开采方式的确定是矿山总体设计中的重要环节，取决于许多因素，应进行综合分析比较后择优选择。

1.5.4　矿山生产能力及服务年限

1. 建设规模的确定原则

1）匹配原则

矿山生产能力、矿山服务年限与资源储量相匹配原则。

2）政策原则

必须符合国家的政策，符合国家、地区和区域总体发展规划的要求，符合社会经济可持续发展和生态环境保护的要求。

3）市场原则

必须符合国家经济和社会的需要，产品要有可靠的市场。

4）技术先进可行原则

所确定的生产能力必须与现有技术相结合，在现有技术条件下必须能够达到，同时也要体现技术的先进性。

5）经济原则

经济合理，能获得良好的经济效益和社会效益。

2. 露天矿山生产能力及服务年限

1）露天矿生产能力

（1）按矿石资源储量估算生产能力

在没有特殊要求的情况下（如：国家政策规定、业主投资控制、产品量要求等），露天开采境界内圈定的资源储量及其分布形态是露天矿生产能力的主要因素。

设计中,露天矿生产能力通常指矿石生产能力,可按照 Taylor 公式初步估算,并结合类似矿山初步拟定。

$$A = \frac{4.88 \times (T_r \times b)^{0.75}}{330 \times b} \tag{1-1}$$

式中:A 为矿山生产规模,t/d;T_r 为开采境界内可采储量,t;b 为短吨和公吨的换算系数,$b = 1.10231$。

(2)按产品需求量确定生产能力

根据产品需求量,如果产品为精矿,按照采选工艺指标,反算原矿生产规模。如果产品为金属,则应将冶炼工艺指标纳入计算。

此外,外部建设条件、运输能力以及经济因素等也是确定生产能力的因素。

(3)矿山生产能力验证

根据矿床开采技术条件及运输条件对初步估算的矿山生产能力进行验证,一般常规验证方法有:

①按可能布置的采矿工作面验证矿山生产能力;

②按露天矿山工程延深速度验证矿山生产能力;

③按照道路通过能力验证矿山生产能力。

对于采用陡帮开采、分期开采或投产初期台阶矿量少下降速度快的矿山,可按新水平准备时间确定矿山工程延深速度,详见表 1-10 和表 1-11。

表 1-10 矿山工程延深速度

运输方式	类别	延深速度/(m·a⁻¹)
铁路运输	山坡露天矿	8~12
	凹陷露天矿	6~10
汽车运输	山坡露天矿	22~30
	凹陷露天矿	18~26

表 1-11 露天矿山道路等级

交通量及行车速度	道路等级			
	一	二	三	四
汽车单向交通量/(辆·h⁻¹)	>85	85~25	<25	<15
计算行车速度/(km·h⁻¹)	45	35	25	20

注:四级道路只适用铰接卡车。

此外,为了矿山获得更大的经济效益,进一步论证经济上更为合理的矿山生产能力,主要用静态分析法和动态分析法进行。

2）矿山服务年限

矿山服务年限有两重定义：一是指矿山从投产至结束的生产时间；二是指矿山从基建开始至生产结束的时间。一般情况下服务年限指前者，后者为矿山生命周期，主要在计算矿山经济效益时采用。

有色金属露天矿山合理服务年限宜符合大型露天矿山大于 20 年、中型露天矿山大于 15 年、小型露天矿山大于 8 年的规定，改建、扩建矿山的设计合理服务年限不低于相同开采方式新建矿山设计合理服务年限的 50%。

3. 地下矿山生产能力及服务年限

（1）矿山生产能力计算

矿山生产能力可按下式计算：

$$A = \frac{NqKEt}{1-Z} \qquad (1-2)$$

式中：A 为矿山生产规模，t/a；N 为同时回采的可布矿块数；q 为矿房生产能力，t/d；K 为矿块利用系数，参见表 1-12；E 为地质影响系数，0.7~1.0；Z 为副产矿石率，%；t 为年工作天数，d。

各采矿方法的采场生产能力可参考表 1-13。

表 1-12 有效矿块利用系数

采矿方法	有效矿块利用系数
分段空场法	0.3~0.6
房柱法、全面法	0.3~0.7
上向水平分层充填法	0.3~0.5
薄矿脉浅孔留矿法	0.25~0.5
有底柱分段崩落法、阶段崩落法、壁式崩落法、分层崩落法	0.25~0.35
点柱充填法	0.5~0.8
无底柱分段崩落法、下向充填法	≤0.8

注：当矿体产状规整、矿岩稳固、矿块矿量大、采准切割量小、阶段可布矿块数少或矿体分散，矿块间通风、运输干扰少以及单阶段回采时，应取大值。

表 1-13 采场生产能力   单位：t/d

采矿方法	矿体厚度/m			
	<0.8	0.8~5	5~15	15~50
全面法	—	60~100		
留矿全面法		50~70		
房柱法		70~100	100~200	
分段空场法			120~220	140~250

续表1-13

采矿方法	矿体厚度/m			
	<0.8	0.8~5	5~15	15~50
爆力运矿法	—	70~110	120~200	
阶段空场法	—			250~400
浅孔留矿法		50~100	80~120	
极薄矿脉留矿法	40~80			
上向分层充填法	—	30~50	50~80	100~220
下向充填法			40~70	100~200
削壁充填法	25~40			
大直径深孔落矿嗣后充填法	—			200~300
壁式崩落法	—	60~120		
分层崩落法			40~60	50~80
有底柱分段崩落法	—			200~300
无底柱分段崩落法				180~360
阶段强制崩落法				250~400

注：当机械化程度较高、矿体厚度较厚时，取大值；当机械化程度较低、矿体厚度较薄时，取小值。

（2）地下矿山生产能力验证

①按合理服务年限验证。

矿山服务年限与投资回收期有直接关系，在正常情况下，应在可采储量消耗不超过一半时回收全部投资。用经济合理服务年限验证矿山生产规模，一般采用的公式如下：

$$A = \frac{Q\alpha}{T(1-\beta)} \tag{1-3}$$

式中：A 为矿山年产量，t/a；T 为经济合理服务年限（一般是下限值），a；Q 为总地质储量，t；α 为矿石回收率，%；β 为矿石贫化率，%。

有色金属地下矿山合理服务年限宜符合大型地下矿山大于 25 年、中型地下矿山大于 15 年、小型地下矿山大于 8 年的规定要求，改建、扩建矿山的设计合理服务年限不低于相同开采方式新建矿山设计合理服务年限的 50%。

②按矿山开采年下降速度验证。

年下降速度是计算矿山生产能力的一项综合性指标，它与实际开采矿山的地质条件、回采工艺、机械化程度、技术管理水平以及操作人员的技术水平和素质均有十分密切的联系，是矿山综合水平的反映。一般情况下，它可用于长远规划阶段以估算矿山产量，在可行性研究或初步设计阶段可作为验证计算矿山生产能力的方法之一，按下式计算：

$$A = \frac{VS\gamma\alpha}{1-\beta}K_1K_2E \tag{1-4}$$

式中：V 为回采工作面年下降深度，m/a；S 为矿体开采面积，m²；γ 为矿石密度，t/m³；α、β

分别为矿石的回收率和贫化率，%；E 为地质影响系数，0.7~1.0。

K_1、K_2 分别为倾角和厚度修正系数，在与类比矿山的条件基本一致时，不需要修正；其他条件相同，但倾角或厚度稍有不同时，则应适当修正；一般情况，若设计矿山矿体的倾角和厚度大于类比矿山时，系数可取 1.1~1.2；反之，系数取 0.8~0.9 或更小些。在采用不同采矿方法时，应按不同矿体、不同采矿方法分别估算下降速度，取其综合指标。

（3）按新水平开拓和采准时间验证

矿山生产能力验证首先要考虑新水平开拓和采准这两个工序与回采工序的衔接，采用充填法的矿山还需考虑充填对回采顺序的保证。新水平开拓和采准与掘进的机械化程度、采场回采强度有直接关系，国内有的矿山由于掘进速度满足不了要求而造成"采掘失调"，在验证矿山生产能力时必须给予重视。

当矿山生产能力初步确定后，便可根据阶段储量求出阶段服务时间，多阶段开采时以服务时间最短者为准。完成新阶段开拓和必须在该阶段内完成的采准工程的时间，应比阶段最短的服务时间提前半年。如在高度机械化程度下仍不能实现，则应调整矿山生产能力。

设计应根据矿山实际采用的机械化水平和掘进工作条件以及技术管理水平等情况计算开拓一个新水平所需的时间。新水平准备时间按下式计算：

$$T_z = \frac{Q_z \alpha E}{k(1 - \beta')A_z} \tag{1-5}$$

式中：T_z 为新水平准备时间，年；α、β' 分别为矿石的回收率和废石混入率，%；k 为超前系数，取 1.2~1.5；Q_z 为回采阶段地质储量，t；A_z 为回采阶段年产量，t；E 为地质影响系数，0.7~1.0。

1.5.5　露天开采

1. 圈定露天开采境界

1）露天开采境界边坡参数确定

露天开采境界边坡参数主要包括最终边坡角、台阶高度、最终台阶坡面角、最终平台宽度（包括安全平台宽度、清扫平台宽度和运输平台宽度）。

最终边坡角和最终台阶坡面角根据矿床及围岩岩性、工程地质条件、水文地质条件等，通过试验、分析计算确定。一般情况下，设计依据的露天开采境界边坡参数应通过进行岩石力学专项研究来确定。

台阶高度和最终平台宽度根据最终边坡角和最终台阶坡面角以及根据矿床储量规模初步预估的生产规模和铲装、运输和清扫设备规格确定。

2）圈定露天开采境界的原则及其适用条件

（1）计算机软件圈定露天开采境界的原则

按产品价格或成本进行折扣，圈定一系列露天开采境界，力求矿床全生命周期净现值（NPV）最大。

（2）传统法圈定露天开采境界的原则及适用条件

①境界剥采比（N_j）不大于经济合理剥采比（N_{jh}），即 $N_j \leqslant N_{jh}$；适用于一般矿床。

②平均剥采比（N_p）不大于经济合理剥采比（N_{jh}），即 $N_p \leqslant N_{jh}$；适用于贵、重有色金属矿床或稀有金属矿床。

③最大均衡生产剥采比（N_{max}）不大于经济合理剥采比（N_{jh}），即 $N_{max} \leqslant N_{jh}$；用于校验矿体不规则、沿走向厚度变化较大、上部覆盖层较厚的矿床。

（3）圈定露天开采境界的其他原则及其适用条件

①充分利用资源，发挥露天开采的优越性，将控制和探明的地质资源储量尽可能多地圈定在露天开采境界内；

②对矿层厚度大、剥采比小的矿床，可根据勘探程度和服务年限圈定露天开采境界；

③圈定的露天开采境界外余下资源储量不多，从经济性角度考虑不宜采用地下开采，或者矿石和围岩稳固性差、水文地质条件复杂等，从安全性角度不宜采用地下开采，可适当扩大露天开采境界；

④当圈定的露天开采境界边缘有难以迁移的重要建构筑物、河流、重要交通干线、重要通信线路等，可适当缩小露天开采境界。

3）经济合理剥采比的确定方法及其适用条件

（1）产品成本比较法

产品成本比较法分为原矿成本法和精矿成本法。

①原矿成本法：以露天开采和地下开采单位矿石成本相等为计算基础，确定经济合理剥采比。其适用条件：由于没有考虑露天和地下开采在矿石损失和贫化方面的差异，也没有涉及矿石的价值，因而采出矿石的数量和质量不同，对企业经济效益的影响较大，为此，只有在两种开采方法的矿石损失率和贫化率相差不大，且地下开采成本低于产品售价时才适用。

②精矿成本法：以露天开采和地下开采单位精矿成本相等为计算基础，确定经济合理剥采比。其适用条件：虽然考虑了两种开采方法的采出矿石品位和选矿指标，但未考虑矿石损失的因素，因此只有在两种开采方法的矿石贫化率相差较大、损失率接近，以及地下开采的矿石加工成最终产品的成本低于产品售价时才适用。

（2）盈利比较法

以露天开采和地下开采相同工业储量获得的总盈利相等为计算基础，确定经济合理剥采比。盈利比较法的适用条件：综合考虑了露天和地下两种开采方法在采出矿石的数量和质量、选矿指标等方面的差别。当两种开采方法的矿石损失率和贫化率相差较大，且两种开采方法采出的矿石加工成最终产品的成本均低于产品售价时适用。

4）圈定露天开采境界的经济模型参数

计算机软件圈定露天开采境界的经济模型参数主要有：

（1）矿石、废石密度：由地质勘探报告等相关资料提供；

（2）露天开采最终边坡角：由岩石力学研究专项报告提供，或依据矿山工程地质、水文地质条件分析计算并参照类似矿山选取；

（3）矿石损失率和贫化率：根据矿体赋存条件及开采工艺、设备等计算，并参照相关规程规范和类似矿床开采经验选取；

（4）产品售价：根据当时及近期产品售价，按照规定的计算方法确定；

（5）采矿成本：根据矿床赋存条件、矿石性质以及所采用的开采工艺方法，在原材料价格及消耗量等基础上计取；

（6）剥离成本：根据所采用的剥离工艺，在原材料价格及消耗量等基础上参照有关定额指标计取；

（7）选矿成本：根据矿石性质所采用的破碎、磨矿及选矿工艺，在原材料价格及消耗量等基础上计取；

（8）选矿回收率：根据选矿试验报告提供的指标或参照类似选矿厂（选厂）生产指标选取；

（9）管理及其他费用：根据国家相关规定以及所设计的矿山管理模式等计取；

（10）贴现率：按照相关规定计取；

（11）其他成本：根据不同矿山项目具体情况而定。

5）露天开采境界圈定方法

露天开采境界圈定方法分为传统法圈定露天开采境界和计算机软件圈定露天开采境界两种。

这两种圈定方法，都应首先确定最终边帮构成要素。此外，用传统法圈定露天开采境界时，需要矿体剖面图、矿体分层平面图、地表地形图、储量计算图件及其附表、计算确定的经济合理剥采比等；计算机软件圈定露天开采境界需要矿体三维地质模型、矿体模型、地表模型以及产品售价、采选成本、开采贫化损失指标等技术经济指标。

（1）传统法圈定露天开采境界

传统法圈定露天开采境界的一般步骤：

①根据岩石力学研究推荐的边坡参数确定露天矿最终边坡角和台阶标高；

②确定露天采场最小底平面宽度，以最小底平面宽度应保证设备正常运行、安全作业为原则；

③计算露天采场境界剥采比，圈定单线条露天开采境界，分为两种情况：

第一种情况，走向长的露天采场。第一步，在地质横剖面图上按照不同露天开采深度和已经确定的边坡角圈定露天开采境界，计算境界剥采比（一般有线比法和面积比法）和平均剥采比；根据计算的经济合理剥采比，在横剖面图上初步确定露天开采境界底部标高及底部位置，按照最小底平面宽度画出单个剖面上的露天开采境界线；将横剖面上的露天开采境界投到纵剖面上，调整露天开采境界底部标高，确定露天开采境界深度，初步确定端帮位置。第二步，确定坑底平面范围：将已经确定的露天开采境界坑底位置和标高投到矿体分层平面图上，圈定露天开采境界的底部周界。第三步，根据最终边坡角和矿体平面位置圈定平面单线条露天开采境界。

第二种情况，走向短的露天采场。短露天采场采用平面法计算境界剥采比，即根据不同的开采深度绘制平面图，计算其境界剥采比以及平均剥采比；根据计算的经济合理剥采比，选取合理的露天开采境界。

④根据已经确定的露天开采最终边帮构成要素和圈定的平面单线条露天开采境界，布置开拓运输系统，绘制双线条露天开采境界平面图。

（2）计算机软件圈定露天开采境界

近些年来，由于矿业专业软件的广泛使用，已经很少使用传统法圈定露天开采境界。用计算机软件圈定露天开采境界的方法，主要分为模拟法和数学优化法两大类。其中，模拟法包括剖面图法、平面投影法、浮动圆锥法等；数学优化法包括线性规划法、图论法、三维动态规划法、网络流算法等。目前，计算机软件圈定露天开采境界以浮动圆锥法为主，采用该方法圈定露天开采境界的常用软件有 Whittle、Surpac、3DMine、Dimine 等。

计算机软件法圈定露天开采境界的主要步骤:

①分析、整理、创建基础模型。

对地质模型、矿床块体模型进行分析整理,以满足软件境界优化相关模块的要求,创建地表模型。

②边坡角拟合。

根据边坡研究提供的边坡角,再细分单元块,通过调节阶段内的台阶数量来控制边坡角误差。

③定义技术经济参数。

在境界优化前,需对技术指标和经济指标分别进行定义和估值。技术指标主要包括矿岩密度、损失率、贫化率、选矿回收率、边坡角等。经济指标主要包括金属售价、采矿成本、选矿成本、管理成本及其他费用等。

④露天开采境界初步静态优化。

根据上述要求定义好基本参数,以当前金属价格为基本方案,通过调节价格因子步距的方式优化多个境界方案。必要时,在境界剥采比附近加密步距,需要分期开采时,根据不同的分期需要选择露天开采境界。

⑤露天开采境界动态优化。

对上述初步静态优化获得的各个境界方案进行生产进度计划排产,并加入资金的贴现率,以求取最大的净现值 NPV。

露天开采境界优化软件 Whittle 排产计划分为最好情况、一般情况和最差情况三种排产方式。最好情况是指经济效益最好的排产方式,采用分期扩帮延深的方式进行开采,开采顺序由已优化出的最小境界依次向外扩帮,直至最大境界。最差情况是指根据台阶高度,分台阶依次向下延深,在最终境界上由顶部往下逐台阶开采。

矿山实际生产需考虑开采平台宽度、下降速度等,Whittle 在一般情况下的排产 Milawa 模块,可对最终境界、分期数目、同时开采台阶数等关键参数进行约束,得到较为符合实际排产的结果。进度计划编排后,再输入基建投资、追加投资、贴现率等经济参数,获得各个排产方案的净现值(NPV)、内部收益率(IRR)等指标,以便确定最优方案。

⑥结合采场边坡构成要素以及开拓运输系统布置要求对计算机软件圈定的单线条露天开采境界进行人工调整,并布置开拓运输系统,绘制双线条露天开采境界平面图。

6)计算机软件(Whittle)圈定露天开采境界实例

(1)矿山概况

某矿为大型斑岩型铜矿,矿体厚度大,埋藏较浅,大部分矿体已控制,且局部出露地表,工程地质、水文地质条件简单,适合大规模露天开采。

(2)露天开采境界最终边坡角

根据岩石力学研究分析得出的结论,将境界按不同边坡高度、不同边坡岩性分区确定。其分区如下:

东部边坡(方位角 30°~150°):44°;

南部边坡(方位角 150°~210°):42°;

西部及北部边坡(方位角 210°~360°、0°~30°):39°。

（3）圈定露天开采境界

①矿床地质模型及校核验证。

矿体块段模型采用克里金法对矿体品位进行估值，构建矿体品位模型。品位模型数据库来自有效勘探钻孔及样品，赋值后的价值模型见图1-5。

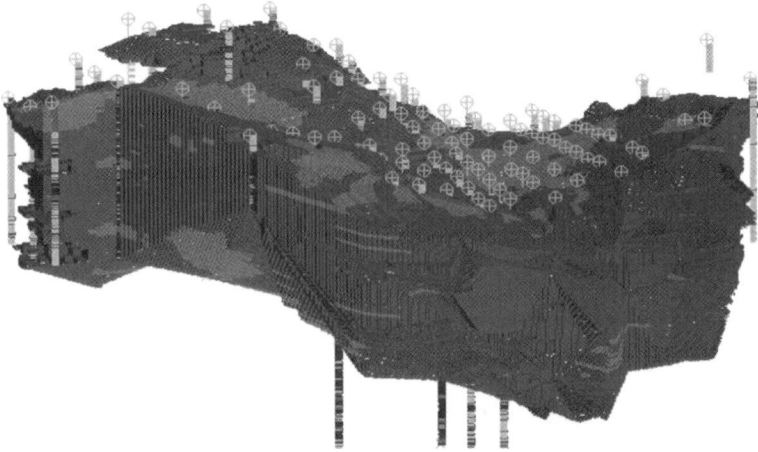

图 1-5　价值模型

模型验证：将模型中的矿石储量和品位与提交并批复的矿石储量和品位对比验证。根据新建的矿床模型计算的工业矿量较地质勘探报告提交的少0.06%，低品位矿量增加1.99%，总矿量增加1.28%，铜品位提高1.95%，钼品位提高2.20%，铜资源量增加幅度为3.25%，钼资源量增加幅度为3.51%，以上各指标误差均在允许范围内，符合建立地质模型设计要求，可作为设计依据。

②定义技术经济参数。

露天开采境界的优化是以一定的技术经济参数为基础，采用计算机辅助完成的，矿山技术经济参数指标见表1-14。

表 1-14　矿山技术经济参数指标

序号	参数	境界优化参数
1	矿石密度/(t·m⁻³)	2.63
2	废石密度/(t·m⁻³)	2.61
3	最终边坡角	方位角0°~30°：39°；方位角30°~150°：44°；方位角150°~210°：42°；方位角210°~360°：39°
4	损失率/%	3
5	贫化率/%	3
6	技术经济指标/(元·t⁻¹)	Cu：43750(含税)，37393(不含税)；Mo：1800(含税)，1538(不含税)。增值税率17%

续表1-14

序号	参数	境界优化参数
1) 总成本费用 /(元·t⁻¹)	开采矿石成本 a	14.5
	开采废石总成本 b	13
	选矿制造成本 c	42
	管理费用 d	8.5
	销售费用 e	7
	财务费用 f	1.5
	资源税 g	15[当 $w(Cu) \geq 0.4\%$ 时]
	销售税金及附加 h	2
2)	不含采矿成本的 成本费用/(元·t⁻¹)	工业矿：76($c+d+c+f+g+h$) 低品位矿：61($c+d+e+f+h$)
3)	工业矿选矿回收率/%	Cu：85；Mo：70
	低品位矿选矿回收率/%	Cu：78；Mo：65
4)	工业品位/%	Cu：0.4
	工业边界品位/%	Cu：0.2
5)	贴现率/%	12

③拟合边坡角。

根据岩石力学研究报告提供的各区域边坡参数，将地质模型分区，每个区域采用块段质心耦合选取相应边坡参数。为保证优化露天开采境界形状的精确性，必须尽可能地使这两个角度耦合在一起，尽量确保误差最小。

④露天开采境界静态优化。

将模型数据导入 Whittle 进行数据预处理后，以确定的技术经济指标（见表1-14），确定的金属价格为基本方案，价格系数取 0.10~1.30，以 0.05 为间隔步距因子，优化出 0.50~1.30 时总计 17 个露天开采境界方案。各个方案的矿岩量统计见表1-15。图1-6 表示价格系数分别取 0.6~1.3 时圈定的一系列露天开采境界方案以及它们之间的相互嵌套关系。

表1-15 各露天开采境界方案的矿岩量统计

境界方案	价格系数	矿岩总量/万t	矿量/万t	岩量/万t	剥采比/(t·t⁻¹)	净值/亿元
Pit1	0.50	269	171	98	0.57	1.90
Pit2	0.55	35868	21936	13932	0.64	203.50
Pit3	0.60	59737	38214	21523	0.56	316.60
Pit4	0.65	110664	73933	36731	0.50	508.70
Pit5	0.70	168276	111189	57088	0.51	669.20

续表1-15

境界方案	价格系数	矿岩总量/万t	矿量/万t	岩量/万t	剥采比/(t·t⁻¹)	净值/亿元
Pit6	0.75	243409	159856	83553	0.52	834.60
Pit7	0.80	278239	180579	97660	0.54	881.00
Pit8	0.85	308606	197690	110917	0.56	906.70
Pit9	0.90	338843	210028	128815	0.61	922.30
Pit10	0.95	370153	221272	148881	0.67	931.20
Pit11	1.00	395336	229479	165858	0.72	933.30
Pit12	1.05	415453	234974	180479	0.77	931.80
Pit13	1.10	433904	239433	194471	0.81	928.00
Pit14	1.15	445147	241749	203398	0.84	924.80
Pit15	1.20	459457	244573	214885	0.88	919.40
Pit16	1.25	471386	246666	224720	0.91	914.20
Pit17	1.30	483301	248744	234558	0.94	907.90

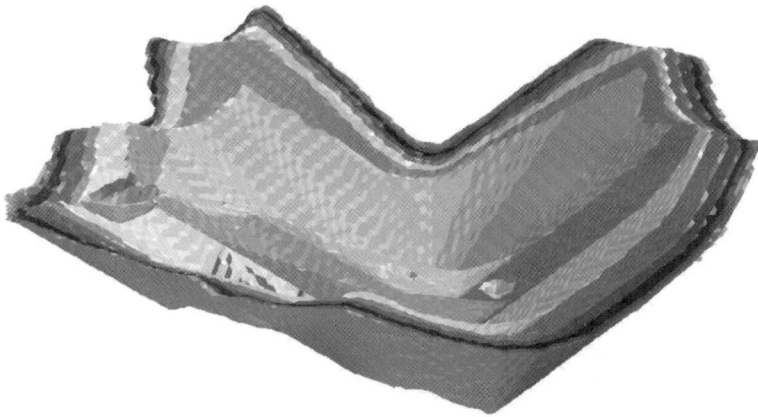

图1-6　不同价格系数条件下境界方案三维图

由表1-15可知，初期阶段，随着露天开采境界的增大，经济效益增加速度较快，经过一段区域后，速度放缓，然后开始下降，具体变化趋势见图1-7。这个上升与下降的过程中，存在一个拐点，拐点所对应的境界就是净值最大的境界方案。境界方案Pit11对应的净值933.30亿元为最高净值，因而境界Pit11为不考虑时间因素(当前)条件下最优境界。

⑤露天开采境界动态优化。

露天开采境界动态优化主要是为了将时间属性赋予每个矿块，将价值模型由三维演变为四维，通过对块体模型按开采顺序再编辑，获得采剥进度计划结果。

a.开采顺序。

矿山开采顺序是根据矿体埋藏情况和矿区地形特征确定的。某斑岩型铜矿地形较陡，地

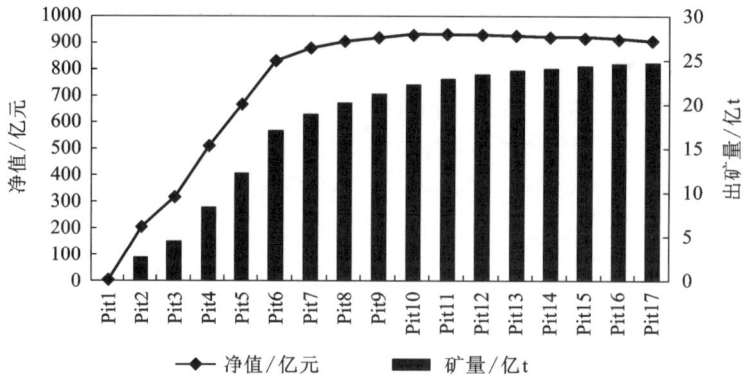

图1-7　各境界方案净值与出矿量关系图

表坡度30°~35°，矿体在东部和西部均为高山覆盖，矿区以中间山沟为界分为东、西两部分。为均衡生产剥采比，采用分期分区开采。

前期境界首采区设在西部山坡(见图1-8)，安排进度时先在前期境界西部基建，然后在东部开始剥离。因前期境界东帮与扩帮境界在同一侧，为减小道路联系困难，设计将这个前期境界东部扩帮和二次扩帮合二为一，将东部边帮一次扩到最终边帮。当扩帮境界形成稳定生产规模后，再在后期境界进行扩帮，直至露天开采结束。

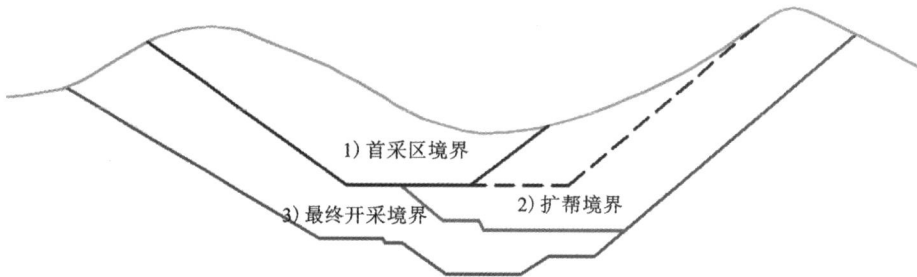

图1-8　西部首采区示意图

b.进度计划编排。

根据静态优化方案统计数据分析，对价格系数取0.5~1.3的区间，按0.05的步距共计17个方案编排进度计划。Whittle软件采取统一的开采顺序、开采强度要求及台阶工艺参数，在尽量减少基建工程量和平衡生产剥采比的原则下，完成上述17个境界的剥采进度计划编排，并输出Pit11境界每年剥采总量柱形图(见图1-9)、出矿量和出矿品位关系图(见图1-10)。

c.境界方案统计分析。

按境界方案排好进度计划后，软件根据每年矿岩剥采量、出矿品位、金属价格计算境界方案的年现金流入量。

年现金流入量按下式计算：

$$CI = \sum Q_i \times \alpha_i \times \varepsilon_i \times \varphi \times p_i \quad (i = 1, 2, \cdots, n) \tag{1-6}$$

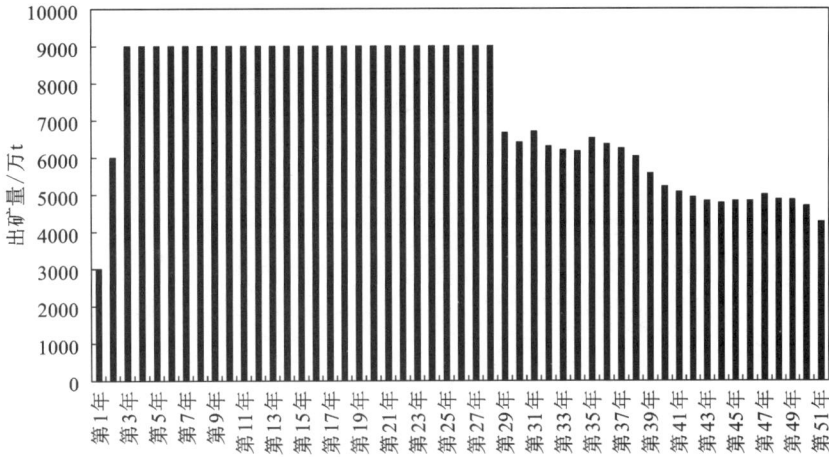

图 1-9 Pit11 境界每年矿岩总剥采量柱形图

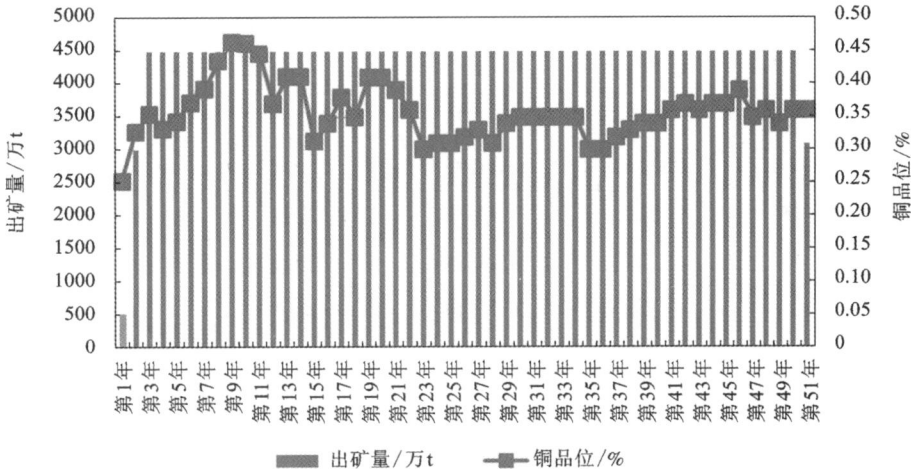

图 1-10 Pit11 境界每年出矿量和出矿品位关系图

年现金流出量按下式计算：

$$CO = Q_w \times p_w + Q_c \times p_c \tag{1-7}$$

年现金流按下式计算：

$$CF = CI - CO \tag{1-8}$$

根据进度计划报表，按上述计算公式，可以得到各个方案的现值，再输入贴现率12%，软件根据贴现率将现值转换为净现值。

净现值按下式计算：

$$NPV = CF \times (1 + r)^{-t} \quad (t = 0, 1, 2, \cdots, n) \tag{1-9}$$

以上式子中：CI 为年现金流入量；CO 为年现金流出量；CF 为年现金流；Q_i 为每年进入选厂的第 i 种金属矿石质量；α_i 为每年进入选厂的第 i 种金属矿石平均品位；φ 为矿石开采损失

率；p_i 为第 i 种金属矿石精矿售价；Q_w 为每年废石剥离量；Q_c 为每年矿石采出量；p_w 为废石剥离成本；p_c 为矿石开采、销售、运输、选矿等综合成本；r 为贴现率；t 为由基建第一年开始计算的矿山生产时间。

经过计算，方案最优条件下的净现值见表 1-16。

表 1-16 境界方案最优条件下的净现值表

境界方案	价格系数	净现值/万元	矿岩总量/万 t	矿石量/万 t	岩石量/万 t	服务年限/a
Pit1	0.50	19208	269	171	98	0.04
Pit2	0.55	1334520	35868	21936	13932	5.77
Pit3	0.60	1756140	59737	38214	21523	9.80
Pit4	0.65	2089680	110664	73933	36731	18.39
Pit5	0.70	2186220	168276	111189	57088	27.12
Pit6	0.75	2215900	243409	159856	83553	37.93
Pit7	0.80	2219710	278239	180579	97660	41.97
Pit8	0.85	2221110	308606	197690	110917	44.83
Pit9	0.90	2221630	338843	210028	128815	47.26
Pit10	0.95	2221840	370153	221272	148881	49.47
Pit11	1.00	2221820	395336	229479	165858	51.00
Pit12	1.05	2221730	415453	234974	180479	52.07
Pit13	1.10	2221630	433904	239433	194471	53.00
Pit14	1.15	2221550	445147	241749	203398	53.51
Pit15	1.20	2221440	459457	244573	214885	54.13
Pit16	1.25	2221330	471386	246666	224720	54.60
Pit17	1.30	2221210	483301	248744	234558	55.06

d. 选择最优境界。

境界方案净现值和服务年限关系图见图 1-11。由该图和表 1-16 可知，Pit10 的净现值 NPV 累计结果最高。经综合比较分析，推荐 Pit10 方案，即金属价格取基本价格系数 0.95 倍时的境界方案是考虑时间因素条件下的最优境界，该境界作为本设计推荐的最优境界。

(4) 绘制双线条露天开采境界

根据设计的边坡参数和开拓运输的要求，在露天开采境界优化确定的最优方案的基础上，圈定双线条露天开采境界。

① 边坡参数构成要素及其计算。

东部边坡：下段边帮，台阶坡面角 65°，安全、清扫平台 12.2 m，两个台阶一组合；上段边帮，台阶坡面角 60°，安全、清扫平台 15 m，两个台阶一组合。

南部边坡：台阶坡面角 65°，安全、清扫平台 14.5 m，两个台阶一组合。

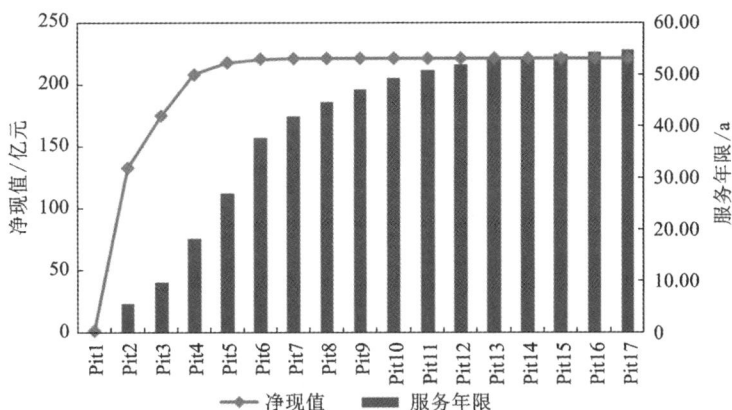

图 1-11　境界方案净现值和服务年限关系图

西、北部边坡：下段边帮，台阶坡面角 65°，安全、清扫平台 17 m，两个台阶一组合；上段边帮，台阶坡面角 56°，安全、清扫平台 15 m，两个台阶一组合。

②绘制双线条露天开采境界。

圈定的开采境界上口最大尺寸：东西长 2830 m，南北宽 2750 m；下口最大尺寸：南北长 890 m，东西宽 250 m。东侧边坡最大高度为 942 m；南侧边坡最大高度为 945 m；西侧边坡最大高度为 805 m；北侧边坡最高标高 5475 m，边坡最大高度为 875 m。采场封闭圈标高 5020 m，山坡露天最大高度为 525 m，凹陷露天深度为 420 m。

露天开采最终境界三维图见图 1-12。

2. 露天开采工艺选择

1）露天开采工艺系统分类

露天开采工艺是完成采掘、运输和排卸这三个环节的机械设备和作业方法的总称。

（1）按照物料流的连续性，露天开采工艺可以分为以下三大类别：

①间断工艺。

间断工艺是指在三个主要生产环节中，矿岩的采掘和运输是间断进行的工艺。

间断工艺的典型代表是机械铲+卡车工艺+推土机，其适用条件如下：

a. 地形复杂的山坡露天矿；

b. 长度短的深凹露天矿；

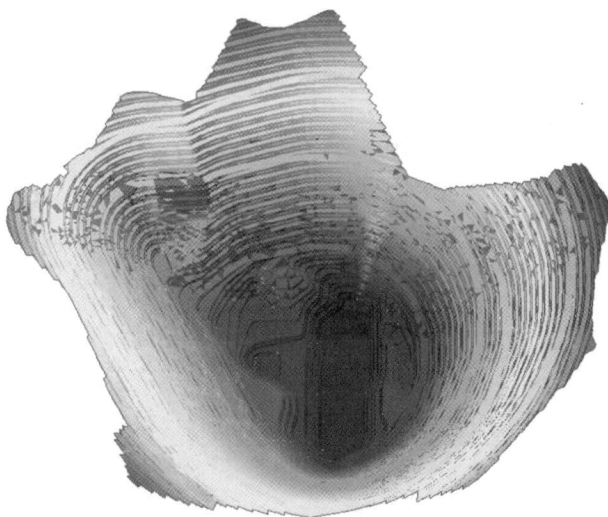

图 1-12　露天开采最终境界三维图

c. 矿体产状复杂、矿石品级多、要求选择开采的露天矿；

d. 运距较短，一般不超过 5 km；

e. 开采强度很大的大型、特大型露天矿。

②连续工艺。

连续工艺是指矿岩的采掘和移运时连续进行的工艺。轮斗挖掘机和带式输送机上的物料流就是如此。只要设备正常作业，就会不间断地进行。

连续工艺的典型代表是轮斗铲+带式输送机+排土机，其适用条件如下：

a. 硬度较小的松散物料；

b. 岩层或者矿层赋存较规整；

c. 物料中不含硬度较大的结核物质；

d. 开采规模大，服务年限长；

③半连续工艺。

半连续工艺是部分生产环节连续作业的工艺。例如，机械铲把矿岩卸入破碎机，破碎后的矿岩由带式输送机运送。

半连续工艺的典型代表是单斗挖掘机+工作面汽车+半固定破碎站+带式输送机工艺，其适用条件如下：

a. 爆破均匀的中硬或坚硬矿岩；

b. 长距离运输或大坡度运输；

c. 岩层赋存规整，工作面平直；

d. 开采深度较大。

露天开采工艺系统分类见表 1-17。

表 1-17 露天开采工艺系统分类

物料流连续性	组合方式	环节设备组合
间断工艺	独立式	①机械铲+卡车+推土机； ②液压铲+卡车+推土机
	合并式	①拉斗铲倒堆工艺； ②铲运机
连续工艺	独立式	轮斗铲+带式输送机+排土机
	合并式	带排土臂的轮斗铲
半连续工艺		①露天采矿机+带式输送机+排土机； ②机械铲+半固定破碎机+带式输送机+排土机

（2）按照生产环节的组合方式分类，分为独立式工艺和合并式工艺。

（3）按照工艺的复杂程度分类，分为单一工艺和综合工艺（组合工艺）。

2）露天开采工艺影响因素

影响露天开采工艺选择的主要因素如下：

（1）矿床自然条件

矿床自然条件包括矿岩性质、矿体埋藏条件和埋藏深度、地形条件、地理位置、气候、工程地质条件、水文地质条件等。

（2）可供选择的设备

选择露天矿工艺系统，受可供选用的设备类型、规格和数量的限制。选择露天矿设备时，应注意：

①各生产环节的机械设备，在类型和规格上应匹配相当；

②设备类型和规格尽可能统一，以简化维修和有利于提高操作水平；

③对设备配件的补充作出切实可靠的安排；

④辅助设备应与主要设备配合恰当；

⑤应及时培养设备操作、维护和管理人员，做到人机协调。

（3）产量规模

产量规模是指矿岩总量。

（4）经济性

投资及成本方面的考虑。

3. 露天开采方法

露天开采方法是指在露天采场全部或某一开采时期内，对其全部或部分范围（特别是对其剥离量）采用的开采阶段、采剥顺序和工作面发展方式。

1）露天开采方法的分类及适用条件

根据开采程序的技术特征，开采方法可分为以下四类：

（1）全境界开采

全境界开采指采剥工程按规定的开采台阶沿水平方向连续扩展到最终境界，在垂直方向按开采全深范围逐层连续向下延深，直到最终开采深度。该方法一般适用于采场面积不大和在露天开采境界内各部位的矿体埋藏条件和开采技术条件差别不大的露天矿。

（2）分期开采

分期开采指露天矿在开采期间根据开采深度或范围划分成不同的区段，按一定时间顺序进行开采。将最终境界划分成几个小的中间境界，逐期开采，直至推进到最后一个分期境界。分期开采的目的是减少基建剥离量，降低前期生产剥采比，获得较好的经济效益，特别是初期的经济效益。其适用条件：圈定的露天开采境界很大，服务年限长或者矿床埋藏较深，露天开采深度大和上部剥离量较大，且具有分期开采条件。

（3）分区开采

分区开采指把露天采场划分为若干个区段，按一定顺序进行开采。分区开采与分期开采的目的是相同的，但分区开采是在开采深度变化不大的条件下，在平面上划分若干小的开采区域。其通常适用于一次开采至矿体底板，矿体倾角小、分布广、埋藏浅的矿山。

（4）分期分区开采

分期分区开采既有分期开采的特征又有分区开采的特征，分为两种情况：其一，从总体上看是分期开采，但分期中又有分区；其二，从总体上看是分区开采，但分区中又有分期。分期是以一定年限为基础划分，分区是以平面范围为基础划分。其一般适用于开采范围大、储量大、服务年限长的矿山。

2）影响露天开采方法选择的主要因素

①矿区地形及矿体赋存条件；

②露天采场尺寸和几何形状；

③矿山服务年限；

④生产工艺系统；

⑤开拓方式；

⑥其他影响因素。

3）前期境界圈定的原则

(1)按照矿床赋存特点，首采区应选择开采条件好、矿石品位高、剥采比及基建剥离量小的区域。

(2)首采区的服务年限一般宜大于还贷年限。

(3)首采区的圈定应确保足够的扩帮时间，保证扩帮时的生产剥采比不会出现很大变化。

(4)扩帮过渡期间不应使矿山减产、亏损或出现剥离高峰。

4）分期开采及首采区选择实例

某大型钼矿床，矿区地势为中部高、东西两侧低，属于地表和地下水近分水岭地段。地形地貌为中低山区，地形起伏较大，山脊形态变化较大，地表风化作用强烈。

设计用 Whittle 软件圈定露天开采境界（见图 1-13），坑底最低标高 890 m，境界内矿岩总量为 517662216 t，其中硫化矿量为 96590724 t，平均地质品位 Mo 为 0.146%，氧化矿量为 6866883 t，平均地质品位 Mo 为 0.094%，岩石量为 414204609 t，包括氧化矿在内的剥离量为 421071492 t，境界内平均剥采比为 4.36 t/t（氧化矿计入剥离）。

最终境界内矿量较大，上部剥离量大，主要是矿体的东北和南面均为小山的沟底，使得矿山开采的基建剥离量大，前期剥采比大，剥采比难以均衡且均衡时间短。为降低矿山前期投资和成本，增加企业前期效益，使矿山形成滚动发展，尽快达到规模开采，进一步降低开采成本，减少投资，均衡生产剥采比，形成规模效益，且根据矿体赋存条件，矿体倾向延深大，上部剥离量大，

图 1-13 最终境界模型

采场面积也大，具备分期开采的条件，设计推荐采用分期开采。

设计生产能力为 500 万 t/a，根据相关原则及矿山实际情况，矿山的基建、前十年的采矿基本上在前期境界进行，按此圈定前期境界。

根据圈定的前期境界，结合最终境界、扩帮可行性、矿床开采程序及开拓运输系统等对前期境界进行人工修整并增加道路，形成前期境界。前期境界坑底标高为 1085 m，经统计，前期境界内矿岩总量为 16116.2 万 t（6481.3 万 m³），其中矿石量为 5082.2 万 t（1985.2 万 m³），地质品位 Mo 为 0.143%；氧化矿量为 670.5 万 t（287.8 万 m³），地质品位 Mo 为 0.094%；岩

石量为 10363.4 万 t(4208.3 万 m³),剥离量(岩石量+氧化矿量)为 11034.0 万 m³(4496.1 万 m³),平均剥采比为 2.17 t/t(2.26 m³/m³)。

前期境界和最终境界关系见图 1-14。

图 1-14　前期境界和最终境界关系

5)分期分区开采及首采区选择实例

(1)分期开采的必要性及可行性分析

矿区被南北向山沟分为东、西两部分,山沟南部高、北部低,露天采场边坡切割南北向山沟地面标高:南部为 5170 m,北部为 5020 m。东侧山坡矿体赋存最高标高为 5200 m,地形最高为 5500 m;西侧山坡矿体赋存最高标高为 5395 m,地形最高为 5560 m;矿体深部控制标高为 4600 m。露天采场最终境界内采出矿量达 207544.61 万 t,按 4500 万 t/a 的达产规模计算,可服务 46 年,服务年限长。因此,为了确保安全、高效采剥生产,减少基建剥离量,降低基建投资,尽快投产,同时,为提高矿山初期经济效益,尽快回收建设投资,实现先富后贫的开采原则,设计推荐露天采场分期开采。

(2)前期境界选择

前期境界选择应基于所圈定露天境界的地表地形特点以及矿床矿体赋存条件,主要工业矿体集中于 3~16 号勘探线之间,该范围东西宽 800 m、南北长 1000 m,具有储量大、品位高、连续完整、覆盖层较薄、剥采比较小等多方面优势。在前述境界优化所选取的最终境界 Pit10 方案之内,还存在若干个小于 Pit10 的境界,按前述境界优化时价格系数从 0.5 起,按 0.05 的步距,还有 Pit1~Pit9 共 9 个方案。其中,Pit1 范围最小,依次往后,各个境界方案范围逐渐增大,相互嵌套。仅仅考虑基建剥离量最省,开采单位矿量经济上最优,必然是位于采场中部最小的 Pit1,Pit1 在采场中部开始剥离可以最快地揭露矿体,但不能达到 4500 万 t/a 的出矿能力,需在基建期同时扩帮剥离,实现垂直方向上下同时采剥作业,安全不能保证,生产组织困难。

本设计除考虑基建剥离量较少外,还考虑到生产前期经济效益好,并能尽快还贷;考虑合理的生产接替,要促使最终境界 Pit10 全部生产年获得的利益最大化。更为重要的是,还要确保矿山能够安全生产,综合考虑外部建设条件、建设周期、生产组织合理等诸多因素。

设计以 Whittle 软件为平台，以最终确定的最终境界（Pit10）为基础，首先寻求开采条件好、品位较高、经济效益好的前期境界。采用 Pit1~Pit9 分别与 Pit10 组合的方法，通过编排进度计划，求出各个组合方案的 NPV 值，通过软件优化，境界方案 Pit3、Pit4 和 Pit5 分别与 Pit10 组合获得的 NPV 值较大，详见表 1-18。

表 1-18 可比前期境界方案与最终境界内矿岩量

境界方案	价格系数	矿岩总量 /万 t	矿量/万 t	岩量/万 t	服务年限/年 （按 4500 万 t/a 达产规模计算）
Pit3	0.60	59737	38214	21523	8.5
Pit4	0.65	110664	73933	36731	16.4
Pit5	0.70	168276	111189	57088	24.7
Pit10	0.95	370153	221272	148881	49.2

境界方案 Pit3、Pit4、Pit5 和 Pit10 嵌套关系见图 1-15。

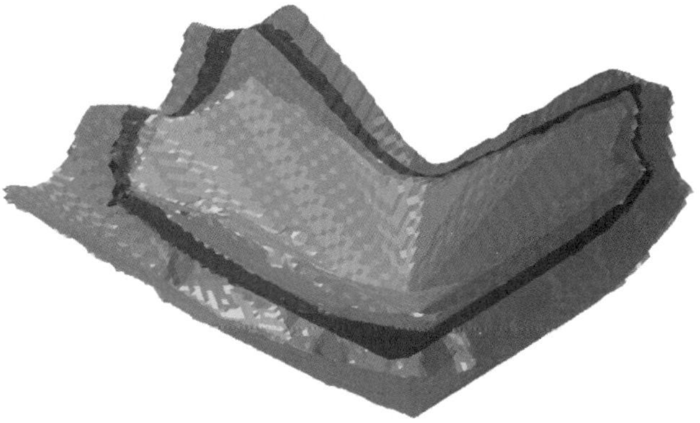

进一步分析比较，为便于组织安全生产，避免东、西山坡同时基建带来的安全问题，缩短施工前期准备工作时间，将前期境界修整到山沟的一侧作为首采区，接着从山沟另一侧扩帮剥离，在垂直方向上错开一定距离进行采剥作业，避免在垂直上方作业产生的安全隐患。上述 Pit4、Pit5 均有条件修整单侧为首采区。

图 1-15 境界方案 Pit3、Pit4、Pit5 和 Pit10 嵌套关系

Pit5 较 Pit4 增加的剥离量绝大部分集中在露天境界上部，这就意味着 Pit5 基建剥离工程量较 Pit4 大幅增加。因此设计选择 Pit4 为前期开采境界。前期境界三维图见图 1-16。前、后期境界的相互关系三维图见图 1-17。

图 1-16 前期境界三维图

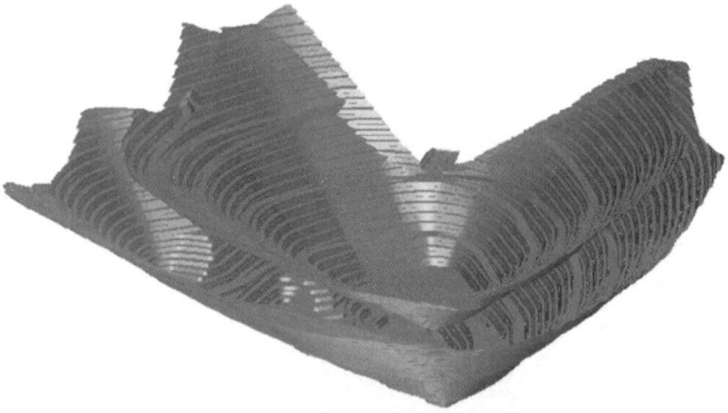

图 1-17 前、后期境界的相互关系三维图

（3）分区开采方案及首采区选择

①分区开采的必要性。

该工程露天采场平面范围不大，受场地限制，上部扩帮作业对下部作业面影响较大。根据矿区的地形条件，露天开采境界被一条南北向的山沟从中部自然分成东、西两部分，东、西两帮覆盖层厚，山坡高，具有适宜分区开采的条件。

分区开采是将全部开采范围划分为多个开采分区进行开采，各开采分区在平面上或者在开采时间上错开，实施采剥作业时互不干扰。驱龙铜矿赋存条件和露天开采境界范围内地形特点，极为有利于分区开采。为了避免在同一边帮上、下同时作业，确保安全生产，持续均衡满足 4500 万 t/a 的出矿能力，设计选择分区开采方案。

②首采区选择与分区方案。

根据圈定的前期境界内地形情况和矿体赋存情况，首采区通过修整前期境界，选择东侧山坡和西侧山坡。相应的分区有四个分区方案和三个分区方案，首采区选择比较时将各自方案的分区接替一并纳入比较，全面比较全部生产期的经济和技术条件。首采区及分区方案如下：

方案一：首采前期境界东侧山坡，四个分区（见图 1-18）；

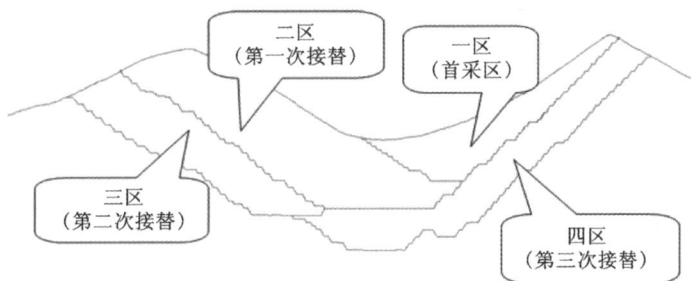

图 1-18　东侧首采区及四个分区方案示意图

方案二：首采前期境界西侧山坡，三个分区（见图 1-19）。

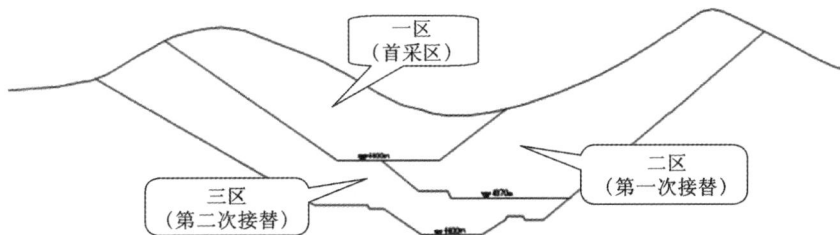

图 1-19　西侧首采区及三个分区方案示意图

③首采区选择与分区方案比较。

上述两个方案，从首采区范围、保有矿量及品位、平均剥采比、基建剥离量、前期生产剥采比、出矿品位以及基建投资和前期经济效益等方面进行综合比较，详见表 1-19。

表 1-19 首采区选择与分区方案比较表

项目			单位	方案一：首采区选前期境界东侧山坡，分为四个分区	方案二：首采区选前期境界西侧山坡，分为三个分区	方案二减方案一
标高	首采区	地形最高标高	m	5560	5515	
		见矿标高	m	5290	5395	
		底坑标高	m	4900	4900	
	其他分区	二分区见矿标高	m	5395	5290	
		三分区见矿标高	m	5350	5365	
		四分区见矿标高	m	5200	—	
技术指标		首采区采矿量	万t	17864.94	44713.2	26848.26
	出矿品位	Cu	%	0.413	0.396	-0.017
		Mo	%	0.019	0.019	0.000
	金属量	Cu	t	738524	1773278	1034754
		Mo	t	33878	86882	53004
		剥采比	t/t	0.92	0.54	-0.38
	基建剥离	基建剥离量	万m³	4902.8	4210.42	-692.38
		基建副产矿量	万t	1929.09	1648.15	-280.94
		品位 Cu	%	0.292	0.254	-0.038
		品位 Mo	%	0.014	0.010	-0.004
	生产前期(1~10年)	达产年生产剥采比	t/t	0.70	1.00	0.30
		出矿品位 Cu	%	0.375	0.399	0.024
		出矿品位 Mo	%	0.02	0.02	0.00
经济指标		采矿可比投资	万元	416751	461432	44681
		项目财务内部收益率(税后)	%	13.27	13.17	-0.10

从技术、安全和管理方面进行比较：

a. 方案一。

优点：可以尽快采到高品位矿，前期生产剥采比较低，全部利用了基建期低品位副产矿石，经济效益稍好。

缺点：基建剥离量较大，基建期剥离台阶数量多，基建剥离下降速度太快，基建公路工程量大；生产组织较困难；场内外道路联系困难。

b. 方案二。

优点：基建剥离量较小；避免了采场东部扩帮，采剥作业面较宽，生产组织简单，更为安全可靠；道路联系方便顺畅。

缺点：经济效益稍差，前期生产剥采比较大，基建副产矿石需堆存。

结论：推荐方案二。

4. 采剥工艺

露天矿采剥工艺包括采矿工艺和剥离工艺，一般露天矿山采矿和剥离工艺相同，甚至采矿、剥离设备可以共用。露天矿采剥工艺一般包括穿孔、爆破、采装、运输和排土工作。开采工艺环节包括掘沟、剥离和采矿。

1) 采剥工艺的内容

(1) 穿孔

穿孔工作是露天开采的第一个工序，是为后续的爆破工作提供装放炸药的钻孔。在整个露天开采过程中，穿孔费用占生产成本的10%~15%。

截至目前，露天矿生产中广泛使用的穿孔方式主要有两种：热力破碎穿孔和机械破碎穿孔。相应的穿孔设备有火钻机、钢绳冲击式钻机、潜孔钻机、牙轮钻机与凿岩台车。现代露天矿中应用最广的是牙轮钻机，潜孔钻机次之。火钻机与凿岩台车仅在某些特定条件下使用，钢绳冲击式钻已被淘汰。

对于机械破碎穿孔，根据采用的钻具和孔底岩石的破碎机理，可将钻孔分为冲击式、旋转式、旋转冲击式和滚压式四种。钻孔方法与相应钻机类型对照见表1-20。

表1-20　钻孔方法与相应钻机类型对照

钻孔方法	钻机名称	钻机形式	钻机质量/kg
冲击式	风动凿岩机	手持式	<30
		气腿式	<30
		导轨式	38~80
		向上式	45
	电动凿岩机	水(气)腿式	25~30
		架钻式	
	液压凿岩机	导轨式	130~360
	内燃凿岩机	手持式	<30
旋转式	煤电钻机	手持式	
	岩石电钻机	导轨式	5~40
		钻架式	
	液压钻机	导轨式	65~75
旋转冲击式	潜孔钻机	架钻式	150~360
		台车式	6000~45000
滚压式	牙轮钻机		80000~120000

根据钻孔直径和钻孔深度可将钻孔分为浅孔钻孔、中深孔钻孔和深孔钻孔三种。通常孔

径小于 50 mm、孔深不超过 3~5 m 的炮孔为浅孔；孔径为 50~70 mm、孔深为 5~15 mm 的炮孔为中深孔；孔径不小于 80 mm、孔深大于 12~15 m 的炮孔为深孔。

（2）爆破

矿用炸药按其组成成分隶属混合炸药，理想的矿用炸药应具有以下特点：

①爆炸性能好，具有足够的爆炸威力，最好能通过简单改变配方的方式调整其威力；

②安全性能好，其火焰感度、热感度、静电感度、机械感度（撞击感度与摩擦感度）要低，即矿用炸药的危险感度要低；

③具有合适的起爆感度，保证使用雷管或起爆药柱能够顺利起爆；

④具有零氧或接近零氧平衡，爆炸后产生的有毒气体量必须在规定的范围内；

⑤性能稳定，在规定的储存期内不会变质失效；

⑥原料来源广泛，加工工艺简单，操作安全，成本低廉。

常见的矿用炸药分为两大类：

①粉末硝铵类炸药，主要包括铵梯炸药和铵油炸药；

②含水硝铵类炸药，主要包括浆状炸药、水胶炸药和乳化炸药。

（3）采装

采装工作是指用一定的采掘设备将矿岩从整体或爆堆中采出，并装入运输或转载设备，或直接卸载至指定地点。

采装工作所用的设备类型很多，主要有挖掘机（包括单斗机械铲、拉斗铲、轮斗铲）、装载机、铲运机及推土机等。

露天开采采用的采掘设备，按功能特征分为采装设备和采运设备。单斗挖掘机属采装设备，铲运机和推土机属采运设备，前装机既是采装设备又是采运设备。

（4）运输

露天矿运输的基本任务是分别将已装载到运输设备中的矿石运送到储矿场、破碎站或选矿厂，将岩石运往排土场。另外作为辅助运输，还需将设备、人员、材料运到露天采场的各工作地点。露天矿的主要运输方式包括汽车运输、铁路运输、带式输送机运输、斜坡箕斗提升运输、架空索道运输等。

（5）排土

为保证露天矿山能够安全、持续性地进行矿石的采掘，必须将剥离的岩石采集、运输到指定的场地进行堆放，此作业过程即为露天生产工艺中的排土工作，堆存岩土的场地称为排土场（或废石场）。

按排土场和露天采场的相对位置关系，可将其分为内部排土场和外部排土场。内部排土场是指将剥离的废石直接排弃到露天采场内的采空区。外部排土场是指将剥离的废石排弃到露天采场以外的指定区域。

内部排土场的排土工艺可分为两大类：一类是倒堆排土，即当矿场厚度和所剥离的岩层厚度不大时，剥离废石可以使用大型机械铲和吊斗铲直接倒入采空区内完成排土过程。

外部排土场排土工艺可根据废石运输方式和排弃方式，以及使用设备的不同分为如下三类：

①公路运输排土，利用汽车将废石直接运输到排土场进行排弃，并由推土机推排残留废石及整理排卸平台，也称为汽车运输-推土机排岩工艺。

②铁路运输排土，利用铁路运输将废石运输到排土场，并利用排土设备进行排弃。根据排土场排土设备不同，又可分为铁路运输-挖掘机排土、铁路运输-排土犁排土等。

③带式输送机运输排土，利用带式输送机将剥离下的土岩直接从采场运到排土场进行排弃。

2）采剥工艺技术参数的确定

（1）开采台阶划分

开采台阶可划分为水平台阶、倾斜台阶、水平倾斜混合台阶。

首先确定台阶形式，然后确定台阶高度；一般情况下，按照水平分层划分台阶，仅在缓倾斜单层或多层薄矿体的露天矿，划分为倾斜台阶，其倾角与矿层倾角一致；剥离层厚、矿体缓倾斜薄矿体，采矿和临近矿体剥离划分为倾斜台阶，其余剥离划分为水平台阶。

（2）确定台阶高度

台阶高度主要取决于挖掘机工作参数以及采场内矿岩物理力学性质和运输条件。一般情况下，台阶高度与挖掘机斗容关系见表 1-21。

表 1-21　台阶高度与挖掘机斗容关系

挖掘机斗容/m³	1.0	3~4.6	8~12	12 以上
台阶高度/m	8~10	10~12	12~15	15~18

（3）工作线布置、水平推进及延深方式

这主要确定：采场延深开始位置（即开段沟的位置或出入沟开始扩帮位置）及其与矿体的相对关系，采场延深方向、延深角和延深速度。

一般露天矿有几种典型的工作线布置、推进及延深方式：

①沿矿体下盘境界延深，沿走向布置工作线，垂直走向单侧推进。这种方式适合于运输干线设在下盘固定帮上。其优点是采场内运输干线固定，缺点是矿石损失率和废石混入率比较大。

②沿矿体上盘境界延深，沿走向布置工作线，垂直走向单侧推进。该方式的优点是可降低矿石损失率和废石混入率，缺点是工作台阶上运输干线为临时线路，台阶结束前靠边帮形成固定线路。

③沿矿体下盘（上盘）延深，沿走向布置工作线，垂直走向双侧推进。该方式的优点是见矿快，缺点是采场内工作平台运输干线常处于移动状态。

④沿采场端部延深，垂直走向布置工作线，平行走向单侧推进。

⑤垂直走向布置工作线，垂直延深，双侧推进。

⑥沿采场端帮延深，多向工作线，多向推进。

⑦沿采场周边布置，螺旋式延深，扇形或非均衡推进。

（4）工作帮与工作帮坡角

按开采技术特征分为缓帮开采和陡帮开采。

①缓帮开采。

上下台阶保持在最小工作平台宽度以上，工作帮坡角一般小于 18°。一般适用于开采深度较浅、基建剥离量小、投产和达产时间均较短的矿山。缓帮开采最小平台宽度由爆堆宽度、运输线路和设备通行必需的宽度、安全宽度组成。

汽车运输时最小工作平台宽度选取见表1-22。

表1-22 汽车运输时最小工作平台宽度 单位：m

硬度系数 f	台阶高度		
	10	12	15
>12	34	39	47
6~12	31	35	41
<6	28	31	35

②陡帮开采。

陡帮开采包括组合台阶开采和倾斜条带开采。其工作帮坡角一般为18°~35°。在剥离量大、范围集中的情况下，为了提前揭露矿体，延后剥离废石，均衡生产剥采比，剥离废石常采用陡帮开采。

一般情况下，采矿采用缓帮开采，剥离采用陡帮开采。

③组合台阶高度和一次扩帮宽度。

确定组合台阶高度的影响因素有扩帮宽度、扩帮长度、扩帮周期等。

组合台阶高度是台阶高度的整数倍，一般取3~5个台阶高度。

$$H = nqT/BL \qquad (1-10)$$

式中：H 为组合台阶高度，m；B 为一次扩帮推进宽度，m；L 为扩帮长度，m；T 为扩帮周期，（一般为1~5年）；q 为单台挖掘机生产能力，$m^3/$（台·年）；n 为组合台阶中工作的挖掘设备台数。

一次扩帮宽度 B，取决于一次扩帮循环周期内要求的采矿工程下降速度。

$$B = vT(\cot \varphi + \cot \theta) \qquad (1-11)$$

式中：v 为采矿工程下降速度，m/a；φ 为工作帮坡角，（°）；θ 为采场延深角，（°）。

选取安全平台宽度 b 时应确保爆堆不溢出，且不能滚落到下台阶，工作平台宽度 B_p 为一次扩帮宽度与安全平台宽度之和，并要满足 $B \leqslant B_p - b$。

④倾斜条带式开采一次扩帮推进宽度及上下台阶超前距离。

倾斜条带式开采一次扩帮推进宽度确定方法同组合台阶开采。尾随作业的上下台阶工作面的超前距离主要根据爆堆长度、爆堆宽度和采装运输设备正常作业的要求确定，一般取150~200 m。

（5）确定出入沟及开段沟参数

出入沟的坡度取决于运输设备的爬坡能力和运输安全要求，一般为8%~10%。

出入沟和开段沟底宽最小沟底宽度取决于岩石性质、掘沟设备规格和型号、运输方式。

山坡露天掘沟底部宽度按地形条件、穿爆、装运方式确定。

常用的汽车运输、挖掘机掘沟的最小沟底宽度见表1-23。

表 1-23　常用的汽车运输、挖掘机掘沟的最小沟底宽度

台阶高度/m	挖掘机斗容/m³	汽车载重量/t	出入沟底宽/m	开段沟底宽/m		
				$f<6$	$f=6\sim12$	$f>12$
10	1~2	5	16	16	16	20
12	3~4	7~25	20	20	20	24
12、15	8~12	>25	20	20	24	30

注：表中 f 为岩石普氏系数。

3）露天矿装备水平的确定

露天矿装备水平的确定原则：露天矿装备水平与露天矿开采规模密切相关，露天矿装备水平还需适应项目当地经济、矿业装备发展情况以及项目投资控制需要；另外，有条件的矿山宜实现装备的智能化。一般情况下，露天矿装备水平可参考表 1-24。

表 1-24　露天矿装备水平

设备名称	特大型	大型	中型	小型
穿孔设备	$\phi250\sim380$ mm 牙轮钻	$\phi200\sim310$ mm 牙轮钻，$\phi150\sim250$ mm 潜孔钻	$\phi150\sim200$ mm 牙轮钻，$\phi150\sim200$ mm 潜孔钻，顶锤式钻机	$<\phi150$ mm 潜孔钻，凿岩台车，手持式凿岩机
装载设备	斗容 10 m³ 以上的挖掘机	斗容 4~10 m³ 的挖掘机	斗容 1~4 m³ 的挖掘机，斗容 3~5 m³ 前装机	斗容 1~2 m³ 的挖掘机，斗容 3 m³ 以下前装机
运输设备	载重 100 t 以上汽车，150 t 电机车，100 t 矿车，带宽 1.4~1.8 m 胶带机	载重 50~100 t 汽车，100~150 t 电机车，60~100 t 矿车，带宽 1.4 m 以下胶带机	载重 50 t 以下汽车，14~20 t 电机车，5~6 m³ 矿车	载重 10 t 以下汽车，3~4 t 电机车，0.55~3.5 m³ 矿车
排土设备	推土机配合汽车，破碎-胶带-推土机，铁路-挖掘机	推土机配合汽车，破碎-胶带-推土机，铁路-挖掘机	推土机配合汽车，铁路-挖掘机	推土机配合汽车，铁路-挖掘机
辅助设备	410×0.745 kW 以上履带式推土机，300×0.745 kW 以上轮胎式推土机，斗容 9 m³ 以上前装机	（300~320）×0.745 kW 履带式推土机，斗容 5 m³ 以上前装机	（150~220）×0.745 kW 履带式推土机	150×0.745 kW 以下履带式推土机

4）贫化、损失指标

Ⅰ、Ⅱ勘探类型矿床的露天矿开采，矿石回采率应大于95%，贫化率应小于5%。Ⅲ、Ⅳ

勘探类型的矿石回采率应大于92%，贫化率应小于8%。对倾斜矿体，应采用从上盘向下盘推进的推进方式。

对矿岩穿插较多、厚度小于一个采掘带宽度的矿体，其贫化率和损失率经计算大于10%时，应采取低阶段采矿等措施。

5. 矿床开拓运输

露天矿床开拓是建立地面至露天采场内各工作水平以及各工作水平之间的运输通道。

露天矿床的开拓方式与运输方式密切相关。其分类主要按运输方式来确定，以运输干线的布线形式和固定性作为进一步分类的依据。

目前，大型露天矿主要开拓运输方式是联合开拓运输方式，一般仅在开采初期采用单一开拓运输方式。中小型矿山开拓运输方式以公路开拓汽车运输为主。公路-破碎站-带式输送机联合开拓运输是20世纪90年代以来国内外大型金属露天矿山普遍采用的方式。

1)矿床开拓方式选择的影响因素

(1)自然地质条件，即地形、矿床地质、水文地质、工程地质及气候条件等。

(2)生产技术条件，即矿山规模、矿区开采程序、露天采场尺寸、高差、生产工艺流程、选用设备类型及技术装备等。

(3)经济因素，即矿山建设投资、矿石生产成本及劳动生产率等。

2)矿床开拓方式选择的原则

(1)基建工程量少，基建投资省，施工方便。

(2)基建时间短，早投产，早达产。

(3)工艺简单，安全可靠，技术先进。

(4)生产经营费低。

(5)不占良田，少占耕地。

(6)对环境影响小。

3)开拓运输方式的适用条件

(1)公路开拓运输：适用于各类地形条件和矿体产状复杂，矿点多而分散，矿体薄、倾角缓，需要分采分运，采用陡帮或分期开采工艺，矿体平面尺寸较小、深度大、废石场多且分散，一般情况下运距在5 km以内的露天矿。选用大型矿用自卸车的露天矿可适当加大。

(2)铁路开拓运输：适用于地形和矿体产状简单，露天坑坑底长轴方向大于1000~1500 m，比高或采深为150~200 m，边坡较规整，采场总出入沟口地形开阔，排土场运距大于5 km的大型矿山(年采剥总量大于2000万t)。窄轨铁路适用于剥采比高或采深在50~100 m、走向长度较长、地形和矿体产状简单，采用公路运输困难的中小型矿山。

(3)公路-铁路联合开拓运输：适用于走向长、宽度和垂深均较大的深凹露天矿，其浅部用铁路运输，深部用汽车运输。

(4)公路(铁路)-破碎站-带式输送机联合开拓运输：适用于初期采用汽车运输，矿体倾向延深大、生产规模大、服务年限长的露天矿。一般矿岩年运量大于300万t，汽车运距大于3 km，宜采用移动式破碎站-带式输送机联合开拓运输方案或公路(汽车)-破碎站(半固定式或固定式)-带式输送机联合开拓运输方案。

(5)公路(窄轨)-斜坡提升联合开拓运输：斜坡矿车组适用于地形比高在100 m左右的中小型露天矿，斜坡道倾角为7°~25°；斜坡箕斗适用于大中型山坡和深凹露天矿，斜坡道倾角一般在30°以下，且不适宜用平硐溜井运输。

（6）公路(窄轨)–平硐溜井联合开拓运输：适用于采场比高大，平硐距离较短，工程地质条件好，有较理想的平硐出口场地的山坡露天矿，或者采场与废石场或选厂高差大于120 m的露天矿；采场与废石场或选厂中间有山体或障碍物，矿、岩需要进行反向运输才能到达废石场或选厂的露天矿。但矿石黏性大、遇水膨胀、碰撞易碎产生大量粉尘的矿石不宜采用溜井放矿(岩)。

4）矿床开拓方案比选步骤

矿床开拓方案比选步骤如下：

（1）根据开拓方法选择的影响因素，按所确定的开采范围、工业场地和排土场位置，初步拟定技术上可行的开拓方案；

（2）对可能的开拓方案进行初步分析，删除初步评价不合理的方案；

（3）对保留的开拓方案进行沟道定线，并进行矿山工程量和生产工艺系统的技术经济计算；

（4）对各开拓方案技术经济指标进行综合分析比较，选最优方案。

5）开拓方案技术经济比较

一个合理的开拓方案，应保证基建期间和生产期间的综合技术经济效果最优。

矿床开拓方案技术经济比较内容主要包括基建工程量、基建的三材消耗、基建投资、建设和达产时间、各时期的生产剥采比和生产经营费、生产能力保证程度、矿石损失和贫化、设备重量、装机电容量、利润、基建投资回收期和投资效果、生产安全的可靠性等。

经济比较的方法按资金的时间价值因素分为静态法和动态法。一般用静态法比较，复杂项目用动态法比较。

进行经济比较时，只需比较各方案之间有差别的各项指标。若参加比较的各方案费用差额不超过10%时，可视为其经济效果相同。这时应根据其他主要因素如矿山建设速度、发展远景以及国家特殊要求等选出最优方案。

6）实例

（1）开拓运输条件

某矿山矿区地貌类型属高原山地，地形切割中等至强烈，寒冻风化及剥蚀、侵蚀强烈，地形坡度一般为30°~45°，局部形成陡岩。

露天开采最终境界地表最大长度为2830 m，最大宽度为2750 m；露天采场最大边坡高度为900 m，其中山坡露天为480 m，凹陷露天为420 m；总出入沟口位于采场北部。

通过首采区及分区方案比较，首采区选择矿石出露较高、基建剥离量较小的西侧山坡。

拟建选矿厂址位于露天采场北部，直线距离为6.38 km，公路运距为15.95 km，低于采场最终坑底高差为193.5 m，与采场总出入沟口高差为613.5 m。

1#、2#、3#三个排土场位于采场附近，分别在采场东北、北、西北方向。

（2）开拓运输方案

露天开采境界范围较小，开采深度大；选厂与采场相距较远，高差大；采场分为东西两坑，分区开采；废石场分散，运输条件复杂；矿岩运输量均巨大。根据这些因素，矿石需采用灵活性较大的运输方式，因此设计选择公路开拓，采用汽车–胶带联合运输。为便于分析比较，将运输系统分为矿石场外运输、废石运输、矿石场内运输论述。

其中，矿石场外运输由于运量大，物料下行，具有采用胶带运输运营成本低的显著优势，经比较，选择胶带运输方案。废石由于分布高差大，可以就近分散排放，前期运距短，选择汽车运输。

矿石场内运输存在全汽车运输和汽车-胶带联合运输两种方案。前者将粗碎站固定建在采场总出入沟口外的主运输胶带装料站；后者则将设半固定破碎站，将矿石块度由采场采剥和铲装控制的最大块度 1400 mm 破碎到 300 mm 以下，由转运胶带运到北部总出入沟口的主运输胶带装料站。因此，将粗碎方式共同纳入场内运输方案比较。

通过初步筛选，矿石粗碎及场内运输方式选择以下两个方案进行详细的综合比较：

方案一：固定破碎站，全汽车运输方案。

该方案布置 1#、2# 两个固定破碎站于采场北部总出入沟口 5030 m 标高，采场内所有的矿石均用汽车运至这两个破碎站，粗碎后下放至主运输胶带运往选厂原矿堆场。两个固定破碎站投产时即同时投入使用，直至生产结束。该方案破碎机位置在生产过程中均不再移动。

汽车平均运距为 3.21 km，生产计算年(生产第 5 年)运距为 2.41 km。

方案二：半固定破碎站，汽车-胶带联合运输方案。

该方案生产初期在采场南部出入沟外 5170 m 标高(卡车卸矿标高 5194.5 m)处设 2 台半固定破碎机，矿石由汽车运到粗碎站破碎后由转运胶带运至采场北部总出入沟口主运输胶带装料站。生产第 7~8 年后，由于山坡露天开采高度下降，破碎站移至采场北部总出入口附近，卡车卸料标高为 5030 m。矿石自采场用卡车运至破碎站经上部左右栈桥直接卸至破碎站的受料仓，破碎后下至缓冲仓，然后由底部排料输送机转载至下运主输送机，再经主输送机下运至选厂原矿堆场。转运胶带暂停使用。以后随着采场台阶下降，每隔 4~5 年破碎站往采场深部移动一次，直至生产结束。

矿石从采场运到破碎站的平均运距为 1.22 km，生产计算年(生产第 5 年)运距为 2.86 km。

半移动破碎站粗碎后的矿石用转运胶带运送到主运输胶带平均运距为 3.041 km。

(3)方案比较

方案一：破碎站固定布置在采场外不移动，生产环节少，便于生产组织和管理；采场内不设破碎站，对采场生产无影响。投资较省，但运营费用高。

方案二：充分利用胶带运输能耗省、运营费低的优点，经营费低，总费用较低。但生产环节较多，管理较复杂，破碎站移动短时间影响生产。

投资及运营费比较见表 1-25。经综合比较，设计推荐方案二，即半固定破碎站，汽车-胶带联合运输方案。

表 1-25　投资及运营费比较　　　　　　　　　　　　　　单位：万元

序号	名称	方案一 固定破碎站， 全汽车运输	方案二 半固定破碎站， 汽车-胶带联合运输	备注
1	可比投资	101846	110273	
1.1	基建投资	46671	49434	

续表1-25

序号	名称	方案一 固定破碎站，全汽车运输	方案二 半固定破碎站，汽车-胶带联合运输	备注
1.1.1	汽车	35711	35711	
1.1.2	破碎站设备及安装	7560（2台固定）	12363（2台半固定）	
1.1.3	破碎站土建	2040		
1.1.4	破碎站平基工程	1360	1360	
1.2	后期追加投资	55175	60839	
1.2.1	增加汽车	11904	0	方案一增加 5 台
1.2.2	液压履带机购置		3000	
1.2.3	胶带机设备及安装		4928	
1.2.4	板式给矿机设备及安装		205	
1.2.5	破碎站移设工程		6168	
1.2.6	汽车更新	35711	26188	方案一15台，方案二11台
1.2.7	破碎机更新	7560	12363	
2	服务年限内可比经营费总和	269185	140950	
2.1	汽车运营费	269185	118821	
2.1.1	燃料费	145415	53657	
2.1.2	辅材费	34027	12556	
2.1.3	工资及福利费	22272	13056	
2.1.4	设备维护费	67471	39552	
2.2	胶带机运营费		29689	
2.2.1	燃料费		17865	
2.2.2	辅材费		7168	
2.2.3	工资及福利费		1597	
2.2.4	设备维护费		3059	
3	服务年限可比总费用	371031	251223	

6. 基建及生产采剥进度计划

1）首采地段选择的原则

（1）矿体赋存条件好、开采技术条件简单；

（2）地质勘探程度高，资源储量可靠，矿石储量级别和品位较高；

（3）地面一般应无影响开采的重要建构筑物，村庄少；

（4）基建工程量省，离采矿工业场地近，前期运行成本低；

（5）有利于接替采区的正常接替。

2）首采地段选择的影响因素

（1）资源可靠程度，投资风险；

（2）前期经济效益；

（3）基建投资；

（4）基建时间；

（5）矿体赋存条件、矿量分布和矿石品位。

3）投产必须满足的条件

（1）初期开拓运输系统形成，具有矿岩运输条件；

（2）矿体已经揭露，并满足保有二级矿量的相关规程规范要求，详见表1-26；

（3）采场防排水系统能够满足露天矿安全需要。

表1-26　生产贮备矿量保有期　　　　　　　　　单位：月

贮备矿量级别	铜钼镍矿山	铅锌矿山	脉锡矿山	铝土矿山
开拓矿量	≥12	≥12	≥12	≥12
备采矿量	3～5	2.5～5	2.5～5	2.5～5

4）编制基建及生产采剥计划的原则

（1）尽量减少基建剥离量，缩短基建时间。

（2）投产至达产时间短，投产规模和达产时间符合规定；从投产全达到设计规模的时间，大型矿山不应大于3年，中型矿山不应大于2年，小型矿山不应大于1年。矿山投产时的年产量与设计年产量的比例：大型矿山宜大于50%，中型矿山宜大于60%，小型矿山宜大于75%。

（3）尽量减少前期生产剥采比，生产剥采比变化幅度不宜过大。

（4）全期生产剥采比均衡有困难时，可分期均衡，分期均衡期宜大于5年。

（5）基建与采剥进度计划及有关图纸应满足开拓与采准两级矿量保有期的规定。

5）编制采剥进度计划

（1）编制采剥进度计划一般以年度为时间单元。

（2）剥离先行，采剥并举，均衡生产剥采比，避免跳跃式变化。

（3）以采掘设备能力为计算单元，设备布置要合理，充分发挥设备效率。

（4）生产过程均满足开拓与采准两级矿量保有期的规定。

（5）采剥进度计划编制的年限应根据矿山的具体情况而定，一般矿山应编制至投产后第5年末。对于分层矿岩量变化大、开采技术条件比较复杂的矿山，编制的年限应更长一些。对分期开采的矿山应编制扩帮过渡期采剥进度计划。

（6）应保证出矿品位及采出矿石性质的均衡稳定。

6)均衡生产剥采比的方法

当常规的缓帮开采法不能均衡生产剥采比时,宜采用陡帮开采法,陡帮工作帮坡角应在 18°~35°内调整。

当采用单一陡帮开采法难以均衡生产剥采比,且开采范围比较大,生产年限比较长的矿山,宜采用分期开采或分期开采和陡帮开采法相结合的方法。

7. 防排水

1)露天矿地下水疏干

地下水疏干的方式主要有以下 4 种:

(1)巷道疏干法。这是利用巷道和巷道中的各种疏干孔降低地下水位的疏干方法。

(2)深井疏干法。这是在地表钻凿若干个大口径钻孔,并在钻孔内安装深井泵或潜水泵降低地下水位的疏干方法。

(3)明沟疏干法。这是在地表或露天台阶上开挖明沟以拦截地下水的疏干方法。

(4)联合疏干法。这是指两种以上的疏干方法联合运用。

2)露天矿防水

露天矿防水的目的在于防止地表水和地下水涌入采场。防水工作必须贯彻以防为主、防排结合的原则,并应与排水疏干统筹安排。

露天矿防水的措施可分为地表防水措施和地下防水措施,地表防水措施主要包括截水沟、河流改道、调洪水库、拦河护堤等。地下防水措施主要有探水钻孔、防水墙和防水门、防水矿柱、注浆防渗帷幕、地下连续墙等。

3)露天矿排水

露天矿排水主要指排出进入凹陷露天矿采场的地下水和大气降水,主要排水方式及适用条件见表 1-27。

表 1-27 主要排水方式及适用条件

排水方式	适用条件
自流排水方式	山坡露天矿有自流排水条件,部分可利用排水平硐导通
露天采场底部设置半固定式或移动式泵站集中排水	汇水面积小,水量小的中小型露天矿;开采深度浅,下降速度慢或干旱地区的大型露天矿
露天采场分段截流永久泵站排水方式	汇水面积大,水量大的露天矿;开采深度大,下降速度快的露天矿
井巷排水方式	地下水量大的露天矿;深部有巷道可以利用;需提前疏干的露天矿;深部用地下开采、排水巷道后期可供开采利用

1.5.6 地下开采

1. 首采地段及开采顺序

1)首采地段

(1)首采地段选择的影响因素

①矿山前期经济效益;

②投资风险；

③基建投资；

④基建时间；

⑤矿体赋存条件、矿量分布和矿石品位。

（2）首采地段选择的原则

①矿床勘探程度高、资源储量集中，提高首采地段资源储量的可靠性，减少开拓采准切割工程量，降低投资风险。

②选择矿床开采技术条件好、埋藏浅的地段，以减少基建工程量及开拓采准巷道支护量，节省基建投资，缩短基建时间。对于缓倾斜矿床或采用充填采矿法矿山，深部资源矿石品位高、矿体形态规整厚大时，也可将首采地段选择在深部，由下而上开采。

③矿石品位较高、矿石质量好，确保矿山前期生产金属量和销售收入高，经济效益好。

④矿石易采易选，采选成本低。

⑤便于配矿，降低入选品位的波动幅度，维持选矿工艺运行的稳定性，保证选矿回收率。

（3）首采地段选择的要求

①矿体赋存条件好、开采技术条件简单、地质勘探程度高。

②资源储量可靠，探明的经济基础储量比例和矿石品位均不应低于矿区内其他地段。

③地面一般应无影响开采的重要建构筑物和村庄，搬迁对象少。

④位于采矿工业场地附近，基建工程量省，能保证接替采区的正常接替。

（4）首采地段选择实例

西南某铜矿为一地下开采矿山，全矿设计利用资源储量为 53856 kt，铜品位为 1.30%。①号矿体为主矿体，矿量大、品位高，设计利用资源储量为 45886 kt，铜品位为 1.44%，矿量和铜金属分别占全矿的 85% 和 94%；而②号、③号、④号和⑤号矿体，矿量小、品位低，设计利用量仅分别为 4197 kt、2014 kt、1218 kt 和 540 kt，铜品位仅分别为 0.44%、0.52%、0.84% 和 0.39%。平面上 P-2～P-8 勘探线间的矿体具有资源储量大、品位高、质量好等特点，为矿体重心位置。中段设计利用资源储量及品位分布示意图见图 1-20。

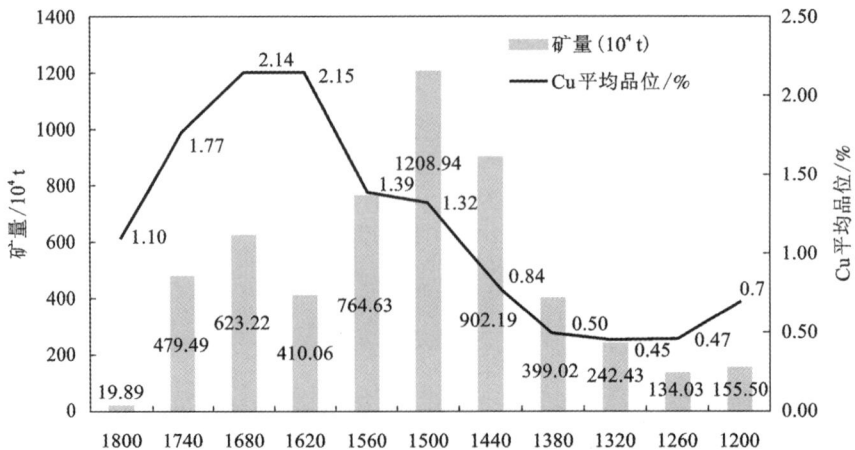

图 1-20　西南某铜矿中段设计利用资源储量及品位分布示意图

由图 1-20 可知，1680 m 和 1620 m 中段具有矿石品位高、矿量集中、矿体埋藏浅的特点。同时，该段矿体主要为 331+332 级别资源储量，勘探程度高，资源可靠性高。为此，设计推荐首采中段选择在 1680 m 和 1620 m 中段，首采地段开拓矿量为 10333 kt，采出矿量为 9842 kt（综合损失率为 10.1%，贫化率为 5.6%），按 2640 kt/a 规模计算，服务年限为 3.73 a。

2）开采顺序

开采顺序分为矿区内阶段开采顺序、阶段内矿块开采顺序和相邻矿体开采顺序。

（1）矿区内阶段开采顺序

矿区内阶段开采顺序有下行式和上行式两种。

①下行式。

下行式就是井田范围内矿体采用自上而下的回采方式，即先采上阶段，后采下阶段。若单阶段生产难以达到矿山生产能力时，可采用两个阶段同时回采。

②上行式。

上行式开采顺序与下行式相反，可以在开采缓倾斜矿床和充填法矿山等情况下使用。例如地表无存放废石场地，可以将上部的废石充填于下部的采空区。

在生产实际中，一般多采用下行式开采顺序。下行式开采的优点是可以节省初期投资，缩短基建时间；在逐阶段向下的开采过程中，能进一步探清深部矿体，避免工程浪费；生产安全条件好；适用的采矿方法范围广。

（2）阶段内矿块开采顺序

阶段内矿块的开采顺序，按照回采工作与主要开拓巷道的位置关系，可分为前进式、后退式、联合式三种。

①前进式开采顺序。

这是当主要开拓巷道位于井田中央时，由井田中央向井田边界矿块依次进行回采的顺序；当主要开拓巷道位于井田一侧时，由靠近主要开拓巷道的矿块向井田另一侧矿块依次进行回采的顺序。

优点：矿井初期基建时间短、投产快。

缺点：增加了采准巷道的维护时间和维护费用。

前进式回采顺序的适用条件：当矿床满足条件简单、矿岩稳固且要求较早在阶段中开展回采工作时。

②后退式开采顺序。

这是当主要开拓巷道位于井田中央时，由井田两侧矿块向中央依次进行回采的顺序；当主要开拓巷道位于井田一侧时，由井田另一侧边界的矿块向主要开拓巷道附近的矿块依次进行回采的顺序。

优点：巷道维护时间短，维护费用低。

缺点：矿井初期基建时间长、投产慢。

③联合式开采顺序。

这是初期用前进式开采，待阶段运输巷道掘完后改为后退式回采，前进式与后退式同时进行回采的顺序，也称混合式开采顺序。

优点：兼顾了前两种方式的优点。

缺点：生产管理比较复杂。

（3）相邻矿体开采顺序

一个矿床如果有许多彼此相距很近的矿体，那么在开采其中一个矿体时，将会影响相邻的矿体。在这种情况下，确定合理的开采顺序，对于提高生产安全和资源回采率极其重要。

①当矿体倾角小于或等于围岩的崩落角时，应当采取从上盘向下盘推进的开采顺序。

②当矿体倾角大于围岩崩落角，两矿体又相距很近时，此时无论先采哪条矿脉，都会因采空区围岩移动而相互影响。在这种情况下，相邻矿体的开采顺序，应当根据矿体之间夹石层的厚度、矿石和围岩的稳固性、所选取的采矿方法和技术措施而定。一般是用先采上盘矿体，后采下盘矿体的开采顺序。如果夹石层不大，采用充填采矿法时，也可以采用由下盘向上盘的开采顺序。

③当围岩不够稳固时，为了加大回采强度和缩小采空区对围岩的影响，往往上盘矿体与下盘矿体同时回采，也即采用对矿脉群进行平行开采的办法，此方法仅适用于矿脉比较少、采空区能及时充填的情况。

④当矿体或矿脉间无矿带厚度较小，合并开采其出矿品位又能满足要求时，优先考虑混采。

⑤当矿体或矿脉不能混采，但矿体或矿脉间无矿带夹层厚度适中，相邻矿体或矿脉可作为一个采场开采时，可将中间夹层作为采场间矿柱处理。

（4）矿床回采顺序应根据矿体赋存条件、开采技术条件、采矿方法等，经分析论证确定，一般应符合下列规定：

①矿床开采应遵循先上后下，由远至近的后退式回采顺序；

②同一开采区段内多层矿体的开采，一般采用先采上层、后采下层的下行式回采顺序；

③采用充填法开采的矿山或倾斜和缓倾斜矿床的开采，经论证需要先开采下部矿体，且下部矿体的开采不影响上部矿体的完整性时，可采用先下后上的回采顺序。

2.采矿方法选择

1）采矿方法选择的主要影响因素

影响采矿方法选择的因素很多，如矿床开采技术条件、安全因素、设备因素、经济因素、环保要求、产品加工要求及国家政策等，有些因素是动态变化的。选择采矿方法主要考虑以下影响因素。

（1）矿床开采技术条件

矿床开采技术条件对采矿方法的选择起决定性作用，一般矿山根据矿体的产状、矿石围岩的物理力学性质可以优选出1~2种采矿方法。

①矿石和围岩的物理力学性质。矿石和围岩的稳固性是关键因素，它决定着采场地压管理、采矿方法的选择和采场构成要素及落矿方式，矿岩稳固性对采矿方法选择的影响参见表1-28。

表1-28 矿岩稳固性对采矿方法选择的影响

稳固性		较适用的采矿方法	不太适用的采矿方法
矿石	围岩		
稳固	稳固	空场法	崩落法
稳固	不稳固	崩落法、充填法	空场法
中等稳固或不稳固	稳固	分段法、阶段矿房法、阶段自然崩落法、嗣后充填法	
不稳固	不稳固	充填法、崩落法	空场法

②矿体倾角和厚度的影响。矿体倾角主要影响矿石在采场内的运搬方式。急倾斜矿体可利用矿石自重运搬;缓倾斜矿体可用无轨自行设备运搬;水平矿体可用无轨自行设备或有轨设备运搬;倾角小于10°的矿体可用无轨设备运搬;倾斜矿体可考虑爆力运搬;当矿体厚度较大时则可不受这些限制。

矿体厚度及层数影响采矿方法的选择以及矿块的布置方式。极薄矿体(单层或多层)采矿方法要考虑分采或混采;分层崩落法一般要求矿体厚度不大于3 m;分段崩落法要求矿体厚度大于6~8 m;阶段崩落法要求矿体厚度大于15~20 m。在落矿方法中,浅孔落矿一般用于厚度小于5 m的矿体;中深孔落矿一般用于厚度大于5~8 m的矿体;大直径深孔落矿一般用于厚度10 m以上的矿体。

一般情况下,极薄和薄矿脉,矿块沿走向布置。厚和极厚矿体,矿块垂直走向布置。

矿体倾角和厚度对采矿方法选择的影响参见表1-29。

表1-29 矿体倾角和厚度对采矿方法选择的影响

矿体厚度	水平矿体倾角	缓倾斜矿体倾角	倾斜矿体倾角	急倾斜矿体倾角
	0°~3°	3°~30°	30°~50°	>50°
极薄矿脉小于0.8 m	壁式削壁充填法	壁式削壁充填法	上向倾斜削壁充填法	留矿法,上向分层削壁充填法
薄矿体0.8~5 m	全面法,房柱法,壁式崩落法,壁式充填法等	全面法,房柱法,壁式崩落法,壁式充填法,进路充填法等	爆力运矿采矿法,分层崩落法、上向进路充填法、下向分层充填法等	分段法,留矿法,分层崩落法,上向分层(水平分层)进路充填法、分段充填法,留矿采矿嗣后充填法等
中厚矿体5~15 m	房柱法,壁式充填法	房柱法,分段法,分层崩落法,上向、下向进路充填法,分段充填法,倾斜分层充填法等	爆力运矿采矿法,分段法,分层、分段崩落法,分层、分段充填法等	分段法,留矿法,分层、分段崩落法,分层(上向分层、上向进路、下向分层)充填法,分段充填法,留矿采矿嗣后充填法等

续表1-29

矿体厚度	水平矿体倾角	缓倾斜矿体倾角	倾斜矿体倾角	急倾斜矿体倾角
	0°~3°	3°~30°	30°~50°	>50°
厚矿体 15~50 m	分段法，阶段矿房法，分层崩落法，分段崩落法，阶段崩落法，分层充填法，嗣后充填法等	分段法，阶段矿房法，分层崩落法，分段崩落法，阶段崩落法，点柱充填法，嗣后充填法等	分段法，阶段矿房法，分段崩落法，分层崩落法，阶段崩落法，点柱充填法，上向分层充填法，嗣后充填法等	分段法，阶段矿房法，分层、分段崩落法，阶段崩落法，上向分层充填法，嗣后充填法等
极厚矿体 大于50 m	阶段矿房法，分段崩落法，阶段崩落法，阶段充填法等	阶段矿房法，分段崩落法，阶段崩落法，阶段充填法等	阶段矿房法，分段崩落法，阶段崩落法，阶段充填法等	阶段矿房法，分段崩落法，阶段崩落法，阶段充填法等

　　注：表中仅列出部分采矿方法。

　　③矿体形状和矿石与围岩的接触情况影响采矿方法的落矿方式、矿石运搬方式和贫化损失指标。如接触面不明显，矿体形状不规则，起伏较大时，采用大直径深孔落矿，会引起较大的损失、贫化。底板起伏较大会影响使用无轨出矿设备和爆力运搬矿石，甚至采用留矿法的效果也很差。在极薄矿脉中，矿体的形状、接触界线影响削壁充填采矿法的采用。

　　④矿石的品位及价值。开采品位较高的富矿和贵重、稀有金属时，要求采用回采率高、贫化率低的采矿方法，如充填法，尽管采矿方法的成本比较高。但提高出矿品位和降低了损失率所获得的经济效益会超过采矿成本的增加。反之，则应采用成本低、贫化损失率较高的崩落采矿法或空场法。

　　⑤如果矿物及品位在矿体中的分布比较均匀，矿体厚度大，可以使用采场生产能力大的崩落法；当矿石和顶板围岩较破碎时，优先使用生产能力大、成本低的自然崩落法。当在同一矿床中具有不同品位，且差距较大的多个矿体时，可以采用不同的采矿方法，或采用先采富矿暂时保留贫矿的充填采矿法。

　　⑥矿体赋存深度。赋存深度超过500~600 m或原岩应力很大时，地压增大，有可能产生冲击地压或岩爆现象，采用充填法和崩落法较为适宜。

　　⑦矿石和围岩的自燃性与结块性。矿石和围岩中含硫高(或硫、碳均高)，有自燃或发火倾向时，应采用充填法，避免采用留矿法、阶段崩落法和大量崩落矿柱的采矿法。

　　⑧开采放射性矿体，一般采用通风条件较好的充填法。具有氧化结块性的矿石(含硫较高的矿石)应采用空场法或充填法，避免采用留矿法和大量崩落采矿法，以防止矿石结块，影响生产。

　　⑨对于矿石价值不大，直接顶板不稳固的缓倾斜铝土矿体，可采用留矿壁护顶的空场法，为了回采留下的大量矿柱，也可采用嗣后充填采空区的空场法。

　　(2)特殊要求

　　某些特殊要求可能是采矿方法选择的决定性因素。

　　①地表是否允许陷落。当矿体开采以后，在地表移动带范围内，如果有公路、铁路、河流、村镇、居民区、风景区、文化遗址等，或者地表是森林、农田、水利设施(包括水库、堤坝

等），在选择采矿方法时就要优先考虑能保护地表的采矿方法，如充填法和用充填方法处理采空区的空场法等。

②加工部门对矿石质量有特殊要求。对品位、品级、有害成分有特殊要求，对矿石贫化率的要求比较严格时，不能选取贫化率可能超过某些范围的采矿方法，如崩落法等。

③有某种特殊危害的矿山。如矿石中含硫高（或硫、碳均高），有结块自燃的或者有发火危险的煤系地层围岩，应优先采用充填法，避免采用留矿法、大量崩落法。

若开采含放射性元素的矿石，一般采用通风条件较好的采矿法。

（3）采矿方法本身的影响（即辅助性因素）

采矿方法本身因采场结构、采准方式、回采工艺等不同，可以排列组合成很多种方案，对采矿方法选择有影响。例如：

①采场结构：采场的水平尺寸、采场高度、矿层、矿柱的比例、回采顺序等；

②采准方式：脉内采准或脉外采准。

（4）采掘设备

采矿方法选择在一定程度上是选择设备，已有的采掘设备水平往往决定了采矿方法，即设备决定工艺。随着矿山设备的不断发展更新，采矿方法也有了很大改变，新建矿山的采矿方法选择要将采掘设备的因素作为重要内容考虑，采用先进、智能、实用的采掘设备是未来先进采矿工艺的重要标志。如过去采用气腿式凿岩机和电耙出矿、人工装药和采场顶板人工撬毛的采矿方法，现在多数矿山都改用了凿岩台车凿岩、铲运机出矿、装药车装药、锚杆台车打锚杆或挂网。在采场出矿有安全风险时，采用遥控铲运机出矿，避免人员直接进入采场。采矿机械化程度提高，不仅可以提高劳动生产率，而且降低了工人的劳动强度和造成工伤的概率。当然，采矿机械化程度的提高，特别是大量柴油设备的使用，必须加强采场通风，改善作业环境。

（5）经济因素

采矿方法选择将会影响除矿石价值以外的许多因素，正确与否直接影响着矿山盈利水平的高低。因此必须进行综合经济比较来选择，其实质就是在投资与经济回报之间找到最佳方案。

（6）环境因素

对于环境要求较高的矿山，选择采矿方法时，除保护地表和井下水系不受破坏外，废石产率低也是应重点考虑的因素。将废石和尾砂尽可能充填到井下，实现无废或少废开采，是当前绿色矿山建设的需要。

（7）技术管理水平

采矿方法不同，要求的技术管理水平及操作者的素质也不同，采用先进的工艺技术及设备，必须有较高的技术管理水平且操作者的素质较高。

2）采矿方法选择的设计程序

（1）收集和掌握采矿方法选择的基础资料

①地质报告。

应着重分析研究如下内容：矿体的赋存特征；矿体围岩稳固性及矿区岩石力学特征；设计利用资源储量和品位以及分布情况；矿体的埋藏深度和矿区水文地质条件；矿区开采范围是否有需要保护的河流、湖泊、村庄、铁路、公路等重要建构筑物；矿石及围岩的硫和碳含量、矿石自然结块性、放射元素含量及其分布规律等。

②选矿的资料。

资料有：选矿厂（或冶炼加工厂）对矿石的品级、块度要求；矿石的选矿回收率和大致的选矿费用；尾矿的产率、粒级、有毒有害物质含量、酸碱度等资料。

③采矿设备供应情况。

地下凿岩、爆破、出矿、支护、通风、充填等有关设备的性能及型号、价格及供应情况，特别是使用国外设备时，对其厂家、型号、性能、价格和发展趋势等更应详细了解和分析。

收集国内外新的采矿工艺、设备及发展趋势方面的资料。

④岩石力学的现场调查。

现场踏勘矿区地形、地貌及矿体和岩层露头；现场观看岩芯样品，核实与设计关系大的钻孔岩石资料；若已有勘探巷道，则应对巷道的矿、岩稳固性进行现场踏勘、统计，核实地质报告中的有关资料；现场调查可能充填材料的其他情况。

（2）采矿方法选择原则

选择一种合理的采矿方法必须满足下列条件：生产安全；损失贫化率低、资源利用率高；具有合理的、较高的采矿强度；应充分利用矿石中有用成分；要求采矿方法工艺成熟可靠，采场结构简单合理；技术经济指标先进，经济效益好。

（3）采矿方法初选

①按照地质报告和现场踏勘所收集到的岩石力学资料，对矿岩的稳固程度、回采采场空区允许暴露面积、暴露顶板最大跨度等进行估计。

②按照各矿体的横剖面、纵投影和阶段平面图，底板等高线图与矿体等厚图（缓倾斜矿体），按设计要求的厚度、倾角范围进行组别统计，按不同采矿方法或采场结构参数布置采场，统计计算不同采矿方法开采矿段矿块矿量、采矿方法比重。初步设计与施工图设计阶段应按基建范围内的块段进行统计。

③根据采矿方法选择的因素条件和①、②分析统计的资料，以及表1-28、表1-29的条件，分析研究选择的否决条件（即决定因素）和控制条件，就可以优选出可行的采矿方法，再按其倾角和厚度进行采矿方法的分组（即分层、分段、阶段），而分组一般又与辅助条件有某些对应性的关系，见表1-30。剔除不合理的采矿方法，对有代表性的方案，绘制采矿方法方案标准图，并选定有关技术经济指标。

表1-30　采矿方法分组与某些回采工艺对应表

项目		分层	分段	阶段
凿岩	孔径	$\phi 30 \sim 40$ mm	$\phi 60 \sim 115$ mm	$\phi 100 \sim 200$ mm
	炮孔布置	平行	扇形	平行，扇形
	设备	气腿式或台车	台车	台车
爆破	炸药	普通	普通	普通、特制
	包装形式	小药卷	多为粉状药	多为大药卷和粉状药
出矿		一般为小型电耙	一般为中型铲运机	一般为大型铲运机

续表1-30

项目	分层	分段	阶段
支护	锚杆护顶	锚杆、锚索护顶	必要时长锚索加固上、下盘
充填	多为管道式充填	管道充填为主，干式充填	管道式充填，干式充填或两者结合

一般采矿方法选崩落法还是充填法往往需要进行技术经济比较才能确定。

④采矿方法初选实例。

某铜铁矿床，平均含铜1.73%，含铁32%。矿体走向长350 m，倾角60°~70°，平均厚度为50 m，矿石中等稳固，围岩稳固性差。地表允许崩落。矿山要求矿石生产能力为500 kt/a。

首先根据矿床开采技术条件选择几种合适的采矿方法，见表1-31。

表 1-31　采矿方法选择

主要的地质及开采技术条件		较合适的采矿方法	排除的采矿方法
名称	特征		
地表允许崩落的可能性	允许崩落	空场法、崩落法、充填法	
矿石的稳固性	中等稳固	空场法、崩落法、充填法	
围岩的稳固性	差	崩落法、充填法	空场法
倾角及厚度	倾角60°~70°，平均50 m厚	上向分层充填法、VCR嗣后充填法、无底柱分段崩落法，阶段强制崩落法	其他充填法与崩落法
矿石的品位	铜、铁品位较高，矿石价值较大	上向分层充填法、VCR嗣后充填法、无底柱分段崩落法	阶段强制崩落法

根据以上初步分析，可初选出以下采矿方法：无底柱分段崩落法，上向分层充填法，矿房用上向分层充填法，矿柱用VCR嗣后充填法。

(4)采矿方法的技术比较

①技术比较的主要内容。

技术比较主要内容包括矿块生产能力，矿石千吨采切比，矿块的劳动生产率，主要材料消耗，采矿工艺过程的繁简和生产管理的难易程度，作业安全、通风等条件的好坏等。

②初选采矿方法的技术比较。

对各初选采矿方法方案按上述条件进行分析研究，挑选2~3个竞争能力强的、不同类别的采矿方法进行详细的技术经济综合比较。亦可采用"专家评议法"和"特菲尔法"（即打分法）进行技术比较。

③技术比较实例。

某铜矿的东部矿体，产于凝灰岩中，直接顶板与底板与含矿岩石均为同一层凝灰岩，但顶板岩石$f=4~6$，底板岩石$f=6~8$。矿体与围岩产状基本一致，走向北西300°，倾向南。走向长450 m，斜深450 m，厚度为20~40 m，倾角大于70°。矿体比较完整，储量大，品位高，平均含铜品位2.02%。

根据矿体及围岩的物理机械性质和赋存特点，选择三种采矿方法进行技术比较。

方法一：端部放矿无底柱分段崩落采矿法。在分段巷道或进路内凿岩，中深孔爆破，矿石在覆盖岩石下进行放矿，铲运机出矿。

方法二：水平分层尾砂胶结充填回采矿房及水平分层尾砂充填回采间柱的充填采矿法。矿块垂直走向布置，矿房间柱均为 5 m 宽，暴露面积控制在 150 m² 左右。分层高 3 m，浅孔水平分层落矿，采场内用装运机出矿，然后进行充填。

方法三：分段空场嗣后胶结充填法。在分段巷道中钻凿中深孔爆破崩矿，矿石集中在采场最下部分段巷道中装运。每次爆破后仅装运出一部分矿石，大部分矿石暂留采场中，待采场的矿石全部采下并放出后，集中一次进行空场充填。

这三种采矿方法的技术比较见表 1-32。根据比较，初步选定崩落法和水平分层充填法，由于顶盘凝灰岩稳固性较差，从而可排除分段空场嗣后充填采矿法。

表 1-32　某铜矿体采矿方法技术比较

比较项目	方法一 端部放矿无底柱 分段崩落采矿法	方法二 水平分层尾砂胶结 充填采矿法	方法三 分段空场嗣后胶 结充填法
采场生产能力/(t·d⁻¹)	360	100	240
掌子面工效/t	16	7	15
矿石采切工作量/(m·kt⁻¹)	14	6.5	15.5
矿石损失率/%	25	10	12
矿石贫化率/%	30	5	15
同时工作矿块数/个	6	20	9
优点	①工艺简单、易掌握； ②采矿效率高、能力大； ③人在巷道内作业，条件好、安全； ④采准工作易机械化； ⑤坑木消耗少	①贫化损失率低； ②采切工程少； ③能较好地维护顶板围岩，地表不塌陷； ④能为地表防洪排水创造条件	①采矿效率高，能力较大； ②人在巷道内作业，条件好，安全； ③回采工艺简单，易掌握； ④事后充填能控制地压保护地表； ⑤坑木消耗少
缺点	①贫化损失率高； ②采准工作量大； ③工作面通风条件较差	①作业环节多，管理复杂，生产能力低； ②充填料耗水泥量大； ③回采成本高	①回采时无法保证控制顶板不崩落； ②采切工作量大； ③耗水泥量大； ④回采成本高

注：比较中的指标仅为举例用，不能作为设计引用指标。

特非尔法选择采矿方法得分表见表 1-33，由表 1-33 可知，上向分层充填法和矿房用上向分层充填法、矿柱用 VCR 嗣后充填法的得分相等，而它们又与无底柱分段崩落法的得分相差不太悬殊，前两种方法又同属充填法，故三种方法可同时参加综合技术经济比较。

表 1-33　特非尔法选择采矿方法得分表

序号	比较项目	项目影响因素	上向分层充填法	无底柱分段崩落法	矿房用上向分层充填法、矿柱用 VCR 嗣后充填法
1	赋存条件，稳固性的适应性	8	8	7	6
2	顶底板变化大，不规则	4	4	3	2
3	安全条件	8	4	8	8
4	工作面通风	4	4	2	4
5	采矿方法变化的可能性	4	2	0	3
6	充填工艺的可能性	4	2	4	4
7	采切比的大小	8	8	4	7
8	采切、充填、准备工作量	4	3	1	4
	辅助作业机械程度	2	1	2	2
	铲运和铲装条件	2	0	2	1
9	矿石回收率	8	8	2	6
10	矿石贫化率	8	8	2	6
11	回采成本	8	2	8	6
12	经济效益	16	15	6	10
13	同类矿山新工艺掌握程度	8	7	6	6
14	生产规模的保证	8	4	8	7
15	生产管理	8	6	6	6
16	总计	112	88	73	88
17	名次		2	3	1

（5）采矿方法的经济比较

①基础数据计算。

矿块的贫化率：

$$\gamma = \frac{\gamma_1 Q_1 + \gamma_2 Q_2 + \gamma_3 Q_3}{Q_1 + Q_2 + Q_3} \quad 或 \quad \gamma = \gamma_1 n_1 + \gamma_2 n_2 + \gamma_3 n_3 \quad\quad (1-12)$$

式中：γ 为矿块的贫化率，%；γ_1、γ_2、γ_3 分别为矿房、间柱、顶底柱的贫化率，%；Q_1、Q_2、Q_3 分别为矿房、间柱、顶底柱的矿量，万 t；n_1、n_2、n_3 分别为矿房、间柱、顶底柱的矿量百分比。

矿块的损失率：

$$P = \frac{P_1 Q_1 + P_2 Q_2 + P_3 Q_3}{Q_1 + Q_2 + Q_3} \quad \text{或} \quad P = P_1 n_1 + P_2 n_2 + P_3 n_3 \qquad (1-13)$$

式中：P 为矿块的损失率，%；P_1、P_2、P_3 分别为矿房、间柱、顶底柱的采矿损失率，%；Q_1、Q_2、Q_3、n_1、n_2、n_3 符号意义同上式。

出矿品位：利用矿块贫化率和矿体平均品位算得的出矿品位，只供采矿方法用静态法计算经济效益时用。若用动态法算企业的经济效益时，需按回采进度计划，排出历年的出矿量，并按每年各种采矿方法的比重及其回采对象算出其总的贫化率和出矿品位。

元素换算：当矿石含有多种有用元素时，可将副产元素换算成主元素。

换算系数：

$$f = \frac{\varphi_i \varepsilon_i}{\varphi_k \varepsilon_k} \qquad (1-14)$$

式中：f 为换算系数；φ_k 为主元素的精矿含金属的价格，元/t；ε_k 为矿石中主元素选矿回收率，%；φ_i 为副产元素精矿含金属的价格，元/t；ε_i 为矿石中副产元素的选矿回收率，%。

矿石中换算后的主元素品位：

$$\alpha_f = \alpha_k + \alpha_1 f_1 + \alpha_2 f_2 + \cdots + \alpha_i f_i \qquad (1-15)$$

式中：α_f 为换算后的主元素品位，%；α_k 为换算前的主元素品位，%；α_1、α_2、$\cdots$、α_i 分别为矿石中副产元素的品位；f_1、f_2、$\cdots$、f_i 分别为副产元素的换算系数。

②综合分析比较的内容。

a. 经济效果指标：采出矿石成本，最终产品成本，年盈利、总盈利或其净现值；基建年度投资、投资收益率，返本年限等；

b. 采出矿石规模或全部服务年限内年产有用成分的数量和质量；

c. 技术经济指标：矿块生产能力，矿石千吨采切比，劳动生产率，水泥和坑木等材料耗量等。

③采矿方法比较实例。

西南某铜矿为火山岩黄铁矿型铜矿，矿区上方地表建有多个尾矿库，地表不允许陷落。矿体呈似层状、层状产出，倾角为 10°~30°，厚度为 0.67~44.08 m，平均为 12.36 m，其中厚度大于 5 m 的矿体占总矿量的 77.8%，矿石平均品位为 Cu 1.55%，抗压强度为 45~70 MPa。直接顶底板围岩抗压强度为 13.80~74.28 MPa。对于厚度大于 5 m 的矿体，采矿方法设计重点做了两个方案进行比较，详见表 1-34。

表 1-34　厚度大于 5 m 缓倾斜矿体采矿方法比较表

序号	项目名称	单位	方案 I：机械化上向水平分层充填采矿法			方案 II：分段空场嗣后充填采矿法	备注
			沿矿体走向布置	垂直矿体走向布置	小计		
0	采矿方法占比	%	24.2	53.6	77.8	77.8	矿量占总矿量 77.8
1	中段高	m	60	60	60	60	

续表1-34

序号	项目名称	单位	方案I：机械化上向水平分层充填采矿法			方案II：分段空场嗣后充填采矿法	备注
			沿矿体走向布置	垂直矿体走向布置	小计		
2	倾斜长	m	240	240	240	240	按14.5°倾角计算
3	平均厚	m	9	31	24	24	
4	间柱宽	m	0	0	0	6	
5	矿房长	m	40	40~80	40~80	50~60	
6	矿房宽	m	水平厚度	15	水平厚度~15	12	
7	顶(底)柱	m	7	7	7	7	考虑回收
8	矿块生产能力	t/d	250~300	300~400	250~400	400~500	
9	采切比	m/kt	4.84	4.57	4.65	4.22	
		m^3/kt	67.66	55.39	59.33	59.01	
10	矿石损失率	%	9.81	6.83	7.76	17.80	
11	矿石贫化率	%	5.25	4.27	4.57	12.25	
12	副产矿石率	%	2.24	3.19	2.89	1.13	
13	采切废石产率	%	16.97	12.67	14.01	15.42	
14	凿岩工效	m/(台·班)	200~240	200~240	200~240	90~120	
15	出矿工效	t/(台·班)	650~700	650~700	650~700	650~700	
16	设计利用矿量（工业矿）	10^4 t	1017.76	2254.22	3271.98	3271.98	工业矿总量4205.632万t
	平均品位 Cu	%	1.55	1.55	1.55	1.55	
17	采出矿量	10^4 t	969.04	2194.32	3163.36	3065.37	
	平均出矿品位 Cu	%	1.467	1.483	1.478	1.360	围岩品位0.2
18	矿石生产规模	万t/a	205		205	205	8000 t/d
19	服务年限	a	15.4		15.4	14.9	
20	可比劳动定员	人	27		27	24	凿岩运矿作业人员
21	可比设备投资	万元	4425		4425	4435	
22	采矿直接成本	元/t	127.4	127.4	127.4	103.4	
22.1	回采作业成本	元/t	27.5	27.5	27.5	22.5	
22.2	掘进作业成本	元/t	16.5	16.5	16.5	15.5	
22.3	充填作业成本	元/t	50.5	50.5	50.5	32.5	
22.4	提升运输作业成本	元/t	16.5	16.5	16.5	16.5	

续表1-34

序号	项目名称	单位	方案I: 机械化上向水平分层充填采矿法			方案Ⅱ: 分段空场嗣后充填采矿法	备注
			沿矿体走向布置	垂直矿体走向布置	小计		
22.5	通风作业成本	元/t	6.6	6.6	6.6	6.6	
22.6	压风作业成本	元/t	1.8	1.8	1.8	1.8	
22.7	排水作业成本	元/t	5.4	5.4	5.4	5.4	
22.8	生产探矿成本	元/t	2.6	2.6	2.6	2.6	
23	可比运营成本	万元/a	26166.94			21237.53	4929.41（方案Ⅰ减方案Ⅱ）
24	可比营业收入	万元/a	92189.65			84844.91	7344.74（方案Ⅰ减方案Ⅱ）
25	可比净现金流（税后）	万元/a					2415.33（推荐方案Ⅰ）
26	多获得的现金流（税后）	万元					61179.93（方案Ⅰ减方案Ⅱ）
27	优点		①可多采出矿石量约98万t，Cu金属量为14485t；②上向水平分层充填采矿法对矿体的适应性强，可以开采各种产状的矿体；③损失贫化率低，采场布置灵活，安全可靠。能有效分采高品位矿			工艺简单，采场生产能力大且有提升空间，可实现机械化连续作业，安全可靠，劳动生产率高	方案Ⅰ虽然可比运营成本高，但该方案可比营业收入更高，每年可比净现金流量多2415.33万元。而且该方案采出矿量更多，服务年限更长。推荐方案Ⅰ
28	缺点		采矿作业循环相对较多，工序相对复杂。采场生产能力相对较小，充填与开采需足够的间隔时间，要求备采矿块多，充填成本高			该采矿方法要求矿体较厚大，产状变化小，对于产状变化大的矿体，贫化损失不易控制。不便于分采高品位矿体	

方案Ⅰ：机械化上向水平分层充填采矿法。凿岩采用DL 2720液压凿岩台车，在穿脉凿岩巷道内凿上向扇形孔，孔径64 mm，孔深5～8 m，孔底距2.2～2.5 m，排距(最小抵抗线)1.5～1.8 m。出矿采用金川4 m³铲运机+凯马UK-15自卸式矿车。

方案Ⅱ：分段空场嗣后充填采矿法。凿岩采用Simba H1354型全液压顶锤式中深孔凿岩台车，出矿采用金川4 m³铲运机。

由表 1-34 可以看出,方案Ⅰ在贫化损失方面明显优于方案Ⅱ,采用方案Ⅰ开采,可多采出矿石约 980 kt,金属量为 14485 t,多获得现金流(税后)约 6.1 亿元。鉴于矿石价值较高,为有效提高矿石回采率和降低贫化率,设计推荐采用方案Ⅰ,即机械化上向水平分层充填采矿法开采中厚矿体缓倾斜矿体。

3)采矿方法的优化

(1)采矿方法优化方法

①模糊数学法。选择采矿方法的主要依据是矿床开采技术条件(包括矿体赋存特征、工程地质、水文地质、环境地质等),但是并没有定义明确的选择准则可以遵循,所以可以采用模糊数学法处理。首先,初选一些采矿方法,已知这些采矿方法所要求的矿床开采技术条件;然后列出拟选择采矿方法的矿床开采技术条件,计算并确定它们与候选采矿方法所要求的矿床开采技术条件之间的模糊相似程度,选择条件最相近的那个采矿方法。

模糊数学(模糊数学法)还可用来预测采矿方法将取得的技术经济指标。首先,列出本矿山的矿床开采技术条件(注意术语统一性),再收集一些采用同样采矿方法的其他矿山的矿床开采技术条件,对它们进行模糊聚类,聚类时,与本矿山近似程度排序依次取较低的权值;然后,将各矿山用此类采矿方法取得的技术经济指标加权平均,得到本矿山采用此类采矿方法可能取得的技术经济指标。

②专家系统法。采矿专家选择采矿方法时,通常先根据矿岩稳固性选择空场法、崩落法或充填法等采矿方法的大类别;然后根据矿体倾角及其他条件选择运输方式和采矿方法分组(或主要方法);最后根据矿体厚度或分段高度选择浅孔、中深孔或深孔等不同的落矿方式。这个过程是一个明显的逻辑推理过程。把这种逻辑因果关系总结成规则,存放在计算机系统中,就建立了采矿方法选择的专家系统。使用时,输入所设计的矿床开采技术条件,系统就会自动推理,选择出适用的采矿方法。

③多目标决策法。选择采矿方法时,考虑采矿成本、采准切割工程量、矿石贫化率、矿石损失率、采场生产能力等多个因素。这些因素从不同侧面反映采矿方法的优劣,有各自的计量单位。采用多目标决策法,将这些因素综合起来,从整体上评价几种采矿方法的可行方案,从中择优。

④价值工程法。价值工程中,事物的价值用其功能与成本的比值来衡量。选择采矿方法时,将采场生产能力、回采率、贫化率等技术指标视作功能,支出的开采费用视作成本,比较各种采矿方法的功能/成本比,选择比值最大者作为应选的采矿方法。

(2)采场结构参数的优化

采矿方法采场结构参数的优化包括选择确定矿块、矿房、矿柱合理尺寸和采准切割巷道合理布置及尺寸。确定采场结构参数的常用方法有工程类比法、相似材料实验法和数值模拟实验法。优化采场结构参数一般步骤如下:

①设计选定采矿方法的结构参数,计算采切工程量及其有关技术经济指标;

②按设计的采矿方法参数进行采切和回采工作模拟运算,得到采矿方法的有关技术经济指标;

③利用岩石力学,如有限元、边界元等计算采矿方法结构参数的稳定性,作为安全可靠性的约束条件;

④按照选取的优化准则,建立数学模型,包括目标函数和约束条件,寻求较优的结构

参数。

目前应用较多的是单项结构参数优化,如底部结构、矿柱尺寸、阶段和分段高度、回采进路间距等。

(3)工艺参数优化

采矿方法工艺参数包括采准、切割和回采工作中的落矿、运矿及支护(包括充填)工艺参数,工艺参数优化还常包括设备配套选择。计算机模拟优化某些采矿方法工艺的软件已有开发,如无底柱分段崩落采矿法和自然崩落法等。单项工艺参数优化则已在实践中应用。根据问题的性质及要求,单项工艺参数优化可用经济或技术指标优化准则。特别当技术指标能直接表示经济效益时,可使问题简化。如矿石回采率、贫化率,爆破工作中的孔网参数、炸药消耗、回采强度等。

工艺参数优化的一般步骤是明确问题,确定优化项目各影响因素之间的关系,选取优化准则,建立和校验修正数学模型,求解问题。工艺参数优化常用于矿山生产中。

挪威一地下矿山阶段矿房法用深孔爆破落矿,铲运机出矿,井下破碎,以成本最低为准则,优化深孔爆破孔网参数。不同孔网参数的破碎质量不同,装运能力和装运成本也不同,并引起地下破碎成本和二次破碎费用的波动。建立孔网参数、矿石破碎度(以筛下矿石百分数为标准)、装运费用、破碎费用、二次破碎费用之间的数学模型。

以总成本最低为优化准则,计算结果见表1-35。由表可见,1.8 m×2.2 m左右的孔网参数总成本最低。

表1-35 爆破孔网参数优化实例

孔网参数/(m×m)	炸药单耗/(kg·m⁻³)	破碎度/mm	爆破成本/(克朗·t⁻¹)	装矿能力/(t·h⁻¹)	装矿成本/(克朗·t⁻¹)	运输能力/(t·h⁻¹)	运输成本/(克朗·t⁻¹)	破碎成本/(克朗·t⁻¹)	二次破碎成本/(克朗·t⁻¹)	总成本/(克朗·t⁻¹)
1.5×1.8	0.85	227	8.90	347	1.05	92	2.72	1.56	0.11	14.35
1.6×1.9	0.76	288	7.90	324	1.18	90	2.77	1.63	0.21	13.69
1.7×2.0	0.68	360	7.07	204	1.32	89	2.82	1.71	0.36	13.28
1.8×2.2	0.58	489	6.07	279	1.55	86	2.90	1.83	0.77	13.11
1.9×2.3	0.53	595	5.50	264	1.73	85	2.95	1.91	1.26	13.35
2.0×2.4	0.48	718	5.01	250	1.92	83	3.00	2.00	2.02	13.95
2.1×2.5	0.44	859	4.58	237	2.13	82	3.05	2.10	3.16	15.02
2.2×2.6	0.40	1020	4.20	226	2.36	80	3.11	2.19	4.85	16.71
2.3×2.8	0.36	1293	3.73	211	2.73	79	3.18	2.34	8.77	20.76

由于矿床的多样性、开采条件的不确定性和各因素之间关系的复杂性,优化方法的数学模型还不可能完善地表征这些关系。因此,应将优化方法与实践经验和科学实验结果结合起来解决选择合理采矿方法的问题。

3. 矿床开拓方案选择

1)地下矿床开拓的有关规定和要求

(1)竖井、主斜坡道、斜井及主平硐的出口,均应布置在矿床开采最终地表错动范围之外，并符合地表建(构)筑物保护等级的保护带宽度的规定。当条件所限必须布置在最终错动范围以内时，应采取措施，一般是留设保安矿柱或采取充填措施。

(2)井口或硐口的建(构)筑物，应不受地表塌落、滑坡、滚石、山洪暴发、泥石流及雪崩等的危害。

(3)井口或硐口的位置应有足够面积的工业场地和施工场地。

(4)井口或硐口标高应在历年最高洪水位 1 m 以上。

(5)每个矿井至少应有两个独立的直达地表的安全出口，安全出口的间距应不小于 30 m。主副井之间布置破碎系统时，两井之间距离不应小于 50 m。矿体一翼走向长度超过 1000 m 时，此翼应有安全出口。每个生产水平(阶段)都必须至少有两个便于行人的安全出口，并与通往地表的安全出口相通。井巷的分道口必须有路标，注明其所在地点及通往地表出口的方向。

(6)一般情况下，主要井巷均应布置在矿体下盘以便长期使用，只有在下盘工程地质条件恶劣时，才考虑将主要井巷布置在上盘或侧翼。

(7)主要井巷工程应尽量布置在稳固的岩层中，避免开凿在断层、破碎带、大的含水层中，更应避开流沙或岩溶发育的地层或含有泥水的采空区。竖井、斜井及长主溜井等在施工前通常应打工程地质钻孔，并有工程地质剖面图，以便更好地确定井巷位置、方向及支护形式，并考虑其施工方法及具体措施。

(8)井巷位置还应考虑地表和井下工程量少，施工方便，建设速度快，距破碎厂的总运输功小，又要不占或少占农田土地。

(9)进风井井口位置应避开有害物质污染区，并应布置在常年主导风向的上风侧；回风井井口位置应远离居民区和生产区，并应选择在当地常年主导风向的下风侧。

(10)确定矿山主要井巷断面时，除考虑生产能力、设备外形尺寸和必要的间隙外，还应考虑通风、排水、压气管路和供电线路等敷设要求。大型矿山更应预留有一定的管缆位置，以备矿山扩大生产时增加管缆。

(11)矿床赋存复杂、废石量较大时，矿山可考虑用箕斗提升废石及矿石，以减轻罐笼提升量和简化运输系统。

(12)位于地震区的矿山，应将矿井抗震列为设计的重要内容。矿山地区的基本烈度由地震部门提供，各井巷设计应按有关抗震设计规范、规程等要求进行；特别对安全出口问题要慎重对待，在开拓方案选择上，如竖井与斜井在经济比较中相差不大时，应优先选择斜井方案。

(13)为缩短矿井建设时间，设计应提出有效措施，使控制性的井巷工程(主要井巷)尽可能提前施工；对较长的井巷工程，应考虑增加措施性工程，以利于加快建设速度。

2)开拓方案比选

(1)矿床开拓方案选择的基本要求

①生产上安全可靠，提升、运输、通风、排水等系统完整；

②技术上先进，满足矿山生产能力的要求，能保证矿山正常和持续均衡生产，并能兼顾矿山的远景发展；

③基建工程量少、投资省，经营费用低，矿石运输方向合理，经济效益好；

④施工条件好，建设速度快，投产时间短；

⑤充分利用矿产资源,做到尽量不留或少留保安矿柱,减少矿石损失;

⑥地下与地面设计布置合理、环节少,便于管理;

⑦地表总平面布置,应尽量不占或少占农田。

(2)影响矿床开拓方案选择的因素

①矿体的赋存特征,如矿体的厚度、倾角、走向长度和埋藏深度等;

②矿床开采技术条件,如矿石和围岩的稳固性,矿区断层、破碎带、含水层的分布,构造应力场的方向和大小等;

③矿区水文地质条件,如地表水(河流、湖泊等)、地下水、溶洞的分布情况;

④矿区地表地形条件;

⑤矿床勘探程度、矿石品位、资源/储量及远景储量等;

⑥矿区外部建设条件,如水、电、原材料、土地征购及劳动力的供应情况,外部道路及环保要求等;

⑦改扩建矿山井巷工程及地表工业场地现状;

⑧选用的采矿方法;

⑨选矿厂和尾矿库厂址,物流方向。

(3)矿床开拓方案选择

矿床开拓方案选择步骤如下:

①开拓方案初选。

在全面了解设计基础资料和对矿床开拓有关的问题进行深入调查研究的基础上,充分考虑矿床开拓系统的影响因素,提出技术上可行,经济上无明显缺陷的2~3个开拓方案,列为进行技术经济比较的开拓方案,确定开拓方案的开拓运输系统、通风系统、主要开拓巷道类型、位置和断面尺寸,绘出开拓方案草图。

②开拓方案的技术经济比较。

对初步分析比较选出的2~3个开拓方案,进行详细的技术经济综合分析比较,从中选出最优的开拓方案。

开拓方案技术经济比较内容:技术上的优缺点;基建投资,包括井巷工程、地表建筑和构筑物的投资费用以及设备购置费用;经营费,包括井巷开拓工程、地表建筑和构筑物的折旧和维修费,坑内与地表的运输费用以及提升、排水、通风等费用;基建期和投产、达产时间;矿产资源利用程度,采出矿石量、留设的保安矿柱矿量;占用农田和土地的面积;年生产经营费用、产品成本、投资回收期、内部收益率;其他值得参与技术经济比较评价的项目。

3)矿床开拓方案比较实例

西南某铜矿为一地下开采矿山,前期开采1620~1800 m中段矿体,主要开采工业矿,采选矿石规模为8000 t/d,2640 kt/a;后期开采1440~1620 m中段的工业矿和低品位矿,生产规模为10000 t/d,3300 kt/a。1440~1800 m中段设计利用储量为工业矿37795.20 kt,低品位矿6289.03 kt,共44084.23 kt,Cu平均品位1.47%。

尾矿库库址通过技术经济比较后,设计推荐某尾矿库升级改造方案,选矿厂厂址通过技术经济比较后,设计推荐东厂址方案,对应的开拓方案有两个,即方案1(胶带斜井开拓方案)、方案2(主竖井开拓方案),其位置见图1-21。两个方案技术经济比较见表1-36和表1-37。

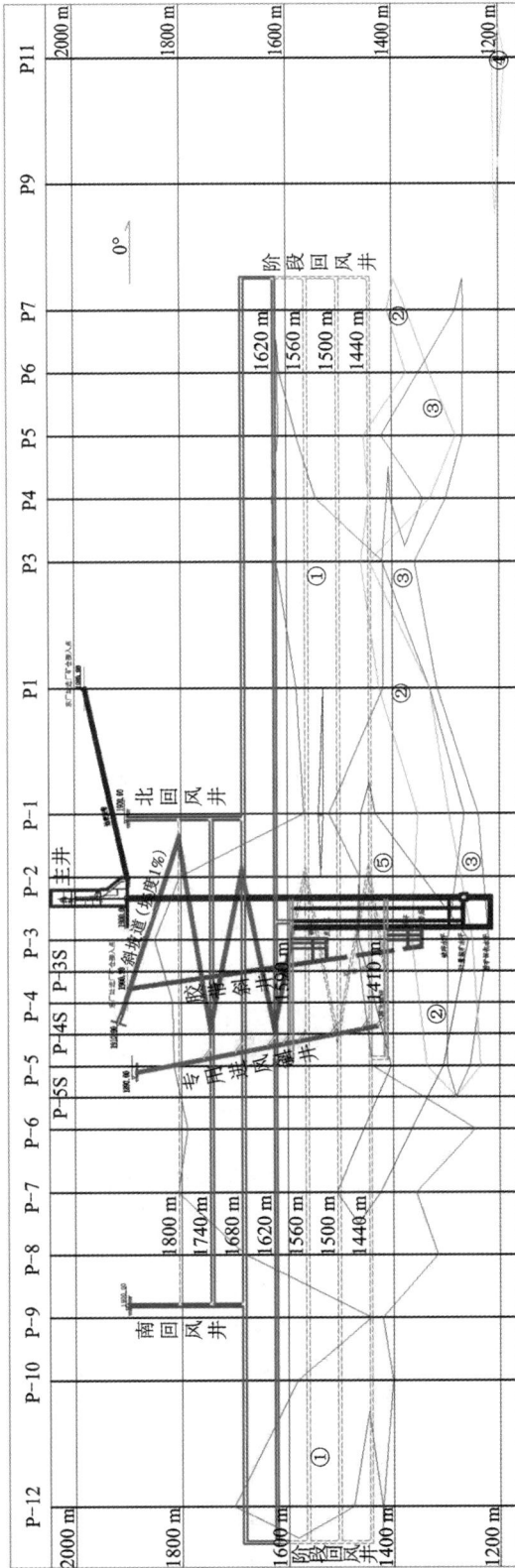

图 1-21　东厂址开拓系统示意图

表 1-36　东厂址开拓方案特征表

序号	项目名称	东厂址	
		方案 1(胶带斜井开拓方案)	方案 2(主竖井开拓方案)
1	方案 1(胶带斜井开拓方案)	开拓系统服务至 1440 m 无轨中段,共设 1590 m 和 1410 m 两个有轨运输中段,主提升采用分期建设方案: 1620 m 中段以上矿石利用 1590 m 有轨运输中段集中运输后,利用胶带斜井直接提升至选厂矿仓,选厂矿仓接入点标高 1900.9 m。胶带斜井角度为 15°,胶带斜井破碎水平标高 1560 m,胶带底部标高 1550 m,基建斜坡道施工至 1560 m 中段。 1440~1620 m 中段矿石利用胶带斜井延深后进行提升,胶带斜井角度为 15°,胶带斜井破碎水平标高 1380 m,胶带底部标高 1370 m,斜坡道施工至 1380 m 中段	
	方案 2(主竖井开拓方案)	开拓系统服务至 1440 m 无轨中段,共设 1590 m 和 1410 m 两个有轨运输中段,主提升采用一次建设方案: 1410 m 以上矿石利用主井直接提升至选厂矿仓,主井井口标高 1900 m,井底标高 1290 m。地表胶带接入选厂矿仓,选厂矿仓接入点标高 1980.9 m。溜破系统设在 1410 m 中段以下,利用斜井进行粉矿回收,考虑使用斜坡道进行联系	
2	斜坡道	斜坡道硐口标高 1910 m,负责基建期废石运输、人员、材料和设备上下,并进行辅助进风	
3	专用进风斜井	井口标高 1890 m,井底标高 1410 m 中段,附近设排水系统,专门负责井下进风、排水任务,矿山总进风量为 420 m³/s,主要由专用进风斜井负责,其他部分由斜坡道辅助进风	
4	南回风井	井口标高 1900 m,基建期服务至 1620 m 中段,专门负责井下回风任务,后期进行倒段延深,服务至 1440 m 中段,矿山总回风量为 420 m³/s,由南、北回风井共同完成	
5	北回风井	井口标高 1900 m,基建期服务至 1620 m 中段,专门负责井下回风任务,后期进行倒段延深,服务至 1440 m 中段,矿山总回风量为 420 m³/s,由南、北回风井共同完成	

表 1-37　东厂址开拓方案技术经济比较表

序号	项目	单位	东厂址	
			方案 1(胶带斜井开拓方案)	方案 2(主竖井开拓方案)
1	可比投资	万元	11481.46	13539.00
	前期可比投资	万元	8650.80	
	后期追加投资	万元	2830.66	
1.1	采矿工程	万元	3318.24	5866.72
1.2	总图工程	万元	774.15	1538.25
1.3	井建工程(前期)	万元	1372.90	2020.37

续表1-37

序号	项目	单位	东厂址	
			方案1(胶带斜井开拓方案)	方案2(主竖井开拓方案)
1.4	矿机工程(前期)	万元	3035.51	3813.66
1.5	供电工程	万元	150.00	300.00
1.6	井建工程(后期)	万元	2215.25	
1.7	矿机工程(后期)	万元	615.41	
2	可比运营成本	万元/a	1351.28	1686.67
2.1	辅材费	万元/a	73.02	95.34
2.2	动力费	万元/a	780.23	874.46
2.3	人工费	万元/a	307.20	499.20
2.4	设备设施维护费	万元/a	190.83	217.66
3	可比费用现值	万元	13476.72	19016.15
4			优缺点分析	
4.1	优点		(1)一段胶带提升运输,直接进入选厂矿仓皮带,运输简单、可靠。 (2)地表设施简单,有利于抗震。 (3)外部联络公路仅0.35 km,投资小,外部运输、水电条件成熟。 (4)对应的某尾矿库改造方案,可利用现有尾矿输送系统、前期投资少、危险源数量少等优点。 (5)可分期建设,可比投资和经营成本最低	(1)提升运输系统工艺简单、可靠、管理简单。 (2)外部联络公路仅0.25 km,投资小,外部运输、水电条件成熟。 (3)对应的某尾矿库改造方案,可利用现有尾矿输送系统、前期投资少、危险源数量少等优点。 (4)采选工业场地集中,利于集中管理
4.2	缺点		(1)生产期巡视、维护等不方便,更换零部件等劳动强度大、周期长。 (2)第四系覆盖层厚,井巷施工难度相对较大,费用较高。 (3)采选工业场地分离,不利于集中管理	(1)运输系统较复杂,矿石需经过地表胶带转运才可进入选厂矿仓。 (2)地表设施复杂,抗震要求高。 (3)斜坡道需施工至溜破系统,可比工程量大,可比部分投资和费用现值高

从表1-37可以看出,方案1(胶带斜井开拓方案)的可比投资、运营成本和费用现值低,胶带斜井开拓方案可分期建设,可比基建投资低,外部运输、水电条件成熟,同时,胶带斜井将矿石一次从井下提升至选厂堆场,系统简单可靠,因此,方案1相对较优,设计推荐方案1,即胶带斜井开拓方案。

4. 井下提升

1) 竖井提升

(1) 提升方式选择

① 提升方式分类。

竖井提升可按提升用途和提升容器进行分类:

按提升用途可分为主井提升、副井提升、主副混合井提升。主要承担矿石提升的为主井提升;提升废石、升降人员、设备和材料的为副井提升;承担主副井提升任务的为主副混合井提升。

按提升容器可分为箕斗提升、罐笼提升。

② 提升方式选择。

当矿山设计规模小于 700 t/d、井深小于 300 m,宜采用一套罐笼作主、副提升。

当矿山设计规模大于 1000 t/d、井深超过 300 m,宜采用箕斗作主提升担负矿石提升任务、采用罐笼作副提升担负辅助提升任务。

当矿山设计规模为 700~1000 t/d,提升方式应根据矿山具体条件进行技术经济比较后确定。

当矿石含泥水较多、矿石黏性较大不宜采用深溜井放矿时,宜采用罐笼提升。

(2) 主要设计参数

① 提升速度。

竖井用罐笼升降人员时,加速度和减速度应不超过 0.75 m/s^2;最高速度应不超过式(1-16)计算值,且最大应不超过 12 m/s。

$$v = 0.5\sqrt{H} \tag{1-16}$$

式中: v 为最高速度,m/s; H 为提升高度,m。

竖井升降物料时,提升容器的最高速度,应不超过式(1-17)计算值。

$$v = 0.6\sqrt{H} \tag{1-17}$$

式中: v 为最高速度,m/s; H 为提升高度,m。

② 提升作业时间。

计算小时提升量时,日提升纯作业时间按下述进行选取:

a. 箕斗提升时,只提一种矿石,取 19.5 h;提两种矿石时,取 18 h。

b. 罐笼主提升(只提矿石),取 18 h,兼作主副提升时,取 16.5 h。

c. 混合井提升:有保护隔离装置时,按上面数据进行选取,若无保护隔离装置时,则箕斗和罐笼提升的时间均按单一提升时减少 1.5 h 考虑。

③ 提升不均衡系数。

箕斗提升不均衡系数取 1.15,罐笼提升不均衡系数取 1.25。

(3) 提升机类型

我国目前广泛使用的竖井提升机可分为两大类:单绳缠绕式提升机和多绳摩擦式提升机。

① 单绳缠绕式提升机。

提升高度小于 300 m 的竖井,当设计计算选用的提升机卷筒直径不超过 3 m 时,可以采用单绳缠绕式提升机提升。

②多绳摩擦式提升机。

提升高度不小于 300 m 的竖井或提升高度小于 300 m 的竖井,若设计计算选用单绳缠绕式提升机的卷筒直径大于 3 m 时,宜采用多绳摩擦式提升机提升。

多绳摩擦式提升机按布置方式分为塔式与落地式两类。塔式布置占地面积小。落地式布置井架建设周期短,井筒装备和提升机安装工程可同时施工,但占地面积较大。

采用落地式还是采用塔式布置,应根据井口工业场地布置条件,经技术经济比较后确定。

(4)提升容器及平衡锤

①罐笼。

罐笼提升时,应根据提升矿车的外形尺寸和数量选择其规格,并应考虑以下因素:

a.提升最大设备的外形尺寸和重量与罐笼相适应,尽可能考虑罐笼内能装载最大设备,特殊情况下可考虑在罐笼底部吊装。

b.最大班提升井下生产人员的时间不超过 45 min,特殊情况可取 60 min。

②箕斗。

缠绕式提升系统可选择翻转式箕斗或底卸式箕斗,摩擦式提升系统一般选择底卸式箕斗。箕斗的规格应根据装矿块度和提升能力进行选择。

③平衡锤。

平衡锤质量应符合下列规定:

a.专门升降人员的罐笼,平衡锤质量等于罐笼自重加规定乘罐人员总质量的一半。

b.提升人员和物料的罐笼,平衡锤质量等于罐笼与矿车质量再加矿车有效装载质量的一半。

c.专门提升物料的箕斗,平衡锤质量等于箕斗质量加箕斗有效装载质量的一半。

(5)提升钢丝绳

①提升钢丝绳应符合现行国家标准《重要用途钢丝绳》(GB 8918—2006)的有关规定。

②提升钢丝绳类型选择。

单绳缠绕式提升钢丝绳,宜选用圆股线接触同向捻钢丝绳或三角股钢丝绳。卷筒直径小于 2 m 的单绳缠绕式提升机,也可选用普通圆股钢丝绳。提升钢丝绳的抗拉强度不得小于 1570 MPa,在井筒淋水大,或井筒淋水的酸、碱度高的矿井,宜选用镀锌钢丝绳。当采用钢丝绳罐道时,提升钢丝绳应采用不扭转钢丝绳。温度高或有防火要求的矿山,宜采用金属绳芯的钢丝绳。

多绳摩擦式提升的首绳,宜选用镀锌三角股钢丝绳。采用扭转钢丝绳做多绳摩擦提升机的首绳时,应按左右捻相间的顺序悬挂。

③提升钢丝绳选择。

提升钢丝绳选择步骤,首先初步选定钢丝绳的型号、规格,然后对初步选定的钢丝绳进行安全系数校验,如果安全系数不能满足要求,再调整钢丝绳的型号、规格,直至满足要求。

a.提升钢丝绳初选。

根据钢丝绳终端悬挂质量、钢丝绳最大悬垂长度、提升侧钢丝绳根数、安全规程规定的钢丝绳安全系数以及初步确定的钢丝绳钢丝抗拉强度等级,计算出所需钢丝绳每米质量,初步选定钢丝绳的型号、规格。

b. 提升钢丝绳安全系数的校验。

单绳提升时，钢丝绳安全系数校验公式如下：

$$m' = \frac{Q_p}{(Q_d + P_s H_0)g} \geq m \qquad (1-18)$$

式中：m' 为钢丝绳实际安全系数；Q_p 为钢丝绳钢丝破断拉力总和，N；Q_d 为钢丝绳终端悬挂质量，kg[箕斗提升时 $Q_d = Q_j + Q$，罐笼提升时 $Q_d = Q_g + Q_k + Q$，Q_j 为箕斗质量（kg），Q 为有效装载量（kg），Q_g 为罐笼质量（kg），Q_k 为矿车质量（kg）]；P_s 为钢丝绳每米质量，kg；H_0 为钢丝绳最大悬垂长度，m[箕斗提升时 $H_0 = H + H_g + H_j$，罐笼提升时 $H_0 = H + H_j$。H 为井口至井下最低出矿阶段高度（m）；H_j 为井架高度（m），是指井口到井架最上部天轮轴线间的垂直距离；H_g 为井下最低出矿阶段至箕斗装载点高度（m）]；m 为金属非金属矿山安全规程规定的提升钢丝绳悬挂时的安全系数。

多绳提升时钢丝绳安全系数校验公式如下：

$$m' = \frac{nQ_p}{(Q_d + nP_s H_0)g} \geq m \qquad (1-19)$$

式中：n 为提升钢丝绳根数；H_0 为钢丝绳最大悬垂长度，m[$H_0 = H + H_j + H_w$，H_j 为井架高度（m），落地式提升时是指井口到井架最上部天轮轴线间的垂直距离，塔式提升时是指井口到提升机卷筒轴线间的垂直距离，H_w 为井下最低出矿阶段到尾绳环底端高度（m）]；其他符号意义同上式。

④平衡尾绳。

平衡尾绳选择应符合现行国家标准《重要用途钢丝绳》（GB 8918—2006）的有关规定，同时应符合下列规定：

平衡尾绳应优先采用不扭转镀锌圆股钢丝绳，罐笼提升时也可采用扁钢丝绳。尾绳的抗拉强度不得小于 1570 MPa。根数不得少于 2 根。

采用圆股钢丝绳作尾绳时，在容器底部应装设可回转的尾绳悬挂装置。

（6）提升机规格选择

①提升机卷筒直径 D。

提升机卷筒直径 D 是计算选择提升机的主要技术数据，是按提升机卷筒直径与提升钢丝绳直径之比以及与提升钢丝绳中最粗钢丝的最大直径之比来确定的，其比值均应符合安全规程规定。

②单绳缠绕式提升机卷筒宽度 B。

单绳缠绕式提升机卷筒宽度 B 根据卷筒缠绕的钢丝绳长度确定。卷筒缠绕钢丝绳长度应包括最大提升高度和钢丝绳试验长度以及卷筒表面应保留的三圈摩擦圈的长度。卷筒缠绕钢丝绳的层数，应符合安全规程有关规定。

③提升机校核。

a. 按钢丝绳最大静张力和最大静张力差校核提升机。

为了保证提升机有足够的强度，必须验算所选提升机允许的钢丝绳最大静张力及最大静张力差，使其满足所选提升机规定的数值。

b. 多绳摩擦式提升机防滑校核。

多绳摩擦式提升机的防滑，一般应符合以下规定：

多绳提升钢丝绳两侧静张力比，即重侧张力(S_1)与空侧张力(S_2)的比值 $S_1 : S_2 < 1.5$；

多绳提升静防滑安全系数 $\geqslant 1.75$；

多绳提升动防滑安全系数 $\geqslant 1.25$；

多绳提升钢丝绳对衬垫的单位压力一般不应超过 $1.96\ N/mm^2$ 或制造厂提供的允许值。钢丝绳与衬垫的摩擦系数宜取 0.2，或按厂家提供的实际数据选取。

提高防滑安全系数的措施：采用摩擦系数高于 0.2 的衬垫材料、增加围包角及加重容器。

（7）其他

《金属非金属矿山安全规程》（GB 16423—2020）有关竖井提升、钢丝绳和连接装置、提升装置的规定。

2）斜井提升

（1）提升方式选择

①提升方式分类。

斜井提升可分为矿车组提升、箕斗提升、台车提升、人车提升等。

②提升方式选择。

a.矿车组提升适用于提升量小、倾角 25° 以下的斜井，最大倾角不应超过 30°。考虑到上、下车场调车和组车方便，矿车容积一般为 $0.5 \sim 1.2\ m^3$。

矿车组提升的优点是基建工程量小、投资省、转载设备少、系统环节少、不需要倒运；缺点是提升速度低、提升量小、劳动生产率低、易发生跑车事故、矿车容易掉道等。

b.箕斗提升适用于提升量大，或者倾角大于 30° 的斜井。

斜井箕斗提升与矿车组提升相比，运行速度较高，稳定性较好，提升能力大，易实现自动控制，但需要设有装、卸载设施，增加了运输环节，投资较多，开拓工程量较大。

c.台车提升一般用于材料、设备等辅助提升。

（2）主要设计参数

①提升速度。

斜井运输的最高速度：运输人员或用矿车运输物料，斜井长度不大于 300 m 时为 3.5 m/s；斜井长度大于 300 m 时为 5 m/s；用箕斗运输物料，斜井长度不大于 300 m 时为 5 m/s；斜井长度大于 300 m 时为 7 m/s；斜井运输人员的加速度或减速度，应不超过 $0.5\ m/s^2$。

②提升工作时间。

计算小时提升量时，日提升纯作业时间按下述进行选取：

a.箕斗提升时，一般取 19.5 h；采用通过式漏斗直接装、卸载，或装、卸载站容积较小时，取 18 h。

b.矿车组提升矿石，取 18 h，兼作主副井提升时，取 16.5 h。

③提升不均衡系数。

矿车组提升不均衡系数取 1.25，箕斗提升不均衡系数取 1.15。

（3）提升机类型

斜井提升采用单绳缠绕式提升机。按卷筒数目不同，分为单卷筒和双卷筒提升机，单卷筒提升机用于单钩提升，双卷筒提升机用于双钩提升。

（4）提升容器

①箕斗。

斜井箕斗分为前翻式、后卸式和底卸式。目前矿山一般采用前翻式、后卸式。

前翻式箕斗结构简单、坚固、重量轻，但卸载时动荷载大，有自重不平衡现象，卸载曲轨较长。后卸式箕斗卸载比较平稳、动载荷小，但结构较复杂，设备质量大。

②矿车。

用于矿车组提升的矿车有固定式、翻斗式、侧卸式。一般采用固定式和翻斗式。

一次提升的矿车数一般为3~5辆，并尽可能与电机车牵引的矿车数成倍数关系。一次提升的矿车数，还必须根据矿车连接器和车底架的强度进行校核。

③人车。

斜井人车有首车和尾车，既可以单独使用首车运行，又可以由首车与尾车组合成列运行。

（5）提升钢丝绳

斜井提升钢丝绳要求耐磨、抗弯曲疲劳性能好；抗拉强度不应小于1570 MPa；对于淋水大、酸碱度高、腐蚀严重的斜井应选用镀锌钢丝绳。

矿车组提升钢丝绳，宜选用交互捻钢丝绳；箕斗提升一般选用同向捻钢丝绳。

提升钢丝绳选择步骤，首先初步选定钢丝绳的型号、规格，然后对初步选定的钢丝绳进行安全系数校验，如果安全系数不能满足要求，再调整钢丝绳的型号、规格，直至满足要求。

①提升钢丝绳初选。

根据提升容器质量、容器最大装载量、斜井轨道倾角、提升容器运行阻力系数、钢丝绳移动时的摩擦阻力系数、从下部车场矿车摘挂钩点到上部钢绳导向轮间的钢绳长度、安全规程规定的钢丝绳安全系数以及初步确定的钢丝绳钢丝抗拉强度等级，计算出所需钢丝绳每米质量，初步选定钢丝绳的型号、规格。

②提升钢丝绳安全系数的校验。

矿车组提升时钢丝绳安全系数校验公式如下：

$$m' = \frac{Q_p}{[n(Q_{max} + Q_k)(\sin\alpha + f_1\cos\alpha) + P_s L_0'(\sin\alpha + f_2\cos\alpha)]g} \geq m \quad (1-20)$$

式中：m'为钢丝绳实际安全系数；Q_p为钢丝绳钢丝破断拉力总和，N；Q_{max}为矿车最大装载量，kg；Q_k为矿车自重，kg；n为一次提升矿车数；P_s为钢丝绳每米质量，kg；L_0'为从下部车场矿车摘挂钩点到上部钢绳导向轮间的钢绳长度，m；α为斜井轨道倾角，（°）；f_1为提升容器运行阻力系数(矿车组提升：矿车的轴承为滚动轴承取$f_1 = 0.01$；矿车的轴承为滑动轴承取$f_1 = 0.012 \sim 0.015$。台车或箕斗提升：台车或箕斗的轴承为滚动轴承取$f_1 = 0.01 \sim 0.015$。装载量大时取小值，装载量小时取大值)；f_2为钢丝绳移动时的摩擦阻力系数(钢丝绳全部支承在托辊上，$f_2 = 0.15 \sim 0.20$；钢丝绳部分支承在托辊上，$f_2 = 0.25 \sim 0.40$；钢丝绳全部在底板或轨枕上拖动时，$f_2 = 0.40 \sim 0.60$)；m为金属非金属矿山安全规程规定的提升钢丝绳悬挂时的安全系数。

箕斗提升时钢丝绳安全系数校验公式如下：

$$m' = \frac{Q_p}{[(Q_{max} + Q_j)(\sin\alpha + f_1\cos\alpha) + P_s L_0'(\sin\alpha + f_2\cos\alpha)]g} \geq m \quad (1-21)$$

式中：Q_{max} 为箕斗最大装载量，kg；Q_j 为箕斗自重，kg；L_0' 为箕斗装矿点至导向轮间的钢绳长度，m；其他符号意义同式(1-20)。

（6）提升机规格选择

①提升机卷筒直径 D。

斜井提升机卷筒直径 D 与竖井提升机卷筒直径 D 的选择方法相同，也是按提升机卷筒直径与提升钢丝绳直径之比以及与提升钢丝绳中最粗钢丝的最大直径之比来确定的，其比值均应符合安全规程规定。

②单绳缠绕式提升机卷筒宽度 B。

单绳缠绕式提升机卷筒宽度 B 根据卷筒缠绕的钢丝绳长度确定。卷筒缠绕钢丝绳长度应包括最大提升高度和钢丝绳试验长度以及卷筒表面应保留的三圈摩擦圈的长度。卷筒缠绕钢丝绳的层数，应符合安全规程有关规定。

③按钢丝绳最大静张力和最大静张力差校核提升机。

为了保证提升机有足够的强度，必须验算所选提升机允许的钢丝绳最大静张力及最大静张力差，使其满足所选提升机规定的数值。

（7）其他

《金属非金属矿山安全规程》（GB 16423—2020）有关斜井运输、钢丝绳和连接装置、提升装置的规定。

5. 井下运输

井下运输方式主要可分为轨道运输、井下带式输送机运输及地下汽车运输。

1）轨道运输

（1）轨道运输系统的作用及其优缺点

轨道运输一般指机车运输，它是国内外地下矿山的主要运输方式，常与装矿设备、带式输送机或无轨运输设备组成有效的运输系统，在生产过程中运送矿石、废石、材料、设备和人员等。

轨道运输的优点是用途广、运输量较大，运距不受限制，经济性好，调度灵活，能分别运输多种物料；其缺点是运送是间断性的，运输效率依赖于管理水平。其适用的巷道坡度一般为 3‰~5‰。

（2）运输线路

轨道线路在空间的位置，是用平面图和纵断面图来表示的。平面图表示线路在平面上的位置、曲线半径及直线与曲线的连接；纵断面图表示线路的坡度。轨道线路在平面上应力求成直线，如不可能，线路最小曲率半径应符合《金属非金属矿山安全规程》（GB 16423—2020）中的相关规定。在纵断面上应尽量满足重车下坡和排水要求，力求线路平顺，以减少机车运行的困难。

根据巷道运输每班通过车次、运距和装卸条件，确定是采用单线还是双线。当采用单线时，应考虑布置会让线；当线路上有 3 列以上机车运输时，宜采用双线。车次往返次数多时可做列车运行图表进行分析，并做线路通过能力验算。

（3）井底车场

在选择井底车场形式时，首先应保证满足矿井生产能力的需要，同时尽量使车场结构简单、巷道平直、弯道半径大、调车方便安全、调车时间短、工程量小、易于施工与维护。

①采用箕斗提升矿石，用侧卸式矿车运输，当运输量较小时，常用折返式车场；当运输量较大时，为减少摘挂钩作业时间，可采用环行式车场。当采用双机牵引底卸式矿车时，多用折返式车场。用固定式矿车运输并利用机车调头推动车组卸载时，常采用尽头式车场。

②当用罐笼井作主、副提升时，一般采用环行式车场；当矿井生产能力较小或用作辅助提升时，可以考虑采用折返式车场或尽头式单面车场。

③当采用罐笼兼作主、副井提升时，储车线的长度：罐笼前一般应不小于1.5~2.0倍列车长度，罐笼后不小于1.5倍列车长度；矿井规模为300 kt/a以下时，储车线可按1.0~1.5倍列车长度设计。

④副井井底车场除考虑废石所需线路(1.0~1.5倍列车长度)外，还应考虑材料、设备等临时占用的线路，其长度为15~30 m。用人车运送人员时，应设置人车专用线(15~20 m)。

⑤调车线通常为一列车长度。

⑥副井井底车场的线路，还需满足主要硐室(如推车机硐室、变电硐室、调度室及等候室)、防水门及风门布置的要求。

(4)机车的类型、电机车的选择

①机车的类型。

地下矿山使用的机车主要有内燃机车和电机车两种。电机车又分为直流和交流两种，以直流电机车的应用最广。直流电机车又可分为蓄电池式和架线式两种。

内燃机车不需架线，投资低、调度灵活，最大缺点是废气污染井下空气，目前在我国仅有个别矿山在通风良好的平硐中使用。

蓄电池电机车，是用蓄电池组供给电能，其优点是不需架线、使用灵活、无接触线火花；缺点是需设充电设备、初期投资较大、单位电耗及运输费用较高。

架线式电机车结构简单、维护容易，单位电耗及运输费用低，是应用最广的一种机车；其缺点是需要整流和架线设施，使用不够灵活，架线对巷道尺寸及人员通行有一定影响，受电器与架线之间容易产生火花，因此有爆炸性气体的巷道，不应使用架线式电机车。

②电机车的选择。

选择电机车时应考虑运矿量、装矿点的集中与分散情况、运距和车型的特殊要求等因素。若装矿点分散，溜井贮矿量小时，一般选择小吨位电机车；若装矿点集中，溜井贮矿量大，运距较长时，宜选用较大吨位电机车。因阶段运输量和供矿条件不同，必要时可以选用两种型号机车。对于长距离、大运量的运输平巷，可以采用双机牵引。采用双机牵引时，电机车型号应相同。

(5)矿车

矿车分为普通矿车、梭式矿车和电动自行矿车等，目前地下矿山主要使用普通矿车。普通矿车按构造不同，分为固定式、翻斗式、侧卸式、底卸式和底侧卸式五种。

①固定式矿车。

固定式矿车的车厢固定在车架上，卸载时必须将矿车推入翻车机，把整个矿车翻转才能卸出矿石。

②翻斗式矿车。

翻斗式矿车车厢底部为扇形，在车厢的端壁各铆有一个弧形钢环，使车厢支于车架上。由于钢环的圆心低于装有货载的车厢重心，打开车厢定位销后，稍加外力便可把车厢翻转卸载，卸载倾角达40°，能用人力或专设的卸载架向任意一侧翻转卸载。

③侧卸式矿车。

侧卸式矿车车厢的一侧用绞轴与车架相连，车厢的另一侧装有卸载辊轮。卸载时，辊轮沿曲轨过渡装置及卸载曲轨上坡段上升，使车厢倾斜，活动侧门被打开而卸载，卸载倾角达40°，当辊轮沿倾斜卸载曲轨的下坡段运行时，车厢复位并关闭侧门，当列车以低速通过卸载地点，整个车组便卸载完毕。改变曲轨过渡装置的位置，也可以使侧卸式矿车的辊轮不上卸载曲轨而通过卸载地点，不产生卸载动作。

④底卸式矿车。

底卸式矿车车厢两侧壁上焊有支承翼板，车底的一端与车厢端壁铰接，在车底的另一端装设一个卸载轮，为使车厢悬空，卸载曲轨上方的两边各安装一列托轮，支承车厢两侧的支承翼板。当矿车进入卸载站时，因为矿仓上方不设轨道，车厢的支承翼板被托轮支撑，使车厢悬空，所以矿车底部失去支承而被矿石压开，车底连同转向架一起绕绞轴转动进行卸载。卸载过程中，车底另一端的卸载轮便在卸载曲轨上运行并保持底板的卸载角度，卸载以后矿车继续运行，车底便被卸载曲轨抬起而复位。卸载曲轨布置在轨道中心线上。机车两侧也有翼板，进入卸载站时，便会失去轨道支撑，而失去牵引力。当靠近机车的矿车处于曲轨卸载段时，由于矿石和车底重力的分力作用，曲轨对矿车产生反作用力，故能推动列车前进，当第一辆矿车开始处于曲轨复位段时，第二辆矿车早已进入曲轨卸载段，产生水平推力推动列车前进，使第一辆矿车爬上复位段。当最后一辆矿车沿曲轨复位段上爬时，虽无后继矿车推力，但电机车早已走上轨道而产生牵引力。

⑤底侧卸式矿车。

底侧卸式矿车结构及卸载情况类似于底卸式矿车，区别是车底的一侧用绞轴与车架相连，在车底的另一侧装有卸载辊轮，当矿车进入卸载站时，车底绕车厢一侧绞轴转动进行卸载。

（6）矿车的选择

矿车的容积按运输量的大小来选择，应尽量选用较大容积的矿车。

矿车型式的选择，主要考虑提升方式，运输量大小、矿岩的黏结性、矿石的贵重程度、含水量多少及卸载要求等因素，全矿的车型力求最少，以一种或两种为宜，以减少组车、调车和维修的工作量。

（7）电机车牵引的矿车数量计算

当电机车和矿车的型号选定后，应进行电机车牵引的矿车数量计算。

电机车牵引的矿车数量分别按重列车上坡弯道启动条件、重列车下坡制动条件、牵引电动机的允许温升条件计算，根据三个条件的计算结果，取最小值，求出每列车允许牵引的矿车数量。

（8）装矿设备

阶段巷道中常用的装矿设备，根据其结构形式可分为移动式和固定式两种：移动式装矿设备有带行走机构的装岩机、装载机和斗式转载车，固定式装矿设备有装（放）矿闸门、振动放矿机、带振动底板装置的组合式闸门、板式给矿机等。

（9）轨道运输

有关轨道运输应满足《金属非金属矿山安全规程》（GB 16423—2020）中的相关规定。

2）井下带式输送机运输

带式输送机具有输送能力大、效率高、爬坡性能强、操作简单、安全可靠、自动化程度高、设备维护检修容易等特点，与汽车、轨道运输相比，可减少能耗，降低生产成本。

（1）带式输送机的组成

带式输送机主要由输送带、托辊、驱动装置（包括传动滚筒）、机架、拉紧装置、清扫装置和保护装置组成。

（2）带式输送机的选用和布置原则

①带式输送机尽量采用单滚筒驱动。需采用多滚筒驱动时，其驱动功率配比应按等驱动功率单元法分配。

②驱动装置应尽量布置在卸载端，拉紧装置一般布置在输送带张力最小处。

③输送机在纵断面尽可能布置成直线形，尽量避免有过大的凸弧或深凹弧的布置形式，以利于正常运行。

（3）带式输送机的设计计算内容

带式输送机的设计计算内容包括带宽、带速、输送能力、运行阻力、驱动张力及功率、输送带强度验算、拉紧力和制动力矩。

应满足《金属非金属矿山安全规程》（GB 16423—2020）有关井下使用带式输送机的规定。

3）井下汽车运输

（1）井下矿用汽车的类型

井下矿用汽车既可在地下进行转载运输，又可以把矿岩从工作面直接运到选矿厂或废石场，而不需中途转运，卸矿地点也不受限制；人员、材料、设备亦可不经转运直接运送到工作面。

井下矿用汽车按卸载方式不同，可分为倾卸式和推卸式汽车两类。

倾卸式汽车是用液压油缸将车厢前端顶起，使矿岩从车厢后端靠自溜而卸载的汽车。

推卸式汽车车厢内的矿岩是靠液压油缸驱动的卸载推板推出车厢后端而卸载，其卸载高度较低。

（2）井下矿用汽车的选择与运输计算

①井下矿用汽车的选择。

井下矿用汽车的选择主要是根据矿岩运输量、巷道断面尺寸、装车设备、运输距离、卸载要求以及矿山服务年限等条件来确定。同时还应考虑能耗、备件供应、维修能力、环境保护以及管理水平等因素，经技术经济比较后，选择合理的车型。

确定井下矿用汽车的装载量和不同装载量的车型时，应考虑矿山的生产发展规模。

一般要求在同一企业所选用的井下矿用汽车型号尽可能少，条件许可，最好选择同一型号的汽车，便于维修、备件供应和调度管理。

②井下矿用汽车运输计算。

井下矿用汽车台班运输能力计算式如下：

$$A = \frac{60GT}{t}K_1K_2 \tag{1-22}$$

式中：A 为汽车台班运输能力，t/（台·班）；G 为汽车载重量，t；T 为每班工作时间，h；t 为汽车往返一次所需的时间，min；K_1 为汽车载重量利用系数，一般取 $K_1=0.9$；K_2 为汽车工作时间利用系数，每天工作一班时，$K_2 = 0.9$，两班工作时，$K_2 = 0.85$，三班工作时，$K_2 = 0.80$。

井下矿用汽车台数计算式如下：

$$N = \frac{CQK_4}{AK_3} \tag{1-23}$$

式中：N 为汽车台数，台；C 为运输不均衡系数，取 $C = 1.05 \sim 1.15$；Q 为按年运输量计算的班运输量，t/班 [Q = 全年运输总量/（全年工作天数×每天工作班数）]；A 为汽车台班运输能力，t/（台·班）；K_3 为汽车出车率，一般 K_3 取 $0.5 \sim 0.75$；K_4 为井下汽车备用系数，一般 K_4 可取 $1.5 \sim 2.0$。

6. 通风系统

1）通风系统选择的主要影响因素

影响通风系统选择的因素众多，包括相关政策法规、安全、技术、工作环境等诸多因素。

（1）相关政策法规

通风系统选择应严格遵循相关政策法规。

（2）安全

安全是决定通风系统选择的首要因素。根据相关规程规范要求，专用通风井巷兼做安全出口时应满足矿井安全出口间距要求。且矿井应建立机械通风系统，矿井需风量、风速和作业场所空气质量应满足相关规范要求。进入矿井的空气，不应受到有害物质的污染。放射性矿山出风井与入风井的间距，应大于 300 m。从矿井排出的污风，不应对矿区环境造成危害。主要回风井巷，不应用作人行道。井下炸药库应有独立的回风道。采场开采结束后，应及时封闭所有与采空区相通的影响正常通风的巷道。主要通风机应具有相同型号和规格的备用电动机，有使矿井风流在 10 min 内反向的措施，反风量不应小于正常运转时风量的 60%。掘进工作面和通风不良的采场，应安装局部通风设备。

（3）技术

通风系统风量及风速应满足规程规范要求。矿井通风系统有效风量率不得低于 60%。风量（风速）合格率不低于 65%。风质合格率不低于 90%。作业环境空气质量合格率不得低于 60%。风机效率（全压）不低于 70%。供风量与需风量之比，即风量供需比不低于 1.32 且不高于 1.67。

通风系统在技术上需要考虑的主要因素如下：

①矿井安全出口；

②矿体赋存特征：包括矿体埋深、倾角、走向长短、矿岩性质（有无自燃倾向或放射性污染等）；

③高温矿床降温；

④冬季风流预热；

⑤矿山产能；

⑥开拓运输系统与通风系统的关系；

⑦采矿方法及采掘设备类型；

⑧矿井主要需风工作面；

⑨规范规定的通风技术指标。

（4）工作环境

井下空气质量应符合下列规定：

①进风井巷和采掘工作面的风源含尘量不应超过 0.5 mg/m³；

②井下采掘工作面进风流中按体积计算的空气成分，氧气不应低于 20%，二氧化碳不应高于 0.5%；

③井下作业地点空气中的有害物质应符合现行国家有关工作场所有害因素职业接触限值的规定；

④伴生有放射性元素的矿山，井下空气中氡及其子体的浓度应符合国家现行有关规定。

进风井巷和井下采掘工作面的空气温度应符合下列规定：

①进风井巷冬季的空气温度应高于 2℃，低于 2℃时，应有暖风措施；

②采掘作业地点的气象条件见表 1-38，不符合表 1-38 中的条件时，应采取降温或其他防护措施。

表 1-38　采掘作业地点的气象条件

干球温度/℃	相对湿度	风速/(m·s⁻¹)	备注
≤28	不规定	0.5~1.0	上限
≤26	不规定	0.3~0.5	舒适
≤18	不规定	≤0.3	增加工作服保暖

2）通风系统选择的原则及要求

在矿井通风系统选择时，应严格遵循技术效果良好、安全可靠、节能、通风基建费和经营费最低以及便于管理的原则，即：

（1）矿井通风网络结构合理，集中进回风线路要短，通风总阻力小，多中段同时作业时，相邻各分支风路的压差要小，主要人行运输巷道和工作点上的污风不串联；

（2）风量分配调节应易于满足生产需要，内外部漏风少；

（3）通风构筑物和风流调节设施、辅扇、局扇要少，并便于维护管理；

（4）充分利用一切可用于通风的井巷，使专用通风井巷工程量最少；

（5）通风动力消耗少、通风费用低。

为使选择的矿井通风系统安全可靠和经济合理，必须认真研究和分析下列条件：

（1）矿体在平面上分布范围的大小，在垂直方向的延深深度以及在空间上的集中与分散程度等；

（2）矿岩中游离二氧化硅含量、含硫量、自燃发火性、放射性元素的含量和分布情况以及热水和地温异常等；

（3）矿区海拔高度、总图布置、地形地物条件、工业场地位置等；

（4）开拓方案、开拓井巷布置、井下炸药库、溜井位置、采准工程布置形式等；

（5）矿井设计规模、同时回采区段或中段的多少，中段回采高峰期的生产能力，中段最大需风量等；

（6）矿井自然通风量和有无利用的可能性。

3）通风系统设计

（1）通风系统的设计方法

在设计通风系统时，为使选定的矿井通风系统安全可靠、经济合理，必须对矿山作实地考察和对原始条件作细致分析。然后从矿山的具体情况出发，充分考虑矿床的自然条件、开拓、开采等特点，通过调查研究和综合分析，提出几个技术上可行的方案，最后根据安全、可靠和经济的原则，进行技术经济比较，最终优选出合理的通风系统方案。

由于矿井生产的特点是工作面不断变化，在不同的生产阶段，随着矿床赋存条件的变化，生产规模、开拓和采矿方法变化，矿井通风系统也将发生不同程度的变化。因此，设计时要充分预计到这些变化，并提出相应的应变措施，使通风系统今后随着矿井生产的发展稍作调整即可继续发挥作用，即设计方案要有较强的应变能力，虽有固定模式，但可在生产中灵活运用。

（2）通风系统的设计原则

①系统宏观构建规划合理，既有利于通风，又与矿井开采规划、开拓方案相辅相成；大型矿山井巷断面不仅要满足提升运输要求，还要满足通风要求，通风系统设计要在矿山开拓运输、采矿、掘进等所有工作面做到合理可行。

②矿井通风方式及压力分布合理，有利于有毒有害气体和粉尘排出与控制。

③矿井供风量合理，既有一定余量，又不过大浪费；充分研究矿井生产期间通风阻力变化情况，合理选择风机，使风机容易时期和困难时期的工况点都在高效区，实现风机的高效运行。如西南某锂辉石矿，选用 K-8-NO25 型轴流式通风机 1 台，风机配套电机功率 200 kW，电压 380 V，转速 730 r/min。风机容易时期工况点（P_1）风量 114 m³/s，负压 630 Pa，效率 0.95，风机叶片角度 25°；困难时期工况点（P_2）风量 114 m³/s，负压 895 Pa，效率 0.9，风机叶片角度 28°，通风机特性曲线见图 1-22。

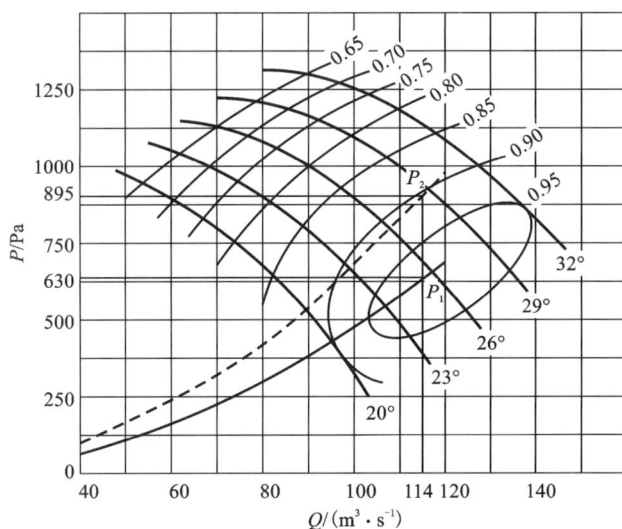

图1-22 通风机特性曲线

④通风网络结构合理，能将生产要求的新鲜风量送到每一个工作面，并将工作面产生的污风快速排出井外，井巷工程量少，通风阻力小，新污风不串联。

⑤分风调控简便易行，分风均衡性、稳定性、可靠性好，有害漏风少，有效风量率和风速合格率高。

⑥设备选型合理，安装使用简便，购置费低，运行效率高。

⑦通风构筑物和风流调节设施尽量少；位置尽量设在回风巷道，减少对运输、行人的影响。

⑧充分利用一切可用于通风的井巷和通道，使专用通风井巷工程量最小。

⑨通风动力消耗少，通风费用低。

⑩适应生产变化的能力强，现场应用和管理简便，易用易维护；对风机实行远程控制和无人值守管控技术。

（3）通风系统设计需遵循的主要规定

①每个通风系统必须构建一条以上与地表连通的进风道、一条以上与地表连通的回风道。同样，每个采区必须构建一条以上与矿井进风部分相连的进风联络道、有一条以上与矿井回风部分相连的回风联络道。

②矿井进风部分不得受粉尘和有毒有害气体污染，风流的含尘浓度不得大于 $0.5~mg/m^3$，氡浓度应小于 $3.7~kBq/m^3$，氡子体潜能应小于 $6.4~\mu J/m^3$，超过时应采取降尘、降氡措施。

③主要回风井不得作为人行道，从矿井排出的污风不应对矿区环境造成危害。

④采场、二次破碎巷道应有正向贯穿风流，电耙司机应位于上风侧，避免污风串联。

⑤井下炸药库、油库、充电硐室及破碎硐室等必须设有直通矿井回风系统的独立回风道。

⑥不用的井巷及采空区，必须及时封闭。风墙、风门、风桥、风窗等通风构筑物，必须严密和完好。

⑦有效风量率、风速合格率应在 60% 以上。

⑧《金属非金属矿山安全规程》（GB 16423—2020）规定主通风机应有使矿井风流在 10 min 内反向的措施；反风量不应小于正常运转时风量的 60%。从金属矿实际来看，火灾的性质与煤矿截然不同，盲目反风可能会扩大火灾的范围和危害，故应具体问题具体分析，慎重处理。

（4）通风系统主要设备选型

通风系统的主要设备包括主扇、辅扇、局扇及通风检测设备。

①主扇、辅扇风机选型。

目前矿用通风机主要是新型 K、DK 系列风机，可作为主扇、辅扇通风，既可安装在地表，又可安装于井下，适宜于多风机联合运转，是多风机串并联和多级机站通风系统中各级机站理想的机站风机。

为满足各类大中小型金属矿山的通风需要，使低、中、高阻力和大、中、小风量的各类型通风网路均可选到在高效区运转的主扇、辅扇和多级机站风机，通常采用 0.40、0.45 和 0.62 三种基本轮毂比，单机和对旋两种结构型式（即分为 K 和 DK 两种），K 系列分别采用 4、6、8 级电机为 3 种转速，DK 系列分别采用 4、6、8、10 和 12 级电机为 5 种转速，总共可组成 700 个规格型号，加上轮毂可从 0.40 到 0.62 之间连续变化，总共可组成 16000 个规格型号，形成了一个庞大的风机系列群，可与全国任何金属矿山的通风网路合理匹配，从而高效率运转。

②局扇风机选型。

井下不能利用矿井总风压通风、风量不足、需要调节风量或克服某些分支风阻的地方及不能利用贯穿风流通风的硐室和掘进工作面、进路工作面均需采用局扇进行局部通风。矿用局扇多为轴流式局扇，目前的矿用局扇有防爆型及非防爆型两种。在实际生产中，通常不进行局扇的选择计算，而是根据经验选取局扇。一般掘进工作面采用 JK58-1No4 型局扇（5.5 kW）、回采工作面采用 JK58-1No5 型局扇（11 kW）进行通风，独头掘进工作面较长的工作面采用压、抽混合式局部通风，1 台 JK58-1No4 型局扇配 1 台 JK58-1No5 型局扇。

③通风检测。

矿井通风系统受生产、气候影响，变化较大。其影响因素众多，如矿井采掘作业面位置和数量变化、生产中段变化、开采深度变化、运输提升设备运行状态、爆破作业、自然风压等。因此，矿井通风系统需要经常检测、维护和管理。通风系统检测的主要内容包括通风井巷断面、风速、风量、风阻、有毒有害气体浓度、粉尘、主辅扇工况等。

4）通风系统的选择

（1）通风系统初选

矿井通风系统从不同的角度可分为若干种类型。根据系统格局，可分为集中通风、分区通风两种类型。根据进风井与回风井的布置方式，可分为中央式、对角式及混合式三种类型。根据主扇工作方式及井下压力状态，可分为压入式、抽出式、压抽混合式三种类型。根据风流的调控方式，可分为主辅扇、多级机站两种类型。

下列情况宜采用集中通风系统：

①矿体埋藏较深、走向较短、分布较集中的矿山；

②矿体比较分散、走向较长、各矿段便于分别开掘回风井的矿山。

下列情况宜采用分区通风系统：

①矿体走向长、产量大、漏风大的矿山；

②天然形成几个区段的浅埋矿体，专用的通风井巷工程量小的矿山；

③矿岩有自燃发火危险的矿山；

④通风线路长或网络复杂的含铀矿山。

下列情况宜采用中央式通风系统：

①矿体走向不长或矿体两翼未探清的矿山；

②矿体埋藏较深，用中央式开拓的小型矿山；

③采用侧翼开拓，矿体另一翼不便设立风井的矿山。

下列情况宜采用对角式通风系统：

①矿体走向较长，采用中央式开拓的矿山；

②矿体走向较短，采用侧翼开拓的矿山；

③矿体分布范围大，规模大的矿山。

下列情况宜采用混合式通风系统：

①矿床走向较短，矿床两翼未探清又急于投产或两翼不便设置风井及主扇的矿井；

②用平硐开拓的山区中小型矿井。

下列情况宜采用压入式通风：

①矿井回风网与地表沟通多，难以密闭维护时；

②回采区有大量通地表的井巷或崩落区覆盖岩较薄、透气性强的矿山；

③矿岩裂隙发育的含铀矿山；

④海拔 3000 m 以上的低气压地区矿山。

下列情况宜采用抽出式通风：

①矿井回风网与地表沟通少，易于维护密闭时；

②矿体埋藏较深，空区易密闭或崩落覆盖层厚，透气性弱的矿山；

③矿石和围岩有自燃发火危险的矿山。

下列情况下，宜采用压抽混合式通风：

①需风网与地面沟通多，漏风量大而进、回风网易于密闭的矿山；

②崩落区漏风易引起自燃发火的矿山；

③通风线路长、阻力大，采用分区通风和多井并联通风技术上不可能或不经济的矿山。

下列情况宜采用主辅扇通风：

①矿体开采范围小，作业面相对集中的矿山；

②矿山规模相对较小的矿山；

③总通风阻力小的矿井；

④通风系统简单、井下辅助井巷少、生产环节少的矿山；

⑤不适合采用多级机站的矿山。

下列情况下，宜采用多级机站通风：

①围岩稳固、地压小，容易开挖井下通风机站风机硐室；

②中型以上地下矿山；

③多个规模较小、埋藏较深、形态不规则的，且分散分布的矿体构成的井田；

④生产规模大、进回风线路长、需风量大、负压大的老矿山深部接替采矿区。

（2）通风方案技术经济比较

矿井通风方案与矿井开拓提升运输、采矿方法、开采顺序、采准布置方案密切相关，故比较通风方案时，一并考虑。亦可单独列出不同的通风方案进行技术经济比较。

通风方案技术经济比较的主要内容如下：

①主要通风井巷、通风动力、调控设施的安全可靠程度；

②适应生产发展变化的能力和潜力；

③矿井风流分配的可控程度；

④开拓通风井巷及实施调控方案的可行程度；

⑤通风设施与人行运输是否相互影响，干扰程度；

⑥风流调节控制与各种通风设施的管理难度；

⑦风机安装、供电、维护、检修的方便程度；

⑧通风管理人员的数量及素质要求；

⑨矿井进风质量的好坏；

⑩有害漏风的影响程度，有益漏风的利用程度；

⑪有效风量率；

⑫风速合格率；

⑬风量供需比；

⑭主要扇风机装置效率。

通风方案经济比较的主要内容如下：

①通风井巷、井下构筑物的开挖工程量，地面构筑物的工程量；

②矿井通风设备数量及购置费和安装费；

③矿井通风系统基建总投资；

④风机装机容量及预计电耗；

⑤年经营费(电力、工资、材料、大修、折旧等费用总和)；

⑥单位采掘矿石量的通风电耗；

⑦单位采掘矿石量的通风费用。

7. 充填系统

1）充填系统选择的主要影响因素

充填系统的站址场地、工艺流程、设备配置等因矿而异。影响充填系统选择的主要因素包括以下几个方面：

（1）充填系统能力

对于采用充填采矿法的矿山，采场空区充填是采矿过程中的主要生产环节，为了保证矿山持续均衡生产，必须做到采充平衡。一旦采充失衡或充填欠账，将使待充填空区体积增大，从而带来一系列生产、安全、地压管理问题，所以充填系统能力必须满足矿山采矿能力的要求。

（2）采矿工艺

不同采矿工艺对充填体质量和充填体强度要求具有差异性，影响充填工艺的选择和参数的确定。一般采用进路充填或分层采矿充填时，充填体强度较高，要求充填料浆灰砂比较大，料浆浓度较高；分段或阶段空场采矿嗣后充填时，矿房（矿柱）顶、底柱附近充填体强度较高，其他位置充填体强度相对较低，在保证回采安全的前提下，有利于节省充填成本。对于两步骤回采工艺中的第二步骤形成的采空区，充填体没有强度要求时，则可采用非胶结充填。

（3）采空区位置

根据采空区位置的不同，充填系统工艺可能发生较大变化。当采空区与充填站的相对空间关系能形成较小的充填倍线，充填料浆可采用自流输送的方式到达采空区，有利于简化充填工艺，降低投资和成本。深井充填时，充填料浆借助自身形成的重力势能完全能克服长距离管道输送的摩擦阻力，同时可能存在较大多余动能，造成料浆流速快，对管道冲击和磨蚀较大，存在安全风险，因此充填系统需要考虑增阻消能系统或泄压系统。

（4）尾砂性质

尾砂粒径级配和渗透性主要影响尾砂浓密工艺的选择；矿浆的流变特性对其输送方式的选择有较大影响。尾砂细颗粒含量较多时，一般采用浓密机絮凝沉降脱水方式，细颗粒含量过高时，则通过对全尾砂进行旋流分级优化尾砂粒径级配。随着料浆屈服应力和黏度系数的增大，一定流速和管径条件下料浆输送摩擦阻力系数也呈升高趋势，需要提供足够的动能克服长距离管道输送的阻力损失，自流输送可能会造成堵管、爆管风险，采用加压输送是更为合理的方案。

（5）地形地貌

矿区地形地貌条件往往影响充填系统站址选择。对于地表较为平坦的矿山，应尽量靠近主要矿体开采区域，降低充填输送倍线。当矿区地表多为陡峭山坡，矿体赋存标高较高，坡顶建站选址困难, 材料运输不便时, 则可能需要将充填站设置在标高较低、地形较为平坦开阔的位置, 或将充填站布置在井下, 充填材料分别输送至井下后进行料浆制备, 再自流或通过工业泵加压输送至采空区进行充填。

(6) 充填成本

对一般矿山而言, 充填成本占采矿成本的 15% ~ 25%, 大型金属矿山充填成本为 60 ~ 100 元/m³。对于高强度充填法矿山 (进路、分层充填采矿法), 充填成本占采矿成本的 25% ~ 40%, 达 120 ~ 140 元/m³。

(7) 管理

矿山充填系统与尾砂处理方法、尾砂量的平衡及尾矿库设计、井下采矿方法等生产环节和设施关系密切, 设计时应统一规划、总体布置。在矿山正常生产过程中, 充填系统需工艺流畅, 系统运行参数平稳, 指标可靠, 以达到管理简单、方便的目的。

2) 充填系统选择的原则及要求

充填系统站址选择应尽量遵循以下原则和要求:

① 靠近充填负荷中心;

② 采用地面集中布置;

③ 充填材料至充填站的运输方便、顺畅;

④ 充填料浆能达到满管流输送要求。

充填材料选择应尽量遵循以下原则和要求:

① 充填材料来源广泛, 且尽量就地取材, 降低材料运输成本;

② 保证采充平衡, 根据采空区充填所需物料, 尽量消耗全部尾砂, 尾砂量不够时可辅以废石充填;

③ 在满足充填工艺要求的前提下, 以全尾砂为主要充填材料;

④ 充填用胶凝材料宜采用低标号散装水泥, 可采用粉煤灰、磨细的冶炼炉渣、石灰、石膏等活性材料代替部分水泥, 降低充填成本。

充填材料输送应尽量遵循以下原则和要求:

① 充填材料的输送参数宜经试验研究确定;

② 深井开采矿山, 高差大、输送距离长的主充填管路宜在适当位置设置充填泄压站;

③ 主充填管路不应设在提升井内, 应尽量设置在充填钻孔中。

3) 充填系统设计的主要内容

井下充填系统设计是对充填材料制备、充填材料输送、充填参数自动检测和通信系统等进行确定的过程。

充填系统一般包括填尾砂的浓密、贮存和输送, 充填料浆的制备和输送, 充填脱水, 充填废水处理及排泥, 自动控制与通信系统等设施。

(1) 充填系统设计的基本程序

① 充填方法选择与要求;

② 充填材料选择;

③ 充填量确定;

④ 充填材料输送方法;

⑤ 搅拌制浆能力;

⑥给料与计量；

⑦充填材料制备与仓储规模；

⑧系统管理与控制要求等。

（2）井下充填系统设计原则

①井下充填系统设计一般以充填料配比及管道输送试验为依据。

②采用的充填材料，其类型、性质、加工制备设施、输送方式，以及充填系统的排水、排泥和系统自动控制、通信等，需根据矿山开采技术条件和回采工艺要求，并结合矿山具体情况进行技术、经济等综合比较后确定。

③充填制备站一般选择在充填负荷中心，并尽量满足自流输送的要求，条件许可情况下宜优先采用集中布置。

④工艺流程与控制简单实用，粉尘与噪声符合环保要求。

（3）井下充填材料选择

矿山常用的充填材料有选矿尾砂、废石、自然堆积的风沙或河沙、戈壁积料、开采的块石、磷石膏、冶炼炉渣和各种工业废料、水泥或其他活性材料等。

井下充填材料的选择原则：

①有充分的来源，便于采集和运输，价格低廉。

②充填骨料要采用有一定强度、不泥化、无毒无害的物料，优先利用选矿尾砂和掘进、剥离废石。

③采用分级尾砂作充填骨料，尾砂的分级界限一般为 0.037 mm，渗透速度不宜小于80 mm/h；采用高浓度或膏体充填，分级界限可适当降低或不分级。

④充填骨料中硫的质量分数一般不超过 8%。

⑤采用棒磨砂作充填骨料，棒磨砂的最大粒径一般不大于 3 mm。

⑥采用废石作为充填骨料，其废石块度：重力充填一般不大于 300 mm；抛掷机充填一般不大于 80 mm；风力输送一般小于管径的 1/4，不大于 25 mm。

⑦胶凝材料一般采用低标号散装水泥，也可采用粉煤灰、磨细的冶炼炉渣、石灰、石膏等活性材料代替部分水泥。

⑧充填用水的 pH 一般不低于 5。

（4）充填能力计算

日平均充填量：

$$Q_d = ZK_1K_2A_d/\gamma_k \tag{1-24}$$

式中：Q_d 为日平均充填量，m^3/d；A_d 为矿山充填法日产量，t/d；γ_k 为矿石密度，t/m^3；K_1 为充填体沉缩率，一般为 1.05~1.20，干式充填、膏体充填或高浓度胶结充填取小值，水力充填或低浓度尾砂胶结充填取大值；K_2 为充填料流失系数，一般为 1.02~1.05，干式充填、膏体充填或高浓度胶结充填取小值，水力充填或低浓度尾砂胶结充填取大值。

充填系统日充填设计能力：

$$Q_r = KQ_d \tag{1-25}$$

式中：Q_r 为日充填设计能力，m^3/d；K 为充填作业不均衡系数，一般取 1.2~1.5。

（5）充填系统设计的主要内容

充填系统设计的主要内容见表 1-39。

表 1-39 充填系统设计的主要内容

序号	项目名称	主要内容
1	充填系统设计依据	采矿工艺对充填体强度、充填能力的要求；充填系统工作制度，服务年限；充填材料的来源、种类、物理力学性能、来料方式；采矿工业场地的地形地貌；充填材料输送阻力损失、充填体强度等充填试验结果
2	充填系统与充填材料	充填制备站位置确定；矿山可能得到的充填材料；根据矿山条件选择充填材料和充填方式；充填材料配比与充填材料浆浓度；确定尾砂脱水方式；充填钻孔的位置、数量、直径、深度
3	充填计算	充填管路水平长度、垂直高差、最大充填倍线；设计充填能力；各种充填材料的日平均需要量和一次连续充填最大需要量；不同浓度和配比时各种充填材料的小时需要量
4	充填材料存储方式和料仓容积	确定尾砂浓密方式；计算确定尾砂浓密装置的容积和数量；计算确定胶凝材料仓的容积和数量；计算确定其他充填材料储存仓的容积和数量
5	充填制备站配置	充填材料制备工艺流程；尾砂给料和输送管路、阀门选择；胶凝材料给料和输送设备选择；其他充填材料给料和输送设备选择；充填材料制备设备选择；充填材料输送设备选择；充填材料输送管路选择；起重与维护设备选择
6	充填系统控制	充填系统的监测与控制，自动化程度

（6）充填系统主要设备选型

基于充填系统各环节的工艺过程原理不同，将充填系统主要设备分为浓密脱水、料浆搅拌和料浆输送三类，参见表 1-40。

表 1-40 充填系统主要设备

序号	工艺环节	主要设备类型
1	浓密脱水	立式砂仓
		深锥浓密机
		带式真空过滤机
		陶瓷过滤机
2	料浆搅拌	双锥自落式搅拌机
		双卧轴间歇式搅拌机
		单卧轴间歇式搅拌机
		单卧轴连续式搅拌机
		高强度立轴强力搅拌机
3	料浆输送	往复式活塞泵
		往复式隔膜泵
		离心式渣浆泵

①深锥浓密机。

国内通过引进尾砂浓密技术，进行消化吸收，在一些方面进行改进与完善，主要研发了以 NGT 型为代表的深锥浓密机。NGT 型浓密机的型号及主要技术参数如表 1-41 所示，浓密机内径在 8~45 m，深度在 22 m 以下，内径越大，高径比越小。

表 1-41 NGT 型深锥浓密机型号及主要技术参数表

型号	浓密机内径/m	浓密机深度/m	沉降面积/m^2	电机功率/kW
NGT08	8	10.31	50.3	15
NGT09	9	10.60	63.6	18.5
NGT10	10	10.89	78.5	22
NGT12	12	11.46	113.1	37
NGT14	14	12.04	153.9	45
NGT16	16	12.62	201.1	45
NGT18	18	13.19	254.5	55
NGT20	20	13.77	314.2	75
NGT22	22	14.35	380.1	75
NGT24	24	14.92	452.4	75
NGT25	25	15.21	490.9	75
NGT26	26	15.50	530.9	90
NGT28	28	16.08	615.8	90
NGT30	30	16.66	706.9	90
NGT32	32	17.23	804.2	90
NGT34	34	17.81	907.9	90
NGT35	35	18.10	962.1	110
NGT36	36	18.39	1017.9	110
NGT38	38	18.96	1134.1	110
NGT40	40	19.54	1256.6	110
NGT43	43	20.41	1452.2	132
NGT45	45	00.98	1590.4	132

②尾砂充填活化搅拌成套设备。

目前，我国已研制出双轴搅拌机和高效（强力）活化搅拌机成套设备，专门用于矿山高浓度/膏体尾砂充填系统。这种搅拌设备能克服传统搅拌装置搅拌不连续、混合不均匀、制备能力小等缺点。

③往复式柱塞输送设备。

泵压输送是高浓度充填料浆管道输送的主要方式，输送工业泵是该工艺的关键设备，是泵压输送系统的核心。目前，国内外应用于高浓度（膏体）泵送的主要是往复式柱塞泵。KOS

系列和 HSP 系列液压柱塞泵可以产生几兆帕到十几兆帕的泵送压强,泵送高度可达几百米,水平泵送距离可达数千米,很适合高浓度(膏体)料浆的长距离输送。HSP 型液压泵设计原理与 KOS 系列泵一致,但前者更适用于细颗粒(<5 mm)的高黏性物料输送。HSP 系列泵采用提升阀式泵头进行物料的吸入和泵出,泵压稳定,保证物料平稳输送。

4)充填系统的选择

(1)初步选择

根据矿区地形地貌特征、采空区位置,以及充填材料来源及运输方式,对充填系统站址进行初步选择;根据尾砂基本性质及充填管路布置特点,选择可行的尾砂浓密、搅拌和输送方式,初步形成充填工艺方案。

(2)方案技术经济比较

为体现充填系统技术先进性和经济合理性,需对初步选择的充填系统进一步比较论证。充填系统主要从以下几个方面进行技术经济比较,见表1-42。

表 1-42　充填系统技术经济比较

影响因素	主要比较内容
技术方面	保安矿柱资源损失,工艺流程的简单化,系统运行的可靠性,设备配置的合理性,技术指标的先进性
经济方面	站址征地费用,基建投资,运营成本,费用现值,尾砂综合利用经济效益
其他方面	充填系统方案对矿山安全、环保等方面的影响

(3)充填系统方案选择实例

①实例一:四川某锂辉石矿充填站址选择。

矿区地处大雪山山脉北延部分大金河北岸,海拔高程 2200~4200 m,相对高差 2000 m,山势陡峭,悬崖迭出,属构造剥蚀极深切割高山区,山坡自然地形平均坡度达 43°,工业场地选择难度极大。采矿工业场地标高位于 3745 m,选厂场地标高位于 3606 到 3405 m 之间,矿山可采矿体最高标高为 4000 m。

充填系统设计采用全尾砂膏体充填工艺。选厂全尾砂浆输送至充填站内的深锥浓密机中,在向深锥膏体浓密机供尾矿浆的同时,通过絮凝剂制备添加系统加入絮凝剂,以提高尾矿浆的沉降速度,降低溢流水含固量。尾矿浆浓密沉降后排出的溢流水回选厂循环使用。浓密后的高浓度料浆通过底流循环输送系统泵送至搅拌机中。水泥通过散装水泥罐车输送至水泥筒仓内存储,筒仓设置料位计,底部通过稳流装置、螺旋输送机、称重螺旋给料机进行输送,计量后卸料至搅拌机中。浓密后的高浓度尾砂料浆、水泥和水通过双卧轴连续式搅拌机进行充分搅拌制备成膏体料浆,卸料至充填工业泵,经充填管路输送至井下充填区域进行充填。充填工艺流程见图1-23。

为实现 4000 m 以下采空区全部充填,充填站的站址选择需结合地形条件和工艺流程,进行方案比较。充填选址方案详见图1-24。

方案 I:充填站位于采矿工业场地正上方 3745 m 标高。按最终充填服务至 4000 m 标高考虑,仅需一级充填泵即可满足要求。但浮选尾砂需由选厂泵送约 250 m 高差至充填站,重

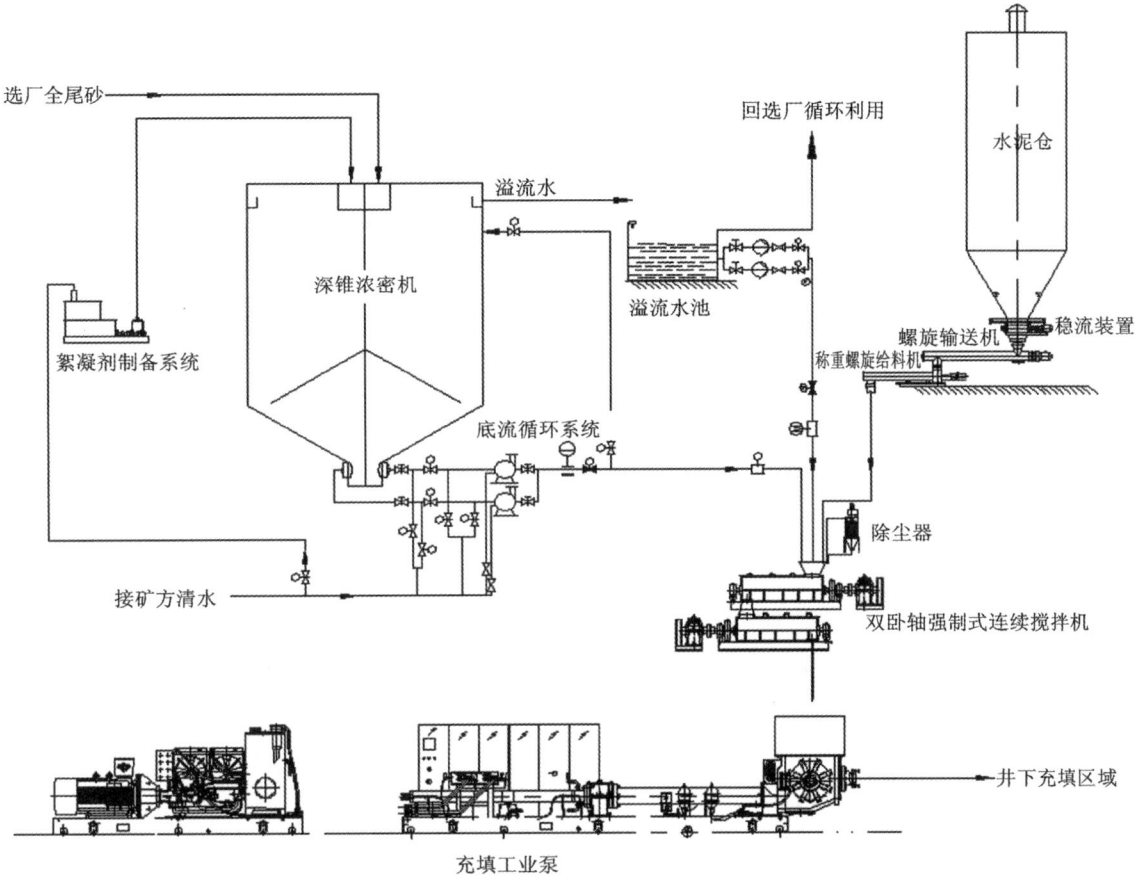

图 1-23　充填系统工艺流程图

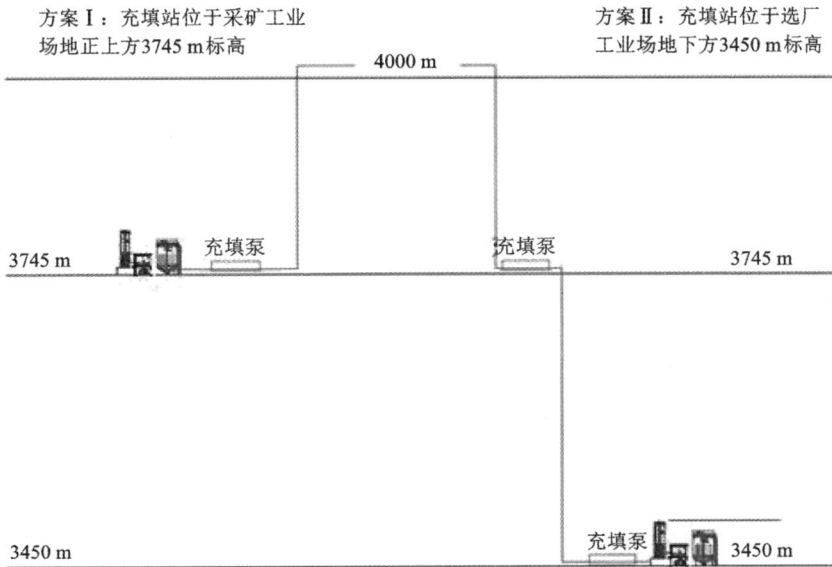

图 1-24　充填选址方案比较示意图

选尾砂和水泥需由汽车公路运输至充填站，运输距离较远。

方案Ⅱ：充填站位于选厂工业场地下方 3450 m 标高。充填料浆制备后通过活塞式工业泵扬送至采空区，经计算需要两级充填泵接力输送，一级泵站设置在充填站附近 3450 m 标高，二级泵站设置在 3745 m 标高。该方案浮选尾砂不需高扬程泵送至充填站，重选尾砂公路运输距离较短。

以上两个方案技术经济比较见表 1-43。

表 1-43 充填站选址方案技术经济比较表

名称	方案Ⅰ：充填站位于采矿工业场地正上方 3745 m 标高	方案Ⅱ：充填站位于选厂工业场地下方 3450 m 标高	方案Ⅰ减方案Ⅱ
可比建设投资/万元	1770.80	1371.00	399.80
重选尾砂运输设备投资/万元	130.00		130.00
浮选尾砂输送设备投资/万元	1141.00		1141.00
充填料浆输送系统投资/万元	499.80	1731.00	-1231.20
水泥运输量/(t·a^{-1})	53218.00		53218.00
重尾砂/(t·a^{-1})	170995.00		170995.00
运距/km	2.95		2.95
运输单价/(元·t^{-1}·km^{-1})	2.00		2.00
电耗/(kW·h·a^{-1})	2821.50	4158.00	-1336.50
管道损耗/(m·a^{-1})		513.00	-513.00
可比经营成本/(万元·a^{-1})	286.69	344.29	-57.60
运输费用/(万元·a^{-1})	132.29		132.29
燃料及动力费/(万元·a^{-1})	101.28	303.16	-201.88
修理费/(万元·a^{-1})	53.12	41.13	11.99
可比费用现值/万元	3828.71	3911.03	-82.32
优点	①充填站位于主矿体中部，最高扬程255 m，充填系统为一级泵送，可靠性高；②管道压力较小，磨损小，管道损耗成本低；③可比经营成本低，可比费用现值低	①可比投资较低；②水泥和重介质尾矿运输少295 m高差，运输费用低	

续表1-43

名称	方案Ⅰ：充填站位于采矿工业场地正上方 3745 m 标高	方案Ⅱ：充填站位于选厂工业场地下方 3450 m 标高	方案Ⅰ减方案Ⅱ
缺点	①可比投资较大； ②水泥和重介质尾矿运输多 295 m 高差，运输费用高	①充填站位于主矿体底部，最高扬程 550 m，需两级充填泵送，可靠性较低； ②一级泵送扬程高达 14 MPa，充填泵效率低，存在爆管危险； ③扬程高，对管道磨损严重，成本较高	

通过比较，方案Ⅰ可比建设投资为 1770.8 万元，比方案Ⅱ可比建设投资 1371.0 万元多 399.80 万元；方案Ⅰ可比经营成本 286.69 万元/年，比方案Ⅱ可比经营成本 344.29 万元/年 少 57.60 万元/年；方案Ⅰ可比费用现值 3828.71 万元，比方案Ⅱ可比费用现值 3911.03 万元 少 82.32 万元，方案Ⅰ经济上略优。另外，从可靠性及安全性分析，方案Ⅰ一级泵送充填系 统安全可靠，管道磨损小。因此，设计推荐方案Ⅰ，即充填站位于采矿工业场地正上方 3745 m 标高。

②实例二：安徽某铁矿充填系统工艺选择。

安徽某铁矿位于淮河南岸冲积平原，地表地势平坦，矿床顶部直接被第四系黏土、亚黏 土、黏土及砂砾岩覆盖，砂砾岩含水丰富。矿区地表为村庄、高产农田、道路及水塘。为了 避免破坏第四系砂层含水层、保护地表村庄农田，同时提高地下资源回采率、减少尾砂堆存， 采用阶段空场嗣后充填法开采。矿山开采规模为矿石 5000 kt/a，采用全尾砂胶结充填系统。

根据矿山采选生产工作制度及尾砂性质，充填系统浓密可采用立式砂仓工艺或深锥浓密 机工艺。以下从技术、经济等方面对两种工艺方案进行比较选择。

方案Ⅰ：立式砂仓工艺的大流量全尾砂胶结充填连续制备系统。采用 24 h/d 连续充填 作业，充填站占地面积约 3100 m²，建筑面积约 4800 m²。充填系统正常制备能力为 Q = 235 m³/h，最大制备能力 Q_{max} = 325 m³/h。充填站内设 6 套独立的充填制备系统，每套系统 充填料浆制备能力为 100～120 m³/h，3 套工作，3 套备用。采用集中、单阶式布置，每套充填 制备系统均由 1 座 1500 m³ 立式砂仓、1 座 600 m³ 水泥仓(2 套系统共用 1 座水泥仓)和 1 套 ϕ2600 mm×3000 mm 搅拌系统组成。系统工艺流程如图 1-25 所示。

方案Ⅱ：深锥浓密机工艺的大流量全尾砂胶结充填连续制备系统。采用 24 h/d 连续充 填作业，充填站占地面积约 2700 m²，建筑面积约 3900 m²。充填系统最小制备能力为 Q = 235 m³/h，最大制备能力 Q_{max} = 325 m³/h。充填站内设 1 台 ϕ20 m 深锥浓密机，配 3 套 ϕ2600× 3000 型高浓度搅拌槽搅拌系统，2 套工作，1 套备用，每套搅拌系统的充填料浆制备能力为 120～200 m³/h。采用集中、单阶式布置，制备系统由深锥浓密机、水泥仓和搅拌系统组成。 系统工艺流程见图 1-26。

对以上两个方案进行技术经济比较，见表 1-44。

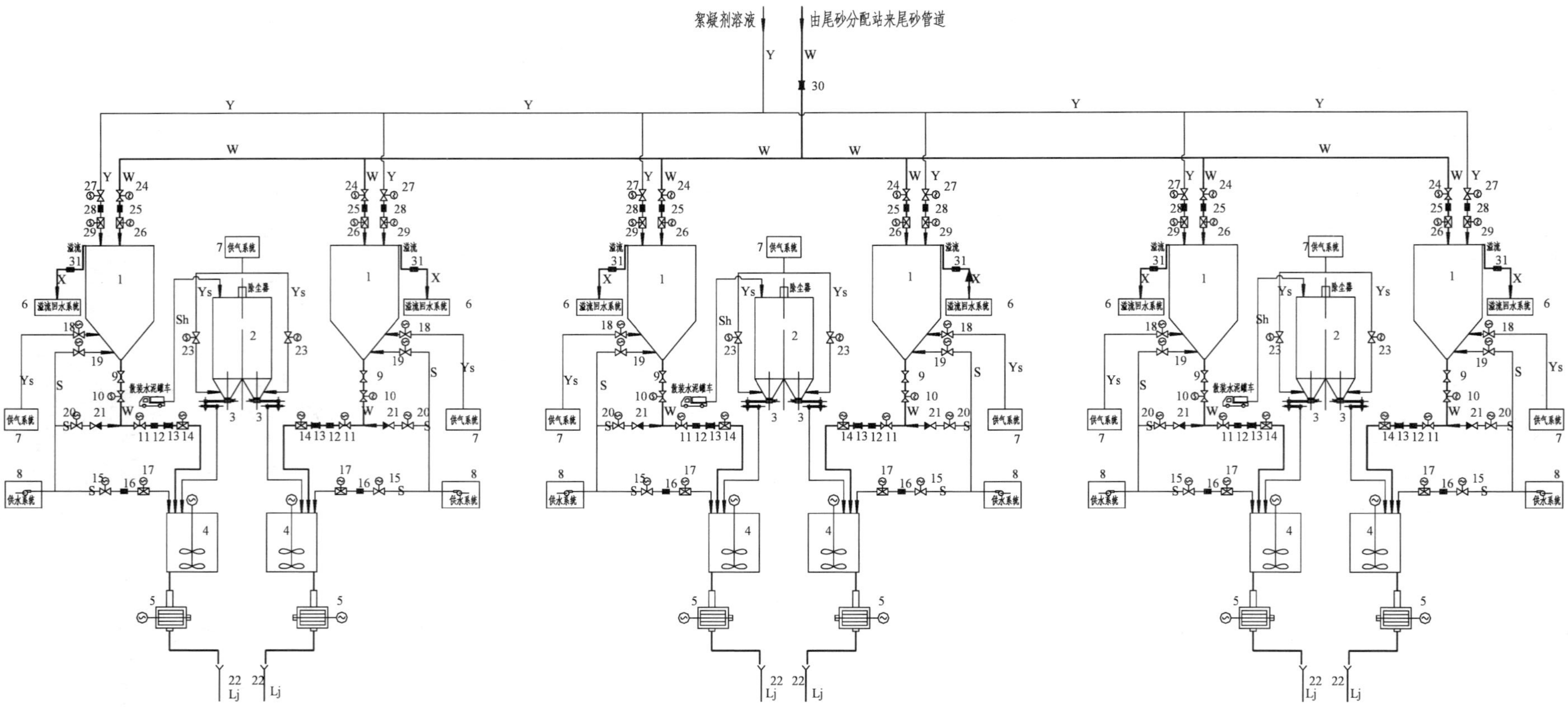

图1-25 采用立式砂仓工艺的全尾砂胶结充填连续制备系统工艺流程图

1—立式砂仓；2—水泥仓；3—螺旋给料秤；4—高浓度搅拌机；5—高效活化搅拌机；6—溢流回水系统；7—供气系统；8—供水系统；9—夹管阀；10—电动夹管阀；11—电动闸阀；12—流量计；13—浓度计；14—流量夹管阀；15—流量调节阀；16—流量计；17—流量调节阀；18—流量调节阀；19—电动闸阀；20—电动闸阀；21—止回阀；22—充填钻孔；23—电动夹管阀；24—流量调节阀；25—流量计；26—流量调节阀；27—电动闸阀；28—流量计；29—电动闸阀；30—浓度计；31—浊度计。

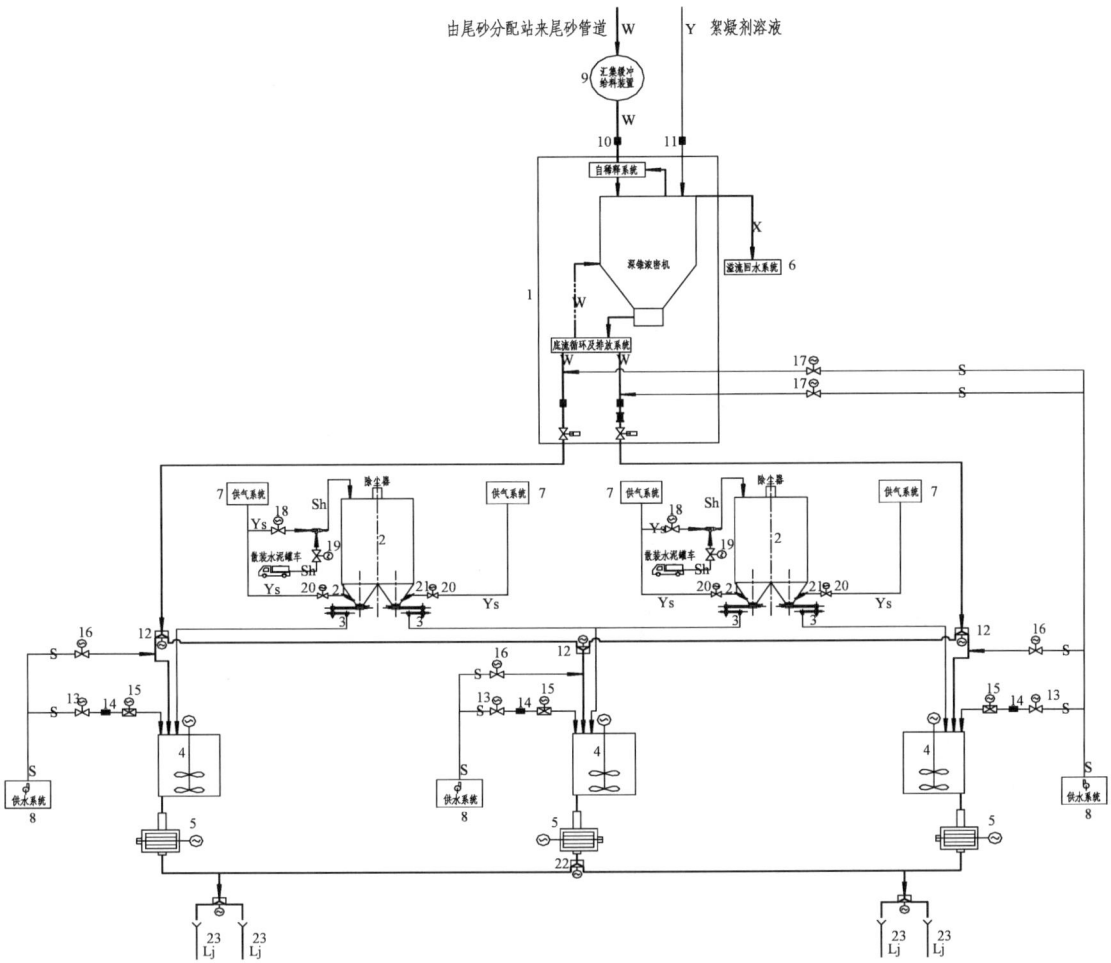

1—深锥浓密机；2—水泥仓；3—螺旋给料秤；4—高浓度搅拌槽；5—高效活化搅拌机；6—溢流回水系统；
7—供气系统；8—供水系统；9—尾砂浆汇集缓冲给料装置；10—流量计；11—流量计；12—电动换向阀；
13—电动闸阀；14—流量计；15—流量调节阀；16—电动闸阀；17—电动闸阀；18—电动闸阀；
19—电动闸阀；20—电动闸阀；21—声波清灰器；22—电动换向阀；23—充填钻孔。

图 1-26　采用深锥浓密机工艺的大流量全尾砂胶结充填连续制备系统工艺流程图

表 1-44　充填系统工艺方案技术经济比较表　　　　单位：万元

名称	方案 I（立式砂仓工艺）	方案 II（深锥浓密机工艺）
土建投资	2709	1129
管道系统投资	530	214
仪表自动化系统投资	1689	865
设备投资	1214	2064
可比综合投资	6142	4272

续表1-44

名称		方案 I（立式砂仓工艺）	方案 II（深锥浓密机工艺）
优缺点	优点	①储砂能力大； ②没有压耙风险	①可比综合投资较低； ②充填站占地面积小； ③系统设备较少，管理方便高效； ④施工周期较短
	缺点	①可比综合投资较高； ②充填站占地面积大； ③系统设备多，管理复杂； ④施工周期较长	①砂仓能力相对有限； ②储砂时间较长时存在压耙风险

通过技术经济方案比较可以看出，与立式砂仓工艺方案相比，深锥浓密机工艺的可比建设投资可比综合投资较低，充填站占地面积较小，施工周期较短，系统设备较少，管理方便高效。因此，经综合比较分析，采用深锥浓密机工艺的大流量全尾砂胶结充填连续制备系统更具优势，设计推荐采用深锥浓密机工艺方案。

8. 井下排水

井下涌水量应由水文专业人员根据矿山的水文地质条件和设计开采方案进行估算，以此作为井下排水设计的依据。

1）井下排水方式

（1）集中排水和分区排水

井下排水系统平面布置有集中排水和分区排水两种方式。若矿区范围不大，通常采用集中排水；若矿区范围很大，井筒数目较多，可以考虑分区排水，各分区自成系统。

（2）一段排水和分段排水

井下排水系统立面布置有一段排水和分段排水两种方式。若矿井较浅，开采阶段数不多，通常采用一段排水，即将泵房建在最下阶段，一次将水排至地表。采用一段排水，系统简单，开拓工程量小，基建投资和管理费用低，但上一阶段的水要流到下一阶段再排出，电耗增加。若矿井深，开采阶段数多，上部阶段涌水量大，一般情况下，宜采用分段接力排水。主排水泵站通常建立在涌水量最大的阶段，下部中段的积水，通过下部排水泵站排至主排水泵站的水仓中，再由主排水泵站集中排至地表。分段排水优点是节省排水电费，排水管路较简单。

2）排水设备选择

（1）井下主要排水设备流量应满足《金属非金属矿山安全规程》（GB 16423—2020）的规定：井下主要排水设备，至少应由同类型的 3 台泵组成。工作水泵应能在 20 h 内排出一昼夜的正常涌水量；除检修泵外，其他水泵应能在 20 h 内排出一昼夜的最大涌水量。井筒内应装设两条相同的排水管，其中一条工作，一条备用。

（2）排水设备扬程应根据排水高度和管道的扬程损失计算确定。排水高度为水仓与吸水井连接处底板至排水管出口中心的高差，扬程损失应考虑排水管内壁淤积而使阻力增加的系数。

（3）水泵应根据流量、扬程和水质情况，一般选用水平中开离心泵或普通多级泵，对于 pH 小于 5 的酸性水，一般应选择性能良好的耐酸泵。

（4）所选水泵的"允许吸上真空高度 Hs"或"必需汽蚀余量 NPSH"，应能满足水仓和泵房在配置上的需要，并按水泵安装地点的大气压力和温度进行验算。

（5）对水文地质条件复杂、涌水量大的矿山，一般在排水泵房内适当预留安装水泵的位置。

3）排水管路

（1）排水管路的数量应符合《金属非金属矿山安全规程》（GB 16423—2020）的规定。

（2）排水管一般选用无缝钢管、焊接钢管或复合管。对于 pH 小于 5 的酸性水，应采用耐酸材料制成的管道。

（3）排水管的水流速度一般按 1.2~2.2 m/s 选取，但不应超过 3 m/s。

（4）竖井管道间，应按管道法兰尺寸留有检修及更换管子的空间。在管子斜道与竖井相连的拐弯处，排水管应设支承弯管。

（5）斜井内管道敷设，可采用支架固定于巷道壁上或采用管墩安装在巷道底板。

1.5.7　矿山地面总体布置

1. 概述

1）矿山地面总体布置工作的主要内容

矿山地面总体布置是矿床开发过程中的一项设计工作，无论是新建或改、扩建矿山，均需要有完善的地面总体布置。矿山的总体布置不仅要能满足生产的需要，而且要与环境相协调，符合美观和环境卫生的要求，以利于人们的工作和生活；同时矿山还应有良好的群体建筑艺术、外观整洁的矿容，构建一座安全、卫生、优美、和谐的矿山。

矿山总体布置设计前要做好调查研究，弄清矿床分布、矿区地形、工程地质、水文地质、气象、地震、周边村庄、城镇人口分布、道路交通条件。

如果总体布置工作做得细致，精心设计，就可以做到利用有利的因素，避免不利的影响，使地面总体布置更为合理，从而达到建设投资省、生产费用低、对周边环境扰动小、生产环境优美的效果。

（1）根据矿产资源分布、开采规模和采矿工艺布置，结合矿区周围交通运输条件、自然条件，布置矿山主要生产工业场地，并以采矿作业为中心确定各场地之间的联系。

表 1-45　矿山主要的场地组成

项目	场地名称
主要工业场地	地下或露天采场、采矿工业场地、通风设施、充填站、支护材料加工场地、地面铁路车场等
辅助工业场地	总降压变电站、水源地及净化站、污水处理站、矿山设备维修设施、转运站、炸药库、仓库等
废料堆放场地	排土场等
行政办公及生活区	行政办公设施、倒班宿舍等

注：中小型企业一般辅助、施工等场地均在主要工业场地内。

（2）根据矿山运输及当地交通运输条件，确定企业的内、外部运输方式，并布置公路路线，确定与地区公路干线连接的地点。采用铁路运输时，确定接轨站位置，布置铁路线路及站场；采用水运时，确定码头位置，布置码头至矿区的运输线路；采用其他运输方式时，相应地确定线路位置及线路走向。

（3）根据主要生产工业场地位置及运输线路，结合地形布置辅助生产工业场地、排土场、居住区及其他设施等。

（4）总体布置应符合绿色矿山建设要求，对矿区及周边自然环境的扰动控制在最小范围，有利于矿山去工厂化及花园式矿山建设。

（5）根据电源、水源、污水排放点等位置确定输电线路及供、排水线路位置和线路走向。

（6）考虑留有综合利用和矿山发展规划场地。

（7）确定施工场地的位置及临时施工道路。

（8）确定必需的卫生防护林带、绿化地及地表土堆场用地。

（9）确定矿山建设用地规划。

2）矿山场地地面设施

（1）矿山工业场地

各个矿山由于生产性质、规模、开采方法、产品种类以及建设条件的不同，场地的设置亦各有不同。一般矿山工业场地如下：

①生产工业场地。

a. 根据需要，地下开采的采矿工业场地分别有竖井、斜井、平硐、斜坡道、通风井、充填井等；

b. 矿石堆场和排土场；

c. 矿石破碎场地（当矿山需要在地面破碎时）。

②辅助生产工业场地。

a. 总降压变电站或自备发电厂；

b. 水源地；

c. 修理厂或修理设施，如工程机械、汽车、机车等修理厂；

d. 总仓库、总油库场地等；

e. 炸药库场地；

f. 运输设施场地，如站场、转装站。

③行政办公及生活区。

（2）地面设施

根据矿山生产、管理和生活的需要，在地面修建的各类建筑物与构筑物以及其他设施，一般称为地面设施。地面设施因矿山生产规模、产品种类、开采方法和场地分布不同而有不同的组成。根据各种地面设施的性质与用途，一般分为以下几类：

①主要生产设施。

矿山地面的主要生产设施包括：矿石运输、装卸、贮存和取样化验的建筑物和构筑物；废石运输、装卸、贮存的建筑物和构筑物；含井架、提升机房和井口房以及矿仓和废石仓的矿井等。

②辅助生产设施。

矿山地面的辅助生产设施包括下列几类：

a.电力设施，包括配电所或自营发电厂，多数矿山是由所在地区内的国家电网供电；

b.压气设施，包括空气压缩机房和冷却设施，供应各种采矿和掘进巷道的机械所需要的压缩空气；

c.供热设施，包括锅炉房、水池，供应冬季取暖及浴室之用；

d.采矿机械修理设施，包括锻轩、钻机、电铲、推土机等设备的保养和维修车间等建筑；

e.汽车修理设施，包括设备的保养和维修车间等建筑；

f.仓库设施，包括材料仓库、液体燃料和润滑油库、汽车库、混凝土支护预制厂、木材加工厂以及炸药库等；

g.供水、排水设施，包括给水系统、排水系统、水泵房、水塔和水池、供水管道、排水管道和污水处理设施、雨水收集净化库等；

h.地面运输系统，包括铁路、公路、架空索道、带式运输机等线路及各种运输线路附属建筑物和构筑物等。

③生活服务设施。

生活服务设施包括行政办公室、食堂、浴室(地下采矿还包括光浴室)、洗衣室、医疗室等建筑物。此外还有矿山救护站、消防车库等建筑。

3)矿山地面总体布置依据的基础资料

在进行总体布置工作之前需要收集详细准确的资料，从而确保总体布置成果更为合理。

(1)地理位置

地理位置包括矿区所在地的省、市、县、镇(乡)的名称，各拟建场地或厂址的经、纬度，矿区所在地区的行政区划图。

(2)地形

地形包括矿区所在地区1∶25000或1∶50000的地形图，矿区1∶5000或1∶10000的地形图及其坐标、标高系统，厂址(工业场地)1∶1000或1∶2000的实测地形图，在施工图设计阶段需要场地1∶500的地形图。地形图比例及对应用途见表1-46。

表1-46　地形图比例及对应用途

比例尺	主要用途
1∶25000或1∶50000	①了解厂址地区地理位置关系； ②研究和选择厂址的可能方案； ③研究运输线路的可能方案； ④计算小流域汇水面积
1∶5000或1∶10000	①可以比较详细地研究厂址方案和运输线路方案； ②进行企业总体布置规划； ③计算小流域汇水面积
1∶1000或1∶2000	①进行总平面方案布置； ②可以进行运输线路图上定线

（3）工程地质及水文地质

工程地质及水文地质包括：矿区所在地区的区域地质概况；厂址或场地的工程地质及水文地质概况，包括地质构造、地层的稳定性及影响场地稳定性的不良地质现象，地基承载力等；勘察部门对厂址的评价；洪水、内涝成因、频率及其淹没范围；厂址；矿产资源。

（4）气象

气象包括：矿区所在地风速、风向频率及其玫瑰图；矿区当地的气温(年平均气温、绝对最高气温、绝对最低气温、土壤冻结深度)；降水量(年平均降雨量、年最大降雨量、一次暴雨持续时间及其降雨量)。

（5）交通运输

①铁路运输。

铁路运输包括：邻近铁路及车站的名称、所属路局；铁路车站至厂址的距离；可能接轨车站的主要技术条件，可能接轨点的标高；现在及将来的运输能力及货流方向；车站和线路的发展规划。

②公路运输。

公路运输包括：邻近公路的名称及至厂址的距离；邻近公路的运营线路图及里程表；邻近公路的等级、主要技术条件、桥涵载重等级；当地公路运输单位的运输能力、主要车型及运价。

③航道运输。

航道运输包括：邻近航道可能利用的通航河系图、主要码头名称、航运里程及运价；可以通行的船只的最大吨位及其类型；现有码头的技术条件、运输装卸设施状况；可供利用的码头至厂址的距离。

④企业主要原材料、燃料的来源及路径。

（6）矿区范围土地性质

矿区范围土地性质包括：矿区范围内的土地利用现状以及土地利用规划，耕地的农作物种类、亩产量及水利灌溉状况；厂址内林地类别及经济林木的种类及数量；企业所在地区的人均占有耕地量。

（7）现有状况

现有状况包括厂址范围内现有村庄、建构筑物状况及居住人口数量。

（8）环境卫生

环境卫生包括：企业所在地区及厂址环境本底质量；地方病、传染病状况。

（9）工业废渣排弃

工业废渣排弃包括排土场场地及其自然条件。

（10）城镇规划及其他

城镇规划及其他包括：企业所在地区的城镇规划及工农业规划；城镇规划部门对本企业建设的意见和要求；居住区及公共建筑与城镇协作的可能性；邻近名胜古迹的保护范围；邻近机场的等级及其净空；邻近其他有防护要求的设施状况。

（11）管理要求

与设计有关的企业内部管理规程等。

（12）其他

对于改、扩建矿山企业，除上述基础资料外尚应有原企业的总体布置图、总平面实测图、原有管线实测图,原有铁路、公路实测图。原企业的运输线路技术条件、运输和装卸设备的数量、规格、性能、生产能力以及修理设施等技术经济资料。

4)矿山地面总体布置发展趋势

我国正在转变经济增长方式,即由外延粗放型经济增长方式向内涵集约型经济增长方式转变,以推进绿色矿业发展为目标的绿色矿山建设热潮正在全国掀起,绿色矿山建设工作正以崭新的姿态稳步推进,矿山地面总体布置出现新的挑战、新的要求,矿山总体布置不仅要考虑矿山生产的全面性、协调性、可持续性,也要注重资源节约与合理开发,充分挖掘资源节约潜力,更要在利于保护和建立良好生态环境方面下功夫,贯彻"绿水青山就是金山银山"的理念。矿山地面总体布置的新发展主要体现在理念的发展和方法工具的发展两个方面。

(1)新的布置理念和原则

①矿山企业转变经济发展方式的主要途径是建设资源节约型、环境友好型矿山企业,以建设绿色矿山为目标开展企业的总体布置工作。矿山企业总体布置必须进行多方案技术经济比较,满足生产、运输、防震、防洪、防火、安全、卫生、环境保护、水土保持和职工生活的需要。

②总体布置应合理安排各个场地、连接各种管线,使之成为一个有机整体。在符合安全、环保和卫生要求的前提下布置紧凑,可在经济效益、社会效益和环境效益上发挥最佳效能。主要工业场地是企业的核心和中枢,其位置制约企业的全局。在总体布置中,布置好主要工业场地是设计的关键。其他各种场地和线路将环绕主要工业场地展开。主物料的运输是企业生产中物料输送的核心,其输送方式直接影响企业的运营成本,如果能充分利用场地高差及物料的势能,使物料自流,可有效地降低能耗、减少运营成本,提高经济效益。

③矿山总体布置和场地厂址选择时应充分考虑土地的集约利用,合理利用土地和保护耕地、排土场、尾矿库等设施可实施分期征地并及时复垦,还原土地用途。

(2)新的技术和手段

随着科技进步,矿山总体布置规划、设计有了更多新的方法和工具,利用这些新的技术、新的手段,可更为有效地推动矿山地面总体布置的科学化、合理化。

①地理信息系统(GIS 系统)结合三维设计技术在矿山地面总体布置决策和设计中的应用已经在逐步推广和深入,利用 GIS 系统可获得庞大的空间数据,其具有较强的数据管理分析能力,能够为矿山地面总体布置提供概括性信息和全面的量化依据。

某矿山利用 GIS 数据计算工业场地上游汇水面积见图 1-27。

②目前,矿山需要的相关专业计算机软件可以专门定制,采矿工艺建立的三维工程模型,有助于快速完成矿山地面场地和设施的规划设计。

某矿山排土场三维模型与 GIS 数据叠合效果见图 1-28。

③随着无人机技术的发展,可以由机载相机获取矿山地面及设施高清图片数据,利用地面控制点进行数据校准,在相关平台软件中建立三维地面实景模型,然后将策划或设计的矿山地面设施、场地等三维模型导入平台和三维地面实景模型共同组成矿山三维(虚拟+实景)模型,使矿山地面总体布置过程更直观、更高效,从而使地面布置更先进、更合理。

某矿山在开展排土场与尾矿库设计时采用无人机获得的地面实景模型及其叠加设计模型分别见图 1-29、图 1-30。

在对现场情况进行分析后选定场址并进行专项设计,建立 BIM 模型。

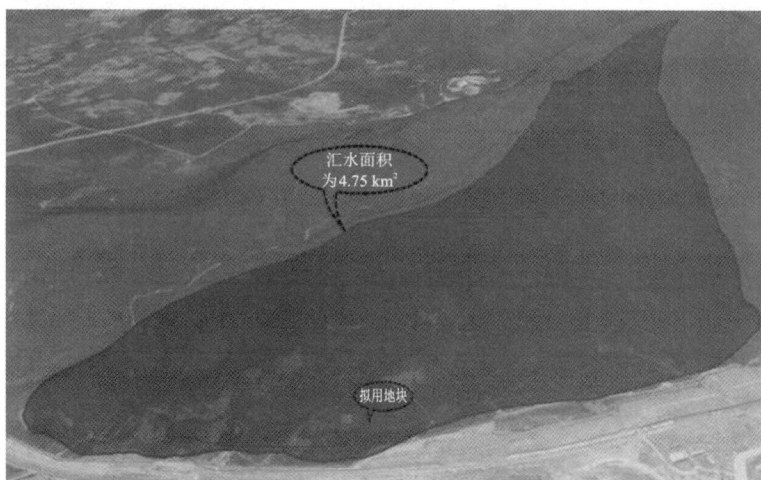

图 1-27 某矿山利用 GIS 数据计算工业场地上游汇水面积

图 1-28 某矿山排土场三维模型与 GIS 数据叠合效果

图 1-29 某矿山尾矿库和排土场三维地面实景模型

图 1-30　某矿山尾矿库和排土场三维地面实景模型叠加设计模型

随着科学技术的进步，更多的技术手段和工具得以在矿山地面总体布置中应用，从而确保了矿山地面布置的科学性和合理性，贯彻绿色矿山中保护环境、降低能耗和集约用地的理念，促进矿山生产的高质量发展。

2. 总体布置

1) 总体布置特点

矿产资源条件是决定矿山总体布置的自然基础，矿山各个场地的布局与矿床分布有密切关系。当矿床分布面积大而且分散时矿山总体布置具有分散性的特点。同时矿产储量有一定的开采年限的限制，因此矿山总体布置还应与开采年限、规模，以及矿区的开发阶段相适应。

矿区位置一般地形、地质构造比较复杂，矿区总体布置要充分考虑场地的稳定性和安全性。排土场、尾矿库和居住区一般布置在低平地带或宽底沟谷，占地面积大，这些地方又往往是基本农田，需要合理布置，少占或不占耕地。此外，矿区各项用地的布置还要考虑到矿产分布的范围，避免压矿，并防止在地下有矿尚未查清的地带建设。

一般可选择条件较好、位置适中的地段作为整个矿区的中心居民区，将生活服务与文化设施集中在一起，作为全矿区的行政管理与公共服务的中心，并与其他的居民区有方便的交通联系，逐步发展，形成以矿区为中心的矿业市镇。在矿区特别分散情况下，要发展中心居住区，集中各矿区公用的附属设施、服务性设施和管理机构，同时在矿区地形条件的限制下，还应特别注意保留发展余地。

矿区与农村的联系较为密切，在进行矿区总体布置的同时，应尽可能结合矿山所在地区的村镇规划，在道路、供电、居住区、公共服务设施等方面互相分工，统筹考虑，使矿区和村镇或城乡能互相促进，协调发展。

随着我国经济建设的发展，全国城市化蓬勃兴起，矿山的总体布置应与城镇密切结合，一些住宅和福利设施在有条件的地方应设在城镇以利用城镇的设施。

2) 总体布置原则

(1) 企业总体布置应符合城乡总体规划的要求，应结合企业所在区域的技术经济、自然条件，应满足生产、运输、防震、防洪、防火、安全、卫生、环境保护、水土保持和职工生活设施的需要，并应经多方案技术经济比较后确定。

（2）总体布置应正确处理近期和远期的关系，应做到近期集中布置、远期预留发展、分期征用。

（3）总体布置应根据企业组成以主要工业场地为主体，并应全面规划、统筹安排，应符合安全、卫生、节能和环保等要求，并应充分体现企业的经济效益、社会效益和环境效益。

（4）总体布置应满足工艺流程相关要求，实现主物料自流输送，缩短各种物料的运输距离，并应满足生产管理方便、节能、降低企业的经营成本、提高经济效益的要求。

（5）在常年盛行风向的同一延长线附近不宜布置多个有污染源的工业场地。在满足主体工程需要的前提下，宜将污染危害最大的设施布置在远离非污染设施的地段，宜合理确定其余设施的相应位置，并应减少各个场地的互相影响。

（6）废料不得随意堆放，应设专用堆场，其位置距废料排出点不宜过远，并应位于工业场地和居住区常年最小风频的上风侧。废料堆场应与居住区及水源保持一定的安全、卫生防护距离。废料堆场的地形和工程地质条件，应有利于废料的堆置和稳定，并应遵守固体废物污染环境防治、贮存、处置的相关规定，以及生活垃圾、污水处理的相关规定。

3）影响总体布置的因素

（1）工程地质因素

必须在规划设计前对本地区的地基承载力状况，以及是否有滑坡、冲沟及地震等方面的不良地质现象进行考察分析，评价其建设用地是否与工业企业用地要求相适应。

①地基承载力（见表1-47、表1-48）。

表1-47　自然地基类别与建筑物承载力经验值

类别	承载力/kPa	类别	承载力/kPa
碎石（中密）	400~700	细砂（稍湿）（中密）	160~220
角砾（中密）	300~500	细砂（很湿）（中密）	120~160
黏土（固态）	250~500	大孔土	150~250
粗砂、中砂（中密）	240~340	泥炭	10~50

表1-48　边坡工程结构面抗剪强度指标标准值

结构面类型	结构面结合程度	内摩擦角/(°)	黏聚力 c/MPa
硬性结构面	结合好	>35	>0.13
	结合一般	35~27	0.13~0.09
	结合差	27~18	0.09~0.05
软弱结构面	结合很差	18~12	0.05~0.02
	结合极差（泥化层）	<12	<0.02

②滑坡和崩塌。

在建设场区内，由于施工或其他因素的影响有可能形成滑坡的地段，必须采取可靠的预防措施。对存在滑坡危害的地带，应根据工程地质、水文地质条件及施工影响等因素，分析滑坡可能发生或发展的主要原因，采取下列防治措施(见表 1-49、表 1-50)。

表 1-49　滑坡防治措施

防治措施	具体内容
排水	应设置排水沟以防止地面水浸入滑坡地段，必要时应采取防渗措施。在地下水影响较大的情况下，应根据地质条件，设置地下排水系统
支挡	根据滑坡推力的大小、方向及作用点，可选用重力式抗滑挡墙、阻滑桩及其他抗滑结构。抗滑挡墙的基底及阻滑桩的桩端应埋置于滑动面以下的稳定土(岩)层中，必要时应验算墙顶以上的土(岩)体从墙顶滑出的可能性
卸载	在保证卸载区上方及两侧岩土稳定的情况下，可在滑体主动区卸载，但不得在滑体被动区卸载
反压	在滑体的阻滑区段增加竖向荷载以提高滑体的阻滑安全系数，同时应加强反压区地下水引排
对滑带注浆	对于滑带注浆条件和注浆效果好的滑坡，可采用注浆法改善滑坡带的力学特性；注浆法宜与其他抗滑措施联合使用；严禁因注浆堵塞地下水排泄通道
植被绿化	宜选用易成活、生长快、根系发达、叶茎矮或有匍匐茎的多年生当地草种；草种的配合、播种量等应根据植物的生长特点、防护地点及施工方法确定；严禁采用生长在泥沼地的草皮

表 1-50　泥石流的防治措施

防治措施	具体内容
水土保持	①植树造林、封山育林。在分水岭、山坡、洪积扇上以及沟谷内植树造林，可起到控制水土流失和稳定山坡的作用；禁止砍伐林木。 ②平整山坡、修筑梯田。在泥石流形成区，采用平整山坡、填洼补缝、修台阶、造梯田、筑土埂、挖鱼鳞坑等方法，也可起到控制水土流失、防止滑坡发展的作用。 ③修筑排水及支挡工程。修筑截水沟、边坡渗沟等排水工程，设置支挡工程或加固沟头、沟坡、沟底都可起到稳定山坡的作用
跨越	修建桥梁、涵洞、过水路面、隧道、明洞、渡槽
排导	采用排导沟、急流槽、导流堤
拦截	采用拦挡坝、停淤场

③冲沟。

可以在冲沟的上游修建截水沟，使水不流经冲沟；填平凹地，加以夯实；调整地表水流，种树植草，防止水土流失等。

(2)地形地貌因素

各类地貌特征及建厂条件见表 1-51。

表 1-51　各类地貌特征及建厂条件

地貌单元		建厂条件
构造、剥蚀地貌	山地	①在断块山前缘建厂时，应查明断层的位置、产状、破碎带宽度、断层的活动性以及滑坡、崩塌、危岩等不良地质现象； ②在褶皱山区建厂时，应查明岩石的风化程度和边坡的稳定性； ③当建筑场地位于沟槽地形内或沟口时应注意山洪、泥石流的危害
	丘陵	①土石方量一般较大； ②挖方地段岩石出露，填方地段土的含水量大，承载力低，有时还有淤泥出现
	剥蚀残山	应注意地基土软硬不均问题
	剥蚀准平原	
山麓斜坡堆积地貌	洪积扇	①厂址宜位于洪积扇的中、上部； ②洪积扇顶部地形狭窄，易受山洪、泥石流的袭击，靠山太近时应注意边坡的稳定性； ③洪积扇的尾部颗粒细，地下水位高，土的承载力低，有时还存在淤泥、沼泽等
	坡积裙	①应注意地基土的不均匀性； ②应注意边坡的稳定性和滚石
	山前平原	①与洪积扇要求相同； ②应注意两相邻洪积扇的边缘地带，局部可能出现淤泥、沼泽等
	山间凹地	同山前平原
河水侵蚀堆积地貌	河谷、河床	①码头及取水构筑物一般选择在河流的平直岸，有时也可在凹岸，这时，应考虑最大洪峰流量及因建设改变河床断面后的最高洪水位、冲刷深度，同时，也要考虑河水对岸边及构筑物的冲刷能力及岸边本身的稳定程度； ②如占用河床垒坝加高后建厂，其注意点同①； ③河床中大块的碎石、卵石层地基土中可能有软土存在，靠山坡一侧还应考虑边坡的稳定性及新近堆积物结构强度低等特点
	河漫滩	因经常受洪水淹没，一般不宜建厂，如建设取水构筑物时，其注意点同河床
	牛轭湖	一般是泥炭、淤泥堆积的地区，不宜建厂
	阶地	①地形开阔平坦，并向河下游方向倾斜，排水条件好，是建厂适宜地区； ②厂址不应靠近阶地前、后缘，因这一带冲沟发育，也易发生滑坡； ③高阶地建厂，条件较有利，但应注意山坡稳定、山洪袭击、坡脚堆积物承载力低等问题； ④低阶地建厂时，应注意地基的承载力较小、地下水位较低等特点
	河间地块	广阔平坦的河间地块，是建厂良好地区，但在边缘地段要注意滑坡、冲沟等现象
河流堆积地貌	冲积平原	①地形开阔平坦，是建厂适宜地区； ②厂址应位于地形稍高地段； ③厂址应考虑洪水淹没问题
	河口三角洲	①应注意软土地基问题； ②应注意查明暗浜或暗沟的分布情况

续表1-51

地貌单元		建厂条件
大陆停滞水堆积地貌	湖泊平原	应注意土地基问题
	沼泽地	几乎全部由泥炭和淤泥构成，地下水位很浅，有的地方有积水，施工很困难，不宜作为厂址
大陆构造侵蚀地貌	构造平原	①为良好的建厂地段； ②应注意防洪和排涝； ③在高原上建厂时，应注意周围的冲沟侵蚀和边坡稳定问题
	黄土塬、梁、峁	①应注意周围冲沟的侵蚀和边坡的稳定； ②重视排水问题； ③如厂址附近修建水库、渠道等，要考虑因渗水引起地下水位上升而产生意外湿陷的可能
岩溶地貌	岩溶盆地	①应查明洪水期间当盆地、落水洞、暗河被堵时盆地底部被洪水淹没的可能性； ②注意土洞、溶洞、落水洞、暗河等不良地质现象； ③注意盆地底部低洼部分软土、淤泥存在的可能性
	峰林地区	①同岩溶盆地第 2 条； ②注意场地下面有石芽、溶沟及软土存在的可能性； ③注意石峰的稳定性(崩塌)坠石等
	石芽残丘	①首先应查明场地石芽的分布和大的溶洞或地下暗河的存在； ②注意地基土软硬不均现象
	溶蚀准平原	①查明土洞、溶洞、暗河的分布； ②注意石芽的埋伏和石灰岩层面上软土的存在
风成地貌	沙漠　石漠	建厂时，要防止现代沙丘移动的危害，查明风成沙作为地基土时的密实度
	沙漠　沙漠	
	沙漠　泥漠	建厂时，要考虑盐渍土的盐渍化和胀缩性问题
	风蚀盆地	①在大的风蚀盆地内建厂时，要防止现代风沙的危害； ②在盐湖附近建厂时要考虑盐渍土的问题
	沙丘	在有沙丘分布的地区建厂时，应设法防止沙丘的移动

（3）水文及水文地质条件因素

矿区与相关流域的江河湖海的水文条件、较大区域气候特点、流域水系分布、区域地质条件、区域地形条件都密切相关，矿山的建设可能引起原有水系的变化或破坏，对区域的水文条件产生很大影响。因此有必要对水体的流量、流速、水位的高度进行详尽分析，合理地利用有利的水文条件，减少水文条件对矿山建设的影响。

(4)气候条件因素

气候条件因素主要是考虑风向和风玫瑰、污染系数对各场地的影响。

3.矿山场地选址

1)矿山场地和厂址选择

矿山厂址选择是在充分考虑矿山资源分布、开拓运输方式、矿山企业总体布局规划的基础上，根据场地选择的原则和要求，结合矿区的自然条件和外部基础设施条件，对可能作为厂址或场地位置的方案进行全面论证，以选择出最优的位置。

(1)矿山场址布置原则

①应符合《有色金属企业总图运输设计规范》(GB 50544)、《钢铁企业总图运输设计规范》(GB 50603)等规范要求。

②厂址应选择在不受洪水、潮水或内涝威胁的地带以及不受潮涌危害的地区。当不可避免时，必须具有可靠的防洪、排涝措施。

③厂址选择必须兼顾水土保持要求，应避开泥石流易发区、崩塌滑坡危险区以及易引起严重水土流失和生态恶化的地区。同时应避开全国水土保持监测网络中的水土保持监测站点、重点试验区，不得占用国家确定的水土保持长期定位观测站。

④下列地段和地区严禁设厂：

a.抗震设防烈度高于9度的地区；

b.国家规定的风景区、自然保护区、历史文物古迹保护区；

c.具有开采价值的矿床；

d.生活饮用水源的卫生防护带内；

e.泥石流、滑坡、流沙、溶洞等直接危害地段，由采矿形成的山体崩落、滚石和飘尘严重危害地段；

f.采矿陷落(错动)区界线内；

g.爆破危险范围内；

h.不能确保安全的水库、尾矿库、废料堆场的下游以及坝或堤决溃后可能淹没的地区；

i.对飞机起落、电台通信、电视传播、雷达导航和重要的天文、气象、地震观测以及重要军事设施等规定的影响范围内。

⑤废料堆场应充分利用沟谷、洼地、荒地、劣地，严禁占良田，应少占耕地。严禁将水源保护区、江河、湖泊作为废料堆场。严禁侵占名胜古迹、自然保护区。

⑥含有放射性物质的废料堆场，严禁在城市规划确定的生活居住区、文教区、水源保护区、风景名胜区、温泉、疗养区和自然保护区等范围内选址。

⑦场址位置的选择应考虑与采场的关系以及矿石、废石运输的便利性和经济性，采选联合企业应处理好与选矿厂、尾矿库等选矿相关设施的关系。

(2)矿山场址选择主要影响因素

①可供用地面积；

②场地及线路占用农田、拆迁数量及拆迁情况；

③地形及自然条件；

④工程地质条件；

⑤土石方工程量；

⑥总平面布置条件；

⑦厂址或场地环境质量情况；

⑧交通运输情况；

⑨协作情况；

⑩排土场、尾矿库及堆存及运输条件；

⑪居住区条件；

⑫施工条件。

2）选址生产要求

（1）主要工业场地

竖（斜）井或平窿口一般应位于矿体下盘，其位置应结合矿石运输、选矿厂的位置等因素统一考虑，场地应以井口或平窿口为主体进行布置，场地面积应满足各项建（构）筑物的布置，废料堆存及场地内交通运输、消防等的要求。

通风设施应布置在通风井附近，充填站站址应根据地形条件、充填管路布置、充填材料、胶结料的运输条件等因素综合考虑。不应布置在塌陷区及错动区范围以内；不应布置在因地下开采的陷落和错动所引起的山坡地表岩石滑落危害地段；应避开因坑内开采的排水而引起的地表陷落或开裂地段。

抽出式通风机房和出风井应位于入风井、工业场地或居住区常年最小频率风向的上风侧。与居住区的距离应满足以下条件：对于一级矽尘危害的矿山应大于 200 m，对于二、三级矽尘危害的矿山应大于 500 m；压入式通风机房和入风井应位于产生粉尘、烟害等污染源的常年最小频率风向的下风侧，距离排土场不得小于 200 m。地表充填材料制备站尽量靠近坑下充填量最大的采区。

露天开采矿山的采矿工业场地应根据堑沟口、运输线路、地形条件及居住区等因素统一考虑，一般布置在堑沟口附近。场地应在露天矿最终开采境界以外。场地应在爆破危险（地震、空气冲击波及飞石）范围以外。建（构）筑物与露天矿爆破区之间的安全距离，应按现行国家标准《爆破安全规程》（GB 6722）的有关规定执行，并应避免滚石危害。

地下开采矿山的采矿工业场地应靠近供人员、材料出入的副井口、平硐口，并应避开采矿陷落（错动）范围。

（2）辅助工业场地

总降压变电站一般靠近厂区主要用户及进出线较方便的地方；当为采选联合企业时应靠近用电负荷较大的车间；水源地根据水量、水质及建设条件由给排水专业选定，净化站一般靠近水源地布置，也可靠近选矿厂布置；维修设施、单独采矿企业的机修车间，应靠近服务中心，采选联合企业的机修车间一般靠近选矿厂，露天矿运输用的汽修设施，应靠近露天采矿采场，条件有利时，也可靠近机修厂。一般汽车运输用的汽修（保养）设施，宜靠近交通便利的地段。

（3）转运站

转运站一般位于铁路车站或港口。宜选在符合物料运输流向适宜地点、运输方式变更地点或便于装卸转运地点。

（4）炸药库

爆炸材料库与工业场地、居住区、铁路、公路等的距离应符合《地下及覆土火药炸药仓库

131

设计安全规范》(GB 50154)、《民用爆破器材工程设计安全规范》(GB 50089)的要求。

（5）仓库

矿山企业的综合性仓库场地，宜靠近选矿厂或内外部运输转运条件均较方便的地方。

（6）废料堆置场

排土场和尾矿库应进行专项场址选择方案比选。

3）选址的用地要求

（1）场地面积和外形应满足生产需要，并应有适当的发展余地，但不可过多预留用地，近期用地要布置紧凑。

（2）场地用地应尽量利用山地、坡地及其他不宜耕种的荒地，要少占或不占农田。

（3）减少用地，采取场地组合、建筑合并的措施。

（4）选择地形坡度、标高应满足生产工艺流程和物料运输要求。

（5）选择适宜的地形，以求平整场地的土石方工程量尽可能少并便于排水。

（6）场地的地形地势要有良好的通风、日照条件，严寒地区应避开阴湿地段，炎热地区应尽量避免西晒，山坡地段的居住区宜向阳。

（7）工业及民用场地应不受洪水淹浸，山区建设应注意山洪危害。场地标高应高出计算洪水位。《防洪标准》(GB 50201)中工矿企业应根据规模分为四个防护等级，其防护等级和防洪标准见表1-52。

表1-52　工矿企业的防护等级和防洪标准

防护等级	工矿企业规模	洪水重现期/年
I	特大型	200~100
II	大型	100~50
III	中型	50~20
IV	小型	20~10

注：各类工矿企业的规模按国家现行规定划分。

根据《冶金矿山采矿设计规范》(GB 50830)，矿区地面防洪标准应根据矿山的规模、服务年限等因素确定设计常用标准，详见表1-53。

表1-53　冶金矿山防洪设计标准

截（排）水沟		洪水重现期/年	
露天矿	地下矿	设计	校核
—	特大型	50~100	200
特大型	大型	50	100
大型	中型	20	50
中、小型	小型	10	20

注：①表中数值是冶金矿山常用的设计标准，设计中可根据企业性质、失事后造成的损失程度等具体确定；②防洪水位标高应高于或等于校核水位，但岸边防护以设计水位为准。

4）选址的卫生防护要求

（1）根据《工业企业设计卫生标准》（GBZ 1），工业企业选址应依据我国现行的卫生、安全生产和环境保护等法律法规、标准和拟建工业企业建设项目生产过程的卫生特征及其对环境的要求、职业性有害因素的危害状况，结合建设地点现状与当地政府的整体规划以及水文、地质、气象等因素，进行综合分析而确定。

工业企业选址宜避开自然疫源地；对于因建设工程需要等原因不能避开的，应设计具体的疫情综合预防控制措施。

工业企业选址宜避开可能产生或存在危害健康的场所和设施，如垃圾填埋场、污水处理厂、气体输送管道以及水、土壤可能已被原工业企业污染的地区；建设工程需要难以避开的，应首先进行卫生学评估，并根据评估结果采取必要的控制措施。设计单位应明确要求施工单位和建设单位制定施工期间和投产运行后突发公共卫生事件应急救援预案。

向大气排放有害物质的工业企业应设在当地夏季最小频率风向被保护对象的上风侧，以避免与周边地区产生相互影响。并且宜进行健康影响评估，根据实际评估结果作出判定。

在同一工业区内布置不同卫生特征的工业企业时，宜避免不同有害因素产生交叉污染和联合作用。

（2）根据矿山生产的特点，选址应同时满足以下要求：场地布置必须防止因矿山废水的排放和废石的排弃所产生的污染。矿石、废石堆置场地应不影响附近地区的农业生产和居住区及其他建、构筑物的安全。易燃、易爆物资的储存必须符合《建筑设计防火规范》（GB 50016）中的有关要求。有放射性物质的储存场地，或放射性废料堆场必须符合《中华人民共和国放射性污染防治法》《放射性废物安全管理条例》《放射性废物管理规定》（GB 14500）等的相关要求。

产生有害因素的矿山与居住区之间，应设置一定的卫生防护距离。卫生防护距离的宽度应由（环境影响评价确定）建设主管部门同环境保护主管部门根据具体情况确定。在卫生防护距离内不得设置经常居住的房屋，并应绿化。

5）工程地质要求

矿山场地选址要考虑的地质因素包括工程地质、水文地质和地震三个部分，主要体现在矿山用地以及各项建筑物地基的稳定性和工程设施的经济性上。要考虑的地质因素具体内容包括地层性质、地下水、地震和不良地质现象等。矿山总体布置不同的设计阶段，应进行对应阶段的勘察工作，尤其前期阶段（可行性研究和初步设计）的勘察工作，应为矿山总体布置和场地选择提供依据。

（1）工程勘察阶段

矿山工程勘察按阶段分可行性研究勘察、初步勘察和详细勘察阶段，其中可行性研究阶段的岩土工程勘察应对拟选场地的稳定性和建设适宜性作出评价，并应提出拟选场址建议。在可行性研究勘察和初步勘察工作中，应初步查明有无影响场地稳定性的不良地质作用及其危害程度，了解场地地质构造、地层结构及其成因类型、岩土的物理力学性质以及场地水文地质条件，搜集场地地震地质资料，并应进行场地地震效应初步评价。除进行上述工程勘察普遍性的工作外，矿山前期勘察工作必要时应根据矿山总体布置中各个设施的特点提供场地比选的资料，如：尾矿库筑坝材料的就近产地状况；排土场排弃物的成分、粒度、物理化学性质、处理量、运输方式和排土工艺；各种输水、尾矿、索道或带式输送工程的穿、跨越方式及沿线地质影响；采选取水地的岸坡河床稳定性等。

（2）工程地质要求

矿山各场址的选择应避开各种不利工程地质因素的影响，主要包括：不良地质作用发育，如断层、滑坡、岩溶和土洞、泥石流、软土等不良地质地段；建筑抗震危险地段；洪水、水流岸边冲刷或地下水作用有严重不良影响的场地；地下有可开采的矿藏，且开采对场地稳定性有影响的，或存在对场地稳定性有影响的地下采空区。

自然地基作为建筑地基时，其地层地质构造和地表物质的组成状况直接影响建筑物的稳定程度、建筑高度、施工难易和造价高低。地表组成物质对建筑物影响通常用地基承载力表示，承载力包括地基极限承载力和地基容许承载力。地基极限承载力：使地基土发生剪切破坏而即将失去整体稳定性时相应的最小基础底面压力。地基容许承载力：要求作用在基底的压应力不超过地基的极限承载力，并且有足够的安全度，而且所引起的变形不能超过建筑物的容许变形。满足以上两项要求，地基单位面积上所能承受的荷载就定义为地基的容许承载力。矿山各个场地的建筑地基要有满足要求的承载力，将有重大设备和高大建(构)筑物的场地尽量布置在挖方或岩石的地基上。

6）矿山工业场地选择

（1）采矿工业场地

地下开采的采矿工业场地的位置，大多数情况都决定于主矿井(硐)口的位置，所以工业场地常位于井(硐)口附近，根据开拓方式确定。

工业场地为多个矿井(硐)或露天矿服务，最佳的位置宜选择在一个适宜的中心地点，或者是物料运出运进的运输功最少的地点。

露天开采的工业场地一般宜选择在堑沟口附近，应在露天矿最终开采境界以外及爆破危险区范围以外。其他要求与地下开采基本相同。

（2）炸药库

炸药库的位置选择在比较隐蔽的山谷中，有可利用的山岭岗峦作为天然屏障的地方，以便尽量缩小对外安全影响范围。在满足安全的条件下，应距离采矿场比较近，运输方便。炸药库与工业场地、居住区、铁路、公路等的距离应满足规范要求。

（3）排土场

排土场应根据采掘顺序、剥离物分布位置、剥离量大小选址，场址宜靠近采矿场。排土场与铁(公)路干线、航道、高压输电线路、居住区、村镇、工业场地等设施的距离应符合《有色金属矿山排土场设计标准》(GB 50421)、《冶金矿山排土场设计规范》(GB 51119)等规范的有关规定。排土场不宜设在居民区或工业场地主导风向的上风侧，应远离要求空气清洁的场所。剥离物遇水软化或剥离物含泥率大、排水不良的排土场，不宜布置在工业场地、村镇、居民区及交通干线的上游。排土场的容积应能容纳矿山服务年限内所排弃的全部岩土，排土场可为一个或多个。当占地面积大时，宜一次规划，分期实施。有回收利用价值的岩土或表土应在排土场内分排、分堆，并应为其回收利用创造有利条件。排土场场址应符合现行国家标准《一般工业固体废物贮存、处置场污染控制标准》(GB 18599)的有关规定。含有酸性、酚类以及微量放射性、重金属和其他具有危险、有害特性可溶性排弃物的排土场场址应符合现行国家标准《危险废物鉴别标准》(GB 5085)、《危险废物贮存污染控制标准》(GB 18597)、《危险废物填埋污染控制标准》(GB 18598)的有关规定。排土场场址的选择应经多方案技术经济比较后确定。

4. 总平面布置设计

1) 一般布置要求

根据建设场地的自然条件和生产特点或建筑物的使用功能要求,合理地综合布置出建(构)筑物、交通运输线路、绿化、管线等设施,使其在平面和立面上各得其所、相互协调,成为统一的有机整体,以达到节约用地、减少基建投资、加快建设进度、方便运营管理、美化环境和安全生产的目的,从而获得最佳的总平面布置系统。

(1) 总平面布置应符合总体布置的要求,统一确定场内建(构)筑物的位置,综合处理平面与竖向关系,解决地上地下管线、交通运输的布置以及场地内部与外部的联系。

(2) 建(构)筑物的布置应满足生产流程的要求,做到合理地布置生产作业线,为保证生产安全、管理方便创造条件。

(3) 节约用地。建(构)筑物的布置力求紧凑合理。合理地组织建(构)筑物的合并和管线共杆共沟的布置。建筑物之间采用适宜的通道宽度以有效地利用场地。

(4) 合理布置运输线路,采用有效的运输方式,使货流及人流线路短捷、作业方便,避免繁忙的货流与特种货流及主要人流的互相交叉,并要为运输装卸合理配套,减少货物倒运。

(5) 各类动力供应设施(如变电所、锅炉房、煤气站、空气压缩机房等)的布置应接近负荷中心或主要负荷之一。动力输送距离应经济合理,减少动力输送的损失。

(6) 因地制宜,充分利用场地地形,平整场地应根据不同的地形选择适宜的标高,尽量使土石方及建筑工程量最小,并利于场地防洪与排水。

(7) 布置应符合卫生、防火、防爆、防震、防噪、防腐等要求。建(构)筑物的布置应保持良好的通风和采光条件,避免有害因素的干扰。

(8) 在可能的条件下注意美观,创造良好的劳动环境,建(构)筑物的布置与空间处理应相互协调。场地布置整齐,并为厂区绿化与美化创造条件。

(9) 考虑建设与远期发展的关系,总平面布置应以近期发展为主,远近结合,全面考虑合理地预留发展用地。

(10) 总平面布置应尽量做到不影响或少影响原来企业的生产,不破坏或少破坏原来的生态环境,不拆除或少拆除原有的建(构)筑物。

(11) 各建筑物之间的距离应满足《建筑设计防火规范》(GB 50016)中的相关要求。

2) 地下开采场地布置

(1) 井(硐)口的位置一般结合开拓系统要求确定,宜布置在距主矿体较近的地方,以减少矿、岩运输距离,节省运输功。井(硐)口位置的标高,宜高于选矿厂卸矿仓或排土场的标高,使矿、岩运输重车下坡。井(硐)口标高应高于计算洪水位或历史最高洪水位的标高 1 m 以上。

(2) 主、副井间应根据开拓需要,保持一定的间距。如中央通风式出、进风井在一起时,应大于 100 m,以防止粉尘的污染。出风井应布置在入风井的最小风频的上风侧。

(3) 提升机房决定于提升机的配置。采用井架时,一般距离井口 20~40 m,采用井塔时,提升机则配置在井塔的顶部。

(4) 通风机房与其他设施还应保持一定的防护距离。《有色金属企业总图运输设计规范》(GB 50544)要求:与卷扬机房、独立的变电所、办公室等的距离宜大于 30 m。在通风机房

20 m 以内不得布置有明火作业的建筑物或设施。压入式通风机房和入风井周围应环境清洁，并应位于产生粉尘、烟尘等污染源的常年最小频率风向的下风侧。距排土场的距离不得小于 200 m。抽出式通风机房和出风井应位于入风井、工业场地常年最小频率风向的上风侧。木材加工间及木材堆场宜布置在采矿进风井（硐）口常年最小频率风向的上风侧 80 m 以外。《钢铁企业总图运输设计规范》（GB 50603—2010）要求：坑木加工间及木料堆场、锅炉房渣场应布置在距离进风井口常年最小频率风向的上风侧 80 m 以外的地点。坑木加工间及木料堆场与运输材料的井（硐）口应有方便的运输线相连。

（5）空气压缩机房应设在引入压气管道的井（硐）口附近的通风良好的地方。由于空气压缩机开动时的振动与噪声较大，应距办公室和提升机房远一些，以避免受噪声干扰，压气缸进气口应与产生尘埃的车间和排土场有一定的距离（大于 150 m）。储气罐应设在背阴面，防止日晒，以利散热。

（6）机修厂和备件库（成品、材料库）常设在一起或合并为一个大的建筑，并应与井口的铁路运输相连接，以便于往井下运送材料与设备。

（7）变电所一般应设在用电负荷的中心、易于引入外部电源的地方。矿山电力的主要用户是空气压缩机房、通风机房、提升机房、水泵房和地下采场、选厂磨矿车间。

（8）为便于运输，材料仓库、油料仓库及堆木场应设在靠近铁路或公路 15~20 m 的地方，为了防火的需要应距井口 50 m 以外；而木材加工场等加工设施应根据《建筑设计防火规范》（GB 50016）满足相应防火距离的需要。

（9）矿仓和贮矿场（露天临时贮矿场）应与内部和外部运输相连接，避免用主要运矿线路联络其他建筑物，以免运输交叉，降低运输效率。

（10）多矿井（硐）开采同一矿床或几个矿床同时开采时，应集中布置机修厂、油料仓库和材料库等，以供所有矿井（硐）使用。

（11）在严寒地区靠近井（硐）口的行政福利建筑宜设有通道，与井（硐）口连接。

（12）储量大、矿体集中、生产能力大、生产年限长的矿山，场地应尽量集中联合布置，将井口建筑组合成为主井、副井和行政生活福利三个大型建筑组合体。

3）露天开采场地布置

（1）露天开采场地的总平面布置应以矿石和废石的生产运输作业方式和布置条件为主，结合地形和工程地质条件，按照生产性质和安全、卫生等规定，合理确定各建（构）筑物的相互位置和标高。

（2）主要运输干线和设施都必须布置在露天采矿场的最终境界线以外的无矿地带。山坡露天矿的卷扬机道或箕斗道应布置在采矿场以外，正对箕斗道下方不应布置任何建筑物，以免箕斗跑车造成严重事故。

（3）建（构）筑物均应布置在露天爆破区界线外的安全地带。各建（构）筑物与露天爆破区界限的最小安全距离，应根据国家《爆破安全规程》（GB 6722）的规定结合所采用的爆破方法、矿山地形、地势以及建（构）筑物的不同性质具体选用。

（4）采矿设备和运输设备的检修设施场地，如矿机修理车间、机车矿车修理间、自卸汽车修理间、汽车停车场等要靠近露天采矿场或矿山铁路车站，并与采场的铁路或公路有便利的连接条件。大型采掘设备，如电铲，一般是在工作面就地检修。

（5）与露天采矿场有管线连接的建（构）筑物应在保证安全防护距离的前提下，靠近露天最终境界线布置。空气压缩机房、变电所、水泵房在凹形露天矿,则宜靠近堑沟口。

(6)矿石转装站、贮矿场、材料仓库要与采矿场和外部的铁路或公路相连接,并符合矿石和货物的运输流向。在凹形露天矿,则宜设在堑沟口附近。

(7)行政生活福利设施宜布置在对内、对外联系,生产管理和职工上下班方便的地段。建筑物的布置要求与地下开采的行政生活福利设施基本相同。

4)辅助工业场地布置

(1)机修场地

①机修厂各车间应根据其工艺上的相互联系进行合理配置,使生产流程合理,布置紧凑,联系方便。

②机修厂各车间布置,宜尽量南北朝向,以利于自然采光和通风,创造良好的生产操作条件。

③产生烟尘、热量或散发有害气体的铸造、锻压、热处理、锅炉房等车间,应尽量布置在厂区最小风频的上风侧。车间纵向天窗中心线宜与夏季主导风向成 60°~90°交角,以利于自然通风。

④铸造、铆焊、木模等车间的周围,设置必需的堆料场和操作场地。

⑤产生噪声的铆焊车间和露天操作场,应远离办公室。

⑥锻造车间宜布置在厂区边缘地段,远离对有防震要求的金工精密机床、铸造型砂间、中央试验室等,应有需要的防护距离。

⑦当车间内有较精密的仪器时,与震源之间应有必要的防护隔离。

(2)汽修场地

①汽修厂厂区及其车间外形尽可能整齐简单,各车间宜按工艺流程、生产性质和联系,成组分区布置。适当提高建筑系数,保养场建筑系数一般为 20%~25%,修理厂一般为22%~30%。

②厂区布置应保证车辆进出方便,尽量避免车流交叉,减少转弯和倒车等现象。辅助生产部分应尽可能靠近其服务车间。水、电、压气等设施应靠近负荷中心。

③厂区布置尽可能使建筑物有良好的自然采光和自然通风条件,在炎热地区,厂房宜采用南北朝向布置,尽量避免西晒。

④对产生烟尘、有害气体及产生污水等车间(如电镀、喷漆、锅炉房、喷砂间)应布置在厂区的边缘地区,并位于厂区和居住区的最小风频的上风侧。

⑤车辆停放场所,在北方采暖地区或高寒多风沙地区,宜采用停车库,在南方多雨地区,宜采用停车棚。

⑥洗车台或成套洗车设备应布置在车辆停放场地入口一端,靠厂区边缘地段地势较低、收集污水污泥方便的地方。

⑦汽车修理厂区附近应有存放破损车斗、轮胎等的堆场。汽车加油站宜布置在汽车出库道路的附近,具体布置按照《汽车加油加气站设计与施工规范》(GB 50156)中的相关要求进行,加油库与建(构)筑物之间的防火间距按照《汽车加油加气站设计与施工规范》(GB 50156)和《建筑设计防火规范》(GB 50016)中的相关要求进行。

(3)爆破器材场地

爆破器材库是矿山贮存爆破器材的要害部位,在运输和贮存、装卸过程中必须遵守各项安全规定，以预防事故的发生。矿山爆破器材库分为地面总库、地面分库和硐室式库。

从布置形式上分为地面布置、半地下布置、硐室式布置，一般多采用地面布置形式。

①库区外部安全距离是爆破器材库同库区以外的保护对象之间必须保持的最小距离。

②地下炸药仓库外部距离和平面布置应遵照《地下及覆土火药炸药仓库设计安全规范》（GB 50154）中的有关要求。

（4）其他场地

①选择地表水取水构筑物时，应考虑位于水质较好的地带，具有稳定的河床及岸边，有良好的工程地质条件，靠近主流，有足够的水深。供生活用水的水源取水构筑物，应位于城镇和工业企业的上游。地下水取水构筑物的位置，主要根据水文地质条件而定。供生产用水的地表水，其净化构筑物以设在水源泵站邻近为宜，当兼作生活用水者，则生活用水的净化站以设在矿区为宜。矿山用水应考虑再次利用，并可在再次使用地点进一步净化。采选企业的贮水池，应尽量利用有利地形建筑在厂区高地上，宜靠近主要用户区。水源泵站及厂区外的净水站应设围墙，墙高一般为 2.5 m，水源地及净水站应充分利用周围空地进行绿化。

②矿山企业排水系统，大多采用分流制，以不同的管渠分别排放，雨水以采用明沟排除为主，洁净的生产废水亦可经雨水系统排除。含尘废水应经处理(沉淀、脱水、回收有用矿物)后达标排放或生产回用。矿区生活污水必须排入水体时，应设置污水处理设施，进行处理后排除，当下游受纳水体不允许排放时应采取中水回用措施，井下涌水应处理达标后排往有环境容量处。

5. 竖向设计

1) 竖向设计的意义

工业场地的自然地坪受自然条件限制很难满足总平面设计中各种物料自流、建(构)筑物、交通运输线路和场地排雨水的设计标高。因此，对工业场地的自然地形就必须根据总平面设计的技术要求进行改造整平。改造后的场地能适应建(构)筑物的布置要求，满足工艺和交通运输技术条件，有利于场地雨水迅速排除等。这种对场地垂直方向的设计，通常称为竖向设计。

竖向设计的主要任务是充分利用和改造工业场地的自然地形，选择合理的竖向布置系统，确定场地的最佳设计标高，使之既能满足生产和使用以及安全要求，又能达到土石方工程量最少、加快建设进度和节约投资的目的。

竖向设计得合理与否对用地、基本投资、建设进度、安全生产、运营管理等有重大影响。

2) 竖向设计内容及形式

（1）竖向设计的内容

根据竖向设计的任务的要求，竖向设计的具体内容是：

①选择竖向设计的形式和平土方式；

②确定场地的平土标高，计算土石方工程量；力求土石方工程量最小，并接近于平衡；

③确定工业场地内建(构)筑物、铁路、道路、排水构筑物、管线地沟、露天堆场、广场等场地整平标高，并使之相互协调；

④确定场地合理的排雨水方式和排水措施，使地面雨水能以短捷路径迅速排除或收集，保证工业场地不受洪水威胁；

⑤合理布置竖向设计必要的专项工程。

进行挡土墙、边坡、排雨水沟等必要的工程设计。

（2）竖向设计的一般要求

①满足生产工艺对高程的要求；

②适应内、外部运输和装卸作业对高程的要求；

③满足安全要求；

④节约土石方工程量，尽量减少挡土墙、边坡等工程措施；

⑤充分利用地形条件，工程地质满足建设工程需要；

⑥满足排水排洪的要求。

（3）竖向设计的形式

竖向设计的形式通常是指工业场地各主要设计整平面之间的连接方法，通常分为平坡式、台阶式、混合式三种。

①平坡式就是把工业场地处理成接近于自然地形的一个或几个坡向的整平面，彼此之间的连接设计坡度和设计标高没有明显的高差变化。

②台阶式就是把工业场地设计成若干个台阶并以边坡、挡土墙相连接，各主要整平面连结处有明显高差，且一般在1 m以上。

③当同时采用以上两种方式时即为混合式。

（4）竖向连接方式

矿山的场地尤其是选矿厂采用台阶式的竖向设计较为常见，台阶式竖向连接常采用边坡或挡土墙。采用边坡时，自然放坡节约投资，加固边坡投资较高。采用挡土墙工程量较大，投资更高。采用边坡占地宽，而采用挡土墙占地窄。

①边坡。

矿区工程建设时宜根据工程地质、地形条件及工程要求，因地制宜设置边坡，避免形成深挖高填的边坡工程。对稳定性较差且坡高较大的边坡宜采用后仰放坡或分阶放坡。分阶放坡时水平台阶应有足够宽度，否则应考虑上阶边坡对下阶边坡的荷载影响。

当边坡坡体内存在窄轨铁路或斜坡道硐室门而对边坡产生不利影响时，应根据硐室大小、深度及与边坡的关系等因素采取相应的加强措施。

边坡工程的平面布置和立面设计应考虑对周边环境的影响，做到美化环境，满足生态保护要求。边坡坡面和坡脚应采取有效的保护措施，坡顶应设护栏。

在自然条件作用下，土质和岩质边坡容易被破坏，可采用种草、铺草皮、植树、喷射混凝土、砂浆抹面及垂面、干砌片石护坡、浆砌片石护坡、钢筋混凝土骨架或者土工格室、加筋麦克垫等防护形式进行坡面防护。

②挡土墙。

挡土墙按断面几何形状及受力特点可以分为：重力式挡土墙、半重力式挡土墙、衡重式挡土墙、悬臂式挡土墙、扶壁式挡土墙、锚杆式挡土墙、锚定板挡土墙、加筋土挡土墙、板桩式挡土墙、地下连续墙。矿区工程的竖向处理多用重力式挡土墙、衡重式挡土墙、悬臂式挡土墙、扶壁式挡土墙、锚杆式挡土墙。随着土工技术的发展，近年来加筋土挡土墙在矿山工程的应用越来越广泛，例如加筋宾格挡土墙在高大填方地段的竖向处理有着许多成熟的案例。

6. 矿山内外部运输

确定矿山地面运输系统与方式是矿山总体布置的一项重要任务。无论是场地之间的布置，还是场地内的各个设施的布置，它们的内联外延，均要通过各种运输方式来完成。

按照用途和与矿山相对位置，运输分为外部运输与内部运输。矿山外部运输的任务是矿山企业通过国家铁路、公路、管道、胶带运输机或公用码头向用户运送矿石或精矿，及通过外部铁路、公路或码头向矿山运送材料与设备、供人员出入等。矿山内部运输的任务是由地下开采的矿山井(硐)口或露天开采的采矿场向破碎站和选矿厂运送矿石，向排土场运送废石，将材料、设备和人员运往井(硐)口或供采矿场以及场地内车间之间的设备、材料的运输等。

1) 内部运输

(1) 运输方式的选择和矿山年产量有关。年产量大的矿山，运输距离长，多采用铁路运输，运输距离短，如 3~6 km，采用汽车运输。

(2) 矿山的地形条件。如地形平缓、线路长，可采用铁路运输；地形坡度大，运输距离又短，适于采用带式输送机；地形起伏变化很大，宜采用索道运输；汽车运输在平地、坡地和山地都可采用。

(3) 决定地面运输采用何种方式，应与矿山开拓运输方式相结合。如地下矿采用平硐开拓，矿石可用窄轨铁路经地面直接运往破碎站或选矿厂；竖井罐笼提升矿石，地面运输可继续用窄轨铁路运输；箕斗井提升矿石卸入矿仓，则根据合适的条件，采用带式输送机或汽车运输。露天开采时，一般与开拓运输采用同一方式。

2) 外部运输

(1) 矿区交通条件。矿区邻近国家铁路，如条件适合，可采用准轨铁路运输；边远地区的矿山，离铁路干线远，修建铁路投资太多，常采用汽车运输。

(2) 矿山的运输量。年运输量大、生产年限长的矿山，有条件采用铁路运输；运输量不大的矿山，一般以汽车运输为宜。

(3) 地形、地质条件。不同的运输方式和不同的地形地质条件，适应性不一样。如在地形平缓地区，采用铁路，坡度缓，工程量小，比较适宜；如地形复杂，采用公路比铁路工程容易；如在山岭地区，地形变化大，采用架空索道可以克服困难，比较合适。

(4) 矿山的精矿运输，当运输量大、矿区地形复杂时，采用管道输送比较经济。

7. 矿区场地总体布置实例

1) 特罗莫克(Toromocho)矿山

特罗莫克矿山位于秘鲁中部，胡宁省亚乌利地区，海拔 4500~5000 m。矿山为采选联合企业，采用露天开采，规模为 170000 t/d。

(1) 主要的场地

① 生产工业场地：露天采场、低品位石堆场、排土场(3 个)、粗碎站、选矿厂、尾矿库。

② 辅助生产设施场地：汽修场地、加油站、炸药库。

③ 行政办公及生活区：行政办公楼、宿舍、食堂等生活设施。

(2) 主要的地面设施

① 主要生产设施：胶带输送机、输电进线、变电站、水源地(2 个)、污水处理装置。

② 地面运输系统：进场公路、进场铁路等。

矿区内部运输采用公路和胶带运输，外部采用公路和铁路联合运输。其中采场原矿到选厂采用胶带运输，铜精矿等到外部采用铁路运输。

特罗莫克现场位于中部公路附近，中部公路是一条向东延深，从利马通往拉奥罗亚的硬化公路。进场道路从矿区北侧由中部公路连接矿区。铁路连接卡亚俄港口，可用于运输柴油、研磨球和试剂等采选耗材至特罗莫克现场，也可将铜精矿从现场运出，铁路站场位于矿区南端。

整个矿区北高南低，露天采场位于整个矿区北端，海拔约 4700 m。选矿厂靠近南端，海拔约 4500 m，采选间有内部道路和原矿输送胶带运输机相连，矿区总体物流走向为由高往低。

破碎站布置在采场南面输送胶带的起点位置，汽修场地位于露天矿山的东部，3 个排土场分别位于采场西南、南和东南面，就近露天采场布置。低品位矿石堆场布置于采场正南面。加油站靠近汽修场。炸药储存区位于露天矿山西南侧相对独立的区域内。

选矿厂附近有行政办公楼，机修车间位于选矿厂区内，选矿厂区附近建有生活区（营地）。

两个水源地位于东南方几公里处。

特罗莫克铜矿总体布置平面图见图 1-31。

图 1-31　特罗莫克铜矿总体布置平面图

2）某萤石矿

该矿属大型露天开采萤石矿山，生产设施主要包括露天采场、选厂、排土场、尾矿库、生活区、行政办公区、炸药库和采矿工业场地等。采矿工业场地、选厂、生活区和行政办公区等均临近采场布置，尾矿库布置于选厂西面，排土场紧临露天采场布置于矿区北面，整体布置较为紧凑，土地利用较集约。因矿山发展历史原因，前期总体布置时未对后期尾矿库、排土场进行有效规划，目前需新建尾矿库、排土场，面临较大的投资、征地压力。某萤石矿总体布置平面图见图1-32。

图1-32 某萤石矿总体布置平面图

3）某铅锌矿

该矿总体布置采取采选联合布置的形式，采矿工业场地布置在矿区移动线以南，选矿工业场地布置在采矿工业场地西侧，和采矿工业场地之间以运输皮带相连。原矿从主井出来通过皮带转运至选厂破碎筛分系统。

（1）基本情况

项目为改扩建项目，已建成3000 t/d选厂和生活区。此次新建3000 t/d选厂，并预留3000 t/d位置（包括粉矿仓、磨浮系统、精矿脱水系统）为老系统搬迁做准备。采矿系统按6000 t/d规模新建，具体效果图见图1-33。

已建成的3000 t/d选厂和生活区分别位于厂址的东北部和东部。南部已建有的运输公路

图 1-33   某铅锌矿采选联合布置效果图

和东部相连，可作为项目对外运输道路。厂址北高南低，决定了选厂由北往南逐级台阶布置。

（2）采矿工业场地

采矿工业场地布置在矿区移动线以南，已建成的3000 t/d 选厂的南侧。原矿从主井出来通过皮带转运至选厂破碎筛分系统。副井进行人员和材料的运输。副井地表铺设 762 mm 窄轨铁路。

采矿工业场地主要设施有主井（箕斗）、副井（罐笼）、电机车矿车修理间、无轨设备维修车间、井口材料库、加油站 10 kV 配电室、空压机房、泵房等。

（3）选矿工业场地

选矿工业场地布置在采矿工业场地西侧，和采矿工业场地之间以运输皮带相连。

选矿工业场地主要设施有中细碎车间、筛分车间、粉矿仓、磨浮车间、精矿浓密机、精矿脱水车间、试化验室、药剂制备及存储车间、石灰乳制备车间、离子浮选（污水处理）车间、酸性水玻璃制备车间、选厂机修车间及材料库等。

（4）其他

充填站位于采选工业场地中部，利于尾矿输送及井下尾砂充填；利用井下涌水作为生产水源；已有生活区给水管网作为采选工业场地生活给水水源；110 kV 总降压变电站位于采选工业场地北部，靠近企业便于电力集中供应。

项目废石大部分用于井下充填，其余外卖用于筑路，不新建排土场。

1.5.8   安全设施设计

1. 概述

为贯彻落实新安全生产法关于矿山建设项目安全设施"三同时"工作有关规定，进一步规范金属非金属矿山建设项目安全设施设计及其审查工作，根据《金属非金属矿山建设项目安全设施目录（试行）》（国家安全生产监督管理总局令第 75 号）和《建设项目安全设施"三同时"监督管理办法》（国家安全生产监督管理总局令第 36 号），国家安全生产监督管理总局制定了金属非金属地下矿山、露天矿山和尾矿库建设项目安全设施设计编写提纲(安监总管—〔2015〕68 号)。

采用溶浸采矿和水溶采矿的金属非金属矿山以及尾矿库回采的安全设施设计,不适用该编写提纲。小型露天采石场(年生产规模不超过 50 万 t 的山坡型露天采石作业单位)可参照《金属非金属露天矿山建设项目安全设施设计编写提纲》执行。

2. 安全设施设计编制内容

1)露天矿山

(1)设计依据

列出建设项目依据的批准文件和相关的合法证明文件(列出采矿许可证);列出设计依据的安全生产法律、法规、规章和规范性文件;列出设计采用的主要技术标准;列出其他设计依据,如依据的地质报告(包括专项工程和水文地质报告)、可行性研究报告、安全预评价报告、相关的工程地质勘察报告、试验报告、研究成果及安全论证报告等,并标注报告编制单位和编制时间。

(2)工程概述

简要说明建设单位简介、隶属关系、历史沿革等;简述矿区自然概况(包括矿区的气候特征、地形条件、区域经济地理概况、地震资料、历史最高洪水位等),矿山交通位置(给出交通位置图),周边环境,采矿权位置坐标、面积、开采标高、开采矿种等。

简述矿区地质及开采技术条件,包括:①说明矿床在区域地质单元中的构造位置,矿区主要地层、构造、岩浆岩体、影响开采技术条件的风化、蚀变特征、矿床成因类型;②简述矿体形态、规模、埋藏条件、矿石性质、矿体围岩;③简要说明本项目的水文地质;④简要说明本项目的工程地质;⑤简要说明本项目的环境地质;⑥简要说明本项目周边环境对开采的影响情况;⑦列出影响本项目生产安全的主要因素,如高寒高海拔、复杂地形、高陡边坡、大水和突水风险等,并进行有针对性的说明。

简述地质报告或矿床模型计算的矿床资源/储量。

说明本项目性质(新建矿山、改扩建矿山)、已形成的地下采空区。如果是改扩建矿山则还应说明矿山开采现状、露天采坑(边坡)状态,开采中出现过的主要水文、工程地质及地质灾害问题以及利旧工程的基本情况及安全状况、与原生产系统的相互关系和影响。

说明其他需要说明的有关情况。

设计概况,包括:①说明编制本次安全设施设计的初步设计版本;②说明开采方式、开采范围、露天开采境界、生产规模及服务年限、开拓运输系统(包括坑内运输系统)、基建工程和基建期、采矿进度计划(含采矿进度计划表)、排土场(废石场)、矿山截排水系统、矿山通信及信号、矿山供水水源、矿山供配电、矿区总平面布置、工程总投资、专用安全设施投资等内容;③列出设计的主要技术指标。

(3)项目安全预评价报告建议采纳情况及前期开展的科研情况

用表格形式列出安全预评价报告中提出的需要在安全设施设计中落实的对策措施,简要说明采纳情况,对于未采纳的应说明理由。

叙述本项目前期开展的与安全生产有关的科研及成果以及有关科研成果在本项目安全设施设计中的应用情况。

（4）安全设施设计

露天采场设计：①说明露天采场的境界范围、最高台阶标高、封闭圈标高、露天采场最低标高，最终边坡高度及范围（如果采用分期开采，还应说明分期的原则，首期开采的位置）；②说明矿山已有采空区、危险区域的分布情况和设计采取的处理方法，分析危险区域对今后开采活动的影响范围和影响程度；③说明采场凿岩、装药、爆破、铲装和运输等工艺设计情况，重点说明设计的安全设施和技术措施；④说明爆破安全距离界线的确定及爆破安全设施的设置；⑤地下开采转为露天开采时，应说明对地下巷道和采空区的处理方法、设计的安全设施和措施，并说明其安全可靠性；⑥对为保护地表建（构）筑物或地下工程留设的矿（岩）体或矿段，列出设计所确定距离和厚度，并说明今后是否回收及回收的时间等，必要时，需有分析计算；⑦结合开采条件，对边坡进行稳定性分析计算并确定采场边坡角，并给出露天采场的边坡设计参数、边坡类型，列出安全平台、清扫平台的宽度；⑧说明运输道路缓坡段的设置情况；⑨露天与地下同时开采时，应说明露天边坡角、露天与地下采区的位置关系；⑩边坡（含破碎站边坡）不稳定时，应说明处理和加固方法及加固后的稳定性；⑪说明露天采场边界围栏、爆破安全设施（含躲避设施、警示旗、报警器、警戒带等）的设置情况；⑫说明废弃巷道、采空区和溶洞的探测设备，充填、封堵措施或隔离设施；⑬说明溜井口的安全护栏、挡车设施、格筛的设置情况；⑭说明边坡监测的方法（或方式）及监测点的布置情况；⑮水力开采时，应说明运矿沟槽上的安全设施（盖板、金属网等）设置情况；挖掘船开采时，应说明船上的救护设备、作业人员的救生器材的配置情况；⑯总结概述本节专用安全设施内容。

采场防排水系统安全设施设计：①说明为了保证采矿安全而设计的河流改道（含导流堤、明沟、隧洞、桥涵等）和河床加固工程情况；②说明露天采场封闭圈以外向露天坑汇水的面积、设置的防洪堤、拦水坝参数及其截洪能力；③说明沉沙池、消能池（坝）参数以及截水沟、排洪沟、截排水隧洞及其断面尺寸、坡度与截洪能力；④说明大水矿山露天采场内外部地表疏干井和边坡放水孔的各项设计参数，如间距、深度、口径及设计排水量等[采取注浆帷幕（截渗墙）堵水的，还应说明帷幕（防渗墙）平面边界、底部深度，设计需达到的渗透系数等参数]；⑤说明露天采场境界、封闭圈、封闭圈内的面积，设计暴雨频率以及相应的旱季日均降雨量、雨季日均降雨量、最大降雨量；⑥说明露天坑内日均涌水量和最大降雨量计算过程与结果；⑦说明排水方式、排水设备、排水管道设计情况；⑧说明水位与流量监测系统设计情况；⑨总结概述本节专用安全设施内容。

矿岩运输系统安全设施包括铁路运输系统安全设施、汽车运输系统安全设施、带式输送机运输系统安全设施、架空索道运输系统安全设施、斜坡卷扬运输系统安全设施、溜井及破碎系统安全设施等。

铁路运输系统安全设施设计：①说明铁路运输的牵引方式、机车形式与规格参数、牵引的矿车或车厢规格参数、列车组成、列车的运行速度、制动距离和运行列车的数量等；②说明铁路运输线路设计情况，包括安全线、避让线、制动检查所、线路两侧的限界架的设置以及护轮轨、防溜车措施、减速器、阻车器设置情况；③铁路线布置在巷道内时，还应说明巷道的水文条件、岩石条件和可能遇到的特殊困难、支护方式和参数、主要设计参数、相关安全措施；④说明运输线路的安全护栏、防护网、挡车设施、道口护栏的设置，道路岔口交通警示报警设施的设置；⑤说明陡坡铁路运输时的线路防爬设施（含防爬器、抗滑桩等）、曲线轨道加固措施设置情况；⑥总结概述本节专用安全设施内容。

汽车运输系统安全设施设计：①说明矿岩运输汽车的规格、数量、设计运行速度，道路宽度、坡度、转弯半径等；②说明道路边坡的加固和防护措施，当汽车需要通过巷道运输时，还应介绍汽车运输需要穿过的巷道的地质条件、水文条件、岩石条件和可能遇到的特殊困难等，并说明巷道断面、支护方式和参数、设计的安全设施或者采取的技术措施；③说明运输线路上设置的安全护栏、挡车设施、错车道、避让道、紧急避险道、声光报警装置以及矿、岩卸载点的安全挡车设施设置情况；④总结概述本节专用安全设施内容。

带式输送机运输系统安全设施设计：①给出带式输送机选择计算过程，说明胶带机的头部标高、尾部标高、水平长度、提升高度、提升任务等基本参数，胶带种类、带宽、带强、带速、胶带安全系数、驱动滚筒及拉紧滚筒、改向滚筒参数选择，胶带机驱动方式与驱动装置、拉紧方式与拉紧装置布置、胶带机控制方式以及各种闭锁和机械、电气保护装置；②布置在巷道内的带式输送机，还应介绍巷道的地质条件、水文条件、岩石条件和可能遇到的特殊困难等，并说明主要的设计参数、支护方式和参数以及巷道通风设计和消防等相关安全设施设计情况；③说明带式输送机的安全护罩、安全护栏、梯子、扶手的设置情况；④总结概述本节专用安全设施内容。

架空索道运输系统安全设施设计：①说明设计采用的索道形式、设计能力、线路布置、长度与高差、支架数量与高度、跨距等；②说明索道货车规格与参数、数量、有效装载量、运行速度、间隔距离、装卸载方式与设备；③说明承载索的选择计算、拉紧装置、锚固装置设计，给出承载索的弦倾角、弦折角、空索倾角、重索倾角、最小折角、最大折角、挠度与安全系数；④说明牵引索的选择计算和拉紧装置设计，给出安全系数；⑤说明制动系统和控制系统等的设计情况；⑥说明线路经过厂区、居民区、铁路、道路时的安全防护措施；⑦说明线路与电力、通信架空线交叉时的安全防护措施；⑧说明站房安全护栏的设置情况；⑨总结概述本节专用安全设施内容。

斜坡卷扬运输系统安全设施设计：①给出斜坡卷扬系统选择计算过程，说明提升任务、斜坡倾角、坡顶和坡底标高、提升高度、提升方式（台车、串车、人车提升）、提升速度、加速度、减速度，提升机卷筒和天轮直径、直径比，提升钢丝绳最大静张力和静张力差，提升容器参数，一次提升矿车数量，一次提升装载量，一次最多允许提升人员数量以及提升钢丝绳参数、仰角、偏角和安全系数、人车断绳保险器；②说明提升机控制系统及其主要功能、提升系统连锁控制、视频监控等；③说明斜坡铺轨参数、坡顶车场的阻车器、安全挡车设施、轨道两侧的堑沟、安全隔挡设施、轨道防滑措施、人行道、梯子和扶手以及斜坡上的防止跑车装置等的设置情况；④说明提升机房内的安全护栏和梯子设置情况；⑤总结概述本节专用安全设施内容。

溜井及破碎系统安全设施设计：①说明溜井及破碎系统设计、溜井底放矿硐室的安全通道设置情况；②说明破碎站设置形式（固定破碎站、移动破碎站、半移动破碎站）与数量，破碎设备主要参数，简述破碎与运输系统；③说明安全挡车设施、格筛和安全标志以及安全护栏、护罩、盖板、扶手、防滑钢板的设置情况；④说明溜井及破碎系统的通风设计，包括通风系统的组成，主要通风巷道的设计参数，通风量，计算的通风阻力，选用的主通风机及局部通风机规格、数量、风量、风压等参数，通风构筑物（含风门、风墙、风窗、风桥等）的设计情况，并对主风机进风口的安全护栏和防护网设置情况进行说明；⑤总结概述本节专用安全设施内容。

供配电安全设施设计：①介绍地区变配电站设施及可向本工程供电的电压、容量，供电线路截面、长度、回路数；②介绍本工程供电系统接线，正常及事故情况下的运行方式，对一级负荷及保安负荷的供电方式；③说明采场排水系统的供配电系统情况；④说明高（低）压供配电系统中性点接地方式；⑤说明采场供配电系统的各级配电电压等级；⑥说明本工程总降压变电所主变压器容量及台数，列出本工程总计算负荷、采矿部分计算负荷及一级负荷计算结果；⑦说明向采场供电的线路截面、回路数，采场架空供电线路、供电电缆以及保护和避雷设施情况；⑧说明低压配电系统故障（间接接触）防护装置；⑨说明直流牵引变电所电气保护设施、直流牵引网络安全措施；⑩说明爆炸危险场所电机车轨道的电气安全措施；⑪说明采场高、低压供配电设备类型和高、低压电缆类型；⑫列出短路电流计算结果，说明电气开关器件的分断能力；⑬说明采场各用电设备和配电线路的继电保护装置设置情况；⑭说明采场及排土场（废石场）照明设施情况；⑮说明裸带电体基本（直接接触）防护设施情况；⑯说明保护接地设施情况；⑰说明牵引变电所接地设施情况；⑱说明向采场供电的变配电室防火门及金属丝网门的设施情况，说明采场变配电室应急照明设施情况；⑲说明地面建筑物防雷设施情况；⑳总结概述本节专用安全设施内容。

总平面布置安全设施包括工业场地安全设施、建（构）筑物防火安全设施和排土场（废石场）安全设施。

工业场地安全设施设计：①从矿区地形地貌、自然条件、周边环境、地质灾害影响及工业场地的地质条件和采取的安全对策措施等方面对工业场地选址的安全可靠性进行说明；②对工业场地标高与当地历史最高洪水位的关系，工业场地内建（构）筑物与爆破危险区界线安全距离进行说明；③当工业场地周边存在边坡时，应说明边坡参数、工程地质勘查情况和边坡的安全加固措施；④说明为保证露天开采和工业场地安全而设计的河流改道及河床加固（含导流堤、明沟、隧洞、桥涵等）、地表截排水（地表截水沟、排洪沟/渠、防洪堤、拦水坝、台阶排水沟、截排水隧洞、沉砂池、消能池/坝等）工程设施；⑤缺少当地历史最高洪水位资料时，应对工业场地受洪水影响的可能性进行评价；⑥说明工业场地对周边生产生活设施的影响情况及安全对策；⑦总结概述本节专用安全设施内容。

建（构）筑物防火安全设施设计：说明总平面布置中各建筑物的火灾危险性、耐火等级、防火距离、厂区内消防通道设置等，并根据《建筑设计防火规范》（GB 50016）说明其符合性。

排土场（废石场）安全设施设计：①说明周边设施与环境条件，排土场选址与勘探、排土场容积、设计参数、安全防护距离、排土场防洪、照明与监测及其他安全对策；②说明排土工艺、服务年限、用地状况、排岩计划、设备选择等，给出安全平台、运输道路、拦渣坝、阶段高度、总堆置高度、安全平台宽度、总边坡角等设计参数；③对不同堆积状态条件下排土场（废石场）安全稳定性进行计算分析，并对参数选取、资料的可靠性等进行说明；④应根据排土工艺和安全稳定性提出安全对策，包括地基处理、截（排）水设施、底部防渗设施、滚石或泥石流拦挡设施、坍塌与沉陷防治措施和边坡监测设施等；⑤设有废石临时堆场和倒装场时，说明堆场结构参数及安全可靠性，不设排土场（废石场）时，说明废石去向；⑥总结概述本节专用安全设施内容。

通信系统安全设施设计：①说明通信联络系统的设计情况，主要包括通信种类、通信系统的设置、通信设备布置、运输道路信号系统的设备布置、电缆敷设、设备防护等；②总结概述本节专用安全设施内容。

个人安全防护设计：①说明矿山按要求应为员工配备的个人防护用品的规格和数量；②总结概述本节专用安全设施内容。

安全标志设计：①说明矿山在全矿区域内的所有生产地点应设置的符合要求的安全标志，包括矿山、交通、电气安全标志；②总结概述本节专用安全设施内容。

（5）安全管理和专用安全设施投资

安全管理设计：①说明对矿山安全管理机构设置、部门职能、人员配备的建议及矿山安全教育和培训的基本要求；②说明矿山应设置的矿山救护队或兼职救护队的人员组成及技术装备；③说明矿山应制订的针对各种危险事故的应急救援预案。

专用安全设施投资：根据《金属非金属矿山建设项目安全设施目录（试行）》（国家安全生产监督管理总局令第75号）的规定，对本项目中设计的全部专用安全设施的投资列表汇总。

（6）存在的问题和建议

提出设计单位能够预见的在项目实施过程中或投产后，可能存在并需要矿山解决或引起重视的安全生产方面的问题及解决的建议。

提出设计基础资料影响安全设施设计的问题及解决问题的建议。

（7）附件与附图

附件包括：安全设施设计依据的相关文件，例如采矿许可证的复印件或扫描件。

附图包括：矿山地形地质图、矿山地质剖面图、矿区总平面布置图、露天采场最终境界平面图、排土场最终图、地表防洪工程平面图、全矿（含露天）供电系统图。

2）地下矿山

（1）设计依据

列出项目依据的批准文件和相关的合法证明文件（采矿许可证）；列出设计依据的有关安全生产的法律、法规、规章和文件；列出设计采用的技术性标准；列出建设项目安全设施设计依据的地质报告（包括专项工程和水文地质报告）、可行性研究报告、安全预评价报告、相关的工程地质勘察报告、试验报告、研究成果及安全论证报告等，并标注报告编制单位和编制时间。

（2）工程概述

简要说明建设单位简介、隶属关系、历史沿革等；简述矿区自然概况（包括矿区的气候特征、地形条件、区域经济地理概况、地震资料、历史最高洪水位等），矿山交通位置（给出交通位置图），周边环境，采矿权位置坐标、面积、开采标高、开采矿种等。

简述矿区地质及开采技术条件，包括：①说明矿床在区域地质单元中的构造位置，矿区主要地层、构造、岩浆岩体，影响开采技术条件的风化、蚀变特征，矿床成因类型；②简述矿体形态、规模、埋藏条件、矿石性质、矿体围岩；③简要说明本项目的水文地质；④简要说明本项目的工程地质；⑤简要说明本项目的环境地质；⑥简要说明本项目周边环境对开采的影响情况；⑦列出影响本项目生产安全的主要因素，如高寒高海拔、复杂地形、高陡边坡、大水和突水风险等，并进行有针对性的说明。

简述地质报告或矿床模型计算的矿床资源/储量，并用表格形式列出各中段（或分段）的资源/储量。

说明本项目性质（新建矿山、改扩建矿山），如果是改扩建矿山，还应说明矿山开采现状、已形成的空区，开采中出现过的主要水文-工程地质及地质灾害问题，以及利旧工程的基本情况及安全状况、与原生产系统的相互关系和影响。

说明其他需要说明的有关情况。

设计概况：①说明编制本次安全设施设计的初步设计版本；②简要说明开采方式、开采范围、首采中段、生产规模及服务年限、采矿方法、开拓和运输系统、充填系统、通风系统（包括空气预热、制冷降温等）、排水排泥系统、压风及供水系统、基建工程和基建期、采矿进度计划（含采矿进度计划表）、矿山供水水源、矿山供配电、矿山通信及信号、地表建筑物（主要与采矿相关的）、矿区总平面布置（包括废石场）、工程总投资、专用安全设施投资等；③列出设计的主要技术指标。

（3）本项目安全预评价报告建议采纳及前期开展的科研情况

用表格形式列出安全预评价报告中提出的需要在安全设施设计中落实的对策措施，简要说明采纳情况，对于未采纳的应说明理由。

说明本项目前期开展的与安全生产有关的科研工作及成果，以及有关科研成果在本项目安全设施设计中的应用情况。

（4）安全设施设计

矿床开采安全设施包括安全出口、硐室及其安全通道和独立回风道、井巷工程支护、保安矿柱与防火隔离设施、采矿方法和采场、井下爆破器材库位置及爆破作业。

安全出口：①说明通地表的安全出口［包括由明井（巷）和盲井（巷）组合形成的通地表的安全出口］、主要中段（分段）、破碎站、皮带装矿水平及粉矿回收水平的安全出口设置情况。说明安全出口设置情况时，应说明各个安全出口的形式、井口和井底的标高、平硐的标高、井巷内部用于安全出口的设施（如罐笼、梯子间、踏步、扶手、躲避硐室和人车等）以及服务的中段水平等；②总结概述本节专用安全设施内容。

硐室及其安全通道和独立回风道：①说明动力油储存硐室的位置、存油量、独立回风道，硐室口防火门和栅栏门以及硐室内防静电措施和防爆照明设施的设置情况等，当井下不设动力油储存硐室时，应说明井下动力油的配送情况及采取的安全措施；②说明维修硐室的位置、布置情况和硐口的栅栏门设置情况；③说明变配电硐室防水门（含设防水头、抗压强度）、防火门、栅栏门和出口的设置情况；④说明破碎站硐室的独立回风道、设备护罩、安全护栏、梯子和采用卡车卸矿时的安全挡车设施设置情况；⑤其他硐室涉及安全问题时，应说明设计的安全设施；⑥总结概述本节专用安全设施内容。

井巷工程支护：①说明主要井巷和大型硐室所处或穿过岩体的工程地质条件、水文条件、可能遇到的特殊情况、主要设计参数和支护方式及其参数；②对特殊地质条件下井巷工程，应详细说明支护方式及参数的选取和确定；③布置在具有自然发火危险矿岩内的巷道，应对支护材料的选取情况进行说明。

保安矿柱与防火隔离设施：①留设有保护地表公路、铁路、河流、建筑物、风景区等或露天地下联合开采的矿区保安矿柱时，应说明其保护对象、设置原因和保安矿柱的位置、形式及参数情况等，并对其安全性进行分析；②当中段开采受开采顺序或采矿方法的影响而需设置保安矿柱时，应说明保安矿柱的位置、形式及参数情况等；③说明今后是否回收预留的矿柱及其回收时间、采取的安全措施；④说明有自然发火倾向区域的防火隔离设施的设置情况；⑤总结概述本节专用安全设施内容。

采矿方法和采场：①说明所选用的采矿方法和开采顺序以及其合理性，给出采场结构参数(含采场间柱、点柱)和安全出口设计，并分析其安全性，分析开采顺序、采场结构参数时可采用数值模拟计算或类比法进行；②说明采场顶板、侧帮、底部结构(人工假底)支护方式及支护参数情况；③说明采场生产作业活动如凿岩、装药、爆破、通风和出矿等工艺情况，并重点说明在生产活动中为保证安全所采取的安全措施；④设计采用自动化作业采区时，需要对自动化作业系统进行说明，包括自动化采区的布置范围、与其他非自动化采区的关系、安全门设置情况以及作业时的安全注意事项等；⑤说明矿山已有采空区、危险区域的分布情况和设计采取的处理方式等，并阐明危险区域对今后开采活动的影响范围和影响程度；⑥说明矿山对新产生采空区的处理方法(含支护情况)、处理步骤等，并分析采空区及处理之后的安全稳定性情况；⑦当矿石具有放射性时，应说明开采时采取的防护措施；⑧对于人行天井，应说明井筒内的梯子间、防护网、隔离栅栏设置情况、井口防护设施设置情况；对于废弃的天井，应说明井口的处理措施；⑨对于矿石、废石溜井，应说明井口的安全车挡(采用无轨设备直接卸矿时)、格筛设置情况；⑩总结概述本节专用安全设施内容。

井下爆破器材库位置及爆破作业：①说明井下爆破器材库的位置、炸药和爆破器材储存量、爆破器材库独立回风道设置情况；②对采场爆破作业，应说明采用的凿岩设备、炮孔参数、排间距、炸药类型、装药方式、起爆方式；③对掘进作业，应说明采用的凿岩设备、炸药类型、装药方式和起爆方式；④总结概述本节专用安全设施内容。

提升运输系统安全设施包括竖井提升系统、斜井提升系统、带式输送机系统、斜坡道与无轨运输系统、有轨运输系统和主溜井及破碎系统。

竖井提升系统安全设施之箕斗提升：①给出箕斗提升系统选择计算的完整过程，包括但不限于提升任务、提升高度、提升方式(单箕斗、双箕斗)、提升容器参数，提升钢丝绳规格、参数、安全系数，提升速度、加速度、减速度，提升机主导轮和天轮或导向轮的直径、直径比、提升钢丝绳最大静张力和静张力差，采用多绳摩擦提升时，还应说明静张力比、钢丝绳静防滑安全系数、动防滑安全系数、摩擦衬垫压力等参数，采用单绳提升时，还应说明钢丝绳仰角、偏角，钢丝绳在卷筒上的缠绕层数等参数；②说明井筒断面、罐道形式及参数、提升容器之间的最小间隙，提升容器和井壁、罐道梁、井梁之间的最小间隙以及提升容器导向槽与罐道间隙、罐道钢丝绳的规格和参数、钢丝绳罐道的刚性系数、防撞钢丝绳设置及其参数；③说明提升机控制系统及其主要功能、提升系统连锁控制、视频监控等；④说明本节专用安全设施设计内容，包括尾绳保护设施、防过卷设施、防过放设施、防坠设施，井口、卸载站、装载站的安全护栏以及提升机房内盖板、梯子和安全护栏等。

竖井提升系统安全设施之罐笼提升：①给出罐笼提升系统选择计算的完整过程，包括但不限于提升任务、提升高度、提升方式(单罐笼、双罐笼)，罐笼和平衡锤参数，一次最多允许提升人员数量，钢丝绳规格、参数，不同工况下的钢丝绳安全系数，罐笼防坠器规格参数，提升速度、加速度、减速度，提升机主导轮(或卷筒)和天轮或导向轮的直径、直径比，以及提升钢丝绳最大静张力和静张力差，采用多绳摩擦提升时，还应说明静张力比、钢丝绳静防滑安全系数、动防滑安全系数、摩擦衬垫压力等参数，采用单绳提升时，还应说明钢丝绳仰角、偏角，钢丝绳在卷筒上的缠绕层数等参数；②说明井筒断面、罐道形式及参数、提升容器之间的最小间隙，提升容器和井壁、罐道梁、井梁之间的最小间隙，以及提升容器导向槽与罐道间隙、罐道钢丝绳的规格和参数、钢丝绳罐道的刚性系数；③说明提升机控制系统及其主要功能、提升系统连锁控制、视频监控设计情况等；④说明本节专用安全设施设计内容，包括各井口门禁系统、井筒内梯子间设置、提升容器防过卷设施、防过放设施、防坠设施，井口和各中段马头门的摇台或者其他承接装置、安全门、安全护栏、阻车器设置；提升机房内盖板、梯子和安全护栏以及多绳摩擦提升的尾绳保护设施等。

竖井提升系统安全设施之混合井提升：①说明混合井中设置的提升系统类型和数量，分别给出箕斗提升、罐笼提升和混合提升系统选择计算的完整过程，包括但不限于提升任务、提升高度、提升方式（单箕斗、双箕斗、单罐笼、双罐笼、箕斗罐笼互为平衡提升）、箕斗、罐笼和平衡锤参数，罐笼一次最多允许提升人员数量、各提升系统提升钢丝绳规格参数、不同工况下的钢丝绳安全系数，提升速度、加速度、减速度，提升机主导轮（或卷筒）和天轮或导向轮的直径、直径比，提升钢丝绳最大静张力和静张力差；采用多绳摩擦提升时，还应说明静张力比、钢丝绳静防滑安全系数、动防滑安全系数，摩擦衬垫压力等参数；采用单绳提升时，还应说明钢丝绳仰角、偏角、罐笼防坠器规格和缠绕层数等参数；②说明井筒断面、各提升系统罐道形式及参数、各提升容器之间的最小间隙，各提升容器和井壁、罐道梁、井梁之间的最小间隙，提升容器导向槽与罐道间隙、罐道钢丝绳的规格和参数、钢丝绳罐道的刚性系数、防撞钢丝绳设置及其参数、提升容器隔离装置设置；③说明提升机控制系统及其主要功能、提升系统连锁控制、视频监控设计情况等；④说明本节专用安全设施设计内容，包括各井口门禁系统、井筒的梯子间设置、提升容器防过卷设施、防过放设施、防坠设施，卸载站、装载站安全护栏，井口和各中段马头门的摇台或者其他承接装置、安全门、阻车器、安全护栏，提升机房内盖板、梯子和安全护栏以及多绳摩擦提升的尾绳保护设施等。

竖井提升系统安全设施之电梯井提升：①说明电梯的用途，选用的电梯规格、电梯井规格尺寸等主要参数；②说明本节专用安全设施设计内容，包括梯子间及安全护栏、电梯和梯子间进口的安全防护网设置情况等。

斜井提升系统：①说明斜井中设置的提升系统类型和数量，给出斜井提升系统（箕斗提升、台车、串车、人车提升）选择计算的完整过程，包括但不限于提升任务、斜井倾角、井口和井底标高、提升高度、提升方式（单箕斗、双箕斗、台车、串车、人车提升），提升速度、加速度、减速度，提升机卷筒和天轮直径、直径比，提升钢丝绳最大静张力和静张力差，提升容器规格参数、一次提升矿车数量、一次提升装载量、一次最多允许提升人员数量以及提升钢丝绳参数、仰角、偏角和安全系数；②说明提升机控制系统及其主要功能、提升系统连锁控制、视频监控等；③说明斜井断面布置和斜井铺轨参数情况；④说明本节专用安全设施设计内容，包括斜井内轨道防滑措施、防跑车装置、躲避硐室、人行道与轨道之间的安全隔离设施、井下甩车道和吊桥设计参数、梯子和扶手设置情况，井口安全门、阻车器、安全护栏、挡车设施和门禁系统设计情况以及提升机房内的安全护栏和梯子设计情况。

带式输送机系统：①说明带式输送机选择计算过程，包括胶带机的头部标高、尾部标高、水平长度、提升高度、提升任务等基本参数，胶带种类、带宽、带强、带速、胶带安全系数、驱动滚筒及拉紧滚筒、改向滚筒参数选择，胶带机驱动方式与驱动装置、拉紧方式与拉紧装置布置、胶带机控制方式；②说明胶带斜井倾角、断面布置，斜井通风、收尘、排水、消防设计情况；③说明带式输送机系统的各种闭锁和机械、电气保护装置；④说明本节专用安全设施设计内容，包括胶带输送机的安全护罩、安全护栏、梯子、扶手设置情况。

斜坡道：①说明斜坡道的位置、功能、断面尺寸、长度、转弯半径、坡度、路面形式和厚度以及主要运行车辆类别型号；②说明车载灭火器配备以及人行道宽度、躲避硐室、缓坡段和错车道、交通信号系统、斜坡道口门禁系统设置情况等；③总结概述本节专用安全设施内容。

无轨作业中段(分段)：①说明主要无轨作业中段(分段)的功能、巷道断面尺寸、路面形式以及主要运行车辆类别型号；②说明巷道内人行道或躲避硐室、水沟及盖板、卸载硐室的安全车挡和护栏、自动化控制采区区域位置及门禁系统设置情况等；③总结概述本节专用安全设施内容。

有轨运输系统(含装矿硐室、卸矿硐室)：①说明有轨运输中段数量、标高，运输距离、运输任务，给出运输系统和设备选择计算(包括运行速度、制动距离等)；②说明运输巷道断面布置、采用的运输设备及其参数、装载和卸载设备、控制方式；③说明人行道、躲避硐室、水沟、坡度以及装载站和卸载站的安全护栏、人行巷道的水沟盖板设置情况；④总结概述本节专用安全设施内容。

主溜井及破碎系统(含箕斗装矿系统)：①说明主溜井及破碎系统的组成和配置情况；②说明主溜井、破碎硐室、箕斗装矿皮带道的尺寸、断面配置情况；③说明主溜井井口的大块破碎设备、破碎站与皮带道的设备、破碎站的给料设备、破碎设备配置及参数；④说明破碎站设备与上部主溜井料位和下部成品矿仓料位的连锁控制设计情况、给矿皮带机与提升系统和成品矿仓的料位连锁控制设计情况；⑤说明主溜井井口安全护栏、安全标志设置，主溜井底部安全设施，主溜井安全检查、料位检测与报警设施设置情况；⑥说明大块破碎设备的安全防护措施、破碎设备运动部件周边的安全护栏设置情况；⑦总结概述本节专用安全设施内容。

井下防治水与排水系统安全设施：①说明防治水方案，包括地下水疏/堵工程及设施(含疏干井、放水孔、疏干巷道、防水门、水仓、疏干设备、防水矿柱、防渗帷幕及截渗墙等)情况，当露天开采转地下开采时，应说明防露天坑底的洪水突然灌入井下的设施(包括露天坑底所做的假底、坑底回填等)；②说明采用的涌水量估算方法，包括矿山正常涌水量和最大涌水量估算过程及结果，需要排出的采矿废水量、充填溢流水量以及矿山正常排水量和最大排水量；③说明采用的排水方式(集中排水、分散排水、一段排水、接力排水)、排水系统组成及主要参数、水仓设置及其参数、各排水泵房的位置及标高、各水泵房的水泵配置及参数、排水管路配置及参数以及排水系统的控制方式及主要功能；④说明采用的排泥方式、排泥泵房的位置、排泥设备及管路选择计算；⑤说明中段(分段)的防水门位置、设防水头、抗压强度，地下水头(水位)、水量监测设施，探放水孔的孔口管和控制闸阀、探放水设备等，防治水过程中在有突水可能性的工作面救生圈、安全绳等救生设施的设置情况；⑥说明主要泵房的出口及密闭防水门设计情况(含设防水头、抗压强度)，水泵房及变电所内的盖板、安全护栏设置情况；⑦总结概述本节专用安全设施内容。

通风系统安全设施：①说明选用的通风方式与通风系统，通风系统的组成，各进风井及进风巷道、回风井及回风巷道的参数，给出全矿的通风计算过程及其结果、各段进风井及进风巷道、回风井及回风巷道的通风量、风流速度，并对通风阻力进行计算；②说明选用的通风机及其控制系统，主通风机的反风设施、备用电机及快速更换装置；③说明选用的辅助通风机及局部通风机规格、数量、风量、风压等参数，给出风速、风压、温度、有毒有害气体等的检测及报警设施设计；④给出通风构筑物(含风门、风墙、风窗、风桥等)的设计情况，说明阻燃风筒、风井井口和马头门处的安全护栏、风机进风口的安全护栏和防护网设置情况；⑤说明本项目特点和采用的空气预热措施，选择的空气预热设备及其主要参数，给出空气预热参数及设备选择的计算过程及结果，预热设施包括严寒地区通地表的井口(如罐笼井、箕斗井、混合井和斜提升井等)设置的防冻设施，进风的井口和巷道硐口(如专用进风井、专用进风平硐、专用进风斜井、罐笼井、混合井、斜提升井、胶带斜井、斜坡道、运输巷道等)，设置的空气预热设施等；⑥说明本项目特点和采用的制冷降温措施，给出制冷设备的选择计算过程及其参数以及地表制冷站、地下制冷站或能量交换设施、管路规格与数量、管路布置及分配设施等的设计情况；⑦总结概述本节专用安全设施内容。

充填系统：①简要说明采矿方法对充填的要求(包括充填体强度及形成时间、待充填采空区尺寸、一次最大充填量等)、不同中段的充填料浆输送距离、采场到充填料制备站的高差、最大充填倍线；②说明选用的充填材料、充填方式、充填料浆制备工艺，充填料浆的组成及浓度、充填体强度指标，设计采用的充填系统及充填制度等；③说明充填料储存与制备方式、设备参数与数量、充填系统控制；④说明充填管路及减压设施布置、各点压力计算、管路压力监测装置与充填管路排气设施设置情况及参数；⑤说明充填系统事故池、采场充填挡墙、充填站内及井下充填系统的安全护栏及其他防护措施(包括物料输送机和其他相关设备、砂浆池、砂仓等的安全护栏及其他防护措施等)；⑥总结概述本节专用安全设施内容。

供配电安全设施：①介绍地区变配电站设施及可向本工程供电的供电电压、容量，供电线路截面、长度、回路数；②介绍本工程供电系统接线，正常及事故情况下的运行方式，对一级负荷及保安负荷的供电方式；③说明提升系统、通风系统、排水系统的供配电系统情况；④说明高(低)压供配电系统中性点接地方式；⑤说明井下供配电系统的各级配电电压等级；⑥说明本工程总降压变电所主变压器容量及台数，列出本工程总计算负荷、采矿部分计算负荷及一级负荷计算结果；⑦说明地表向井下供电的线路截面、回路数以及地表架空线转下井电缆处防雷设施情况；⑧说明井下低压配电系统故障(间接接触)防护装置；⑨说明井下直流牵引变电所电气保护设施、直流牵引网络安全措施；⑩说明爆炸危险场所电机车轨道电气的安全措施；⑪说明设有带油设备的电气硐室的安全措施；⑫说明井下高、低压供配电设备类型和地下高、低压电缆类型；⑬列出短路电流计算结果，说明电气开关器件的分断能力；⑭说明井下各用电设备和配电线路的继电保护装置设置情况；⑮说明井下照明设施情况；⑯说明避灾硐室应急供电设施情况；⑰说明裸带电体基本(直接接触)防护设施情况；⑱说明保护接地及等电位连接设施情况；⑲说明牵引变电所接地设施情况；⑳说明变配电硐室应急照明设施情况；㉑说明地面建筑物防雷设施情况；㉒总结概述本节专用安全设施内容。

井下供水和消防系统安全设施：①说明井下供水系统的供水水源、供水量、管路敷设情况；②说明防火门、消火栓设置情况，消防供水水池的位置、大小、容量等；③说明井下消防器材的布置情况，包括位置、规格、数量等；④说明火灾报警系统设计情况；⑤总结概述本节专用安全设施内容。

安全避险"六大系统"包括监测监控系统、井下人员定位系统、紧急避险系统、压风自救系统、供水施救系统和通信联络系统。

监测监控系统：①说明井下有毒有害气体监(检)测、通风系统监测、视频监控及地压监测等系统的设计情况，主要包括主机和井下分站的布置、监测监控设备配置数量、备用电源、监测监控中心设备的防雷和接地保护装置、电缆和光缆敷设等，当矿山设有地表变形、塌陷监测系统和坑内应力、应变监测系统时，可在此一并详细说明；②总结概述本节专用安全设施内容。

井下人员定位系统：①说明井下人员定位系统的设计情况，主要包括主机和分站(读卡器)的布置、电缆和光缆的敷设、备用电源等；②总结概述本节专用安全设施内容。

紧急避险系统：①说明紧急避险系统的构成，自救器的配置原则及数量，避灾硐室(或救生舱)的位置、数量、规格、配置、配套设施的设置，避灾路线的设置等，如果井下不设避灾硐室(或救生舱)时应说明理由，避灾路线应通过图纸、文字等表述清楚；②总结概述本节专用安全设施内容。

压风自救系统：①说明井下最大班生产人员数量及分布，给出压风自救需风量计算过程；②说明压风自救系统的空气压缩机安装地点，选用的空气压缩机主要参数和数量；③说明压风自救系统的压缩空气管路规格和材质、敷设线路、敷设要求；④说明各主要生产中段和分段进风巷道，独头掘进巷道，爆破时撤离人员集中地点的压风管道上三通及阀门和减压、消音、过滤装置和控制阀设置情况，并明确压风出口压力；⑤说明紧急避险设施设置的供气阀门，噪声控制措施；⑥总结概述本节专用安全设施内容。

供水施救系统：①说明井下最大班生产人员数量及分布，计算供水施救需要的水量；②说明供水施救系统管道的规格和材质、敷设线路、敷设要求；③说明生产巷道、人员集中地点、独头掘进巷道掘进工作面附近的供水管道的三通及阀门设置情况，紧急避险设施内安设的阀门及过滤装置；④总结概述本节专用安全设施内容。

通信联络系统：①说明通信联络系统的设计情况，主要包括通信种类、通信系统的设置、通信设备布置等；②总结概述本节专用安全设施内容。

总平面布置安全设施包括矿床开采的保护与监测措施、工业场地安全设施、建(构)筑物防火和排土场(废石场)等。

矿床开采的保护与监测措施：①采用崩落法或空场法开采的矿山，应阐述矿床开采移动(监测)范围和崩落(塌陷)范围圈定的依据和结果，采用充填法开采的矿山，应阐述矿床开采移动(监测)范围圈定的依据和结果；②矿山服务年限较长或分期开采，应根据实际需要给出不同开采水平(或分期)的地表开采移动(监测)范围和崩落(塌陷)范围；③对圈定范围之内及周边的设施(如公路、铁路、民房、水体、风景区、边坡等)的安全性作出分析和说明；④总结概述本节专用安全设施内容。

工业场地安全设施：①从矿区地形地貌、自然条件、周边环境、地质灾害影响、井口及工业场地的地质条件和采取的安全对策等方面对工业场地选址进行安全可靠性论证；②说明井口及工业场地标高与当地历史最高洪水位的关系；③说明井口位置及井口设施、工业场地内主要建(构)筑物与移动(监测)线的安全距离；④说明厂区对周边生产生活设施的影响情况；⑤当工业场地周边存在边坡时，说明边坡参数、工程地质情况、护坡或安全加固措施；⑥说明为保证地下开采和工业场地安全而进行的河流改道、河床加固(含导流堤、明沟、隧洞、桥涵等)、地表截排水(截水沟、排洪沟、防洪堤)等工程设计情况；⑦缺少当地历史最高洪水位等水文资料时，应对井口及工业场地受洪水影响的可能性进行说明；⑧说明降雨和地表水观测点设置及监测要求；⑨总结概述本节专用安全设施内容。

建(构)筑物防火：说明井(硐)口工业场地布置中各建筑物(重点是对井口安全有影响的建筑物)的火灾危险性、耐火等级、防火距离、厂区内消防通道设置等，并根据《建筑设计防火规范》(GB 50016)分析其符合性。

排土场(废石场):①说明排土场周边设施与环境条件以及选址与勘探、排土场容积、设计参数、安全防护距离、排土场防洪、照明与监测及其他安全对策措施;②说明排土工艺、服务年限、用地状况、排岩计划、设备选择等,给出安全平台、运输道路、拦渣坝、阶段高度、总堆置高度、安全平台宽度、总边坡角等设计参数;③对不同堆积状态条件下排土场(废石场)安全稳定性进行计算分析,并对参数选取、资料的可靠性等方面进行说明;④应根据排土工艺和安全稳定性提出安全对策措施,可包括地基处理、截(排)水设施、底部防渗设施、滚石或泥石流拦挡设施、坍塌与沉陷防治措施和边坡监测设施等;⑤设有废石临时堆场和倒装场时,说明堆场结构参数及安全可靠性,不设排土场(废石场)时,说明废石去向;⑥总结概述本节专用设施内容。

个人安全防护:①说明矿山应按要求为员工配备的个人防护用品的规格和数量;②总结概述本节专用安全设施内容。

安全标志:①说明矿山在全矿所有生产地点应设置的安全标志,包括矿山、交通、电气安全标志;②总结概述本节专用安全设施内容。

(5)安全管理和专用安全设施投资

安全管理包括:①说明对矿山安全管理机构设置、部门职能、人员配备的建议及矿山安全教育和培训的基本要求;②说明矿山应设置的矿山救护队或兼职救护队的人员组成及技术装备;③说明矿山应制订的针对各种危险事故的应急救援预案。

专用安全设施投资:根据《金属非金属矿山建设项目安全设施目录(试行)》(国家安全生产监督管理总局令第 75 号)的规定,对项目中设计的全部专用安全设施的投资进行列表汇总。

(6)存在的问题和建议

提出设计单位能够预见的在项目实施过程中或投产后,可能存在并需要矿山解决或需要引起重视的安全生产方面的问题及解决的建议。

提出设计基础资料影响安全设施设计的问题及解决问题的建议。

(7)附件与附图

附件包括:安全设施设计依据的相关文件,例如采矿许可证的复印件或扫描件。

附图包括:矿山地形地质图、矿山地质剖面图、水文地质及防治水工程布置平/剖面图(当矿山水文地质条件复杂时),矿区总平面布置图,井上、井下工程对照图,矿山开拓系统纵投影图(或矿山开拓系统横投影图),主要水平平面布置图,矿井通风系统图,采矿方法图,充填系统图(当采用充填法开采时应附此图,主要为充填材料输送系统布置图),避灾线路图,全矿(含地下)供电系统图。

3.安全设施设计审查

《建设项目安全设施"三同时"监督管理暂行办法》(2010 年 12 月 14 日国家安全生产监督管理总局令第 36 号公布,2015 年 4 月 2 日国家安全生产监督管理总局令第 77 号修正)相关规定如下:

1)建设项目安全设施设计完成后,生产经营单位应当按照相关规定向安全生产监督管理部门提出审查申请,并提交下列文件资料:

(1)建设项目审批、核准或者备案的文件;

（2）建设项目安全设施设计审查申请；

（3）设计单位的设计资质证明文件；

（4）建设项目安全设施设计；

（5）建设项目安全预评价报告及相关文件资料；

（6）法律、行政法规、规章规定的其他文件资料。

安全生产监督管理部门收到申请后，对属于本部门职责范围内的，应当及时进行审查，并在收到申请后5个工作日内作出受理或者不予受理的决定，书面告知申请人；对不属于本部门职责范围内的，应当将有关文件资料转送有审查权的安全生产监督管理部门，并书面告知申请人。

2）对已经受理的建设项目安全设施设计审查申请，安全生产监督管理部门应当自受理之日起20个工作日内作出是否批准的决定，并书面告知申请人。20个工作日内不能作出决定的，经本部门负责人批准，可以延长10个工作日，并应当将延长期限的理由书面告知申请人。

3）建设项目安全设施设计有下列情形之一的，不予批准，并不得开工建设：

（1）无建设项目审批、核准或者备案文件的；

（2）未委托具有相应资质的设计单位进行设计的；

（3）安全预评价报告由未取得相应资质的安全评价机构编制的；

（4）设计内容不符合有关安全生产的法律、法规、规章和国家标准或者行业标准、技术规范的规定的；

（5）未采纳安全预评价报告中的安全对策和建议，且未做充分论证说明的；

（6）不符合法律、行政法规规定的其他条件的。

建设项目安全设施设计审查未予批准的，生产经营单位经过整改后可以向原审查部门申请再审。

4）已经批准的建设项目及其安全设施设计有下列情形之一的，生产经营单位应当报原批准部门审查同意；未经审查同意的，不得开工建设：

（1）建设项目的规模、生产工艺、原料、设备发生重大变更的；

（2）改变安全设施设计且可能降低安全性能的；

（3）在施工期间重新设计的。

5）相关规定以外的建设项目安全设施设计，由生产经营单位组织审查，形成书面报告备查。

1.5.9 职业病防护设施设计

1. 设计范围与内容

1）设计范围

根据职业卫生法律、法规、标准和技术规范等要求，针对建设项目建设施工、设备安装调试过程以及建成投入生产或使用后可能产生的职业病危害因素，对应采取的职业病防护设施、职业卫生管理措施等进行设计，并对其预期效果进行评价。

对于初步设计阶段施工方案尚未确定的情况，可设计专篇做相关说明后省去相关内容，仅需在补充措施建议中明确建设单位相关职责；待施工方案最终确定后，再补充相关设计内容。

2）设计内容

根据建设项目可能产生的职业病危害因素，对应采取的防尘、防毒、防暑、防寒、降噪、减振、防辐射等防护设施的设备选型、设置场所和相关技术参数等内容进行设计；另外还包括与之相关的防控措施，如总平面布置、生产工艺及设备布局、建筑卫生学、辅助卫生设施、应急救援设施等的设计方案，并对职业病防护设施投资进行预算，最后对职业病防护设施的预期效果进行评价。

2．设计过程

1）资料收集

在充分调查研究设计对象和范围等相关情况后，收集、整理职业病防护设施设计所需要的各种文件、资料和数据。

2）工程分析

对建设项目的工程概况、主要工程内容、总平面布置、生产工艺与设备布局、生产过程中的原料与产品的名称和用（产）量、岗位设置与人员数量、作业内容与方法、建筑卫生学、建筑施工工艺和设备安装调试过程等进行分析。

3）职业病危害因素分析及危害程度预测

分析说明建设项目建设期或建成投入生产或使用后可能产生的职业病危害因素的种类、来源、特点及分布；分析接触职业病危害因素的作业人员情况，包括接触职业病危害因素的种类、接触人数、接触时间与接触频度等；根据职业病危害因素对人体健康的影响及可能导致的职业病，分析其潜在危害性和发生职业病的危险程度。

4）职业病防护设施设计

（1）建（构）筑物设计

根据 GB 12801、GB 50187、GB 50019、GB 50033、GB 50034、GB 50073、GBZ 1 等相关标准和规范，对建设项目的总平面布置、竖向布置和建（构）筑物进行设计。

总平面布置应在考虑减少相互影响的基础上，重点对功能分区和存在职业病危害因素工作场所的布置进行设计。

竖向布置重点对散发大量热量或有害物质的厂房布置、噪声与振动较大的生产设备安装布置和含有挥发性气体、蒸气的各类管道合理布置等进行设计。

建（构）筑物设计重点对建筑结构、采暖、通风、空气调节、采光照明、微小气候等建筑卫生学进行设计，包括：建（构）筑物朝向设计；以自然通风为主的车间天窗设计；高温、热加工、有特殊要求（如产生粉尘、有毒物质、酸碱等工作场所）和人员较多的建（构）筑物设计；厂房降噪和减振设计；车间办公室布置以及空调厂房、洁净厂房、生产卫生室（存衣室、盥洗室、洗衣房）、生活卫生室（休息室、食堂、厕所）设计等。

（2）防护设施设计及其防控性能

对建设项目建设期和建成投入生产或使用后拟采取的防尘、防毒、防暑、防寒、降噪、减振、防非电离辐射与电离辐射等职业病防护设施的名称、规格、型号、数量、分布及防控性能进行分析和设计，并提出保证职业病防护设施防控性能的管理措施和建议。

详细列出所设计的全部职业病防护设施，并说明每个防护设施符合或者高于国家现行有关法律、法规和部门规章及标准的具体条款，或者借鉴国内外同类建设项目所采取的防护设施的出处。

（3）应急救援设施

对建设项目建设期和建成投入生产或使用后可能发生的急性职业病危害事故进行分析，对建设项目应配备的事故通风装置、应急救援装置、急救用品、急救场所、冲洗设备、泄险区、撤离通道、报警装置等进行设计。

（4）职业病防治管理措施

职业病防治管理措施包括统计建设单位拟设置或指定职业卫生管理机构或者组织、拟配备专职或兼职的职业卫生管理人员情况；拟制订职业卫生管理方针、计划、目标、制度；职业病危害因素日常监测、定期检测评价、职业病危害防护措施、职业健康监护等方面拟采取的措施；其他依法拟采用的职业病防治管理措施。

（5）辅助卫生设施

根据建设项目特点、实际需要和使用方便的原则，进行辅助卫生设施设计，包括工作场所办公室、卫生用室（浴室、更/存衣室、盥洗室以及在特殊作业、工种或岗位设置的洗衣室）、生活卫生室（休息室、就餐场所、厕所）、妇女卫生室等，辅助卫生设施的设计应符合GBZ 1 的有关要求。

（6）预评价报告补充措施及建议的采纳情况说明

对职业病危害预评价报告中职业病危害控制措施及建议的采纳情况进行说明，对于未采纳的措施和建议，应当说明理由。

（7）职业病防护设施投资概算

依据建设单位提供的有关数据资料，对建设项目为实施职业病危害治理所需的装置、设备、工程设施、应急救援用品、个体防护用品等费用进行估算。

5）预期效果评价

预测建设项目在采取了本节中设计的各种防护措施的前提下各作业岗位职业病危害因素预期浓度（强度）范围和接触水平，评价其在建设期和建成投入生产或使用后是否满足职业病防治方面法律、法规、标准的要求。

3.职业病防护设施设计编制内容

1）职业病防护设施设计编制要求

（1）汇总获取的各种资料、数据，完成建设项目职业病防护设施设计主报告与资料性附件的编制。

（2）职业病防护设施设计主报告应全面、概括地反映设计的内容与结果，应用语规范、表达简洁，并单独成册。

（3）资料性附件应包括设计依据、工程分析、生产工艺分析、职业病危害因素分析、数据计算过程、预评价报告对策、措施及建议的采纳情况等原始记录和技术性过程等内容。

2）职业病防护设施设计专篇编制内容

（1）建设项目概况

建设项目概况包括建设项目名称、建设地点、建设单位、主要工程内容、岗位设置及人员数量、总平面布置及竖向布置、主要技术方案及生产工艺流程、辅建（构）筑物及建筑卫生学等。对在建设期和建成投入生产或使用后可能产生职业病危害因素的工作场所工艺设备、原辅材料等进行重点描述。

（2）职业病危害因素分析及危害程度预测

职业病危害因素分析及危害程度预测包括建设项目在建设期和建成投入生产或使用后可能产生的职业病危害因素的种类、来源、特点、分布、接触人数、接触时间、接触频度、预期浓度（强度）范围、潜在危害性、发生职业病的危险程度分析和主要职业病危害因素分布图。

（3）职业病防护设施设计

根据设计所依据的法律、法规、标准和技术规范等，对建设项目应采取的职业病防护设施、应急救援设施、职业病防治管理措施、辅助卫生设施等相关防控措施进行设计，并对职业病防护设施投资进行预算。

（4）预期效果评价

结合现有同类建设项目职业病危害因素的检测数据、运行管理经验，对所提出的各项防护措施的预期效果进行评价，预测建设项目在采取了本节中各种防护措施的前提下各作业岗位职业病危害因素浓度（强度）范围和接触水平，评价其在建设期或建成投入生产或使用后是否满足职业病防治方面法律、法规、标准的要求。

4. 职业病防护设施设计审查

《建设项目职业卫生"三同时"监督管理暂行办法》（国家安全生产监督管理总局令第51号）相关规定如下：

（1）建设单位在职业病防护设施设计编制完成后，应当组织有关职业卫生专家，对职业病防护设施设计内容进行评审。建设单位应当会同设计单位对职业病防护设施设计内容进行完善，并对其真实性、合法性和实用性负责。

（2）对职业病危害一般和职业病危害较重的建设项目，建设单位应当在完成职业病防护设施设计内容评审后，按照有关规定组织职业病防护设施的施工。

（3）对职业病危害严重的建设项目，建设单位在完成职业病防护设施设计内容评审后，应当按照有关规定向安全生产监督管理部门提出建设项目职业病防护设施设计审查的申请，并提交下列文件、资料：

①建设项目职业病防护设施设计审查申请书；

②建设项目立项审批文件（复印件）；

③建设项目职业病防护设施设计专篇；

④建设单位对职业病防护设施设计专篇的评审意见；

⑤建设项目职业病防护设施设计单位的资质证明（影印件）；

⑥建设项目职业病危害预评价报告审核的批复文件（复印件）；

⑦法律、行政法规、规章规定的其他文件、资料。

（4）对已经受理的职业病危害严重的建设项目职业病防护设施设计审查申请，安全生产监督管理部门应当对申请文件、资料的合法性进行审查。审查同意的，自受理之日起20个工作日内予以批复；审查不同意的，书面通知建设单位并说明理由。因情况复杂，20个工作日不能作出批复的，经本部门负责人批准，可以延长10个工作日，并将延长期限的理由书面告知申请人。职业病危害严重的建设项目，其职业病防护设施设计未经审查同意的，建设单位不得进行施工，应当进行整改后重新申请审查。

（5）建设项目职业病防护设施设计经审查同意后，建设项目的生产规模、工艺或者职业病危害因素的种类等发生重大变更的，建设单位应当根据变更的内容，重新进行职业病防护设施设计，并在变更之日起 30 日内按照本办法规定办理相应的审查手续。

1.6　矿山开采施工图设计

1.6.1　设计原则和依据

1）施工图设计原则

（1）在开展施工图设计前，应认真研究和落实初步设计的审批或审查意见，了解业主对主要设备的订货情况。若确定了施工单位则应了解施工单位的技术和装备水平等情况，切实做好施工图设计的准备工作。

（2）在一般情况下，施工图设计应根据评审通过的初步设计、安全设施设计进行，不应违反评审通过的初步设计和安全设施设计中确定的设计原则和方案。若因设备订货或其他重要条件变化，引起初步设计中重大方案变化而需要修改初步设计时，应与业主协商取得一致意见并对修改后的初步设计进行评审；若安全设施设计发生重大变更，则应走相关的重大变更审批手续。

2）施工图设计依据和要求

（1）经业主组织审批的初步设计文件，且初步设计审查中提出的重大问题和遗留问题（包括补充勘探、勘察、试验等）已经解决。

（2）必要的地形、地质测绘资料和工程地质、水文地质、气象、地震等基础资料。

（3）供水、供电、征地等对外协作的协议已经签订或基本落实。

（4）主要设备订货基本落实，主要设备总装图、基础图以及有关资料基本收集齐全并可满足设计要求。

（5）露天矿边坡设计时，应有经鉴定和审批的边坡岩体力学试验研究报告资料。

（6）露天矿大爆破工程，必须具备地形、地质资料和爆破试验资料。

（7）在水下、主要运输干线或建筑物下进行地下开采时，应具有岩体力学试验报告资料。

（8）改、扩建矿山应有矿山开采和井巷工程现状实测资料。

（9）设备安装资料。

（10）对矿体赋存条件较简单的小型矿山，可适当简化上述某些资料的要求。

1.6.2　设计深度要求

施工图设计的深度应满足以下要求：

（1）项目所需全部设备、材料的订货及采购；

（2）非标准设备及结构件的加工制作；

（3）编制施工图预算和施工预算，并作为招标、工程包干、工程结算的依据；

（4）满足施工、安装的要求；

（5）竣工和投产验收。

1.6.3　设计内容

1.露天开采矿山工程项目

露天开采矿山工程项目设计主要子项见表1-54。

表 1-54　露天开采矿山工程项目设计主要子项

序号	子项名称	序号	子项名称
基建采剥工程			
1	基建勘探	8	采场内排土、排土场复垦
2	岩芯库	9	采场供配电及照明
3	基建公路	10	采场防水与排水
4	基建剥离	11	露天开采境界
5	开拓系统	12	空压机站
6	开采进度计划	13	采场压缩空气管网
7	排土场	14	原矿储矿堆场
破碎筛分			
15	破碎间及皮带廊	22	破碎筛分系统办公室
16	中碎间及皮带廊	23	破碎筛分场地总平面及竖向布置
17	细碎间及皮带廊	24	破碎筛分场地综合管网
18	筛分间及皮带廊	25	破碎筛分场地防洪
19	转运站	26	破碎筛分场地整平
20	破碎筛分系统循环水	27	成品装车车间或成品仓
21	破碎筛分系统收尘		
辅助设施			
28	采场维修间	38	备品备件库
29	汽车保养间	39	金属材料库
30	金工间	40	总供应仓库
31	检修、铆焊间	41	油库及加油站
32	汽车修理间	42	洗车台
33	热处理、喷漆间	43	地表炸药库
34	电修间	44	工业区综合管网
35	化验室	45	工业区锅炉房
36	汽车库	46	工业区防洪
37	消防车库	47	工业区围墙大门
供电、电动、通信			
48	矿区总降压变电站(含外部线路)	51	工业区线路
49	水源线路	52	破碎系统线路
50	采场线路	53	集中控制室

续表1-54

序号	子项名称	序号	子项名称
供水及给排水			
54	水源	57	水净化
55	水源管线	58	污水处理
56	中间加压泵站	59	高位水池
总图和运输			
60	工业区总图及竖向布置	64	全矿总图及绿化
61	工业区整平	65	全矿综合管网
62	运矿公路	66	公用仓库
63	矿区外部公路	67	车库
行政服务			
68	办公楼	71	浴室
69	食堂	72	锅炉房
70	职工宿舍	73	公用停车场

2. 地下开采矿山工程项目

地下开采矿山工程项目设计主要子项见表1-55。

表1-55　地下开采矿山工程项目设计主要子项

序号	子项名称	序号	子项名称
井巷工程及附属设施			
1	罐笼井	13	胶带斜井
2	箕斗井	14	通风斜井
3	混合井	15	充填斜井
4	通风竖井	16	盲斜井
5	充填竖井	17	主斜坡道
6	设备井	18	辅助斜坡道
7	电梯井	19	提升机室
8	竖井井架或井塔	20	溜井工程
9	主斜井	21	地下破碎工程
10	副斜井	22	粉矿回收
11	箕斗斜井	23	井底水窝泵站
12	串车斜井	24	地下矿(废)石仓

续表1-55

序号	子项名称	序号	子项名称
25	基建探矿工程	41	井口机械化设施
26	采准及切割工程	42	中段开拓及运输工程
27	采矿方法	43	地下通风工程
28	罐笼井提升设施	44	地下排水工程
29	箕斗井提升设施	45	矿床疏干工程
30	主斜井提升设施	46	井下通信
31	副斜井提升设施	47	井下照明
32	斜井箕斗提升设施	48	井下网络及设施
33	斜井串车提升设施	49	压气管网
38	通风机房	50	供水管网
39	空压机房	51	井下通风设施
40	井底车场		
硐室工程			
52	提升机硐室	64	消防器材硐室
53	天轮硐室	65	调度硐室
54	计量硐室	66	信号硐室
55	装载硐室	67	医务硐室
56	卸载硐室	68	等候硐室
57	翻车机硐室	69	水泵硐室
58	破碎硐室	70	防水闸门硐室
59	变电硐室	71	井下空压机硐室
60	机车修理硐室	72	值班硐室
61	凿岩机修理硐室	73	储油硐室
62	爆破器材硐室	74	无轨设备修理硐室
63	通风机硐室	75	坑内厕所
充填工程			
76	充填砂石破碎场	80	充填搅拌站
77	磨砂及分级厂房	81	充填井巷及钻孔
78	充填料仓	82	坑内充填管网
79	水泥仓		
供电、电动、通信			
83	总降压变电站（含外部线路）	84	采矿工业场井口变电室

续表1-55

序号	子项名称	序号	子项名称
85	地表通风机供电线路	87	采矿工业场地照明
86	充填站供电线路	88	集中控制室
供水及给排水			
89	水源	92	水净化
90	水源管线	93	污水处理
91	中间加压泵站	94	高位水池
总图和运输			
95	矿区总图及竖向布置	99	运矿公路
96	矿区整平	100	矿区外部公路
97	矿区绿化	101	公用仓库
98	矿区综合管网	102	车库
矿山行政及辅助设施			
103	办公楼(含坑口办公楼)	110	坑口锻钎房
104	食堂	111	空压机房
105	职工宿舍	112	坑木加工房
106	浴室	113	加油站
107	锅炉房	114	公用停车场
108	材料库	115	化验室
109	矿车修理间		

1.6.4 设计交底、图纸会审与设计变更

1)设计交底与图纸会审

(1)设计交底的目的和内容

设计交底是指在施工图完成并经审查合格后,设计单位在设计文件交付施工时,按法律规定就施工图设计文件向施工单位和监理单位作出详细的说明,使施工单位和监理单位正确贯彻设计意图,加深对设计文件特点、难点、疑点的理解以及掌握关键工程部位的质量要求,确保工程质量。

(2)图纸会审的目的和内容

图纸会审是指承担施工阶段监理的监理单位组织施工单位以及建设单位、材料、设备供货等相关单位,在收到审查合格的施工图设计文件后,在设计交底前进行的全面细致熟悉和审查施工图纸的活动。

其目的有两方面,一是使施工单位和各参建单位熟悉设计图纸,了解工程特点和设计意图,找出需要解决的技术难题,并制订解决方案;二是为了解决图纸中存在的问题,减少图

纸中的差错,将图纸中的质量隐患消除。

（3）设计交底与图纸会审的组织

设计交底由建设单位负责组织,图纸会审由承担施工阶段监理任务的监理单位负责组织,施工单位、建设单位、设计单位等相关参建单位参加。

设计交底与图纸会审通常做法:

①设计文件完成后,设计单位将设计图纸移交建设单位,建设单位发给承担施工监理的监理单位和施工单位。

②由施工阶段监理单位组织参建各方进行图纸会审,并整理成会审问题清单,在设计交底前一周交与设计单位。

③承担设计阶段监理的监理单位组织设计单位做交底准备,并对会审问题清单拟定解答。

④设计交底一般以会议形式进行,先进行设计交底,后转入图纸会审问题解释。

⑤通过设计、监理、施工三方或参建多方研究协商,确定存在的图纸和各种技术问题的解决方案。设计交底应在施工开始前完成。

设计交底应由设计单位整理会议纪要,图纸会审应由施工单位整理会议纪要,与会各方会签。设计交底与图纸会审中涉及设计变更的应按监理程序办理设计变更手续。设计交底会议纪要、图纸会审会议纪要一经各方签认,即成为施工和监理的依据。

2）设计变更

设计变更是指设计单位对原施工图纸和设计文件中所表达的设计标准状态的改变和修改。设计变更包含由于设计工作本身的漏项、错误或其他原因而修改、补充原设计的技术资料。设计变更和现场签证两者的性质是截然不同的,凡属设计变更的范畴,必须按设计变更处理,而不能以现场签证处理。设计变更是工程变更的一部分内容,因而它也关系到进度、质量和投资控制。因此加强设计变更的管理,对规范各参与单位的行为,确保工程质量和工期,控制工程造价,进而提高设计质量都具有十分重要的意义。

设计变更应尽量提前,变更发生得越早则损失越小,反之就越大。因此要加强设计变更管理,严格控制设计变更,尽可能把设计变更控制在设计阶段初期,特别是对工程造价影响较大的设计变更,要先算账后变更。严禁通过设计变更扩大建设规模、增加建设内容、提高建设标准,使工程造价得到有效控制。施工图设计变更流程见图1-34。

（1）设计变更产生的原因

设计变更产生的原因有:

①修改工艺技术,包括设备的改变;

②增减工程内容;

③改变使用功能;

④设计错误、遗漏;

⑤提出的合理化建议;

⑥施工中产生的错误;

⑦材料替代;

⑧工程地质勘察资料不准确引起的修改,如基础加深。

由于以上原因提出变更的有可能是建设单位、设计单位、施工单位或监理单位中的任何

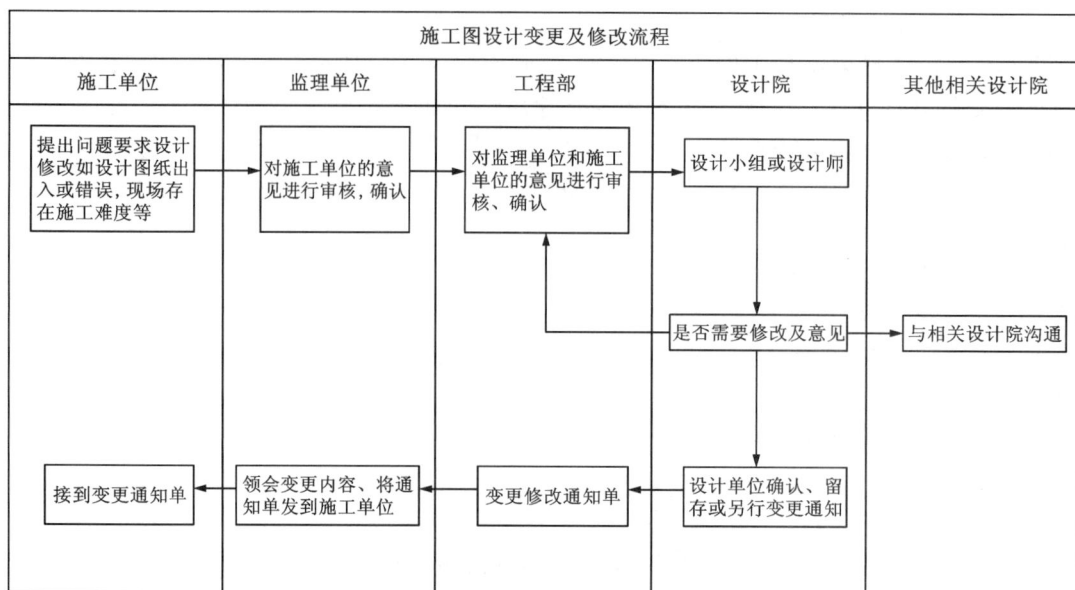

图 1-34　施工图设计变更流程

一个，有些则是上述几个单位都会提出。

（2）设计变更的签发原则

设计变更无论是由哪方提出，均应由监理部门会同建设单位、设计单位、施工单位协商，经过确认后由设计部门发出相应图纸或说明，并由监理工程师办理签发手续，下发到有关部门付诸实施。但在审查时应注意以下几点：

①确属原设计不能保证工程质量要求，设计遗漏和确有错误以及与现场不符无法施工非改不可。

②一般情况下，即使变更要求可能在技术经济上是合理的，也应全面考虑，将变更以后所产生的效益(质量、工期、造价)与现场变更往往会引起施工单位的索赔等所产生的损失加以比较，权衡后再做出决定。

③工程造价增减幅度是否控制在总概算的范围之内，若确需变更但有可能超概算时，更要慎重。

④设计变更应简要说明变更产生的背景，包括变更的提出单位、主要参与人员、时间等。

⑤设计变更必须说明变更原因，如工艺改变、工艺要求、设备选型不当。设计者必须考虑提高或降低标准、设计漏项、设计失误或其他原因。

⑥建设单位对设计图纸的合理修改意见，应在施工之前提出。在施工试车或验收过程中，只要不影响生产，一般不再接受变更要求。

⑦施工中发生的材料代用，办理材料代用单。

要坚决杜绝内容不明确的，没有详图或具体使用部位，而只是增加材料用量的变更。

（3）设计变更的实施与费用结算

设计变更实施后，由监理工程师签注实施意见，但应注明以下几点：

①本变更是否已全部实施,若原设计图实施后,才发生变更,则应注明,因为牵扯到原图制作加工、安装、材料费以及拆除费。若原设计图没有实施,则要扣除变更前部分内容的费用。

②若发生拆除,已拆除的材料、设备或已加工好但未安装的成品、半成品,均应由监理人员负责组织建设单位回收。

由施工单位编制结算单,经过造价工程师按照标书或合同中的有关规定审核后作为结算的依据,此时也应注意以下几点:

①由于施工不当,或施工错误造成的,正常程序相同,但监理工程师应注明原因,此变更费用不予处理,由施工单位自负,若对工期、质量、投资效益造成影响的,还应进行反索赔。

②由设计部门的错误或缺陷造成的变更费用以及采取的补救措施,如返修、加固、拆除所产生的费用,由监理单位协助业主与设计部门协商是否索赔。

③由于监理部门责任造成损失的,应扣减监理费用。

④设计变更应视作原施工图纸的一部分内容,所发生的费用计算应保持一致,并根据合同条款按国家有关政策进行费用调整。

⑤材料的供应及自购范围也应同原合同内容相一致。

⑥属变更削减的内容,也应按上述程序办理费用削减,若施工单位拖延,监理单位可督促其执行或采取措施直接发出削减费用结算单。

⑦合理化建议也按照上面的程序办理,奖励、提成另按有关规定办理。

⑧由设计变更造成的工期延误或延期,由监理工程师按照有关规定处理。凡是没有经过监理工程师认可并签发的变更一律无效;若经过监理工程师口头同意的,事后应按有关规定补办手续。

参考文献

[1] 张富民. 采矿设计手册[M]. 北京:中国建筑工业出版社,1987.

[2] 全国勘察设计注册工程师采矿/矿物专业管理委员会秘书处. 全国勘察设计注册采矿/矿物工程师执业资格考试辅导教材采矿专业[M]. 北京:中国建筑工业出版社,2011.

[3] 全国注册咨询工程师(投资)资格考试参考教材编写委员会. 项目决策分析与评价(2012 年版)[M]. 北京:中国计划出版社,2011.

[4] 于润沧. 采矿工程师手册[M]. 北京:冶金工业出版社,2009.

[5] 王运敏. 现代采矿手册[M]. 北京:冶金工业出版社,2011.

[6] 史学谦. 有色金属工程设计项目经理手册[M]. 北京:化学工业出版社,2003.

[7] 古德生,李夕兵,等. 现代金属矿床开采科学技术[M]. 北京:冶金工业出版社,2006.

[8] 长沙有色冶金设计研究院有限公司. 有色金属采矿设计规范:GB 50771—2012[S]. 北京:中国计划出版社,2012.

[9] 连民杰. 非煤矿山基本建设管理程序[M]. 北京:冶金工业出版社,2013.

[10] 吴爱祥,王洪江. 金属矿膏体充填理论与技术[M]. 北京:科学出版社,2015.

第 2 章

矿山建设项目投资与经济评价

2.1 市场分析

市场分析是项目前期研究中的重要内容，它对投资范围、生产规模、工艺和建厂地区的选择会产生关键性的影响。市场分析必须精心组织策划，以便在有限的时间和费用条件下得到所需的资料，并依此确定可能达到的基本目标或所需的销售与生产战略。有时必须将市场分析单列课题，作为项目前期研究的一项基础工作。市场分析部分常常由有技术经济专业背景的人员编写，也可委托有资质的咨询公司完成。

市场分析一般要对项目的产出品和所需的主要投入品的市场容量、价格、竞争力以及市场风险进行研究。市场分析的内容主要有市场现状调查、产品供需预测、产品价格预测、竞争力分析和营销策略研究以及市场风险分析等。

在项目设计阶段研究市场是为测算投资项目的获利能力提供依据和市场参数，为确定项目建设规模与产品方案提供依据。正确的市场分析将对投资方向、建设规模、产品方案、工艺技术、装备水平、厂区厂址等的选择提供正确引导。

市场分析范围应根据产品性质进行，与国际市场接轨的应在世界范围内进行，属于地区性产品只可在地区范围内进行。

2.1.1 市场现状调查

市场现状调查是进行市场分析的基础。市场现状调查主要是调查拟建项目同类产品或所需的主要投入物品的市场容量、市场竞争力现状等。

1. 市场容量现状调查

市场容量现状调查主要是调查项目产品在近期或预测时段的市场供需总量及其地区分布情况，为项目产品供需预测提供条件。调查内容如下：

1）供应现状

供应现状包括：项目产品的国际国内市场的总生产能力(含现有企业和在建项目)、总产量及地区分布，国际市场总贸易量以及在各国各地区分布情况，国内市场各主要生产企业的分布情况；项目产品在一定历史时段的进口总量、品种、质量，进口国家和地区、贸易方式，进口量占国内生产量的比例，以及进口量变化状况等。

2）需求现状

需求现状包括：项目产品在国际国内市场消费总量以及地区分布情况，不同消费群体对产品品种和服务的要求，消费结构状况，近期内市场需求的满足程度等；项目产品在一定历史时段的出口总量、品种、质量，出口国家和地区，出口量占国际市场总贸易量的比例，以及出口量变化状况等。

3）价格现状调查

价格现状调查包括调查项目产品的国际国内市场价格，价格变化过程及变化规律，最高价格和最低价格出现的时间和原因，分析价格的合理性。

2. 影响因素分析

影响因素分析主要包括原生品与再生品的供应关系，产量与产能的关系，消费者情况的变化、替代品的出现、宏观经济政策调整等。

3. 市场竞争力现状调查

市场竞争力现状调查主要包括资源存量分析，生产技术分析，竞争者产品质量与成本分析和自身产品质量成本分析。

2.1.2　产品供需预测

产品供需预测是利用市场调查所获得的信息资料，对项目产品未来市场供应和需求的数量、品种、质量进行定性与定量分析。

1. 产品供需预测应考虑的因素

①国民经济与社会发展对项目产品供需的影响。

②相关产业产品和上下游产品的情况及其变化，对项目产品供需的影响。

③产品结构变化，产品升级换代的情况，新的替代品对项目产品供需的影响。

2. 产品供需平衡分析

在产品供应和需求预测的基础上，分析项目产品在生产运营期内的供需平衡情况和满足程度以及可能导致供需失衡的因素和波及范围。

3. 目标市场分析

根据市场结构、市场分布与区位特点、市场饱和度，以及项目产品的性能、质量和价格的适应性等因素，选择确定项目产品的目标市场，预测可能占有的市场份额。

2.1.3　产品价格预测

项目产品价格是测算项目投产后的经济效益的基础，预测价格时，应对影响价格形成与导致价格变化的各种因素进行分析，初步设定项目产品的销售价格和投入品的采购价格。

价格预测应考虑的因素：

①项目产品国际国内市场的供需情况、价格水平和变化趋势。

②项目产品和主要投入品的运输方式、运输距离、各种费用对价格的影响。

③新的替代产品对价格的影响。

④国内外税费、利率、汇率等的变化对价格的影响。

⑤项目产品的成本对价格的影响。

⑥价格政策变化的影响。

进行价格预测时，不应低估投入品的价格和高估产出品的价格，避免预测的项目经济效益失真。

2.1.4 竞争力分析和营销策略研究

竞争力分析是研究拟建项目在国内外市场竞争中获胜的可能性和获胜能力。进行竞争力分析，既要研究项目自身竞争力，又要研究主要竞争对手的竞争力，并进行对比，以此进一步优化项目的技术经济方案，扬长避短，发挥竞争优势。

对市场竞争比较激烈的项目产品，应进行营销策略研究，营销策略是根据市场分析来设计项目产品的经营和销售策略，以此决定是自销还是代销、是弥补不足还是竞争抢占市场、是以质量取胜还是以成本取胜等策略性问题。

2.1.5 市场风险分析

在项目前期研究中，市场风险分析是对未来国内外市场某些重大不确定因素发生的可能性及其可能对项目造成的损失程度进行分析。市场风险分析可定性描述，估计风险程度，也可以定量计算风险发生概率，分析对项目的影响程度。

2.1.6 市场预测方法

市场预测方法很多，这里仅就常见常用的趋势外推法、消费水平法、最终用途法(消费系数法)进行简要介绍。

1. 趋势外推法

该方法是一种以历史数据为依据外推的方法，它包括趋势的确定及采用参数的鉴定，较常用的预测趋势曲线有线性趋势和指数趋势。

1)线性趋势

公式为

$$Y = a + bt \tag{2-1}$$

式中：Y 为预测值；t 为待估算年份；a、b 为待定常数。有条件时可用回归模型求得。

2)指数趋势

公式为

$$Y = ae^{bt} \tag{2-2}$$

或

$$\ln Y = \ln a + bt \tag{2-3}$$

式中：b 为假定趋势的每个时期增长率常数；其他计算因子含义同上式。

2. 消费水平法

消费水平法考虑的是消费的水平，它采用标准系数和特定系数，在预测消费产品时可以有效地使用。消费水平的一个主要决定因素是消费者的收入，产品的消费水平与消费者的收入水平之间呈高度正相关关系，但不同产品的相关程度不同。消费水平法通常用收入弹性系数、价格弹性系数和设计项目的产品与其替代品的相互弹性系数来判断产品的市场需求情况。

1)需求的收入弹性系数

需求随收入变化而变化的程度,由需求的收入弹性系数来衡量。收入弹性系数可用下列公式求得:

$$E_y = \frac{Q_2 - Q_1}{YP_2 - YP_1} \times \frac{YP_1 + YP_2}{Q_1 + Q_2} \qquad (2-4)$$

式中:E_y 为产品的收入弹性系数;Q_1 为基础年需求量;Q_2 为以后观察年份的需求量;YP_1 为基础年的人均收入;YP_2 为以后观察年的人均收入。

$E_y > 1.0$ 表明有弹性需求,$E_y < 1.0$ 则表明无弹性需求。

2)需求的价格弹性系数

产品需求的价格弹性系数是预测需求很有价值的辅助工具。需求的价格弹性系数,即需求数值的相对差与价格的相对差的比,可以用下式表示:

$$E_P = \frac{Q_1 - Q_0}{Q_1 + Q_0} \Big/ \frac{P_1 - P_0}{P_1 + P_0} = \frac{Q_1 - Q_0}{P_1 - P_0} \times \frac{P_1 + P_0}{Q_1 + Q_0} \qquad (2-5)$$

式中:E_P 为价格弹性系数;Q_1 为新的需求;Q_0 为在当前价格时的现有需求;P_0 为当前价格;P_1 为新的价格。

3)相互弹性系数

对一种产品的需求,不仅取决于它本身的价格,也取决于互补产品或替代产品的价格。因此有必要考虑可能影响设计项目产品需求的另一种产品及其价格的变化,它由相互弹性决定。产品 A 对产品 B 的相互弹性系数由下式计算:

$$C_{AB} = \frac{Q_{2A} - Q_{1B}}{Q_{2A} + Q_{1A}} \Big/ \frac{P_{2B} - P_{1B}}{P_{2B} + P_{1B}} \qquad (2-6)$$

式中:C_{AB} 为产品 A 对产品 B 的相互弹性系数;Q_{2A} 为以后观察年份 A 产品的需求量;Q_{1B} 为基础年 B 产品的需求量;P_{2B} 为以后观察年份 B 产品的价格;Q_{1B} 为基础年 B 产品的价格。

因此,产品 A 对产品 B 的相互弹性系数 C_{AB} 就是产品 A 的需求相对变化与产品 B 价格相对变化之间的比率。当 $C_{AB} > 0$ 时,则产品 B 可为产品 A 的替代产品;当 $C_{AB} < 0$ 时,则产品 B 为产品 A 的互补产品;当 $C_{AB} = 0$ 时,则 AB 之间不存在相互弹性。

3.最终用途法(消费系数法)

最终用途法(消费系数法)特别适用于估计中间产品。其要点为:

(1)需要鉴定该产品所有可能的用途,包括直接消费需求、投入其他工业部门、进口和出口。

(2)取得或估算该产品在消费领域的投入产出系数,即可得出该产品的需求量。或根据消费领域预测的产出水平求出消费量,加上净出口量。如有色金属产品的消费常用色钢比法,即根据我国钢产量或消费量来估算有色金属产品的需求量。

由于最终用途法使用消费系数预测消费量,因而也称为消费系数法。即一旦确定了产品在某一消费领域的消费系数之后,再乘以该消费领域的活动规模,就可以获得产品预测的消费量水平。

2.2 矿山项目投资

2.2.1 矿山项目投资构成

矿山建设项目总投资是指使矿山形成设计生产能力所需要的全部费用，由建设投资、建设期贷款利息和流动资金组成。根据国家发改委和建设部审定（发改投资〔2006〕1325号）发行的《建设项目经济评价方法与参数（第三版）》的规定，矿山项目建设投资包括工程费用、工程建设其他费用和预备费三部分。工程费用是指直接构成固定资产实体的各种费用，可以分为建筑工程费、安装工程费、设备购置费，以及工具、器具及生产家具购置费；工程建设其他费用是指根据国家有关规定应在投资中支付，并列入建设项目总造价或单项工程造价的费用。预备费是为了保证工程项目的顺利实施，避免在难以预料的情况下造成投资不足而预先安排的一笔费用。现行矿山建设项目总投资构成见图2-1。

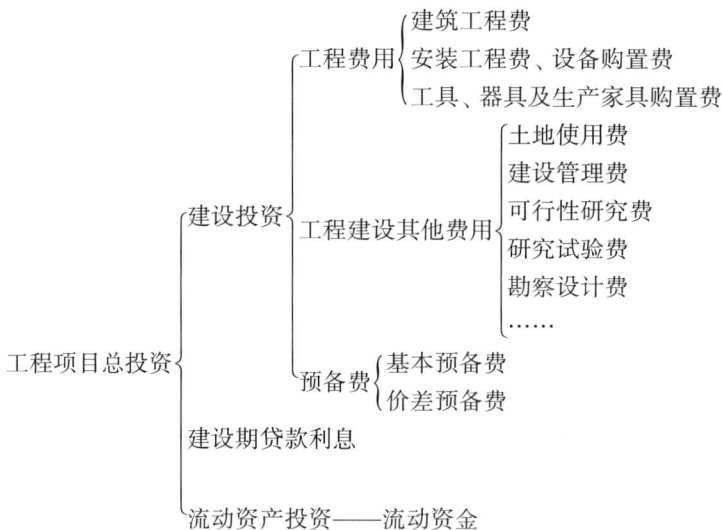

图 2-1 现行矿山建设项目总投资构成

1. 建设投资

建设投资是用于矿山建设项目的工程费用、工程建设其他费用及预备费之和。

1）工程费用

矿山项目主要有露天开采和地下开采两种方式。其中露天开采主要为基建勘探、基建剥离、开拓运输、露天排水、采矿设备等主要生产工程；地下开采主要包括基建勘探、井筒工程、巷道工程、硐室工程、采准切割工程、采矿设备等主要生产工程。

工程费用包括建筑工程费、安装工程费、设备购置费等。

（1）建筑工程费

建筑工程费包括井巷工程、地面建构筑物、总图工程等工程费用，建筑工程包括的内容见图2-2。

建筑工程
- 井巷工程
  - 矿井开凿
  - 井巷延深
  - 基建采切工程
  - 通风、压风工程
  - 充填工程
  - 露天矿剥离
  - 开拓运输
  - 防排水工程
  - 排土工程
  - ……
- 地面建构筑物
  - 各类房屋建筑工程
  - 供水、供电、供暖、卫生、通风等建筑工程
  - 管道、电力、电信和电缆导线敷设工程
  - 设备基础、支柱、工作台、水池等建筑工程和金属结构工程
  - ……
- 总图工程
  - 场地平整
  - 工程和水文地质勘察
  - 原有建筑物和障碍物的拆除
  - 施工临时用水、电、气、路
  - 完工后的场地清理
  - 环境绿化、美化等
  - ……

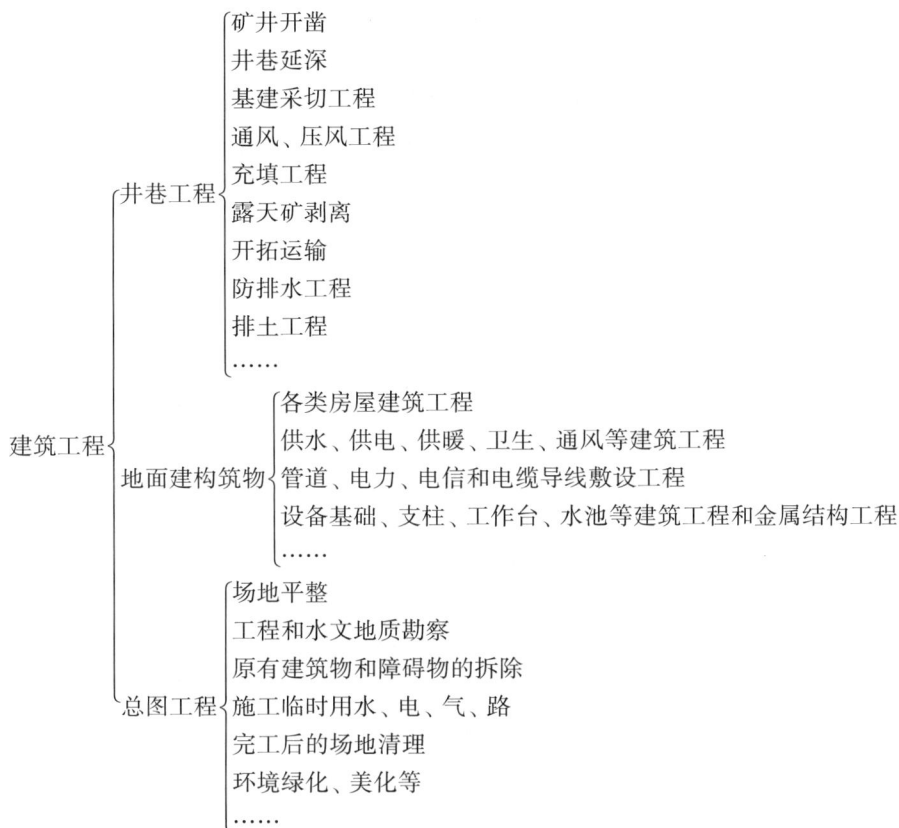

图 2-2　现行矿山建设项目建筑工程构成

（2）安装工程费

①提升、运输、通风、压风、排水、充填、变电站等各种需要安装的机械设备的装配费用，与设备相连的工作台、梯子、栏杆等装设工程费用，附属于被安装设备的管线敷设工程费用以及被安装设备的绝缘、防腐、保温、油漆等工作的材料费和安装费。

②为测定安装工程质量，对单台设备进行单机试运转、对系统设备进行系统联动无负荷试运转工作的调试费。

（3）设备购置费

设备购置费是指为建设项目购置或自制的达到固定资产标准的各种国产或进口设备的购置费用。它由设备原价和设备运杂费构成。

$$设备购置费 = 设备原价 + 设备运杂费 \qquad (2\text{-}7)$$

①设备原价。

设备原价指国产设备或进口设备的原价。设备运杂费指除设备原价之外的关于设备采购、包装、运输及仓库保管等方面支出费用的总和。

A.国产设备原价的构成及计算。

国产设备原价一般指的是设备制造厂的交货价或订货合同价。它一般根据生产厂或供应商的询价、报价、合同价确定，或采用一定的方法计算确定。国产设备原价分为国产标准设备原价和国产非标准设备原价。

国产标准设备是指按照主管部门颁布的标准图纸和技术要求,由我国设备生产厂批量生产的,符合国家质量检测标准的设备。国产标准设备原价有两种,即带有备件的原价和不带有备件的原价。在计算时,一般采用不带有备件的原价。国产标准设备一般有完善的设备交易市场,因此可通过查询相关交易市场价格或向设备生产厂家询价得到国产标准设备原价。

国产非标准设备是指国家尚无定型标准,各设备生产厂不可能在工艺过程中采用批量生产,只能按订货要求,并根据具体的设计图纸制造的设备。非标准设备由于单件生产、无定型标准,无法获取市场交易价格,只能按其成本构成或相关技术参数估算其价格。非标准设备原价有多种不同的计算方法,如成本计算估价法、系列设备插入估价法、分部组合估价法、定额估价法等。但无论采用哪种方法都应该使非标准设备计价接近实际出厂价,并且计算方法要简便。成本计算估价法是一种比较常用的估算非标准设备原价的方法。按成本计算估价法,非标准设备的原价估算见表2-1。

表2-1　非标准设备原价估算表(成本计算估价法)

序号	名称	计算公式	备注
1	材料费	材料费=材料净重×(1+加工损耗系数)×每吨材料综合价	
2	加工费	加工费=设备总重量(t)×设备每吨加工费	包括生产工人工资和工资附加费、燃料动力费、设备折旧费、车间经费等
3	辅助材料费	辅助材料费=设备总重量×辅助材料费指标	包括焊条、焊丝、氧气、氩气、氮气、油漆、电石等费用
4	专用工具费	按1~3项之和乘以一定百分比计算	
5	废品损失费	按1~4项之和乘以一定百分比计算	
6	外购配套件费	按设备设计图纸所列的外购配套件的名称、型号、规格、数量、重量,根据相应的价格加运杂费计算	
7	包装费	按以上1~6项之和乘以一定百分比计算	
8	利润	按1~5项加第7项之和乘以一定利润率计算	
9	税金	增值税=当期销项税额-进项税额 当期销项税额=销售额×适用增值税率 销售额为1~8项之和	主要指增值税
10	非标准设备设计费	按国家规定的设计费收费标准计算	

由表2-1可知单台非标准设备原价可用下面的公式表达:

单台非标准设备原价={[(材料费+加工费+辅助材料费)×(1+专用工具费率)×(1+废品损失费率)+外购配套件费]×(1+包装费率)-外购配套件费}×(1+利润率)+外购配套件费+税金+非标准设备设计费　　　　　　　(2-8)

B. 进口设备原价的构成及计算。

进口设备的原价是指进口设备的抵岸价，通常是由进口设备到岸价(CIF)和进口从属费构成。

a. 进口设备到岸价。

进口设备到岸价，即抵达买方边境港口或边境车站的价格。在国际贸易中，交易双方所使用的交货类别不同，则交易价格的构成内容也有所差异。在国际贸易中，较为广泛使用的交易价格术语有 FOB、CFR 和 CIF。

FOB(free on board)，意为装运港船上交货价，亦称为离岸价格。当货物在指定的装运港越过，卖方即完成交货义务。风险转移，以在指定的装运港货物越过船舷时为分界点。费用划分与风险转移的分界点相一致。

CFR(cost and freight)，意为成本加运费，或称之为运费在内价。在装运港货物越过船舷卖方即完成交货，卖方必须支付将货物运至指定的目的港所需的费用，但交货后货物灭失或损坏的风险，以及由于各种事件造成的任何额外费用，即由卖方转移到买方。与 FOB 价格相比，CFR 的费用划分与风险转移的分界点是不一致的。

CIF(cost insurance and freight)，意为成本加保险费、运费，习惯称到岸价格。卖方除有与 CFR 相同的义务外，还应办理货物在运输途中最低险别的海运保险，并应支付保险费。如买方需要更高的保险险别，则需要与卖方明确地达成协议，或者自行做出额外的保险安排。除保险这项义务之外，买方的义务也与 CFR 相同。

进口设备到岸价(CIF)构成及计算见表 2-2。

表 2-2　进口设备到岸价的构成及计算

序号	名称	计算公式	备注
1	货价	一般指装运港船上交货价(FOB)	进口设备货价按有关生产厂商询价、报价、订货合同价计算
2	国际运费	货价(FOB)×运费率；单位运价×运量	从装运港(站)到达目的港(站)的运费
3	运输保险费	[货价(FOB)+国际运费]/(1-保险费率)×保险费率	保险费率按保险公司规定的进口货物保险费率计算

b. 进口从属费。

进口从属费包括银行财务费、外贸手续费、进口关税、进口环节增值税等，构成内容和计算公式见表 2-3。

表 2-3　进口从属费构成内容及计算

序号	名称	计算公式	备注
1	银行财务费	离岸价格(FOB)×人民币外汇汇率×银行财务费率	中国银行为进出口商提供金融结算服务所收取的费用

续表2-3

序号	名称	计算公式	备注
2	外贸手续费	到岸价格（CIF）×人民币外汇汇率×外贸手续费率	外贸手续费率一般取1.5%
3	进口关税	到岸价格（CIF）×人民币外汇汇率×进口关税税率	进口关税税率按我国海关总署发布的执行
4	消费税	$\frac{到岸价格（CIF）×人民币外汇汇率+关税}{1-消费税税率}×消费税税率$	矿山项目一般不计取该项税收
5	进口环节增值税	（关税完税价格+关税+消费税）×增值税税率	
6	车辆购置税	（关税完税价格+关税+消费税）×车辆购置税率	进口车辆需缴进口车辆购置税

②设备运杂费。

设备运杂费通常包括运费和装卸费、包装费、采购与仓库保管费等，其计算公式为：

$$设备运杂费=设备原价×设备运杂费率 \tag{2-9}$$

其中，设备运杂费率按各部门及省、市有关规定计取。

（4）工具、器具及生产家具购置费

工具、器具及生产家具购置费是指为保证建设项目初期正常生产必须购置的没有达到固定资产标准的设备、仪器、工卡模具、器具、生产家具和备品备件等的购置费用。一般以设备购置费为计算基数，按照部门或行业规定的工具、器具及生产家具费率计算，其计算公式为：

$$工具、器具及生产家具购置费=设备购置费×定额费率 \tag{2-10}$$

2）工程建设其他费用

工程建设其他费用是指在建设期发生的与土地使用权取得、全部工程项目建设以及未来生产经营有关的除工程费用、预备费、增值税、建设期融资费用、流动资金以外的费用。

政府有关部门对建设项目管理监督所发生的，并由其部门财政支出的费用，不得列入相应建设项目的工程造价。

工程建设其他费用的主要费用构成见图2-3。

（1）土地使用费

①土地征用及拆迁补偿费。

土地征用及拆迁补偿费是指依据批准的设计文件规定的范围，依照《中华人民共和国土地管理法》等法律、法规规定应支付的土地征用及拆迁补偿费。

土地补偿费：是指征用耕地（包括菜地、林地等）的补偿费用，包括青苗补偿费和被征用土地上的房屋、树木等附着物补偿费。

安置补助费：征用土地后，需要安置农业人口的补助费。

用地单位缴纳的各种税费：包括耕地占用税或城镇土地使用税，土地登记费及征地管理费等。

土地使用费

建设单位管理费

工程监理费

项目后评价费

可行性研究费

环境影响评价费

劳动安全卫生评价费

节能评估费

地质灾害危险性评价费

压覆矿产资源评估费

研究试验费

工程建设其他费用 { 工程勘察费

工程设计费

场地准备费

建设单位临时设施费

矿山巷道维修费

引进技术和引进设备其他费

工程保险费

联合试运转费

特殊设备安全监督检验费

专利及专有技术使用费

生产准备及开办费

矿产资源矿业权费

······

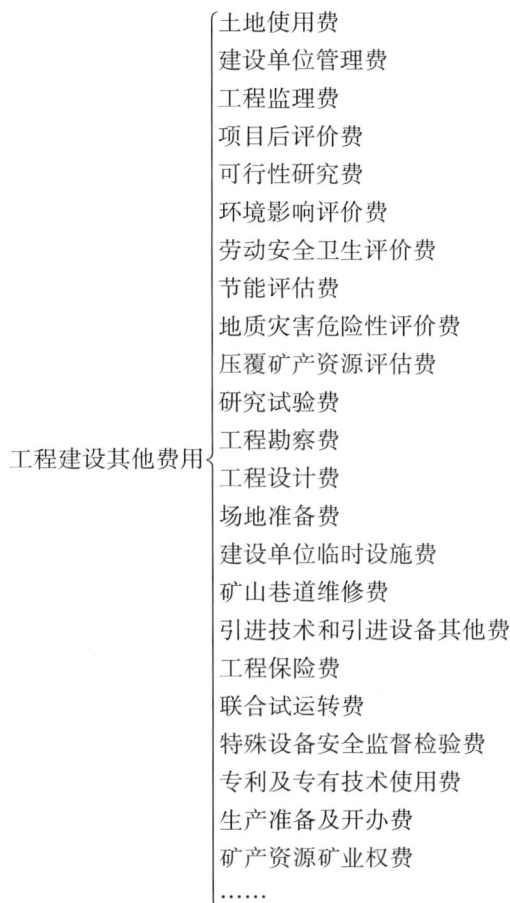

图 2-3 工程建设其他费用主要构成

②土地使用权出让金。

土地使用权出让金是指建设项目通过土地使用权出让方式取得有限期的土地使用权,依照《中华人民共和国城镇国有土地使用权出让和转让暂行条例》规定,支付的土地使用权出让金。

(2)建设单位管理费

建设单位管理费是指项目建设单位从项目筹建之日起至办理竣工财务决算之日止发生的管理性质的支出。包括工作人员薪酬及相关费用、办公费、办公场地租用费、差旅交通费、劳动保护费、工具用具使用费、固定资产使用费、招募生产工人费、技术图书资料费(含软件)、业务招待费、竣工验收费和其他管理性质开支。

实行代建制管理的项目,计列代建管理费等同建设单位管理费,不得同时计列建设单位管理费。委托第三方行使部分管理职能的,其技术服务费列入技术服务费项目。

(3)工程监理费

工程监理费是指受建设单位委托,工程监理单位为工程建设提供监理服务所发生的费用。

（4）项目后评价费

项目后评价一般是指项目投资完成之后所进行的评价。它通过对项目实施过程、结果及其影响进行调查研究和全面系统回顾，与项目决策时确定的目标以及技术、经济、环境、社会指标进行对比，找出差别和变化，分析原因，总结经验，吸取教训，得到启示，提出对策建议，通过信息反馈，改善新一轮投资管理和决策，达到提高投资效益的目的。

（5）可行性研究费

可行性研究费是指在建设项目前期工作中编制和评估项目建议书（或预可行性研究报告）、可行性研究报告所需的费用。

（6）环境影响评价费

环境影响评价费是指在工程项目投资决策过程中，对其进行环境污染或影响评价所需的费用。包括编制环境影响报告书（含大纲）、环境影响报告表和评估等所需的费用以及建设项目竣工验收阶段环境保护验收调查和环境监测、编制环境保护验收报告的费用。

（7）劳动安全卫生评价费

劳动安全卫生评价费是指按照原劳动部《建设项目（工程）劳动安全卫生监察规定》和《建设项目（工程）劳动安全卫生预评价管理办法》的规定，为预测和分析建设项目存在的职业危险、危害因素的种类和危险危害程度，提出先进、科学、合理可行的劳动安全卫生技术和管理对策所需的费用。

（8）节能评估费

节能评估费是指对建设项目的能源利用是否科学合理进行分析评估，并编制节能评估报告所发生的费用。

（9）地质灾害危险性评价费

地质灾害危险性评价费是指通过对建设场地和场地周围的地震活动与地震、地质环境的分析进行的地震活动环境评价、地震地质构造评价、地震地质灾害评价、编制地震安全评价报告书和评估所需的费用。

（10）压覆矿产资源评估费

压覆矿产资源评估费是指对工程建设项目用地范围内是否压覆矿产资源进行统计估算，编制压覆重要矿床评价和评估报告所需的费用。

（11）研究试验费

研究试验费是指为建设项目提供或验证设计参数、数据、资料等进行必要的研究试验以及设计规定在建设过程中必须进行试验、验证所需的费用。包括自行或委托其他部门的专题研究、试验所需人工费、材料费、试验设备及仪器使用费等。这项费用按照设计单位根据本工程项目的需要提出的研究试验内容和要求计算。在计算时要注意不应包括以下项目：

①应由科技三项费用（即新产品试制费、中间试验费和重要科学研究补助费）开支的项目。

②应在建筑安装费用中列支的施工企业对建筑材料、构件和建筑物进行一般鉴定、检查所发生的费用及技术革新的研究试验费。

③应由勘察设计费或工程费用中开支的项目。

（12）工程勘察费

工程勘察费是指勘察人根据发包人的委托，收集已有的资料，现场踏勘，制订勘察纲要，进行测绘、勘探、取样、试验、测试、检测、监测等勘察作业，以及编制工程勘察文件和岩土工程设计文件等收取的费用。

（13）工程设计费

工程设计费是指设计人根据发包人的委托，提供编制建设项目初步设计文件、施工图设计文件、非标准设备设计文件、施工图预算文件、竣工图文件等服务所收取的费用。

（14）场地准备费

场地准备费是指建设项目为达到工程开工条件所发生的场地平整和对建设场地余留的有碍于施工建设的设施进行拆除清理的费用。

（15）建设单位临时设施费

建设单位临时设施费是指建设单位为满足施工建设需要而提供的未列入工程费用的临时水、电、路、信、气、热等工程和临时仓库等建(构)筑物的建设、维修、拆除、摊销费用或租赁费用以及施工期间专用公路养护费、维修费。

（16）矿山巷道维修费

矿山巷道维修费是指巷道工程建成后至移交生产前所发生的维修费用。

（17）引进技术和引进设备其他费

引进技术和引进设备其他费是指引进技术和设备发生的未计入设备费的费用。

（18）工程保险费

工程保险费是指建设项目在建设期间根据需要实施过程保险所需的费用，包括以各种建筑安装工程及其在施工过程中的物料、机器设备未保险标的建筑安装工程一切险和机器损坏保险等。此外还有建筑安装施工团体人身意外伤害保险等。

（19）联合试运转费

联合试运转费是指新建项目或新增加生产能力的工程，在交付生产前按照批准的设计文件所规定的工程质量标准和技术要求，进行整个生产线或装置的联合试运转或局部联动试车所发生的费用净支出。

（20）特殊设备安全监督检验费

特殊设备安全监督检验费是指在施工现场组装的锅炉及压力容器、压力管道、消防设备、燃气设备、电梯等特殊设备和设施，由安全监察部门按照有关安全监察条例和实施细则以及设计技术要求进行安全检验，应由建设项目支付的、向安全监察部门缴纳的费用。

（21）专利及专有技术使用费

专利及专有技术使用费是指在建设期内为取得专利、专有技术、商标权、商誉、特许经营权等发生的费用。

（22）生产准备及开办费

生产准备及开办费是指建设项目为保证正常生产而发生的人员培训费、提前进场费以及投产使用必备的生产办公、生活家具用具及工器具等购置费用。

（23）矿产资源矿业权费

矿产资源矿业权费是指根据《矿产资源权益金制度改革方案》(国发〔2017〕29号)，项目获取矿业权的费用。矿产资源矿业权费就是所有国家出让矿业权、体现国家所有者权益的矿业权出让费用。以拍卖、挂牌方式出让的，竞得人报价金额为矿业权出让费用；以招标方式出让的，依据招标条件，综合择优确定竞得人，并将其报价金额确定为矿业权出让费用。以协议方式出让的,矿业权出让收益按照评估价值、类似条件的市场基准价就高确定。矿业权出让收益在出让时一次性确定,以货币资金方式支付,可以分期缴纳。

3)预备费

预备费包括基本预备费和价差预备费。

(1)基本预备费

基本预备费是指在项目实施中可能发生难以预料的支出,需要事先预留的费用,又称工程建设不可预见费,主要指设计变更及施工过程中可能增加工程量的费用。基本预备费一般由以下三部分构成:

①在批准的初步设计范围内,技术设计、施工图设计及施工过程中所增加的工程费用;设计变更、工程变更、材料代用、局部地基处理等增加的费用。

②一般自然灾害造成的损失和预防自然灾害所采取的措施费用。实行工程保险的工程项目,该费用应适当降低。

③竣工验收时为鉴定工程质量对隐蔽工程进行必要的挖掘和修复费用。

基本预备费按工程费用(即建筑工程费,设备及工器具、生产家具购置费和安装工程费之和)和工程建设其他费用两者之和乘以基本预备费率进行计算。

$$基本预备费=(工程费用+工程建设其他费用)\times 基本预备费率 \qquad (2-11)$$

基本预备费率的取值应执行国家及相关部门的有关规定。

(2)价差预备费

价差预备费是指针对建设项目在建设期间内由于材料、人工、设备等价格可能发生变化引起工程造价变化,而事先预留的费用,亦称为价格变动不可预见费。价差预备费的内容包括人工、设备、材料、施工机械的价差费,建筑安装工程费及工程建设其他费用调整增加的费用,利率、汇率调整等增加的费用。

价差预备费一般根据国家规定的投资综合价格指数,按估算年份价格水平的投资额为基数,采用复利方法计算。计算公式为:

$$PF = \sum_{t=1}^{n} I_t \left[(1+f)^m (1+f)^{0.5} (1+f)^{t-1} - 1 \right] \qquad (2-12)$$

式中:PF为价差预备费,万元;n为建设期年份数;I_t为建设期中第t年的投资计划额,包括工程费用、工程建设其他费用及基本预备费,即第t年的静态投资,万元;f为年均投资价格上涨率;m为建设前期年限(从编制估算到开工建设),年。

2. 建设期贷款利息

建设期贷款利息包括支付银行贷款、出口信贷、债券等的借款利息和为筹集资金而发生的融资费用。建设期贷款利息需要根据项目进度计划,提出建设投资使用计划,列出各年投资额,逐年计息。当建设期用自有资金按期支付利息时,可不必进行换算,直接采用名义利率计算建设期贷款利息。

计算建设期贷款利息时,为了简化计算,通常假定借款均在每年的年中支用,借款当年按半年计息,其余各年份按全年计息,计算公式如下:

采用自有资金付息时,按单利计算:

$$各年应计利息=(年初借款本金累计+本年借款额/2)\times 名义年利率 \qquad (2-13)$$

采用复利方式计息时:

$$各年应计利息 = (年初借款本息累计 + 本年借款额/2) \times 有效年利率 \qquad (2-14)$$

3. 流动资金

流动资金是指项目建成投产后，为进行正常生产运营，用于购买原材料、燃料，支付工资及其他费用等必不可少的周转资金。它是投资项目必须准备的最基本的营运资金。按行业或前期研究阶段的不同，流动资金估算一般采用扩大指标法估算或分项详细估算法。

扩大指标法：参照同类企业流动资金占营业收入或经营成本的比例、或者单位产量占用营运资金的数额估算流动资金。

分项详细估算法：利用流动资产与流动负债估算项目占用的流动资金。流动资金等于项目投产运营后所需全部流动资产扣除流动负债后的差额。流动资产主要考虑应收账款、现金和存货；流动负债主要考虑应付账款。计算公式为：

$$流动资金 = 流动资产 - 流动负债 \qquad (2-15)$$
$$流动资产 = 应收账款 + 存货 + 现金 \qquad (2-16)$$
$$流动负债 = 应付账款 \qquad (2-17)$$
$$流动资金本年增加额 = 本年流动资金 - 上年流动资金 \qquad (2-18)$$

2.2.2　投资估算及概预算

1. 投资估算

1）投资估算的作用

投资估算是可行性研究报告的重要组成部分。单项工程投资估算是项目决策的重要依据之一。可行性研究报告一经批准，估算额应作为工程造价的最高限额，不得任意突破。当初步设计阶段概算额超过可行性研究阶段投资估算额一定比例或遇有国家重大的技术经济政策变化时，建设部门应及时调整估算，说明原因和计算依据，并报原审批部门批准。

2）投资估算的依据

(1) 国家、行业和地方政府的有关矿山开采的规定。

(2) 拟建项目建设方案确定的各项工程建设内容(矿区总体布局、矿井、露天矿以及附属辅助工程)。

(3) 矿山项目设计文件，图示计量或相关专业提供的主要工程量和主要设备清单。

(4) 项目所在地工程造价管理机构或行业协会等编制的投资估算办法、投资估算指标、概算指标(定额)、工程建设其他费用定额(规定)、综合单价、价格指数和有关造价文件等。

(5) 类似矿山工程的各种技术经济指标和参数。

(6) 工程所在地的同期的人工、材料、设备的市场价格，井巷、建筑、采矿工艺及附属设备的市场价格和有关费用。

(7) 其他技术经济资料。

3）投资估算方法

(1) 单位生产能力估算法

依据调查的统计资料，利用相近规模类似项目的单位生产能力投资乘以建设规模，即得拟建项目投资。其计算公式为：

$$C_2 = (C_1/Q_1)Q_2 f \qquad (2-19)$$

式中：C_1 为已建类似项目的静态投资额，万元；C_2 为拟建项目静态投资额，万元；Q_1 为已建类似项目的生产能力；Q_2 为拟建项目的生产能力；f 为不同时期、不同地点的定额、单价、费用变更等的综合调整系数。

这种方法把项目的建设投资与其生产能力的关系视为简单的线性关系，估算简便迅速。这种方法一般只适用于与已建项目在开采方式、开拓方法、生产规模和时间上相近的拟建项目，一般两者间的生产能力比值为 0.2~2。

(2)生产能力指数法

生产能力指数法又称指数估算法，它是根据已建成的类似项目生产能力和投资额来粗略估算拟建项目投资额的方法，是对单位生产能力估算方法的改进。其计算公式为：

$$C_2 = C_1(Q_2/Q_1)^x f \tag{2-20}$$

式中：x 为生产能力指数($0 \leqslant x \leqslant 1$)。

上式表明造价与规模(或容量)呈非线性关系，且单位造价随工程规模(或容量)的增大而减小。生产能力指数法的关键是生产能力指数的确定，一般要结合行业特点确定，并应有可靠的例证。正常情况下，$0 \leqslant x \leqslant 1$。不同生产率水平的国家和不同性质的项目中，$x$ 的取值是不同的。若已建类似项目规模和拟建项目规模的比值在 0.5~2 时，x 的取值近似为 1；若已建类似项目规模与拟建项目规模的比值为 2~50，且拟建项目生产规模的扩大仅靠增大设备规模来达到时，则 x 的取值为 0.6~0.7；若是靠增加相同规格设备的数量达到时，x 的取值为 0.8~0.9。

(3)系数估算法

系数估算法也称为因子估算法，它是以拟建项目的主体工程费或主要设备费为基数，以其他工程费与主体工程费或设备购置费的百分比为系数，估算拟建项目静态投资的方法。在我国常用的方法有设备系数法和主体专业系数法，世界银行项目投资估算常用的方法是朗格系数法。

①设备系数法。设备系数法是指以拟建项目的设备购置费为基数，根据已建成的同类项目的建筑安装费和其他工程费等与设备价值的百分比，求出拟建项目建筑安装工程费和其他工程费，进而求出项目的静态投资。其计算公式为：

$$C = E(1 + f_1 P_1 + f_2 P_2 + f_3 P_3 + \cdots) + I \tag{2-21}$$

式中：C 为拟建项目的静态投资，万元；E 为拟建项目根据当时当地价格计算的设备购置费，万元；P_1，P_2，P_3，…为已建项目中建筑安装工程费及其他工程费等与设备购置费的比例；f_1，f_2，f_3，…为由时间地点因素引起的定额、价格、费用标准等变化的综合调整系数；I 为拟建项目的其他费用，万元。

②主体专业系数法。主体专业系数法是指以拟建项目中投资比重较大，并与生产能力直接相关的工艺设备投资为基数，根据已建同类项目的有关统计资料，计算出拟建项目各专业工程(采矿、总图、土建、采暖、给排水、电气、自控等)与工艺设备投资的百分比，据此求出拟建项目各专业投资，然后加总即为拟建项目的静态投资。其计算公式为：

$$C = E(1 + f_1 P_1' + f_2 P_2' + f_3 P_3' + \cdots) + I \tag{2-22}$$

式中：P_1'，P_2'，P_3'，…为已建项目中各专业工程费用与工艺设备投资的比重。

③朗格系数法。这种方法是以设备费为基数，乘以适当系数来推算项目的建设费用。其计算公式为：

$$D = C(1 + \sum K_i)K_c = CK_L \tag{2-23}$$

式中：D 为建设项目静态投资，万元；C 为主要设备费用，万元；K_L 为朗格系数；K_i 为管线、仪表、建筑物等项费用的估算系数；K_c 为管理费、合同费、应急费等项费用的总估算系数。

（4）比例估算法

比例估算法是根据已知的同类建设项目主要生产工艺设备占整个建设项目的投资比例，先逐项估算出拟建项目主要生产工艺设备投资，再按比例估算拟建项目的静态投资的方法。其计算公式为：

$$I = \frac{1}{K} \sum_{i=1}^{n} Q_i P_i \tag{2-24}$$

式中：I 为拟建项目的静态投资，万元；K 为已建项目主要设备投资占拟建项目投资的比例；n 为设备种类数；Q_i 为第 i 种设备的数量；P_i 为第 i 种设备的单价（到厂价格），万元。

比例估算法主要应用于设计深度不足，拟建矿山建设项目与类似矿山建设项目的主要采矿工艺设备投资比重较大，行业内相关系数等基础资料完备的情况。

（5）混合法

混合法通常是指采用生产能力指数法与比例估算法混合或系数估算法与比例估算法混合估算其相关投资额的方法。

以上投资估算方法均为经验类比法，需要有大量成熟的类似案例来进行类比。工艺和设备新颖、工程情况和条件复杂、项目结构复杂的矿山项目投资估算时缺乏类比指标和数据，在实际工作中往往根据主体工程分部分项工程量参考相关综合定额或概算定额进行投资估算编制。

4）建设项目估算书的组成

（1）编制说明应包括投资范围、编制依据、建设投资构成及投资分析。

（2）建设项目投资总估算见表2-4。

表 2-4 ××工程总估算表

序号	工程及费用名称	估算价值/万元						占总值百分比/%	技术经济指标		
		建筑	设备	安装	工器具	其他	总值		单位	数量	指标
一	工程费用(1+2+3)										
1	主要生产及直属生产工程										
1.1	露天采场										
	基建勘探										
	基建剥离										
	露天排水										
	采矿设备										
	……										
1.2	地下开采工程										

183

续表2-4

序号	工程及费用名称	估算价值/万元						占总值百分比/%	技术经济指标		
		建筑	设备	安装	工器具	其他	总值		单位	数量	指标
	基建勘探										
	井筒工程										
	巷道工程										
	硐室工程										
	采切工程										
	采矿设备										
	……										
2	辅助生产及公用生产系统										
2.1	总图运输工程										
2.2	给排水工程										
2.3	供电工程										
	……										
3	行政管理及服务性工程										
3.1	办公楼										
3.2	食堂浴室										
	……										
4	工程建设其他费用										
4.1	土地使用费										
4.2	建设单位管理费										
4.3	工程建设监理费										
4.4	可行性研究费										
	……										
5	预备费										
6	建设投资（1+2+3+4+5）										
	占建设投资百分比/%										

2. 初步设计概算

1）初步设计概算的概念及其编制内容

初步设计概算是以初步设计文件为依据，按照规定的程序、方法和依据，对建设项目总投资及其构成进行的概略计算。具体而言，初步设计概算是在投资估算的控制下由设计单位根据初步设计或扩大初步设计的图纸及说明，国家或地区颁发的概算指标、概算定额、综合指标预算定额、各项费用定额或取费标准(指标)，建设地区自然、技术经济条件，设备材料预算价格等资料，对建设项目从筹建至竣工交付使用所需全部费用进行的预计。设计概算的成果文件称作初步设计概算书，也简称初步设计概算。

初步设计概算书是初步设计文件的重要组成部分，其特点是编制工作相对简略，无须达到施工图预算的准确程度。采用两阶段设计的建设项目，初步设计阶段必须编制初步设计概算；采用三阶段设计的，扩大初步设计阶段必须编制修正概算。

初步设计概算的编制内容包括静态投资和动态投资两个层次。静态投资作为考核工程设计和施工图预算的依据；动态投资作为项目筹措、供应和控制资金使用的限额。

初步设计概算经批准后，一般不得调整。如果由于下列原因需要调整概算时，应由建设单位调查分析变更原因，报主管部门审批同意后，由原设计单位核实编制调整概算，并按有关审批程序报批。当影响工程概算的主要因素查明且工程量完成了一定量后，方可对其进行调整。一个工程只允许调整一次概算。允许调整概算的原因包括以下几点：超出原设计范围的重大变更；超出基本预备费规定范围不可抗拒的重大自然灾害引起的工程变动和费用增加；超出工程造价调整预备费的国家重大政策性的调整。

2) 初步设计概算的作用

初步设计概算是工程造价在设计阶段的表现形式，但其并不具备价格属性。因为初步设计概算不是在市场竞争中形成的，而是设计单位根据有关依据计算出来的工程建设的预期费用，用于衡量建设投资是否超过估算并据此控制下一阶段费用支出。初步设计概算的主要作用是控制以后各阶段的投资，具体表现为：

(1) 初步设计概算是编制固定资产投资计划、确定和控制建设项目投资的依据。初步设计概算投资应包括建设项目从立项、可行性研究、设计、施工、试运行到竣工验收等的全部建设资金。按照国家有关规定，编制年度固定资产投资计划，确定计划投资总额及其构成数额，要以批准的初步设计概算为依据，没有批准的初步设计文件及其概算，建设工程不能列入年度固定资产投资计划。

初步设计概算一经批准，将作为控制建设项目投资的最高限额。在工程建设过程中，年度固定资产投资计划安排、银行拨款或贷款、施工图设计及其预算、竣工决算等，未经规定程序批准，都不能突破这一限额，以确保对建设单位固定资产投资计划的严格执行和有效控制。

(2) 初步设计概算是控制施工图设计和施工图预算的依据。经批准的初步设计概算是建设工程项目投资的最高限额。设计单位必须按批准的初步设计和总概算进行施工图设计，施工图预算不得突破初步设计概算，初步设计概算批准后不得任意修改和调整；如需修改或调整时，必须经原批准部门重新审批。竣工结算不能突破施工图预算，施工图预算不能突破初步设计概算。

(3) 初步设计概算是衡量设计方案技术经济合理性和选择最佳设计方案的依据。设计部门在初步设计阶段要选择最佳设计方案，初步设计概算是从经济角度衡量设计方案经济合理性的重要依据。因此，初步设计概算是衡量设计方案技术经济合理性和选择最佳设计方案的依据。

(4)初步设计概算是编制招标控制价(标底)和投标报价的依据。以初步设计概算进行招投标的工程,招标单位以初步设计概算作为编制招标控制价(标底)及评标定标的依据。承包单位可以初步设计概算为依据,编制合适的投标报价,以在投标竞争中取胜。

(5)初步设计概算是签订建设工程合同和贷款合同的依据。法律中明确规定,建设工程合同价款是以设计概算价为依据,且总承包合同不得超过设计总概算的投资额。

银行贷款或各单项工程的拨款累计总额不能超过初步设计概算。如果项目投资计划所列支投资额与贷款突破初步设计概算时,必须查明原因,之后由建设单位报请相关主管部门调整或追加初步设计概算总投资。

3)初步设计概算的编制内容

初步设计概算文件的编制应采用单位工程概算、单项工程综合概算、建设项目总概算三级概算编制形式。当建设项目为一个单项工程时,可采用单位工程概算、总概算两级概算编制形式。三级概算之间的相互关系和费用构成见图2-4。

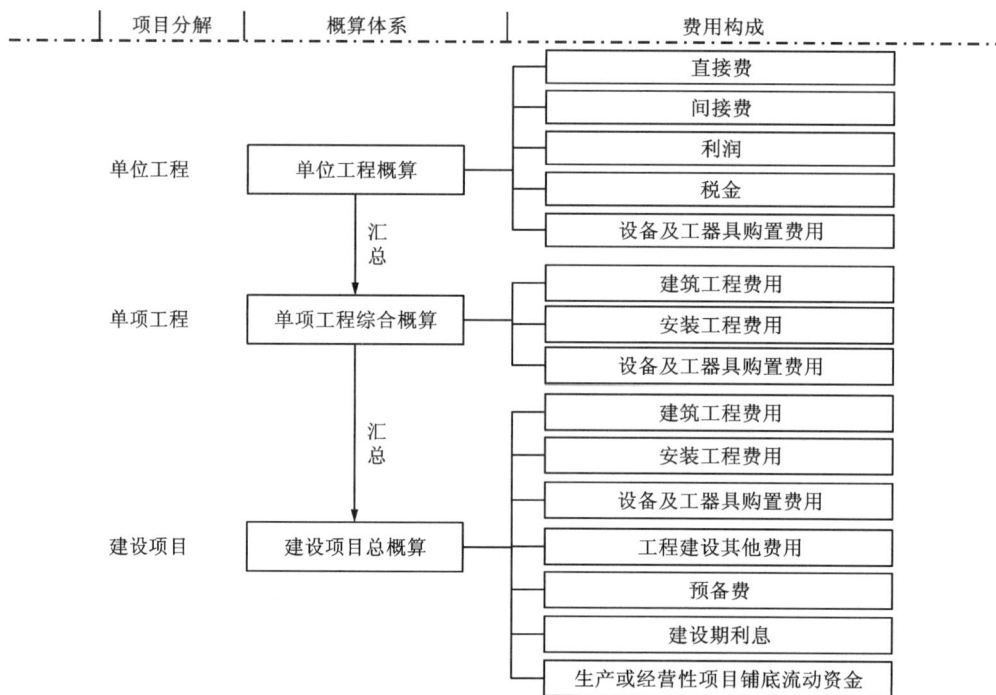

图 2-4 三级概算之间的相互关系和费用构成

(1)单位工程概算

单位工程是指具有单独设计文件、能够独立组织施工的工程,是单项工程的组成部分。单位工程概算是确定各单位工程建设费用的文件,也是编制单项工程综合概算(或项目总概算)的依据,还是单项工程综合概算的组成部分。单位工程概算按其工程性质可分为建筑工程概算和设备及安装工程概算两大类。建筑工程概算包括露天采剥工程概算,井筒掘砌工程概算,巷道掘砌工程概算,土建工程概算,给排水、采暖工程概算,通风空调工程概算,电气照明工程概算,弱电工程概算,特殊构筑物工程概算等;设备及安装工程概算包括机械设备及安装工程概算，电气设备及安装工程概算，热力设备及安装工程概算，工具、器具及生产家具购置费概算等。

（2）单项工程综合概算

单项工程是建设项目的组成部分，也是一个复杂的综合体，建成后可以独立发挥生产能力或工程效益，更是一个具有独立存在意义的完整工程，如露天采场、主井工程、中段开拓工程、采切工程、原矿运输工程、井下排水工程、取水工程、外部供电工程等。

4）初步设计概算编制依据

（1）初步设计概算的编制依据

初步设计概算的编制依据主要包括法律法规、相关文件和费用资料及施工现场资料等，具体见表 2-5。

表 2-5　初步设计概算编制依据

序号		编制依据
1	法律法规	国家、行业和地方政府有关建设和造价管理的法律、法规、规章、规程、标准等
2	相关文件和费用资料	初步设计或扩大初步设计图纸、设计说明书、设备清单和材料表等
		批准的建设项目设计任务书（或批准的可行性研究报告）和主管部门的有关规定
		国家或省、自治区、直辖市现行的建筑设计概算定额（综合预算定额或概算指标），现行的安装设计概算定额（或概算指标），类似工程概预算及技术经济指标
		建设工程所在地区的人工工资标准、材料预算价格、施工机械台班预算价格、标准设备和非标准设备价格资料，现行的设备原价及运杂费率，各类造价信息和指数
		国家或省、自治区、直辖市现行的建筑安装工程间接费定额和有关费用标准。工程所在地区的土地征购、房屋拆迁、青苗补偿等费用和价格资料
		资金筹措方式或资金来源
		正常的施工组织设计及常规施工方案
		项目涉及的有关文件、合同、协议等
3	施工现场资料	建设项目的工程地质、地形地貌等自然条件资料和建设工程所在地区的有关技术经济条件资料
		项目所在地区有关的气候、水文等自然条件
		项目所在地区的经济、人文等社会条件
		项目的技术复杂程度以及新工艺、新材料、新技术、新结构、专利使用情况等
		建设项目拟定的建设规模、生产能力、工艺流程、设备及技术要求等情况
		项目建设的准备情况，包括"三通一平"，施工方式的确定，施工用水、用电的供应等因素

（2）初步设计概算的编制要求

①初步设计概算应按编制时项目所在地的价格水平编制，总投资应完整地反映编制时建设项目的实际投资情况。

②初步设计概算应结合项目所在地设备和材料市场供应情况、建筑安装施工市场变化，

按项目合理工期预测建设期价格水平，同时考虑资产租赁和贷款的时间价值等动态因素对投资的影响。

③初步设计概算应考虑建设项目施工条件以及能够承担项目施工的工程公司情况等因素对投资的影响。

5）初步设计概算编制方法

建筑工程概算的编制方法有：概算定额法、概算指标法、类似工程预算法等。设备及安装工程概算的编制方法有：预算单价法、扩大单价法、设备价值百分比法和综合吨位指标法等。

（1）概算定额法

概算定额法又称为扩大单价法或扩大结构定额法。概算定额法要求初步设计达到一定深度，建筑结构比较明确，能按照初步设计的平面、立面、剖面图纸计算出楼地面、墙身、门窗和屋面等分部工程(或扩大结构件)项目的工程量时，才可采用。概算定额法编制初步设计概算的步骤见图2-5。

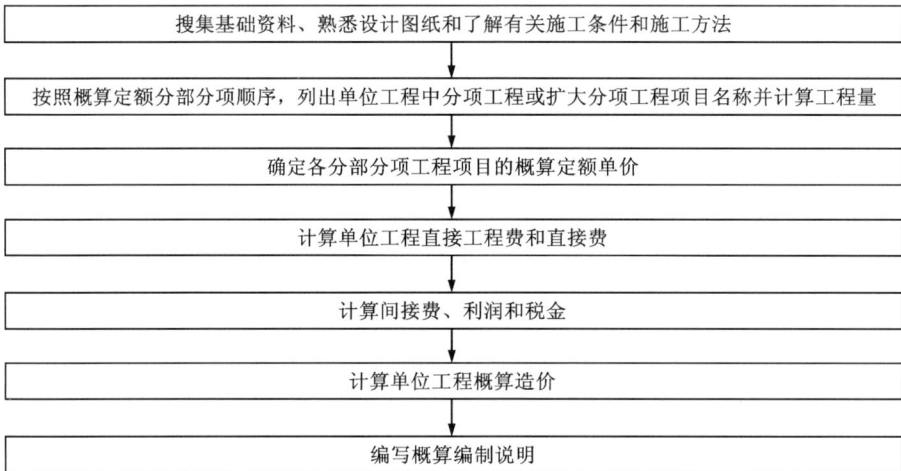

图 2-5　初步设计概算编制步骤（概算定额法）

（2）概算指标法

概算指标法的适用情况包括：

①在方案设计中，由于设计无详图而只有概念性设计时，或初步设计深度不够，不能准确地计算出工程量，但工程设计采用的技术比较成熟时可以选定与该工程相似类型的概算指标编制概算。

②设计方案急需造价估算而又有类似工程概算指标可以利用的情况。

③图样设计间隔很久后再来实施，概算造价不适用于当前情况而又急需确定造价的情形下，可按当前概算指标来修正原有概算造价。

④通用设计图设计可组织编制通用图设计概算指标来确定造价。

直接套用概算指标时，拟建工程应符合以下条件：

①拟建工程的建设地点与概算指标中的工程建设地点相同。

②拟建工程的工程特征和结构特征与概算指标中的工程特征、结构特征基本相同。

③拟建工程的建筑面积与概算指标中工程的建筑面积相差不大。

拟建工程结构特征与概算指标有局部差异时应对概算指标进行调整,指标调整公式如下:

$$结构变化修正概算指标(元/m^2) = J + Q_1P_1 - Q_2P_2 \tag{2-25}$$

式中:J 为原概算指标;Q_1 为概算指标中换入结构的工程量;Q_2 为概算指标中换出结构的工程量;P_1 为换入结构的工料单价;P_2 为换出结构的工料单价。

(3)类似工程预算法

类似工程预算法适用于拟建工程初步设计与已完工程或在建工程的设计相类似而又没有可用的概算指标时采用,类似工程预算法的编制步骤见图 2-6。

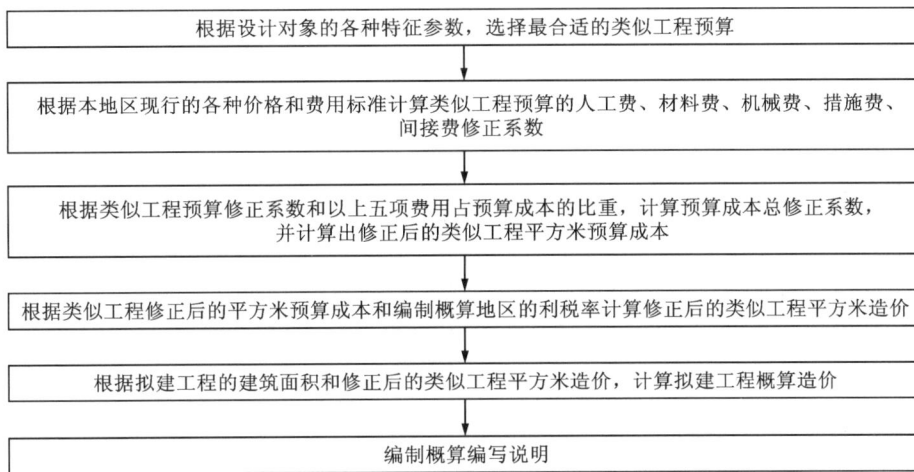

图 2-6　初步设计概算编制步骤(类似工程预算法)

类似工程造价资料只有人工、材料、机械台班费用和措施费、间接费等费用或费率时,要对价差进行调整,调整公式如下:

$$D = AK \tag{2-26}$$
$$K = aK_1 + bK_2 + cK_3 + dK_4 \tag{2-27}$$

式中:D 为拟建工程成本单价;A 为类似工程成本单价;K 为成本单价综合调整系数;a、b、c、d 分别为类似工程预算的人工费、材料费、施工机具使用费、企业管理费占预算成本的比重,如 a=类似工程人工费/类似工程预算成本×100%,b、c、d 类同;K_1、K_2、K_3、K_4 分别为拟建工程地区与类似工程预算造价在人工费、材料费、施工机具使用费、企业管理费之间的差异系数,如 K_1=拟建工程概算的人工费/类似工程预算人工费,K_2、K_3、K_4 类同。

(4)预算单价法

当初步设计较深,有详细的设备清单时,可直接按安装工程预算定额单价编制安装工程概算。该法计算比较具体,精确性较高。

(5)扩大单价法

当初步设计深度不够,设备清单不完备,只有主体设备或仅有成套设备重量时,可采用主体设备、成套设备的综合扩大安装单价来编制概算。

（6）设备价值百分比法（安装设备百分比法）

当初步设计深度不够，只有设备出厂价而无详细规格、重量时，安装费可按占设备费的百分比计算。该法常用于价格波动不大的定型产品和通用设备产品。

（7）综合吨位指标法

当初步设计提供的设备清单有规格和设备重量时，可采用综合吨位指标编制概算。该法常用于设备价格波动较大的非标准设备和引进设备的安装工程概算。

6）概算书的组成及表格

（1）封面：建设项目名称、编制单位名称、日期等。

（2）扉页：编制及审核人员名单。

（3）编制说明：概况、投资范围、编制依据、总投资构成表、投资分析、其他需说明的问题。

（4）项目总概算表见表2-6。

（5）单位工程综合概算表见表2-7。

表2-6　××工程总概算表

序号	工程及费用名称	概算价值/万元						占总值百分比/%	技术经济指标		
		建筑	设备	安装	工器具	其他	总值		单位	数量	指标
一	工程费用(1+2+3)										
1	主要生产及直属生产工程										
2	辅助生产及公用生产系统										
3	行政管理及服务性工程										
4	工程建设其他费用										
5	预备费										
6	建设投资(1+2+3+4+5)										
	占建设投资的比重/%										
7	建设投资贷款利息										
8	建设项目总造价(6+7)										
9	铺底流动资金										
10	建设项目报批总投资(8+9)										

表 2-7 综合概算表

综合概算编号： 　　　　工程名称(单项工程)： 　　　　单位：万元 共 页 第 页

编号	工程及费用名称	概算价值/万元						占总值百分比/%	技术经济指标		
		建筑	设备	安装	工器具	其他	总值		单位	数量	指标
1	掘进与支护										
2	矿山机械设备及安装										
3	供电设备及安装										
4	给排水设备及安装										
5	……										
	综合概算价值										

3.施工图预算

1)施工图预算的含义及作用

(1)施工图预算的含义

施工图预算是以施工图设计文件为依据,按照规定的程序、方法,在工程施工前对工程项目的工程费用进行预测与计算。施工图预算的成果文件称作施工图预算书,简称施工图预算,它是在施工图设计阶段对工程建设所需资金作出较精确计算的设计文件。

施工图预算价格既可以是按照政府统一规定的预算单价、取费标准、计价程序计算而得到的属于计划或预期性质的施工图预算价格,又可以是通过招标投标法定程序后施工企业根据自身的实力即企业定额、资源市场单价以及市场供求及竞争状况计算得到的反映市场性质的施工图预算价格。

(2)施工图预算的作用

施工图预算作为建设工程建设程序中一个重要的技术经济文件,在工程建设实施过程中具有十分重要的作用,可以归纳为以下几个方面:

①施工图预算对投资方的作用。

a.施工图预算是设计阶段控制工程造价的重要环节,是控制施工图设计不突破初步设计概算的重要措施。

b.施工图预算是控制造价及资金合理使用的依据。施工图预算确定的预算造价是工程的计划成本,投资方按施工图预算造价筹集建设资金,合理安排建设资金计划,确保建设资金的有效使用,保证项目建设顺利进行。

c.施工图预算是确定工程招标控制价的依据。在设置招标控制价的情况下,建筑安装工程的招标控制价可按照施工图预算来确定。招标控制价通常是在施工图预算的基础上考虑工程的特殊施工措施、工程质量要求、目标工期、招标工程范围以及自然条件等因素进行编制的。

d.施工图预算可以作为确定合同价款、拨付工程进度款及办理工程结算的基础。

②施工图预算对施工企业的作用。

a. 施工图预算是建筑施工企业投标报价的基础。在激烈的建筑市场竞争中，建筑施工企业需要根据施工图预算，结合企业的投标策略，确定投标报价。

b. 施工图预算是建筑工程预算包干的依据和签订施工合同的主要内容。在采用总价合同的情况下，施工单位通过与建设单位协商，可在施工图预算的基础上，考虑设计或施工变更后可能发生的费用与其他风险因素，增加一定系数作为工程造价一次性包干价。同样，施工单位与建设单位签订施工合同时，其中工程价款的相关条款也必须以施工图预算为依据。

c. 施工图预算是施工企业安排调配施工力量、组织材料供应的依据。施工企业在施工前，可以根据施工图预算的工、料、机分析，编制资源计划，组织材料、机具、设备和劳动力供应，并编制进度计划，统计完成的工作量，进行经济核算并考核经营成果。

d. 施工图预算是施工企业控制工程成本的依据。根据施工图预算确定的中标价格是施工企业收取工程款的依据，企业只有合理利用各项资源，采取先进技术和管理方法，将成本控制在施工图预算价格以内，才能获得良好的经济效益。

e. 施工图预算是进行"两算"对比的依据。施工企业可以通过施工图预算和施工预算的对比分析，找出差距，采取必要的措施。

③施工图预算对其他方面的作用。

a. 对于工程咨询单位而言，尽可能客观、准确地为委托方做出施工图预算，不仅体现出其水平、素质和信誉，而且强化了投资方对工程造价的控制，有利于节省投资，提高建设项目的投资效益。

b. 对于工程项目管理、监督等中介服务企业而言，客观准确的施工图预算是为业主方提供投资控制的依据。

c. 对于工程造价管理部门而言，施工图预算是其监督、检查执行定额标准、合理确定工程造价、测算造价指数以及审定工程招标控制价的重要依据。

d. 如在履行合同的过程中发生经济纠纷，施工图预算还是有关仲裁、管理、司法机关按照法律程序处理、解决问题的依据。

2) 编制依据

(1) 国家、行业和地方政府有关工程建设和造价管理的法律、法规和规定。

(2) 经过批准和会审的施工图设计文件，包括设计说明书、标准图、图纸会审纪要、设计变更通知单及经建设主管部门批准的初步设计概算文件。

(3) 施工现场勘察地质、水文、地貌、交通、环境及标高测量资料等。

(4) 预算定额(或单位估价表)、地区材料市场与预算价格等相关信息以及颁布的材料预算价格、工程造价信息、材料调价通知、取费调整通知等；工程量清单计价规范。

(5) 当采用新结构、新材料、新工艺、新设备而定额缺项时，按规定编制的补充预算定额，也是编制施工图预算的依据。

(6) 合理的施工组织设计和施工方案等文件。

(7) 工程量清单、招标文件、工程合同或协议书。它们明确了施工单位承包的工程范围，应承担的责任、义务和享有的权利。

(8) 项目有关的设备、材料供应合同、价格及相关说明书。

(9) 项目的技术复杂程度以及新技术、专利使用情况等。

（10）项目所在地区有关的气候、水文、地质、地形、地貌等自然条件。

（11）项目所在地区有关的经济、人文等社会条件。

（12）预算工作手册、常用的各种数据、计算公式、材料换算表、常用标准图集及各种必备的工具书。

3）施工图预算的编制方法

单位工程施工图预算中的建筑安装工程费应根据施工图设计文件、预算定额（或综合单价）以及人工、材料及施工机械台班等价格资料进行计算。主要编制方法有定额计价方法和清单计价方法。

（1）定额计价方法

定额计价方法主要有定额单价法和实物量法。

①定额单价法。定额单价法又称工料单价法或预算单价法。分部分项工程的单价为直接工程费单价，将分部分项工程量乘以对应分部分项工程单价后的合计作为单位直接工程费，直接工程费汇总后，再根据规定的计算方法计取措施费、间接费、利润和税金，将上述费用汇总后得到该单位工程的施工图预算造价。定额单价法中的单价一般采用地区统一单位估价表中的各分项工程工料单价（定额基价）。定额单价法计算公式如下：

建筑安装工程预算造价=（∑分项工程量×分项工程工料单价）+措施费+间接费+利润+税金

$$(2-28)$$

②实物量法。用实物量法编制单位工程施工图预算，就是根据施工图计算的各分项工程量分别乘以地区定额中人工、材料、施工机械台班的定额消耗量，分类汇总得出该单位工程所需的全部人工、材料、施工机械台班消耗数量，再乘以当时当地人工工日单价、各种材料单价、施工机械台班单价，求出相应的人工费、材料费、机械使用费，就可以求出该工程的直接费。间接费、利润及税金等费用计取方法与前文介绍的预算单价法相同。实物量法编制施工图预算的公式如下：

单位工程直接工程费=人工费+材料费+机械使用费=综合工日消耗量×综合工日单价+

∑（各种材料消耗量×相应材料单价）+

∑（各种机械消耗量×相应机械台班单价）　　　（2-29）

建筑安装工程预算造价=单位工程直接工程费+措施费+间接费+利润+税金　（2-30）

实物量法的优点是能较及时地将反映各种材料、人工、机械的当时当地市场单价计入预算价格，不需调价，反映当时当地的工程价格水平。

（2）清单计价方法（综合单价法）

工程量清单计价方法是一种区别于定额计价方法的新计价方法，是一种主要由市场定价的计价方法，是由建设产品的买方和卖方在建设市场上根据供求状况、信息状况进行自由竞价，从而最终能够据此签订工程合同的方法。因此，可以说工程量清单的计价方法是在建设市场建立、发展和完善过程中的必然产物。随着社会主义市场经济的发展，从 2003 年在全国范围内开始逐步推广建设工程工程量清单计价至 2008 年推出新版建设工程工程量清单计价规范，标志着我国工程量清单计价方法的应用逐渐完善。在实践的基础上，2013 年对工程量清单计价规范进行了进一步修编和完善，形成了相应的建设工程工程量清单计价规范及各专业工程的计量规范。

工程量清单计价的基本原理可以描述为：在清单计价规范规定的统一的工程量清单项目

设置和工程量清单计算规则的基础上，针对具体工程的施工图纸和施工组织设计计算出各个清单项目的工程量；根据规定的方法计算出综合单价，并汇总各清单报价得出工程总价。

$$分部分项工程费 = \sum 分部分项工程量 \times 相应分部分项综合单价 \qquad (2\text{-}31)$$
$$措施项目费 = \sum 各措施项目费 \qquad (2\text{-}32)$$
$$其他项目费 = 暂列金额 + 暂估价 + 计日工 + 总承包服务费 \qquad (2\text{-}33)$$
$$单位工程报价 = 分部分项工程费 + 措施项目费 + 其他项目费 + 规费 + 税金 \qquad (2\text{-}34)$$
$$单项工程报价 = \sum 单位工程报价 \qquad (2\text{-}35)$$
$$建设项目总报价 = \sum 单项工程报价 \qquad (2\text{-}36)$$

其中，综合单价是指完成一个规定清单项目所需的人工费、材料费、工程设备费、施工机具使用费和企业管理费、利润以及一定范围内的风险费用。风险费用是隐含于已标价工程量清单综合单价中，用于化解发承包双方在工程合同中约定内容和范围内的市场价格波动风险的费用。

暂列金额是指招标人在工程量清单中暂定并包括在合同价款中的一笔款项，用于工程合同签订时尚未确定或者不可预见的所需材料、工程设备、服务的采购，施工中可能发生的工程变更、合同约定调整因素出现时的合同价款调整以及发生的索赔、现场签证确认等的费用。

暂估价是指招标人在工程量清单中提供的用于支付必然发生但暂时不能确定价格的材料、工程设备的单价以及专业工程的金额。

计日工是指在施工过程中，承包人完成发包人提出的工程合同范围以外的零星项目或工作，按合同中约定的单价计价的一种方式。

总承包服务费是指总承包人为配合协调发包人进行工程分包中自行采购的设备、材料等进行管理、服务以及施工现场管理、竣工资料汇总整理等所需的费用。

工程量清单计价活动涵盖施工招标、合同管理以及竣工交付全过程，主要包括编制招标工程量清单、招标控制价、投标报价、确定合同价、进行工程计量与价款支付、合同价款的调整、工程结算和工程计价纠纷处理等活动。

4）施工图预算组成及表格

（1）封面：建设项目名称、业主单位名称、编制单位名称、编制日期等。

（2）扉页：工程总造价、编制单位名称、编制人员及其证章、审核人员及其证章、编制单位盖章、编制日期等内容。

（3）编制说明：编制说明主要是文字说明，内容包括工程概况，编制依据、范围，有关未定事项、遗留事项的处理方法，特殊项目的计算措施，在预算书表格中无法反映出来的问题以及其他必须说明的情况等。

（4）总预算表（见表2-8）。

（5）单项工程预算表（见表2-9）。

（6）单位工程费用汇总表（见表2-10）包括：

①分部分项工程和单价措施项目计价表（见表2-11）；

②综合单价分析表（见表2-12）；

③总价措施项目清单与计价表（见表2-13）；

④其他项目清单与计价汇总表（见表2-14）；

⑤暂列金额明细表(见表 2-15);

⑥材料(工程设备)暂估单价及调整表(见表 2-16);

⑦专业工程暂估价及结算价表(见表 2-17);

⑧计日工表(见表 2-18);

⑨总承包服务费计价表(见表 2-19);

⑩规费、税金项目清单与计价表(见表 2-20)。

表 2-8　总预算表

总预算编号:××　　　　　　工程名称:××　　　　　　单位:万元　　　　　　共××页第××页

序号	预算编号	工程项目或费用名称	建筑工程费	设备及工器具购置费	安装工程费	其他费用	合计	引进部分		占总投资比例/%
								单位	指标	
一		工程费用								
1		主要工程								
		××××								
		××××								
2		辅助工程								
		××××								
3		配套工程								
		××××								
二		其他费用								
1		××××								
2		××××								
三		预备费								
四		专项费用								
		××××								
		××××								
		建设项目预算总投资								

编制人:×××　　　　　　　　　审核人:×××　　　　　　　　　项目负责人:×××

表 2-9 单项工程预算表

工程名称：××工程

单位：元

序号	单项工程名称	金额	暂估价	安全文明施工费	规费
1	××井筒工程				
2	××巷道工程				
3	××硐室工程				
……					
合计					

表 2-10 单位工程费用汇总表

工程名称：××工程

单位：元

序号	汇总内容	金额	暂估价
1	分部分项工程		
1.1	……		
2	措施项目		
2.1	其中：安全文明施工费		
3	其他项目		
3.1	其中：暂列金额		
3.2	其中：专业工程暂估价		
3.3	其中：计日工		
3.4	其中：总承包服务费		
4	规费		
5	税金		
6	合计：1+2+3+4+5		

表 2-11 分部分项工程和单价措施项目计价表

工程名称：××工程

序号	项目编号	项目名称	项目特征	计量单位	工程量	综合单价/元	合价/元	暂估价/元
1		××井筒掘进						
2		××井筒支护						
3		××巷道掘进						
4		××巷道支护						
5		××硐室掘进						

续表2-11

序号	项目编号	项目名称	项目特征	计量单位	工程量	综合单价/元	合价/元	暂估价/元
6		××硐室支护						
		……						
	本页小计							
合 计								

表 2-12　综合单价分析表

工程名称：××工程标段

项目编码		项目名称		计量单位		工程量	
清单综合单价组成明细							

定额编号	定额名称	定额单位	数量	单价/元				合价/元			
				人工费	材料费	机械费	管理费和利润	人工费	材料费	机械费	管理费和利润

人工单价/(元·工日$^{-1}$)	小计		
未计价材料费			
清单项目综合单价			

材料费明细	主要材料名称、规格、型号	单位	数量	单价/元	合价/元	暂估单价/元	暂估合价/元
	××××						
	××××						
	其他材料费						
	材料费小计						

注：1. 如不使用省级或行业建设主管部门发布的计价依据，可不填定额编号、名称等。

2. 招标文件提供了暂估单价的材料，按暂估的单价填入表内"暂估单价"栏及"暂估合价"栏。

表 2-13 总价措施项目清单与计价表

工程名称：××工程标段

序号	项目编码	项目名称	计算基础	费率/%	金额/元	调整费率/%	调整后金额/元	备注
1		安全文明施工费						
2		夜间施工增加费						
3		二次搬运费						
4		冬雨季施工增加费						
5		已完工程及设备保护费						
……								
		合计						

编制人： （造价人员）　　　复核人： （造价人员）

注：1."计算基础"中安全文明施工费可为"定额基价""定额人工费"或"定额人工费+定额机械费"，其他项目可为"定额人工费"或"定额人工费+定额机械费"。

2.按施工方案计算的措施费，若无"计算基础"和"费率"的数值，也可只填"金额"数值，但应在备注栏说明施工方案出处或计算方法。

表 2-14 其他项目清单与计价汇总表

工程名称：××工程标段

序号	项目名称	金额/元	结算金额/元	备注
1	暂列金额			
2	暂估价			
2.1	材料暂估价			
2.2	专业工程暂估价			
3	计日工			
4	总承包服务费			
5	索赔及现场签证			
……				
	合计			

表 2-15 暂列金额明细表

工程名称：××工程标段

序号	项目名称	计量单位	暂定金额/元	备注
1	××设备			
2	××材料			

续表2-15

序号	项目名称	计量单位	暂定金额/元	备注
	……			
合计				

注：由招标人填写，如不能详列，也可只列暂列金额总额，投标人应将上述暂列金额计入投标总价中。

表 2-16 材料(工程设备)暂估单价及调整表

工程名称：××工程标段

序号	材料(工程设备)名称、规格、型号	计量单位	数量		单价/元		合价/元		差额/元	备注
			暂估	确认	暂估	确认	暂估	确认		
1	硝铵炸药									
2	合金钢钻头									
……										
合计										

注：由招标人填写暂估单价，并在备注栏说明暂估价的材料、工程设备拟用在哪些清单项目上，投标人应在上述材料、工程设备暂估单价计入工程量清单综合单价报价中。

表 2-17 专业工程暂估价及结算价表

工程名称：××工程标段

序号	工程名称	工作内容	暂估金额/元	结算金额/元	差额/元	备注
1	××专业工程					
……						
合计						

注：暂估金额由招标人填写，投标人应将暂估金额计入投标总价中。结算时按合同约定结算金额填写。

表 2-18 计日工表

工程名称：××工程标段

序号	项目名称	单位	暂定数量	综合单价	合价
一	人工				
1					
2					
……					
人工小计					
二	材料				
1					

续表2-18

序号	项目名称	单位	暂定数量	综合单价	合价
2					
……					
材料小计					
三	施工机械				
1					
2					
……					
施工机械小计					
总计					

注：项目名称、暂定数量由招标人填写，编制招标控制价时，单价由招标人按有关规定确定；投标时，单价由投标人自主报价，按暂定数量计算合价计入投标总价中。

表2-19　总承包服务费计价表

工程名称：××工程标段

序号	项目名称	项目价值/元	服务内容	费率/%	金额/元
1	发包人发包专业工程				
2	发包人提供材料				
合计					

注：项目名称、服务内容由招标人填写，编制招标控制价时，费率及金额由招标人按有关计价规定确定；投标时，费率及金额由投标人自主报价，计入投标总价中。

表2-20　规费、税金项目清单与计价表

工程名称：××工程标段

序号	项目名称	计算基础	费率/%	金额/元
1	规费			
1.1	社会保障费			
（1）	养老保险费			
（2）	失业保险费			
（3）	医疗保险费			
（4）	工伤保险费			
（5）	生育保险费			
1.2	住房公积金			
1.3	环境保护税			

续表2-20

序号	项目名称	计算基础	费率/%	金额/元
2	税金	分部分项工程费+措施项目费 +其他项目费+规费		
合计				

注：规费"计算基础"为"定额人工费"。工程排污费按工程所在地环境保护部门收取标准，按实计入。

2.2.3　资金筹措

1. 项目资金来源

在资金筹措阶段，建设项目所需的资金主要来源于自有资金和债务资金。

1）自有资金

企业自有资金是指企业有权支配使用，按规定可用于固定资产投资和流动资金投资，包括资本金和资本溢价。

（1）资本金

项目资本金是指在项目总投资中由投资者认缴的出资额。对项目来说，项目资本金是非债务资金，项目法人不承担这部分资金的任何利息和债务。投资者可按其出资的比例依法享有所有者权益，也可转让其出资，但不得以任何方式抽回。对于提供债务融资的债权人来说，项目的资本金可以视为负债融资的信用基础，项目资本金后于负债受偿，可以降低债权人债券的回收风险。

项目资本金可以用货币出资，也可以用实物、工业产权、非专利技术、土地使用权作价出资。对作为资本金的实物、工业产权、非专利技术、土地使用权，必须经过有资格的资产评估机构依照法律、法规评估作价，不得高估或低估。根据《国务院关于固定资产投资项目试行资本金制度的通知》等法律法规的规定，以工业产权、非专利技术作价出资的比例不得超过投资项目资本金总额的20%，国家对采用高新技术成果有特别规定的除外。

（2）资本溢价

资本溢价是指在资金筹措过程中，投资者缴付的出资额超过资本金的差额，最典型的是发行股票的溢价净收入，即股票溢价收入扣除发行费用后的净额。

2）债务资金

债务资金是指项目投资中除项目资本金外，以负债方式取得的资金。债务资金是项目公司一项重要的资金来源。债务资金是指企业从金融机构和资本市场借入的资金。债务资金包括国内外银行借款、国际金融机构借款、外国政府借款、出口信贷、补偿贸易、发行债券等方式筹集的资金。

2. 项目资金筹措方式

矿山项目资金来源可分为投入资金和借入资金，前者形成项目的资本金，后者形成项目的负债。

1）资本金筹措方式

按照资本金筹措的主体不同，分为既有法人项目资本金筹措和新设法人项目资本金筹措。

（1）既有法人项目资本金筹措

既有法人作为项目法人进行项目资本金筹措，不组建新的独立法人，筹资方案应与既有法人公司（包括企业、事业单位等）的总体财务安排相协调。既有法人可用于项目资本金的资金来源分为内、外两个方面。

内部资金来源包括企业的现金、未来生产经营中获得的可用于项目的资金、企业资产变现、企业产权转让。

外部资金来源包括企业增资扩股、优先股、国家预算内投资。

（2）新设法人项目资本金筹措

新设法人项目资本金有两种：一种是在新法人设立时由发起人和投资人按项目资本金额度要求提供足额资金；另一种是由新设法人在资本市场上进行融资来形成项目资本金。

新设法人项目资本金通常以注册资本的方式投入。有限责任公司及股份公司的注册资本由公司的股东按股权比例认缴，合作制公司的注册资本由合作投资方按预先约定金额投入。如果公司注册资本的额度要求低于项目资本金额度的要求，股东按项目资本金额度要求投入企业的资金超过注册资本的部分，通常以资本公积金的形式记账。有些情况下，投资者还可以准股本资金方式投入资金，包括优先股、股东借款等。

新设法人项目资本筹措形式主要有：

①在资本市场募集股本资金。可以采取两种基本方式，即私募与公开募集。

私募是指将股票直接出售给少数特定的投资者，不通过公开市场销售。

公开募集是指在证券市场上公开向社会发行销售。在证券市场上公开发行股票，需要取得证券监管机关的批准，需要通过证券公司或投资银行向社会推销，需要提供详细的文件，保证公司的信息披露，保证公司的经营及财务透明度，筹资费用较高，筹资时间较长。

②合资合作。通过在资本投资市场上寻求新的投资者，由初期设立的项目法人与新的投资者以合资合作等多种形式，重新组建新的法人，或者由设立初期项目法人的发起人和投资人与新的投资者进行资本整合，重新设立新的法人，使重新设立的新法人拥有的资本达到或满足项目资本金投资的额度要求。采用这一方式，新法人往往需要重新进行公司注册或变更登记。

2）债务资金筹措方式

（1）信贷方式融资

信贷方式融资是项目负债融资的重要组成部分，是公司融资和项目融资中最基本和最简单，也是比重最大的债务融资形式，具体包括：商业银行贷款、政策性银行贷款、出口信贷、银团贷款、国际金融机构贷款。

（2）债券方式融资

债券是债务人为筹集债务资金而发行的、约定在一定期限内还本付息的一种有价证券。债券筹资是一种直接融资，面向广大社会公众和机构投资者，公司发行债务一般有发行最高限额、发行公司权益资本最低限额、公司盈利能力和债券利率水平等要求条件。在发行债券筹资过程中，必须遵循有关法律规定和证券市场规定，依法完成债券的发行工作。除了一般债券融资外，还有可转换债券融资。

（3）租赁方式融资

租赁方式融资是指当企业需要筹措资金添置必要的设备时，可以通过租赁公司代其购入所需要的设备，并以租赁的方式将设备租给企业使用。在大多数情况下，出租人在租赁期内向承租人分期回收设备的全部成本、利息和利润。租赁期满后，将租赁设备的所有权转移给承租人，通常为长期租赁。根据租赁所体现的经济实质不同，租赁分为经营性租赁与融资性租赁两类。

①经营性租赁。经营性租赁是指出租方以自己经营的设备租给承租方使用，出租方收取租金。承租方则通过租入设备的方式，节省了项目设备购置投资，或等同于筹集到了一笔设备购置资金，承租方只需为此支付一定的租金。当预计项目中使用设备的租赁期短于租入设备的经济寿命时，经营租赁可以节约项目运行期间的成本开支，并避免设备经济寿命在项目上的空耗。

②融资性租赁。融资性租赁又称为金融租赁或财务租赁。采取这种租赁方式，通常由承租人选定需要的设备，由出租人购置后给承租人使用，承租人向出租人支付租金，承租人租赁取得的设备按照固定资产计提折旧。租赁期满，设备一般由承租人所有，由承租人以事先约定的很低的价格向出租人收购的形式取得设备的所有权。

2.3　财务效益与费用

财务效益与费用是财务分析的重要基础，其估算的准确性与可靠程度对项目财务分析影响极大。项目的财务效益系指项目实施后所获得的营业收入及可能获得的各种补贴收入。项目所发生的费用除投资外还包括成本费用和税费等。

2.3.1　收入

1. 营业收入

营业收入是指销售产品或提供服务所取得的收入，是项目财务效益的主要部分，是现金流量表中现金流入的主体，也是利润表的主要科目。

营业收入估算的基础数据包括产品或服务的数量和价格。

矿山建设项目产品产量根据排产计划及采选工业指标进行估算，销售产品可能是原矿，也可能是选冶加工产品，矿山项目的精矿产品在销售时，一般应考虑精矿途中损耗。

对于生产多种产品和提供多项服务的项目，应分别估算各种产品及服务的营业收入。对于那些不便按详细的品种分类计算营业收入的项目，也可采取折算为标准产品的方法计算营业收入。

营业收入的估算通常假定当年的产品当年全部销售。产品销售价格为预测价格，根据市场分析确定。

营业收入估算表既可单独给出，又可同时列出各种应纳税金及附加和增值税（见表 2-21）。

表 2-21 营业收入、税金及附加和增值税估算表

序号	项目名称	单位	合计	计算期					
				1	2	3	4	⋯	n
1	产品产量								
1.1	处理矿石量	kt/a							
1.2	出矿品位								
	元素 A	%							
	元素 B	%							
1.3	选矿回收率								
	A	%							
	B	%							
1.4	产品产量								
	A 精矿	t/a							
	精矿含 A	t/a							
	B 精矿	t/a							
	精矿含 B	t/a							
2	营业收入	万元/a							
2.1	A 产品营业收入	万元/a							
	单价	万元/a							
	数量								
	销项税额	万元/a							
2.2	B 产品营业收入	万元/a							
	单价	万元/a							
	数量								
	销项税额	万元/a							
	……	万元/a							
3	税金及附加	万元/a							
3.1	城市维护建设税	万元/a							
3.2	教育费附加	万元/a							
3.3	资源税	万元/a							
3.4	环保税	万元/a							
	……	万元/a							
4	增值税	万元/a							

续表2-21

序号	项目名称	单位	合计	计算期					
				1	2	3	4	…	n
4.1	销项税	万元/a							
4.2	抵扣外购原辅材料动力进项税	万元/a							
4.3	可抵扣固定资产进项税	万元/a							

2. 补贴收入

补贴收入是指某些项目按有关规定实际收到退还的增值税，或按销量或工作量等依据国家规定的补助定额计算并按期给予的定额补贴，以及属于国家财政扶持的领域而给予的其他形式的补贴，应计入补贴收入科目。

2.3.2　税费

经济评价中涉及多种税费的估算，要根据项目的具体情况选用适宜的税种和税率。税金及相关优惠政策会因时而异、因地而异，为使经济评价比较符合实际情况，应密切注意当时、当地的税收政策，适时调整计算。

1. 经济评价涉及的税费种类和估算要点

目前矿山项目财务分析中涉及的税费主要包括增值税、资源税、所得税、关税、城市维护建设税和教育费附加等，有些行业还涉及土地增值税和矿区使用费等。此外，还有环保税、车船税、房产税、土地使用税、印花税和契税等。

经济评价时应说明税种、征税方式、计税依据、税率等。如有减免税优惠，应说明减免依据及减免方式。

在会计处理上，全面试行营业税改征增值税后，没有了营业税，也就没有营业税的核算了，故"营业税金及附加"科目名称调整为"税金及附加"科目。新"税金及附加"科目核算内容包括消费税、城市维护建设税、环保税、资源税、教育费附加及房产税、土地使用税、车船使用税、印花税等相关税费。

1）增值税

对于适用增值税的项目，财务分析应按税法规定计算增值税。

增值税应纳税额为当期销项税额抵扣当期进项税额后的余额。应纳税额的计算公式如下：

$$应纳税额＝当期销项税额－当期进项税额 \tag{2-37}$$
$$销项税额＝销售额×税率 \tag{2-38}$$

进项税额为纳税人购进货物或者接受应税劳务支付或者负担的增值税额。2009 年 1 月 1 日起，我国开始施行 2008 年 11 月颁布的《中华人民共和国增值税暂行条例》，由过去的生产型增值税改革为消费型增值税，允许抵扣规定范围的固定资产进项税额。

增值税税率表见表 2-22。

表 2-22 增值税税率表

序号	税目	税率/%
1	销售或者进口货物(除 9~12 项外)	13
2	加工、修理修配劳务	13
3	有形动产租赁服务	13
4	不动产租赁服务	9
5	销售不动产	9
6	建筑服务	9
7	运输服务	9
8	转让土地使用权	9
9	饲料、化肥、农药、农机、农膜	9
10	粮食等农产品、食用植物油、食用盐	9
11	自来水、暖气、冷气、热水、煤气、石油液化气、天然气、二甲醚、沼气、居民用煤炭制品	9
12	图书、报纸、杂志、音像制品、电子出版物	9
13	邮政服务	9
14	基础电信服务	9
15	增值电信服务	6
16	金融服务	6
17	现代服务	6
18	生活服务	6
19	销售无形资产(除土地使用权外)	6
20	出口货物	0

经济评价应明确说明采用何种计价方式,必须注意当采用含(增值)税价格计算销售收入和原材料、燃料动力成本时,利润分配表以及现金流量表中应单列增值税科目;采用不含(增值)税价格计算时,利润表和利润分配表以及现金流量表中不包括增值税科目。同时还要注意涉及可抵扣固定资产进项税和出口退税(增值税)时的计算及相关报表的联系。

2)城市维护建设税、教育费附加和地方教育附加

根据《中华人民共和国城市维护建设税法》,城市维护建设税是一种地方附加税,税率根据项目所在地分市区、县城或镇和市区、县城或镇以外三个不同等级,税率分别为 7%、5% 和 1%。

根据《征收教育费附加的暂行规定》,教育费附加是地方收到的专项费用,计算依据也是流转税,费率由地方确定,一般为 3%。

为贯彻落实《国家中长期教育改革和发展规划纲要(2010—2020 年)》,进一步规范和拓宽财政性教育经费筹资渠道,支持地方教育事业发展,《财政部关于统一地方教育附加政策有关问题的通知》(财综〔2010〕98 号),规定地方教育附加征收标准统一为单位和个人(包括

外商投资企业、外国企业及外籍个人)实际缴纳的增值税和消费税税额的 2%。

3)资源税

资源税是国家对在我国境内开采应税矿产品等自然资源的单位和个人征收的一种税。实质上它是对因资源生成和开发条件的差异而客观形成的级差收入征收的。

按照现行制度规定,资源税按不同的资源品目分别实行固定税率和幅度税率,实行固定税率的包括原油、天然气、钨、钼等,其他资源实行幅度税率。对实行幅度税率的资源,将决定权限下放到省级人大常委会,具体适用税率由省级人民政府在税目税率表规定的税率幅度内提出。

4)环保税

根据《中华人民共和国环境保护税法实施条例》(中华人民共和国国务院令第 693 号),自 2018 年 1 月 1 日起环境保护税(简称环保税)正式施行,以此取代施行了近 40 年的排污收费。根据环保税法,环保税的征税对象和范围与之前的排污费基本相同,征税范围为直接向环境排放的大气、水、固体和噪声等污染物。应税大气污染物、水污染物的计税依据按照污染物排放量折合的污染当量数确定;应税固体废物的计税依据按照固体废物的排放量确定(固体废物的排放量为当期应税固体废物的产生量减去当期应税固体废物的贮存量、处置量、综合利用量的余额);应税噪声的计税依据为国家规定标准的分贝数。纳税人根据各省、区、市按法定程序出台的本地区应税税目的具体适用税额缴纳环保税。

5)企业所得税

企业所得税是针对企业应纳税所得额征收的税种。项目评价中应注意按有关税法对所得税前扣除项目的要求正确计算应纳税所得额,并采用适宜的税率计算企业所得税,同时注意正确使用有关的所得税优惠政策,并加以说明。

6)关税

关税是以进出口应税货物为纳税对象的税种。财务分析中涉及应税货物的进出口时应按规定正确计算关税。引进设备材料的关税体现在投资估算中,而进口原材料的关税体现在成本中。

2.经济评价涉及税种归纳表

矿山项目经济评价(含建设投资)涉及的主要税种和计税时涉及的费用效益科目见表 2-23。

表 2-23　经济评价涉及税种归纳表

税种名称	建设投资	总成本费用	税金及附加	增值税	利润分配
进口关税	√	√			
增值税	√	√		√	
资源税		自用√	销售√		
土地增值税			√		
耕地占用税	√				
企业所得税					√

续表2-23

税种名称	建设投资	总成本费用	税金及附加	增值税	利润分配
地市维护建设税			√		
教育费附加			√		
地方教育费附加			√		
车船税	√		√		
房产税			√		
土地使用税			√		
契税	√				
印花税	√		√		
环保税			√		

2.3.3　成本与费用

1. 成本费用的估算目的、原则和范围

1）估算目的

估算成本费用的目的是正确反映拟建矿山项目在矿产品生产和销售过程中所发生的全部耗费，以满足项目经济评价、方案优化和生产初期制订成本计划的需要。成本费用是估算利润和流动资金的基础。

2）估算原则

成本费用的估算应遵循下列原则：

（1）矿山建设项目的经济评价是基于现行财务会计制度进行的，成本费用的估算应遵循国家现行的企业财务会计制度规定的成本和费用核算方法，同时应遵循有关税收制度中准予在所得税前列支科目的规定。当两者有矛盾时，一般应按从税的原则处理。

（2）成本费用估算的基础资料应符合实际，估算所需的各项技术经济指标和消耗定额首先选用本项目的设计数据，设计数据不足时方可参照类似的先进指标选取。

（3）成本费用属预测性指标，在计算过程中宜坚持主要从细、一般从简、不漏项、不重复、便于操作的原则。

（4）成本费用估算使用的财务价格是在现行价格体系基础上的预测价格。在计算期内，均使用预测至建设期末的价格，必要时可以考虑物价上涨因素。

3）估算范围和方法

矿山建设项目成本费用估算对象可以是整个矿区也可以是某个矿段，可以是采场、选矿厂也可以是尾矿库；成本估算范围可以包括采矿、原矿运输、选矿、精矿运输、尾矿输送等一段或整个过程中所发生的费用。

在估算成本费用前，根据具体项目，首先应定义成本费用估算的对象和范围，明确成本费用估算的起点和终点。项目总成本费用的估算范围应与投入、产出的口径一致。

2. 成本费用构成

矿山建设项目成本费用是指在一定时期为生产和销售矿产品或提供矿产品加工服务而发

生的全部费用。总成本费用的构成和计算通常有生产成本加期间费用法和生产要素法两种表达方式，其公式如下：

1）生产成本加期间费用法

$$总成本费用=生产成本+期间费用 \tag{2-39}$$

其中：

$$生产成本=直接材料费+直接燃料和动力费+职工薪酬+其他直接支出+制造费用 \tag{2-40}$$

$$期间费用=管理费用+财务费用+营业费用 \tag{2-41}$$

矿山项目采用这种方法一般需要先分别估算采矿生产成本(含生产探矿、原矿运输)、选别各种产品的生产成本(含尾矿输送)，然后与估算的期间费用相加。

2）生产要素法

$$总成本费用=原材料费+辅助材料费+燃料及动力费+职工薪酬+折旧费+摊销费+$$
$$修理费+利息支出+其他费用 \tag{2-42}$$

式中：其他费用指从制造费用、管理费用、营业费用中分别扣除工资薪酬、折旧费、摊销费、修理费以后的部分。

3. 成本费用估算

以生产要素估算法估算总成本费用构成公式为例，分步说明总成本费用各分项的估算要点：

1）原材料、辅助材料、药剂、燃料及动力费

这部分费用估算需要用到以下基础数据：

(1)相关设计专业所提出的外购原辅材料(如炸药、雷管、钎钢、轮胎、水泥等)和燃料动力(如柴油、汽油、煤、水、电等)年耗用量。

(2)选定价格体系下的预测价格，应按入库价格计算，即到厂价格并考虑途库损耗；或者按到厂价格计算，同时把途库耗量换算到年耗用量中。

(3)适用的增值税税率，以便估算进项税额。

2）职工薪酬

职工薪酬包括以下内容：职工工资、奖金、津贴和补贴；职工福利费；医疗保险费、养老保险费、失业保险费、工伤保险费和生育保险费等社会保险费；住房公积金；工会经费和职工教育经费；非货币性福利；因解除与职工的劳动关系给予的补偿；其他为获得职工提供服务的相关支出。

职工薪酬包含的范围大于工资和福利费，原来在管理费用中核算的由企业缴付的社会保险费和住房公积金，以及工会经费和职工教育经费等都属于职工薪酬的范畴。实际工作中，当用"职工薪酬"代替"工资和福利费"时，应注意核减相应的管理费用。

确定职工薪酬时需考虑项目地点、原企业工资水平、行业特点等因素。

3）固定资产折旧费

计算折旧费需要先计算固定资产原值。固定资产原值是指项目投产时(达到预定可使用状态)按规定由投资形成固定资产的价值，包括工程费用(设备购置费、安装工程费、建筑工程费)和工程建设其他费用中应计入固定资产原值的部分(也称固定资产其他费用)。预备费通常计入固定资产原值。按相关规定建设期利息应计入固定资产原值。增值税转型改革后，允许抵扣部分固定资产进项税额，该部分抵扣的固定资产进项税额不得计入固定资产原值。

固定资产在使用过程中的价值损耗，通过提取折旧的方式补偿。按照生产要素估算法估算总成本费用时，需要按项目全部固定资产原值计算折旧。

计提折旧的方法可在税法范围内由企业自行确定。一般采用直线法，包括年限平均法和工作量法。税法也允许对由于技术进步，产品更新换代较快，或高腐蚀状态的固定资产缩短折旧年限或者采取加速折旧的方法。我国税法允许的加速折旧方法有双倍余额递减法和年数总和法。计提折旧的方法组成详见图2-7。

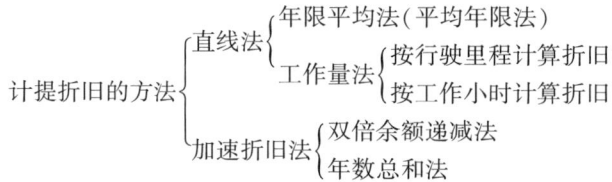

$$\text{计提折旧的方法}\begin{cases} \text{直线法}\begin{cases}\text{年限平均法(平均年限法)}\\ \text{工作量法}\begin{cases}\text{按行驶里程计算折旧}\\ \text{按工作小时计算折旧}\end{cases}\end{cases}\\ \text{加速折旧法}\begin{cases}\text{双倍余额递减法}\\ \text{年数总和法}\end{cases}\end{cases}$$

图2-7　计提折旧方法组成图

矿山项目一般采用年限平均法。其计算公式如下：

$$\text{年折旧率}=\frac{1-\text{预计净残值率}}{\text{折旧年限}} \tag{2-43}$$

$$\text{年折旧额}=\text{固定资产原值}\times\text{年折旧率} \tag{2-44}$$

矿山项目折旧年限除依据现行相关税法规定外还应考虑矿山的服务年限综合选定。

4）固定资产修理费

固定资产修理费是指为保持固定资产的正常运转和使用，充分发挥其使用效能，在运营期内对其进行必要修理所发生的费用，按其修理范围的大小和修理时间间隔的长短可以分为大修理和中小修理。

修理费可直接按固定资产原值(扣除所含的建设期利息)的一定百分数估算，百分数的选取应考虑行业和项目特点。在生产运营的各年中，修理费率的取值一般采用固定值。根据项目特点也可以间断性地调整修理费率，开始取较低值，以后取较高值。

5）摊销费

摊销费包括无形资产和其他资产在开始使用之日起在有效使用期限内平均摊入成本的费用。无形资产和其他资产的摊销一般采用年限平均法，不计残值。若法律和合同规定了法定有效期限或受益年限的，摊销年限从其规定，否则摊销年限应符合税法的要求。

6）矿业权费用的处理

我国实行资源有偿使用制度，企业取得矿产资源需缴纳矿业权(即探矿权、采矿权)费用。国家发改委规定矿业权费用作为内部转移在经济评价中不考虑，但企业作为自负盈亏的个体，作为企业预测今后盈利情况，矿业权费用却是不得不考虑的重要因素。根据财政部、国土资源部颁发的《关于深化探矿权采矿权有偿取得制度改革有关问题的通知》(财建〔2006〕694号)、《关于探矿权采矿权有偿取得制度改革有关问题的补充通知》(财建〔2008〕22号)，以及财政部颁发的《关于印发企业和地质勘查单位探矿权采矿权会计处理规定的通知》(财会字〔1999〕40号)等有关规定，企业无论何种方式下取得的矿业权(探矿权和采矿权)均应作为无形资产核算，并在矿业权受益期内分期平均摊销，分期缴纳价款的矿业权应承担不低于同期银行贷款利率水平的资金占用费,资金占用费计算基数为本期应缴纳价款的本金,计算期限为延期缴纳的天数,费率按缴纳当日同档次银行贷款基准利率。

为更好地发挥矿产资源税费制度对维护国家权益、调节资源收益、筹集财政收入的重要作用,推进生态文明领域国家治理体系和治理能力现代化,国务院出台了《矿产资源权益金制度改革方案》(国发〔2017〕29号),其主要措施如下:

(1)在矿业权出让环节,将探矿权、采矿权价款调整为矿业权出让收益。将现行只对国家出资探明矿产地收取、反映国家投资收益的探矿权、采矿权价款,调整为适用于所有国家出让矿业权、体现国家所有者权益的矿业权出让收益。以拍卖、挂牌方式出让的,竞得人报价金额为矿业权出让收益;以招标方式出让的,依据招标条件,综合择优确定竞得人,并将其报价金额确定为矿业权出让收益。以协议方式出让的,矿业权出让收益按照评估价值、类似条件的市场基准价就高确定。矿业权出让收益在出让时一次性确定,以货币资金方式支付,可以分期缴纳。

(2)在矿业权占有环节,将探矿权、采矿权使用费整合为矿业权占用费。将现行主要依据占地面积、单位面积按年定额征收的探矿权、采矿权使用费,整合为根据矿产品价格变动情况和经济发展需要实行动态调整的矿业权占用费,以有效防范矿业权市场中的"跑马圈地""圈而不探"行为,提高矿产资源利用效率。

(3)在矿产开采环节,组织实施资源税改革。对绝大部分矿产资源品目实行从价计征,使资源税与反映市场供求关系的资源价格挂钩,建立税收自动调节机制,增强税收弹性。同时,按照清费立税原则,将矿产资源补偿费并入资源税,取缔违规设立的各项收费基金,改变税费重复、功能交叉状况,规范税费关系。

(4)在矿山环境治理恢复环节,将矿山环境治理恢复保证金调整为矿山环境治理恢复基金。按照"放管服"改革的要求,将现行管理方式不一、审批动用程序复杂的矿山环境治理恢复保证金,调整为管理规范、责权统一、使用便利的矿山环境治理恢复基金,由矿山企业单设会计科目,按照销售收入的一定比例计提,计入企业成本,由企业统筹用于开展矿山环境保护和综合治理。有关部门根据各自职责,加强事中事后监管,建立动态监管机制,督促企业落实矿山环境治理恢复责任。

7)其他费用

其他费用包括其他制造费用、其他管理费用和其他营业费用这三项费用,是指从制造费用、管理费用、营业费用中分别扣除职工薪酬、折旧费、摊销费、修理费等以后的其余部分。产品出口退税和减免税项目按规定不能抵扣的进项税额也可包括在内。

(1)其他制造费用

矿山项目制造费用指项目包含的采、选车间的总制造费用。为了简化计算,项目评价中将制造费用归类为生产单位管理人员职工薪酬、折旧费、摊销费、修理费和其他制造费用几部分。其他制造费用常按固定资产原值(扣除所含的建设期利息)的百分数或按人员定额估算。

(2)其他管理费用

管理费用是指企业为管理和组织生产经营活动所发生的各项费用,包括管理人员职工薪酬、折旧费、摊销费、修理费、业务招待费、排污费、技术转让费、研究与开发费、安全生产费等。为简化计算,项目评价中将管理费用归类为管理人员职工薪酬、折旧费、摊销费、修理费和其他管理费用几部分。其他管理费用常见的估算方法是按人员定额或取职工薪酬总额的倍数估算。若管理费用中的技术转让费、研究与开发费及安全生产费等数额较大，应单独核算后并入其他管理费用或单独列项。

技术转让费是企业使用非专利技术而支付的费用。一般根据双方在合同中明确规定的支付办法计费。

土地使用费是指企业使用土地应支付的费用。一般是根据设计项目占用土地面积和项目所在地土地主管部门的收费标准计算确定。

业务招待费、安全生产费等有相关制度规定，根据规定计取。

那些无定额可循，不便直接计算的管理方面的支出费用，可按其占管理费用的百分比估算，一般可控制在 10% 至 20% 的范围内。

根据《增值税会计处理规定》（财会〔2016〕22 号），原在"管理费用"科目核算的房产税、车船使用税、土地使用税、印花税计入"税金及附加"科目核算。

（3）其他营业费用

营业费用是指企业在销售商品过程中发生的各项费用以及专设销售机构的各项经费，包括应由企业负担的运输费、装卸费、包装费、保险费、广告费、展览费以及专设销售机构人员职工薪酬、业务费等经营费用。

为了简化计算，其他营业费用常见的估算方法是按营业收入的百分数估算。

（4）不能抵扣的进项税

对于产品出口项目和产品国内销售的增值税减免税项目（如黄金项目），应将不能抵扣的进项税额计入总成本费用的其他费用或单独列项。

8）利息支出

利息支出的估算包括建设投资借款利息（即建设投资借款在投产后需支付的利息）、流动资金借款利息和短期借款利息三部分。

（1）建设投资借款利息

建设投资借款一般是长期借款。建设投资借款利息是指建设投资借款在还款起始年年初（通常也是运营期初）的余额（含未支付的建设期利息）应在运营期支付的利息。

建设投资借款还本付息方式要由借贷双方约定，通行的还本付息方式主要有等额还本付息和等额还本、利息照付两种。

①等额还本付息方式。等额还本付息方式是在指定的还款期内每年还本付息的总额相同，随着本金偿还，每年支付的利息逐年减少，同时每年偿还的本金逐年增多。其计算公式如下：

$$A = I_c \times \frac{i(1+i)^n}{(1+i)^n - 1} \tag{2-45}$$

式中：A 为每年还本付息额（等额年金）；I_c 为还款起始年初的借款（含未支付的建设期利息）；i 为年利率；n 为预定的还款期；$\frac{i(1+i)^n}{(1+i)^n - 1}$ 为资金回收系数，可以自行计算或查复利系数表。

其中：每年支付利息＝年初借款余额×年利率；

每年偿还本金＝A－每年支付利息；

年初借款余额=I_c-本年以前各年偿还的本金累计。

②等额还本、利息照付方式。等额还本、利息照付方式是在每年等额还本的同时支付逐年相应减少的利息。其计算公式如下：

$$A_t = \frac{I_c}{n} + I_c \times \left(1 - \frac{t-1}{n}\right) \times i \qquad (2-46)$$

式中：A_t 为第 t 年还本付息额；$\dfrac{I_c}{n}$ 为每年偿还本金额；$I_c \times \left(1 - \dfrac{t-1}{n}\right) \times i$ 为第 t 年支付的利息额。

（2）流动资金借款利息

流动资金借款从本质上说应归类为长期借款，但财务分析中往往设定年终偿还，下年初再借的方式，并按一年期利率计息。流动资金借款利息一般按当年年初流动资金借款余额乘以相应的借款年利率计算。

（3）短期借款利息

短期借款是指项目运营期间为了满足资金的临时需要而发生的短期借款，短期借款的数额应在财务计划现金流量表中有所反映，其利息应计入总成本费用表的利息支出中。计算短期借款所采用的利率一般可为一年期借款利率。短期借款的偿还按照随借随还的原则处理，即当年借款尽可能于下年偿还。

4．分类成本费用

设计项目的总成本费用主要用于项目损益计算，为了全面详尽分析项目的投资收益和成本结构，在估算成本费用时，还需对总成本费用的构成项目进行重新分类和组合，编制经营成本、可变成本、固定成本、车间制造成本、作业成本、单位产品成本等分类成本。为了反映成本在项目计算期内的变化，还应逐年估算项目的成本费用。

1）经营成本

经营成本是总成本费用扣除折旧费、维修费、摊销费、财务费用后的余额。它是项目方案比较和经济评价的重要参数，也是现金流量分析的重要依据之一。

2）可变成本与固定成本

在总成本中，随产量的增减而增减的费用称为可变成本，而与产量无关的费用称为固定成本。可变成本与固定成本主要用于分析计算项目生产负荷的盈亏平衡点。

3）车间制造成本

根据矿山项目的生产工艺特点和生产组织构成，生产由采、选一个或多个生产车间完成，总成本费用中的制造成本应是所有生产车间制造成本之和。为了反映各生产车间的制造成本费用水平，设计中应编制各生产车间制造成本。

4）作业成本

根据项目的产品生产工艺流程，可按项目的产品生产环节编制作业成本，一般以各生产环节的作业量、处理量或产量为计量基础。制造成本中的直接成本实际是所有生产环节作业成本的累加。

地下矿山开采作业成本主要包括回采、掘进、充填、二次破碎、提升、井下运输、通风、压风、排水以及其他辅助作业成本；露天开采矿山作业成本分采矿直接成本和剥离直接成本，包括爆破、铲装、运输、排水等。

作业成本中包含直接材料费、直接职工薪酬、直接燃料动力费三部分费用。

5）单位产品成本

单位产品（可以是原矿、精矿等）的平均成本称为单位成本，如吨矿成本、吨金属成本等。

产品的单位成本可直接反映产品的盈利水平，对于生产单一产品的项目，单位产品成本可以简单地用项目的总成本费用除以产量来计算，对于有多种副产品的项目计算各种产品的单位成本相对较复杂，需要对一些成本费用进行分摊。

5. 参考指标

金属矿采矿制造成本参考指标见表2-24。

表2-24 采矿制造成本参考

序号	项目	单位	指标范围
1	坑内采矿		
1.1	空场法、崩落法	元/t 矿	90~130
1.2	充填采矿法	元/t 矿	160~240
2	露天采矿	元/t 矿岩	12~20

6. 基本报表

编制成本费用的基本报表包括：

（1）总成本费用估算表（生产要素法）（见表2-25）。

（2）总成本费用估算表（生产成本加期间费用法）（见表2-26）。

（3）固定资产折旧费估算表（见表2-27）。

（4）无形资产和其他资产摊销估算表（见表2-28）。

表2-25 总成本费用估算表（生产要素法） 单位：万元

序号	项目名称	合计	计算期					
			1	2	3	4	...	n
1	外购原材料费							
2	外购燃料及动力费							
3	职工薪酬							
4	修理费							
5	其他费用							
6	经营成本(1+2+3+4+5)							
7	折旧费							
8	摊销费							
9	利息支出							

续表2-25

序号	项目名称	合计	计算期					
			1	2	3	4	⋯	n
10	总成本费用合计(6+7+8+9) 其中:可变成本 　　　固定成本							

表 2-26　总成本费用估算表(生产成本加期间费用法)　　　单位:万元

序号	项目名称	合计	计算期					
			1	2	3	4	⋯	n
1	生产成本							
1.1	直接材料费							
1.2	直接燃料及动力费							
1.3	直接职工薪酬							
1.4	制造费用							
1.4.1	折旧费							
1.4.2	修理费							
1.4.3	其他制造费用							
2	管理费用							
2.1	摊销费							
2.2	安全生产费							
2.3	矿山环境治理恢复基金							
2.4	其他管理费用							
3	财务费用							
3.1	利息支出							
3.1.1	长期借款利息							
3.1.2	流动资金借款利息							
3.1.3	短期借款利息							
4	营业费用							
5	总成本费用合计(1+2+3+4) 其中:可变成本 　　　固定成本							
6	经营成本							

注:1.生产成本中的折旧费、修理费指生产性设施的固定资产折旧费和修理费。

2.生产成本中的职工薪酬指生产人员职工薪酬。车间或分厂管理人员职工薪酬可在制造费用中单独列项或包含在其他制造费用中。

3.本表其他管理费用中含管理设施的折旧费、修理费以及管理人员职工薪酬。

表 2-27　固定资产折旧费估算表　　　　　　　　　　　　单位：万元

序号	项目名称	合计	计算期					
			1	2	3	4	...	n
1	设备							
	原值							
	维持运营资金							
	折旧费							
	净值							
2	房屋建筑物							
	原值							
	维持运营资金							
	折旧费							
	净值							
3	合计							
	原值							
	维持运营资金							
	折旧费							
	净值							

注：本表适用于新设法人项目与既有法人项目的"有项目""无项目"和增量固定资产折旧费的估算。当估算既有法人项目的"有项目"固定资产折旧费时，应将新增和利用原有部分固定资产分别列出，并分别计算折旧费。

表 2-28　无形资产和其他资产摊销估算表　　　　　　　　单位：万元

序号	项目名称	合计	计算期					
			1	2	3	4	...	n
1	无形资产							
	原值							
	当期摊销费							
	净值							
2	其他资产							
	原值							
	当期摊销费							
	净值							
	......							

续表2-28

序号	项目名称	合计	计算期					
			1	2	3	4	…	n
3	合计							
	原值							
	当期摊销费							
	净值							

注：本表适用于新设法人项目无形资产和其他资产摊销费的估算以及既有法人项目的、"无项目"和增量无形资产其他资产摊销费的估算。当估算既有法人项目的"有项目"摊销费时，应将新增和利用原有部分的资产分别列出，并分别计算摊销费。

2.4　财务分析

　　财务分析是根据国家现行财税制度和价格体系，在分析、估算项目直接发生的财务效益和费用以及编制财务辅助报表的基础上，编制财务报表，计算财务分析指标，考察和分析项目的盈利能力、偿债能力、财务生存能力，从而判断项目的财务可行性，明确项目对财务主体的价值以及对投资者的贡献，为投资决策、融资决策以及银行申贷提供依据。

2.4.1　财务分析应遵循的基本原则

　　1. 费用与效益计算范围的一致性原则

　　为了正确评价项目的获利能力，必须遵循项目的直接费用与直接效益计算范围的一致性原则。只有将投入和产出的估算限定在同一范围内，计算的净效益才是投入的真实回报。

　　2. 费用与效益识别的有无对比原则

　　有无对比是国际上项目评价中通用的识别费用与效益的基本原则。只有"有无对比"的差额部分才是由于项目的投资建设增加的效益和费用，即增量效益和费用。"有无对比"不仅适用于依托老矿山、老厂进行的改、扩建与技术改造项目的增量，也同样适用于新建项目。对于新建项目，通常可认为无项目与现状相同，其效益与费用均为零。

　　3. 动态分析与静态分析相结合，以动态分析为主的原则

　　财务分析一般以动态分析方法为主，即根据资金时间价值原理，考虑项目整个计算期内各年的效益和费用，采用现金流量分析方法，计算内部收益率和净现值等评价指标。

　　4. 基础数据确定的稳妥原则

　　财务分析结果的准确性取决于基础数据的可靠性。财务分析中所需要的大量基础数据都来自预测和估计，难免有不确定性。为了使财务分析结果能提供较为可靠的信息，避免人为的乐观估计所带来的风险，更好地满足投资决策需要，在基础数据的确定和选取中遵循稳妥原则是十分必要的。

2.4.2　财务分析价格体系

1.价格影响因素

财务分析应采用以市场价格体系为基础的预测价格。影响市场价格变动的因素很多,也很复杂,但归纳起来不外乎两类:一是由于供应量的变化、价格政策的变化、劳动生产率变化等可能引起商品间比价的改变以及消费水平变化、消费习惯改变、可替代产品的出现等引起供求关系发生变化,从而使供求均衡价格发生变化,引起商品间比价的改变,产生相对价格变化;二是由于货币贬值(通货膨胀)或货币升值(通货紧缩)而引起的商品价格总水平的变化,产生绝对价格变动。

2.财务分析涉及的三种价格及其关系

财务分析涉及的价格体系有三种,即固定价格体系(或称基价体系)、时价体系和实价体系。同时涉及三种价格,即基价、时价和实价。

(1)基价是指某一特定基准年的价格,也称不变价格。

(2)时价也称现价,是指市场价或包括本物品实际增值及通货膨胀因素在内的价格;或既包括了本物品相对价格上涨因素(或差异上涨因素),又包括了社会通货膨胀上涨因素在内的价格。

(3)实价是指该物品时价扣除通货膨胀因素后的实际价格;或指该物品差异上涨的真值。

3.财务分析的取价原则

1)财务分析应采用预测价格

财务分析基于对拟建项目未来数年或更长年份的效益与费用的估算,而无论投入还是产出的未来价格都会发生各种各样的变化,为了合理反映项目的效益和财务状况采用预测价格。该预测价格应是在选定的基年价格基础上测算,一般选择评价当年为基年。

2)现金流量分析原则上应采用实价体系

为便于投资者考察投资的实际盈利能力,现金流量分析原则上采用实价体系计算净现值和内部收益率。因为实价体系排除了通货膨胀因素的影响,能够相对真实地反映投资的盈利能力,为投资决策提供较为可靠的依据。

3)偿债能力分析和财务生存能力分析原则上应采用时价体系

为合理描述项目计算期内各年当时的财务状况,用时价进行财务预测,编制利润和利润分配表、财务计划现金流量表及资产负债表是比较通行的做法,可以相对合理地进行偿债能力分析和财务生存能力分析。

为了满足实际投资的需要,在投资估算中应该同时包含两类价格变动因素引起投资增长的部分,一般通过计算涨价预备费来体现。同样,在融资计划中也应考虑这部分费用,在投入运营后的还款计划中自然包括该部分费用的偿还。因此只有采用既包括了相对价格变化,又包含了通货膨胀因素影响在内的时价价值表示的投资费用、融资数额进行计算,才能真实反映项目的偿债能力和财务生存能力。

4)对财务分析采用价格体系的简化

在实践中,并不要求对所有项目或在所有情况下,都必须全部采用上述价格体系进行财务分析,多数情况下都允许根据具体情况适当简化。《建设项目经济评价方法与参数》对财务分析采用价格体系的简化处理办法可以归纳如下几点:

（1）在建设期间既要考虑价格总水平变动，又要考虑相对价格变化。在建设投资估算中价格总水平变动是通过价差预备费的形式综合计算。

（2）项目运营期内，盈利能力分析和偿债能力分析可以采用同一套价格，即预测的运营期价格。

（3）项目运营期内，可根据项目和产出的具体情况，选用固定价格（项目运营期内各年价格不变）或考虑相对价格变化的变动价格（项目运营期内各年价格不同，或某些年份价格不同）。

（4）当有要求或价格总水平变动较大（或通货膨胀严重）时，项目偿债能力分析和财务生存能力分析采用的价格应考虑价格总水平变动因素。

2.4.3　项目计算期的确定

1. 建设期

1）评价用的建设期

评价用的建设期是指从项目资金正式投入开始到项目建成投产为止所需要的时间。

2）项目进度计划中的建设工期

建设工期是指项目从现场破土动工起到项目建成投产止所需要的时间。

3）评价用的建设期和建设工期的比较

两者的终点相同，但起点可能有差异。

注意：根据项目的实际情况，评价用建设期可能大于或等于项目实施进度中的建设工期。

2. 运营期

评价用运营期应根据行业特点、矿山服务年限、主要装置（或设备）的经济寿命期等因素确定。

注意：对于中外合资项目还要考虑合资双方商定的合资年限，当按上述原则估计评价用运营期后，还要与该合资项目生产年限相比较，再按两者孰短的原则确定。

2.4.4　财务分析

财务分析可分为融资前分析和融资后分析，分别满足投资决策和融资决策的需要。一般宜先进行融资前分析，在融资前分析结论满足要求的情况下，初步设定融资方案，再进行融资后分析。在项目的初期研究阶段，也可只进行融资前分析，详见图 2-8。

融资前分析是指在考虑融资方案前就可以开始进行的财务分析，即不考虑债务融资条件下进行的财务分析，重在考察项目净现金流量的价值是否大于其投资成本。融资前分析只进行盈利能力分析，并以项目投资折现现金流量分析为主，计算项目投资内部收益率和净现值指标，也可计算投资回收期指标（静态）。

融资后分析属项目决策中的融资决策，是指以设定的融资方案为基础进行的财务分析，重在考察项目资金筹措方案能否满足要求。融资后分析既包括盈利能力分析，又包括偿债能力分析和生存能力分析等内容。

1. 盈利能力分析

盈利能力分析是衡量项目投资的盈利水平，是对提供一项资金的潜在收益能力的一种评

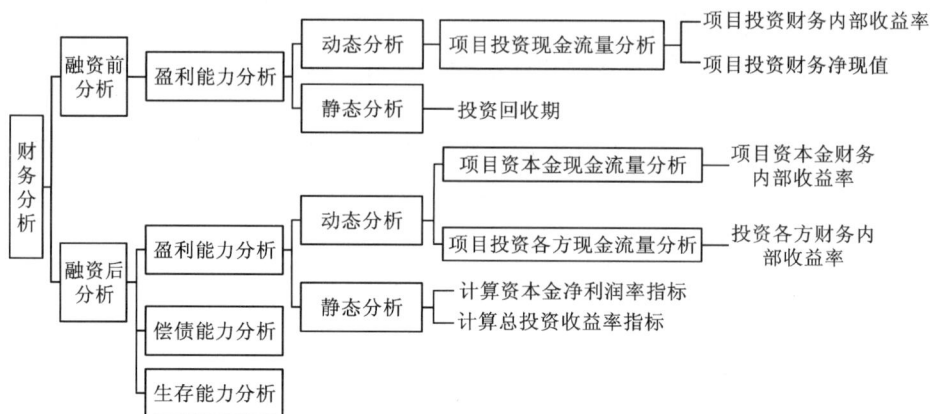

图 2-8　融资前分析和融资后分析

价,旨在研究判定项目值不值得进行投资。

盈利能力分析是项目财务评价的重要组成部分,从是否考虑资金时间价值的角度分为动态分析(现金流量分析)与静态分析,从是否在融资方案的基础上进行分析的角度分为融资前分析和融资后分析。

1)项目投资现金流量分析

(1)项目投资现金流量分析的含义

项目投资现金流量分析是从融资前的角度,即在不考虑债务融资的情况下,确定现金流入和现金流出,编制项目投资现金流量表,计算财务内部收益率和财务净现值等指标,进行项目投资盈利能力分析,考察项目对财务主体和投资者总体的价值贡献。项目投资现金流量分析是从项目投资总获利能力的角度,考察项目方案设计的合理性。融资前分析计算的相关指标,可作为初步投资决策的依据和融资方案研究的基础。

(2)项目投资现金流量识别

项目投资现金流量分析的现金流量与融资方案无关。

现金流入主要包括营业收入(必要时还可包括补贴收入),在计算期最后一年还包括回收的固定资产余值和流动资金。回收固定资产余值应不受利息因素的影响,它区别于项目资本金现金流量表中的回收固定资产余值。为了体现固定资产进项税抵扣导致企业应纳增值税额的降低进而使净现金流量增加,应在现金流入中增加"固定资产进项税抵扣"。

现金流出主要包括建设投资(含固定资产进项税)、流动资金、经营成本、税金及附加。如果运营期内需要投入维持运营的投资,也应将其作为现金流出。

所得税后分析还要将所得税作为现金流出。由于是融资前分析,该所得税应与融资方案无关,应根据不受利息因素影响的息税前利润计算(融资前所得税)。

$$调整所得税=息税前利润×所得税税率 \tag{2-47}$$

净现金流量(现金流入与现金流出之差)是计算评价指标的基础。

现金流量的期数往往按年计,也即现金流量表按年编制。每年的现金流入或现金流出均按年末发生计。现值是指计算期内各年年末的净现金流量折现到建设起点,即 1 年初的时点值，或称"0"点，也即 $t=1$ 时的数值。

（3）项目投资现金流量分析指标

①财务净现值（FNPV）。

财务净现值是指按行业基准收益率或设定的折现率（一般采用基准收益率 i_c），将项目计算期内各年净现金流量折现到建设期初的现值之和。它是考察项目在计算期内盈利能力的绝对量指标，它反映项目在满足按设定折现率要求的盈利之外所能获得的超额盈利的现值。可按下式计算：

$$\text{FNPV} = \sum_{t=1}^{n} (\text{CI} - \text{CO})_t (1 + i_c)^{-t} \qquad (2-48)$$

式中：CI 为现金流入量；CO 为现金流出量；$(\text{CI}-\text{CO})_t$ 为第 t 年的净现金流量；i_c 为设定的折现率（同基准收益率）；n 为项目计算期。

财务净现值可根据财务现金流量表计算求得。一般情况下，财务盈利能力分析只计算项目投资财务净现值，可根据需要选择计算所得税前净现值或所得税后净现值。

项目投资财务净现值等于或大于零，表明项目的盈利能力达到或超过了设定折现率所要求的盈利水平，该项目财务效益可以被接受。

②项目投资财务内部收益率（FIRR）。

项目投资财务内部收益率是指项目在整个计算期内各年净现金流量现值累计等于零时的折现率，它反映项目所占用资金的盈利率，是考察项目盈利能力的相对量指标。其表达式为：

$$\sum_{t=1}^{n} (\text{CI} - \text{CO})_t (1 + \text{FIRR})^{-t} \qquad (2-49)$$

式中：FIRR 为欲求取的项目投资财务内部收益率。

将求得的项目投资财务内部收益率与设定的基准参数（i_c）进行比较，当 FIRR $\geq i_c$ 时，即认为项目的盈利性能够满足要求，其财务效益可以被接受。

（4）所得税前分析和所得税后分析的作用

项目投资所得税前指标是指按项目投资所得税前的净现金流量计算的相关指标，是投资盈利能力的完整体现，可用以考察项目的基本面，即由项目方案设计本身所决定的财务盈利能力，它不受融资方案和所得税政策变化的影响，仅仅体现项目方案本身的合理性。可作为初步投资决策的主要指标，用于考察项目是否基本可行，是否值得去为之融资。该指标还特别适用于建设方案研究中的方案比选。政府投资和政府关注项目必须进行所得税前分析。

项目投资所得税后分析也是一种融资前分析，只是在现金流出中增加了调整所得税。所得税后分析是所得税前分析的延伸，有助于判断在不考虑融资方案的条件下项目投资对企业价值的贡献，是企业投资决策偏爱的主要指标。

2）项目资本金现金流量分析

（1）项目资本金现金流量分析的含义和作用

项目资本金现金流量分析是在拟定的融资方案下，从项目资本金出资者整体的角度，确定其现金流入和现金流出，编制项目资本金现金流量表，计算项目资本金内部收益率指标，考察项目资本金可获得的收益水平。

项目资本金现金流量分析指标是比较和取舍融资方案的重要依据。

（2）项目资本金现金流量识别

项目资本金现金流量分析需要编制项目资本金现金流量表。与项目投资现金流量表不同的是现金流出包含的内容不同，项目资本金现金流出主要包括建设投资和流动资金中的项目资本金（权益资金）、维持运营投资、经营成本、税金及附加、还本付息和所得税。该所得税应等同于利润和利润分配表等财务报表中的所得税，区别于项目投资现金流量表中的调整所得税。

资本金净现金流量包括项目（企业）在缴税和还本付息之后所剩余的收益（含投资者应分得的利润），即企业的净收益，也是投资者的权益性收益。

（3）项目资本金现金流量分析指标

按照我国财务分析方法的要求，可只计算项目资本金财务内部收益率指标，其表达式和计算方法同项目投资财务内部收益率，只是所依据的表格和净现金流量的内涵不同，判断的基准参数（财务基准收益率）也不同。

项目资本金财务基准收益率应体现项目发起人（代表项目所有权益投资者）对投资获利的最低期望值。当项目资本金财务内部收益率大于或等于该最低可接受收益率时，说明在该融资方案下，项目资本金获利水平超过或达到了要求，该融资方案是可以接受的。

3）投资各方现金流量分析

投资各方现金流量分析是从投资各方实际收入和支出的角度，确定其现金流入和现金流出，分别编制投资各方现金流量表，计算投资各方的财务内部收益率指标，考察投资各方可能获利的收益水平。

在仅按股本比例分配利润和分担亏损和风险的情况下，投资各方的利益一般是均等的，可不进行投资各方现金流量分析。只有投资各方有股权之外的不对等的利益分配时，或者是不按比例出资和进行分配的合作经营项目，投资各方的收益率才会有差异。

计算投资各方的财务内部收益率可以看出各方收益的非均衡性是否在一个合理的水平上，有助于促成投资各方在合作谈判中达成平等互利的协议。

4）现金流量分析基准参数——财务基准收益率

现金流量分析最重要的基准参数是财务基准收益率，用于判别财务内部收益率是否满足要求，同时它也是计算财务净现值的折现率。

计算财务净现值的折现率也可取不同于财务基准收益率的数值。依据不充分或可变因素较多时，可取几个不同数值的折现率，计算多个财务净现值，以给决策者提供全面的信息。

财务基准收益率的确定原则：

（1）财务基准收益率的确定要与指标的内涵相对应。项目财务分析中不应该总是用同一个财务基准收益率作为各种财务内部收益率的判别基准。

（2）财务基准收益率的确定要与所采用的价格体系相协调。

（3）财务基准收益率的确定要考虑资金成本。把资金成本作为财务基准收益率的确定基础，或称第一参考值。

（4）财务基准收益率的确定要考虑资金机会成本。通常把资金机会成本作为财务基准收益率的确定基础。

（5）项目投资财务内部收益率的基准参数可采用国家、行业或专业统一发布执行的财务基准收益率，或由评价者根据投资方的要求设定。

（6）项目资本金财务内部收益率的基准参数应为项目资本金所有者整体的最低可接受收益率。其数值大小主要取决于资金成本、资本收益水平、风险以及项目资本金所有者对权益资金收益的要求，还与投资者对风险的态度有关。

（7）投资各方财务内部收益率的基准参数为投资各方对投资收益水平的最低期望值，由投资者自行确定。

5）静态分析的指标

（1）项目投资回收期（P_t）

项目投资回收期是指以项目的净收益回收全部投资所需要的时间。它是考察项目在财务上的投资回收能力的主要静态评价指标，项目投资回收期以年表示，一般从建设开始年算起，如果从投产年算起时，应予以注明。其表达式为：

$$\sum_{t=1}^{P_t}(CI-CO)_t=0 \tag{2-50}$$

项目投资回收期可借助项目投资现金流量表中累计净现金流量计算求得。项目投资现金流量表中累计净现金流量由负值变为零的时间点，即为项目的投资回收期。投资回收期应按式（2-51）计算：

$$P_t=T-1+\frac{\left|\sum_{i=1}^{T-1}(CI-CO)_i\right|}{(CI-CO)_T} \tag{2-51}$$

式中：T 为各年累计净现金流量首次为正值或零的年数。

即

$$项目投资回收期（P_t）=\begin{bmatrix}累计净现金流量开\\始出现正值年份数\end{bmatrix}-1+\begin{bmatrix}上年累计净现金流量的绝对值\\当年净现金流量\end{bmatrix} \tag{2-52}$$

项目投资回收期短，表明项目投资回收快，抗风险投资能力强。

（2）总投资收益率（ROI）

总投资收益率表示总投资的盈利水平，系指项目达到设计生产能力后正常生产年份的年息税前利润或运营期内年平均息税前利润（EBIT）与项目总投资（TI）的比率，它是考察项目单位投资盈利能力的静态指标。对运营期内各年的息税前利润变化幅度较大的项目，应计算运营期平均息税前利润与项目总投资的比率。其计算公式为：

$$总投资收益率（ROI）=\frac{EBIT}{TI}\times100\% \tag{2-53}$$

式中：EBIT 为项目正常生产年份的年息税前利润或运营期内年平均息税前利润；TI 为项目总投资。

总投资收益率可根据利润分配及利润分配表中的有关数据计算求得。在财务评价中，总投资收益率高于同行业的收益率参考值，表明用总投资表示的盈利能力满足要求。

（3）项目资本金净利润率（ROE）

项目资本金净利润率表示项目资本金的盈利水平，系指项目达到设计生产能力后正常年份的年净利润额或运营期内年均净利润（NP）与项目资本金（EC）的比率。其计算公式为：

$$资本金净利润率（ROE）=\frac{NP}{EC}\times100\% \tag{2-54}$$

式中：NP 为正常年份的年净利润额或运营期内年均净利润；EC 为项目资本金。

项目资本金净利润率高于同行业的净利润率参考值，表明用项目资本金净利润率表示的盈利能力满足要求。

除投资回收期外，静态分析指标计算所依据的报表主要是"项目总投资使用计划与资金筹措表"和"利润及利润分配表"。

2. 偿债能力分析

偿债能力分析必须考虑项目的财务特点，以便使可利用的资金能够保证项目顺利实施和运营。偿债能力分析旨在分析项目偿债能力，有利于解决该项目的资金供应问题。对筹措了债务资金（简称借款）的项目，偿债能力分析考察项目按期偿还借款的能力。通过计算利息备付率（ICR）、偿债备付率（DSCR）、资产负债率（LOAR）等指标，分析判断财务主体的偿债能力。

如果能够得知或根据经验设定所要求的借款偿还期，可以直接计算利息备付率和偿债备付率指标；如果难以设定借款偿还期，也可以先大致估算出借款偿还期，再采用适宜的方法计算出每年需要还本和付息的金额，代入公式计算利息备付率和偿债备付率指标。需要估算借款偿还期时，可按式（2-55）估算：

$$借款偿还期=\frac{借款偿还后开始出现盈余年份}{}-开始借款年份+\frac{当年借款额}{当年可用于还款的资金额} \qquad (2-55)$$

1）利息备付率（ICR）

利息备付率是指在借款偿还期内的息税前利润与应付利息的比值，它从付息资金来源的充裕性角度反映项目偿付债务利息的保障程度，应按下式计算：

$$利息备付率=\frac{息税前利润}{计入总成本费用的应付利息} \qquad (2-56)$$

利息备付率应分年计算。利息备付率高，表明利息偿付的保障程度高。

利息备付率应当大于1，并结合债权人的要求确定。

2）偿债备付率（DSCR）

偿债备付率系指在借款偿还期内，用于计算还本付息的资金与应还本付息金额的比值，它表示可用于还本付息的资金偿还借款本息的保障程度，应按式（2-57）计算：

$$偿债备付率=\frac{息税前利润加折旧和摊销-企业所得税}{应还本付息金额} \qquad (2-57)$$

应还本付息金额包括还本金额和计入总成本费用的全部利息。

融资租赁费用可视同借款偿还。运营期内的短期借款本息也应纳入计算。

如果项目在运营期内有维持运营的投资，可用于还本付息的资金应扣除维持运营的投资。

偿债备付率应分年计算，偿债备付率高，表明可用于还本付息的资金保障程度高。

偿债备付率应大于1，并结合债权人的要求确定。

3）资产负债率（LOAR）

资产负债率系指各期末负债总额同资产总额的比率，应按下式计算：

$$资产负债率=\frac{期末负债总额}{期末资产总额}\times100\% \qquad (2-58)$$

　　适度的资产负债率表明企业经营安全、稳健,具有较强的筹资能力,也表明企业和债权人的风险较小。对该指标的分析,应结合国家宏观经济状况、行业发展趋势、企业所处竞争环境等具体条件判定。项目财务分析中,在长期债务还清后,可不再计算资产负债率。

　　3. 生存能力分析

　　1)生存能力分析的作用

　　生存能力分析是在财务分析辅助表和利润与利润分配表的基础上编制财务计划现金流量表,通过考察项目计算期内的投资、融资和经营活动所产生的各项现金流入和流出,计算净现金流量和累计盈余资金,分析项目是否有足够的净现金流量维持正常运营,进而考察实现财务可持续性的能力。

　　2)生存能力分析的方法

　　生存能力分析应结合偿债能力分析进行,项目的财务生存能力分析通过以下两方面进行:

　　(1)分析是否有足够的净现金流量维持正常运营

　　①在项目(企业)运营期间,从各项经济活动中得到足够的净现金流量,项目才能得以持续生存。

　　②拥有足够的经营净现金流量是财务可持续的基本条件,特别是在运营初期。

　　③通常因运营期前期的还本付息负担较重,故应特别注重运营期前期的财务生存能力分析。

　　(2)各年累计盈余资金不出现负值是财务生存的必要条件

　　在整个运营期间,允许个别年份的净现金流量出现负值,但不能允许任一年份的累计盈余资金出现负值。一旦出现负值,应适时进行短期借款,同时分析该短期借款的年份长短和数额大小,进一步判断项目的财务生存能力。短期借款应体现在财务计划现金流量表中,其利息应计入财务费用。为维持项目经营,还应分析短期借款的可靠性。

2.5　方案经济比选

　　矿山建设项目在可行性研究和投资决策过程中,对涉及的各决策要素和研究方面,都应从技术和经济相结合的角度进行多方案分析论证,比选优化,如生产规模、采矿方法、原矿运输、技术和设备选择、厂(场)址选择、资金筹措等方面,根据比较的结果,结合其他因素进行决策。

2.5.1　方案比选的类型

　　1. 局部比选与整体比选

　　按比选范围项目方案比选可分为局部比选和整体比选。局部比选仅就所备选方案的不同因素或部分重要因素进行局部对比。整体比选是按各备选方案所含的因素(相同因素和不同因素)进行定量和定性的全面的对比。局部比选通常相对容易,操作简单,而且容易提高比选结果差异的显著性,如果备选方案在许多方面都有差异,采用局部比选的方法工作量大,而且每个局部比选结果之间出现交叉优势,其比选结果呈多样性,难以决策,这时应采用整体比选方法。

2. 综合比选与专项比选

按目的分,项目方案比选可分为综合比选与专项比选。方案比选贯穿于矿山建设项目前期决策研究全过程中,一般项目方案比选是选择两个或三个备选方案进行整体的综合比选,从中选出最优方案作为推荐方案。在实际过程中,往往伴随着项目的具体情况,有必要进行局部的专项方案比选,如产品规模的确定、技术路线的选择、厂址比较等。

3. 定性比选与定量比选

按内容分,项目方案比选可分为定性比选与定量比选。定性比选较适合于方案比选的初级阶段,在一些比选因素较为直观且不复杂的情况下,定性比选简单易行。如在厂址方案比选中,由于环保政策的限制可能一票否决,定性分析即能满足比选要求。

在较为复杂的、系统的方案比选工作中,一般先经过定性分析,如果直观很难判断各个方案的优劣,再通过定量分析,论证其经济效益的大小,据以判别方案的优劣。

2.5.2　方案比选定量分析方法的选择

1. 方案比选定量分析方法

方案比选定量分析方法可采用效益比选法、费用比选法和最低价格法。

1)效益比选法

效益比选法包括净现值比较法、净年值比较法、差额投资内部收益率比较法。

(1)净现值比较法

比较备选方案的财务净现值或经济净现值,以净现值大的方案为优。

(2)净年值比较法

比较备选方案的净年值,以净年值大的方案为优。

(3)差额投资内部收益率比较法

差额投资内部收益率又称增量投资内部收益率,也称追加投资内部收益率,它是指相比较的两个方案各年净现金流量差额的现值之和等于零时的折现率。

计算求得的差额投资内部收益率 $\Delta FIRR$ 与设定的基准投资收益率 i_c(或 $\Delta EIRR$ 与社会折现率 i_s)相比较,若 $\Delta FIRR \geq i_c$ 时,则投资多的方案为优;若 $\Delta FIRR < i_c$,则投资少的方案为优。在进行多方案比选时,先按投资大小由少到多排序,再依次就相邻方案两两比较,选择相对较优方案。被保留方案再与下一个相邻方案比较,计算 $\Delta FIRR$,再进行取舍判断。依此不断进行,直至比较完所有方案,最后保留的方案即为相对最优方案。

用差额内部收益率进行比选,其前提是每个方案是可行的。

2)费用比选法

费用比选法包括费用现值比较法、费用年值比较法。

(1)费用现值比较法

计算备选方案的总费用现值并进行对比,以费用现值较低的方案为优。

(2)费用年值比较法

计算备选方案的费用年值并进行对比,以费用年值较低的方案为优。

3)最低价格(服务收费标准)法

最低价格(服务收费标准)法是在相同产品方案比选中,以净现值为零推算备选方案的产品最低价格,以最低产品价格较低的方案为优。

2. 方案比选定量分析方法的选择

(1) 在项目无资金约束的条件下，一般采用现值比较法、净年值比较法和差额投资内部收益率比较法。

(2) 方案效益相同或基本相同时，可采用最小费用法，即费用现值比较法和费用年值比较法。

2.5.3 互斥方案的比选

根据方案之间的相互关系，项目方案类型一般可分为独立方案、互斥方案、相关方案三种类型。

独立方案的现金流量是独立的，不具相关性，其中任一方案的采用与否只与其可行性有关，而与其他方案是否采用没有关系。独立方案的比选实质是看方案是否达到或超过了预定的评价标准或水平，这就只需通过计算方案的经济效果指标，并按照指标的判别准则加以检验就可做到。

互斥方案是指各个方案之间存在着互不相容、互相排斥的关系，在进行比选时，在各个备选方案中只能选择一个，其余的均必须放弃，不能同时存在。

相关方案是指各个方案中，某一方案的采用与否会对其他方案的现金流量带来一定的影响，进而影响其他方案的采用。相关方案之间有正相关和负相关两种关系，正相关方案的比选可以采用独立方案比选方法，负相关方案可以转化为互斥方案。因此，互斥方案比选是技术经济评价工作的重要组成部分，也是寻求合理决策的必要手段。

在方案互斥的条件下，经济效果评价包含两部分内容：一是考察各个方案自身的经济效果，即进行绝对效果检验；二是考察哪个方案较优，即相对效果检验。两种检验的目的和作用不同，通常缺一不可。

进行方案经济比选，不论对计算期相同的方案，还是对计算期不同的方案，备选方案应满足下列条件：

(1) 备选方案的整体功能应达到目标要求；

(2) 备选方案的盈利性应达到可以被接受的水平；

(3) 备选方案包含的范围和时间应一致，效益和费用的计算口径应一致。

互斥方案的经济效果评价使用的评价指标可以是价值性指标(如净现值、净年值、费用现值、费用年值)，也可以是比率性指标(如内部收益率)。注意：采用比率性指标时必须分析不同方案之间的差额(追加)现金流量，否则会导致判断错误。

1. 计算期相同的互斥方案的比选

对于计算期相同的互斥方案，通常将方案的计算期设定为共同的分析期，这样在利用资金等值原理进行经济效果评价时，各方案在时间上才具有可比性。在比选计算期相同的方案时，若采用价值性指标，则选用价值指标最大者为相对最优方案；若采用比率性指标，则需要考察不同方案之间追加投资的经济效益。

1) 净现值法

首先分别计算各个方案的净现值，先进行方案的绝对效果检验，剔除 $NPV<0$ 的方案；然后进行相对效果检验，对所有 $NPV \geqslant 0$ 的方案比较其净现值，选择净现值最大的方案为最佳方案。在多个互斥方案中，只有通过绝对效果检验的最优方案才是唯一被接受的方案。净现

值法可表达为净现值大于或等于零且净现值最大的方案为相对最优方案。

2）费用现值法

在技术经济费用效益分析中，对方案所产生的效益相同（或基本相同），但效益无法或很难用货币直接计量的互斥方案进行比较时，常用费用现值（PC）替代净现值进行评价。费用现值的表达式为：

$$PC = \sum_{t=0}^{n} CO_t (1 + i_c)^{-t} \tag{2-59}$$

式中：PC 为费用现值；CO_t 为第 t 年的现金流出量；i_c 为设定的折现率（同基准收益率）；n 为项目计算期。

费用现值法适用于仅有或仅需计算费用现金流量的互斥方案，费用现值最小者为相对最优方案。

此外还有差额投资内部收益率比较法，具体见 2.5.2 小节。

2. 计算期不相同的互斥方案的比选

比选计算期不相同的互斥方案的经济效果，关键在于使其比较的基础相一致。满足时间可比条件而进行处理的方法很多，通常采用年值法或计算期统一法进行方案的比选。

1）年值法

年值法是分别计算各备选方案净现金流量的等额年值（AW）并进行比较的方法，以 AW≥0，且 AW 最大者为最优方案。在对计算期不相同的互斥方案进行比选时，年值法是最为简便的方法，当参加比选的方案数目众多时，尤其如此。

对于仅有或仅需要计算费用现金流量的互斥方案，可以参照年值法，用费用年值指标进行比选。费用年值最小的方案为相对最优方案。

2）计算期统一法

计算期的设定应根据决策的需要和方案的技术经济特征来决定。常用的处理方法如下。

（1）计算期最小公倍数法

最小公倍数法又称方案重复法，是以各备选方案计算期的最小公倍数作为方案比选的共同计算期，并假设各个方案均在这样一个共同的计算期内重复进行，即各备选方案在其计算期结束后，均可按与其原方案计算期内完全相同的现金流量系列周而复始地循环下去，直到共同的计算期。在此基础上计算出各个方案的净现值，以净现值最大的方案为最佳方案。

（2）最短计算期法（研究期法）

研究期法就是通过研究分析，直接选取一个适当的计算期作为各个方案共同的计算期，计算各个方案在该计算期内的净现值，以净现值较大的为优。在实际应用中，为方便起见，往往直接选取诸方案中最短的计算期作为各方案的共同计算期，所以研究期法也可以称为最短计算期法。

2.5.4 某矿山开拓方案比选

某地下矿山的设计矿石生产能力为 1200 t/d，开采范围为赋存在 2680 m 中段以下（2630~2280 m 中段）的矿体。提升运输任务量是：矿、废石运输，矿石量 1200 t/d、废石 200 t/d；人员及材料运输，最大班 80 人/班、材料设备 1 t/d、2 车次/班。

设计考虑了四个开拓方案进行比选：

方案Ⅰ：主斜坡道开拓方案；

方案Ⅱ：盲箕斗斜井+盲辅助斜井开拓方案；

方案Ⅲ：盲混合竖井(箕斗+罐笼)开拓方案；

方案Ⅳ：盲胶带斜井+盲辅助斜井开拓方案。

设计采用费用现值法对以上四个方案进行了方案比较，比较结果详见表2-29。

表 2-29　开拓方案技术经济比较表

序号	指标名称	单位	方案Ⅰ：主斜坡道开拓方案		方案Ⅱ：盲箕斗斜井+盲辅助斜井开拓方案		方案Ⅲ：盲混合竖井(箕斗+罐笼)开拓方案		方案Ⅳ：盲胶带斜井+盲辅助斜井开拓方案	
			一期	二期	一期	二期	一期	二期	一期	二期
一	开拓方案简介		主斜坡道：主斜坡道硐口位于矿体上盘8线附近，硐口标高2680 m，最低标高2280 m，斜坡道平均坡度为10%，正常段坡度为12%、缓坡段坡度为3%，巷道净断面宽3.6 m，高直墙高2.3 m，三心拱。选用UK-10运矿卡车6台(5用1备)，另配一台多功能服务车。主斜坡道承担全区的矿石、废石、人员、材料设备的运输任务		盲箕斗斜井：箕斗斜井井口位于矿体下盘8线附近，井口标高2710 m，井底标高为2255 m，倾角为30°，巷道断面宽3.3 m，直墙高2.0 m，三心拱。盲斜井分期建设。采用单钩提升系统，选用JK-3.5×2/20单筒单绳卷扬机，配箕斗容积8.0 m³。负责全区矿提升运输，提升能力为1200 t/d(矿石)。盲辅助斜井：采用两段盲斜井接力提升，第一段盲斜井井口标高为2680 m，最低服务中段标高为2480 m，倾角为25°；第二段盲斜井井口标高为2480 m，最低服务中段标高为2280 m，倾角为25°。井巷断面宽3.0 m，直墙高1.7 m，三心拱。采用串车提升，选用JK2×1.5/30单绳缠绕式提升机，配套电机YPT4001-6，电机功率为250 kW，斜井人车型号为XRB15-6/6，作为废石、人员、材料设备进出井下的通道。提升运输任务：废石量200 t/d，材料运量1 t/d，最大班人数80人		盲组合竖井：盲混合竖井井口位于矿体下盘8线附近，井口标高2680 m，井底标高为2200 m，负责将2280~2680 m中段的矿、废石提升运输。井筒净直径为5.5 m，采用单箕斗+罐笼提升系统，JKMD-3.25×4(Ⅰ)E型多绳提升机，配YPT5601-10型号电机，630 kW，690 V，电机转速为600，箕斗容积为6.0 m³，提升能力为1400 t/d，其中矿石1200 t/d，废石200 t/d。罐笼承担人员、材料、设备提升任务		盲胶带斜井：盲胶带斜井分两段掘进，1号盲胶带斜井井口位于矿体下盘4线附近，井口标高2680 m，最低服务中段标高为2480 m，倾角为13°，井巷断面宽3.3 m，直墙高2.0 m，三心拱。选用1 m宽的胶带输送机负责全区的矿石(1200 t/d)提升运输。2号盲胶带斜井井口位于矿体下盘2480 m中段，最低服务中段标高为2280 m，倾角为13°，负责将2280~2480 m中段矿石(1200 t/d)提升运输。盲辅助斜井：同方案Ⅱ	
二	可比投资	万元	5931.46	3413.57	4407.84	2789.09	6326.30	933.20	5419.27	4534.04
1	可比井巷工程量	万方	10.59	7.03	6.51	4.50	9.04	2.70	7.66	5.80
2	可比工程投资	万元	4850.48	3373.62	3733.69	2558.68	5775.01	933.20	4291.99	3621.78

续表2-29

序号	指标名称	单位	方案Ⅰ：主斜坡道开拓方案		方案Ⅱ：盲箕斗斜井+盲辅助斜井开拓方案		方案Ⅲ：盲混合竖井(箕斗+罐笼)开拓方案		方案Ⅳ：盲胶带斜井+盲辅助斜井开拓方案	
			一期	二期	一期	二期	一期	二期	一期	二期
3	可比设备投资	万元	1080.98	39.95	674.15	230.41	551.29	0.00	1127.28	912.26
三	可比经营成本	万元/a	926.51	1212.93	844.79	1008.94	742.21	946.02	556.79	893.63
1	材料费	万元/a	33.85	42.31						
2	动力费	万元/a	498.72	674.27	431.75	512.23	336.42	512.23	149.42	314.23
3	职工薪酬	万元/a	216.00	216.00	280.80	280.80	216.00	216.00	244.80	280.80
4	修理费	万元/a	177.94	280.35	132.24	215.91	189.79	217.78	162.58	298.60
四	可比费用现值	万元	11962.10		9774.05		10091.26		10099.27	
五	优点		①斜坡道可分段施工；②卡车运输较灵活，适用性强；③机械化程度高，容易投达产；④工作环节少，管理简单		①井下不用设破碎系统，生产环节少；②工艺成熟，管理简单；③基建井巷工程量少，投资省		①提升效率高，提升能力大；②管理方便，安全可靠		①胶带斜井可分段施工；②可比经营费用低；③运输能力大，井下工作环境好	
	缺点		①无轨开拓井巷断面大，可比井巷工程量大，基建投资高；②可比经营费高；③采用无轨卡车运输，井下工作环境略差		①采用单钩提升系统，提升机功率较大，电耗高；②提升能力余地小		①基建工程量和基建投资大；②井巷一次到底，初期投资大		①基建工程量和基建投资大；②矿废石需多次转运，管理不便	

从表2-29可以看出，方案Ⅱ可比费用现值9774.05万元低得最多，说明该方案经济效益最好。利用盲箕斗斜井提升矿石，盲辅助斜井提升废石、人员、材料和设备，技术成熟，安全可靠，因此地下采区开拓方案设计推荐方案Ⅱ，即盲箕斗斜井+盲辅助斜井开拓方案。

2.6　不确定性分析与风险分析

不确定性分析与风险分析是项目经济评价中非常重要的决策分析方法，两者既有联系又有区别，由于人们对未来事物认识的局限性，可获信息的有限性以及未来事物本身的不确定性，使得投资建设项目的实施结果可能偏离预期目标，这就形成了投资建设项目预期目标的不确定性，从而使项目可能得到高于或低于预期的效益，甚至遭受一定的损失，导致投资建设项目"有风险"。通过不确定性分析可以找出影响项目效益的敏感因素，确定敏感程度，但不知这种不确定性因素发生的可能性及影响程度。借助于风险分析可以得知不确定性因素发生的可能性以及给项目带来经济损失的程度。不确定性分析找出的敏感因素又可以作为风险因素识别和风险估计的依据。

2.6.1　不确定性分析

项目经济评价所采用的基本变量都是对未来的预测和假设，因而具有不确定性。通过对拟建项目具有较大影响的不确定性因素进行分析，计算基本变量的增减变化引起项目财务或经济效益指标的变化，找出最敏感的因素及其临界点，预测项目可能承担的风险，使项目的投资决策建立在较为稳妥的基础上。

不确定性分析包括盈亏平衡分析和敏感性分析。

1. 盈亏平衡分析

盈亏平衡分析是评价项目经济效益的一种常用的不确定性分析方法。盈亏平衡分析是指项目达到设计生产能力的条件下，通过盈亏平衡点分析项目成本与收益的平衡关系。盈亏平衡点是项目的盈利与亏损的转折点，即盈利与亏损的分界点，称为盈亏平衡点。在该点上，收入等于成本，项目既未盈利又不亏损，所以盈亏平衡分析又称为收支平衡分析。盈亏平衡点用以考察项目对产出品变化的适应能力和抗风险能力，盈亏平衡点越低，表明项目适应产出品变化的能力越大，抗风险能力越强。

盈亏平衡点计算需要的经济参数包括产品销售量、产品销售价格、单位产品可变成本、固定总成本，这些经济参数需满足下列假定条件：

（1）产量等于销售量，即当年生产的产品当年全部销售出去，没有积压；

（2）产量变化，产品单位可变成本不变，总成本费用是产量的线性函数；

（3）产量变化，产品销售价格不变，销售收入是销售量的线性函数；

（4）按单一产品计算，当生产多种产品时应换算为单一产品，不同产品的生产负荷率的变化应保持一致。

盈亏平衡点的表达形式有多种，项目评价中最常用的是以产量和生产能力利用率表示的盈亏平衡点。盈亏平衡点一般采用公式计算，也可利用盈亏平衡图求取。

1）公式计算法

$$BEP_{生产能力利用率}=\frac{年固定成本}{年营业收入-年可变成本-年税金及附加}\times100\% \qquad (2-60)$$

$$BEP_{产量}=\frac{年固定总成本}{单位产品价格-单位产品可变成本-单位产品税金及附加} \qquad (2-61)$$

2）图解法

以生产能力利用率表示的盈亏平衡点采用图解法求得，可参见图2-9。

图2-9中营业收入扣税金及附加线（如果营业收入和成本费用都是按含税价格计算的，还应减去增值税）与总成本费用线的交点即为盈亏平衡点，这一点所对应的产量即为

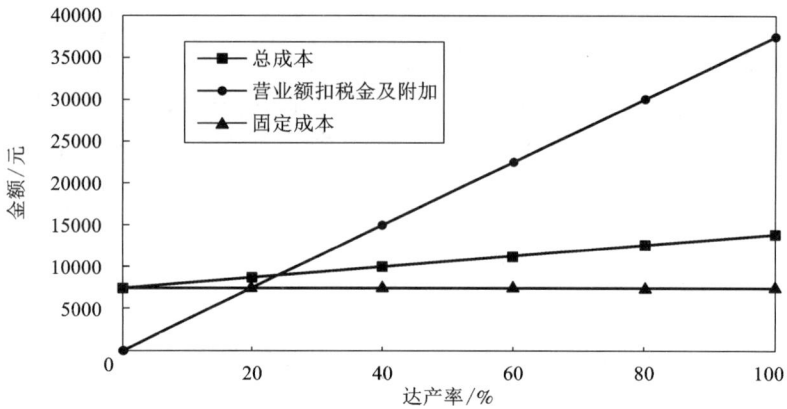

图 2-9　盈亏平衡分析图(生产能力利用率)

BEP$_{产量}$，也可以换算为 BEP$_{生产能力利用率}$。

以产量表示的盈亏平衡点可以用坐标形式清晰地表示出来(见图 2-10)。营业收入线 $S=PQ$ 与生产成本线 $C=VQ+F$ 的交点 B 即为收支平衡点，B 点对应的横坐标 Q_0 为收支平衡产量，对应的纵轴 S_0 点为收支平衡收入。通过分析收支平衡点可知，当产品销售量等因素变化时，对预计的企业收益有何影响，目的在于考察投资项目可以承担多大程度的减产风险和滞销风险。从图 2-10 中可以看到，收支平衡点 B 点越靠近原点，亏损区的面积就越小，项目可以承担的风险就越大，企业投产后获利的可能性就越大。

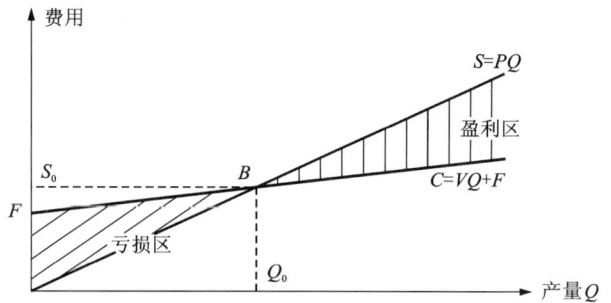

图 2-10　收支平衡图(产量)

2.敏感性分析

1)敏感性分析的含义

敏感性分析是常用的一种评价投资项目的不确定性分析方法，它是研究不确定因素对项目经济效果的影响程度，具体而言，它是研究各种投入变量数值发生变化时，在项目进行决策中各种经济指标的变化变量数值发生变化时，在项目进行决策中各种经济指标的变化程度。例如，矿山储量、品位、售价发生变化时，表征项目经济效果的各种指标(如 IRR、NPV 等)的变化程度如何。不同的不确定因素对投资项目评价指标的影响度是不同的，即投资项目的评价指标对于不同的不确定因素的敏感程度是不相同的，敏感性分析的目的就是要从这些不确定因素中，找出特别敏感的因素，以便提出相应的控制对策，供决策时参考，为进一步的风险分析打下基础。

敏感性分析包括单因素敏感性分析和多因素敏感性分析。单因素敏感性分析是指每次只改变一个因素的数值来进行分析，估算单个因素的变化对项目效益的影响；多因素分析则是同时改变两个或两个以上因素进行分析，估算多个因素同时发生变化的影响。为了找出关键的敏感性因素，通常多进行单因素敏感性分析。

2）敏感性分析的方法

（1）确定不确定因素。根据项目特点，结合经验判断选择对项目效益影响较大且重要的不确定因素进行分析。矿山投资项目中，常见的不确定因素有储量、品位、价格、生产成本、生产能力、资金构成及来源、基建期、达产期、通货膨胀率等。

（2）确定分析指标。敏感分析指标就是指敏感性分析的具体对象。常用的指标有投资回收期、内部收益率、净现值等。最基本的分析指标是内部收益率，根据项目的实际情况也可选择净现值或投资回收期评价指标，必要时可同时针对两个或两个以上的指标进行敏感性分析。

（3）计算敏感度系数及临界点。

敏感度系数是指项目评价指标变化的百分率与不确定因素变化的百分率之比。敏感度系数高，表示项目效益对该不确定因素敏感程度高。具体计算公式如下：

$$S_{AF} = \frac{\Delta A/A}{\Delta F/F} \tag{2-62}$$

式中：S_{AF} 为评价指标 A 对于不确定因素 F 的敏感度系数；$\Delta F/F$ 为不确定因素 F 的变化率；$\Delta A/A$ 为不确定因素 F 发生 ΔF 变化率时，评价指标 A 的相应变化率。

$S_{AF}>0$，表示评价指标与不确定因素同向变化；$S_{AF}<0$，表示评价指标与不确定因素反向变化。

临界点（转换值 switch value）是指不确定因素的变化使项目由可行变为不可行的临界数值，可采用不确定因素相对基本方案的变化率或其对应的具体数值表示。当该不确定因素为费用科目时，即为其增加的百分率；当其为效益科目时为降低的百分率。临界点也可用该百分率对应的具体数值表示。当不确定因素的变化超过了临界点所表示的不确定因素的极限变化时，项目将由可行变为不可行。

3）敏感性分析的应用

将敏感性分析的结果进行汇总，编制敏感性分析表（见表 2-30），编制敏感度系数与临界点分析表（见表 2-31），也可绘制敏感性分析图；并对分析结果进行文字说明，将不确定因素变化后计算的经济评价指标与基本方案评价指标进行对比分析，结合敏感度系数与临界点的计算结果，按不确定性因素的敏感程度进行排序，找出最敏感的因素，分析敏感因素可能造成的风险，并提出应对措施。当不确定因素的敏感度很高时，应进一步通过风险分析，判断其发生的可能性及对项目的影响程度。

表 2-30　敏感性分析表

变化率	−30%	−20%	0%	10%	20%	30%
基准折现率						
储量						
品位						
建设投资						
……						

表 2-31 敏感度系数和临界点分析表

序号	不确定因素	变化率	内部收益率	敏感度系数	临界点	临界值
	基本方案					
1	储量					
2	出矿品位					
3	产品价格					
4	建设投资					
	……					

2.6.2 风险分析

风险是指拟建项目自身及客观条件的不确定性引起的后果(即产出)与预定目标发生偏离的可能性。通常人们关注的是风险造成后果的不利方面,即风险事件所导致的风险损失。投资建设项目经济风险是指由于不确定性的存在导致项目实施后偏离预期财务和经济效益目标的可能性。经济风险分析是通过对风险因素的识别,采用定性或定量分析的方法估计各风险因素发生的可能性及对项目的影响程度,揭示影响项目成败的关键风险因素,提出项目风险的预警、预报和相应的对策,为投资决策服务。经济风险分析的另一重要功能还在于它有助于在可行性研究的过程中,通过信息反馈,改进或优化项目设计方案,直接起到降低项目风险的作用。风险分析的程序包括风险因素识别、风险估计、风险评价与防范应对。

1.风险因素

1)经济风险的来源

矿山建设项目的经济风险来源于法律、法规及政策变化,市场供需变化,资源开发与利用,技术的可靠性,工程方案,融资方案,组织管理,环境与社会,外部配套条件等一个或几个方面的共同影响,具体内容如下:

(1)政策方面。由于政府政策调整,使项目原定目标难以实现所造成的损失,如税收、金融、环保、产业政策等的调整变化,税率、利率、汇率、通货膨胀率的变化都会对项目经济效益带来影响。

(2)市场方面。由于市场需求的变化,竞争对手的竞争策略调整,项目产品销路不畅,产品价格低迷等,使产量和销售收入达不到预期的目标,给项目预期收益带来的损失。

(3)资源方面。由于矿产资源的储量、品位、可采储量、开拓工程量及采选方式等与原预测结果发生较大偏离,导致项目开采成本增高,产量降低或经济寿命期缩短,造成巨大的经济损失。在水资源短缺地区的投资建设项目,可能受水资源勘察不明、气候不正常等因素的影响。

（4）技术方面。项目采用的技术，特别是引进技术的先进性、可靠性、适用性和经济性与原方案发生重大变化，导致项目不能按期进入正常生产状态，或生产能力利用率降低，达不到设计要求，或生产成本提高，产品质量达不到预期要求等。

（5）工程方面。因工程地质和水文地质条件出乎预料的变化，工程设计发生重大变化，导致工程量增加、投资增加、工期延长所造成的损失；由于前期准备工作不足，导致项目实施阶段建设方案的变化；工程设计方案不合理，可能给项目的生产经营带来影响等，造成经济损失。

（6）融资方面。项目资金来源的可靠性、充足性和及时性不能保证；由于工程量预计不足或设备材料价格上升导致投资增加；由于计划不周或外部条件等因素导致建设工期拖延；利率、汇率变化导致融资成本升高所造成的损失。

（7）组织管理方面。由于项目组织结构不当、管理机制不完善或是主要管理者能力不足等，导致项目不能按计划建成投产，投资超出估算；或在项目投产后，未能制定有效的企业竞争策略，在市场竞争中失败。

（8）环境与社会方面。对于许多项目，外部环境因素包括自然环境和社会环境因素的影响。如项目选址不当，项目对居民区的影响、生态环境影响估计不足，或是项目环保措施不当，在项目建成后，可能对居民区和生态带来严重影响，导致居民和社会的反对，造成直接经济损失。

（9）配套条件方面。建设项目需要的外部配套设施，如供水排水、供电供汽、公路铁路、港口码头以及上下游配套设施等，在可行性研究中虽都作了考虑，但是实际上仍然可能存在外部配套设施没有如期落实的问题，致使建设项目不能发挥应有效益，从而带来风险。

（10）其他方面。对于某些特殊项目，应考虑特有的风险因素。例如，对于合资项目，要考虑合资对象的法人资格和资信问题；对于矿山建设项目，要考虑因工程地质、水文地质、资源储量等条件的变化对收成不利影响的风险因素等；许多无形成本和效益的度量是分析专家个人的主观价值判断，不能量化的外部或间接效果的定性判断完全是主观的。

2）经济风险因素

经济风险分析的任务之一，是通过对政策、市场、资源、技术、工程、资金、管理、环境、外部配套条件和其他等方面的分析找出风险因素。上述各方面经常是相互关联的，有时也难以分清。为寻找风险根源，有必要区分事件、后果和根源，如建设工期延误的原因和可能的后果，见表 2-32。

表 2-32　建设工期延误的可能原因与后果

可能原因	可能后果
资金短缺	投资超支
建筑材料供应延误	推迟建设
熟练劳动力不足	推迟投产
恶劣的天气	还款期延长

财务与经济费用效益分析的风险因素可归纳为六类：

（1）项目收益风险：产出品的数量（服务量）与预测（财务与经济）价格；

（2）建设投资风险：建筑安装工程量、设备选型与数量、土地征用和拆迁安置费、人工、材料价格、机械使用费及取费标准等；

（3）融资风险：资金来源、供应量与供应时间等；

（4）建设工期风险：工期延长；

（5）运营成本费用风险：投入的各种原料、材料、燃料、动力的需求量与预测价格、劳动力工资、各种管理费收费标准等；

（6）政策风险：税率、利率、汇率及通货膨胀率等。

2. 风险识别

风险识别是风险分析的基础，运用系统论的方法对项目进行全面考察综合分析，找出潜在的各种风险因素，并对各种风险进行比较、分类，确定各因素间的相关性与独立性，判断其发生的可能性及对项目的影响程度，按其重要性进行排序，或赋予权重。

1）风险识别方法

风险识别应根据项目的特点选用适当的方法。常用的方法有问卷调查、专家调查法和情景分析等。具体操作中，一般通过问卷调查或专家调查法完成。风险因素专家调查统计表见表2-33。

表2-33 风险因素专家调查统计表

序号	风险因素名称	出现的可能性				出现后对项目影响程度			
		高	强	适度	低	高	强	适度	低
1	市场方面								
1.1	市场需求量								
1.2	竞争能力								
1.3	价格								
	……								
2	技术方面								
2.1	可靠性								
2.2	适用性								
3	资源方面								
3.1	资源储量								
3.2	开采成本								
	……								
4	工程地质方面								
	……								
5	投融资方面								
5.1	汇率								

续表2-33

序号	风险因素名称	出现的可能性				出现后对项目影响程度			
		高	强	适度	低	高	强	适度	低
5.2	利率								
6	投资额								
6.1	工期								
	……								
7	配套条件								
7.1	水、电、气供应								
7.2	交通运输条件								
7.3	其他配套工程								
	……								

注：1. 风险识别时针对各项风险因素出现的可能性和出现后对项目的影响程度在对应单元格中打"√"；

2. 在表的下方附专家信息(姓名、专业、职称、所在单位等)。

2) 风险识别应注意的问题

(1) 建设项目的不同阶段存在的主要风险有所不同；

(2) 风险因素依项目不同具有特殊性；

(3) 对于项目的有关各方(不同的风险管理主体)可能会有不同的风险；

(4) 风险的构成具有明显的递阶层次，风险识别应层层剖析，尽可能深入到最基本的风险单元，以明确风险的根本来源；

(5) 正确判断风险因素间的相关性与独立性；

(6) 识别风险应注意借鉴历史经验，要求分析者富有经验、创建性和系统观念。

3. 风险估计

风险估计又称风险测定、测试、衡量和估算等。风险估计是在风险识别之后，通过定量分析的方法测度风险发生的可能性及对项目的影响程度。

1) 风险估计与概率

风险估计是估算风险事件发生的概率及其后果的严重程度，因此风险与概率密切相关。概率度量某一事件发生的可能性，它是随机事件的函数。必然发生的事件，其概率为1，不可能事件，其概率为0，一般的随机事件，其概率在0到1之间。风险估计分为主观概率(估计)和客观概率(估计)两种。

(1) 主观概率(估计)指人们对某一风险因素发生可能性的主观判断，用介于0到1的数据来描述。这种主观估计基于人们所掌握的大量信息或长期经验的积累，而不是随意"拍脑袋"。

(2) 客观概率(估计)是根据大量的试验数据，用统计的方法计算某一风险因素发生的可能性，它是不以人的主观意志为转移的客观存在的概率，客观概率计算需要足够多的试验数据支持。

（3）在项目评价中，要对项目的投入与产出进行从机会研究到投产运营全过程的预测。由于不可能获得足够时间与资金对某一事件发生的可能性做大量的试验，又因事件是将来发生的，也不可能作出准确的分析，很难计算出该事件发生的客观概率，但决策又需要对事件发生的概率作出估计，因此项目前期的风险估计最常用的方法是由专家或决策者对事件出现的可能性作出主观估计。

2）风险估计与概率分布

（1）风险估计的一个重要方面是确定风险事件的概率分布。概率分布用来描述损失原因所致各种损失发生可能性的分布情况，是显示各种风险事件发生概率的函数。概率分布函数给出的分布形式、期望值、方差、标准差等信息，可直接或间接用来判断项目的风险。

（2）常用的概率分布类型有离散概率分布和连续概率分布。当输入变量可能值为有限个数，这种随机变量称为离散型随机变量，其概率称离散概率，它适用于变量取值个数不多的输入变量。当输入变量的取值充满一个区间，无法按一定次序一一列举时，这种随机变量称连续随机变量，其概率称连续概率，常用的连续概率分布有正态分布、对数正态分布、泊松分布、三角分布、二项分布等。各种状态的概率取值之和等于1。

（3）在风险估计中，确定概率分布时，需要注意充分利用已获得的各种信息进行估测和计算，在获得的信息不够充分的条件下则需要根据主观判断和近似的方法确定概率分布，具体采用何种分布应根据项目风险特点而定。确定风险事件的概率分布常用的方法有概率树、蒙特卡罗模拟及 CIM 模型等分析法。

4. 风险评价

风险评价是对项目经济风险进行综合分析，是依据风险对项目经济目标的影响程度进行项目风险分级排序的过程。它是在项目风险识别和估计的基础上，通过建立项目风险的系统评价模型，列出各种风险因素发生的概率及概率分布，确定可能导致的损失大小，从而找到该项目的关键风险，确定项目的整体风险水平，为如何处置这些风险提供科学依据。风险评价的判别标准可采用两种类型：

1）以经济指标的累计概率、标准差为判别标准

（1）财务（经济）内部收益率大于等于基准收益率的累计概率值越大，风险越小，标准差越小，风险越小。

（2）财务（经济）净现值大于等于零的累计概率值越大，风险越小，标准差越小，风险越小。

2）以综合风险等级为判别标准

风险等级的划分既要考虑风险因素出现的可能性，又要考虑风险出现后对项目的影响程度，它有多种表述方法，一般应选择矩阵列表法划分风险等级。矩阵列表法简单直观，将风险因素出现的可能性及对项目的影响程度构造一个矩阵，其中每一单元对应一种风险的可能性及其影响程度。为适应现实生活中人们往往以单一指标描述事物的习惯，将风险的可能性与影响程度综合起来，用某种级别表示（见表2-34）。该表是以风险应对的方式来表示风险的综合等级。所示风险等级亦可通过数学推导和专家判断相结合确定。

表 2-34　综合风险等级分类表

综合风险等级	风险影响的程度			
	严重	较大	适度	低
高	K	M	R	R
较高	M	M	R	R
适度	T	T	R	I
低	T	T	R	I

综合风险等级分为 K、M、T、R、I 五个等级：

K(kill)表示项目风险很高，出现这类风险就要放弃项目；

M(modify plan)表示项目风险高，需要修正拟议中的方案，通过改变设计或采取补偿措施等；

T(trigger)表示风险较高，设定某些指标的临界值，指标一旦达到临界值，就要变更设计或对负面影响采取补偿措施；

R(review and reconsider)表示风险适度(较小)，适当采取措施后不影响项目；

I(ignore)表示风险弱，可忽略。

落在该表左上角的风险会产生严重后果；落在这个表左下角的风险，发生的可能性相对低，必须注意临界指标的变化，提前防范与管理；落在该表右上角的风险影响虽然相对适度，但是发生的可能性相对高，也会对项目产生影响，应注意防范；落在该表右下角的风险，损失不大，发生的概率小，可以忽略不计。

以上推荐的风险等级的划分标准并不是唯一的，其他可供选择的划分标准有很多，如常用的风险等级划分为 1~9 级等。

5. 风险应对

在经济风险分析中找出的关键风险因素对项目的成败具有重大影响，需要采取相应的应对措施，尽可能降低风险的不利影响，实现预期投资效益。

1)选择风险应对的原则

(1)贯穿于项目可行性研究的全过程。可行性研究是一项复杂的系统工程，经济风险来源于技术、市场、工程等各个方面，因此，在规划设计时就应采取规避风险的相关措施，这样才能防患于未然。

(2)针对性。风险对策研究应有很强的针对性，应结合行业特点，针对特定项目主要的或关键的风险因素提出必要的措施，将其影响降低到最低程度。

(3)可行性。可行性研究阶段所进行的风险应对研究应立足于现实客观的基础之上，提出的风险应对措施应在财务、技术等方面是切实可行的。

(4)经济性。规避风险是要付出代价的，如果提出的风险应对所花费的费用远大于可能造成的风险损失，该对策将毫无意义。在风险应对研究中应将规避风险措施所付出的代价与该风险可能造成的损失进行权衡，旨在寻求以最少的费用获取最大的风险效益。

2)决策阶段风险的主要应对措施

(1)提出多个备选方案，通过多方案的技术、经济比较，选择最优方案；

（2）对有关重大工程技术难题潜在风险因素提出必要研究与试验课题，准确地把握有关问题，消除模糊认识；

（3）对影响投资、质量、工期和效益等有关数据，如价格、汇率和利率等风险因素，在编制投资估算、制订建设计划和分析经济效益时，应留有充分的余地，谨慎决策，并在项目执行过程中实施有效监控。

3）建设或运营期的风险可建议采取回避、转移、分担和自担措施

（1）风险回避是彻底规避风险的一种做法，即断绝风险的来源。风险回避一般适用于以下两种情况：某种风险可能造成相当大的损失；风险应对防范风险价格昂贵，得不偿失。

（2）风险分担是针对风险较大，投资人无法独立承担，或是为了控制项目的风险源而采取与其他企业合资或合作等方式，共同承担风险、共享收益的方法。

（3）风险转移是将项目业主可能面临的风险转移给他人承担，以避免风险损失的一种方法。转移风险有两种方式，一是将风险源转移出去，如将已做完前期工作的项目转给他人投资，或将其中风险大的部分转给他人承包建设或经营；二是只把部分或全部风险损失转移出去，包括工程保险转移方式和非保险转移方式两种。

（4）风险自担就是将风险损失留给项目业主自己独立承担项目的风险。投资者已知有风险但由于可能获利而需要冒险，同时又不愿意将获利的机会分给别人，必须保留和承担这种风险。

上述风险应对措施不是互斥的，实践中常常组合使用。可行性研究中应结合项目的实际情况，研究并选用相应的风险对策。

6. 风险分析方法

风险分析方法很多，常用方法有专家调查法、层次分析法、CIM法、概率树法、蒙特卡罗模拟法等。这里简单介绍一下几种常用方法的基本原理和基本操作步骤。

1）专家调查法

对风险的识别和评价可采用专家调查法。专家调查法简单、易操作，它凭借分析者（包括可行性研究人员和决策者等）的经验对项目各类风险因素及其风险程度做出定性估计。专家调查法可以通过发函、开会或其他形式向专家进行调查，对项目风险因素、风险发生的可能性及风险对项目的影响程度评定，将多位专家的经验集中起来形成分析结论。由于它比一般的经验识别法更具客观性，因此应用较为广泛。

采用专家调查法时，专家应熟悉该行业和所评估的风险因素，并能做到客观公正。为减少主观性，聘用的专家应有一定数量，一般应为10~20位。具体操作上，将项目可能出现的各类风险因素、风险发生的可能性及风险对项目的影响程度采取表格形式一一列出，请每位专家凭借经验独立对各类风险因素的可能性和影响程度进行选择，最后将各位专家的意见归集，填写专家调查表。专家调查法是获得主观概率的基本方法。

2）层次分析法

层次分析法（analytic hierarchy process）是一种定性与定量相结合的决策分析方法，简称AHP方法。层次分析法是一种多准则决策分析方法，在风险分析中它有两种用途：一是将风险因素逐层分解识别（见图2-11），直至最基本的风险因素，也称正向分解；二是两两比较同一层次风险因素的重要程度，列出该层风险因素的判断矩阵（判断矩阵可由专家调查法得出），利用权重与同层次风险因素概率分布的组合，求得上一层风险的概率分布，直至求出总

目标的概率分布，也称反向合成。运用层次分析法解决实际问题一般包括以下步骤：

（1）建立所研究问题的递阶层次结构；

（2）构造两两比较判断矩阵；

（3）由判断矩阵计算被比较元素的相对权重；

（4）计算各层元素的组合权重；

（5）将各子项的权重与子项的风险概率分布加权叠加，即得出项目的经济风险概率分布。

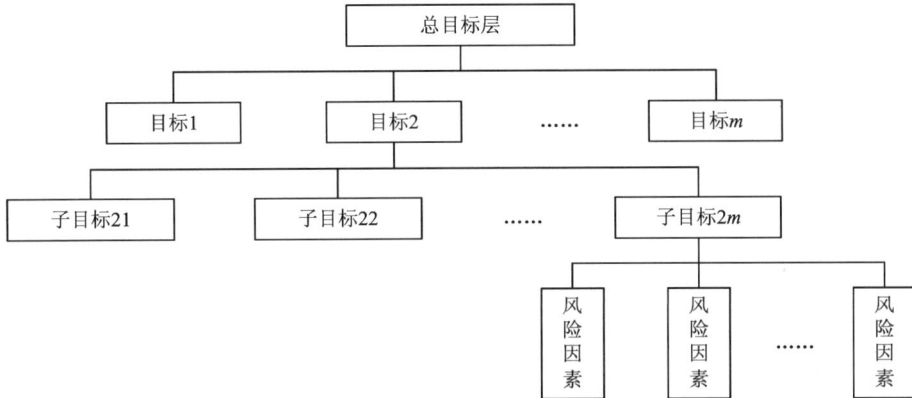

图 2-11　风险因素的递阶层次图

3）CIM 法

CIM 模型（controlled interval and memory model，CIM）是控制区间和记忆模型，也称概率分布的叠加模型，或"记忆模型"。CIM 模型包括串联响应模型和并联响应模型，它们分别是以随机变量的概率分布形式进行串联、并联叠加的有效方法。

CIM 法的主要特点：用离散的直方图表示随机变量概率分布，用和代替概率函数的积分，并按串联或并联响应模型进行概率叠加。在概率叠加时，CIM 方法可将直方图的变量区间进行调整，即所谓的区间控制，一般是缩小变量区间，使直方图与概率解析分布的误差显著减小，这提高了计算的精度。CIM 模型同时也可用"记忆"的方式考虑前后变量的相互影响，把前面概率分布叠加的结果记忆下来，应用"控制区间"的方法将其与后面变量的概率分布叠加，直至最后一个变量为止。应用 CIM 方法解决实际问题时，可参照层次分析法的应用步骤进行，具体计算方法可参见介绍 CIM 模型的相关书籍。

4）概率树法

概率树法是假定风险变量之间是相互独立的，在构造概率树的基础上，将每个风险变量的各种状态取值组合计算，分别计算每种组合状态下的评价指标值及相应的概率，得到评价指标的概率分布，并统计出评价指标低于或高于基准值的累计概率，计算评价指标的期望值、方差、标准差和离散系数。可以绘制以评价指标为横轴，累计概率为纵轴的累计概率曲线。

概率树法计算项目净现值的期望值和净现值大于或等于零的累计概率的计算步骤：

（1）通过敏感性分析，确定风险变量；

（2）判断风险变量可能发生的情况；

241

（3）确定每种情况可能发生的概率，每种情况发生的概率之和必须等于1；

（4）求出可能发生事件的净现值、加权净现值，然后求出净现值的期望值；

（5）可用插入法求出净现值大于或等于零的累计概率。

5）蒙特卡罗模拟法

蒙特卡罗模拟法（Monte—Carlo simulation）又称随机模拟法或统计试验法，是一种通过对随机变量进行统计试验和随机模拟，求解数学、物理以及工程技术等有关问题的近似的数学求解方法。

蒙特卡罗模拟技术，是用随机抽样的方法抽取一组满足输入变量的概率分布特征的数值，输入这组变量计算项目评价指标，通过多次抽样计算可获得评价指标的概率分布及累计概率分布、期望值、方差、标准差，计算项目可行或不可行的概率，从而估计项目投资所承担的风险的技术。模拟过程如下：

（1）通过敏感性分析，确定风险变量；

（2）构造风险变量的概率分布模型；

（3）为各输入风险变量抽取随机数；

（4）将抽得的随机数转化为各输入变量的抽样值；

（5）将抽样值组成一组项目评价基础数据；

（6）根据基础数据计算出评价指标值；

（7）整理模拟结果所得评价指标的期望值、方差、标准差和它的概率分布及累计概率，绘制累计概率图，计算项目可行或不可行的概率。

7. 风险分析操作过程

在具体操作过程中，经济风险分析分为两种情况：

1）项目经济风险分析在敏感性分析的基础上进行，只需要分析敏感因素发生的可能性及对经济评价指标的影响程度，没有必要再进行详细的风险识别，可选择适当的方法估计风险发生的概率，然后进行风险估计、风险评价与应对研究。

进行经济风险分析时，风险因素主观概率的估计是在给定风险因素的变化区间后，由专家估计风险因素在不同区间变化的可能性，填入概率分布统计表，表格格式见表2-35。各变化区间填写的数值之和应等于1。

表2-35　财务现金流量分析风险因素变化区间的概率分布统计表

序号	风险因素	−20% ~ −15%	−15% ~ −10%	−10% ~ −5%	−5% ~ 0%	0%	0% ~ 5%	5% ~ 10%	10% ~ 15%	15% ~ 20%
1	现金流入									
1.1	产品价格			0.1	0.2	0.5	0.1	0.1		
1.2	出矿量	0.01	0.04	0.1	0.15	0.4	0.15	0.10	0.04	0.01
1.3	出矿品位		0.06	0.1	0.2	0.3	0.15	0.1	0.05	0.04
2	现金流出									
2.1	设备价格	0	0	0.05	0.1	0.2	0.3	0.2	0.1	0.05

续表2-35

序号	风险因素	−20% ~ −15%	−15% ~ −10%	−10% ~ −5%	−5% ~ 0%	0%	0% ~ 5%	5% ~ 10%	10% ~ 15%	15% ~ 20%
2.2	土地价格	0	0	0	0	0.05	0.35	0.3	0.2	0.1
2.3	材料消耗量	0	0.1	0.2	0.4	0.2	0.1	0	0	0
2.4	炸药价格			0.05	0.05	0.5	0.3	0.05	0.05	
	………									

由以上调查统计表得出各个风险因素的概率分布后，可以利用蒙特卡罗模拟法计算经济评价指标的概率分布以及相应的累计概率、期望值和标准差等指标。

2）项目需要进行系统的专题经济风险分析时，应按前述四个阶段的要求进行。采用专家调查与层次分析相结合的方法识别风险因素，建立风险因素调查统计表，表格格式见表2-33，估计风险因素出现的可能性和对项目的影响程度，确定各个风险因素等级的概率分布。

具体分析步骤可参见表2-36。

表 2-36　专题风险分析步骤

风险识别	步骤1	1	设立适宜的风险分析内容和目标
		1.1	保证有足够的信息以开展风险分析
		1.2	明确分析目标、条件和要求
		1.3	确定假设条件
		1.4	确定项目成功的关键判据
	步骤2	2	收集有关风险信息
		2.1	风险细分
		2.2	分析每个子项(或称目标、子目标)包含的内容
		2.3	分析子项之间的关系：独立性及相关性
		2.4	列出可能的风险原因
		2.5	识别每个子项的基本风险因素
		2.6	准备子项风险清单
	步骤3	3	风险分类
		3.1	根据风险原因对风险进行分类
		3.2	定性分析影响的效果：风险发生的可能性及后果
		3.3	判断风险因素的权重
		3.4	填写子项风险清单

续表 2-36

		4	风险量化估计
风险估计	步骤4	4.1	确定是否需要进行定量估计
		4.2	运用 AHP、CIM、Monte-Carlo 定量分析风险发生的可能性及后果，获得风险等级的概率分布、最可能发生的风险等级
		4.3	按照风险的影响程度对其进行排队
		4.4	绘制风险等级概率分布图和表
		4.5	风险确定项目综合风险等级
风险防范与对策	步骤5	5	风险综合评价
		5.1	确定每个风险或每组风险水平
		5.2	根据风险等级的判别标准衡量其可接受性
	步骤6	6	制定风险对策
		6.1	为不能接受的风险设计替换方案
		6.2	制定项目全过程风险控制方案
		6.3	建立项目实施与运营过程风险监控信息系统

2.7 改扩建矿山项目评价特点

2.7.1 改扩建项目的范畴

矿山改扩建项目系指既有企业利用原有资产与资源，投资形成新的生产(服务)设施，扩大或完善原有生产(服务)系统的活动，包括矿山改建、扩建、迁建和停产复建等，目的在于延长生产年限、扩大生产规模、调整产品结构、提高技术水平、降低资源消耗、节省运行费用、改善生产环境等。

2.7.2 改扩建项目的特点

改扩建项目具有下列特点：

(1)在不同程度上利用了原有资产和资源，以增量调动存量，以较小的新增投入取得较大的效益；

(2)项目效益与费用的识别和计算较新建项目复杂；

(3)建设期内建设与生产可同步进行；

(4)项目与企业既有联系，又有区别，既要考察项目给企业带来的效益，又要考察企业整体财务状况；

(5)项目的效益和费用可随项目的目标不同而有很大差别；

(6)改扩建项目的费用多样，不仅包括新增投资(含原有资产的拆除和迁移费等)、新增成本费用等，还可能包括因改造引起的停产损失。

2.7.3　项目范围的界定

项目范围的界定宜采取最小化原则。项目范围界定方法：企业总体改造或虽局部改造但项目的效益和费用与企业的效益和费用难以分开的，应将项目范围界定为企业整体；企业局部改造且项目范围可以明确为企业的一个组成部分，可将企业与项目直接有关的部分界定为项目范围，成为"项目范围内"，企业的其余部分作为"项目范围外"。

范围界定合适与否与项目的经济效益和评价的繁简程度有直接关系。

对于"整体改扩建"的项目，项目范围包括整个既有企业，除要使用既有企业的部分原有资产、场地、设备，还要另外新投入一部分资金进行扩建或技术改造。企业的投资主体、融资主体、还债主体、经营主体是统一的，项目的范围就是企业的范围。"整体改扩建"项目不仅要识别和估算与项目直接有关的费用和效益，而且要识别和估算既有企业其余部分的费用和效益。

对于"局部改扩建"项目，项目范围只包括既有企业的一部分，只使用既有企业的一部分原有资产、场地、设备，加上新投入的资金，形成改扩建项目；企业的投资主体、融资主体、还债主体仍然是一致的，但可能与经营主体分离。整个企业只有一部分包含在"项目范围内"，还有相当一部分在"企业内"但属于"项目范围外"。

2.7.4　改扩建项目效益与费用数据的识别与估算

改扩建项目经济评价应正确识别与估算"现状""无项目""有项目""新增""增量"等五种状态下的资产、资源、效益与费用。

1. 现状数据

现状数据反映项目实施起点时的效益和费用情况，是单一的状态值。一般可用实施前一年的数据，当该年数据不具有代表性时可选用有代表性年份的数据或近几年数据的平均值。现状数据对于比较"项目前"与"项目后"的效果有重要作用，也是预测"有项目"和"无项目"的基础。

2. "无项目"数据

"无项目"数据指不实施该项目时，在现状基础上考虑计算期内效益和费用的变化趋势（其变化值可能大于、等于或小于零），经合理预测得出的时间序列的数据。

3. "有项目"数据

"有项目"数据指实施该项目后计算期内的总量效益和费用流量，是时间序列的数据。

4. 新增数据

新增数据是"有项目"相对"现状"的变化额，即有项目效益和费用数据与现状数据的差额，也是时间序列的数据。新增投资包括建设投资和流动资金，还包括原有资产的改良支出、拆除、运输和重新安装费用。

5. 增量数据

增量数据是"有项目"效益和费用数据与"无项目"效益和费用数据的差额，即"有无对比"得出的数据，是时间序列的数据。"有项目"的投资减"无项目"的投资是增量投资；"有项目"的效益减"无项目"的效益是增量效益。

"无项目"时的效益由"老产品"产生，费用是为"老产品"投入；"有项目"时的效益由"新产品"与"老产品"共同产生；"有项目"时的费用包含为"新产品"的投入与为"老产品"的投入。"老产品"的效益与费用在"有项目"与"无项目"时可能有较大差异。因此，在这五套数据中"无项目"数据的预测是增量分析的关键所在。增量分析中的数据关系见图2-12。

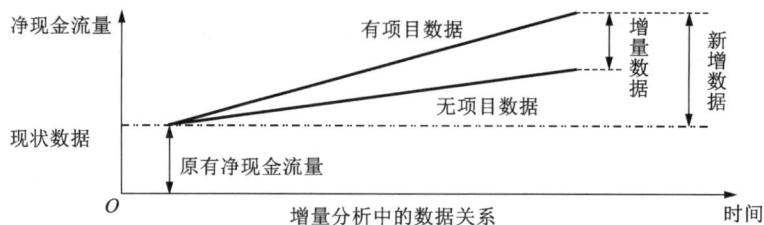

图 2-12　增量分析中的数据关系

2.7.5　改扩建项目效益与费用估算应注意的问题

1. 计算期

"有项目"与"无项目"效益和费用的计算范围和计算期应保持一致。为使计算期保持一致，应以"有项目"的计算期为基础，对"无项目"的计算期进行调整。若"有项目"时也利用了原有资产，应对其可利用的期限进行调整。

一般情况下，可以通过追加投资来维持"无项目"时的生产运营或"有项目"时原有旧资产的持续使用；也可通过加大各年修理费的方式，延长其寿命期使之与"有项目"新增资产的计算期相同，并在计算期末将固定资产余值回收。在某些情况下，通过追加投资延长其寿命期在技术上不可行，或在经济上明显不合理时，可以使"无项目"的生产运营适时终止，其后各年的现金流量视为零。

2. 沉没成本

沉没成本是指源于过去的决策所决定的费用，非当前决策所能改变。在项目增量盈利能力分析中，已有资产应作为沉没成本考虑，无论其是否在项目中得到使用，如项目利用原有企业闲置厂房的情况，若没有当前项目，这笔已经花费的费用也无法收回，故应视为沉没成本，尽管它是有项目资产的组成部分，但不能作为增量费用。当前项目利用企业原有设施的潜在能力的，不论其潜力有多大，已花投资也都作为沉没成本。

3. 机会成本

企业资产一旦用于某项目，就同时丧失了用于其他机会(出租、出售等)可能带来的收入，这损失的收入就是该资产用于该项目的机会成本。改扩建项目财务分析中应考虑机会成本，把它作为"无项目"时的效益计算，当简化直接进行增量计算时可直接将其列为项目的增量费用。

2.7.6　改扩建项目财务分析

改扩建项目财务分析采用一般建设项目财务分析的基本原理和分析指标。由于项目与既有企业既有联系又有区别，一般应从项目和企业两个层次进行分析。

1. 盈利能力分析

遵循"有无对比"的原则，以增量分析为主。利用"有项目"与"无项目"的效益与费用计算增量效益与增量费用用于分析项目的增量盈利能力,并作为项目决策的主要依据之一。通过比较"有项目"与"无项目"的净现金流量,求出增量净现金流量,并依此计算增量投资内部收益率,考察项目实施的效果。

必要时辅以总量分析。改扩建项目的盈利能力分析也可以按"有项目"效益和费用数据编制"有项目"的现金流量表进行总量盈利能力分析,目的是考察项目建成后的总体效果,以此作为辅助的决策依据。

2. 项目层次的偿债能力分析

编制借款还本付息计划表并分析拟建项目"有项目"时的收益偿还新增债务的能力,计算利息备付率和偿债备付率,考察还款资金来源(折旧、摊销、利润)是否能近期足额偿还借款利息和本金,若还款资金来源足以还款或有盈余,表明项目自身的还款能力强;若项目自身的还款资金来源不足,应分析"有项目"还款资金的缺口,应由既有企业运用自有资金补足,或采用其他方式还款。

计算得到的项目偿债能力指标可以表示项目用自身的各项收益抵偿债务的能力,显示项目对企业整体财务状况的影响。虽然债务偿还是企业行为,但项目层次偿债能力指标可以给企业法人和银行重要的提示,即项目本身收益是否可能完全偿还债务,是否会因此增加企业法人的债务负担。

3. 企业层次的偿债能力分析

项目决策人(既有企业)要根据企业的经营与债务情况,在计入项目借贷及还款计划后,估算既有企业总体的偿债能力,分析既有企业包括项目债务在内的还款能力。

考察企业财务状况主要有资产负债率、流动比率、速动比率等比率指标,根据企业资产负债表的相关数据计算。

4. 生存能力分析

改扩建项目只进行"有项目"状态的生存能力分析,分析的内容同一般新建项目。

5. 对企业经济效益的影响分析

改扩建项目是实现既有企业总体战略目标的手段,其目的是通过实施项目,提高既有企业总体经济效益。改扩建项目经济评价要考虑项目对企业经济效益的影响,分析项目对既有企业经济效益的影响,在财务上主要看营业收入和利润总额的影响,这两个指标比较直观,计算也比较简单。

2.7.7　改扩建项目投资决策

改扩建项目的投资决策要考虑项目与既有企业两方面的因素,应根据项目的目的、项目层次与企业层次财务分析的结果、经济费用效益分析的结果,结合不确定性分析和风险分析的结果以及项目对企业的贡献等,统筹兼顾,进行多指标投融资决策。

2.7.8　改扩建项目经济评价的简化处理

符合下列特定条件之一的改扩建项目,可按一般建设项目经济评价的方法简化处理:

(1)项目的投入与产出与既有企业的生产经营活动相对独立;

(2)以增加产出为目的的项目,增量产量占既有企业产出比例较小;

(3)利用既有企业的资产和资源量与新增量相比较小;

(4)效益和费用的增量流量较容易确定；

(5)其他特定的情况。

2.8 经济评价实例

2.8.1 某新建铅锌铁矿经济评价实例

1. 工程概况

本项目是一个铅锌铁矿采选工程，开采方式为地下开采。

本项目主要单项工程包括：采矿工程、选矿工程和尾矿工程，以及与之配套的生产辅助设施和生活设施。

2. 基础数据

1）生产规模及产品方案

采选建设规模为 3960 kt/a，其中：铅锌（铜）矿规模为 1980 kt/a，铁矿规模为 1980 kt/a。设计的产品方案为铅精矿、锌精矿、铜精矿和铁精矿。

2）实施进度及计算期

项目基建期为 3 a。

设计开采范围服务年限为 26 a，投产期为 1 a，达产年为 21 a，减产期为 4 a。

项目计算期取 29 a，其中建设期为 3 a、运营期为 26 a。

3）融资方案

本项目拟建设投资的 30% 为企业自筹，70% 为商业银行贷款，借款利率暂按现行同期银行基准利率上浮 20%，年贷款利率按 5.88%；流动资金的 30% 为企业自筹，70% 为商业银行贷款，借款利率按现行同期银行基准利率上浮 20%，年贷款利率按 5.22%。

4）职工薪酬

参照当地实际工资水平，生产工人平均职工薪酬按 147500 元/（人·a）计，车间管理人员及技术人员平均职工薪酬按 221250 元/（人·a）计，矿部管理人员平均职工薪酬按 442500 元/（人·a）计。

3. 建设投资估算

1）工程投资范围

本工程可行性研究总投资估算包括的范围如下：工程费用、工程建设其他费用和工程预备费。

工程内容包括基建勘探、采矿工程、选矿工程、尾矿库等主要生产工程，总图运输、给排水工程、供电、机修及仓储、仪表及通信等辅助生产工程，采矿综合办公楼、选矿综合办公楼、食堂及活动中心、宿舍、公厕等行政福利设施。

2）编制依据

（1）本估算工程量是根据各专业提供的工程量、设备清单、材料明细表及相应的技术参数进行编制。

（2）采用定额。

采矿工程及井建工程采用 2013 年中国有色金属工业协会发布的《有色金属工业矿山井巷

工程预算定额》(直接费部分)与《有色金属工业矿山井巷工程预算定额》(辅助费部分)以及参考类似项目编制综合单价。

建筑工程参照类似工程实际造价并结合本项目实际情况取定造价指标。

安装工程根据本项目的实际情况,根据不同专业拟定安装系数进行估算。

(3)设备价格:主要设备按市场询价、同时还比照类似工程实际价格定价;缺项的设备价格参照《2014 机电产品报价手册》。

(4)材料价格:按甲方提供的当地材料价格计取,部分材料根据最新价格信息略做调整。

(5)其他费用:本项目"工程建设其他费用"计取参考 2013 年中国有色金属工业协会发布的《建安工程费用定额、工程建设其他费用定额》。

(6)预备费:基本预备费率为 8%(计算基数为工程费用+其他费用)。

(7)设备运杂费率:设备运杂费率按设备出厂价的 9%计取。

(8)工程建设其他费用中征地费用按甲方所提供的当地征地费用标准计取,林地为 5000 元/亩,农田为 18000 元/亩。项目需征地面积为 3547 亩,其中:农田 60 亩,林地 3487 亩。

3)建设投资

本项目建设投资为 199802.26 万元,其中:建筑工程费为 95478.65 万元,设备费为 50002.72 万元,安装工程费为 20012.94 万元,工程建设其他费用为 19507.78 万元,工程预备费为 14800.17 万元。详见建设投资总估算表。

4.流动资金估算

根据项目经营成本及有关成本费用要素,按照分类分项估算的办法对项目所需流动资金进行了详细计算。

5.效益与费用估算

1)营业收入

(1)产品产量。

产品产量根据生产计划及选矿设计指标计算,具体计算公式如下:

$$精矿产量(t/a)=出矿量(t/a)×出矿品位(\%)×选矿回收率(\%)÷精矿品位(\%)$$

$$(2-63)$$

本项目产品方案为铅精矿(含 Pb 55%、Ag 198.22 g/t)、锌精矿(含 Zn 50%)、铜精矿(含 Cu 22%、Ag 220 g/t)、铁精矿(含 Fe 62%)。

经估算,项目达产年平均产品产量为铅精矿 31473.00 t/a,锌精矿 112087.80 t/a,铜精矿 7078.50 t/a,铁精矿 659091.41 t/a。

(2)产品销售价格。

产品销售价格根据财务评价的定价原则,经分析论证确定以近几年国内市场已实现的价格为基础,预测到生产期初的市场价格。

2)成本与费用估算

(1)成本估算说明。

①成本与费用估算采用生产成本加期间费用计算法,按照投入产出一致原则,成本计算包括采矿制造成本、选矿制造成本、管理费用、营业费用及财务费用。

②根据国家现行财税制度相关规定,本项目成本费用按不含税价估算。

③制造成本估算中的各种材料消耗定额以相关专业提供的条件为基准并参照类似矿山实

际消耗定额确定，材料单价依据实际到厂价格或当地市场价格预测到基建期末。

④项目所形成的固定资产按照年限平均法计提折旧额，建构筑物均按照30年计提折旧，建筑物残值率为5%；机械设备平均折旧年限按15年考虑，残值率为5%。

⑤井巷工程修理费率取0.1%，建筑类固定资产修理费率取1%，设备类固定资产修理费率取3%。

⑥产品营业费用根据精矿产品的销售地点进行测算。

⑦本项目为有色金属坑内开采矿山，按财政部、安全监管总局印发的《企业安全生产费用提取和使用管理办法》(财企〔2012〕16号)中的相关规定，地下开采矿山安全生产费计提标准为每吨矿石10.00元，四等尾矿库安全生产费按1.5元/t尾矿入库量。

(2)成本费用估算。

根据排产计划及确定的开拓运输方案，本项目按自营模式计算采矿成本，经计算，项目达产年年平均总成本费用为113645.90万元/a，单位矿石成本为286.98元/(t·矿)。

3)税费

项目应计算的税金及附加主要有增值税、城市维护建设税、教育费附加、资源税和环境保护税。

项目销项税税率为13%，项目可进行抵扣的进项税项目主要有外购原、辅材料，外购动力，外购备品备件，外委修理费，外购的劳动保护用品，外购的低值易耗品和新增设备及建安费用增值税等，外委运输费用及建安费用的抵扣税率为9%，其他抵扣税率为13%。

城市维护建设税按增值税税额的5%计算，教育费附加按增值税税额的5%(包括地方教育费附加2%)。

资源税征税对象为铅锌铁实得收入，其适用税率为5%。

4)利润及利润分配

本项目所得税税率为25%。

法定盈余公积金按税后利润的10%计取。

经计算，项目达产年平均利润总额为35547.35万元/a，所得税为8886.84万元/a，净利润为26660.51万元/a，法定盈余公积金为2666.05万元/a，未分配利润为23994.46万元/a。

6.财务盈利能力分析

根据现金流量表计算主要盈利能力指标(表2-37)。

表2-37　主要盈利能力指标表

名称	单位	数量		备注
		所得税前	所得税后	
项目投资财务内部收益率	%	17.42	14.11	
项目投资财务净现值	万元	123993.91	64654.95	$i_c = 10\%$
项目投资回收期	a	7.78	8.85	包括建设期
项目资本金财务内部收益率	%	17.35		

续表2-37

名称	单位	数量		备注
		所得税前	所得税后	
总投资收益率	%	16.09		
资本金净利润率	%	34.25		

财务内部收益率均大于行业基准收益率,说明盈利满足了行业最低要求,财务净现值均大于零,该项目在财务上是可以接受的。

7. 偿债能力分析

项目建设投资拟申请银行借款139861.57万元,借款利率为5.88%,偿还方式为项目投产后逐年以最大偿还能力偿还本金,直到本金偿还完毕。

偿还资金为当年期末可分配利润、折旧费、摊销费。

经计算,项目借款偿还期为8.04 a(含建设期3 a),项目偿还借款能力强。还款期间第一年利息备付率和偿债备付率分别为2.04和1.00,以后逐年提高,说明项目的偿债能力较强。

由资产负债计算表可看出,项目达产第一年年末资产负债率为51.11%,以后各年逐年递减,说明项目资产负债率逐年下降快、资产变现能力强、清偿能力强。

8. 财务生存能力分析

由项目财务计划现金流量表可看出,项目建设期累计盈余资金没有负值,生产期各年有大量的累计盈余资金,说明项目财务可持续性好,财务生存能力强。

9. 不确定性分析

1)盈亏平衡分析

项目达产年平均以生产能力利用率表示的盈亏平衡点为58.09%,项目盈亏平衡点较低,说明项目风险能力较强。

2)敏感性分析

根据本项目的特点,分析了产品价格、经营成本、建设投资的变化对财务内部收益率的影响,同时分别计算了敏感系数,分析结果见表2-38。

表 2-38　敏感性分析结果表

序号	变化因素	变化率/%	财务内部收益率/%	敏感性系数
基本方案			14.11	
1	产品价格	10	18.04	2.78
		−10	10.28	2.72
2	处理矿量	10	16.26	1.52
		−10	11.89	1.57

序号	变化因素	变化率/%	财务内部收益率/%	敏感性系数
3	经营成本	10	12.62	1.06
		−10	15.61	1.06
4	建设投资	10	12.72	0.99
		−10	15.49	0.98

从敏感性分析结果看，产品价格的变化对项目经济效益的影响最大，其次为处理矿量，再次为经营成本及建设投资。就本项目而言，在目前市场低迷的情况下，为使项目更好地发挥经济效益，组织好生产极为重要，要尽可能地加大出矿量，实现规模效益，才能使项目取得更好的经济效益。

2.8.2 某新建锂辉石矿经济评价实例

1. 工程概况

本项目是一个锂辉石矿采选工程，开采方式为地下开采。

本项目主要单项工程包括：采矿工程、选矿工程和尾矿工程，以及与之配套的生产辅助设施和生活设施。

2. 基础数据

1）生产规模及产品方案

采选建设规模为1050 kt/a。

设计的产品方案为锂精矿、钽铌精矿和锡石精矿。

2）实施进度及计算期

项目基建期为2 a。

设计开采范围服务年限为32 a，投产期为1 a，达产年为29 a，减产期为2 a。

项目计算期取34 a，其中建设期为2 a、运营期为32 a。

3）融资方案

本项目拟建设投资的30%为企业自筹，70%为商业银行贷款，借款利率暂按现行同期银行基准利率上浮20%，年贷款利率按5.88%；流动资金的30%为企业自筹，70%为商业银行贷款，借款利率按现行同期银行基准利率上浮20%，年贷款利率按5.22%。

4）职工薪酬

参照当地实际工资水平，生产工人平均职工薪酬按147500元/(人·a)计，车间管理人员及技术人员平均职工薪酬按221250元/(人·a)计，矿部管理人员平均职工薪酬442500元/(人·a)计。

3. 建设投资估算

1）工程投资范围

本工程可行性研究估算总投资包括的范围如下：工程费用、工程建设其他费用、工程预备费。

工程内容包括采矿工程、选矿工程、尾矿工程等主要生产工程，总图运输、给排水工程、供电工程等辅助生产工程，综合楼、食堂及宿舍等行政福利设施。

2）编制依据

（1）本工程估算工程量根据各专业提供的工程量、设备清单、材料明细表及相应的技术参数进行编制。

（2）采用定额

采矿工程及井建工程采用 2013 年中国有色金属工业协会发布的《有色金属工业矿山井巷工程预算定额》（直接费部分）与《有色金属工业矿山井巷工程预算定额》（辅助费部分）以及参考类似项目编制综合单价。

建筑工程参照类似工程实际造价并结合本项目实际情况取定造价指标。

安装工程根据本项目的实际情况，根据不同专业拟定安装系数进行估算。

（3）设备价格：主要设备按市场询价，同时还比照类似工程实际价格定价；缺项的设备价格参照《2014 机电产品报价手册》。

（4）材料价格均参照当地现行市场价。

（5）其他费用

本项目"工程建设其他费用"计取参考 2013 年中国有色金属工业协会发布的《建安工程费用定额、工程建设其他费用定额》。

（6）预备费：基本预备费率为 7%（计算基数为工程费用+其他费用）。

（7）设备运杂费率：设备运杂费率按设备出厂价的 7% 计取。

3）建设投资

本项目建设投资 118198.13 万元，其中建筑工程费 62705.94 万元，设备费 25195.53 万元，安装工程 8097.93 万元，工程建设其他费用 14466.14 万元，工程预备费 7732.59 万元。详见建设投资总估算表。

4. 流动资金估算

根据项目经营成本及有关成本费用要素，按照分类项计算的办法对项目所需流动资金进行了详细计算。

5. 效益与费用估算

1）营业收入

（1）产品产量。

产品产量根据生产计划及选矿设计指标计算，具体计算公式如下：

$$精矿产量(t/a) = 出矿量(t/a) \times 出矿品位(\%) \times 选矿回收率(\%) \div 精矿品位(\%)$$

$$(2-64)$$

本项目产品方案为锂精矿（含 Li_2O_5 26%）、钽铌精矿（含 Nb_2O_5 16%、Ta_2O_5 10%）、锡石精矿（含 Sn 15%）。

经估算，项目达产年平均产品产量为锂精矿 181246.51 t/a，钽铌精矿 62.81 t/a，锡石精矿 472.5 t/a。

（2）产品销售价格。

产品销售价格根据财务评价的定价原则，经分析论证确定，以近几年国内市场已实现的价格为基础，预测到生产期初的市场价格。

2）成本与费用估算

（1）成本估算说明。

①成本与费用估算采用生产成本加期间费用计算法，按照投入产出一致原则，成本计算包括采矿制造成本、选矿制造成本、管理费用、营业费用及财务费用。

②根据国家现行财税制度相关规定，本项目成本费用按不含税价估算。

③制造成本估算中的各种材料消耗定额以相关专业提供的条件为基准并参照类似矿山实际消耗定额确定，材料单价依据实际到厂价格或当地市场价格预测到基建期末。

④项目所形成的固定资产按照年限平均法计提折旧额，井巷工程、房屋建筑折旧年限为30 a、机器设备折旧年限为 12 a，残值率取 5%（井巷开拓工程残值率为 0%）。

⑤固定资产修理费率按资产类别分别计算，构建筑物按 1%，设备按 4%。

⑥营业费用包括精矿运输费及其他营业费用。锂辉石精矿考虑外运冶炼厂交货，外运费由本企业承担。精矿外部运输费按当地的公路运输价格及短途倒运含税价格 0.60 元/（t·km）估算，单位精矿运费为 228.00 元/t（含税）。其他营业费用按产品营业收入的 0.5%估算。

⑦本项目为稀有金属坑内开采矿山，按财政部、安全监管总局颁布的《企业安全生产费用提取和使用管理办法》（财企〔2012〕16 号）中的相关规定，地下开采矿山安全生产费计提标准为每吨矿石 10.00 元，尾矿库安全生产费按 1.5 元/t 尾矿入库量。

（2）成本费用估算。

根据排产计划及确定的开拓运输方案，本项目按自营模式计算采矿成本，经计算，项目达产年年平均总成本费用为 43871.79 万元/a，单位矿石成本为 417.83 元/（t·矿）。

3）税费

项目应计算的税金及附加主要有增值税、城市维护建设税、教育费附加、资源税和环境保护税。

项目销项税税率为 13%，项目可进行抵扣的进项税项目主要有外购原、辅材料，外购动力，外购备品备件，外委修理费，外购的劳动保护用品费，外购的低值易耗品和新增设备及建安费用增值税等，外委运输费用及建安费用的抵扣税率为 9%，其他抵扣税率为 13%。

城市维护建设税按增值税税额的 1%计算，教育费附加按增值税税额的 5%（包括地方教育费附加 2%）计算。

资源税征税对象为锂精矿实得收入，其适用税率为 4.5%。

4）利润及利润分配

本项目所得税税率为 25%。

盈余公积金按税后利润的 10%计取。

经计算，项目达产年平均利润总额为 25594.48 万元/a，所得税为 6398.62 万元/a，净利润为 19195.86 万元/a，法定盈余公积金为 1919.59 万元/a，未分配利润为 17276.28 万元/a。

6. 财务盈利能力分析

根据现金流量表计算主要盈利能力指标（表 2-39）。

财务内部收益率均大于行业基准收益率，说明盈利满足了行业最低要求，财务净现值均大于零，该项目在财务上是可以考虑接受的。

表 2-39 主要盈利能力指标

名称	单位	数量		备注
		所得税前	所得税后	
项目投资财务内部收益率	%	22.41	17.89	
项目投资财务净现值	万元	126728.59	77203.90	$i_c = 10\%$
项目投资回收期	a	6.00	6.93	包括建设期
项目资本金财务内部收益率	%	24.43		
总投资收益率	%	19.19		
资本金净利润率	%	40.21		

7. 偿债能力分析

项目建设投资拟申请银行借款82738.69万元,借款利率为5.88%,偿还方式为项目投产后逐年以最大偿还能力偿还本金,直到本金偿还完毕。

偿还资金为当年期末可分配利润、折旧费、摊销费。

经计算,项目借款偿还期为6.13 a(含建设期2 a),项目偿还借款能力强。还款期间第一年利息备付率和偿债备付率分别为3.04和1.00,以后逐年提高,说明项目的偿债能力较强。

由资产负债计算表可看出,项目达产第一年年末资产负债率为45.61%,以后各年逐年递减,说明项目资产负债率逐年下降快、资产变现能力强、清偿能力强。

8. 财务生存能力分析

由项目财务计划现金流量表可看出,项目建设期累计盈余资金没有负值,生产期各年有大量的累计盈余资金,说明项目财务可持续性好,财务生存能力强。

9. 不确定性分析

1)盈亏平衡分析

项目达产年平均以生产能力利用率表示的盈亏平衡点为43.75%,项目盈亏平衡点较低,说明项目风险能力较强。

2)敏感性分析

根据本项目的特点,分析了产品价格、经营成本、建设投资的变化对财务内部收益率影响,同时分别计算了敏感系数,分析结果见表2-40。

表 2-40 敏感性分析结果表

序号	变化因素	变化率/%	财务内部收益率/%	敏感性系数
	基本方案		17.89	
1	产品价格	10	21.49	2.02
		−10	14.04	2.15
2	处理矿量	10	20.29	1.35
		−10	15.36	1.41

续表2-40

序号	变化因素	变化率/%	财务内部收益率/%	敏感性系数
3	经营成本	10	15.74	1.20
		−10	19.96	1.16
4	建设投资	10	16.28	0.90
		−10	19.76	1.05

从敏感性分析结果看，产品价格的变化对项目经济效益的影响最大，其次为处理矿量，再次为经营成本及建设投资。就本项目而言，在目前市场低迷的情况下，为使项目更好地发挥经济效益，组织好生产极为重要，要尽可能地加大出矿量，实现规模效益，才能使项目取得更好的经济效益。

2.8.3　某铜多金属矿改扩建工程经济评价实例

本项目为矿山采选改扩建工程。

1. 企业概况

公司是以采选为主的矿山企业，拥有两大矿区，目前采选生产能力已达到2100 t/d，主要产品为金铜精矿、铁精矿和硫精矿。开采方式为地下开采；开拓方式，一矿区为混合井开拓，二矿区为主、副井开拓；采矿方法主要有分段空场嗣后充填法、上向高分层(分段)充填法、浅孔留矿嗣后充填法，充填工艺为尾砂胶结充填，选矿工艺为混合浮选铜硫分离。

矿山及选厂经过多次改造，矿山提升能力已超负荷运行，严重制约了矿山发展；选厂生产系列多，设备陈旧规格小、能耗高，厂房拥挤，操作不便，管理难度大。

2. 改扩建方案

(1)对矿山的提升系统及深部采区进行改扩建：新增明主井，延深现有副井。

(2)改扩建后采矿生产能力达到3000 t/d，其中上部采区维持在1800 t/d，增加深部采区生产能力1200 t/d。

(3)当前选厂综合处理能力为2100 t/d，改扩建后选厂处理能力提高到3000 t/d。

(4)当前选厂共两个生产系列，改扩建后选厂设备大型化，采取单系列生产，淘汰小规格的陈旧设备。

(5)现尾矿库库容近满，新选择尾矿库址，新建尾矿压滤车间，采用压滤干式排放。

3. 基础数据

1)生产规模及产品方案

"无项目"生产规模为采、选2100 t/d，"有项目"设计生产规模为采、选3000 t/d。

产品为金铜精矿(含 Cu 20.30%、Au 20 g/t)、硫精矿(含 S 40%)和铁精矿(含 Fe 58%)。

2)实施进度和计算期

"有项目"服务年限为21年，"无项目"服务年限为16年，"有项目"计算期按21年考虑，其中建设期2年(企业维持"无项目"时正常生产)，投产期1年，达产期16年，减产期2年；"无项目"估算期按16年考虑，其中达产期14年，减产期2年。

3）价格体系

原辅材料、燃料及动力、产品销售价格是根据财务评价的定价原则，经分析论证确定，以近几年国内市场价格为基础，预测到生产期初的市场价格。

"有项目""无项目"选取同一套价格标准。根据黄金建设项目的特点，价格为含税（增值税）价格。

4）职工薪酬

根据企业当前薪酬水平，职工人均薪酬为 90000 元/（人·a）。

5）项目融资方案

项目建设投资全部为企业自筹。流动资金 30% 为企业自筹，70% 拟向银行贷款。

4.效益与费用估算

1）营业收入

达产年平均营业收入"有项目"为 95990.80 万元/a，"无项目"为 59475.39 万元/a，增量 36515.41 万元/a。

2）项目总投资

（1）建设投资。

建设投资包括采矿系统、选矿系统、尾矿输送及压滤车间三部分改扩建的投资。本项目建设投资为 56365.41 万元，其中采矿系统为 39442.48 万元，选矿系统为 10941.96 万元，尾矿输送及压滤车间为 5980.97 万元。

（2）流动资金。

根据项目经营成本及有关成本费用要素，按照分项估算的办法对项目所需流动资金进行估算。"有项目"达产后流动资金需用额为 8900.38 万元。"无项目"流动资金需用额为 6476.61 万元，需新增流动资金 2423.77 万元。

（3）利用企业原有固定资产。

本项目利用原有固定资产原值为 43017.75 万元，净值为 19171.56 万元。

（4）项目总投资。

项目新增总投资为建设投资和新增流动资金，项目建设投资为 56365.41 万元，新增流动资金为 2423.77 万元，由此估算新增项目总投资为 58789.17 万元。

项目总投资包括建设投资、利用原有固定资产净值和全部流动资金。根据估算，项目建设投资为 56365.41 万元，利用原有资产净值为 19171.56 万元，全部流动资金为 8900.38 万元，项目总投资为 84437.35 万元。

3）成本费用

（1）成本估算说明。

①按投入产出一致的原则，按制造成本法编制项目总成本费用，成本构成包括采矿制造成本、选矿制造成本、管理费用、财务费用和营业费用。

②成本估算中的"无项目"各种材料消耗定额、费用指标均参照矿山近几年的实际指标选取，"有项目"原辅材料、燃料及动力消耗根据工艺提供。

③固定资产采用分类直线折旧法计提折旧，由于企业当前执行的折旧率分类很多，因此根据企业现有情况，折算出建筑综合折旧率为 4.97%，设备综合折旧率为 13.83%。

④修理费率按建筑 1% 和设备 4% 估算。

⑤管理费用主要包括企业矿部管理服务人员职工薪酬、安全生产费等。

⑥产品营业费用按营业收入的1.5%估算。

（2）成本及费用估算。

经估算，"有项目"达产年平均总成本费用为43832.18万元，其中采矿制造成本为26182.12万元，选矿制造成本为10397.22万元，管理费用为5439.16万元，财务费用为373.82万元，营业费用为1439.86万元；"无项目"达产年平均总成本费用为30837.84万元，其中采矿制造成本为18018.70万元，选矿制造成本为7114.47万元，管理费用为4540.52万元，财务费用为272.02万元，营业费用为892.13万元。

4）税费

项目增值税税率（黄金产品免税）为13%，城市维护建设税及教育费附加税（费）率分别为7%和3%。

资源税按主金属铜的销售收入从价计征，税率为5%。

5）利润及利润分配

本项目所得税税率为25%。

盈余公积金按税后利润的10%计取。

"有项目""无项目""增量"平均利润及利润分配（达产年）汇总见表2-41。

表2-41　"有项目""无项目""增量"平均利润及利润分配表（达产年）　　单位：万元/a

名称	"有项目"	"无项目"	"增量"
营业收入	95990.80	59475.39	36515.41
税金及附加	3292.97	2039.92	1253.05
增值税	6959.43	4070.09	2889.34
利润总额	41906.23	22527.54	19378.69
所得税	10476.56	5631.89	4844.67
净利润	31429.68	16895.66	14534.02
未分配利润	28286.71	15206.09	13080.62
息税前利润	42280.05	22799.56	19480.49
息税折旧摊销利润	48813.12	23968.00	24845.12

5. 财务盈利能力分析

根据"有项目"全部投资现金流量、"有项目"资本金现金流量及增量投资现金流量表计算主要盈利能力指标（表2-42）。

内部收益率均大于行业基准收益率，说明盈利满足了行业最低要求，财务净现值均大于零，该项目在财务上是可以考虑接受的。

表 2-42　主要盈利能力指标表

名称	单位	全部投资		增量投资	
		所得税前	所得税后	所得税前	所得税后
财务内部收益率	%	85.80	58.23	37.34	29.67
财务净现值($i_c = 13\%$)	万元	182106.19	121773.66	88547.14	57853.25
投资回收期	a	2.54	2.94	4.03	4.58
资本金财务内部收益率	%	64.12		30.15	
总投资利润率	%	50.07		33.13	
资本金净利润率	%	40.19		25.46	

6. 财务生存能力分析

由项目财务计划现金流量表可看出,项目计算期各年均有较大的经营活动净现金流量,各年均有大量的累计盈余资金,说明项目财务可持续性好,财务生存能力强。

从资产负债表可以看出,投产第一年资产负债率为 4.58%,以后各年逐年降低,说明项目负债比例很低,清偿能力强。

7. 不确定性分析

1)盈亏平衡分析

达产年平均可变成本为 14384.59 万元,固定成本为 29447.58 万元,以生产能力利用率估算的盈亏平衡点为 37.60%,即项目建成后达到设计能力的 37.60% 即可达到不亏不盈。这说明项目具有一定的抗风险能力。

2)敏感性分析

根据本项目的特点,设计分析了产品价格、经营成本、出矿量和建设投资对项目增量投资财务内部收益率(所得税后)的影响程度。估算结果详见表 2-43。

表 2-43　敏感性分析结果表

序号	变化因素	变化率/%	税后财务内部收益率/%	敏感度系数
	基本方案		29.67	
1	产品价格	+10	36.24	2.21
		−10	22.30	2.48
2	经营成本	+10	24.48	1.75
		−10	35.39	1.93
3	出矿量	+10	33.12	1.16
		−10	26.02	1.23
4	建设投资	+10	27.11	0.86
		−10	32.70	1.02

估算结果表明，从敏感度系数来看，产品价格对项目的影响最大，其次为经营成本，再次为出矿量，最后为建设投资。可见搞好产品的营销和原料的采购及节能降耗最终达到降低加工成本的目的，是保持项目经济效益的关键，在项目建设期间严格控制建设投资，缩短工期，使项目能尽快达产，确保预期的经济效益。

参考文献

[1]《投资项目可行性研究指南》编写组.投资项目可行性研究指南[M].北京：中国电力出版社，2002.

[2] 国家发展改革委，建设部.建设项目经济评价方法与参数[M].3版.北京：中国计划出版社，2006.

[3]《有色金属工程设计项目经理手册》编委会.有色金属工程设计项目经理手册[M].北京：化学工业出版社，2003.

[4] 张荣立，何国纬，李铎.采矿工程设计手册[M].北京：煤炭工业出版社，2003.

[5] 全国咨询工程师（投资）职业资格考试参考教材编写委员会.现代咨询方法与实务[M].2版.北京：中国计划出版社，2016.

[6] 中国建设工程造价管理协会.建设工程造价管理理论与实务[M].5版.北京：中国计划出版社，2016.

[7] 刘晓君，李玲燕.技术经济学[M].3版.北京：科学出版社，2017.

[8] 陈荟云.项目投资现代管理[M].北京：中国电力出版社，2002.

[9] 万威武，刘新梅，孙卫.可行性研究与项目评价[M].2版.西安：西安交通大学出版社，2007.

[10] 张福庆.投资项目运作指南[M].南昌：江西人民出版社，2005.

[11] 规范编制组.2013建设工程计价计量规范辅导[M].2版.北京：中国计划出版社，2013.

第 3 章

矿山建设项目管理

3.1 矿山建设项目管理模式

矿山建设项目管理模式是指一个矿山建设项目的基本组织模式以及在完成矿山建设项目过程中各参与方所扮演的角色及合同关系。

3.1.1 矿山建设项目管理模式分类

我国现行矿山建设项目管理模式主要有业主自主管理模式、委托管理模式、总承包管理模式三大类。

矿山建设项目业主自主管理模式，是指矿山项目建设单位(以下简称为"项目业主")依靠自身专设或已有的组织机构全面负责从项目建设前期到项目投产验收的组织管理工作。

矿山建设项目委托管理模式，是指从事项目管理的公司或实体(单一企业或联合体)受项目业主的委托，按照合同约定，承担或不承担项目可行性研究、项目初步设计(基本设计)，对项目的组织实施进行全过程或若干阶段的管理承包服务或管理服务，该模式包括 PMC(project-management-contractor)、PM(project-management)、DM(design-management)、CM(construction-management)等模式。

矿山建设项目总承包模式，是指从事工程总承包的企业(承包商)受项目业主的委托，按照合同约定对工程建设项目的勘察、设计、采购、施工、试运行实行全过程或若干阶段的承包，该模式包括 EPC(engineering-procurement-construction)、EP(engineering-procurement)、DB(design-build)、PC(procurement-construction)等模式。

3.1.2 矿山建设项目业主自主管理模式

项目业主自主管理模式一般通过项目业主的项目建设指挥部或者基建管理部门来实现。

项目建设指挥部，是项目业主临时组建的独立机构，一般在项目开工前正式组建。在项目前期工作阶段先成立项目建设指挥部，项目建设指挥部的人员一般由项目业主从本单位抽调或部分招聘专门人员组成。对于投资高、规模大、协作关系复杂的大型项目，在项目建设指挥部之上，一般还成立由业主方主要领导参加的项目建设领导小组。项目建设指挥部内部组织机构设置原则：大中型项目在指挥部下可设立若干职能处(室)，较复杂的大型项目还可设立若干二级建设指挥部。

基建管理部门，是指项目业主在其内设立与生产系统相对独立的项目常设或临时基建管理机构，以本单位的名义，负责本单位技术改造(含新建、改扩建)项目的组织管理。

项目建设指挥部或基建管理部门代表项目业主，全面负责从项目建设前期到投产验收的组织管理工作，项目建成后移交给生产管理机构负责营运。

项目建设指挥部或基建管理部门的主要职责：认真贯彻执行国家有关投资与建设的方针、政策和各项法规，按照批准的设计文件组织项目建设，统一领导、指挥参加项目建设的各有关单位，确保建设项目在核定的投资范围内安全、环保、保质、保量、按期建成投产并发挥效益。

该模式的主要优点：①项目建设指挥部在行使项目业主职能时有较高的权威性，可直接决策、指挥，可以依靠项目业主方优势地位协调各方面关系，调配项目建设所需的机具、施工队伍和材料、设备等，能够迅速集中力量突击建设以加快工程建设进度；②基建管理部门可充分利用现有矿山单位的资源和有利条件，加快建设速度，尤其是在边生产边建设的情况下，可减少建设与生产部门之间的矛盾，可灵活调动自有的设计、施工队伍。

该模式的主要缺点：①临时性的项目建设指挥部待项目建完即行解散或者基建管理部门管理人员的变动等，不利于建设经验的积累；②项目业主承担了项目建设实施的主体责任与主要风险，可能要面对大量的合同争执与索赔；③项目建设指挥部不是独立的经济实体，缺乏明确、严格的经济责任制，只管建设，不管生产，只管投入，不管产出，易造成基建与生产、资金投入与回收的相互脱节；④项目业主集生产单位、建设单位两种职能于一身，往往无法正确核算生产与建设的效益；⑤对拥有自己的设计、施工队伍的项目业主，易吃单位内部的"大锅饭"，在建设任务不足时，这些队伍的存在可能成为单位的"包袱"。

3.1.3　矿山建设项目委托管理模式

3.1.3.1　PMC 模式

PMC 模式，即项目管理承包模式，是指项目业主签约聘请专业的项目管理公司，代表业主对工程项目的组织实施全过程或若干阶段的管理承包服务。项目管理公司按照合同约定，收取项目管理承包服务费用，履行项目管理承包服务职责，与施工承包商、设备材料供应商分别签订施工合同、采购合同，可采用分阶段发包方式选择施工承包商、设备材料供应商并需取得业主的认可，与业主的咨询顾问(如监理工程师等)进行密切合作，对工程项目进行计划、管理、协调与控制。具备相应工程设计资质的项目管理公司，还可承担工程项目的初步设计(基本设计)。

该模式的主要优点：①可充分发挥项目管理公司的专业项目管理优势，减少统一协调、管理项目设计与施工的矛盾；②项目管理公司负责管理施工前与施工阶段，可有效管控设计变更；③便于采用阶段发包形式，有利于缩短工期；④项目管理公司一般承担的风险较小，有利于提高其在项目管理中的主观能动性与积极性，充分利用其职业化特长为业主管好项目。

该模式的主要缺点：①业主与施工承包商、设备材料供应商没有合同关系，管控他们较难；②项目管理公司与项目设计单位之间的目标差异可能影响相互之间的协调关系；③与业主自主管理模式相比，增加了一个管理层与一笔项目管理费用，若所聘请的项目管理公司不称职时,有可能增加项目建设成本;④项目安全、环保、质量、费用、进度等的控制过度依赖项目管理公司,若项目管理公司不称职时,容易出现责任争议。

3.1.3.2　PM 模式

PM 模式,即项目管理模式,是指项目业主签约聘请专业的项目管理公司,代表业主对工程项目的组织实施全过程或若干阶段的管理服务。项目管理公司按照合同约定,收取项目管理服务费用,履行项目管理服务职责,在工程项目决策阶段为业主编制项目可行性研究报告并进行可行性分析与项目策划,在工程项目实施阶段为业主提供招标代理、设计管理、采购管理、施工管理和试运行等服务,代表业主对工程项目进行安全、环保、质量、进度、费用、合同、信息等管理和控制,不直接与施工承包商、设备材料供应商分别签订施工合同、采购合同。现阶段,国家鼓励有相应监理资质的专业项目管理公司履行 PM 时可同时肩负项目监理职责。

该模式的主要优点:①职业化的项目管理服务与称职的项目经理,可为业主节省项目投资;②可根据项目特点,灵活选择全过程或若干阶段的管理服务。

该模式的主要缺点:①业主、项目管理公司双方对责权利等方面的认识与履行不到位时,以及业主的信用度不到位时,会限制项目管理公司作用的发挥与效果;②与项目监理、项目施工承包商等项目参与方之间的关系没有明晰的界定时,会产生项目管理问题;③我国尚未建立项目管理公司的职业行为等标准,缺乏对项目管理公司的评价依据,存在行业自律不到位风险;④项目管理公司从业人员素养不到位时,对项目管理服务效能的副作用较大。

3.1.3.3　DM 模式

DM 模式,即设计管理模式,是指项目业主签约聘请有设计与项目管理能力、资质的实体(单一企业或联合体),为其提供项目设计与项目施工管理服务。承接设计管理的实体(单一企业或联合体)按照合同约定,收取相应费用,履行项目设计、施工管理职责,可直接或不直接与施工承包商、设备材料供应商分别签订施工合同、采购合同。

该模式的主要优点:①便于采用阶段发包形式,有利于缩短工期;②可充分发挥设计与施工管理服务一体化的优势,有效控制项目设计变更。

该模式的主要缺点:施工管理人员的素养与项目设计管理服务效能相关度太大。

3.1.3.4　CM 模式

CM 模式,即施工-管理模式,是指在采用快速路径法进行施工时,项目业主从开始阶段就签约雇用具有施工经验的 CM 单位参与到建设工程实施过程,以便为设计人员提供施工方面的建议且随后负责管理施工过程。这种模式改变了过去那种设计完成后才进行招标的传统模式,采取分阶段发包,由业主、CM 单位和设计单位组成一个联合小组,共同负责组织和管理工程的规划、设计和施工,CM 单位负责工程的监督、协调及管理工作,在施工阶段代业主管控施工承包商,对项目施工成本、质量和进度进行监管,并预测和监控成本和进度的变化。

该模式的主要优点:①采用"边设计、边发包、边施工"的阶段性发包方式,可以缩短工程从规划、设计到竣工的周期,节约建设投资,减少投资风险,较早取得投资收益;②CM 单位在早期介入,业主可通过由设计、CM 单位组成的团队协同完成项目的投资控制、进度计划与质量控制和设计工作等,CM 单位在一定程度上不是单纯按图施工,可以通过提出合理化建议来影响设计。

该模式的主要缺点:①CM 单位的施工管理素养、酬金计取方式与项目施工管理服务效能相关度太大；②分项招标导致承包费高。

3.1.3.5 全过程咨询服务模式

全过程咨询服务模式是国家推出的一种新的项目委托管理模式。国家发展和改革委员会、住房和城乡建设部在 2019 年 3 月发布的《关于推进全过程工程咨询服务发展的指导意见》(发改投资规〔2019〕515 号)中明确指出：以工程建设环节为重点推进全过程咨询。在房屋建筑、市政基础设施等工程建设中，鼓励建设单位委托咨询单位提供招标代理、勘察、设计、监理、造价、项目管理等全过程咨询服务，满足建设单位一体化服务需求，增强工程建设过程的协同性。全过程咨询单位应当以工程质量和安全为前提，帮助建设单位提高建设效率、节约建设资金。全过程工程咨询服务酬金可在项目投资中列支，也可根据所包含的具体服务事项，通过项目投资中列支的投资咨询、招标代理、勘察、设计、监理、造价、项目管理等费用进行支付。鼓励投资者或建设单位根据咨询服务节约的投资额对咨询单位予以奖励。咨询单位要建立自身的服务技术标准、管理标准，不断完善质量管理体系、职业健康安全和环境管理体系，通过积累咨询服务实践经验，建立具有自身特色的全过程工程咨询服务管理体系及标准，大力开发和利用建筑信息模型(BIM)、大数据、物联网等现代信息技术和资源，努力提高信息化管理与应用水平，为开展全过程工程咨询业务提供保障。各级投资主管部门、住房和城乡建设主管部门要高度重视全过程工程咨询服务的推进和发展，创新投资决策机制和工程建设管理机制，完善相关配套政策，加强对全过程工程咨询服务活动的引导和支持，加强与财政、税务、审计等有关部门的沟通协调，切实解决制约全过程工程咨询实施中的实际问题。

3.1.4 矿山建设项目总承包管理模式

3.1.4.1 EPC 模式

EPC 模式，即设计—采购—施工模式，也叫交钥匙工程总承包模式，是指工程总承包企业(承包商)按照与项目业主所签合同的约定，负责建设项目的勘察、设计、采购、施工以及试运行服务等全过程的总承包，可以按所需遵循的法律法规要求进行所承包工作的分包，对项目的安全、环保、质量、进度、费用等进行综合动态管控并承担约定责任与风险，最终向业主交付具备使用条件的项目。在我国应用该模式时，按照有关法律法规的规定，业主应另行聘请监理工程师来监管建设项目。

该模式的主要优点：①可实施项目一体化集成动态管理，统一作业流程与标准，方便协调与控制，方便项目信息的收集、传递、沟通，减少可能重复的中间环节，降低管理费用与建造成本；②可减少业主面对的承包商数量，有利于业主集中精力把握好项目功能、设计标准、材料标准、施工标准等总体要求以及宏观控制与竣工验收；③承包商承担了项目建设实施的主体责任与主要风险，业主一般不干涉承包商的实施过程和项目管理，大幅减少了对业主的合同争执与索赔；④可充分发挥承包商的技术、管理、经验等优势，促进项目各项目标的如期实现。

该模式的主要缺点：①对项目各相关方的协同程度要求较高，当项目各相关方对此模式的认同程度不一致时，会对此模式的结果造成较大影响；②承包商承担了主要风险，当风险超过其承受能力范围时，有可能导致项目失败；③对项目信息化管理与管控能力要求较高，当信息化支撑平台、数据库以及承包商管控能力不到位时，会影响此模式优点的发挥。

3.1.4.2　EP 模式

EP 模式，即设计—采购总承包模式，是指工程总承包企业(承包商)按照与项目业主所签合同的约定，负责建设项目的设计、采购总承包，可以按所需遵循的法律法规要求进行所承包工作的分包，对项目设计、采购的安全、环保、质量、进度、费用等进行综合动态管控并承担约定责任与风险，最终向业主交付约定的项目设计文件与采购标的物以及有关的服务。

该模式的主要优点：①集项目设计、采购总承包于一体，有利于项目设计、采购两阶段的交叉作业与统筹安排，可提高设计文件的准确性、完整性，可提高设计成果的可用性，可节省一定的工期与费用；②可充分发挥承包商的技术、管理、经验等优势，促进项目设计、采购目标的如期实现。

该模式的主要缺点：建设项目分块发包，设计、采购承包商与施工承包商间的协调工作量比较大，有可能会影响项目总工期。

3.1.4.3　DB 模式

DB 模式，即设计—施工总承包模式，是指工程总承包企业(承包商)按照与项目业主所签合同的约定，负责建设项目的设计、施工总承包，可以按所需遵循的法律法规要求进行所承包工作的分包，对项目设计、施工的安全、环保、质量、进度、费用等进行综合动态管控并承担约定责任与风险，最终向业主交付约定的项目设计文件与施工标的物以及有关的服务。

该模式的主要优点：①集项目设计、施工总承包于一体，有利于项目设计、施工两阶段的交叉作业与统筹安排，可提高设计文件的准确性、完整性，可提高设计成果的可用性，可减少施工返工现象，可节省一定的工期与费用；②可充分发挥承包商的技术、管理、经验等优势，促进项目设计、施工目标的如期实现。

该模式的主要缺点：建设项目分块发包，设计、施工承包商与采购供应商间的协调工作量比较大，有可能会影响项目总工期。

3.1.4.4　PC 模式

PC 模式，即采购—施工总承包模式，是指工程总承包企业(承包商)按照与项目业主所签合同的约定，负责建设项目的采购、施工总承包，可以按所需遵循的法律法规要求进行所承包工作的分包，对项目采购、施工的安全、环保、质量、进度、费用等进行综合动态管控并承担约定责任与风险，最终向业主交付约定的项目采购、施工标的物以及有关的服务。

该模式的主要优点：①集项目采购、施工总承包于一体，有利于项目采购、施工两阶段的交叉作业与统筹安排，可减少施工返工现象，节省一定的工期与费用；②可充分发挥承包商的技术、管理、经验等优势，促进项目采购、施工目标的如期实现。

该模式的主要缺点：建设项目分块发包，采购、施工承包商与设计单位间的协调工作量比较大，有可能会影响项目总工期。

3.1.5　矿山建设项目管理模式应用情况

我国历经计划经济时期、计划经济向市场经济转变过渡期、市场经济时期，矿山建设项目管理模式经历了一个从单一到多样化的发展历程。

在计划经济时代与改革开放初期，矿山项目建设管理模式比较单一，普遍采用项目业主自主管理模式。在 1984 年以后的改革开放期，我国对基本建设领域的体制与管理模式进行了一系列的重大变革，积极倡导学习、引进、推广国际先进工程建设项目管理经验与模式，矿山项目建设管理模式形成多元化管理模式，EPC、PMC、CM 等模式及模式组合在我国得到了日益广泛的应用与发展，均有许多成功的范例。

项目总承包（EPC、EP、DB、PC 等）、项目委托管理（PMC、PM、DM、CM 等）模式是国际通行的工程建设项目组织实施方式，均已得到广泛应用，其中 EPC、PMC 模式应用更加普遍，CM 模式的应用在国外较广泛。

建设部在 2003 年 2 月发布的《关于培育发展工程总承包和工程项目管理企业的指导意见》（建市〔2003〕30 号）中明确指出：工程总承包和工程项目管理是国际通行的工程建设项目组织实施方式；积极推行工程总承包和工程项目管理，是深化我国工程建设项目组织实施方式的改革，是提高工程建设管理水平、保证工程质量和投资效益、规范建筑市场秩序的重要措施；鼓励具有工程勘察、设计、施工、监理资质的企业，通过建立与项目管理业务相适应的组织机构、项目管理体系，充实项目管理人员，按照有关资质管理规定在其资质等级许可的工程项目范围内开展相应的工程项目管理业务；对于依法必须实行监理的工程项目，具有相应监理资质的工程项目管理企业受业主委托进行项目管理，业主可不再另行委托工程监理，该工程项目管理企业依法行使监理权利，承担监理责任；没有相应监理资质的工程项目管理企业受业主委托进行项目管理，业主应当另行委托工程监理。

住房和城乡建设部于 2016 年 5 月 20 日发布了《住房城乡建设部关于进一步推进工程总承包发展的若干意见》（建市〔2016〕93 号），以深化建设项目组织实施方式改革，推广工程总承包制，提升工程建设质量和效益。该文从大力推进工程总承包、完善工程总承包管理制度、提升企业工程总承包能力和水平、加强推进工程总承包发展的组织和实施四个方面，提出了 20 条进一步推进工程总承包发展的意见。该文明确指出：工程总承包是国际通行的建设项目组织实施方式，大力推进工程总承包，有利于提升项目可行性研究和初步设计深度，实现设计、采购、施工等各阶段工作的深度融合，提高工程建设水平；有利于发挥工程总承包企业的技术和管理优势，促进企业做优做强，推动产业转型升级，服务于"一带一路"倡议实施；工程总承包一般采用设计—采购—施工总承包或者设计—施工总承包模式，业主也可以根据项目特点和实际需要，按照风险合理分担原则和承包工作内容采用其他工程总承包模式；业主在选择建设项目组织实施方式时，应当本着质量可靠、效率优先的原则，优先采用工程总承包模式；政府投资项目和装配式建筑应当积极采用工程总承包模式；业主根据自身资源和能力，可以自行对项目进行管理，也可以委托项目管理单位，依照合同对项目进行管理；项目管理单位可以是本项目的可行性研究、方案设计或者初步设计单位，也可以是其他工程设计、施工或者监理等单位，但项目管理单位不得与工程总承包企业具有利害关系。

《建设工程项目管理规范》（GB/T 50326—2017）的颁发与实施，规范了建设工程项目管理程序和行为，促进了建设工程项目管理水平的提升，促进了建设工程项目管理的科学化、规范化、制度化、国际化。该规范适应于新建、扩建、改建等建设工程有关各方的项目管理活动。该规范的主要技术内容包括：总则，术语，基本规定，项目管理责任制度，项目管理策划，采购与投标管理，合同管理，设计与技术管理，进度管理，质量管理，成本管理，安全生产管理，绿色建造与环境管理，资源管理，信息与知识管理，沟通管理，风险管理，收尾管理和管理绩效评价。

《建设项目工程总承包管理规范》（GB/T 50358—2017）的颁发与实施，规范了建设项目工程总承包管理程序和行为，促进了建设项目工程总承包管理水平的提升，促进了建设项目工程总承包管理的科学化、规范化、法治化，促进了建设项目工程总承包管理与国际接轨。该规范适应于工程总承包企业和项目组织对建设项目的设计、采购、施工和试运行全过程的管理。该规范的主要技术内容包括：总则，术语，工程总承包管理的组织，项目策划，项目设计管理，项目采购管理，项目施工管理，项目试运行管理，项目风险管理，项目进度管理，项目质量管理，项目费用管理，项目安全、职业健康与环境管理，项目资源管理，项目沟通与信息管理，项目合同管理与项目收尾管理。

随着社会技术经济水平的发展，项目业主的需求也在不断变化和发展，总的趋势是希望简化自身的管理工作，得到更全面、更高效率的社会化服务，更好地实现建设工程预定的目标。

项目业主到底应用何种模式或某些模式的组合，则主要取决于建设项目投资来源、项目规模、项目技术复杂程度、项目装备水平、项目质量档次要求、项目工期、项目建设地理位置、项目建设外部环境等因素，应根据项目具体情况进行综合决策，采用最适宜的建设项目管理模式或某些模式的组合，以最大限度地实现建设项目目标效益。

3.2　矿山建设项目采购

矿山建设项目采购是指项目的工程采购以及与工程建设有关的货物采购、服务采购。

工程采购是指矿山工程中建筑物和构筑物的新建、改建、扩建及其相关的装修、拆除、修缮等施工承包商的采购，可据其功能、区块、专业等特性来划分施工标包(段)，如可分为水文地质勘察工程、探矿工程、土石方工程、道路工程、隧道工程、井巷工程、房屋建筑工程、机电安装工程、自动化工程、避险工程、绿化工程等标包(段)。

货物采购是指构成矿山工程不可分割的组成部分且为实现工程基本功能所必需的设备、材料等货物的采购。

服务采购是指为完成矿山工程所需的可能为工程总承包、工程地质勘察、项目设计、项目费用估算(预算)、项目保险以及项目招标代理、货物进出口代理、货运代理、第三方检验、第三方检测、设备租赁、监理等服务种类中的一种或多种的采购。

3.2.1　项目采购策划要点

项目采购策划，指项目采购前期，针对所需完成的项目采购任务所开展的采购管理规划工作。它通常包括：项目采购组织机构设置、人力资源配置、采购原则、采购方式、采购标包(段)的划分、采购范本文件、采购文件审批流程、采购进度计划与资金计划、采购风险识别与防范等。

3.2.1.1　国家对项目招标采购的主要规定

矿山建设项目的采购应遵循《中华人民共和国招标投标法》《中华人民共和国招标投标法实施条例》等法规，以及住房和城乡建设部于 2016 年 5 月 20 日发布的《住房城乡建设部关于进一步推进工程总承包发展的若干意见》(建市〔2016〕93 号)等行政规章中的有关规定。

3.2.1.2　项目采购组织机构设置、人力资源配置

项目采购组织机构设置，应根据实施项目采购单位的项目采购管理制度规定以及项目采购工作的内容和负荷量来确定。随着网络信息技术的发展，企业集中采购平台已越来越普

及，因此项目采购组织机构通常由常设的企业集中采购组织机构与临时的项目采购组织机构组成，常设的企业集中采购组织机构负责企业集中采购平台建设与集中采购的组织实施，临时的项目采购组织机构在常设的企业集中采购组织机构与项目组织机构双重领导下负责相应项目采购的组织实施。

根据项目采购工作任务的分工，临时的项目采购组织机构人员配置一般由项目采购主管负责人、项目采购组织机构负责人、采买工程师(可分为设备、材料、电气采买工程师)、采购计划工程师、质检工程师、催交工程师、采购秘书等岗位组成。项目采购组织机构负责人是项目采购管理的核心，通常由项目工艺或机械专业具有工程师以上职称的人员担任。项目采购计划工程师由熟悉整个项目的工艺和建设基本程序的人员担任。项目设备采买工程师由熟悉工艺流程与设备基本知识的专业人员担任。质检工程师由熟悉设备制作和质量检验的专业人员担任。

项目招标采购可自行组织(应符合国家有关法规要求)或委托专业招投标咨询单位承担。

3.2.1.3 采购原则

在总体上遵循公平、公正、公开、诚信基本原则和采购 5R 原则(适价、适合、适时、适量、适地)的条件下，矿山建设项目采购应当兼顾如下原则：

(1)高效原则。新建矿山建设项目相比以后的正常生产具有明显短期生命周期特性，因此在有限的时间周期内，高效地将所需货物采买运抵矿山建设地，满足项目建设进度需要，是矿山建设采购中应坚持的一个原则。

(2)安全环保可靠优先原则。矿山尤其是地下矿山的作业，具有专业复杂、不可预测因素相对较多的特征，如何确保所选设备、材料的安全、环保、稳定可靠，是项目采购过程中应坚守的红线和底线。

3.2.1.4 采购方式

采购策划中，应在初步分析整个项目采购基本情况的条件下，确定项目采购的适宜采购方式。

《中华人民共和国招标投标法实施条例》第七条规定：

按照国家有关规定需要履行项目审批、核准手续的依法必须进行招标的项目，其招标范围、招标方式、招标组织形式应当报项目审批、核准部门审批、核准。项目审批、核准部门应当及时将审批、核准确定的招标范围、招标方式、招标组织形式通报有关行政监督部门。

《中华人民共和国招标投标法》第六十六条规定：

涉及国家安全、国家秘密、抢险救灾或者属于利用扶贫资金实行以工代赈、需要使用农民工等特殊情况，不适宜进行招标的项目，按照国家有关规定可以不进行招标。

《中华人民共和国招标投标法实施条例》第九条规定：

除招标投标法第六十六条规定的可以不进行招标的特殊情况外，有下列情形之一的，可以不进行招标：

(1)需要采用不可替代的专利或者专有技术；

(2)采购人依法能够自行建设、生产或者提供；

(3)已通过招标方式选定的特许经营项目投资人依法能够自行建设、生产或者提供；

(4)需要向原中标人采购工程、货物或者服务，否则将影响施工或者功能配套要求；

(5)国家规定的其他特殊情形。

根据国家法律法规，矿山建设项目采购方式主要有公开招标采购、邀请招标采购、竞争性谈判采购、单一来源采购、询价采购。

1. 公开招标采购

公开招标采购，指招标人以招标公告方式邀请不特定的供应商或承包商投标。

符合《必须招标的工程项目规定》（国家发展和改革委员会令第 16 号）中的矿山建设项目，应当公开招标。

2. 邀请招标采购

依法非必须公开招标的项目，由招标人自主决定采用公开招标还是邀请招标。

邀请招标采购，指招标人以投标邀请书的方式邀请特定的法人或者其他组织投标。

招标人采用邀请招标方式的，应当向三个以上具备承担招标项目的能力、资信良好的特定的法人或者其他组织发出投标邀请书。

《中华人民共和国招标投标法实施条例》第八条规定：

国有资金占控股或者主导地位的依法必须进行招标的项目，应当公开招标，但有下列情形之一的，可以邀请招标：

（1）技术复杂、有特殊要求或者受自然环境限制，只有少量潜在投标人可供选择；

（2）采用公开招标方式的费用占项目合同金额的比例过大。

有前款第二项所列情形，属于本条例第七条规定的项目，由项目审批、核准部门在审批、核准项目时作出认定；其他项目由招标人申请有关行政监督部门作出认定。

3. 竞争性谈判采购

竞争性谈判采购，是指采购人或者代理机构邀请不少于三家符合条件的供应商或承包商就采购工程或货物或服务事宜进行谈判的方式。符合下列情形之一的，可以采用竞争性谈判采购：

（1）招标后没有供应商或承包商投标、没有合格标的或者重新招标未能成立的；

（2）技术复杂或性质特殊，不能规定详细规格或者具体要求的；

（3）采用招标所需时间不能满足用户紧急需要的；

（4）不能事先计算出价格总额的；

（5）因其他特殊原因，必须协商谈判以便获取有利条件的。

4. 单一来源采购

单一来源采购，指采购人向特定的一个供应商或承包商采购货物或工程或服务的方式。符合下列情形之一的，可以采用单一来源方式进行采购：

（1）只能从唯一供应商或承包商处采购；

（2）发生了不可预见的紧急情况，不能从其他供应商或承包商处采购的；

（3）必须保证原有采购项目一致性或者服务配套的要求，需要继续从原供应商或承包商处添购，且添购资金总额不超过原采购总额的 10%。

5. 询价采购

询价采购，是指对几个供货商或承包商的报价进行比较，以确保价格具有竞争性的一种采购方式。符合下列情形之一的货物或工程或服务，可采用询价方式采购：

（1）采购的货物规格、标准统一，现货货源充足且价格变化幅度小；

（2）采购金额小、达不到招标条件的采购，如零星工程或服务等；

（3）建筑用砂、石、灰、土等地方性材料。

3.2.1.5　采购标包（段）的划分

标包（段）的划分是项目采购人人为地将项目所需采购的货物进行分类打包、工程与服务分包进行分类打包或分段，以确保项目采购、施工、服务等工作的高效、合规进行。

标包（段）的划分，应严格遵循国家法律法规的规定。

在矿山建设项目采购策划中，主要设备材料标包通常分类为：采掘设备、井下运输设备、提升设备、通风设备、供排水设备、机修设备、电气设备、电缆等；建安工程标包（段）通常分类为：竖井工程、平巷巷道工程、安装工程、排土场工程等；服务标包（段）通常分为项目监理、招标代理、货运代理、审计等。

3.2.1.6　采购范本文件

为规范后续的项目采购活动，策划中应对招标文件、合同文件（含货物采购、工程采购、服务采购）、询价比价文件、竞争性谈判文件等采购过程文件给出范本。范本文件原则上应以国家颁布的标准文本为基础，并结合工程建设专有文件（如上级机关明确的基本制度、上级机关项目批文、总承包合同等）的规定来编制，其中关于工期、支付、质保期等重要的商务条款，应经项目主管负责人的审核批准。

采购范本文件需报经项目负责人审批后执行。后续的采购活动中，对范本文件重要条款的调整，应报项目负责人批准。

3.2.1.7　采购文件审批流程

项目建设过程，项目采购机构与上级机关（或业主）、设计单位、供应商、分包商及其他相关方来往传递的资料比较多，其中许多的文件都直接具有法律效力。因此，严格规范审批流程是防范法律风险的一个重要手段。

策划中，应对各种采购文件的审批流程作出具体明确的规定。这些规定可能包括：

（1）与供应商、分包商直接发生关系的招标文件、合同文件等重要文件的合法授权代表确认流程；

（2）与供应商、分包商直接发生关系的招标文件、合同文件等重要文件的签章审批流程；

（3）与供应商、分包商直接发生关系的非招标采购评审文件的审核批准流程；

（4）与其他相关方来往文件的审批流程。

3.2.1.8　采购进度计划与资金计划等

策划中，应根据项目总体实施进度计划编制项目采购进度计划，它主要包括长周期设备、特殊设备、大金额设备、大宗设备与材料、重要关键与核心设备、主要建安工程、服务标包（段）的采购进度计划安排。项目采购进度计划时间单位应与项目总进度计划相一致。

在项目采购进度计划的基础上，应编制项目采购资金计划。项目采购资金计划原则上应以项目概算或预算为基础，按进度计划确定的采购项目来安排费用支付。

项目采购进度计划和资金计划在发表前应报项目控制工程师审核。

3.2.1.9　采购风险识别与防范

策划中，应根据矿山建设项目特点，对项目采购的风险进行识别。

项目采购风险通常可能包括：法律风险，供应商、分包商选择的风险，资金风险，采购货物品质风险，人员健康安全风险，企业声誉风险，等等。

针对风险识别的结果，策划中应从作业流程管理、内控监管等方面制定具体防范制度与措施，并把所制定的防范制度与措施直接体现在相关项目采购作业文件中。

3.2.2　项目货物采购实施要点

项目货物采购作业主要包括采买、催交、检验、运输、仓储五个环节。尽管在部分项目中，也有将仓储列入施工管理的范例，但从物流衔接来看，项目建设的仓储归属采购管理可减少部门之间的交接。

3.2.2.1　采买工作实施要点

采买工作始于采购申请，终于合同商签。采买是整个采购的核心阶段，其工作实施要点包括以下五个方面的内容。

1. 采购技术条件

采购技术条件是每项采买工作的源头，它通常由各专业工程师提出，并需经专业内部审核后方能有效。

采购技术条件含通用条件和专有条件两部分。通用条件为同类采购货物的共性特征条件，专有条件是所实施的某一采购货物所独有的技术特征条件。专有条件是采购技术条件的核心内容。

货物采购专有技术条件一般应包括：

(1) 货物的名称、数量、编号；

(2) 货物使用工况条件，如介质、温度、压力、物料密度、水分、使用场所等；

(3) 生产能力；

(4) 材质要求；

(5) 成套设备的电气、自动化控制要求；

(6) 供货范围界限；

(7) 对配套设施的要求；

(8) 技术资料的要求等。

2. 采购程序

采购程序主要指公开招标、邀请招标、竞争性谈判、单一来源、询价采购方式的实施程序，应严格依照国家法律法规与企业采购制度规定来确定项目采购程序。对于项目采购程序的变更，应在策划文件中明确实现变更的条件和审批流程。

3. 采购合同

采购合同是采购活动中最重要的采购文件，也是采买过程风险控制的关键点所在。

为把控风险，采购合同应实行专业部门会审制，即每一份合同，均应通过与此相关联的部门(含采购、技术、施工、安环、控制、财务、法律等)专业人员审核。

(1) 采购部门审核，侧重点是所采购货物商务条款的正确性。

(2) 技术部门审核，侧重点是所采购货物技术参数的正确性。

(3) 施工部门审核，侧重点是所采购货物与现场施工作业的关联性。

(4) 安环部门审核，侧重点是所采购货物安全、环保方面的合规性与责任落实。

(5) 控制部门审核，侧重点是所采购货物交货期与费用的符合性。

(6) 财务部门审核，侧重点是所采购货物支付、税务条款的正确性。

(7) 法律部门审核，侧重点是所采购货物及其文件的合法性。

4. 采购控制基准

控制基准是项目采购工作实施过程中成本控制最重要、最基本的依据，也是采购中最重要的核心机密。

采购控制基准由费用控制部门编制，经企业规定的流程审批后定稿执行。

控制基准编制以项目概算或预算价为基础，结合同类工程的经验及企业的管理成本等计算确定。

采买过程中，合同价原则上均应限制在控制基准以内，一旦出现高于控制基准的现象，采购工程师应递交专项报告，报主管部门或主管领导审批。

5. 入围供应商确定

对于非公开招标之外的采购方式，入围供应商的推荐应源自多种途径，包括设计部门、项目部、业主和供应商的自我推荐等。如果企业有完备的供应商库，也可从供应商库的长名单中按企业采购制度规定的程序确定入围短名单。

短名单形成后，项目采购部门应编制《供应商推荐书》，报主管负责人审核批准。

3.2.2.2　催交工作实施要点

催促交付是保证所采购货物按期交付的重要程序，其工作实施要点包括以下两个方面的内容。

1. 催交计划

根据采购合同确定的货物交货期及供应商制造进度计划，编制催交计划。催交计划主要针对重要、关键、长周期设备制定。催交计划应明确每台设备各重要工序完成的时间节点，安排催交工程师核实进度执行情况。催交计划应及时动态反馈供应商制造进度情况，一旦发现偏离，应及时采取纠偏措施，督促供应商进行改进。

2. 催交方式

催交可分为远程跟踪和现场催促两种方式。

远程跟踪主要指通过邮件、微信等手段获取的实物制造过程文件、实物制造情景文件，核实设备实体制造进度与合同约定的符合性，并用函件等形式表达催促制造、交付进度的意愿。

现场催促主要指通过派出的催交工程师现场核实实物制造进度，并直接在制造厂督促制造、交付进度。

催交的依据是合同，催交的基础是供应商生产进度计划表。因此，无论采用何种催交方式，及时获取生产进度计划表是催交工程师开展工作的首要任务。

3.2.2.3　检验工作实施要点

检验是买方确保采购货物品质的一种手段，其工作实施要点包括以下三个方面的内容。

1. 检验计划

根据采购合同确定的货物品质和相应的国家标准规范等，编制检验计划。检验计划主要针对重要、关键、长周期设备制定。检验计划应明确计划检验设备的检验点及时间安排，并安排专业工程师进行专项检查。每次检验工作完成，检验工程师应编制专项检验报告，及时动态反馈供应商产品制造质量，一旦发现质量制作瑕疵，应及时向部门负责人报告，尽早采取纠偏措施，督促供应商改进。

2. 检验方式

检验方式包括巡回检验和专业驻厂监造两种方式。

巡回检验，指定期或不定期派出专业工程师前往供应商生产现场按检验点进行制造品质的现场检查。

专业驻厂监造，指针对特定的设备，委托专业监造工程师常驻供应商生产现场跟踪产品各个工序的制造过程质量，并监督制造进度。

但无论采用何种检验方式，买方的检验不减免卖方品质保障责任。

3. 检验大纲

检验大纲是检验的操作指导文件，原则上每台设备的检验都应当编制检验大纲。检验大纲通常包括：

(1) 检验范围；

(2) 检验依据的标准；

(3) 检验内容与判别标准；

(4) 检验手段；

(5) 检验控制点的见证形式等。

3.2.2.4　运输工作实施要点

运输是采购实物交付现场的最后一道程序，其工作实施要点包括以下两个方面的内容。

1. 运输计划

项目建设中，货物的长途运输通常都由供应商组织完成，但货物的短途倒运可能由项目采购部门组织完成。承运之前，项目采购部门应编制运输计划，包括所需运输的货物数量、单件货物吨位、外形尺寸、计划运输时间、承运人的选择、承运人车辆的安排等。

除小型货物由项目采购部门直接承运外，大、重、长货物的运输建议由专业运输公司承担；但运输公司在承运之前，应将其运输方案报项目采购部门审核。

2. 超限货物的运输方案

超限货物的运输，均应由承运方编制运输方案并报相关方审批后实施。

由于超限货物运输风险性大，运输途中不可控因素相对较多，承运人应事前踏勘运输线路。必要时，项目采购部门也可组织专业人员踏勘线路，并及时动态向承运人传递项目建设地周边的道路运输情况。

3.2.2.5　仓储管理实施要点

仓储是保证到货货物保持原有品质形态的重要手段，其工作实施要点包括以下四个方面的内容。

1. 仓储管理制度

项目建设中，原则上都应当建立仓储管理制度。仓储管理制度包括：货物开箱检验制度、货物出入库管理制度、货物贮存防护制度、随机资料管理制度、消防设施配置等。

2. 仓储设施的选择与安排

仓储设施，应根据所需贮存保管的货物来选择、安排、建库。原则上仓库应选址在相对偏僻的地方，但建库时应优先考虑进出库道路的建设。

库内的布置，应考虑不同货物的防护等级要求，对于电气等有防潮、防水要求的货物，存放点应安排在通风良好的不进水区域；而对于精密度、灵敏度要求高的设备贮存，应考虑封闭式仓库保管。

无论何种贮存，所有设备的保存，都应当上盖下垫，防止设备变形和锈蚀。

3. 出入库流程管理

货物的出入库，应严格按事先制定的流程管理。

入库时，仓储工程师应查点货物的数量、规格型号、合格证件等项目，发现货物数量、质量、单据等不齐全时不得办理入库手续。未经办理入库手续的货物一律作待检货物处理放在待检区域内，经检验不合格的货物一律退回，放在暂放区域，且应及时通知采购工程师负责处理。

出库时，领用人凭相关部门批准的领用单领取货物；领取人员和仓库管理人员应核对货物的名称、规格、数量、质量状况，核对正确后方可发放；仓库管理人员开具的出库单，经领取人签字，登记入单、入账。出库单应报送费用控制和财务部门备存。

仓储工程师应定期对库存物资进行清点、检查，做到账、物、单三者一致。发现问题应及时向负责人和相关管理部门报告。

4. 不合格品控制

不合格品控制是项目采购部门规避法律风险的一个重要手段。

发现不合格品，采购工程师应及时以书面形式通知供应商限期到现场处理，并告知不及时处理的后果。在供应商售后人员到现场之前，采购部门应对不合格品采取适宜、合理隔离保护措施，防止货物由保管不善造成的二次损坏。

在供应商售后人员未书面明示处理意见之前，项目采购部门无权擅自对不合格品采取修复、调整、处置等措施。

3.2.3 矿山建设项目招投标程序

3.2.3.1 招标程序

招标是由招标人组织完成的工作。招标程序一般包括：

（1）编制资格预审文件、招标文件；

（2）制订评标、定标办法；

（3）发出招标公告或投标邀请书；

（4）审查投标单位资格（适用于资格预审方式）；

（5）向合格投标单位分发招标文件及附件；

（6）组织投标单位赴现场踏勘、组织招标文件答疑（适用于项目工程总承包或项目施工承包招标）；

（7）依招标文件约定的时间、地点、方式接受标书；

（8）主持开标并审查标书及其保函；

（9）组织评标、决标活动；

（10）发出中标与落标通知书，并与中标单位谈判，最终签订采购合同。

若由代理机构组织招标活动，则发出招标公告、招标文件、接受投标书、组织开评标、发出中标、落标通知书等活动均由代理机构完成。

3.2.3.2 投标程序

投标是由投标人组织完成的工作。投标程序一般包括：

（1）收集招标信息并选择其中拟投项目标包（段）；

（2）进行投标人登记并接受投标资格审查通过（适用于资格预审方式）；

（3）领取或购买招标文件及设计文件等；

（4）研究招标文件、踏勘现场（必要时）并做好编制投标书的各项准备工作；

（5）计算或复核工程量或货物量或服务内容；

（6）制订报价原则并收集市场价格信息；

（7）编制项目工程总承包实施方案（适用于项目工程总承包投标）或项目施工组织设计（适用于项目施工承包投标）或项目服务实施方案（适应于项目服务投标）或货物供货实施方案（适应于项目货物投标）；

（8）必要时进行有关的询价工作；

（9）确定投标标包（段）的各项费用和利税；

（10）标价汇总并进行报价分析，提出优化报价措施和报价策略；

（11）报价的调整与确定；

（12）投标书的审定及复制，同时办理投标保证金、信函等；

（13）在招标文件规定的期限内，密封标书并投送到指定地点；

（14）在允许的期限内，对投标报价作必要的调整与附加说明；

（15）开标，如中标，则谈判并进行合同签约；如未中标，则按规定收回投标保证金。

3.2.3.3 招标文件

招标文件是招标人针对投标人发表的具有法律效力的文件，它是整个招投标程序中的核心工作内容。综观近些年国家建设主管部门颁布的有关项目招标文件标准文本，总体上包括如下内容：招标公告或投标邀请书、投标人须知、评标办法、工程量清单与设计图纸（适用于项目施工承包招标文件）、合同条款及格式、标的物提供要求、技术标准和要求、投标文件格式。

1. 招标公告或投标邀请书

招标公告（适用于公开招标）或投标邀请书（适用于邀请招标）概述性地说明招标项目的基本要求，为投标人获取招标文件提供足够的信息。

招标公告或投标邀请函可单独成文对外发表。

2. 投标人须知

投标人须知一般分为：总则（招标项目的基础要求），招标文件组成及澄清、异议程序，投标文件的组成及对投标的限制要求，投标、开标、评标的程序规定，合同授予条件，对招标人、投标人、评委等参与人的纪律约束，招标文件附件等十余个条目。投标须知核心内容为招标标的明确和投标人资格要求。

招标文件应详细描述标的物的数量、质量、工期或交货期、建设界区或交货地点或服务内容和主要技术性能指标要求。例如：对地下矿山建设项目，标的物应清晰界定各竖井工程及井塔或斜井工程、巷道、硐室、充填站、排土场、工业场地建构筑物等的施工以及设备购置、安装等工作界限；对露天矿山建设项目，标的物应清晰界定露天采场、联络路、工业场地、排土场等的施工以及设备购置、安装等工作界限。

矿山建设项目投标人的资格要求：总承包投标人的资格应与招标项目所适用的设计资质或施工资质等级相对应；施工承包商的资质要求应依矿山建设项目规模或专业工程等级来确

定；施工承包商主要负责人原则上应具有本专业或类似专业一级建造师资格（未跨省市区的项目，可按有关规定降至二级建造师），施工承包商技术负责人原则上也应当由本专业工程师及其以上资格的人员承担。

3. 评标办法

评标办法应详细说明项目评标的基本规则、评审程序和评标结果的处置方式，清晰界定评审评分标准及分值权重、分值构成。

标准范本文件中一般推荐综合评估法和经评审的最低投标价法两种评标办法。矿山建设项目工程总承包或项目施工承包招标采购中以及大型、核心、关键设备招标采购中，采用综合评估法的案例相对较多；矿山建设项目通用设备招标采购中，采用经评审的最低投标价法相对较多；矿山建设项目服务采购中，宜采用综合评估法。招标文件没有规定的评标标准不得作为评审的依据。

评标标准的分值权重设定和分值构成，对招标人选择到适宜的工程总承包商、施工承包商、供应商、其他服务承包商至关重要。采用综合评估法时，评审标准中的分值设置应当与评审因素的量化指标相对应。

评审因素通常由价格、技术、商务三部分组成，国家法律法规对这三部分因素的权重没有明确规定。但基于招投标价格竞争的初衷，不少大型企业（集团）在内部制度中都规定了价格权重的最低限额，如××大型央企集团招投标制度规定，在百分制中，价格分不得低于50分。

4. 工程量清单与设计图纸

招标工程量清单是项目施工承包中招标人为投标人提供平等竞争的基础，它为投标人提供拟建工程的基本内容、实体数量和质量要求等信息，让所有投标人所掌握的信息一致。

工程量清单编制的依据应为国家或省级、行业建设主管部门颁发的计价规范或办法。

工程量清单应是拟建工程的分部分项工程项目、措施项目、其他项目、规费项目和税金项目的名称和相应数量等的明细清单。

设计图纸是拟招标工程的施工图或满足投标要求的招标图。

5. 合同条款及格式

标准招标文件拟定的合同条款，包括通用条款、专用条款、合同协议书、履约保证金等文件，是中标后合同谈判的基础。采用标准文本招标，通用条款原则上不宜变动。招标文件中的专用条款是招标人针对通用条款内容的补充、修订、变更；专用条款的条目号应与通用条款保持一致。

6. 标的物提供要求

标的物提供要求是招标人对所需采购的货物或服务在技术、质量、工期、安全、环保、履约保证等方面提出的具体要求。

标的物提供要求也可通过招标文件的技术附件形式具体细化。

7. 技术标准和要求

项目采购涉及的内容多、专业面广，因此在招标文件中，招标人应提出招标标包（段）所适应的技术标准、规程、规范、材料等级等的要求。此外，对项目工程总承包或项目施工承包或项目非标设备制造等类标包（段），还要提供招标项目的全套图纸。

8. 投标文件格式

投标文件格式，是招标人为规范投标书制作提出的范本要求，要求所有投标人共同遵守。统一、规范的投标文件，可有利于提高评标委员会的工作效率，减轻评委的劳动强度。为督促投标人遵守招标人的这个规则，有的招标文件将不按格式文件投标列为不实质性响应招标文件的范畴。

3.2.3.4　投标文件

投标文件是投标人针对特定招标人递交的具有法律效力的文件。根据国家建设主管部门颁布的招标文件标准文本，投标文件由以下几个部分构成：投标函及投标函附录，法定代表人身份证明、授权委托书，联合体协议书（若允许），投标保证，商务和技术偏差表，报价表/清单（材料、勘察、施工等的报价可为工程量清单），资格审查资料，投标货物的技术性能或投标工程质量标准详细描述或投标服务质量标准、项目管理机构和拟委任的主要人员表及简历（适用于项目工程总承包或项目施工承包或其他工程服务投标），拟投入项目的主要设备、设施、技术支持文件（项目工程总承包实施方案或项目施工承包施工组织设计或项目供货方案或项目勘察纲要或项目监理大纲等），售后服务（质保服务）计划或承诺等。

资格审查资料则包括：投标人基本情况，近几年财务状况表，近几年完成类似项目情况表，正在实施和新承接的项目或货物或服务情况表，近几年发生的诉讼及仲裁情况表，（设备）制造商授权书（适用于经销商投标的情形）等。

关于投标文件的编制，需要特别注意如下内容：

（1）投标文件应严格按招标文件确定的格式、要求编制。

（2）授权代表人应为投标人（企业）员工，并以政府（社会）职能部门的有效证明文件佐证。

（3）投标人应遵循合同条款的要求进行投标，若对合同条款有异议，应在偏差表中予以明示；商务偏差或技术偏差值应约束在招标文件允许的范围内，避免因偏差超范围导致废标。

（4）报价表/清单的累计金额应与投标函的总报价相吻合，投标金额的大小写应保持一致，防止出现对投标人不利的计算价。

（5）拟委任的项目主要人员应严格满足招标文件的资质要求；且应为投标人（企业）的正式员工，并以政府（社会）职能部门的有效证明文件佐证。

（6）项目勘察纲要、监理大纲的编制要符合国家相关规程规范的要求与格式；项目工程总承包实施方案或项目施工组织设计（或项目服务实施方案）应具有针对性，切忌张冠李戴、文不对题。

（7）售后服务计划（承诺）应符合实际，切忌虚假承诺。

（8）近几年财务状况表，原则上应以财务、税务审计或政府其他公信的证明文件体现。

（9）近几年的诉讼仲裁情况（尤其是已经公开曝光的案例）应客观描述，避免因疏忽遗漏已经存在的诉讼仲裁案件而被评委判断为投标作假。

（10）投标人的签章应严格符合招标文件的规定。

3.2.3.5　合同书

项目采购合同书是合同当事人双方或多方就约定的项目采购内容在项目采购合同条款及格式的基础上通过谈判达成的一个或若干个具有法律效力的合同文件。参照 FIDIC 条款，项目采购合同书的构成一般为合同协议书、合同通用条款、合同专用条款、合同附件等四个部分。

(1)合同协议书

合同协议书简明扼要地汇总了整个合同的核心、关键、重要条款,是整个合同文件的纲要性文件。

(2)合同通用条款

项目工程、货物、服务采购类别不同,所对应的合同通用条款也不尽相同。

工程总承包或施工承包合同通用条款的主要内容包括:一般约定,参与建设方的责任、权利与义务,施工过程的基本要求(含设备设施、三通一平、安全、环保、治安保卫等),进度计划与开工、竣工时间节点,质量要求与检验,竣工验收要求,支付规定,缺陷与维保责任、违约责任,索赔条件,不可抗力的界定等。

货物合同通用条款的主要内容包括:一般规定,买卖双方的责任、权利与义务,供货范围,合同价格与支付,货物质量标准及交付检验标准,货物包装、运输、安装、调试、考核、验收要求,质保要求,履约保证金约定,知识产权的限制,违约责任,索赔条件,不可抗力的界定等。

服务合同通用条款的主要内容包括:一般规定,服务双方的责任、权利与义务,服务工作界限,服务工作时间节点与计划,服务费用与支付,违约责任,不可抗力的界定等。

(3)合同专用条款

合同专用条款是合同当事人双方或多方经过协商一致、针对通用条款内容的补充、修订、变更。专用条款的条目号应与通用条款保持一致。但合同文本专用条款内容不得与招标文件中专用条款的内容有实质背离。

(4)合同附件

合同附件可能包括:项目履约保函格式文件,项目设计文件清单(如施工图等),项目技术标准和要求(货物采购时可为项目货物采购技术条件),项目 HSE 管理协议,项目资料清单及提交时间计划等。

3.2.4 矿山建设项目 EPC 总承包采购

随着国内 EPC 总承包管理模式在工业项目建设中的应用日益广泛,其在矿山建设项目领域也逐渐被越来越多的业主所接受。因工业项目具有其行业、专业的特殊性,多数业主主要采用邀请招标的模式,直接采用公开招标的案例相对较少。矿山项目更因为其专业的复杂性,能够参加投标的潜在投标人本来就不多,所以不少新建矿山的业主都根据项目的特殊性,直接委托具有同类工程经验的大型设计院来实施 EPC 总承包,而改扩建项目则采用邀请招标的形式居多。出于严格监管的要求,现阶段国有或国有控股矿山建设项目多以公开招标为主、邀请招标为辅的原则来确定项目 EPC 总承包商。

住房和城乡建设部在 2016 年 5 月 20 日发布的《住房城乡建设部关于进一步推进工程总承包发展的若干意见》(建市〔2016〕93 号)中明确指出:工程总承包是国际通行的建设项目组织实施方式,建设单位在选择建设项目组织实施方式时,应当本着质量可靠、效率优先的原则,优先采用工程总承包模式;建设单位可以根据项目特点,在可行性研究、方案设计或者初步设计完成后,按照确定的建设规模、建设标准、投资限额、工程质量和进度要求等进行工程总承包项目发包；建设单位可以依法采用招标或者直接发包的方式选择工程总承包企业。

3.2.4.1　招投标采购项目 EPC 总承包商的要点

1.资质要求

依据《关于培育发展工程总承包和工程项目管理企业的指导意见》(建市〔2003〕30 号)，工程总承包资质证书从 2003 年 2 月起废止后，对从事工程总承包业务的企业不专门设立工程总承包资质。具有工程勘察、设计或施工总承包资质的企业可以在其资质等级许可的范围内开展工程总承包业务，但工程的施工应由相应的施工承包资质的企业承担。

依据上述指导意见，开展 EPC 工程总承包，首先是应当具有总承包业务相应的设计资质或者施工资质。若总承包企业同时具有施工承包资质，则 EPC 总承包工程中与资质业务相应的施工工程，可以由该总承包企业独自承担；但如果总承包企业不具备施工承包资质，则该 EPC 总承包工程中的施工工程不能由总承包企业承担，而必须分包给具有施工资质的企业来承担。由于总承包企业不具备施工资质而将所有的施工工程分包给具有资质的施工企业来承担，故不属于违法转包。

依据《住房城乡建设部关于进一步推进工程总承包发展的若干意见》(建市〔2016〕93 号)，工程总承包企业应当具有与工程规模相适应的工程设计资质或者施工资质；工程总承包企业可以在其资质证书许可的工程项目范围内自行实施设计和施工，也可以根据合同约定或者经建设单位同意，直接将工程项目的设计或者施工业务择优分包给具有相应资质的企业；仅具有设计资质的企业承接工程总承包项目时，应当将工程总承包项目中的施工业务依法分包给具有相应施工资质的企业；仅具有施工资质的企业承接工程总承包项目时，应当将工程总承包项目中的设计业务依法分包给具有相应设计资质的企业，工程总承包企业自行实施工程总承包项目施工的，应当依法取得安全生产许可证；将工程总承包项目中的施工业务依法分包给具有相应资质的施工企业完成的，施工企业应当依法取得安全生产许可证。

EPC 总承包招标文件可以允许联合体投标，但联合体的牵头人应当是具有相应资质等级的设计企业或者施工企业；不同资质等级的单位实行联合体共同承包的，应当按照资质等级低的单位的业务许可承揽工程。联合体要全部承担工程或承担主体工程的施工，则联合体中的施工企业也必须具备与工程相适应的资质等级。联合体各方对承包合同的履行承担连带责任。

2.专业业绩要求

EPC 总承包工程招标文件的业绩要求指投标人独自具备的业绩条件，可以仅独立要求总承包工程的业绩，也可以对投标人分别提出设计、施工工程的业绩。如果要求同时具备设计、施工业绩，投标人为一个独立法人实体时，则投标人自身既需要有规定的设计业绩，也需要规定的施工业绩；投标人为联合体的，可以为设计企业具有设计业绩、施工企业具有施工业绩。联合体进行 EPC 总承包，其主体工程必须由联合体中具备相应资质的施工企业承担；非主体工程可以为联合体之外具有资质的其他施工企业承担。

依据《住房城乡建设部关于进一步推进工程总承包发展的若干意见》(建市〔2016〕93 号)，工程总承包企业应当具有相应的财务、风险承担能力，同时具有相应的组织机构、项目管理体系、项目管理专业人员和工程业绩。

3. 分包要求及关系

法律规定,总承包企业可以将承包工程中的非主体工程发包给具有相应资质的分包单位。对于 EPC 总承包,设计工作也是项目的主体工程,因此,仅具备设计资质的总承包企业将施工工程分包给具有资质的施工企业是合法的。但仅具备设计资质的总承包企业将项目主体工程中的设计工作分包给其他企业,则不合法。

EPC 总承包单位按照总承包合同约定对项目业主负责;分包单位按照分包合同的约定对总承包单位负责,总承包单位和分包单位就分包工程对项目业主承担连带责任。

禁止 EPC 总承包企业将承包的工程进行转包;EPC 总承包企业将其承包的全部工程(设计、采购、施工及试车)整体发包给他人,或者将其承包的全部工程肢解后以分包的名义分别发包给他人的,属于转包行为。

禁止 EPC 总承包企业将工程分包给不具备相应资质条件的单位;禁止分包单位将其承包的工程再分包。

依据《住房城乡建设部关于进一步推进工程总承包发展的若干意见》(建市〔2016〕93号),工程总承包企业自行实施设计的,不得将工程总承包项目工程主体部分的设计业务分包给其他单位;工程总承包企业自行实施施工的,不得将工程总承包项目工程主体结构的施工业务分包给其他单位。

4. 项目组织机构设置要求

EPC 总承包项目招标,一般都会明确对承包人项目组织机构的要求,项目组织机构中应当包含设计项目团队。为顺利完成项目建设,招标文件可以对项目设计团队人员构成或项目团队办公地点提出具体要求。

为保证 EPC 总承包项目的实施,招标文件也可对投标人计划派出的项目部关键人员的资质、经验作出规定。关键人员包括:项目经理、项目技术负责人、项目设计负责人、项目采购经理、项目施工经理、项目 HSE 经理、项目开车经理、项目专职安全管理员、项目主要设计工程师、项目施工管理工程师等。项目经理应持项目负责人安全知识和管理能力培训合格证或安全 B 证,原则上持有国家一级或二级(不跨省、市、区且规模相对应)注册建造师证(以施工资质总承包的必须持有此证);项目设计负责人和主要设计者应当具有同类工程的设计经历;项目采购经理、项目施工经理、项目 HSE 经理、项目开车经理应当具有类似工程经历;项目专职安全管理员应持安全知识和管理能力培训合格证或安全 C 证。针对项目的特点,招标文件还可以设定其他人员的资质、经验等条件,但所有条件的设定应当为同档次资质企业均可具备,不得设定排除其他投标人的特殊条件。

依据《住房城乡建设部关于进一步推进工程总承包发展的若干意见》(建市〔2016〕93号),工程总承包项目经理应当取得工程建设类注册执业资格或者高级专业技术职称,担任过工程总承包项目经理、设计项目负责人或者施工项目经理,熟悉工程建设相关法律法规和标准,同时具有相应工程业绩。

5. 工程设计要求

设计是 EPC 总承包的龙头,为抓住龙头的作用,EPC 总承包项目的招标文件一般会特别约定对工程设计的具体要求,主要包括:

(1)项目设计应遵循的标准;

(2)设计输入条件(含气候、地质、环境、安全等)及确认;

（3）承包人设计工作的范围及设计文件的深度要求；

（4）设计工作的外部接口管理途径；

（5）设计文件的提交与审查规定；

（6）设计文件采用的软件要求；

（7）竣工资料要求；

（8）设计的 HSE 要求。

如果招标文件没有就设计提出具体要求，则应当理解为执行投标人的设计标准。

6. 项目采购要求

在 EPC 总承包项目中，总承包商取代业主承担项目建设实施中的主体责任和主要风险，负责组织实施项目工程、货物、服务的采购，而业主只参与或监管项目采购。当约定业主直接参与项目采购时，业主则参与项目采购的主要关键环节，如招标技术文件的审核、开标评标、定标、合同技术文件商谈。当约定业主只监管项目采购时，业主则不具体参与项目采购的操作过程，仅仅对总承包商的项目采购过程提出监督意见，业主监督重点在货物技术参数的符合性以及承包商、供应商、服务商选择的适宜性，而操作流程符合性监管，业主通常依靠建设当地的政府职能部门来实施。

7. 合同式样

目前，EPC 总承包项目招标文件所附的合同文件大多采用 FIDIC 条款（银皮书）1999 版，也有采用融合 1995 版和 1999 版条款的合同文件。但无论采用何种版本，都应当合理分配合同双方或多方（发包人、承包人）之间的责任、权利、义务和风险责任；过于加重合同某方的责任、义务和风险的条款都会在实践中走弯路，并有可能形成推进工程进展的障碍。

依据《住房城乡建设部关于进一步推进工程总承包发展的若干意见》（建市〔2016〕93号），工程总承包项目可以采用总价合同或者成本加酬金合同，合同价格应当在充分竞争的基础上合理确定，合同的制订可以参照住房和城乡建设部、工商总局联合印发的建设项目工程总承包合同示范文本。

3.2.4.2　EPC 总承包项目采购案例

1. 概述

某大型露天矿山（以下简称"业主"），一期矿山工程由 A、B 两个矿区组成。

鉴于某设计单位（以下简称"承包商"）在开采堆积型铝土矿的专有技术与丰富经验，2004 年业主经过董事会会议确定，将其一期矿山工程的 EPC 总承包直接委托给承包商承担，并以经过批准的项目初步设计概算作为 EPC 总承包合同价谈判的基础。经过六个月的商务谈判，双方于 2005 年 6 月签订 EPC 总承包合同书，合同总额超过 10 亿元。

该项目 EPC 总承包合同融合了 FIDIC 条款（银皮书）1999 版与 1995 版有关条款，原则上为闭口价合同，但考虑项目所在地属岩溶发育地区，约定的合同价开口条款为：工程竣工投产后一年的质保期内，A、B 矿山 2 个排泥库若出现在基建时未能发现的溶洞或暗河坍塌的情况，双方商定其处理的费用由业主承担 60%，承包商承担 40%。总承包合同书签订后，承包商向业主提交了工程合同总价 5% 的银行履约保函。

总承包合同约定承包商自行组织实施项目采购并报当地政府有关部门审批、备案。2005年 7 月，承包商项目部会同业主一道，在当地政府发改委办理了自行组织项目采购招投标的手续。

　　总承包合同约定：主要项目供应商、施工承包商的选择按对应的合同附件招标确定，业主对招投标全过程进行监督；如果承包商不按约定实施，业主有权否定招标结果；施工承包商对承包的土建工程主体结构或安装工程主体部分不得转包；参与竞标的供应商、施工承包商由业主和承包商共同推荐；整个工程的招投标活动应在当地纪检、监察等主管部门的监督下进行。项目实施过程中，双方共同设立了招标领导小组和评标小组。承包商有权最终定标，但是当承包商不按招投标办法实施或承包商不能保证中标人有适当利润时，业主有权否决最终的中标单位。

　　2.项目工程招标采购

　　项目工程招标采购基于承包商提供的施工图进行。在招投标之前，为便于总体确保工程进度，遵循集中控制、方便管理、合理竞争的原则，承包商将整个项目两个矿区共112个子项划分为96个标段进行招标，其中：通过邀请招标确定的标段共27个，占建安工程总额的20%以上，直接议标的标段69个，占建安工程总额的70%以上。

　　1)招标文件

　　招标文件由承包商项目施工部负责编制，承包商项目部审核、批准，业主参与会审(主要为技术文件)。招标文件的主要内容包括：

　　(1)投标邀请函：主要明确拟招标的标段、工期、现场踏勘要求、投标保证金缴纳要求等。

　　(2)投标须知、合同条件及合同格式：主要明确承包人式、质量标准、付款方式、报价依据、投标人资质等级、投标有效期、投标文件交付时间与地点、开标时间、标段工作内容与界限、特殊情况下费用增减导致的合同调价的结算方法、招标文件文本、开标评标办法、合同条件等(第一卷)。

　　(3)技术规范：主要明确实施本工程应执行的质量标准等级与标准规范(第二卷)。

　　(4)投标函、投标汇总表及工程预算书、资质及相关资料：主要明确投标人提交投标文件的证明文件、资质文件、报价书格式及附件等(第三卷)。

　　(5)图纸：提出招标标段所需的设计施工图(第四卷)。

　　2)资格审查与发售招标文件

　　总承包商采用资格后审方式进行审查，即在评标时，将资格的符合性作为一项否定性指标列出，没有达到招标文件规定的等级的，该投标人不进入下一阶段评标。

　　根据总承包合同的规定，由承包商和业主分别推荐3~5家施工承包商，共同上报招标领导小组，以确定发售招标文件的单位。由于多年行业内竞争，业主和承包商对参与报名单位的资质、业绩、能力都相对熟知，最终推荐参与投标的单位，双方几乎没有太多争议。

　　3)标底

　　承包商编制标底的原则是依据该项目的概算值，按照招标时当地的物价、人工费、施工承包商资质等级、竞争性指标和综合价格水平，进行适当优化。

　　一个标段只编制一个标底；标底经承包商项目部总经理审核后密封保管；在开标前，标底不对外；评标时公布标底，用完收回归档、长期保密。

　　4)开标与评标

　　按招标文件规定的时间、地点召开开标会议。除投标单位必须派合法代表参加外，承包商项目部还正式邀请当地纪委、监察局派代表现场监督，当众开标、唱标、宣布标底。监督人当场查验投标文件的密封、授权代表的资格等事项。规定投标文件有下列情形之一的一律废标：未加盖投标人公章、法人代表或其授权代表未签章、有两个以上报价、合法代表人未到会、明显违反招标文件规定、提出违反招标文件规定的附加条款。

评标小组按合同的约定由承包商 7 人和业主 4 人组成，组长由承包商担任。主要负责技术、商务评标工作，按技术和商务评标办法对投标人进行打分排序，向招标领导小组推荐 1~3 名中标候选人。评委人选由承包商、业主在开标会议召开前各自确定。

开标后一般立即组织评标。评标采用综合评分法，分为符合性审查、技术标和商务标三部分。符合性审查，即针对招标文件设定的投标人资质、商务等强制性条款进行审核，符合性审查通过的为合格投标人，如果存在不符者，则判断为不合格，符合性审查没有通过的投标人不进入下阶段的评标；技术标为暗标，由评委按无记名评标得出；商务标为明标。

技术分共计 20 分，包括施工方案及方法、进度计划及工期保证措施、现场平面布置、质量保证措施、安全及文明施工、劳动力安排计划、材料用量计划、施工机械配备、合理化建议等 9 个方面的内容。

商务分共计 80 分，商务得分按如下方法计算：

$$投标人商务得分 = 基本分（30）+ 附加分 D \qquad (3-1)$$

基本分的确定：先确定评标标底价 A，再根据 $0.83A \leqslant$ 投标人报价 $\leqslant 1.08A$ 确定投标人有效报价范围，投标报价在有效报价范围内的基本分为 30 分，投标报价超出有效报价范围的作废标处理。

评标标底价 A 按如下公式计算：

$$A = B \times 70\% + C \times 30\% \qquad (3-2)$$

式中：A 为评标标底价；B 为发包人标底价；C = 各合格投标人报价之和 ÷ 合格投标单位个数

附加分 D 最大值为 50 分，具体取值见表 3-1。

表 3-1　附加分取值表

P	-17	-16	-15	-14	-13	-12	-11	-10	-9	-8	-7	-6	-5
D	2	6	10	14	18	22	25	28	31	34	37	40	43
P	-4	-3	-2	-1	0	1	2	3	4	5	6	7	8
D	46	48	50	47	43	39	34	29	24	18	12	6	0

注：P =（合格投标人的投标报价 $-A$）÷ $A \times 100\%$。

当 P 在两个百分比之间时，采用插入法计算，保留一位小数，四舍五入。

当完成技术、商务评分后，根据评分结果，评标小组再进行综合分析，推荐可能中标单位的排队顺序，一般为三个单位，并向招标领导小组提出评标报告。

招标领导小组根据评标专家的建议定标。整个评标过程，招标领导小组成员不得向评标专家提出倾向性意见，以保持评标工作的廉洁、客观、公正。

5）中标通知和合同签订

发出中标通知之前，承包商与投标单位交换意见，确认对招投标文件没有实质性的不同理解和意见，然后才发通知书。

中标通知明确合同总价、履约保函的要求，签订合同的时间、地点。施工合同应在投标人提交了履约保函后才能签订。组成合同文件的先后次序为合同协议书、中标通知书、工程报价单、投标书、合同条款、技术条款、设计说明、施工图纸。

6）施工合同的履行

项目施工合同签订后，合同当事人都要严格履行。由于合同执行中的几个主要难点，如价格、调整变更合同量的价款、工期延误补偿、施工材料的供应等都作了较为明确的界定，因此在执行过程中没有发生原则性的争议。

3. 项目货物招标采购

项目货物招标采购工作主要由项目采购部组织完成。

项目货物采购范围包括设备、主要建筑材料（钢材、水泥等）、安装材料（电缆、电缆桥架、给排水钢管、土工布、土工膜等）。设备的采购针对每台设备来确定；材料的采购，重点是选择好每种材料的供应商，并确定各品种材料的单价。

通过邀请招标，承包商共签订国产设备采购合同114个、进口设备采购合同6个、主材料采购合同6个。通过竞赛性谈判、询价采购方式，承包商共签订零星小设备及配件合同50个、零星材料合同21个。

1）招标文件

招标文件由承包商项目采购部负责编制，承包商项目部审核、批准，业主参与会审（主要为采购技术文件）。招标文件的内容主要包括：

（1）第一章，投标邀请函：简述招标单位、业主单位、项目地点、招标设备名称，开标时间、地点、投标保证金缴纳要求等。

（2）第二章，投标须知及前附表、合同条件及合同格式：主要明确投标函格式、合格投标人资格标准、投标文件式样及签署、投标文件的密封和标记、投标文件的提交、开标评标、合同授予标准等。

（3）第三章，合同条款。

（4）第四章，《投标书》《法人代表授权书》《达产达标承诺书》格式。

（5）第五章，资格证明文件。

（6）第六章，投标书表格：投标报价表、配套设备及专用工具表、随机备品备件与易损件表、一年保证期所需备品备件与易损件表、进口零部件表、关键零部件寿命担保表、货物生产计划表、设计交货进度表、分包商情况表、技术规格偏离表、商务要求偏离表等。

（7）招标货物一览表。

（8）合同通用技术规范与标准。

（9）合同专用技术规范及要求：由设计人员提交的《货物采购技术条件》。

2）资格审查与发售招标文件

采用资格后审方式进行审查，即在评标时，将资格的符合性作为一项否定性指标列出，没有达到招标文件规定等级的，该投标人不进入下一阶段评标。

根据总承包合同的规定，由承包商和业主分别推荐2~3家供应商，共同上报招标领导小组，以确定发售招标文件的单位。由于业主和承包商对矿山货物在同类工厂的应用情况同等熟悉，对各参与报名的供应商资质、业绩、货物适应状况、售后服务等了解甚多，最终推荐参与投标的单位，双方也几乎没有争议。

3）标底

设备原则上不设标底，根据以概算值下降若干点数的方式确定一个控制基准价；材料的采购控制价，根据概算基价，结合招标时的市场价来确定。

4）开标与评标

按招标文件规定的时间、地点召开开标会议。除投标单位必须派合法代表参加外，承包商项目部还正式邀请当地纪委、监察局派代表现场监督，当众开标、唱标、宣布标底。监督人当场查验投标文件的密封、授权代表的资格等事项。规定投标文件有下列情形之一的一律废标：未加盖投标人公章、法人代表或其授权代表未签章、有两个以上报价、合法代表人未到会、明显违反招标文件规定、提出违反招标文件规定的附加条款。

评标分为技术、商务两个组实施，重点是技术评标。技术评标小组由承包商 7 人和业主 4 人组成，组长由承包商担任。技术分共 100 分，评委从产品业绩、产品特性、工艺特殊保证措施、产品质量保证、企业信誉与经营状况、对招标文件的响应等予以评价，按照算术平均分进行排序，并向商务评标小组推荐技术得分的投标人。商务评标小组根据各供应商报价由低至高的顺序排序，进行综合评估，提出 1~2 家中标候选人，报招标领导小组审批。招标领导小组根据评标专家的建议定标。

5）中标通知和合同签订

发出中标通知之前，承包商根据招标领导小组的要求，与拟推荐的中标供应商交换意见，确认对招投标文件没有实质性的不同理解和意见后，再发通知书，并签订供应合同。

6）合同履行

采购合同签订之后，承包商项目采购部会根据现场工程进度，不定期派出技术人员到供应商制造场地了解设备的制作质量和进度进展情况，重点监造主流程上的关键设备，定期报告项目货物采购进展情况。

7）合同的调价

由于整个项目工期较长，适逢国内物价出现一段涨价高峰，在项目货物采购合同履行过程中，通过招标确定的钢材、水泥、电缆等材料单价均有一定幅度的调价。

3.2.4.3　EPC 总承包地下矿山建安工程施工分包采购案例

1. 概述

某大型地下矿山工程项目，建设投资 13 亿元。该项目施工难度大，是当时国内最大的地下铝土矿山且局部涉煤。矿区的水文地质和工程地质条件复杂，溶洞、断层破碎带发育，老窿和暗井众多，地表有河流，地下有涌流且日涌水量大，属富水矿山，施工过程中经常出现涌水、涌泥、冒顶和垮塌等不良地质状况，对施工进度影响很大。

该项目实施 EPC 总承包模式后，承包商立即成立了项目管理团队，合理定位项目建设目标，精心制订项目技术方案、管理措施。在该项目建设过程中，承包商高度重视设计方案的优化，强化项目采购、合同、设计变更、签证等管理，严控项目投资，圆满实现了预定的目标。

该项目投资控制得好，前提是抓好了项目采购工作。承包商切实做好项目采购策划等工作并委托了具有甲级招标资质的招标公司进行项目采购招标代理，保证了招标工作的每一道程序、每一个阶段都合理、合规、公平、公正。

2. 工程施工分包招标工作流程

该项目施工图设计共有 92 个子项工程,包括竖井工程(主井、副井、回风井),巷道工程,矿床疏干工程,基建探矿工程,井筒注浆工程,坑内排水工程,坑内硐室工程,坑内供风供水管网工程,坑内供电与照明工程,安全"六大系统"工程,采准切割工程,地面 35 kV 变电站及外部线路工程,矿区 10 kV 线路,各井口工业场地及配套构筑物工程,破碎站工程,废石场工程,净水厂工程,绿化工程,环保工程,倒班宿舍工程,食堂工程,浴室工程等。

项目建安工程施工分包招标共划分为 32 个标段,通过 16 次公开及邀请招标,共签订 109 份施工分包合同及补充协议。

项目建安工程施工分包招标工作流程、职责分工分别见图 3-1、表 3-2。

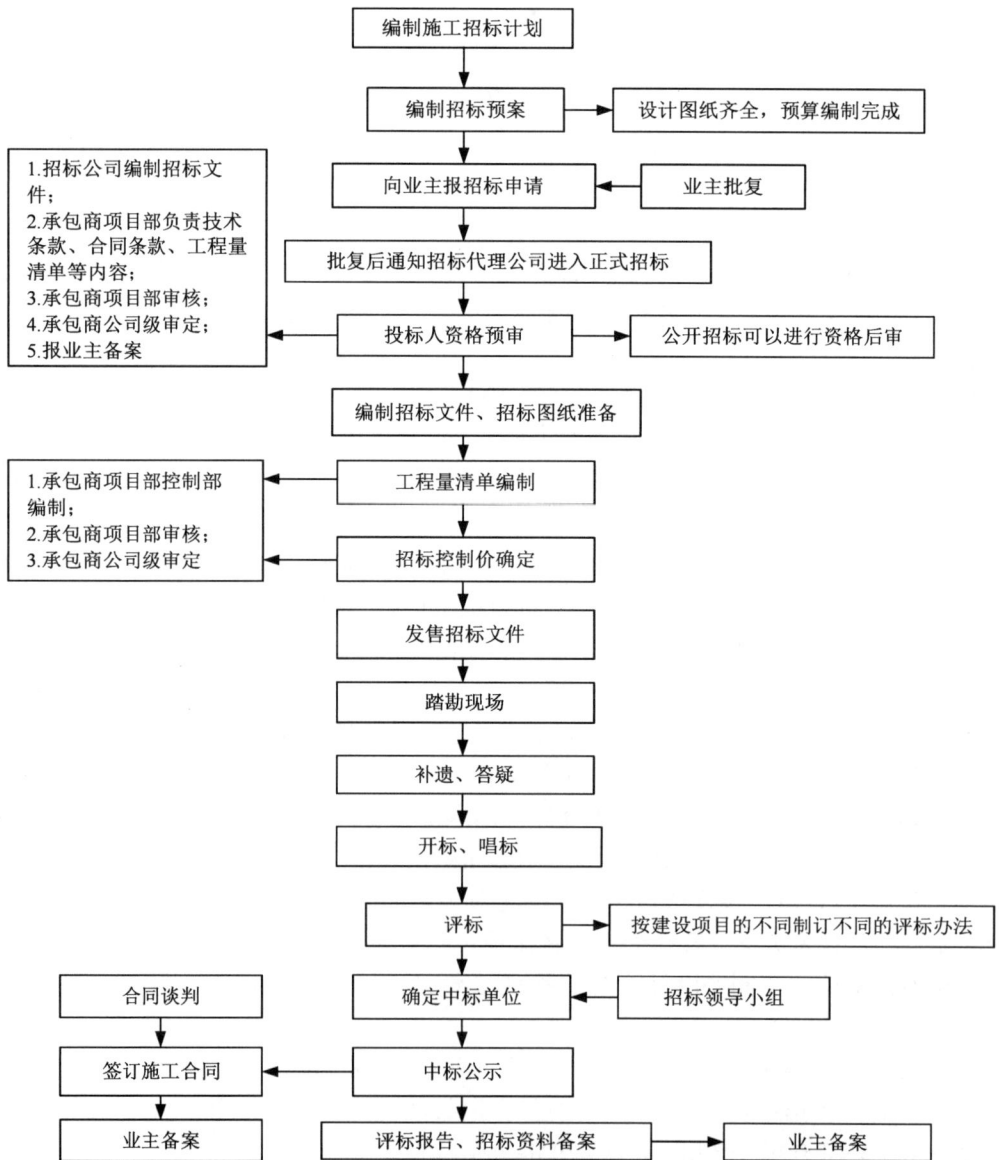

图 3-1 项目建安工程施工分包招标工作流程图

表 3-2 项目建安工程施工分包招标职责分工表

序号	主要环节	工作周期	招标人(承包商)工作职责	代理机构工作职责	投标人、中标人工作职责
1	①发布招标公告;②投标人报名;③发售资格预审文件	5 个工作日	①提供工程的立项批准文件;②编制工程量清单、招标控制价;③提供全套纸质招标图纸及电子版(如有)	①编制资格预审文件;②发布招标公告;③编写报名登记表及发售文件汇总表	组织报名、领取资格预审文件
2	①编制资格预审申请文件;②递交资格预审申请文件	3 个工作日		①接受合格的资格预审申请文件;②抽取评审专家	①编制资格预审申请文件;②递交资格预审申请文件
3	①资格预审评审;②确认资格预审结果;③通知合格投标人	2 个工作日	①确认资格预审结果;②合格投标人通知书盖章	①编制资格预审结果报告;②编制合格投标人通知书	接受资格预审结果通知
4	编制、发售招标文件	5 个工作日	确认招标文件	发售招标文件	购买招标文件
5	招标文件答疑、澄清、补充(如有)	投标截止前 15 日	审核答疑文件并确认(如有)	①编制答疑文件(如有);②发放答疑文件(如有)	领取答疑文件(如有)
6	编制投标文件	自发售起不少于 20 日			编制投标文件
7	抽取开标、评标专家	1 个工作日	派代表参加开标会	①接受合格的投标文件;②组织开标会;③抽取评标专家	参加开标
8	评标	1 个工作日	派评标专家参加评标	①打印评标专家名单;②组织专家评标	
9	递交评标报告	1 个工作日	评标总结确认	编制评标报告	
10	中标公示	不少于 3 个工作日			
11	发放中标通知书	1 个工作日	确认中标通知书	①进行中标通知书备案;②发放中标通知书	领取中标通知书
12	签订合同	5 个工作日	与中标人签订合同	收取招标代理费	与招标人签订合同

3. 竖井施工分包招标文件编制

主、副竖井掘砌子项，为该项目建设的控制性工程。施工分包采用公开招标方式，择优选择竖井施工承包商。主、副竖井各为一个标段。

主井井筒井径 5.5 m，井深 1120 m，副井井筒井径 6 m，井深 1070 m，6 对双面马头门。主要建设内容包括：主、副井井筒掘支，马头门掘支，部分中段，车场掘支，溜井系统掘支（含硐室、联络斜巷）等矿建工程。

招标代理公司负责编制施工分包招标文件的商务部分，承包商负责编制技术条款、合同条款、工程量清单和评标办法等。下面就关键内容进行介绍。

1）技术条款

技术条款通常包括三大部分：一般要求，规程、规范和标准，施工图纸。

一般要求：包括工程概况、现场条件和周围环境（内外交通及通信、施工用水条件、施工用电条件、场地平整、材料供应等）、场地工程、水文地质条件（依据工程勘察报告，必要时可附详细勘察报告）、工程质量要求和标准、资料和信息的使用、范围（分包商自行施工范围、承包商提供的材料设备）、工期要求、适用规范和标准、分包商仓库和堆料场、临时房屋建筑和公用设施、施工安全保护（分包商的安全保护责任、劳动保护、照明安全、接地及避雷装置、爆破、消防、洪水和气象灾害的防护、信号、安全防护手册等）、文明施工、治安保卫、环境保护（遵守环境保护的法律、法规和规章，施工弃渣的治理，环境污染的治理，场地清理等）、现场施工测量（测量基准、施工测量）、现场试验（材料试验、现场工艺试验等）、竖井掘进工程（设计单位和招标图纸、技术要求、材料要求、井筒验收标准等）、车场硐室及巷道掘进工程（设计单位和招标图纸、技术要求、材料要求、巷道、硐室验收要求等）、进度报告和进度例会、暂停施工、工程中间验收、工程质量争议处理等 26 项（根据具体情况可以增减内容）。均应针对上述内容，明确承包商、分包商双方的责任、义务和要求。

规程、规范和标准：适用的国家、行业以及地方规范、标准和规程，包括验评标准、材料检验标准、安全规程、施工管理规范和质量验收规范等，可以按照这五大类列表，施工过程适用但不限于上述五大类列表的内容。所有标准和规范均由分包商自备，承包商不另行提供。

施工图纸：明确承包商向分包商提供图纸日期和套数，以及对分包商使用施工图纸的保密要求。

技术条款未包括的内容或其他内容将在合同条款的专用合同条款中予以规定和明确。

2）合同条款及格式

工程施工分包招标文件合同条款及格式采用住房和城乡建设部、国家市场监督管理总局（原国家工商行政管理总局）颁布的《建设工程施工合同（示范文本）》。

住房和城乡建设部、国家市场监督管理总局曾先后制订、修订并印发了 GF-1991-0201、GF-1999-0201、GF-2013-0201、GF-2017-0201 四个版本的《建设工程施工合同（示范文本）》。特别是 GF-2013-0201 版充分借鉴了国际咨询工程师联合会（FIDIC）编制的《施工合同条件》等文本，增加、完善了施工合同的条款，设置了公平可行的操作程序，并合理分配了合同双方的风险，确定了合理的调价原则，新增了双向担保、商定或确定、争议评审等制度。

工程施工分包合同条款包括合同协议书、通用合同条款、专用合同条款及附件。

合同条款的核心部分是合同协议书和专用合同条款。

3）工程量清单

（1）工程量清单说明

①工程量清单是根据招标文件中有合同约束力的图纸以及有关工程量清单的国家标准、行业标准、合同条款中约定的工程量计算规则编制，约定计量规则中没有的子目，其工程量按照有合同约束力的图纸所标示尺寸的理论净量计算，计量采用中华人民共和国法定计量单位。

②工程量清单应与招标文件中的投标人须知、通用合同条款、专用合同条款、技术规范及图纸等一起阅读和理解。

③工程量清单中所列工程数量是估算的或设计的预计数量，仅作为投标报价的共同基础，不作为最终结算与支付的依据。实际支付应按实际完成的工程量，由分包商按技术规范规定的计量方法，以承包商（或监理人）认可的尺寸、断面计量，按工程量清单的单价或总额价计算支付金额；或者根据具体情况，按合同相关条款的规定，由承包商（或监理人）确定的单价或总额价计算支付额。

④工程量清单包含：竖井井筒掘进、支护工程，中段巷道及车场巷道掘进、支护工程及其特殊设施临时工程，工程量清单及其特殊设施临时工程量清单，详见表3-3、表3-4。

（2）投标报价编制说明及公布内容

①编制依据。

②图纸及规范：按对应的施工图纸和现行矿山工程建设规范编制。

③工程量清单依据《建设工程工程量清单计价规范》（GB 50500—2013）、《矿山工程工程量计算规范》（GB 50859—2013）编制。

④人工、材料、机械用量定额按中国有色金属工业协会颁布的《有色金属工业建设工程预算定额》（中色协综字〔2013〕010号）及相关配套文件的有关规定计算。

⑤主要材料预算价格按投标报价中有关材料价格确定，无相应材料项目的，由承包商、监理人、分包商共同调查签字确认，辅材执行定额中相应材料基价；人工调查按项目所在省现行有关规定计取，井下部分按1.2倍计取。

⑥投标报价编制费率按《建设工程工程量清单计价规范》（GB 50500）、《矿山工程工程量计算规范》（GB 50859）和相关的规定执行。

（3）编制说明

①该工程控制价包括对应施工图纸所包含的内容。

②投标报价已包含各项费用，施工措施项目清单与计价要求按一般正常水平编制，其他项目清单与计价按招标方要求编制。

③标价的工程量清单格式分别见表3-3、表3-4。

表 3-3 某金属矿山项目主副竖井工程量清单

清单编码	清单项目名称	项目内容及特性	单位	工程量	综合单价	合价
060204	主井井筒工程					
060204001	井筒掘进 （φ5.5 m、1120 m）		m³			
060204002001	井筒掘进(井径段)		m³	1424.587		
060204001001	井筒掘进(≤400 m)	放线、打眼、装药、放炮、装岩、清底、挖水窝等全部工序及相应的辅助系统与地面转矸	m³	10632.385		
060204001002	井筒掘进(400~600 m)		m³	5841.97		
060204001003	井筒掘进(600~1000 m)		m³	11683.94		
060204001004	井筒掘进(≥1000 m)		m³	3592.812		
060208001001	硐室掘进(计量、信号)		m³	1005.32		
060204003001	井筒壁座掘进		m³	145.89		
060204004	井筒砌壁支护		m³			
060204005001	表土段临时锁口	M10 砂浆拌制、砌筑等全部工序	m³	44.3		
060204005002	井颈砼支护	清理浮石、清洗岩面、立拆模板、浇筑、养护等全部工序及相应的辅助系统（砼等级C30)	m³	441.48		
060204004001	井筒砼支护(≤400 m)		m³	1989.76		
060204004002	井筒砼支护(400~600 m)		m³	1093.27		
060204004003	井筒砼支(600~1000 m)		m³	2186.55		
060204004004	井筒砼支护(>1000 m)		m³	694.37		
060204007001	井筒锚杆支护	清理浮石、锚杆加工制作、定位打孔、安装、注浆、检测等全部工序	根	86		
060204008001	井筒壁座砌筑	同井筒砼支护	m³	79.18		
060212016001	钢筋制作及安装	含钢筋的加工至绑扎的全部工序	t	72.62		
060204	副井井筒工程					
060204001	井筒掘进 （φ6.0 m、1070 m）		m³			

续表3-3

清单编码	清单项目名称	项目内容及特性	单位	工程量	综合单价	合价
060204002002	井筒掘进(井径段)		m³	1632.298		
060204001005	井筒掘进(≤400 m)		m³	12826.869		
060204001006	井筒掘进(400~600 m)		m³	7047.73		
060204001007	井筒掘进(600~1000 m)		m³	14095.46		
060204001008	井筒掘进(≥1000 m)	放线、打眼、装药、放炮、装岩、清底、挖水窝等全部工序及相应的辅助系统与地面转矸	m³	2572.421		
060204003002	井筒壁座掘进		m³	164.33		
060208001	马头门掘进		m³			
060208001002	马头门掘进(<600 m)		m³	482.19		
060208001003	马头门掘进(600~700 m)		m³			
060208001004	马头门掘进(700~800 m)		m³			
060208001005	马头门掘进(800~900 m)		m³	967.74		
060208001006	马头门掘进(900~1000 m)		m³	967.74		
060208001007	马头门掘进(1000~1100 m)		m³	483.87		
060204004	井筒砌壁支护		m³			
060204005003	表土段临时锁口	M10 砂浆拌制、砌筑等全部工序	m³	47.99		
060204005004	井颈砼支护	清理浮石,清洗岩面、立拆模板、浇筑、养护等全部工序及相应的辅助系统(砼等级C30)	m³	508.93		
060204004005	井筒砼支护(≤400 m)		m³	2541.52		
060204004006	井筒砼支护(400~600 m)		m³	1396.44		
060204004007	井筒砼支护(600~1000 m)		m³	2792.88		
060204004008	井筒砼支护(>1000 m)		m³	580.98		
060204007002	井筒锚杆支护	清理浮石、锚杆加工制作、定位打孔、安装、注浆、检测等全部工序	根			
060204008002	井筒壁座砌筑	同井筒砼支护	m³	84.93		
060208002	马头门砼支护		m³			

续表3-3

清单编码	清单项目名称	项目内容及特性	单位	工程量	综合单价	合价
060208002001	马头门砼支护(<600 m)		m³	122.29		
060208002002	马头门砼支护(600~700 m)		m³			
060208002003	马头门砼支护(700~800 m)	清理浮石、清洗岩面、立拆模板、浇筑、养护等全部工序及相应的辅助系统(砼等级C30)	m³			
060208002004	马头门砼支护(800~900 m)		m³	249.18		
060208002005	马头门砼支护(900~1000 m)		m³	249.18		
060208002006	马头门砼支护(1000~1100 m)		m³	124.59		
060212016002	钢筋制作及安装	含钢筋的加工至绑扎的全部工序	t	62.76		
060211	天溜井工程					
060211001	天溜井掘进		m³			
060211001001	溜井掘进(φ3.0 m)	放线、打眼、装药、放炮、装岩、清底、挖水窝等全部工序及相应的辅助系统与地面转矸	m³	1822.61		
060211001002	溜井掘进(φ5.0 m)		m³	1188.93		
060211003001	溜井砌碹支护	清理浮石、清洗岩面、立拆模板、浇筑、养护等全部工序及相应的辅助系统(砼等级C30)	m³	302.38		
060211004001	溜井喷射支护	清理浮石、清洗岩面、喷射混凝土、金属网安装、养护等全部工序及相应的辅助系统(砼等级C30)	m³	305.37		
060211007001	溜井系统锰钢板制作安装	含钢板的加工制作至安装的全部工序	m³	50.039		
060207002001	平硐平巷掘进		m³			

续表3-3

清单编码	清单项目名称	项目内容及特性	单位	工程量	综合单价	合价
060207002002	平巷掘进(S<8、含水沟)	放线、打眼、装药、放炮、装岩、清底、挖水窝等全部工序及相应的辅助系统与地面转矸	m³	6691.53		
060207002003	平巷掘进(S<10)		m³	5086.65		
060207002004	平巷掘进(S<15)		m³	2945.56		
060207002005	平巷掘进(S<20)		m³	4773.53		
060207002006	平巷掘进(S≤25)		m³	918		
060207003001	平巷砌碹支护		m³			
060212002001	水沟砼	清理浮石、清洗岩面、立拆模板、浇筑、养护等全部工序及相应的辅助系统(砼等级C30)	m³	515.85		
060207004	平巷喷射砼支护		m³			
060207004001	平巷喷射砼支护(S≤12 m²)	清理浮石、清洗岩面、喷射混凝土、金属网安装、养护等全部工序及相应的辅助系统(砼等级C30)	m³	1047.73		
060207004002	平巷喷射支护(S≤20 m²)		m³	521.13		
0602012017001	钢筋网制作	含钢筋网的制作、运输的全部工序	t	28.385		
060207005001	钢筋砂浆锚杆支护(L≤2.5 m)	清理浮石、锚杆加工制作、定位打孔、安装、注浆、检测等全部工序	根	9107		
060208001	马头门掘进		m³			
060208001008	马头门掘进	马头门与井筒同期施工,工作内容与井筒相同	m³	2074.35		
060208002	马头门砼支护		m³			
060208002007	马头门砼支护(砼等级C30)	同井筒马头门砼支护	m³	622.75		
060208	硐室工程		m³			
060208001009	硐室掘进		m³			
060208001010	液压、信号硐室掘进	同平巷掘进	m³	302.85		
060207	中段巷道工程		m³			

续表3-3

清单编码	清单项目名称	项目内容及特性	单位	工程量	综合单价	合价
060207002	平巷掘进		m³			
060207002001	平巷掘进($S<8$、含水沟)	放线、打眼、装药、放炮、装岩、清底、挖水窝等全部工序及相应的辅助系统和地面转矸	m³	48273.51		
060207002002	平巷掘进($S<10$)		m³	5697.402		
060207002003	平巷掘进($S<12$)		m³	155.4		
060207002004	平巷掘进($S<15$)		m³			
060207003	平巷砌碹支护		m³			
060212002002	水沟砼	清理浮石、清洗岩面、立拆模板、浇筑、养护等全部工序及相应的辅助系统	m³	952.254		
060212002001	砌碹支护 ($d=200\ mm$, C20)		m³	622.818		
060212004001	平巷喷射支护 ($d=100\ mm$, C20)	清理浮石、清洗岩面、立拆模板、浇筑、养护等全部工序及相应的辅助系统	m³	284.16		
060208001011	硐室掘进	放线、打眼、装药、放炮、装岩、清底、挖水窝等全部工序及相应的辅助系统和地面转矸	m³	1959.744		
060208001012	交叉点掘进		m³	9893.592		
060208002008	交叉点及硐室砌碹支护 ($d=200\ mm$, C20)	清理浮石、清洗岩面、立拆模板、浇筑、养护等全部工序及相应的辅助系统	m³	497.406		
060208003001	硐室喷射支护 ($d=100\ mm$, C20)	清理浮石、清洗岩面、立拆模板、浇筑、养护等全部工序及相应的辅助系统	m³	673.8		
060212	其他工程					
010102001001	土石方挖运填筑	测量、放线、打眼爆破、挖运、回填平整等全部工序	m³	48500		

续表3-3

清单编码	清单项目名称	项目内容及特性	单位	工程量	综合单价	合价
010202009001	边坡 C20 砼喷护	清理浮石、清理岩面、喷砼、养护等全部工序	m²	5600		
060302005001	截洪沟	含 M7.5 浆砌石、C15 沟底砼、水沟抹面（断面）	m	1350		
060302007002	排水沟		m	450		
0603	措施项目					
001	大临设施费	大型施工设备进出场、安装、拆卸、调试等全部工序	项	1		

注：1. 以上各清单项目及其材料的质量标准以技术条款和设计施工图纸为准；

2. 单价报价为全费用综合单价，具体内容见工程量清单说明；

3. 大临设施，应附主、副竖井特殊设施，临时工程的工程量清单表；

4. 附单价分析表。

表 3-4　某金属矿山项目主副竖井特殊设施临时工程工程量清单表（大临设施费）

项目名称	规格型号	单位	数量	单价/元	合价/元
金属井架安装		台			
提升机		台			
凿井稳车安装		台			
提升钢丝绳安装		m			
稳绳悬吊挂设安装		m			
钢丝绳（主材）		t			
凿井提升天轮安装		台			
凿井悬吊天轮安装		台			
空压机安装		台			
局扇安装		台			
吊盘挂设		套			
井架卸矸设置及各类平台等制作安装		t			
吊泵安装		套			
井筒安全梯挂设		套			
变压器安装		台			
高压开关柜安装		台			

续表3-4

项目名称	规格型号	单位	数量	单价/元	合价/元
设备设施拆除		项			
其他费用		项			
合计					

注：投标单位应根据自己的施工组织设计，按该工程量清单表中项目内容进行报价。该清单项目表以外的临时设施费定额均已包括，不得另行计算。本清单内容可根据项目具体情况和特点进行调整。

3.3 施工控制

3.3.1 概述

项目施工控制管理是为使项目实体建设取得成功(如质量、进度、费用、安全环保等目标)所进行的施工全过程和全方位的规划、组织、控制与协调等。因此，施工控制管理的对象是建设项目实体。建设项目本身就具有一次性的特性，故要求项目施工控制管理必须兼具全面性、程序性和科学性，务必用系统工程的观念、理论和方法进行管理。项目施工控制管理的目标是建设项目管理目标的重要组成部分，其主要管理内容为进度控制，质量控制，施工费用控制，职业健康与安全、环境保护(HSE)管理，施工竣工验收。下面主要就"四控一验收"分别进行叙述。

3.3.2 进度控制

为确保实现项目进度管控目标，要设立项目控制部门并配备专职项目进度管理员来负责项目进度管控。常用的进度管控步骤如下。

3.3.2.1 进度计划的控制工具

项目业主或EPC承包商宜使用Project、P6、Suretrak、Excel等项目管理软件编制项目总体进度计划以及设计、采购、施工、试车各阶段的详细进度计划，并随工程进展状况逐步进行资源加载，用赢得值原理进行项目进度/费用综合控制。

3.3.2.2 总体进度计划

在项目初期，项目业主或EPC承包商需组织有丰富经验的设计、采购、施工等专业人员共同对项目工期进行评估，辨析对项目工期有重大影响的因素，例如，长周期设计工序(如破碎系统)、长周期施工工序(如井巷工程)以及供货期长的设备采购(如采掘设备、提升设备)等，并策划应对措施，编制项目总体进度计划宜在项目开工后2周内发布。项目总体进度计划发布后，编制并适时发布项目设计、采购、施工、试车各阶段详细进度计划，项目业主或EPC承包商依据项目总体进度计划及适时发布的项目设计、采购、施工、试车各阶段进度计划，细化、优化并编制、适时发布项目详细进度计划。项目总体进度计划、详细进度计划示例图，分别见图3-2、图3-3。

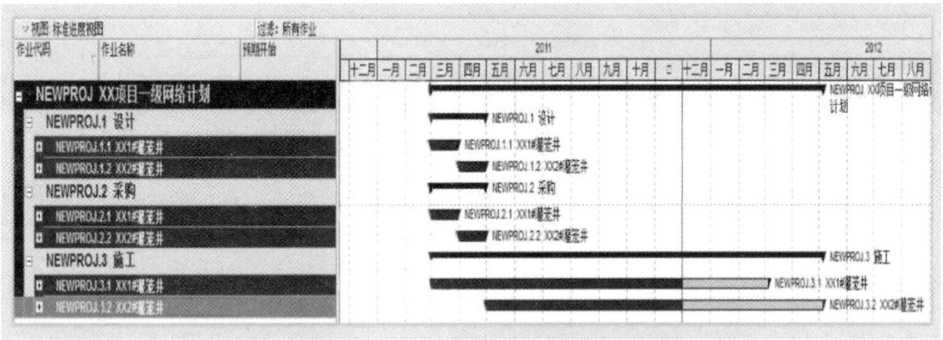

图 3-2　项目总体进度计划示例图

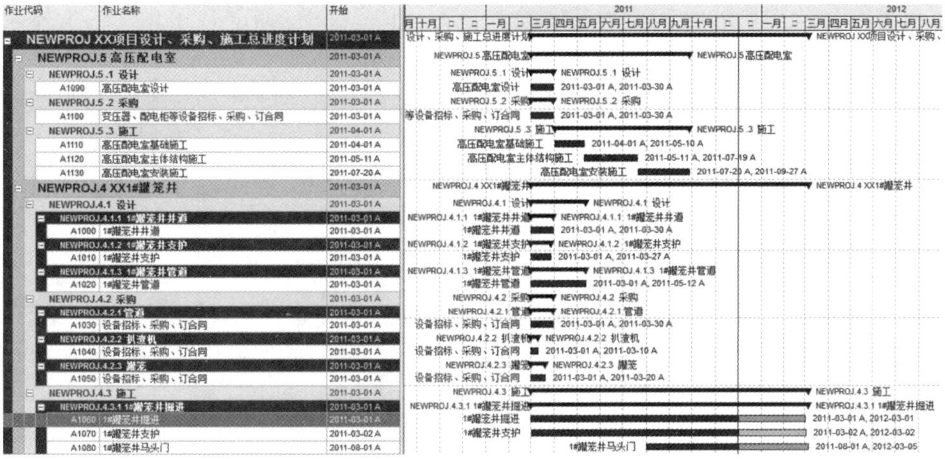

图 3-3　项目详细进度计划示例图

3.3.2.3　施工进度计划的编制

项目施工进度计划分为项目施工总体进度计划和项目施工详细进度计划。

1. 项目施工总体进度计划

在项目设计、控制、采购协助下，项目施工管理部门估算各主要工作项的施工工期和资源投入，根据项目总体进度计划要求以及设计进展、采购进展和项目现场实际情况，确定关键图纸、主要设备和材料到达现场的时间、主要子项竣工日期(里程碑)，确定各子项、各主要工作项间的逻辑关系，编制项目施工总体进度计划草案。

项目进度管理员在施工总体进度计划草案基础上进行资源平衡，编制项目施工总体进度计划。

项目施工总体进度计划经约定审批负责人批准后宜在项目施工图设计开始后 4 周发布，项目进度管理员应及时将其纳入到项目总体进度计划中。项目施工总体进度计划示例图见图 3-4。

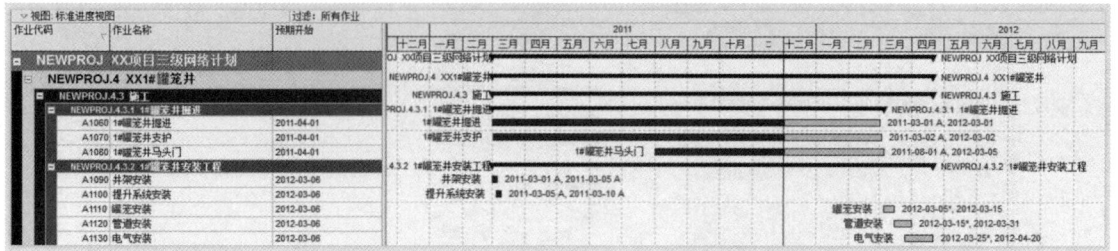

图 3-4　项目施工总体进度计划示例图

2. 项目施工详细进度计划

在项目设计、控制、采购协助下,项目施工管理部门估算各工作项的施工工期和资源投入,根据项目施工总体进度计划要求以及设计进展、采购进展和项目现场实际情况,确定图纸、设备和材料到达现场的时间、各子项竣工日期(里程碑),确定各子项、各工作项间的逻辑关系,编制项目施工详细进度计划草案。

项目进度管理员汇总、调整、平衡各个专业的施工详细进度计划草案,编制项目施工详细进度计划。

项目施工详细进度计划经约定审批负责人批准后宜在项目现场施工开工前 1 周发布,项目进度管理员应及时将其纳入项目详细进度计划中。

3.3.2.4　项目施工进度计划的实施

一般而言,采用 2 周滚动施工进度计划来落实项目施工进度计划。按照项目施工详细进度计划,通过上一周项目施工进展情况,安排下周的项目施工进度,并及时处理进度偏差。

3.3.2.5　项目进度分析和偏差管控

1. 进度分析

采用赢得值原理对项目施工进度实施效果进行分析。

项目业主、EPC 承包商(若有)宜建立共享的项目进度控制信息平台(如采用 P6 项目进度计划软件),在共享平台基础上按约定采集项目每一子项、每一专业检测期的 BCWP、ACWP、BCWS 数据,用赢得值原理对项目进度/费用进行综合控制,并进行偏差分析与趋势预测。

2. 进度偏差管控

若发现进度落后于已定计划,拟采用以下纠偏措施:

一是调整进度计划相关工序/作业的逻辑关系,使实际进度满足计划要求。

二是有效压缩后续影响较大的工作项作业周期,即合理增配对应工作项的资源,例如,增加施工作业机具和劳动力,或者引进其他队伍等。

若上述两种方法均不能达到目标,需将情况如实汇报,并协商其他解决方案。

3.3.2.6　项目进度实施进展报告

根据项目施工管理部门提出的相关信息,由项目进度管理员进行分析和汇总,定期提交全面的项目进度实施报告。报告内容包含:目标计划值、实际完成值、变更值、偏差值、预计完成值、目前完成百分比等。总承包项目进度汇总表见表 3-5。

表 3-5 总承包项目进度汇总表

子项编号	项目名称	子项名称	施工分包商	工作内容	总承包进度汇总表（日期）					
					工作内容描述					
					下月急需图纸	本月计划	本月进度	实际对比与未完成原因分析	下月计划	累计完成
0101				土建工程						
				安装工程						
0201				土建工程						
				安装工程						
0301				土建工程						
				安装工程						
0401				土建工程						
				安装工程						
0507				土建工程						
				安装工程						
0601				土建工程						
				安装工程						
0701				土建工程						
				安装工程						
0801				土建工程						
				安装工程						
0901				土建工程						
				安装工程						

3.3.2.7 其他保证措施

（1）将设计、采购、施工各环节之间或环节内部作业项进行合理交叉，正确辨析和处理各环节的关键控制点，精心组织和安排，编制出合适的进度计划。

（2）重视项目部团队建设，配置合适的人力和物质资源，建立有效的运行机制和绩效考评制度。

（3）选择合适的施工承包商，并对其进行有效的管理和监控。

（4）做好合同项目的质量、安全、环保等控制工作，防止发生质量事故、安全环保事故等不正常情况。

（5）制定并落实冬雨季等特殊气候情况下的施工措施，以延长有效作业天数，并确保施工质量。

（6）及时召开有效的进度专题会议，共商补救措施，力求工期损失降至最低程度。

（7）开展适宜的质量、安全、环保、进度四位一体的综合考评竞赛活动，严格执行奖惩制度。为确保最大限度地调动现场施工积极性，竞赛活动方案中应明确奖励直接面向施工班组，而处罚则由施工承包商承担。

（8）在适当的时间点，可以直接慰问施工班组，体现项目管理团队的人性化关怀，以此激发施工班组的劳动热情。

3.3.2.8 矿山建设进度控制案例

1.概述

某矿出露地层为奥陶系中统和石炭系中、上统及二叠系下统、上第三系、第四系地层，其中上第三系、第四系地层占全区总面积的 90% 左右。矿体呈层状、似层状产出，产状与围岩产状基本一致，倾角较平缓，为 10°左右。

矿体直接顶板主要为黏土岩、硬质耐火黏土矿。其中黏土岩占 72.75%，硬质耐火黏土矿占 27.25%。直接底板主要为含铁质岩类，其中铁质黏土岩占 47.67%，黏土岩占 31.00%，山西式铁矿占 21.33%。

采用 EPC 总承包建设该矿山项目，合同约定工期 681 日历天。

该矿采用平窿斜坡道开拓，通地表安全出口有主平硐、进风井和南、北回风井。由于地表地形限制，按原设计进风井和南部回风井无法作为施工口，要按合同约定工期完成所有建设任务非常困难。经各方反复研究，在基本不增加投入的情况下，决定对进风井位置做适当调整，作为基建的一个重要施工口，井下主控工程按计划工期（T_p）540 日历天进行控制，预留 3 个月作为其他辅助工程和试车投产时间。

2.进度计划编制

考虑到各施工口开工顺序可能不同，编制该矿主控工程进度计划（见图 3-5）时预留一定时间，以避免影响后续工作。由图 3-5 可知，主控工程计算工期（T_c）为 502 日历天，计划工期（T_p）为 540 日历天，ΔT（时差）$= T_c - T_p = 502 - 540 = -38$（日历天）。

3.调整、执行、跟踪进度计划

项目开工后，由于各施工口开工时间相差较大，主平硐滞后 2 日，基本按预定日期开工。进风井、北部回风井原定 2 月 3 日开工，后调整为 5 月 8 日开工，但由于外围环境影响和爆破物品不到位，进风井实际于 5 月 20 日开工，北部回风井于 6 月 30 日开工。按原进度计划配置资源执行的话将不能满足要求，总工期 739 日历天，相差 58 日历天。主控工程原进度计划与开工日期顺延后的进度计划对比图见图 3-6。从图 3-6 可以看出，总工期相差 58 日历天，实际上要追回 20 日历天（58-38=20），必须要优化施工方案，对进风井和北部回风井加大设备和人员投入，尽快赶上进度。

调整后的主控工程进度计划执行跟踪图见图 3-7。

某状态日期的进度形象图见图 3-8。

序号	WBS	任务名称	工期	开始时间	完成时间	前置任务	资源名称
2	1	里程碑	681 工作日	2011年8月18日	2013年6月28日		
3	1.1	人村物及三通一平	49 工作日	2011年8月18日	2011年10月5日		
4	1.2	1060主平硐完成	0 工作日	2012年3月8日	2012年3月8日	14	
5	1.3	进风井完成	0 工作日	2012年5月19日	2012年5月19日	17	
6	1.4	1号回风井完成	0 工作日	2012年6月27日	2012年6月27日	30	
7	1.5	1060主平硐贯通	0 工作日	2013年3月28日	2013年3月28日	24	
8	1.6	其他辅助工程及试车准备完成	0 工作日	2013年6月28日	2013年6月28日	35	
9	2	1060m主平硐施工部分	400 工作日	2011年10月6日	2012年10月6日		
10	2.1	1060主平硐	111 工作日	2011年10月6日	2012年3月8日		
11	2.1.1	1060主平硐洞口段	70 工作日	2011年10月6日	2011年12月14日	3	主平硐1
12	2.1.2	1060主平硐拾土段	24 工作日	2011年12月15日	2012年1月7日	11	主平硐1
13	2.1.3	1060主平硐底板岩石段	8 工作日	2012年1月15日	2012年1月15日	12	主平硐1
14	2.1.4	1060主平硐正常段	53 工作日	2012年1月16日	2012年3月8日	13	主平硐1
15	2.2	1060中段、与进风井施工部分贯通	245 工作日	2012年3月9日	2013年11月8日	14	主平硐1
16	3	中部进风井施工部分	383 工作日	2012年2月3日	2013年2月19日		
17	3.1	进风井	107 工作日	2012年2月3日	2012年5月19日	19	进风井1
18	3.2	1080联络道	30 工作日	2012年5月20日	2012年6月18日	17	进风井1
19	3.3	1080至1060联络斜坡道	31 工作日	2012年5月20日	2012年6月19日	17	进风井2
20	3.4	1080中段	168 工作日	2012年6月19日	2012年12月3日		
21	3.4.1	进风井南帮	168 工作日	2012年6月19日	2012年12月3日	18	进风井1
22	3.4.2	进风井北帮	108 工作日	2012年6月19日	2012年10月4日	18	进风井3
23	3.5	1060中段	245 工作日	2012年6月20日	2013年2月19日		
24	3.5.1	1060中段进风井以北，与主平硐1	245 工作日	2012年6月20日	2013年2月19日	19	进风井2
25	3.5.2	1060中段进风井以南，与主平硐1	165 工作日	2012年6月20日	2012年12月1日	19	进风井4
26	3.6	2号回风井反馈	71 工作日	2012年12月4日	2013年2月12日		
27	3.6.1	回风道	21 工作日	2012年12月4日	2012年12月24日	21	进风井3
28	3.6.2	回风井	50 工作日	2012年12月23日	2013年1月9日	27	进风井3
29	4	北部1号回风井施工部分	373 工作日	2012年2月3日	2013年1月9日		
30	4.1	1号回风井	146 工作日	2012年2月3日	2012年6月27日	27	回风井1-1
31	4.2	1120回风井中段	168 工作日	2012年6月28日	2012年12月12日	30	回风井1-1
32	4.3	1120至1100联络道	31 工作日	2012年6月28日	2012年7月28日	30	回风井1-2
33	4.4	1100中段平卷	158 工作日	2012年7月29日	2013年1月2日	32	回风井1-2
34	4.7	1100至1060联络斜坡道	38 工作日	2013年1月3日	2013年2月9日	33	回风井1-2
35	5	其他辅助工程及试车准备	92 工作日	2013年3月29日	2013年6月28日	24	回风井1-

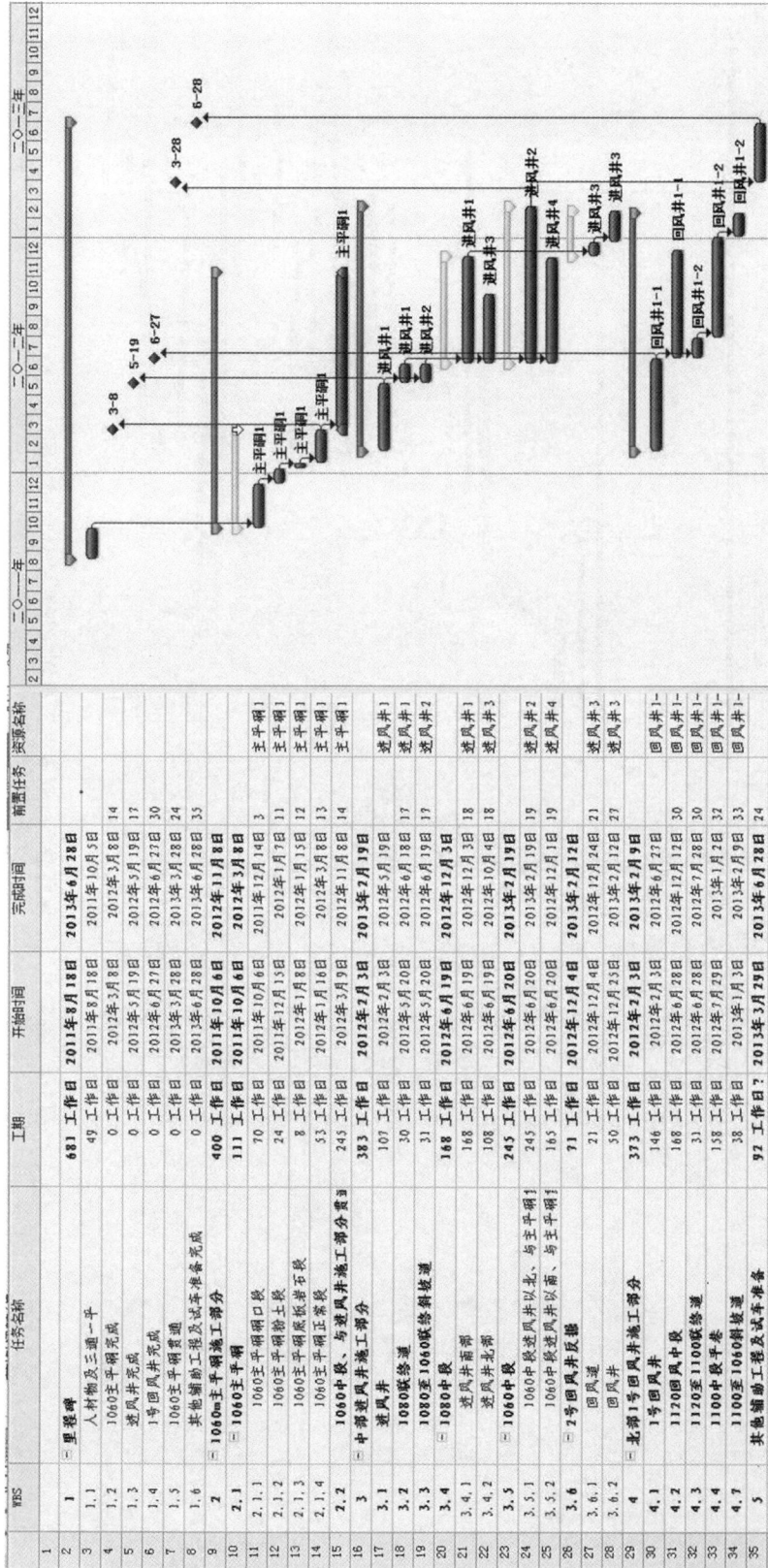

图3-5 某矿主控工程进度计划

301

①	WBS	任务名称	工期	开始时间	完成时间
		里程碑	739工作日	2011年8月18日	2013年8月25日
	1	人材物及三通一平	49工作日	2011年8月18日	2011年10月5日
	1.1	1060主平硐完成	0工作日	2012年3月8日	2012年3月8日
	1.2	进风井完成	0工作日	2012年8月22日	2012年8月22日
	1.4	1号回风井完成	0工作日	2012年9月30日	2012年9月30日
	1.5	1060主平硐贯通	0工作日	2013年5月25日	2013年5月25日
	1.6	其他辅助工程况沿中车准备完成	0工作日	2013年8月25日	2013年8月25日
	2	1060m主平硐施工部分	398工作日	2011年10月8日	2012年11月8日
	2.1	1060主平硐	109工作日	2011年10月8日	2011年3月8日
	2.1.1	1060主平硐硐口段	70工作日	2011年10月8日	2011年12月16日
	2.1.2	1060主平硐的土段	24工作日	2011年12月15日	2012年1月15日
	2.1.3	1060主平硐底板岩石段	53工作日	2012年1月8日	2012年3月8日
	2.1.4	1060主平硐正常段	245工作日	2012年3月16日	2012年11月8日
	2.2	1060中段、与主风井硐工部分贯通	245工作日	2012年5月8日	2013年5月25日
	3	中部进风井施工部分	383工作日	2012年5月8日	2013年5月25日
	3.1	进风井	107工作日	2012年5月8日	2012年9月22日
	3.2	1080联络道	30工作日	2012年8月8日	2012年9月23日
	3.3	1080至1060联络斜坡道	31工作日	2012年8月23日	2012年9月22日
	3.4	1080中段	168工作日	2012年9月22日	2013年3月8日
	3.4.1	进风井南部	168工作日	2012年9月22日	2013年3月8日
	3.4.2	进风井北部	108工作日	2012年9月23日	2013年1月7日
	3.5	1060中段	245工作日	2012年9月23日	2013年5月25日
	3.5.1	1060中段进风井以北、与主平硐贯通	245工作日	2012年9月23日	2013年5月25日
	3.5.2	1060中段进风井以南、与主平硐贯通	165工作日	2012年9月23日	2013年3月6日
	3.6	2号回风井反馈	71工作日	2013年3月9日	2013年5月18日
	3.6.1	回风道	21工作日	2013年3月9日	2013年3月29日
	3.6.2	回风井	50工作日	2013年3月30日	2013年5月18日
	4	北部1号回风井施工部分	373工作日	2012年5月8日	2013年5月15日
	4.1	1号回风井	146工作日	2012年5月8日	2012年9月30日
	4.2	1120回风中段	168工作日	2012年10月1日	2013年3月17日
	4.3	1120至1100联络斜坡道	31工作日	2012年10月31日	2012年10月31日
	4.4	1100中段平巷	158工作日	2012年11月1日	2013年4月7日
	4.7	1100至1060斜坡道	38工作日	2013年3月15日	2013年4月28日
	5	其他辅助工程况沿中车准备	92工作日?	2013年5月26日	2013年8月25日

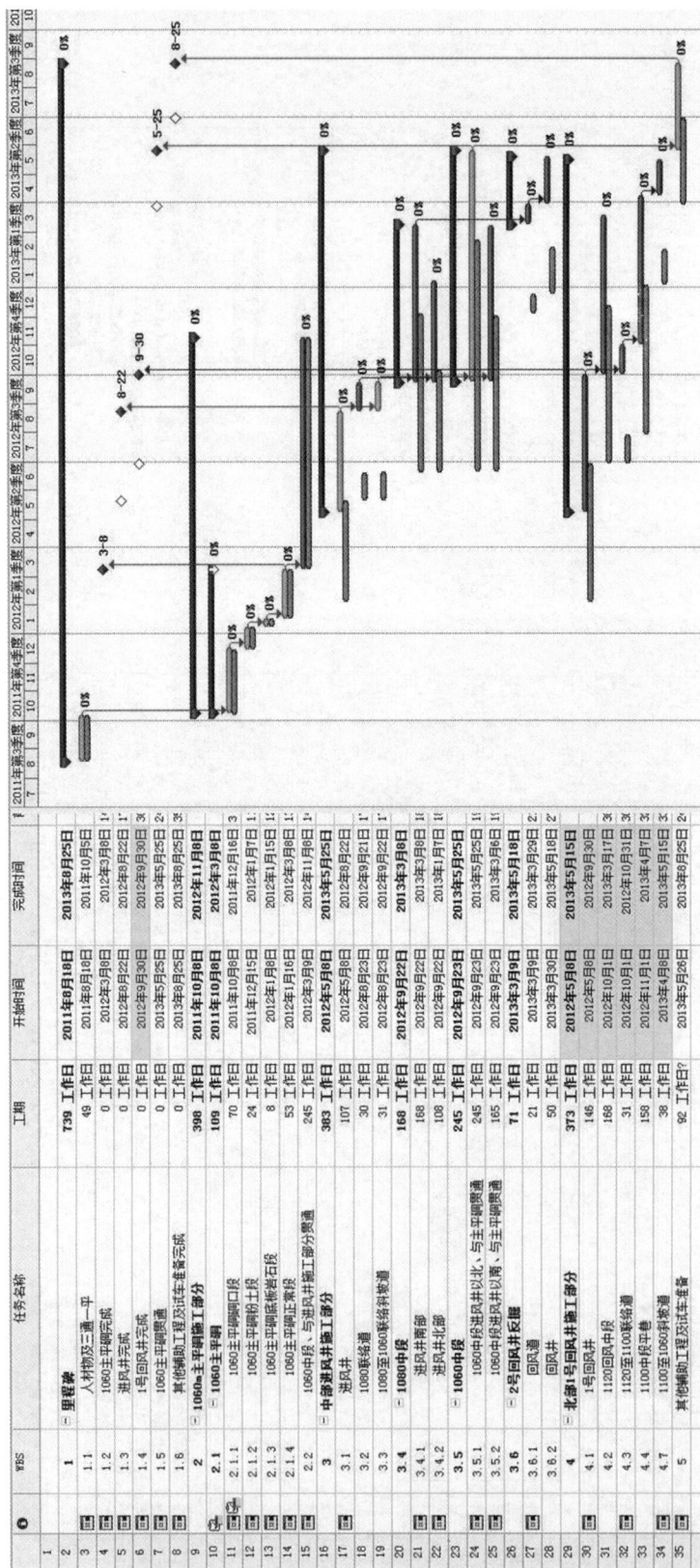

图3-6　某矿主控工程原进度计划与开工日期顺后的计划对比图

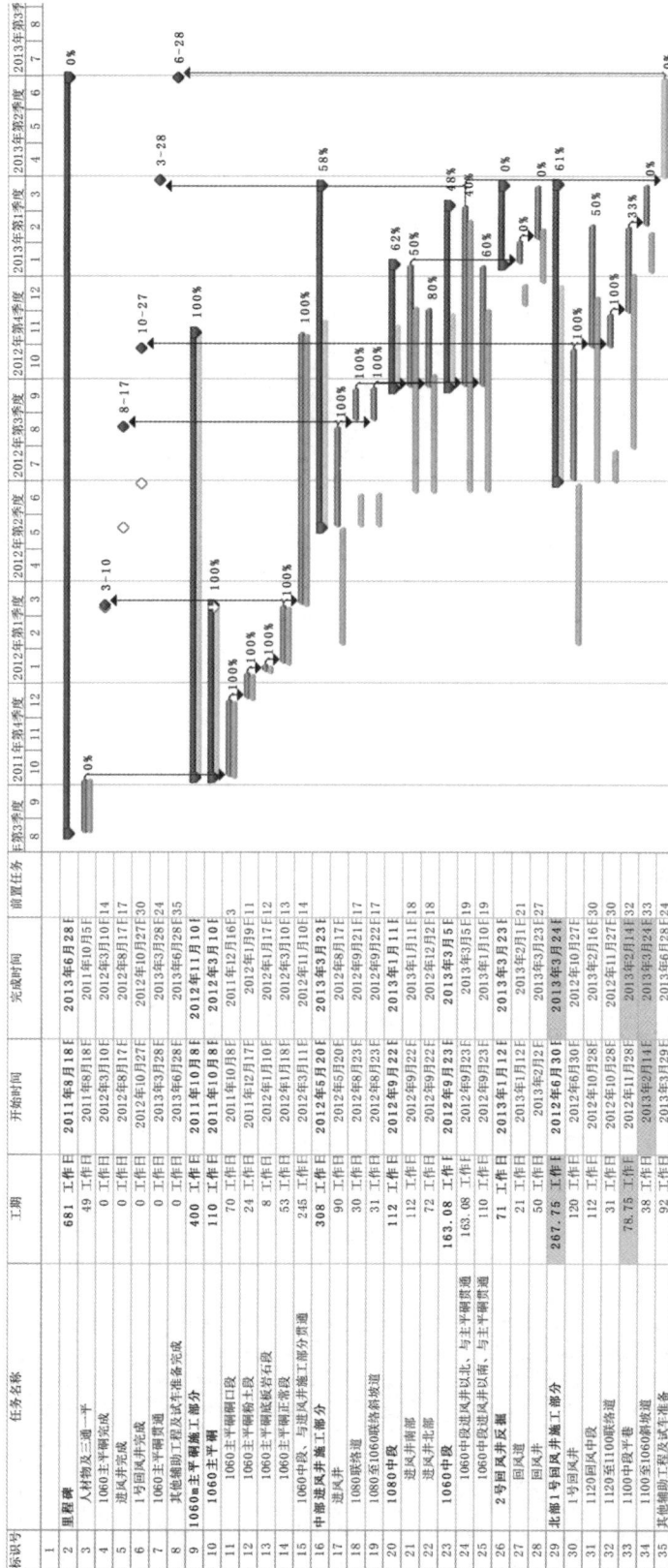

图 3-7 某矿主控工程调整后的计划执行跟踪图

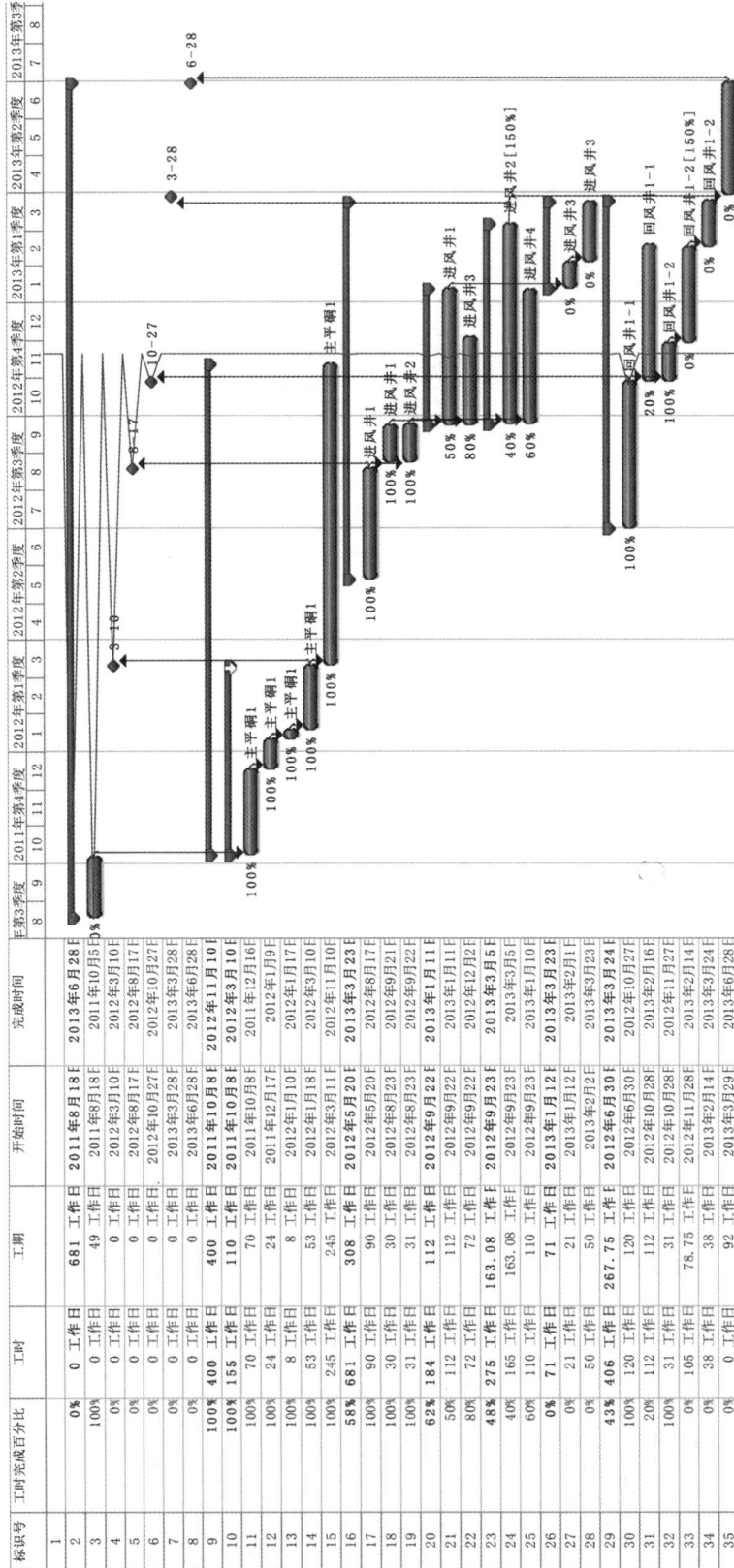

图3-8 某矿主控工程进度计划某状态日期形象图

4.进度分析和偏差管控

任务资源分配图和赢得值图分别见图3-9、图3-10。

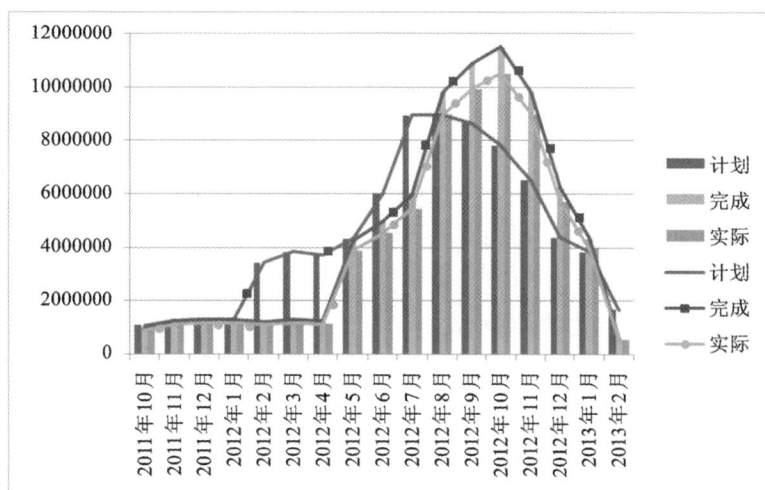

图 3-9　任务资源分配图

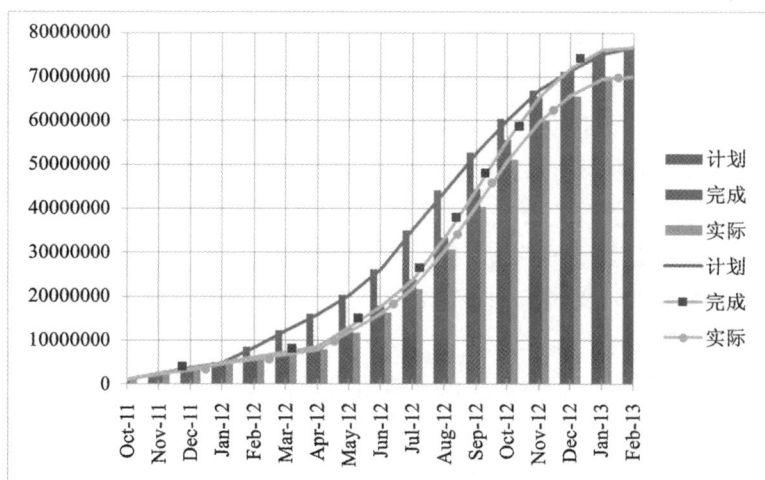

图 3-10　赢得值图

从图3-9可以看出,由于三条主线只有主平硐施工口基本按期开工,其他施工口延后较多,导致任务资源分配主要集中在2012年5月至2013年1月之间,资源分配极不均衡,造成施工承包商大部分时间设备闲置和人员窝工现象。

从图3-10可以看出,只有2012年12月、2013年1月两个月,BCWP(完工值)>BCWS(计划值)>ACWP(实际值),例如2012年12月,BCWS=7137.71万元,BCWP=7185.76万元,ACWP=6568.04万元,总累计工时1866日,每日计划每个工作面完成4.12万元,整个施工期内平均工作面3.46个。

进度偏差:SV=BCWP-BCWS=48.05>0,比计划超前3.38日。

进度绩效指数：SPI＝BCWP/BCWS＝1.007>1，效率较高。

费用偏差：CV＝BCWP－ACWP＝617.72>0，费用控制好。

费用绩效指数：CPI＝BCWP/ACWP＝1.09>1，节约开支。

其他时间段，BCWS（计划值）>BCWP（完工值）>ACWP（实际值），例如2012年4月，BCWS＝1581.58万元，BCWP＝848.45万元，ACWP＝775.52万元。

进度偏差SV＝BCWP－BCWS＝-733.13万元<0，比计划滞后51.43日。

进度绩效指数SPI＝BCWP/BCWS＝0.54<1，效率低。

费用偏差：CV＝BCWP－ACWP＝72.93万元>0，费用控制较好。

费用绩效指数：CPI＝BCWP/ACWP＝1.09>1，节约开支。

综上所述，前期进度偏差主要原因是现场环境制约和爆破物品因素，但是合同工期不能变更。因此，必须采用如下有效的管控措施：

（1）发挥EPC团队的优势，进一步优化设计和关键线路施工方案：在进风井调整为重要施工口后，优化基建采场位置，随着进风井施工线路的不断推进，尽可能增加同时施工工作面；根据揭露围岩性质，及时调整开拓巷道施工位置；调整支护工艺，把原来设计中的部分混凝土支护改为钢纤维喷射混凝土支护，提高支护效率；积极配合施工承包商解决临时通风问题，增加通风措施工程投入；及时处理不良地质状况，做到"小事不过天，一般事情不过三，较大事情不过七，重大事情专题研究并请专家诊断处理解决"，杜绝拖拉、敷衍了事的工作作风，决不能因为处理问题不及时、互相推诿错过最佳处理时间，造成损失，延误工期。

（2）理顺管理程序，缩短管理的中间环节，提高办事效率。承包商、监理、业主与施工承包商做到无缝对接，为施工承包商节省时间，让施工承包商有更多的时间运用到加快施工进度方面，各施工承包商负责人不能离开现场，承包商人员24小时值班服务。

（3）加强施工现场跟踪管理，检查施工承包商是否按计划执行，督促施工承包商加大人员、机械设备投入、加强施工组织措施，提高工作面效率。

（4）工程进度款优先及时支付。由上个月盘点下个月支付改为当月盘点当月支付，有效缓解施工承包商资金紧张问题。

（5）建立奖惩机制，提高施工承包商的积极性，确保计划有序执行。

（6）树立良好的服务意识，加强团队的凝聚力。承包商项目部员工要急工程之急，想工程之想，为工程建设服好务，真正实现为业主创造价值。

3.3.3　质量控制

为确保有效实现项目质量管控目标，要设立项目施工管理部门并配备项目质量管理工程师负责项目质量管控。施工质量管控通常做法如下。

3.3.3.1　项目施工质量目标及职责

1. 质量目标

工程施工质量100%合格，同时可根据合同约定制订项目创部优、国优工程目标。

2. 质量职责

在项目施工质量计划等相关策划文件中，应明确项目相关方、项目管理等相关人员的质量职责。

3.3.3.2　项目施工文件和资料管理制度编制与执行

（1）项目质量文件和资料的来源分为外部输入和内部产生两大类。外部输入的文件、资料来自项目业主、EPC 承包商（若有）、监理单位、供应商、第三方检测机构以及当地政府质量监督职能部门等。内部产生的文件、资料则来自项目施工管控的计划、签证、沟通协调、会议、验证、检验、检测、监测等过程。

（2）所有的项目质量文件和资料均应按有关文档管理制度进行批准/验证、发布/传递、标志和归档。

（3）明确项目主要施工质量文件责任矩阵。EPC 总承包项目主要施工质量文件责任矩阵示例见表3-6。

表 3-6　EPC 总承包项目主要施工质量文件责任矩阵示例表

序号	文件内容	业主	承包商	监理	监督	施工承包商	供应商
1	施工质量管理实施计划	√	●	⊙		●	
2	周监理例会纪要	√	√	●	√	√	⊙
3	周工程例会纪要	⊙	●	⊙		√	⊙
4	施工专题会议纪要	√	●	√	√	√	⊙
5	月/季检查会议纪要	√	●	√	√	√	⊙
6	测量仪器校验记录	⊙	●	√		●	
7	测量放线复验记录	⊙	●	√		●	
8	项目开工报告	⊙	√	√		●	
9	施工组织设计/方案	⊙	√	√		●	
10	进场机具报验记录	⊙	●	√		●	
11	项目管理机构报审记录	⊙	●	√		●	
12	单位资格报审记录	⊙	●	√		●	
13	特殊工种作业人员报审记录	⊙	√	√		●	
14	特种设备报检记录	⊙	√	√		●	⊙
15	验槽记录	⊙	√	√	√	●	
16	隐蔽验收记录	⊙	√	√		●	
17	试压/试水记录	⊙	√	√		●	⊙
18	检验批验收记录	⊙	√	√	⊙	●	
19	分项工程验收记录	⊙	√	√	⊙	●	
20	分部工程验收记录	⊙	√	√	⊙	●	
21	单位工程验收记录	⊙	√	√	⊙	●	
22	甲供材料抽检记录	●	●	√		⊙	⊙
23	非甲供材料抽检记录	⊙	●	√		●	⊙
24	设备开箱验收记录	●	●	√	⊙	√	√

续表3-6

序号	文件内容	业主	承包商	监理	监督	施工承包商	供应商
25	材料代用记录	⊙	√	√		●	
26	现场砼试块强度记录		⊙	√		●	⊙
27	业主变更	●	●	√		√	
28	设计变更	√	●	√		√	
29	现场工程量签证	√	●	√		⊙	
30	质量事故处理会议纪要	√	●	●	√	●	⊙
31	施工合同文件	⊙	●			√	
32	施工图设计交底纪要	√	●	√	√	●	⊙
33	施工图设计会审纪要	√	●	√	√	●	⊙
34	施工进度款支付表	√	√	⊙		●	
35	施工索赔报告	⊙	●	⊙		⊙	
36	施工分包招标文件	√	●	⊙			
37	施工管理文函	√	●	√		√	

注：表中"●"表示责任主体，"√"表示参与方，"⊙"表示可能的参与方。

(4)明确与项目相适应的技术规范、规程、标准等质量验收依据。

3.3.3.3　施工过程的质量控制

1. 施工质量控制依据

一是国家现行的规范、规程、标准；二是业主或 EPC 承包商的质量管理相关制度或规定。

2. 项目施工质量监控主要内容

(1)严把施工图设计的图纸会审与设计交底质量关。

(2)严把施工承包商的进场机具、关键岗位人员资格以及企业资质等审查质量关，尤其是矿井通风、提升机操作、起重机操作、电气操作、爆破等特种作业人员上岗资格证以及项目主要负责人、专职安全管理人员安全生产知识和管理能力考核合格证的报验。

(3)严格落实进场材料的质量验收以及见证取样送检质量关，进场散装材料见证取样标准可见各自对应现行见证取样规范。

(4)督促施工承包商编制施工组织设计，并及时予以审批。

(5)督促施工承包商编制施工质量控制文件，如挡土坝、井巷贯通测量、井巷掘进、井巷临时支护等施工关键质量控制点及其质量控制程序，并及时予以审批。

(6)督促施工承包商编制危险性较大部分、分项工程施工专项方案，如井巷掘进方案、巷道运输方案、竖井提升方案、挡土坝施工方案、采剥边坡方案等，并及时审批。

(7)监督施工承包商的专业工程再分包内容及其行为的合规性，如爆破、爆破物品(如雷管炸药)运输及仓储等。

(8)现场检查特种作业人员的持证上岗情况并形成有效记录备查。

(9)组织对重要施工质量控制点的检查和确认并形成有效记录备查。

（10）视情况参加比较重要质量控制点的检查和确认；根据需要对一般质量控制点进行抽查，并最终形成质量记录。

（11）参加监理组织的施工质量评审活动，行使确认和质量否决权。

（12）参加施工质量事故的调查分析。

（13）核查现场施工机具的配置合理性和质量状况、维保记录。

（14）核查施工现场的检验、测量和试验器具的质量状况、检定记录。

3.3.3.4 施工过程

质量控制的关键工序如下：

（1）矿山施工测量放线复验关。首先根据项目业主提供的控制基准点，建立施工测量控制基准网，再督促施工承包商按控制基准网进行施工测量放线，然后组织竖井、平巷等定位放线的复测，确保竖井垂直度、巷道中心等定位精准。

（2）井巷断面尺寸验收关。因巷道断面尺寸影响后期采矿运输设备的正常运行，故应进行严格控制，其尺寸控制分为两步：一是井巷掘进断面成型尺寸；二是井巷内衬成型尺寸。

（3）提升设备安装质量检查关。提升设备是矿井运输的咽喉，其运行是否顺利直接关系到矿山产能以及运行安全，故需严格监控提升设备的安装过程。

（4）矿山挡土坝施工过程验收关。因矿山剥离和井巷掘进施工过程中产生大量的废弃物，故为减少堆存占地面积，需建设挡土坝，同时可有效遏制水土流失。为提升堆存安全性，需从清基、碾压、土工试验三个方面严格管控挡土坝的施工过程质量。

（5）露天开采边坡成型测量验收质量关。

（6）破碎设备安装验收质量关。因破碎设备属振动设备，运行过程中易产生振动，故为减少振动，提高安装质量，务必保证设备安装用垫铁之间的接触面积大于75%，垫铁与混凝土基础接触面大于80%，同时联轴器水平度和同心度必须符合安装规范要求，详见《破碎、粉磨设备安装工程施工及验收规范》（GB 50276—2010）。

3.3.3.5 施工与设计的接口控制

（1）施工管理部门要重视图纸会审和设计交底，将设计缺陷消除在施工之前。为此要求相关人员提前认真熟悉图纸，充分考虑设计的可操作性。

（2）施工管理部门邀请设计人员参与施工方案讨论，确保实现设计意图。

（3）施工管理部门应按有关规定要求，请设计单位参与施工过程验收，并及时解决现场出现的有关技术问题。

3.3.3.6 质量记录控制

1. 质量记录主要内容

1）施工承包商施工质量记录的主要内容如下：

（1）材料、设备质量证明，材料、半成品合格证，必要时见证取样送检报告，设备合格证及其检验记录；

（2）质量控制点明细表及其检查结果台账；

（3）施工机具的维保记录，测量监视设备的检定证书；

（4）开工报告、施工日志；

（5）检验批、分项工程、分部工程、单位工程质量评定记录；

（6）井巷定位、垂直度测量记录；

（7）中间交接验收记录；

（8）隐蔽工程质量验收记录；

（9）挡土坝与地基等土工实验和承载力实验报告；

（10）设备安装质量验收评定记录；

（11）单机试车记录；

（12）质量事故调查、分析、处置记录。

2）EPC承包商（若有）施工管理质量记录的主要内容如下：

（1）EPC承包商的施工质量管理计划；

（2）EPC承包商的施工管理日志；

（3）EPC承包商对施工分包单位的评价记录以及特种作业人员持证上岗情况的核查记录；

（4）EPC承包商对施工分包单位的施工机具和测量设备的抽查验证记录；

（5）EPC承包商的监视和测量设备的检定证书；

（6）施工过程的质量验收记录以及质量专题会议纪要；

（7）EPC承包商聘请第三方检测机构对关键施工质量控制点等的检测报告；

（8）项目质量文件和资料的收发、传递记录；

（9）质量事故调查、分析、处置记录。

2. 项目施工管理质量记录

要求需按规定统一编号，建立台账，并与工程进度同步，以保证可追溯。

3.3.3.7 质量管理控制程序

1. 项目质量管控实施保障联络流程

在项目质量管控策划时，要建立项目质量管控实施保障联络流程。EPC总承包项目质量管控实施保障联络流程示例图见图3-11。

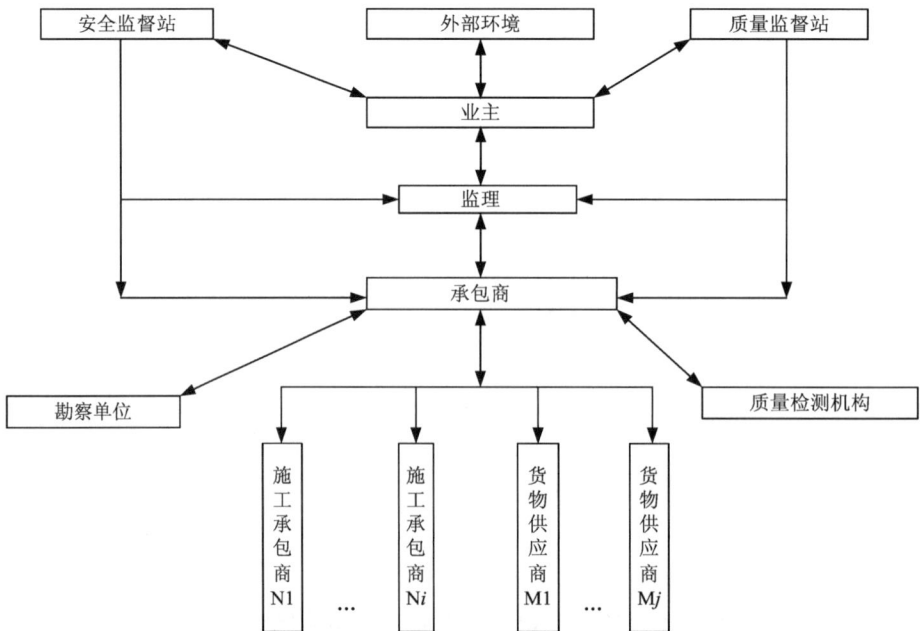

图3-11 EPC总承包项目质量管控实施保障联络流程示例图

2. 工序/检验批检查程序

在项目质量管控策划时，要建立项目工序/检验批检查程序。EPC 总承包项目工序/检验批检查程序示例图见图 3-12。

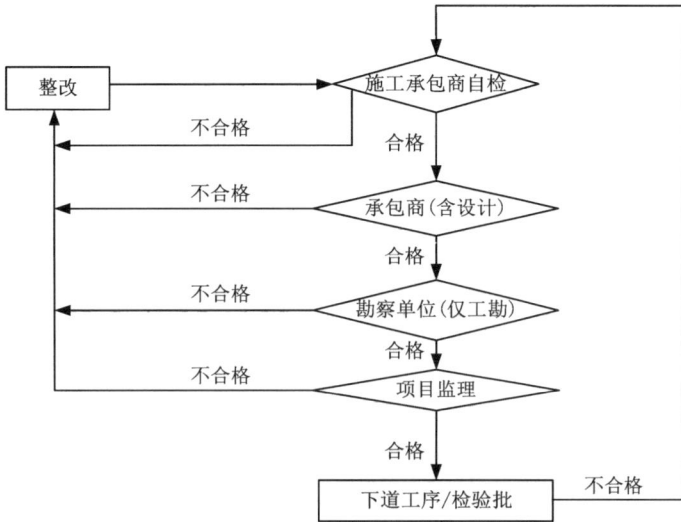

图 3-12 EPC 总承包项目工序/检验批检查程序示例图

3. 分项工程施工验收程序

在项目质量管控策划时，要建立项目分项工程施工验收程序。EPC 总承包项目分项工程施工验收程序示例图如图 3-13 所示。

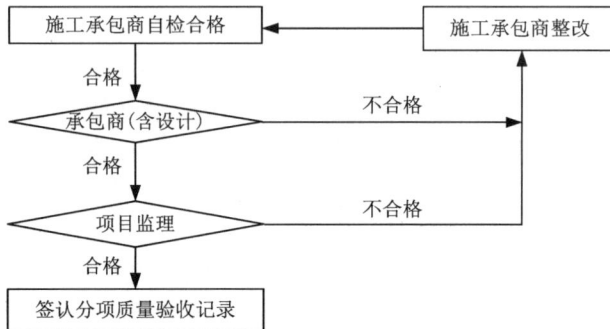

图 3-13 EPC 总承包项目分项工程施工验收程序示例图

4. 分部工程施工验收程序

在项目质量管控策划时，要建立项目分部工程施工验收程序。EPC 总承包项目分部工程施工验收程序示例图见图 3-14。

5. 单位工程竣工验收程序

在项目质量管控策划时，要建立项目单位工程竣工验收程序。EPC 总承包项目单位工程

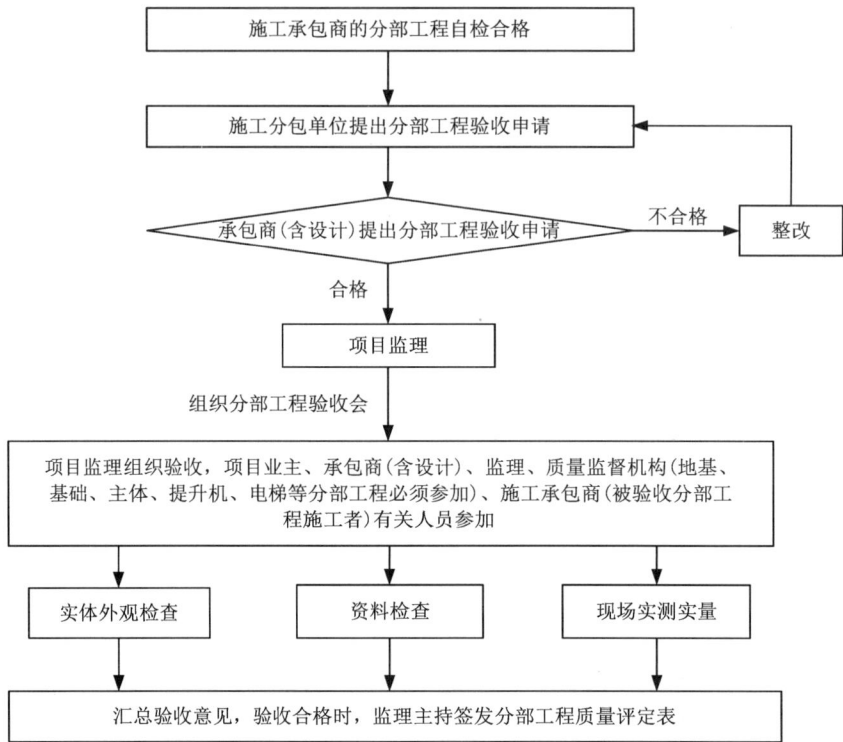

图 3-14 EPC 总承包项目分部工程施工验收程序示例图

竣工验收程序示例图见图 3-15。

3.3.3.8 矿山建设项目施工质量控制案例

1. 矿山建设项目碾压挡土坝施工质量控制案例

1) 碾压挡土坝施工测量放线

根据项目前期勘察的测量控制成果，督促施工承包商建立坝区施工控制网，在坝轴线两端、坝体以外，不受施工、滑坡或爆破影响的合适位置，设置永久性施工控制基准点，并标明桩号，架设安全护栏。在施工放样中，挡土坝体断面须预加沉降量。

2) 坝基处理

首先按照设计要求和有关规定，认真清除表层的粉土、细砂、淤泥、腐殖土、泥炭等，然后按设计蓝图逐一对靶区范围内的地质勘测孔、试坑等进行处理，并经监理工程师主持验收，必要时进行摄影、录像和取样、试验，且均需记录备查。若坝基为易风化、易崩解的岩石和土层，且开挖后不能及时回填，则需预留一定厚度的保护层，或采取喷浆保护措施。

3) 坝体施工

(1) 施工工艺控制。根据设计确定的有关技术指标和施工工艺，通过石料场的爆破试验、坝料加工试验、碾压试验以及其他有关施工试验，由施工承包商提出有关质量控制的技术要求和检验方法，制定有关的施工技术措施，并报监理工程师审批。

(2) 坝料控制。坝料必须在符合设计要求的料场内采运，不合格的材料不得上坝。坝料的种类、石料品质、级配、含水率、含泥量、超径与软弱颗粒及其相应填筑部位、压实标准、

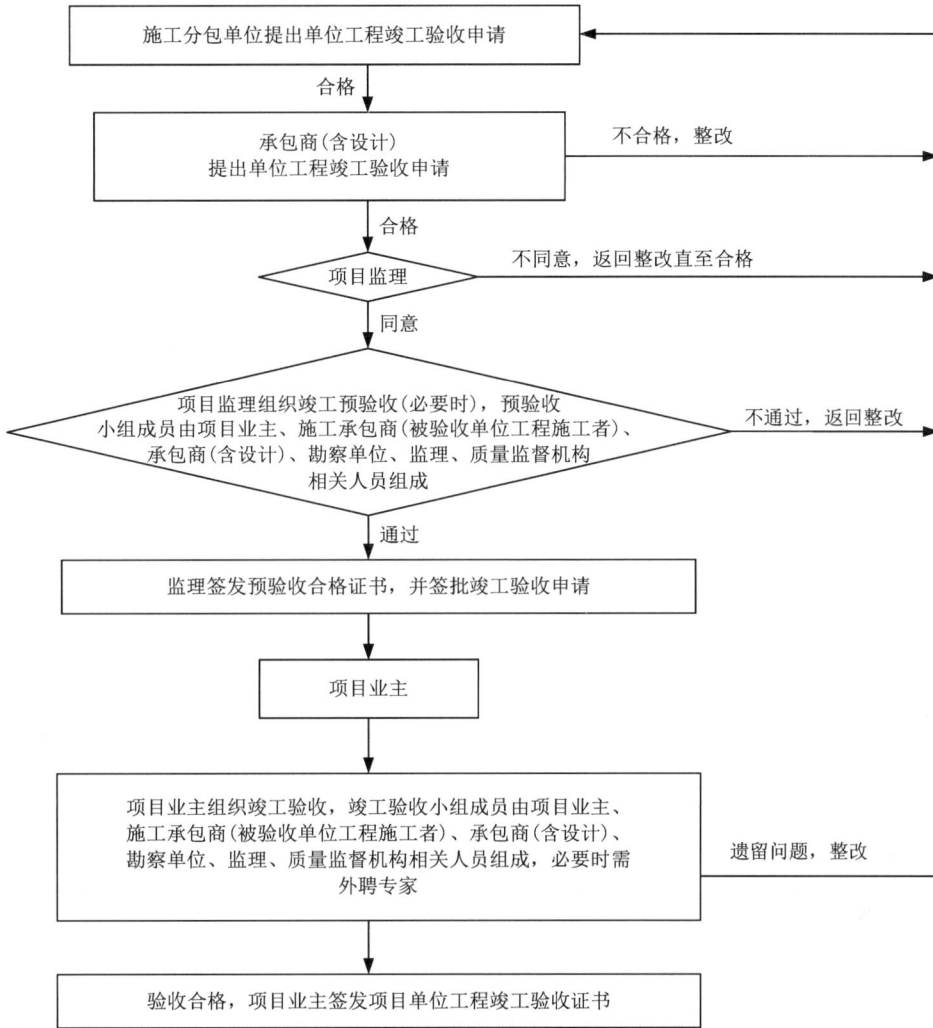

图 3-15　EPC 总承包项目单位工程竣工验收程序示例图

质检结果均须符合设计要求和相关标准规定。

（3）施工过程控制。一是在坝体施工过程中对碾压机具的选择和碾压参数、铺料厚度、纵横向接缝处理、坝坡等内容进行检查核验；二是通过土工试验核定坝体填筑质量，其中防渗体压实指标采用干密度、含水率或压实度。反滤料、过渡料及砂砾料的压实指标采用干密度或相对密度，堆石料的压实指标采用孔隙率。坝体压实检测频次表见表 3-7。

表 3-7　坝体压实检测频次

坝料类别及部位			检查项目	取样(检测)次数
防渗体	黏性土	边角夯实部位	干密度、含水率	2~3 次/每层
		碾压面		1 次/(100~200 m³)
		均质坝		1 次/(200~500 m³)
	砾质土	边角夯实部位	干密度、含水率、粒径大于 5 mm 砾石含量	2~3 次/每层
		碾压面		1 次/(200~500 m³)
反滤料			干密度、颗粒级配、含泥量	1 次/(200~500 m³),每层至少 1 次
过渡料			干密度、颗粒级配	1 次/(500~1000 m³),每层至少 1 次
坝壳砂砾(卵)料			干密度、颗粒级配	1 次/(500~1000 m³),每层至少 1 次
坝壳砾质土			干密度、含水率、粒径小于 5 mm 含量	1 次/(3000~6000 m³),每层至少 1 次
堆石料			干密度、颗粒级配	1 次/(1000~10000 m³),每层至少 1 次

2. 矿山建设项目井巷施工测量放线质量控制案例

1) 竖井测量控制

竖井施工前,需依据设计总平面图、定位图及施工组织设计方案,采用全站仪标定竖井的定位轴线,用经纬仪配合钢尺确定开挖边线,并将该定位轴线和高程引测到井口周边的牢固控制桩上,且在每个施工控制桩四周架设安全、稳固的围护栏杆。

竖井井筒垂直度控制,宜每隔 10 m 采用钢线吊 10 kg 重锤方法对井筒掘进中心线和井筒衬砌中心线进行校核,其中井筒掘进中心线允许偏差为 ±15 mm,井筒衬砌中心线允许偏差为 ±50 mm。

竖井井筒高程控制,宜根据分层/分段开挖施工工艺,及时采用经检定的 50 m 钢尺、吊 10 kg 重锤方法向井筒内传递高程,高程点宜按 10 m 间距布置在井筒井壁上。当井筒开挖到底层时,重新用水准仪和 50 m 钢尺、吊 10 kg 重锤方法向井筒内传递高程,高程的传递独立进行 3 次,互差不大于 3 mm,取 3 次成果的平均值作为最后高程值。其中井口标高允许偏差为 ±50 mm;与井筒相连的各运输巷道和主要硐室的标高允许偏差为 ±100 mm。

2) 巷道测量放线控制

当井筒施工完成后,根据导线控制点及高程控制点直接向井筒内传递三维坐标,利用三角测量法建立井巷导线控制点和高程控制点。

在井筒壁上侧设暗挖轴线点,用自动安平水准仪测设暗挖巷道起拱线高程点。进而标出中轴线指导巷道的施工。随着施工的进行,直线段巷道每前进 10 m(曲线段为 5 m)测设一组方向线点(至少三个点),点间距不小于 0.5 m;同时测设一个里程点,里程点、井筒坐标传递点和地面控制导线点组成复测支导线,用测回法进行往返测量,根据里程点和贯通相遇点的坐标反算出坐标。同时每隔 10~15 m,按照坡度将施工高程点设在巷道两帮的起拱线位置处。

在巷道施工的全过程中,里程点的设置非常重要,因此里程点的埋设要牢固,坐标的测

设要依据 Ⅰ 级导线的要求进行，高程的测量要依据四等水准的要求进行。每个里程点的实测坐标和高程必须及时与设计的相比较，当误差在规程允许范围内，根据实测的成果对巷道的方向和坡度进行调整，以确保工程顺利竣工；当误差在规程允许范围外，及时将实测的结果汇报给项目技术负责人，以寻求解决的方法。

3）巷道贯通测量控制

巷道贯通测量，必须做到：工作有计划，测量、计算有检查，精度有保证。

贯通测量应按下述步骤和要求进行。

（1）根据巷道贯通测量的允许偏差（见表 3-8），选择合理、可行的测量方案。编制贯通测量设计书，进行贯通误差预计，说明采用的仪器、测量方法和作业时的各种测量限差等。贯通误差预计一般取中误差的两倍。当误差预计结果超过允许偏差时，应尽量采用提高测量精度的办法；如仍不能满足要求时，应组织项目业主、承包商（若有）、监理和施工承包商研究采取其他技术措施。

表 3-8　巷道贯通测量允许偏差表

偏差内容	偏差代码	允许偏差值	备注
垂直于巷道中线的左、右偏差	Δx	300~500 mm	
垂直于巷道腰线的上、下偏差	Δh	200 mm	
巷道中线方向上的长度偏差	该偏差仅影响贯通距离，对巷道质量没有影响		

（2）按选定的测量方案和方法进行实测和计算，每进行一步均须有可靠的检核，并与设计要求的精度进行比较，必要时进行重测。

（3）根据实测资料计算贯通巷道的核定要素，并于实地标设贯通巷道的中线和腰线。

（4）随着巷道掘进，及时延设、检查中线和腰线；及时测量进度和填图；及时按实测点的平面坐标和高程，调整中线和腰线。

（5）巷道贯通后，应立即测量实际偏差，并将两侧导线连接起来，计算各项闭合差。还应对最后一段的中线和腰线进行调整。

（6）贯通工程完工后，应对测量工作进行精度分析，提交技术总结。

3.3.4　施工费用控制

项目施工费用控制是对项目施工费用进行有效的组织、实施、跟踪、分析和考核等的管理活动，以强化施工运营管理，完善施工费用管理制度，提高施工费用管理水平，降低工程造价，实现项目施工经济目标。

3.3.4.1　施工费用控制原则

项目施工费用控制应包括从工程量清单编制、标段划分、招标评标原则及标底编制、合同洽谈直至实施过程的大型施工方案、现场签证、业主变更（含设计变更）、验收、结算等项目施工组织实施的全过程。项目施工费用控制需遵循以下基本原则。

1.成本最低原则

在控制过程中应综合考虑降低成本的可能性和合理的社会最低成本，要与进度控制、质量控制、安全环保控制等相协调，决不能片面地追求低成本，从而影响进度，降低施工质量标准。

2. 全成本控制原则

全成本管理是全企业、全员和全过程的管理，"三全"要有机协调，以确保项目施工全成本得到有效控制。

3. 费用过程动态控制原则

应强化项目施工费用的过程动态管控，施工准备阶段应认真策划，施工过程中应严格事中控制。

4. 目标管理原则

目标管理的内容应包括：目标的设定和分解，目标的责任确定和执行，检查目标的执行结果，评价目标和修正目标。采用 PDCA 循环管控项目施工费用目标。

5. 责、权、利相结合的原则

项目施工费用目标清晰，奖惩分配明确，将降低成本与员工切身利益直接挂钩，可以极大地调动员工的积极性，增强费用控制意识，牢固树立费用控制从自我做起的理念，从而达到提高企业经济效益目标。

6. 节约原则

节约人力、物力、财力是提高经济效益的核心，也是成本控制的关键环节，应做好以下三个方面的工作：

(1) 严格执行、管控费用开支范围、费用开支标准和有关财务制度；

(2) 提高施工项目科学管理水平、优化施工方案、提高生产效率；

(3) 采取预防费用失控的技术组织措施，制止可能发生的浪费，真正做到向管理要效益，向技术要效率，确保费用目标的实现。

7. 例外管理原则

在项目建设过程中，会有一些不经常的"例外"问题，它们往往会影响费用目标的实现，对这些"例外"问题，要进行重点检查，深入分析，并采取相应的积极措施进行纠正。

3.3.4.2　施工费用控制措施

为实现项目施工费用控制目标，宜采取以下具体控制措施：

(1) 严把标底编制关。委托有经验的造价咨询机构或自行(若具备工程造价编制能力)编制标底预算或工程量清单单价，尽可能地减少漏项和降低随意套用定额风险，并杜绝因投标人不均衡报价带来的结算风险，同时确保标底预算或工程量清单单价与市场实际行情接近，以此减少矛盾的发生。

(2) 严把施工标段划分关。针对项目实际情况，如工期、场地、工艺完整性、交通状况等，就土建工程与安装工程是否分开发包以及拟引进施工分包单位数量等具体事宜进行统筹规划，合理划分标段，减少协调管理工作量，同时可以规避标段之间接口部位的进度和费用相互影响的风险。

(3) 确定适合的合同形式。根据项目特点以及项目所在地建设工程招标投标管理要求，尽可能地选用固定总价合同形式以及合理低价评标办法，以此降低材料、人工、工程量计算不准等结算风险，同时合理低价评标办法有利于选择性价比较高的施工承包商。

(4) 重视施工合同的洽谈细节。施工合同洽谈签订前，必须明确合同的详细工作范围以及包干因素、可调合同总价条款等,描述力求量化,尽可能少地采用模糊用语,以此减少执行过程中产生的不必要纠纷。

(5)严把施工现场大临设施与场地使用控制关。在施工承包商进场之前,应综合项目特点、施工水电荷载集中点、大型设备进场路线、永久工程定位以及拟引进施工承包商数量等主要信息,对项目场地进行统一布置,避免妨碍后期施工便利,如施工电源压降过大、临时设施占用永久工程位置、大型设备进场位置不足等,均会造成现场返工并增加施工措施费用。

(6)适度考虑永久工程的提前交工使用。根据项目设计功能,尽可能地将部分非主流程或生产辅助用房或永久道路路基部分等提前施工,作为后期的设备临时仓库、现场临时办公用房、施工临时道路等,以此减少项目施工措施费用的支出,使项目施工成本得以有效控制。

(7)严把施工设计图纸会审关。在单位工程施工之前,施工管理部门须组织本部门有关专业管理人员和监理、施工承包商等进行图纸会审,并协助组织项目设计图纸施工交底会议,以便将错漏、操作性欠妥等设计问题消除在正式施工之前,减少不必要的返工浪费。

(8)严把各井筒、巷道、硐室等部位施工前的各专业设计图纸会审质量关。在每个单位/分部工程的井筒、巷道、硐室等各细分的组成部位施工之前,现场管理人员须组织与采矿、井建、矿机、电气等专业人员详细对图,再次将设计的错、漏、碰等不足之处在施工前予以消除,以减少返工浪费和实施补救的措施费用。

(9)落实施工方案的审批关。在施工合同实施过程中,针对施工专项方案,务必认真组织有关人员进行严格审查,力求在安全可靠、经济合理的最优方案的基础上,达到缩短工期、提高质量、降低风险与费用的目的,同时必须与原投标文件对照,核实该方案是否属于原投标报价范围。

(10)严守现场签证审批关。现场签证通常是施工合同总价的一个重要调整条款,自然是施工费用控制的关键因素。因此,在施工过程中须做好施工记录且严格履行现场实测和审批手续,认真核实签证内容是否与施工合同范围和定额工作内容相互重复。

(11)严格执行变更程序的审批关。当业主变更和设计变更发生时,应认真执行规定的变更控制程序,分析拟实施的变更对原项目施工进度、费用、质量等管理目标的综合影响,以便作出系统性的决策,并为后续分析施工费用偏差提供翔实的信息。

(12)严把验收关。在项目施工隐蔽验收和竣工验收中,现场管理工程师应认真核对现场实物与设计图纸、相关标准规范等的符合性,以此确定实际完成工程量以及遗留工作量。

(13)编写工程结算明细表。为避免重复结算工程量,应该编写变更工程量与现场签证工程量明细表,一是做到账目清晰,二是可以轻易查出重复工程量或漏算工程量,确保结算的公平、公正。

(14)严把资源配置关。在项目实施的各个环节中,配置适合岗位的管理人员,避免人浮于事、管理效率低下甚至耽误问题的处理时机等问题的发生;配置适合工序特点的施工机具,避免浪费机械台班、耗费项目工期甚至最终延误项目进度等问题的发生。

(15)全过程采用赢得值原理进行项目进度/费用综合控制。

3.3.5　职业健康与安全、环境保护管理

3.3.5.1　范围

项目职业健康与安全、环境保护(HSE)管理涉及项目施工的全过程、全方位、全员。

3.3.5.2 组织机构

为保证项目 HSE 管理的有效进行，并强化项目各参建方的 HSE 管理意识，宜组建项目 HSE 领导小组。

为确保项目 HSE 管理制度的有效落实，以及日常事务的及时完成，宜成立专门的 HSE 管理部门，如项目安全环保健康部，具体负责日常的项目施工 HSE 管理职能等，并按相关规定配备负责人以及适量的专职安全管理人员。

EPC 总承包项目 HSE 管理组织机构示例图见图 3-16。

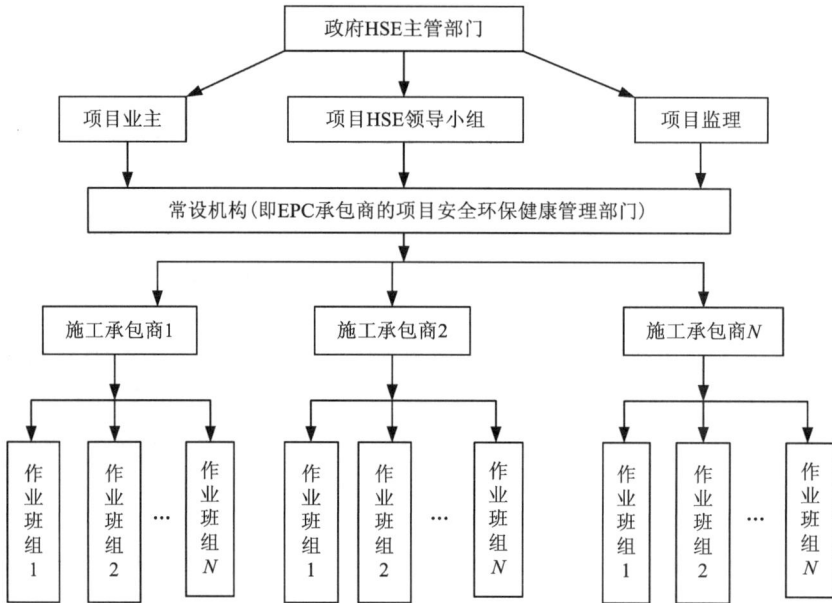

图 3-16 EPC 总承包项目 HSE 管理组织机构示例图

说明：

(1)图中 HSE 领导小组组长由 EPC 承包商项目总经理担任，副组长由 EPC 承包商项目部分管 HSE 负责人担任，成员由 EPC 承包商项目部的部门负责人、专职安全管理人员以及各施工承包商的项目经理、项目专职安全管理员组成。

(2)常设机构负责人为 EPC 承包商项目部的安全环保健康部负责人。

(3)常设机构成员为 EPC 承包商项目部专职安全管理人员以及各施工承包商项目部专职安全管理人员。

3.3.5.3 管理目标值

根据企业自身特点，制订符合国家现行法律、法规、规程和标准的管理目标值，如：

(1)零工亡，零重伤；

(2)零环保事故；

(3)员工职业健康检查率；

(4)废水、废气、废渣及噪声达标排放，固体废弃物分类处理；

(5)节能降耗、节约资源量；

（6）不发生重大交通、重大火灾、中毒事故；

（7）项目重大投诉率；

（8）其他。

3.3.5.4　管理基本原则及要求

（1）严格落实 HSE 主体责任与"一岗双责，党政同责"制度，坚决贯彻"管生产必管安全，管安全必管行为"的管理理念，严守安全环保红线与生态文明底线。

（2）以人为本，坚持"安全第一、预防为主、综合治理"的方针与"一切风险皆可控制，一切事故皆可预防"的理念，贯彻执行安全、环保设施与主体工程同时设计、同时施工、同时投入生产和使用的"三同时"原则。

（3）制定项目 HSE 规章制度，将计划有安全生产目标和措施、布置工作有安全生产要求、检查工作有安全生产项目、总结方案有安全生产条款、总结评比有安全生产内容的安全生产"五同时"工作制度落实到每一个施工环节之中。

（4）按照《企业安全生产责任体系五落实五到位规定》（安监总办〔2015〕27 号），必须落实党政同责、安全生产一岗双责、安全生产组织领导机构、安全管理力量、安全生产报告制度，必须做到责任、投入、培训、管理、应急救援到位，同时宜设立 HSE 专项资金管理账户，以规范 HSE 资金的计划、报销、核销等行为。

（5）在项目初期，业主或 EPC 承包商（若有）应与相关单位签订 HSE 管理目标协议、与内部员工签订 HSE 责任清单，以落实各相关单位与全体员工的 HSE 责任。

（6）实行全员、全方位、全过程、全天候的"四全"HSE 管理模式，做到人人、处处、事事、时时管 HSE。

（7）把 HSE 管理纳入生产绩效考核指标，坚持 HSE "一票否决权"制度，并积极开展 HSE 竞赛考评活动，实行严格奖惩制度。

3.3.5.5　项目 HSE 管理计划的编制

1）编制及审批

由项目 HSE 管理部门组织编制，然后由项目业主审批并组织实施；或者由 EPC 承包商的安全环保健康部组织编制，经 EPC 承包商项目总经理批准后，再报项目监理和业主审批后才能组织实施。

2）编制内容

（1）项目 HSE 管理目标。

（2）项目 HSE 管理组织机构和职责。

（3）项目危险源及风险辨识、评价和控制；项目环境因素识别、评价和控制。

（4）项目 HSE 管理的主要措施与要求。

（5）项目 HSE 管理所需的人力、物力、财力和技术等资源的配置计划。

（6）从业人员 HSE 培训教育计划。

（7）项目 HSE 应急准备和响应预案。

3）项目业主和 EPC 承包商（若有）须督促施工承包商编制项目施工 HSE 管理方案，并监督其更新和实施

3.3.5.6　项目 HSE 规章制度

建立健全以 HSE 责任制为核心的有关规章制度，包括但不限于以下制度：

（1）项目 HSE 管理责任制以及相应的教育培训和检查制度；

（2）项目 HSE 生产奖惩制度；

（3）项目重大环境污染与安全生产事故责任追究制度；

（4）项目危险作业审批管理制度以及爆破物品（如雷管炸药）与有毒物品管理制度；

（5）项目特种作业人员、特种作业设备管理制度；

（6）项目供应商/施工承包商及其人员安全管理制度；

（7）项目劳动防护用品及保健管理制度。

3.3.5.7　项目重大环境因素与重要危险因素管理

1）科学辨识项目重大环境因素和重要危险因素

制订相关的监控预防措施、事故应急准备和响应预案，并组织员工培训和应急演习，提高员工的应急处置能力。

2）项目危险源及风险辨识、评价和控制

根据现行法律、法规、规范、标准以及项目业主或 EPC 承包商（若有）的有关管理规定，编制并及时更新项目危险源的风险辨识评价表、重大风险因素清单、职业健康安全管理方案，并督促施工承包商对其所承担工程的危险源进行风险辨识、评价和控制。

3）项目环境因素识别、评价与控制

根据现行法律、法规、规范、标准以及项目业主或 EPC 承包商（若有）的有关管理规定，编制并及时更新项目的环境因素识别评价表、重要环境因素清单、环境目标、指标和管理方案，并督促施工承包商对其所承担工程的环境因素进行识别、评价和控制。

4）项目重要危险因素管理

对矿山建设项目的露天剥离高边坡、堆料场、爆破物品（如雷管炸药）仓库、竖井井口、爆破作业区域、掘进工作面等重要部位和高危区域制订切实可行的环境保护与安全防范措施，并设置明显的警示标志。

3.3.5.8　项目应急准备和响应预案管理

根据现行法律、法规、规范、标准以及项目业主或 EPC 承包商（若有）的有关管理规定，编制、更新、演练、评价项目应急准备和响应预案，并充分利用矿山建设项目周边的社会资源，协调业主、EPC 承包商（若有）、监理及施工承包商之间的良好关系。

督促施工承包商编制、更新、演练、评价其项目应急准备和响应预案，并督促准备、管控应急物资。应急预案内容包括：

（1）应急救援的组织和人员安排；

（2）应急救援器材、设备与物资的配备及维护；

（3）在事故发生后，对现场保护、组织抢救的具体程序；

（4）内部与外部联系的方法和渠道；

（5）预案演练计划（必要时）；

（6）预案评审与修改的安排。

3.3.5.9　项目 HSE 检查

采取定期检查、季节性检查、节假日检查、经常性检查、临时检查、专业检查、专项检查等方式，对矿山施工现场进行 HSE 检查并形成相应记录。

3.3.5.10　项目 HSE 教育及培训

建立健全项目 HSE 教育培训制度，依法依规及时开展 HSE 宣传教育，不断促进从业人员的 HSE 观念转变与技能提高。

针对项目特点，可聘请专业人员讲授 HSE 的管理要求和应对措施，其培训教育包括但不限于：

（1）有关 HSE 的法律、法规、条例等；

（2）HSE 管理体系和规章制度；

（3）有关 HSE 的组织机构、运营机制、劳动纪律和急救常识；

（4）矿山项目生产工艺流程和安全规程；

（5）类似矿山项目和类似风险典型事故案例分析。

对于项目的外来人员，需对其进行简要的、有针对性的入场 HSE 教育，确保正确佩戴防护用品，并在专人引导下进入矿山项目施工现场。项目关键岗位人员必须经过专门的培训，经国家授权部门考试或考核合格并取得合格证后上岗，上岗履职期间接受必要的继续教育培训。项目施工的特殊工种人员须持证上岗，上岗履职期间接受必要的继续教育培训。在新工艺、新技术、新设备、新材料使用前，必须对其操作人员进行 HSE 及操作方法的培训，经考试合格后方可上岗。

3.3.5.11　项目施工承包商的 HSE 管理

根据业主和 EPC 承包商（若有）的有关规定，事先制定项目施工工程 HSE 底线标准与要求，根据约定采购方式选择适宜的施工承包商，对项目施工承包商进行评价、再评价，建立并及时更新合格施工承包商名录，并实施"红黑名单"制。

明确施工工程的 HSE 要求与职责并签订施工工程 HSE 管理协议。

督促、监管施工承包商按约定开展 HSE 工作并进行定期或不定期的 HSE 检查等。

3.3.5.12　项目特种设备与特种作业人员的管理

应及时建立项目特种设备、项目特种作业人员管理制度与管理台账，及时跟踪并动态管控项目特种设备、项目特种作业人员情况与管理台账。

3.3.5.13　项目安全管理重点

1）井下作业安全管理

（1）严格落实下井前的安全教育制度以及进出井的签名确认管理台账。

（2）认真落实领导下井带班作业制度。

（3）严格落实分级敲帮问顶管理制度，做到项目业主每月组织检查不少于两次，EPC 承包商（若有）每周组织检查不少于一次，施工承包商每天组织检查一次，而作业人员每班至少进行两次检查与确认，始终做到不安全不作业。

（4）当掘进工作面遇到下列情况之一，必须先探水后掘进：

①接近溶洞、水量大的含水层；

②接近可能与河流、湖泊、水库、蓄水池、含水层等相通的断层；

③接近被淹井巷、老窿；

④接近水文地质复杂的地段；

⑤接近隔离矿柱。

（5）为确保矿山井下安全，巷道与硐室需视实际情况加设临时支护，并须符合下列规定：

①破碎围岩,应采用超前支护,或工作面预注浆加固围岩;

②较破碎围岩,应采用金属支架或锚喷支护;

③易风化、膨胀岩层,应采用喷射混凝土及时封闭;

④临时支护应紧跟掘进工作面;

⑤采用金属支架时,支架间应相互连接牢固,背板应背实、背严,严禁架空心箱;

⑥采用锚喷支护时,宜掺入速凝剂或早强剂。当出现以下两种情况时,还须督促施工承包商对锚喷支护进行检测:Ⅳ类围岩宽度大于 5 m 的巷道、硐室或 Ⅴ 类围岩中的巷道、硐室;地压较大、围岩变形严重的巷道、硐室。

2)竖井安全管理

(1)严格落实提升井架专人负责制度,各竖井提升装置分别指定专人负责。

(2)按安全责任分工,由指定负责人组织维修人员按规定期限对竖井提升设备、设施进行全面安全检查。

(3)维修人员每天检查至少一次,确保运行安全。

3)井下通风管理

(1)编制项目井下通风专项方案,并由项目业主、EPC 承包商(若有)、监理予以核批,同时需要监督实施。

(2)要督促施工承包商对通风设施进行必要的检查和维护。

(3)落实独头通风保证措施。因矿山项目建设前期独头巷道较多,井下通风效果不理想,为此需在风管管路上及时增设接力风机,同时要定期检查出风口与掘进作业面的距离是否满足不大于 20 m 的要求,以确保有效排除作业面的有害气体和粉尘。

4)项目井下临时用电管理

(1)建立健全项目井下临时用电管理制度,明确职责和管理措施,杜绝井下用电安全事故的发生。

(2)要求施工承包商提交项目井下施工临时用电方案,明确用电量、井下用电设备数量及其位置、安全电压等级、临时电缆架(敷)设高度等内容。

(3)经常检查电工持证上岗情况,严禁无证上岗。

(4)定期或不定期组织矿山井下临时用电专项安全检查,发现隐患,限期整改。

5)项目施工爆破安全管理

(1)严格落实项目施工爆破物品使用许可制度,爆破作业前须向所在地县、市公安局申请爆破物品使用许可证,否则不允许开展爆破作业。

(2)严格落实安全警戒规定,并执行爆破作业持证上岗制度。

(3)严格执行爆破物品管理制度,由专人办理出入库手续,派专人、专车将爆破器材押运到临时存放点,及时退还未使用的爆破器材。

(4)爆破作业过程中务必执行"一炮三检"制度,并严格落实放炮后的哑炮或盲炮清查、处理规定。

(5)要求发放员每班编写爆破器材管理台账。

(6)当两个钻爆法掘进工作面相距 15 m 时,必须停止一头作业。当贯通相距 5 m 爆破时,必须设警戒哨。

3.3.6　施工竣工验收

3.3.6.1　施工竣工验收与竣工验收区别

施工竣工验收是指建设项目中的某单位工程已按合同约定完成了相应设计文件图纸规定工程内容的施工建设、单机试车、空负荷联动试车，由项目业主组织施工竣工验收并办理相应的交接手续。它是建设投资成果转入投料试车的里程牌标志，也是全面考核、检验项目设计和施工质量的重要环节，与本章第 3.5 节所述的竣工验收不同，两者的主要区别见表 3-9。

表 3-9　施工竣工验收与竣工验收主要区别

验收类别	验收对象	验收时间	验收组织	参加单位	验收目的
施工竣工验收	单位工程	单位工程完工后、交付投料试车前	项目业主	项目业主、监理、施工承包商、设计、EPC 承包商（若有）	交工
竣工验收	整个项目	项目建成并试生产一段时间后、交付生产前	项目建设主管单位	项目建设主管单位、验收委员会或小组、项目业主、监理、施工承包商、设计、EPC 承包商（若有）	移交固定资产

3.3.6.2　施工竣工验收条件

《建设工程质量管理条例》第十六条规定：建设单位收到建设工程竣工报告后，应当组织设计、施工、工程监理等有关单位进行竣工验收。建设工程竣工验收应当具备下列条件：

（1）完成建设工程设计和合同约定的各项内容；

（2）有完整的技术档案和施工管理资料；

（3）有工程使用的主要建筑材料、建筑构配件和设备的进场试验报告；

（4）有勘察、设计、施工、工程监理等单位分别签署的质量合格文件；

（5）有施工单位签署的工程保修书。

建设工程经验收合格的，方可交付使用。

3.3.6.3　施工竣工验收依据

施工竣工验收的依据一般包括：

（1）上级主管部门对该项目批准的各种文件；

（2）可行性研究报告、初步设计文件及批复文件；

（3）施工图设计文件及设计变更洽商记录；

（4）国家颁布的各种标准和现行的施工质量验收规范；

（5）EPC 总承包合同（若有），矿山工程施工承包合同文件；

（6）技术设备说明书；

（7）若有引进技术和进口设备，则要按照签订的引进技术服务合同和进口设备合同的技术要求等进行验收；

（8）其他有关工程竣工验收的规定。

3.3.6.4　施工竣工验收流程

在项目施工竣工验收前，要制订好项目施工竣工验收流程。EPC 承包项目施工竣工验收流程示例图见图 3-17。

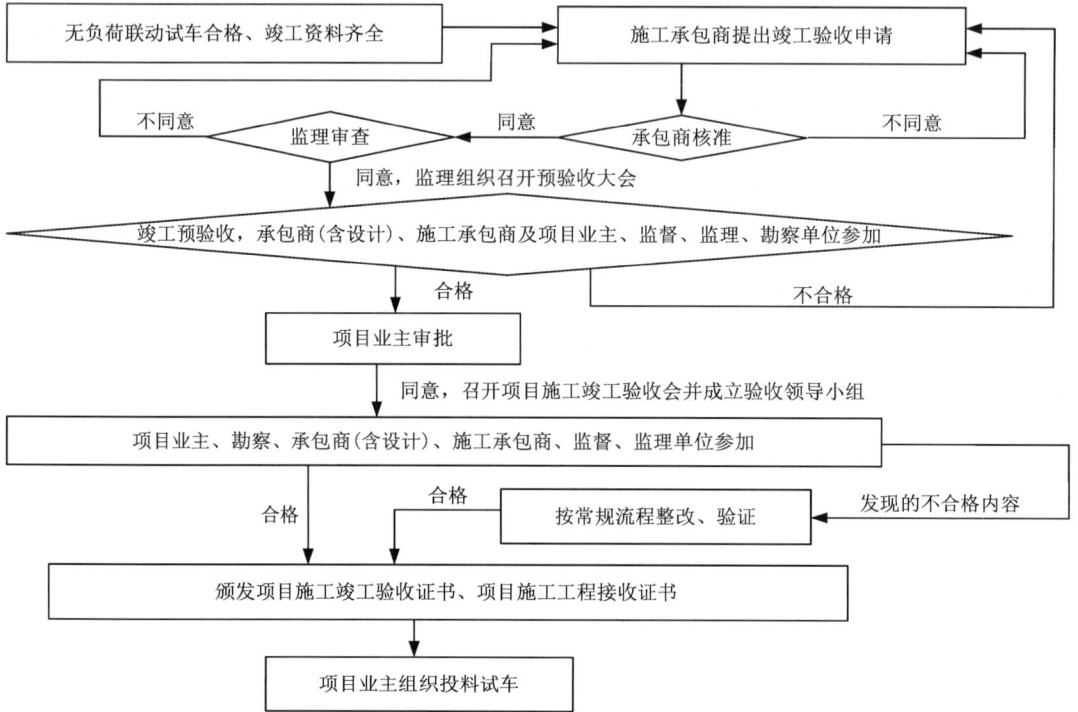

图 3-17　EPC 承包项目施工竣工验收流程示例图

3.3.6.5　施工竣工验收程序

质量监督机构全程监督项目施工竣工验收程序及其行为。EPC 承包项目施工竣工验收程序示例图见图 3-18。

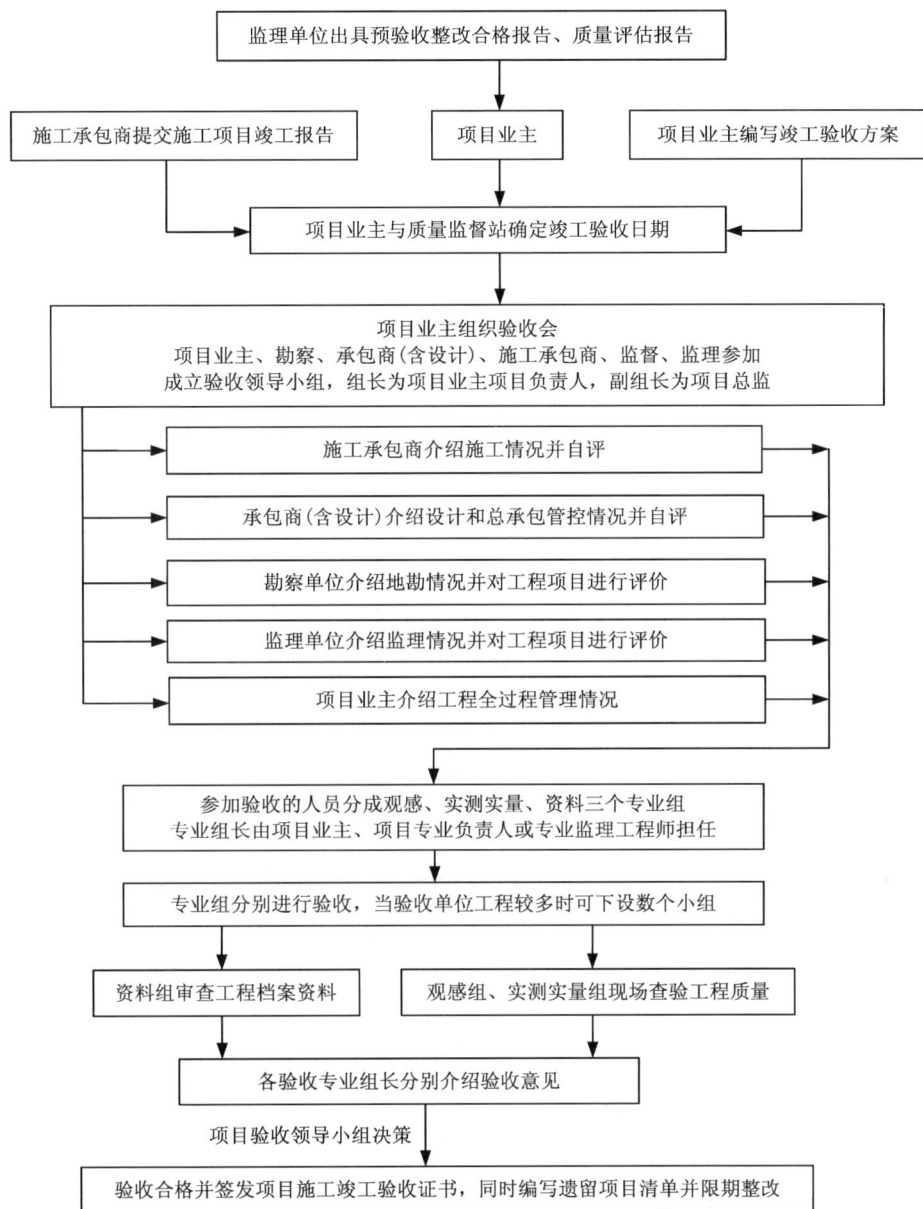

图 3-18 EPC 承包项目施工竣工验收程序示例图

3.4 项目试车

项目试车指对建设项目工艺流程设备进行的空载、负载试运行,它是工程建设的最后阶段,其目的是通过对已施工竣工建设项目做最终动态检验,以确认设计、采购、施工、安装的质量是否达到合同或设计文件规定的技术指标。

项目试车的成功取决于两个方面:一是在工程上不存在足以导致拖延工期和发生重大事

故的隐患；二是在开车中不发生危及人身、设备安全和资源浪费的严重失误。两者相辅相成，缺一不可。

一个项目，其完整的试车包括单机试车、空负荷联动试车、负荷试车（投料试车）、性能考核四个阶段。

3.4.1 项目试车组织

不管采用何种矿山建设项目管理模式，均应在项目建设后期由项目业主组织成立项目试车组织机构，承担项目试车的组织、管控与实施工作。项目试车组织机构一般由项目试车领导小组和试车工作小组组成，项目试车工作小组下可根据项目实情设立若干试车专项工作小组。

项目试车领导小组负责各阶段试车工作的行政领导、技术指导、重大事项决定等工作。

项目试车工作小组负责各阶段试车工作的实施，包括组织、指挥、操作、安全环保、检测记录、报告编制、厂商协调、后勤保障等工作。

项目试车专项工作小组负责相应专项的各阶段试车工作的实施，包括相应专项的组织、指挥、操作、安全环保、检测记录、报告编制、厂商协调等工作。

在项目试车实施计划中应明确项目试车组织机构与各参与方的职责、各试车阶段进度安排、主要内容等。

不同项目管理模式、不同试车阶段，项目参建各方在试车过程中的作用及职责会有所不同，应根据项目实情与合同约定来落实。EPC承包项目典型项目试车主要职责分配示例表见表3-10。

表3-10 EPC承包项目典型项目试车主要职责分配示例表

参加方	单机试车	空负荷联动试车	投料试车	性能考核
项目业主	参加、监督	具体实施（生产部门）	组织与实施	组织与实施
承包商	协调、监管	总体组织、监管	技术指导、协助	技术指导、协助
项目设计		专业技术指导	专业技术指导	专业技术指导
施工承包商	分包范围内的组织与实施	协助、质保	协助、质保	质保
项目监理	监督	监督		
关键设备供应商	供货设备范围内的协助与技术支持	供货设备范围内的协助与技术支持	协助、质保	质保
包供货安装的供应商	供货安装范围内的组织与实施	协助、质保	协助、质保	质保

3.4.2 单机试车

3.4.2.1 目的与目标

单机试车主要目的：全面检查工艺流程上各单体设备的制造与安装质量；消除设备可能

存在的各种瑕疵，使其达到投入生产运行的条件。

通过单机试车，应当实现如下目标：各设备能按规定时间运行，设备各转动部位的温升、噪声符合规范或产品说明书，设备运行平稳，具备连续运转的条件。

3.4.2.2 单机试车程序

单机试车一般按以下程序实施：

1）单机试车方案编制和审批

单机试车方案由承担设备安装任务的施工承包商编制，监理工程师审批。对总承包项目，单机试车方案应首先经承包商审定，才能报监理工程师审批，且应报项目业主备案。

2）完成试车前的各项准备工作

完成试车前的各项准备工作包括组织、人员、技术、物资、外部条件准备。组织、人员、技术、物资准备由施工承包商完成，外部条件由项目业主或承包商负责完成。

3）单机试车实施

具体设备单机试车由承担安装任务的施工承包商组织、指挥、实施；监理工程师现场监管。总承包项目则由承包商统一指挥，施工承包商组织、实施。

4）单机试车整改

单机试车过程中发现的制造、安装瑕疵，试车工作小组需经讨论后要求供应商、施工承包商进行相关整改，以保证后期空负荷联动试车的顺利开展。

5）单机试车报告整理

单机试车报告由实施单位编制，监理工程师、项目业主审核、确认。对总承包项目，单机试车报告应先经承包商审核后才能报项目监理。单机试车报告应对试车结果作出客观评价。

3.4.2.3 单机试车方案

单机试车方案的内容应包括：

（1）试车的目的、总目标和进度安排。

（2）试车准备要求：试车组织机构的确定、试车内外部条件的确认检查和试车的通知、联络与交通等。

（3）试车安全规定：试车的安全要求、注意事项和安全措施。

（4）试车应急预案：安全应急组织机构的确定、安全教育、应急准备以及人员伤害、火灾的安全响应等。

（5）计划试车的单体设备及各设备具体的试车程序、步骤。

（6）试车检验项目及检验标准。

（7）单机试车记录表。

单机试车记录表中应具体明确单体设备需检测的项目及检验标准；目前矿山提升、破碎、通风、排水系统等的各单体设备试运转检验标准在安装规程规范中均有明确规定。国内常使用的空压机单机试车记录表式样见表3-11。

表 3-11　空压机单机试车记录表式样

工程名称	××矿山 2#罐笼井井下供风系统安装工程	建设单位	××矿业有限公司×矿
系统部位	井下供风系统	施工单位	××冶金建设有限公司
系统设备	空压机	试验时间	××年××月××日

机械检查项目

序号	项目	要求及允差	实测值及情况	序号	项目	要求及允差	实测值及情况
1	空载运转时间	8 h		4	滚动轴承温度	<80℃	
2	重载运转时间	8 h		5	润滑情况	应良好	
3	滑动轴承温度	<70℃		6	设备动、静件之间	无异常	

电器检查项目

系统编号	设备名称及型号	连续试运转时间/h	设备数量	设备转速/(r·min⁻¹)		额定功率/kW		额定电流/A		轴承温升/℃	电机温升/℃
				额定值	实测值	铭牌	实测值	额定值	实测值	实测值	实测值
1	××空压机	8	1								
2	××空压机	8	1								

试运行状况及意见

（总体评价）

检查意见：	验收结论：
设备单机试运转项目均符合(不符合)设备技术文件质量要求规定；设备试车合格(不合格)。	
检查员：	(建设单位项目专业负责人)：
技术负责人：	
年　月　日	年　月　日

3.4.2.4　单机试车验收

单机试车完成后，试车组织单位应及时组织参与方进行总结验收，并对试车结果作出评价，签署结论性意见。

各方签署的单机试车文件交由施工承包商保留，并随交工资料归档。

3.4.3　空负荷联动试车

3.4.3.1　目的与目标

空负荷联动试车主要目的：在单机试车合格基础上，依正常生产逻辑关系，通过自动控制模式，启停各独立系统流程设备，以验证工艺流程上各设备运行连锁控制的正确性和可靠性，消除连锁运行可能存在的各种瑕疵，满足投料试车的各项条件。

通过空负荷试车，应实现如下目标：各系统设备联动运行平稳，连锁关系正确，应急程序可靠；工艺流程与管道通畅，满足设计和规范的要求。

3.4.3.2　空负荷联动试车程序

空负荷联动试车一般按以下程序实施：

1）空负荷联动试车方案编制和审批

试车方案根据合同规定由项目业主或承包商(若有)组织编写和实施，施工、设计单位参与，由项目监理、项目试车领导小组组织审查、批准。

2）完成试车前的各项准备工作

完成试车前的各项准备工作包括组织、人员、技术、物资、外部条件准备。空负荷联动试车由项目业主方操作人员进行操作；组织、技术、物资准备由项目业主或承包商(若有)完成，外部条件由项目业主准备。

参与试车的所有人员，应熟悉试车范围内流程联动试车方案和相应的应急方案。

3）空负荷联动试车实施

空负荷联动试车由项目业主组织、指挥，施工承包商实施。对总承包项目，由项目业主审批试车方案，承包商组织、指挥，施工承包商实施。

4）试车后的整改

试车完成，经试车工作小组讨论后，应安排相关的供应商、施工承包商对试车中发现的各种问题进行整改，确保后续投料试车的安全可靠。

5）空负荷联动试车报告整理

空负荷联动试车报告由试车组织单位整理编制，项目监理、项目业主审核、确认。对总承包项目，空负荷联动试车报告由承包商编制。报告应对试车结果做出客观评价。

3.4.3.3　空负荷联动试车方案

空负荷联动试车方案编制的关键是根据设计要求正确体现联动系统内各设备之间启停关联、连锁保护程序的检验标准。例如：竖井提升运输系统中，提升机启动的安全联锁条件之一应当包括各运输中段摇台打开、进口安全门全部关闭；矿山破碎系统中，破碎机与矿石输送设备之间正常运转逻辑顺序关系及事故停机逻辑关系；矿山通风系统中，风机的启停与阀门之间的控制、联锁关系等。

空负荷联动方案的试车记录表应针对不同系统明示相应的检验项目及合格标准。

空负荷联动试车方案不仅应当包括试车程序和步骤，还应包括试车的组织、领导、岗位责任、岗位之间的联系规定等内容。具体的内容要求如下：

（1）试车的目的、总目标和进度安排。

（2）试车准备要求：试车组织机构的确定、试车内外部条件的确认检查和试车的通知、联络与交通等。

（3）试车安全规定：试车的安全要求、注意事项和安全措施。

（4）试车应急预案：安全应急组织机构的确定、安全教育、应急准备以及对于突然停电、管道泄漏、人员伤害和火灾等的安全响应。

（5）按照子项、系统、单元编制的具体专业试车程序和步骤。

（6）试车检验项目及检验标准。

（7）空负荷联动试车记录（式样）。

3.4.3.4　空负荷联动试车验收

空负荷联动试车完成后，试车组织单位应及时组织各参与方进行总结验收，并形成空负荷联动试车报告。空负荷联动试车报告应附上试车原始记录（包括参与方签字确认记录）并呈报项目业主，向业主申请颁发联动试车合格证书。空负荷联动试车报告至少应包括如下内容：

（1）试车基本情况概述；

（2）试车过程简述；

（3）试车效果综述；

（4）试车存在问题及改进意见；

（5）试车结论。

3.4.4　负荷试车

3.4.4.1　负荷试车目的与目标

负荷试车目的：在空负荷联动试车合格的基础上，通过投入生产物料，打通生产流程，产出合格产品；逐步消除投料试生产期间发现的各种瑕疵，稳定运行，使其逐步达到设计确定的生产负荷能力，为试生产做好准备。

通过负荷试车，应实现如下目标：不发生任何重大设备、操作、安全、环保事故；流程畅通，能连续稳定地产出合格产品，产能逐渐稳定并提高；逐渐实现物料平衡；环保和工业卫生指标达标。

3.4.4.2　负荷试车程序

负荷试车一般按以下程序实施：

1）负荷试车方案编制和审批

负荷试车方案原则上由项目业主组织编制，项目安全、环保、技术、生产等部门参与，项目设计单位相关专业技术人员给予必要的技术指导。对特定的总承包项目，也可根据总承包合同约定，由承包商组织编制，项目业主方参与。

负荷试车方案应经项目业主认可，并经项目试车领导小组批准。

2）生产准备

负荷试车准备由项目业主组织完成。对于总承包项目，承包商应按合同约定协助做相关的工作。生产准备通常包括：

（1）组织准备。根据负荷试车需求，建立满足矿山生产要求的调度指挥系统和生产操作系统。

（2）人员准备。通过多种途径，培养能够满足生产需求的安全管理、环保管理、调度、指挥、生产操作人员；矿山特种作业人员均已取证并能熟练操作所负责的特种设备或正确进行其特种岗位作业。

（3）技术准备。根据设计文件和试生产计划，确定负荷试车期的开采矿体、采掘量和配矿指标；生产、调度部门人员熟悉负荷试车方案的安全、环保和技术规定及生产技术方案；各工种作业人员熟练掌握生产过程的具体操作步骤。对于总承包项目，按总承包合同约定，承包商组织编制或协助编制负荷试车方案，并及时通知主要设备供应商委派专业工程师现场指导试车，及时通知施工承包商配合负荷试车。

（4）物资准备。提早准备负荷试车所需的动力辅料、消耗资材、润滑油、工器具、备品备件等。对于总承包项目，承包商采购的全部随机备品备件应及时移交项目业主。

（5）资金准备。根据负荷试车需求，筹措并安排负荷试车所需的流动资金。

（6）外部条件准备。确认负荷试车所需的外部水、电、气等可满足需求。

3）负荷试车实施

负荷试车由项目业主组织、指挥、实施，项目设计单位关键专业的技术人员在现场给予必要的技术指导。对于总承包项目，按总包合同约定，承包商负责负荷试车技术指导等服务。

负荷试车应按照实施方案循序渐进地增大生产负荷量，每一新计划产量应有一个相对的连续稳定运行时间，切忌贸然加大产量。

当一种负荷状态下不能连续稳定运行，则应适当降低生产负荷，并查找原因、排除故障，力争尽快恢复到方案确定的负荷量。

根据试车方案，增加负荷的前提条件为前一负荷量状态下的连续稳定运行时间已符合要求，且增加负荷量时应有明确的书面指令。

任何一个负荷量的状态下连续稳定运行，都必须符合试车方案规定的时间要求。达到设计能力后，系统可根据生产单位的要求，连续满负荷运行。

4）负荷试车问题整改

对于负荷试车过程出现的各种影响流程打通的问题，试车小组经与设计单位讨论确认后应立即整改，以保证后续生产的顺利实施。但如出现的安全、环保问题，应经过整改并确认合格后，才能实施下一阶段的负荷试车。

5）负荷试车报告整理及合格证书颁发

负荷试车达到负荷试车方案确定的指标后，试车工作小组应及时组织相关部门进行总结，并编制负荷试车报告。负荷试车报告应经项目业主管理部门审核、项目试车领导小组审批，以确认试车合格的有效性。对于总承包项目，若总包合同约定承包商负责编制负荷试车报告，则承包商要编制负荷试车报告。

3.4.4.3　负荷试车方案

负荷试车以打通流程、产出合格产品为目标，因此负荷试车方案应围绕着各独立系统的初始产出量、渐进提升量、稳定运行量三个阶段来构思，并及时综合调整采场、采掘作业面、劳动力、运输设备等资源。

每一规定的负荷量，试车方案中都应明确规定其稳定运行的班次和时间，以确认该系统能满足特定负荷量生产的要求。

负荷试车方案不仅要包括试车程序和步骤，还要包括试车的组织、领导、岗位责任、岗位之间的联系规定等内容。具体内容包括：

（1）试车的目的、总目标和进度安排。

（2）试车组织与指挥系统规定。

（3）试车准备要求：试车组织机构、试车内外部条件的确认检查和试车的通知、联络与交通等。

（4）工艺过程说明和带控制点流程图的公示。

（5）原材料、能源和产品的质量指标要求，物料平衡表的公示。

（6）按子项、系统、单元编制的具体专业初始开车程序、阶段开车程序、稳定运行开车程序及操作步骤。

（7）工艺条件调整、增减负荷的规定及系统平衡要求。

（8）停车程序和紧急停车规定。

（9）非正常情况的分析及其处理。

（10）工艺技术指标的分析、报告要求。

（11）试车检验项目及检验标准。

（12）试车安全、环保应急预案：HSE应急组织机构的确定、HSE教育、应急准备以及对于突然停电、管道泄漏、人员伤害和火灾等的安全响应。

（13）生产记录表格（式样）。

3.4.4.4 负荷试车考核验收

负荷试车完成后，试车工作小组应及时组织参与方进行考核验收，并形成负荷试车报告。负荷试车报告应附上试车原始记录。负荷试车报告应包括如下内容：

（1）试车基本情况概述；

（2）试车过程简述；

（3）试车效果综述；

（4）试车存在问题及改进意见；

（5）试车结论。

负荷试车合格标准：矿山各独立系统工艺设备配套，构成完整的生产线，流程畅通，可形成设计文件规定的综合生产能力；根据生产班组的记录，试车期间可达到设计规定的能力。

对总承包项目，负荷试车合格，项目业主应按总包合同约定及时向承包商颁发试生产合格证书。

3.4.4.5 负荷试车验收结果处理

（1）各项指标都符合负荷试车方案的规定时，验收通过，参与投料试车考核各方在试车记录上签字确认。

（2）指标部分或全部不符合负荷试车方案规定的保证值时，验收不能通过。若系项目业主的责任，则可自动取消负荷试车的考核；若因承包商的原因（总承包项目），通过必要的整改完善后，可另择时间再次进行负荷试车考核，但一般考核总次数不超过三次。

（3）对总承包项目，如果经历三次考核仍不能达到负荷试车方案规定的保证值，则按合同约定处理。

3.4.4.6 负荷试车案例

某矿1号、2号回风井通风机已安装完毕并检查完好，安装施工承包商向承包商提出试车申请。承包商经与业主、监理商定于某年5月28日进行试车，并向业主和监理提出试车申请和试车方案。

1. 通风系统

矿区设计为主平硐和专用进风井进风、1号和2号回风井回风的中央对角式(中央进风两翼回风)通风系统。

2. 设备参数

两个回风井井口均设计安装两台防爆对旋轴流通风机，一用一备。具体参数如下：

1号回风井井口：风机型号为FBCDZ-10No26/2×185kW，电机型号为YBF2-450S-10，功率为185 kW，电压380 V。每台风机为两级叶片，互相对旋，两台电机。风机参数为：风量 $Q=80\sim160$ m³/s，静压 $H=2360\sim800$ Pa。

2号回风井井口：风机型号为FBCDZ-8No21/2×132 kW，电机型号为YBF2-400S-8，功率为132 kW，电压为380 V。每台风机为两级叶片，互相对旋，两台电机。风机参数为：风量 $Q=50\sim105$ m³/s，静压 $H=2410\sim1000$ Pa。

3. 执行标准、规范

执行标准、规范包括：《金属非金属矿山安全规程》(GB 16423)、《工业通风机现场性能试验》(GB/T 10178)、《金属非金属地下矿山通风技术规范　通风系统鉴定指标》(AQ 2013.5—2008)、《煤矿在用主通风机系统安全检测检验规范》(AQ 1011—2005)。

4. 组织措施

1)参加单位和人员

参加单位和人员有项目业主12人；项目监理4人；项目承包商9人；项目设备安装施工承包商12人；项目设备供货单位3人。

2)组织机构

为确保风机试运行期间的安全稳定运行以及出现故障时能够及时有效地处理事故，成立试车指挥部，下设设备电气组、现场测试组、安全环保检查组、后勤保证组4个工作组。指挥长全面负责协调、指挥；指挥部成员及各工作组负责具体工作及试车安全。具体组成见表3-12。

表3-12　某矿主通风机试车人员组成

试车分组情况		业主单位	监理单位	总包单位	分包单位	
					设备安装单位	设备供货单位
指挥部	指挥长	1				
	副指挥长		1	1		
	成员	3	2	4	1	1
设备电气组	组长	1				
	副组长		1	1		
	成员	2		2	2	2

续表3-12

试车分组情况		业主单位	监理单位	总包单位	分包单位	
					设备安装单位	设备供货单位
现场测试组	组长			1		
	副组长	1	1			
	成员	2	1	2	2	
安全环保检查组	组长			1		
	副组长				1	
	成员	2	1	2	2	
后勤保证组	组长				1	
	副组长	1				
	成员	2			4	1

试车参与人员40人(除指挥长未兼职外,其余指挥部人员均兼职参与各专项组)

3)具体职责

试车指挥部职责:

(1)确保通风装置按设计要求安装到位,并经验收合格,"三查四定"结束,符合试车要求;

(2)组织制订并签发试车所需的各种方案,并监督执行;

(3)下达试车指令,并组织试车过程,确保试车过程的安全和无环境污染事故发生;

(4)协调试车过程中各工序之间的关系,保证开车进程;

(5)及时协调解决试车过程中遇到的问题;

(6)保障试车所需原辅材料和各种物资;

(7)做好试车的后勤保障;

(8)协调试车的外部环境。

设备电气组职责:

(1)负责试车方案审查工作;

(2)负责解决试车过程中电气、仪表、设备等出现的问题;

(3)负责风机运行技术人员的培训工作;

(4)负责设备技术档案,组织建立机、电、仪维修体系;

(5)及时完成试车指挥部交办的其他工作。

现场测试组职责:

(1)负责试车技术资料、现场管理规定等编制工作;

(2)负责现场试车人员安排,进行人员分班、跟班工作;

(3)负责现场测试人员技术培训;

(4)负责测试数据收集、汇总、总结、评审等工作;

(5)及时完成试车指挥部交办的其他工作。

安全环保检查组职责：

（1）负责试车过程中各类安全、消防、环保、保卫工作；

（2）负责试车前的全面检查；

（3）负责试车过程中出现事故的救援工作；

（4）及时完成试车指挥部交办的其他工作。

后勤保证组职责：

（1）负责试车人员交通；

（2）负责试车人员饮食配送；

（3）负责试生产期间的宣传及影像留档工作；

（4）负责试车前所有测试用仪器仪表配备工作；

（5）及时完成试车指挥部交办的其他工作。

5.试车时间安排*

（1）人员培训时间：5 月 28 日 8：00—12：00。

（2）试车时间：1 号回风井，5 月 28 日 14：00—5 月 31 日 14：00；2 号回风井，5 月 29 日 10：00—6 月 1 日 10：00。

6.测试仪器仪表

项目试车所需测试仪器仪表见表 3-13。

表 3-13　测试仪器仪表

仪器名称	测量范围	准确度	数量	用途
空盒气压表	800～1060 kPa	±250 Pa	3	测大气压力
温湿度计	0～50℃ 0～100% RH	±0.5℃ ±5% RH	3	测温度、湿度
皮托管		系数 0.998～1.004	≥6	测动压、全压
U 形倾斜压差计	0～6000 Pa	±10 Pa	≥6	测静压、全压
压差计	0～6000 Pa	±10 Pa	≥5	测静压、全压
热球式风速计	0.05～30 m/s	±5%	≥6	测风速
声级计		0.5 dB	1	测噪声
功率表			无	由配电室相应仪表直读
激光非接触式转速表 光电转速表 DM6234P+数字测速表	2.5～99999 r/min	±0.05%+1	1	测风机转速

7.试运转前的准备工作

（1）由指挥部派专人现场监督指导。

---

* 此处为试车时间安排的一个说明例子，以工程实际为准。

（2）检查风机风道（包括风机前风道及风门）中是否有杂物，特别是风道及风道壁残留的混凝土，应全部清除。

（3）风机及电控设备由设备厂家派技术人员现场调试，检查各部设备确保正常后，方可进行试运转。

（4）试运转前，10 kV 配电室要对 1 号、2 号回风井所属区域进行降负荷，并随时注意所属区域负荷情况，保证正常供电的前提下方可试运转。

（5）要确保回风井井口各种门完全关闭且密封完好，风机闸门打开。闸门分别用电动和手动试运行，保证开、闭动作正常、灵活、闸门严密。

（6）配齐所有测试用仪器仪表。

（7）检查润滑系统是否正常，轴承箱的油位是否在油位线处，通过窥镜检查电机处润滑油循环是否正常，检查所有管路、管接头的密封性。

（8）检查轮盘与叶片间隙及安装位置，叶片与轮盘间隙应为 5 mm。转动叶轮进行盘车，应轻快不得有卡滞现象。

（9）单独对电机制动器通断电检查抱死和松开状态工作是否正常。

（10）通风机房配电室无负荷送电运行操作正常后方可试车。

（11）检查叶片调节机构的灵活性，检查各处螺栓、螺钉和管路连接有无松动或泄漏。

（12）试车前确认风道内无任何人逗留，风道测试孔洞周围应设警戒，周围 5 m 不得有人员靠近。

8.通风机试运转期间运行方式

（1）1 号风机调试

正转调试：首先送通风机房 2AA 号柜电源，再送 3AA 号柜，然后 1 号通风机的 1 号电机直接启动，启动 1~2 min 后使风扇达到最高转速后，再启动 1 号通风机的 2 号电机，调试结束将 1 号通风机的 2 号、1 号电机控制开关停止按钮依次按下，停止运行，将风机控制开关的隔离打到"停止"位置，并悬挂"禁止合闸"的警示牌。

反转调试：首先停止风机运转，将防爆门和人员安全出口固定锁紧，然后将风机控制开关隔离打至"反向"位置，接着 1 号通风机的 1 号电机直接启动，启动一至两分钟后使风扇达到最高转速，再启动 1 号通风机的 2 号电机。反风操作必须在 8 min 内完成。调试结束将 1 号通风机的 2 号、1 号电机控制开关停止按钮依次按下，停止运行，将风机控制开关的隔离打到"停止"位置，并悬挂"禁止合闸"的警示牌。

（2）2 号通风机调试方式与 1 号通风机一致。

（3）风机在试运转期间，现场测试组要做好试运转记录，系统地记录风机运转状况。

（4）单机试运转期间，设备电气组当班人员加强对运转风机的巡视，注意观察风机机、电、仪运转情况，每小时记录一次温度、湿度、风压、风速、电流、电压、轴承温度等运行参数，有异常情况立即汇报试车指挥部。

（5）单机试运转期间，现场测试组当班人员应严格执行主通风机运行的各项规定，加强对运转风机的巡回检查，做好测试数据收集、汇总、总结、评审等工作。

（6）单机试运转期间，安全检查组安排当班人员做好运转风机所有设备及其区域的看护工作，严禁其他人员操作运转风机。

（7）单机试运转期间，设备电气组安排当班人员现场跟班巡检，以便突发事故时能尽快恢复风机运行。

（8）单机试运转期间，设备电气组在 35 kV 变电所安排当班人员严格执行巡视检查制度，监视 1#回风井供电情况，发现掉电情况，要立即恢复供电，缩短事故处理时间。

（9）单机试运转期间，安全环保检查组要保证主通风机房的电话畅通，通信正常。

（10）运转 48 h 后停机（先试 1 号风机正转，一切正常后试 1 号风机反转，一切正常后试 2 号风机正转，最后试 2 号风机反转）。

9. 试运转注意事项

（1）风机运转时，要运行平稳，转子与机壳无摩擦声音。

（2）轴承温度和电动机温升不超过允许范围。

（3）要保证主机轴承可靠润滑。

（4）通风机的电流表、电压表等安全仪表必须符合设计要求并且要灵敏、可靠。

（5）风机运行中应观察叶轮是否处于平稳工作状态。

（6）试运转停止后应检查风机内外管道的密封性，检查叶片间隙有无变化。

10. 安全环保注意事项

（1）所有参加人员，必须熟知运转的步骤、方案。服从命令，听从指挥，坚守岗位。进入测试现场的所有人员必须戴安全帽。

（2）设备电气组设专职人员负责停送电操作，并严格执行监护制度，非专职人员严禁操作。

（3）风道进风口的工业垃圾要清理干净，风机试运转时要设置警戒线，并设专人警戒，严禁人员靠近。

（4）非工作人员不得进入试运转现场及靠近警戒线附近，安全环保检查组要设专人检查并控制工作人员数量。

（5）运行前，风道、扩散筒内每个角落和进风口范围必须进行认真检查，清除一切隐患，井下各风门必须正确开、闭。

（6）各岗位人员要分工明确。专人指挥、专人操作、专人监护，防止误操作的发生，未经许可，严禁离开工作岗位。

（7）风叶调整完毕后，必须由现场测试组进行认真检查，以防发生事故。

（8）测试过程中发现异常情况应立即停车，随即报告试车指挥部，待研究处理后方可再次试车。

3.4.5　性能考核

在总承包管理模式下，项目业主可设置性能考核环节。

3.4.5.1　性能考核目的与目标

性能考核的目的：在试生产基本正常的条件下，生产系统按设计规定的作业制度，通过规定时间的连续满负荷运行，检查整个项目设计、施工、设备制作、安装等工作质量是否达到设计预期要求，验证整个项目及各独立子项、单元的生产情况。

性能考核的目标：工艺设备配套，生产系统完善，流程畅通，经规定的时间内满负荷运行，整个生产系统可以达到设计确定的综合生产能力，产品质量和单位消耗指标均在设计文件或合同规定的范围内。

3.4.5.2　性能考核的一般程序

性能考核一般按以下程序进行。

1. 性能考核方案编制与审批

性能考核方案原则上由项目业主组织编制，安全、环保、技术、生产等部门参与，项目设计单位相关专业技术人员给予必要的技术指导。对特定的总承包项目，也可根据总承包合同约定，由承包商组织编制，项目业主方参与。

考核方案应经项目业主认可，并经项目试车领导小组批准。

2. 性能考核准备

性能考核的准备工作原则上由项目业主组织完成，对总承包项目，承包商应按合同约定协助做相关工作。考核准备通常包括：

(1)组织准备：针对性能考核，组织考核小组。

(2)人员准备：考核期间，矿山生产部门各岗位操作人员应按正常生产组织；特种作业人员的作业许可证应持续有效。设计单位专业人员代表应作为技术专家参加性能考核。对总承包项目，承包商项目管理人员应跟班参加性能考核。

(3)技术准备：根据考核计划，确定考核期的开采矿体、采掘量和配矿指标；生产、调度部门人员熟悉考核方案的安全、环保和技术规定、熟悉考核技术方案；各工种作业人员熟练掌握生产过程的具体操作步骤。

(4)物资准备：提早准备矿山性能考核所需的备品备件、消耗资材、润滑油、工器具等。

(5)设备准备：考核前，按正常生产的维保模式，对参与考核的流程设备进行必要的维保，更换已经达到或接近磨损周期的零部件。

(6)资金准备：根据考核的需要，安排考核期间所需生产流动资金。

(7)外部条件：确认考核期间外部水、电、气等可满足矿山生产需求。

3. 性能考核实施

性能考核由项目业主组织、指挥、实施，项目设计单位关键专业的技术人员在现场给予必要的技术指导。对总承包项目，按总包合同约定，承包商负责性能考核技术指导等服务，性能考核应按批准的考核方案实施和执行，考核过程应做到：

(1)生产调度指挥应由项目业主试生产系统来实施，禁止非生产单位的人员指挥生产。

(2)对考核中发现的生产操作问题，承包商管理者只能通过生产调度来调整，承包商人员不得直接干涉生产。

(3)所有的生产记录按正常生产模式进行，考核所需要的数据，由考核人员根据生产数据统计。

(4)考核人员可与生产班组人员共同采样，但考核人员不得独自在生产现场采样。

(5)考核人员可在生产班组人员的陪同下，参与生产流程的巡检，禁止考核人员独自到生产流程上检查。

(6)化验应由预先安排的单位完成。

(7)生产数据应由考核单位和生产单位各自备存。

4. 性能考核的中止

性能考核过程，若出现安全、环保事故苗头，或已发现事实上无法通过后续的调整来实现考核目标时，领导小组应果断决定，中止考核，防止安全、环保事故发生，减少资源的浪费。

性能考核中止后，领导小组应立即组织对中止原因进行分析研究，进行必要的整改，并确定新的考核计划安排。

5. 性能考核报告整理及合格证书的颁发

性能考核完成，考核小组应及时组织相关部门进行总结，编制性能考核报告，并报考核领导小组审核，以确认性能考核合格的有效性。对总承包项目，若总包合同约定承包商负责编制性能考核报告，则承包商要编制性能考核报告，考核合格，项目业主应及时向承包商颁发合格证书。

3.4.5.3　性能考核方案

不同矿山性能考核内容不尽相同，应结合自身实情。在性能考核方案中至少应选择明确以下内容：

(1)各单元系统的考核程序及操作步骤。

(2)各单元系统的生产工艺过程、考核指标取样点的规定。

(3)各专业系统单元的考核项目与检验标准，包括但不限于：

①开采系统采场、中段的生产能力，出矿品位；

②掘进系统的掘进能力；

③运输系统的矿石、废石提升、运输能力；

④通风巷道的风量和负压指标，掘进作业面的扬尘指标；

⑤井下排水系统的排水能力；

⑥充填系统的生产能力和膏体指标；

⑦破碎系统处理原矿的能力；

⑧破碎筛分系统的产能和矿石粒度、品位指标；

⑨浓缩排泥系统的产能、尾矿浓度、回水利用率指标；

⑩工业控制系统可考核目标；

⑪地下矿山避险六大系统可考核目标；

⑫尾矿库/排泥库在线监测系统可考核目标。

(4)各单元系统生产能力、工艺指标的分析报告要求。

(5)考核中止的条件。

(6)考核记录表格(根据具体考核项目确定式样)。

3.4.5.4　性能考核验收

性能考核完成后，考核小组应及时组织参与方进行考核验收，并形成性能考核报告。性能考核报告应附上考核原始记录。性能考核报告应包括如下内容：

(1)考核基本情况概述；

(2)考核过程简述；

(3)考核效果综述；

(4)考核存在问题及改进意见；

(5)考核结论。

性能考核证书由项目业主编制、颁发。

性能考核证书应明确：性能考核的系统、子项(单元)、起止时间，考核指标与合同条款的符合性。性能考核证书原则上应由项目业主负责人签署。

3.4.5.5 性能考核结果的处理

性能考核结果的处理程序和处理方式可参照负荷试车验收流程。

3.4.5.6 性能考核案例

某EPC总承包项目包含两个矿山和一个破碎站。矿山采用平窿斜坡道开拓，中央进风两翼回风的对角式通风系统，两个矿山矿石生产能力为3000 t/d(990 kt/a)，破碎站采用两段一闭路流程，生产能力为6666.7 t/d(2000 kt/a)。经过近两年的建设，按合同约定如期建设完成，进入性能考核阶段。

1.性能保证值

1)矿山性能保证值

生产能力：基建完成后，3~6个月内任选一月考核，加权平均为3000 t/d。

产品质量：产品质量考核内容和指标，详见表3-14。

单位产品的消耗指标见表3-15。

表3-14 某矿山产品质量考核内容和指标

序号	项目内容	单位	数量	备注
1	合格铝土矿品位：Al_2O_3	%	≥60.86	最终指标根据基建探矿报告修正
2	A/S		≥5.92	
3	合格铝土矿粒度	mm	≤500	
4	合格铝土矿表面附水分	%	≤5	加权平均

表3-15 某矿山单位产品的消耗指标

序号	项目内容	单位	数量	备注
1	铝土矿耗电量	kW·h/t	25.4	加权平均
2	铝土矿耗新水量	m^3/t	0.41	加权平均

2)破碎站性能保证值

生产能力：2000 kt/a。

产品质量：在初步设计采用的原矿性质条件下，破碎最终产品粒度(P95)≤15 mm。

单位产品的消耗指标见表3-16。

表3-16 某矿山破碎站单位产品的消耗指标

项目内容	单位	数量	备注
破碎站最终产品耗电量	kW·h/t	8.8	加权平均

2.性能考核时间

达产达标考核由业主组织并实施，承包商参与和指导，承包商对考核的结果负责。

采场生产能力、产品质量及单位产品的消耗指标考核时间为一个月加权平均。

破碎站生产能力、产品质量及单位产品的消耗指标考核时间为72 h加权平均。

如果上述考核未能通过，并经证明是由于承包商在履行其职责时的错误或遗漏所造成，可在第一次考核之后重新进行另外两次考核测试，但必须在本合同有效期内完成。如需重复进行考核，承包商应提出其认为有利于达成性能保证的改进意见。

3. 性能考核方式

1）矿山

根据达产达标的考核内容，将实际指标分为产能(A)、质量(B)、能耗(C)三类。

考核分类权重：以产能(A)、质量(B)、能耗(C)三类组成综合考核指标(Q)，各类的权重分别为产能(A)35%、质量(B)35%、能耗(C)30%。

产能类中铝土矿产量(E)占100%。

质量类中合格铝土矿铝硅比(F)占35%、合格铝土矿含水率(H)占35%、合格铝土矿粒度(I)占30%。

能耗类中铝土矿耗电量(K)占50%、铝土矿耗新水量(L)占50%。

综合考核指标计算公式：

$$Q = A \times 35\% + B \times 35\% - C \times 30\% \tag{3-3}$$

$$A = (E_1 - E_0)/E_0 \times 100\% \tag{3-4}$$

$$B = (F_1 - F_0)/F_0 \times 35\% - (H_1 - H_0)/H_0 \times 35\% - (I_1 - I_0)/I_0 \times 30\% \tag{3-5}$$

$$C = (K_1 - K_0)/K_0 \times 50\% + (L_1 - L_0)/L_0 \times 50\% \tag{3-6}$$

式中：E_1 为铝土矿产量考核指标；E_0 为铝土矿产量设计指标；F_1 为合格铝土矿铝硅比考核指标；F_0 为合格铝土矿铝硅比设计指标；H_1 为合格铝土矿含水率考核指标；H_0 为合格铝土矿含水率设计指标；I_1 为合格铝土矿粒度考核指标；I_0 为合格铝土矿粒度设计指标；K_1 为铝土矿耗电量考核指标；K_0 为铝土矿耗电量设计指标；L_1 为铝土矿耗新水量考核指标；L_0 为铝土矿耗新水量设计指标。

注：当A、B、C三类指标计算结果的绝对值大于15%时，均按±15%计算。

$Q > -3\%$时视为合格（$Q = 0$时，性能保证目标值与考核期间实际值一样）。

2）破碎站

考核分类方法：将实际指标分为产能(A)、质量(B)、能耗(C)三类。

考核分类权重：以产能(A)、质量(B)、能耗(C)三类组成综合考核指标(Q)，各类的权重分别为产能(A)35%、质量(B)35%、能耗(C)30%。

产能类中产量(E)占100%。

质量类中合格破碎最终产品粒度保证率 P 指标(F)占100%。

能耗类中耗电量(G)占100%。

综合考核指标计算公式：

$$Q = A \times 35\% - B \times 35\% - C \times 30\% \tag{3-7}$$

$$A = (E_1 - E_0)/E_0 \times 100\% \tag{3-8}$$

$$B = (F_1 - F_0)/F_0 \times 100\% \tag{3-9}$$

$$C = (G_1 - G_0)/G_0 \times 100\% \tag{3-10}$$

式中：E_1 为产量考核指标；E_0 为产量设计指标；F_1 为合格破碎最终产品粒度考核指标；F_0

为合格破碎最终产品粒度设计指标；G_1 为耗电量考核指标；G_0 为耗电量设计指标。

注：当 A、B、C 三类指标计算结果的绝对值大于 15% 时，均按 ±15% 计算。

$Q>-3\%$ 时视为合格（$Q=0$ 时，性能保证目标值与考核期间实际值一样）。

4. 性能考核的达标

1）考核通过

符合下列情况应视为达产达标考核已获通过：性能考核已成功完成，综合考核指标 Q 达到要求；由于承包商的问题而不能在合同有效期内通过考核，再按后续罚款规定执行。

2）考核中止

下列情况下，承包商可提出停止本次考核，业主不应不合理地拒绝：需要进行修理、更换或调整，且这些操作不能在系统运行下安全（不限于此）进行；考核期间获取的数据不够准确、完整，不能反映真实性能；已明显看出本次考核已不可能通过当前的努力达到满意的结果，在这种情况下，双方应讨论并共同决定下一步的行动。

3）考核的意外中断

在性能考核测试中，如果由于非承包商的原因，同时也超出业主的控制能力而被中断（包括但不限于供水供电故障、公用设施短缺、不可抗力等），应在情况恢复正常后再进行考核，如合同有效期已过但仍无法进行正常的性能考核测试工作，则可以从现有连续运行记录中取出满足考核时间长度要求的记录作为实际指标计算的依据，作为承包商达产达标的考核结果。

4）考核通过的确认

当达产达标考核完成时，与此有关的各类数据应记录在考核记录表中，由双方代表共同签字确认，并由业主向承包商颁发达产达标考核合格证书。

5）考核办法

由于承包商的原因，承包商性能保证指标未能达标，业主按以下规定执行罚款：

$-5\% \leqslant Q < -3\%$ 时，每不合格一项承包商赔偿 50 万元；

$-7\% \leqslant Q < -5\%$，每不合格一项承包商赔偿 100 万元；

$Q < -7\%$ 时，整改后重新考核或与业主协商解决。

5. 性能考核计算

按前述要求，在业主、监理单位鉴证下，按获得的真实数据进行计算，计算结果见表3-17、表3-18。

表 3-17 某矿山工程达标达产性能考核计算表

考核分类	分类权重/%	考核项目	目标值	实际值	权重/%	计算结果	考核结果
产能（A）	35	E：产量/($t \cdot d^{-1}$)	3000	3679	100	22.63	
		A				22.63	15.00
质量（B）	35	F：A/S	5.92	4.9	35	-6.03	
		I：合格铝土矿粒度/mm	500	350	30	-9.00	
		H：合格铝土矿表面附水分/%	5	5	35	0.00	
		B				2.97	2.97

续表3-17

考核分类	分类权重/%	考核项目	目标值	实际值	权重/%	计算结果	考核结果
能耗(C)	30	K：铝土矿耗电量/(kW·h·t⁻¹)	25.4	30	50	9.06	
		L：铝土矿耗新水量/(m³·t⁻¹)	0.41	0.4	50	−1.22	
		C				7.84	7.84
综合指标(Q)		3.94				合格	

表3-18 某矿山破碎站达标达产性能考核计算表

考核分类	分类权重/%	考核项目	目标值	实际值	权重/%	计算结果	考核结果
产能(A)	35	E：产量/(t·d⁻¹)	6666.7	7000	100	5.00	
		A				5.00	5.00
质量(B)	35	F：合格铝土矿粒度/mm	15	14	100	−6.67	
		B				−6.67	−6.67
能耗(C)	30	G：铝土矿耗电量/(kW·h·t⁻¹)	8.8	10.5	100	19.32	
		C				19.32	15.00
综合指标(Q)		−0.42				合格	

3.5 项目竣工验收

项目竣工验收具有很强的政策性。改革开放以来，国务院以及国务院所属的有关部、委、局虽然下发过一些关于建设项目竣工验收以及与竣工验收有关的文件，但由于国家体制改革和职能调整的持续开展，有些文件既没有作废，又不完全适用，且针对非煤矿山建设项目竣工验收管理办法仍未出台，因此，特别要注意政策、法规的时限性、适应性、系统性，在准备验收前，既要注意收集和掌握现行政策、法规，又要对各主管部门下发的文件规定进行比对、结合，以避免重复和漏项，现阶段可基本比照《煤矿建设项目竣工验收管理办法(修订版)》(国能发煤炭〔2019〕1号)来进行非煤矿山建设项目竣工验收。

项目竣工验收涉及的范围较广，涉及的主管部门也很多，需要积极做好有关的沟通和协调工作。项目重要性、规模大小、复杂程度和隶属关系等不同，验收的主管部门也不同，对验收的要求也不同。因此在开展项目竣工验收工作以前，要做好咨询和调查工作，既要咨询投资主管部门和专项主管部门，又要考察、咨询已验收过的类似项目。

3.5.1 项目竣工验收含义、目的

3.5.1.1 项目竣工验收含义

矿山建设项目竣工验收，是指矿山建设项目按设计建成后、正式投入生产前，对项目建

设内容、工程质量、国家和行业强制性标准执行情况、资金使用情况等事项的全面检查验收，以及对矿山建设项目设计、施工、监理、项目管理等工作的综合评价。它是矿山建设全过程的最后一道程序，是矿山建设投资成果转入生产或使用的里程碑，是项目业主会同设计、总包(若有)、施工、监理、评价等项目相关单位向项目竣工验收委员会或竣工验收组汇报项目建设、试生产和生产准备、投资使用等情况、交付新增固定资产并接受验收评审的过程。

我国规定，所有建设项目按批准的设计文件所规定的内容和施工图纸的要求全部建成，具备投产或使用条件时，都要及时办理项目竣工验收，项目竣工验收合格后才能交付使用。

对竣工的建设项目(含实施分期分批验收时的单位工程，下同，不再注解)应坚持建成一个验收一个，已具备项目竣工验收条件的项目，应在3个月内办理项目竣工验收和移交固定资产手续，如3个月内办理项目竣工验收确有困难，经主管部门批准，可以适当延长期限。

3.5.1.2 项目竣工验收目的

项目竣工验收对促进矿山建设项目及时投产、发挥投资效果、总结建设经验都有重要作用。

通过项目竣工验收，一方面可以检查矿山建设项目竣工投产后的实际生产能力，另一方面又可避免已具备投产条件的矿山建设项目不及时验收并报投产而继续"吃"基建费用的弊病。

因此项目业主和主管部门对确已符合项目竣工验收条件的矿山建设项目都要按国家有关规定，抓紧组织矿山建设项目竣工验收，上报竣工投产。

3.5.2 项目竣工验收前的联合试运转

矿山建设项目建成后、竣工验收前，应进行联合试运转。联合试运转的期限一般为1~6个月；特殊情况下，在批准期限内未完成联合试运转工作的可以申请延期，但联合试运转总时间最长不得超过12个月。联合试运转期间，项目业主可按有关规定向有关部门申请专项验收。

联合试运转开始前，项目各主要单项、单位工程的施工竣工验收与移交、负荷试车均已完成，项目业主应编制联合试运转方案。

3.5.2.1 联合试运转方案内容

联合试运转方案应当包括以下内容：

(1)联合试运转的系统、范围和期限；

(2)联合试运转的测试项目、测试方法、测试机构和人员；

(3)联合试运转的预期目标和效果；

(4)联合试运转期间产量计划与劳动组织；

(5)应急预案与安全环保保障措施；

(6)其他规定事项。

3.5.2.2 联合试运转报告

联合试运转完成后，项目业主应编制联合试运转报告。

联合试运转报告应当包含以下主要内容：

(1)各主要系统运行情况；

(2)主要生产设备故障处理记录与分析；

（3）提升、运输、排水、通风、供电、采掘等主要设施与装备的检测、检验报告；

（4）联合试运转的效果分析；

（5）有关安全环保的建议；

（6）其他应说明的事项。

3.5.3　项目竣工验收依据与条件

3.5.3.1　项目竣工验收依据

矿山建设项目竣工验收的主要依据如下：

（1）国家、省、行业行政主管部门颁布的相关的现行法律、法规、规章，以及技术标准、规范；

（2）矿山建设项目的核准或备案文件；

（3）经过批准的矿山建设项目初步设计、设计变更以及概算调整批准文件等；

（4）经批准或核准的项目安全设施设计、职业病防护设施设计、环境影响评价报告、水土保持方案（适用于根据有关法律、法规应当编制水土保持方案、验收水土保持设施的区域，下同）、雷电防护装置设计等专项文件；

（5）项目施工图与主要设备技术规格或者说明书（含从国外引进新技术或成套设备）；

（6）招标文件、合同文本以及补充协议等。

3.5.3.2　项目竣工验收条件

矿山建设项目竣工验收应当具备以下条件：

（1）项目已按核准或备案的建设规模、标准、投资和内容建成，满足设计和生产要求；有剩余工程的，剩余工程不得是主体工程，不得影响矿山的正常生产，投资额不得超过项目总概算或批准调整概算的5%。

（2）项目各单项、单位工程已通过施工竣工验收（含工程质量监督机构的认定），工程质量合格。

（3）项目安全设施、职业病防护设施、环境保护设施、水土保持设施、消防设施、防雷接地设施等已按要求建成，并通过专项验收。

（4）竣工档案资料齐全，并通过专项验收。

（5）竣工决算报告编制完成，并通过审计。

（6）矿山组织机构设置符合有关要求，有关规章制度已建立。

（7）职工经过培训合格，特种作业人员已取得上岗操作资格证书。

（8）矿长依法培训合格，并取得政府安全生产监督管理部门颁发的安全生产知识和管理能力考核合格证（负责人类别）。

（9）联合试运转达到预期效果，联合试运转中出现的问题已妥善解决，联合试运转报告已编制完成。

3.5.4　项目竣工验收组织管理

项目竣工验收的组织要根据建设项目的重要性、规模大小、复杂程度和隶属关系而定。

矿山建设项目竣工验收的组织应遵循"谁审批、谁负责"的原则。

国家投资主管部门核准或备案的建设项目，由国家投资主管部门组织项目竣工验收，或委托省级投资主管部门或国家有关行业行政主管部门组织项目竣工验收。

省级投资主管部门主要负责其辖区内的矿山建设项目竣工验收的综合管理,省级有关行业行政主管部门按各自职责分工,配合做好矿山建设项目竣工验收工作。

省级投资主管部门负责组织对其审批权限内的以及国家有关部门委托的矿山建设项目竣工验收,或根据矿山建设项目具体情况,委托省级行业行政主管部门或市地级投资主管部门组织项目竣工验收。

省级行业行政主管部门、市地级投资主管部门及有关行业行政主管部门负责组织对其审批权限内项目或省投资主管部门委托项目的竣工验收。

负责项目竣工验收的行政主管部门可根据项目规模的大小、复杂程度组成项目竣工验收委员会或竣工验收组,负责项目竣工验收工作的实施。

项目竣工验收委员会或竣工验收组一般由下列单位组成:验收行政主管部门、行业行政主管部门、投资方以及安全、环保、消防(特殊建设工程)、职业卫生、雷电防护装置、水土保持、档案、审计、银行等有关部门。项目业主生产(使用)接收、勘察设计、总包(若有)、施工、监理、评价等单位应参加验收工作,并积极配合项目业主做好与各自相关的项目竣工验收工作。

3.5.5 项目竣工验收程序和内容

3.5.5.1 项目竣工验收程序

规模较大、较复杂的矿山建设项目竣工验收程序,一般分为项目验收准备、项目预验收、项目正式验收三个步骤。

规模较小、较简单的矿山建设项目竣工验收程序,一般分为项目验收准备、项目正式验收两个步骤。

3.5.5.2 项目竣工验收内容

1. 项目验收准备内容

项目竣工验收工作要有计划性,从开始准备到验收结束,需要经历少则几个月,多则半年到一年的时间,为了保证各项工作有序进行,项目业主要及时制订项目竣工验收实施计划,对较大的项目,最好要配设专责的临时机构与人员。

项目验收准备工作由项目业主负责,项目业主应做好如下项目竣工验收的主要准备工作:

(1)及时办理已完工的项目各项施工竣工验收手续,督促参建单位按约定时间完成遗留的收尾工作项与消缺项。

(2)核实项目各项建筑安装工程的完工情况,列出已交工工程和未完工程一览表(包括工程量、概算价值、预算价值、完工日期等)。

(3)组织实施项目带负荷联合试运转并编制项目带负荷联合试运转报告。

(4)按国家有关法规要求,委托进行项目安全设施、职业病防护设施、环境保护设施、水土保持设施、消防设施、雷电防护装置等的监测、评价,并向对口的政府行政主管部门申请办理项目安全设施、职业病防护设施、环境保护设施、水土保持设施、消防设施、雷电防护装置等的专项验收。

(5)及时收集属于项目业主归档范围内的档案资料并统一分类立卷、装订成册,向政府项目建设档案主管部门申办项目档案验收，并按有关规定向当地政府档案馆提交应交的项目档案资料。

(6)登载固定资产，编制固定资产构成分析表。

(7)编制竣工决算，分析概(预)算执行情况，考核投资效果，报上级主管部门审查，并请审计部门审计。

(8)建立健全各项管理制度。

(9)落实生产准备工作，编制生产准备情况报告。

2. 项目预验收内容

规模较大、较复杂的矿山建设项目建成并经过带负荷联合试运转与各专项验收以及具备其他所要求的项目竣工验收条件时，项目业主应按照批准的设计文件和其他有关文件，及时组织设计、总包(若有)、施工、监理、评价等项目相关单位先进行项目预验收，对建设项目工作进行全面检查，对设计、施工、设备质量和投资使用等作出全面评价，形成预验收意见，并对发现的问题进行整改。

一般情况下，项目预验收包括下列主要工作：

(1)检查、核实各施工竣工项目准备移交生产使用单位的所有档案资料的完整性、准确性，判断其是否符合归档要求。

(2)检查建设项目工程建设标准，评定工程施工质量，对工程隐患和遗留问题提出处理意见。

(3)检查项目财务决算账表是否齐全、数据是否真实、开支是否合理。

(4)检查项目带负荷联合试运转情况和生产准备工作进展情况。

(5)处理项目预验收中有争议的问题，协调项目相关方、行政主管部门等之间的关系。

(6)检查遗留的项目收尾工作项与消缺项的完成情况。

(7)检查项目生产准备情况。

(8)编写项目预验收鉴定报告。

预验收合格后，项目业主可向对口层级的政府行政主管部门提出项目竣工验收申请报告。

3. 项目正式验收内容

1)项目竣工验收申请报告

矿山建设项目具备竣工验收条件，且经项目预验收合格(适用于规模较大、较复杂的矿山建设项目)，项目业主应向项目竣工验收组织管理部门提交项目竣工验收申请报告。

项目竣工验收申请报告应包括以下主要内容：

(1)项目基本情况；

(2)项目建设内容完成情况；

(3)生产(使用)接收单位管理机构及生产管理制度建设情况；

(4)项目生产人员持证上岗、培训、劳动定员情况；

(5)项目招投标以及合同履约情况；

(6)项目施工竣工验收与工程质量评定情况；

(7)项目主要设备检测检验情况；

(8)项目专项验收情况；

（9）项目带负荷联合试运转情况；

（10）项目效益与建设效果分析；

（11）项目存在的问题及处理建议。

项目业主上报项目竣工验收申请报告时，应附项目批复或核准文件，经批复或核准的初步设计，工程质量评定文件、安全设施、职业病防护治设施、环境保护设施、水土保持设施、消防设施(特殊建设工程)、雷电防护装置、档案等专项验收相关文件材料，竣工决算审计报告书，带负荷联合试运转报告、生产准备情况报告等。改扩建、技术改造、资源整合矿山项目还应附矿山生产许可证、安全生产许可证、采矿许可证、工商营业执照、矿长安全生产知识和管理能力考核合格证(负责人类别)复印件。

2）项目竣工验收主要内容

项目竣工验收组织管理部门应在收到项目竣工验收申请报告后 5 个工作日内完成审核，对不符合条件的矿山建设项目，一次性告知需要补充或者修改的内容。

对符合项目竣工验收条件的矿山建设项目，项目竣工验收组织管理部门在收到项目竣工验收申请报告后 20 个工作日内组织验收，或在 10 个工作日内委托下级有关部门组织验收，受委托的竣工验收组织管理部门，在收到委托文件后 10 个工作日内组织验收。

项目竣工验收组织管理部门应当根据矿山建设项目的具体情况，邀请相关部门代表和有关专家组成项目竣工验收委员会或竣工验收组并进行项目竣工验收。

项目业主、工程质量监督机构以及设计、总包(若有)、施工、监理、评价等项目相关单位应积极配合项目竣工验收。

对有瓦斯和水文、地质等开采条件复杂的矿山建设项目，项目竣工验收组织管理部门可委托有相应资质的中介机构进行现场检查和技术预验收。受委托的中介机构应与建设项目无经济利益关系并应遵照客观、公正、科学的原则开展工作。

项目竣工验收委员会或竣工验收组通过听取汇报、查阅档案资料、现场检查等方式，对矿山建设情况进行全面检查，对建设项目进行综合评价，讨论通过并签署《矿山建设项目竣工验收鉴定书》。

项目验收委员会或竣工验收组主要工作内容如下：

（1）检查项目的审批文件是否齐全；

（2）检查项目是否按核准或备案的规模、标准、内容建成；

（3）检查国家和行业强制性标准的执行情况；

（4）检查项目投资及使用情况；

（5）检查项目招投标以及合同履约情况；

（6）检查项目施工竣工验收与工程质量评定情况；

（7）检查项目专项验收情况；

（8）检查项目竣工决算报告的审计情况；

（9）检查矿山组织机构、劳动定员、人员培训及外部条件等落实情况；

（10）检查项目带负荷联合试运转情况；

（11）对存在的项目问题和剩余工程提出处理意见。

3.5.6　项目专项验收

专项验收是指国家有明文规定的、有特殊要求内容的验收,如项目环境保护、水土保持设施、安全设施、职业病防护设施、消防、雷电防护装置、档案、竣工决算等。专项验收负责单位按照国家有关规定办理专项验收。专项验收应在整个项目竣工验收前完成。

项目专项验收涉及的专业性较强,国家和有关部门对专项验收都有专门的要求,因此在验收前的准备工作和验收过程中需要专业人员做好基础工作并积极配合验收。

3.5.6.1　建设项目竣工环境保护验收

环境保护验收是指建设项目竣工后,项目环境保护验收责任主体单位根据有关规定依据环境保护验收监测和调查的结果,并通过现场检查等手段,组织考核该建设项目是否达到环境保护要求的活动。

建设项目需要建设配套的环境保护设施,必须与主体工程同时设计、同时施工、同时投入生产和使用。编制环境影响报告书、环境影响报告表的建设项目,其配套建设的环境保护设施经验收合格,方可投入生产或者使用;未经验收或者验收不合格的,不得投入生产或者使用。

项目环境保护验收应按现行的《中华人民共和国环境保护法》《中华人民共和国水污染防治法》《中华人民共和国固体废物污染环境防治法》《中华人民共和国环境噪声污染防治法》《建设项目环境保护管理条例》《建设项目竣工环境保护验收暂行办法》(国环规环评〔2017〕4 号)和批准的项目环境影响报告书(表)或备案的项目环境影响登记表等的有关规定进行。

《建设项目环境保护管理条例》第十七条明确规定:编制环境影响报告书、环境影响报告表的建设项目竣工后,建设单位应当按照国务院环境保护行政主管部门规定的标准和程序,对配套建设的环境保护设施进行验收,编制验收报告。建设单位在环境保护设施验收过程中,应当如实查验、监测、记载建设项目环境保护设施的建设和调试情况,不得弄虚作假。除按照国家规定需要保密的情形除外,建设单位应当依法向社会公开验收报告。

《建设项目环境保护管理条例》第十八条明确规定:分期建设、分期投入生产或者使用的建设项目,其相应的环境保护设施应当分期验收。

《建设项目竣工环境保护验收暂行办法》(国环规环评〔2017〕4 号)明确指出:建设项目需要配套建设水、噪声或者固体废物污染防治设施的,新修改的《中华人民共和国水污染防治法》生效实施前或者《中华人民共和国固体废物污染环境防治法》《中华人民共和国环境噪声污染防治法》修改完成前,应依法由环境保护部门对建设项目水、噪声或者固体废物污染防治设施进行验收。

1)验收的主要依据

(1)建设项目环境保护相关法律、法规、规章、标准和规范性文件。

(2)建设项目竣工环境保护验收技术规范。

(3)建设项目环境影响报告书(表)及审批部门审批决定。

2)验收的组织

建设单位是建设项目竣工环境保护验收的责任主体,应当按照《建设项目竣工环境保护验收暂行办法》(国环规环评〔2017〕4 号)规定的程序和标准,组织对配套建设的环境保护设施进行验收,编制验收报告,公开相关信息,接受社会监督,确保建设项目需要配套建设的环境保护设施与主体工程同时投产或者使用,并对验收内容、结论和所公开信息的真实性、准确性和完整性负责,不得在验收过程中弄虚作假。

环境保护设施是指防治环境污染和生态破坏以及开展环境监测所需的装置、设备和工程设施等。

验收报告分为验收监测(调查)报告、验收意见和其他需要说明的事项等三项内容。

3)验收的程序和内容

(1)建设项目竣工后,建设单位应当如实查验、监测、记载建设项目环境保护设施的建设和调试情况,编制验收监测(调查)报告。

以排放污染物为主的建设项目,参照《建设项目竣工环境保护验收技术指南污染影响类》编制验收监测报告;主要对生态造成影响的建设项目,参照《建设项目竣工环境保护验收技术规范生态影响类》编制验收调查报告。

项目业主不具备编制验收监测(调查)报告能力的,可以委托有能力的技术机构编制。项目业主对受委托的技术机构编制的验收监测(调查)报告结论负责。项目业主与受委托的技术机构之间的权利和义务关系,以及受委托的技术机构应当承担的责任,可以通过合同的形式约定。

(2)需要对建设项目配套建设的环境保护设施进行调试的,项目业主应当确保调试期间污染物排放符合国家和地方有关污染物排放标准和排污许可等相关管理规定。

环境保护设施未与主体工程同时建成的,或者应当取得排污许可证但未取得的,项目业主不得对该建设项目环境保护设施进行调试。

调试期间,项目业主应当对环境保护设施运行情况和建设项目对环境的影响进行监测。验收监测应当在确保主体工程调试工况稳定、环境保护设施运行正常的情况下进行,并如实记录监测时的实际工况。国家和地方有关污染物排放标准或者行业验收技术规范对工况和生产负荷另有规定的,按其规定执行。项目业主开展验收监测活动,可根据自身条件和能力,利用自有人员、场所和设备自行监测;也可以委托其他有能力的监测机构开展监测。

(3)验收监测(调查)报告编制完成后,项目业主应当根据验收监测(调查)报告结论,逐一检查是否存在如(4)所列的验收不合格情形,并提出验收意见。存在问题的,项目业主应当进行整改,整改完成后方可提出验收意见。

验收意见包括工程建设基本情况、工程变动情况、环境保护设施落实情况、环境保护设施调试效果、工程建设对环境的影响、验收结论和后续要求等内容,验收结论应当明确该建设项目环境保护设施是否验收合格。

建设项目配套建设的环境保护设施经验收合格后,其主体工程方可投入生产或者使用;未经验收或者验收不合格的,不得投入生产或者使用。

(4)建设项目环境保护设施存在下列情形之一的,项目业主不得提出验收合格的意见:

①未按环境影响报告书(表)及其审批部门审批决定要求建成环境保护设施,或者环境保护设施不能与主体工程同时投产或者使用的。

②污染物排放不符合国家和地方相关标准、环境影响报告书(表)及其审批部门审批决定或者重点污染物排放总量控制指标要求的。

③环境影响报告书(表)经批准后,该建设项目的性质、规模、地点、采用的生产工艺或

者防治污染、防止生态破坏的措施发生重大变动,项目业主未重新报批环境影响报告书(表)或者环境影响报告书(表)未经批准的。

④建设过程中造成重大环境污染未治理完成,或者造成重大生态破坏未恢复的。

⑤纳入排污许可管理的建设项目,无证排污或者不按证排污的。

⑥分期建设、分期投入生产或者使用依法应当分期验收的建设项目,其分期建设、分期投入生产或者使用的环境保护设施防治环境污染和生态破坏的能力不能满足其相应主体工程需要的。

⑦项目业主因该建设项目违反国家和地方环境保护法律、法规受到处罚,被责令改正,尚未改正完成的。

⑧验收报告的基础资料数据明显不实,内容存在重大缺项、遗漏,或者验收结论不明确、不合理的。

⑨其他环境保护法律、规章等规定不得通过环境保护验收的。

(5)为提高验收的有效性,在提出验收意见的过程中,项目业主可以组织成立验收工作组,采取现场检查、资料查阅、召开验收会议等方式,协助开展验收工作。验收工作组可以由设计、总包(若有)、施工、环境影响报告书(表)编制、验收监测(调查)报告编制等单位代表以及专业技术专家等组成,代表范围和人数自定。

(6)项目业主在"其他需要说明的事项"中应当如实记载环境保护设施设计、施工和验收过程简况,环境影响报告书(表)及其审批部门审批决定中提出的除环境保护设施外的其他环境保护对策措施的实施情况,以及整改工作情况等。

相关地方政府或者政府部门承诺负责实施与项目建设配套的防护距离内居民搬迁、功能置换、栖息地保护等环境保护对策措施的,项目业主应当积极配合地方政府或部门在所承诺的时限内完成,并在"其他需要说明的事项"中如实记载前述环境保护对策措施的实施情况。

(7)除按照国家需要保密的情形外,项目业主应当通过其网站或其他便于公众知晓的方式,向社会公开下列信息:

①于建设项目配套建设的环境保护设施竣工后,公开竣工日期。

②对建设项目配套建设的环境保护设施进行调试前,公开调试的起止日期。

③于验收报告编制完成后 5 个工作日内,公开验收报告,公示的期限不得少于 20 个工作日。

项目业主公开上述信息的同时,应当向所在地县级以上环境保护主管部门报送相关信息,并接受监督检查。

(8)除需要取得排污许可证的水和大气污染防治设施外,其他环境保护设施的验收期限一般不超过 3 个月;需要对该类环境保护设施进行调试或者整改的,验收期限可以适当延期,但最长不超过 12 个月。

验收期限是指自建设项目环境保护设施竣工之日起至建设单位向社会公开验收报告之日止的时间。

(9)验收报告公示期满后 5 个工作日内,项目业主应当登录全国建设项目竣工环境保护验收信息平台,填报建设项目基本信息、环境保护设施验收情况等相关信息,环境保护主管部门对上述信息予以公开。

项目业主应当将验收报告及其他档案资料存档备查。

（10）纳入排污许可管理的建设项目，排污单位应当在项目产生实际污染物排放之前，按照国家排污许可有关管理规定要求，申请排污许可证，不得无证排污或不按证排污。建设项目验收报告中与污染物排放相关的主要内容应当纳入该项目验收完成当年排污许可证执行年报。

3.5.6.2　水土保持设施验收

水土保持设施验收应按现行的《中华人民共和国水土保持法》《中华人民共和国水土保持法实施条例》，以及水利部令〔2002〕第 16 号公布、〔2005〕第 24 号修改、〔2015〕第 47 号修改的《开发建设项目水土保持设施验收管理办法》与《关于加强事中事后监管规范生产建设项目水土保持设施自主验收的通知》（水保〔2017〕365 号）等有关规定进行。

2017 年 9 月，《国务院关于取消一批行政许可事项的决定》（国发〔2017〕46 号）取消了各级行政主管部门实施的生产建设项目水土保持设施验收审批行政许可事项，转为项目业主（即生产建设单位）按照有关要求自主开展水土保持设施验收。

水土保持设施、地质灾害等专项验收，可根据国家有关规定和验收主管部门的要求，单独组织验收或合并到环境保护验收中。

1）验收范围

《中华人民共和国水土保持法》第二十七条规定：依法应当编制水土保持方案的生产建设项目中的水土保持设施，应当与主体工程同时设计、同时施工、同时投产使用；生产建设项目竣工验收，应当验收水土保持设施；水土保持设施未经验收或者验收不合格的，生产建设项目不得投产使用。

2）验收的主要内容

根据《开发建设项目水土保持设施验收管理办法》的规定，水土保持设施验收工作的主要内容：检查水土保持设施是否符合设计要求、施工质量、投资使用和管理维护责任落实情况，评价防治水土流失效果，对存在的问题提出处理意见等。

3）水土保持设施验收的条件

水土保持设施符合下列条件的，方可确定为验收合格：

（1）建设项目水土保持方案审批手续完备，水土保持工程设计、施工、监理、财务支出、水土流失监测报告等资料齐全。

（2）水土保持设施按批准的水土保持方案报告书和设计文件的要求建成，符合主体工程和水土保持的要求。

（3）治理程度、拦渣率、植被恢复率、水土流失控制量等指标达到了批准的水土保持方案和批复文件的要求及国家和地方的有关技术标准要求。

（4）水土保持设施具备正常运行条件，且能持续、安全、有效运转，符合交付使用要求。水土保持设施的管理、维护措施落实到位。

在建设项目土建工程完成后，应当及时开展水土保持设施的验收工作。项目业主应当会同水土保持方案编制单位，依据批复的水土保持方案报告书、设计文件的内容和工程量，对水土保持设施完成情况进行检查，编制水土保持方案实施工作总结报告和水土保持设施竣工验收技术报告。

4）项目水土保持设施自主验收

（1）组织第三方机构编制水土保持设施验收报告。依法编制水土保持方案报告书的建设项目投产使用前，项目业主应当根据水土保持方案及其审批决定等，组织具有独立承担民事责任能力且具有相应水土保持技术条件的第三方机构（企业法人、事业单位法人或其他组织）编制水土保持设施验收报告。

（2）明确验收结论。水土保持设施验收报告编制完成后，项目业主应当按照水土保持法律、法规、标准规范、水土保持方案及其审批决定、水土保持后续设计等，组织水土保持设施验收工作，明确水土保持设施验收合格的结论并形成水土保持设施验收鉴定书。水土保持设施验收合格后，生产建设项目方可通过竣工验收和投产使用。

（3）公开验收情况。除按照国家规定需要保密的情形外，项目业主应当在水土保持设施验收合格后，通过其官方网站或者其他便于公众知悉的方式向社会公开水土保持设施验收鉴定书、水土保持设施验收报告和水土保持监测总结报告。对于公众反映的主要问题和意见，项目业主应当及时给予处理或者回应。

（4）报备验收材料。项目业主应在向社会公开水土保持设施验收材料后、建设项目投产使用前，向水土保持方案审批机关报备水土保持设施验收材料。报备材料包括水土保持设施验收鉴定书、水土保持设施验收报告和水土保持监测总结报告。项目业主、第三方机构和水土保持监测机构分别对水土保持设施验收鉴定书、水土保持设施验收报告和水土保持监测总结报告等材料的真实性负责。

对编制水土保持方案报告表的生产建设项目的水土保持设施验收及报备程序和要求，各省级水行政主管部门可根据当地实际情况适当简化。

5）严格执行水土保持设施验收标准和条件，确保人为水土流失得到有效防治

项目业主自主验收水土保持设施，要严格执行水土保持标准、规范、规程确定的验收标准和条件，对存在下列情形之一的，不得通过水土保持设施验收：

（1）未依法依规履行水土保持方案及重大变更的编报审批程序的；

（2）未依法依规开展水土保持监测的；

（3）废弃土石渣未堆放在经批准的水土保持方案确定的专门存放地的；

（4）水土保持措施体系、等级和标准未按经批准的水土保持方案要求落实的；

（5）水土流失防治指标未达到经批准的水土保持方案要求的；

（6）水土保持分部工程和单位工程未经验收或验收不合格的；

（7）水土保持设施验收报告、水土保持监测总结报告等材料弄虚作假或存在重大技术问题的；

（8）未依法、依规缴纳水土保持补偿费的；

（9）存在其他不符合相关法律、法规规定情形的。

6）报备管理

对由水利部审批水土保持方案的建设项目（水利部水保〔2016〕310号文件已下放审批权限的除外），项目业主应向水利部进行报备。对项目业主报备的水土保持设施验收材料完整、符合格式要求且已向社会公开的，各级水行政主管部门应当在5个工作日内出具水土保持设施验收报备证明，并在门户网站进行公告。对报备材料不完整或者不符合相应格式要求的，应当在5个工作日内一次性告知生产建设单位予以补充。

3.5.6.3　安全设施竣工验收

矿山建设项目竣工投入生产或者使用前，其安全设施和安全条件应当验收合格。

矿山建设项目安全设施竣工验收应按现行的《中华人民共和国安全生产法》《中华人民共和国矿山安全法》《中华人民共和国特种设备安全法》，以及《建设项目安全设施"三同时"监督管理办法》(国家安全生产监督管理总局令第 77 号)、《金属非金属矿山建设项目安全设施目录(试行)》(国家安全生产监督管理总局令第 75 号)、《关于规范金属非金属矿山建设项目安全设施竣工验收工作的通知》(安监总管一〔2016〕14 号)等法律和有关规章规定进行。

1)竣工验收组织与程序

(1)项目业主负责组织对本企业的建设项目安全设施进行竣工验收，并对验收结果负责；项目业主实行多级管理的，也可由其上级具有独立法人资格的单位(或公司总部)负责组织验收。政府各级安全监管部门在各自职责范围内，对有关建设项目安全设施竣工验收活动和验收结果进行监督核查。

(2)项目业主按照批准的安全设施设计(含设计变更)完成所有建设内容，且安全设施验收评价结论为具备竣工验收条件的，方可组织对建设项目安全设施的竣工验收；对建设项目安全设施进行竣工验收前，应当编制竣工验收工作方案，明确验收组人员组成及验收时间、程序等。

(3)建设项目安全设施竣工验收组由项目业主有关人员组成，可以聘请有关方面专家参加。专家原则上应当为建设项目安全设施设计审查组的专家，不能参加的，也可从国家、省、市级安全生产专家库中进行补充选用。验收组成员专业应当涵盖建设项目安全设施涉及的主要专业，其中：地下矿山应当由采矿、地质、通风、矿机、电力、岩土、安全等相关专业构成；露天矿山应当由采矿、地质、矿机、电力、岩土和安全等相关专业构成；尾矿库应当由尾矿(水工)、地质和安全等相关专业构成。验收组对建设项目安全设施进行现场验收时，应当填写相应的金属非金属地下矿山建设项目安全设施竣工验收表或金属非金属露天矿山建设项目安全设施竣工验收表或金属非金属矿山尾矿库建设项目安全设施竣工验收表；现场验收结束时，应当讨论并形成验收意见。

(4)验收意见为"通过验收"时，项目业主应当对验收组提出的问题进行整改，整改完成后应当编写整改情况说明，并形成安全设施竣工验收报告备查。验收意见为"不通过验收"时，项目业主应当对验收组提出的问题进行整改，整改完成后重新组织验收。建设项目安全设施通过验收后，项目业主应当及时向相关安全监管部门申请办理安全生产许可证，取得安全生产许可证后方可正式投入生产。

有下列情形之一的，为验收不通过：

①安全设施和安全条件不符合设计要求的；

②安全设施和安全条件不能满足正常生产和使用的；

③未按规定建立安全生产管理部门和配备安全生产管理人员的；

④矿长、安全生产管理人员和特种作业人员不具备相应资格的；

⑤不符合国务院安全生产管理部门规定的其他条件的。

2)安全验收评价

建设项目在投入生产或者使用前，应当进行安全验收评价。建设项目的安全验收评价可由项目业主自己(具备评价能力时)承担或者委托具有相应资质的安全评价机构承担。

验收评价报告应当包括下列内容：

(1)安全设施符合法律、法规、标准和规程规定以及设计文件的评价；

（2）安全设施在生产或者使用中的有效性评价；

（3）职业危害防治措施的有效性评价；

（4）建设项目的整体安全性评价；

（5）存在的安全问题和解决问题的建议；

（6）安全验收评价结论；

（7）其他需要说明的事项。

项目业主应当在评价工作完成后 30 日内，将安全评价报告报其主管安全生产监督管理部门备案。

3）安全设施竣工验收所需资料

项目安全设施竣工验收时应当提交下列资料：

（1）经审查合格的安全设施设计及设计修改的有关文件、资料；

（2）主要安全设施、特种设备检测检验报告；

（3）施工承包商资质证明材料；

（4）施工期间生产安全事故及重大工程事故的有关资料；

（5）矿长、安全生产管理人员及其特种作业人员安全资格的有关资料；

（6）安全验收评价报告；

（7）其他需要提交的资料。

3.5.6.4　职业病防护设施竣工验收

存在或者产生职业病危害因素分类目录所列职业病危害因素（即可能产生职业病危害）的建设项目，应有配套的项目职业病防护设施。

职业病防护设施，是指消除或者降低工作场所的职业病危害因素的浓度或者强度，预防和减少职业病危害因素对劳动者健康的损害或者影响，保护劳动者健康的设备、设施、装置、构（建）筑物等的总称。

为了预防、控制和消除建设项目可能产生的职业病危害，保证劳动者在劳动过程中的安全与健康，建设项目职业病防护设施必须与主体工程同时设计、同时施工、同时投入生产和使用（以下统称建设项目职业病防护设施"三同时"）。

项目业主应当优先采用有利于保护劳动者健康的新技术、新工艺、新设备和新材料，应把职业病防护设施所需费用纳入建设项目工程预算。

项目业主对可能产生职业病危害的建设项目，应当依照《建设项目职业卫生"三同时"监督管理办法》（国家安全生产监督管理总局令第 90 号）等有关规定进行职业病危害预评价、职业病防护设施设计、职业病危害控制效果评价及相应的评审，组织职业病防护设施验收，建立、健全建设项目职业卫生管理制度与档案。

建设项目职业病防护设施"三同时"工作可以与安全设施"三同时"工作一并进行。项目业主可以将建设项目职业病危害预评价和安全预评价、职业病防护设施设计和安全设施设计、职业病危害控制效果评价和安全验收评价合并出具报告或者设计。

建设项目完工后，需要进行试运行的，其配套建设的职业病防护设施必须与主体工程同时投入试运行。试运行时间应当不少于 30 日，最长不得超过 180 日，国家有关部门另有规定或者特殊要求的行业除外。

分期建设、分期投入生产或者使用的建设项目，其配套的职业病防护设施应当分期与建设项目同步进行验收。

建设项目职业病防护设施未按照规定验收合格的，不得投入生产或者使用。

除国家保密的建设项目外，可能产生职业病危害的项目业主应当通过公告栏、网站等方式及时公布建设项目职业病危害预评价、职业病防护设施设计、职业病危害控制效果评价的承担单位、评价结论、评审时间及评审意见以及职业病防护设施验收时间、验收方案和验收意见等信息，供本单位劳动者和职业病防护监督管理部门查询。

职业病防护设施竣工验收应按现行的《中华人民共和国职业病防护法》《中华人民共和国安全生产法》《中华人民共和国矿山安全法》，以及《建设项目职业卫生"三同时"监督管理办法》(国家安全监督管理总局令第90号)等有关规定进行。

1)建设项目职业病危害防治管理措施

建设项目投入生产或者使用前，项目业主应当依照职业病防治有关法律、法规、规章和标准要求，采取下列职业病危害防治管理措施：

(1)设置或者指定职业卫生管理机构，配备专职或者兼职的职业卫生管理人员。

(2)制订职业病防治计划和实施方案。

(3)建立、健全职业卫生管理制度和操作规程。

(4)建立、健全职业卫生档案和劳动者健康监护档案。

(5)实施由专人负责的职业病危害因素日常监测，并确保监测系统处于正常运行状态。

(6)对工作场所进行职业病危害因素检测、评价。

(7)项目业主的主要负责人和职业卫生管理人员应当接受职业卫生培训，并组织劳动者进行上岗前的职业卫生培训。

(8)按照规定组织从事接触职业病危害作业的劳动者进行上岗前职业健康检查，并将检查结果书面告知劳动者。

(9)在醒目位置设置公告栏，公布有关职业病危害防治的规章制度、操作规程、职业病危害事故应急救援措施和工作场所职业病危害因素检测结果。对产生严重职业病危害的作业岗位，应当在其醒目位置，设置警示标志和中文警示说明。

(10)为劳动者个人提供符合要求的职业病防护用品。

(11)建立、健全职业病危害事故应急救援预案。

(12)职业病防治有关法律、法规、规章和标准要求的其他管理措施。

2)建设项目职业病危害控制效果评价

建设项目在竣工验收前或者试运行期间，项目业主应当进行职业病危害控制效果评价，编制评价报告。建设项目职业病危害控制效果评价报告应当符合职业病防治有关法律、法规、规章和标准的要求，包括下列主要内容：

(1)建设项目概况；

(2)职业病防护设施设计执行情况分析、评价；

(3)职业病防护设施检测和运行情况分析、评价；

(4)工作场所职业病危害因素检测分析、评价；

(5)工作场所职业病危害因素日常监测情况分析、评价；

(6)职业病危害因素对劳动者健康危害程度分析、评价；

(7)职业病危害防治管理措施分析、评价；

（8）职业健康监护状况分析、评价；

（9）职业病危害事故应急救援和控制措施分析、评价；

（10）正常生产后建设项目职业病防治效果预期分析、评价；

（11）职业病危害防护补充措施及建议；

（12）评价结论，明确建设项目的职业病危害风险类别，以及采取控制效果评价报告所提对策建议后，职业病防护设施和防护措施是否符合职业病防治有关法律、法规、规章和标准的要求。

3）建设项目职业病防护设施验收方案

项目业主在职业病防护设施验收前，应当编制验收方案。验收方案应当包括下列内容：

（1）建设项目概况和风险类别，以及职业病危害预评价、职业病防护设施设计执行情况；

（2）参与验收的人员及其工作内容、责任；

（3）验收工作时间安排、程序等。

项目业主应当在职业病防护设施验收前 20 日将验收方案向管辖该建设项目的职业病防护监督管理部门进行书面报告。

4）验收结论

属于职业病危害一般或者较重的建设项目，其项目业主主要负责人或其指定的负责人应当组织职业卫生专业技术人员对职业病危害控制效果评价报告进行评审以及对职业病防护设施进行验收，并形成是否符合职业病防治有关法律、法规、规章和标准要求的评审意见和验收意见。属于职业病危害严重的建设项目，其项目业主主要负责人或其指定的负责人应当组织外单位职业卫生专业技术人员参加评审和验收工作，并形成评审和验收意见。

项目业主应当按照评审与验收意见对职业病危害控制效果评价报告和职业病防护设施进行整改完善，并对最终的职业病危害控制效果评价报告和职业病防护设施验收结果的真实性、合规性和有效性负责。

项目业主应当将职业病危害控制效果评价和职业病防护设施验收工作过程形成书面报告备查，其中职业病危害严重的建设项目应当在验收完成之日起 20 日内向管辖该建设项目的职业病防护监督管理部门提交书面报告。书面报告的具体格式按职业病防护监督管理部门要求执行。

有下列情形之一的，建设项目职业病危害控制效果评价报告不得通过评审，职业病防护设施不得通过验收：

（1）评价报告内容不符合《建设项目职业卫生"三同时"监督管理办法》（国家安全监督管理总局令第 90 号）第二十四条要求的；

（2）评价报告未按照评审意见整改的；

（3）未按照建设项目职业病防护设施设计组织施工，且未充分论证说明的；

（4）职业病危害防治管理措施不符合《建设项目职业卫生"三同时"监督管理办法》（国家安全监督管理总局令第 90 号）第二十二条要求的；

（5）职业病防护设施未按照验收意见整改的；

（6）不符合职业病防治有关法律、法规、规章和标准规定的其他情形的。

3.5.6.5　消防验收

消防验收应按现行的《中华人民共和国消防法》《建设工程消防设计审查验收管理暂行

规定》(住房和城乡建设部令第51号)中的有关规定进行。

1)特殊建设工程消防验收

(1)实行消防验收制度。

符合《建设工程消防设计审查验收管理暂行规定》(住房和城乡建设部令第51号)第十四条规定的特殊建设工程施工竣工验收后,项目业主应当向消防设计审查验收主管部门(项目所在地政府住房和城乡建设部门)申请消防验收;未经消防验收或者消防验收不合格的,禁止投入使用。

(2)消防验收自行查验

项目业主组织竣工验收时,应对特殊建设工程是否符合下列要求自行查验:

①完成工程消防设计和合同约定的消防各项内容。

②有完整的工程消防技术档案和施工管理资料(含涉及消防的建筑材料、建筑构配件和设备的进场试验报告)。

③项目业主对工程涉及消防的各分部分项工程验收合格;施工、设计、工程监理、技术服务等单位确认工程消防质量符合有关标准。

④消防设施性能、系统功能联调联试等内容检测合格。

经查验不符合上述要求的建设工程,项目业主不得编制工程竣工验收报告。

(3)消防验收资料提交

项目业主申请消防验收,应当提交下列材料:

①消防验收申请表;

②工程竣工验收报告;

③涉及消防的建设工程竣工图纸。

(4)消防验收凭证与补正内容

消防验收主管部门收到项目业主提交的消防验收申请后,申请材料齐全的,应当出具受理凭证;申请材料不齐全的,应当一次性告知需要补正的全部内容。

(5)消防验收现场评定

消防验收主管部门受理消防验收申请后,按照国家有关规定,应对受理项目及时进行现场评定。现场评定包括对建筑物防(灭)火设施的外观进行现场抽样查看;通过专业仪器设备对涉及距离、高度、宽度、长度、面积、厚度等可测量的指标进行现场抽样测量;对消防设施的功能进行抽样测试、联调联试消防设施的系统功能等内容。

(6)消防验收结论

消防验收主管部门应自受理消防验收申请之日起十五日内出具消防验收意见。对符合下列条件的,应当出具消防验收合格意见:

①申请材料齐全、符合法定形式;

②工程竣工验收报告内容完备;

③涉及消防的建设工程竣工图纸与经审查合格的消防设计文件相符;

④现场评定结论合格。

对不符合上述规定条件的,消防验收主管部门应当出具消防验收不合格意见,并说明理由。

(7)实行规划、土地、消防、人防、档案等事项联合验收的建设工程,消防验收意见由地方人民政府指定的部门统一出具。

2)其他建设工程消防验收的备案与抽查

(1)实行消防验收备案抽查制度

《建设工程消防设计审查验收管理暂行规定》所规定的特殊建设工程以外的建设工程，按照国家工程建设消防技术标准需要进行消防设计的其他建设工程施工竣工验收后，项目业主应当向消防验收主管部门(项目所在地政府住房和城乡建设部门)备案并接受其抽查。经依法抽查不合格的，应当停止使用。

(2)消防验收备案自行查验

项目业主组织竣工验收时，应当对其他建设工程是否符合下列要求自行查验:

①完成工程消防设计和合同约定的消防各项内容。

②有完整的工程消防技术档案和施工管理资料(含涉及消防的建筑材料、建筑构配件和设备的进场试验报告)。

③项目业主对工程涉及消防的各分部分项工程验收合格;施工、设计、工程监理、技术服务等单位确认工程消防质量符合有关标准。

④消防设施性能、系统功能联调联试等内容检测合格。

经查验不符合上述要求的建设工程，项目业主不得编制工程竣工验收报告。

(3)消防验收备案资料提交

其他建设工程施工竣工验收合格之日起5个工作日内，项目业主应当报消防验收主管部门备案。

项目业主办理备案，应当提交下列材料:

①消防验收备案表;

②工程竣工验收报告;

③涉及消防的建设工程竣工图纸。

(4)消防验收备案凭证与补正内容

消防验收主管部门收到项目业主备案材料后，备案材料齐全的，应当出具备案凭证;备案材料不齐全的，应当一次性告知需要补正的全部内容。

(5)消防验收备案抽查

消防验收主管部门应当对备案的其他建设工程进行抽查。抽查工作推行"双随机、一公开"制度，随机抽取检查对象，随机选派检查人员。抽取比例由省、自治区、直辖市人民政府住房和城乡建设主管部门，结合辖区内消防设计、施工质量情况确定，并向社会公示。

消防设计审查验收主管部门应当自其他建设工程被确定为检查对象之日起15个工作日内，按照建设工程消防验收有关规定完成检查，制作检查记录。检查结果应当通知项目业主，并向社会公示。

(6)消防验收备案抽查不合格的整改与复查

项目业主收到检查不合格整改通知后，应当停止使用建设工程，并组织整改，整改完成后，向消防验收主管部门申请复查。

消防验收主管部门应自收到书面申请之日起7个工作日内进行复查，并出具复查意见。复查合格后方可使用建设工程。

3.5.6.6　雷电防护装置竣工验收

雷电防护装置实行竣工验收制度，应按《雷电防护装置设计审核和竣工验收规定》（中国气象局第 37 号令）办理。雷电防护装置未经竣工验收或者竣工验收不合格的，不得交付使用。

1）雷电防护装置竣工验收资料提交

符合《雷电防护装置设计审核和竣工验收规定》（中国气象局第 37 号令）第四条规定的建（构）筑物竣工验收时，项目业主应当通知当地气象主管机构同时验收雷电防护装置，应当向气象主管机构提出申请，并提交以下材料：

(1)《雷电防护装置竣工验收申请表》；

(2)雷电防护装置竣工图纸等技术资料；

(3)防雷产品出厂合格证和安装记录。

2）雷电防护装置竣工验收资料受理决定及补正内容

气象主管机构应在收到全部申请材料之日起 5 个工作日内，作出受理或者不予受理的书面决定。

申请材料齐全且符合法定形式的，气象主管机构应当受理，并出具《雷电防护装置竣工验收受理回执》；对不予受理的，应当书面说明理由。

申请材料不齐全或者不符合法定形式的，气象主管机构应当场或者在收到申请材料之日起 5 个工作日内一次告知申请单位需要补正的全部内容，并出具《雷电防护装置竣工验收资料补正通知》；逾期不告知的，自收到申请材料之日起即视为受理。

3）雷电防护装置检测

气象主管机构受理后，应当委托取得雷电防护装置检测资质的单位开展雷电防护装置检测。

取得雷电防护装置检测资质的单位开展检测时应当遵守国家有关标准、规范和规程，出具雷电防护装置检测报告并对检测报告负责。出具的雷电防护装置检测报告必须全面、真实、可靠。

雷电防护装置检测报告结论应当包含安装的雷电防护装置是否按照核准的施工图施工完成、是否符合国家有关标准和国务院气象主管机构规定的使用要求。

4）雷电防护装置竣工验收内容

(1)申请材料的合法性。

(2)雷电防护装置检测报告。

5）雷电防护装置竣工验收结论

气象主管机构应当在受理之日起 10 个工作日内作出竣工验收结论。

雷电防护装置经验收符合要求的，气象主管机构应当出具《雷电防护装置验收意见书》。

雷电防护装置验收不符合要求的，气象主管机构应当出具《不予验收决定书》。

3.5.6.7　档案验收

为了保证建设项目档案的完整、准确、系统，根据国家发改委和国家档案局的有关规定，凡按批准的设计文件所规定的内容新建、扩建、改建的项目的竣工验收工作均应包括对档案的验收。

项目档案验收应按现行的《建设工程文件归档整理规范》（GB/T 50328—2014）、《国家重大建设项目文件归档要求与档案整理规范》(DA/T 28)(若为国家重大建设项目时)、《建设项目电子文件与电子档案管理规范》(CJJ/T 117)以及《建设项目电子文件归档和电子档案管理暂行办法》(国家档案局、国家发改委档发〔2016〕11 号)等有关规定进行。

1)建设项目档案资料

矿山建设项目档案资料是指在整个建设项目从酝酿、决策到建成投产(使用)的全过程中形成的、应当归档保存的文件,包括建设项目的立项审批、招投标、勘察、设计、施工、监理及竣工验收全过程中形成的文字、图表、声像等形式的以纸质、胶片、磁介、光介、电子等载体形式存在的全部文件。它对项目建成后的生产使用、工程维护及改建、扩建有着十分重要的作用。任何项目建成后,项目业主、设计、总包(若有)、施工、监理等有关单位都应按照国家档案局、发改委等颁布的有关文件和标准,对项目文件进行收集、鉴定、整理和完善。归档的文件必须完整、准确、系统,符合保障生产(使用)、管理、维护和改扩建的要求。

档案的完整是指按有关规定的内容,将项目建设全过程中应当归档的文件、资料归档,各种文件原件齐全。

档案的准确是指档案的内容真实反映项目竣工时的实际情况和建设过程,做到图物相符,技术数据准确可靠,签字手续完备。

档案的系统是指按其形成规律,保持各部分之间的有机联系,分类科学,组卷合理。

2)档案资料的汇总整理

建设项目档案资料的整理工作要与项目进程同步进行,项目申请立项时,就应开始进行文件资料的积累、整理工作。项目建设过程中,项目业主及设计、总包(若有)单位,施工、监理单位应在各自的职责范围内搞好建设项目文件材料的形成、积累、整理、归档和保管工作。建设项目竣工验收前各有关单位应将属于项目业主归档范围内的档案资料按时整理移交项目业主,由项目业主统一分类立卷、装订成册、保存。

3)竣工图的编制

建设项目竣工图是真实记录各种地下地上建筑物、构筑物等情况的技术文件,是对工程进行交工验收以及维护、改建、扩建的依据,是重要的技术档案。凡新建、扩建、改建的建设项目,特别是其基础、地下建筑、管线、结构、井巷、硐室、桥梁、隧道等工程,均应及时做好隐蔽工程纪录,整理好设计变更文件,确保竣工图质量。项目业主、设计、总包(若有)、施工承包商和主管部门都要重视竣工图的编制工作。编制竣工图的形式和深度,应根据不同情况区别对待:

(1)凡按图施工没有变动的,由施工承包商在原施工图上加盖竣工图章后,即可作为竣工图。

(2)凡在施工中,虽有一般性设计变更,但能将原施工图加以修改补充作为竣工图的,可不重新绘制,由施工承包商负责在原施工图(必须是新蓝图)上注明修改部分,并附以设计变更通知单和施工说明,加盖竣工图章后,即可作为竣工图。

(3)凡结构形式改变、工艺改变、平面布置改变、项目改变以及有其他重大改变,不宜在原施工图上修改、补充者,应重新绘制改变后的施工图。设计原因造成的,由设计单位负责重新绘图;施工原因造成的,由施工承包商负责重新绘图;其他原因造成的,由项目业主自行绘制或委托设计单位绘图。施工承包商负责在新图上加盖竣工图章,并附以有关记录和说明,作为竣工图。对总包项目,可在总包合同中约定竣工图编制单位。

对重大改建、扩建工程，若涉及原有工程项目变更时，应将相关项目的竣工资料统一整理归档，并在原图案卷内增补必要的说明。

竣工图一定要与实际情况相符，要保证图纸质量，做到规格统一、图面清晰整洁、字迹清楚，不得用圆珠笔或易褪色的墨水绘制。竣工图要经承担施工的技术负责人审核清楚，并逐张加盖竣工图章。竣工图章内容包括：工程竣工图、编制单位名称、技术负责人、编制日期、监理单位名称、监理负责人。竣工图章规格尺寸为 80 mm×60 mm。

工程竣工验收前，项目业主应组织、督促和协助各设计单位、施工承包商检验各自负责的竣工图编制工作，发现有不准确或短缺时，要及时采取措施修改和补齐，竣工图要作为工程交工验收的条件之一。竣工图不准确、不完整、不符合归档要求的，不能交工验收。特殊情况下，可按交工验收时双方议定的期限补交竣工图。

4）验收组织

建设项目档案验收工作，按建设项目的审批权限分层负责组织实施。

（1）国家重点建设项目的档案验收由国家档案局组织，或经国家档案局授权委托省档案局组织。

（2）省重点建设项目的档案验收，由省档案局组织。

（3）其他建设项目的档案验收，按项目审批权限，分别由市、县（市、区）档案行政管理部门组织。

5）验收申请

（1）项目业主负责按规定办理档案验收申请手续。

（2）项目业主应在项目竣工验收前 3 个月经上级主管部门审核同意后，向档案验收组织单位报送档案验收自检报告，并填报《建设项目档案验收申请表》。

（3）档案验收组织单位收到申请表后，一般在 10 天内对是否同意验收以及验收的安排作出答复。

建设项目档案验收申请的条件包括：

①完成了对项目各类文件材料的收集、归档工作；

②编制了项目的全套竣工图；

③完成了文件材料的组卷、分类、编号等工作，案卷质量符合《科学技术档案案卷构成的一般要求》（GB/T 11822—2008）；

④编制了项目档案工作情况说明以及项目档案的案卷目录；

⑤建设项目档案已经过项目业主技术负责人和档案部门的审查，质量已签证认可；

⑥档案库房要符合防潮、防水、防日光及紫外线照射、防尘、防污染、防有害生物、防盗、防火"八防"要求。

6）验收程序

档案验收可分为初步验收和正式验收两个阶段，重点放在初步验收阶段。

初步验收前，项目业主应组织设计、总包（若有）、施工、监理、使用等有关单位的项目负责人、工程管理与工程技术负责人，进行档案的自检工作，并做出档案验收自检报告。

初步验收时，在验收主管单位组织下，档案部门着重抽查项目档案的归档情况：工程规模大、档案案卷数量超过 1000 卷的，抽查 15% 的项目档案；工程规模小，档案案卷数量在 1000 卷以下的，抽查 30% 的项目档案。评价档案资料的完整性、准确性、系统性情况以后，写出初验意见,对存在的问题提出改进要求,限期解决。项目业主、设计、总包(若有)、施工、监理等单位按初步验收的改进意见在正式验收前加以改进。

正式验收时,项目规模较大、较复杂的和重点建设项目,应有档案的专题验收报告,并在整个项目竣工验收前单独组织档案专项验收;工程规模较小的建设项目,则应在整个项目的竣工验收报告中写明档案的情况,在竣工验收鉴定书中要有关于档案情况的评价。

档案验收报告应包括以下内容:

(1)建设项目档案资料概括;

(2)建设项目档案工作的管理体制;

(3)建设项目文件、资料的形成、积累、整理与归档工作情况;

(4)竣工图的编制情况和质量;

(5)建设项目档案资料的接收、整理、管理工作情况;

(6)建设项目档案的完整、准确、系统性评价;

(7)建设项目档案在施工、试生产中的作用;

(8)存在的问题及解决措施;

(9)附表:单项、单位工程名称、文字材料(卷、页)、竣工图(卷、页)等。

建设项目档案专项验收工作,一般在项目整体竣工验收10天前进行,采用召开专项验收会议的形式,会议由组织档案验收的单位负责召集。档案验收小组全体成员和项目业主的有关人员参加建设项目档案专项验收会议,同时邀请项目设计、总包(若有)、施工、监理单位的有关专业人员列席会议,负责有关业务答疑和协助验收工作。

建设项目档案验收专项验收会议的主要内容:

(1)验收组织单位有关人员主持验收会议,通过档案验收小组成员名单;

(2)听取项目业主档案工作总体情况汇报;

(3)抽查项目档案实体,并检查档案库房及设施设备;

(4)验收小组对照标准对项目档案工作情况进行验收;

(5)形成对项目档案的验收意见;

(6)验收小组成员签字。

7)建设项目档案的移交

项目档案验收合格后,项目业主应在项目正式通过验收后3个月内,向生产使用单位及其他有关单位办理档案移交;凡分期建设的项目,应在每期正式通过验收后办理档案移交;凡建设单位转为生产单位的,按企业档案要求办理。

3.5.6.8　竣工决算审计(工程审计)

竣工决算审计,是建设项目审计的重要环节,是指建设项目竣工验收前,审计机关(单位)依法对建设项目竣工决算的真实、合法、效益进行的审计监督。其目的是保障建设资金的合理、合法使用,正确评价投资效益、总结建设经验,提高建设项目管理水平。

凡使用国家财政性资金、专项资金、国家计划安排的银行贷款和利用外资等的建设项目和技术改造项目的竣工决算,经过审计后,方可办理竣工验收手续。

已具备竣工验收条件的建设项目,项目业主应当及时办理项目竣工决算审计。

1)竣工决算的概念

建设项目竣工决算是以实物数量和货币指标为计量单位,综合反映建设项目从筹建开始到竣工交付使用为止的全部建设费用、建设成果和财务状况的总结性文件，是竣工验收报告的重要组成部分，是正确核定新增固定资产，考核分析投资效果，建立、健全经济责任制的依据，是反映建设项目实际造价和投资效果的文件。

为了严格执行建设项目验收制度，正确核定新增固定资产，考核分析投资效果，建立、健全经济责任制，凡需进行竣工决算审计的新建、改建和扩建项目竣工以后，在办理验收手续之前，必须对所有财务和物资进行清理，编制竣工决算，分析概预算执行情况，考核投资效果，办理竣工决算审计。竣工项目经验收交接后，应及时办理固定资产移交手续，加强固定资产的管理。

2）竣工决算的内容

竣工决算由竣工决算报告情况说明书和竣工财务决算报表组成。

（1）竣工决算报告情况说明书。竣工决算报告情况说明书主要反映工程建设成果和经验，是对竣工决算报表进行分析和补充说明的文件，是全面考核分析工程投资与造价的书面总结，其内容主要包括以下几个方面。

①建设项目概况，对项目进行总的评价。一般从安全、环保、进度、质量和造价、施工等方面进行分析说明。安全、环保方面主要根据安全、环保设施以及劳动工资和建设与试生产过程的记录，对有无设备、人身安全事故、环保事故进行说明；进度方面主要说明开工和竣工时间，对照合理工期和要求工期分析是提前还是延期；质量方面主要根据验收评定等级、合格率和优良率进行分析说明；造价方面主要对照概算造价，说明节约还是超支，用金额和百分比进行分析说明；等等。

②资金来源及运用等财务分析。主要包括工程价款结算、会计账务的处理、财产物资情况及债权债务的清偿情况。

③基本建设收入、投资包干结余、竣工结余资金的上交分配情况。通过对项目建设投资包干情况的分析，说明投资包干数、实际支用数和节约额、投资包干结余的有机构成和包干结余的分配情况。

④各项经济技术指标的分析。概算执行情况分析，根据实际投资完成额与概算进行对比分析；新增生产能力的效益分析，说明支付使用财产占总投资额的比例；不增加固定资产造价占投资总额的比例，分析有机构成和成果。

⑤项目建设的经验及项目管理和财务管理工作以及竣工财务决算中有待解决的问题。

⑥需要说明的其他事项。

（2）竣工财务决算报表。建设项目竣工财务决算报表要根据大、中型建设项目和小型建设项目分别制订。

①大、中型建设项目竣工决算报表包括：建设项目竣工财务决算审批表、建设项目概况表、建设项目竣工财务决算表、建设项目交付使用资产总表、建设项目交付使用资产明细表。

②小型建设项目竣工财务决算报表包括：建设项目竣工财务决算审批表、建设项目竣工财务决算表、建设项目交付使用资产明细表。

（3）建设工程竣工图。

（4）工程造价比较分析。

对控制工程造价所采取的措施、效果及其动态的变化认真对比分析，总结经验教训。批准的概算是考核建设工程造价的依据。在分析时，可先对比整个项目的总概算，然后将建筑工程安装费、设备工器具费和其他工程费用逐一与竣工决算表中所提供的实际数据和相关资料及批准的概算、预算指标、实际工程造价进行对比分析，以确定竣工项目总造价是节约还是超支，总结经验，找出节约和超支的内容和原因，提出改进措施。

3）竣工决算审计的范围

使用国家财政性资金、专项资金、国家计划安排的银行贷款和利用外资等的新建、扩建基本建设项目和技术改造项目，按批准的设计文件所规定的内容建成，根据竣工验收办法符合竣工验收条件的，其竣工决算应经过审计机关进行审计。

企业自行投资的项目可由项目业主委托具有相应资质的社会审计单位进行审计。主管部门有规定的须将审计结果报审计机关备案。

4）竣工决算审计的主要内容

（1）竣工决算编制依据。审查决算编制工作有无专门组织，各项清理工作是否全面、彻底，编制依据是否符合国家有关规定；资料是否齐全，手续是否完备；对遗留问题是否合规。

（2）建设项目及概算执行情况。审查项目业主是否按批准的概算内容执行，有无概算外项目和提高建设标准、扩大建设规模的问题，有无重大安全环保质量事故和经济损失。

（3）交付使用财产和在建工程。审查交付使用财产是否真实、完整，是否符合交付条件，移交手续是否齐全、合规；成本核算是否正确，有无挤占成本、提高造价、转移投资的问题；核实在建工程投资完成额，查明未能全部建成、及时交付使用的原因。

（4）转出投资、应核销投资及应核销其他支出。审查其列支依据是否充分，手续是否完备，内容是否真实，核算是否合规，有无序列投资的问题。

（5）尾工工程。根据修正总概算和工程形象进度，核实尾工工程的未完工程量，留足投资。防止将新增项目列作尾工项目、增加新的工程内容和自行消化投资包干结余。

（6）结余资金。核实结余资金，重点是核实库存物资，防止出现隐瞒、转移、挪用或压低库存物资单价，虚列往来的欠款，隐匿结余资金的现象。查明器材积压、债权债务未能及时清理的原因，揭示建设管理中存在的问题。

（7）基建收入。基建收入的核算是否真实、完整，有无隐藏、转移收入问题，是否按国家规定计算分成、足额上缴或归还贷款，留成是否按规定缴纳"两金"及分配和使用。

（8）投资包干结余。根据项目包干合同核实包干指标，落实包干结余，防止将未完工程的投资作为包干结余参与分配；审查包干结余分配是否合规。

（9）竣工决算报表。审查报表的准时性、完整性、合规性。

（10）投资效益评价。根据物资使用、工期、工程质量、新增产能等情况，预测项目投资回收期等内容，全面评价投资效益。

（11）其他专项审计。

3.5.6.9　竣工验收的质量核定

建设项目竣工验收的质量核定是政府对竣工工程进行质量监督的一种法律性手段，是竣工验收交付使用必须办理的手续。质量核定的范围包括新建、扩建、改建的工业与民用建筑，设备安装工程，市政工程等。

1）申报竣工质量核定的工程条件

（1）必须符合国家或地区规定的竣工条件和合同规定的内容。委托工程监理的工程，必须提供监理单位对工程质量等进行监理的有关资料。

（2）必须具备各方签认的验收记录。对验收各方提出的质量问题，施工承包商进行返修的，应具备项目业主和监理单位的复验记录。

（3）提供按照规定齐全有效的施工技术资料。

（4）保证竣工质量核定所需的水、电供应及其他必备的条件。

2）核定的方法和步骤

（1）单位工程完成后，施工承包商应按照国家检验评定标准的规定进行自验，符合有关规范、设计文件和合同要求的质量标准后，提交项目业主进行核定。

（2）项目业主组织设计、总包（若有）、监理、施工等单位，评出工程质量等级，并向有关的监督机构提出申报竣工工程质量核定。

（3）监督机构在受理了竣工工程质量核定后，按照国家现行的《工程质量检验评定标准》进行核定，经核定合格或优良的工程，发"合格证书"，并说明其质量等级。工程交付使用后，如工程质量出现永久缺陷等严重问题，监督机构将收回"合格证书"，并予以公布。

（4）经监督机构核定不合格的单位工程，不发"合格证书"，不准投入使用，责任单位在规定期限返修后，再重新进行申报、核定。

（5）在核定中，如施工承包商资料不能说明结构安全或不能保证使用功能的，由施工承包商委托法定监测单位进行监测，并由监督机构对隐瞒事故者进行依法处理。

3.5.7 竣工验收结论和效用

矿山建设项目竣工验收合格的，对口层级的政府行政主管部门在竣工验收委员会或竣工验收组形成竣工验收鉴定书后 10 个工作日内，印发矿山建设项目竣工验收结论。

省级行政主管部门应按规定及时将省级及以下有关部门组织的矿山建设项目竣工验收情况抄报中央政府有关主管部门。

矿山建设项目竣工验收不合格的，项目业主应当按照项目竣工验收委员会或竣工验收组提出的处理意见进行限期整改。整改达标后，项目业主应当重新提出竣工验收申请。

矿山建设项目竣工验收完成后，项目业主依据印发的矿山建设项目竣工验收结论及有关材料申领或更换矿山生产许可证等证件，按照国家有关规定办理固定资产交付使用等相关手续。

3.5.8 竣工验收遗留问题的处理

遗留的收尾工作项，应根据初步设计的规定，参照实际情况，在验收中一次审定收尾工作项的内容、数量、投资（包括贷款、自筹投资等）和完成期限，按项目隶属关系，列入计划，由总包（若有）、施工承包商继续完成或由项目业主负责建成。

投产后所需原材料、协作配套件供应等外部条件还未全部落实的项目，在项目竣工验收交付生产后，由项目业主或主管部门继续抓紧解决，不应影响项目竣工验收工作的正常进行。如因原材料、协作配套等外部条件未落实达不到原设计要求，经项目竣工验收委员会或竣工验收组审查后，报原审批或核准（备案或登记）单位确认。

对某些工艺技术有问题、关键设备有缺陷的项目，经过带负荷联合试运转考核，达不到设计能力的，经项目竣工验收委员会或竣工验收组审查后，可报原审批或核准（备案或登记）单位重新核定设计能力。

参考文献

［1］张水波，陈勇强.国际工程总承包EPC交钥匙合同与管理［M］.北京：中国电力出版社，2009.

［2］丛培经，范运林，张守健，等.实用工程项目管理手册［M］.北京：中国建筑工业出版社，2005.

［3］注册建造师继续教育必修课教材编写委员会.矿业工程［M］.北京：中国建筑工业出版社，2012.

［4］中国建设教育协会继续教育委员会.矿业工程［M］.北京：中国建筑工业出版社，2019.

［5］何伯森.工程项目管理的国际惯例［M］.北京：中国建筑工业出版社，2007.

［6］刘尔烈.工程项目招标投标实务［M］.北京：人民交通出版社，2000.

［7］赵曾海.招标投标操作实务［M］.2版.北京：首都经济贸易大学出版社，2012.

［8］于润沧.采矿工程师手册［M］.北京：冶金工业出版社，2009.

［9］王雪青.国际工程项目管理［M］.北京：中国建筑工业出版社，2000.

［10］丁士昭.建筑工程管理与务实［M］.北京：中国建筑工业出版社，2015.

［11］张妍妍，唐亚男，李文.建筑工程项目管理［M］.西安：西安电子科技大学出版社，2016.

［12］连民杰.非煤矿山基本建设管理程序［M］.北京：冶金工业出版社，2013.

第 4 章

矿山运营管理

4.1 矿山企业管理概述

4.1.1 矿山企业的特点和基本任务

1）矿山企业的特点

矿山企业是通过开采或采选手段开发矿产资源、经营矿产品，以取得合法收益的工业企业。它是自主经营、自负盈亏、独立经济核算、具有法人资格的营利性经济组织。矿山企业除具有一般工业企业的特点外，在生产经营方面，还具有以下鲜明特点。

（1）矿山管理应适当灵活。矿山企业的劳动对象是自然生成的矿产资源，它们大多埋藏在地表以下，而且矿体赋存状态、开采技术条件及矿物成分复杂多变，因此矿山管理比较复杂，管理工作要有适当的灵活性。

（2）管理工作较繁杂。随着矿石的开采，矿石资源不断减少，需要不断探获新的矿石资源。因此，矿山开拓、生产探矿及生产准备工作量大，而且它们必须与矿山生产同步进行，采准切割工作又必须超前于回采；有的矿山只能维持简单再生产，最后逐步减产直至闭坑、复垦或生态修复；有的矿山还应根据矿床勘探情况进行开拓延深乃至进行扩建。

（3）生产管理着眼资源节约。矿产资源是不可再生的资源，这要求矿山企业选择合理的开采方式及采矿方法，在生产过程中要按照国家对矿山企业的要求，充分利用国家资源，降低损失贫化，使矿产资源得到最大化的利用。

（4）管理聚焦高效生产。矿山尤其是地下矿山，是生产环节多、工序多、工种多的企业，作业地点分散，连续作业性差，生产条件多变，这些特点要求矿山管理应加强计划调度、生产组织和劳动组织工作，把提高劳动生产率放在突出地位，尽可能培养一专多能的职工，特别是对招收的合同工、农民轮换工必须加强培训，提高其职业素养。

（5）管理突出作业安全、生态环保和职业健康。矿山作业环境复杂，安全、环保和职业健康问题突出，在生产管理过程中需要切实采取有效防范控制措施以提高管理水平。矿山作业要特别注重安全管理，切实加强环境保护工作，提高职业病防治水平。

（6）管理践行矿业可持续发展。矿山建设和生产过程中，应认真执行绿色矿山建设规范，建成节约高效、环境友好、矿地和谐，符合现代文明建设要求的矿业可持续发展模式。

按照系统工程观点，矿山企业是一个完整的系统，它由人、物资、设备、资金、任务和信息六个要素组成。矿山企业系统模式见图 4-1。

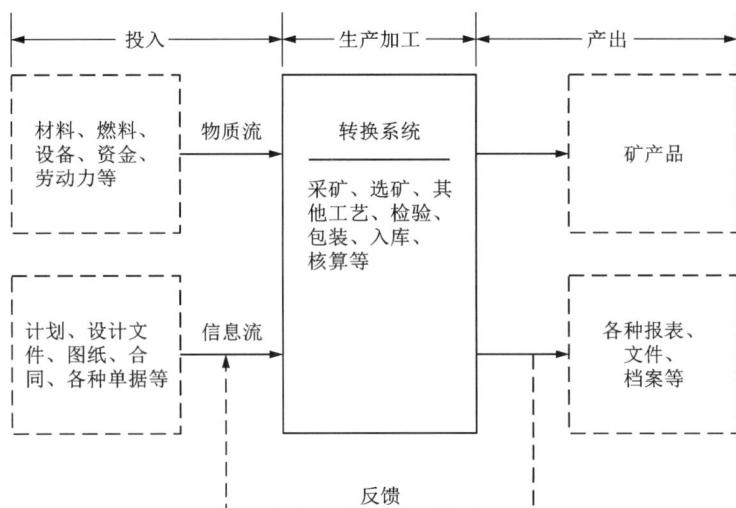

图 4-1　矿山企业系统模式

从图 4-1 中可以看出，矿山企业是由投入、生产加工、产出三个环节构成的动态系统。矿山企业这个动态转换系统具有如下的特点。

（1）两种流，即物质流和信息流。物质流是指生产过程中物的流动，即输入材料、燃料、设备、资金和劳动力等，经过转换过程加工处理变成符合社会需要的矿产品，也就是物质形态的变化过程。信息流是指随着物质流发生的信息，即管理活动的各种信息。信息流规划和调节着物质流的内容、方向、数量、速度、目标等。物质流和信息流互为条件，相辅相成。物质流和信息流的畅通与否、速度快慢，决定着企业效率的高低。

（2）两种因素，即企业内部因素和企业外部因素。矿山企业的生产经营活动受两类因素的影响。一是矿山企业内部因素，主要包括企业所拥有的人力、物力、财力条件，生产能力、销售能力、竞争能力、职工的素质、精神面貌和物质生活条件，人的积极性发挥等。二是矿山企业外部因素，包括党和政府的方针、政策、法律、法规，政治经济、科学技术、社会的形势，能源、交通，市场需求以及竞争对手情况等。

（3）两种活动，即生产活动和经营活动。生产活动主要是指生产过程中各种作业活动。它要求矿山企业充分利用人、财、物和自然资源，用最经济的办法，按预定计划把埋在地下的矿产资源开采出来。经营活动是指围绕着企业经营战略与经营决策的制订而进行的一系列活动。

2）矿山企业的基本任务

我国矿山企业的基本任务：①按照市场需求，以尽量少的劳动消耗和物质消耗，为社会提供质量优良的矿产品，实现矿产资源的综合利用；②满足国家建设需要和人民日益增长的美好生活需要，将资源优势转化为经济优势以促进国民经济的发展，也为企业自我发展做出贡献；③把矿山建设成为具有高度物质文明和高度精神文明的现代化企业。因此，不断提高经济效益和社会效益是矿山企业的中心任务，也是矿山企业经营活动的总目标。

4.1.2　矿山企业管理的性质和职能

1) 矿山企业管理的含义

矿山企业管理主要是围绕着矿山企业各项活动(生产、经营、技术、供销、财务、劳动、人事等)，进行计划、组织、指挥、协调、控制，最有效地利用人力、物力、财力等企业资源和矿产资源，达到用尽可能少的消耗、取得尽可能大的经济效益的目的。具体来讲，矿山企业管理包括以下四个方面的含义。

(1) 企业管理的对象是企业的生产经营活动，矿山企业的生产经营活动可分为两大部分。一部分是企业内部的活动，它是以生产活动为中心，包括基本生产、辅助生产和生产服务三个过程，具体如采掘(剥)作业计划的编制、执行与检查，采矿管理(包括矿山生产过程组织、生产调度、矿石质量管理和劳动组织与定额管理等)、职业健康安全环境(HSE)管理和企业信息化管理等。这种以生产活动为中心的管理，通常称为生产管理。企业的另一部分活动，是以经营活动为中心，涉及企业外部环境，联系社会经济的流通、分配、消费等过程，它包括企业发展规划、计划，材料、动力等物资的供应，设备和劳动的补充与调整，产品销售和财务等。对这些活动的管理，通常称为经营管理。只有对生产活动和经营活动进行统一管理，保证矿山企业的再生产和扩大再生产的顺利进行，才能把企业管理好。

(2) 矿山企业管理的目的是充分利用企业的一切资源，完成企业的各项目标与任务，取得最好的效率与效益，并维持企业的可持续发展。

(3) 矿山企业管理的过程是行使企业一系列管理职能的过程。企业管理是通过发挥计划、组织、指挥、协调、控制等职能的作用而进行的。

(4) 矿山企业管理的依据是生产技术活动和生产经营管理活动的客观规律，而企业管理又是依靠人们的主观能动行为进行的，但是人们不能凭主观臆想瞎指挥，必须尊重客观规律，按客观规律办事。

2) 矿山企业管理的性质和职能

任何社会的生产总是在一定的生产方式或一定的生产关系下进行的。生产过程具有二重性，既是物质资料的再生产，又是生产关系的再生产。因而，作为组织整个生产经营活动的矿山企业管理也必然具有二重性，一方面，它具有与社会化大生产、生产力相联系的自然属性，另一方面，它又具有与生产关系、社会制度相联系的社会属性。由企业管理二重性所决定的合理组织生产力和不断完善生产关系的两种基本职能是结合在一起发生作用的，由于生产过程是生产力和生产关系的统一，人与物的关系和人与人的关系紧密联系且不可分割，故在实际的管理活动中，矿山企业管理的基本职能如下。

(1) 计划职能。计划职能是矿山企业管理的首要职能，它是矿山企业各项工作的纲。这个职能包括：调查研究过去和现在的情况变化，对未来作出经济预测；对矿山企业的经营方针、经营目标作出决策；编制实现经营目标的中长期和年度经营计划；确定实现计划的措施方法，并将计划指标层层分解落实到各个部门、各个环节；计划的检查、控制和评价等。

(2) 组织职能。组织是根据已制订的计划，把矿山企业生产的各要素、各生产环节、各部门，从分工协作上、相互关系上和空间、时间的结合上进行科学的职责划分，组织成为一个协调一致的整体，以便有效地进行生产经营活动。组织职能包括：建立科学的企业管理组织机构，规定各部门的职责分工；建立合理的生产结构和生产组织系统；根据"因事设职""因职配人"的原则，挑选和配备各级各部门的人选。组织职能中很重要的一项工作就是如何用人，即对人才的发现、选择、培养、提拔和聘任，把适当的人才安排在适当的岗位上，从事适当的工作，使得人尽其才，各得其所，充分调动每个人的积极性。

（3）指挥职能。指挥是对矿山企业各级各类人员的指导，以保证企业生产经营活动的正常进行和既定目标的实现。矿山企业的生产经营活动十分复杂，企业的职工人数较多，必须有统一的组织，服从统一的指挥，这是现代化大生产的客观要求。

（4）协调职能。协调是指协调矿山企业内部各级各部门的工作、各项生产经营活动，使它们建立良好的配合关系，消除工作中的脱节现象和矛盾，以期有效地实现企业的经营目标；协调是企业管理的一项综合性职能，每项管理职能都要进行协调工作，因此协调可以看成是管理的本质。协调可分为上、下级之间的纵向协调和同级部门之间的横向协调。

（5）控制职能。控制是指按预定计划和目标、标准进行检查，考察实际完成情况与原定计划、标准的差异，分析原因，采取对策，及时纠正偏差，保证计划目标的实现；同时，通过经常收集生产经营活动成果，进行信息反馈，对矿山企业活动实行有效控制。

4.1.3　矿山企业管理现代化

1）矿山企业管理现代化的概念

矿山企业管理现代化是指为适应现代生产力发展水平的客观要求，培养和造就大批现代化企业管理人才，运用现代经营的思想、组织、方法和手段，对矿山企业进行有效的管理，使之达到国际先进水平，创造最佳经济效益的过程。在现代科技突飞猛进的形势下，不仅要在采矿科学技术上，而且要在矿山管理上加快现代化的进程。现代化的采矿技术，必然要有现代化矿山管理与之相适应，才能转化为现实的、先进的生产力。因此，应当把管理技术现代化和生产技术现代化放在同等重要的位置，使之互相促进。

2）矿山企业管理现代化内容

矿山企业管理现代化内容和具体要求见表4-1。

表 4-1　矿山企业管理现代化内容和具体要求

序号	基本内容	具体要求
1	管理思想现代化	要求管理者树立起市场观念、用户观念、创新观念、效益观念、人才观念、民主管理观念、系统管理观念以及时间和信息是企业重要资源观念等
2	管理组织现代化	要求企业的组织机构、规章制度、人员配备和人员素质等适应现代经营管理的需要，做到分工明确，管理高效、信息灵敏、准确
3	管理方法现代化	在管理工作中综合运用思想教育方法、行政方法、经济方法、法律方法和数学方法，并在此基础上推广使用和不断探索适应现代经济要求的先进管理技术
4	管理手段现代化	采用各种先进的信息传递、信息处理设备，普遍应用信息化、智能化、大数据等管理手段，提高管理工作的效率
5	管理人员现代化	努力提高企业管理人员的基本素质，实现人才知识结构现代化，使企业管理人员真正做到懂技术、会管理、善经营

4.1.4　矿山企业管理组织的制度与机构

1) 矿山企业领导制度

我国矿山企业（经营管理）制度主要有矿长（经理）负责制、董事会领导下的总经理负责制等。矿长（经理）负责制曾是我国国有企业普遍实行的企业（经营管理）制度，它是指矿山企业的生产指挥和经营管理工作由矿长（经理）统一领导，全面负责。随着时代进步，矿山企业逐步建立了以社会主义市场经济为基础，以企业法人制度为主体，以公司制度为核心，以产权清晰、权责明确、政企分开、管理科学为条件的现代企业制度。

现代企业制度的典型形式是公司制，公司制企业是现代矿山企业的重要组织形式，其基本组织领导制度为公司董事会领导下的总经理负责制，即建立包括股东会、董事会、经理层和监事会在内的公司法人治理结构。股东会是公司的权力机构，对公司的经营管理和股东利益等重大问题作出决策；董事会是公司的决策机构，要对股东会负责，执行股东会决定；经理层是公司的执行机构，依法由董事会聘任或解聘，接受董事会管理和监事会监督，总经理对董事会负责，依法行使管理生产经营、组织实施董事会决议等职权，向董事会报告工作；监事会是公司的监督机构，依照有关法律、法规和公司章程设立，对董事会、经理层成员的职务行为进行监督。股东会、董事会、经理层和监事会等权力机关都有明确的权力和责任，并各司其职、相互联系、相互制约，有效地保障着矿山企业经营决策的准确性、科学性，保障决策的正确执行，能较好地防止矿山企业的决策在执行过程中的偏差和失误，维护投资人及矿山企业的整体利益。董事会领导下的总经理负责制的优越性表现在以下四个方面。

(1) 具有决策的科学性。现代公司制企业的组织领导机关是董事会，它作为矿山企业的一个集体决策集团，能很好地保证决策的科学性和民主性，避免个人主观专断和盲目决策。同时，在公司周围，往往还聚集着一群咨询智囊人才，以集中集体的智慧和群众的意志，保证了决策的科学性、先进性。

(2) 具有领导的权威性。总经理是公司的首要高级管理人员，拥有通常授予公司首要管理人员的一切权力以及董事会规定的其他权力，这充分保证了公司总经理的权威性，也保证了矿山企业统一领导原则的贯彻执行。

(3) 具有执行的专职性。现代公司制企业决策的执行权由总经理全权负责，总经理的助手也是由其自主选择，保证了决策迅速、准确的贯彻执行。

(4) 具有广泛的职工参与性。现代公司制企业都有工会组织，通过职工代表大会来参与矿山企业的管理，也就把职工利益与矿山企业利益捆在了一起，使他们与企业同呼吸、共命运，因而使企业职工的参与意识不断强化，参与企业决策、管理、监督的能力也越来越强。

在完善有中国特色的现代企业制度过程中，尤其是国有企业，要把加强党的领导和完善公司治理统一起来，明确国有企业党组织在法人治理结构中的法定地位，发挥国有企业党组织的领导核心和政治核心作用，保证党组织把方向、管大局、保落实。坚持党管干部原则与董事会依法选择经营管理者、经营管理者依法行使用人权相结合，积极探索有效实现形式，完善反腐倡廉制度体系。

2) 矿山企业组织机构设置

(1) 矿山企业组织机构设置的原则。

为了保证总经理对矿山生产经营活动实行集中统一的指挥，必须建立一个统一的、高效率的生产指挥和经营管理系统，设置必要的组织机构。由于矿山企业的类型和特点不同，组织机构也就有所不同。矿山企业建立组织机构，一般应遵循以下原则。

①有效性原则。组织机构的设置必须从矿山的具体情况出发，同矿山的生产技术相适应，有利于管理工作效率和经济效率的提高，组织合理，机构精简，职责明确，信息畅通，关系协调。

②统一指挥原则。统一指挥是社会化大生产的客观要求。统一指挥原则是指一个单位、一个人只接受一个上级的命令和指挥，并对这个上级负责。指挥者要负指挥之责，执行者要负执行之责，效率才可以提高，又便于建立起严格的岗位责任制，消除多头领导和无人负责现象。

③有效管理幅度原则。它是指一名领导者直接而有效地领导与指挥下属的人数。管理幅度和管理层次是组织机构设计中两个互相矛盾的基本参数。有效地组织要求在尽量少的管理层次和不大的管理幅度之间求得平衡。管理幅度，受到管理内容的相似程度和复杂程度，领导者的知识、能力、经验、精力，下属的能力及其在空间上的分散程度等条件的制约，超过一定的限度，就不能实现具体的、有效的领导。

④职务、职责、职权同等性原则。设置组织机构，既要明确规定每一管理层级和各个职能机构的职责范围，又要赋予履行职责所必需的管理权力。设置一个岗位，必须做到责任、权力、职务三者相对应。责任是指人们在一定职位或岗位上应履行的义务，它是由职务性质和工作范围决定的。权力是指在规定的职务或岗位上所拥有的权力，它是保证完成责任的条件和手段。

⑤集权和分权相结合原则。集权与分权是统一的，体现为统一领导、分级管理。矿山企业内部一般实行二级管理，即矿部和车间（坑口）两级管理，有的矿山实行矿部、车间（坑口）与工段三级管理。要正确处理集权和分权的关系：一般而言，凡是矿山企业全局性、长远性、方向性的经营决策权力应集中在矿部，实行统一领导，以保证企业生产经营活动协调进行。在实行矿部领导的前提下，又要实行分级管理，把内部管理权力适当分散，授予下级及其所属人员，使各级组织在规定的职权范围内，能够灵活地处理与其本身有关的业务。

（2）矿山企业组织机构设置。

现代矿山企业是一个有机体，为使企业协调而有效地运转，必须建立统一的、高效的生产经营管理系统。组织机构是管理系统的硬件，精干的组织机构对实现管理职能、提高工作效率，起着重要的作用。矿山企业组织机构通常有以下三种类型。

①直线制组织结构。

直线制组织结构又称简单结构，这是最早、最简单的一种组织结构形式。其特点为：组织中各种职务按垂直系统直线排列，全部管理职能由各级行政领导人负责，不设职能部门或参谋机构；命令从最高层管理者经过各级管理人员，直至组织末端（工人），是直线式的传达；组织中每个成员只接受最近的一个上级指挥，仅对该上级负责，并汇报工作，彻底贯彻统一指挥原则。这种结构一般适用于那些没有必要按职能实行专业化管理的小型组织，以及组织处于初建阶段、组织所处环境较简单且易变、组织突然面临困难环境等情况。如我国部分民营矿山采用这种组织结构，其典型组织结构见图 4-2。

直线制组织结构的特点为：对管理工作没有进行专业化分工，企业的一切生产经营活动均由企业的各级主管人员来直接指挥和管理，不设专门的职能人员和机构，至多有几名

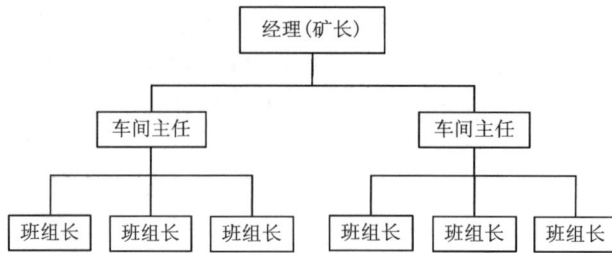

图 4-2 直线制组织结构图

助理。

优点：一个下级只受一个上级领导管理，上、下级关系简单明晰，层级制度严格明确，保密程度好，决策与执行工作有较高效率；管理沟通的信息来源与基本流向固定，管理沟通的渠道也简单固定，管理沟通的速度和准确性在客观上有一定保证；纪律和秩序的维护较为容易。

缺点：管理无专业分工，各级管理者必须是全能管理者，各级管理者负担重，当企业较大时，难以有效领导与管理；管理沟通的信息来源与基本流向被管理者控制，并且管理沟通的速度和质量严重依赖于直线中间的各个点，信息容易被截取或增删，造成管理沟通不顺畅或失误。

②直线-职能制组织结构。

以直线制组织结构为基础，在各种直线主管之下，设置相应的职能部门，即在保持直线组织的统一指挥的原则下，增加了参谋机构。

在这种组织形式下，直线部门是骨干，原则上担负着实现组织目标所需要完成的直线业务，如生产、销售等；而职能部门只是同级直线主管的参谋与助手，可以对下级职能机构进行业务指导，但无权对下级直线主管发号施令，除非上级直线主管授予他们某种权力。这种结构主要适用于有简单稳定的环境，人工智能化程度高、生产规模大型化的矿山企业。目前，我国矿山企业采用最多的就是直线-职能制组织结构。其典型组织结构见图4-3。

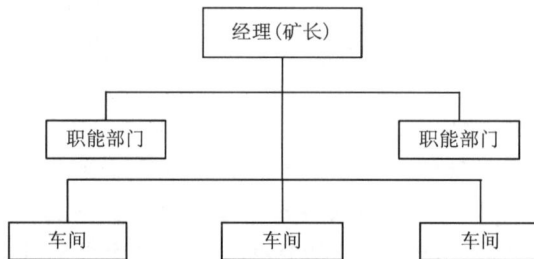

图 4-3 直线-职能制组织结构图

优点：分工细密、任务明确，高效、稳定，既有利于保证集中统一的指挥，又可发挥各类专业人员的专业管理作用。

缺点：各部缺乏全局观念，各职能单位自成体系，只注重局部利益，不重视横向沟通；职能部门权力过大时，干扰直线指挥系统；按职能分工的组织弹性不足，对环境变化反应迟钝；不利于从企业内部培养熟悉全面情况的管理人才。

③事业部制组织结构。

它是在总公司的统一领导下，按不同的矿产品品种或地区分别建立事业部，每个事业部从产品方案、原材料采购、产品制造、成本核算、产品销售实行相对的独立核算、自负盈亏。它既是总公司控制下的利润中心，又是企业中的一个责任单位。公司最高管理机构掌握战略决策、预算控制、重大人事安排、监督等大权，并通过利润指标对事业部进行控制，日常经营活动由事业部自己管理。各事业部下属若干厂矿及研究所，进行自己的产品生产和科研工作。根据需要，事业部设置相应的职能部门。事业部制适用于规模巨大、产品种类多、技术比较复杂和市场广阔多变的企业。其典型组织结构见图4-4。

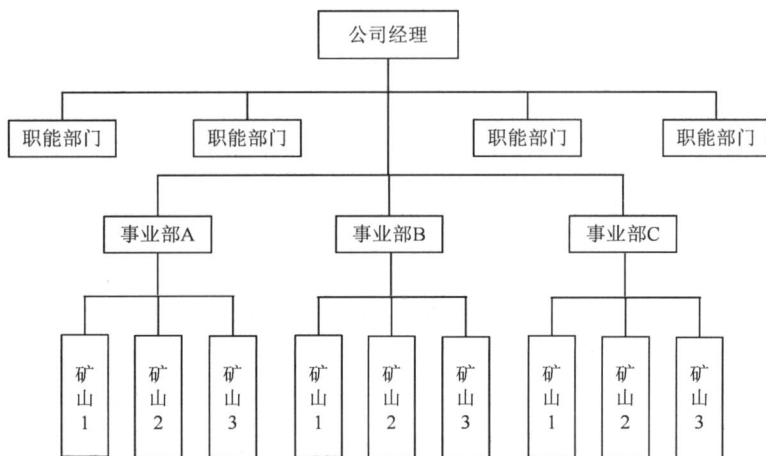

图 4-4 事业部制组织结构图

优点：各事业部实行独立核算，相互之间有比较、有竞争，能调动其经营管理的主动性和积极性，有利于最高管理层摆脱日常事务，集中精力考虑有关全局的战略决策和长期发展计划；有利于事业部内部供、产、销的协调，提高事业部管理人员的专业知识和领导能力，培养高级企业管理人才。

缺点：职权下放过大，容易产生本位主义；各事业部与公司的职能部门常出现矛盾，影响相互协作；职能机构重复设置，管理人员相应增加，导致企业各类人员的比例不合理。

一些大的矿业集团通常采用事业部制，根据产品(或地区)设置事业部(板块)，形成竞争，调动积极性。

(3)现代矿山企业典型组织结构。

目前，大多数矿山在设置组织结构时，都会采用直线-职能制组织结构形式，但在具体设置时，会根据自身的特点与生产工艺确定生产车间与职能部门的名称、数量以及职能范围。

某矿山的组织结构见图4-5。由图4-5可以看出，该矿山组织机构层次分明，管理条块化、专业化。其中矿山核心生产环节以工区的方式设置，包括采掘工区、运矿工区、充填工区、运转工区、动力工区、保障服务中心、通风工区、选厂和产品计量检测中心。另外以职能的方式设置了技术管理部、矿产资源部、设备能源部、工程管理部、职业健康安全环境管理部、人力资源部、财务部、综合管理部、党群工作部、纪检监察部、生产运行部等。

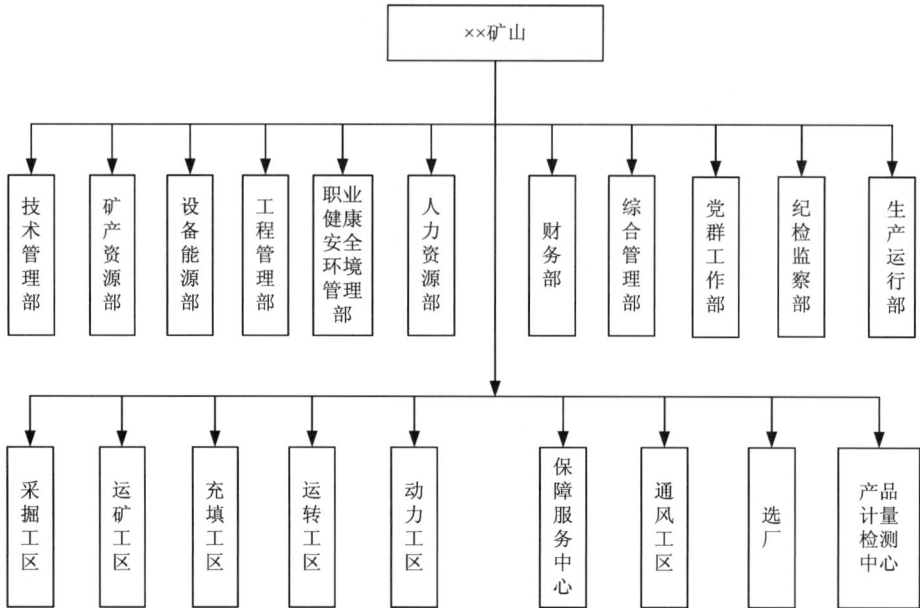

图 4-5　某矿山组织结构图

对于矿业集团(公司)，其组织结构多采用事业部制组织结构，而矿山企业作为其子公司通常亦采用直线-职能制组织结构，某矿业公司组织结构见图 4-6。

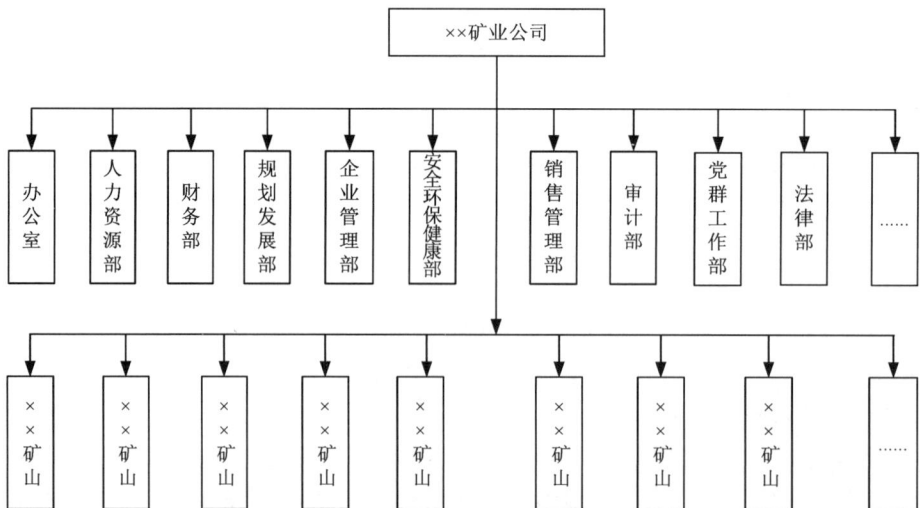

图 4-6　某矿业公司组织结构图

4.1.5　人力资源配置

人力资源是矿山企业最重要的资源，科学、合理、规范地使用人力资源是矿山企业提高经济效益的关键环节，也是矿山企业人力资源开发管理的重要工作。人力资源配置就是指在具体的矿山企业中，为了提高工作效率、实现人力资源的最优化，而对矿山企业的人力资源进行科学、合理的配置。

1）矿山企业定员种类

由于矿山企业生产活动的复杂性，人们在生产过程中所从事的工作性质极不相同。按照工作性质、劳动分工的特点和所处的岗位，将矿山企业人员划分为以下几类。

（1）生产工人，是指直接从事矿山生产的人员。它又可分为基本生产工人和辅助生产工人，如凿岩工、装药爆破工、支护工、通风工、铲运机工、送料工、管道工、测尘工、电工、机电维修工等。

（2）实习人员，是指在生产工人指导下，学习生产技术并享受一定待遇的人员。

（3）工程技术人员，包括从事各种技术工作的工程师、技术员、科研人员。

（4）管理人员，是指矿山企业中从事组织领导与生产经营管理的人员，包括在企业各职能机构从事行政、生产、安全、经济、技术管理工作的人员。

（5）服务人员，是指间接服务于生产或服务于职工生活的人员，如勤杂人员、警卫、消防人员、物业管理和社会福利机构中的工作人员等。

（6）其他人员，是指由于特殊原因离开企业劳动岗位，仍由原企业支付工资的人员，包括全部病、伤假人员和长期学习人员等。

按职工同生产的关系，可将职工按其是否直接参加矿山生产活动划分为两类：直接生产人员，包括生产工人、实习人员、直接从事生产活动的其他人员；非直接生产人员，包括不直接从事生产活动的工程技术人员、管理人员、服务人员及脱离生产岗位从事非生产活动的其他人员等。

2）人员配置方法

矿山企业定员是指根据矿山企业既定的年产量、生产规模、生产技术条件，本着节约用人、增加生产和提高工作效率的原则，确定矿山企业必须配备的各类人员的数量。常用的确定企业定员的方法如下。

（1）按劳动效率定员。

按劳动效率定员（也称为定额工人定员），是根据工作量（或产量）和劳动定额来计算定员的人数。其计算公式如下：

$$定员人数 = \frac{每一轮班的工作量 \times 日轮班数}{个人劳动效率 \times 出勤率} \tag{4-1}$$

（2）按设备定员。

按设备定员，是根据机器设备的数量、工人看管定额、设备开动班次和出勤率等因素来计算定员人数。

按设备定员分两种情况，即单机设备定员和多设备（机台）看管定员。

①单机设备定员。单机设备，一般指的是工人单独操作的设备。例如，各种型号的吊车、电铲、钻机、推土机、铲运机、汽车等。这类设备的定员按以下三个步骤进行。

首先，根据全年生产任务或工作量和单机设备效率计算设备数量，具体计算公式如下：

$$设备数量=\frac{年生产任务工作量}{设备台年效率}\qquad(4-2)$$

其次，确定单机设备的台班定员。根据设备的生产能力、工作时间(作业率)、劳动强度、作业环境、技术复杂程度及安全生产要求来计算单机设备的台班定员。

最后，根据单机设备的台班定员，设备数量和轮班数，轮休、补缺人数等因素确定全部定员，具体计算公式如下：

$$基本定员=台班定员\times同时工作设备数量\times轮班数\qquad(4-3)$$
$$全部定员=基本定员+轮休、补缺人数\qquad(4-4)$$

②多设备(机台)看管定员。具体计算公式如下：

$$定员人数=\frac{同时工作设备数\times设备工作班次}{看管定额\times出勤率}\qquad(4-5)$$

这种定员方法，主要适用于以机械操作为主的工种，如矿山企业的空压机、水泵、液压设备、选矿等设备的定员。对于其中各种固定设备，应积极推动远程监控无人值守，以减少定员。

(3)按工作岗位定员。

它是根据工作岗位多少来计算定员人数。在确定这类人员时，应该根据设备的构造和工艺决定工作岗位的数目及每个岗位的工作量，根据工人的劳动效率、开动班次和出勤率等多方面因素来计算定员人数。

(4)按比例定员。

它是按照职工总数或某一类人员总数的比例来确定定员人数。这种方法，通常适用于计算服务人员的定员人数。

(5)按组织机构、职责范围和业务分工定员。

它主要用于确定企业工程技术人员、管理人员以及其他人员的定员人数。

在矿山企业确定定员编制时，可以根据工作性质和各类人员的不同，把几种方法结合起来灵活应用，同时还要注意人员的素质，制定经济责任制，把责、权、利结合起来。

矿山企业的定员应当先进、合理，也就是人员配备要合理，各类人员的比例要适当，以较高的工作效率来完成既定的生产任务。为此，既要正确处理好基本工人和辅助工人的比例关系，又要合理安排直接生产人员和非直接生产人员的比例，降低非直接生产人员的比例。

3)矿山企业人员管理应注意的事项

矿山企业不仅需要各类工程技术人员，如矿山机械、机电设备、矿山勘探、矿山开采、选矿工程、尾矿工程、安全环境工程等，同时也需要人力、政工、财务、销售、物流等非工程技术类人员。人员的合理配置必须以岗位的合理编制为前提，以岗定人；同时认真研究矿山企业各岗位的性质和职责及共同性，实行一专多能，充分发挥人力资源的作用；另外应不断引进先进的管理经验和灵活多样的用人机制，充分调动人的积极性和创造性，使人力资源得以不断优化和充满活力，从而促进企业的长足发展。

矿山企业人员配置管理具体要注意以下几个方面。

(1)合理调整生产一线，特别是采掘一线的人员结构。要按照精干、高效的原则，把不适应生产一线工作的年老体弱人员调整出来，把身强力壮的人员充实到生产一线岗位上去，使生产一线的职工队伍始终保持精兵强将的态势，以保证生产一线人员能有旺盛的精力去完成各项生产任务。

（2）要根据生产实际需要，参照生产一线的人员数量和工作量，按比例配置辅助人员，使之既能保质保量，按时完成生产任务，又不浪费劳动力。

（3）对地面和机关岗位的人员配置，要杜绝因人设岗现象的发生。对可兼职作业的岗位予以合并，以确保人力资源的合理利用。

（4）要公开、公平、公正地让每个职工凭自己的能力竞争上岗。对上岗人员要实行三级动态管理，即将上岗人员划分为优秀、合格、临时三种上岗身份，并根据每个上岗人员的实际工作业绩，定期实行三种身份相互转换制度。让每个上岗人员既有动力，又有压力。

（5）在人员配置过程中，要打破工人、干部的身份界限，真正做到能者上，庸者下。同时也应打破大学毕业生必须分配到管理岗位上去工作的观念，可以把他们分配到一些技术含量较高的工人岗位上去工作，让他们在实践中发挥自己的聪明才智，用他们掌握的理论知识去弥补实践中的缺陷，以促进相关岗位的技术进步。

（6）在配备各个岗位的生产（工作）人员时，应采取"老、中、青"相结合的方式，充分发挥"传、帮、带"的作用。让每个岗位的年龄结构、知识结构、体能结构都符合优化配置原则，使经验丰富、技术水平高的老职工与精力充沛、体格健壮的年轻职工之间形成一种互补效应，以确保高效率地完成企业的各项既定目标。

4.1.6　矿山企业文化

随着经济全球化进程加快，企业之间的竞争日趋激烈，进入更高层次的企业核心能力的竞争，即企业文化（核心价值观、核心理念）的竞争。矿山企业文化是矿山全体成员共同创造的物质文化与精神文化，是矿山员工共同的价值观、目标愿景、行为规范以及物化到矿山全部活动、所有流程、各个层面的文化个性与精神动力的总和。加强矿山企业文化建设对增强凝聚力、创新力和竞争力，提高员工的思想道德素质和专业技术能力有着积极的作用。

1）矿山企业文化建设的整体目标

中国特色社会主义已进入新时期，矿山企业的发展开启新征程。矿山企业文化建设，不仅要牢记历史使命，还要紧扣时代脉搏，在新时期新形势下，要牢固树立"绿水青山就是金山银山"的环保理念，以人本管理为核心，着眼于内强素质、外塑形象，立足于文化强企、服务社会、报效国家，努力建设符合中国特色社会主义先进文化前进方向、具有鲜明时代特征和矿山特色的企业文化，为矿山行业持续健康发展做出新贡献。

（1）树立长期建设和不断创新的观念

矿山企业文化建设工作的长期性，在于它伴随着企业建设和发展的全过程，要使企业文化理念化为职工的自觉行为，必须有长期"作战"的准备。企业文化建设不是一朝一夕的事情，它需要一批批、一代代的矿山企业干部职工在生产经营过程中去营造、培养和发展。如武钢矿山人的"守山吃，伴山眠"、山东黄金"勇立潮头，点石成金"、紫金矿业"特别能吃苦，革命不怕死"的精神，就是从一代代矿山人身上总结提炼出的，具有各自鲜明的时代特色却又持续影响、激励矿山人传承并发扬光大的精神实质，曾激励几代矿山人立足岗位艰苦奋斗，创造了诸多令人感叹的辉煌业绩，极大推动了我国矿产开采行业的发展。

(2)树立践行企业文化理念的观念

矿山企业文化重在实践，在矿山企业管理中要加强企业文化的培育和宣贯，使企业文化理念深入人心，增强企业文化理念学习的自觉性、主动性、前瞻性，形成人人学文化理念、人人懂文化理念、人人坚守文化理念、人人创新文化理念的风气，内化于心、外化于行，矿山管理者将践行企业文化作为企业管理的一把利器，培养职工的大局意识、责任意识、核心意识、看齐意识，强化生产的积极性、能动性和主动性，从而带动生产效率的提高和经营效益的增加。

(3)树立全员学习和不断学习的观念

在矿山企业文化建设中，要始终把学习的观念纳入企业文化建设的首要工作中去，用学习来培养职工的职业道德、激发职工的工作热情、提高职工的技能素质、提高职工的工作执行力、统一职工的思想以及解决工作中的技术难题，为矿山转型发展贡献力量。

2)矿山企业文化建设的基本原则

(1)服务社会主义核心价值体系

社会主义核心价值体系在我国整体社会价值体系中居于核心地位，发挥着主导作用，决定着整个价值体系的基本特征和基本方向，是建设和谐文化的根本。社会主义核心价值体系包括四个方面的基本内容，即马克思主义指导思想、中国特色社会主义共同理想、以爱国主义为核心的民族精神和以改革创新为核心的时代精神、社会主义核心价值观。这四个方面的基本内容相互联系、相互贯通，共同构成辩证统一的有机整体。矿山企业作为社会的一部分，其文化建设也必须按照社会主义核心价值体系的要求，坚持马克思主义在意识形态领域的指导地位，牢牢把握社会主义先进文化的前进方向，大力弘扬民族优秀文化传统，积极借鉴人类有益文明成果，充分调动积极因素，凝聚力量、激发活力，进一步打牢思想道德基础，形成自己的特色文化。

(2)坚持"五个文明"协调发展

"五个文明"就是物质文明、政治文明、精神文明、社会文明、生态文明。生态文明是"五个文明"系统中的前提，物质文明是"五个文明"系统中的基础，政治文明是"五个文明"系统中的保障，精神文明是"五个文明"系统中的灵魂，社会文明是"五个文明"系统中的目的。"五个文明"共同构成文明系统整体，协调发展，相互影响，相互制约，是一个完整而全面的文明体系。强调"五个文明"共同发展、协调发展，是对人类社会发展趋势的正确回应，是全面建成小康社会的需要。

(3)牢固树立并切实贯彻新发展理念

矿山企业文化建设要牢固树立并切实贯彻"创新、协调、绿色、开放、共享"新发展理念，坚持把创新摆在矿企发展的核心位置，永葆企业活力；坚持协调发展，实现辩证发展、系统发展、整体发展；坚持绿色发展，树立并贯彻环保理念；坚持开放发展，深度融入世界矿业经济，积极参与全球矿业经济布局；坚持共享发展，着力增进员工福祉，增强获得感。

(4)积极稳妥延伸创新领域

坚持不断拓宽文化创建领域，把文化创建的触角延伸到矿山、融汇到基层工作层面，积极实施子系统文化建设。建立以人为本、创新学习、行为规范、高效安全的企业核心价值观，培育团结奋斗、乐观向上、开拓创新、务实创业、争创先进的矿山企业精神。矿山企业发展愿景应符合全员共同追求的目标，企业长远发展战略应和职工个人价值实现紧密结合。应健全矿山企业工会组织，并切实发挥作用，丰富职工物质、体育、文化生活，宜建立企业职工收入随企业业绩同步增长机制，增强企业职工的满意度与获得感。

3）矿山企业文化的基本架构

矿山企业文化架构是指矿山企业文化系统内各要素之间的时空顺序、主次地位与结合方式，是矿山企业文化的构成、形式、层次、内容、类型等的比例关系和位置关系。它表明各个要素如何链接，形成矿山企业文化的整体模式，即矿山企业物质文化、矿山企业行为文化、矿山企业制度文化、矿山企业精神文化形态。

矿山企业文化架构可以分为四层：第一层是表层的物质文化；第二层是幔层的（或称浅层的）行为文化；第三层是中层的制度文化；第四层是核心层的精神文化。

（1）矿山企业文化的物质层。矿山企业文化的物质层也称为矿山企业的物质文化，它是矿山企业职工创造的产品和各种物质设施等构成的器物文化，是一种以物质形态为主要研究对象的表层企业文化。矿山企业以矿石开采及加工为主，生产环境相比其他行业较为艰苦复杂，危险因素较多，因此在确保经济效益的同时，要尽可能改善居住和作业环境，确保生产人员工作和生活得到安全和舒适的双重保障。

（2）矿山企业文化的行为层。矿山企业文化的行为层又称为矿山企业的行为文化。如果说企业物质文化是企业文化的最外层，那么企业行为文化可称为企业文化的幔层，或称为第二层，即浅层的行为文化，是指矿山企业员工在生产经营、学习娱乐中产生的活动文化。它包括企业经营、教育宣传、人际关系活动、文娱体育活动中产生的文化现象。它是矿山企业经营作风、精神面貌、人际关系的动态体现，也是企业精神、企业价值观的折射。

（3）矿山企业文化的制度层。矿山企业文化的制度层又称为矿山企业的制度文化，主要包括企业领导体制、企业组织机构和企业管理制度三个方面。企业领导体制的产生、发展、变化，是企业生产发展的必然结果，也是文化进步的产物。企业组织机构是企业文化的载体，包括正式组织机构和非正式组织机构。企业管理制度是企业在进行生产经营管理时所制定的、起规范保证作用的各项规定或条例。

（4）矿山企业文化的精神层。矿山企业文化的精神层又称为矿山企业的精神文化，相对于矿山企业的物质文化和行为文化而言，矿山企业精神文化是一种更深层次的文化现象，在整个矿山企业文化系统中，它处于核心地位。

4）矿山企业典型企业文化案例

以国内某矿业公司为例，从物质层、行为层、制度层、精神层分析该企业文化的建设实施。由于矿山企业的发展历程、经营范围、生产理念、地域文化等存在差异，本例仅作参考。

（1）物质层

该企业重视员工尤其是一线员工的健康与安全状况，制订职工健康检测与保障制度，建立有效沟通机制、及时响应机制。比如，为员工配备专业的安全环保设备和装备，改善劳动人员的作业环境，提供"干净、安全、舒心"的住宿环境和饮食条件，向遇到生活困难的职工提供帮助等，以解决职工的后顾之忧为目标，使职工能放心、安心地工作。

（2）行为层

企业行为本质上是人的行为，体现管理者和员工的意志。该矿山企业在生产经营、教育宣传、人际关系等方面，重视企业文化建设，从文化理念、文化活动、企业之歌、企业VI（视觉识别）等方面建立并贯彻企业文化体系。比如，根据企业特点，确定企业文化理念，编写企业之歌，树立模范典型，对困难员工采取相应的帮扶措施，举办以"矿工节"为代表的多种样式的文娱活动等，对企业员工的工作、生活、家庭进行人文关怀和精神激励，从而增强员工归属感、荣誉感、责任感，提高企业凝聚力。

（3）制度层

制度是观念、行为、习惯产生的土壤，从这个意义上来说，制度就是文化力。该企业针对企业实际运营情况，以"从严从实、风正气顺"为目标，制订企业管理行为准则，建立奖惩机制，从制度层面使得企业管理规范化、标准化、透明化、公开化，各级人员严格遵守规章制度，讲规矩、讲原则，企业上下弘扬正气之风、廉洁之风、勤勉之风，聚焦效益，真抓实干。

（4）精神层

该企业以"惠泽员工，回报股东，造福社会，富强国家"为宗旨，确立"追求卓越，创新进取"的精神文化内核，在企业各个层面通过宣传、培训、贯彻等方式，营造"公开、开放、诚心、责任、包容、和谐"的工作氛围，使企业文化深入人心，培养员工维护企业利益、贯彻企业文化的自觉性，真正使企业文化建设符合企业的发展要求，成为企业前进的巨大推动力。

4.1.7　矿山企业管理基础工作

矿山企业管理基础工作是为实现生产经营活动和管理职能所必需的工作。要实现管理现代化，基础工作也必须现代化，没有准确的数据、可靠的资料、明确的制度和适当的标准，就难以实行现代化管理。矿山企业管理基础工作的主要内容包括以下六个方面。

1）标准化工作

标准化是对某项事物所做的应该达到的统一尺度和必须共同遵守的规定。标准化工作要形成包括技术标准、产品标准、管理标准在内的完整的标准化管理体系。如对重要矿产品，国家有关部门都规定了国家标准或部颁标准。矿山企业应把重要的矿产品采用国际标准作为赶超国际水平的重要内容。

2）定额工作

定额工作是指各类技术经济定额的制订、执行和管理工作。目前我国矿山企业的定额水平一般偏低，大多数还是采用经验统计方法来制订各种定额。因此，要使定额水平不断提高，更好地利用人、财、物等资源，必须积极采用科学方法制订、修改和完善各类定额，要坚持采用平均先进定额水平。

3）计量工作

计量工作是指计量的检验、测试、化验分析等方面的计量技术和计量管理工作。计量是工业生产的"眼睛"，对于矿山生产而言，计量工作更是具有特别重要的意义，它已成为矿山生产的重要环节。因此，矿山企业应做到计量器具、手段齐全完备，计量工作准确完善，逐步实现检测手段和计量技术的现代化。

4）信息工作

信息工作是指矿山企业的生产经营活动所需资料数据的收集、加工处理、储存、检索等工作。它包括原始记录、台账、统计分析、技术经济情报和技术经济档案等。随着市场经济的发展，矿山企业间的竞争日益激烈。因此要不断提高信息管理工作水平，及时掌握市场变化信息，运用管理思想与先进的管理方法，不断改善经营管理，有效利用信息管理，提高企业经济效益。

5）规章制度

规章制度是现代化大生产的客观需要，是为企业从事生产经营活动所作的规定，是指导职工行动的规范和准则。

6）职工教育与培训

职工教育是指对全体在职工作人员的思想教育和技术业务教育。当前要对职工的岗位培训和知识更新给予特别的重视。它对提高人的素质有重要作用，是实行矿山企业管理现代化的重要前提。

4.2 矿山企业生产管理

4.2.1 生产管理的任务和主要内容

1）矿山生产管理的意义和基本任务

矿山企业生产管理是指与产品生产密切相关的各项活动的管理。这些活动包括矿山企业的技术准备、生产、检验以及为保证生产正常持续进行所必需的各项辅助生产活动和生产中的服务工作。

矿山生产管理的基本任务，是在本企业经营目标确定的前提下，运用管理职能解决企业的生产技术活动与企业内部的人力、矿产资源、物资、资金的平衡问题，使生产过程中的各种要素有效地结合起来，生产出符合标准与适销对路的矿产品（根据市场需求，调节产品品质），满足社会需要，并不断地提高企业的经济效益。矿山企业生产管理的具体任务包括以下内容：

（1）遵循市场经济规律，保证生产出社会需要的、适销对路的各种矿产品。

（2）全面完成经营计划所规定的目标和任务，包括产品品种、产品产量、产值、质量、资金、成本、利润、税金、采掘（或采剥）作业量和采选主要技术经济指标等。

（3）认真贯彻执行"采掘（剥）并举，掘进（剥离）先行"的矿山采掘方针；坚持大小、贫富、远近、难易、厚薄矿体及矿房与矿柱兼采的总体思路，保持持续正规生产的条件。

（4）做到综合勘探、综合开采、综合回收、综合利用，最大限度地利用矿产资源，不断扩大、提高企业的产品产量。树立绿色矿山建设理念，有效控制"三率"指标。

（5）合理组织劳动分工，充分调动员工的积极性，不断提高矿山的劳动生产率。

（6）加强物资管理，努力降低物资消耗，合理确定物资储备量，减少流动资金占用量，加速资金周转。

（7）加强设备维修和管理，提高设备完好率和设备利用率，对陈旧设备应适时改造和更新，以不断提高企业装备水平，促进技术进步。

（8）搞好安全生产、环境保护和职业健康工作，认真贯彻安全生产方针和坚持以预防为主的原则，及时消除事故隐患，推动实行固定设备无人值守，提高企业智能化水平，防止设备人身事故；还要搞好矿山的通风防尘与个体保护，不断提高粉尘合格率，保持良好的生产条件和生活环境，保护作业人员的身体健康。

2）矿山企业生产管理的主要内容

（1）矿山企业的计划管理。计划管理是矿山企业管理之首，矿山生产过程中所有环节都是在计划指导下进行的，包括编制中长期发展计划、年(月)度计划、采掘(剥)技术计划、设备物资采购供应计划等各种计划，并对各种计划进行监督执行、检查与调整，以确保企业能实现预期的生产经营目标。

(2)矿山企业的采矿管理，包括矿山生产过程、劳动组织和劳动定额、生产调度管理、矿石质量管理。矿山企业的生产过程可以划分为开拓探矿准备过程、采矿生产过程以及伴随的辅助生产过程和生产服务过程。企业的生产过程必须保持连续、均衡、比例协调、平行生产。劳动组织就是要组织劳动者进行合理分工与协作，使劳动者、劳动工具和劳动对象有机结合，使企业生产协调运行；而生产调度是连接矿山生产各个环节、搞好综合平衡的枢纽。科学合理的劳动组织，是保证企业生产过程正常进行的前提。劳动定额是企业管理的一项重要基础工作，是合理组织生产的依据，是提高劳动生产率的重要手段，也是衡量员工贡献大小、正确贯彻按劳分配原则的重要依据。矿石质量管理是采矿管理的中心任务，通过分析影响矿石损失贫化的因素，落实好降低矿石损失贫化的措施。

(3)矿山企业的物资管理，主要内容为物资的储备与消耗定额的确定、物资的库存控制、物资供应计划的编制与实施等相关内容。

(4)矿山企业的设备管理，包括设备的选择与使用、设备的维护与修理、设备的改造与更新等几个方面。

(5)节约能源是我国的一项基本国策。节约能源、提高能源利用率也是矿山企业的任务与责任。矿山企业要搞好能源管理就必须建立能源管理机构，健全能源管理制度与体系，落实管理职责。在能源管理一节中，主要介绍了能源管理的主要环节、对能源管理系统的检查与评价、矿山企业节约能源的途径等内容。

4.2.2　计划管理

1)概述

矿山企业计划管理指矿山企业将各项生产经营活动纳入统一计划进行管理，包括编制采掘(剥)技术计划、设备物资采购供应计划、质量计划、技术改造计划、销售计划等各种计划；督促执行单位落实计划任务，组织实施，保证计划的完成；利用各种生产统计信息和其他方法检查计划执行情况，并对计划完成情况进行考核，据此评定矿山企业的运营成果。在计划执行过程中环境条件发生变化时，及时对原计划进行调整，使计划仍具有指导和组织生产经营活动的作用。通过对计划的制订、执行、检查与调整，使矿山企业合理地利用矿产资源以及人力、物力和财力等资源，有效地协调企业的各项生产经营活动，提高企业效益。

(1)计划管理的重要性

矿山企业的计划管理具有举足轻重的地位，是企业管理之首，它在矿山企业的生产中占有重要地位。

①实行计划管理是矿山企业组织生产的重要手段。矿山生产是根据资源条件、市场需求以及矿山生产技术条件等，综合利用劳动者和生产资料，科学地组织生产的过程，涉及生产、安全及职业健康、人员组织、设备及物资供应等各方面工作。矿山企业计划管理是对矿山生产各个方面的工作进行计划、执行、检查、协调，使矿山企业能够按质、按量、按期、高效低耗地完成预期目标任务。

②实行计划管理是实现矿山生产的比例性、协调性需要，是持续均衡生产的保证。

在矿山企业中，实行计划管理是由矿山生产的特殊性所决定的。在矿山企业的生产工艺中，开拓、采准、切割、回采有着严格的比例关系，各生产工艺之间有着密切的时空配合关系；采掘、运输、提升等各环节环环相扣，通风、排水、供电、供水等缺一不可，各类矿山工作人员的生产活动要求协调进行。因此，矿山企业必须有一个统一的计划，而实行计划管理是持续均衡生产的保证。

③实行计划管理能有效合理配置资源、提高工效、节能降耗，实现经济效益的提升。

矿山企业生产的效果如何，重要的环节是计划管理。要想把矿山企业管理好，就必须研究计划的优化，提高效率，降低消耗，减少损失贫化，节约矿山生产资金，使有限的矿产资源得以有效利用，使企业投入的资源配置更加合理，从而提高矿山企业的经济效益。

（2）计划管理的原则

①计划的严肃性。

计划是预测和决策的结果及反映，编制计划要认真，执行计划要严肃，必须保证计划的实施和完成，如有一个环节不完成，必然影响其他环节，从而影响整个计划的协作。

②计划的科学性。

计划的科学性表现在：编制计划要符合客观规律，超越客观规律的肯定要失败；执行计划时要按照客观规律因势利导；在计划管理工作中要采用现代的科学方法及手段。

③计划的长远性。

一个矿山从投产到闭坑，要经过十几年甚至几十年的时间，因此计划要高瞻远瞩，要有长远的规划，以便矿山在整个服务期间，沿着一条既符合客观规律又巧妙地利用规律的轨道发展。要有长远规划，要瞻前顾后；要有近期安排，要以规划为目标。无论是年度计划或作业计划都不是孤立的，而是长期计划的一个部分，都是迈向长远目标的一步。

④计划的可靠性。

在编制计划时，要充分利用各种预测手段，把计划的先进性与实现的可能性统一起来；要结合市场的规律，但不能脱离矿山的实际生产能力。编制计划时要采用平均先进定额方法，进行积极的动态平衡，但同时要考虑到矿山生产中的多种不利因素，留有必要的余地，使计划具有可行性。

（3）矿山企业计划的种类及其内容

矿山企业计划按照不同的依据可划分为多种类型。按计划期限长短可划分为中长期计划、年度计划和月度计划等；按作用范围不同可分为全矿计划、坑（分厂或车间）计划、科室计划、班组和个人计划；按作业内容不同分为综合性计划、采掘（剥）技术计划、物资供应计划、财务计划、其他专业性计划。各种类型的计划相互联系就构成了企业的计划体系。

①中长期计划。一般是指三五年以上的发展战略、纲领性的计划，其重点是根据矿山内外条件和环境做好发展战略决策，主要内容一般是有关矿山生产经营活动中的一些重大问题。如矿山企业生产规模的发展目标、产品质量、产品品种的发展方向，生产技术发展规划，主要技术经济指标如劳动生产率、矿石损失率与贫化率、资源利用率等，与之相适应的重大技术措施、科研创新、环境保护、职工培训与再教育规划等。其中大部分内容属于预测范畴，因而比较简略。但是，在矿床矿石储量计算方面，则要求尽可能地接近实际，因为这是整个规划的依据。中长期发展计划在指导矿山方向、明确奋斗目标、推动各项工作的开展等方面

起着重要作用。

②年度计划。矿山年度计划是矿山生产工作的总安排。它是矿山生产管理和组织生产的主要依据，年度计划一般应包括采掘(剥)技术计划、物资供应计划、设备维修计划、能源耗用计划、劳动工资计划、财务计划等。

③月度计划。月度计划是年度计划的分解和具体化，它同样应包含产品产量、生产作业安排、劳动力配置、设备配置与维修、动力配置与能源耗用、物资供应、产品销售与运输、成本、利润、资金、技术经济指标等计划。

2)计划的编制与执行

(1)矿山企业中长期计划编制

矿山企业中长期计划的编制可以参考我国当前区域经济发展规划的编制，其程序大致为：

①企业分析诊断。分析、明确与国家有关的长远规划、产品发展方向、国内与国际市场动向、经济与社会环境，分析本企业及其相关行业、企业的发展状况和现有及可能的内部条件，诊断本企业的潜力、优势和存在的主要问题，最终摸索企业发展的规律性认识并取得必要的技术经济数据序列。

②发展战略研究与决策。通过预测技术和专家咨询，分析与确定发展战略方针、方向、重点、目标和策略或步骤，这是中长期计划的关键。既要在分析诊断的基础上开展研讨，又要拟定不同方案，通过后面的规划优化设计阶段进行分析论证，才能最终作出战略决策。

③规划优化设计。对前面阶段拟定的发展战略不同的可行方案，通过经济数学模型的分析论证、专家与决策者的分析评价，选择最优或较满意的战略目标方案，并且对此进行规划内容的编制。

(2)矿山企业年度计划编制

年度计划的编制应该在中长期计划的指导下进行。所需资料主要包括：中长期计划拟定的本年度目标指标；上年度计划完成情况；下达的指令性计划指标(部分矿山)；各种经营性合同；市场调查资料；有关的预测资料；矿产资源、能源供应以及企业内部生产条件；各种技术文件和技术经济指标定额资料等。年度经营计划的编制大致分以下三个步骤：

①确定年度经营目标。主要包括产品品种、产量、质量、主要消耗、劳动生产率、矿石损失率、贫化率、矿产资源综合回收率、成本费用、利润、税金等。目标要拟定得先进合理且留有余地，一般应拟定不同方案。目标方案初拟后即分解下达到下属坑口、矿、厂、车间和科室，以征求反馈信息和建议，通过反复审议，初步作出目标决策。

②综合平衡、分析论证、确定正式计划草案。对矿山企业而言，综合平衡主要包括：社会需求、物资供应、资金与生产能力的平衡，包含矿产资源与资金保证、设备能力、能源供应、物资供应、劳力以及技术准备等；生产与基建的平衡，包含井筒延深、新水平的开拓、生产探矿等工程与生产作业的协调；采掘平衡，包括三级矿量的平衡；主要生产系统的平衡与协调；流动资金、财务收支的平衡；年度计划与长期计划的平衡等。平衡过程是分析论证与核算协调，但必要时可以建立多目标最优经营计划的数学模型，进行整体分析论证。在平衡、论证的基础上最终作出目标决策，继而确定正式计划草案。

③计划的编制。有了上述计划草案，可以下达有关部门具体编制各种专业性计划，如采掘技术计划、选厂生产计划、供销计划、财务计划、重点工程或技术改造计划、设备运行与维

修计划等。最后汇总、协调平衡形成综合性的经营计划。本节将重点针对采掘(剥)技术计划的编制进行说明。

(3)矿山企业生产计划的执行与控制

矿山企业生产计划的执行与控制要抓住两个环节,一是根据计划确定各项工作标准、定额;二是加强信息反馈工作,及时调整偏差。为此,要做好以下工作:

①指标层层分解,计划落实,职责分明;

②加强检查,及时发现计划与实际的偏差,分析其原因,予以调整和控制;

③充分运用原始记录、凭证、台账、统计、会计报表等信息工具反映生产经营活动,并进行分析总结,发现薄弱环节和主要矛盾,以利于改善生产经营状况。

3)采掘(剥)技术计划

(1)矿山采掘(剥)技术计划编制的意义

矿山采掘(剥)技术计划是矿山(综合)经营计划的组成部分或补充,它的编制是矿山企业生产管理的重要内容之一。通过计划的编制,既可了解矿山企业年度预计生产任务完成情况,执行矿山采掘(剥)方针与技术政策的好坏,又可掌握矿山生产条件的现状,从而在编制下年度采掘(剥)技术计划时,及时调整平衡。因此,编制采掘(剥)技术计划是促使矿山保持持续均衡生产的重要管理手段。

采掘(剥)技术计划中安排的采掘(剥)作业的地点、重点技术措施工程和生产系统调整项目是矿山企业在下年度生产的行动指南;计划编制的矿山作业量、产品产量和主要技术经济指标是矿山企业安排下年度劳力、财务、成本、利润、税金、更新改造和试验研究计划的依据;采掘(剥)技术计划也是矿山企业人、财、物,产、供、销的平衡与落实所必需的依据。计划通过上报审批后,矿山生产经营活动也就纳入了企业(集团)计划轨道。因此,矿山采掘(剥)技术计划编制是一项具有重要意义的工作。

(2)采掘(剥)技术计划编制的依据和原则

采掘(剥)技术计划的编制应该依据上级主管机关下达的指令性计划指标和具体要求,依据本企业中长期计划,依据企业人、财、物(如劳力、资金、地质与三级生产矿量)和市场需求等具体情况积极地进行编制。

编制采掘(剥)技术计划的原则如下:

①认真贯彻执行国家或行业有关的法律、法规、规章、标准、规程及规范,并确保计划的时效性。

②遵循"采掘(剥)并举,掘进(剥离)先行"的原则,保持合理的采掘(剥)比例,坚持合理的开采顺序,保持阶段均匀下降。

③根据矿山的开采技术条件,在经济合理的条件下,贯彻执行"贫富、大小、难易、远近"兼采的技术政策,确保充分回收资源。在遵守合理开采顺序的前提下,对各矿体或矿块的矿石产量进行必要的调节,合理配矿,使矿山逐年的矿石产量在较长时期内保持稳定。

④加强探矿工作,合理布置开拓、生产勘探、采准、回采之间的超前关系,制定合理的三级(或二级)矿量保有标准,保有的三级(或二级)矿量应满足矿山持续、均衡发展的生产要求。

⑤提高矿山管理水平,积极推广和应用新技术,合理制订各项技术经济指标、原材料消耗和成本指标;尽量使每年所需的采掘(剥)设备、人员和材料消耗保持平衡或基本平衡。

⑥充分发挥矿山生产能力，未达到设计能力的矿山，应采取措施、拟定计划尽快达到设计能力。

⑦完善矿山安全、环保设施，确保安全生产，做好环境保护工作。

（3）采掘（剥）技术计划编制的综合平衡工作

①执行矿山采掘方针，平衡三级生产矿量。

在采掘（剥）技术计划编制时，应合理处理采掘（或采剥）关系，根据矿山具体情况，确定必要的采掘比（或剥采比），确保生产矿量达到设计要求的保有指标，例如：地下开采矿山，开拓矿量保有期为3~5年，采准矿量保有期为6~12个月，备采矿量保有期为3~6个月；露天开采矿山，开拓矿量保有期为1~2年，备采矿量保有期为2~5个月。

②坚持大小、贫富兼采和合理开采的顺序，做好出矿品位的平衡工作。

除了个别矿山经过生产经营决策，认为应该先采富矿体（段）并经上级批准的，正常生产的矿山应坚持自上而下（充填法开采的矿山因其灵活性大可不按此顺序）、由顶盘到底盘、阶段上按前进或后退式的合理开采顺序。在合理开采顺序范围内的大小、贫富、厚薄、难易、远近的所有矿体，应一并依次采完。

除了有的矿体沿走向或上下矿段品位高低分布悬殊，年度计划的出矿品位应是阶段的加权平均值，年终实际达到的出矿品位扣除贫化指标影响因素，一般不应超过或低于计划品位的8%~10%。

③按照施工顺序，平衡采掘（剥）工作面。

在安排掘进工作面时，要做到基建开拓、生产探矿、采准巷道、切割巷道依次超前。深部阶段低级别的地质储量应适时补钻探矿，为延深开拓和布置坑探提供依据；开拓阶段坑探工程应该超前。这样各类巷道才能经常按需要的比例如数施工，有利于促进各级生产矿量保持平衡。采场切采、落矿、出矿、充填作业也要做好工序衔接与生产能力的平衡工作。

露天开采的矿山要平衡采剥作业梯段，并根据作业量，结合穿孔、挖掘、运输、排土设备的台数、完好率与检修计划，平衡好穿孔、爆破、挖掘、运输的生产能力。在工序上应做到协调平衡。

④调整生产工艺系统，平衡工艺生产能力。

在编制计划时，对各种采矿工艺系统的生产能力应进行验算，能力不足的应采取具有针对性的措施解决，以适应采掘（剥）作业地点的变化与生产能力的需要。选矿工艺流程也要根据矿石品种和可选性的变化进行必要的调整。采选能力也要进行综合平衡。

⑤根据市场变化，调整产销关系。

在编制采掘（剥）计划时，应根据市场对产品的需求，调整产销关系，使生产的产品能够及时销售出去，并获得较好的经济效益。外部物资、能源供应条件也要认真落实。

除此以外，还有技术经济指标方面的研究平衡工作，例如：怎样配矿才能使选矿回收率最好；生产什么级别的产品经济效益最佳等。

（4）采掘（剥）技术计划编制的步骤及其具体工作

①采掘（剥）技术计划编制过程及其组织工作。

通常每年第四季度，矿山企业组织编制下年度经营计划和采掘（剥）技术计划，计划编制人员首先调研矿内现场和外部的有关情况，收集计划编制的原始资料。在此基础上预测当年全年生产任务指标完成情况及年末具备的生产条件，分析下年度生产经营的有利和不利因素，依据有关的指令性计划及年度经营计划，并参照长期规划，初步计算下年度采掘（剥）计划的主要任务控制指标以及分析存在问题和提供解决问题的措施，向公司决策层领导汇报。经公司会议研究定案后，形成计划文件，并由主管领导批准实施。

②采掘（剥）技术计划编制的准备工作。

编制人员在明确职责范围后，立即深入现场、查阅设计图纸，查看原始记录、分析统计资料、进行专题调查、了解市场信息。一般要求掌握如下企业内外情况：

对于企业内部应了解采掘（剥）工作面现状，地质储量与生产矿量保有数量、品位及其分布地点；生产工艺系统配置情况及其主要设备性能与状态；备品备件与材料库存及年需用量；劳动力状况；财务收支情况；安全上存在的问题。

对于企业外部应了解市场对产品的需求程度和质量要求；水、电、燃料、材料、设备与备件供应及运输条件有无变化；国内外同行业科技发展水平与可借鉴的成果，哪些先进管理手段可以推广使用等。

此外，还应做好以下具体准备工作：

a. 根据上半年实际完成和下半年计划，预计全年生产任务和各项技术经济指标完成情况，并把到年终采掘（剥）地点的状况标在有关图纸上，作为编制下年度采掘（剥）作业计划的起点。

b. 按照上级下达的任务指标和采掘技术政策，结合现场状况部署下年度采掘（剥）作业地点，对各坑口、阶段作业任务初步进行分配。

c. 按照生产部署做好新阶段开拓延深、技术改造项目和系统调整方案的设计，并计算出所需的设备、材料、资金及预计完成的工期和效果。

d. 拟定下年度采掘（剥）计划编制所涉及的有关技术经济指标，如采矿贫化、损失率、出矿品位、选矿回收率和精矿品位等。

e. 应用矿山信息化系统，提供大量信息、大数据以支持矿山采掘（剥）计划的编制工作。

③采掘（剥）技术计划编制的基本方法与具体工作。

采掘（剥）技术计划编制的基本方法：按上级下达的任务指标与市场需要，确定年产量；按矿量平衡原则确定掘进（剥离）量；按作业地点变化调整生产系统；按采掘方针和矿床开采技术政策布置作业地点等。在编排的过程中，要对矿山综合生产能力查定落实，因而一般需要进行多次反复的调整平衡，直到合理和满足需要为止。

采掘（剥）进度计划编制对企业总体经济效益具有深远的影响，传统的手动编制方法耗时长、强度大，而且编制的计划准确性差、修改难度大。随着信息技术的高速发展，尤其是三维可视化技术以及建模技术的迅速发展，将计划编制与矿山建模相结合，在三维可视化环境下进行采掘（剥）生产计划编制，降低了生产计划编制的复杂性和难度，已成为目前国内外矿山的发展趋势。

三维可视化技术处理数据和表达信息具有高效性和直观性的特点，而建立对象的几何模型是进行设计、分析、模拟和研究的基础。以国内某软件为例，该软件是在其先前建立模型的基础上，根据用户输入的生产数据，生成生产任务并进行模拟排序得出优化方案。用户在三维可视化环境下对方案进行交互修改，再经计算机重新模拟运行，直到得出一个可行的最佳方案。最终的计划结果可通过三维动画、甘特图以及定制报表展示。该软件实现地下矿生产计划编制的主要步骤如下：

a. 建立矿床三维实体模型,包括创建钻孔数据库、地质块段模型、断层、矿体实体模型、开拓实体模型、采准切割工程模型,同时生成三维生产路径。

b. 对计划需要开采的矿床模型按照不同的采矿工艺进行区段划分采场,计算相应的采矿量和技术指标,为生产计划编制提供地质储量和采矿量数据。

c. 根据计划对需要采掘的采场进行采切设计,设计计算的工作量作为生产计划编制的原始依据。

d. 准备数据的采集。人、财、物的投入计划、各类指标的选取按照实际矿山的生产指标导入,其中包括生产活动汇总表、区域汇总表、工程类型汇总表、计划周期表、生产者假期日历、生产者汇总表、生产场地属性表和生产任务属性表以及描述生产工序的后继、后序等工作,设置各项活动的参数属性。

e. 通过导入以上数据,根据生产计划编制的原则及目标进行各个工区、各个作业地点的掘、采、供、充等计划编制和采顺序优化,形成年度初步生产计划。

f. 对所输入的经验指标进行调整,可得到结果不同的一组计划,再结合矿山现状、资源保有状况、矿山中长期持续需要和矿山采掘顺序的相互制约关系等进行进一步核算,得到一个可行的最佳方案。

g. 根据上述优化结果最终确定出符合矿山生产实际的年度生产计划。露天采剥进度计划三维仿真可视化编制目前也是采用人机交互形式构建的。首先根据矿山提供的地质资料,通过矿业软件建立矿山的地表模型、矿体模型、块体模型和圈定矿山的最终境界,然后以此为基础建立采剥计划模型,并以当前生产现状为约束条件,通过计算机自动运行出开采计划,通过调整参数以使运算结果符合生产实际,进而采用人机交互形式,得到相应时间段的最佳采剥方案和路径。

(5)采掘(剥)技术计划编制的文件组成

采掘(剥)技术计划以图纸、表格和文字说明三个组成部分来表达计划编制的意图与结果,要求三个组成部分互相配合,对照无误,一般配有电子版。

①图纸部分。

要求图纸能表达矿床主要开采技术条件、矿山开采现状、开拓与采矿方法、采选工艺系统与流程、采掘(剥)作业地点。图幅与比例视矿区范围大小而定,以反映矿山状况、翻阅方便为准。一般需配备的图纸见表4-2。

表4-2　采掘(剥)进度计划相关图纸

名称	主要内容
矿区交通位置图	表明矿区所在的地理位置以及相关水陆交通情况
矿区总平面布置图	除包括总平面布置图应有的内容以外,矿体轮廓与主要坑道分布的范围、矿床开采影响所及的地表陷落与移动范围、露天开采境界、主要技术建筑与构筑物等,都应标注在图上
矿体纵剖面	表示开拓系统、采矿方法与主要采掘(剥)作业阶段以及矿体走向分布范围
数张代表性矿体横剖面图	配合矿体纵表面图表示矿体的产状、作业阶段和开采影响所及的地表移动和陷落界线

续表4-2

名称	主要内容
主要作业阶段平面图	应标出地质界线、地质构造、矿块、坑道和工作面的布置
采矿方法标准方案图	标出矿块构成要素尺寸与回采工艺和主要技术经济指标
采矿工艺系统图	包括运输与提升、供风与供水、通风与安全出口、排水、充填、供电等系统图,各系统图上应标出主要设备型号及其安装地点,管线规格与长度,生产能力与负荷流向

②表格部分。

各种表格形式,不同类型的矿山有不同的要求,一般常用的表格见表 4-3。

表 4-3 采掘(剥)进度计划相关表格

名称	主要内容
矿山产品产量汇总表	包括产品产量、产值、单位成本(掘进、剥离、采矿、出矿、选矿处理、精矿等)、利润(实现、销售、上交)、税金等
矿山作业量表	包括采掘(剥)总量、采矿量(分矿房、矿柱、切采)、掘进量(分巷道类别)、剥离量(分基建与生产)、出矿量、充填量(分充填料种类)、选矿处理量(分矿石品种)等
主要设备使用平衡表	分时间与地点,按作业量平衡
主要技术经济指标表	包括主要采选技术经济指标和材料能源单耗及其计划用量
地质矿量表	分坑口(或矿体)、级别统计,并按生产规模算出各级别矿量保有的服务年限
生产矿量平衡表	按坑口分别算出开拓、采准、备采矿量保有期(年)
有价元素综合回收情况表	列出可回收的有价元素种类、品位和已回收的情况
更新改造工程项目计划表	分项目填写改造效果、投资额、施工进度及用款计划
地质探矿计划表	列出钻探、坑探工作量及其探矿地点,并预计新增或升级地质储量

③文字说明部分。

文字说明部分主要包括以下内容:

a. 本年度采掘(剥)技术计划执行情况。其内容包括各项生产任务指标、重点工程和主要技术经济指标完成情况与取得的成绩,并对照采掘方针与技术经济政策检查存在的问题,明确改进的方向。

b. 下年度采掘(剥)技术计划编制说明。其内容包括:采掘(剥)技术计划编制的依据和原则;采掘(剥)作业量安排的地点与理由;重点工程项目(如新阶段开拓延深、技术改造、增选新品种等);生产工艺系统调整(如运搬、提升、通风、排水、充填等);完成年度采掘(剥)技术计划的措施;预计下年末具备的生产条件,并展望后一年可能达到的生产能力。

c. 存在的问题及建议。对投资较大、工艺技术较复杂的重大技术改造工程项目,还需与采掘计划一道，上报其可行性研究方案的图纸和专题文字说明书，以便主管部门一并审批。

4）矿山企业计划的检查和验收

（1）计划检查的目的

矿山企业的计划编制是矿山企业的重要工作，但它仅仅是计划管理工作的开始，更重要和更大量的工作是积极组织计划的实施，只有实现计划，方能取得良好的经济效果。在计划的执行过程中，会有很多因素影响计划的圆满实施，有人为的因素，有客观的变化，有技术问题，也有管理问题。计划检查的中心任务，就是及时发现这些矛盾，进行必要的调整，以保证计划的顺利实施。计划检查的具体任务和目的包括：

①通过计划完成情况的检查，及时发现影响计划完成的因素，以便对症下药，解决问题，使计划的执行走上正轨。

②通过计划的检查和验收，及时总结计划完成的经验，在此基础上找出与国内外先进水平的差距，使管理工作更上一层楼。

③对计划执行情况进行检查和验收的同时，也是对国家政策和技术政策贯彻执行情况的检查，必须吸取计划执行过程中的教训，实事求是，脚踏实地，积累丰富的经验，提高管理水平，以获得更大的经济效益和社会效益。

（2）计划完成情况的数量分析方法

①指标对比法。

指标对比是计划检查的第一步，通过指数、绝对数量和相对数量的对比，可给进一步分析指明方向。指标对比法有以下三种：

a. 差额法：实际完成指标减去计划完成指标等于差额，以实际完成量与计划量之差来表示盈亏，"+"值表示超额完成计划，"−"值表示未完成计划的亏欠数。

b. 相对值法：以计划量为基础，用实际完成量与计划量比值的百分数来表示完成的情况。具体计算公式如下：

$$计划完成百分比 = \frac{实际完成量}{计划量} \times 100\% \qquad (4-6)$$

c. 指数法：反映不同时期指标变化的动态，具体反映计划与实际完成指标的相对比例关系。指数法是规定某一量值（如某月的量或有特定意义的量）为100，比较其他量与此量的关系（百分比）。

指标对比法的举例见表4-4。

表4-4　指标对比法举例

项目	一季度	二季度	三季度	四季度	全年
采矿计划/万t	24.5	25.5	25	25	100
实际完成/万t	23	26	25.5	26.5	101
差额法	−1.5	+0.5	+0.5	+1.5	+1
相对值法/%	93.9	102	102	106	101
指数法	100	113	110.9	115.2	

续表4-4

项目	一季度	二季度	三季度	四季度	全年
累计计划/万 t	24.5	50	75	100	
累计完成/万 t	23	49	74.5	101	
差额法	−1.5	−1	−0.5	+1	
相对值法/%	93.9	98	99.3	101	

②图示法。

图示法是将各种指标的计划数与实际数绘成一定的图形,以反映计划完成情况。图示法可以形象地看出计划完成情况及其均衡程度。图示法有直方图和曲线图,横坐标表示时间,纵坐标分别表示计划量和实际量。

③因素分析法。

因素分析法是从不同角度分析各种因素的影响,找出影响因素和影响结果。

不同的指标有不同的影响因素。例如:影响回采产量的因素有同时工作的凿岩机台数、凿岩机效率、昼夜凿岩机工作班数等;影响巷道掘进的因素有掘进工作面循环进度、昼夜循环次数和工作日数等。

a.工作日分析。

检查工作日是否按计划实现。表4-4中,第一季度产量未完成,经检查,工作日(工作日数)减少情况见表4-5。

表 4-5　工作日分析

项目	计划	实际	比较
工作日数	74	56	−18
产量/万 t	24.5	23	−1.5

工作日数减少了 18 d,产量减少 q_1,$q_1 = \dfrac{18}{74} \times 245000 = 59595$ t,但实际上产量只减少了 15000 t,说明尚有其他影响因素。

b.效率分析。

计划日效与实际日效如表4-6所示。

表 4-6　计划日效与实际日效表

项目	计划	实际	比较
日效/$(t \cdot d^{-1})$	3310.8	4107.1	+796.3

由于效率提高,产量增加为 q_2,$q_2 = 56 \times 796.3 = 44593$ t。

c. 因素剖析。

因素剖析就是进一步对影响生产的各种因素寻根求源。仍以上例进行剖析,观察工作日减少了 18 d 是哪些因素造成的,具体见表 4-7。

表 4-7 因素剖析表

因素	影响时间/d	减少产量/t	所占比例/%
钻孔脱期	10	33108.1	55.6
爆破事故	2	6621.6	11.2
停电	3	9932.4	16.6
设备事故	3	9932.4	16.6

还可以进一步分析表 4-7 中的 4 种因素,必然可以找出影响计划完成的主要原因及薄弱环节。

此外,由于效率的提高增产了 44593 t,同样应对其进行分析,总结经验。通过分析原始记录发现:

工时利用提高 20%,提高产量 $\frac{56}{74} \times 245000 \times 0.2 = 37081$ t。

爆破效果好,大块率减少,二次爆破减少 18 次,相当于增加了 2.27 个工作日,增产 7514 t。

(3)实际完成工程的部位检查

在矿山企业中,由于其自身的客观规律要求,时空关系很严格。因此,在计划检查中,除进行数量检查外,还必须对完成工程的位置进行检查。一旦发现问题,必须立即纠正,否则将给生产带来严重后果。

①指标对比法。

把重点工程以采场为单元列为表格(表 4-8),逐项检查计划执行情况。

表 4-8 一季度工程部位完成情况表

采场	工序	计划	实际	差额	完成比例/%
5 号	掘进/m	1000	875	−125	87.5
	中孔/m				
	回采/t				
6 号	掘进/m	500	500	0	100
	中孔/m	5000	5500	+500	110
	回采/t				

续表4-8

采场	工序	计划	实际	差额	完成比例/%
7 号	掘进/m				
	中孔/m	2500	2500	0	100
	回采/t	20000	17500	−2500	87.5

②形象对比法。

将各工序的各部位实际进度图与计划图相比较。一般是将着色的计划进度图覆于实际进度图上,可一目了然地发现两者的差异。对图中的差异要仔细分析研究。

③计划部位执行情况分析。

计划部位上的执行情况,可通过以下指标进行分析。设 A 为年度计划量,B 为实际完成量,C 为包括在 B 的年度计划之内,而在检查期间计划之外的量,D 为废品量(或是质量不合格或是部位在计划之外的量)。

计划部位重合率:

$$重合率 = \frac{B-D-C}{A} \times 100\% \tag{4-7}$$

计划部位紊序率:

$$紊序率 = \frac{C}{B-D} \times 100\% \tag{4-8}$$

废品率:

$$废品率 = \frac{D}{B} \times 100\% \tag{4-9}$$

④采收因数。

它是衡量出矿中资源回收情况的指标。有时虽然在形象上(图纸部位上)采矿进度线与计划相仿,但出矿量却大为减少,这种情况说明回采率降低,它对矿山企业的经济效益有很大影响。具体计算公式如下:

$$采收因数 = \frac{块段实际出矿率 \times 出矿品位}{块段计划出矿率 \times 计划品位} \times 100\% \tag{4-10}$$

采收因数如果小于100%,要分析原因,立即纠正。

4.2.3 采矿管理

1)矿山生产过程

矿山生产过程是从生产准备开始,直到把矿石采下、运出坑口,并加工成产品要求的粒度(形状),或选出合格品位的精矿所进行的全部生产活动。按矿山产品生产的整个工艺过程,可分为开拓探矿准备过程、采矿生产过程以及伴随的辅助生产过程和生产服务过程。每一个过程又可分成多个阶段(或工序),每道工序又需要组织作业组去分别完成。

(1)开拓探矿准备过程

矿山生产是开采埋藏在地下的矿产资源,必须通过开拓井巷(或剥离覆盖岩土)和进一步探清矿体的准备过程才能生产。在生产过程中,原准备的矿石资源不断地消失,又需要做重新的开拓准备。在重新开拓准备过程中,需升级低级别的地质储量,为开拓提供可靠的依据;开拓阶段的矿体,还需进一步坑探,为采准设计提供补充地质资料。因此,开拓探矿是伴随矿山生产所必需的,且又超前的准备过程。

(2)采矿生产过程

采矿生产过程中应做好如下生产组织工作:

①掌握合理的掘采(剥采)比例关系,安排足够的掘进(剥离)作业量,平衡三级(或二级)矿量。

②保护采掘(剥)作业工序的连续性。地下开采矿山的开拓、坑探、采准、切割巷道要依次超前进行;采场拉底、落矿、出矿要互相衔接。露天开采矿山的新水平准备应超前进行,穿孔、爆破应超前;挖掘、搬运、排土工艺也要做到有机配合。

③保持产量的均衡性。出矿量及其品位波动幅度不应过大;各种技术经济指标要保持稳定并力求逐步改善。

④矿山生产的搬运、提升、通风、供风、供水、供电、充填等生产工艺系统,应经常调整、延伸,以适应工作面变动的需要。生产的产品及其质量也要尽可能适应市场的需要。

(3)辅助生产过程

它是保证基本生产过程正常进行所需要的各种辅助产品的生产过程及辅助的生产活动,如矿山生产的炸药加工、充填料制备、设备维修等。

(4)生产服务过程

它是为基本生产和辅助生产服务的各种生产活动,如矿山生产中的供水、供电、辅助材料供应以及运输、仓储、生活管理等。

总之,矿山企业的生产过程由许多密切联系的生产环节构成;各生产环节又由若干个密切联系的工序组成;各工序又由若干个作业所构成。它是一个结构复杂、联系紧密的生产过程。

2)矿山劳动组织

矿山生产一般采用昼夜三班八小时连续工作制,作业地点与生产条件多变,设备工具移动频繁,因此必须适时调整和改善劳动组织形式,在合理分工与协作的基础上,正确配备劳动力,以充分利用工时,不断提高劳动生产率。

做好劳动组织工作的原则是人尽其才,发挥专长,避免高级工干低级工的活,基本生产工人干辅助工的活;各班次配备的人数、能力要力求均衡,并建立良好的协作关系和交接班制度,安排好工人的轮休;工作量应该饱满,以充分利用工时。矿山常采用的劳动组织形式有专业作业组(队)和综合作业组(队)等。

(1)专业作业组(队)

专业作业组(队)由同一工种工人或多种相近工种工人组成,组内成员有严格的专业分工,每个成员按自己的工种完成一道工序,不管其他工种的工作。专业作业组(队)具有分工明确、责任到人的特点,有利于提高工人的技术操作水平,能够充分利用工具与设备,有利于推行定额管理;能减少工序转换时间,有利于提高工时利用率。但其缺点在于因按工种分配任务,工人不够关心工种之间的协作,难以形成团队协作精神。另外在工种工作量不足或因使本工种工作中断时,容易造成劳动力的浪费。

（2）综合作业组（队）

综合作业组（队）由若干工种工人组成。组内成员在完成本专业工序之后接着完成下一道工序的工作量，各工种互相配合，共同协作。它适合在工序工作量小而转换到下一道工序时间快的条件下采用，如矿山掘进综合作业组。其优点是有利于充分利用工时，有利于培养工人"一专多能"，能促进组内成员团结协作和关心集体。其缺点在于难以明确责任，容易造成职责不清的现象，一般由组织能力较强、技术全面熟练、干劲大、体力强的人担任作业组长。

至于一个矿山完成某项作业任务时，究竟采用哪种劳动组织形式，则应根据具体条件并权衡利弊而定。如间断运转设备可采用"运修合一"作业组，可充分利用工时，维修时考虑到使用，使用时注意保养；又如工序设备配合密切的露天矿剥离作业采用"装运一条龙"的作业队，可以相互紧密配合，有利于提高装运效率。

3）矿山劳动定额

（1）劳动定额的概念与作用

劳动定额是在一定的生产条件下，为生产一定量的产品，或完成一定量的工作所规定的必要劳动量的标准。矿山生产过程中常用的定额形式如下：工时定额，是指在一定的生产技术条件下，生产一定产品所规定的时间消耗标准；产量定额，是指在一定时间内生产合格产品的数量标准。

劳动定额的作用可概括为：

①是编制作业计划、组织生产、配备各工序和各工种定员的必要依据。

②是工人完成任务的奋斗目标，也是推广先进经验、开展劳动竞赛、提高劳动生产率的手段。

③是企业进行经济核算和岗位责任制考核依据。

④是合理确定工资与奖金的具体依据。

（2）劳动定额的编制方法

①经验估计法。

经验估计法是由定额员、技术人员和工人一起，根据实践经验，并参照有关图纸、文件资料和实物以及结合现场具体条件直接估计编制劳动定额。它简便易行，工作量小，需时短，但准确性差，一般适用于一次性临时工程或新建工程。

②统计分析法。

统计分析法是根据实耗工时的统计数据资料，选用以下方法来确定劳动定额。

平均先进定额算法一：先算总平均数，然后对高于总平均数的那一部分数，再求出其平均数，即为平均先进数。

平均先进定额算法二：

$$T = \frac{2T_{\max} + \overline{T} + T_{\min}}{4} \tag{4-11}$$

式中：T 为平均先进数；$\overline{T}$ 为总平均数；$T_{\max}$ 为最大的数；$T_{\min}$ 为最小的数。

数理统计算法计算工时定额：

$$T = \frac{T_1 + 4T_0 + T_2}{6} \tag{4-12}$$

式中：T 为平均数；T_1 为最先进的工时；T_0 为最有把握的工时；T_2 为最保守的工时。

则均方差为(设 $T_2 > T_1$)：

$$\sigma = \frac{T_2 - T_1}{6} \tag{4-13}$$

工时定额为：

$$T_s = T + \lambda\sigma \tag{4-14}$$

式中：T_s 为工时定额；λ 为概率参数(工时消耗统计数据服从正态分布，查正态分布表可得当 $\lambda = 0.56$ 时，将有71%的人能达到此定额；当 $\lambda = 1$ 时，有84%的人能达到)。

③技术测定法。

技术测定法是多次(一般3~5次)进行实地工时测定并对耗时加以分类整理、分析、改进、计算，从而编制出劳动定额。例如采用工作日写实方法测定浅孔留矿法上向孔凿岩台效的定额，其方法与步骤如下：

a. 准备阶段。选定技术等级、年龄、身体健康与文化水平等有代表性的几名凿岩工，并向他们说明写实测定的目的，同时落实测定地点的设备与工具。

b. 派定额员跟班观察记录。按凿岩工时消耗顺序，对整个工作日的工时利用进行实地观察，并一一地详细记录下来，如搬机子、接风水管、安钎头、加油……

c. 记录整理与工效指标的计算。如测定某凿岩工，当班打了19个炮孔，总孔深38.57 m，平均孔深2.03 m，炮孔控制面积为13.3 m²，爆破效率达96.4%，矿石密度为3.12 t/m³，计算凿岩台效为81.2 t/(工·班)。

d. 分析编写提高工时利用率的总结报告。工作日写实记录整理表见表4-9。纯凿岩时间占工时的44.79%，加上凿岩必要的辅助时间15.42%，全部凿岩时间为60.21%。但非定额停工时间占工时18.54%，如果加强管理，把非定额时间由18.54%降到10%，按现有操作水平，将提高工时利用率8.54%，可多凿岩爆下矿石11.52 t，则凿岩工工效定额可定为92.72 t/(工·班)。

表4-9 工作日写实记录整理表

种类	工时消耗分类	工作日时间平衡				说明
		实测		计划		
		延续时间/min	占工作日/%	延续时间/min	占工作日/%	
额定时间	纯凿岩时间	215	44.79	280	58.33	凿岩机移位、换钎、加油等；用餐、喝水、上厕所等；安、收凿岩机，开、关风、水等
	凿岩辅助时间	74	15.42	78	20.42	
	休息与自然需要时间	52	10.83	52	10.83	
	准备与结束时间	50	10.42	50	10.42	
	合计	391	81.46	460	100	

续表4-9

种类	工时消耗分类	工作日时间平衡				说明
		实测		计划		
		延续时间/min	占工作日/%	延续时间/min	占工作日/%	
非定额时间	非生产工作时间	45	9.38	—	—	停水、风,迟到,早退等;机器故障、钎头不够等
	停工时间	44	9.16	—	—	
	合计	89	18.54	—	—	
总计		480	100	460	100	—

技术测定方法编制劳动定额,既结合现场具体条件,又可暴露不必要的工时消耗因素,便于提出具有针对性的改进措施,有利于改进操作程序与提高技术操作水平。国外甚至采用高速摄影机对作业进行录像分析来编制劳动定额。这种方法虽然工作量大、花费劳力,时间较长,但有条件的地方,作业量大的主要定额指标应争取采用此法,特别是对衔接工序不多的单机作业,更应该采用此法。

④比较类推法。

它是以同类作业或产品的定额为依据,经过分析对比后确定的劳动定额。例如甲矿采用电耙出矿的有底柱分段崩落法,采场面积为 $350\sim450$ m², 矿石硬度系数为 $8\sim10$, 用深孔凿岩,多年来采矿工作面效率为 $38\sim42$ t/(工·班)。而新设计的乙矿,影响采矿工作面效率的因素基本与甲矿相似,但乙矿风压较高,且工人素质与管理水平不及甲矿。因此综合考虑,乙矿采矿工作面效率取 40 t/(工·班)是适宜的。

以上几种编制劳动定额的方法,各有各的优缺点,必须根据具体条件选用,当然也可以选用两种方法分析对比来确定。在编制定额时,还应注意定额实际达到的水平、设备与工具的性能、供应条件,并全面考虑影响劳动定额的不同因素。最后编制出的劳动定额指标应使大多数工人通过努力可以达到或超过,基本采掘工与辅助工之间甚至同一工种内部也要注意平衡。计算月度定额时,还要考虑工人出勤率的因素。

(3)劳动定额的修改与贯彻

劳动定额编制以后,应逐级传达直至向工人说清定额编制的依据、合理性和达到的可能性,并落实到班(组)或个人。在执行中除做好定额原始记录和统计报表以外,还应做好如下工作:

①首先必须做好思想工作,提高职工对劳动定额的正确认识,使职工认识到劳动定额在矿山企业生产管理中的作用,完成劳动定额是工人当班应尽的责任。

②必须制订与实现提高劳动定额的相应措施;推广先进操作经验,开展技术革新与技术革命;改进工艺与操作方法;改善作业场所的劳动作业和物资供应条件;为工人达到或突破定额创造必要的条件。

③加强工人技术培训,组织工人观摩、表演,开展比、学、赶、帮的劳动竞赛,做到互相取长补短,不断提高工人技术知识和操作技能,减少返工浪费。

④健全劳动定额管理机构,配备定额员,加强对定额的统计、检查、分析、处理工作,及时排除影响完成定额的不利因素。

⑤把定额的贯彻同正确的奖励制度结合起来,克服干多干少都一样,体现按劳分配的原则。

劳动定额是在一定的条件下制订的,随着工艺技术与操作技能的改进、先进设备与工具的采用、先进经验的推广、劳动组织的改善等因素的变化,为保持定额的先进性并促进矿山企业不断提高劳动生产率,必须掌握时机及时对定额进行修改,一般1~2年全面修改一次。如遇地质条件、设备、工艺、劳动组织方面发生重大变化或原编制的定额没有包含这些变化的因素,也可提前进行临时性的修改,但修改不宜过分频繁,修改后同样要开展详细的贯彻工作。

4)矿山生产调度管理

调度工作是矿山企业管理工作中的一个重要组成部分。调度机构是连接矿山生产各个环节、搞好综合平衡的枢纽,是协助企业领导人组织日常生产的指挥部和参谋部。加强企业调度管理是保证生产正常运转、促进矿山企业健康发展的关键所在。

①矿山生产调度的任务。

矿山生产调度的任务是按照生产作业计划的要求,及时、全面地了解生产过程,依据实际情况组织生产活动,适时采取有效措施,正确处理生产中出现的各种矛盾,克服薄弱环节,协调好生产各个环节的关系,使生产过程中各工艺系统协调、有序地进行,以适应矿山生产点多、面广、线长和作业地点多变的需要,同时应组织各方面的力量为基层生产服务,促进生产任务更好地全面超额完成。

②矿山生产调度工作方式。

生产调度是一项日常性的工作,应当把一些反映生产调度规律性的、行之有效的例行工作方法制度化、规范化,以指导调度工作的有效开展。调度工作方式一般有值班调度、调度会议、现场调度、班前班后小组会制度等。

a.值班调度。为了组织调度,及时处理生产中出现的问题,矿部、各车间都应建立调度值班制度。规模较大的矿山可设生产调度指挥中心,指挥调度全矿的安全生产。各车间设值班调度,处理日常生产中的问题。值班调度在值班期内,要经常检查车间、工段作业完成情况及部门配合情况,检查调度会议决议的执行情况,及时处理生产中的问题,填写调度日志,把当班发生的问题和处理情况记录下来并及时形成报告。为了使各级调度机构和领导及时了解生产情况,车间调度机构要把每日值班调度的情况报告给上级调度部门和有关领导。矿级生产调度机构要把每日的采掘(剥)生产情况、选矿生产情况、主要设备的运行情况等报矿山领导和有关部门、车间掌握。

b.调度会议。调度会议是一种发扬民主、集思广益、统一指挥生产的良好形式。矿级调度会议一般由生产副矿长主持,主管调度工作的负责人召集,各车间主任及有关部门负责人参加。车间调度会由车间主任主持,车间计划调度组长召集,车间技术副主任、工程技术人员参加。会前要做好准备,事先摸清问题,通知会议内容,集中解决生产中的关键问题。会议上议题要突出重点,要强调协作精神。会议既要发扬民主,又要统一思想。

c.现场调度。领导人员到现场、到井下、到发生问题的现场去,会同调度人员、技术人员、工人研究生产中出现的问题,以求得到问题的解决方法。这种方法有利于领导深入实际、密切联系群众,掌握生产一线情况,调动各方面的积极性,使问题可以又快又好地解决。

d.班前班后小组会制度。小组先通过班前会布置任务,调度生产进度,再通过班后会检查生产进度计划完成情况，总结工作。

矿山生产调度工作必须坚持以下原则：当班调度人员对其所作的决定、发出的指示、采取的措施、记录的情况和填写的日报要负全部责任；各基层生产单位，如二级调度室、工区（车间）、班（组），在班前、班中、班末应向矿级调度室值班人员汇报当班作业地点、作业量进展情况及现场状况；定期（每日、隔天或每周）召开生产调度会议，通报生产任务完成情况及其原因，分析生产中存在的问题，提出完成任务的补救措施；遇到不能解决的重大问题时，及时向总经理（矿长）汇报或组织有关职能科室人员共同研究解决。

③矿山生产调度现代化手段。

随着计算机和网络技术的快速发展，现代矿山调度信息化管理水平不断提高，矿山生产调度模拟系统、作业地点视频监控系统等建设正在普及，矿山现代化调度监控能力逐步提高。露天 GPS 生产调度系统、矿井通信系统、井下人员跟踪定位系统的技术日渐成熟和在矿山的逐步推广普及，为调度人员随时随地掌握每一个人的活动地点提供了可能。当发生重大事故时，能有效地缩短抢救时间，最大限度地保障工人的生命安全，为矿山生产安全提供保障。常用的几种技术如下：

a. GPS 技术。GPS（global positioning system，全球定位系统）是一个无线电空间定位系统，它利用导航卫星和地面站为全球提供全天候、高精度、连续、实时的三维坐标（纬度、经度、海拔）、三维速度和定位信息，可以用于地球表面上任何地点的定位和导航。利用 GPS 技术可实现钻机精准定位与作业控制、电铲作业优化控制、卡车跟踪与优化调度、推土机作业优化控制等功能。

b. Dispatch 系统。Dispatch 系统是美国模块采矿系统公司开发的一种矿山管理系统，应用于露天矿的优化运输生产。Dispatch 系统可以实时将生产信息传送到矿山管理大楼和生产办公室。这套系统给管理者提供关于设备性能、状态和生产的实时信息。所有现场设备将与模块公司的现场实际图形结合起来，以中文界面提供给操作者。该系统主要包括卡车调度系统、钻机穿孔管理系统、GPS 定位系统、边坡监测系统、配矿系统、生产设备管理系统、设备故障监控报警系统、模拟系统。国外露天矿山应用实践已充分证明，Dispatch 系统是提高矿山生产能力、节约投资和降低成本的一种行之有效的先进技术，采用该系统的矿山，生产能力可以提高 7%～10%。

c. 北斗卫星定位系统。我国自主建设、独立运行的北斗三号全球卫星导航系统已全面建成，它具有快速定位、短报文通信和精密授时等主要功能。北斗卫星定位系统在露天矿生产调度中的应用具有非常好的前景。

d. 数字通信技术。数字通信技术主要应用于地下矿山，包括井下有线数字通信技术和井下无线数字通信技术。井下有线数字通信技术应用于载波电话通信系统、扩音电话系统。井下无线数字通信技术包括外线定位技术、超声波定位技术、蓝牙技术、Wi-Fi 技术、射频识别（RTID）技术、ZigBee 技术。通过这些数字技术可以建立井下人机定位及调度指挥信息系统、矿井通信系统。

e. 工业以太网技术。利用工业以太网可以建立矿山生产调度模拟监控系统，将矿井提升设备、排水设备、通风设备、压风设备、碎矿设备、磨矿设备、选矿设备、尾矿输送设备、充填设备、输变电设备等主要生产设备的运行信息，如运行状态、工作参数、处理量信息等，通过分布在地表和井下的工业以太网，传输到生产调度监控中心，进行特殊处理后，模拟显示到监控屏幕上，便于管理人员及时了解全矿的生产设备运行状态，掌握各生产系统的工作参数，以便调度指挥生产。

④矿山生产调度应注意的问题。

矿山生产调度是一个多工种、多部门交叉的重要岗位，调度人员不仅需要有过硬的专业知识，还需要有较强的协调、处理问题的能力。调度人员在工作中应了解主要设备的布局与生产能力，熟悉采掘(剥)作业地点和供风、供水、供电、通信、运输线路，随时掌握任务指标完成情况和关键设备运转动态，领会总经理(矿长)指挥生产的意图，熟悉全矿生产管理机构的职能与有关人员，以便及时准确判断问题与解决问题，切实形成强有力的生产指挥系统。

5)矿石质量管理

矿石质量管理属于生产管理的重要组成部分，是为了充分合理地利用矿山宝贵的矿产资源，减少矿石损失与贫化，并保证矿产品质量，满足使用部门对矿石质量的要求而开展的一项经常性工作，其目的是保证矿山按计划持续、稳定、均衡地生产，提高矿山的总体效益。

(1)矿石损失贫化的影响因素

影响矿石损失贫化的因素很多，总体上讲可分为可以避免的偶然性因素和不可避免的必然性因素。前者主要反映生产施工过程中的组织管理水平的高低与采场工艺参数确定的正确性，后者主要取决于矿床(体)地质条件的复杂程度和选择的开采方式、方法与设计的合理性。露天开采和地下开采损失贫化的主要影响因素及原因分析分别见表4-10、表4-11。

表4-10　露天开采损失贫化影响因素及原因分析

主要影响因素	原因分析
露天开采境界的特点	露天境界的帮坡面，无论是顶帮、底帮还是端帮，必须形成一个阶梯形的齿形斜面，但矿体的赋存形态变化大，必然有一部分边缘矿体不能确定在境界之内，造成地质矿量的损失
露天开采回采的特点	露天开采是由上而下逐层回采，在回采过程中形成台阶，露天开采的最终边界由齿轮台阶组成，而矿体的边界不可能是齿形台阶状，这也必然造成矿石的损失贫化，而且台阶高度越高，损失贫化率越大
露天开采勘探程度	地质勘探资料的准确性不够，矿岩边界线控制不清楚、不准，提供的矿体空间几何形状准确性差，使有的矿体被确定在境界之外，造成损失贫化
露天开采技术水平	由于穿孔爆破技术水平差，临近矿岩接触面处的围岩被确定在境界之内，造成贫化
露天开采运输	露天开采的运输量比较大，运输过程中矿粉的丢失也造成矿石的损失

表4-11　地下开采损失贫化主要影响因素及原因分析

主要影响因素	原因分析
地质资料准确性不够	地质部门提供的矿体空间形态及开采技术条件控制程度差，使设计的采准、切割等井巷工程及落矿炮孔布置不当，造成大量围岩混入或者丢矿

续表4-11

主要影响因素	原因分析
采矿方法及结构参数选择不当	由于采矿方法选择不当,在开采过程中造成局部地段矿石无法回采,或者有大量围岩冒落。空间结构参数的确定问题会造成矿石尺寸增大或者减小,也会造成矿石的丢失或者围岩的混入
开采顺序选择不当	一些矿山由于开采顺序选择不当,致使应力集中,出现明显的地压活动,使采切巷道变形、坍塌,部分矿石无法正常开采。一些矿山采富丢贫、采大丢小,多阶段作业开采顺序混乱,使边角矿体、小矿体大量损失或造成压矿现象,均造成损失贫化
采空区处理及矿柱回采不及时	由于采空区处理不当致使矿柱无法回收,造成矿石的损失
开采技术条件	在开拓中留有保安矿柱,围岩稳定性差,开采中有片帮冒顶现象;矿柱回收率低,高品位矿石丢失;采用混采办法,覆岩下放矿,矿石不能完全放出,均会造成损失贫化
生产管理不当	不遵守规章制度,掠夺性开采造成矿产资源的浪费

(2)降低矿石损失贫化的措施

为充分利用国家的矿产资源,减少矿石损失,提高矿石质量,应针对产生矿石损失贫化的各种原因,采取措施把矿石损失贫化降到最低水平。

加强地质测量、生产勘探工作,提高勘探程度,准确控制矿体形态、产状及矿石质量等的实际分布,提高矿床资源可靠程度,取得生产必需的规范、准确的地质资料,这是降低采矿贫化与损失的首要措施。加强生产作业过程的质量管理,包括工程和矿石质量管理;加强员工培训工作,提高对采矿贫化与损失的思想认识,并借助经济手段考核管理生产和贫化与损失指标。

①露天开采降低矿石损失贫化的措施。

提高矿体的勘探程度,尽可能准确地控制矿体的形状、边界,为设计中的境界确定、开采中的炮孔布置提供准确的地质资料,以减少因设计的境界准确性不够而造成的压矿和境界范围增大,进而造成损失贫化,增大生产剥采比,使开采效益下降。准确的矿岩界限资料为矿岩的分离提供了前提保障。

提高爆破的技术准确性,在临近矿岩接触线的台阶爆破时,采用先进的爆破手段,准确控制矿岩的分离;在采装的过程中,提高降低损失贫化的意识,将矿石清理干净,剥离周围的岩石,降低矿石的损失贫化;提高爆破技术,使矿石块度合理,减少矿石的过度粉碎,降低丢矿量。

加强运输管理,减少运输丢矿;提高满斗系数,既充分发挥运输设备的效率,又不造成矿石的丢失,降低损失贫化。

②地下开采降低矿石损失贫化的措施。

a.加强地质勘探与研究工作,认真弄清矿床赋存规律及开采技术条件,给设计及生产提供比较确切的矿体的产状、形态、空间分布情况、储量及品位变化规律等资料,使采矿方法及工艺的选择切合矿山实际。

b.加强矿山岩石力学方面的研究与测定工作，为设计与生产提供有关的指标及数据，使采场布置形式、矿房面积、矿柱尺寸、支护形式的计算以及矿房回采、地压管理等工作建立在科学基础之上，并为设计新的采矿方法及工艺提供较确切的数据。

c.在基建及生产过程中，应加强生产探矿及矿体的二次圈定工作，使采准、切割、落矿等工程设计建立在比较可靠的地质资料基础上。

d.设计中选择和采用合适的采矿方法及其布置形式、结构参数和工艺过程等，这是降低矿石损失贫化的关键。根据矿石物理力学性质，确定合理的爆破参数。

e.开采设计中应确定合理的开采顺序，如必须先采下部富矿时(如全部用充填法开采除外)，设计中应有充分措施，保护上部矿体不受破坏。

f.采空区的处理及矿柱回采应纳入矿山开采设计中。在确定采矿方法、矿块尺寸时，应尽量避免在厚大、品位高的地段留设永久矿柱；正确选择矿柱回采方法与工艺，尽量减少矿柱回采的损失和贫化。

g.生产中应加强管理，建立健全规章制度是降低损失贫化的重要因素。为此，必须认真抓好如下工作：建立专门机构对矿山开采损失贫化进行经常性的检测、管理与分析研究，并以采场为单元建立质量管理台账；严格控制出矿品位，编制和实施"采掘并举，掘进先行"的矿山采掘计划，搞好采探、采掘、采充等工作的协调；开采薄矿体(或极薄矿脉时)应加强采幅和脉幅的控制与管理，加强分选工作；在矿岩不稳固或断层构造发育的矿山，生产中可采取"三强"的生产管理办法；实行奖励与质量挂钩的管理办法和以质量为中心的技术经济责任制。

h.随着生产力的发展，科学的进步，随时总结经验，采用合理的采矿方法和先进的生产工艺技术，是改善矿山生产能力、提高矿石质量、降低矿石损失的根本途径。

4.2.4 物资管理

1)物资管理的意义和任务

矿山企业物资管理是对矿山企业所需各种物资的计划、订(采)购、验收、保管、发放以及有关的统计分析等一系列的组织、管理工作。矿山企业的生产过程中，应该做到在保证顺利、持续生产的前提下，拥有最有效的各种物资储备，以减少企业流动资金占用量。

矿山企业的物资品种繁多，可作如下分类，见表4-12。

表4-12 企业物资分类

分类方法	品种名称	备注
按物资自然属性	黑色金属材料、有色金属材料、机械产品、电工和电子产品、木材、化工产品等	便于企业编制物资供应目录和物资的采购、保管
按物资的作用	原材料、辅助材料、燃料、动力、工具等	便于制订各种物资消耗定额以及计算产品成本和储备资金。矿山企业所需物资主要是辅助材料、燃料、动力、工具等
按物资使用范围	基建用料、技术改造用料、生产用料、科研用料、维修用料等	主要便于按使用方向进行物资核算和平衡

企业物资管理的任务可概括为：

①按质、按量、按时、成套地申请订购、采购、验收和供应企业所需的各种物资，确保企业生产经营的顺利进行。

②正确制订和执行物资消耗定额，严格物资收发和利用制度，以节约物资，降低物耗。

③遵守国家有关物资的政策、法令，建立和执行各种物资的管理制度、防火和防变质等安全条例。

④加强对物资供应市场的调查研究，以便掌握和选择各种物资的最佳货源。

⑤加强科学研究，寻求某些物资的库存最优决策，以减少流动资金的占用量和加速流动资金的周转；搜集某些物资的代用品信息，以促进企业生产技术的进步；摸索物资管理系统的结构、功能、信息流程，以便使用办公自动化信息管理系统对企业物资系统进行全面管理。

2）物资消耗定额的确定

就矿山企业而言，物资消耗定额是在一定的生产技术条件下，生产单位矿产品所必须消耗的物资数量的标准。单位矿产品消耗是反映矿山企业生产技术和管理水平的重要标志。矿山企业管理人员应该深入实际调查研究，制订、执行和不断修订科学合理的物资消耗定额，以尽可能少的物资消耗取得较好的生产效果。矿山企业生产过程中的物资消耗，一般可分为生产工艺性物耗，如吨矿炸药消耗量、吨矿钢铁消耗量等，它是在生产过程中为要生产产品、改变物资形态所消耗的物资，不构成产品净重；非生产工艺性物资消耗是生产中出现的废品、管理不善等所带来的物资消耗。因此物资消耗定额可按下式计算：

$$S = D(1 + K) \qquad (4-15)$$

式中：S 为单位产品辅助材料消耗定额；D 为单位产品辅助材料工艺性消耗定额；K 为非工艺性消耗占工艺性消耗定额的比率。

对各种物资分别求得消耗定额后，可汇总、核算物资需用量。

单位产品工艺消耗定额的确定，是一项值得重视、科学性很强的工作，一般可采用技术核算法、统计分析法以及经验估算法来确定，既要订得合理可行，又要体现先进性。同时，它又是一项企业管理的基础工作，该定额不仅是向车间或班组发料和基层经济考核、核算的依据，而且是企业编制物资供应计划的基础数据。

3）物资储备定额的确定

物资储备定额是指在一定的生产、物资环境和管理条件下，为了保证生产顺利进行所必需的、经济合理的物资储备数量标准。企业物资储备一般包含经常储备和保险储备，对某些物资，可能还应包含季节性储备，见图 4-7。

经常储备定额的最优确定也是矿山企业管理的一项重要基础工作。它既是矿山企业编制物资供应和采购计划的依据，又是核定流动资金和控制库存水平的根据。如果主要考虑矿山企业外部供货环境，则某种物资最高储备量为经常储备定额与保险储备定额之和，按下式计算：

$$Q_{\max} = Q + W \qquad (4-16)$$

$$Q = (T + t)d \qquad (4-17)$$

$$W = rd \qquad (4-18)$$

式中：$Q_{\max}$ 为最高储备量；Q 为经常储备定额；W 为保险储备定额；T 为根据供货环境确定的进货（供应）间隔期；t 为某物资在使用前所需的准备（如干燥、处理）天数；d 为某物资的平均每天需要量；r 为保险储备所定的天数，主要考虑延期到货非常情况等而设定。

4）库存控制

如果主要考虑企业内部的经济效益，当不允许出现物资短缺时，则可按下式计算最优（经济）订购批量。

$$Q^* = \sqrt{\frac{2RC}{H}} \quad (4\text{-}19)$$

式中：Q^* 为每次订购物资的经济批量；R 为物资需用量；C 为订购费率；H 为每年（或月）单位物资存储费率。

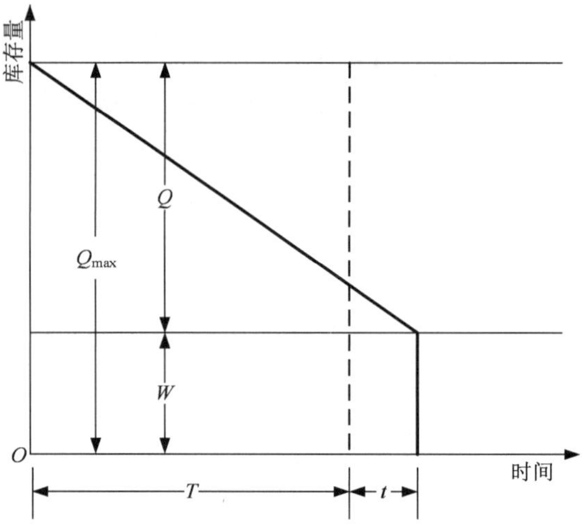

当对全年物资的需要量或者对订购费率、存储费率估算不准确时，可以运用上式进行灵敏度分析，以作出订购决策。

图 4-7　物资库存量参数

矿山企业物资仓库存储的物品品种多、数量大，因而占用资金多，为了提高经济效益和便于控制，可以采用 ABC 分类控制法将库存物品分为 A、B、C 三类，以便按其重要程度分别实行控制，各类存货所占比重及控制程度见表 4-13。

表 4-13　ABC 分类控制法

物资品种	品种占比/%	金额占比/%	控制程度
A 类存货	5~25	70~80	应重点控制，以严格控制贮备时间，减少资金占用，必要时对 A 类存货的需用量还应专门进行技术经济分析或者存贮优化分析
B 类存货	25~30	15~20	适当地加以控制
C 类存货	50~70	5~10	适当增加储备量，以减少订货工作量

注：品种占比是指该类存货品种数占总品种数的比例；金额占比是指该类存货金额占总金额的比例。

5）物资供应计划的编制与实施

矿山企业物资供应计划是对计划期内（如年度）所需申请订（采）购的物资品种、规格、数量、用途、货源以及所需金额编制的计划。编制计划前应该调研和确定物资品种、规格及其货源。确定的原则是既要满足生产的正常要求，又要注意节约资金，提高生产和设备效率以及企业经济效益。此外，还应注意物资的节约和综合利用或代用。

某种物资的计划申请订（采）购量为：

$$X = R + Q_2 - Q_1 - B \quad (4\text{-}20)$$

式中：X 为计划申请订（采）购量；R 为计划期内该物资需用量；Q_2 为计划期末库存量；Q_1 为计划期初库存量；B 为企业内部可利用资源。

某物资需用量可按定额法直接计算：

$$R = (Y + V)S - A \tag{4-21}$$

式中：Y 为计划产品量；V 为生产废品量；S 为物资消耗定额；A 为计划可回收废料的数量。

或者按比例法间接计算：

$$R = \frac{\text{上年实际消耗量}}{\text{上年产值（千元）}} \times \text{计划年度产值（千元）} \times (1 \pm \text{产值物耗变化率}) \tag{4-22}$$

期末库存量 Q_2 可为物资的最大经常储备定额加保险储备定额的平均值；期初库存量 Q_1 是编制此计划时刻库存盘点数加上此时至计划期初这一段时间内预计到货数与耗用数之差。

求得各种物品的申请计划量以后，即可编制物资申请计划表以便同企业的成本计划、财务计划相互协调。

物资供应计划的实施是经常性工作，它要包括三方面的工作，具体见表 4-14。

表 4-14　物资供应计划工作内容

工作内容	注意事项
订货与采购	应注意物资供应渠道、物资市场的调研与预测、物资的价格、供货合同的签订、订货方式的选择以及物资供应人员的培训等
横向联系与物资调剂	做到与周围地区和企业互通有无、调剂余缺、串换品种、相互满足需要，以避免积压浪费，加速资金周转
物资供应计划实施情况分析	及时掌握物资的收、发、存的动态变化及其平衡关系，发现物资管理工作中的问题和矛盾并加以解决

6）仓库管理及其现代化

物资仓库管理工作主要包括：物资的验收入库；物资的保管、维护和必要的处理、加工；物资的发放；清仓核资，统计分析。

要落实该工作，必须制订一定的工作制度和岗位责任条例，保证做到票据同物品相符、账、卡、物相符，物资归类存放以利收发，安全存放以防损失。

随着信息技术的发展应用和物联网时代的迅猛推进，传统的仓储管理方式已经很难适应新时代的变化，仓储管理方式正向信息化、智能化、自动化、合理化的管理方式过渡，提高仓储管理的服务质量、降低成本、改善效率是矿山企业创新的一大重要举措。矿山企业应加强仓库现代化信息系统建设与软件方面的人才培养，不断创新管理方式，从而提高企业物流过程的效率，满足市场对企业的要求，加大企业的竞争力。

4.2.5　设备管理

设备管理指设备运动全过程的计划、组织和控制。加强设备管理，提高设备管理水平，对建立正常的生产秩序，保证矿山企业的生产顺利进行，实现均衡生产，促进矿山企业的技术进步，提高矿山企业现代化管理水平，取得良好的经济效益，都具有十分重要的意义。

1）设备管理的任务与内容

（1）设备管理的任务

矿山企业设备管理的主要任务是对设备进行综合管理，保持设备完好，不断改善和提高矿山企业技术装备水平，充分发挥设备的效能，取得良好的投资效益。进行设备管理的目的在于使设备寿命周期全过程费用最少、综合效能最高，使矿山企业的生产经营活动建立在技术先进、经济合理的最佳物质技术基础之上。设备管理的具体任务如下：

①根据技术先进、经济合理、生产可行的原则，正确地选购设备。

②合理地使用和维修设备，保证其既能够充分运转，又处于良好的技术状态。

③根据产品、市场、资源条件的要求，有步骤地进行设备的更新改造，在技术手段上保证矿山企业经营方针和经营目标的实现，推进企业技术进步。

④提高设备管理的经济效益，在保证设备处于良好技术状态的同时，要加强设备的经济管理，按照经济规律的客观要求组织好设备管理，降低设备综合管理各环节的费用，使设备的寿命周期费用最经济，以创造尽量多的劳动成果。

⑤对先进设备进行学习、研究与消化，尽快掌握引进设备的使用和维修技术。

(2)设备管理的内容

设备管理本质上是设备寿命运动的全过程管理，即从设备的评价选择、日常管理、使用维护、检查修理到改造更新全过程的管理工作。在这个运动全过程中，存在两种运动形态：一是设备的物质运动形态，包括设备的选购、进厂验收、安装、调试、使用、维修、更新改造，直到报废；二是设备的价值运动形态，包括设备的最初投资、维修费用的支出、折旧、更新改造资金的筹措、积累、支出等。在矿山企业的实际工作中，前者一般称为设备的技术管理，由技术、设备部门承担；后者称为设备的经济管理，由财务会计部门承担。设备的选择和使用、设备的维护和修理、设备的更新和改造，是设备管理的主要内容。

2)设备的使用

为了使设备得到充分合理使用，必须做好以下几项工作：

①根据本企业的生产特点和工艺特性，合理地配备各类设备。

②合理地为各类设备安排合适的生产任务。

③为各类设备配备合格的操作人员，实行凭操作证使用设备的制度。

④要为设备创造良好的工作环境和条件。

⑤建立和健全各类设备使用责任制及其他规章制度。

⑥开展完好设备的竞赛活动。

3)设备的维护和修理

设备的维护、检查和修理简称"维修"，是设备管理中工作量最大的环节。其目的是使设备处于良好的技术状态，防止和减少设备事故的发生，降低维修费用，减少停工损失，延长设备使用寿命。落实这方面的工作可采取如下措施：在掌握设备磨损与故障规律的基础上，实行先进维修制度，制订维修保养、检查与修理计划的作业内容，采用先进的检修技术，结合实际，灵活地运用多种维修方式和修理方法。

(1)设备的维护与保养

加强设备的维护与保养，对保持设备的精度和性能，延长其使用寿命具有重要意义。

①设备维护与保养的内容。

设备维护与保养的主要内容见表4-15。

表 4-15　设备维护与保养的主要内容

项目	主要内容
清洁	经常洗擦灰尘及油垢,清扫散落在设备各部位的残渣、废屑,保持设备内外清洁,无泄漏现象
润滑	要定时、定点(按规定的油眼)、定质、定量加油,保证油路畅通,设备运转灵活
紧固	及时紧固因高速运转而松动的连接件(螺钉或销子),防止脱出
调整	及时调整由于设备机件的松动或位置移动所带来的不协调,保证设备放置整齐,防护装置齐全,线路管道完整
防腐	使用防腐剂保护设备,及时清除生产过程中沾污的腐蚀物质
安全	实行定人定机交接班制度,遵守操作规程。各种测量仪器、保护装置要定期进行检查,保证安全,不出事故

②设备的保养工作。

根据设备保养的广度、深度以及保养工作量的大小可将保养工作分为日常保养、一级保养、二级保养,主要内容见表 4-16。

表 4-16　设备保养的主要内容

分类	主要内容	备注
日常保养	对设备各部位进行清洁、润滑,紧固松动的螺丝,检查零部件是否完整等	日常保养也称例行保养,主要是由操作工人负责执行的经常性的不占设备工时的例行保养。它的保养项目和部位较少,大部分工作在设备表面进行
一级保养	设备进行局部检查和调整,清洗规定的部位,疏通油路,紧固设备的各部位	一级保养要在专职维修人员的指导下,由操作人员完成
二级保养	主要是对设备进行部分解体检查和调整,重点是对内部进行清洁、润滑、修复或更换易损件,恢复设备精度等	二级保养由专职维修人员承担,操作人员协助完成

(2)设备的检查与监测

①设备的检查。

设备的检查主要是对设备的运转情况、磨损程度、工作精度进行检查和校验。经过检查,掌握设备运转和零件磨损情况,可以及时发现并采取相应措施消除隐患,防止发生急剧磨损和突发事故。同时,可以根据检查结果,针对发现的问题,提出加强和改进设备维护保养工作的意见和措施,为编制修理计划和做好修理前的准备工作打下基础。

设备的检查按时间间隔分为日常检查和定期检查,按性能分为功能检查和精度检查。

②设备的状态监测技术。

设备状态监测技术是通过科学的方法以及在设备上安装的仪器仪表,对设备的运行状况进行监测。通过监测,全面地、准确地掌握设备的磨损、老化、劣化、腐蚀的部位和程度以及其他情况,并在此基础上进行早期预报和追踪。状态监测的方法很多,常用的有温度监测、泄漏监测、振动监测、噪声监测、腐蚀监测等。这些方法都需要配备一定的监测设备。因此，要有一定的监测装置费用，而且对操作人员的技术水平也有一定的要求。

（3）设备修理与设备维修制度

①设备修理。

按功能不同，设备修理分为恢复性修理和改善性修理两种类型。通常所说的设备修理，大多指的是恢复性修理，它是恢复设备性能、保证设备正常运行的主要手段。

②设备维修制度。

因习惯和国情不同，世界各国甚至各矿山企业的设备维修制度各不相同，我国目前实行的设备维修制度主要有计划预防维修制度和保养维修制度两种。此外，起源于美国的预防维修制度也得到我国不少矿山企业的重视与应用。

a.计划预防修理制度。

计划预防修理制度（简称"计划预修制"）是根据设备的磨损规律和设备技术状态，有计划地对设备进行维护、检查和修理，保证设备处于良好状态的一种维修制度。

设备计划修理的种类。按照修理工作量的大小和修理后对设备性能恢复程度的不同，一般分为三种，具体内容见表4-17。

表4-17　设备计划修理内容

分类名称	具体内容
小修理	是工作量最小的局部修理，它只更换或修复少量的磨损零件，并做一些零部件的调整，局部恢复设备的性能，停机时间较短，可在生产间断期内进行
中修理	更换和修复设备的主要零部件和磨损零件，检查和调整整个机械系统、控制系统，校正设备的基准，消除扩大了的各种间隙，恢复设备的精度，以保证修理部位达到规定的标准和技术要求
大修理	是对设备进行的全面修理，将设备全部解体，更换和修复所有的磨损件，校正和调整设备，全面恢复原有的精度、性能和生产效率。大修理后，设备的精度必须达到国家产品出厂标准的要求

设备计划修理的方法。设备计划修理的主要方法见表4-18。

表4-18　设备计划修理的主要方法

分类名称	特点	适用情况
标准修理法（也称强制修理法）	根据设备的磨损规律和零件的使用寿命，预先规定检修的日期，到了规定的修理时间，不论设备的技术状况如何，都要按计划强制进行修理	一般只适用于特别重要、关键、复杂的设备

续表4-18

分类名称	特点	适用情况
定期修理法	根据设备的实际使用情况，参考有关修理周期，大体规定出修理工作的日期、内容和工作量。而具体的修理日期、内容和工作量，则根据修理前检查的结果确定。这种方法的优点是比较切合实际，有利于做好修理前的准备工作，缩短修理时间，提高修理质量，降低修理成本	目前，我国大多数维修基础较好的企业，一般都采用这种方法
检查后修理法	这种方法事先只规定检查计划，根据检查结果和以前的修理资料，确定修理类别、具体日期和内容	一般是在设备技术资料掌握不全，不了解零部件磨损规律和使用寿命的情况下采用

b. 预防维修制度。

预防维修制度也称全员生产维修制（TPM 制），是我国从 20 世纪 80 年代开始，吸收国外设备管理经验，研究和推广的一种维修制度。它以设备的故障理论和规律为基础，主要的维修方式见表 4-19。

表 4-19　预防维修制度的主要维修方式

维修方式	具体内容
日常维修	包括设备的日常检查、定期检查和保养，即清洁、调整、润滑、更换、整理等活动
事后维修	也称故障维修，即对非重点设备实行发生故障后的维修，或者对事先无法预计的突发性故障的维修
预防维修	一般是指对重点设备或一般设备的重点部位进行预防性维修
生产维修	指事后维修和预防维修相结合的维修方式，即重点设备预防维修，一般设备事后维修
改善维修	指结合修理进行设备的改装、改进
预知维修	指对大型重点设备，通过监测技术和手段，在设备发生故障前发出警报，提前维修
维修预防	指在设备设计制造时，就考虑怎样使设备无故障和便于维修，即提高设备的可靠性、维修性

（4）设备修理计划

设备修理计划是矿山企业生产经营计划的组成部分。正确地编制和执行设备修理计划，有利于统一组织矿山企业主要设备的修理，合理地使用维修力量，提高修理质量，缩短停机时间，更好地保证生产任务的完成。设备修理计划的主要内容包括计划期内设备修理的数量，设备修理的类别，修理日期及修理停机时间，修理用材料、配件以及修理费用预算等。

①设备修理的定额标准。

设备修理的定额标准是编制修理计划、组织修理业务的依据，一般包括修理周期定额、修理复杂系数、修理劳动定额和修理费用定额等。

a. 修理周期定额。修理周期定额是确定修理日期、类别和内容的重要依据，包括修理周期、修理间隔期和修理周期结构三部分。

修理周期是指相邻两次大修理之间，或新设备安装使用到第一次大修理之间的间隔时间。

修理间隔期是指两次修理(不论是大修、中修还是小修)之间的间隔时间。

修理周期结构是指在一个修理周期内，大修、中修、小修的次数及其排列顺序。

有了修理周期定额，就可参照上期设备修理计划的完成情况，结合本期实际生产任务和设备完好程度，确定本期需要修理的设备数量、种类、内容和日期。

b. 修理复杂系数。修理复杂系数是用来表示机器设备的修理复杂程度，计算设备修理工作量的一个假定单位，设备越复杂，精度越高，尺寸越大，则修理复杂系数越大。

c. 修理劳动定额。修理劳动定额是企业为完成设备的各种修理工作需要的劳动时间消耗量的标准，一般用修理复杂系数为1的修理活动所需要的劳动时间来表示。

d. 修理费用定额。修理费用定额一般是指修理复杂系数为1的修理活动所需的材料、配件等的费用。

上述定额都是根据以往统计资料结合计划期实际情况，经过讨论、分析研究加以确定的。

②设备修理计划的编制。

设备修理计划按计划期长短分为年度、季度、月度修理计划。

年度修理计划是维修工作的大纲。其主要内容包括矿山企业需要修理的设备数量、修理内容和修理时间等。在编制年度修理计划时，必须与生产计划任务协调好，安排进度时，要在时间和能力上平衡好，以防忙闲不均。年度修理计划的编制，一般由设备动力部门在上一年第三季度提出计划草案，分发到各车间和有关科室讨论并经计划部门综合平衡后，编制正式计划，经领导审批后，下达执行。

季度修理计划要根据设备的实际技术状况和工作条件的变化，调整年度修理计划的项目和进度，具体规定季度修理的内容，使设备的修理同生产更好地衔接起来。

月度修理计划是设备修理的作业计划。修理项目要更加具体，着重考虑修理前的准备工作，切实注意设备的实际磨损和运转台时情况。

③设备修理计划的执行。

在设备修理计划执行时，必须做好修理前的准备工作。准备工作的好坏，将直接影响修理计划的实现、修理质量和修理成本。

a. 充分做好修理前的技术准备工作，主要包括编制磨损零件、部件明细表，拟定修理工艺规程，设计制造修理用的工艺装备等。

b. 做好修理前备品、配件的订货、制造、供应和储备等一系列工作。

c. 采用先进的修理方法和组织方式，保证修理质量，提高修理效率。设备的修理方法见表4-20。

表 4-20　设备的修理方法

分类名称	特点	适用情况
部件修理法	将需要修理的部件拆卸下来，换上事先准备好的相同部件，再将换下来的部件修复，作为下次的备件	一般适用于同类设备数量较多的矿山企业和某些关键设备

续表4-20

分类名称	特点	适用情况
分部修理法	设备的各个部件不在同一时间内修理，而是按照顺序分别修理，每次只修理一部分	适用于各部件之间具有相对独立性的设备
同步修理法	把工艺上相互紧密联系而又需要修理的若干设备，安排在同一时间内进行修理，实现修理工作的同步化	适用于流水生产线设备、联动设备中的主机、辅机以及配套设备等

4）设备的改造与更新

由于科学技术的高速发展，现有设备和新设备不断完善，设备无形老化的速度越来越快，技术上陈旧便成为设备的突出问题。设备管理必须研究如何提高设备管理的经济效益，促进设备的改造与更新。

（1）设备的磨损与寿命

①设备的磨损。

设备的磨损形式有物质磨损和精神磨损两种。设备的物质磨损也称为有形磨损，设备的精神磨损也称为无形磨损。精神磨损有两种情况：一是由于设备制造部门劳动生产率的提高，生产成本费用降低，同类设备的价格下降，这种原因引起的无形磨损称为第Ⅰ种无形磨损；二是由于科学技术的进步，新设备性能更好，生产率更高，使老设备相形见绌而遭贬值，这种原因产生的无形磨损称为第Ⅱ种无形磨损。

②设备的寿命。

通过对设备两种磨损的分析，可以看出设备具有三种寿命状态，见表4-21。

表 4-21　设备的寿命状态

寿命形态	主要特点
物质寿命	设备的物质寿命长短，取决于物质磨损速度。物质磨损速度越快，物质寿命越短。正确使用，合理保养，可以延长物质寿命
技术寿命	设备技术寿命的长短，取决于同类设备科学技术的发展速度。科学技术发展越快，技术寿命越短。有时通过现代化改装，可以延长设备的技术寿命
经济寿命	设备经济寿命的长短，取决于使用费用的增长速度。使用费用增长速度达到一定水平，就得更新。使用费用包括设备的维修费用、设备使用过程中的故障损失、停机损失、资源多耗损失、废品损失等经营费用

设备寿命取决于物质磨损速度，或取决于同类设备技术发展速度，或取决于使用费用的增长速度，其中任何一种因素都会导致设备的改造与更新。其中最难以测定的是设备的经济寿命。

（2）设备的改造

设备改造是在原有设备的基础上，提高设备的技术先进性和生产适用性，投资少、时间短、见效快，因此企业必须重视设备改造工作，提高投资效益。

①设备改造的形式。

设备改造分为设备的改装和设备的技术改造（也称现代化改造）两种，具体分析见表4-22。

表4-22　设备改造形式

改造形式	释义	示例	改造意义
设备的改装	为了满足增加产量或加工要求，对设备的容量、功率、体积和形状的加大或改变	将设备以小拼大、以短接长、多机串联等	充分利用现有条件，减少新设备的购置，节省投资
设备的技术改造	把科学技术的新成果应用于矿山企业的现有设备，改变其落后的技术面貌	将潜孔钻机人工起落架系统改造为自动液压起落架装置等	技术改造可提高产品质量和生产效率，降低消耗，提高经济效益

②设备改造的内容。

设备改造的内容包括：

a.提高设备自动化程度，实现数控化、联动化；

b.提高设备功率、速度和增加、改善设备的工艺性能；

c.提高设备零部件的可靠性、维修性；

d.将通用设备改装成高效、专用设备；

e.实现加工对象的自动控制；

f.改进润滑、冷却系统；

g.改进安全、保护装置及环境污染系统；

h.降低设备原材料及能源消耗；

i.使零部件通用化、系列化、标准化。

③设备改造的原则。

矿山企业进行设备改造时，必须充分考虑改造的必要性、技术上的可行性和经济上的合理性。具体应注意以下几点：

a.设备改造必须适应生产技术发展的需要，针对设备对产品质量、数量、成本、生产安全、能源消耗和环境保护等方面的影响程度，在能够取得实际效益的前提下，有计划、有重点、有步骤地进行。

b.必须充分考虑技术上的可行性，设备既值得改造和利用，又有改善性能、提高效率的可能。改造要经过大量试验，并严格执行企业审批手续。

c.必须充分考虑经济上的合理性。改造方案要由专业技术人员进行技术经济分析，并进行可行性研究和论证。设备改造工作一般应与大修理结合进行。

d.必须坚持自力更生方针，充分发动群众，总结经验，借鉴国外企业的先进技术成果，同时也要重视吸收国外领先的科学技术。

（3）设备的更新

设备的更新是指用比较先进经济的设备来替代技术上不能继续使用或经济上不宜继续使

用的设备。

①设备更新的形式。

设备更新的形式一般有两种：一种是设备的原型更新(也称简单更新)，是指用同类型的新设备代替旧设备，它适用于设备的技术寿命尚可但物质寿命已尽，或设备制造厂受技术水平限制不能提供新的机型的情形；另一种是设备的技术更新，是指用技术上更加先进、效率更高的先进设备来代替技术寿命已尽、经济上不宜继续使用的陈旧设备。

②设备更新的条件。

一般矿山企业设备属于下列情况之一的，应当报废更新：第一，经过预测，继续大修理后技术仍不能满足要求和保证产品质量的；第二，设备老化、技术性能落后、耗能高、效率低、经济效益差的；第三，大修理虽然能够恢复精度，但不如设备更新经济的；第四，严重污染环境，危害人身安全与健康，进行改造又不经济的；第五，其他应当淘汰的。

③设备更新的原则。

设备更新应遵循以下原则：

a. 设备更新应当结合矿山企业的经济条件，有计划、有重点、有步骤地进行。

b. 要做好调查摸底工作，根据矿山企业的实际需要和可能，安排设备的更新工作。注意克服生产薄弱环节，提高矿山企业的综合生产能力。

c. 有利于提高生产的安全程度，有利于减轻工人劳动强度，防止环境污染。

d. 更新设备要同加强原有设备的维修和改造结合起来，如改造后能达到生产要求的，可暂不更新。

e. 讲求经济效益，做好设备更新的技术经济分析工作，主要包括确定设备的最佳更新周期、计算设备投资回收期等。

④确定设备最佳更新周期。

常用的确定设备最佳更新周期(经济寿命的确定)的方法有两种：

a. 年平均使用费用法。这种方法是通过分析和计算同类设备的统计资料，比较年平均使用费用，来确定设备更新周期的一种方法。年平均使用费用最低的年限，就是该类型设备的经济寿命。用公式表示为：

$$设备年平均使用费用 = \frac{设备总使用费用}{使用年限(年)} = \frac{累计折旧费 + 累计维修费用}{使用年限(年)} \tag{4-23}$$

b. 低劣化数值法。这种方法是在假定设备使用后残值为0、设备维修费用及燃料动力消耗每年以固定的数值增加的条件下，以年平均使用费用最小为标准，确定设备最佳更新周期。用公式表示为：

$$设备经济寿命 = \sqrt{\frac{2 \times 设备的原始价值}{年低劣化增加值}} \tag{4-24}$$

4.2.6　能源管理

1) 矿山能源管理

矿山能源管理就是对矿山所利用的有限能源进行组织、供应、计划、协调、控制。矿山能源管理应运用网络手段，利用能源管理系统，实时分析调控，达到降耗、减排、保护环境的目的。为实施能源管理，矿山企业应设立专门的能源管理部门，建立完善且责任分工明确的能源管理制度，落实管理职责。

矿山能源管理的主要内容如下。

(1)设立能源管理部门

为实现能源管理目标，企业应建立、保持和完善具有明确的职责范围、权限和奖惩制度的能源管理系统，设立能源管理部门。企业能源管理部门应系统分析本企业能源管理各主要环节及其活动过程，分层次把各项具体工作任务落实到有关部门、人员和岗位，完成各项具体能源管理工作。

(2)建立文件管理体系

为了规范和协调各项能源管理活动，应系统地制订各种文件，包括管理文件、技术文件和记录档案。管理文件是对能源管理活动的原则、职责权限、办事程序、协调联系方法、原始记录要求等所作的规定，如管理制度、管理标准及各种规定等。技术文件是对能源管理活动中有关技术方面的规定，包括技术要求、操作规程、测试方法等。记录档案是对能源管理活动中的计量数据、检测结果、分析报告等的记录，应按规定保存，作为分析、检查和评价的依据。

(3)制订能源管理方针和目标

矿山企业应依据国家能源政策和本企业特点，制订企业能源管理方针和目标。能源管理目标一般以产品单位产量能源消耗量为单位进行制定，可分为年度目标和长远目标。企业能源管理方针和目标应以书面文件的形式颁发，使企业所有有关人员熟悉其内容，并贯彻执行。

(4)能源管理必须是全过程管理

矿山企业能源管理主要包括能源输入管理、能源转换管理、能源分配和传输管理、能源使用(消耗)管理，必须是全过程管理。同时，在能源管理过程中，应加强能源消耗状况分析，促进节能技术进步。

(5)进行能源设施管理

企业应按照国家有关规定，配备能源计量器具，制订相应文件，有专人对计量器具的购置、安装、维护和定期检查实行管理，保证其准确可靠。

2)能源管理的主要环节

(1)能源输入管理

①选择能源供方。选择能源供方除考虑价格、运输等因素外，还要对所供能源的质量进行评价，确认供方的供应能力，选定符合要求和稳定的能源供方。

②签订合同中应明确以下内容：

输入能源的数量和计量方法；

输入能源的质量要求和检查方法；

对数量和质量发生异议时的处理规则。

③输入能源计量。应按合同规定的方法对输入能源进行计量，明确规定相应人员的职责和权限、计量和计算方法、记录以及发现问题时报告的程序。

④输入能源质量检测。合理确定输入能源质量检测的项目和频次，采用国家或行业标准规定的通用方法检验输入能源的质量。同时，明确规定有关人员的职责，抽样规则，判定基准，记录以及发现不合格时报告、裁定的程序。

⑤贮存。应制订和执行能源贮存管理文件，规定贮存损耗限额，在确保安全的同时，减少贮存损耗。

（2）能源转换管理

①应制订转换设备调度规程，确定最佳运行方案，使转换设备接近和保持最佳工况。

②为使转换设备安全经济运行，操作人员要经培训后执证上岗。制订运行操作规程，对转换设备的操作方法、事故处理、日常维护、原始记录等作出明确规定，严格执行。

③应定期测定转换设备的效率，确定其转换效率及最低限度，作为安排检修的依据。为保证检修质量，掌握设备状况，应制订并执行检修规程和检修验收技术文件。

（3）能源分配和传输管理

①应明确界定内部能源分配传输系统的范围，规定有关单位和人员的管理职责和权限，以及有关的管理工作原则和方法。

②要合理布局内部能源分配传输系统，合理调度，优化分配，适时调整，减少传输损耗。

③要定期巡查输配电线路及供水、供气、供汽、供油、供热管道，测定其损耗，制订检修计划。

④要建立能源领用制度，制订用能计划，对各单位用能准确计量，建立台账，定期统计。

（4）能源使用（消耗）管理

实施矿山企业能源管理系统，加强能源使用（消耗）管理，是矿山企业推进节能减排的重要管理措施。矿山企业能源管理系统（简称 EMS）是矿山企业信息化系统的一个重要组成部分，通过能源计划、能源监控、能源统计、能源消费分析、重点能耗设备管理、能源计量设备管理等多种手段，使矿山企业管理者对本企业的能源成本比重、发展趋势有准确的掌握，并将矿山企业的能源消费计划任务分解到各个生产部门车间，使节能工作责任明确，促进矿山企业健康稳定发展。能源使用（消耗）管理过程中应注重以下三个方面的内容。

①优化工艺。

产品生产工艺的设计和调整，应把能源消耗作为重要因素之一，合理安排工艺流程，充分利用余热、余压，回收放散可燃气体，使整个生产过程耗能量最小。对各工序，特别是主要耗能工序，要优选工艺参数，加强监测调控，改进产品加工方法，降低能源消耗。

②耗能设备经济运行。

选择生产设备，应以有利环保、节能和提高综合经济效益为原则，选用节能型设备，淘汰高耗能设备。应根据设备特性和生产加工需要，合理安排生产计划和生产调度，使耗能设备以最佳状况运行。要严格执行安全规程，不断改进操作方法，加强日常维护和定期检修，使耗能设备正常运行。对主要耗能设备定期进行能耗监测，调整设备运行状态。

③能源消耗定额。

矿山企业能源主管部门应按照现行国家标准《单位产品能源消耗限额编制通则》（GB/T 12723）、《综合能耗计算通则》（GB/T 2589—2020）和行业的有关规定，分别制订各用能单位、主要耗能设备和工序的能源消耗定额。能源消耗定额按规定的程序逐级下达，并明确规定完成各项定额的责任部门、单位和责任人。对各用能单位、主要耗能设备和工序的实际用能量进行计量、统计和核算，在规定时间内报告。企业可根据具体情况，选定适当的方法对定额完成情况进行考核和奖惩。当实际用能量超出定额时，应查明原因采取纠正措施。应根据生产条件变化和实际完成情况，及时修定能源消耗定额。

（5）能源消耗状况分析

①矿山企业能源主管部门应定期对矿山企业能源消耗状况及其费用进行分析，各用能单位应对本单位管辖的主要耗能设备、工序的能源消耗状况进行分析。

②能源消耗状况的常用分析方法为统计分析方法，运用数理统计方法对能源有关数据进行处理，设计和绘制各种图表，以对能耗状况进行经常性分析。

（6）节能技术进步

①对重大节能技术措施应进行可行性研究，具体内容包括：预计节能效果和经济效益；预计投资额和回收期；对产品质量和安全的影响；实施过程对生产的影响。

②节能技术措施实施后应测试能耗，使其与该措施实施前的能耗进行比较，评价节能效果和经济效益并采取措施保持节能效果。

③采用节能新技术。企业应根据本行业节能技术发展，积极采用新技术、新工艺、新材料、新设备、新能源。

3）检查与评价

①矿山企业应组织能源主管部门和有关部门，每年对能源管理系统进行一次全面检查。追踪检查每一项能源活动，检查能源管理文件规定的职责是否落实，有关人员是否正确有效地执行文件；文件规定的记录是否齐全、准确；对能源消耗异常情况是否及时作出反应并予以纠正；能源消耗定额的修订能否完成。

②检查报告。

检查完成后应提交检查报告，包括以下内容：检查中发现的问题及其原因分析；改进措施及建议。

③对能源管理系统进行评价，评价内容包括：能源管理系统能否实现能源管理目标；能源管理系统能否适应企业所发生的变化；已查明的问题如何改进，是否对能源管理系统作重大调整。

4）矿山节能

节约能源是我国的基本国策。矿山生产是我国能源消耗重点环节之一，矿山节能具有重大的经济意义，矿山能耗指标应满足现行节能规范要求。矿山节能除了做好前述管理工作，还可从以下途径入手。

①改造现有设备，降低能源消耗。如将交流电机改为串级调速，将直流电机改为脉冲调速，以提高电积的功率因数；将凿岩机以液压代替风动，以提高生产效率并可直接节约能源；矿山运输设备如箕斗、罐笼、矿车等改用耐磨的轻型材料，以减轻重量和增加使用寿命；优先使用节能设备，淘汰高能耗设备。

②充分利用爆破能量，减少矿石破碎加工的电能消耗。如研究并应用各种不同爆破技术需要的炸药以及超细破碎技术，以便装车、运输，提高生产效率，降低破碎能耗。

③研究与应用井下采矿节能新工艺。凡需要进行井下充填作业的矿井，应简化充填工艺，增大一次充填量并以粗骨料进行充填；有条件的矿山可以采用自然崩落法开采；应用井下运输全盘电气化，采用电动铲运机代替柴油铲运机；采用地下开拓井巷或采场支护新工艺；尽量将废石回填采空区，废石不出坑等。

④研究与推广应用露天开采的节能设备和工艺技术。如研究应用连续、半连续运输工艺；用大功率、高生产能力的大型设备代替小功率、低生产能力的小型设备；尽可能加大露

天矿的边坡角度，减少露天开采的剥离量等。

4.3　合同采矿管理

4.3.1　合同采矿价格确定

1）国内合同采矿价格分析

（1）合同定价的方式

在国内矿山建设中，无论是工程招投标还是议标，业主和承包商都同意采用行业定额作为计算报价的基础。合同采矿项目的报价有定额标准报价和成本法报价两种。由于矿业技术的发展，高技术含量的大型设备被引入，设备台班效率和成本构成发生了较大的变化，合同采矿项目的定价和报价无法直接套用定额，一般通过调查的方式进行处理。因此成本法报价已逐步成为合同采矿项目招标的主要方式。

目前，国内采用的合同定价方式主要有以下四种。

①全包吨矿单价合同。

全包吨矿单价合同主要包括采切、落矿、出矿等所有坑内直接成本、间接成本、辅助费用、利润、税费和各种风险费。采用该定价方式，结算过程比较简单，但是由于事先已经规定了吨矿单价，承包人承担的风险较其他定价方式大，同时也会影响发包方的灵活度、机动性和指导能力。因此，该方式主要适用于设计已经十分完整，地质资料比较详细准确，水文、地质条件比较简单的情况。

②不包括采切工程的吨矿单价合同。

当矿业市场行情很好的时候，虽然地质资料还不够准确、设计尚不完整，但是投资者为了尽快出矿以缓解投资成本的压力，急需在上部矿体出矿。通常该部分矿体比较窄小、变化较大，采切比难以准确确定。此时，将采切工程的计价和结算从全包吨矿单价中分离出来，采切工程就可以按照不断更新的采场设计执行，这种方式可以减小合同双方承担的风险，使发包方对技术经济指标等参数的制订和管理更加灵活。

③综合定价分项结算合同。

该合同定价方式就是将生产过程划分为多个生产环节，对每个环节进行定价，按照各项实际完成验收量予以结算。通常情况下将采切工程、支护工程、充填工程、辅助系统（排水系统、通风系统、提升系统）进行单独结算，而其他部分工程费用则以吨矿单价进行结算。

这种方式更加公平合理，可以降低发包方和承包人双方的风险，同时避免承包人在某些工艺环节上的偷工减料。但是，该方式对发包方的管理和监督能力提出了较高的要求，不可避免地增加了管理成本。

④实际成本加利润率和综合考核系数的定价合同。

该定价方式下的合同价格不是固定不变的，每个月初承包人按照合同约定申报上个月的工程款、材料和消费品价格，这些价格每个季度按照市场价格调整一次。承包人的报酬通常由以下部分组成：进场费、撤离费、固定成本、变动成本、消耗品费用、运费、分包方费用、利润和管理费等。报酬的确定原则、费率、价格和其调整的必备条件等都在合同中有明文规定。这种合同方式在国外被广泛使用，在国内也正在被逐步推广。

该方式用公式表达为：

$$当月工程费用合计 = 当月成本 \times [1 + 利润率\% \times (1 + 绩效考核系数\%)] \qquad (4-25)$$

（2）合同采矿的价格组成

①采切工程价格。

采切工程的报价可以按照定额标准报价，也可以按照成本法报价。当采用无轨设备组织生产时，按照成本法报价更符合实际。成本法的关键是准确计算机械台班工作效率和机械台班作业成本。人工费按照市场价格执行，间接费和辅助费按照作业条件、人员配备和辅助材料消耗进行计算。

掘进凿岩台车相关计算参数参考表见表4-23。

表4-23 掘进凿岩台车相关计算参数参考表

参数名称		计算公式	数值
台班产量/(m·台$^{-1}$·班$^{-1}$)		$A = [(T-T_t) \times K_t \times V]/100$ 式中：T为每班作业时间；T_t为准备及结束工作时间；K_t为纯钻进时间系数，一般为0.7；V为每分钟凿岩速度	
台班消耗	每循环炮孔长度/m	炮孔数×孔深	
	每循环掘进方量/m³	掘进断面面积×孔深×炮效	
	每循环消耗台班	每循环炮孔长度/台班产量	
	每立方米消耗台班	每循环消耗台班数/每循环掘进方量	

台班作业成本的计算包括：折旧费、大修费、中修费、燃料动力费和其他消耗费用（轮胎、机油、液压油等）。

②落矿价格。

落矿价格包括凿岩和爆破两项费用。落矿价格的计算一般采用成本法。爆破费用的炸药消耗量一般可以参考同类采矿方法、类似矿岩性质的矿山实际消耗量；有条件时与业主协商，经过试验采矿后再确定单位炸药消耗量。

中深孔采矿凿岩台车和分层采矿凿岩台车的台班效率及成本计算参考分别见表4-24、表4-25。

表4-24 中深孔采矿凿岩台车台班效率及成本计算参考

参数名称	计算公式	数值
台班产量/(m·台$^{-1}$·班$^{-1}$)	$A = [(T-T_t) \times K_t \times V]/100$ 式中：T为每班作业时间；T_t为准备及结束工作时间；K_t为纯钻进时间系数，一般为0.6；V为每分钟凿岩速度	

续表4-24

	参数名称	计算公式	数值
台班消耗	每排炮孔平均长度/m	按设计指标具体确定	
	每排炮孔平均消耗台班	每排炮孔平均长度/台班产量	
	每米炮孔平均崩矿量/t	按设计指标具体确定	
	每排炮孔平均崩矿量/t	每排炮孔平均长度×每米炮孔平均崩矿量	
	吨矿消耗台班	每排炮孔平均消耗台班/每排炮孔平均崩矿量	

表 4-25　分层采矿凿岩台车台班效率及成本计算参考

	参数名称	计算公式	数值
	台班产量/(m·台$^{-1}$·班$^{-1}$)	$A=\left[(T-T_t)\times K_t\times V\right]/100$ 式中：T 为每班作业时间；T_t 为准备及结束工作时间；K_t 为纯钻进时间系数，一般为 0.7；V 为每分钟凿岩速度	
台班消耗	每循环炮孔长度/m	炮孔数×孔深	
	每循环爆破矿石体积/m³	分层面积×孔深×炮效	
	每循环爆破矿石量/t	每循环爆破矿石体积×矿石密度	
	每立方米消耗台班	每循环炮孔长度/台班产量/每循环爆破矿石体积	
	吨矿消耗台班	每立方米消耗台班数/矿石密度	

通过机械台班工作效率和机械台班作业成本就可以计算出吨矿机械台班费用。

③铲运价格(铲装、运输)。

铲运矿价格包括铲运机的作业费、汽车运矿费用、电机车运矿费用、放矿费用、矿岩提升费用。铲运机出矿、电机车和运矿卡车的台班效率计算参考分别见表4-26~表4-28。

表 4-26　铲运机出矿台班效率计算参考

参数名称	计算公式	数值	备注
铲运机基本运距	按设计要求确定		
铲运机基本运行速度	按设计要求确定		
铲运机纯作业时间/h	0.55×8		
每完成一次铲运卸耗时/min			
铲斗容积	额定容积×0.8		装满系数 0.8
每 100 m³ 矿石铲运卸次数	100×1.65/铲斗容积		岩石松散系数 1.65

421

续表4-26

参数名称	计算公式	数值	备注
每100 m³ 矿石铲运卸耗时	每100 m³ 矿石铲运卸次数×每完成一次铲运卸耗时/60		
每100 m³ 矿石消耗铲运机台班	每100 m³ 矿石铲运卸耗时/铲运机纯作业时间		
每吨矿石消耗铲运机台班	每100 m³ 矿石消耗铲运机台班/(100×矿石平均密度)		
台班效率	(100×矿石平均密度)/每100 m³ 矿石消耗铲运机台班		

表4-27　电机车台班效率计算参考

参数名称	计算公式	数值	备注
基本运距	按设计要求确定		
运行速度	按设计要求确定		
单程运行时间/min	基本运距/(运行速度×60)		
双程运行时间/min	单程运行时间×2		
装车时间/min	按设计要求确定		
卸车时间/min	按设计要求确定		
调车时间/min	按设计要求确定		
列车一趟运行时间/min	双程运行+装车+卸车+调车的时间		
班有效作业时间/h	按设计要求确定		
班循环次数	班有效作业时间×60/列车一趟运行时间		
每趟牵引矿车总容积/m³	单矿车容积×车数		
每趟牵引重量	每趟牵引矿车总容积×装满系数/松方系数×矿石平均密度		
每班运矿总量	循环次数×每趟牵引重量		
每吨矿消耗电机车台班	电机车数/每班运矿总量		
每立方矿岩消耗电机车台班	每吨矿消耗电机车台班/矿石密度		

表4-28　运矿卡车台班效率计算参考

参数名称	计算公式	数值	备注
基本运距/km	按设计要求确定		
运行速度/(km·h⁻¹)	按设计要求确定		
装卸、掉头耗时	按设计要求确定		

续表4-28

参数名称	计算公式	数值	备注
运输往返耗时	基本运距×2/行驶速度		
每运一次渣耗时	装卸、掉头耗时+运输往返耗时		
汽车纯作业时间	按设计要求确定		
台班时间运输次数	汽车纯作业时间×60/每运一次渣耗时		
汽车斗容	按设计要求确定		
台班产量	台班时间运输次数×汽车斗容×装满系数/矿石密度/松方系数		岩石松方系数 1.65
每立方巷道运渣台班消耗	矿石密度×松方系数/（台班时间运输次数×汽车斗容×装满系数）		

④充填价格。

充填价格的组成取决于充填方式，不同的充填方式价格差异很大，常用的几种充填有全尾砂充填、废石充填、胶结充填、人工水砂充填。充填费用主要包括充填料制备费、输送费、维护费和排水费等。

⑤间接费。

间接费的计取与双方承包的职责范围有关，需要计取费用的项目由双方协商确定或者承包商在投标费用中综合计取。间接费需要考虑的因素包括：职工福利费、劳保费、培训费、材料二次搬运费、其他固定资产使用费、工器具使用费、员工的"五险一金"、差旅费、交通费、试验检验费、财务费用、办公费、招待费、公司管理费、通信费、探亲费、物资发运费、员工体验费、设施维护费、其他费用等。

⑥其他辅助费用。

在成本法报价中，生产辅助材料、物资和设备需要另行计算，计算依据为采场详细设计和采矿生产组织方案。辅助费用的计算是比较复杂的，只有具备丰富的生产管理实践的人才可能计算出比较准确的费用总和。辅助费主要组成内容见表4-29。

表 4-29 辅助费主要组成内容表

项目名称	备注	项目名称	备注
局部通风	风筒	排水	排水管路
	通风电缆		排水电缆
	风机		水泵
	其他		其他
供风	管路	供水	管路
	法兰、阀门		法兰、阀门
	其他		其他

423

续表4-29

项目名称	备注	项目名称	备注
供电	电缆	照明	井下照明
	开关箱		井下照明灯具
	其他		井下照明变压器
机加工		材料运输	
溜井系统	溜井格筛加工	运输系统维护费	卸矿站维护费
	格筛维护		
	主溜井维护		
	放矿闸门维修		轨道维护费
	振动放矿机		
	液压站维护费用		
巷道维护费		通风多级站维护费	
充填系统维护	充填站维护	其他	
	填管路维护		
	其他		

2) 国外合同采矿定价方式

国外合同采矿项目中的合同价款计算办法通常是采用可变合同价格, 每个月初承包方按照合同约定申报上个月的工程款、物资、材料和消费品价格, 每个季度按照市场价格调整一次。承包人的报酬通常由以下部分组成: 进场费、撤离费、固定成本、变动成本、消耗品、运费、分包商费用、利润和管理费等。

合同中有专门条款规定了进场费、撤离费、固定成本、变动成本、消耗品、运、分包人费用、利润和管理费(各项管理费)是如何确定的, 费率和价格及其调整的必备条件在合同中有明文规定。每个月初, 承包人经过与业主的及时磋商, 承包人准备好并向业主递交付款申请, 付款金额根据合同当月已经完成的工作量进行确认并支付。付款申请要注明单独的参考号, 要采用业主公司认可的电子表格形式。月度付款申请要包括合同中的每个项目及当月数量、累计总量、合同规定的成本概要。

验收计量是完成采矿工程中十分重要的一项工作, 是保证生产合格的关键。因此, 双方都应履行好自己的职责, 严格执行有关规章制度, 保障项目按期、按质完工。

(1) 付款公式

承包人的月度报酬和付款按照以下公式来计算:

$$PAY = (MOB+DEMOB+FCPM+FCO+VCP+CONS+FRT) \times (1+PP) + CORP + FCPM + SUB$$

$$(4-26)$$

式中: PAY 指当月支付给承包人的报酬总数; MOB 指根据标书调遣计划计算出的支付承包人的当月进场费; DEMOB 指根据标书调遣计划计算出的支付承包人的当月撤离费; FCPM 指

根据约定计算出的支付承包人的当月主要设备固定成本；FCO 指根据约定计算出的支付承包人的当月其他固定成本；VCP 指根据约定计算出的支付承包人的当月变动成本；CONS 指根据约定计算出的支付承包人当月消耗品费；FRT 指根据约定计算出的支付承包人的当月用于向现场运送货物、配件、消耗品而产生的运费；PP 指承包人的当月的利润率和绩效考核指标；CORP 指承包人标书承诺的当月企业管理费；FCPM 指承包人当月的主要设备固定成本；SUB 指根据约定计算出的支付承包人的当月分包方费用。

（2）付款公式参数说明

①MOB——进场费。

如果承包人当月向现场调入了设备或建造了基础设施，则根据合同中规定的费率来计算需支付的金额。只有业主认为按照合同规定的进程，为完成工程现场需要某一设备时，承包人才能被支付该设备的进场费。

②DEMOB——撤离费。

承包人当月从现场撤离的设备或设施，要根据合同规定的费率得到撤离费。业主的下述要求完成后，撤离费才能够支付：

a.必须保持入口和运输通道的通畅清洁，清除积水；

b.将矿仓和废石堆场的渣石清理干净，保留安全护栏和标志；

c.燃料和油耗存储设备是空的；

d.小型临时车间、临时建筑和基础设施被清理出现场；

e.承包人使用过的地方已经整理好；

f.完成合同规定的环境保护责任；

g.业主规定的其他合理要求。

③FCPM 和 FCO——固定成本。

承包人当月在现场的设备或人员的花费，包括财务费用、折旧、保险、工资等，均被计入固定成本。

a.承包人当月的主要设备固定成本，简称 FCPM，是根据合同规定，可计入该项费用的全部合理项目，并随后根据有关条款的规定进行调整。其他固定成本，简称 FCO，是除 FCPM 之外的可计入该项费用的全部合理项目。

承包人当月的固定成本根据下列条款确定：

对承包人固定成本的每一项的付款开始于：确定设备状况良好可用，并已经到达承包人总公司所在的城市并已装车。

下列情况，承包人将不被支付固定成本费用：

标书中没有标明可以使用的固定成本项目，不管其是否在场；

标书中规定了固定成本项，但还没有调往现场；

已经调离现场的固定成本项；

完工日期之后提出支付的固定成本项目。

如果业主确认某固定成本项已经或尚未调入现场，或在当月的所有时间均不适应使用及没有批准使用，当某固定成本项在月中调入或调离现场，那么相关的月度费用则要根据实际情况进行调整，将固定成本项的适当费用除以该月的天数，再乘以现场实际使用的天数或是批准使用的天数。

b. 矿山设备固定成本的调整。

大型矿山设备实际完好率与计划完好率的比率将影响固定成本费率的调整：

$$调整后费率＝额定费率×（实际完好率/计划完好率）\qquad(4-27)$$

每项设备实际完好率的测定按合同的相关条款执行。

每项设备的（实际完好率/计划完好率）比值最小是 0.9，最大是 1.1。

矿山单台设备班内完好率的测定：

$$设备完好率＝（可能工作时间-故障停工时间）/可能工作时间×100\%\qquad(4-28)$$

故障处理时间随设备使用时间的增加而增加。目前对大型矿山，国外设备厂家可在矿山设置备品备件库，确保设备完好率为 90% 以上。

④VCP——变动成本支付。

变动成本主要包括人工工资和采掘设备的配件费用及维护费用。维修费中不包括操作工和维修工的人工费用。

a. 钻机设备的变动成本。钻机设备的变动成本，按工作面钻头工作时间乘以规定的小时费率计算。

b. 卡车设备的变动成本。卡车设备的变动成本根据记录的设备工作时间和规定费率来计算，如果设备空闲时间超出计划目标值，每小时费用就要调整，调整的公式如下：

$$调整后的费率＝额定小时费率×（目标空闲时间/空闲时间）\qquad(4-29)$$

调整比例限制在最小 0.8，最大 1.2。

c. 装载机变动费用。装载机变动费用的支付根据记录的设备工作时间和规定的费率计算。

d. 辅助车辆变动费用。辅助车辆变动费用的支付根据记录的车辆工作时间和规定的费率计算。

e. 人工费用。这里的人工是指采掘工人、支护工人、电工、机械维修人员、测量员、质检员、技术支持人员、操作工、其他辅助工人。承包人应采取计件工资的方式支付工资，必须提供详细的激励计划交业主批准。人工费的计算将依据当月实际完成的供矿量、掘进量、支护量、其他业主安排的工作量来计算。

⑤CONS——消耗品费用。

业主将偿付承包人完成工程所需的实际消耗品；承包人提出正式申请后，消耗品按承包人的月度发票向业主申请支付费用。

如果消耗品的实际费用大于或少于正式申请的预计费用，按下述支付条件调整。为避免疑虑，合同内现场消耗和使用的所有消耗品所有权归业主。承包人应采取合理的措施确保业主的消耗品成本最小、损耗最小。

a. 支护：提供每米进尺所需锚杆、金属网、喷射混凝土和附件的型号和数量。

b. 炸药：提供每米进尺消耗的炸药（包括周边眼和底眼的不同类型），雷管及附件的类型和数量。

c. 钻具消耗：提供每米进尺所用的钻进钻头、扩孔钻头、钎杆、钎尾、钎套的型号和数量。承包人还需提供每个钻头重新磨快的次数。

d. 其他消耗：包括通风管（包括爆破损失的百分率）和附件，电缆、各种管路、各种油料、工具和承包人完成工程的所有必需的其他消耗品。

e. 预计价格：承包人需提供上述消耗品的预计价格，支护项目需提供每根锚杆和每平方米的支护量，承包人应注明每个项目的供应方，价格应明确无误。

⑥运费。

业主支付承包人工程所需的所有运输费用；承包人提出运输的正式申请后，业主承担承包人每月发票中的运费。如果实际运费高于或低于预计，按以下步骤调整：

a. 合同需要紧急运输或有限组织运输的费用，承包人应获得业主代表或其他代理人的批准支付。

b. 由于承包人的原因致使货物损坏或不能运输，运输费用将由承包人承担。

⑦分包商的支付。

所有经业主批准的工程分包方的服务费，将按照实际花费由业主偿还承包人，业主批准的分包方服务项目在合同中明示。分包方的费用列在承包人每月发票中由业主承担，再由承包人每月支付给分包方。

⑧利润和绩效考核。

该月的绩效薪酬应该根据以下方式计算：

$$PP = PM \times AF \tag{4-30}$$

式中：PM 为计划利润率，一般在 $10\% \sim 20\%$；AF 为一个可以根据式（4-31）调节的因素。

$$AF = 0.2 \times SF + 0.1 \times EF + 0.6 \times DPF + 0.1 \times CF \tag{4-31}$$

式中：SF 为安全因素；EF 为环境因素；DPF 为开拓和生产因素；CF 为团队因素。

a. 安全因素 SF。

承包人会有一个不大于 1 的安全生产分值，它取决于在支付期内安全管理的完成情况和安全事故发生情况。安全管理占 70% 的比例，事故情况占 30% 的比例，安全管理考核依据是业主和政府的安全管理部门例行检查的结果和评价。

b. 环境因素 EF。

承包人会有一个不大于 1 的关于环境的生产分值，它取决于在支付期内根据以下要求完成的情况：

$$EF = 0.5 \times HBF + 0.5 \times IF \tag{4-32}$$

式中：HBF（碳氢化合物平衡因素）为机油和液压油的回收量除以每个月的使用量；IF（检查因素）为实际环境检查的次数除以计划环境检查次数。

c. 开拓和生产因素 DPF。

如果承包人完成少于或多于月度计划说明的开拓或生产数量，则开拓和生产因素根据以下公式计算：

$$DPF = (AP/TP + AD/TD)/2 \tag{4-33}$$

式中：AP 为当月实际供矿量；TP 为该月采矿生产的目标量；AD 为承包人在一个月中实际的开拓量；TD 为月度计划中设定的计划开拓量。

d. 团队因素 CF。

承包人会有一个不大于 1 的关于团队活动的评价要求。

⑨上级公司管理费。

管理费或其中一部分为月度固定开支。企业管理费包括现场以外的管理费用，例如承包人公司总部提供给现场的支持费用（包括劳动力、职业健康和安全开支、人力资源、财务运作、行政管理）。这些项目包括管理人员视察现场的差旅费用。企业管理费不属于利润。

⑩账目。

承包人保存真实和完整的账目及其他一些业主需要的与工作相关的记录（核实有关索赔），在合同期内和其后的两年内，业主有权质疑承包人提出的任何索赔并修改一切错误，尽管这些索赔业主已经支付。

4.3.2 合同采矿管理

1）承包人选择

合同采矿与一般的有形产品或必须按图施工的建筑物不同，它是一种提供系统技术和劳务服务的商业活动。在合同采矿模式下，发包方与承包人只有通力协作、优势互补才能获得最大的盈利，因此双方缺一不可。发包方在通过投标方式选取承包人时，必须给予足够的重视，制订一套系统的承包人选定原则。选择最适合的承包人，才能保证项目质量、进度、效率和效益等重要指标的达成，减轻发包方自己的工作负担。对于矿山企业而言，承包人的选定非常重要，根据多年的应用实践和经验积累，针对目前国内的具体情况，发包方在选择承包人时注意以下几个方面：

①承包人的资质；

②承包人的安全许可证和安全管理体系的运行状态，检查其安全管理记录；

③承包人的安全、职业健康管理认证；

④承包人的技术实力和技术管理体系以及质量管理体系的运行状况、信息管理记录；

⑤承包人的经济实力、融资能力和财务状况；

⑥承包人对大型采矿设备的管理和维修能力；

⑦考察承包人近几年类似工程的业绩，并与其前发包方会面了解情况，与承包人的员工了解情况。

2）合同采矿条款

合同采矿是发包方将采矿生产发包给另一方完成的一种生产经营模式，并以合同形式固定、明确、制约双方的权利和义务关系，达到双方都互利双赢的目的。采矿合同签订后，合同就是自我制约、互相监督、协调统一双方关系的标准。合同关系是双方平等的关系，是协商协作的关系，双方需要明确各自的工作和义务，互相配合，在合同约束下有条不紊地开展各自的工作。

因此，采矿合同的形式及内容是双方合作的基石，也是双方在发生纠纷时的法律判决依据，一个详细且全面的采矿合同能够为双方通力合作打下坚实的基础，否则会引起发包方与承包人的各种纠纷，使得合同采矿模式不能发挥其应有的效果，严重甚至会引起生产中断、工程亏损和安全事故的发生。

合同采矿条款的主要内容包括以下六个方面。

（1）工程概况

①工程名称。

明确该合同采矿执行的工程名称，能够反映该工程的服务内容、工作地点等内容。

②合同期限。

明确该采矿合同的有效期限，不能超过采矿许可证的有效期限。

③工程范围。

该采矿合同在工作地点服务的具体区域(例如地下矿山中的某中段、露天矿山中的某分区;等等),防止越界生产等违约情况的出现。

④工程内容。

明确该采矿合同服务的主要生产环节及其内容。主要生产环节包含采切掘进,凿岩落矿,出矿运输提升、支护、充填,系统通风、排水、通信等,在合同中应明确所服务的生产环节的具体内容以及为这些工程服务的全部辅助性工程的设计与施工设备、设施投入和管理工作,阐明双方责任与义务。

⑤工程进度与质量。

明确该模式下的工程进度、工程量等要求;明确工程质量的要求(针对不同生产工序);明确与工程相关的矿石回采率、贫化率、矿石块度、井巷施工质量标准、出矿品位和配矿等具体要求,使承包人工作目标明确化,使发包方工程验收时有标准可循。

⑥设施、设备及材料。

明确发包方和承包人各自承担的生产设施、生活设施、工作设备等任务及其产权的最终归属;明确折旧期内生产、生活设施、工作设备发生故障和报废时,双方承担责任的依据划分,以及如何计算和赔偿由其产生的经济损失;明确发包方提供的生产、生活设施的使用费用及相关扩建费用的收取标准;明确工作设备的折旧费计算年限和扣除方法;明确设备的安装、大修、经修和日常维护保养的费用承担方。

明确发包方库存材料物资的使用和分配情况,承包人接收发包方物资的价格标准、结算方式和双方相关的义务与责任。

(2)双方责任、权利与义务

这是合同中的核心部分,旨在明确双方各自的工作职责,决定了合同双方是否能够充分利用合同采矿新模式的优势做到有计划、有步骤地开展工作,在发生纠纷时是否能有依可循。这部分的内容主要包含技术管理、质量管理、进度管理等。

(3)工程验收、结算与支付方式

每月确定一个时间段,一般在发包方财务结算前,由发包方生产技术部组织有关部门对承包人上月所完成的工作量进行月度预验收,验收标准为相关规范和发包方批准的设计施工图或设计变更,验收内容有为合同中规定的承包人的各项工作内容。

①合同价款。

确定工程的合同定价方式,根据不同的设计完整性、资料的翔实程度、市场的现状等来确定。

②工程量确认。

按照合同定价的方式确定各环节工程量的大小和计算方式。

③合同款项支付。

约定双方工程款支付的方式和时间,确定承包人提交任务结算单的日期,确定发包方审核通过后结算工程款的日期,明确工程款的具体内容以及一次性拨付和质量保障金的比例。

(4)安全、环保、职业健康责任

明确双方的主要职责,主要内容如下。

①安全责任。

发包方负责督促承包人做好矿山安全管理、安全检查、安全教育等工作，承包人负责矿山安全管理、安全检查、安全教育、安全设施、矿山救护等矿山安全工作的具体实施，并建立健全矿山安全保障机构。

承包人在矿山必须配备齐全持有资格证的安全管理人员，建立完整细致的安全管理制度和实施办法，做到安全责任层层落实到班组和个人。

承包人必须按国家规定对工人进行岗前培训，定期对工人进行安全教育，保证所有特种工持证上岗，每天召开班前安全生产会。

发包方人员下井前须通知承包人，并服从承包人现场管理人员的合理安排，检查过程中，承包人管理人员必须陪同。

承包人在施工过程中若违反相关规定和操作规程而发生事故，由承包人承担法律责任和全部经济损失，与发包方无关，发包方可以协助处理。

②环保责任。

发、承包双方做好矿山环境管理、检查、宣传教育等工作，负责矿山环境工作的具体实施，并建立健全的矿山环境保护管理机构。

双方严格按批准的施工平面布置图中项目部的暂设区和施工作业区进行规划，做到区域内道路平整畅通，供水充足，排水顺利，住宅区、班房、仓库、料场布置合理，标志醒目，便于施工与员工生活，并安排有员工文体活动场所。

承包人施工过程全面推行清洁施工，不断改进工艺，节约资源和能源，加强环境管理，同时制订符合施工过程特点的环境管理方案，且在施工过程中做到防治污染设备、设施与工程同时施工，同时验收。

③职业健康保护责任。

所有员工在工程开工前接受一次健康知识和技能培训。

施工现场按实际情况，配备一定数量的常用药品，如止血贴、紫药水等，同时制订相应的应急预案，以应对突发事件。

所有上岗的员工规定检查身体，凡查出心脏病、高血压、肺炎或肺结核、皮肤病等传染病及所从事工程有关禁忌症，已不能适应现工作岗位人员，则调离其原岗位并进行治疗，治愈后由公司人事部门安排合适岗位。

双方应认真贯彻《中华人民共和国劳动法》，做到劳逸结合，严格控制加班加点，经常开展丰富多彩的业余文体活动，保证员工身心健康。

(5)合同中止条款

①明确在施工进程中，发包方和承包人能够有权中止合同的各种情况和事宜。

②明确能够定性为违约的各种情况，并确定违约的赔偿金额和方法。

(6)其他约定

针对以上未包含的内容和已提及内容的细节进行阐述说明。

3)合同采矿技术管理

合同采矿模式下的技术工作管理是异常重要的一环，直接影响矿山生产工作的各方面，最终还会影响工程的经济效益和双方的盈利空间。因此，对技术工作的管理，是合同采矿关键技术的核心内容之一，必须得到发包方和承包人足够的重视。

（1）生产技术指标

生产技术指标包括采场综合生产能力、生产计划完成率等。

（2）责任划分

①发包方职责、权利、义务。

a.进行采场单体设计及生产勘探设计，并组织现场交底。

b.每月规定时间下达下月生产计划。

c.审核承包人月度生产计划和生产组织方案。

d.按照有关矿山井巷工程施工及验收规范、中段开拓设计、采场单体设计、生产计划、生产组织方案进行日常监督管理，并在每月和采场回采结束后组织验收。

e.采场回采结束后，根据生产技术资料和验收结果，计算采矿贫化率和回收率。每半年进行一次开拓、采准、备采三级矿量复核。

②承包人职责、权利、义务。

a.按照发包方提供的采场单体设计及生产勘探设计组织施工，不得随意更改。

b.接发包方月度生产计划后，在规定时间内制订本区域月度生产计划和生产组织方案，报发包方审核，并按审核后的方案组织生产。

c.遵守当地环境保护要求，矿井水、废石等排弃堆放处置得当。

d.承包人在采掘生产过程中，按照国家矿山安全生产技术规范组织施工，必须遵守发包方生产技术管理制度，作业人员必须按生产技术作业标准进行作业。

e.回采必须坚持厚薄、贫富、难易兼采的原则，当遇到地质条件有重大变化时，经双方协商后，由承包人提出合理方案，发包方组织专业人员现场勘查，方案审核通过后方可组织实施。

f.每月规定时间前，承包人必须向发包方提供开拓系统现状图、采场现状图件和文字说明等资料。

g.井下残矿应尽量回收。所有采出矿石应按出矿点准确及时登记好台账，并于每月规定时间内将上月出矿量及品位按采场报给发包方。

h.采场回采结束后，承包人要及时做图件和文字总结，该采场从设计到出矿形成的所有生产技术资料（含原始资料、记录）均需在半月内提交发包方存档。

i.承包人应做好资料保密工作。

（3）考核

考核是对承包人是否履行合同进行验证，如果承包人不按设计施工，发包方有权拒付相应采场位置的矿石款额并终止合同；如果承包人未按时提供月度生产计划、生产组织方案、月出矿报表等相关技术资料，发包方有权拒付按月结算采矿价款的部分金额。

技术管理工作的重点主要是发包必须严格审查承包人所做的各项设计方案，以矿山总体开采方案为依据及时提出修改意见。此外，针对承包人资质力量较弱的情况，发包方应加强培训力度，并派遣有经验的技术人员进行现场技术指导和管理，特别是在放矿、爆破等重要环节。

4）合同采矿质量管理

在合同采矿模式下，合同价款主要以矿石产量或者工程量为依据进行结算，同时矿石的损失率、贫化率、矿石块度等指标也是有硬性要求的。因此，合同模式下的质量管理对发包方和承包人都具有重要的意义，双方都必须严格把关，按照采矿合同中罗列的相关要求和标准，针对不同的生产工序，控制好矿石回采率、贫化率、矿石块度、井巷施工质量、出矿品位等具体指标。

（1）质量管理目标

①矿石品位。

矿石品位是质量管理的主要目标之一，影响采出矿石的价款和选矿的成本，进而对发包方的综合经济效益有很大的影响，因此发包方一般都会作相应的规定，并进行严格监督管理。

②损失率、贫化率。

矿石损失率和贫化率是矿床开采中有关矿产资源回收的两项重要技术经济指标，同时也是反映矿山企业管理水平和生产技术经济效果的重要指标。为了提高发包方和承包人的经济效益和保护矿产资源，必须降低矿石损失率、贫化率。

③井巷工程质量。

井巷工程质量对井下人员行走和设备运行的安全性，支护工序工作量和效果以及采矿、放矿效率等有着比较大的影响。

④爆破质量。

a. 大块率。

大块率是衡量爆破效果的重要指标之一，爆堆破碎块度，即大块率要符合要求，以便能有效满足铲装设备工作效率高的要求。

b. 底板。

为提高设备的铲装效率，保证设备平稳高效运行，爆破后的底板要求比较平整、没有残留的岩坎。

⑤其他。

不同金属矿石对质量管理要求有所区别，例如铝土矿开采除了对出矿品位、损失率、回收率及矿石粒度有要求外，还对采出矿石铝硅比（A/S）有明确规定。

（2）责任划分

①发包方权利责任。

a. 确定对承包人的质量考核指标。

b. 负责矿块的地质刻槽取样和生产综合取样。

c. 负责日常施工单位质量管理监督检查工作。

d. 负责采场矿体围岩地质状况变化和矿石质量变化现场确认。

②承包人权利责任。

a. 按照发包方确定的质量指标组织生产。

b. 服从发包方下达的采场配矿指令。

c. 在进行采准、切割、回采作业时，技术人员必须现场跟班作业、指导施工，施工中必须按照规范作业，严格矿体找边，控制顶板、底板、围岩、夹层混入和矿石损失。

d. 采准、切割、剔除夹层作业必须做到矿石和废石分采分出。

e. 采场矿体赋存状况、品位与单体设计相比发生较大变化，及时向发包方现场管理技术员汇报。

f. 矿体和围岩水文地质状况、工程地质状况与单体设计相比发生较大变化，及时向发包方现场管理技术员汇报。

（3）考核

①出矿品位根据发包方管理部门下达的月度采矿指标可有适当偏差，低于下限指标为不合格矿石，不予结算；高于规定指标按一定奖励进行结算。

②采矿损失率、贫化率在采场回采结束后由发包方核算，降低或提高损失率将按一定金额进行奖励或惩罚。

③经发包方确认因地质情况发生变化而导致出矿品位降低的，可不予考核受其影响的指标部分。

④其他如采准、切割、回采作业未进行矿体找边或没有做到矿石和废石分采分出，将按一定金额进行惩罚。

（4）质量管理中存在问题及应对措施

①存在的主要问题。

a. 动态经济技术指标难以确定和考核。

在矿山开采中，损失率、贫化率等经济技术指标会随着地质储量或品位等因素的不同而不同，因此是呈动态变化的，尤其是使用如无底柱分段崩落法等放矿理论尚不成熟且对放矿操作要求严格的采矿方法时更加难以确定，这些都增加了发包方工作人员的监督和考核难度。在合同采矿模式下，这些动态指标事关生产成本和双方的经济利益，容易引起发包方与承包人之间的矛盾和纠纷。

b. 地质勘查程度低。

有些矿山地质勘查程度低，只能采取探采结合的方式进行开采，如果生产地质工作滞后，则无法及时完成地质矿体二次圈定，损失率、贫化率等经济技术指标难以确定，给发包方和承包人的工作开展带来无法预料的风险和难度。

c. 监督、检查不力。

一些发包方对承包人开展的工作或者后者对自己内部员工监督、检查不力，工人违反工作操作规程时常发生，导致各项经济技术指标达不到设计要求，大大增加了开采成本。此外，由于发包方的管理疏忽，承包人为了获取更多利益，致使矿岩混装等现象严重。

②应对措施。

在合同采矿的质量管理方面，发包方在管理经验、监控体制等方面均较承包人有优势，而承包人在专业能力上一般较有优势，所以要双方通力合作，扬长避短，取得双赢。

a. 双方技术人员可以根据不同水平、不同矿块，共同制订动态品位指标、贫化指标，并将各项指标进行量化和细化，方便考核。

b. 从源头上控制采出矿石品位，主要控制矿体边界、穿孔深度、爆破工艺、爆破参数、贫化率和操作规范等。

c. 双方共同制订夹层剔除方案及措施，并有效监督执行，最大限度地降低损失率、贫化率。

d. 为减少纠纷，应采用双方认可的取样方法、频次、化验方法，对采出矿品位进行监督，样品要按发包方样品管理规定留存计检中心，作为对承包人质量评定和双方结算的依据。

e. 发包方对承包人的挖、装等生产工作进行现场监督，控制矿岩混装现象。

f. 随着采矿生产的进行，双方在协商一致的原则下，根据之前的工作实践总结，不断完善质量管理制度,包括优质优价制度、奖罚制度等,以此不断提高质量管理工作的成效。

5)合同采矿进度管理

编制完成工程生产进度计划是合同采矿中十分重要的工作,是保证正常生产和获得较高利润的关键,特别是在中小设备高强度开采中。因此,双方都要履行好自己的职责,精心编制施工组织设计,合理制订作业程序,严格控制施工进度。

(1)发包方职责

①每年年底前根据企业发展规划,经双方协商后下达下一年度采掘生产作业计划,并确定每季度、每月的作业计划交付和审批时间。发包人对承包人编制的月度、季度作业计划进行调整时,应与承包人协商,发生分歧时以年度采掘计划为依据。

②进行月度工作量预验收并按时进行财务月度预结算。

③负责对承包人按季度和年度提交的、分采区编制的矿量平衡表的审查和核定。

④月度计划下达后,若涉及作业面调整及采掘部署调整,发包人应以书面形式下达更改通知书,承包人按照通知书要求执行,并作为月度考核的依据。

(2)承包人职责

①按发包人有关规定及时提供季度、月度生产作业计划以及报表的名称。

②按发包人下达的年生产作业计划组织均衡生产,保证发包人制定的年度计划和审批的季度、月度生产作业计划的全面完成,并确保实现其相应的技术经济指标。

③根据由发包方审批的当月生产作业计划,提出具体可行的施工方案及安全技术措施,报发包方备案,严格按生产作业计划进行作业。

(3)进度管理存在问题及应对措施

①存在的问题。

a.组织协调困难。

矿山开采是一个复杂的系统,参与方众多,各方之间关系错综复杂,都有各自的目标和利益。

b.外部影响因素难以预测。

气象异常、地质条件变化和自然灾害影响等因素都会影响施工组织计划,进而影响工程进度。

②应对措施。

a.发包方。

发包人应派遣有工作经验的技术人员对承包人负责的各个施工、生产环节进行监督和管理。在监控乙方进度的同时,发包方必须按合同约定履行自己的责任,比如协调外委关系。发包方充分与承包人进行交流和沟通,根据合同条款处理事务时,在力所能及的范围内应立足于大局,相互体谅,力争双方通力合作,实现双赢。

b.承包人。

制订合理的施工组织设计,严格施工管理,制订合理的赶工措施。

6)合同采矿设备设施管理

(1)矿山设备购置方式及维护

矿山设备可分为固定设备和移动设备。在合同采矿项目中,固定设备和移动设备的购置方式和维护职责划分主要根据发包方和承包商的投资能力、设备维护能力和承担风险的能力而定, 主要有以下几种情况。

①固定设备。

通常条件下, 发包方负责购置和安装固定设备。在大部分矿山, 固定设备的运行管理主要由发包方负责, 但有时发包方也委托给承包人负责。

②移动设备。

在合同采矿项目中, 移动设备的购置方式和途径是通过招投标条件和合同条款来确定的。

a. 中小型设备。

中小型设备通常不由发包方负责, 主要由承包人自行配置设备或者负责采购、使用和维护。

b. 大型无轨设备。

大型无轨设备的购置方式有多种选择, 但主要有以下两种情况。

一是如果发包方实力雄厚, 则一般选择自己采购大型设备。这样做的好处是发包方会有更多的主动权, 在选择承包人时也有更多的选择余地, 当双方合作出现问题时可以更换承包人, 而且不会带来大的损失。

二是如果发包方资金紧张, 或者由于项目风险大希望承包人与自己共同承担风险时, 可以让承包人负责采购大型无轨设备, 此时承包人将会要求得到较高的利润, 从而防范风险带来的损失。这种合作方式要求承包人具有雄厚的资金实力, 合作双方具有较高的互信度, 否则合作出现问题而终止时, 双方都会受到极大损失, 尤其是发包方很难在短时间内寻找到在装备方面符合矿山生产能力的承包人。

(2)设备现场组织、维护管理

在合同采矿模式下, 生产强度大, 生产组织管理要求严格, 特别是在开采设备多、工作面多的施工条件下。因此, 双方应通力合作, 共同维持工作现场秩序, 对设备进行有条理的现场调度, 保证设备工作效率, 防止设备间的互相干扰, 减小安全隐患, 具体包括以下内容。

①发包方在完成监督管理工作的同时, 还应注意协调好外部因素, 保证生产组织调度不因外部因素而受到干扰, 甚至停工。

②承包人按照生产进度计划制订详细的工作计划, 针对各个环节确定合理的施工顺序, 统筹安排, 保证设备调度合理和各生产环节衔接高效。

③双方应制订严格的《设备安全管理规程》《操作和保养规程》等。

④发包方应配置有经验的设备管理人员按照章程对承包人的设备使用情况进行监督。对于采用大型无轨设备开采的矿山项目, 发包方还应要求承包人拥有一支高水平的设备管理队伍, 拥有良好的备品备件采购渠道, 以便确保设备的完好率, 保证生产顺利。

⑤承包人应保证操作、维修人员的专业能力, 重视设备日常运行和维护记录工作, 在日常的设备管理中明确重点设备和突出管理重点。

4.3.3　合同采矿应用实例

1)案例一: 某地下矿山合同采矿实例

(1)项目特点

该矿区位于海拔 4000 m 处, 是一座资源丰富的多金属矿床, 其中铅、锌矿品位高, 并伴生金、银、铜、锡等。

矿山开采方式: 地下开采。

开拓方式：斜坡道+竖井+平硐联合开拓。

采矿方法：上向分层充填法、分段空场嗣后充填法。

承包人：××施工单位。

（2）矿山开采合同文本主要内容

①工程概况。

工程概况包括工程名称、地点，承包期限。

②承包内容及价款。

承包内容及价款包括采、出矿及单价，机电安装工程及单价，零星工程及单价。

③承包指标。

承包指标包括主要技术指标、采出矿指标、设备指标、安全环保及文明生产和综合治理、其他指标。

④验收办法。

⑤考核办法。

⑥结算及付款。

⑦设备管理。

⑧水电供应。

⑨履约保密。

⑩双方的权利和义务。

⑪安全环保与文明生产。

⑫违约责任。

⑬其他。

（3）合同采矿报价编制依据

合同采矿报价编制依据是发包方提供的资料文件及施工单位编制的技术施工方案。

（4）合同采矿报价编制说明

①本次采矿报价依照发包方所提供的资料文件，结合具体施工方案，针对设计的采矿方法进行工序分解，对各分解后的工序进行作业成本分析、测算出作业直接成本，按费率计取管理费用，最终形成综合单价，其中临时设施费用未计取。

②成本测算分为钻孔、落矿、出矿、提升及运输、辅助系统等工序。

③供电、排水、通风及其他系统费用按照单独的辅助系统并按采矿总量进行分摊。

④本报价的工程量依据为发包方2019—2021年规划的出矿量和采切掘进量。

⑤本报价电费参考2016年、2017年实际消耗基础上增加采切量及提升量预估，根据采矿所占比例按工序进行分摊。

⑥本报价不含甲供设备（即发包方提供的设备）的折旧费用及甲供设备大修费用。

（5）报价范围

本报价为采矿工程（不含采切工程）综合价格，综合单价基础为供矿量（含副产矿），综合单价涵盖矿石回采工艺的全部人工、材料、机械及相关辅助生产、管理、税金等各类费用。

（6）合同采矿报价

①采矿报价总表。

合同采矿报价汇总见表4-30，合同采矿报价明细见表4-31。

表 4-30 合同采矿报价汇总表

序号	名称	单位	作业量	现场管理费							利润比例(3%)	税金比例(16%)	工序单价/(元·t^{-1}, 元·m^{-3})	吨矿综合单价/(元·t^{-1})	合价/万元
				人工	材料	机械	管理人员工资分摊	工资附加	管理费费率(5%)	上级管理费费率(2%)					
1	上向分层充填法	t	*	27.55	6.94	0.09	4.86	1.62	2.05	0.82	1.32	7.24	*	32.50	*
2	中深孔钻孔	t	*	7.94	0.81	0.33	1.40	0.47	0.55	0.22	0.35	1.93	*	4.71	*
3	落矿	t	*	1.63	4.86	0.18	0.29	0.10	0.35	0.14	0.23	1.24	*	3.04	*
4	电耙出矿	t	*	9.24		0.87	1.63	0.54	0.61	0.25	0.39	2.16	*	4.89	*
5	铲装出矿	t	*	2.71	3.66	5.37	0.48	0.16	0.62	0.25	0.40	2.18	*	10.19	*
6	中段有轨运输	t	*	4.11		0.34	0.72	0.24	0.27	0.11	0.17	0.95	*	6.61	*
7	竖井提升	t	*	3.09			0.55	0.18	0.19	0.08	0.12	0.67	*	3.81	*
8	地表有轨运输-1	t	*	0.50		0.09	0.09	0.03	0.03	0.01	0.02	0.12	*	0.70	*
9	斜坡道运输	t	*	5.18	6.78	2.70	0.91	0.30	0.79	0.32	0.51	2.80	*	9.11	*
10	地表有轨运输-2	t	*	0.50		0.16	0.09	0.03	0.04	0.02	0.02	0.14	*	0.44	*
11	辅助系统	t	*			6.64			0.33	0.13	0.21	1.17	*	8.11	*
12	采矿工程合计	t	*										*	84.12	*

表 4-31 合同采矿报价明细表

序号	内容	单位	单价	上向分层充填法		中深孔钻孔(分段空场法)		落矿(分段空场法)		电耙出矿		铲装出矿		中段有轨运输		竖井提升		地表有轨运输(竖井)		斜坡道运输		地表有轨运输(地表卸矿站)		辅助系统		合计	
				单耗	金额/元	单耗	金额/元	单耗	金额/元	单耗	金额/元	单耗	金额/元	单耗	金额/元	单耗	金额/元	单耗	金额/元	单耗	金额/元	单耗	金额/元	单耗	金额/元	消耗量	金额/万元
	作业量(矿量为干量)																										
1	人工费	元	*	*	27.55	*	7.94	*	1.63	*	9.24	*	2.71	*	4.11	*	3.09	*	0.50	*	5.18	*	0.50	*	*		13157.41
2	材料费	元	*	*	6.94	*	0.81	*	4.86			*	3.66							*	6.78						4467.68
2.1	钻头	个	38.00	0.0118	0.45																					28036	106.54

续表4-31

序号	内容	单位	单价	分段空场法 上向分层充填法 单耗	金额/元	中深孔钻孔 单耗	金额/元	落矿 单耗	金额/元	电耙出矿 单耗	金额/元	铲装出矿 单耗	金额/元	中段有轨运输 单耗	金额/元	竖井提升 单耗	金额/元	地表有轨运输(竖井) 单耗	金额/元	斜坡道运输 单耗	金额/元	地表有轨运输(地表卸矿站) 单耗	金额/元	辅助系统 单耗	金额/元	合计 消耗量	金额/万元
2.2	钻杆	kg	15.00	0.0178	0.27																					42475	63.71
2.3	90钻头	个	171.00			0.0006	0.10																			720	12.32
2.4	90钻杆	根	168.00			0.0014	0.23																			1801	30.25
2.5	90钻尾	个	170.00			0.0003	0.06																			432	7.35
……																											
2.17	其他材料费	%		5	0.33	5	0.04	5	0.23	5		5	0.17	5		5		5		5	0.32	5		5			212.75
3	直接机械费	元			0.09		0.33		0.18		0.87		5.37		0.34						2.70		0.16				2169.16
3.1	电耙	元	55.66							0.0149	0.83															17820	99.18
3.2	浅眼凿岩机	元	3.21	0.0270	0.09																					64350	20.69
3.3	中深孔凿岩机	元	18.69			0.0084	0.16																			10890	20.35
……																											
3.15	20t自卸式卡车	元	206.41																	0.0052	1.06					8910	183.92
3.16	其他	%		5	0.00	5	0.02	5	0.01	5	0.04	5	0.26	5	0.02			5	0.00	5	0.13	5	0.01				103.29
4	辅助系统费用	元																							3.04		1120.14
4.1	提升系统	元	1.00																					0.52	0.52		190.86
4.2	供电系统	元	1.00																					0.32	0.32		118.37
4.3	排水系统	元	1.00																					0.03	0.03		10.02
4.4	通风系统	元	1.00																					0.29	0.29		107.71
4.5	其他辅助系统	元	1.00																					1.01	1.01		371.78
4.6	周转材料、低值易耗辅助材料	元	1.00																					0.73	0.73		268.06
4.7	其他辅助费	%																						5	0.14		53.34

续表 4-31

序号	内容	单位	单价	上向分层充填法 单耗	上向分层充填法 金额/元	分段空场法 中深孔钻孔 单耗	分段空场法 中深孔钻孔 金额/元	分段空场法 落矿 单耗	分段空场法 落矿 金额/元	电耙出矿 单耗	电耙出矿 金额/元	铲装出矿 单耗	铲装出矿 金额/元	中段有轨运输 单耗	中段有轨运输 金额/元	竖井提升 单耗	竖井提升 金额/元	地表有轨运输（竖井）单耗	地表有轨运输（竖井）金额/元	斜坡道运输 单耗	斜坡道运输 金额/元	地表有轨运输（地表即矿站）单耗	地表有轨运输（地表即矿站）金额/元	辅助系统 单耗	辅助系统 金额/元	合计 消耗量	合计 金额/万元
5	水、电、费	元																							3.59		1322.63
5.1	水	t	2.59																					0.09	0.23	330000	85.46
5.2	电	kW·h	0.1709																					19.67	3.36	7234587	1237.17
5.3	煤	t	512.82																								
	成本小计	元			34.58		9.08		6.67		10.10		11.74		4.45		3.09		0.58		14.65		0.66		6.64		22237.03
6	综合费用	元			17.92		4.92		2.35		5.59		4.08		2.47		1.79		0.31		5.64		0.33		1.85		10149.54
6.1	现场管理费	元	2.00%		8.54		2.42		0.74		2.79		1.26		1.24		0.92		0.15		2.01		0.16		0.33		4362.58
6.2	上级管理费	元	3.00%		0.82		0.22		0.14		0.25		0.25		0.11		0.08		0.01		0.32		0.02		0.13		506.66
6.3	利润	元			1.32		0.35		0.23		0.39		0.40		0.17		0.12		0.02		0.51		0.02		0.21		813.19
6.4	税金	元		*	*	*	*	*	*	*	*	*	*	*	*	*	*	*	*	*	*	*	*	*	*	*		84.12
	工序报价小计	元		*	*	*	*	*	*	*	*	*	*	*	*	*	*	*	*	*	*	*	*	*	*	*		
	采矿工程合计	万元		*	*	*	*	*	*	*	*	*	*	*	*	*	*	*	*	*	*	*	*	*	*	*		
	吨矿单位综合单价	元/t			32.50		4.71		3.04		4.89		10.19		6.61		3.81		0.70		9.11		0.44		8.11		

②采矿报价主要内容。

a. 作业量计算。

作业量计算见表 4-32。

表 4-32 作业量计算表

项目		单位	2019 年	2020 年	2021 年	合计
供矿量(含副产)		t	*	*	*	*
采矿量		t	*	*	*	*
采准	掘进	m	9390	8402	8655	26447
		m³	69849	62464	64136	196449
	支护	m	9390	8402	8655	26447
开拓	掘进	m	1800	1800	1800	5400
		m³	13025	13026	13027	39078
	支护	m	1800	1800	1800	5400
采切比	按出矿量	m	67.07	67.22	72.12	68.69
		m³	49.89	49.97	53.45	51.03
充填量		m³	255090	227040	336270	818400
中深孔量 90 钻	80%	t	106122	93062	32653	231837
中深孔量 100B	20%	m	26531	23265	8163	57959

b. 薪酬成本计算。

生产及辅助人员定岗见表 4-33,管理人员定岗见表 4-34。

表 4-33 生产及辅助人员定岗

序号	工种	班组数	单班人数	作业人员数	轮休人员数	总人数	年工资标准/万元	工期/月	工资总额/万元
一	采矿人员			252	49.9	302			10777.44
1	采矿工区区长			3		3	*	36	180.00
2	YT28 凿岩工			113	22.7	136	*	36	5630.40
3	YG90 凿岩工/100B 凿岩工			17	3.5	21	*	36	624.00
4	装药工			3	0.6	4	*	36	90.72
5	爆破工			3	0.6	4	*	36	90.72
	......								
11	潜孔钻工			6	1.2	7	*	36	259.20

续表4-33

序号	工种	班组数	单班人数	作业人员数	轮休人员数	总人数	年工资标准/万元	工期/月	工资总额/万元
12	电耙工			22	4.4	26	*	36	950.40
二	辅助工区			148		152			2776.35
1	运转工区			121		125			2230.35
1.1	区长/副区长			3		3	*	36	131.44
1.2	提升人员			38		38			795.60
1.2.1	卷扬机司机			16		16	*	36	345.60
1.2.2	卷扬机电维修工			6		6	*	36	162.00
1.2.3	信号工			16		16	*	36	288.00
1.3	运输人员			10		14			201.60
1.3.1	主平硐电机车司机			6		6	*	36	129.60
1.3.2	地表翻车工			4		4	*	36	72.00
1.3.3	原矿仓电机车司机					4	*		
1.4	辅助运输			70		70			1101.70
1.4.1	扳道工			18		18	*	36	266.93
1.4.2	轨道安装及维修工			8		8	*	36	194.13
	……								
1.4.7	辅助车司机			12		12	*	36	174.72
2	维修工区			27		27			546.00
2.1	区长/副区长			2		2	*	36	84.93
2.2	通风工(主扇)			1		1	*	36	14.56
	……								
2.8	辅助工			4		4	*	36	58.24
	合计								

表4-34　管理人员定岗

单位	岗位	单班人数	总人数	年工资标准/万元	工期/月	工资总额/万元
项目部	总计	68	68			1925.58

续表4-34

单位	岗位	单班人数	总人数	年工资标准/万元	工期/月	工资总额/万元
项目部管理层	项目经理	1	1	*	36	174.90
	生产副经理	1	1	*	36	145.86
	安全副经理	1	1	*	36	92.96
	总工程师	1	1	*	36	128.33
	设备副经理	1	1	*	36	114.52
	经营副经理	1	1	*	36	75.25
	书记兼后勤经理	1	1	*	36	84.10
调度室	调度室主任	1	1	*	36	39.24
	调度员	3	3	*	36	54.54
安全管理室	主任	1	1	*	36	39.24
	安全工程师	1	1	*	36	22.41
	安全员	3	3	*	36	52.54
技术室	主任	1	1	*	36	45.31
	地质工程师	1	1	*	36	32.52
	测量工程师	2	2	*	36	65.03
	测量员	5	5	*	36	72.40
	采矿工程师	2	2	*	36	65.03
	采矿技术员	2	2	*	36	35.02
	统计员(资料员)	1	1	*	36	13.47
设备管理室	主任	1	1	*	36	39.24
	电力工程师	1	1	*	36	26.45
	设备工程师	1	1	*	36	26.45
	采购员	2	2	*	36	35.02
	材料计划员兼统计员	2	2	*	36	26.94
仓库	总库库管员	3	3	*	36	55.09
	仓库辅助人员(装卸)	1	1	*	36	13.47
经营财务室	主任	1	1	*	36	39.24
	出纳	1	1	*	36	14.48
	会计	1	1	*	36	17.51
	预算工程师	1	1	*	36	17.51

续表4-34

单位	岗位	单班人数	总人数	年工资标准/万元	工期/月	工资总额/万元
办公室	主任	1	1	*	36	39.24
	办事员	1	1	*	36	13.47
	司机	2	2	*	36	26.69
人事室	人力专员	1	1	*	36	14.68
	保洁工人	2	2	*	36	14.56
	环卫工人	1	1	*	36	7.28
	安保人员	4	4	*	36	38.83
	后勤采购	2	2	*	36	19.41
	厨师	2	2	*	36	19.41
	帮厨	3	3	*	36	29.12
	锅炉工	4	4	*	36	38.83

施工方人员薪酬成本计算见表 4-35 所示。

表 4-35　施工方人员薪酬成本计算表

名称	采矿合计			作业量/万 t	单位成本/(元·t^{-1})
	定员/人	平均月薪/(元·月$^{-1}$)	工资额/万元		
上向分层充填法(手抱钻)	136	*	*	*	23.63
中深孔钻孔	21	*	*	*	6.81
落矿	7	*	*	*	1.40
电耙出矿	26	*	*	*	7.92
铲装出矿	19	*	*	*	2.32
中段有轨运输	46	*	*	*	3.52
竖井提升	38	*	*	*	2.65
地表有轨运输	6	*	*	*	0.43
斜坡道运输	26	*	*	*	4.44
地表有轨运输	4	*	*	*	0.43
辅助人员分摊	86	*	*	*	5.10
管理人员分摊	52	*	*	*	6.31
合计	467				

c. 主要材料消耗。

钻具火工材料消耗见表4-36、表4-37。

表4-36 采矿钻具材料消耗

名称	计算单位	YGZ-90 单耗	100B 单耗	YT-28 单耗	备注
炮孔直径	mm	60	80	42	
钻头寿命	m/个	300	240	50	
钻杆寿命	m/根	120	240	100	
钎尾/冲击器寿命	m/根	500	1000		
钎套寿命	m/根	300			
每米炮孔钻头消耗	个/m	0.0033	0.0042	0.0200	
每米炮孔钻杆消耗	根/m	0.0083	0.0042	0.0100	
每米炮孔钎尾消耗	根/m	0.0020	0.0010		
每米炮孔钎套消耗	根/m	0.0033			
每米崩矿、岩量	t/m	4.80	8.50	2.00	
炮孔利用率	%	100.00	100.00	85.00	
吨矿钻头消耗	个/t	0.0007	0.0005	0.0118	
吨矿钻杆消耗	根/t	0.0017	0.0005	0.0059	
吨矿钎尾消耗	根/t	0.0004	0.0001		
吨矿钎套消耗	根/t	0.0007			

表4-37 采矿火工材料消耗

名称	计算单位	YGZ-90 单耗	100B 单耗	手抱钻单耗	备注
炮孔直径	mm	60	80	42	
炮孔装药系数	%	70.00	70.00	90.00	
炮孔平均深度	m	10	10	2.2	
炸药密度	kg/cm^3	1.00	1.00	1.00	
每卷炸药长度	mm			200	
每卷炸药重量	kg/卷			0.2	
每炮孔装药量	kg	19.8	35.2	1.98	
每炮孔非电雷管用量	个	1	1	1	
每炮孔导爆索用量	m	1	1	1	
每米炮孔爆破矿量	t/m	4.50	8.50	2.00	
炮孔利用率	%	100.00	100.00	85.00	

续表4-37

名称	计算单位	YGZ-90 单耗	100B 单耗	手抱钻单耗	备注
每炮孔爆破矿石	t	45.00	85.00	3.74	
一次爆破吨矿炸药消耗量	kg/t	0.4396	0.4137	0.5294	
一次爆破吨矿非电雷管消耗量	个/t	0.0222	0.0118	0.2674	
一次爆破吨矿导爆索消耗量	m/t	0.0222	0.0118	0.2674	
大块率	%	10.00	10.00	5.00	
二次爆破炸药用量	kg	3.60	6.80	0.15	
二次爆破非电雷管用量	个	7.50	14.17	0.31	
二次爆破吨矿炸药消耗量	kg/t	0.08	0.08	0.04	
二次爆破吨矿非电雷管消耗量	个/t	0.167	0.167	0.083	

d. 机械设备费用计算。

主要机械设备材料消耗计算见表4-38。

2）案例二：某露天矿山合同采矿实例

（1）某矿山项目特点

该矿处于秦岭构造带东段的南亚带，矿床成因类型属斑岩型-矽卡岩型钼矿床，是我国大型露天矿山之一。

矿山开采方式：露天开采。

承包人：××施工单位。

（2）矿山开采合同文本主要内容

①工程概况。

工程概况包括工程名称、地点、工程量、工期。

②工程内容及承包范围。

工程内容及承包范围包括工程内容，承包范围。

③工程量计算及工程单价。

④工程款结算方式。

⑤工程项目 HSE 保证金。

⑥施工临建设施、材料供应及设备进场。

⑦误工补偿。

⑧工程质量及要求。

⑨安全生产和文明施工。

⑩双方的权利和义务。

⑪违约责任。

⑫合同终止。

⑬其他。

表4-38 主要设备机械费用计算表

序号	设备名称	供应方式	单位	型号	使用寿命 年	使用寿命 月	数量	原值/元	净值/元	折旧费 月	折旧费 年	大修费率/%	大修次数	月摊大修费/元	年摊大修费/元	经修费系数(K值)	月摊经修费/元	年摊经修费/元	合同期使用时间/月	年单台成本/元	台班单价/元	大修费(不含甲供设备)/元	经修费/元	机台总成本(不含甲供折旧及甲供大修)/元
一	开拓设备																							
1	凿岩机	自供	台	YT-28	1	12	18	60300	57285	4774	57285	20.00	0	0	0	2.0	9548	114570	36	9548	9.64	0	343710	515565
2	铲运机	自供	台	2 m³柴油	5	60	2	1560000	1482000	24700	296400	30.00	1	7800	93600	2.0	15600	187200	36	288600	291.52	280800	561600	1731600
	……																							0
二	采切设备																							
1	凿岩机	自供	台	YT-28	1	12	32	107200	101840	8487	101840	20.00	0	0	0	2.0	16973	203680	36	9548	9.64	0	611040	916560
2	铲运机	自供	台	3 m³	5	60	3	5333333	5066667	84444	1013333	20.00	1	17778	213333	2.0	168889	2026667	36	976000	985.86	640000	6080000	9760000
3	铲运机	自供	台	2 m³	5	60	1	780000	741000	12350	148200	30.00	1	3900	46800	2.0	7800	93600	36	288600	291.52	140400	280800	865800
12	清水泵	自供	台	5DA-8×5	2	24	4	50000	47500	1979	23750	20.00	1	417	5000	2.0	833	10000	36	9688	9.79	15000	30000	116250
三	采矿设备																							0
1	电耙	自供	台	YT-28	1	12	6	348000	330600	27550	330600	20.00	0	0	0	2.0	0	0	36	55100	55.66	0	0	991800
2	浅眼凿岩机	自供	台	YT-28	1	12	22	72583	68954	5746	68954	20.00	0	0	0	2.0	0	0	36	3183	3.21	0	0	206863
6	铲运机	自供	台	3 m³电铲	5	60	4	6933333	6586667	109778	1317333	20.00	1	23111	277333	2.0	219556	2634667	36	976000	985.86	832000	7904000	12688000
四	提升设备																							
1	多绳摩擦提升机	甲供	副井	JKM-2.8×6(Ⅲ)	10	120	1	4100000	3895000	32458	389500	20.00	2	13667	164000	2.0	27333	328000	36	881500	890.40	0	984000	1168500
2	提升容器及平衡锤	甲供	台		10	120	1	218000	207100	1726	20710	20.00	2	727	8720	2.0	1453	17440	36	46870	47.34	0	52320	62130

续表4-38

序号	设备名称	供应方式	单位	型号	使用寿命-年	使用寿命-月	数量	原值/元	净值/元	折旧费-月	折旧费-年	大修费率/%	大修次数/次	月摊大修费/元	年摊大修费/元	经修费系数(K值)	月摊经修费/元	年摊经修费/元	合同期使用时间/月	车单台成本/元	台班单价/元	大修费(不含甲供设备)/元	经修费/元	机台总成本(不含甲供折旧及甲供大修)/元
6	提升信号系统	甲供	套		10	120	1	216087	205283	1711	20528	20.00	2	720	8643	2.0	1441	17287	36	46459	46.93		51861	61585
五	排水设备																							
1	***排水泵站	甲供	台	MD 155-67×7	8	96	6	268718	255282	2659	31910	20.00	2	1120	13436	2.0	2239	26872	36	12036	12.16		80615	95731
2	***主排水泵房	甲供	台	MDS420-95×10	8	96	3	148718	141282	1472	17660	20.00	2	620	7436	2.0	1239	14872	36	13323	13.46		44615	52981
六	通风设备																						0	0
1	螺杆式空气压缩机	甲供	台	MM350-2S 64.1 m³/min 0.85 MPa 风冷 二级压缩 350 kW/6 kV	10	120	6	3810000	3619500	30163	361950	20.00	3	19050	228600	2.0	38100	457200	36	174625	176.39		1371600	1085850
2	主扇风机	甲供	台	FBCZ-4-№12/45 kW	10	120	3	64103	60897	507	6090	20.00	3	321	3846	2.0	641	7692	36	5876	5.94		23077	18269
3	单级辅助风机	甲供	台	FBCZ-4-№12 45 kW	10	120	2	46154	43846	365	4385	20.00	3	231	2769	2.0	462	5538	36	6346	6.41		16615	13154
......																								
11	轴流通风机	自供	台	FBCZ-4-15 kW	3	36	13	69667	66183	1838	22061	20.00	1	387	4644	2.0	3677	44122	36	5592	5.65	13933	132267	212483
七	采矿运输设备											20	2			2							0	0
1	14 t 电机车(3055 主平硐)	甲供	台	ZK14-7/250	10	120	3	308807	293366	2445	29337	20.00	3	1544	18528	2.0	3088	37057	36	28307	28.59		111170	88010
2	侧卸式矿车	甲供	台	YCC4-7	10	120	16	549815	522325	4353	52232	20.00	3	2749	32989	2.0	5498	65978	36	9450	9.55		197934	156697
......																								
9	20 t 自卸式车	自供	台	ZK7-7/250	5	60	3	1005000	954750	15913	190950	20.00	1	3350	40200	2.0	31825	381900	36	204350	206.41	120600	1145700	1839150

续表4-38

序号	设备名称	供应方式	型号	使用寿命 年	使用寿命 月	数量	原值/元	净值/元	折旧费 月	折旧费 年	大修费率/%	大修次数/次	月摊大修费/元	年摊大修费/元	经修费系数(K值)	月摊经修费/元	年摊经修费/元	合同期使用时间/月	年单台成本/元	台班单价/元	大修费(不含甲供设备)/元	经修费/元	机合总成本(不含甲供折旧及甲供大修)/元
八	供电设备																					0	0
1	地表总配电站	甲供		10	120	1	165750	157463	1312	15746	20.00	3	829	9945	2.0	1658	19890	36	45581	46.04		59670	47239
2	井口配电站	甲供		10	120	1	165750	157463	1312	15746	20.00	3	829	9945	2.0	1658	19890	36	45581	46.04		59670	47239
3	平硐口配电站	甲供		10	120	1	165750	157463	1312	15746	20.00	3	829	9945	2.0	1658	19890	36	45581	46.04		59670	47239
	……																						
九	其他设备																						
1	斜坡道运输调度通信系统套	甲供		10	120	1	1750000	1662500	13854	166250	20.00	2	5833	70000	2.0	11667	140000	36	376250	380.05		420000	498750
2	井下监控及人员定位系统套	甲供		10	120	1	650000	617500	5146	61750	20.00	2	2167	26000	2.0	4333	52000	36	139750	141.16		156000	185250
	……																						
12	水准仪	自供		10	120	1	1200	1140	10	114	20.00	2	4	48	2.0	8	96	36	258	0.26	144	288	774
	合计						67909629	64514148	766431	9197177			276997	3323966		918265	11019181				4119313	33057543	53063221

（3）露天矿山劳务外委价格

露天矿山劳务外委价格见表 4-39。

表 4-39　露天矿山劳务外委价格

作业工序	单位	结算价（含税）	备注
穿孔、爆破	元/t	矿 2.71	
	元/t	岩 2.41	
空区、大块处理增加费（按该区采矿量的 25% 增加）	元/t	2.91	
铲装	元/t	矿 2.05	
	元/t	岩 1.52	
运输（采场至破碎站）	元/t	矿 3.70	
运输（采场至排渣场）	元/t	岩 5.09	
工程总价	元/t	矿 8.46	不含空区增加费
	元/t	岩 9.02	

4.4　职业健康安全环境（HSE）管理

4.4.1　安全生产管理

1）矿山安全生产管理的意义、任务及基本内容

（1）矿山安全生产的意义

安全生产是关系人民群众生命财产安全的大事，是经济社会协调健康发展的标志，是党和国家对人民利益高度负责的要求。按照《中共中央国务院关于推进安全生产领域改革发展的意见》要求，作为矿山生产企业，必须牢固树立新发展理念，坚持安全发展，坚守发展决不能以牺牲安全为代价这条不可逾越的红线，并着力于强化安全生产主体责任的落实。

矿山安全生产，是矿山企业积极贯彻党和国家有关安全生产方针、政策、法律、法规，履行安全生产主体责任，保护矿山从业人员生命安全和身体健康的需要；是在市场经济条件下，矿山企业为实现生产经营方针目标，参与国际市场竞争，提高社会效益和经济效益，促进可持续发展的重要保障；是矿山企业在市场经济不断完善、自我发展、自我约束中不可或缺的重要内容。

矿山企业的安全生产，是一项涉及人、机、物、法、环的系统工程，与生产经营密不可分。加强矿山企业安全生产管理，对促进矿山企业科学管理和技术进步，建立现代企业管理制度，提高从业人员和企业整体素质，外树形象、内聚凝聚力具有不可替代的重要作用。矿山企业推动安全文化建设，对树立尊重、关心、爱护职工群众的良好风气，增加向心力，调动从业人员的积极性和热情，实现企业的目标也具有极为重要的意义。

（2）矿山安全生产管理的任务

矿山安全生产管理的任务是贯彻落实党和国家有关矿山安全生产的方针、政策、法律、法规和标准，坚持"以人为本"的原则，依靠科技创新和管理创新，着力提升本质安全水平，着力建立完善安全风险分级管控和隐患排查治理双重预防机制建设，实现关口前移、精准管控、源头治理、科学预防，努力消除和降低矿山生产经营过程中的各种不良行为和安全风险，不断地改善劳动条件，最大限度地减少伤亡事故，保护从业人员身体健康、生命安全和财产不受损失，促进矿山企业生产建设和改革的顺利进行，确保企业经济效益和社会稳定。

（3）矿山安全生产管理的基本内容

虽然矿山不同类型、不同层次、不同部门安全生产管理的重点及主要内容不尽相同，但矿山企业安全生产管理是一项系统工程，要以安全风险管理、隐患排查治理、职业病危害防治为基础，以安全生产责任制为核心，建立安全生产标准化管理体系，全面提升安全生产管理水平，持续改进安全生产工作，不断提升安全生产绩效，预防和减少事故的发生，保障人身安全，保证生产经营活动的有序进行。矿山企业安全生产管理基本要素见表4-40。

表4-40　矿山企业安全生产管理基本要素

一级要素	二级要素	三级要素
1 目标职责	1.1 目标	—
	1.2 机构和职责	1.2.1 机构设置 1.2.2 主要负责人及领导层职责
	1.3 全员参与	—
	1.4 安全生产投入	—
	1.5 安全文化建设	—
	1.6 安全生产信息化建设	—
2 制度化管理	2.1 法律标准识别	—
	2.2 规章制度	—
	2.3 操作规程	—
	2.4 文档管理	2.4.1 记录管理 2.4.2 评估 2.4.3 修订
3 教育培训	3.1 教育培训管理	—
	3.2 人员教育培训	3.2.1 主要负责人和安全管理人员 3.2.2 从业人员 3.2.3 其他人员教育培训

续表4-40

一级要素	二级要素	三级要素
4 现场管理	4.1 设备设施管理	4.1.1 设备设施建设
		4.1.2 设备设施验收
		4.1.3 设备设施运行
		4.1.4 设备设施检维修
		4.1.5 检测检验
		4.1.6 设备设施拆除、报废
	4.2 作业安全	4.2.1 作业环境和作业条件
		4.2.2 作业行为
		4.2.3 岗位达标
		4.2.4 相关方
	4.3 职业健康	4.3.1 基本要求
		4.3.2 职业危害告知
		4.3.3 职业病危害申报
		4.3.4 职业病危害检测与评价
	4.4 警示标志	——
5 安全风险防控及隐患排查治理	5.1 安全风险管理	5.1.1 安全风险辨识
		5.1.2 安全风险评估
		5.1.3 安全风险控制
		5.1.4 变更管理
	5.2 重大危险源辨识与管理	——
	5.3 隐患排查治理	5.3.1 隐患排查
		5.3.2 隐患治理
		5.3.3 验收与评估
		5.3.4 信息记录、通报和报送
	5.4 预测预警	——
6 应急管理	6.1 应急准备	6.1.1 应急救援组织
		6.1.2 应急预案
		6.1.3 应急设施、装备、物资
		6.1.4 应急演练
		6.1.5 应急救援信息系统建设
	6.2 应急响应	——
	6.3 应急评估	——
7 事故管理	7.1 报告	——
	7.2 调查和处理	——
	7.3 管理	——

续表4-40

一级要素	二级要素	三级要素
8 持续改进	8.1 绩效评定	—
	8.2 持续改进	—

2)安全生产监管机制

目前我国安全生产监管体制是综合监管与行业监管相结合、国家监察与地方监管相结合、政府监督与其他监督相结合。国务院应急管理部门依照《中华人民共和国安全生产法》，对全国安全生产工作实施综合监督管理。县级以上地方各级人民政府应急管理部门依照《中华人民共和国安全生产法》，对本行政区域内安全生产工作实施综合监督管理。

3)安全生产管理组织保障

矿山企业作为生产经营单位，必须有安全生产组织上的保障，否则安全生产管理工作就无从谈起。组织保障，主要包括两个方面：一是安全生产管理机构的保障；二是安全生产管理人员的保障。

矿山企业安全生产管理机构以及安全生产管理人员的作用是：组织或者参与拟订本单位安全生产规章制度、操作规程和生产安全事故应急救援预案；组织或者参与本单位安全生产教育和培训，如实记录安全生产教育和培训情况；督促落实本单位重大危险源的安全管理措施；组织或者参与本单位应急救援演练；检查本单位的安全生产状况，及时排查生产安全事故隐患，提出改进安全生产管理的建议；制止和纠正违章指挥、强令冒险作业、违反操作规程的行为；督促落实本单位安全生产整改措施。

根据《中华人民共和国安全生产法》第二十四条、《中华人民共和国矿山安全法实施条例》第三十条、《企业安全生产标准化基本规范》(GB/T 33000—2016)等要求，矿山企业应落实安全生产组织领导机构，成立安全生产委员会，并应按照有关规定设置安全生产和职业卫生管理机构，或配备相应的专职或兼职安全生产和职业卫生管理人员，按照有关规定配备注册安全工程师，建立健全从管理机构到基层班组的管理网络。

4)安全生产责任制

(1)建立安全生产责任制的目的和意义

安全生产责任制是按照"安全第一，预防为主，综合治理"的安全生产方针和"管业务必须管安全、管生产经营必须管安全和谁主管谁负责"的原则，将各级负责人员、各职能部门及其工作人员和各岗位生产工人在职业健康、安全方面应做的事情和应负的责任加以明确规定的一种制度，是安全生产过程中责、权、利的体现。

安全生产责任制是矿山企业岗位责任制和经济责任制的重要组成部分，是生产经营单位各项安全生产规章制度的核心，同时也是企业最基本的安全生产管理制度。

企业安全生产责任制的核心是实现安全生产的"五同时"，就是在计划、布置、检查、总结、评比生产工作的同时，计划、布置、检查、总结、评比安全工作。

建立安全生产责任制的目的，一方面是增强矿山企业各级负责人员、各职能部门及其工作人员和各岗位生产人员对安全生产的责任感；另一方面是明确矿山企业中各级负责人员、各职能部门及其工作人员和各岗位生产人员在安全生产中应履行的职责和应承担的责任，以充分调动各级人员和各部门在安全生产方面的积极性和主观能动性,确保安全生产。

建立安全生产责任制的重要意义主要体现在两个方面:一是落实我国安全生产方针和有关安全生产法律法规和政策的具体要求;二是通过明确责任使各级各类人员真正重视安全生产工作,对进行事故调查和处理、预防事故和减少损失、建立和谐社会等均具有重要作用。

(2)各级人员的安全生产职责

建立完善的安全生产责任制的总要求是横向到边、纵向到底,并由矿山企业的主要负责人组织建立。横向方面,即各职能部门(包括党、政、工、团)的安全生产职责。在建立责任制时,可按照本单位职能部门的设置,分别对其在安全生产中应承担的责任作出规定。纵向方面,即从上到下所有类型人员的安全生产职责。在建立责任制时,可首先将本单位从主要责任人一直到岗位工人分成相应的层级;然后结合本单位的实际工作,对不同层级的人员在安全生产中应承担的职责作出规定。

矿山企业在建立安全生产责任制时,在纵向方面至少应包括以下五类人员:

①主要负责人。

矿山企业主要负责人是本单位安全生产的第一责任者,对安全生产工作全面负责。《中华人民共和国安全生产法》第二十一条将其职责规定为:

a.建立健全并落实本单位全员安全生产责任制,加强安全生产标准化建设。

b.组织制订并实施本单位安全生产规章制度和操作规程。

c.组织制订并实施本单位安全生产教育和培训计划。

d.保证本单位安全生产投入的有效实施。

e.组织建立并落实安全风险分级管控和隐患排查治理双重预防工作机制,督促、检查本单位的安全生产工作,及时消除生产安全事故隐患。

f.组织制订并实施本单位的生产安全事故应急救援预案。

g.及时、如实报告生产安全事故。

各单位可根据上述七个方面,并结合本单位的实际情况对主要负责人的职责作出具体规定。

②其他负责人。

矿山企业其他负责人的职责是协助主要负责人搞好安全生产工作。不同的负责人分管的工作不同,应根据其具体分管工作,按照"管业务必须管安全、管生产经营必须管安全和谁主管谁负责"的原则,对其在安全生产方面应承担的具体职责作出规定。

③矿山企业各职能部门负责人及其工作人员。

各职能部门都会涉及安全生产职责,需根据各部门职责分工作出具体规定。各职能部门负责人的职责是按照本部门的安全生产职责,组织有关人员做好本部门安全生产责任制的落实工作,并对本部门职责范围内的安全生产工作负责;各职能部门的工作人员则是在本人职责范围内做好有关安全生产工作,并对自己职责范围内的安全生产工作负责。

④班组长。

班组是搞好矿山企业安全生产工作的关键。班组长全面负责本班组的安全生产工作,是安全生产法律、法规和规章制度的直接执行者。班组长的主要职责是贯彻执行本单位对安全生产的规定和要求,督促本班组的工人遵守有关安全生产规章制度和安全操作规程,切实做到不违章指挥、不违章作业、遵守劳动纪律。

⑤岗位工人。

岗位工人对本岗位的安全生产负直接责任。岗位工人的主要职责是接受安全生产教育和培训，遵守有关安全生产规章和安全操作规程，遵守劳动纪律，不违章作业。

5）矿山企业主要安全生产管理制度

（1）安全生产检查制度

安全生产检查制度是指各级领导和技术人员以及岗位工人，定期或者不定期地对生产系统进行全面检查的一项制度。安全检查是消除隐患、防范事故、改善劳动条件的重要手段，是矿山企业安全生产管理工作的一项重要内容。通过安全检查可以及时发现矿山企业生产过程中的危险因素、事故隐患和管理上的欠缺，以便有计划地采取措施，保障安全生产。

①安全生产检查的内容。

a. 查思想。检查各级领导、群众对安全生产的认识是否正确，安全责任心是不是很强，有无忽视安全的思想行为以及贯彻落实"安全第一，预防为主，综合治理"安全生产方针和"三同时"等有关情况。即检查全体从业人员的安全意识和安全生产素质。

b. 查制度。安全生产制度是全体从业人员的行动准则和规范，查制度就是检查企业安全生产规章制度是否健全，在生产活动中是否得到了贯彻执行。

c. 查管理。检查企业的安全生产组织机构和安全生产责任制是否健全，是否贯彻执行了"三同时"和"五同时"；检查三级教育是否落实；检查各采场、工段、班组的日常安全管理工作的进行情况；检查生产现场、工作场所、设备设施、防护装置是否符合安全生产要求。

d. 查隐患。生产现场存在的事故隐患是导致伤亡事故发生的原因，是安全检查的主要对象。查隐患主要是检查矿山生产现场的劳动条件、生产设备和设施是否符合安全要求。例如，安全出口是否畅通，机械有无防护装置以及通风及照明、防尘措施，压力容器的运行，炸药库，易燃易爆物品的储存、运输和使用，个体防护用品的标准及使用情况等是否符合安全要求。

e. 查整改。对被检查单位上一次查出的问题，按其当时登记的项目、整改措施和期限进行复查，检查是否整改及整改的效果。如果没有整改或整改不力，要重新提出要求，限期整改。对重大事故隐患，应根据不同情况进行停工或停业整改。

f. 查事故处理。检查企业对伤亡事故是否及时报告、认真调查并按照"四不放过"原则进行处理。

②安全生产检查的方式和方法。

安全生产检查的方式包括定期安全生产检查、经常性（日常）安全生产检查、专业（项）安全生产检查、综合性安全生产检查、季节性及节假日前后安全生产检查、不定期安全生产检查。

安全生产检查的方法包括常规检查法、安全检查表法、仪器检查法。常规检查法是常见的一种检查方法，通常是由安全管理人员作为检查工作的主体到作业现场，通过感观或辅助以简单工具、仪表等，对作业人员的行为、作业场所的环境条件、生产设备设施等进行定性安全检查。

（2）安全教育培训制度

①安全教育培训的基本要求。

《中华人民共和国安全生产法》对安全教育培训作出了明确规定：

第二十七条中有如下规定：生产经营单位的主要负责人和安全生产管理人员必须具备与本单位所从事的生产经营活动相应的安全生产知识和管理能力。危险物品的生产、经营、储存、装卸单位以及矿山、金属冶炼、建筑施工、运输单位的主要负责人和安全生产管理人员，应当由主管的负有安全生产监督管理职责的部门对其安全生产知识和管理能力考核合格。考核不得收费。

第二十八条中有如下规定：生产经营单位应当对从业人员进行安全生产教育和培训，保证从业人员具备必要的安全生产知识，熟悉有关的安全生产规章制度和安全操作规程，掌握本岗位的安全操作技能，了解事故应急处理措施，知悉自身在安全生产方面的权利和义务。未经安全生产教育和培训合格的从业人员，不得上岗作业。

第二十九条规定：生产经营单位采用新工艺、新技术、新材料或者使用新设备，必须了解、掌握其安全技术特性，采取有效的安全防护措施，并对从业人员进行专门的安全生产教育和培训。

第三十条规定：生产经营单位的特种作业人员必须按照国家有关规定经专门的安全作业培训，取得相应资格，方可上岗作业。特种作业人员的范围由国务院应急管理部门会同国务院有关部门确定。

②矿山安全教育培训的对象和内容。

安全生产教育培训的对象包括矿山企业主要负责人、安全生产管理人员、特种作业人员和其他从业人员。矿山企业主要负责人安全资格培训的主要内容包括：

a. 国家有关安全生产的方针、政策、法律和法规及有关行业的规章、规程、规范和标准。

b. 安全生产管理的基本知识、方法与安全生产技术，有关行业安全生产管理专业知识。

c. 重大事故防范、应急救援措施及调查处理方法，重大危险源管理与应急救援预案编制原则。

d. 国内外先进的安全生产管理经验。

e. 典型事故案例分析。

生产经营单位主要负责人和安全生产管理人员每年应进行安全生产再培训。再培训的主要内容是新知识、新技能和新本领，包括：

a. 有关安全生产的法律、法规、规章、规程、标准和政策。

b. 安全生产的新技术、新知识。

c. 安全生产管理经验。

d. 典型事故案例。

e. 金属非金属矿山企业的主要负责人和安全生产管理人员安全资格培训时间不得少于48学时，每年再培训时间不得少于16学时。

③安全教育培训的形式和方法。

安全教育培训的形式和方法与一般教学的形式和方法相同，在实际应用中要根据教育培训的内容和对象灵活选择。

安全教育培训的主要方法有课堂讲授法、实际演练法、案例研讨法、读书指导法和宣传娱乐法等。

经常性的安全教育培训形式包括：每天的班前、班后会上说明安全注意事项，设立安全活动日，召开安全生产会议，筹办各类安全生产业务培训班，召开事故现场分析会，张贴安全生产招贴画、宣传标语及标志，开展安全文化知识竞赛等。

（3）重大危险源监控和重大事故隐患整改制度

①重大危险源监控。

《中华人民共和国安全生产法》第一百一十七条对重大危险源作出了明确规定：重大危险源是指长期地或者临时地生产、搬运、使用或者储存危险物品，且危险物品的数量等于或者超过临界量的单元（包括场所和设施）。

重大危险源同重大事故隐患是两个既有联系又有区别的概念，前者强调设备、设施、场所中存在或固有的危险物质（能量）的多少；后者可以认为是出现明显缺陷（人的不安全行为、物的不安全状态或管理上的缺陷）的重大危险源。

《中华人民共和国安全生产法》第四十条规定：生产经营单位对重大危险源应当登记建档，进行定期检测、评估、监控，并制定应急预案，告知从业人员和相关人员在紧急情况下应当采取的应急措施。

②重大事故隐患整改。

根据《安全生产事故隐患排查治理暂行规定》（自 2008 年 2 月 1 日起施行），安全生产事故隐患（以下简称事故隐患）是指生产经营单位违反安全生产法律、法规、规章、标准、规程和安全生产管理制度的规定，或者因其他因素在生产经营活动中存在可能导致事故发生的物的危险状态、人的不安全行为和管理上的缺陷。

事故隐患分为一般事故隐患和重大事故隐患。一般事故隐患，是指危害和整改难度较小，发现后能够立即整改排除的隐患。重大事故隐患，是指危害和整改难度较大，应当全部或者局部停产停业，并经过一定时间整改治理方能排除的隐患，或者因外部因素影响致使生产经营单位自身难以排除的隐患。对于重大事故隐患，由生产经营单位主要负责人组织制定并实施事故隐患治理方案。重大事故隐患治理方案应当包括以下内容：治理的目标和任务；采取的方法和措施；经费和物资的落实；负责治理的机构和人员；治理的时限和要求；安全措施和应急预案。

《安全生产事故隐患排查治理暂行规定》第十六条指出，生产经营单位在事故隐患治理过程中，应当采取相应的安全防范措施，防止事故发生。事故隐患排除前或者排除过程中无法保证安全的，应当从危险区域内撤出作业人员，并疏散可能危及的其他人员，设置警戒标志，暂时停产停业或者停止使用；对暂时难以停产或者停产使用的相关生产储存装置、设施、设备，应当加以维护和保养，防止事故发生。

6）现代安全生产管理技术与方法

推行现代安全生产管理，可实现安全生产管理由传统的经验型管理向现代的科学、系统安全生产管理转变，由以伤亡事故管理为中心的事故管理型向以风险控制为中心的事故预防型管理模式转变，由相对被动的静态的管理模式向主动型、动态的安全生产管理方式转变。

现代安全生产管理技术的核心是实现生产系统的本质安全化，即运用系统论、控制论和信息论、可靠性工程以及人机工程的基本理论和方法，实现生产工艺、设备、环境和人员达到最佳安全匹配状态。通过提高本质安全化水平，降低安全风险，最大限度地减少生产现场的安全隐患和人员的违章行为，有效防范事故的发生。

（1）安全生产目标管理

安全生产目标管理是目标管理方法在安全生产工作中的应用，它是以企业一定时期内确定的安全生产总目标为基础，逐级向下分解展开，落实措施，严格考核，通过组织内部自我控制达到安全生产目标的一种安全生产管理方法。安全生产目标管理的基本内容包括安全生产目标体系的设定、安全生产目标的实施、安全生产目标的考核与评价。

①安全生产目标体系的设定。

安全生产目标体系的设定主要依据党和国家的安全生产方针、政策，矿山企业的安全生产的中、长期规划，工伤事故和职业病统计数据，安全生产工作的现状，经济技术条件等。安全生产目标体系设定的内容包括安全生产目标和保证措施两部分。矿山企业的总目标设定以后，必须按层次逐级进行目标的分解落实，将总目标从上到下层层展开，按纵向、横向或时序分解到各级、各部门直至每个人，形成自下而上层层保证的目标体系。

目标分解的形式通常有纵向分解、横向分解和时序分解三种。在实际应用中，这三种方法往往是综合应用的。一个企业的安全生产总目标既要横向分解到各个职能部门，又要纵向分解到班组和个人，还要在不同年度和季度有各自的分目标。

②安全生产目标的实施。

安全生产目标的实施是指在落实保障措施、促使安全生产目标实现的过程中所进行的管理活动。在设定安全目标后就转入了目标实施阶段。在这个阶段中，要着重做好自我管理和自我控制、必要的监督检查以及信息交流这三方面的工作。

③安全生产目标的考核与评价。

为了提高安全目标管理的效能，在目标实施过程中和完成后都要进行考核与评价，并对有关人员进行奖励或惩罚。

（2）安全风险分级管控与安全评价

①安全风险分级管控。

安全风险分级管控的目的是准确把握安全生产的特点和规律，坚持风险预控、关口前移，全面推行安全风险分级管控，进一步强化隐患排查治理，推进事故预防工作科学化、信息化、标准化，实现把风险控制在隐患形成之前、把隐患消灭在事故前面。

安全风险评估是选择合适的安全风险评估方法，定期对所辨识出的存在安全风险的作业活动、设备设施、物料等进行评估。在进行安全风险评估时，至少应从影响人、财产和环境三个方面的可能性和严重程度进行分析。

安全风险分级管控是根据安全风险评估结果及生产经营状况等，确定相应的安全风险等级，对其进行分级分类管理，实施安全风险差异化动态管理，制订并落实相应的安全风险控制措施。

安全风险控制措施有工程技术措施、管理控制措施和个体防护措施等。

②安全评价。

a.安全评价分类。

安全评价按照实施阶段不同分为三类：安全预评价、安全验收评价和安全现状评价。

b.安全评价的程序。

安全评价的程序主要包括：前期准备，辨识与分析风险、有害因素，划分评价单元，定性、定量评价，提出安全对策、措施和建议，作出安全评价结论，编制安全评价报告。

c.安全评价方法。

按照安全评价结果的量化程度，安全评价方法可分为定性安全评价和定量安全评价。

（3）安全生产标准化

安全生产标准化工作是原国家安全生产监督管理总局继安全评价、安全生产许可证发放之后，在安全监管方面采取的一项重大举措，也是一项治本之策。开展安全标准化活动是加强安全生产标准化工作、落实企业主体责任、提高企业本质安全水平的基本途径。

原国家安全生产监督管理部门发布了有关安全生产标准化规范，并在矿山行业开展了安全标准化考评工作，制订了安全标准化评分办法，通过标准化考评，全面贯彻安全生产法律法规和技术标准，不断提升矿山企业的安全管理和本质安全水平，促进安全生产形势稳定好转。

（4）安全文化

①企业安全文化的内容。

矿山企业安全文化是指被矿山企业组织的员工群体所共享的安全价值观、态度、道德和行为规范组成的统一体。

安全文化反映的是一定时期和地域条件下，组织和个人明显的或隐含的处理安全问题的方式和机制。良好的安全文化有利于安全生产管理，有利于事故预防；反之则阻碍安全生产管理甚至导致其失灵，容易造成事故。

矿山企业安全文化是保护和发展生产力、提高矿山企业持续发展能力的重要保证，其目的是使矿山企业通过安全文化工程的建设，创造一种企业和从业人员共同自觉遵守安全行为规范的文化氛围；提高企业全员的安全素质，实现企业的安全生产、安全生活，并保证企业安全、高效、快速地发展。企业安全文化是保护人的身心健康，尊重人的生命，实现人的价值的文化。坚持安全第一的原则、安全第一的哲学、安全第一的生活需要、安全第一的企业管理机制，是安全文化建设的出发点和归宿点。矿山企业安全文化是矿山企业负责人及各级管理人员、工程技术人员，特别是操作人员对安全的态度和方法的总和。

②安全文化在安全生产中的作用。

安全文化是在现代市场经济基础上形成的一种管理思想和理论，强调人在安全管理中的主导地位。人的思想认识是安全生产的基础和前提，是安全生产要解决的核心问题，因而，安全文化在安全生产中具有极其重要的地位和作用。

安全文化的作用是通过对人的观念、道德、伦理、态度、情感、品行等深层次的人文因素的强化，利用领导、教育、宣传、奖惩、创建群体氛围等手段，不断提高人的安全素质，改进其安全意识和行为，从而使人们从被动地服从安全管理制度转变成自觉、主动地按安全要求采取行动，即从"要我安全"转变成"我要安全"。坚持"以人为本"抓安全，抓住安全工作的灵魂，才能真正克服安全管理"头痛医头、脚痛医脚"的弊端，建立起系统分析、安全评价、超前预测、事前防范以及严格安全责任的新机制，不断提高企业员工的安全意识和防范能力等综合素质，最终提升企业整体的安全生产管理水平。

4.4.2 环境管理

矿山企业环境管理是指矿山企业运用行政、教育、法律、经济和技术等手段，对生产建设活动的全过程及其对生态的影响进行综合调节、控制和管理，使生产与环境协调发展，以求经济效益、社会效益与环境效益的统一。矿山企业环保管理具有突出的综合性、全过程性和专业性。矿山企业环保管理是矿山企业管理的一个重要组成部分，也是我国环境管理的主要内容之一，在矿山企业中重视全过程的环境管理，是矿山企业实现全方位可持续发展的根基。

1）矿山企业环境管理机构与职责

矿山企业环境管理体制中，企业负责人同时也必须是环境保护的责任者；矿山企业既是生产单位，又是工业污染的防治单位。矿山企业环境管理要同矿山企业生产经营管理紧密结合，渗透到企业的各项生产建设全过程之中。矿山企业环境管理的基础在基层，环境管理要落实到车间与岗位，建立厂部、车间和班组的企业环境管理网络，明确相应的管理人员及职责，分级管理。

大型矿山企业环保机构一般应由综合管理、环境监测、环境科研三个方面的专职机构组成。这三个方面是一个有机的整体，缺少哪方面都难以有效地实施企业环境保护工作。企业环境管理机构是综合性的管理结构，是归口管理环境的职能机构。环境监测机构是担负对环境污染进行监视和检测任务的技术部门，是环境管理部门掌握环境状况的耳目和助手。环境科研机构负责企业环境科研工作，担负着解决企业污染治理的重任。一些中小型矿山企业会将以上三方面的机构合并为一个机构。

矿山企业环保机构的主要职责是环境管理。有的矿山企业还把环保机构的环境管理职能概括为"规划、组织协调、监督、考核"。规划是根据国内外环保科技发展及本企业的污染情况，制订污染控制以及改善环境质量的计划。组织协调是明确职能科室环保职责范围后，环保科在生产副总直接领导下进行组织协调工作，把这些单位的环保工作在统一的目标下联系起来，防止脱节，如环境保护计划的综合平衡、环境控制指标的协调、综合项目的组织等。监督、考核是监督本企业执行环境保护法律法规及环境管理制度情况，通过监测对污染源进行监控。

目前我国矿山企业环境管理体制具有如下特点：一人主管，分工负责；职能科室，各有专责；落实基层，监督考核。

①"一人主管，分工负责"。企业总经理（矿长）是矿山企业环境问题的领导责任承担者。一般情况下，企业总经理（矿长）是法定责任者（在环境保护方面负有法律责任），而环保副总代为主管具体环保工作，其他副总在自己分管的范围内负责有关的环保工作。

②"职能科室，各有专责"。具体指矿山企业领导下的各职能科室，除环保机构主要负责企业的环境管理工作外，其他各职能科室也要在自己的岗位责任制中，明确应负的环境保护责任。

③"落实基层，监督考核"。这是环保机构要负的主要责任。

近年来，各矿山企业面对日益严格的环境法规和标准都不同程度地加强了环境方面的管理，特别是很多大型矿山企业在不断强化环保管理的同时健全了管理体制，在最高管理层中大都建立了环境安全部门，在主要决策者中有专人负责这方面的工作，从组织结构上保证可持续发展战略的实施。

矿山企业环境管理体制中相关人员机构与职责如下：

①主管负责人职责。

a. 负责认真贯彻执行国家、省、市制定的环保法规和环保标准，组织制定企业近期、远期环境保护规划，并按计划实施；

b. 负责审批企业环保岗位制度、工作和年度计划，组织企业环保工作的实施，协调内外各有关部门之间的关系。

②安全环保科职责。

a.贯彻执行国家与地方制定的有关环境保护法律与政策，协调生产建设与环境保护的关系，处理生产建设中发生的环境问题，制订可操作的环保管理制度和责任制；

b.建立各污染源档案和环保设施的运行记录；

c.负责监督检查环保设施的运行状况、治理效果、存在问题，安排落实环保设施的日常维保和维修；

d.负责组织制订和实施环保设施出现故障的应急计划；

e.负责组织制订和实施日常监督检查中发现问题的纠正措施及预防潜在环境问题发生的预防措施；

f.负责收集国内外先进的环保治理技术，不断改善和完善各项污染治理工艺和技术，提高环境保护水平；

g.做好环境保护知识的宣传工作和环保技能的培训工作，提高环保管理人员的环保意识和能力，保证各项环保措施的正常有效实施；

h.安排各污染源的监测工作；

i.负责污染事故调查、处理及上报工作；

j.配合当地环保行政主管部门的工作。

③设备部门职责。

a.负责更新、改造能耗大、污染严重、转化率低的陈旧设备；

b.做好设备的维护维修工作，杜绝设备泄漏污染事故；

c.订购设备必须严格执行验收制度，防止污染设备进入企业。

④技术部门职责。

a.负责改善产生污染环境的落后工艺，不用或少用有害有毒的物料，降低原材料的消费定额；

b.对排气和排水中的有害物质制订净化回收工艺，推广无污染、少污染新工艺，防止引进新工艺又产生新污染。

⑤能源部门职责。

负责降低煤耗、油耗、气耗，提高能源利用率，从节能中追求环境效益。

⑥物资部门职责。

a.负责对产生污染的原材料实行封闭管理，防止厂内运输和仓库保管过程中出现溢漏污染事故；

b.开展综合利用，对生产过程中产生的废物、废水和余热等进行综合利用或者循环使用。

⑦基建部门职责。

负责建设项目的环境管理，贯彻执行"三同时"制度和《建设项目环境保护管理办法》，在项目建设前期做好环境影响评价，力争在建设过程中不破坏生态环境，在竣工投产后不污染环境。

⑧生产部门职责。

a.负责合理组织生产，产生污染物的作业点，应对如烟尘、粉尘、废水、噪声、电磁波辐射等污染物进行及时治理；

b.提高水重复利用率，降低废水排放量；

c.在净化处理装置发生故障时，有关生产设备应停止运转，以免产生的污染物未经处理排入环境。

⑨兼职环保员职责。

负责督察环保设施运行情况，了解和掌握企业废水、废气、噪声和固废产生及排放情况，并记录在案，出现问题及时向矿长、安全环保科汇报。

2）矿山企业环境管理制度及环保台账

（1）矿山企业基本环境管理制度

矿山企业要结合本单位实际情况，建立健全企业内部环境管理制度，并作为企业负责人和全体职工必须遵守的一种规范和准则，"有规可循、违规必究、执规必严"是环境管理计划得以顺利实施的重要保证。各项规章制度要体现环境管理的任务、内容和准则，使环境管理的特点及要求渗透到企业的各项管理工作中。矿山企业应建立健全以下最基本的环境管理制度：

①矿山企业环境规划管理制度：把环境保护纳入企业的规划管理中，在制订、执行、检查并调整企业发展规划的整个过程中，把生产产品的目标与控制污染的目标结合起来，制订好环境保护规划，对企业的环境保护工作加强指导。

②矿山企业污染减排制度：矿山企业污染减排制度是矿山企业环境管理的重要内容。首先，企业要有恰当的环境目标，根据区域环境目标及行业的污染控制指标，提出本企业在各阶段的减排环境目标；其次，进行污染源调查，分析主要污染源及主要污染物；最后，将主要污染物削减总量进行分解，找到主要污染源，研究综合防治措施，并组合成各种方案，运用系统分析等方法，选取最优的方案，并提出所需的投资、设备、器材等。

③矿山企业环境保护设施设备运行管理制度：包括矿山企业环境保护设施设备操作规程、交接班制度、台账制度、环境保护设施设备维护保养管理制度、环境保护设施设备运转巡查制度等。

④矿山企业环境风险应急管理制度：包括环境风险管理、环境事故应急报告、综合环境事件应急预案和有关专项预案等。

⑤矿山企业环境监督员管理制度：包括矿山企业环境管理总负责人和矿山企业环境监督员工作职责、工作规范等。

⑥矿山企业环境综合管理制度：包括矿山企业各部门环境职责分工、环境报告制度、环境监测制度、尾矿库或渣场环境管理制度、危险废物环境管理制度、环境宣传教育和培训制度等。

⑦矿山企业其他环境管理制度：例如环保奖罚管理制度、环保卫生管理制度、污染物排放及环保统计工作管理制度、化验室安全环保管理制度、"跑、冒、滴、漏"管理制度等。

以上制度应作为矿山企业基本环境管理制度，以矿山企业内部文件形式下发到各车间、部门，纳入环境保护管理档案，在矿山企业内公示、张贴，在日常生产中贯彻落实到位。

（2）矿山企业环保台账管理

矿山企业环保管理台账和资料见表4-41。表4-41中所列矿山企业环保管理档案应分年度分类装订，资料台账完善整齐，装订规范，排污许可证齐全，监测记录连续完善，指标符合环境管理要求，能全面反映企业在环保方面的情况。

表 4-41 矿山企业环保管理台账和资料

项目		主要内容
企业基本情况		①企业基本情况简介及经济发展概况; ②年度工业污染源普查表; ③年度排污申报登记表; ④排污许可证(正本、副本、年检情况); ⑤主要污染物(要注明污染物种类、年度排放量、工艺产生等)及污染治理情况(废水、废气、噪声要分别列明,可参考本单位环境影响评价报告或治理方案等内容编写); ⑥企业环保工作年度总结; ⑦企业生产经营、产业结构变化情况,有无不符合国家有关政策要求的生产工艺、生产设施情况; ⑧淘汰、技改或关停计划及其落实情况; ⑨企业生产工艺流程图; ⑩企业厂区平面图须反映企业厂区及周边情况,并标注主要污染源位置(废水、废气、噪声)、污染物排放口位置、雨水口位置、雨水和污水管线等
建设项目资料		①环境影响评价报告书(报告表或登记表)及批复(包括新建、改建、扩建项目); ②试生产申请及批复文件; ③环保设施"三同时"验收资料(包括竣工验收申请、竣工监测验收报告、验收意见,下达给企业的污染物排放总量等); ④环保设施设计、施工资料
日常环保工作开展情况	企业环保制度	①企业环境管理机构设置网络图; ②各部门、岗位工作职责; ③环保管理人员专业技术培训情况; ④污染治理设施操作人员上岗培训情况; ⑤企业制订的环保管理制度; ⑥污染治理设施工艺流程及操作规程; ⑦自动化监控设备操作规程; ⑧适用于本企业的环保法律、法规、规章制度、标准及相关政策文件汇编
	环保设施运行	①污水处理设施运行统计报表及相关资料(主要包括污水处理量、药剂使用量、用电量、主要用电设备及用电负荷、设施运行情况、进出口污染物浓度监测情况等); ②废气处理设施运行统计报表及相关资料(主要包括废气处理量、药剂使用量、用电量、主要用电设备及用电负荷、设施运行情况、进出口污染物浓度监测情况等),统计报表的表格形式由企业根据自身环保设施情况自行制订,一般按月度统计,汇总出整年度情况,建立企业环保设施运行情况台账,企业环保设施每天运行记录原始资料,整理后按年度装订,保存于企业备查; ③自动化监控设备验收文件(废水、废气); ④自动化监控设备专业化运行委托合同(自行运行的,需包含日常运行记录); ⑤自动化监控设备维护委托合同(自行维护的,需包含日常维护、检修记录等); ⑥环保设施启动、损坏、停运、检修等情况上报环保部门的报告; ⑦排污口规范化建设情况(验收文件及图片)

续表4-41

项目		主要内容
日常环保工作开展情况	固体废弃物处置	①工业固废处置情况统计表(列明年度工业固废种类、产生量及综合利用、处置利用方式、处置利用量等); ②年度工业固废申报登记表; ③危险废物处置情况统计表(按危险废物分类列明年度各类危险废物产生量、处理处置量等); ④工业固废及危险废物委托协议或合同; ⑤受委托单位危险废物经营许可证复印件; ⑥危险废物转移联单按年度装订,复印件报有关环保部门,原件保存于企业备查
	应急预案	①企业制订的防范环境风险事故的应急预案; ②企业风险源汇总表(包括危险废物、辐射源、危化品及容易引发环境安全事故的隐患等); ③实施的环境污染事故应急演练记录及声像资料; ④发生环境污染事故的处置情况及总结材料
	其他环保资料	①ISO 14000 环境管理体系建立情况; ②清洁生产审核开展情况,项目进展、验收情况等; ③企业主要产品及产量年度统计表,主要原辅材料年度使用情况统计表,主要产品销售单据,主要原辅材料购置单据等; ④企业用水(注明自来水、自备水、循环用水量、总用水量)、用煤、用电情况年度统计表(按月列表)及耗费票据、煤质分析报告等; ⑤环保工作取得的成绩及获得的荣誉

4.4.3　职业健康管理

矿山企业应认真贯彻和落实《中华人民共和国职业病防治法》,切实加强职业健康监护工作,预防、控制和消除职业危害,有效改善劳动条件和劳动环境,保护员工身体健康及权益。

1)职业健康管理制度

根据《中华人民共和国职业病防治法》规定,用人单位应该建立、健全职业病防治责任制,加强对职业病防治的管理,提高职业病防治水平,对本单位产生的职业病危害承担责任。用人单位的主要负责人对本单位的职业病防治工作全面负责。

矿山企业在其经营活动中必须对本企业职业安全健康负全面责任,矿山企业法定代表人是职业安全健康管理的第一责任人。矿山企业应建立安全生产责任制,在管生产的同时,必须做好职业健康卫生工作。

职业健康作为矿山企业经营管理的重要组成部分,发挥着极大的保障作用。不能将职业健康与企业效益对立起来,片面理解扩大企业经营自主权。矿山企业必须遵守职业健康卫生的法律、法规和标准,根据国家有关规定,制定本企业职业健康规章制度。

存在职业病危害的用人单位应当建立健全下列职业健康卫生管理制度和操作规程:

(1)职业病危害防治责任制度;

(2)职业病危害警示与告知制度;

（3）职业危害项目申报制度；

（4）职业病防治宣传教育培训制度；

（5）职业危害防护设施维护检修制度；

（6）职业病防护用品管理制度；

（7）职业病危害监测及评价管理制度；

（8）建设项目职业卫生"三同时"管理制度

（9）劳动者职业健康监护及其档案管理制度；

（10）职业病危害事故处置与报告制度；

（11）职业病危害应急救援与管理制度；

（12）岗位职业卫生操作规程；

（13）法律、法规、规章规定的其他职业病防治制度。

2）矿山职业危害及其预防

《工作场所职业卫生管理规定》要求：用人单位应当加强职业病防治工作，为劳动者提供符合法律、法规、规章、国家职业卫生标准和卫生要求的工作环境和条件，并采取有效措施保障劳动者的职业健康。用人单位是职业病防治的责任主体，并对本单位产生的职业病危害承担责任。

矿山企业应加强职业病危害的防治与管理，做好作业场所的职业卫生和劳动保护工作，采取有效措施控制职业病危害，保证作业场所符合国家职业卫生标准。

（1）职业危害控制的基本措施

为防止职业危害因素对生产劳动过程中劳动者的安全健康造成危害，预防职业病发生，矿山企业应当采取以下预防措施：

①有效地控制或尽量消除粉尘、有毒有害物质的产生，即消除或减少职业危害源；

②降低生产过程中粉尘、有毒有害物质的浓度；

③采用低毒或无毒物质代替有毒物质；

④建立健全符合卫生标准的生产卫生设施；

⑤做好卫生健康检查统计和作业环境监测工作；

⑥开展经常性职业健康卫生教育，提高劳动者职业健康卫生意识和自我保护能力；

⑦严格执行安全操作规程和职业卫生制度；

⑧加强个体防护。

（2）生产性粉尘防护措施

多年来，我国矿山因地制宜，坚持技术和管理相结合的综合防尘措施，取得了良好的防尘效果，基本内容可概括为八个字："风、水、密、护、革、管、教、查"，即通风除尘、湿式作业、密闭尘源与净化、个体防护、改革工艺与设备、科学管理、加强宣传教育、定期测定检查。

①露天矿山防尘。

露天矿山防尘的主要措施是采用湿式作业和洒水防尘，具体情况见表4-42。

表 4-42　露天矿山防尘措施

分类	防尘措施
穿孔、铲装作业防尘	①穿孔作业主要采取湿式作业,大型凿岩机还可采用捕尘装置除尘; ②对铲装矿岩产生的粉尘,可采取洒水除尘的方式除尘
破碎机除尘	①可采取密闭尘源-通风除尘的方法进行除尘; ②由于流程简单,机械化程度高,可采用远距离控制,从而进一步减少和杜绝作业人员接触粉尘的机会
运输除尘	露天矿山运输过程中车辆扬尘是露天矿场的主要尘源。运输防尘措施主要有: ①装车前向矿岩洒水,在卸矿处设喷雾装置; ②加强道路路面维护,减少车辆运输过程中撒矿; ③主要运输道路应采用沥青或混凝土路面; ④用机械化洒水车向路面经常洒水,或向水中添加湿润剂以提高防尘效果,还可应用洒水车喷洒抑尘剂降尘
个体防护	在采取了各种防尘措施后,大多数情况下,粉尘浓度可达到卫生标准,但仍有少量微细粉尘悬浮在空气中,可以通过佩戴防尘口罩进行防尘

②地下矿山防尘。

地下矿山防尘的主要措施是采用通风除尘和喷雾洒水除尘,具体见表 4-43。

表 4-43　地下矿山防尘措施

除尘措施	具体内容
通风除尘	通风除尘的作用是稀释和排出进入矿内空气中的粉尘,在全面采取综合防尘措施时,做好通风工作,是取得良好防尘效果的关键举措
喷雾洒水	①洒水。在矿岩的装载、运输和卸落等生产过程和地点以及其他产尘设备和场所,都应喷雾洒水明显减少粉尘飞扬。 ②湿式凿岩。在凿岩过程中,将压力水通过凿岩机送入并充满孔底,以湿润冲洗粉尘,形成泥浆或潮湿粉团排出
个体防护	矿内各生产过程在采取了通风防尘措施之后,粉尘浓度可能降到规定标准以下,但还有少量微细矿尘悬浮于空气中,尤其是还有个别地点不能达到规定标准。因此,加强个体防护是综合防尘措施的一个重要方面。防尘口罩是矿山工人使用最广的一种呼吸防护用品

(3)有毒有害气体防护措施

矿山生产过程中,每天都要接触许多有毒有害气体,排除它们的最好办法是通风,特别是爆破以后要加强通风,15 min 以后才能进入爆破现场。进入长期无人进入的井巷时,一定要检查巷道中氧气及有毒有害气体的浓度,在确保安全后才能进入。

利用六大系统中的监测监控系统实时监测各种环境安全指标参数。

有毒有害气体的防护措施有:

①当发现有人员中毒时,一定要先报告矿领导,派救护队员进矿抢救;或者报告领导后,

采取通风排毒措施、戴防毒面具后才能进入进行抢救；

②配备合适的卫生设施；

③做好健康检查与环境监测；

④要教育劳动者严格遵守安全操作规程和卫生制度。

（4）不良气象条件防护措施

不良气象条件的防护措施有：

①合理设计工艺流程，改进生产设备和操作方法，如生产自动化可使工人远离热源、利用自然通风、对热源隔离等；

②隔热，可用水来进行；

③通风降温除湿，通过自然通风和机械通风，加强作业现场通风换气，疏散热源，降低作业地点的温度和湿度；

④加强个体防护，使用耐热、耐寒、耐压工作服等防护用品；

⑤及时供给补充人体必需能量的清凉含盐的饮料；

⑥从事高温作业人员应定期进行身体检查；

⑦严格控制劳动强度，遵守安全操作规程，职业禁忌者不能从事此类作业。

（5）噪声、振动的控制

噪声、振动的控制措施见表4-44。

表4-44　噪声、振动控制措施

分类	控制措施
噪声控制	①消除或降低声源噪声。应逐步淘汰噪声、振动超标的工艺设备；严格控制制造和安装质量，防止振动；保持静态和动态平衡；加强润滑，降低摩擦噪声等。 ②降低传播途径中的噪声。可以采取隔声、吸声、消声等措施，如建隔音操作室、将噪声源密闭、采用吸声材料等。 ③加强个体防护。在噪声超标的作业环境中，应佩戴防声耳塞、耳罩或防声帽盔等防护用品
振动控制	①控制振动源。应在设计、制造生产工具和机械时采用减震措施，使振动降低到对人体无害水平。 ②改革工艺，采用减振和隔振等措施。 ③限制作业时间和振动强度。 ④改善作业环境，加强个体防护及健康监护

3）矿山劳动者健康监护的基本要求

职业健康监护是以预防为目的，根据劳动者的职业接触史，通过定期或不定期的医学健康检查和健康相关资料的收集，连续性地监测劳动者的健康状况，分析劳动者健康变化与所接触的职业病危害因素的关系，并及时将健康检查和资料分析结果报告给用人单位和劳动者本人，以便及时采取干预措施，保护劳动者健康。

职业健康监护主要包括职业健康检查和职业健康监护档案管理等内容。职业健康检查包括上岗前、在岗期间、离岗时的健康检查和离岗后医学随访以及应急健康检查。

（1）职业健康监护目的

①早期发现职业病、职业健康损害和职业禁忌症；

②跟踪观察职业病及职业健康损害的发生、发展规律及分布情况；

③评价职业健康损害与作业环境中职业病危害因素的关系及危害程度；

④识别新的职业病危害因素和高危人群；

⑤进行目标干预，包括改善作业环境条件、改革生产工艺、采用有效防护设施和个人防护用品、对职业病患者及疑似职业病和有职业禁忌人员的处理与安置等；

⑥评价预防和干预措施的效果；

⑦为制定或修订卫生政策和职业病防治对策服务。

（2）职业健康检查

①上岗前的健康检查。

上岗前健康检查的主要目的是发现有无职业禁忌症，建立接触职业病危害因素人员的基础健康档案。上岗前健康检查均为强制性职业健康检查，应在开始从事有害作业前完成。下列人员应进行上岗前健康检查：拟从事接触职业病危害因素作业的新录用人员，包括转岗到该种作业岗位的人员；拟从事有特殊健康要求作业的人员，如高处作业、电工作业、职业机动车驾驶作业等。

②在岗期间的定期健康检查。

长期从事规定的需要开展健康监护的职业病危害因素作业的劳动者，应进行在岗期间的定期健康检查。定期健康检查的目的主要是早期发现职业病患者或疑似职业病患者或劳动者的其他健康异常改变；及时发现有职业禁忌症的劳动者；通过动态观察劳动者群体健康变化，评价工作场所职业病危害因素的控制效果。定期健康检查的周期根据不同职业病危害因素的性质、工作场所有害因素的浓度或强度、目标疾病的潜伏期和防护措施等因素决定。

③离岗时的健康检查。

劳动者在准备调离或脱离所从事的职业病危害的作业或岗位前，应进行离岗时健康检查，主要目的是确定其在停止接触职业病危害因素时的健康状况。如最后一次在岗期间的健康检查在离岗前的 90 日内，可视为离岗时检查。

④离岗后健康检查。

下列情况劳动者需进行离岗后的健康检查：劳动者接触的职业病危害因素具有慢性健康影响，所致职业病或职业肿瘤常有较长的潜伏期，故脱离接触后仍有可能诊断出职业病。离岗后健康检查时间应根据有害因素致病的流行病学及临床特点、劳动者从事该作业的时间长短、工作场所有害因素的浓度等因素综合考虑确定。

⑤应急健康检查。

当发生急性职业病危害事故时，根据事故处理的要求，对遭受或者可能遭受急性职业病危害的劳动者，应及时组织健康检查。依据检查结果和现场劳动卫生学调查情况，确定危害因素，为急救和治疗提供依据，控制职业病危害的继续蔓延和发展。应急健康检查应在事故发生后立即开始。

从事可能产生职业性传染病作业的劳动者，在疫情流行期或近期密切接触传染源者，应及时开展应急健康检查，随时监测疫情动态。

（3）职业健康监护档案

职业健康监护档案是健康监护全过程的客观记录资料，是系统地观察劳动者健康状况的变化，评价个体和群体健康损害的依据，其特征是资料的完整性、连续性。

①劳动者职业健康监护档案。

用人单位应建立职业健康监护档案，每人1份。档案内容包括：

a.劳动者职业史、既往史和职业病危害接触史；

b.职业健康检查结果及处理情况；

c.职业病诊疗等健康资料。

②用人单位职业健康监护管理档案。

用人单位职业健康监护管理档案包括：

a.用人单位职业卫生管理组织组成、职责；

b.职业健康监护制度和年度职业健康监护计划；

c.历次职业健康检查的文书，包括委托协议书、职业健康检查机构的健康检查总结报告和评价报告；

d.工作场所职业病危害因素监测结果；

e.职业病诊断证明书和职业病报告卡；

f.用人单位对职业病患者、患有职业禁忌症者和已出现职业相关健康损害劳动者的处理和安置记录；

g.用人单位在职业健康监护中提供的其他资料和职业健康检查机构记录整理的相关资料；

h.卫生行政部门要求的其他资料。

③档案管理。

用人单位应当依法建立职业健康监护档案，并按规定妥善保存，劳动者或劳动者委托代理人有权查阅劳动者个人的职业健康监护档案。用人单位不得拒绝或者提供虚假档案材料。劳动者离开用人单位时，有权索取本人职业健康监护档案复印件，用人单位应当如实、无偿提供，并在所提供的复印件上签章。

职业健康档案应有专人管理，管理人员应保证档案只能用于保护劳动者健康的目的，并保证档案的保密性。

4.4.4 HSE 管理体系

1）职业健康安全管理体系

职业健康安全管理体系（Occupational health and safety management systems，或 OHSMS）是职业健康安全管理活动的一种方式，包括影响职业健康安全绩效的重点活动和职责以及绩效测量的方法。

（1）职业健康安全管理体系的运行模式

不同的职业健康安全管理体系标准都提出了基本相似的职业健康安全管理体系运行模式，其核心都是为矿山生产企业建立一个动态循环的管理过程，通过周而复始地进行"策划、实施、监测、评审（PDCA）"活动，以持续改进的思想指导矿山生产企业系统地实现预防和控制工伤事故、职业病和其他损失的目标。《职业安全健康管理体系导则》（ILO/OSH2001）的运行模式为方针、组织、计划与实施、评价、改进措施；OHSAS18001 的运行模式为职业健康安全方针、策划、实施与运行、检查与纠正措施、管理评审；《职业健康安全管理体系要求及使用指南》(ISO 45001：2018)的运行模式为组织环境、领导作用与员工参与(含方针)、策划、支持、运行、绩效评价、改进。职业健康安全管理体系标准与 PDCA 活动结构间的关系见图 4-8。

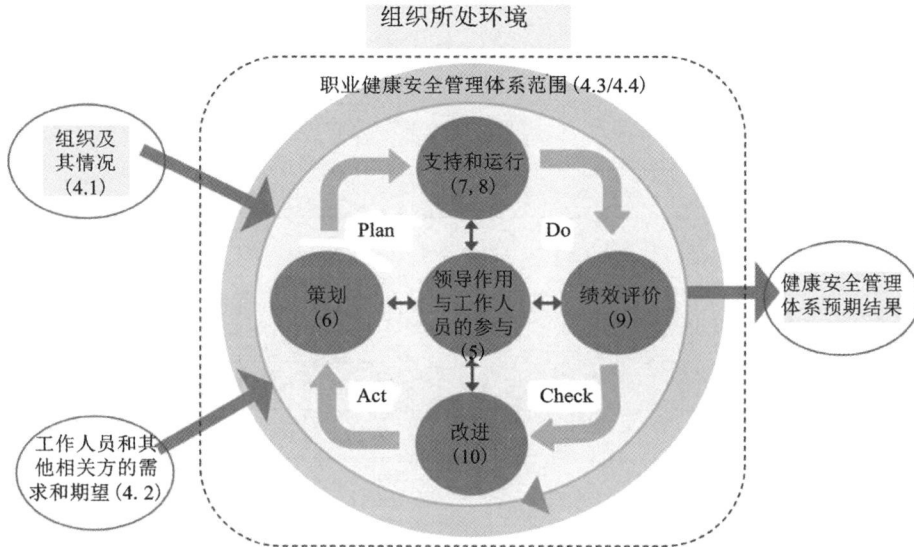

图 4-8　职业健康安全管理体系标准与 PDCA 活动结构间的关系

(2)职业健康安全管理体系的基本要素和建立步骤

职业健康安全管理体系主要包括职业安全健康方针、组织、计划与实施、检查与评价、改进措施等要素，《职业健康安全管理体系要求及使用指南》(ISO 45001：2018)标准要素见表 4-45。

表 4-45　《职业健康安全管理体系要求及使用指南》(ISO 45001：2018)标准要素表

一级要素	二级要素	三级要素
4 组织所处环境	4.1 理解组织及其所处环境	—
	4.2 理解员工及相关方的需求和期望	—
	4.3 确定职业健康安全管理体系的范围	—
	4.4 职业健康安全管理体系	—
5 领导作用	5.1 领导作用与承诺	—
	5.2 职业健康安全方针	—
	5.3 组织的岗位、职责和权限	—
	5.4 协商和员工参与	

续表4-45

一级要素	二级要素	三级要素
6 策划	6.1 应对风险和机遇的措施	6.1.1 总则
		6.1.2 危险源辨识和职业健康安全风险评价
		6.1.3 合规义务
		6.1.4 措施的策划
	6.2 职业健康安全目标及其实现的策划	6.2.1 职业健康安全目标
		6.2.2 实现职业健康安全目标的措施的策划
7 支持	7.1 资源	—
	7.2 能力	—
	7.3 意识	—
	7.4 信息交流	7.4.1 总则
		7.4.2 内部信息交流
		7.4.3 外部信息交流
	7.5 文件化信息	7.5.1 总则
		7.5.2 创建和更新
		7.5.3 文件化信息的控制
8 运行	8.1 运行策划和控制	8.1.1 总则
		8.1.2 消除危险源并减少职业健康安全风险
		8.1.3 变更管理
		8.1.4 采购
	8.2 应急准备和响应	—
9 绩效评价	9.1 监视、测量、分析和评价	9.1.1 总则
		9.1.2 合规性评价
	9.2 内部审核	9.2.1 总则
		9.2.2 内部审核方案
	9.3 管理评审	—
10 改进	10.1 总则	—
	10.2 事件、不符合和纠正措施	—
	10.3 持续改进	—

　　建立职业健康安全管理体系指的是矿山企业将原有的职业健康安全管理按照体系的管理方法予以补充、完善以及实施的过程，主要步骤包括：学习与培训、初始评审、体系策划、文件编写、体系试运行和评审完善。

（3）职业健康安全管理体系审核与认证

职业健康安全管理体系审核是指依据职业健康安全管理体系标准及其他审核准则，对用人单位职业健康安全管理体系的符合性和有效性进行评价的活动，使受审核方完善其职业健康安全管理体系，从而实现职业健康安全绩效的不断改进，对工伤事故及职业病能够有效控制，保护员工及相关方的安全和健康。

根据审核方（实施审核的机构）与受审核方（提出审核要求的用人单位或个人）的关系，可将职业健康安全管理体系审核分为内部审核和外部审核两种基本类型，内部审核又称为第一方审核，外部审核又分为第二方审核及第三方审核。

职业健康安全管理体系认证是认证机构依据规定的标准及程序，对受审核方的职业健康安全管理体系实施审核，确认其符合标准要求而授予其认证证书和认证标志的活动。

2）环境管理体系

ISO 14000 系列标准是为促进全球环境质量的改善而制定的一套环境管理的框架文件，目的是加强组织（公司、企业）的环境意识、管理能力和保障措施，从而达到改善环境质量的目的。

其中，ISO 14001 是这一系列标准的核心，它不仅是对环境管理体系建立和对环境管理体系进行审核或评审的依据，也是制定 ISO 14000 系列其他标准的依据。

（1）ISO 14001 标准的内容和适用范围

ISO 14001 标准是 ISO 14000 系列标准的主体标准。ISO 14001 是组织规划、实施、检查、评审环境管理运作系统的规范性标准，该系统包括 7 个一级要素，22 个二级要素，具体见表 4-46。

表 4-46 《环境管理体系 要求及使用指南》（ISO 14001：2015）标准要素对照

一级要素	二级要素	三级要素
4 组织所处环境	4.1 理解组织及其所处环境	—
	4.2 理解相关方的需求和期望	—
	4.3 确定环境管理体系的范围	—
	4.4 环境管理体系	—
5 领导作用	5.1 领导作用与承诺	—
	5.2 环境方针	—
	5.3 组织的角色、职责和权限	—
6 策划	6.1 应对风险和机遇的措施	6.1.1 总则
		6.1.2 环境因素
		6.1.3 合规义务
		6.1.4 措施的策划
	6.2 环境因素	6.2.1 环境目标
		6.2.2 实现环境目标的措施的策划

续表4-46

一级要素	二级要素	三级要素
7 支持	7.1 资源	—
	7.2 能力	—
	7.3 意识	—
	7.4 信息交流	7.4.1 总则
		7.4.2 内部信息交流
		7.4.3 外部信息交流
	7.5 文件化信息	7.5.1 总则
		7.5.2 创建和更新
		7.5.3 文件化信息的控制
8 运行	8.1 运行策划和控制	—
	8.2 应急准备和响应	—
9 绩效评价	9.1 监视、测量、分析和评价	9.1.1 总则
		9.1.2 合规性评价
	9.2 内部审核	9.2.1 总则
		9.2.2 内部审核方案
	9.3 管理评审	—
10 改进	10.1 总则	—
	10.2 不符合和纠正措施	—
	10.3 持续改进	—

该体系适用于任何规模、类型和性质的组织，并适用于组织基于生命周期观点所确定的其活动、产品和服务中能够控制或能够施加影响的环境因素。这样一个体系可供组织建立一套机制，通过环境管理体系的持续改进实现组织环境绩效的持续改进。该标准的总目的是保护环境，响应变化的环境状况，协调它们与社会经济需求平衡的关系。

（2）ISO 14001环境管理体系的运行模式

环境管理体系围绕领导作用展开环境管理，管理的内容包括制定环境方针、实施并实现环境方针所要求的相关内容、对环境方针的实施情况与实现程度进行评审并予以保持等。环境管理体系模式遵循PDCA运行模式。ISO 14001环境管理体系强调持续改进，PDCA运行模式的循环过程是一个开环系统，通过管理评审等手段提出新一轮要求与目标，实现环境绩效的改进与提高。PDCA与环境管理体系标准结构间的关系见图4-9。

（3）建立环境管理体系步骤

①最高管理者决定。

环境管理体系的建立和实施需要组织人、财、物等资源，因此，必须首先得到最高管理者(层)的明确承诺和支持，同时，由最高管理者任命环境管理者代表，授权其负责建立和维

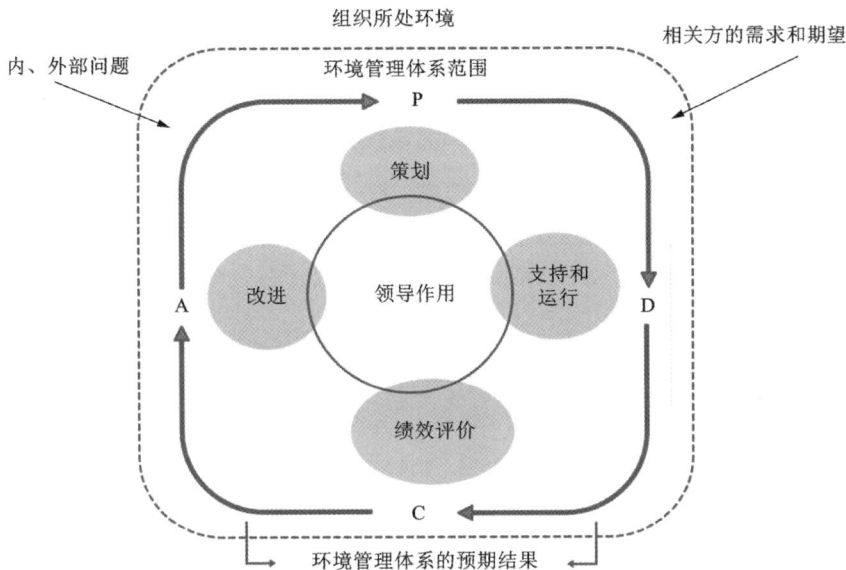

图 4-9　PDCA 与环境管理体系标准结构间的关系

护体系保证此项工作的领导作用。

②建立完整的组织机构。

组建一个推进环境管理体系建立和维护的领导班子和工作级组。矿山企业应在原有组织机构的基础上，组建一个由各有关职能和生产部门负责人组成的领导班子对此项工作进行协调和管理。此外，以某个部门(如负责环保工作的部门)为主体、其他有关部门的有关人员参加，组成一个工作组，承担具体工作。明确各个部门的职责，形成一个完整的组织机构，保证工作的顺利开展。

③人员培训。

对矿山企业有关人员进行培训，开展包括环境意识、标准、内审员要求，以及与建立体系有关的，如初始环境评审、文件编写方法和要求等多方面的培训，使矿山企业人员了解并有能力从事环境管理体系的建立实施与维护工作。

④初始环境评审。

这是对组织环境现状的初始调查，包括正确识别矿山企业活动、产品、服务中产生的环境因素，并判别出具有和可能具有重大影响的重要环境因素；识别组织应遵守的法律和其他要求；评审组织的现行管理体系和制度，如环境管理、质量管理、行政管理等，以及如何与 ISO 14001 标准相结合。

⑤体系策划。

在初始环境评审的基础上，对环境管理体系的建立进行策划以确保环境管理体系的建立有明确要求。

⑥文件编写。

与 ISO 9000 相同，ISO 14001 环境管理体系要求文件化，可分为手册、程序文件、作业指导书等层次。矿山企业应根据 ISO 14001 标准的要求，结合自身的特点和基础编制出一套适合的体系文件,满足体系有效运行的要求。

⑦体系试运行。

体系文件完稿并正式颁布,该体系按文件的要求开始试运行。其目的是通过体系实际运行,发现文件和实际实施中存在的问题,并加以整改,使体系逐步达到适用性、有效性和充分性。

⑧企业内部审核。

根据 ISO 14001 标准的要求,矿山企业应对体系的运行情况进行审核。由经过培训的内审员通过企业的活动、服务和产品对标准各要素的执行情况进行审核,发现问题,及时纠正。

⑨管理评审。

根据标准的要求,在内审的基础上,由最高管理者组织有关人员对环境管理体系从宏观上进行评审,以把握体系的持续适用性、有效性和充分性。

4.5　矿山企业财务管理

4.5.1　财务管理的任务与内容

矿山企业财务管理就是对矿山生产经营过程中筹集、使用、回收、分配资金活动所进行的管理。它包括投融资、成本费用、资产(含固定资产、流动资产、无形资产等)及资金、利润等的管理。

矿山企业财务管理是对企业的财务活动及财务关系所进行的计划、管理、领导和控制等工作。财务活动包括资金筹集、资金运用、资金分配以及日常资金管理等。

1)资金筹集

矿山企业要维持正常的生产经营必须拥有一定的资金。资金筹集是企业通过各种方式取得资金的过程,如资本金投入、企业历年的积累和外部融资等。

2)资金运用

矿山企业将筹集到的资金投入生产经营中,既可以作为短期投资用于增加应收账款、存货等,解决流动资金的不足,又可以作为长期投资用于购买矿山生产设备,井巷工程的开拓延深,厂房改造等。

3)资金分配

资金分配主要是指利润分配。矿山企业营业收入和其他收入扣除生产经营过程中所发生的各种耗费及有关费用之后的余额即为息税前利润。资金分配就是将息税前利润分别以利息、所得税和税后利润等形式在投资者、金融机构及国家之间进行分配。

4)日常资金管理

略。

4.5.2　矿山企业投融资管理

1)筹资管理

(1)资金筹集途径

无论筹资的来源和方式如何,矿山企业资金筹集取得途径不外乎两种:一种是接受投资者投入的资金，即企业的资本金；另一种是向债权人借入的资金，即企业的负债。

（2）矿山企业筹资的要求

矿山企业筹资的要求有：

①合理确定资金的需要量，控制资金投放时间；

②周密研究投资方向，大力提高投资效果；

③认真选择筹资的来源，力求降低资金成本；

④预先规划还款渠道，确保到期债务资金安全。

（3）资金筹集种类及方式

①自有资金的筹集。

矿山企业自有资金的筹集方式，又称权益性筹资，主要有吸收直接投资、发行股票、企业内部积累等。

a.吸收直接投资。

吸收直接投资是按照"共同投资、共同经营、共担风险、共享利润"的原则直接吸收国家、法人、个人投入资金的一种筹资方式。

吸收直接投资的种类及特点见表 4-47。

表 4-47　吸收直接投资的种类及特点

种类	特点
吸收国家直接投资	吸收国家投资是国有企业筹集自有资金的主要方式之一，具有以下特点：①产权属于国家；②资金的运用和处置受国家约束比较大；③在国有企业中采用比较广泛
吸收国有政策性银行直接投资	①资金成本远低于银行同期贷款利率；②不干涉企业内部运行管理；③一般只投向国家战略发展需要的行业
吸收法人直接投资	①发生在法人单位之间；②以参与企业利润分配为目的；③出资方式灵活多样
吸收个人直接投资	①参加投资的人员较多；②每人投资的数额比较少；③以参与企业利润分配为目的
吸收外国投资者及港澳台地区投资者的直接投资	①参加投资的人员遍布世界各国各地区；②每个投资者投资数额比较大；③以获取最大利润为目的

吸收直接投资的出资方式及特点见表 4-48。

表 4-48　吸收直接投资的出资方式及特点

出资方式	主要特点
以现金出资	现金出资是吸收直接投资中最重要的出资方式。企业有了现金，便可获取其他物质资源、支付费用，比较灵活、方便
以实物出资	①确为生产经营所需；②科研开发需要；③在技术上能消化应用；④作价公平合理

续表4-48

出资方式	主要特点
以工业产权出资	①应符合法定比例；②能提高矿山企业的资源利用率，降低贫化损失率；③能帮助企业生产出适销对路的产品；④能改进矿山企业的生产条件；有利于提高生产效率，⑤有利于大幅度降低生产消耗；⑥作价比较合理
以土地使用权出资	土地使用权是按照有关法规和合同的规定使用土地的权利。企业吸收土地使用权投资具备以下特点：①为矿山企业生产经营活动所需；②交通、地理条件比较适宜；③作价比较公平合理

b. 发行股票。

矿山企业符合条件的，可以通过发行股票在资本市场募集资金。股票融资具有以下特点：股票融资所筹集资金是项目的股本资金，可增强企业的举债能力；股票融资所筹集资金不需到期偿还，投资者一旦购买股票便不得退股；普通股股票的股利支付，可视矿山企业的经营好坏和经营需要而定，因而融资风险较小；股票融资的资金成本较高，股利需从税后利润中支付，不仅有抵税作用，而且发行费用也较高；上市企业发行股票，必须公开披露，接受投资者和社会公众的监督。

c. 企业内部积累。

企业内部积累主要是指企业从税后利润中提取的盈余公积金及从企业可供分配利润中留存的未分配利润，此项经营积累是企业生产经营资金的重要资金来源。随着企业经济效益的提高，企业积累资金的数额将日益增加。至于在企业内形成的折旧准备金，它只是资金的一种转化形态，虽不增加企业的资金总量，但能增加企业可以周转使用的营运资金，可用以满足生产经营的需要。

②借入资金的筹集。

借入资金的筹资主要有银行等金融机构借款、发行债券、融资租赁、商业信用等。

a. 银行等金融机构借款。

银行借款可按不同标准进行不同的分类。按提供贷款的机构，可分为政策性银行贷款、商业银行贷款和其他金融机构贷款三种；按有无担保，可分为信用贷款和担保贷款两种；按贷款的用途，可分为基本建设贷款、专项贷款和流动资金贷款三种。

b. 发行债券。

企业发行债券的种类很多，可按不同标准进行分类。债券按有无抵押品担保，分为抵押债券、担保债券和信用债券；按偿还期限不同，分为短期债券和长期债券两种；按是否记名，分为记名债券和无记名债券两种。

c. 融资租赁。

融资租赁是现代化大生产条件下产生的实物信用与银行信用相结合的新型金融服务模式。融资租赁在加快商品流通、扩大内需、促进技术更新、缓解企业融资困难、提高资源配置效率等方面发挥着重要作用。融资租赁对象一般是寿命较长、价值较高的机械设备等，现已成为企业设备投资和技术更新的重要手段。

设备融资租赁的主要特征，有以下几方面：

出租设备方式：按规定，出租的设备由承租企业提出购买要求，或者由承租企业直接从制造商或销售商那里选定。

承租企业负责维修、保养和保险：在融资租赁方式下，设备由承租企业负责维修、保养和保险，但不得拆卸改装。

双方无权取消合同：由于承租期较长，接近于资产的有效使用期，因此在租赁期间双方无权取消合同。

租赁期满按事先约定购买设备：租赁期满，承租企业可按事先约定的方法，按设备残值的市价买下设备。

d. 商业信用。

商业信用是指商品交易中以延期付款或预收货款方式进行购销活动而形成的借贷关系，是企业之间的直接信用行为。主要包括应付账款、商业汇票、票据贴现和预收贷款等。

各借入资金筹集方式的优缺点见表 4-49。

表 4-49　各借入资金筹集方式的优缺点

筹集类型	优点	缺点
银行借款	①筹资速度快； ②筹资成本低； ③借款弹性好	①财务风险大； ②限制条件较多； ③筹资数额有限
发行债券	①资金成本较低； ②保障控制权； ③可以发挥财务杠杆作用	①筹资风险较高； ②限制条件多； ③筹资额有限
融资租赁	①筹资速度快； ②租赁筹资限制条款少； ③设备淘汰风险小； ④财务风险小； ⑤税收负担轻	资金成本高，一般而言，租金总额要高于设备价值的 30%
商业信用	①对经济有润滑和增长作用； ②调剂企业间资金短缺，提高资金使用效率，节约交易费用； ③有利于银行信用参与支持商业信用，强化市场秩序； ④方便和及时	①规模的局限性； ②方向的局限性； ③期限的局限性； ④授信对象的局限性； ⑤分散和不稳定性

③混合性筹资。

混合性筹资主要有发行优先股、发行认购股权证和发行可转换债券。

2）投资管理

投资管理是企业财务管理的重要内容之一。将不同渠道、采用不同方式所筹措到的资金投放于最有效的项目，是投资管理的基本目标；正确的投资决策，对提高企业盈利，降低企业风险，具有重要的意义。

（1）投资分类

为了加强投资管理，提高投资效益，必须分清投资的性质，对投资进行科学的分类。企业投资一般作如下分类：

①按投资回收期长短可分为短期投资和长期投资；

②按投资范围可分为对内投资与对外投资；

③按投资与企业生产经营的关系，可分为直接投资与间接投资；

④按投资在再生产过程中的作用，可分为新建企业投资、简单再生产投资和扩大再生产投资。

⑤按投资所形成企业资产的性质可分为固定资产投资和流动资产投资。

（2）投资计划和投资决策

投资管理须针对矿山企业的筹资能力和矿山企业的生产和发展规划，制定企业的投资计划。企业首先要将一部分资金投放到流动资产项目上去，必须拥有一定数量的现金，储备一定数量的物资；交易结算中，为买方客户垫付部分资金；必要时还可以购买部分有价证券。此外，企业还需将筹集的部分资金投放到长期资产上，如购买矿山机器设备、建设生产厂房，如有余资时还可以进行对外投资等。

正确的投资决策，不仅可以使企业未来取得良好的经济效益，而且还会为企业将来的发展创造良好的前提条件，使企业在市场竞争中立于不败之地。如果投资决策失误，不仅会造成企业投资失败，还会使企业未来生产经营上走入困境，可能导致企业资金链断裂甚至破产。

4.5.3　成本管理

1）成本管理的意义及内容

（1）成本管理的意义

成本管理是企业财务管理的中心内容，成本管理工作内容很多、很重要，它与财务管理息息相关，关系十分密切，而且是财务管理的核心。

成本管理是按照国家有关财务制度的要求以及自身的财务目标，运用各种成本管理的方法，将各项成本掌握在一定范围内的财务活动。它通过成本预测、成本计划、成本控制、成本核算、成本分析和成本考核等一系列的科学方法，促进企业完成成本降低任务，确保企业取得最佳的经济效益。

（2）成本管理的内容

成本管理贯穿于生产经营活动的全过程，它涉及企业的生产、技术和各项经营管理工作，内容十分广泛。其内容一般包括：成本预测、成本决策、成本计划、成本控制、成本核算、成本分析、成本考核七个基本环节。这七个基本环节关系密切、互为条件、相互促进、构成了现代化成本管理的全部过程。现代企业成本管理各环节相互关系见图4-10。

2）生产成本费用分类

生产费用可以按不同的标准分类，其中最基本的是按生产费用的经济内容和经济用途的分类。

（1）生产费用分类及内容

生产费用分类及内容如表4-50所示。

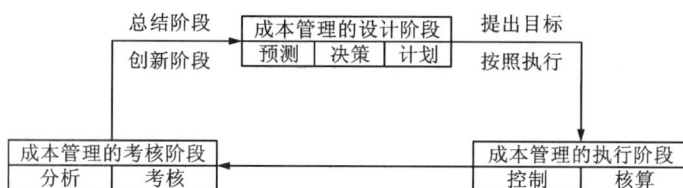

图 4-10　成本管理各环节相互关系图

表 4-50　生产费用分类及内容

类型	主要内容		
按经济内容分类	材料费用		
	燃料费用		
	外购动力费用		
	工资费用		
	提取的职工福利费		
	折旧费		
	其他生产费用		
按经济用途分类	生产费用		原辅材料
			燃料及动力
			职工薪酬
			制造费用
	期间费用		营业费用
			管理费用
			财务费用

矿山企业可根据生产特点和管理要求对上述成本项目做适当调整。对于管理上需要单独反映、控制和考核的费用以及产品成本中比重较大的费用，应专设成本项目；否则，为了简化核算，不必专设成本项目。

（2）生产费用按计入产品成本的方法分类

计入产品成本的各项生产费用，按计入产品成本的方法，可以分为直接计入费用和间接计入费用。直接计入费用是指可以分清哪种产品所耗用、可以直接计入某种产品成本的费用。间接计入费用是指不能分清哪种产品所耗用、不能直接计入某种产品成本，而必须按照一定标准分配计入有关的各种产品成本的费用。

3）成本预测与计划

（1）成本预测

现代化成本管理着眼于未来，要求财务人员要认真抓好成本预测工作，借以科学地预见未来的成本水平及其发展趋势,充分挖掘企业内部潜力,制定出目标成本,然后在日常生产活动中,对成本指标加以有效地控制,引导职工努力实现成本目标。

（2）成本预测分类

①按预测的期限分,成本预测可以分为长期预测和短期预测。

长期预测指对一年以上期间进行的预测如三年或五年。短期预测指一年以下的预测,如按月、按季或按年。

②按预测内容分为两类:制定计划或方案阶段的成本预测;在计划实施过程中的成本预测。

（3）成本预测作用

①成本预测是组织成本决策和编制成本计划的前提。

通过成本预测,掌握未来的成本水平及其变动趋势,有助于把未知因素转化为已知因素,帮助管理者提高自觉性,减少盲目性;作出生产经营活动中所可能出现的有利与不利情况的全面和系统分析,还可避免成本决策的片面性和局限性。有了科学的成本决策,就可以编制出正确的成本计划。

②成本预测是加强企业全面成本管理的首要环节。

伴随社会主义市场经济的进一步发展,企业的成本管理工作也不断提高。单靠事后的计算分析已经远远不能适应客观的需要。成本工作的重点必须相应地转到事前控制上。这一观念的形成将对促进矿山企业合理地降低成本、提高经济效益具有非常重要的作用。

（4）成本预测的程序

①根据企业总体目标提出初步成本目标。

②初步预测在目前情况下成本可能达到的水平,找出达到成本目标的差距。其中初步预测,就是不考虑任何特殊的降低成本措施,按目前主客观条件的变化情况,预计未来时期成本可能达到的水平。

③考虑各种降低成本方案,预计实施各种方案后成本可能达到的水平。

④选取最优成本方案,预计实施后的成本水平,正式确定成本目标。

以上成本预测程序表示的只是单个成本预测过程,而要达到最终确定的正式成本目标,这种过程必须反复多次。也就是说,只有经过多次的预测、比较以及对初步成本目标的不断修改、完善,才能最终确定正式成本目标,并依据本目标组织实施成本管理。

（5）成本预测的方法

①定量预测法。

定量预测法是指根据历史资料以及成本与影响因素之间的数量关系,通过建立数学模型来预计推断未来成本的各种预测方法的统称。

②定性预测法。

定性预测法是预测者根据掌握的专业知识和丰富的实际经验,运用逻辑思维方法对未来成本进行预计推断的方法的统称。

（6）成本计划

成本计划一般包括主要产品单位成本计划和全部商品产品成本计划,后者包括可比产品和不可比产品的单位成本、总成本以及可比产品成本降低额和降低率。另外,企业为了某项生产经营活动的需要,有时还会编制专项的成本计划,如选矿药剂材料采购成本计划、新产品试制成本计划等。

编制成本计划的方法：在分级核算的情况下，一般采取自下而上的步骤，即先由坑口、选矿车间编制车间成本计划，然后由企业根据各坑口、车间计划，经过与企业其他有关计划指标反复平衡后，编制企业成本计划。

在一级核算的情况下，直接由企业计划或财务部门编制成本计划方案，经有关科室、车间和负责人讨论后确定。

成本计划的编制，既要先进，又要可靠，成本计划一经批准，其各项计划指标就作为日常控制成本开支的重要依据和降低成本的行动纲领。

4）成本控制

成本控制应贯穿于整个生产过程，从井下采矿作业开始，一直到生产出精矿产品的全过程。可以说，成本控制完全取决于采矿生产作业的精细化管理，采矿各生产工序必须紧紧抓住成本控制这一环节，以成本控制为中心，促成企业的降本增效工作。

（1）成本控制内容

成本控制内容一般可以从成本形成过程和成本费用分类两个角度加以考虑，详见表 4-51。

表 4-51　成本控制内容

类型	对象	主要内容
按成本形成过程分	制定成本控制计划	这部分控制内容主要包括：拟定好产品方案，制定生产作业成本考核指标和物资采购计划，加强材料定额与劳动定额水平的管理等
	生产过程中的控制	生产过程是成本实际形成的主要阶段。绝大部分的成本支出在这里发生，包括原材料、人工、燃料动力、各种辅料的消耗、工序间物料运输费用、车间以及其他管理部门的费用支出
	流通过程中的控制	包括产品包装、厂外运输、销售机构开支和售后服务等费用
按成本费用的构成划分	原材料成本控制	影响原材料成本的因素有采购、库存费用、生产消耗、回收利用等，所以控制活动可从采购、库存管理和消耗三个环节着手
	工资费用控制	控制工资成本的关键在于提高劳动生产率，它与劳动定额、工时消耗、工时利用率、工作效率、工人出勤率等因素有关
	制造费用控制	制造费用开支项目很多，主要包括折旧费、修理费、辅助生产费用、车间管理人员工资等
	企业管理费控制	企业管理费开支项目非常多，也是成本控制中不可忽视的内容

（2）成本控制方法

①绝对成本控制。

绝对成本控制是把成本支出控制在一个绝对的金额中的一种成本控制方法。标准成本和预算控制是绝对成本控制的主要方法。

②相对成本控制。

相对成本控制是指企业为了增加利润，要从产量、成本和收入三者的关系来控制成本的方法。实行这种成本控制，一方面可以了解企业在多大的销量下达到收入与成本的平衡，另一方面可以知道当企业的销量达到多少时利润最高。所以相对成本控制是一种更行之有效的方法，它不仅是基于实时实地的管理思想，更是从前瞻性的角度，服务于企业战略发展的管理来实现成本控制。

③全面成本控制。

全面成本控制是指对企业生产经营所有过程中发生的全部成本、成本形成中的全过程、企业内所有员工参与的成本控制。

企业应围绕财富最大化这一目标，根据自身的具体实际和特点，建立管理信息系统和成本控制模式，确定以成本控制方法、管理重点、组织结构、管理风格、奖惩办法等相结合的全面成本控制体系，实施目标管理与科学管理结合的全面成本控制制度。

④定额法。

定额法是以事先制定的产品定额成本为标准，在生产费用发生时，就及时提供实际发生的费用脱离定额耗费的差异额，让管理者及时采取措施，控制生产费用的发生额，并且根据定额和差异额计算产品实际成本的一种成本计算和控制的方法。

5）成本核算

成本核算一方面为成本管理各环节提供成本信息，便于成本预测、成本决策、成本计划、成本分析和成本考核工作的进行；另一方面，通过成本核算还可以及时计算出偏离成本目标的差距，使成本控制及时得到可靠信息，积极采取有效措施，抑制不利因素，促进产品成本不断降低。

（1）成本核算方法

①正确划分各种费用支出的界限，如收益支出与资本支出、营业外支出的界限，产品生产成本与期间费用的界限，本期产品成本和下期产品成本的界限，不同产品成本的界限，在产品和产成品成本的界限等。

②认真执行成本开支的有关法规规定，按成本开支范围处理费用的列支。

③做好成本核算的基础工作，包括建立和健全成本核算的原始凭证和记录、合理的凭证传递流程；制定工时、材料的消耗定额，加强定额管理；建立材料物资的计量、验收、领发、盘存制度；制定内部结算价格和内部结算制度。

④根据企业的生产特点和管理要求，选择适当的成本计算方法，确定成本计算对象、费用的归集与计入产品成本的程序、成本计算期、产品成本在产成品与在产品之间的划分方法等。方法有品种法、分批法和分步法，此外还有分类法、定额法等多种。

（2）成本核算一般程序

成本核算的一般程序如下：

①确定产品成本的核算范围和成本核算对象。

②对所发生的生产费用进行审核和控制，确定资本性支出和收益性支出，划清生产费用和非生产费用的界限。

③将应计入本期产品成本的各项要素费用，在各种产品之间按照成本项目进行归集和分配，计算出各种产品成本。

④对既有完工产品又有在产品的产品,将月初在产品成本和本月生产费用之和,在完工产品与月末在产品之间进行分配和归集,计算出这种完工产品成本。

⑤结转已销售产品的成本。

6)成本分析

成本分析对产品实际成本进行分析、评价,为未来的成本管理工作和降低成本指明努力方向,它是加强成本管理的重要环节。

(1)成本分析基本内容

对全部产品成本计划的完成情况进行总的评价,分为三个方面:

①在核算资料的基础上,通过深入分析,正确评价企业成本计划的执行结果,提高企业和职工讲求经济效益的积极性。

②揭示成本升降的原因,正确地查明影响成本高低的各种因素及其原因,进一步提高企业管理水平。

③寻求进一步降低成本的途径和方法。成本分析还可以结合企业生产经营条件的变化,正确选定适应新情况的最合适的成本水平。

(2)成本分析主要方法

在进行成本分析中可供选择的技术方法(也称数量分析方法)很多,企业应根据分析的目的、分析对象的特点、掌握的资料等情况确定应采用哪种方法进行成本分析。在实际工作中,通常采用的技术分析方法有对比分析法、因素分析法和比例法三种。

7)降低成本的途径

企业降低成本的途径是多方面的,这些途径是相互联系、相互促进的。

降低成本的途径,主要有以下几方面:

(1)改进产品结构和生产工艺

企业为了提高产品质量和降低成本,应不断地改进产品结构和生产工艺,即应提出采用什么新工艺、新技术、新材料,以及如何改善劳动组织等,所有这些都需要详细研究、比较,作出决策,选择最优方案,以便在实施中取得最佳经济效益。

(2)提高劳动生产率

企业提高劳动生产率可以增加生产和降低成本,提高企业经济效益。努力提高矿长经理、生产技术人员、管理人员和工人的科学技术水平、业务能力和劳动熟练程度,是降低成本、提高经济效益的关键。

(3)提高设备利用率

提高设备利用率的途径主要是不断挖掘现有设备的生产能力,开展技术革新和技术改造,提高设备的利用效果;严格执行生产设备的技术操作规程,加强生产设备的维修和保管,使各项设备经常处于良好的运转状态;提高工人的技术水平以提高生产设备的生产效力,从而降低设备台班费用和产品成本。

(4)节约原材料和能源的消耗

在产品成本中,材料费和能源费占很大的比重。为了节约原材料和能源消耗,企业应在保证产品质量的前提下,采取各种有效措施。

①改善技术操作方法。改善生产技术操作方法,不仅可以提高工效,而且可以节约材料消耗。

②推广节约材料和能源的先进经验。

③加强管理,降低材料消耗。为了节约材料消耗,企业应制定材料消耗定额,并加强材料的采购、运输、验收、保管、发放、退库等各个环节的管理工作,保证材料消耗定额的执行。有的矿山料库在生产现场比较杂乱,特别要注意保障材料的安全完整,并严格办理领、退料手续,防止材料的丢失、浪费,以减少材料的消耗量。

④实行材料节约奖励制度等。

(5)节约制造费用

制造费用的特点是项目繁多、涉及面广、关系复杂,如不加强管理,就容易造成损失和浪费。生产车间应精打细算、节约开支,要提高工作效率,合理设岗,做好岗位工作,充分发挥各自的积极性,避免人浮于事的现象。

(6)做好增产增收工作

产量增加可以导致单位产品成本中的固定费用下降,增加企业收入,企业的利润也会随着增加。

4.5.4　固定资产管理

1)固定资产管理的意义

(1)通过加强固定资产管理,企业随时能快速了解从组建以来每年购置的全部资产状况,避免重复购置和浪费。

(2)通过对闲置资产和使用效率较低的资产进行处置(如调配、变卖、出租等),提高资金利用效率。

(3)核查、盘点以及折旧计算不仅快速而且准确。员工离职或工作变动时,可以快速、完整地进行资产交接。

(4)为企业资产评估、决策提供更为可靠的依据,避免企业在固定资产管理环节上可能造成的遗漏和隐患。

2)固定资产分类

按固定资产的经济用途固定资产分为生产用固定资产和非生产用固定资产。通过这种分类方法,可以分析各类固定资产在全部固定资产中的比重,研究固定资产的结构,便于了解生产的机械化水平,促使企业合理地配置固定资产,充分发挥固定资产的效能。

按固定资产的使用情况,分为使用中的、未使用的和不需用的固定资产。通过这种分类方法,可以分析企业固定资产利用程度,促使企业提高固定资产利用效率,并且保证计提折旧正确。

按固定资产的所属关系,分为自有固定资产和融资租入固定资产。通过这种分类方法,有利于按照产权所属关系进行管理、组织核算和计提折旧。

根据我国现行的财务制度,综合上述分类方法,企业固定资产分为以下几类:生产用固定资产、非生产用固定资产、租出固定资产、未使用固定资产、不需用固定资产、融资租入固定资产。

3)固定资产管理内容

固定资产管理主要包括固定资产购置管理,固定资产折旧管理,固定资产维修、保养管理,固定资产处置管理等方面。

（1）固定资产购置管理

购置固定资产首先要合理预测固定资产的需求量以尽可能减少固定资产满足企业的生产经营需要；其次要合理预测固定资产的使用年限和日常消耗。

按照既定的购置方案购置所需的固定资产，还需注意以下几点：

①认真分析供货渠道，谨慎选择供应商；

②合理安排固定资产购置所需资金；

③固定资产购置必须按照审批制度执行；

④新购置的固定资产，须遵循会计准则的要求，规范入账。

（2）固定资产折旧管理

固定资产折旧对生产成本、利润确认以及货币资金的流转都有重大的影响。

①明确影响固定资产折旧的因素。

固定资产折旧管理首先要确定影响固定资产折旧的因素。这些因素主要包括以下几项：

a.计提折旧的基数。

固定资产计提折旧的基数是该固定资产的原始价值，企业对固定资产计提折旧，应在其基数范围内计提。

b.折旧年限。

企业在确定固定资产折旧年限时，要考虑该资产预计生产能力或实物产量、有形损耗和无形损耗以及法律或类似规定对资产的使用限制。

c.预计净残值。

d.固定资产实际损耗。

企业在制订其折旧政策时，必须充分考虑固定资产的各种损耗，特别要预期可能出现的各种无形损耗，并要以其预计损耗程度作为选择折旧方法和确定折旧年限的依据。若在现实工作中发现某项固定资产的损耗超出原有的预期，从而使原折旧方式对该固定资产已不再适用时，企业应及时修改原来的折旧计划。

②严格按照规定的范围计提固定资产折旧。

根据会计准则的要求，企业在用的固定资产均应计提折旧；房屋和建筑物不论是否使用均应计提折旧；融资性租赁方式租入的固定资产和经营租赁方式租出的固定资产均应计提折旧。但下列固定资产不计提折旧：已提足折旧继续使用的固定资产；以经营方式租入的固定资产和融资方式租出的固定资产；未提足折旧提前报废的固定资产；持有待售的固定资产。

③合理确定固定资产折旧方法。

a.固定资产折旧方法。

按照现行会计准则的要求，企业应当根据与固定资产有关的经济利益的预期实现方式，合理选择固定资产折旧方法。可选用的折旧方法包括年限平均法、工作量法、双倍余额递减法和年数总和法等。

b.固定资产折旧方法的选择。

企业在选择折旧方法时，应当综合考虑企业各方面的因素，做出合理选择。一般而言，企业选择固定资产折旧方法应当考虑下列主要因素：固定资产实物损耗的实际情况、固定资产无形损耗、固定资产的维修成本、企业盈余管理的需要、企业所得税。

（3）固定资产维修、保养管理

为了保持固定资产处于良好的使用状态，充分发挥其功效，必须经常对其进行维修和保养。固定资产维修和保养需要归口管理，专人负责。固定资产维修分为日常维修和大修理两种。

固定资产日常修理与保养通常是结合在一起的。固定资产使用部门和设备管理部门要定期检查固定资产的运行状况，一旦出现故障，应及时检修。发生的维修和保养费用应一次计入产品成本或计入当期损益。

固定资产大修理是固定资产运营管理的重要环节，企业应该制订固定资产的大修计划，对拟进行大修的对象、范围、实施部门和费用做出合理的安排。企业财务管理部门要做好固定资产大修理的费用预算，及时筹措大修理所需资金。会计部门要对大修理费用做出正确的会计核算，对于数额较大的大修费用，可以采用待摊或预提的方法进行会计处理。与此同时，企业还要做好固定资产保险工作。对于房屋、建筑物以及价值较大且存在安全隐患的固定资产，在做好日常维修、保养的同时，必须为其购买财产保险，以便在发生自然灾害或意外事故时，能够获得保险赔偿，减少企业损失。

（4）固定资产处置管理

①固定资产处置方式。

固定资产使用期满，或者虽然未到期满但已不能使用，或者由于各种原因企业不需要使用的，应当对其进行处置。固定资产处置包括出售、报废和毁损、对外投资、非货币性资产交换转出、债务重组转出等。

②固定资产处置程序。

固定资产处置是企业固定资产管理的重要环节，企业必须制定相应的管理制度，规范固定资产的处置行为。固定资产处置程序见表4-52。

表4-52 固定资产处置程序

项目名称	主要内容
提出申请	固定资产不能继续使用的，首先要由固定资产使用部门提出处置申请；固定资产需要转作他用的，需要由相关部门提出申请。处置申请提交固定资产管理部门，由管理部门受理后提交企业分管领导
审议	负责固定资产管理的领导对固定资产处置申请签署意见后，根据固定资产价值的大小和处理的缘由，交由企业相关决策机构审议。金额较小的固定资产处置可由经理会议做出决议，金额较大的固定资产处置由董事会或股东会审议，做出决定
评估	净值较高的固定资产处置前应先经过评估程序，由外部第三方专业评估机构评估，处置价格不得低于评估价
处置	审议通过后，固定资产管理部门负责对该项固定资产实施处置，办理相关手续
进行会计处理	企业处置固定资产应通过"固定资产清理"科目核算。转入清理时，应将该项固定资产账面价值和处置过程中所发生的清理费用、相关税金计入"固定资产清理"资产的不同处置结果，将"固定资产清理"科目的余额结转。出售、报废或毁损的固定资产处置收益或损失转为当期的营业外收支；作为非货币性资产交换处置的固定资产成本转为换入资产成本；债务重组转出的固定资产成本抵减相关的债务的价值；对外投资的固定资产转为长期股权投资的成本

4.5.5 流动资产管理

1）流动资产的组成及特点

流动资产是指在 1 年内或超过 1 年的一个营业周期内变现或运用的资产，它由现金、应收账款、预付账款、存货、短期投资五个项目组成。流动资产有三个特点：流动资产流动性大，不断改变形态；流动资产的价值一次消耗、转移或实现；流动资产占用资金数量具有波动性。

2）流动资产管理的内容

（1）现金管理

现金是流动性最强的资产，具有普遍可接受性。但是，在企业所有的资产中，现金的获利能力最低。因此，企业必须努力做好现金管理，不仅要有相当数量的现金以支付日常经营活动的需要，又要防止过剩资金的闲置，造成综合投资报酬率降低。

①现金管理内容。

现金是流动资产中流动性最强的资产，可直接支用，也可立即投入流通。拥有大量现金的企业具有较强的偿债能力和承担风险的能力。企业管理层要特别重视现金的管理和监督。现金的流动是否合理，对企业的资金周转和生产经营至关重要。

现金管理的内容主要有以下几方面：

a.定期编制现金收支计划，合理安排和测算未来现金的需求，保证现金收支计划的实施，确保收款计划的完成。

b.对日常库存现金进行管理。

c.总经理（矿长）经常关注现金管理情况，确保收支合法、账目清楚、保证供应、安全保管等。

②现金管理制度。

现金是企业流动性最强的资产，也是最容易受到侵蚀的资产。为此，必须制定现金管理制度。根据中国人民银行、财政部等有关部门对企业事业单位的使用与管理的有关规定，企业现金管理制度的主要内容见表4-53。

表 4-53　企业现金管理制度的主要内容

项目名称	主要内容
规定现金使用范围	包括支付职工工资、津贴、个人劳务报酬；根据国家规定颁发给个人的科研、专利发明等各种奖金；各种劳保、福利费用以及国家规定的对个人的其他支出；出差人员必须随身携带的差旅费；结算起点以下的零星支出；中国人民银行确定需要支付现金的其他支出等
规定库存现金限额	开户银行应当根据实际需要，核定开户单位 3~5 天的日常零星开支所需的库存现金限额
规定现金使用限额	超过使用现金限额的部分，应当以支票或者银行本票支付；确需全额支付现金的，经开户银行审核后，支付现金
转账结算凭证的规定	转账结算凭证在经济往来中，具有同现金相同的支付能力。在销售活动中，不得对现金结算给予比转账结算更优惠待遇；不得拒收支票、银行汇票和银行本票

③现金管理模式。

a. 收支两条线的管理模式。

企业作为追求价值最大化的营利组织，实施"收支两条线"主要出于两个目的：一是对企业范围内的现金进行集中管理，减少现金持有成本，加速资金周转，提高资金使用效率；二是以实施收支两条线为切入点，通过高效的价值化管理来提高企业效益。

b. 集团企业资金集中管理模式。

集团企业资金集中管理模式是指集团企业借助商业银行网上银行功能及其他信息技术手段，将分散在集团各所属企业的资金集中到总部，由总部统一调度、统一管理和统一运用。现行的集团企业资金集中管理模式大致可以分为以下五种：统收统支模式、拨付备用金模式、结算中心模式、内部银行模式、财务公司模式。

（2）应收账款管理

①应收账款的特点。

应收账款是商业信用中形成的特殊资产，它既是一种金融资产，又与日常的生产经营活动有着密切的关系。从应收账款的风险性和营利性看，它具有违约风险大、变现能力差、通货膨胀风险较大、盈利性差等特点。

②应收账款管理。

做好应收账款管理应重点考虑以下方面：

a. 加强应收账款的成本管理。

企业采用赊销方式销售产品固然可以扩大销售收入，加快企业存货周转，但是其持有应收账款也是有代价的，这种代价就是应收账款的成本，主要包括管理成本、机会成本和坏账成本。

b. 充分利用好信用政策。

信用政策（credit policy），是指企业为对应收账款进行规划与控制而确立的基本原则性行为规范，是企业财务政策的一个重要组成部分。

信用政策主要包括信用标准、信用条件、收账政策三部分内容，主要作用是调节企业应收账款的水平和质量。

（3）预付账款管理

①预付账款的特点。

预付账款是指企业按照购货合同的规定，预先以货币资金或货币等价物支付供应单位的款项。在日常核算中，预付账款按实际付出的金额入账，如预付的材料、商品采购货款、必须预先发放的在以后收回的农副产品预购定金等。对购货企业而言，预付账款是一项流动资产。预付账款一般包括预付的货款、预付的购货定金。施工企业的预付账款主要包括预付工程款、预付备料款等。

②预付账款的管理。

作为流动资产，预付账款不是用货币抵偿的，而是要求企业在短期内以某种商品，提供劳务或服务来抵偿。为了规范预付账款的使用，使企业提供的财务信息真实可靠，必须对企业的预付账款加强管理。

建立健全预付账款管理的相关制度，包括预付账款管理责任制度、预付账款的控制制度、预付账款台账管理制度、预付账款清理责任制度及会计人员培训制度。

财务负责人和内部审计部门定期检查预付账款的使用情况,包括对预付账款进行分析性复核;对大额异常项目进行调查;对期末预付账款余额与上期期末余额进行比较;检查预付账款是否存在贷方余额;检查预付账款长期挂账的原因;企业是否将正常的主营业务收入、其他业务收入、营业外收入记入预付账款,截留各种收入,推迟纳税或达到偷税的目的;审查预付账款业务合同是否真实合法;查证预付账款明细账的账龄及相关凭证;对长期未收到货物的预付账款,可向供货单位进行查询。

(4)存货管理

①存货的特点和分类。

a.存货的特点。

存货属于企业的流动资产,在企业的资产总额中占有很大的比重,与其他资产相比,存货具有以下特点:存货是有形资产;存货具有较强的流动性;存货具有时效性和发生潜在损失的可能性。

b.存货分类。

存货包括原材料、在产品、半成品、精矿产品以及矿山生产需用的低值易耗品等。

②存货成本管理。

a.存货入库的计量。

企业存货应当按照成本进行初始计量。存货成本包括采购成本、加工成本和其他成本。存货成本管理内容见表4-54。

表4-54 存货成本管理内容

项目名称	主要内容
存货的采购成本	购买价款、相关税费、运输费、装卸费、保险费以及其他可归属于存货采购成本的费用
存货的加工成本	直接人工以及按照一定方法分配的制造费用
存货的其他成本	除采购成本、加工成本以外的,使存货达到目前场所和状态所发生的其他支出
不计入存货成本的费用	按《企业会计准则第1号——存货》的规定,下列费用应当在发生时确认为当期损益,不计入存货成本:①非正常消耗的直接材料、直接人工和制造费用;②仓储费用(不包括在生产过程中为达到下一个生产阶段所必需的费用);③不能归属于使存货达到目前场所和状态的其他支出
投资者投入存货的成本	按照投资合同或协议约定的价值确定,但合同或协议约定价值不公允的除外

b.存货发出的计量。

由于各种存货分批购进,每次购入存货的实际单位成本往往有所不同,因此,存在着发出存货实际单价的计价问题。企业通常采用多种方法来计算出货品的成本。它们都是企业经常采用的方法,各有优劣和使用条件。主要方法包括先进先出法、后进先出法、个别计价法、加权平均法、移动加权平均法、计划成本法、毛利率法、零售价法等。

③存货的日常管理。

a.建立健全企业存货内控制度,发挥存货内部控制制度的作用。企业要依据《中华人民共和国会计法》《中华人民共和国公司法》组织建立存货内部控制制度，结合企业的生产经营特点，从严格采购、销售制度，规范存货采购、消耗、销售环节，建立供应、销售方的信息档案，加强对其信誉、资质等级管理，进一步明确各职能部门的岗位职责，严格执行不相容岗位分离的原则，发挥存货内部控制制度的相互牵制作用。

　　b.强化供应链管理，加强企业之间的交流与合作。供应链管理可以降低采购成本，还通过扩展组织的边界，供应商能够随时掌握存货信息，企业无须维持较高的存货持有成本，就既能生产出需要的产品，又不会形成存货堆积，从而降低存货持有成本。另外，可以减少交易成本和获取信息的成本，同时还可以降低企业的仓储成本。

　　c.合理整合内部物流资源，充分利用第三方物流。企业内部的物流资源是否得到充分利用，直接影响着存货的经济采购量、仓储量和存货的成本。利用第三方物流应注意以下问题：在内外资源的利用上，应先整合内部资源，同时还应考虑安排就业和分流富余人员等非经济因素；应注意物流管理人才的引进和中介机构的作用；加强存货管理过程中，不能局限于考虑存货的仓储成本和配送成本，还应改善企业业务流程的设计和企业分支机构及经营网点的设置。

　　(5)短期投资管理

　　①短期投资内容。

　　短期投资是指企业购入的各种能随时变现、持有时间不超过一年的有价证券以及不超过一年的其他投资。有价证券包括各种股票和债券等，如购买其他股份公司发行的各种股票，政府或其他企业发行的各种债券(国库券、国家重点建设债券、地方政府债券和企业融资债券等)；其他投资如企业向其他单位投出的货币资金、材料、固定资产和无形资产等。

　　②短期投资特点。

　　短期投资的特点如下：

　　a.该投资必须随时可以上市流通。

　　b.企业管理层有意在一个会计年度之内将其转变为现金。

　　c.很容易变现。

　　d.持有时间较短，短期投资一般不是为了长期持有，所以持有时间是不准备超过一年。但这并不代表必须在一年内出售，如果实际持有时间已经超过一年，除非企业管理当局改变投资目的，即改短期持有为长期持有，否则仍然作为短期投资核算。

　　e.它是不以控制、共同控制被投资单位或对被投资单位实施重大影响为目的而作出的投资。

4.5.6　无形资产管理

　　无形资产是相对于有形资产而言的，是指那些不具备实物形态的非货币性资产。它通常是矿山企业所拥有的某项法定权利，如采矿权、土地使用权、专利技术等，因此它可以帮助矿山企业获得高于一般水平的获利能力。无形资产管理是矿山企业资产运营管理的重要组成部分。

　　1)无形资产的分类

　　无形资产按其内容来分，一般包括专利权、商标权、土地使用权、特许权(采矿权)、非专利技术等。

2）无形资产的风险性和营利性

无形资产的财务特征与固定资产相类似。从资产的风险性和营利性来看，无形资产一般不存在违约风险，但其流动性风险很大，盈利性存在不确定因素。

3）无形资产取得的管理

随着技术的进步，无形资产作为企业重要的资源在企业经营中已经扮演着越来越重要的角色，无形资产管理也成为企业资产管理的重要内容。企业取得无形资产涉及许多管理上的问题，这里主要阐述无形资产取得管理中的几项基本要求。

（1）取得无形资产要与企业实施的经营战略相结合

企业取得无形资产通常与企业的经营战略联系在一起。例如，购买土地使用权、采矿权、自行开发一项技术、注册一个商标，都是企业实施经营战略的举措。矿山企业须从整个企业的发展战略来考虑无形资产的配置问题。要考虑采矿权、探矿权范围，同时对于生产工艺技术研究要及时申请专利技术，以保持行业竞争优势。

（2）建立健全无形资产取得的管理制度

矿山企业取得无形资产必须建立完善的管理制度，如制订符合企业发展规划的无形资产购置计划，进行构建无形资产的可行性分析，建立取得无形资产的审批制度，组建自行开发无形资产的团队等。

（3）合理确定无形资产的入账价值

从财务管理视角看，无形资产价值对企业的资产结构、资产的流动性及营利性会产生很大的影响。因此，必须关注无形资产入账价值的确认。与其他资产一样，企业的无形资产可以通过各种方式取得，如外购、自行开发、投资者投入、非货币性资产交换取得和债务重组取得，各种方式取得的无形资产其入账价值也有所不同。

4）无形资产摊销的管理

与固定资产类似，无形资产给企业带来的经济利益具有长期性，因此，企业应当将无形资产的账面价值以某种方式进行分摊，转为各期费用，这和固定资产折旧的性质完全相同，这个价值转移的过程就称为无形资产摊销。

（1）无形资产摊销期限

无形资产摊销管理的关键在于确定摊销期限，无形资产摊销期限的长短直接影响了无形资产成本转化为费用的快慢程度，企业应合理确定无形资产的摊销期限，具体应遵循以下原则：

①企业摊销无形资产，应当自无形资产可供使用时起至不再作为无形资产确认时止。

②企业持有的无形资产，通常来源于合同性权利或是其他非法定权利，而且合同规定或法律有明确的使用年限的，其摊销期限不应超过合同性权利或其他非法定权利的期限；如果合同性权利或其他非法定权利能够在到期时因续约等延续，且有证据表明企业续约不需要付出大额成本的，摊销期限应当包括续约期。

③合同或法律没有规定使用寿命的，企业应当综合各方面情况，聘请相关专家进行论证，或与同行业的情况进行比较，以及参考历史经验等，确定无形资产为企业带来未来经济利益的期限。

④若经过上述努力仍无法合理确定无形资产为企业带来经济利益期限的，则将其作为使用寿命不确定的无形资产。使用寿命不确定的无形资产，不进行摊销。

（2）无形资产摊销方法

企业选择的无形资产摊销方法一般为直线法，即将无形资产成本在其摊销期限内平均摊销。无形资产的应摊销额为其入账价值扣除残值后的金额（使用寿命有限的无形资产，一般其残值应当视为零）。

5）无形资产转让管理

（1）无形资产转让方式

企业拥有的无形资产，也可以依法转让。转让无形资产有两种方式：一是使用权转让，二是所有权转让。使用权是指按照无形资产的性能和用途加以利用，以满足生产经营需要的权利。所有权是指企业在规定范围内对其无形资产享有的占有、使用、收益、处置的权利。

（2）无形资产转让应注意的问题

①谨慎做出无形资产转让的决策。

与取得无形资产一样，无形资产对外转让通常也是企业实施某一发展战略的重要举措。因此，一定要谨慎对待无形资产转让的决策，分析其对企业造成有利和不利影响。例如，企业转让商标的使用权，要评判受让企业的生产经营能力、产品质量、经营者的诚信等方面，合理估计受让企业使用该商标给本企业产品的冲击。

②对无形资产进行合理的估价。

合理定价是无形资产转让中的敏感问题，企业通常采用与受让企业谈判的方式确定无形资产的出让价格。在谈判前，企业管理者应当对被转让的无形资产进行估价。估价的基本方法是净现值法，即无形资产的价值应当等于企业未来使用该项无形资产所产生的经济利益现值。在具体估算时，企业要充分考虑影响无形资产价值的各种可能的因素，尽可能正确估计未来现金流量和贴现率，使得谈判时的报价既不会造成企业无形资产的流失，也能使受让方乐意接受。

③规范进行无形资产转让的会计处理。

企业转让无形资产的使用权，取得的收入应作为其他业务收入处理。无形资产的账面余额、累计摊销和计提的减值准备不予转销；转让使用权而发生的相关税费，作为其他业务成本。企业转让无形资产所有权，取得的收入扣除无形资产账面价值后的差额作为营业外收支处理。

4.5.7　利润管理

1）利润构成

《企业会计准则》规定，企业利润包括营业利润、营业外收入和支出、所得税费用等。其中营业利润加上营业外收入，减去营业外支出后的数额，又称为利润总额（税前利润）；利润总额减去所得税费用后的数额即为净利润（税后利润）。

（1）利润总额

利润总额是企业一定时期内实现盈利的总额，其计算公式如下：

$$利润总额＝营业利润＋营业外收入－营业外支出 \qquad (4-34)$$

营业外收入是指企业发生的与其日常经营活动无直接联系的各项收入，主要包括非流动资产处置收入、盘盈收入、罚没收入、捐赠收入、确实无法支付而按规定程序经批准后转作营业外收入的应付款项等。

营业外支出是指企业发生的与其日常经营活动无直接联系的损失，主要包括非流动资产处置损失、盘亏损失、罚款支出、公益性捐赠支出、非常损失等。

（2）营业利润

营业利润是企业在一定时期内从事经营活动所取得的利润，是企业利润的主要来源。其计算公式如下：

$$营业利润=营业收入-营业成本-税金及附加-营业费用-管理费用-财务费用-资产减值损失-信用减值损失+公允价值变动收益（-公允价值变动损失）+投资收益（-投资损失）+资产处置收益（-资产处置损失） \tag{4-35}$$

营业收入是企业主营业务和其他业务所确定的收入总额。

营业成本是企业主营业务和其他业务所发生的成本总额。

税金及附加是企业经营业务应负担的包括消费税、城市维护建设税、教育费附加、资源税、房产税、城镇土地使用税、车船税、印花税和环保税等。

营业费用是企业销售商品过程中发生的费用，包括运输费、装卸费、包装费、保险费以及为销售本企业商品而专设的销售机构的职工工资、业务费等。

管理费用是企业为组织和管理生产经营活动所发生的费用，包括企业的董事会和行政管理部门在企业经营活动中发生的，或者由企业统一负担的公司经费（包括行政管理部门职工工资、修理费、物料消耗、低值易耗品摊销、办公费和差旅费等）、工会经费、待业保险费、劳动保险费、董事会费、聘请中介机构费、咨询费、诉讼费、业务招待费等。

财务费用是企业为筹集生产经营所需资金等而发生的费用，包括利息支出（减利息收入）、汇兑损失（减汇兑收益）以及相关的手续费等。

资产减值损失是企业各项资产发生的减值损失。

公允价值变动收益是企业应当计入当期损益的资产或负债的公允价值的变动收益。

投资收益是指企业对外投资所取得的收益。

（3）净利润

净利润是指利润总额减去所得税后的金额，亦称税后净利润。其计算公式如下：

$$净利润=利润总额-所得税 \tag{4-36}$$

2）利润分配

企业年度净利润，除法律、行政法规另有规定外，应按照以下顺序进行分配：

（1）弥补以前年度亏损

（2）提取法定公积金

按规定，法定公积金应按照税后利润（扣除用于抵补被没收财物损失和支付违反税法规定的各种滞纳金、弥补超过所得税前利润抵补期限按规定须用税后利润弥补的亏损）的10%计提法定公积金。法定公积金累计额达到注册资本的50%以后，可以不再提取。

（3）向投资者分配利润

企业以前年度未分配的利润并入本年度利润，即为可供投资者分配的利润。

企业弥补以前年度亏损和提取盈余公积后，当年没有可供分配的利润时，不得向投资者分配利润，但法律、行政法规另有规定的除外。

股份有限（责任）公司的税后利润分配程序，现行制度单独对此做了规定，规定企业的税后利润除了按照上述顺序进行分配外，还应按下列顺序进行分配：

①支付优先股利。分配利润时,优先股要比普通股优待。通常优先股的股利率、参与分配的具体标准等由有关的协议章程规定。根据我国的法律规定,公司的普通股股利的分配,要在付清当年的或积欠的优先股股利后才能分配。

②提取任意盈余公积金。公司出于未来发展需要的考虑,或者基于控制向投资者分配利润的水平以及调整各年利润分配的波动,往往采取比较谨慎的财务策略,自愿在税后利润中提取一部分留存收益,其提存比例,由股东会议或公司章程决定。

③支付普通股股利。支付普通股股利是指企业按照利润分配方案分配给普通股东的现金股利一般应按同股同利、公平分配的原则进行分配。

3)增加企业利润途径

(1)面向市场,优化产品方案及质量

矿产品市场是一个世界性的大市场,矿产品企业认真调查研究,了解市场的需要,根据内需和外需,积极开发新产品,扩大销售量,满足社会的需求,保证在激烈的市场竞争中立于不败之地。

(2)节约开支,降低成本

增加企业利润,企业必须从实际出发,根据各企业的特点,从各个方面,各个环节想办法,挖掘潜力,制定出降低成本的具体措施,落实到单位、班组和个人,并要及时检查监督才能见效。

(3)合理运用资金,加速资金周转

企业合理运用资金,是指管好、用好企业生产经营中所占用的各种财产物资,做到节约使用,合理消耗,加速资金周转,从而增加企业利润。

4.5.8 某矿山企业财务管理实例

1)矿山概况

该矿区共有工业矿体5个,主要矿体1个即M1,M1工业矿体占整个矿床工业矿体总资源量的99.94%,金属量占总工业矿金属量的99.95%。矿体形态呈似层状,向四周及深部分枝尖灭,矿体厚大集中,覆盖层薄,平均剥采比小。

开采方式:露天开采。

矿山规模:5000 t/d、170万 t/a。

2)生产指标管理

本年度生产技术指标要求见表4-55。

表4-55 矿山主要生产技术指标

序号	项目	单位	本年度	备注
一	剥采总量	t	*	
1	剥离量	t	*	
2	出矿量	t	*	
3	剥采比		2.00	

续表4-55

序号	项目	单位	本年度			备注
4	原矿品位	%	0.165			
5	磁铁原矿品位	%	9			
6	生产天数	d	340			
二	选矿指标		1#选厂	2#选厂	合计	
1	处理矿量	t	1156000	544000	1700000	
2	原矿品位	%	0.165	0.165	0.165	
3	钼精矿品位	%	45	45	45	
4	选矿回收率	%	62.00	70.00		
5	钼精矿产量	t	2628.00	1237.00	3865.00	折45%
	低品位钼精矿产量			898.00	898.00	折8%
6	生产天数	d	340	340		
7	运转率	%	90	90		
8	选矿比	%	440	390		
9	精矿产率	%	0.23	0.23	0.23	
10	铁粉产量	t	208080.00	68085.00		
11	铁精矿品位	%	45	64		
12	磁铁回收率	%	90	89		

3)成本费用管理

(1)矿山生产材料消耗

矿山生产主要材料采购价格见表4-56、表4-57。

表 4-56 矿山年度主要材料消耗

名称	单位	单位消耗	单价	单位成本/(元·t⁻¹)	备注
乳化炸药2#	kg	0.184	6.07	1.12	
导爆管雷管	个	0.024	7.69	0.18	
其他材料	元			0.03	辅助爆破材料
合计				1.33	爆破材料成本

注：以上金额均不含税。

表 4-57 选厂年度主要材料消耗

序号	名称	1#选厂			2#选厂			备注
		吨原矿单耗量/kg	单价/(元·kg^{-1})	磨矿单耗/元	吨原矿单耗量/kg	单价/(元·kg^{-1})	磨矿单耗/元	
1	煤油	14.399	0.47	6.77	6.03	0.615	3.71	
2	水玻璃	0.005	20.94	0.10				
3	氰化钠	0.063	6.645	0.42	0.07	6.645	0.47	
4	2#油				0.23	15.888	3.65	
5	捕收剂				0.22	2.735	0.60	
6	巯基乙酸钠	0.03	2.56	0.08				
7	硫化钠				0.19	6.32	1.20	
8	抑制剂				1.08	0.507	0.55	
9	硫酸铝			2.74			5.48	
10	钢球			0.56			1.12	
11	衬板	0.539	8.108	4.37	0.419	8.108	3.40	
	……							
20	其他材料	34.08	0.63	21.47	55.63	0.641	35.66	

注：以上金额均不含税。

（2）采矿成本

矿山采矿成本见表 4-58。

表 4-58 矿山采矿成本费用

类别	序号	项目	单位	实际成本		
				总成本	单位成本	单耗
各工序单位成本	1	穿孔直接材料费	元	*	*	0.53
	2	爆破直接材料费	元	*	*	1.33
	3	铲装直接材料费	元	*	*	*
	4	破碎直接材料费	元	3349000.00	1.970	1.97
	5	运输直接材料费	元	*	*	*
		小计	元	*	*	*
职工薪酬	1	工资	元	6254040.00	3.679	
	2	福利费	元	222000.00	0.131	
	3	养老失业医疗住房	元	3150925.92	1.853	
	4	工会、教育经费	元	125080.80	0.074	
		小计	元	9752046.72	5.74	

续表4-58

类别	序号	项目		单位	实际成本		
					总成本	单位成本	单耗
制造费用	1	折旧费		元	14805476.00	8.709	
	2	修理费		元	*	*	
	3	矿山维简费		元	12502945.56	7.355	
	4	安全费		元	8500000.00	5.000	
	5	机物料消耗		元	*	*	
	6	低值易耗品		元	17000.00	0.010	
	7	劳动保护费		元	177600.00	0.104	
	8	化验检测费		元	568314.37	0.334	
	9	办公费		元	23800.00	0.014	
	10	水电费		元	170000.00	0.100	
	11	差旅费		元	13600.00	0.008	
	12	取暖降温费		元	88800.00	0.052	
	13	保险费		元	*	*	
	14	小车费		元	128316.50	0.075	
	15	补助费(放炮震动)		元	280000.00	0.165	
	16	业务招待费		元	15300.00	0.009	
	17	四小税		元	*	*	
	18	养路费		元	119000.00	0.070	
制造费用	19	其他工资		元	*	*	
	20	其他费		元	491640.00	0.289	
	21	劳务费(外包)		元	42032622.04	24.73	
	22	①剥离(穿爆铲)		元	13069471.70	7.69	3.844
	23	②采矿(穿爆铲)		元	7225342.69	4.25	4.250
	24	③破碎		元	480150.00	0.28	2.910
	25	④装矿(自采)			*	*	1.752
	26	⑤运输费		元	21257657.66	12.505	
	27	其中	采矿	元	5666666.67	3.33	3.333
	28		剥离	元	15590990.99	9.17	4.586
		小计			79934414.47	47.02	
	1	采矿权摊销		元	7503826.55	4.414	
	2	资源税		元	20400000.00	12.00	

续表4-58

类别	序号	项目	单位	实际成本		
				总成本	单位成本	单耗
		合计		120939287.7	71.14	
生产指标	1	采剥总量		*		
	2	其中：采矿量	t	*		
	3	剥离量	t	*		
	4	原矿品位	%	0.165		
	5	剥采比	t	2.00		
		可控成本	元	57227039.63	33.66	
		固定成本	元	63712248.11	37.48	

（3）选矿成本

选矿成本包括运矿、碎矿、磨浮、脱水等工段成本费用，矿山选矿成本见表4-59。

表4-59　矿山选矿成本费用

序号	成本项目	单位	1#选厂				2#选厂			
			吨原矿单耗量	单价	单位成本	成本总额	吨原矿单耗量	单价	单位成本	成本总额
一	运矿成本									
	外购运费	元	*	*	3.61	4176180.18	*	*	2.74	1489873.87
二	碎矿成本									
1	材料费合计	元	*	*	3.00	3470312.00	*	*	7.56	4114619.43
1.1	破碎机备件	元	*	*	0.98	1137735.20	*	*	3.75	2040201.20
	……									
1.8	其他材料	元	*	*	1.08	1248480.00	*	*	1.22	662137.73
2	电费	kW·h	3.81	0.63	2.40	2774400.00	4.84	0.641	3.10	1686148.08
3	人工费用		*	*	2.13	2465136.00	*	*	2.29	1246644.00
3.1	工资	人	*	*	2.09	2416800.00	*	*	2.25	1222200.00
3.2	附加费	元	*	*	0.04	48336.00	*	*	0.04	24444.00
4	其他费用	元								
5	合计	元/t			7.53	8709848.00			12.95	7047411.51
三	磨浮成本									
1	材料费合计		*	*	18.32	21174541.01	*	*	29.46	16028332.27
1.1	钢球	t	*	*	2.74	3167440.00	*	*	5.48	2981120.00
1.2	衬板	t	*	*	0.56	647360.00	*	*	1.12	609280.00
1.3	电器	元	*	*	0.12	138720.00	*	*	1.33	722953.48

续表4-59

序号	成本项目	单位	1#选厂				2#选厂			
			吨原矿单耗量	单价	单位成本	成本总额	吨原矿单耗量	单价	单位成本	成本总额
1.4	选矿药剂		*	*	11.84	13684585.81	*	*	14.55	7914824.49
1.4.1	煤油	kg	0.539	8.108	4.37	5051965.07	0.42	8.108	3.40	1848105.09
	……									
1.4.8	其他选矿药剂		*	*	0.10	115600.00	*	*	1.17	638388.20
1.5	其他配件		*	*	0.72	832320.00	*	*	4.46	2426675.20
1.6	其他材料		*	*	2.34	2704115.20	*	*	2.52	1373479.10
2	电费	kW·h	20.17	0.63	12.71	14692760.00	37.37	0.641	23.95	13030128.16
3	人工费用	元	*	*	4.20	4852425.60	*	*	5.51	2997208.80
3.1	工资	人	*	*	4.12	4757280.00	*	*	5.40	2938440.00
3.2	附加费	元	*	*	0.08	95145.60	*	*	0.11	58768.80
4	其他费用	元	*	*	0.00	0.00	*	*	0.00	0.00
5	合计	元/t			35.22	40719726.61			58.93	32055669.24
四	脱水干燥成本(动力车间及其他)									
1	材料费合计	元	*	*	2.14	2477378.69	*	*	4.33	2354370.00
1.1	砂水配件	元	*	*	0.72	832320.00	*	*	2.03	1105966.16
	……									
1.6	其他材料	元	*	*	0.92	1059743.52	*	*	0.15	81600.00
2	电费	kW·h	10.09	0.63	6.36	7352160.00	10.23	0.641	6.56	3566588.23
3	人工费用	元	*	*	4.16	4813502.40	*	*	3.11	1694016.00
3.1	工资	人	*	*	4.08	4719120.00	*	*	3.05	1660800.00
3.2	附加费	元	*	*	0.08	94382.40	*	*	0.06	33216.00
4	其他费用	元	*	*	0.00	0.00	*	*	0.00	0.00
5	合计				12.67	14643041.09			14.00	7614974.23
五	工序成本合计	元/t			83.73	96788599.78			117.50	63921305.93
1	材料费	元/t	*	*	23.46	27122231.70	*	*	41.36	22497321.71
2	电费	元/t	34.08	0.63	21.47	24819320.00	52.43	0.641	33.61	18282864.47
3	人工费用(含制造费用工资及附加)	元/t	*	*	16.52	19101842.80	*	*	16.86	9174054.48
4	其他费用(运费)	元/t	*	*	3.61	4176180.18	*	*	2.74	1489873.87
5	制造费用				18.66	21569025.10			22.94	12477191.40
六	矿石成本	元			71.14	82238715.67			71.14	38700572.08
七	选矿成本合计	元			154.87	179027315.45			188.64	102621878.01

（4）期间费用

期间费用包括财务费用、管理费用及营业费用，矿山期间费用见表4-60、表4-61、表4-62。

表 4-60　财务费用

单位：万元

项目名称	本年度实际
利息支出	3910.00
利息收入	-896.95
汇兑损失	
金融机构手续费	0.60
筹资费用	
调剂外汇手续费	
其他	
合计	3013.65

表 4-61　管理费用

单位：万元

项目名称		本年度实际
工资支出		399.20
职工福利费		13.90
职工教育经费		12.07
工会经费		5.30
社会保险费		101.66
其中	养老费	46.20
	失业金	4.62
	住房公积金	27.72
	工伤医疗保险	20.79
其他		2.33
办公费		17.75
水电费		15.00
取暖降温费		2.36
差旅费		32.08
会议费		16.00
警卫消防费		9.20
审计费		18.00

续表4-61

项目名称		本年度实际
劳动保护费		4.72
小车费用		47.80
折旧费		94.21
咨询费(办采矿证)		615.00
业务招待费		30.18
无形资产摊销		45.81
矿山资源补偿费		694.26
水资源费		0
税金		96.24
其中	房产税	28.34
	车船税	2.90
	印花税	6.40
	土地使用税	58.60
其他		45.00
管理费用合计		2315.74
其中：可控成本		1385.22

表 4-62 营业费用　　　　　　　　　　单位：万元

序号	项目名称	本年度实际
1	包装费	362.55
2	运输费	635.89
3	装卸费	80.22
4	仓储保管费	58.65
5	保险费	56.54
	……	
16	租赁费	15.88
17	差旅费	65.74
18	其他	85.66
19	合计	1915.56

(5)利润管理

矿山利润计算见表4-63。

表 4-63　利润表（损益表）　　　　　　　　　　　　　　　单位：万元

序号	项目名称		本年度实际
1	营业收入：		37212.79
		主营业务收入	34712.79
		其他业务收入	2500.00
2	营业成本：		27903.02
		主营业务成本	27894.22
		其他业务成本	8.80
3	毛利		9309.78
4	减：税金及附加		498.89
5	销售费用		1915.56
6	管理费用		2315.73
7	财务费用（收益以"－"号填列）		3013.65
8	资产减值损失		—
9	加：投资收益（净损失以"－"号填列）		—
10	营业利润（亏损以"－"号填列）		1565.94
11	加：营业外收入		—
12	减：营业外支出		—
13	利润总额（亏损总额以"－"号填列）		1565.94
14	减：所得税		391.48
15	净利润（净亏损以"－"号填列）		1174.45
16	归属于母公司所有者的净利润		
17	少数股东损益		

①主营业务收入

主营业业务收入见表 4-64。

表 4-64　主营业务收入　　　　　　　　　　　　　　　单位：万元

序号	项目名称	单价	产量	本年度实际
1	钼精矿（折合 47%）	*	*	*
2	钼铁（折合 60%）	*	*	*
3	氧化钼（折合 52%）	*	*	*
4	钨精矿（折合 65%）	*	*	*
	……	*	*	*
22	合计			34712.79

②税金及附加

缴纳税金及附加见表4-65。

表 4-65　应缴纳税金及附加表　　　　单位：万元

序号	项目名称	本年度实际
1	城建税	225.63
2	教育费附加	135.38
3	地方教育费附加	90.25
4	消费税	0
5	资源税	2.50
6	其他	0
7	合计	453.76

4.6　矿山企业信息化管理

4.6.1　概述

矿山企业信息化管理是矿山企业利用现代的信息化技术，通过对信息资源的深度开发和广泛应用，不断提高生产、经营、管理、决策的效率和水平，从而提高矿山企业经济效益和竞争力的过程。矿山企业信息化管理包括企业运作管理以及对信息技术、信息资源、信息设备等信息化实施过程的管理。矿山企业信息化管理引领矿山企业的发展与进步，开创安全、高效、高产、绿色和可持续的矿业发展新模式。矿山管理中的信息技术主要有：

（1）电子数据处理（electronic data processing，EDP）：用计算机替代人工处理例行性的数据，并产生报表以支持组织的作业活动。

（2）管理信息系统（management information system，MIS）：由人和计算机网络集成，能提供企业管理所需信息以支持企业的生产经营和决策的人机系统。主要功能包括生产管理、经营管理、资产管理、行政管理和系统维护等。

（3）企业资源规划（enterprise resource planning，ERP）：由美国著名管理咨询公司（Gartner）1990 年提出的企业管理概念。ERP 跳出了传统企业边界，从供应链范围去优化企业的资源。ERP 是将企业所有资源进行整合集成管理，即将企业的三大流：物流、资金流、信息流进行全面一体化管理的管理信息系统。

（4）客户管理系统（customer relationship management system，CRM）：最初由 Gartner Group 提出来，而后开始在企业电子商务中流行。CRM 的主要含义就是通过对客户详细资料的深入分析来提高客户满意程度，从而提高企业的竞争力。

（5）计算机辅助设计/制造（computer aided design，computer aided manufacturing，CAD/CAM）：CAD 即计算机辅助设计，利用计算机及其图形设备帮助设计人员进行设计工作。

CAM 即计算机辅助制造，其核心是计算机数值控制（简称数控），是将计算机应用于制造生产过程的过程或系统。

（6）生产过程执行系统（manufacturing executive system，MES）：由美国 AMR 公司（Advanced Manufacturing Research，Inc）在 90 年代初提出。MES 是一套面向生产企业执行层的生产信息化管理系统，旨在加强 MRP 计划（material requirement planning，MRP）的执行功能，把 MRP 计划同生产作业现场控制，通过执行系统联系起来。这里的现场控制包括 PLC 程控器、数据采集器、条形码、各种计量及检测仪器、机械手等。

（7）计算机集成制造系统（computer integrated manufacturing systems，CIMS）：该概念最早是由美国学者哈林顿博士提出的，是通过计算机硬件、软件，并综合运用现代管理技术、制造技术、信息技术、自动化技术、系统工程技术，将企业生产全部过程中有关的人、技术、经营管理三要素及其信息与物流有机集成并优化运行的复杂的大系统。CIMS 的概念已从美国等发达国家传播到发展中国家，从典型的离散型机械制造业扩展到化工、冶金等连续或半连续制造业。

（8）人力资源管理系统（human resource management systems，HRM）：组织或社会团体运用系统学理论与方法，对企业的人力资源管理进行分析、规划、实施、调整，提高企业人力资源管理水平，使人力资源更有效地服务于组织或团体目标。

（9）知识管理系统（knowledge management systems，KM）：利用软件系统或其他工具，对组织中大量的有价值的方案、策划、成果、经验等知识进行分类存储和管理，积累知识资产避免流失，促进知识的学习、共享、培训、再利用和创新，有效降低组织运营成本，强化其核心竞争力的管理方法。

（10）办公自动化系统（office automation systems，OA）：办公自动化是指办公人员利用现代科学技术的最新成果，借助先进的办公设备，实现办公活动科学化、自动化，其目的是通过实现办公处理业务的自动化，最大限度地提高办公效率，改进办公质量，改善办公环境和条件，辅助决策，减少或避免各种差错和弊端，缩短办公处理周期，并用科学的管理方法，借助各种先进技术，提高管理和决策的科学化水平。

4.6.2　矿山信息化管理主要内容

矿山信息化管理是以信息网络与计算机系统为基础，将采掘、运输、提升、选矿等生产系统及财务、设备、物资等管理系统集成一体，通过对数据的自动化采集、传输、存储和利用，在矿山企业管理中实现各类数据的统一管理和共享。通过建立扁平化、协同化、实时化的运营管理模式，分享各系统信息资源，提升运营决策分析水平。

1）地质资源信息化管理

地质资源的管理是矿山企业得以生存的根本，有效的地质资源管理包含了地质勘探、地质测量等多个方面。采用三维矿业软件进行地质资源的信息化管理是国际上的通用做法，国际上知名的矿业公司都建立了围绕三维矿业软件完善的作业体系。

三维矿业软件以探矿、测量、验收数据等为基础，建立了地质数据库、三维矿床实体模型、三维开拓及采掘工程系统模型、采空区模型、矿床品位模型等，实现了地质信息、矿体形态、井巷工程、采空区分布与矿床品位等信息的三维显示，并能对不同空间分布、不同品位等级的矿山保有储量、品位进行迅速计算，为地质资源的数字化、可视化管理提供图形与数据基础。

国外一些知名的三维矿业软件有 Surpac(澳大利亚)、Micromine(澳大利亚)、Mintec(美国)、Datamine(英国)等；国内比较有代表性的三维矿业软件有 MapGis、3Dmine、Dimine 等。

2)矿山设计及生产计划信息化管理

(1)矿山设计信息化管理

矿山设计主要是指露天矿开采境界的优化圈定、开拓运输系统设计、回采爆破设计和地下矿的开拓设计、采准设计、回采设计、通风设计等。基于所建立的三维矿床模型进行矿山开采设计，实现矿块三维实体模型的自动输出、任意平剖面图纸的自动输出及相关生产报表的输出、分析与查询等功能。通过数据的实时传输实现生产成果的自动输出，为无人化生产过程控制提供基础数据，并设置采切工程量、资源消耗、材料动力等的计算模块，通过矿块设计中的实时数据的传输完成相关数据的计算。

(2)矿山采掘(剥)计划的优化管理

基于三维软件和生产计划管理系统，完成矿山采掘(剥)计划编制，实现矿山生产任务的智能分配，最终自动生成具备实际指导意义的生产计划，包括年度、季度和月度计划，并可根据资源条件和市场条件实现生产任务的快速调整与优化。

智能化生产作业组织与任务分配，借鉴国内某矿山经验，可归纳为滚动作业计划与智能排产、自动配矿、采掘充生产平衡管理、日矿石价值估算四个方面：

①滚动作业计划与智能排产。

将求解结果以月为滚动周期在系统中进行显示，按照"近细远粗"的原则制订四个月内的计划，然后按照计划的执行情况和产品价格的变化，调整和修订未来的计划，并逐期向前推进，把短期计划与中期计划结合起来。最后以日为单位绘制出每个月的生产甘特图。

②自动配矿。

系统内置排产优化模型求解后，会给出每天作业的采场号，根据采场的生产能力和采场的品位可以求出日出矿品位，由于排产优化模型中对日出矿品位有约束，所以每天的日出矿平均品位会在一定范围内波动，自动完成生产配矿。

③采掘充生产平衡管理。

矿山生产过程具有一定的连续性、均衡性，各个生产阶段在相同的时间段产出数量大致相等的产品，以降低矿石堆积与生产浪费。而对于地下矿山，采掘协调、采充平衡对于矿山稳定持续的生产具有十分重要的意义。与生产过程控制相集成的采、掘、充协调系统通过数据采集从现有生产系统中获取可以准确反映矿山当前的采、掘、充现状的数据，为矿山决策者提供直观的数据看板，与此同时，通过内置算法计算采、掘、充的配比，为矿山平衡采、掘、充计划提供决策依据，以实现矿山的稳定和可持续生产。

④日矿石价值估算。

由排产优化模型求得的结果可以计算出每天的金属量，按照动态仿真模型预测的每日金属产品价格和吨矿成本可以近似估算出日矿石价值，可以最后统计图的形式显示，为决策提供依据。

3)矿山生产过程信息化管理

(1)露天矿生产调度管理

露天矿是一个以采掘为中心，以运输为纽带的大型生产系统。其生产计划指标和任务的完成,生产过程组织、实施是通过采运设备,尤其是对运输设备的调配来进行的。露天矿生产的高效率很大程度上取决于采、运设备的效率,合理调度露天矿山的装、运、卸、储及转运各个环节是提高露天矿山效益的最重要环节。

露天矿 GPS 智能调度系统是以全球 GPS 卫星定位技术、无线网络通信技术、核心调度模型技术及矿山软件工程技术为基础的一项高新技术,并已逐步成为露天采矿业利用计算机实现自动化生产组织与管理的主流技术。具体应用于以下四个方面:

a. 钻机精准定位与作业控制。基于 GPS 的露天矿钻机精确定位与控制系统,可实现钻机的精确定位和三维空间条件下精确确定钻孔位置,并可达到很高的精度。

b. 电铲作业优化控制。采用基于 GPS 的电铲作业优化控制系统,由于操作人员可以通过机载显示屏清楚了解电铲周围的各种障碍物位置,大大降低了发生各种危险的可能性;电铲可以在爆破后立即开始工作而不需要等待工作人员设置好标志后才开始工作,提高了生产效率;电铲还可以在夜间及各种恶劣气候下工作。此外,装备了 GPS 系统的电铲由于可以精确定位,因此可与运输卡车很好地配合,保障装载工作顺利进行。

c. 卡车跟踪与优化调度。基于 GPS 的露天卡车调度系统可以实现露天矿运输卡车的自动跟踪和优化调度。系统将自动记录卡车运输速度、堵塞地点和运输循环时间以及卡车的装载点和卸载点。系统通过分析这些数据来确定最佳的调度方案。

d. 推土机作业优化控制。类似安装在电铲上的 GPS 系统,推土机的机载系统能够跟踪推土机的精准位置和所处地点的高程,并可向操作人员显示出需要推掉或填平的位置,以便进行改进。

未来如果将我国自主研发的北斗卫星定位系统成功运用在露天矿生产调度中,将形成我国具有自主知识产权的露天矿山调度系统,更有利于提高我国露天矿山生产调度管理的现代化水平。

(2)地下矿生产过程管理

近些年,地下矿山在井下全面推行智能化与自动化作业,引进遥控铲运机、遥控钻机、撬毛台车、喷浆机器人、切割槽钻机等智能化设备,凿岩、撬毛、支护、装药、出矿、运输全面实现遥控化或自主化作业(视距、视频遥控或远程控制)。通过建立智能调度控制平台、井下装备远程控制平台、矿用无线通信系统、精确定位导航系统、采场视频监控系统等来实现地下矿山生产过程(包括提升、运输、通风、供风、排水、充填等)的自动化管理。

根据我国矿山目前的装备水平和管理现状,地下矿生产过程信息化内容见图 4-11。

4)矿山安全信息化管理

矿山安全信息化管理是通过建立矿山安全监测系统,实时监测井下地压状态、采场有毒有害气体浓度、井下粉尘浓度、作业环境温湿度等环境信息,与矿山通信联络、人员定位系统及应急救援系统实现闭环联动,全面保障井下安全生产。

安全管理范围无缝涵盖矿山企业员工、承包商、供应商等合作企业。安全管理需建立完善的日常安全管理确认机制,在各个生产作业环节均设有完善的安全核对表,作业人员必须认真阅读和比对并签字,将相关信息录入安全管理信息系统,若发生了事故,则查找表进行追责。

5)矿山经营信息化管理

在地质资源信息化、设计信息化、生产过程自动化的同时,建立各种计算机信息系统,

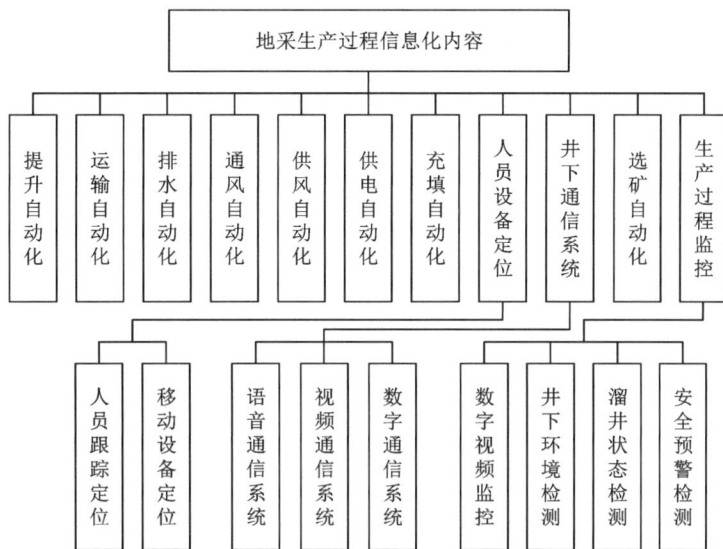

图 4-11　地下矿生产过程信息化内容示意图

才能充分开发和应用信息资源，实现矿山企业中资金流、物资流合理有序地流动。

主要内容有：全面预算、计划统计、物资供应、设备资产、产品销售、人力资源、财务成本、经济活动分析、HSE 管理、办公自动化（OA）等。目前国内有针对各模块的商业软件，例如广联达、鲁班、品茗等预算软件，用友、金蝶等财务软件，阳关等 HSE 管理软件以及办公 OA 软件等，也有集多项功能为一体的管理软件，如 ERP 系统、MES 系统等。

ERP 系统是针对物资资源管理（物流）、财务资源管理（资金流）、信息资源管理（信息流）集成一体化的企业管理软件。它将包含客户/服务（B/S）架构，使用图形用户接口，应用开放系统制作。除了已有的标准功能，它还包括其他特性，如品质、过程运作管理以及调整报告等。

MES 系统是为矿山企业提供包括生产数据管理、计划排产管理、生产调度管理、库存管理、质量管理、人力资源管理、设备管理、工具工装管理、采购管理、成本管理、项目看板管理、生产过程控制、底层数据集成分析、上层数据集成分解等管理模块，为企业打造一个扎实、可靠、全面、可行的制造协同管理平台。

6）智能运营与决策平台

通过矿山生产、安全、能源和环保等方面数据的高效采集和综合集成，构建企业综合服务云平台，搭建起"互联网 + 集团大数据中心 + 矿山智能化服务平台"综合服务体系，实现生产过程远程控制、安全大数据高效存储、安全监测数据智能分析及有效性保障、高危岗位人员安全监测、矿山全流程能耗综合优化、企业能耗指标智能评价、重大污染源在线监测、企业环保智能监管、碳排放指标评价及优化等方面的信息存储与管理。

矿山信息化决策平台是基于各环节形成的生产与经营数据，运用大数据分析与商务智能等工具，采用系统分析与评价、数据挖掘与优化模型等方法，完成矿山的经济分析与决策支持，预测并及时修正矿山生命周期内的生产布局。实现生产经营效果的科学分析，并辅助生产决策。

4.6.3　矿山信息化管理架构及模式

1）矿山信息化管理层次

矿山信息化管理分为三个层次，见图4-12。

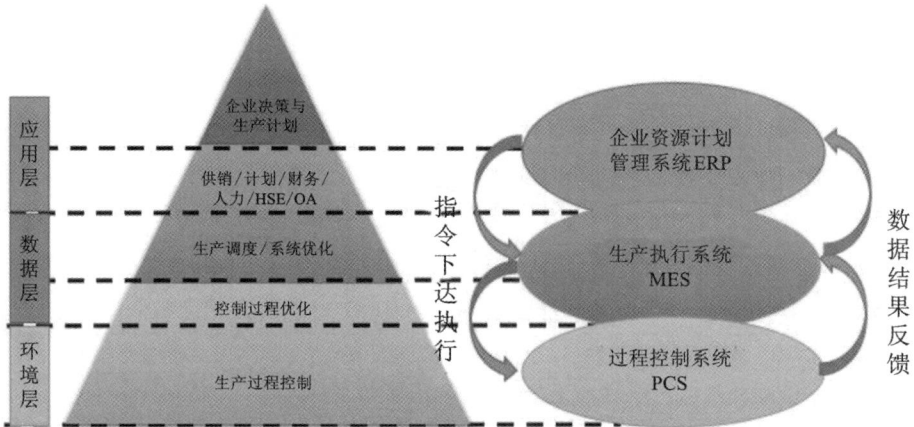

图4-12　企业信息化管理层次示意图

（1）应用层：主要为企业管理层下达上层指令，如矿山生产计划、供销计划等。它强调的是矿山生产企业的计划性。它们以生产能力、市场需求为计划源头，力求充分利用企业内的各种资源，降低库存，提高企业的整体运作效率。

（2）数据层：主要是生产调度、系统优化、过程控制优化，是在企业管理层（应用层）与底层控制层（环境层）之间建立起关联。一方面，可以对来自ERP系统的生产管理信息进行细化、分解，将来自应用层操作指令传递给底层控制层。另一方面，可以采集设备、仪表的状态数据，以实时监控底层设备的运行状态，再经过分析、计算与处理，从而方便、可靠地将控制系统与信息系统整合在一起，并将生产状况及时反馈给应用层。

（3）环境层：主要为生产过程控制，是以先进控制、操作优化为代表的过程控制技术对设备等环境因素进行控制，通过控制优化，减少人为因素的影响，提高系统的运行效率。

2）矿山信息化管理基本架构及模式

随着信息技术的不断发展和我国矿山企业改革的不断深入，矿山企业管理方式正在向创新管理和知识管理转变。为适应新时期矿山企业管理方式的变革，矿山企业管理逐步向生产过程自动化与企业生产、经营管理信息化的一体化、集成化转变。

矿山集成管理业务基本架构及模式分为"三中心"与"两体系"。"三中心"即生产可视化智能监控中心、智能过程控制中心、IT支持服务中心，"两体系"即标准管理体系与知识管理体系。

企业信息化集成管理业务架构及模式见图4-13。

（1）IT支持服务中心

IT支持服务中心包括网络互联、数据中心、信息安全、基础支撑等几个方面。

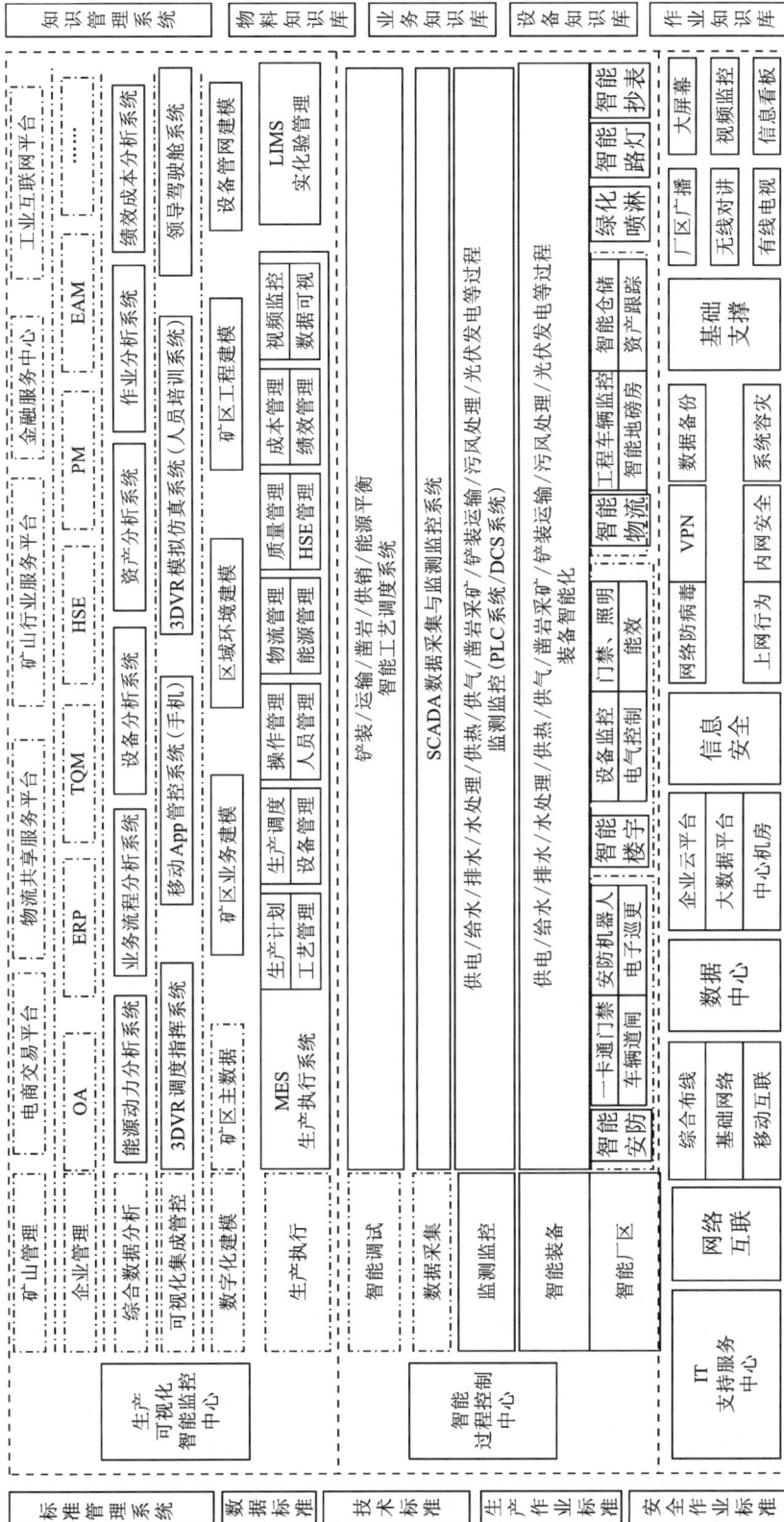

图 4-13　企业信息化集成管理业务架构及模式示意图

知识管理系统｜物料知识库｜业务知识库｜设备知识库｜作业知识库

生产可视化智能监控中心
- 矿山管理——工业互联网平台
- 企业管理——电商交易平台 OA／物流共享服务平台 ERP／矿山行业服务平台 TQM HSE／金融服务中心 PM EAM
- 综合数据分析：能源动力分析系统、业务流程分析系统、绩效成本分析系统
- 数字化集成管控：3DVR调度指挥系统、移动App管控系统（手机）、设备分析系统、资产分析系统、作业分析系统、领导驾驶舱系统、3DVR模拟仿真系统（人员培训系统）
- 数字化建模：矿区主数据、矿区业务建模、区域环境建模、矿区工程建模、设备管网建模、LIMS实化管理

MES 生产执行系统
- 生产执行：生产计划、工艺管理、生产调度、设备管理、操作管理、人员管理、物流管理、能源管理、质量管理、HSE管理、成本管理、绩效管理、视频监控、数据可视
- 智能调试：铲装/运输/凿岩/供气/凿岩采矿/铲装运输/污风处理/光伏发电等过程 智能工艺调度系统

智能过程控制中心
- 数据采集：SCADA数据采集与监测监控系统 监测监控（PLC系统/DCS系统）、装备智能化
- 监测监控
- 智能装备：供电/给水/排水/水处理/供气/供热 设备监控、电气控制、门禁照明能效、智能数字楼宇
- 智能厂区：安防（智能安防、一卡通门禁、车辆道闸、电子巡更、安防机器人）、数据中心（企业云平台、大数据平台、中心机房）、信息安全（网络防病毒、上网行为、内网安全、系统容灾、VPN、数据备份）、智能物流（智能仓储、工程车辆监控、智能地磅房、资产跟踪）、绿化喷淋、智能管路灯、智能抄表、基础支撑

IT支持服务中心
- 网络互联：综合布线、基础网络、移动互联
- 信息安全
- 厂区广播、无线对讲、有线电视、大屏幕、视频监控、信息看板

标准管理系统｜数据标准｜技术标准｜生产作业标准｜安全作业标准

（2）智能过程控制中心

智能过程控制中心包括智能调度、数据采集、监测监控、智能装备、智能厂区等几个层次。

（3）生产可视化智能监控中心

生产可视化智能监控中心分为矿区管理、企业管理、综合数据分析、可视化集成管控、数字化建模和生产执行等几个层面。

（4）标准体系

标准体系包括数据标准、技术标准、安全生产操作标准、企业质量、安环管理体系等。

（5）知识库

知识库包括工艺知识库、设备材料知识库和作业知识库等。

4.6.4 智慧型矿山信息化集成平台管理模式

智慧型矿山的生产管理模式，将以生产管理远程化、遥控化、无人化为典型特征，通过建立矿山大数据与云计算中心，集成化存储和管理企业生产过程中的所有数据，并以此为依托，建立运营决策系统。打通矿产勘探、采矿设计、生产计划、采矿作业、选矿生产、财务管理、资本运营、人力资源等环节的数据流，实现全流程的闭环管理，使矿山企业管理层及各部门可实时、按需、动态调用各类数据，高效支撑运行管理。

1）智慧型矿山主要特点

（1）设计、工程、生产、经营一体化、智能化协同。

（2）生产过程控制装备的数字化、网络化。

（3）结合面向服务的架构（SOA）、虚拟化服务、虚拟现实可视化、云计算等先进技术。

（4）最大化地兼容矿山现有的信息资源资产，实现高度集成。

2）矿山智慧型信息化集成平台管理模式

基于工业互联网平台化管理的总体思路，以集成的混合云架构，以统一共享的企业数据库为基础，建立物联网云计算中心，提供云平台管理、IaaS 基础及服务、PaaS 平台及服务、SaaS 软件及服务的信息化基础平台，实现矿山企业资源集群与共享管理，通过逐步云化实现互联互通。智慧型矿山信息化集成平台管理发展模式见图 4-14。

①应用层：虚拟智能矿山协同应用平台。通过对资源层、数据层、服务层数据应用，根据智能矿山安全生产运营需求，构建安全、高效、经济、绿色的矿山智能决策与智能应用中心。应用层主要面向各级管理及业务操作人员，利用统一门户技术实现一站式登录、应用集成及个性化工作台，实现全视角矿山可视化真实再现，支持在矿山安全生产运营中心大屏幕、计算机终端及智能移动终端的业务应用。

②服务层：虚拟智能矿山服务平台（PaaS）。通过建设 ESB 服务总线，建立统一应用服务门户。实现数字矿山服务、生产虚拟协同服务、综合虚拟协同服务、智能仿真协同、系统服务。

③数据层：同态矿山数据融合中心（DaaS）。将静态数字化矿山、动态数字化矿山、综合自动化虚拟矿山、同态业务数据、公共模型数据、公共基础数据等全面融合，实现数据层面的自动化、实时化、模型化、可视化、智能化。

④资源层：矿山系统统一资源平台（IaaS）。承前启后，最大化地兼容现有的信息系统资

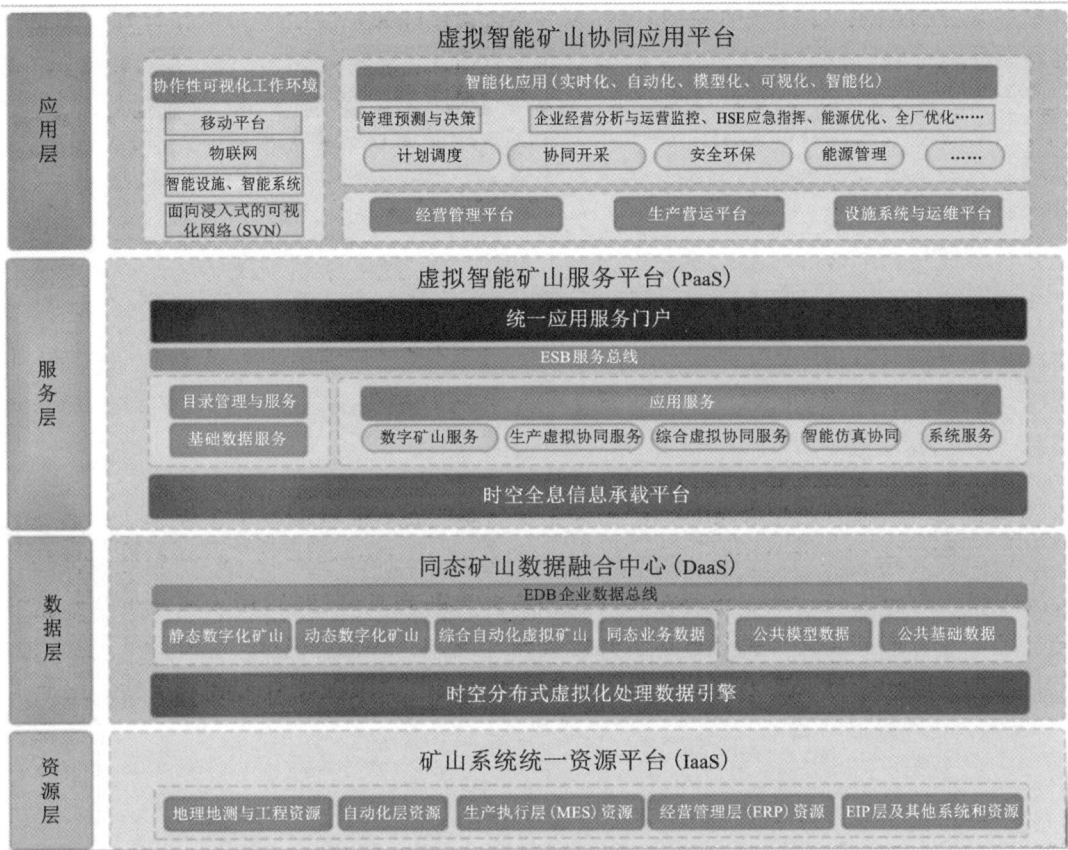

图 4-14　智慧型矿山信息化集成平台管理发展模式

源资产,将原有的系统进行虚拟化数据提取,升级服务接口。并进一步把地理地测与工程资源(数字矿山软件、地质地测专业软件、工程系统设计 CAD 资源)等离散资源统一接入。

参考文献

[1]《采矿手册》编辑委员会.采矿手册第 7 卷[M].北京:冶金工业出版社,1991.
[2] 于润沧.采矿工程师手册(下)[M].北京:冶金工业出版社,2009.
[3] 李国清,胡乃联,王进强,等.矿山企业管理[M].北京:冶金工业出版社,2015.
[4] 陈国山,戚文革.矿山企业管理[M].北京:冶金工业出版社,2008.
[5] 全国安全生产教育培训教材编审委员会.金属非金属矿山主要负责人安全资格培训教材[M].徐州:中国矿业大学出版社,2018.
[6] 林帼秀,刘铁梅.企业环境管理[M].北京:中国环境出版社,2014.
[7] 蒋京名.DIMINE 三维可视化软件在大红山铜矿生产计划编制中的应用研究[D].长沙:中南大学,2010.
[8] 陈庆刚.合同采矿理论与技术研究[D].长沙:中南大学,2012.
[9] 龙涛.我国金属矿山合同采矿的现状及其对策分析[J].矿业工程,2013(1):77-79.
[10] 冯兴隆,刘关锋,刘华武,等.普朗铜矿采矿盈利模式分析[J].中国矿业,2015,24(S1):185-189.

[11] 祝锡萍.新编企业财务管理理论与实务[M].北京：电子工业出版社，2011.

[12] 龚元翔，陈志宇.矿山成本预测及信息化管理系统的初步探讨[J].中国钼业，2010，34(6)：16-18.

[13] 陈石凯.我国矿业融资模式研究[D].成都：西南财经大学，2007.

[14] 程前.中国矿业创新融资模式研究[D].北京：中国经济出版社，2011.

第 5 章

矿产资源保护与综合利用

5.1 矿产资源概况

矿产资源是自然资源的重要组成部分，是人类社会发展的重要物质基础。中华人民共和国成立后，矿产资源勘查开发取得巨大成就，探明一大批矿产资源，建成比较完善的矿产品供应体系，为中国经济的持续快速协调健康发展提供了重要保障。

截至 2020 年年底，全国已发现 173 种矿产。其中，能源矿产 13 种，金属矿产 59 种，非金属矿产 95 种，水气矿产 6 种，具有查明资源储量的 162 个矿种细分为 230 个亚矿种。

5.1.1 资源勘查投入及进展

找矿突破战略行动实施十年来(2011—2020 年)，通过实施地质找矿运行新机制，深化矿产资源管理改革，形成了一批重要矿产资源战略接续区。固体矿产取得一批重大找矿新突破。新形成 32 处矿产资源基地，新发现多处砂岩型铀矿。西藏多龙成为中国首个千万吨级铜矿；江西朱溪和大湖塘钨矿床储量升至世界前两位；胶东金矿跃居世界第三大金矿富集区。铁、锰、铜、铝、钾盐、铬等大宗紧缺矿产增储显著，晶质石墨、镍、锂、萤石等战略新兴矿产资源勘查取得显著成果，新兴材料资源保障加强。

"十二五"期间，全国主要矿产中 41 种查明资源储量增长，5 种减少，新设立矿种页岩气探明地质储量快速增长。与"十一五"末相比，"十二五"末铁矿增长 17.0%，锰矿增长 55.8%，铜矿增长 23.3%，铝土矿增长 25.6%，钨矿增长 62.2%，钼矿增长 108.1%，金矿增长 68.4%。全国新发现矿产地 1235 处，探获一批大型、超大型矿床。铁矿新发现矿产地 113 处，其中大中型 69 处，新增查明资源储量 132.7 亿 t，主要集中在山东苍山县古林-兰陵矿区、四川西昌市太和钒钛磁铁矿区、攀西地区攀钢兰尖-朱家包包钒钛磁铁矿区、米易县白马钒钛磁铁矿区和辽宁本溪市大台沟矿区外围等。锰矿新发现矿产地 18 处，其中大中型 16 处，新增查明资源储量 6.19 亿 t，主要集中在贵州铜仁松桃整装勘查区、广西德保县扶晚矿区外围、天等县东平矿区带等。铜矿新发现矿产地 52 处，其中大中型 11 处，新增查明资源储量 2341 万 t，在西藏、江西、云南等地新探获一批世界级铜矿区。铅锌矿新发现矿产地 81 处，其中大中型 41 处，铅矿、锌矿新增查明资源储量分别为 2330.2 万 t、3783.2 万 t，主要分布在新疆、湖南、福建等地。镍矿新发现矿产地 6 处，新增查明资源储量 279.2 万 t，主要集中在新疆、内蒙古和青海等地，其中，新疆若羌县罗布泊坡北和青海夏日哈木发现超大型镍矿床。钨矿新发现矿产地 25 处，其中大中型 23 处，新增查明资源储量 459.9 万 t，主要分布在江西、湖南、甘肃、河南、新疆等地，江西南部地区发现超过 200 万 t 的世界级矿床。钼矿新发现矿产地 29 处，新增查明资源储量 1559.5 万 t，主要集中在安徽、新疆、内蒙古、河南、黑龙江等地，发现超过 100 万 t 的矿产地 3 处，其中安徽金寨县沙坪沟钼矿为世界级。金矿新发现矿产地 131 处，其中大中型 51 处，新增查明资源储量 4949.4 t，主要分布在山东、内蒙古等地。磷矿新发现矿产地 18 处，新增查明资源储量 58.1 亿 t。石墨新发现矿产地 17 处，其中大中型 12 处，超过千万吨的矿产地 1 处。

2016 年，全国地质勘查投入 774.79 亿元，同比下降 16.6%，连续第四年下降。其中，非油气矿产地质勘查投入 247.29 亿元，下降 24.8%。

2016 年，主要矿产中 36 种矿产的查明资源储量增长，12 种减少。铁矿查明资源储量下降 1.2%，铜矿增长 2.0%，铝土矿增长 3.1%，钨矿增长 6.0%，锡矿增长 6.5%，金矿增长 5.2%，晶质石墨增长 13.3%，磷矿增长 5.6%，钾盐下降 1.9%。铁矿新增查明资源储量 5.18 亿 t，铜矿 363.0 万 t，铝土矿 1.56 亿 t，钨矿 60.3 万 t，金矿 824.5 t，晶质石墨 3666.3 万 t。铁矿新发现矿产地 8 处，新增查明资源储量 5.18 亿 t，主要分布于安徽、新疆、辽宁等。锰矿新发现矿产地 2 处，新增 1.72 亿 t，主要分布于贵州、广西等。铜矿新发现矿产地 7 处，新增查明资源储量 363 万 t，主要分布于江西、新疆、西藏等。铅矿、锌矿新发现矿产地 11 处，分别新增 630.8 万 t、2230.4 万 t，主要分布于新疆、西藏、内蒙古等。铝土矿新发现矿产地 2 处，新增 1.56 亿 t，主要分布于贵州、河南等。镍矿新增 12.8 万 t，主要分布在青海。钨矿新发现矿产地 2 处，新增 60.3 万 t，主要分布于湖南、江西等。锡矿新发现矿产地 2 处，新增 4.1 万 t，主要分布于湖南、青海、云南等。钼矿新增 22.6 万 t，主要分布于河南、甘肃、西藏等。金矿新发现矿产地 12 处，新增 824.5 t，主要分布于贵州、山东、内蒙古等。银矿新发现矿产地 2 处，新增 1.6 万 t，主要分布于江西、内蒙古、广东等。磷矿新增查明资源储量 13.4 亿 t，主要分布于贵州、湖北、云南。石墨新发现矿产地 5 处，新增 3666.3 万 t，主要分布于内蒙古、黑龙江等。

2017 年，全国地质勘查投资 782.85 亿元，较上年增长 1.0%，连续四年下降后首次回升。其中非油气矿产地质勘查投资 198.36 亿元，下降 19.8%。2017 年，非油气矿产中以金矿、铜矿、煤炭、铅锌矿勘查投入为主，占全国非油气矿产勘查总投资的 34.0%。与上年相比，金、铜、煤炭、铅锌矿、钼、铁、磷、锰、石墨等矿种投资降幅较大，其中铁、钼、磷降幅居前。

2017 年，主要矿产中有 42 种查明资源储量增长，6 种减少。其中，锰矿增长 19.1%，铜矿增长 4.9%，铝土矿增长 4.9%，钼矿增长 4.3%，锑矿增长 4.1%，金矿增长 8.5%，磷矿增长 3.6%，萤石增长 8.9%，晶质石墨增长 22.6%，钾盐下降 2.8%。锰矿新增查明资源储量 2.82 亿 t，铜矿 418.11 万 t，铝土矿 2.92 亿 t，钼矿 107.00 万 t，金矿 1104.35 t，磷矿 9.92 亿 t，萤石 1439.17 万 t，晶质石墨 6148.30 万 t。

2017 年，全国新发现矿产地 109 处，其中大型 37 处，中型 29 处，小型 43 处。新发现矿产地数量排名前几位的矿种依次是：金(17 处)、石墨(11 处)、煤(8 处)、铅锌(5 处)、铁(4 处)、银(4 处)、磷(4 处)。整装勘查继续取得新进展。内蒙古通辽铀矿整装勘查区新发现大林铀矿大型矿产地。金矿深部找矿取得成效，胶东焦家断裂带 2800 m 深处发现厚大、高品位金矿体。新疆西昆仑火烧云铅锌矿整装勘查区在萨岔口矿区新增铅锌 132 万 t。广东凡口铅锌矿整装勘查区累计新增铅锌金属资源量 105 万 t。内蒙古大兴安岭南麓整装勘查区双尖子山银多金属矿区新增银资源量 1.5 万 t。云南省马关县都龙整装勘查区新发现万龙山大型矿产地,新增锡资源量 7.7 万 t。重庆市城口县锰矿整装勘查区深部找矿成果显著,新增锰矿资源量约 1.1 亿 t。新疆奇台县黄羊山整装勘查区新增晶质石墨资源量超过 7000 万 t。四川康定-道孚-雅江稀有金属整装勘查区烧炭沟脉石英型锂矿新增资源量 42.7 万 t。西藏扎西康整装勘查区在错那洞地区首次发现具进一步找矿潜力的铍钨锡多金属矿体。2017 年,全国地质勘查基金协调联动,继续发挥财政资金在地质找矿中的重要作用。中央地勘基金尚在改革之中,正在对国内、国外两个专项开展后续管理与维护工作。省级地勘基金投入 33.62 亿元,其中矿产勘查投入 25.82 亿元,占当年全国非油气矿产勘查总投入的 21.4% 和全国非油气矿产勘查财政投入的 45.9%。实施矿产勘查项目 780 个,投入资金最多的依次是金矿、铜矿、煤层气、地下热水、铅锌矿,煤炭已经退出前五名,有色金属矿产项目数和资金首次超过能源矿产。

新发现大中型矿产地 80 处。其中,山东省莱州市招贤地区金矿普查新增金资源量 105 t;黑龙江省林口县西北楞石墨矿普查新增矿物资源量 3892 万 t;辽宁省灯塔市大达连沟铁-石膏矿详查新增铁矿资源量 1.9 亿 t、石膏资源量 23909 万 t。

2018 年,全国地质勘查投资 810.30 亿元,较上年增长 3.5%,继续回升。其中,油气矿产地质勘查投资 636.58 亿元,增长 8.9%;非油气矿产地质勘查投资 173.72 亿元,下降 12.4%。

2018 年,非油气矿产中以黄金、煤炭、铅锌矿、铜矿为主,占全国非油气矿产地质勘查投入的 27.1%。与 2017 年相比,镍矿、银矿、钾盐、锰矿投入分别增长 75%、41.1%、19.2%、6.4%,锡、铝土、钨、铜、钼、铁等矿种投入降幅较大。

2018 年,主要矿产中有 37 种查明资源储量增长,11 种减少。其中,铜矿增长 7.9%,镍矿增长 6.2%,钨矿增长 4.0%,铂族金属增长 9.8%,硫铁矿增长 4.0%,锂矿增长 12.9%,萤石增长 6.4%,晶质石墨增长 19.0%,硅灰石增长 35.2%;查明资源储量下降比较明显的矿产有石膏、石棉、膨润土、铬铁矿、锰矿和钾盐。铁矿新增查明资源储量 9.93 亿 t,铜矿 225.10 万 t,铝土矿 1.16 亿 t,镍矿 47.20 万 t,金矿 719.80 t,磷矿 2.25 亿 t,萤石 1158.30 万 t,晶质石墨 5497.30 万 t。

2019 年,全国地质勘查投资 993.40 亿元,较上年增长 22.6%。其中,油气地质勘查投资 821.29 亿元,增长 29.0%;非油气地质勘查投资 172.11 亿元,下降 0.9%。

2019 年,非油气矿产勘查以金矿、铅锌矿、煤炭、铀矿、铜矿为主,合计占全国非油气矿产勘查投资的 54.2%。与 2018 年相比,钨矿、锡矿、钼矿、石墨投资增长,煤炭、铁矿、锰矿、铜矿、镍矿、金矿、钾盐、磷矿等矿种投资降幅较大。

2019 年,主要矿产中有 34 种矿产资源储量增长,13 种减少,1 种没有变化。其中,煤炭增长 0.6%,石油剩余探明技术可采储量下降 0.5%,天然气增长 3.0%,页岩气增长 77.8%。非油气矿产资源储量有所增长,锰矿增长 5.6%,铅矿增长 6.7%,锌矿增长 6.8%,铝土矿增长 5.7%,钨矿增长 4.6%,钼矿增长 5.4%,锑矿增长 4.8%,金矿增长 3.6%,菱镁矿增长 12.9%,石墨增长 21.4%;下降比较明显的矿产有镍矿(-9.4%)、萤石(-6.3%)和硼矿(-4.3%)等。

2020 年,中国地质勘查投资 871.85 亿元,较上年下降 12.2%。其中,油气矿产地质勘查投资 710. 24 亿元，下降 13. 5%；非油气矿产地质勘查投资 161. 61 亿元，下降 6. 1%，与 2019 年相比降幅有所增大。

非油气矿产地质勘查投资中，矿产勘查投资 82. 47 亿元，占总量的 51. 0%，下降 6. 3%；基础地质调查投资 19. 93 亿元，占总量的 12. 3%，下降 22. 3%；水文地质、环境地质与地质灾害调查评价投资 34. 51 亿元，占总量的 21. 4%，下降 0. 3%；地质科技与综合研究投资 21. 97 亿元，占总量的 13. 6%，增长 11. 3%；地质资料服务与信息化投资 2. 73 亿元，占总量的 1. 7%，下降 33. 1%。

在非油气矿产地质勘查投资中，全国财政投资 110. 13 亿元，占总量的 68. 1%，其中，中央财政投资 46. 26 亿元，占总量的 28. 6%，下降 26. 8%；地方财政投资 63. 87 亿元，占总量的 39. 5%，增长 20. 4%；社会资金投资 51. 48 亿元，占总量的 31. 9%，下降 7. 8%。

非油气矿产勘查中以煤炭、金矿、铅锌矿、铜矿为主，占全国非油气矿产勘查投资的 51. 7%。与 2019 年相比，银矿、铅锌矿、镍矿、石墨、钨矿等矿种投入降幅较大。

新发现矿产地 96 处，其中，大型 29 处，中型 36 处，小型 31 处。新发现矿产地排名前 5 位的矿种分别是：金（7 处）、地热（7 处）、铜（6 处）、陶瓷土（5 处）、水泥用灰岩（5 处）。

新增资源量（推断）：煤炭 119. 64 亿 t，铁矿石 0. 99 亿 t，锰矿石 3172. 15 万 t，铜 85. 82 万 t，铅锌 138. 87 万 t，铝土矿 3. 74 亿 t，钨 143. 05 万 t，金 442. 46 t，银 532. 13 t，磷矿 9667. 5 万 t，石墨 782. 83 万 t。

近几年主要矿产查明资源储量见表 5-1。

表 5-1　主要矿产查明资源储量

序号	矿种	单位	2015 年	2016 年	2017 年	2018 年
1	铁矿	矿石/亿 t	850. 80	840. 63	848. 88	852. 19
2	锰矿	矿石/亿 t	13. 80	15. 51	18. 46	18. 16
3	铬铁矿	矿石/万 t	1245. 80	1233. 19	1220. 24	1193. 27
4	钒矿	V_2O_5/万 t	6125. 70	6401. 77	6428. 16	6561. 30
5	钛矿	TiO_2/亿 t	7. 64	7. 86	8. 19	8. 26
6	铜矿	金属/万 t	9910. 20	10110. 63	10607. 75	11443. 49
7	铅矿	金属/万 t	7766. 90	8546. 77	8967. 00	9216. 31
8	锌矿	金属/万 t	14985. 20	17752. 97	18493. 85	18755. 67
9	铝土矿	矿石/亿 t	47. 10	48. 52	50. 89	51. 70
10	镍矿	金属/万 t	1116. 60	1118. 37	1118. 07	1187. 88
11	钴矿	金属/万 t	68. 00	67. 25	68. 78	69. 65
12	钨矿	WO_3/万 t	958. 80	1015. 95	1030. 42	1071. 57
13	锡矿	金属/万 t	418. 00	445. 32	450. 04	453. 06
14	钼矿	金属/万 t	2917. 60	2882. 41	3006. 78	3028. 61
15	锑矿	金属/万 t	292. 60	307. 24	319. 76	327. 68

续表5-1

序号	矿种	单位	2015 年	2016 年	2017 年	2018 年
16	金矿	金属/t	11563.50	12166.98	13195.56	13638.40
17	银矿	金属/万 t	25.40	27.52	31.60	32.91
18	铂族金属	金属/t	369.20	365.49	365.30	401.00
19	锶矿	天青石/万 t	5583.30	5515.64	5644.05	5641.07
20	锂矿	氧化物/万 t	970.84	961.46	967.38	1092.00
21	菱镁矿	矿石/亿 t	29.70	30.86	31.15	31.03
22	萤石	矿物/亿 t	2.21	2.22	2.42	2.57
23	耐火黏土	矿石/亿 t	25.60	25.81	25.92	26.38
24	硫铁矿	矿石/亿 t	58.80	60.37	60.60	63.00
25	磷矿	矿石/亿 t	231.10	244.08	252.84	252.82
26	钾盐	KCl/亿 t	10.80	10.57	10.27	10.16
27	煤炭	亿 t	15663.10	15980.01	16666.73	17085.73
28	石油	亿 t	35.00	35.01	35.42	35.73
29	天然气	亿 m³	51939.50	54365.46	55220.96	57936.08
30	煤层气	亿 m³	3062.50	3344.04	3025.36	3046.30
31	页岩气	亿 m³	1301.80	1224.13	1982.88	2160.20

5.1.2　我国矿产资源的基本特点

我国矿产资源的基本特点如下：

(1)资源总量较大，矿种比较齐全。我国已探明的矿产资源种类比较齐全，资源总量比较丰富。铁、铜、铝、铅、锌等支柱性矿产都有较多的查明资源储量。稀土、钨、锡、钼、锑、钛、石膏、膨润土、芒硝、菱镁矿、重晶石、萤石、滑石和石墨等矿产资源在世界上具有明显优势。

(2)人均资源量少，部分资源供需失衡。人口多、矿产资源人均量低是中国的基本国情。中国人均矿产资源拥有量在世界上处于较低水平。金刚石、铂、铬铁矿、钾盐等矿产资源供需缺口较大。

(3)优劣矿并存。既有品质优良的矿石，又有低品位、组分复杂的矿石。钨、锡、稀土、钼、锑、滑石、菱镁矿、石墨等矿产资源品质较高，而铁、锰、铝、铜、磷等矿产资源贫矿多、共生与伴生矿多、难选冶矿多。

(4)我国各种矿产的储量多寡悬殊。用量少的金属矿产人均资源量大，而大宗金属矿产人均资源量小。而对我国未来经济的可持续发展，大宗金属矿产资源可供储量并不乐观，其保证程度相对较低。

(5)查明资源储量中地质控制程度较低的部分所占的比重较大。查明资源储量结构中，资源量多，储量少；经济可利用性差或经济意义未确定的资源储量多，经济可利用的资源储量少；控制和推断的资源储量多，探明的资源储量少。

（6）通过勘查工作找到更多矿产资源的前景较好。金、铜等矿产资源的找矿潜力很大。老矿山深部、外围和西部地区是重要的金属非金属矿产资源接替区。

5.2　矿产资源保护与综合利用的有关规定

5.2.1　矿产资源法

《中华人民共和国矿产资源法》第四章（矿产资源的开采）中第二十九、三十、三十三条对矿产资源保护和综合利用的相关规定如下：

第二十九条规定：开采矿产资源，必须采取合理的开采顺序、开采方法和选矿工艺。矿山企业的开采回采率、采矿贫化率和选矿回收率应当达到设计要求。

第三十条规定：在开采主要矿产的同时，对具有工业价值的共生和伴生矿产应当统一规划，综合开采，综合利用，防止浪费；对暂时不能综合开采或者必须同时采出而暂时还不能综合利用的矿产以及含有有用组分的尾矿，应当采取有效的保护措施，防止损失破坏。

第三十三条规定：在建设铁路、工厂、水库、输油管道、输电线路和各种大型建筑物或者建筑群之前，建设单位必须向所在省、自治区、直辖市地质矿产主管部门了解拟建工程所在地区的矿产资源分布和开采情况。非经国务院授权的部门批准，不得压覆重要矿床。

5.2.2　矿产资源政策

1）矿产资源保护与综合利用的目标和原则

根据《中国矿产资源政策》白皮书，中国 21 世纪初矿产资源保护与合理利用的总体目标是：

（1）提高矿产资源对全面建成小康社会的保障能力。加大矿产资源勘查开发的有效投入，扩大勘查开发的领域和深度，强化对矿产资源的保护，增加矿产资源的供应。扩大对外开放，积极参与国际合作。建立战略资源储备制度，对关系国计民生的战略矿产资源进行必要的储备，确保国家经济安全和矿产品持续安全供应。

（2）促进矿山生态环境的改善。减少和控制矿产资源采选冶等生产环节对资源环境造成的破坏和污染，实现矿产资源开发与生态环境保护的良性循环。健全矿山环境保护的法律法规，加强对矿山生态环境防治的执法检查和监督。加强宣传教育，提高矿山企业和全社会的资源环境保护意识。

（3）创造公平竞争的发展环境。按照建立和完善社会主义市场经济体制的要求和矿产资源勘查开发运行规律，进一步完善矿产资源管理的法律法规，调整和完善矿产资源政策，改善投资环境，提供良好的信息服务，创造市场主体平等竞争和公开、有序、健全统一的市场环境。

实现以上目标，应坚持以下原则：

（1）坚持实施可持续发展战略。落实保护资源措施，正确处理经济发展与资源保护的关系。在保护中开发，在开发中保护。加强矿产资源勘查，合理开发和节约使用资源，努力提高资源利用效率，走出一条科技含量高、经济效益好、资源消耗低、环境污染少、人力资源优势得到充分发挥的新型工业化道路。

（2）坚持市场经济体制改革方向。在国家产业政策与规划的引导下，充分发挥市场在矿产资源配置中的基础性作用，建立政府宏观调控与市场运作相结合的资源优化配置机制。加强对矿产资源开发总量的调控，培育和规范探矿权采矿权市场，促进矿产资源勘查开发投资多元化和经营规范化，切实维护国家所有者和探矿权采矿权人的合法权益。

（3）坚持区域矿产资源勘查、开发与环境保护协调发展。统筹规划，正确处理东部地区与西部地区、发达地区与欠发达地区矿产资源勘查与开发，国有矿山企业与非国有矿山企业以及规模开发与小矿开采之间的关系。推进西部大开发战略，加快西部地区矿产资源特别是优势矿产和国内紧缺矿产的勘查开发，支持矿业城市、老矿山寻找接替资源，促进区域经济协调发展和矿产资源勘查开发的健康发展。坚持矿产资源开发与照顾民族地区利益相结合。按照预防为主、防治结合的方针，加强对矿山环境的保护和恢复治理。

（4）坚持扩大对外开放与合作。改善投资环境，鼓励和吸引国外投资者勘查开发中国矿产资源。按照世界贸易组织规则和国际通行做法，开展矿产资源的国际合作，实现资源互补互利。

（5）坚持科技进步与创新。实施科技兴国战略，加强矿产资源调查评价、勘查开发及综合利用、矿山环境污染防治等关键技术和成果的攻关和推广应用，加强新能源、新材料技术和海洋矿产资源开发等高新技术的研究与开发，加强新理论、新方法、新技术等基础研究。提高劳动者素质，培养一批掌握先进科学理论、有创新能力的矿产资源勘查开发科技队伍和人才，促进矿产资源勘查与开发由传统产业向现代产业、由劳动密集型向技术密集型、由粗放经营向集约经营的转变。

（6）坚持依法严格管理矿产资源。健全法制，大力推进依法行政，加强对矿产资源勘查开发的监督管理。整顿和规范矿产资源管理秩序，促进矿产资源保护与合理利用的法治化、规范化和科学化。

2）全国矿产资源规划

矿产资源是发展之基、生产之要，矿产资源保护与合理开发利用事关国家现代化建设全局。为保障矿产资源安全供应，推进资源利用方式根本转变，加快矿业转型升级和绿色发展，全面深化矿产资源管理改革，促进矿业经济持续健康发展，依据《中华人民共和国矿产资源法》《中华人民共和国国民经济和社会发展第十三个五年规划纲要》和《全国主体功能区规划》，国家制定了《全国矿产资源规划（2016—2020 年）》（以下简称《规划》）。

《规划》是落实国家资源安全战略、加强和改善矿产资源宏观管理的重要手段，是依法审批和监督管理地质勘查、矿产资源开发利用和保护活动的重要依据。涉及矿产资源开发利用活动的相关行业规划，应当与本《规划》做好衔接。《规划》以 2015 年为基期，以 2020 年为目标年，展望到 2025 年。

《规划》明确将石油、天然气、煤炭、稀土、晶质石墨等 24 种矿产列入战略性矿产目录，见表 5-2，作为矿产资源宏观调控和监督管理的重点对象，并在资源配置、财政投入、重大项目、矿业用地等方面加强引导和差别化管理，提高资源安全供应能力和开发利用水平。

表 5-2　战略性矿产目录(24 种)

矿产种类	矿产名称
金属矿产	铁、铬、铜、铝、金、镍、钨、锡、钼、锑、钴、锂、稀土、锆
非金属矿产	磷、钾盐、晶质石墨、萤石
能源矿产	石油、天然气、页岩气、煤炭、煤层气、铀

《规划》提出建立战略性矿产监测预警机制,建立预警指标、安全临界值及综合评价模型,系统开展国内外矿产品供需和资源形势分析,强化应对国际重大冲突资源安全预警能力;建立战略性矿产监测预警报告制度,支持政府决策,引导行业发展,加强政策储备,建立风险处置预案,增强风险防控能力。

《规划》提出完善矿产资源宏观调控政策体系,配合完成《中华人民共和国矿产资源法》及其配套法规修订工作。加强国家矿产资源安全战略研究。强化矿产资源规划管控,严格规划分区管理、总量调控和开采准入制度。着力推进矿业供给侧结构性改革,培育产业发展新动能。实施矿种差别化、区域差别化管理,对紧缺矿产,实施鼓励性勘查开发政策;对传统优势矿产,合理调控开发利用总量;对产能过剩类矿产,严格控制新增产能,坚决淘汰落后产能,有序退出过剩产能;对战略性新兴产业矿产,保障资源供应,强化高端应用。

3)矿产资源节约与综合利用管理制度

自 2012 年起,国土资源部分批次发布了"三率"(包括开采回采率、选矿回收率和共伴生矿产综合利用率)最低指标要求,指标规定了不同矿体形态、围岩稳固性、矿石品位、矿石可选难易程度等复杂条件下矿山最低合理开发利用"三率"指标要求,进一步规范了矿山开采行为,提高了矿产资源节约与综合利用水平。

逐步建立起对钨、锑和高铝黏土等优势矿种的年度开采总量控制制度,推动了资源节约和保护。加大矿产资源开发整合力度,完成多个重点矿区的整合任务,铜、铝、铅、锌、钼、钨、锡、锑等重要矿种开发利用规模化、集约化程度和资源利用水平明显提高。积极推进并逐步完善矿产资源有偿使用制度,形成了矿产资源规划分区管理、开发准入等制度。启动矿产资源节约与综合利用专项,甘肃金川、湖南柿竹园、广西平果铝等 14 个有色金属矿山入选首批矿产资源综合利用示范基地,有力促进了资源开发利用效率和水平的提高。坚持上大与压小相结合、新增产能与淘汰落后产能相结合,优化生产力布局。逐步推进部分城市企业转型或环保搬迁。

2016 年国土资源部印发了《矿产资源开发利用水平调查评估制度工作方案》(国土资发〔2016〕195 号),到 2020 年建成调查评估常态化、科学化、标准化和激励约束差别化的开发利用水平调查评估制度,基本建立主要矿种"三率"指标体系,不断提高矿产资源开发利用水平。

4)矿产资源绿色勘查开发政策

2018 年 6 月,自然资源部发布了《非金属矿行业绿色矿山建设规范》(DZ/T 0312—2018)、《黄金行业绿色矿山建设规范》(DZ/T 0314—2018)、《冶金行业绿色矿山建设规范》(DZ/T 0319—2018)和《有色金属行业绿色矿山建设规范》(DZ/T 0320—2018)等 9 项行业标准,于 2018 年 10 月 1 日起实施。各标准规定了对绿色矿山建设中矿区环境、资源开发方式、资源综合利用、节能减排、科技创新与数字化矿山、企业管理与企业形象等方面的要求。

2018 年 9 月,自然资源部办公厅转发了中国矿业联合会编制发布的团体标准《绿色勘查指南》(T/CMAS 0001—2018),供各级管理部门及地勘单位在组织开展绿色勘查工作时参考。本标准于 2018 年 8 月 1 日起实施,标准主要适用于矿产勘查工作中的绿色勘查活动,标准规定了勘查工作中开展实践绿色勘查的基本原则和基本要求、施工企业管理、勘查工作中的生态环境保护和环境恢复治理、和谐勘查以及绿色勘查的其他有关规范内容。

通过加快制订绿色勘查开发标准规范,加强绿色勘查开采新技术、新方法和新工艺研发与推广,推进绿色勘查与开发。发展采前有规划、采中能控制、采后可恢复的绿色采矿体系。构建绿色勘查开采新模式,因地制宜推广充填开采、保水开采、减沉开采等技术方法,推广区域矿山建矿模式、多井一场油田井工厂模式和边开采边复垦边归还采矿用地模式,推广节能减排绿色采选冶技术。

5.2.3 《中国资源综合利用技术政策大纲》

为进一步推动资源综合利用,提高资源利用效率,发展循环经济,建设资源节约型、环境友好型社会,国家发展和改革委员会、科学技术部、工业和信息化部、国土资源部、住房和城乡建设部、商务部于 2010 年 7 月 1 日发布《中国资源综合利用技术政策大纲》(公告 2010 年第 14 号),并于发布之日起施行。

《中国资源综合利用技术政策大纲》的主要目标是加快资源综合利用技术开发、示范和推广应用,引导社会资金投向,为相关单位开展资源综合利用工作提供技术支持,提升我国资源综合利用整体水平。

《中国资源综合利用技术政策大纲》主要范围包括:一是在矿产资源开采过程中对共生、伴生矿进行综合开发与合理利用的技术;二是对生产过程中产生的废渣、废水(废液)、废气、余热、余压等进行回收和合理利用的技术;三是对社会生产和消费过程中产生的各种废弃物进行回收和再生利用的技术。

1)黑色金属矿产资源综合利用技术

(1)推广磁铁矿精选作业的磁筛等高效利用技术。

(2)推广含稀土复合矿和钒钛磁铁矿综合利用技术。

(3)推广低品位、表外矿、复杂共伴生黑色金属矿产资源综合利用技术。

(4)推进尾矿再选技术及生产各种建筑材料的产业化。

(5)研发低品位硫铁矿选矿富集技术。

(6)研发尾矿干堆技术和尾矿高效浓缩工艺及设备。

2)有色金属矿产资源综合利用技术

(1)无废(少废)开采技术。

推广尾矿充填、废石充填、全尾砂膏体充填等充填法采矿技术。推广原地浸出采矿技术。

(2)推广大型低品位矿产自然崩落法开采技术。

(3)推广拜耳法用于低铝硅比一水硬铝石矿的选矿。

(4)推广低品位、表外矿、复杂共伴生有色金属矿产资源综合利用技术。

(5)推广复杂多金属硫化矿矿浆电解处理技术及中低品位氧化锌矿选冶联合处理技术。

（6）推广铜铅锌锡矿细粒、微细粒矿载体浮选技术。

（7）推广铜矿等有色金属矿伴生金、银等贵金属的综合利用技术。

（8）推广有色金属硫化-氧化混合矿选矿技术。

（9）推广湿法冶金关键装备应用。

（10）研发矿山塌陷区、废石堆场和尾矿库修复与垦植技术。

（11）研发复杂有色金属矿石选别与富集技术。

（12）研发低品位矿生物提取技术。

（13）研发尾矿有价金属综合回收利用技术。

3）贵金属矿产资源综合利用技术

（1）推广含金银等多金属矿选矿尾渣中综合回收有价金属成分和非金属矿资源的矿物加工技术。

（2）推广采用复杂金矿循环流态化焙烧技术。

（3）推广高硫高砷高碳复杂难处理金矿的预处理技术。

（4）推广浮选富集-炭浸工艺技术等低品位金矿的综合利用技术。

4）稀有、稀土金属矿产资源综合利用技术

（1）推广采用电解工艺开发稀土镁中间合金技术，综合利用稀土尾矿。

（2）推广高效低毒高纯氧化铈提取技术。

（3）推进稀土冶炼分离清洁生产工艺技术的产业化。

5）钢铁工业"三废"综合利用技术

（1）冶炼废渣综合利用技术

①推广炼钢炉渣回收和磁选粉深加工处理技术。

②推广立磨粉磨粒化高炉矿渣技术。

③推广硫铁矿烧渣综合利用技术。

④推广冷轧盐酸再生及铁粉回收技术。

⑤推广钢渣返回烧结，替代石灰作为炼铁厂烧结溶剂技术。

⑥推广转炉煤气干法除尘及尘泥压块技术。

⑦推广氧化铁皮回收利用技术。采用直接还原技术制取粉末冶金用的还原铁粉。

⑧推广含铁尘泥综合利用技术。

⑨推广废钢渣生产磁性材料技术。

⑩研发含锌尘泥综合利用技术。

⑪研发不锈钢和特殊钢渣的处理和利用技术，特别是防止水溶性铬离子浸出的技术。

⑫研发钢铁渣游离氧化钙、游离氧化镁降解处理技术。

（2）废水（液）综合利用技术

①推广对不同浓度的焦化废水优化分级处理与使用技术。

②推广采用"电氧化气浮"技术对废水进行深度处理并回用。

③推广污水深度处理脱盐回用技术。采用抗污染芳香族聚酰胺反渗透膜，生产高品质的回用水。

④推广冷轧含油乳化液膜分离回收技术。

⑤研发矿山酸性废水治理与循环利用技术。

⑥研发矿山含硫矿物，As、Pb、Cd 废水处理与循环利用技术。

（3）废气及余热、余压综合利用技术

①推广全燃烧高炉煤气锅炉的应用技术。

②推广焦炉、高炉、转炉煤气的回收技术。

③推广利用还原铁生产中回转窑废高温烟气余热发电技术。

④推广高炉煤气余压发电 TRT（高炉煤气余压透平发电装置）结合干法除尘技术。

⑤推广采用利用溴化锂制冷等技术回收利用冶金生产过程中炉窑烟气余热。

⑥推广采用双预蓄热式燃烧技术，实现炉窑废气余热的利用。

⑦推广铁合金矿热炉、烧结机等中低温烟气余热发电技术。

⑧推广焦化干熄焦技术，回收利用焦炭显热。

⑨推广低热值煤气燃气-蒸汽联合循环发电技术（CCPP）。

⑩推广炼钢厂除尘系统高温烟气余热发电技术。

⑪推广电炉余热回收及综合利用技术。

⑫推进烧结烟气脱硫副产石膏资源化利用技术的产业化。

6）有色金属工业"三废"综合利用技术

（1）冶炼废渣综合利用技术

①推广采用炉渣选矿法从冶炼炉渣中回收金属铜技术。

②推广铜冶炼阳极泥及废渣（料）综合利用技术，回收金、银、铂、钯、硒、碲、铅、铋、铟等。

③推广铜冶炼冷态渣、镍冶炼冷态渣深度还原磁选提铁综合利用技术。

④推广采用"破碎-磁选分选焦煤""球磨-磁选生产铁粉"等技术处理锌渣、窑渣。

⑤推广从铅电解阳极泥中提取金银的火法和湿法技术工艺。

⑥推广从锌渣中提取银的技术。

⑦推广从锌浸出渣中提取铟技术。

⑧推广金属镁还原渣部分替代钙质和硅质原料生产水泥技术。

⑨研发高效利用铅锌冶炼渣再回收铅锌技术以及稀散金属回收技术。

⑩研发低耗高效脱除氟、氯、氧化锌物料技术。

⑪研发采用氢气还原法从冶炼各类烟尘中制取金属锗综合利用技术。

⑫研发赤泥综合利用技术。

（2）废水（液）综合利用技术

①推广轧制废油回收利用技术。

②推广从生产印刷线路板产生含铜废液中回收金属铜技术。

③研发加工生产过程中表面处理废液、酸洗污泥综合回收技术。

（3）废气及余热综合利用技术

①推广采用氨吸收法技术，回收铜、铅、锌等有色金属冶炼企业产生的烟气二氧化硫，副产硫酸铵、硫酸钾等。

②推广采用钙吸收技术，对二氧化硫烟气脱硫并回用。

③推广采用氧化锌渣脱除铅锌冶炼烟气二氧化硫技术。

④推广冶炼废气中有价元素的回收利用技术。

　⑤推广菱镁矿资源利用过程中二氧化碳回收以及生产二氧化碳衍生产品先进技术。

　⑥推广有色冶金炉窑烟气余热利用技术。

5.2.4　矿产资源节约与综合利用先进适用技术

　　为贯彻党的十八届五中全会提出的"创新、协调、绿色、开放、共享"新发展理念,提高科技成果转化效率,自2012年以来,国土资源部已分6批发布了334项(至2017年底)矿产资源节约与综合利用先进适用技术并予以推广,涵盖油气资源、煤炭资源、黑色金属矿、有色金属矿、稀有贵金属矿、非金属与化工。在引导和鼓励矿山应用先进技术,加快技术改造、推进转型升级等方面取得了积极成效。先进适用技术是提高矿产资源开发利用水平最有效的途径,推广先进适用技术对提高我国资源利用效率和保障能力,促进生态文明建设,健全矿产资源节约集约利用机制,促进矿业领域科技创新,提高矿产资源节约集约利用水平起到积极促进作用。原国土资源部采取多种形式,搭建信息交流平台,实现"让有需求的企业找到适用技术,让先进技术找到适用的企业",提高了先进适用技术的转化率和普及率。

　　2018年9月,自然资源部办公厅印发了《自然资源部办公厅关于开展矿产资源节约与综合利用先进适用技术推广应用评估工作的通知》(自然资办函〔2018〕1133号),组织省级自然资源主管部门、有关矿山企业、有关行业协会对334项先进适用技术进行推广应用评估。评估结果表明,334项先进适用技术发布以后,取得了明显的资源、经济、环境等效益。一是资源利用水平明显提高,盘活石油可采储量33.1亿t、天然气1645亿立方、煤炭8亿t、铁矿40.7亿t、磷矿21亿t;石油采收率平均提高9个百分点、固体矿产开采回采率平均提高8个百分点、选矿回收率提高9.5个百分点。二是经济效益明显提升,矿业产值增加2044亿元,利润增加624亿元。三是科技成果转化加速,334项先进适用技术推广应用到了2818家矿山企业,形成专利1521件,获得国家级、省部级等科技进步奖585项,形成国家与行业等标准328项。四是生态环境效益显著,累计节地5.1万亩、节电104亿kW·h、节水8.3亿t、利用固体废弃物6.3亿t。

　　为加快推进矿产资源领域创新驱动发展战略实施,践行创新发展和绿色发展理念,提升矿产资源节约和综合利用水平,根据《自然资源部办公厅关于开展矿产资源节约和综合利用先进适用技术目录更新工作的通知》(自然资办函〔2019〕1081号)要求,自然资源部组织开展了矿产资源节约和综合利用先进适用技术目录更新工作。经自愿申报、省级自然资源主管部门及有关单位推荐、专家评选、社会公示等程序,最终优选360项技术,形成了《矿产资源节约和综合利用先进适用技术目录(2019年版)》,2019年12月,自然资源部予以公告。金属矿产资源节约与综合利用先进适用技术见表5-3。

表5-3　金属矿产资源节约与综合利用先进适用技术

黑色金属类	有色金属类	稀有贵金属类
金属、非金属粗颗粒原矿浆无外力管道输送技术	山西式沉积型似层状铝土矿薄矿体分级分层综合开采技术	采场交替上升无房柱连续开采及宽进路充填采矿技术
鞍山式含碳酸盐赤铁矿石高效浮选技术	金属矿山高浓度及膏体细尾砂充填技术	黄金矿山低品位资源动态评估与利用技术

续表5-3

黑色金属类	有色金属类	稀有贵金属类
黑色金属矿山高压辊磨机超粉碎及预先抛尾技术与装备	铅锌银多金属硫化矿原生电位调控浮选工艺	高氯咸水替代淡水高效选矿技术
低品位菱、褐铁矿回转窑磁化焙烧-磁选新技术	酸性水低浓度铜资源的硫化提取技术	黄金矿山含氰尾液处理技术
低品位及难选磁铁矿磁场筛选法分选工艺	铅锌多金属矿资源高效开发与综合利用关键技术	高次生铜大型斑岩铜钼矿铜钼分离关键技术
超贫钒钛磁铁矿尾矿磷钛资源回收利用技术	低品位硫化铜矿生物提铜大规模产业化应用关键技术	利用黄金尾矿制备陶瓷釉料和加气混凝土材料
钒钛磁铁矿综合回收利用技术	地下立体分区大规模控制爆破开采技术	金尾矿有价金属综合回收技术
含钒页岩双循环高效氧化提钒技术	安全隐患条件下诱导崩落连续开采技术	极高浓度氰化尾液3R-O新技术及成套装备
低品位含铀硼铁矿资源综合利用技术	无底柱充填联合采矿技术	环保型浸金试剂推广应用技术
弱磁性矿石高效强磁选关键技术及装备	钼精矿新工艺及产业化技术	生物提铜矿山生物安全性鉴定技术
镜铁山式难选氧化铁矿提质降杂选矿技术	铜冶炼渣资源综合利用技术	采选过程信息化集成技术
利用低贫锰矿和含硫烟气生产高纯硫酸锰及二氧化锰工艺技术	复杂难处理钨细泥高效选矿新工艺	矿山低浓度酸性废水低成本无害化处理技术
破碎难采矿体诱导冒落高效开采技术	有色金属尾矿萤石综合回收利用关键技术	金矿细菌氧化处理工艺技术
大水矿床近顶板灰岩帷幕注浆堵水采矿技术	复杂难选低品位镍矿选矿技术	炭浆尾矿深度净化与综合利用工程化技术及装备
含弱磁性微细粒矿物工业废渣分选用新型高效永磁机及综合利用技术	露天开采可视化调度管理系统	废石就地回填技术
复杂隐患空区转换处置及残矿回收技术	黑白钨矿物强磁分离选别技术	黄金矿山低品位资源规模化开发关键技术
铁矿尾矿生产新型墙材技术	矿山粗骨料高浓度流态管输充填关键技术	活动空区监控强充协同治理技术
微细粒难选贫铁矿选矿新工艺	尾矿资源细粒级金属矿物清洁高效回收新技术	含砷难处理金矿加压预氧化关键技术
悬振锥面选矿机用于金属矿提质降尾技术	矽卡岩型铜尾矿活化浮选硫精矿技术	过采区高应力低品位矿体开采技术

续表5-3

黑色金属类	有色金属类	稀有贵金属类
尾矿中铁矿物回收利用技术	矽卡岩型低品位白钨矿高效利用新技术	微细粒金银铁难处理多金属氧化矿选冶联合关键技术
尾矿全量资源化综合利用技术	高浓度大倍线自流胶结充填技术	采掘车间业务绩效考核系统优化
含铜钴尾矿低温焙烧利用技术	低品位铜钼矿的柱机联合分选技术	高硫型金铜尾矿资源无害化处理与综合回收利用技术
电解金属锰生产节能减排关键技术	含砷、锑复杂难处理金矿高效提金综合新技术	氰根在线检测分析技术
贫磁铁矿石选矿工艺与新型干式磁选机	矿产资源数字化评价与开采软件	盘区机械化无矿柱连续安全高效上向分层充填开采综合技术
地面远程遥控井下电机车运输系统	斑岩铜矿及伴生元素浮选技术	井下碎石机远程控制技术
白云鄂博综合回收铁、稀土、铌、萤石选矿新工艺	露天金属矿大规模安全高效开采关键技术	金精矿氰渣全组分无害化利用
大型铁矿山露天井下协同开采及风险防控关键技术与应用	智能图像选矿工艺技术	原矿焙烧提金技术与工艺
赤铁矿浮选尾矿回收利用技术	铅锌浮选厂废水处理与循环利用技术	
悬浮式干式磁选机在超贫磁铁矿选矿应用	有色金属矿山数字化采选技术	
电解锰渣高温可控脱硫生产活性微粉关键技术	含悬浮物选矿废水高效絮凝处理及回收用技术	
非煤矿山井下用LED节能照明设备	难选高硫铜钴多金属矿清洁高效选矿关键技术	
钢铁行业固体废弃物资源化利用技术	难选轻稀土矿低碳高效利用新技术	
特大型露天矿高效开采技术	锶矿(天青石)高效选矿新技术	
CFP系列磁浮选柱及浮选工艺技术	高海拔复杂多金属选矿技术集成及工程转化	
低钛型钒钛磁铁矿选矿新技术	尾矿中伴生低品位白钨矿资源回收技术	
干式粉磨分选集成技术	烯丙基异丁基硫氨酯合成工艺关键技术	
高硫低硅铁尾矿的梯级利用技术	钼矿绿色选矿工艺与特大型选矿装备集成技术	

续表5-3

黑色金属类	有色金属类	稀有贵金属类
磁铁矿尾砂综合利用技术及尾矿库恢复使用技术	顶底柱及边角残矿开采技术	
超贫铁矿共伴生磷铜资源综合回收与节能降耗技术	钼矿伴生极低品位铜综合回收技术	
尾矿全流程一体化处置新工艺	铅锌选矿全流程自动控制信息处理系统集成技术	
冶金智慧矿山建设体系与关键技术	离子吸附型稀土矿绿色高效浸萃一体化新技术	
基于 GIS 面向空间对象的地采矿山数字化管理系统	含铜低品位金矿资源利用技术	
大规模矿床高效无废充填开采技术	钼精矿焙烧尾气铼回收技术	
磨矿分级专家控制系统关键技术	铝土矿大型无传动节能高效浮选新技术与新装备	
钛精矿烘干高效干湿联合除尘脱硫环保技术	铅锌多金属矿高效节能短流程选矿技术	
新型铁矿石反浮选药剂	下向水平分层进路式分级尾砂胶结充填采矿工艺	
截止品位与出矿总量控制相结合的放矿方式	矿山采场安全预防精细化管理系统	
井下切采一体化技术	低品位铜铅锌铁复杂多金属资源清洁高效综合利用技术	
弱磁性铁矿石预选及磨选工艺	超低品位混合型铅锌矿高效协同分选技术	
大型铁尾矿高浓度排放技术	大体积充填体间厚大矿柱大规模安全高效开采技术	
混合铁矿石精确化磨矿与高效回收关键技术	高原地带低品位复杂铜多金属矿高效综合回收关键技术集成及应用	
难利用黑色金属矿流态化焙烧处理技术及装备	高效碎磨技术	
基于提质降杂磁选机的全磁选工艺	深井硬岩矿床大规模高效开采工艺技术	
磁铁矿山排土场矿石综合利用技术	中线式尾矿筑坝技术	
微细粒尾矿堆存与筑坝技术	自然崩落法开采关键技术	
选矿厂自动检测控制系统	铜尾矿中磁铁矿物回收利用技术	

续表5-3

黑色金属类	有色金属类	稀有贵金属类
LKBB-I 大型等厚筛	铜尾矿制备建筑陶瓷技术	
中细粒级尾矿脱水干排技术	智能块矿机器分选系统选锑研究与应用	
微细粒尾矿膏体浓缩及充填技术	预留护壁矿两步骤嵌套组合充填采矿技术	
	井下移动基站	

5.2.5 重点矿种生产建设规模分类

矿山的生产建设规模应根据矿床开采技术条件、矿床的勘探程度和资源储量、外部建设条件、工艺技术和装备水平、市场需求、资金筹措等因素，经计算论证和技术经济综合比较后确定；生产规模较大的矿山应研究分期建设的可行性和经济合理性。坚持矿山设计开采规模与矿区资源储量规模相适应的原则，严格执行矿山最低开采规模设计标准，严禁大矿小开、一矿多开。据《全国矿产资源规划（2016—2020 年）》（2016 年 11 月），重点矿种生产建设规模分类见表 5-4。

表 5-4 重点矿种生产建设规模分类（35 种）

矿产名称	单位/年	大型	中型	小型
煤（地下开采/露天开采）	原煤万 t	120/400	45/100	30/30
铁（地下开采/露天开采）	矿石万 t	100/200	30/60	5/5
锰	矿石万 t	10	5	2
铬	矿石万 t	10	5	2
铜	矿石万 t	100	30	3
铅	矿石万 t	100	30	3
锌	矿石万 t	100	30	3
钨	矿石万 t	80	40	5
锡	矿石万 t	100	30	3
钼	矿石万 t	100	30	3
铝土矿	矿石万 t	100	30	10
镍	矿石万 t	100	30	3
锑	矿石万 t	100	30	3
轻稀土	矿石万 t	100	50	15
重稀土	矿石万 t	100	50	10

续表5-4

矿产名称	单位/年	大型	中型	小型
金（岩金）	矿石万 t	15	6	3
磷（地下开采/露天开采）	矿石万 t	100/100	50/50	10/15
钾盐	矿石万 t	30	5	3
硫铁矿	矿石万 t	50	20	5
硼（B_2O_3）	矿石万 t			5
重晶石	矿石万 t	10	5	3
萤石（CaF_2）	矿石万 t	10	8	3
石灰岩（水泥用/其他）	矿石万 t	100/100	50/50	30/20
冶金、水泥用天然石英砂	矿石万 t	60	20	10
玻璃、陶瓷等用石英岩、石英砂	矿石万 t	30	10	5
高岭土	矿石万 t	10	5	3
石膏	矿石万 t	30	20	5
滑石	矿石万 t	10	8	3
石墨（晶质/隐晶质）	矿物/矿石万 t	1/10	0.6/8	0.3/5
云母（工业原料云母）	t			2
石棉	万 t	2	1	0.5
膨润土	矿石万 t	10	5	3
砖瓦用黏土	矿石万 t	30	13	6
建筑用石材	万 m^3	10	5	1.5
饰面用石材	万 m^3	1	0.5	0.3

资料来源：《全国矿产资源规划（2016—2020 年）》（2016 年 11 月）。

5.2.6　"三率"指标

矿产资源合理开发利用"三率"包括开采回采率、选矿回收率和共伴生矿产综合利用率，是评价企业开发利用矿产资源效果的主要指标。为强化矿产资源合理开发利用的监督管理，促进矿山企业节约与综合利用矿产资源，依据《中华人民共和国矿产资源法》等法律法规，国土资源部和自然资源部分批次发布了"三率"最低指标要求，指标规定了不同矿体形态、围岩稳固性、矿石品位、矿石可选难易程度等复杂条件下矿山最低合理开发利用"三率"指标要求，将进一步规范矿山开采行为，提高矿产资源节约与综合利用水平。

截至 2021 年 4 月，原国土资源部和自然资源部已先后发布九批共 113 个矿种的合理开发利用"三率"指标要求，涵盖能源矿产、有色金属矿产、黑色金属矿产、非金属矿产等，基本构建形成了重要矿种的"三率"指标体系。上述指标要求是矿山企业开发利用矿产的"最低要求"和节约与综合利用的"红线"，将作为编制矿产资源开发利用方案和矿山设计的依据。

我国已公布的113个矿种矿产资源合理开发利用"三率"指标汇总见表5-5。

表5-5 已公布"三率"指标的113个矿种

批次	矿种名称	矿种个数	发布时间
第一批	煤炭、金矿、磷矿、高岭土、钒钛磁铁矿	5	2012年12月
第二批	铁、铜、铅、锌、稀土、钾盐、萤石	7	2013年12月
第三批	锰、铬、铝土矿、钨、钼、硫铁矿、石墨、石棉	8	2014年12月
第四批	石油、天然气	2	2015年6月
第四批	镍、锡、锑、石膏、滑石	5	2015年12月
第五批	锂、锶、重晶石、石灰岩、菱镁矿、硼	6	2016年12月
第六批	镁、铌、钽、硅质原料、膨润土、芒硝	6	2017年12月
第七批	煤层气、油页岩、银、锆、硅灰石、硅藻土、盐矿	7	2018年12月
第八批	含钾岩石、铁矾土、油砂、水晶、冰洲石、电气石、钴矿、宝石、浮石、累托石黏土、锗矿、石煤、海泡石黏土、凹凸棒石黏土、红柱石、珍珠岩、耐火黏土、蓝晶石、矽线石、钛矿、钒矿、铋矿、长石、云母、方解石、叶蜡石、蛭石、沸石、伊利石黏土、陶瓷土、其他黏土	31	2020年1月
第九批	地热、二氧化碳气、天然碱、麦饭石、玛瑙、粗面岩、火山渣、火山灰、金刚石、溴、白垩、矿泉水、天然沥青、镁盐、钠硝石、粉石英、透辉石、透闪石、石榴子石、毒重石、花岗岩、橄榄岩、蛇纹岩、玄武岩、角闪岩、辉绿岩、安山岩、闪长岩、板岩、页岩、白云岩、大理岩、霞石正长岩、片麻岩、凝灰岩、泥灰岩	36	2021年4月
合计		113	

5.3 "三率"指标计算及最低指标要求

5.3.1 "三率"指标概念及计算方法

为了更好地发挥"三率"指标要求在矿产资源高效开发中的作用,统一"三率"内涵和计算方法,2015年3月,国土资源部发布了《矿产资源综合利用技术指标及其计算方法》(DZ/T 0272—2015),于2015年4月1日起实施。该行业标准界定了固体非能源矿产资源综合利用过程中的主要技术指标,即开采回采率、选矿回收率、共伴生矿产综合利用率等术语和定义、计算方法,建立了考核矿产资源利用水平统一要求,为全面评价资源节约与综合利用提供指南。

"三率"指标要求相继发布,基本构建和形成了重要矿种的"三率"指标体系。矿产"三率"指标要求,是矿山企业开发利用矿产的"最低要求"和节约与综合利用的"红线",将作为编制矿产资源开发利用方案和矿山设计的依据。

1)开采回采率

当期采出的纯矿石量(资源储量)占当期消耗的矿产资源储量的百分比。开采回采率(K)=当期采出的纯矿石量/当期消耗的矿产资源储量×100%,亦可采用下式计算:

$$K = \frac{Q_c}{Q} \times 100\% = \frac{Q - Q_s}{Q} \times 100\% = (1 - S) \times 100\% \tag{5-1}$$

式中:K 为开采回采率,%;Q 为当期消耗的矿产资源储量,万 t;Q_c 为当期采出矿石量(资源储量),万 t;Q_s 为损失资源储量,万 t;S 为采矿损失率,%。

在金属非金属矿床开采过程中,开采回采率是评价矿产资源开发利用水平和矿产资源开发利用现有技术的重要指标,对充分利用矿产资源,延长矿山生产服务年限,具有非常重要的意义。当开采回采率降低时,必然导致采出矿石量减少,从而使采出矿石基建费用增加,导致采出矿石成本提高;同时开采过程中损失的矿石,由于大量金属被溶析于排出地表的矿坑水、废石堆场淋滤水等,会给矿山环境及矿区外围带来严重的污染,因此,提高矿山开采回采率,是提高矿山经济和社会效益的重要环节。

2)选矿回收率

选矿回收率为精矿中某有用组分的质量占入选原矿中该有用组分质量的百分比。

$$\varepsilon = \frac{Q_1 \beta}{Q_0 \alpha} \times 100\% \tag{5-2}$$

式中:ε 为选矿回收率,%;Q_0 为选矿入选原矿质量,万 t;Q_1 为精矿质量,万 t;α 为计算选矿回收率时的入选原矿品位,%;β 为精矿品位,%。

在矿物加工过程中,个别有用组分被回收进入多个选矿产品中,可根据上式分别计算其在各个产品中的选矿回收率,然后将在各个产品中的回收率累加即为该组分在矿物加工过程中的选矿回收率。

3)共伴生矿产综合利用率

共伴生矿产综合利用率为采选作业中,各最终精矿产品中共伴生有用组分的质量之和与当期消耗矿产资源储量中共伴生有用组分质量和的百分比。

$$R = \frac{K \times \sum_{i=1}^{j} \varepsilon_i \times a_i}{\sum_{i=1}^{n} a_i} \times 100\% \tag{5-3}$$

式中:R 为共伴生矿产综合利用率,%;K 为开采回采率,%;ε 为选矿实际回收率,%;a 为原矿品位,%。

5.3.2 黑色金属矿产最低"三率"指标

1)铁矿资源

(1)开采回采率

①露天开采。

大型露天矿,开采回采率不低于95%。

中小型露天矿,开采回采率不低于90%。

②地下开采。

根据铁矿矿床的围岩稳固性和矿体倾斜度等自然赋存条件的不同，地下开采铁矿的开采回采率应达到的指标要求见表5-6。

表5-6　地下矿山开采回采率指标要求

围岩稳固性	矿体倾斜度	开采回采率/%
稳固	缓倾斜与急倾斜矿体	83
	倾斜矿体	81
不稳固	缓倾斜与急倾斜矿体	79
	倾斜矿体	78
极不稳固	缓倾斜与急倾斜矿体	77
	倾斜矿体	75

（2）选矿回收率

根据含铁矿物的主要自然类型和磨矿细度的不同，铁矿的选矿回收率指标要求见表5-7。

表5-7　主要铁矿类型的选矿回收率指标要求

铁矿类型	磨矿细度	选矿回收率/%		备注
磁铁矿	中细粒以上	95		磁性铁回收率
	细粒、微细粒	90		
赤铁矿（含镜铁矿）	中细粒以上	75		
	细粒、微细粒	70		
磁-赤混合矿	中细粒以上	78		磁铁矿与赤铁矿共生的混合矿
	细粒、微细粒	72		
褐铁矿	中细粒以上	55	80	
	细粒、微细粒	50		
菱铁矿	中细粒以上	80		焙烧工艺
	细粒、微细粒	70		

（3）综合利用率

综合利用率包含共伴生矿综合利用率、尾矿综合利用率和选矿废水综合利用率。

①共伴生矿综合利用率。当共伴生矿物的品位达到规定的值时（见表5-8），开采设计或开发利用方案要对此元素的综合利用方式提出指标要求。当共伴生的有用矿物在现有技术条件下暂时不能回收，或技术经济评价结论不宜综合利用的，应提出处置措施，为以后综合利用创造条件。

表 5-8　共伴生元素综合利用规定值表

共伴生元素	品位/%	共伴生元素	品位/%
硫(S)	≥5	钼(Mo)	≥0.02
磷(P)	≥0.8	镍(Ni)	≥0.2
二氧化钛(TiO_2)	≥5	锡(Sn)	≥0.1
铜(Cu)	≥0.2	五氧化二钒(V_2O_5)	≥0.2
锰(Mn)	≥3	钴(Co)	≥0.02
锌(Zn)	≥0.5	镓(Ga)、锗(Ge)	≥0.001

②尾矿综合利用率。尾矿综合利用包括回收利用尾矿库中的有价元素、利用尾矿做建筑材料或矿山回填等。尾矿综合利用率不低于 20%。

③选矿废水综合利用率。选矿厂废水综合利用率不低于 85%，干旱戈壁沙漠等特殊地区选矿废水综合利用率不低于 50%。

2) 四川攀西钒钛磁铁矿

(1) 开采回采率

露天开采：开采回采率不小于 94%。

地下开采：开采回采率不小于 82%。

(2) 选矿回收率

根据矿石全铁(矿石中铁元素的总含量，表示为 TFe)入选品位和铁精矿品位的不同，铁选矿回收率应达到以下要求。铁选矿回收率指标要求见表 5-9。

表 5-9　铁选矿回收率指标要求

矿石入选品位/%	铁精矿品位/%	铁选矿回收率要求/%
$w(Fe_T) \geq 30$		不低于 71
$25 \leq w(Fe_T) < 30$	≥54	不低于 66
$20 \leq w(Fe_T) < 25$		不低于 60
$w(Fe_T) < 20\%$		暂不要求

(3) 综合利用率

矿山企业开发利用钒钛磁铁矿时，要对伴生的钛、钒、铬及硫化物等有用组分进行综合利用，综合利用率要达到以下规定要求。

①钛的综合利用率(TiO_2 从原矿计算到钛精矿)。

根据入选矿石的铁钛比$[w(Fe_T)/w(TiO_2)]$和钛精矿品位的不同，钛的综合利用率应达到以下要求(见表 5-10)。

表 5-10 钛的综合利用率指标要求

入选矿石铁钛比	钛精矿品位/%	钛综合利用率要求/%
$2.1 \leqslant w(\text{Fe}_T)/w(\text{TiO}_2) < 2.6$		不低于 20
$2.6 \leqslant w(\text{Fe}_T)/w(\text{TiO}_2) < 3.5$	≥47	不低于 16
$w(\text{Fe}_T)/w(\text{TiO}_2) \geqslant 3.5$		不低于 12

当钛精矿 $w(\text{TiO}_2) < 47\%$ 时，钛综合利用率要相应提高。

②钒的综合利用率（V_2O_5 从原矿计算至铁精矿）。

根据铁选矿回收率的不同，钒的综合利用率应达到以下要求（见表 5-11）。

表 5-11 钒的综合利用率指标要求

铁选矿回收率/%	钒（V_2O_5）综合利用率要求/%
≥71	不低于 75
66≤铁选矿回收率<71	不低于 70
60≤铁选矿回收率<66	不低于 64

③铬的综合利用率（红格南矿区）（Cr_2O_3 从原矿计算至铁钒精矿）。

根据铁选矿回收率的不同，铬的综合利用率应达到以下要求（见表 5-12）。

表 5-12 铬的综合利用率指标要求

铁选矿回收率/%	铬（Cr_2O_3）综合利用率要求/%
≥71	不低于 75
66≤铁选矿回收率<71	不低于 70
60≤铁选矿回收率<66	不低于 64

④硫化物的综合利用。

矿山企业必须对硫化物进行综合利用。新建或改扩建矿山要在开发利用方案中明确硫化物综合利用的具体要求。

3）锰矿

（1）开采回采率

露天开采：大、中型露天矿山开采回采率不低于 92%；小型露天矿山开采回采率不低于 90%。

地下开采：根据锰矿矿床的赋存条件，锰矿地下矿山开采回采率应达到以下指标要求（见表 5-13）。

表 5-13 锰矿地下矿山开采回采率指标要求

围岩稳固性	矿体厚度	回采率/%
稳固	薄矿体	82
	中厚、厚矿体	85
中等稳固	薄矿体	81
	中厚、厚矿体	84
不稳固	薄矿体	80
	中厚、厚矿体	83

（2）选矿回收率

各主要类型的锰矿按照入选品位不同，其选矿回收率应达到以下指标要求（见表 5-14）。

表 5-14 锰矿选矿回收率指标要求

矿石种类	入选品位/%	选矿回收率/%
氧化锰	≥20	85
	<20	80
碳酸锰	≥15	83
	<15	78
其他锰矿		65

注：其他锰矿包括硅酸锰矿、硼酸锰矿、铁锰多金属矿以及由两种或两种以上类型矿物构成的复合矿。

（3）综合利用率

综合利用率包括共伴生矿产综合利用率、尾矿和废石综合利用率。

①共伴生矿产综合利用率。

在锰矿中常有铁、钴、镍及有色、贵金属等共伴生。当共伴生有用组分矿物的品位达到相应指标时（见表 5-15），开采设计或矿产资源开发利用方案应对该有用组分的综合利用方式提出指标要求。当共伴生有用组分在现有技术条件下暂时不能回收或技术经济评价结论不宜综合利用的，应提出处置措施。矿山具体利用程度应依据地质勘查报告、选矿试验、矿山设计及矿山采选生产实际等确定。

表 5-15 锰矿共（伴）生组分综合评价指标表

共（伴）生组分	质量分数/%	共（伴）生组分	质量分数/%
钴（Co）	≥0.02	氧化硼（B_2O_3）	≥1
镍（Ni）	≥0.1	硫（S）	≥2
铜（Cu）	≥0.1	金（Au）	≥0.2 g/t

续表5-15

共(伴)生组分	质量分数/%	共(伴)生组分	质量分数/%
铅(Pb)	≥0.4	银(Ag)	≥5 g/t
锌(Zn)	≥0.7		

②尾矿和废石综合利用率。

鼓励锰矿山企业充分回收利用废石、尾矿。开采设计或矿产资源开发利用方案应对废石和尾矿的综合利用提出指标要求。

4)铬矿

(1)开采回采率

露天开采：铬矿露天矿山开采回采率不低于93%。

地下开采：铬矿地下矿山开采回采率不低于85%。

(2)选矿回收率

铬矿选矿主要采用重选法和强磁选法，选矿回收率不低于78%。

(3)综合利用率

铬矿中常共伴生有铂族及钴、镍、金等元素，当铂族总量大于0.2 g/t，钴质量分数大于0.02%，镍质量分数大于0.2%时，应加强综合评价并尽可能回收利用。与铬矿共生的矿物，其综合利用率不低于50%；与铬矿伴生的矿物，其综合利用率不低于30%。

5.3.3　有色金属矿产最低"三率"指标

1)铝土矿

(1)开采回采率

露天开采：铝土矿露天矿山开采回采率不低于92%。

地下开采：依据铝土矿的矿体厚度和铝硅比(A/S)不同，铝土矿地下矿山开采回采率应达到以下指标要求(见表5-16)。

表5-16　铝土矿地下矿山开采回采率指标要求　　　　　单位：%

矿体厚度 H/m	$A/S \geqslant 10$	$10 > A/S > 5$	$A/S \leqslant 5$
$H \geqslant 5$	88	80	75
$5 > H > 2$	80	75	72
$H \leqslant 2$	75	72	70

(2)选矿回收率

根据铝土矿矿石类型和铝硅比(A/S)不同，其选矿回收率应分别达到以下指标要求(见表5-17)。

表 5-17　铝土矿选矿回收率指标要求

矿石类型	铝硅比 A/S	选矿回收率/%	备注
堆积型		95	要求含泥率≤3.0%
沉积型	$A/S \geq 5$	80	要求富集比达到 1.8, 尾矿铝硅比小于 1.5
	$5 > A/S > 3$	76	
	$A/S \leq 3$	72	

（3）综合利用率

铝土矿中的铁、镓、钪等共伴生资源在氧化铝工艺后回收，对仅有采选工序的矿山企业，其共伴生资源综合利用率不作指标要求。

沉积型铝土矿常共生铁矿、硫铁矿、熔剂灰岩、煤矿、高岭土、陶瓷土、铁矾土等多种有用矿产，应加强综合评价与回收利用。

2）钨矿

（1）开采回采率

露天开采：钨矿露天矿山的开采回采率不低于 92%。

地下开采：依据矿山地质品位（三氧化钨）的不同，钨矿地下矿山的开采回采率应分别达到以下指标要求（见表 5-18）。

表 5-18　钨矿地下矿山开采回采率指标要求　　　　单位：%

地质品位 $w(\mathrm{WO_3})$	开采回采率
$w(\mathrm{WO_3}) \leq 0.2$	80
$0.2 < w(\mathrm{WO_3}) \leq 0.4$	85
$w(\mathrm{WO_3}) > 0.4$	90

（2）选矿回收率

根据钨矿矿石类型、矿物嵌布粒度和入选矿石品位的不同，钨矿选矿回收率应分别达到以下指标要求（见表 5-19）。

表 5-19　钨矿选矿回收率指标要求

矿石类型	嵌布粒度/mm	入选矿石品位/%		
		$w(\mathrm{WO_3}) < 0.2$	$0.2 \leq w(\mathrm{WO_3}) < 0.4$	$w(\mathrm{WO_3}) \geq 0.4$
黑钨矿	≥0.2	75	80	82
（黑钨相≥90%）	<0.2	70	72	81
白钨矿	≥0.2	70	74	76
（白钨相≥90%）	<0.2	68	71	72

续表5-19

矿石类型	嵌布粒度/mm	入选矿石品位/%		
		$w(WO_3)<0.2$	$0.2 \leqslant w(WO_3)<0.4$	$w(WO_3) \geqslant 0.4$
混合矿	≥0.2	59	62	64
（黑、白钨任一相>10%）	<0.2	56	60	62

（3）综合利用率

钨矿中常伴生有锡、钼、铋、铜、铅、锌、锑、铍、钴、金、银、铌、钽、稀土、锂、砷、硫、磷、萤石等组分，当伴生组分达到相应要求时（见表5-20），应加强综合评价与回收利用。矿山具体利用程度应依据地质勘查报告、选矿试验、矿山设计及矿山采选生产实际等确定。

表5-20　钨矿伴生组分综合评价指标表

伴生组分	质量分数/%	伴生组分	质量分数/%
铜（Cu）	0.050	锌（Zn）	0.500
铅（Pb）	0.200	钴（Co）	0.010
砷（Sn）	0.030	钼（Mo）	0.010
铋（Bi）	0.030	铟（In）	0.001
金（Au，g/t）	0.100	银（Ag，g/t）	1.000
五氧化二钽（Ta_2O_5）	0.010	五氧化二铌（Nb_2O_5）	0.020
氧化铍（BeO）	0.030	锑（Sb）	0.500
氧化锂（Li_2O）	0.300	稀土（REO）	0.030
硫（S）	4.000	镓（Ga）	0.001
锗（Ge）	0.001	镉（Cd）	0.002

3）钼矿

（1）开采回采率

①露天开采：钼矿大型露天矿山的开采回采率不低于95%，中小型露天矿山或矿体形态变化大、矿体薄、矿岩稳固性差的矿山，其开采回采率不低于92%。

②地下开采：依据矿体厚度和钼品位的不同，钼矿地下矿山开采回采率应达到的指标要求见表5-21。

表5-21　钼矿地下矿山开采回采率指标要求

矿体厚度 H/m	钼品位/%		
	≥0.2	0.2~0.1	≤0.1
H≤5	88	80	75

续表5-21

矿体厚度 H/m	钼品位/%		
	≥0.2	0.2~0.1	≤0.1
5<H<15	90	83	80
H≥15	92	85	85

（2）选矿回收率

在保证生产合格钼精矿产品（钼精矿品位 $\alpha \geq 45\%$）的基础上，根据矿石结构构造类型、矿石入选品位等影响因素，钼矿选矿回收率应达到的指标要求见表5-22。

表 5-22　钼矿选矿回收率指标要求　　　　单位：%

结构构造类型	入选品位 α					
	$\alpha \leq 0.06$	$0.06<\alpha \leq 0.08$	$0.08<\alpha \leq 0.10$	$0.10<\alpha \leq 0.20$	$0.20<\alpha \leq 0.50$	$\alpha > 0.50$
块状、粒状	80.5	81.5	86	88	92.5	93.5
条带状	80	81	85	87	92	93
似层状、网脉状	79.5	80.5	84	86	91	92
浸染状、交代状	79	80	83	85	90	91

（3）综合利用率

钼矿石中常伴生有钨、铋、铜、铅、锌、钴、铁、金、铌、铍、铼、铟、硒、碲、铀、硫等组分。当钼矿伴生组分达到相应要求时（见表5-23），应加强综合评价与回收利用。结合钼行业生产实际，当钼矿仅回收铜或钨伴生组分时，综合利用率应达到50%以上；当回收两种以上伴生组分时，综合利用率应达到40%以上。

表 5-23　钼矿伴生组分综合评价指标表

伴生组分	质量分数	伴生组分	质量分数
钨（WO_3）	0.06%	铜（Cu）	0.1%
铅（Pb）	0.2%	锌（Zn）	0.4%
铁（Fe）	10%	硫（S）	1%
铋（Bi）	0.03%	铼（Re）	10 g/t

4）铅锌矿

（1）开采回采率

①地下开采：依据矿体厚度和不同矿石类型的铅锌（当量）品位，铅锌矿的开采回采率确定为75%~92%共27个指标要求（见表5-24）。

表 5-24 铅锌矿体地下开采时开采回采率指标要求   单位：%

矿体厚度	铅锌(当量)品位(硫化矿)			铅锌(当量)品位(混合矿)			铅锌(当量)品位(氧化矿)		
	≥9.0%	4.5%~9.0%	≤4.5%	≥11.5%	6.0%~11.5%	≤6.0%	≥14.0%	7.5%~14.0%	≤7.5%
≤5 m	88	80	75	88	80	75	88	80	75
5~15 m	92	83	80	92	83	80	92	83	80
≥15 m	92	85	85	92	85	85	92	85	85

②露天开采：大型铅锌矿山的开采回采率不低于95%，对于中小型矿山或矿体形态变化大、矿体薄、矿岩稳固性差的矿山，其开采回采率不低于92%。

（2）选矿回收率

根据矿石类型、结构构造类型、品位、粒度等不同的影响因素，铅、锌矿选矿回收率应分别达到以下指标要求（见表5-25、表5-26）。

表 5-25 铅矿选矿回收率指标要求   单位：%

矿石类型	结构构造类型	硫化矿铅品位≥3%、混合矿铅品位≥3.6%、氧化矿铅品位≥5%			1.5%≤硫化矿铅品位<3%、2.5%≤混合矿铅品位<3.6%、3%≤氧化矿铅品位<5%			0.5%≤硫化矿铅品位<1.5%、1.0%≤混合矿铅品位<2.5%、1.5%≤氧化矿铅品位<3%			硫化矿铅品位<0.5%、混合矿铅品位<1.0%、氧化矿铅品位<1.5%		
		粗中粒	细粒	微细粒	粗中粒	细粒	微细粒	粗中粒	细粒	微细粒	粗中粒	细粒	微细粒
硫化矿	块状、粒状结构	93.0	90.0	88.0	91.0	88.0	86.5	89.0	86.5	84.5	85.0	83.0	81.0
	条带状构造	92.0	89.0	87.0	90.0	87.0	85.5	88.0	85.5	84.0	84.5	82.0	80.0
	似层状、网脉状构造	90.0	87.0	85.5	88.0	85.5	84.0	86.5	84.0	82.0	83.0	80.0	78.5
	浸染状、交代结构	89.0	86.5	84.5	87.0	84.5	83.0	85.5	83.0	81.0	82.0	79.5	78.0
混合矿	块状、粒状结构	90.0	87.5	85.5	88.5	85.5	84.0	86.5	84.0	82.0	83.0	80.5	79.0
	条带状构造	89.0	86.5	85.0	87.5	85.0	83.0	85.5	83.0	81.5	82.0	79.5	78.0
	似层状、网脉状构造	87.5	85.0	83.0	85.5	83.0	81.5	84.0	81.5	80.0	80.5	78.0	76.5
	浸染状、交代结构	86.5	84.0	82.0	85.0	82.0	80.5	83.0	80.5	79.0	79.5	77.0	75.5
氧化矿	块状、粒状结构	81.0	78.5	77.0	79.5	77.0	75.5	78.0	75.5	74.0	74.5	72.5	71.0
	条带状构造	80.5	78.0	76.0	79.0	76.5	75.0	77.0	75.0	73.0	74.0	71.5	70.0
	似层状、网脉状构造	78.5	76.5	75.0	77.0	75.0	73.0	75.5	73.0	72.0	72.5	70.0	69.0
	浸染状、交代结构	78.0	75.5	74.0	76.5	74.0	72.5	75.0	72.5	71.0	71.5	69.5	68.0

表 5-26　锌矿选矿回收率指标要求　　　　　　　　单位：%

矿石类型	结构构造类型	硫化矿锌品位≥5%、混合矿品位≥5.5%、氧化矿品位≥7%			3%≤硫化矿锌品位<5%、3.5%≤混合矿品位<5.5%、5%≤氧化矿品位<7%			1%≤硫化矿锌品位<3%、1.5%≤混合矿品位<3.5%、3%≤氧化矿品位<5%			硫化矿锌品位<1%、混合矿品位<1.5%、氧化矿锌品位<3%		
		粗中粒	细粒	微细粒	粗中粒	细粒	微细粒	粗中粒	细粒	微细粒	粗中粒	细粒	微细粒
硫化矿	块状、粒状结构	91.0	88.0	84.0	89.0	86.5	84.5	87.0	84.5	83.0	83.5	81.0	79.5
	条带状构造	90.0	87.5	83.0	88.0	85.5	84.0	86.5	84.0	82.0	83.0	80.5	78.5
	似层状、网脉状构造	88.0	85.5	81.0	86.5	84.0	82.0	84.5	82.0	80.5	81.0	79.0	77.0
	浸染状、交代结构	87.0	84.5	80.5	85.5	83.0	81.0	84.0	81.0	79.5	80.5	78.0	76.0
混合矿	块状、粒状结构	89.0	86.0	82.0	87.0	84.5	82.5	85.0	82.5	81.0	81.5	79.0	77.5
	条带状构造	88.0	85.0	81.0	86.0	83.5	82.0	84.5	82.0	80.0	81.0	78.5	77.0
	似层状、网脉状构造	86.0	83.5	79.5	84.5	82.0	80.0	82.5	80.0	78.5	79.0	77.0	75.0
	浸染状、交代结构	85.0	82.5	78.5	83.5	81.0	79.5	82.0	79.5	77.5	78.5	76.0	74.5
氧化矿	块状、粒状结构	81.0	78.5	75.0	79.5	77.0	75.5	78.0	75.5	74.0	74.5	72.5	71.0
	条带状构造	80.5	78.0	74.0	79.0	76.5	75.0	77.0	75.0	73.0	74.0	71.5	70.0
	似层状、网脉状构造	78.5	76.5	72.5	77.0	75.0	73.0	75.5	73.0	72.0	72.5	70.0	69.0
	浸染状、交代结构	78.0	75.5	72.0	76.5	74.0	72.5	75.0	72.5	71.0	71.5	69.5	68.0

（3）共伴生矿产资源综合利用率

国家鼓励铅锌矿山综合利用金、银、硫、铁等共伴生资源。根据硫含量和矿石类型的不同，确定其共伴生矿产资源（能够回收、利用的有价元素）综合利用率指标要求见表 5-27。

表 5-27　铅锌矿山矿产资源综合利用率指标要求　　　　单位：%

$w(S)$	露天开采或硫化矿品位			氧化矿品位			混合矿品位		
	>9.00	4.50~9.00	≤4.50	>12.00	7.50~12.00	≤7.50	>11.50	6.00~11.50	≤6.00
≤5	55.00	52.00	50.00	45.00	42.00	40.00	50.00	47.00	45.00
5~25	57.00	55.00	52.00	47.00	45.00	42.00	52.00	50.00	47.00
>25	60.00	65.00	55.00	50.00	47.00	45.00	55.00	52.00	50.00

5）镍矿

（1）开采回采率

①露天开采：镍矿露天开采回采率不低于92%，矿体形态复杂的不低于88%。

②地下开采：依据矿山矿石品位、矿石类型和矿体厚度等的不同，镍矿地下开采回采率最低指标要求为75%~92%。镍矿地下开采回采率的最低指标要求见表 5-28。

表 5-28　镍矿地下开采回采率的最低指标要求

矿石品位/%		回采率/%	
原生矿石	其他矿石	矿体厚度≤5 m	矿体厚度>5 m
≤0.5	≤1.2	75	80
0.5~0.8	1.2~2.0	85	88
≥0.8	≥2.0	88	92

（2）选矿回收率

根据镍矿矿石品位、矿石可选难易程度等的不同，镍矿选矿回收率最低指标要求为 55%~82%。镍矿选矿回收率的最低指标要求见表 5-29。

表 5-29　镍矿选矿回收率的最低指标要求

矿石品位/%	回收率/%	
	矿石中等可选	矿石复杂难选
≤0.7	68	55
0.7~1.0	73	62
≥1.0	82	72

（3）共伴生矿产综合利用率

镍矿中与其共生及伴生的矿产有铜、钴、铂、钯、锇、钌、铑、铱、金、银以及硫、铁、铬、锰、硒、碲等，当伴生组分达到相应要求时（见表 5-30），应加强综合评价与回收利用。

表 5-30　镍矿床伴生有用组分评价参考表

铂(Pt)、钯(Pd)	锇(Os)、钌(Ru)、铑(Rh)、氢(H)	金(Au)	银(Ag)	钴(Co)	硒(Se)	碲(Te)
0.03 g/t	0.02 g/t	0.05~0.1 g/t	1.0 g/t	0.01%	0.0006%	0.0002%

当综合回收黑色金属和(或)非金属资源时，其共伴生矿产综合利用率不低于 45%；当综合回收资源全部为有色金属时，其共伴生矿产综合利用率不低于 60%。

6）锡矿

（1）开采回采率

①露天开采：锡矿露天开采回采率不低于 95%，矿体形态变化大、矿体薄、矿岩稳固性差的矿山开采回采率不低于 92%。

②地下开采：依据矿山矿石品位和矿体厚度的不同，锡矿地下开采回采率最低指标要求为 78%~90%。锡矿地下开采回采率的最低指标要求见表 5-31。

表 5-31　锡矿地下开采回采率的最低指标要求

矿石品位/%	回采率/%	
	矿体厚度≤5 m	矿体厚度>5 m
≤0.4	78	80
0.4~0.8	80	85
≥0.8	88	90

（2）选矿回收率

根据锡矿矿石品位、矿石可选难易程度的不同，锡矿选矿回收率最低指标要求分别为 50%~80%。锡矿选矿回收率的最低指标要求见表 5-32。

表 5-32　锡矿选矿回收率的最低指标要求

矿石品位/%	回收率/%	
	矿石中等可选	矿石复杂难选
≤0.4	62	50
0.4~0.8	70	60
≥0.8	80	65

（3）共伴生矿产综合利用率

锡矿中常伴生有铜、铅、锌、铋、钨、锰、铁、硫等组分，当伴生组分达到表 5-33 所列含量要求时，应加强综合评价与回收利用。

表 5-33　锡矿伴生组分综合评价指标表

伴生组分	铜（Cu）	铅（Pb）	锌（Zn）	铋（Bi）	钨（W）	锰（Mn）	铁（Fe）	硫（S）
质量分数/%	0.2	0.5	0.5	0.01	0.02	4	20	10

当锡矿石为中等可选时，其共伴生矿产综合利用率不低于 50%；当锡矿石为复杂难选时，其共伴生矿产综合利用率不低于 40%。

7）锑矿

（1）开采回采率

①露天开采：锑矿露天开采回采率不低于 95%，矿体形态变化大、矿体薄、矿岩稳固性差的矿山开采回采率不低于 92%。

②地下开采：依据矿山矿石品位和矿体厚度的不同，锑矿地下开采回采率最低指标要求为 75%~90%。锑矿地下开采回采率的最低指标要求见表 5-34。

表 5-34　锑矿地下开采回采率的最低指标要求

矿石品位/%	回采率/%	
	矿体厚度≤5 m	矿体厚度>5 m
≤1.5	75	80
1.5~2.5	77	85
≥2.5	80	90

（2）选矿回收率

根据锑矿矿石品位、矿石可选难易程度等的不同，锑矿选矿回收率最低指标要求为 60%~90%。锑矿选矿回收率的最低指标要求见表 5-35。

表 5-35　锑矿选矿回收率的最低指标要求

矿石品位/%	回收率/%	
	矿石中等可选	矿石复杂难选
≤1.5	75	60
1.5~2.5	82	65
≥2.5	90	75

（3）共伴生矿产综合利用率

锑矿中常伴生有砷、金、银、钨、汞、铋、硒、钴、镍、萤石、重晶石等组分，当伴生组分达到下表所列含量要求时，应加强综合评价与回收利用。锑矿伴生组分综合评价指标表见表 5-36。

表 5-36　锑矿伴生组分综合评价指标表

伴生组分	质量分数/%	伴生组分	质量分数/%
砷（As）	0.2	硒（Se）	0.001
金（Au）	0.1 g/t	钴（Co）	0.01
银（Ag）	2 g/t	镍（Ni）	0.1
钨（WO_3）	0.05	萤石（CaF_2）	5
汞（Hg）	0.005	重晶石（$BaSO_4$）	8
铋（Bi）	0.05		

当锑矿石为中等可选时，其共伴生矿产综合利用率不低于 50%；当锑矿石为复杂难选时，其共伴生矿产综合利用率不低于 40%。

8）铜矿资源

（1）开采回采率

①地下开采：依据矿体厚度和铜（当量）品位的不同，铜矿开采回采率确定为 75%～92%，共 9 个指标要求（见表 5-37）。其中，铜为单一铜矿时按铜品位不同确定其开采回采率；当铜矿含有多种共伴生元素时，依据铜（当量）品位确定其开采回采率。

铜当量品位是指矿床铜品位与其伴生有价元素依据市场价格折算铜品位之和，其计算公式为：

$$a_{\text{当}} = a_k + a_1 f_1 + a_2 f_2 + \cdots + a_i f_i \tag{5-4}$$

式中：$a_{\text{当}}$ 为铜当量品位，%；a_k 为主元素铜品位，%；a_1，a_2，…，a_i 为有价副产元素品位，%；f_1，f_2，…，f_i 为有价副产元素的换算系数；f（换算系数）= 某一共伴生矿产品产值/铜矿产品产值。

表 5-37　地下开采时开采回采率指标要求　　　　单位：%

矿体厚度/m	铜（当量）品位≥1.2%	铜（当量）品位 0.60%～1.2%	铜（当量）品位≤0.60%
≤5	88	80	75
5～15	92	83	80
≥15	92	85	85

②露天开采：大型铜矿山的开采回采率不低于 95%，对于中小型矿山或矿体形态变化大、矿体薄、矿岩稳固性差的矿山，其开采回采率不低于 92%。

（2）选矿回收率

根据矿石类型、结构构造类型、品位、粒度等不同的影响因素，选矿回收率应分别达到以下指标要求（见表 5-38）。

表 5-38　铜矿选矿回收率指标要求　　　　单位：%

矿石类型	结构构造类型	硫化矿铜品位≥1%、混合矿铜品位≥1.5%、氧化矿铜品位≥3%			0.6%≤硫化矿铜品位<1%、1%≤混合矿铜品位<1.5%、1.5%≤氧化矿铜品位<3%			0.4%≤硫化矿铜品位<0.6%、0.6%≤混合矿铜品位<1%、1%≤氧化矿铜品位<1.5%			硫化矿铜品位<0.4%、混合矿铜品位<0.6%、氧化矿铜品位<1%		
		粗中粒	细粒	微细粒	粗中粒	细粒	微细粒	粗中粒	细粒	微细粒	粗中粒	细粒	微细粒
硫化矿	块状、粒状结构	90.0	87.5	86.0	88.5	86.0	84.0	86.5	84.0	82.0	83.0	80.5	79.0
	条带状构造	89.5	86.5	85.0	87.5	85.0	83.0	86.0	83.0	81.5	82.0	80.0	78.0
	似层状、网脉状构造	87.5	85.0	83.0	86.0	83.0	81.5	84.0	81.5	80.0	80.5	78.0	76.5
	浸染状、交代结构	86.5	84.0	82.0	85.0	82.5	80.5	83.0	80.5	79.0	79.5	77.5	76.0
混合矿	块状、粒状结构	87.0	84.5	83.0	85.5	83.0	81.0	83.5	81.0	79.5	80.0	77.5	76.0
	条带状构造	86.0	83.5	82.0	84.5	82.0	80.0	82.0	80.0	78.5	79.0	77.0	75.5
	似层状、网脉状构造	84.5	82.0	80.0	83.0	80.0	78.5	81.0	78.5	77.0	77.5	75.5	74.0
	浸染状、交代结构	83.5	81.0	80.0	82.0	79.5	77.9	80.0	77.9	76.0	77.0	74.5	73.0

续表5-38

矿石类型	结构构造类型	硫化矿铜品位≥1%、混合矿铜品位≥1.5%、氧化矿铜品位≥3%			0.6%≤硫化矿铜品位<1%、1%≤混合矿铜品位<1.5%、1.5%≤氧化矿铜品位<3%			0.4%≤硫化矿铜品位<0.6%、0.6%≤混合矿铜品位<1%、1%≤氧化矿铜品位<1.5%			硫化矿铜品位<0.4%、混合矿铜品位<0.6%、氧化矿铜品位<1%		
		粗中粒	细粒	微细粒	粗中粒	细粒	微细粒	粗中粒	细粒	微细粒	粗中粒	细粒	微细粒
氧化矿	块状、粒状结构	78.5	76.0	74.5	77.0	74.5	73.0	75.0	73.0	71.5	72.0	70.0	68.5
	条带状构造	77.5	75.0	74.0	76.0	74.0	72.0	74.5	72.0	71.0	71.5	69.0	68.0
	似层状、网脉状构造	76.0	74.0	72.0	74.5	72.0	71.0	73.0	70.8	69.5	70.0	68.0	66.5
	浸染状、交代结构	75.0	73.0	71.5	74.0	71.5	70.0	72.0	70.0	68.5	69.0	67.0	66.0

(3)共伴生矿产资源综合利用率

国家鼓励铜矿山综合利用金、银、硫、铁等共伴生资源,根据铁的回收状态、铜品位和硫品位的不同,确定其共伴生矿产资源(能够回收、利用的有价元素)综合利用率指标要求(见表5-39)。

表5-39 铜矿山矿产资源综合利用率指标要求

铁回收状态	露天开采或 $w(Cu)$ ≥1.2% 地下开采			$w(Cu)$ 为 0.6%~1.2% 地下开采			$w(Cu)$ ≤0.6% 地下开采		
	矿石含硫品位/%			矿石含硫品位/%			矿石含硫品位/%		
	>10.00	2.00~10.00	≤2	>10.00	2.00~10.00	≤2	>10.00	2.00~10.00	≤2
无铁/不回收铁	65.0	55.0	50.0	55.0	50.0	45.0	50.0	45.0	40.0
易选铁	55.0	50.0	45.0	45.0	42.0	40.0	40.0	37.0	35.0
中等可选铁	47.0	43.0	40.0	40.0	38.0	36.0	37.0	35.0	32.0
难选铁	40.0	37.0	35.0	36.0	34.0	32.0	35.0	32.0	30.0

9)锂矿

(1)开采回采率

①露天开采:大、中型露天矿山开采回采率不低于92%;小型露天矿山开采回采率不低于90%。

②地下开采:依据矿山围岩稳固程度和矿体厚度的不同,锂矿地下开采回采率最低指标要求为78%~84%,见表5-40。

表5-40 锂矿地下开采回采率的最低指标要求

围岩稳固性	矿体厚度	回采率/%
稳固	薄矿体	82
	中厚、厚矿体	84

续表5-40

围岩稳固性	矿体厚度	回采率/%
中等稳固	薄矿体	80
	中厚、厚矿体	82
不稳固	薄矿体	78
	中厚、厚矿体	80

（2）选矿回收率

在保证生产合格锂精矿产品的基础上，根据矿石结构构造类型、矿石入选品位等影响因素，锂矿选矿回收率应分别达到以下指标要求，见表5-41。

表 5-41　锂矿选矿回收率最低指标要求

入选品位（Li_2O）/%	选矿回收率/%
$w(Li_2O) \geqslant 1.3$	80
$0.9 < w(Li_2O) < 1.3$	75
$0.6 \leqslant w(Li_2O) \leqslant 0.9$	70
$w(Li_2O) < 0.6$	65

（3）综合利用率

在锂矿中常有铍、钽、铌等共伴生。当共伴生有用组分矿物达到表5-42中所列含量时，应对该有用组分进行综合利用。其中：综合回收2种稀有金属时，共伴生矿产综合利用率应为40%以上；综合回收3种以上稀有金属时，共伴生矿产综合利用率应为30%以上。当锂矿为锂辉石-花岗伟晶岩矿石类型时，钽、铌共伴生矿产综合回收率不低于15%。

表 5-42　伴生铍、钽、铌综合回收参考性工业指标表

矿床类型	铍	钽、铌	
	$w(BeO)$/%	$w[(Ta, Nb)_2O_5]$/% $w(Ta_2O_5)/w(Nb_2O_5) > 0.4$	$w(Ta_2O_5)$/%
花岗伟晶岩类矿床与气成-热液矿床	≥0.04	≥0.007~0.01	≥0.003
碱性长石花岗岩类矿床	≥0.04~0.06	≥0.01~0.015	≥0.005

10）锶矿

（1）开采回采率

①露天开采：锶矿露天开采回采率不低于90%；矿体形态变化大、矿体薄、矿岩稳固性差的矿山开采回采率不低于85%。

②地下开采：依据矿山矿石品位、矿体厚度等的不同，锶矿地下开采回采率最低指标要求为 65%~80%(见表 5-43)。

表 5-43 锶矿地下开采回采率的最低指标要求

矿石品位/%	回采率/%	
	1 m≤矿体厚度≤3 m	矿体厚度>3 m
≥35	75	80
<35	65	75

(2)选矿回收率

根据矿石入选品位和可选难易程度等影响因素，建议最低指标要求分别为 40%~88%(见表 5-44)。

表 5-44 锶矿选矿回收率的最低指标要求

矿石品位/%	回收率/%	
	矿石中等可选	矿石复杂难选
≥45	88	80
25~45	80	75
≤25	50	40

(3)综合利用率

锶矿矿物主要为天青石，常与重晶石、石膏、硫铁矿共伴生，当锶矿石为中等可选时，其共伴生矿产综合利用率不低于 50%；当锶矿石为复杂难选时，其共伴生矿产综合利用率不低于 40%。

11)菱镁矿

(1)开采回采率

①露天开采：露天矿山开采回采率不低于 90%。

②地下开采：地下矿山开采回采率不低于 80%。

(2)选矿回收率

低品位(三级及以下)菱镁矿选矿回收率为 58%。

(3)综合利用率

矿山企业开发利用菱镁矿矿产时，鼓励综合利用低品位矿石、利用矿山开采废石及选矿尾矿，制作建筑材料或矿山采空区回填。

12)镁(炼镁白云岩)

(1)开采回采率

①露天开采：露天矿山开采回采率不低于 92%。

②地下开采：地下矿山开采回采率不低于 60%。

（2）选矿回收率、综合利用率

镁（炼镁白云岩）矿无须选矿且无共伴生矿产，故不设定选矿回收率和综合利用率指标要求。

5.3.4 稀贵稀土矿产最低"三率"指标

1）金矿

（1）开采回采率

①露天开采：露天黄金矿山企业的开采回采率要在矿石贫化率不超过10%的前提下为90%以上。

②地下开采：按照金矿不同的赋存条件，地下开采的矿山企业开采回采率要在设计矿石贫化率范围内达到以下指标要求（见表5-45）。

表 5-45　地下矿开采回采率指标要求

围岩稳固性	矿体倾斜度	矿体厚度	回采率/%
稳固	缓倾斜与急倾斜矿体	薄矿体	92
		中厚矿体	90
		厚矿体	87
	倾斜矿体	薄矿体	90
		中厚矿体	87
		厚矿体	85
不稳固	缓倾斜与急倾斜矿体	薄矿体	87
		中厚矿体	85
		厚矿体	82
	倾斜矿体	薄矿体	85
		中厚矿体	82
		厚矿体	80
极不稳固	缓倾斜与急倾斜矿体	薄矿体	82
		中厚矿体	80
		厚矿体	77
	倾斜矿体	薄矿体	80
		中厚矿体	77
		厚矿体	75

（2）选矿（冶）回收率

根据金矿加工处理的难易程度，黄金矿山企业的选（冶）回收率应达到以下指标要求（见表5-46）。

表 5-46　选矿(冶)回收率指标要求

类型		选矿(冶)回收率/%	备注
易处理矿石		85(80)	
难处理矿石	易选难冶矿石	85(75)	
	难选难冶矿石	(70)	
低品位矿石		(60)	常规氰化工艺
		(50)	堆浸

(3)共伴生矿产资源综合利用率

国家鼓励黄金矿山企业合理开发与综合利用银、硫、铜、铅、锌等共伴生矿产资源。当黄金与其他矿物共生时,综合利用率不低于60%;当黄金与其他矿物伴生时,综合利用率不低于40%。

2)银矿

(1)开采回采率

①露天开采:回采率不低于95%,矿体形态变化大、矿体薄、围岩稳固性差的矿山开采回采率不低于92%。

②地下开采:依据矿山矿石品位和矿体厚度的不同,银矿地下开采回采率最低指标要求为75%~90%(见表5-47)。

表 5-47　银矿地下开采回采率最低指标要求

矿石品位/(g·t⁻¹)	回采率/%	
	矿体厚度≤5 m	矿体厚度>5 m
≤100	75	80
100~150	82	85
≥150	85	90

(2)选矿回收率

根据银矿矿石品位、矿石可选难易程度的不同,银矿选矿回收率最低指标要求为70%~88%(见表5-48)。

表 5-48　银矿选矿回收率的最低指标要求

矿石入选品位/(g·t⁻¹)	回收率/%	
	矿石中等可选(含易选)	矿石复杂难选
≤100	75	70
100~150	85	75
≥150	88	80

（3）共伴生矿产综合利用率

银矿中常伴生有铜、铅、锌等组分，当伴生组分达到相应含量时（见表 5-49），应加强综合评价与回收利用，其伴生组分综合利用率不低于 40%。

表 5-49　银矿床伴生有用组分评价参考表

元素	Au	Pb	Zn	Cu	S	Cd	Mn
品位	0.1 g/t	0.2%	0.4%	0.1%	2%	0.005%	4%

3）铌钽矿

（1）开采回采率

①露天开采：铌钽矿露天开采回采率不低于 95%，矿体形态变化大、矿体薄、矿岩稳固性差的矿山开采回采率不低于 92%。

②地下开采：地下矿山开采回采率不低于 70%。

（2）选矿回收率

根据矿石品位不同，铌钽矿选矿回收率最低指标要求分别为 28%~48%（见表 5-50）。

表 5-50　铌钽矿选矿回收率的最低指标要求

钽+铌品位	≥0.0350%	0.0210%≤ 品位<0.0350%	0.0180%≤ 品位<0.0210%	0.0130%≤ 品位<0.0180%	<0.0130%
选矿回收率/%	48	40	35	30	28

（3）共伴生矿产综合利用率

铌钽矿中常伴生有钨、锂、铷、铯、铍等有用组分，鼓励矿山企业综合利用有用组分。当综合回收金属锂时，其综合利用率不低于 28%。

4）锆矿

（1）开采回采率

①露天开采：不低于 95%。

②地下开采（泵采）：不低于 80%。

（2）选矿回收率

选矿回收率不低于 70%。

（3）共伴生矿产综合利用率

锆矿中常伴生有钛铁矿、金红石等有用组分，其综合利用率不低于 65%。

5）稀土

（1）开采回采率

①露天开采：用此方式开采岩矿型稀土的矿山企业，其开采回采率应达到的指标见表 5-51。

表 5-51　岩矿型稀土矿露天开采回采率指标

矿体厚度 H/m		开采回采率/%
薄矿体	$H<5$	94
中厚矿体	$5\leqslant H<15$	95
厚矿体	$H\geqslant 15$	96

②地下开采：用此方式开采岩矿型稀土的矿山企业，其开采回采率不得低于 90%。

③堆浸工艺开采：用此方式的离子型稀土矿山企业，其开采回采率不低于 87%（浸出相）、70%（全相）。

④原地浸矿开采：用此方式的离子型稀土的矿山企业，其开采回采率不低于 84%（浸出相）、67%（全相）。

（2）选矿回收率

对于岩矿型稀土，根据其矿石可选性能的难易程度不同，选矿回收率应达到的指标见表 5-52。

表 5-52　岩矿型稀土选矿回收率指标

矿石可选性	选矿回收率/%
易选矿石	85
一般矿石	75
难选矿石	65

对于离子型稀土，选矿回收率不低于 90%。

（3）综合利用率

与岩矿型稀土矿共生的其他矿产，综合利用率不低于 60%。

与岩矿型稀土矿伴生的其他矿产，综合利用率不低于 30%。

对于离子型稀土，以浸取母液稀土浓度作为其综合利用评价指标。筑堆或矿块停止注液时，浸取母液中稀土离子浓度应不高于 0.1 g/L。

5.3.5　化工及非金属矿产最低"三率"指标

1）硫铁矿

（1）开采回采率

①露天开采：硫铁矿露天矿山开采回采率不低于 92%。

②地下开采：煤系沉积硫铁矿地下矿山开采回采率不低于 65%；非煤系沉积硫铁矿的地下矿山开采回采率不低于 80%。

（2）选矿回收率

煤系沉积硫铁矿选矿回收率不低于 70%；非煤系沉积硫铁矿的矿山选矿回收率不低于 80%。

（3）综合利用率

硫铁矿共伴生矿产品位达到相应含量时（见表5-53），应进行综合利用，共伴生矿产综合利用率≥50%。

表 5-53　硫铁矿伴生组分综合评价指标表

伴生组分	质量分数/%	伴生组分	质量分数/%
铜（Cu）	0.1~0.3	铅（Pb）	0.2~0.4
锌（Zn）	0.4-0.8	金（Au）	0.3~0.5 g/t
银（Ag）	5~20 g/t	钴（Co）	0.01~0.02
硒（Se）	≥0.001	碲（Te）	≥0.005
镉（Cd）	≥0.01		

2）高岭土

（1）开采回采率

①地下开采：地下开采的矿山企业不低于75%。

②露天开采：露天开采的矿山企业不低于85%。

（2）选矿回收率

高岭土矿选矿回收率不低于85%。

（3）综合利用率

矿山企业开发利用高岭土矿时，鼓励综合利用尾矿及尾矿中的石英、长石、伊利石及黄铁矿等有用组分。尾矿综合利用率不低于98%。

3）钾盐

（1）开采回采（盐田采收）率

固体钾石盐矿开采回采率（地下开采）不低于61%。

氯化物型卤水的盐湖钾盐矿盐田采收率不低于70%。

硫酸盐型卤水的盐湖钾盐矿盐田采收率不低于63%。

（2）选矿回收率

固体钾石盐矿不低于63%。

氯化物型卤水的盐湖钾盐矿不低于55%。

硫酸盐型卤水的盐湖钾盐矿不低于43%。

（3）综合利用率

固体钾盐矿选矿尾矿利用率不低于30%。

对于氯化物型卤水的盐湖钾盐矿，其选矿尾液利用率不低于90%。

对于硫酸盐型卤水的盐湖钾盐矿，其选矿尾液利用率不低于75%。

4）重晶石

（1）开采回采率

①露天开采：露天矿山开采回采率不低于90%。

②地下开采：地下矿山开采回采率不低于85%。

（2）选矿回收率

重晶石矿石的可选性主要取决于矿石的结构构造、伴生矿物的种类及特性。通常同时含有石英、方解石、萤石等杂质成分复杂的矿石。易选矿石不低于90%，难选矿石不低于80%。

（3）综合利用率

矿山企业开发利用重晶石矿产时，鼓励综合回收共伴生的有用矿物、利用矿山开采废石及选矿尾矿，用作建筑材料或用于矿山采空区回填。对于共伴生矿物为萤石且含量为20%以上的，应进行综合回收，回收率不低于75%。

5）石灰岩

（1）开采回采率

露天矿山开采回采率不低于90%。

（2）综合利用率

矿山企业开发利用石灰岩矿产时，鼓励对矿山开采废石综合利用，用作建筑材料或用于矿山采空区回填复垦。综合利用率不低于60%，如计算回填复垦用量不低于95%。

6）硼矿

（1）开采回采率

①露天开采：露天矿山开采回采率不低于93%。

②地下开采：地下矿山开采回采率不低于80%。

（2）选矿回收率

硼铁矿选矿回收率（总硼）$[w(B_2O_3) \geqslant 5\%]$不低于65%。

（3）综合利用率

硼铁矿综合利用率不低于55%。

7）磷矿

（1）开采回采率

①地下开采：地下开采的矿山企业开采回收率不低于72%。

②露天开采：露天开采的矿山企业开采回收率不低于93%。

（2）选矿回收率

磷块岩矿选矿回收率不低于80%（入选矿石品位大于20%）。

磷灰石和磷灰岩矿选矿回收率不低于85%（入选矿石品位大于10%）。

（3）综合利用率

与磷矿共伴生矿产资源综合利用率不低于45%，尾矿综合利用率不低于25%。

8）石墨矿

（1）开采回采率

①露天开采：石墨矿露天矿山开采回采率不低于92%。

②地下开采：石墨矿地下矿山开采回采率不低于75%。

（2）选矿回收率

晶质石墨矿入选原矿品位不小于5%，选矿回收率不低于85%；入选原矿品位小于5%（高于工业品位3%），选矿回收率不低于80%。

隐晶质石墨目前无须选矿即可利用，选矿回收率指标暂不作要求。

（3）综合利用率

晶质石墨矿常共伴生有云母、石英、透闪石、透辉石、石榴子石、方解石、金红石以及铀、钒、钛、黄铁矿、磷灰石、铝土矿、稀有金属等有用矿物，隐晶质石墨矿中可能共伴生石英和高岭土，应加强综合评价与回收利用。

9）石棉矿

（1）开采回采率

①露天开采：石棉矿露天矿山开采回采率不低于 92%。

②地下开采：石棉矿地下矿山开采回采率不低于 80%。

（2）选矿回收率

石棉矿选矿回收率不低于 85%。

（3）综合利用率

石棉矿常共伴生菱镁矿、滑石、软玉、镍、钴、铂等资源，应加强综合评价并尽可能回收利用，鼓励矿山企业综合利用共伴生有用矿物及选矿尾矿和废石。

10）滑石矿

（1）开采回采率

①露天开采：露天开采的矿山不低于 85%。

②地下开采：地下开采的矿山不低于 72%。

（2）选矿回收率

滑石选矿目前采用人工拣选，选矿回收率指标难以测算，以选矿产率来衡量滑石原矿利用的效率。

根据矿床资源禀赋、矿石特性，设定选矿产率指标要求：入选原矿中滑石含量达到工业品位（≥50%），选矿产率不低于 90%；入选原矿中滑石含量达到边界品位（≥35%）且低于工业品位，选矿产率不低于 75%；入选原矿中滑石含量低于边界品位，选矿产率不低于 40%。

（3）综合利用率

滑石矿常共伴生有绿泥石、蛇纹石、菱镁矿、透闪石、白云石等矿物，鼓励回收利用，暂不设指标要求。对于矿山废石的利用，鼓励有条件的矿山应用于矿山充填及制作建筑材料等。

11）石膏矿

（1）开采回采率

①露天开采：露天开采的矿山不低于 90%。

②地下开采：采用房柱法回采率不得低于 35%；极倾斜厚矿体采用崩落法，回采率不得低于 60%；对优质纤维石膏、球形石膏、透明石膏采矿应采用全面充填法开采，回采率不得低于 85%。

（2）选矿回收率

目前采用人工拣选除杂，暂不设定回收率指标要求。

（3）综合利用率

石膏矿无伴生矿产，暂不设指标要求。对于矿山废石的利用，鼓励有条件的矿山应用于矿山充填及制作建筑材料等。

12）萤石资源

（1）开采回采率

①露天开采：露天开采的矿山企业不低于90%。

②地下开采：对于岩体稳定矿体，其开采回采率不低于80%；对于岩体不稳定矿体，其开采回采率不低于73%。

（2）选矿回收率

易选矿石选矿回收率不低于83%。

难选矿石选矿回收率不低于75%。

萤石矿石的可选性主要取决于矿石的结构构造、伴生矿物的种类及嵌布特性。通常同时含有石英、方解石、重晶石等杂质，成分复杂的矿石或是嵌布粒度小于38 μm的矿石为难选矿石，除此之外为易选矿石。

（3）综合利用率

矿山企业开发利用萤石矿产时，鼓励综合回收共伴生的有用矿物、利用矿山开采废石及选矿尾矿制作建筑材料或矿山采空区回填。考虑到受地域条件影响较大，目前暂不做指标要求。

13）硅质原料（石英岩、砂岩、脉石英、天然石英砂）

（1）开采回采率

①露天开采。

a. 石英砂岩：≥95%；

b. 石英岩：≥95%；

c. 脉石英：≥73%；

d. 天然石英砂：≥95%。

②地下开采。

硅质原料中仅有石英岩和脉石英矿山部分采用地下开采，故仅设石英岩和脉石英地下开采回采率指标。

a. 石英岩：≥80%；

b. 脉石英：≥70%。

（2）选矿回收率

①石英砂岩：≥75%；

②石英岩：≥65%；

③脉石英：≥60%；

④天然石英砂：≥75%。

（3）尾矿综合利用率

①石英砂岩：≥50%；

②石英岩：≥50%；

③脉石英：≥70%；

④天然石英砂：≥50%。

14）膨润土

（1）开采回采率

①露天开采开采回采率：≥90%。

②地下开采开采回采率：≥70%。

（2）选矿回收率

矿山企业开发利用膨润土矿产时，鼓励膨润土分级开采、分级利用，其选矿回收率不小于90%。

（3）综合利用率

尾矿综合利用率不小于80%。

15）芒硝

（1）开采回采率

①露天矿山：不低于85%；

②地下矿山：采用硐室水溶法不低于70%；采用钻井水溶法矿区开采回采率不低于20%。

（2）选矿回收率

目前，芒硝矿开采后直接化工加工，无选矿，故不设选矿回收率指标。

（3）共伴生矿产综合利用率

伴生盐矿资源综合利用率不低于21%。

16）硅灰石

（1）开采回采率

①露天开采：不低于90%。

②地下开采：不低于80%。

（2）选矿回收率

选矿回收率不低于80%。

（3）综合利用率

尾矿废石综合利用率不低于75%。

17）硅藻土

（1）开采回采率

①露天开采：不低于85%。

②地下开采：一级土、二级土不低于70%。

据《矿产资源工业要求手册》，$w(SiO_2) \geq 85\%$，为一级土；$w(SiO_2) \geq 80\%$，为二级土。

（2）选矿回收率

选矿回收率不低于85%。

（3）综合利用率

尾矿废石综合利用率不低于60%。

18）盐矿

（1）开采回采率

盐矿以其产出方式分为岩盐、湖盐和天然卤水三种类型。其中：

①岩盐矿床以钻井水溶法开采为主，开采回采率不低于23%。对于用开采溶腔存储石油

天然气等的岩盐矿山,经论证后可适当降低。

②盐湖矿床采用盐湖采矿法,开采回采率不低于80%。

③天然卤水矿床以钻井水力采矿法为主,开采回采率不低于60%。

(2)选矿回收率

盐矿后加工称为盐化工,故不设定选矿回收率指标。

(3)综合利用率

与盐矿床共(伴)生的溴、芒硝资源,随卤水抽出,达到工业品位的共(伴)生资源全部利用(包括回灌至采卤后的空腔)。

19)含钾岩石等

含钾岩石等31种矿产资源合理开发利用"三率"最低指标要求见表5-54。

表5-54　含钾岩石等矿产资源合理开发利用"三率"最低指标要求

序号	矿种	开采回采率/%				选矿回收率/%		综合利用率/%
		露天开采		地采				
1	含钾岩石	95		80(房柱法70)		70		—
2	铁矾土	95		80		—		—
3	油砂	90		75		80		共(伴)生矿产50
		采用地下原位开采的油砂矿山采收率20						
4	水晶	95		熔炼水晶85;压电、光学、工艺水晶90		—		废石50
5	冰洲石	95		90		—		废石50
6	电气石	电气石矿物量<10万t	85	85		易选矿石	90	共(伴)生矿产60;废石、尾矿50
		电气石矿物量10万t~50万t	90			一般矿石	80	
		电气石矿物量≥50万t	95			难选矿石	70	
7	钴矿	88		75		70		共(伴)生矿产60
8	宝石	90		80		30		—
9	浮石	93		—		—		—
10	累托石黏土	90		75		75		共(伴)生矿产60
11	锗矿	98		薄矿体	88	85		—
				中厚矿体	83			
				厚矿体	78			

续表5-54

序号	矿种	开采回采率/%				选矿回收率/%	综合利用率/%
		露天开采	地采				
12	石煤	—	厚度<5 m	70		—	煤矸石 100
			厚度≥5 m	65			
13	海泡石黏土	90	80			75	—
14	凹凸棒石黏土	95	—			干法 95；湿法 60	废石、尾矿 90
15	红柱石	92	80			红柱石矿物 48	—
16	珍珠岩	92	—			加工产品产出率 75	尾矿 90
17	耐火黏土	92	65			—	—
18	蓝晶石	92	80			蓝晶石矿物 50	—
19	矽线石	92	80			矽线石矿物 40	—
20	钛矿	90	90			钛铁砂型 70 金红石型 45	—
21	钒矿	75	75			70	
22	铋矿	92	围岩稳固	85		70	—
			围岩中等稳固	84			
			围岩不稳固	83			
23	长石	95	80(房柱法 70)			80	
24	云母	85	80			80	
25	方解石	95	80			—	废石 65
26	叶蜡石	95	84			80	
27	蛭石	85	—			85	
28	沸石	95	85			85	
29	伊利石黏土	95	80			80	—
30	陶瓷土	95	80			80	—
31	其他黏土	95	80			—	—

5.4　综合利用示范基地建设

5.4.1　示范基地

国土资源部、财政部启动矿产资源综合利用示范基地建设工作，首批 40 个示范基地，涵盖油气、煤炭和有色等七大领域，中央财政投入 200 亿元，企业自筹计划投入 1742 亿元。

按照《国土资源部财政部关于开展矿产资源综合利用示范基地建设工作的通知》（国土资发〔2011〕88 号）文件要求，2011 年 9 月 23 日，国土资源部、财政部发布了《关于首批矿产资源综合利用示范基地名单的公告》，确定长庆姬塬油田特低渗透油藏综合利用示范基地等 40 家为首批矿产资源综合利用示范基地，其中除油气类和煤炭类外的示范基地名单见表 5-55。

表 5-55　首批矿产资源综合利用示范基地

矿种	名称
黑色金属类（共 4 个）	①四川省攀枝花钒钛磁铁矿综合利用示范基地； ②河北冀东地区铁矿资源综合利用示范基地； ③安徽省马鞍山铁矿资源综合利用示范基地； ④湖北省鄂西地区宁乡式铁矿综合利用示范基地
有色金属类（共 14 个）	①甘肃省金川铜镍多金属矿资源综合利用示范基地； ②湖南省柿竹园多金属资源综合利用示范基地； ③广西平果低品位铝土矿综合利用示范基地； ④广西南丹大厂锡多金属矿资源综合利用示范基地； ⑤河南栾川钨钼铁资源综合利用示范基地； ⑥江西省铜矿资源综合利用示范基地； ⑦江西赣南钨矿资源综合利用示范基地； ⑧福建省上杭紫金山铜金及有色金属资源综合利用示范基地； ⑨云南省红河州个旧市锡多金属矿资源综合利用示范基地； ⑩广东省韶关大宝山铁铜硫资源综合利用示范基地； ⑪吉林省白山浑江镁、赤铁矿、煤炭资源综合利用示范基地； ⑫哈尔滨铜锌铁资源综合利用示范基地； ⑬安徽省铜陵有色金属资源综合利用示范基地； ⑭陕西省金堆城钼矿资源综合利用示范基地
稀有稀土类（共 4 个）	①内蒙古白云鄂博稀土、铁及铌矿资源综合利用示范基地； ②江西赣州稀土资源综合利用示范基地； ③山东黄金资源综合利用示范基地； ④河南灵宝-卢氏矿集区金银多金属资源综合利用示范基地
非金属类（共 6 个）	①辽宁凤城翁泉沟硼铁矿综合利用示范基地； ②云南磷矿资源综合利用示范基地； ③贵州开阳磷矿资源综合利用示范基地； ④青海柴达木盆地盐湖综合利用示范基地； ⑤湖北宜昌中低品位磷矿综合利用示范基地； ⑥浙江萤石资源综合利用示范基地
铀矿（共 1 个）	新疆伊犁铀矿资源综合利用示范基地

5.4.2　主要成果

示范基地建设取得三方面成果：一是以国家亟须大宗支柱性矿产和战略性新兴矿产综合利用为重点，突破了一批低品位、共伴生和难利用资源综合利用产业化技术，盘活了大量资源；二是探索形成一批资源绿色开发和产业发展新模式，成功探索了矿业转型升级新途径，示范带动作用显著；三是加速了规划、政策和标准的制定实施，促进形成资源节约与综合利用的制度与政策体系，建成一批产学研平台。

钒钛磁铁矿资源综合利用技术难题成果破解。攀钢成功破解钒钛磁铁矿综合利用技术难题，完成了钒钛磁铁矿高效选矿关键技术与示范、新型钒钛磁铁矿清洁冶炼技术、钛白废酸无焙烧直接浸出提钒短流程新工艺及装备、含铬钒钛磁铁矿高效清洁综合利用技术，建成了低品位钒钛磁铁矿高效选铁示范工程和低品位钛铁矿高效选钛示范工程，建成了 5000 A 电解提取金属钛工艺生产中试线，开发出新型加压连续酸浸提钒反应器，建成钒渣加压酸浸中试线，完成了含铬钒钛磁铁精矿高炉冶炼、转炉吹钒、碳酸钠焙烧提钒的工业试验，科技成果对我国钒钛磁铁矿资源高效、清洁、综合利用技术进步具有重要的推动作用。

国内自主开发的利用高铝粉煤灰提取氧化铝、液态高铅渣直接还原、铅富氧闪速熔炼、底吹炼铜等技术实现了产业化。具有国际先进装备水平的铜冶炼产能占 95%，大型预焙槽电解铝产能占 90% 以上，先进铅熔炼产能占 60%，湿法炼锌产能占 80%。例如，采用富氧底吹熔炼—液态高铅渣双侧吹直接还原技术，粗铅冶炼系统铅的回收率提高 5% 以上，粗铅还原工序烟尘、铅尘和二氧化硫的排放量分别减少 62.4%、67% 和 39.6%。随着行业的技术进步，我国有色金属工业硫资源利用率为 97% 以上，余热基本全部利用，工业用水循环利用率接近 90%。

黑白钨矿物强磁分离选别技术有效提高了难选钨矿分选效果。采用"强磁分流-黑白钨分别浮选"的流程，高梯度强磁选使 90% 以上的黑钨矿物进入磁选精矿产品中，白钨矿主要在磁选尾矿中，黑钨矿物和白钨矿物基本分离开；采用浮选工艺分别浮选黑钨矿和白钨矿物，钨选别指标稳定，产品质量高。该技术应用于"高梯度强磁选分离黑、白钨-黑、白钨分别浮选"新工艺流程。新工艺采用高梯度强磁机分选黑、白钨，白钨矿采用"烧碱法"浮选回收，选矿药剂成本大大降低；黑钨矿采用螯合捕收剂直接浮选，不需经过重选摇床回收粗粒黑钨矿作业，黑钨选别流程简单，由于黑钨矿没有受到抑制，可浮性好，黑钨精矿品位和回收率得到提高，促使钨精矿品位和总回收率较原工艺大幅提高。

5.5　综合利用途径

随着世界经济全球化的深入、资源与环境问题的凸显、节能减排政策的实施，矿产资源节约与综合利用的意义空前突出，发展前景日益改善。从技术上看，科研单位及高等院校对矿产及其共伴生矿、贫矿、尾矿等资源的节约与综合利用相关问题开展了大量研究，形成了良好的技术基础。从经济上看，全球资源与环境问题日趋严峻，资源利用和环境保护等方面的社会成本持续上升，企业对资源节约与综合利用的认识不断提高，资源的共伴生、贫矿、尾矿等资源的综合开发利用实践不断丰富。从制度上看，资源节约与综合利用问题已经纳入政府部门的矿产资源规划，重要性得到了高度认同，相关工作获得了政策法规的保障。

但是，从我国金属矿产的共伴生矿、贫矿、尾矿等资源的开发利用状况来看，资源节约与综合利用的程度总体水平不高，主要原因包括综合利用的技术水平较低、综合利用的经济效益有限、综合利用的政策支撑不足。因此，需要从技术研发、经济激励、制度导向、循环经济、国际化运营等方面协同作用，进一步提升我国金属矿产资源的节约与综合利用水平、促进我国社会经济的可持续发展。

依靠科技进步，提升共伴生矿、贫矿的采、选、冶技术水平。积极推广运用先进、成熟、适用的采、选、冶技术、工艺及方法，提高资源综合利用的技术水平。重视选矿尾矿利用技术的研发，提高资源利用率。加强选矿尾矿二次回收金属的技术研发，提高资源的回收率。加强选矿尾矿在建筑材料、复合型材料中应用的技术研究，探索高附加值、多功能、新材料等方面的选矿尾矿综合利用途径。推广成熟先进的冶金工艺，重视开发、完善冶金渣处理技术，强化冶金过程资源综合回收，提高资源回收率。继续推动再生资源发展，实现资源循环利用。

5.5.1　综合勘查

为了实现对共伴生矿产的综合利用，解决开发利用条件和方向问题，需要加强共伴生矿产资源的综合勘查、综合评价和综合利用。通过综合勘查，摸清共生矿产的资源潜力及空间分布，查明伴生有用组分的种类、含量、赋存状态、富集规律以及在多金属矿产选冶过程中的流向等，开展相关实验及试验研究，评价共伴生矿产资源的综合利用可行性。

以煤铝共生为例，山西、河南等具有较好的煤、铝共生条件的地区，需要根据铝、煤及共(伴)生矿产的赋存规律，加强利用原有勘探工程，对煤层下的隐伏铝土矿床进行勘查。对已闭坑或面临闭坑的煤矿井田，开展煤下铝及共(伴)生矿产的勘查评价工作；对煤矿井田尚未开采的区段和在煤矿勘探及开采阶段，进行煤下铝的补充勘查，并在设计、建设和开采过程中努力实施煤铝及其他共生矿产资源的综合开采；在新勘查区和煤、铝预查阶段，进行综合找矿和综合评价，为煤铝综合利用提供基础依据。

5.5.2　综合开采

综合开采是指在矿山开采过程中，对具有工业价值的全部矿体要统一规划，进行综合开采。要实施贫富兼采、大小兼采、厚薄兼采、难易兼采；不能铜矿只采铜，铁矿只采铁，而将具有工业价值的其他共生矿体弃之不管。矿山综合开采应该从矿床综合勘探及综合评价做起，对矿体进行合理圈定和储量计算。在开采设计中要结合矿体赋存条件和综合利用价值等选择合理开采方法。发挥地测人员对工程质量的监督作用，严格执行矿石储量验收和报销制度。努力降低矿石损失贫化。国家统计局已把矿石损失率、矿石贫化率和选矿回收率列入全国统计报表，作为衡量矿山企业对资源综合利用开发及回收利用程度的指标。

5.5.3　选、冶过程中的综合回收

综合回收是在选、冶过程中，对各种伴生元素最大限度地予以回收。在矿床进行综合评价的基础上，加强对矿石伴生元素的选、冶流程试验研究，以达到充分回收和利用矿产资源的目的。

1）低品位白钨富集选矿技术

我国在低品位白钨富集选矿技术方面已取得重大突破，实现了从选钼尾矿、选金尾矿和铅锌多金属尾矿，甚至是选钨尾矿中回收超低品位白钨矿的大规模生产，有效实现了资源的回收利用。该技术的应用，使得在原矿品位远低于同类矿山时，仍能获得与同类矿山接近的回收率指标，选矿富集比远高于同类矿山，达到国际先进水平。

该技术是密切关注选矿行业的上下游技术发展和资源供给现状，进行选矿技术攻关，并将其成果成功应用于工业生产的典范。该技术特点：不拘泥于现有的精矿标准，准确把握资源供给现状和选矿上下游技术的发展，通过对共伴生元素赋存状态的研究，采用新设备、新药剂和灵活多变的流程结构，使超低品位的共伴生金属得到高效综合利用。

在选钼尾矿中回收低品位白钨矿：采用粗选常温浮选–粗精矿加温脱药后精选替代传统的白钨加温全浮流程。白钨粗选用浮选柱，粗选回收率可达 75%。研究的流程结构为脱硫浮选（一粗一扫）、白钨粗选（一粗一扫一预精选）、粗精矿加温脱药后精选（一粗五精三扫）。浮选柱同时还解决了常规浮选机作业时的跑槽现象，大幅度减少了白钨矿的流失。浮选柱还具有工作稳定、自动化程度高、占地面积少等众多优点，新设备新药剂的成功应用，降低了生产成本。选钼尾矿中回收低品位白钨流程见图 5-1。

技术经济指标：原矿含钨品位为 0.0497%，精选钨矿品位为 WO_3 23.74%，WO_3 回收率达到 60%。设备效率高，吨原矿耗电约为 8.5 kW·h，回水利用率为 90.4%。

该技术应用到河南省三道庄钼矿（生产规模 55000 t/d，为全国首批"矿产资源综合利用示范基地"）。低品位白钨富集选矿技术在三道庄矿区选钼尾矿中的广泛应用，使得洛钼集团成为中国钨生产第二大企业，从根本上改变了世界钨的供给格局。

2）多金属矿尾矿回收萤石

湖南郴州柿竹园多金属矿等矿山采用"磁–浮–磁"原则流程回收萤石，主要流程结构为"多金属浮选尾矿脱磁–高效浓密机脱药–浮选柱粗选–中矿（扫选精矿）再磨–九次浮选精矿强磁脱杂后分别产出高低品位的两种萤石精矿–精矿产品浓缩过滤"。

流程技术特点：

（1）萤石浮选前用磁选机和浓密机分别脱除磁性矿物和多金属浮选尾矿中残存的浮选药剂，改善入选矿石浮选特性。

（2）浮选柱粗选+浮选机扫选+扫选精矿（中矿）再磨确保萤石回收率。

（3）萤石精选采用部分开路减少难选矿石对精选作业的干扰，确保萤石精矿品位。

（4）经过九次精选所得萤石精矿再用高梯度磁选脱杂后分别产出高品位萤石精矿和低品位萤石次精矿两种产品。

（5）应用新型特效浮选药剂以提高选矿指标。

技术经济指标：萤石原矿品位为 18%，萤石精矿品位为 96%，回收率为 38%，萤石次精矿品位为 85%，回收率为 10%。

3）氧化铝赤泥综合回收铁金属技术

中铝广西分公司氧化铝生产中产出大量的赤泥，赤泥中含铁品位较高，从氧化铝赤泥中回收铁精矿不仅可以最大限度回收资源，给企业创造可观的经济效益，还能较大幅度减少赤泥的排放量，从而延长赤泥尾矿库的服务年限，真正实现资源综合回收利用和保护环境。

从氧化铝赤泥中回收铁精矿的方法为在拜耳法氧化铝流程中添加辅助流程，采用高梯度

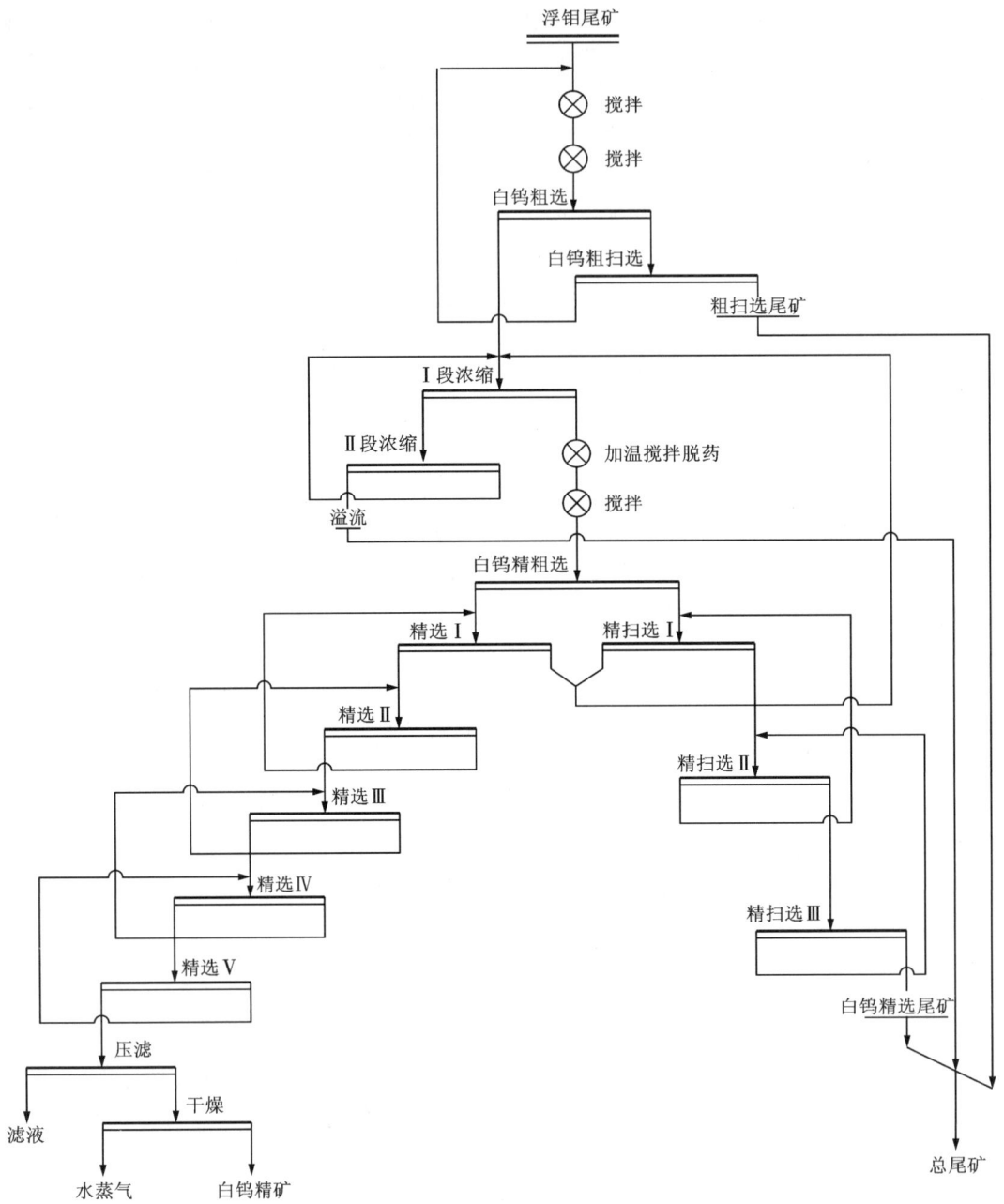

图 5-1 选钼尾矿中回收低品位白钨流程

磁选—粗—精磁选流程，大规模处理氧化铝赤泥，获取铁精矿。其工艺流程的选择及大型化生产过程中设备参数的控制，使氧化铝系统的热平衡和物料平衡得到了总体保证。

流程技术特点：在磁选过程中，结合赤泥中大多数铁矿物粒度极细的特点，应用现有的磁选设备，通过控制磁场的背景强度、冲程、冲次，选择合适的磁介质形式、控制矿浆温度等操作条件，成功解决了以往磁选回收中介质堵塞、磁选铁精矿品位低等缺陷，实现资源综合利用。

技术经济指标：

（1）年处理规模 320 万 t，原矿赤泥 $w(Fe)$ 26%；精矿 $w(Fe) \geqslant 55\%$；Fe 回收率为 22%。年产铁精矿总计 32 万 t。

（2）设备运转率为 86.6%，吨原矿耗电为 4.26 kW·h。单位矿石新水耗量为 0.5 m³。

（3）单位生产成本为 200.7 元/t，总投资收益率为 34%。

（4）赤泥的排放量减少了 10.5%。

4）栾川三道庄钼矿中极低品位铜综合回收工艺

栾川三道庄钼矿以选钼为主，其中铜品位为 0.012%，多以黄铜矿以及部分辉铜矿等形式存在，由于原矿中铜品位极低，嵌布粒度较细，分布不均匀，导致回收铜精矿品位偏低，技术较为复杂，回收难度较大，且铜易在选钼过程中富集，进入钼粗精矿，在钼粗精矿再磨精选过程中，铜矿物被抑制进入精选段尾矿。一直以来，被抑制的铜矿物不易得到有效回收，造成了资源的流失。

2008—2015 年，该矿开始进行试验，克服技术难关，从极低的钼矿中成功回收了铜矿物，解决了铜综合回收工艺研究及产业化重大技术难点，取得的创新性研究成果为尾矿综合回收工艺提供了技术参考，推动了选矿工艺技术进步。

选矿工艺流程：原矿为钼粗精矿铜钼分离后的精扫尾矿，采用浓密+浮选工艺。技术指标为：原矿含铜品位为 0.012%，铜精矿品位为 18%~21%，铜精矿回收率为 46%~50%。

2016 年企业回收品位为 20% 的铜精矿 3869 t，销售收入为 2847 万元，实现利润 2000 多万元。

5）钒、钛铁矿的综合利用

钒广泛分布于自然界中，常与钛结合，多赋存于钛铁矿-磁铁矿和钛磁铁矿中，此外还赋存于铝土矿中，中国几个大的钒钛磁铁矿中，如白马铁矿、太和铁矿、攀枝花、红格、洋县铁矿等，在钒、钛磁铁矿中 $w(V_2O_5)$ 为 0.2%~0.3%。在钒铁矿石的选矿流程中钒进入铁-钒精矿，精矿中 $w(V_2O_5)$ 为 0.5%~0.7%，然后可作为合金元素回收，也可从冶炼渣中回收 V_2O_5，质量分数达 25%。

铝土矿中 $w(V_2O_5)$ 为 0.001%~0.2%。用拜尔法处理铝土矿时部分钒进入铝酸盐溶液，经过沉淀得黑色的钒盐[$w(V_2O_5)$ 为 12%]，再净化除盐后用结晶法获得工业五氧化二钒，纯度达 88%~91%，若用萃取法，其纯度可达 99.9%。

钛矿石分为砂矿（钛铁矿-金红石-锆英石）和原生铁矿（钛铁矿-磁铁矿）。常采用重选、磁选和电选处理砂矿，而少数采用浮选法。砂矿经螺旋选矿机得到混合粗精矿、中矿和尾矿。此时将有原矿量 1/7~1/6（甚至更低，国外几个海砂矿只有 1/15 左右）的产品送入下道工序处理，而尾矿中有益元素的损失只有 1% 左右。

混合粗精矿经过湿式弱磁选，分选出磁铁矿精矿，弱磁选尾矿经过强磁选（5000~6000 Gauss 场强）分选出钛铁矿粗精矿，强磁选尾矿经过重选（多用螺旋选矿机）分选出锆英石和金红石等重矿物粗精矿。钛铁矿粗精矿经电选-磁选得到合格钛铁矿精矿和石榴石精矿；锆英石和金红石粗精矿经电选-强磁-重选（多用摇床），得到金红石精矿和锆英石精矿，尾矿经过重选（多用摇床）得到独居石精矿。

对于原生矿的钛铁矿-磁铁矿，选矿流程为磁选→重选→浮选。首先将矿石经粗粒抛尾后细磨至-0.3 mm，其中-0.074 mm 为 65%~70%，经过磁选得到含量为 55%~65% 的铁精矿，再浮选出硫化物精矿。中矿经几次精选浮选出钛铁矿，最终得到含 46%~47%TiO$_2$ 钛铁精矿，其回收率为 75% 左右。在原矿中有钒时可得到铁钒精矿，再在炼铁过程中回收钒。

攀枝花钒钛磁铁矿属多金属共生矿，资源丰富，钒、钛储量分别占全国的 69.2% 和 94.3%，还伴生有钴、镍等多种元素。该矿资源综合利用取得了钒钛磁铁矿选冶技术的重大进展，突破了高炉冶炼高钛型钒钛磁铁矿的难点，成功地进行了雾化提钒；钛精矿品位达 47%，形成了钛白和海绵钛生产工艺流程。铁、钒、钛综合回收利用生产系统和硫、钴、镍综合回收利用技术已经比较成熟。

钒钛磁铁矿石经过三段开路破碎，一段闭路磨矿流程，采用重选、磁选、浮选、电选四种方法，综合回收钒铁精矿、钛精矿和硫钴精矿。选矿获得的铁精矿含 TFe 52%~57%、V$_2$O$_5$ 0.5%~0.7%、TiO$_2$ 12.5%~13%；钛精矿 TiO$_2$ 46%~48%；硫钴精矿 Co 0.335%、Ni 0.25%、S 25.64%。

6）硫化锌精矿中伴生元素的强化富集及综合回收

加压氧浸是一种强化浸出的清洁冶炼工艺，相比于金属硫化物的焙烧等火法处理过程，加压氧浸不产生 SO$_2$ 烟气。加压氧浸工艺适用于金属硫化物精矿直接浸出、镍锍浸出、高熔点金精矿浸出、复杂多金属矿浸出等有色冶炼领域。加压氧浸具有原料适应性广、流程短、占地少、环保效果好、强化综合回收、可产出单质硫磺产品等特点。

丹霞冶炼厂锌氧压浸出新工艺综合回收镓锗技改工程是国内第一座采用硫化锌精矿直接氧压浸出工艺的大型锌冶炼工程，设计规模为 100 kt/a 电锌，于 2009 年 9 月建成投产。工程采用加压氧浸炼锌工艺，相比传统炼锌技术，主金属锌的回收率为 97% 以上；伴生的铜、镓、锗、铟、银等有价金属的综合回收率由 40% 以下提高到 80% 以上；硫产品的结构更加合理，硫副产品由每年 16 万 t 硫酸变为市场价值更高、更便于储运的每年 5 万 t 硫磺。

（1）加压氧浸部分

在硫化锌精矿两段逆流加压氧浸工艺过程中，通过控制浸出温度、氧分压、反应终酸等工艺条件，可使原料中的 Zn、Ga、Ge、In、Cu 等元素最大程度被浸出并进入溶液中，Fe 大部分也以 Fe^{2+} 形式进入溶液。Fe 以 Fe^{2+} 形式存在于溶液中，避免了 Fe^{3+} 水解沉淀，也减少了溶液中 Ga、Ge、In、Cu 等元素随 Fe^{3+} 水解沉淀而损失在浸出渣中。通过锌粉置换沉淀，Ga、Ge、In、Cu 富集在置换渣中，大约是硫化锌精矿品位的 50 倍，送后续综合回收工序进一步处理。

浸出渣送硫回收工序，经浮选选出硫磺精矿、铅银渣，硫磺精矿经热滤生产硫磺产品、热滤渣。整个生产系统的硫磺产品转化率达 75%（硫化锌精矿→硫磺），铅、银回收率为 95% 以上（硫化锌精矿→铅银渣、热滤渣）。

（2）综合回收部分

采用强化浸出工艺综合回收置换渣中的 Ga、Ge、In、Cu 等多种有价金属。通过"烘焙→磨矿→富氧浸出→萃取"分别提取 Ga、Ge、In、Cu。Ge 反萃液由"氨水沉锗→氯化蒸馏"得到二氧化锗产品，Cu 反萃液旋流电解得到阴极铜。

两段逆流加压氧浸炼锌富集 Ga、Ge、In、Cu 的原则工艺流程见图 5-2。

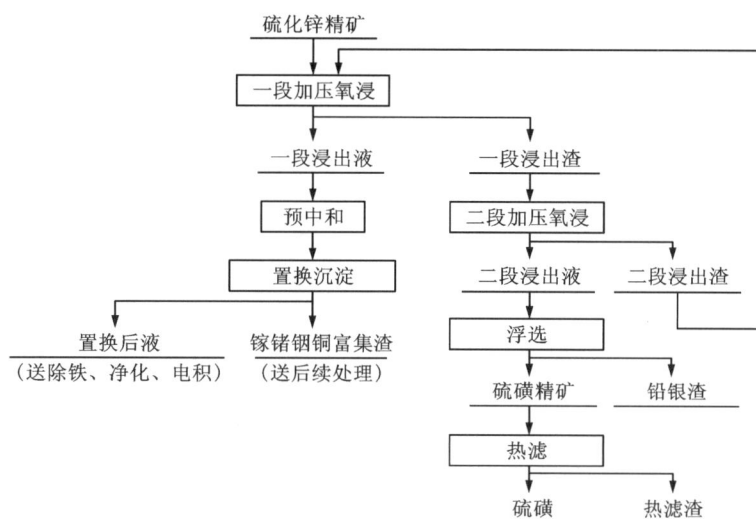

图 5-2　两段逆流加压氧浸炼锌富集 Ga、Ge、In、Cu 的原则工艺流程

7)闪速炼铅工艺搭配处理锌浸出渣及资源循环利用

闪速炼铅工艺搭配处理锌浸出渣是一种铅锌联合冶炼及资源综合利用技术,在江铜集团、株洲冶炼集团得到应用。

闪速炼铅的基本要点和原理是使用工业氧和电能,将硫化铅原料进行自热闪速熔炼和氧化物碳热还原来实现直接炼铅。闪速炼铅法技术特点:原料适应性强,能搭配处理各种含铅渣料(包括锌冶炼的各种渣);有利于资源综合利用,金属回收率高,环保效果好,能耗低,经济效益高,具有很强的市场竞争能力,具有极好的环境效益和社会效益。

江铜集团铅锌冶炼及资源综合回收工程首次在国内采用闪速炼铅工艺生产粗铅,开发出闪速炼铅工艺与焙烧-浸出-电解湿法炼锌工艺组成的铅锌联合冶炼工艺流程,形成资源闭路循环。做到了资源利用最大化、废渣无害化、废水零排放、废气达标排放,实现了环境友好型和资源节约型,属于国内首创。该工程于 2012 年 9 月达到设计的 100 kt/a 电铅、100 kt/a 电锌、240 t/a 银锭、1006.6 t/a 金锭、6.85 t/a 精铟生产规模。锌回收率由设计的 96%提高到 96.5%,铅回收率由设计的 97.05%提高到 97.5%,银回收率由设计的 95.5%提高到 96%,铜回收率由设计的 68.58%提高到 80%。

闪速炼铅工艺搭配处理锌浸出渣的推广应用,符合我国铅锌工业的发展要求,能够充分发挥铅锌联合企业的优势,改变我国铅冶炼技术落后、能耗指标高、环境污染严重的局面。

(1)工艺流程

江铜集团 200 kt/a 铅锌冶炼及资源综合利用工程的铅冶炼采用基夫赛特直接炼铅工艺,锌冶炼采用焙烧-浸出-电解工艺,设计规模为电铅和电锌各 100 kt/a。

由于国家环保标准对铅锌冶炼的要求日益严格,如何解决锌浸出渣处理是本项目中需要重点研究的技术课题。

锌浸出渣处理有两个主要目的:一是使锌浸出渣无害化,避免其中的硫酸根离子和重金属离子进入地表土壤和水体,造成环境污染;二是回收其中的有价金属如铅、锌、金、银、铜、铟等,最大限度地提高资源的综合利用水平。本工程采用铅锌联合冶炼工艺流程,将项目对环境影响最小化,资源综合利用最大化,真正实现环境友好型、资源节约型的战略目标。

采用铅锌联合冶炼工艺流程技术的关键是寻求一种直接炼铅方法能够将湿法炼锌产出的浸出渣全部进入铅冶炼系统搭配处理,不另建锌浸出渣处理设施。利用硫化铅精矿自热熔炼的热量处理浸出渣,降低浸出渣处理能耗。利用粗铅和冰铜捕集浸出渣中的金、银和铜,有效回收金、银、铜等有价金属;利用炉渣吹炼装置,提高锌、铟、铅的回收率。利用烟气制酸回收浸出渣中硫酸盐分解产生的 SO_2,消除低浓度 SO_2 烟气带来的环境污染。然后将炉渣吹炼产生的次氧化锌烟尘,送入湿法炼锌系统回收锌、铟等。铅冶炼与锌冶炼有机结合,形成闭路循环。

通过选择闪速炼铅工艺,铅系统搭配锌浸出渣的能力大幅提升,粗铅产量与搭配的锌浸出渣量达到 1∶1。其流程为混合料→干燥→球磨→闪速熔炼→粗铅。闪速炼铅工艺搭配处理锌浸出渣工艺流程见图 5-3。

(2)主要技术经济指标

闪速炼铅工艺搭配处理锌浸出渣工艺与传统的锌浸出渣处理工艺相比,能耗降低,有价金属回收率提高。主要技术经济指标见表 5-56。

表 5-56 主要技术经济指标

项目及指标		传统锌渣处理技术(回转窑挥发)	闪速炼铅搭配处理锌浸出渣技术	备注
能耗(kgce/t 渣)		450	300	
渣中主要有价金属回收率/%	Ag	65	95	
	Cu	35	80	
	Pb	92	97	
	Zn	94	96	

以江铜集团 200 kt/a 铅锌冶炼及资源综合回收工程为例,多回收铜 1000 t/a、银 10 t/a、金 18 kg/a、硫 5000 t/a。

5.6 国家的鼓励政策

5.6.1 中华人民共和国资源税法

《中华人民共和国资源税法》由中华人民共和国第十三届全国人民代表大会常务委员会第十二次会议于 2019 年 8 月 26 日通过,自 2020 年 9 月 1 日起施行。

《中华人民共和国资源税法》中关于资源税减免的相关内容包括第六、第七和第八条,摘录如下:

第六条 有下列情形之一的,免征资源税:

(一)开采原油以及在油田范围内运输原油过程中用于加热的原油、天然气;

(二)煤炭开采企业因安全生产需要抽采的煤成(层)气。

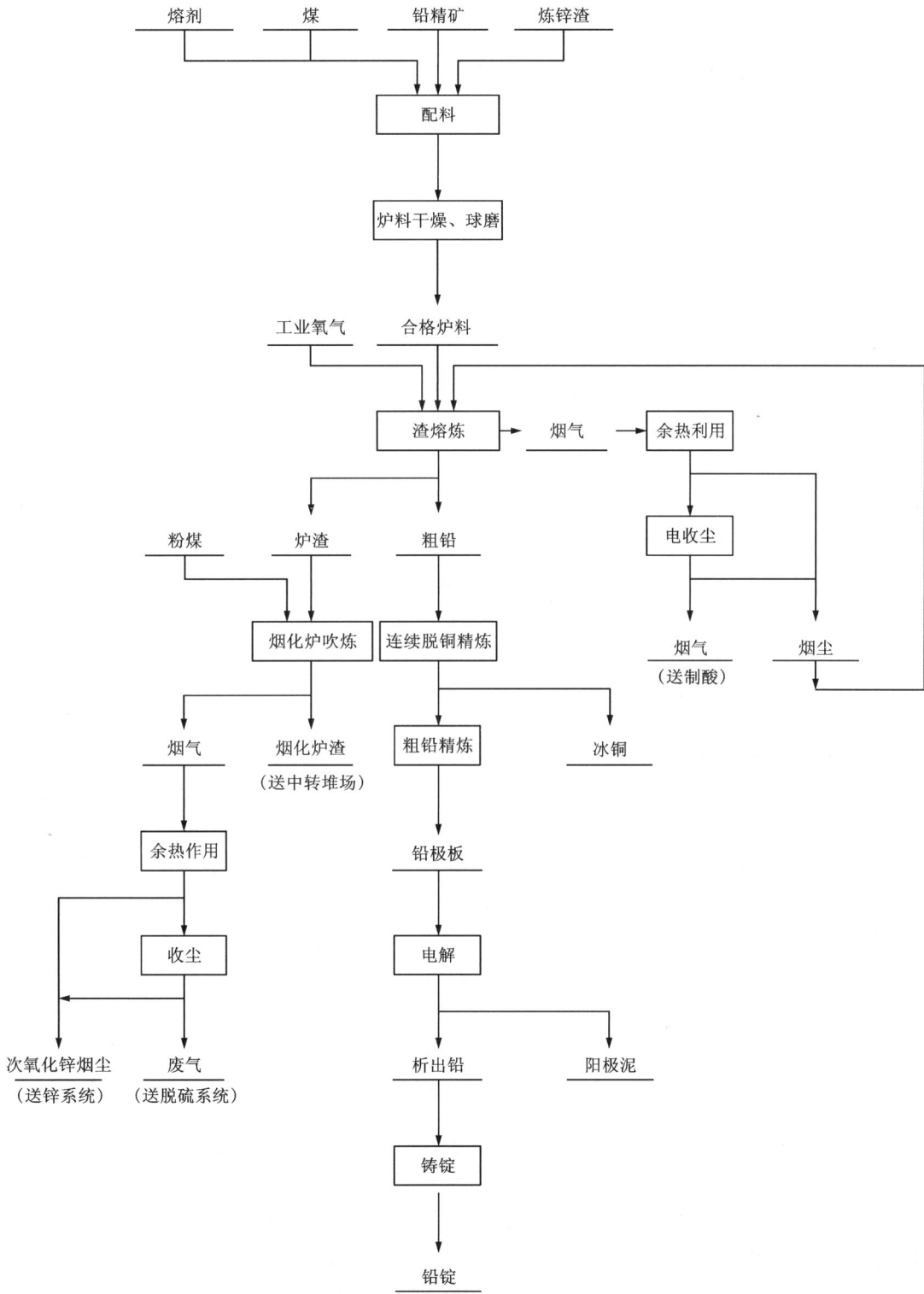

图 5-3　闪速炼铅工艺搭配处理锌浸出渣工艺流程图

有下列情形之一的，减征资源税：

（一）从低丰度油气田开采的原油、天然气，减征百分之二十资源税；

（二）高含硫天然气、三次采油和从深水油气田开采的原油、天然气，减征百分之三十资源税；

（三）稠油、高凝油减征百分之四十资源税；

（四）从衰竭期矿山开采的矿产品，减征百分之三十资源税。

根据国民经济和社会发展需要，国务院对有利于促进资源节约集约利用、保护环境等情形可以规定免征或者减征资源税，报全国人民代表大会常务委员会备案。

第七条　有下列情形之一的，省、自治区、直辖市可以决定免征或者减征资源税：

（一）纳税人开采或者生产应税产品过程中，因意外事故或者自然灾害等原因遭受重大损失；

（二）纳税人开采共伴生矿、低品位矿、尾矿。

前款规定的免征或者减征资源税的具体办法，由省、自治区、直辖市人民政府提出，报同级人民代表大会常务委员会决定，并报全国人民代表大会常务委员会和国务院备案。

第八条　纳税人的免税、减税项目，应当单独核算销售额或者销售数量；未单独核算或者不能准确提供销售额或者销售数量的，不予免税或者减税。

5.6.2　税法施行后继续执行的资源税优惠政策

为贯彻落实资源税法，2020 年 6 月 24 日，财政部、税务总局就税法施行后发布《关于继续执行的资源税优惠政策的公告》（财政部税务总局公告 2020 年第 32 号），具体公告内容如下：

（1）对青藏铁路公司及其所属单位运营期间自采自用的砂、石等材料免征资源税。具体操作按《财政部　国家税务总局关于青藏铁路公司运营期间有关税收等政策问题的通知》（财税〔2007〕11 号）第三条规定执行。

（2）自 2018 年 4 月 1 日至 2021 年 3 月 31 日，对页岩气资源税减征 30%。具体操作按《财政部　国家税务总局关于对页岩气减征资源税的通知》（财税〔2018〕26 号）规定执行。

（3）自 2019 年 1 月 1 日至 2021 年 12 月 31 日，对增值税小规模纳税人可以在 50% 的税额幅度内减征资源税。具体操作按《财政部 税务总局关于实施小微企业普惠性税收减免政策的通知》（财税〔2019〕13 号）有关规定执行。

（4）自 2014 年 12 月 1 日至 2023 年 8 月 31 日，对充填开采置换出来的煤炭，资源税减征 50%。

参考文献

[1] 中华人民共和国国土资源部.中国矿产资源报告 2016[M].北京：地质出版社，2016.

[2] 中华人民共和国国土资源部.中国矿产资源报告 2017[M].北京：地质出版社，2017.

[3] 中华人民共和国自然资源部.中国矿产资源报告 2018[M].北京：地质出版社，2018.

[4] 中华人民共和国自然资源部.中国矿产资源报告 2019[M].北京：地质出版社，2019.

[5] 中华人民共和国自然资源部.中国矿产资源报告 2020[R/OL].（2020-10-22）[2021-10-01].http://

gor. cn/sj/sjfw/kc_19263/2gkc2ybg/202010/t20201022_2572964. html.

［6］中华人民共和国自然资源部. 中国矿产资源报告 2021［R/OL］.（2021－11－05）［2021－11－25］. http://mnr. gov. cn/sj/sjfw/kc_19263/2gkc2ybg/t202111/t20211105_2701985. html.

［7］全国勘察设计注册工程师采矿/矿物专业管理委员会秘书处. 全国勘察设计注册采矿/矿物工程师执业资格考试辅导教材［M］. 北京：中国建筑工业出版社，2011.

［8］国务院新闻办公室.《中国的矿产资源政策》白皮书［J］. 国土资源通讯，2004(1)：39-44.

第 6 章

绿色矿山

6.1 绿色矿山发展历程

关于绿色矿山的起源及其发展可分为三个阶段：

第一阶段：早在 19 世纪，英、美等西方国家就提出了"绿色矿山"的概念。此时"绿色矿山"的概念仅仅停留在单纯的对矿区植被的保护以及对矿区周边环境的美化上。这一时期的"绿色矿山"要素就是环境。

第二阶段："第二次世界大战"以后，经济社会快速发展，人类社会对自然资源的消耗速度前所未有，一些有识之士指出，"地球的资源，特别是能源、矿产资源等是有限的，因此提高资源的利用率应该被列为重要的研究课题"。此时的"绿色矿山"概念已经从单纯的环境保护延伸至资源的综合利用。

第三阶段：当代，资源问题已经成为制约世界各国发展的重要问题，综合利用资源的研究也取得了较大的进展；由于工业文明对地球的污染与破坏已经引起了全人类的重视，节能减排与环境保护成为重要话题；经济的空前发展，带来了人权的高度发展，"以人为本"已经成为全世界共同认可的基本准则；科学技术是第一生产力，全世界已经达成了"科技创新是人类发展与进步的唯一途径"这一共识。在这样的环境下，中国提出了"建设绿色矿山"的要求，主要包括矿区环境、资源开发方式、资源综合利用、节能减排、科技创新与数字化矿山、企业管理与企业形象六方面的内容。

6.1.1 国外绿色矿山发展

国外绿色矿山理论研究最早可追溯至 19 世纪一些西方发达国家提出"绿色矿山"概念，但是此时的绿色矿山含义远没有现在的内容丰富，仅仅指矿区环境绿化。"二战"以后，"绿色矿山"理念继续发展，继而扩展为"资源综合利用"。到了当代，工业化进程的加快给世界造成了越来越严重的生态环境污染，环境问题受到人们极大重视。至 20 世纪 70 年代，美国、德国、加拿大、澳大利亚、芬兰、日本等发达国家相继提出矿业可持续发展理念，并实施"绿色矿山""绿色矿业"项目，开始了将"绿色"理念贯穿于矿产资源开发全过程中。国外一些矿山开发过程中有关"绿色矿山"具体措施如下：

1）美国

美国在矿山绿色开发方面所采取的措施包括以立法加强矿区监管和采取多种手段进行利益分配两部分内容。

(1) 加强立法和分工明确，健全监督管理体制

美国通过健全法律体系来提高企业的环境保护意识，加强企业自我监督。由于美国的土地归属权有多种所有制，因此为保障所有矿山在开发时都有法可依，全国和各州分别制定了相对完善的、适应地区现状的法律制度。国家先后颁布了《国家环境政策法》以及包含保护水资源、空气、野生动植物、文物古迹等在内的法律法规，并且各州省也分别出台了适用于各自的推进和谐矿区发展的法律，矿业和环保各项法规对操作规定得非常具体，具有很强的操作性。美国环境保护、矿产地质、土地、复垦等综合管理部门执行监管工作具有一整套完善的监督管理体制。环保监管工作好坏的主要衡量标准是已颁布的环境法规和环境质量标准是否在经济活动和生活环境中得到有效实施。至于矿山环境保护监管部门，各自分工明确且条理清楚，只需各尽其职做好矿产开采和环境保护工作等分内之事，避免因部门业务重叠，分工不明确而出现重复管理或互相推诿等混乱局面。各个监管部门主要通过审查各种环境分析报告来了解和掌握矿山环境情况，针对报告所反映的问题采取相应措施。当部门出现纷争问题时，由预算委员会进行最终裁定。美国联邦环境保护署和州一级卫生局、环境保护局的主要工作重心则放在了矿山废弃地环境污染恢复治理方面。

(2) 采取多种手段协调利益分配

矿产资源开发过程中可能涉及多个利益相关方，如政府、企业、工人、矿区居民、非政府组织、公众和媒体等，需要政府引领、企业和社会协商才能保障各方均能取得合法利益。此问题上，美国首先以法律为依据，确定企业和矿区居民的利益，然后通过权利金分配政策，在不损害企业合法利益的同时，尽可能多地保障地方和矿区居民利益。例如《阿拉斯加原住民土地解决法》中明确规定了原住民以一次性安置金和土地置换来放弃对原居住土地的所有权，从而解决了因石油开发引起的土地争端。权利金使用方面，矿管局综合考虑企业、社区和居民利益，规定 50% 的资金用于本州教育及公共设施、民众福利事业建设，而在州政府所属土地和印第安人土地上开采资源，征收的权利金全部留在当地。

2）澳大利亚

澳大利亚为了矿业绿色发展制定了《持久价值——澳大利矿业可持续发展框架》这一发展战略。这一文件是澳大利亚矿业投资活动一般遵循的政策，规定对矿产资源项目的投资，在财务盈利的基础上，要满足技术适当、环境友好、对社会负责任的要求。

在这一政策框架之下，澳大利亚矿业部门和相关组织制定并出台了可持续发展目标、加强矿山地质环境保护、促进矿产资源综合利用、确定利益相关者和土著居民权益等一系列政策制度。首先，在矿山地质环境保护方面，澳大利亚实施矿山"边开采边恢复"的政策。矿业公司依据州政府按相关程序审批并签有协议的"开采计划与开采环境影响评价报告"，一边开采一边把开采结束的矿山进行恢复。环境恢复内容包括矿山环境恢复履约保证金制度和酸性废水的处理、其他污染的治理、土地复垦、植被恢复等具体措施。其次，在确定利益相关者权益方面，规定在服从联邦立法的前提下，各州和地区有权制定自己的矿业法，如《土著人权益法》《北部省土著人圣地法》等为保护土著人利益制定的法律。利益调配采取公众参与、自由谈判，企业与社区建立合作伙伴关系，企业承担相应的社会责任。

3)芬兰

芬兰矿产资源十分丰富,国家将矿业作为未来经济发展的支柱产业,该国无论采矿技术、设备还是矿山建设理念均处于世界领先水平。芬兰在发展绿色矿业方面采取政府与企业合作的形式,即政府主导制定矿业发展战略、政策和计划,监管绿色矿业的全部流程,作为主要出资人;企业和公共研究机构参与重大项目的研发和建设,分别少量出资。矿业公司一般都会积极参与矿山的生态建设,在绿色矿山建设方面投资很多。2011 年,芬兰积极响应欧盟矿产资源政策,实施《绿色矿业计划(2011—2016)》,该计划以芬兰矿产长期战略概要(至2050 年)为法律依据,主要目标为:使芬兰成为全球负责的绿色矿业经济先驱;开发可以提供给芬兰矿业公司的新的商业化前沿技术;在选择的矿业研究领域取得全球领先地位。绿色矿业计划分别制订了 2020 年、2050 年两阶段的战略目标,开展由芬兰技术和创新资助机构(Tekes)支持,8 家公司参与的 14 个绿色矿山技术研究项目,主要对开采技术、采矿效率、环境影响控制和评价、土地可持续利用、开发环保材料等进行研究,相应地选取了一些指标进行测评,例如能耗、可再生资源利用率、废弃物利用、用水量等指标。

4)加拿大

矿业是加拿大经济发展的引擎,占国家 GDP 的 4.8%。因此,加拿大非常注重矿业的可持续发展,主要通过宏观控制总体把握矿业发展方向,通过环境保护机制和环境影响评价机制监督和考评矿山勘查、开采、关闭各阶段,通过制订特殊的利益分配政策协调社区关系。

(1)矿山可持续发展计划

20 世纪 90 年代后期,加拿大矿业协会开始组织实施"加拿大矿业可持续发展计划",1998 年至 2002 年,加拿大矿业协会为矿业可持续发展计划制定指导原则,并为一些优先领域拟定了主要绩效评价要素。计划从 2004 年开始实施,加拿大矿业协会每年都必须报道矿业可持续发展各项指标,并且每年都将奖励在矿业可持续发展计划实施中绩效最佳的成员公司。

(2)矿区环境保护机制和环境影响评价机制

加拿大非常重视矿区环境保护工作,不仅有详尽的法规制度,明确的部门分工,还将环境保护工作贯穿整个开发过程。联邦及各级地方政府制定了一系列的法律、法规及制度导则,其内容几乎涵盖了所有相关的领域并且非常详尽、具体。加拿大矿业可持续发展计划利用尾矿管理、能源利用和温室气体排放管理以及危机管理规划 4 个绩效测评要素来评价矿业企业自身管理质量的综合性和稳健性。制订具体指标分三个步骤:第一步,要对该项目所在矿区的所有工程项目进行详细描述;第二步,研究并得出该项目对环境造成的负面影响;第三步,提出具体消除或降低环境负面影响的措施与途径,运用到项目实施过程中,最大限度地减少项目对环境造成的负面影响。加拿大环境影响评价工作公开透明,环境影响评估报告向全社会公开,公众可全程参与评价工作的监督。

(3)矿业利益相关者协议

在加拿大,矿业公司进行开采活动前须与所有的利益相关者进行谈判,为保障利益相关者协议的顺利实施,还设立实施委员会、仲裁机构以及其他纠纷解决机制。协议主要包括:当地居民的雇佣、当地居民的经济发展与商机、资金或股票等其他经济利益、社区的环境保护、社区的社会文化问题等。

5）发展中国家矿山建设

大部分发展中国家并未提出专门的绿色矿山建设理论，而是根据本国的矿业发展情况制定了相关的环境保护、资源开发政策制度。由于多数发展中国家工业化起步晚，矿山建设过程中一直采取粗放式增长方式，所以环境污染比发达国家严重，直到 20 世纪末，一些发展中国家才相继推出矿业绿色发展计划。

南非属于典型的矿业大国，在环境保护方面制定了一些法律法规，《矿业和石油资源开采法》对废弃物做了严格规定：废弃物的储存与堆积必须按照环境影响评价计划书中描述的方法措施来执行，任何人不得把废弃物暂时或长期堆积在一些地方，除非这些地方是预先指定可储存堆积废弃物的区域。《矿产资源政策白皮书》中提到每个矿山采掘出来的废渣废土都必须安排专场专人管理，并需要种植防止扬尘的草种。另外，南非政府建立了矿山环境恢复保证金制度，用于矿山在闭坑、停办或关闭矿山后对环境恢复治理等工作。泰国的国家环境质量改善和保护法（NEQA，1992）为保护矿山环境，从环境影响评价报告、确立环境标准、划定环境保护区和建立环境基金帮助中小型矿山进行恢复活动四个方面作出具体规定。印度的环境保护法也对污染物排放标准和限制采矿地区做了规定。越南的矿业法同样规定了采矿活动区域和采矿活动中的环境保护，还规定矿产的开采和加工应采用先进技术并采取措施使矿产开发和加工对环境造成的不利影响最小化。

6.1.2 国内绿色矿山发展

2007 年"绿色矿山"概念正式确立，之后绿色矿山理念逐渐深入人心，绿色矿山建设活动在全国普及开来，截至 2014 年第四批国家绿色矿山试点单位名单公示后，绿色矿山试点单位已由最初 37 家扩大到涵盖了 29 个省、自治区、直辖市的 661 家，其中煤炭行业矿山数量最多，达到 216 家，黑色金属 96 家、有色金属 107 家、黄金 76 家、化工 62 家、石油 13 家、非金属 59 家、其他特殊矿种（刚玉等）31 家。这期间经过了多次学术讨论、宣传活动和一系列的政策发展，对于绿色矿山的内涵不同学者在不同阶段都提出了自己的看法，但都停留在学术研究阶段，概念不系统、不完善。

2018 年由自然资源部发布的《有色金属行业绿色矿山建设规范》（DZ/T 0320—2018）等 9 项行业标准明确了绿色矿山基本概念，即"在矿产资源开发全过程中，实施科学有序开采，对矿区及周边生态环境扰动控制在可控范围内，实现矿区环境生态化、开采方式科学化、资源利用高效化、管理信息数字化和矿区社区和谐化的矿山"。这 9 项行业标准的发布，标志着我国的绿色矿山建设进入了"有法可依"的新阶段，将对我国矿业行业的绿色发展起到有力的支撑和保障作用。自 2019 年自然资源部发布开展绿色矿山遴选工作以来，2019 年度全国共有 555 家矿山，2020 年度共有 301 家矿山通过遴选入选国家级绿色矿山名录，另外 398 家原国家级绿色矿山试点单位也一并纳入名录，截至 2021 年 1 月 12 日，我国已纳入国家级绿色矿山名录的矿山数量达 1254 家。

我国绿色矿山发展具体历程见表 6-1。

表 6-1 绿色矿山发展历程

时间	事件
2007 年 11 月 13 日	中国国际矿业大会上提出"发展绿色矿业"倡议,指出转变以消耗资源、牺牲环境和高耗能为特点的传统资源开发利用方式,真正实现资源开发与环境保护协调发展
2008 年 11 月 25 日	中国矿业循环经济论坛上,中国矿业联合会同 11 家矿山企业和协会倡导发起签订《绿色矿山公约》,共同促进我国矿业绿色发展
2008 年 12 月 31 日	国土资源部发布《全国矿产资源规划(2008—2015 年)》,首次明确要求"发展绿色矿业、建设绿色矿山",并提出在 2020 年实现"绿色矿山格局基本建立"总目标
2009 年 10 月 20 日	时任国务院副总理的李克强同志在中国国际矿业大会上指出"推动科技创新,发展绿色矿业和循环经济,提高资源开采和利用效率,为促进世界可持续发展做出新贡献"
2009 年 11 月 8 日	中国矿业循环经济论坛以"绿色矿山"为主题,将推进绿色矿山建设试点以及建立标准体系作为绿色矿山建设工作的重要方面之一
2010 年 8 月 13 日	《国土资源部关于贯彻落实全国矿产资源规划发展绿色矿业建设绿色矿山工作的指导意见》以官方文件形式对"绿色矿山"建设提出要求,并附《国家级绿色矿山基本条件》,成为绿色矿山建设指导性文件
2010 年 9 月 5 日	中国矿业循环经济论坛以绿色矿山与资源综合利用为中心,对新的理念、模式、思路、技术、设备等展开探讨和研究,并总结成果和经验,对宣传和推进绿色矿山建设起到重要作用
2010 年 9 月 15 日	国土资源部鞠建华在"发展绿色矿业建设绿色矿山"记者招待会中进一步明确了"绿色矿山"概念
2011 年 3 月 19 日	国土资源部公布了首批 37 家绿色矿山试点单位名单
2011 年 7 月 18 日	中国地质科学院等部门联合编制《国家级绿色矿山建设规划》,为建设与评选国家级绿色矿山提供了指导性文件
2012 年 4 月 18 日	第二批国家级绿色矿山试点单位名单公布,共 183 家
2012 年 6 月 14 日	国土资源部通知到 2015 年将试点单位扩大到 600 家以上,并建立标准体系和配套政策;2015 年至 2020 年实现全面推广试点
2013 年 2 月 28 日	239 家矿山获批成为第三批国家级绿色矿山试点单位
2014 年 7 月 28 日	202 家矿山获批成为第四批国家级绿色矿山建设试点单位
2014 年 9 月 15 日	在临沂召开的中国矿业循环经济大会上宣布首批 35 家单位通过国家级绿色矿山验收,提出"用阶梯式发展理论推进绿色矿山建设"等理念
2015 年 11 月 26 日	中国矿业循环经济暨绿色矿山经验交流会召开
2016 年 6 月 22 日	中国矿业联合会绿色矿山促进工作委员会工作会在京召开,会议就《中国矿联绿色矿山促进会 2016 年主要工作安排(征求意见稿)》《第三批国家级绿色矿山试点单位评估工作方案(征求意见稿)》《2016 中国矿业循环经济论坛暨绿色矿山建设经验交流会方案(征求意见稿)》《2016 中国国际矿业大会绿色矿山论坛方案(征求意见稿)》,以及中国矿联绿色矿山促进会副秘书长和专家顾问调整增补议案进行了宣读和介绍

续表6-1

时间	事件
2016 年 9 月 6 日	根据《国土资源部关于贯彻落实全国矿产资源规划发展绿色矿业建设绿色矿山工作的指导意见》，国土资源部对国家第一批、第二批国家级绿色矿山试点单位建设进展情况进行了评估，北京水泥厂有限责任公司凤山矿等 187 家试点单位完成绿色矿山建设规划确定的目标任务，达到国家级绿色矿山基本条件
2017 年 2 月 16 日	国务院印发《全国国土规划纲要（2016—2030 年）》强调，要加快矿产资源开发集中区综合整治，实施矿山环境治理，加快绿色矿山建设。到 2030 年，全国规模以上矿山全部达到绿色矿山标准
2017 年 3 月 22 日	六部委发布《关于加快建设绿色矿山的实施意见》，力争到 2020 年，形成符合生态文明建设要求的矿业发展新模式。基本形成绿色矿山建设新格局。新建矿山全部达到绿色矿山建设要求，生产矿山加快改造升级，逐步达到要求
2017 年 12 月 18 日	在郑州举行的全国国土资源标准化技术委员会矿产资源节约集约利用标准化分技术委员会 2017 年工作会议上获悉，冶金、煤炭、有色等 9 个行业的绿色矿山建设规范通过了技术审查，有望 2018 年颁布实施
2018 年 4 月 18 日	自然资源部对冶金、有色金属、黄金、化工、非金属矿等 9 项行业标准报批稿公示
2018 年 6 月 22 日	自然资源部正式发布冶金、有色金属、黄金、化工、非金属矿等 9 项行业绿色矿山建设规范，2018 年 10 月 1 日正式实施
2019 年 6 月 4 日	自然资源部办公厅发布关于做好 2019 年度绿色矿山遴选工作的通知
2020 年 5 月 14 日	自然资源部办公厅发布关于做好 2020 年度绿色矿山遴选工作的通知

资料来源：原国土资源部、自然资源部网站信息。

6.2　绿色矿山建设要求及内容

6.2.1　绿色矿山建设要求

2011—2014 年，国土资源部按照"规划统筹、政府引导、企业主体、协会促进、政策配套、试点先行、整体推进"的思路，积极推进绿色矿山试点工作，分四批遴选出国家级绿色矿山试点单位共 661 家，树立了一批绿色矿山建设的典范，起到了示范引领作用。绿色开发利用、绿色和谐发展成为矿业行业的共识。先期开展试点的矿山企业积累的成功经验，不仅对其他矿山具有很好的示范和借鉴意义，也为制度的供给和标准的形成奠定了基础、进行了探索。

2017 年国家六部委联合下发的《关于加快建设绿色矿山的实施意见》（以下简称《实施意见》）明确了绿色矿山建设具体要求，并提出力争到 2020 年，形成符合生态文明建设要求的矿业发展新模式。《实施意见》同时也明确了绿色矿山建设三大目标：

（1）基本形成绿色矿山建设新格局。新建矿山全部达到绿色矿山建设要求，逐步建设 50 个以上绿色矿业发展示范区，形成一批可复制、能推广的新模式、新机制、新制度。

（2）构建矿业发展方式转变新途径。坚持转方式与稳增长相协调，探索资源节约集约和循环利用的产业发展新模式和矿业经济增长的新途径。

（3）建立绿色矿业发展工作新机制。研究建立国家、省、市、县四级联创，企业主建，第三方评估，社会监督的绿色矿山建设工作推进体系，健全绿色勘查和绿色矿山建设标准体系，完善配套激励政策体系，构建绿色矿业发展长效机制。

同时，《实施意见》对绿色矿山建设提出了明确要求，为后续绿色矿山规范的编制提供指导意见。

6.2.2　绿色矿山建设内容

为了全面推进绿色矿山建设进程，在自然资源部相关司局指导下，按照统筹规划、架构合理、目标科学、切合实际、便于操作的原则，由中国地质科学院联合相关行业协会和公司开展了绿色矿山建设要求研究，在广泛征求各行业矿山企业、主管部门的意见和建议后，于2018年1月完成了绿色矿山建设规范（报批稿）的编制。

2018年6月由自然资源部正式发布的9项行业标准包括《非金属矿行业绿色矿山建设规范》（DZ/T 0312—2018）、《化工行业绿色矿山建设规范》（DZ/T 0313—2018）、《黄金行业绿色矿山建设规范》（DZ/T 0314—2018）、《煤炭行业绿色矿山建设规范》（DZ/T 0315—2018）、《砂石行业绿色矿山建设规范》（DZ/T 0316—2018）、《陆上石油天然气开采业绿色矿山建设规范》（DZ/T 0317—2018）、《水泥灰岩绿色矿山建设规范》（DZ/T 0318—2018）、《冶金行业绿色矿山建设规范》（DZ/T 0319—2018）、《有色金属行业绿色矿山建设规范》（DZ/T 0320—2018），这些规范于2018年10月1日起实施。这9项行业绿色矿山建设规范主要从矿区环境、资源开发方式、资源综合利用、节能减排、科技创新与数字化矿山、企业管理与企业形象等六方面，根据各个行业的特点对绿色矿山建设做出相应规定。

冶金、有色、黄金、化工及非金属等行业绿色矿山建设内容见表6-2、表6-3。

表6-2　冶金行业、有色金属行业绿色矿山建设规范内容

项目	冶金行业	有色金属行业
1 矿区环境	1.1 基本要求 1.1.1 矿区开发规划和功能分区布局合理，应绿化和美化矿区，使矿区整体环境整洁优美。 1.1.2 生产、运输和贮存等管理规范有序。 1.2 矿容矿貌 1.2.1 矿区按生产区、管理区、生活区和生态区等功能分区，各功能区应符合《工业企业总平面设计规范》（GB 50187）的规定，应运行有序、管理规范。 1.2.2 矿区地面道路、供水、供电、卫生、环保等配套设施应齐全；在生产区应设置操作提示牌、说明牌、线路示意图牌等标牌，标牌规范清晰并符合《标牌》（GB/T 13306）的规定。	1.1 基本要求 1.1.1 矿区功能分区布局合理，应绿化和美化矿区，使矿区整体环境整洁美观。 1.1.2 厂址选择合理，排土场等厂址应选择渗透性小的场地。 1.1.3 生产、运输、贮存等管理规范有序。 1.2 矿容矿貌 1.2.1 矿区按照生产区、管理区、生活区和生态区等功能分区，各功能区应符合《工业企业总平面设计规范》（GB 50187）的规定，应运行有序、管理规范。 1.2.2 矿区地面运输、供水、供电、卫生、环保等配套设施应齐全，在生产区应设置操作提示牌、说明牌、线路示意图牌等标牌，标牌应符合《标牌》（GB/T 13306）的规定。

续表6-2

项目	冶金行业	有色金属行业
1 矿区环境	1.2.3 地面运输系统、运输设备、贮存场所实现全封闭或采取设置挡风、洒水喷淋等有效措施进行防尘。 1.2.4 应采用合理有效的技术措施对高噪声设备进行降噪处理。 1.3 矿区绿化 1.3.1 矿区绿化应与周边自然环境和景观相协调，绿化植物搭配合理，矿区绿化覆盖率应达到100%。 1.3.2 应对露天开采矿山的排土场进行治理、复垦及绿化，在矿区主运输通道两侧因地制宜地设置隔离绿化带 1.4 废弃物处置 固体废弃物应有专用堆积场所，废水应优先回用。	1.2.3 在生产、运输、储存过程中，应采取防尘保洁措施，在储矿仓、破碎机、振动筛、带式输送机的受料点、卸料点等产生粉尘的部位，宜采取全封闭措施或采取机械除尘、喷雾降尘及生物纳膜抑尘；道路、采区作业面、排土场等应采用洒水或喷雾降尘。 1.2.4 矿区生活污水与生产废水分开收集、处理，污水100%达标排放。 1.2.5 应采用合理有效的技术措施对高噪声设备进行降噪处理。 1.3 矿区绿化 1.3.1 矿区绿化应与周边自然环境和景观相协调，绿化植物搭配合理，矿区绿化覆盖率应达到100%。 1.3.2 在矿区专用道路两侧，因地制宜地设置隔离绿化带
2 资源开发方式	2.1 基本要求 2.1.1 资源开发应与环境保护、资源保护、城乡建设相协调，选择资源节约型、环境友好型的绿色开发方式。 2.1.2 根据矿区资源赋存状况、生态环境特征等条件，因地制宜地选择采选工艺。优先选择资源利用率高、对矿区生态破坏小的采选工艺、技术与装备，符合清洁生产要求。 2.1.3 应贯彻"边开采、边治理、边恢复"的原则，及时治理恢复矿山地质环境，复垦矿山压占和损毁土地。 2.2 绿色开发 2.2.1 矿山开采应根据不同的矿体赋存条件，宜选用对环境扰动小的机械化、自动化、信息化和智能化开采的技术和装备。 2.2.2 应选用国家鼓励、支持和推广的采选工艺、技术和装备。 2.2.3 应采用绿色开采工艺技术和装备： ①露天开采矿山宜采用剥采比低、铲装效率高的工艺技术。 ②地下开采宜采用高效采矿法、高浓度或膏体充填技术。 2.2.4 应采用绿色选矿工艺技术： ①新建矿山应在充分选矿试验基础上制定适宜的选矿工艺流程。在经济合理的情况下，主矿产及伴生元素应得到充分利用。	2.1 基本要求 2.1.1 资源开发应与环境保护、资源保护、城市建设相协调，最大限度地减少对自然环境的扰动和破坏，选择资源节约型、环境友好型开发方式。 2.1.2 在"坚持保护和合理开发利用原则"基础上，根据资源赋存状况、地质条件、生态环境特征等条件，因地制宜地选择合理的开采顺序、开采方法。优先选择资源利用率高，且对矿区生态破坏小的工艺技术与装备。 2.1.3 在开采主要矿产的同时，对具有工业价值的共生和伴生矿产应统一规划、综合开采、综合利用、防止浪费；对暂时不能综合开采或应同时采出而暂时还不能综合利用的矿产，应采取有效的保护措施。 2.1.4 应贯彻"边开采、边治理、边恢复"的原则，及时治理恢复矿山地质环境，复垦矿山占用土地和损毁土地。 2.2 绿色开发 2.2.1 矿山生产以资源的高效开发和循环利用为核心，通过技术创新，优化工艺流程，实现采、选、冶过程的环境扰动最小化和生态再造最优化。 2.2.2 采矿工艺要求：露天开采宜采用剥离—排土—造地—复垦的一体化技术；井下开采宜采用充填开采及减轻地表沉陷的开采技术；氧化矿宜因地制宜采用采选冶联合开发，发展集采、选、冶于一体，或直接从矿床中获取金属的工艺技术。 2.2.3 选矿工艺要求如下： ①采用的选矿工艺流程及产品方案，应在充分的选矿试验基础上制订，主金属及伴生元素得到充分利用。

续表6-2

项目	冶金行业	有色金属行业
2 资源开发方式	②宜采用节能环保型造矿工艺；禁止采用国家明文规定的限制和淘汰类技术。 ③对复杂难处理矿石宜采用创新的工艺技术降低能耗，提高技术经济指标，或者采用直接还原等选冶联合工艺。 2.2.5 开采回采率、选矿回收率应符合《冶金行业绿色矿山建设规范》（DZ/T 0319—2018）中附录 A 的相关要求。 2.3 矿区生态环境保护 2.3.1 认真落实矿山地质环境保护与土地复垦方案的要求： ①排土场、露天采场、矿区专用道路、矿山工业场地等生态环境保护与恢复治理，应符合相关规定。 ②土地复垦质量应符合《土地复垦质量控制标准》（TD/T 1036）的规定。 ③暂时难以治理的，应采取有效措施降低对环境的负效应 ④恢复治理后的各类场地与周边自然环境和景观相协调，恢复土地基本功能，因地制宜地实现土地可持续利用；区域整体生态功能得到保护和恢复 ⑤矿山地质环境治理和土地复垦应符合矿山地质环境保护与土地复垦办案的要求。 2.3.2 建立环境监测机制，配备专职管理人员和监测人员	②对复杂难处理矿石宜采用创新的工艺技术降低能耗，提高技术经济指标，或者采用选冶联合工艺。 ③选矿工艺宜选用高效、对环境影响小的选矿药剂。产生有害气体的厂房，应设置通风设施，氰化药剂室应单独隔离且完全封闭。 2.3 技术与装备 2.3.1 地下开采宜选用高效采矿法和高浓度或膏体充填技术，宜实现无轨机械化采矿 2.3.2 露天矿优先采用自动化程度高的采、剥、运、排的机械化装备 2.3.3 选矿厂宜采用大型、高效、节能的技术装备。 2.3.4 指标要求铜、铝、铅、锌、钨、钼、锡、锑、镍等矿山的开采回采率、选矿回收率指标应达到《有色金属行业绿色矿山建设规范》（DZ/T 0320—2018）附录 A 的要求。嵌布特征复杂、属于极难单体解离的连生体铅、锌矿选矿回收率可视实际情况酌情调整。其他有色金属矿的开采回采率和选矿回收率，应符合相关"三率"最低指标要求。 2.4 矿区生态环境保护 2.4.1 认真落实矿山地质环境保护与土地复垦方案的要求： ①排土场、露天采场、矿区专用道路、矿山工业场地等的生态环境保护与恢复治理，应符合有关规定。 ②土地复垦质量应符合《土地复垦质量控制标准》（TD/T 1036）的规定。 ③恢复治理后的各类场地与周边自然环境和景观相协调；恢复土地基本功能，因地制宜地实现土地可持续利用；区域整体生态功能得到保护和恢复。 ④矿山地质环境治理程度和土地复垦符合矿山地质环境保护与土地复垦方案的要求。 2.4.2 建立环境监测机制，配备专职管理人员和监测人员
3 资源综合利用	3.1 基本要求 综合开发利用共(伴)生矿产资源；按照减量化、再利用、资源化的原则，科学利用固体废弃物、废水等资源，发展循环经济。 3.2 共(伴)生资源利用 3.2.1 应对共(伴)生资源进行综合勘查、综合评价、综合开发。 3.2.2 多种资源共(伴)生的冶金矿山，应坚持主矿产开采的同时有效回收共(伴)生矿产资源，主矿产开发不得对共(伴)生资源造成破坏和浪费。	3.1 基本要求 综合开发利用共伴生矿产资源；按照减量化、再利用、资源化的原则，科学利用固体废弃物、废水等，发展循环经济。 3.2 共(伴)生资源利用 3.2.1 应根据国家相关规定，对共(伴)生资源进行综合勘查、综合评价和综合开发。 3.2.2 应选用先进适用、经济合理的工艺技术综合回收利用共(伴)生资源，最大限度地提高铜伴生铝、铜伴生金、钼伴生钨、铅锌伴生银、铅锌伴生锑、铝土矿伴生镓、钽铌矿伴生锂资源以及低品位多金属共生矿的利用。共(伴)生矿产综合利用率应符合有色金属矿"三率"最低指标要求。

续表6-2

项目	冶金行业	有色金属行业
3 资源综合利用	3.2.3 选择适宜的选矿方法，优化选矿工艺，改善碎磨流程，综合利用共（伴）生资源。 3.2.4 共（伴）生资源综合利用率等应符合《冶金行业绿色矿山建设规范》（DZ/T 0319—2018）中附录 B 的规定。 3.3 固体废物处理与利用 3.3.1 宜采用井下回填、筑路、制作建筑材料等途径实现废石、尾矿综合利用。 3.3.2 建立废石、尾矿加工利用系统，经济可行的矿山宜将废石、尾矿加工成砂石料、混凝土骨料、微晶玻璃、土壤改良剂等产品。 3.4 废水处理与利用 3.4.1 废水应采用合理技术、工艺和措施洁净化处理，进行资源化利用。 3.4.2 宜充分利用矿井水，选矿废水应循环利用，循环利用率不低于90%	3.2.3 新建、改扩建矿山，共伴生资源利用工程应与主矿种的开采、选冶工程同时设计、同时施工、同时投产；不能同时施工或投产的，应预留开采、选冶工程条件。 3.3 固体废物处理与利用 3.3.1 废石等固体废弃物堆放应符合相关规定。 3.3.2 企业宜开展废石、尾矿中的有用组分回收和尾矿中稀散金属的提取与利用以及针对废石、尾矿开展回填、筑路、制作建筑材料等资源化利用工作。 3.4 废水与废气处理与利用 3.4.1 采用先进的节水技术，建设规范完备的矿区排水系统和必要的水处理设施。 3.4.2 应采用洁净化、资源化技术和工艺合理处置矿井水、选矿废水。 3.4.3 宜充分利用矿井水，选矿废水应循环重复利用。 3.4.4 应设废气净化处理装置，净化后的气体应达到排放标准
4 节能减排	4.1 基本要求建立矿山生产全过程能耗核算体系，通过采取节能减排措施，控制并减少单位产品能耗、物耗、水耗，"三废"排放符合生态环境保护部门的有关标准、规定和要求 4.2 节能降耗 4.2.1 开发利用高效节能的新技术、新工艺、新设备和新材料，及时淘汰高能耗、高污染、低效率的工艺和设备，推广使用变频设备及节能照明灯具。 4.2.2 建立生产全过程能耗核算体系，控制单位产品能耗。铁矿山开采单位产品能耗、选矿单位产品能耗应符合《冶金行业绿色矿山建设规范》（DZ/T 0319—2018）中附录 C 和附录 D 的规定。 4.2.3 铁矿企业宜通过节能技术改造和节能监管，具体指标应符合《冶金行业绿色矿山建设规范》（DZ/T 0319—2018）中附录 E 和附录 F 的规定。 4.2.4 锰矿和铬矿矿山开采综合能耗、选矿（或加工）综合能耗应低于国家、行业相关标准及当地政府有关部门规定考核的限额。	4.1 基本要求建立矿山生产全过程能耗核算体系，通过采取节能减排措施，控制并减少单位产品能耗、物耗、水耗。"三废"排放符合生态环境保护部门的有关标准、规定和要求 4.2 采矿能耗要求应通过综合评价资源、能耗、经济和环境等因素，合理确定开采方式，降低采矿能耗；应采用节能降耗的新技术、新工艺和新设备，降低采矿能耗 4.3 选矿能耗要求应遵循"多碎少磨，能收早收"的原则，合理确定选矿工艺流程，提高生产效率，降低选矿能耗；应采用先进技术对选矿生产过程实施自动化检测和监控，保证设备在最佳状态下运转，充分发挥设备效能，达到节能降耗的目的 4.4 废水排放 4.4.1 矿区应建立废水处理系统，实现雨污分流、清污分流。 4.4.2 排土场（废石堆场）等应建有雨水截（排）水沟，淋溶水经处理后回用或达标排放。 4.5 固体废弃物排放 4.5.1 优化采选技术与工艺，综合利用废石等固体废弃物。 4.5.2 宜将矿山固体废弃物用作充填材料、建筑材料或进行二次利用等。 4.5.3 露天矿剥离的表土应单独堆存，用于复垦

续表6-2

项目	冶金行业	有色金属行业
4 节能减排	4.3 粉尘排放应采取喷雾洒水措施，降低生产作业现场物料倒运点位的产尘量。 4.4 废水排放 4.4.1 矿山应单独或联合建立矿山废水处理站，同时实现雨污分流、清污分流。 4.4.2 矿区及贮存场应建有雨水截（排）水沟。 4.5 固体废弃物排放 4.5.1 应优化采选工艺技术，减少废石等固体废弃物排放。 4.5.2 应对生产过程中产生的废石、尾矿进行资源化利用	
5 科技创新与数字化矿山	5.1 基本要求 5.1.1 建立科技研发队伍，推广转化科技成果，加大技术改造力度，推动产业绿色升级。 5.1.2 建设数字化矿山，实现矿山企业生产、经营和管理信息化。 5.2 科技创新 5.2.1 应建立以企业为主体、市场为导向、产学研用相结合的科技创新体系。 5.2.2 企业结合支撑企业主业发展的关键技术，编制科技创新规划。 5.2.3 配备专门科技人员，开展支撑企业主业发展的关键技术研究，在资源高效开发、资源综合利用等方面不断改进工艺技术、设备水平。 5.2.4 研发及技改投入不低于上年度主营业务收入的1.5%。 5.3 数字化矿山 5.3.1 应建立矿山生产自动化系统。 5.3.2 宜建立数字化资源储量模型，进行矿产资源储量动态管理和经济评价，实现矿产资源储量利用的精准化管理。 5.3.3 应建立矿山生产监控系统，保障生产高效有序。 5.3.4 宜推进机械化换人、自动化减人，实现矿山开采机械化，选矿工艺自动化。 5.3.5 宜采用计算机和智能控制等技术建设智能化矿山，实现信息化和工业化的深度融合	5.1 基本要求 5.1.1 建立科技研发队伍，推广转化科技成果，加大技术改造力度，推动产业绿色升级。 5.1.2 建设数字化矿山，实现矿山企业生产、经营和管理信息化、智能化。 5.2 科技创新 5.2.1 建立以企业为主体、市场为导向、产学研用相结合的科技创新体系。 5.2.2 配备专门科技人员，开展支撑企业主业发展的关键技术研究，在资源高效开发、资源综合利用等方面，改进工艺、提高技术水平。 5.2.3 研发及技改投入不低于上年度主营业务收入的1.5%。 5.3 数字化矿山 5.3.1 应建立矿山生产自动化系统。 5.3.2 宜建立数字化资源储量模型，进行矿产资源储量动态管理和经济评价，实现矿产资源储量利用的精准化管理。 5.3.3 应建立矿山生产监控系统，保障生产高效有序。 5.3.4 宜推进机械化换人、自动化减人，实现矿山开采机械化、选冶工艺自动化。 5.3.5 宜采用计算机和智能控制等技术建设智能化矿山，实现信息化和工业化的深度融合

续表6-2

项目	冶金行业	有色金属行业
6 企业管理与企业形象	6.1 基本要求 6.1.1 应建立产权、责任、管理和文化等方面的企业管理制度。 6.1.2 应建立绿色矿山管理体系。 6.2 企业文化 6.2.1 应建立以人为本、创新学习、行为规范、高效安全、生态文明、绿色发展的企业文化。 6.2.2 企业发展愿景应符合全员共同追求的目标，企业长远发展战略和职工个人价值实现紧密结合。 6.2.3 应健全企业工会组织，并切实发挥作用，丰富职工物质、体育、文化生活，企业职工满意度不低于70%。 6.2.4 宜建立企业职工收入随企业业绩同步增长机制。 6.3 企业管理 6.3.1 建立资源管理、生态环境保护等规章制度，健全工作机制，责任落实到位。 6.3.2 各类报表、台账、档案资料等应齐全、完整、真实。 6.3.3 应定期组织管理人员和技术人员参加绿色矿山培训。建立职工培训制度，培训计划明确，培训记录清晰。 6.4 企业诚信 生产经营活动、履行社会责任等坚持诚实守信，应履行矿业权人勘查开采信息公示义务，公示公开相关信息。 6.5 企地和谐 6.5.1 应构建企地共建、利益共享、共同发展的办矿理念。宜通过创立社区发展平台，构建长效合作机制，发挥多方资源和优势，建立多元合作型的矿区社会管理共赢模式。 6.5.2 应建立矿区群众满意度调查机制，宜在教育、就业、交通、生活、环保等方面提供支持，提高矿区群众生活质量，促进企地和谐发展。 6.5.3 与矿山所在乡镇(街道)、村(社区)等建立磋商和协商机制，及时妥善处理好各种利益纠纷	6.1 基本要求 6.1.1 应建立产权、责任、管理和文化等方面的企业管理制度。 6.1.2 应建立绿色矿山管理体系。 6.2 企业文化 6.2.1 应建立以人为本、创新学习、行为规范、高效安全、生态文明、绿色发展的企业文化。 6.2.2 企业发展愿景应符合全体员工共同追求的目标，企业长远发展战略和职工个人价值实现紧密结合。 6.2.3 应健全企业工会组织，并切实发挥作用，丰富职工物质、体育、文化生活，企业职工满意度不低于70%。 6.2.4 宜建立企业职工收入随企业业绩同步增长机制。 6.3 企业管理 6.3.1 建立资源管理、生态环境保护等规章制度，健全工作机制，责任落实到位。 6.3.2 各类报表、台账、档案资料等应齐全、完整、真实。 6.3.3 应定期组织管理人员和技术人员参加绿色矿山培训。建立职工培训制度，培训计划明确，培训记录清晰。 6.4 企业诚信 生产经营活动、履行社会责任等坚持诚实守信，应履行矿业权人勘查开采信息公示义务，公示公开相关信息。 6.5 企地和谐 6.5.1 应构建企地共建、利益共享、共同发展的办矿理念。宜通过创立社区发展平台，构建长效合作机制，发挥多方资源和优势，建立多元合作型的矿区社会管理共赢模式。 6.5.2 应建立矿区群众满意度调查机制，宜在教育、就业、交通、生活、环保等方面提供支持，提高矿区群众生活质量，促进企地和谐发展。 6.5.3 与矿山所在乡镇(街道)、村(社区)等建立磋商和协商机制，及时妥善处理好各种利益纠纷

表6-3 黄金行业、化工行业、非金属行业绿色矿山建设规范内容

项目	黄金行业	化工行业	非金属行业
1 矿区环境	1.1 基本要求 1.1.1 矿区功能分区布局合理，应绿化和美化矿区，使矿区整体环境整洁美观。 1.1.2 生产、运输和贮存等管理规范有序。 1.2 矿容矿貌 1.2.1 矿区按生产区、管理区、生活区和生态区等功能分区，各功能区应符合《工业企业总平面设计规范》(GB 50187)的规定，应运行有序、管理规范。 1.2.2 矿区地面运输、供水、供电、卫生、环保等配套设施应齐全；在生产区应设置操作提示牌、说明牌、线路示意图牌等标牌，标牌应符合《标牌》(GB/T 13306)的规定。 1.2.3 矿山生产过程中应采取喷雾、洒水、加设除尘器等措施处置粉尘，保持矿区环境卫生整洁。 1.2.4 固体废弃物外运时应采取防尘、防雨及防渗(漏)等措施。 1.2.5 应采用合理有效的措施对高噪声设备进行降噪处理。 1.3 矿区绿化 1.3.1 矿区绿化应与周边自然环境和景观相协调，绿化植物搭配合理，矿区绿化覆盖率应达到100%。 1.3.2 应对露天开采矿山的排土场进行治理、复垦及绿化，在矿区专用道路两侧因地制宜地设置隔离绿化带	1.1 基本要求 1.1.1 矿区功能分区布局合理，应绿化和美化矿区，使矿区整体环境整洁美观。 1.1.2 生产、运输、贮存等管理规范有序。 1.2 矿容矿貌 1.2.1 矿区按生产区、办公区、生活区和生态区等功能分区，各功能区应符合《工业企业总平面设计规范》(GB 50187)的规定，应运行有序，管理规范。 1.2.2 矿区地面道路、供水、供电、卫生、环保等配套设施应齐全；在生产区应设置操作提示牌、说明牌和线路示意图牌等标牌，标牌应符合《标牌》(GB/T 13306)的规定。 1.2.3 矿区生产生活形成的废弃物应设有专门堆存场地，妥善处置率达到100%。 1.2.4 矿区生产产生的工业废水妥善处置。 1.2.5 矿区生产产生的废气妥善处置。 1.2.6 矿区应采用喷雾、洒水、湿式凿岩，加设除尘和通风装置等措施处理开采、选矿(或加工)和运输等过程中产生的粉尘。 1.2.7 矿区凿岩、破碎和空压等设备应采取消声、减振和隔振等措施	1.1 基本要求 1.1.1 矿区功能分区布局合理；应绿化和美化矿区，使矿区整体环境整洁美观。 1.1.2 生产、运输、贮存管理规范有序。 1.2 矿容矿貌 1.2.1 矿区按生产区、管理区、生活区和生态区等功能分区，各功能区应符合《工业企业总平面设计规范》(GB 50187)的规定，应运行有序、管理规范。 1.2.2 矿区地面道路、供水、供电、卫生、环保等配套设施应齐全；在生产区应设置操作提示牌、说明牌、线路示意图牌等标牌，标牌应符合《标牌》(GB/T 13306)的规定。 1.2.3 矿山应采用喷雾、洒水、湿式凿岩、加设除尘装置等措施处置采选、运输等过程中产生的粉尘。 1.3 矿区绿化 矿区绿化应与周边自然环境和景观相协调，绿化植物搭配合理，矿区绿化覆盖率应达到100%

续表6-3

项目	黄金行业	化工行业	非金属行业
1 矿区环境		1.3 矿区绿化 1.3.1 矿区(不含西北荒漠盐类矿山)绿化应与周边自然环境和景观相协调,绿花植物搭配合理,矿区绿化覆盖率应达到100%。 1.3.2 应对矿山废石场、排土场等进行以治理、复垦及绿化为主的恢复治理,在矿区专用道路两侧因地制宜地设置隔离绿化带	
2 资源开发方式	2.1 基本要求 2.1.1 资源开发应与环境保护、资源保护、城乡建设相协调,最大限度地减少对自然环境的扰动和破坏,选择资源节约型、环境友好型开发方式。 2.1.2 根据矿体赋存条件,矿石性质和矿区生态环境等特征,因地制宜地选择采选工艺。优先选择对矿区生态扰动和影响小、资源利用率高的采选工艺技术与装备,符合清洁生产要求。 2.1.3 应贯彻"边开采、边治理、边恢复"的原则,及时治理恢复矿山地质环境,复垦矿山压占和损毁土地。 2.2 绿色开发 2.2.1 根据金矿床成矿地质特征,因地制宜地发展集约化开采技术,走规模化发展开采之路。 2.2.2 有粗颗粒金的金矿石宜选用重选工艺作为前处理,应采用国家鼓励、支持和推广的采选工艺技术和装备。	2.1 基本要求 2.1.1 资源开发应与环境保护、资源保护、城乡建设相协调,最大限度地减少对自然环境的扰动和破坏,选择资源节约型、环境友好型开发方式。 2.1.2 应根据矿体赋存和矿区生态等特征,选择合理的开采规模、开采顺序、开采方法和选矿(或加工)技术工艺和设备。 2.1.3 应贯彻"边开采、边治理、边恢复"的原则,按照矿山地质环境保护、恢复治理方案与土地复垦方案要求,治理恢复矿山地质环境,复垦开采损毁土地。 2.2 绿色开发 2.2.1 矿山应按照矿山储量动态管理要求的规定,动态监管矿产资源储量。成果资料应真实可靠、清晰完整。	2.1 基本要求 2.1.1 资源开发应与环境保护、资源保护城乡建设相协调,最大限度地减少对自然环境的扰动和破坏,选择资源节约型、环境友好型开发方式。 2.1.2 根据非金属矿资源赋存状况、生态环境特征等条件,因地制宜地选择合理的开采顺序、开采方式、开采方法。矿山企业应优先选择国家鼓励、支持和推广的资源利用率高,且对矿区生态破坏小的先进装备、技术与工艺,充分实现资源分级利用、优质优用、综合利用。 2.1.3 应贯彻"边开采、边治理、边恢复"的原则,及时治理恢复矿山地质环境,复垦矿山压占和损毁土地。矿山占用土地和损毁土地治理和复垦应符合矿山地质环境保护与土地复垦方案的要求。 2.2 绿色开发 2.2.1 露天开采宜采用剥离—排土—开采—造地—复垦技术。地下开采应根据矿石、围岩等地质条件,结合矿山技术条件和经济因素,选择合理的开采技术。

续表6-3

项目	黄金行业	化工行业	非金属行业
2 资源开发方式	2.2.3 应采用绿色开采工艺技术，具体要求如下： ①应制订科学合理、因地制宜的开采规划，开拓和采准工作合理超前，开拓矿量、采准矿量及备采矿量保持合理关系，采场工作面推进均衡有序。 ②露天开采矿山宜采用剥采比低、铲装效率高的工艺技术，应根据黄金市场价格和企业生产成本变化，动态调整露天开采境界。 ③地下开采矿山宜采用无轨运输、井下废石就地充填、井下破碎等绿色开采技术。 ④应根据不同的矿体赋存条件，选择合理的采矿方法，提高开采回采率。开采回采率指标应按照《黄金行业绿色矿山建设规范》（DZ/T 0314—2018）中附录 A 的要求。 ⑤宜对残留矿石和矿柱进行技术经济论证，并根据论证结论采用合理的技术进行回收，以提高黄金矿资源回收率、延长矿山服务年限。 2.2.4 采用绿色选冶工艺技术： ①宜采用环保型浮选工艺和提金药剂进行生产。 ②对复杂的含砷、含硫、微细包裹型金精矿（或含金矿石）宜采用生物氧化、热压氧化等工艺进行预处理。 ③应根据不同的矿石性质，选择合理的选冶工艺，提高选矿（冶）回收率。选矿（冶）回收率指标应按照《黄金行业绿色矿山建设规范》（DZ/T 0314—2018）中附录 A 的要求。	2.2.2 宜选择"采选结合—矿化结合—矿肥结合—综合利用"的资源开发方式，采用国家鼓励、支持和推广的采选工艺技术和装备，实现资源利用最大化。 2.2.3 矿坑涌水量大和西部缺水地区的矿山开采应采用保护性开采技术，做好水资源保护与利用。 2.2.4 应采用国家鼓励和推广的机械化、自动化、信息化和智能化开采技术和装备，淘汰资源消耗大、环境负面影响大的开采工艺及设备。 2.2.5 应采用绿色选矿（或加工）工艺技术，提高资源利用水平。具体要求如下： ①应采用先进的选矿技术、环保型浮选（或加工）药剂和节能省电设备进行生产； ②盐类矿产宜采用钾盐、钠盐、镁盐和芒硝等多种加工技术同时利用共伴生资源； ③利用低品位资源应进行技术经济论证，合理利用，提高资源回收率。 2.2.6 应选择合适的开采、选矿（或加工）工艺，提高开采回采率和选矿（或加工）回收率，技术指标要求应遵照《化工行业绿色矿山建设规范》（DZ/T 0313—2018）中附录 A 的规定。	2.2.2 涉及选矿作业的矿山，应在选矿试验基础上制订选矿工艺，提高主矿产和共（伴）生矿产选矿回收率，推进资源保护和合理利用。 2.2.3 矿产资源开发利用指标应符合当地产业政策及行业准入条件等规定，部分矿种开采回采率、选矿回收率和综合利用率指标应达到相关"三率"最低指标要求，参见《非金属矿行业绿色矿山建设规范》（DZ/T 0312—2018）中的附录 A。 2.3 矿区生态环境保护与恢复 2.3.1 认真落实矿山地质环境保护与土地复垦方案的要求： ①矿山土地复垦质量应符合《土地复垦质量控制标准》（TD/T 1036）的规定。 ②矿山恢复治理后的各类场地应与周边自然环境和景观相协调。矿山土地复垦应因地制宜，实现土地可持续利用，区域整体生态功能得到保护和恢复。 2.3.2 建立环境监测机制，配备管理人员和监测人员

续表6-3

项目	黄金行业	化工行业	非金属行业
2 资源开发方式	④应对低品位资源进行技术经济论证，对于技术经济可行的，应进行合理利用，提高资源回收率。 2.3 矿区生态环境保护 2.3.1 认真落实矿山地质环境保护与土地复量方案的要求： ①排土场、露天采场、矿区专用道路、矿山工业场地、废石场等应及时恢复治理。 ②土地复垦质量应符合《土地复垦质量控制标准》（TD/T 1036）的规定。 ③恢复治理后的各类场地应与周边自然环境和景观相协调，恢复土地基本功能，因地制宜地实现土地可持续利用 2.3.2 建立环境监测机制，配备专职管理人员和监测人员	2.2.7 新建和改扩建矿山应采用国家鼓励类的技术和设备。 2.3 矿区生态环境保护 2.3.1 认真落实矿山地质环境保护与土地复垦方案的要求： ①露天采场、排土场、矿区专用道路、工业场地和废石场等应及时保护与治理； ②土地复垦质量应符合《土地复垦质量控制标准》（TD/T 1036）的规定。 2.3.2 建立环境监测机制，配备专职管理和监测人员	
3 资源综合利用	3.1 基本要求综合开发利用共（伴）生矿产资源；按照减量化、再利用、资源化的原则，科学利用固体废弃物、废水等，发展循环经济 3.2 共（伴）生矿产资源利用 3.2.1 应对共（伴）生资源进行综合勘查、综合评价、综合开发。 3.2.2 应选用先进适用、经济合理的工艺综合回收利用共（伴）生矿产资源，最大限度地提高银、铜、铅、锌、硫等共（伴）生矿产资源综合利用率。综合利用率指标应按照《黄金行业绿色矿山建设规范》（DZ/T 0314—2018）中附录 A 的要求。 3.2.3 新建、改扩建矿山，共（伴）生矿产资源利用工程应与主矿种的开采、选冶工程同时设计、同时施工、同时投产。	3.1 基本要求综合开发利用共伴生矿产资源，按照减量化、再利用、资源化的原则，科学利用固体废弃物、废水等，发展循环经济 3.2 共（伴）生资源利用 3.2.1 应根据国家相关规定对共（伴）生资源进行综合勘查、综合评价和综合开发。 3.2.2 应利用先进适用、经济合理的工艺技术综合回收利用共伴生资源。 3.2.3 新建、改扩建矿山，共（伴）生矿产资源综合利用工程应与主矿种开采、选矿（或加工）工程同时设计、同时施工、同时投产。 3.3 固体废弃物处理与利用	3.1 基本要求 按照减量化、再利用、资源化的原则，综合开发利用共（伴）生矿产资源，科学合理利用废石等固体废弃物及选矿废水等。 3.2 共（伴）生资源利用 3.2.1 根据经济、社会发展需要和矿床实际，对共（伴）生资源进行综合勘查、综合评价、综合开发 3.2.2 达到可经济利用的共（伴）生资源，应选用先进适用、经济合理的技术工艺进行回收利用，并妥善处理好社会效益、经济效益和环境效益之间的关系。 3.3 固体废弃物利用 宜对废石等固体废弃物开展回填、筑路、制作建筑材料等资源综合利用工作。

续表6-3

项目	黄金行业	化工行业	非金属行业
3 资源综合利用	3.3 固体废弃物利用 3.3.1 应对采选活动产生的废石等固体废弃物进行可利用性评价，并分类合理利用。 3.3.2 宜将矿山固体废弃物用作充填材料、建筑材料，开展二次利用。 3.3.3 露天开采矿山废石利用率不低于3%，地下开采矿山废石利用率不低于50%。 3.4 废水利用 3.4.1 采用先进的节水技术，确保水的循环、循序利用，建设规范完备的水循环处理设施和矿区排水系统。 3.4.2 应采用洁净化、资源化技术和工艺合理处置和利用矿井水，最大限度地提高矿井水利用率，矿井水合理处置率达100%。 3.4.3 选矿过程产生的废水应循环利用	3.3.1 应对采选活动产生的废石等固体废弃物进行可利用性评价，并分类合理利用。 3.3.2 矿山废弃物处置应符合区域生态建设与环境保护要求；厂区、生活区垃圾集中无害化处理。 3.3.3 宜采用井下充(回)填、铺路和制砖等措施对废石(渣)等进行资源化利用。 3.4 液体废弃物处理与利用 3.4.1 应设置相对独立的供排水和污水处理系统，采用洁净化、资源化技术合理利用废水。生产废水处理后用作生产补充水，减少新水摄取量；生活废水处理后用于矿区减尘、卫生与绿化。 3.4.2 应建立选矿厂废水循环处理系统，满足工业废水资源化再利用要求，选矿回水利用率达到100%；加工老卤应库存或资源化利用。 3.4.3 西北缺水地区尾矿水、老卤利用(或处置)率不低于95%	3.4 矿山废水利用 3.4.1 矿井水、选矿废水应采用装净化、资源化技术和工艺合理处置。 3.4.2 矿山选矿废水重复利用率不低于85%
4 节能减排	4.1 基本要求 建立矿山生产全过程能耗核算体系，通过采取节能减排措施，控制并减少单位产品能耗、物耗、水耗，"三废"排放符合生态环境保护部门的有关标准、规定和要求	4.1 基本要求 4.1.1 建立矿山生产全过程能耗核算体系，通过采取节能减排措施，控制并减少单位产品能耗、物耗、水耗。"三废"排放符合生态环境保护部门的有关标准、规定和要求。	4.1 基本要求建立生产全过程能耗核算体系，采取节能减排措施，控制并减少单位产品能耗、物耗、水耗。"三废"排放符合生态环境保护部门的有关标准规定和要求

续表6-3

项目	黄金行业	化工行业	非金属行业
4 节能减排	4.2 节能降耗 4.2.1 应通过综合评价资源、能耗、经济和环境，合理确定开采方式，降低采矿能耗；选矿工艺流程宜采用"联合选矿"，遵循"多碎少磨"等原则，提高生产效率，降低选矿能耗。 4.2.2 宜利用高效节能的新工艺和设备，合理利用太阳能、地热能、水能、位能(重力)等清洁能源。 4.3 固体废弃物排放 4.3.1 应选用先进合理的采、选工艺，减少固体废弃物的产生。 4.3.2 矿山生活垃圾应集中、无害化处置。 4.4 污水排放 4.4.1 矿山应单独或联合建立污水处理站，同时实现雨污分流、清污分流。 4.4.2 采、选过程中产生的废水应合理处置，实现达标排放。 4.4.3 矿区生活污水应处置达标，宜回用于矿区绿化或达标排放。 4.5 粉尘和废气排放 4.5.1 应对爆破、装运过程中产生的粉尘进行喷雾洒水，有效控制粉尘排放。 4.5.2 宜使用清洁动力设备，降低井下废气排放量，保证空气新鲜	4.1.2 宜按照"低耗能、少排放、高效率、可持续"的产业发展模式，建设化工矿业产业园区，增加利用耦合和循环，延长资源加工产业链。 4.2 节能降耗 4.2.1 建立矿山全过程单位产品的能耗、物耗、水耗等指标核算体系，实现节约能源，降低消耗。 4.2.2 利用高效节能的新技术、新工艺、新设备和新材料，及时淘汰高能耗、高污染、低效率的工艺和设备，宜推广使用变频设备。 4.2.3 矿山单位产品能耗指标应符合当地政府有关部门下达的指标要求。 4.3 固体废弃物排放 4.3.1 应利用充填采矿技术、内排技术等减少废石等固体废弃物排放；优化选矿(或加工)技术，提高资源化水平。 4.3.2 露天矿剥离的表土应集中堆存，及时进行回填处理、覆土植被或资源化利用。 4.4 液体废弃物排放 4.4.1 采用资源化、洁净化技术处理矿坑水，利用处理后的矿坑水替代工业用水，减少废水排放量。 4.4.2 老卤应资源化利用或回注，减少排放量。 4.4.3 矿区实现雨污分流、清污分流。矿区及贮矿场应建有雨水截(排)水沟	4.2 节能降耗 4.2.1 建立生产全过程能耗核算体系，矿产资源开采能耗及产品综合能耗等相关指标应符合矿山设计、当地产业政策及行业准入条件等规定。 4.2.2 应利用高效节能的新技术、新工艺、新设备和新材料，及时淘汰高能耗、高污染、低效率的工艺和设备，宜合理利用太阳能、地热能等清洁能源

续表6-3

项目	黄金行业	化工行业	非金属行业
5 科技创新与数字化矿山	5.1 基本要求 5.1.1 建立科技研发队伍，推广转化科技成果，加大技术改造力度，推动产业绿色升级。 5.1.2 建设数字化矿山，实现矿山企业生产、经营和管理信息化。 5.2 科技创新 5.2.1 应建立以企业为主体、市场为导向、产学研用相结合的科技创新体系。 5.2.2 配备专门科技人员，开展支撑企业主业发展的关键技术研究，改进工艺技术水平。 5.2.3 研发及技改投入应不低于上年度主营业务收入的1.5%。 5.3 数字化矿山 5.3.1 应建立矿山生产自动化系统。 5.3.2 宜建立数字化资源储量模型，进行矿产资源储量动态管理和经济评价，实现矿产资源储量利用的精准化管理。 5.3.3 应建立矿山生产监控系统，保障生产高效有序。 5.3.4 宜推进机械化换人、自动化减人，实现矿山开采机械化、选冶工艺自动化。 5.3.5 宜采用计算机和智能控制等技术建设智能化矿山，实现信息化和工业化的深度融合	5.1 基本要求 5.1.1 建立科技研发队伍，推广转化科技成果，加大技术改造力度，推动产业绿色升级。 5.1.2 建设数字化矿山，实现矿山企业生产、经营和管理信息化、智能化。 5.2 科技创新 5.2.1 建立以企业为主体、市场为导向、产学研用相结合的科技创新体系。 5.2.2 配备专门科技人员，开展支撑企业主业发展的关键技术研究，改进工艺技术水平。 5.2.3 研发及技改投入不低于上年度主营业务收入的1.5%。 5.3 数字化矿山 5.3.1 应建立矿山生产自动化系统。 5.3.2 宜建立数字化资源储量模型，进行矿产资源储量动态管理和经济评价，实现矿产资源储量利用的精准化管理。 5.3.3 应建立矿山生产监控系统，保障生产高效有序。 5.3.4 宜推进机械化换人、自动化减人，实现矿山开采机械化、选冶工艺自动化。 5.3.5 宜采用计算机和智能控制等技术建设智能化矿山，实现信息化和工业化的深度融合	5.1 基本要求 5.1.1 重视科技研发和科研队伍建设，推进转化科技成果，加大技术改造力度，推动产业绿色升级。 5.1.2 建设数字化矿山，实现矿山企业生产、经营、管理的信息化、智能化。 5.2 科技创新 5.2.1 建立以企业为主体、市场为导向、产学研用相结合的科技创新体系。 5.2.2 开展关键技术研究，在资源开发、资源综合利用、环境保护、节能减排等方面，改进工艺、提高技术水平。 5.2.3 研发及技改投入不低于上年度主营业务收入的1.5%。 5.3 数字化矿山 5.3.1 应建立矿山生产监控系统，保障生产高效有序。 5.3.2 宜推进机械化换人、自动化减人，实现矿山开采机械化、选矿工艺自动化。 5.3.3 宜建立数字化资源储量模型，进行矿产资源储量动态管理和经济评价，实现矿产资源储量利用的精准化管理

续表6-3

项目	黄金行业	化工行业	非金属行业
6 企业管理与企业形象	6.1 基本要求 6.1.1 应建立产权、责任、管理和文化等方面的企业管理制度。 6.1.2 应建立绿色矿山管理体系。 6.2 企业文化 6.2.1 应建立以人为本、创新学习、行为规范、高效安全、生态文明、绿色发展的企业文化。 6.2.2 企业发展愿景应符合全员共同追求的目标，企业长远发展战略和职工个人价值实现紧密结合。 6.2.3 应健全企业工会组织，并切实发挥作用，丰富职工物质、体育、文化生活，企业职工满意度不低于70%。 6.2.4 宜建立企业职工收入随企业业绩同步增长机制。 6.3 企业管理 6.3.1 应建立资源管理、生态环境保护等规章制度，健全工作机制，责任落实到位。 6.3.2 各类报表、台账、档案资料等应齐全、完整、真实。 6.3.3 定期组织管理人员和技术人员参加绿色矿山培训。建立职工培训制度，培训计划明确，培训记录清晰。 6.4 企业诚信 生产经营活动、履行社会责任等坚持诚实守信，应履行矿业权人勘查开采信息公示义务，公示公开相关信息	6.1 基本要求 6.1.1 应建立产权、责任、管理和文化等方面的企业管理制度。 6.1.2 应建立绿色矿山管理体系。 6.2 企业文化 6.2.1 应建立以人为本、创新学习、行为规范、高效安全、生态文明、绿色发展的企业文化。 6.2.2 企业发展愿景应符合全员共同追求的目标，企业长远发展战略和职工个人价值实现紧密结合。 6.2.3 应健全企业工会组织，并切实发挥作用，丰富职工物质、体育、文化生活，企业职工满意度不低于70%。 6.2.4 宜建立企业职工收入随企业业绩同步增长机制。 6.3 企业管理 6.3.1 建立资源管理、生态环境保护、安全生产和职业病防治等规章制度，健全工作机制，责任落实到位。 6.3.2 各类报表、台账、档案资料等应齐全、完整、真实。 6.3.3 应定期组织管理人员和技术人员参加绿色矿山培训。建立职工培训制度，培训计划明确，培训记录清晰	6.1 基本要求 6.1.1 应建立产权、责任、管理和文化等方面的企业管理制度。 6.1.2 应建立绿色矿山管理体系。 6.2 企业文化 6.2.1 应建立以人为本、创新学习、行为规范、高效安全、生态文明、绿色发展的企业文化。 6.2.2 企业发展愿景应符合全员共同追求的目标，企业长远发展战略和职工个人价值实现紧密结合。 6.2.3 应丰富职工物质、体育、文化生活，企业职工满意度不低于70%。 6.2.4 宜建立企业职工收入随企业业绩同步增长机制。 6.3 企业管理 6.3.1 建立资源管理、生态环境保护等规章制度，健全工作机制，责任落实到位。 6.3.2 各类报表、台账、档案资料等应齐全、完整、真实。 6.3.3 应定期组织管理人员和技术人员参加绿色矿山培训。建立职工培训制度，培训计划明确，培训记录清晰。 6.4 企业诚信 生产经营活动、履行社会责任等坚持诚实守信，应履行矿业权人勘查开采信息公示义务，公示公开相关信息 6.5 企地和谐 6.5.1 应构建企地共建、利益共享、共同发展的办矿理念。宜通过创立社区发展平台，构建长效合作机制，发挥多方资源优势，建立多元合作型的矿区社会管理共赢模式

续表6-3

项目	黄金行业	化工行业	非金属行业
6 企业管理与企业形象	6.5 企地和谐 6.5.1 应构建企地共建、利益共享、共同发展的办矿理念。宜通过创立社区发展平台，构建长效合作机制，发挥多方资源和优势，建立多元合作型的矿区社会管理共赢模式。 6.5.2 应建立矿区群众满意度调查机制，宜在教育、就业、交通、生活、环保等方面提供支持，提高矿区群众生活质量，促进企地和谐发展。 6.5.3 与矿山所在乡镇（街道）、村（社区）等建立磋商和协商机制，及时妥善处理好各种利益纠纷	6.4 企业诚信 生产经营活动、履行社会责任等坚持诚实守信，应履行矿业权人勘查开采信息公示义务，公示公开相关信息 6.5 企地和谐 6.5.1 应构建企地共建、利益共享、共同发展的办矿理念。宜通过创立社区发展平台，构建长效合作机制，发挥多方资源优势，建立多元合作型的矿区社会管理共赢模式。 6.5.2 应建立矿区群众满意度调查机制，宜在教育、就业、交通、生活、环保等方面提供支持，提高矿区群众生活质量，促进企地和谐发展。 6.5.3 与矿山所在乡镇（街道）、村（社区）等建立磋商和协商机制，及时妥善处理好各种纠纷	6.5.2 应建立矿区群众满意度调查机制，宜在教育、就业、交通、生活、环保等方面提供支持，提高矿区群众生活质量，促进企地和谐发展。 6.5.3 与矿山所在乡镇（街道）、村（社区）等建立磋商和协商机制，及时妥善处理好各种利益纠纷

6.3　绿色矿山规划和评估

6.3.1　绿色矿山建设规划

开展绿色矿山建设，首先应因地制宜进行全局统筹部署，做好前期规划。规划是矿山开展绿色矿山建设的行动纲领，也是政府指导和规范矿山企业开展绿色矿山建设、第三方开展绿色矿山建设评估的抓手和依据。规划中要系统分析矿山开展绿色矿山建设的现状和基础，把握绿色矿山建设的方向，提出切实可行的总体目标和阶段性目标，合理分配规划任务和工程部署，建立完备的规划保障措施。

1）规划编制原则

矿山生产应遵循"开采方式科学化、资源利用高效化、企业管理规范化、生产工艺环保化、矿山环境生态化"的基本要求，努力实现矿山发展的资源效益、环境效益和社会效益的协调统一，资源开发与环境保护并举，矿山发展与社区繁荣共赢。

（1）因地制宜，协调发展

结合矿山自身发展的实际情况，总结分析在日常生产过程中，资源开发、环境保护和社区发展等方面所存在的矛盾和问题，提出具有可操作性的方法和措施，保证各方面协调发展。

（2）突出重点，把握特色

在绿色矿山建设规划中，企业应在绿色矿山建设的重点领域开展专题规划，对企业采取的先进技术、先进方法、先进手段进行及时总结，发展构建体现自身特色的绿色矿山发展模式。

（3）合理规划，注重实施

依据绿色矿山建设的基本条件及相关行业标准制定切实可行的规划发展目标，通过规划重点工程建设项目，将规划指标落到实处；各项建设工程应做好资金安排，合理统筹，狠抓落实，保证规划指标的顺利完成。

（4）承上启下，有效衔接

严格执行上级规划部署的任务和目标，做好绿色矿山建设规划与当地国民经济和社会发展规划、土地利用总体规划、矿产资源规划等规划的衔接，积极落实，做好统筹协调工作。

（5）公众参与，集思广益

在矿山内部积极宣传绿色矿山发展理念，鼓励矿山职工为绿色矿山规划建言献策、参与矿山规划建设，注重专家咨询和公众参与，广泛听取多方面意见，增强规划编制的公开性，提高规划透明度和科学决策水平。

2）开展绿色矿山建设规划专题研究

规划专题研究报告是规划成果的重要组成部分，应当系统、全面地反映规划的基础研究成果，突出说明矿山建设的重点领域和实际发展中所存在的重大问题，充分论证规划指标设置和重大工程实施的合理性和可行性，为规划编制提供数据支撑。

大中型矿山在编制规划过程中，对于矿山未来建设发展的资源利用、生态建设、社区和谐等重要内容和重大工程设置等要有专题研究作为支撑和论证。具体专题研究内容可根据矿山特色进行选择。小型矿山根据实际情况，可选择是否设立研究专题。

（1）矿山资源综合利用专题

矿山资源综合利用专题包括：

①矿产资源开发利用现状，矿产品需求、价格走势，矿山在同行业中的定位等。

②采用SWOT方法分析矿山在资源开发利用、技术创新、节能减排等方面的优势、劣势、机会及威胁。

③矿山中低品位、共（伴）生矿产的综合利用，地质找矿情况，矿产资源开发、技术创新及节能减排等方面的工艺方法。矿山采用新技术、新工艺的必要性和可行性论证研究。

（2）矿山生态建设专题

矿山生态建设专题包括：

①矿山生态环境现状、环境保护与治理现状；

②矿山生态建设在环境保护、环境地质灾害治理及土地复垦中存在的问题；

③矿山生态建设的问题、对策与建议；

④矿山生态建设在环境保护、环境地质灾害治理、土地复垦方面的技术储备优势和劣

势，可能采取的工程技术分析。

（3）矿山社区和谐专题

矿山社区和谐专题包括：

①矿山社区和谐与企业文化现状，企业履行的社会责任，企业与地方的关系等。

②矿山社区和谐方面存在的问题、对策与建议。

③矿山企业文化方面存在的问题、对策与建议。

④矿山社区和谐在制度、技术、资金、管理等方面的措施。

（4）其他专题

针对矿山特殊问题（如特种资源、重大科技创新、特殊地质环境和建设需求等）设立的专题研究。

3）绿色矿山建设规划编制

（1）编制区域绿色发展规划

各级国土资源管理部门在制定矿产资源规划时，要提出绿色矿山建设的目标任务和具体要求，结合规划确定矿山结构布局优化调整、资源高效利用和矿山地质环境治理恢复等要求，切实统筹好新建和生产矿山、大中小型矿山以及各行业绿色矿山建设，采取有效措施，有序推进绿色矿山建设工作。各地可结合实际情况，制定区域专项规划和具体措施，加快推进绿色矿山建设工作。

（2）编制企业绿色矿山建设发展规划

矿山企业要按照绿色矿山建设要求和条件，在相关管理部门的指导下，结合自身发展目标和进程，因地制宜编制绿色矿山建设发展规划，从提高资源利用水平、节能减排、保护耕地和矿山地质环境、保护民生、创建和谐社区等角度出发，明确具体工作任务、进度和措施等，按照规划积极推进各项工作，实现绿色矿山建设目标。

绿色矿山建设规划可参考《国家级绿色矿山试点建设规划（参考提纲）》要求进行编制。

6.3.2 绿色矿山评估

由自然资源部矿产资源保护监督司指导、中国自然资源经济研究院联合有关单位编制的《绿色矿山建设评估指导手册》于2019年7月9日正式发布，进一步明确了绿色矿山评估的相关要求。

1）评估依据

按照《关于加快建设绿色矿山的实施意见》（国土资规〔2017〕4号）要求和自然资源部2018年发布的《有色金属行业绿色矿山建设规范》等9项行业标准进行评估。9大行业标准作为绿色矿山评估的主要依据。先于行业标准发布的地方标准，要与行业标准进行对照，就高不就低。

2）评估对象要求

参与评估的矿山企业应是持有有效采矿许可证的独立矿山（含油气类），近三年内未受到自然资源和生态环境等部门行政处罚，且矿业权人未被列入异常名录。其中新建矿山应正常生产一年以上，生产矿山资源规模剩余开采年限应不少于五年并正常运营。

3）工作程序

绿色矿山评估包括矿山自评、第三方评估、实地抽查、审核、公示五个环节。

（1）矿山自评

拟申报绿色矿山的企业对照绿色矿山建设要求和行业标准开展自评，形成自评估报告，填报全国绿色矿山名录入库信息表，并提供展现矿山整体面貌的影像或图片资料。矿山企业在完成自评估报告并自评达标后，向自然资源管理部门提出绿色矿山第三方评估申请。

（2）第三方评估

绿色矿山建设第三方评估，是指受政府部门委托，由利害关系方以外的组织机构，依据标准和程序，运用科学、系统、规范的评估方法，对企业绿色矿山建设情况进行评估，形成评估报告供决策参考的活动。第三方评估应当遵循客观公正、科学严谨、专业规范、公开透明、注重实效的原则。第三方评估报告应通过技术评审并提交政府主管部门，并进行资料建档和归档。第三方评估机构应对第三方评估报告的真实性承担责任，不可承担与被评估单位绿色矿山申报与建设相关的任何项目。对于在评估过程中弄虚作假或造成重大错误的机构或个人，将追究责任，并予通报。

（3）实地抽查

实地抽查以各省（区、市）为主导开展。各地方可采取明察暗访、问卷调查等多种手段进行实地抽查，抽查比例应不低于30%（按申报数量确定）。

（4）审核

各省（区、市）应对全国绿色矿山名录入库信息表、第三方评估报告等各类材料齐全性、内容规范性进行审核，同时结合本地区实际需要，联合生态环境等相关部门给出审核意见。

（5）公示

按照相关管理程序要求，通过网络、报纸等渠道，在本省（区、市）范围内公示评估结果。

4）绿色矿山评价指标体系

（1）评价指标体系说明

绿色矿山评价指标体系包含先决条件和评分表两部分。先决条件属于否决项，有一项达不到要求就不能参与评估工作，各省可根据实际情况依法依规增加否决项；评分表是从矿区环境、资源开发方式、资源综合利用、节能减排、科技创新与智能矿山、企业管理与企业形象6个方面对绿色矿山建设情况进行评价。

①计分办法。

评价总得分包括评价分值和加分分值，评价分值满分1000分，加分分值最高80分。

总得分＝实际参与的评价指标总得分/实际参与的评价指标总分×1000+加分分值

$$(6-1)$$

因矿种、开采方式不同，不是所有评价指标都适合该矿的实际情况，对于不适合该矿实际情况的，相关指标不参与对企业的绿色矿山建设评估。评分分值只对涉及指标折算计分，即除去所有不涉及指标，将剩余指标的得分情况折合成千分制。

例如评估某露天矿时，涉及某一专用的指标不参与评估。所有参与评估的指标为120项总分900分，而对这120项评估后得分为720分，加分分值为10分，则该矿山最后得分为720/900×1000+10=810分。

②达标说明。

一级指标得分（折合后得分）不能低于该一级指标总分值的70%。如"矿区环境"一级指标评价总分值160分，该一级指标得分高于112分才算达标。

总得分不能低于 750 分(包括附加分)。

各省(区、市)可根据实际情况,对绿色矿山"达标线"进行适当调整。

③其他要求。

某一指标评分说明中属于扣分项,则扣完为止。

某一指标评分说明中属于增分项,则增至该项指标总分为止。

所有得分必须有依据并要保留证明材料,在"评估情况"栏里写明得到相关分值的原因;如果需要填写内容较多,可以在评估报告中重点描述。

缺少支撑材料或证明材料不得分。

对于调查问卷、现场考试、专家打分取平均值等评估方式需要在"评估情况"说明中进行详细描述。

需要现场察看的内容在"评估情况"中明确写清楚谁到什么地方看了什么内容(如设备、设施、厂地、环境、现场等)。

(2)绿色矿山建设评价指标体系及评分表

绿色矿山建设先决条件见表 6-4。

表 6-4 绿色矿山建设先决条件

先决条件	具体情形
证照合法有效	营业执照、采矿许可证等证照合法有效
三年内未受行政处罚	近三年内未受到自然资源和环境保护等部门较大数额罚款(依据地方性法规、政府规章确定的较大罚款数额)、没收违法所得、没收非法财物、责令停产停业、暂扣或者吊销许可证、暂扣或吊销执照、行政拘留等重大行政处罚。(关于重大行政处罚的有关规定可具体参考《中华人民共和国行政处罚法》和《国土资源行政处罚办法》)
矿业权人异常名录	矿山参与评估期间,矿业权人未被列入矿业权人异常名录
新建和生产矿山要求	新建矿山应正常生产一年以上,生产矿山剩余开采年限(按储量报告和生产规模核定的剩余可采年限)应不少于五年并正常运营
矿区范围及位置	矿区范围及位置未涉及各类自然保护地(参考《关于建立以国家公园为主体的自然保护地体系的指导意见》,包括国家公园、自然保护区、自然公园等)

绿色矿山评价指标汇总见表 6-5。

表 6-5 绿色矿山评价指标汇总表

一级指标		一级指标总分值	二级指标	项数		分值	
				评分项	加分项	得分	加分
一	矿区环境	164	矿容矿貌	14		91	
			矿区绿化	11		73	

续表6-5

一级指标		一级指标总分值	二级指标	项数		分值	
				评分项	加分项	得分	加分
二	资源开发方式	256	资源开发基本要求	2		16	
			绿色开采	4		70	
			绿色采选技术工艺装备	4		55	
			开采回采率、选矿回收率	3		22	
			矿山环境恢复治理与土地复垦	5		46	
			环境管理与检测	8	1	47	5
三	资源综合利用	136	循环经济	1		20	
			共(伴)生资源综合利用	4		48	
			固废资源化利用	2	1	36	10
			生活垃圾处理	2	1	8	4
			废水处置与综合利用	4		24	
四	节能减排	170	节能降耗	5	1	50	10
			粉尘排放	5		32	
			废水排放	6		35	
			废气排放	1		10	
			固废排放	4	1	43	5
五	科技创新与数字化矿山	104	科技创新	6	2	54	10
			数字化矿山	5	2	50	10
六	企业管理与企业形象	170	基本要求	6	1	24	10
			绿色矿山基本要素	6		40	
			企业文化	9	1	34	10
			企业管理	7		34	
			社区和谐	3	1	20	6
			企业诚信	3		18	
小计		1000		130	12	1000	80

绿色矿山评分表

6.4 绿色矿山的政策支持与监督

绿色矿山鼓励政策主要有财政专项资金支持、资源配置倾斜和相关税费减免等三个方面。绿色矿山监督主要为社会舆论监督。

6.4.1 财政专项资金支持政策

鼓励绿色矿山建设的财政专项资金主要有：危机矿山接替资源找矿专项资金、矿山地质环境恢复专项资金和矿产资源节约与综合利用专项资金。

（1）危机矿山接替资源找矿专项资金

财政部、国土资源部关于印发《危机矿山接替资源找矿专项资金管理暂行办法》（财建〔2006〕367号）规定凡符合要求的国有大中型危机矿山企业（含国有控股矿山企业）均可申请专项资金。专项资金优先安排地方财政、矿山企业已落实其他资金来源的项目。危机矿山找矿专项资金是针对国有大中型危机矿山矿区深部及毗邻区找矿的补助经费。该项经费投入有助于老矿山加快找矿突破，增强发展后劲。这一专项资金向绿色矿山倾斜，实际上是对绿色矿山试点单位的变相支持，间接地鼓励这些矿山坚持履行好资源开发责任，同时可以更好地发挥该专项资金的使用效益。

（2）矿山地质环境恢复专项资金

《矿山地质环境恢复治理专项资金管理办法》（财建〔2013〕80号）规定矿山地质环境恢复治理专项资用于国有矿山在计划经济时期形成的或责任人已经灭失的、因矿山开采活动造成矿山地质环境破坏的恢复和治理，重点支持可以充分挖掘低效、废弃工矿用地潜力，能够同时体现环境效益、社会效益和经济效益的矿山地质环境恢复治理项目。财政部、原国土资源部每年将对项目建设情况进行考核，对考核不合格的项目，暂停下一年度预算安排，并责令限期整改。经整改仍不符合要求的，取消支持并收回已拨付资金。矿山地质环境恢复专项资金针对计划经济时期国有矿山遗留的矿山环境问题进行恢复治理，该项资金投入有利于解决矿山环境恢复治理的历史欠账问题，有利于现有矿山企业卸下历史包袱，减轻绿色矿山建设负担，属于对矿山履行资源环境责任的直接支持。

《关于取消矿山地质环境治理恢复保证金建立矿山地质环境治理恢复基金的指导意见》（财建〔2017〕638号）明确指出取消矿山地质环境治理恢复保证金制度，以基金的方式筹集治理恢复资金。矿山企业根据其矿山地质环境保护与土地复垦方案，将矿山地质环境治理恢复费用按照企业会计准则相关规定预计弃置费用，计入相关资产的入账成本，在预计开采年限内按照产量比例等方法摊销，并计入生产成本。同时，建立矿山地质环境动态监管机制，加强对企业矿山地质环境治理恢复的监督检查。

（3）矿产资源节约与综合利用专项资金

《矿产资源节约与综合利用专项资金管理办法》（财建〔2013〕81号）规定："专项资金重点支持提高矿产资源开采回采率、选矿回收率和综合利用率，低品位、共伴生、难选冶及尾矿资源高效利用，以及多矿种兼探兼采和综合开发利用。"

矿产资源节约与综合利用专项资金自设立以来，先后通过"以奖代补"方式对综合利用资源取得显著成绩的矿山企业给予奖励，推动以矿山企业为主体的矿业循环经济示范工程，再到重点支持油气等 7 个领域的矿产资源综合利用示范基地建设，集中反映了对矿山企业开展资源综合利用的高度重视，是对矿山企业落实资源环境责任的直接支持。

6.4.2　资源配置倾斜政策

鼓励绿色矿山建设的资源配置倾斜政策具体包括：优化开发布局，对绿色矿山企业优先配置矿业权；涉及开采总量控制的矿种，在开采总量和矿业权投放上给予倾斜；在矿业建设用地政策上给予倾斜支持。这些资源配置倾斜政策赋予了绿色矿山企业资源配置优先权，实质上是将矿业权和建设用地指标作为对绿色矿山的奖励，是对矿山企业履行资源环境责任的充分肯定，属于对绿色矿山建设的间接支持。

为改进单独选址建设项目用地报批周期长、报批材料复杂等问题，提高审查报批工作效率，依法及时保障包括采矿用地在内的各项建设用地，适应经济平稳较快发展需要，根据《国务院关于加强土地调控有关问题的通知》(国发〔2006〕31 号)文件精神，原国土资源部发布的《国土资源部关于改进报国务院批准单独选址建设项目用地审查报批工作的通知》(国土资发〔2009〕8 号)就如何加快建设项目用地报批前期工作、如何及时呈报建设项目用地、如何认真开展建设项目用地论证以及如何简化建设项目用地报批材料、明确建设项目用地审查责任等进行了明确规定。

为创新采矿用地管理方式，推进采矿用地管理制度改革，本着既保障矿山企业用地，又严格保护耕地、维护农民土地权益的原则，原国土资源部通过《关于对广西平果铝土矿采矿用地方式改革试点方案有关问题的批复》(国土资函〔2005〕439 号)，同意在广西平果铝土矿设立采矿用地供地方式改革试点，探索将原来先征收后出让的方式改革为以临时用地的方式供地。

《关于贯彻落实全国矿产资源规划发展绿色矿业建设绿色矿山工作的指导意见》(国土资发〔2010〕119 号)提出：①加大财政专项资金的支持力度。加大危机矿山接替资源勘查、矿山地质环境恢复治理、矿产资源节约与综合利用等财政专项资金向绿色矿山企业的倾斜和支持力度，鼓励和支持矿山企业开展做好资源合理利用、环境保护等相关工作，不断提高发展水平。②研究制定有利于绿色矿山建设的资源配置制度。在资源配置和矿业用地等方面向达到绿色矿山条件的企业实行政策倾斜，依法优先配置资源和提供用地，鼓励企业做大做强，积极为繁荣地方经济做出贡献，建设和谐矿区。③逐步完善税费等经济政策。全面落实资源综合利用、矿山环境保护、节能减排等已有相关优惠政策，通过资源税费改革和税费减免，形成矿山企业资源消耗的自我约束机制。积极协调相关部门，建立和完善资源综合利用等税费减免制度，逐步形成与法律制度相衔接，向绿色矿山企业倾斜的经济政策体系。

《国务院关于加快推进生态文明建设的意见》指出：完善经济政策，健全价格、财税、金融等政策，激励、引导各类主体积极投身生态文明建设。进一步深化矿产资源有偿使用制度改革，调整矿业权使用费征收标准。加大财政资金投入，统筹有关资金，对资源节约和循环利用、新能源和可再生能源开发利用、环境基础设施建设、生态修复与建设、先进适用技术研发示范等给予支持。推广绿色信贷，支持符合条件的项目通过资本市场融资。探索排污权抵押等融资模式。深化环境污染责任保险试点，研究建立巨灾保险制度。

《全国矿产资源规划(2016—2020 年)》中关于矿权设置明确要求：各级规划应按要求开展矿业权设置区划，优化矿山布局，原则上一个勘查开采规划区块一个主体，严禁将矿产地化大为小和分割出让。在矿业开发中要求推行绿色开发模式，规定：推进国家、省、市、县级绿色矿山建设。按照政府组织、部门协作、企业主体、公众参与、共同推进的原则，建设一批绿色矿业发展示范区，由点到面、集中连片推动绿色矿业发展，着力打造布局合理、集约高效、生态优良、矿地和谐、区域经济良性发展的样板区。建设一批国家级绿色矿山，推进技术、产业和管理模式创新，引领传统矿业转型升级。选择浙江湖州、河北承德、安徽芜湖、江苏沛县、江西赣州、湖南郴州、甘肃金昌等资源富集、管理创新能力强的地区，建设 50 个以上绿色矿业发展示范区。

《全国国土规划纲要(2016—2030 年)》中明确提出：要全面推进绿色矿山建设，在资源相对富集、矿山分布相对集中的地区，建成一批布局合理、集约高效、生态优良、矿地和谐的绿色矿业发展示范区，引领矿业转型升级，实现资源开发利用与区域经济社会发展相协调。到 2030 年，全国规模以上矿山全部达到绿色矿山标准。

《关于加快建设绿色矿山的实施意见》(国土资规〔2017〕4 号)中明确指出：①实行矿产资源支持政策。对实行总量调控矿种的开采指标、矿业权投放，符合国家产业政策的，优先向绿色矿山和绿色矿业发展示范区安排。符合协议出让情形的矿业权，允许优先以协议方式有偿出让给绿色矿山企业。②保障绿色矿山建设用地。各地在土地利用总体规划调整完善中，要将绿色矿山建设所需项目用地纳入规划统筹安排，并在土地利用年度计划中优先保障新建、改扩建绿色矿山合理新增建设用地需求。对于采矿用地，依法办理建设用地手续后，可以采取协议方式出让、租赁或先租后让；采取出让方式供地的，用地者可依据矿山生产周期、开采年限等因素，在不高于法定最高出让年限的前提下，灵活选择土地使用权出让年期，实行弹性出让，并可在土地出让合同中约定分期缴纳土地出让价款。支持绿色矿山企业及时复垦盘活存量工矿用地，并与新增建设用地相挂钩。将绿色矿业发展示范区建设与工矿废弃地复垦利用、矿山地质环境治理恢复、矿区土壤污染治理、土地整治等工作统筹推进，适用相关试点和支持政策；在符合规划和生态要求的前提下，允许将历史遗留工矿废弃地复垦增加的耕地用于耕地占补平衡。对矿山依法开采造成的农用地或其他土地损毁且不可恢复的，按照土地变更调查工作要求和程序开展实地调查，经专报审查通过后纳入年度变更调查，其中涉及耕地的，据实核减耕地保有量，但不得突破各地控制数上限，涉及基本农田的要补划。③加大财税政策支持力度。财政部、原国土资源部在安排地质矿产调查评价资金时，在完善现行资金管理办法的基础上，研究对开展绿色矿业发展示范区的地区符合条件的项目适当倾斜。地方在用好中央资金的同时，可统筹安排地质矿产、矿山生态环境治理、重金属污染防治、土地复垦等资金，优先支持绿色矿业发展示范区内符合条件的项目，发挥资金聚集作用，推动矿业发展方式转变和矿区环境改善，促进矿区经济社会可持续发展，并积极协调地方财政资金，建立奖励制度，对优秀绿色矿山企业进行奖励。④创新绿色金融扶持政策。鼓励银行业金融机构在强化对矿业领域投资项目环境、健康、安全和社会风险评估及管理的前提下，研发符合地区实际的绿色矿山特色信贷产品，在风险可控、商业可持续的原则下，加大对绿色矿山企业在环境恢复治理、重金属污染防治、资源循环利用等方面的资金支持力度。对环境、健康、安全和社会风险管理体系健全，信息披露及时，与利益相关方互动良好，购买了环境污染责任保险，产品有竞争力、有市场、有效益的绿色矿山企业，鼓励金融机构积极做好金融服务和融资支持。鼓励省级政府建立绿色矿山项目库，加强对绿色信贷的支持。将绿色矿山信息纳入企业征信系统，作为银行办理信贷业务和其他金融机构服务的重要参考。

支持政府性担保机构探索设立结构化绿色矿业担保基金,为绿色矿山企业和项目提供增信服务。鼓励社会资本成立各类绿色矿业产业基金,为绿色矿山项目提供资金支持。推动符合条件的绿色矿山企业在境内中小板、创业板和主板上市以及到"新三板"和区域股权市场挂牌融资。

6.4.3 相关税费减免政策

相关税费减免政策主要是落实与矿山企业资源环境责任相关的税收优惠政策。从绿色矿山基本条件的九个方面来看,给予税收减免的主要有技术创新、综合利用和节能减排方面。

1)技术创新

为激励自主创新,2006 年《国务院关于印发实施〈国家中长期科学和技术发展规划纲要(2006—2020 年)〉若干配套政策的通知》(国发〔2006〕6 号)明确指出,加大对企业自主创新投入的所得税前抵扣力度;允许企业加速研究开发仪器设备折旧;进口规定设备及原材料等免征进口关税和进口环节增值税等。为进一步规范执行,2008 年《国家税务总局关于印发〈企业研究开发费用税前扣除管理办法(试行)〉的通知》(国税发〔2008〕116 号)规定,企业从事高新技术领域规定项目的研发活动实际发生的费用支出,允许在计算应税所得时加计扣除。在《国家重点支持的高新技术领域》中的"资源与环境"和《当前优先发展的高技术产业化重点领域指南》中的"资源勘查、高效开采与综合利用技术"部分,都与矿山企业直接相关。《国家重点支持的高新技术领域》范围内,持续进行绿色矿山建设技术研究开发及成果转化的企业,符合条件经认定为高新技术企业的,可依法减按 15% 税率征收企业所得税。

2)综合利用

为了鼓励资源综合利用,《企业所得税法》第 33 条规定,企业综合利用资源生产规定的产品所取得的收入,可以在计算应纳税所得额时减计收入。与此同时,财政部和国家税务总局联合发布了《关于资源综合利用及其他产品增值税政策的通知》(财税〔2008〕156 号)和《关于再生资源增值税政策的通知》(财税〔2008〕157 号),对资源综合利用产品的增值税予以优惠。在此基础上,2011 年发布了《关于调整完善资源综合利用产品及劳务增值税政策的通知》(财税〔2011〕115 号),对资源综合利用产品和劳务增值税优惠进一步扩围,即征即退范围进一步扩大。其中与矿山企业有关的税收优惠,主要涉及工业生产的余热、余压、粉煤灰、煤矸石以及废旧石墨等资源的综合利用。

为落实《国家税务总局关于全面推进资源税改革的通知》(财税〔2016〕53 号)、《国家税务总局关于资源税改革具体政策问题的通知》(财税〔2016〕54 号)规定的资源税优惠政策,国家税务总局、原国土资源部发布《关于落实资源税改革优惠政策若干事项的公告》(国家税务总局公告 2017 年第 2 号),公告明确:①对依法在建筑物下、铁路下、水体下(以下简称"三下")通过充填开采方式采出的矿产资源,资源税减征 50%;②对实际开采年限在 15 年(含)以上的衰竭期矿山开采的矿产资源,资源税减征 30%。

3)节能减排

适用于绿色矿山的节能减排鼓励政策有:《企业所得税法》第 27 条第 3 款、《企业所得税实施条例》第 88、89 条规定,企业从事节能减排技术改造等环境保护、节能节水项目的所得,实行企业所得税"三免三减半";《企业所得税法》第 34 条、《企业所得税实施条例》第 100、101 条还规定,企业购置并实际使用规定的环境保护、节能节水专用设备,可以按投资额的

10%抵免当年企业所得税应纳税额，不足抵免的可向后结转。在此基础上，2017年国务院发布的《关于印发"十三五"节能减排综合性工作方案的通知》(国发〔2016〕74号)中，从价格、财政、税收、金融四个方面出台了节能减排鼓励政策，以确保节能减排目标的实现。

6.4.4　社会舆论监督

在信息化自媒体时代，社会舆论的监督作用显著，通过这种制约导向作用，督促矿山企业及时调整影响社区生活的生产作业，使其不仅履行法律责任，还要承担起应尽的道德义务。同时企业应依法公开其清洁生产、废料排放和环境保护方面的真实信息，这样公众才能更好地行使其监督权，对不符合广大群众利益的企业做出废除"绿色矿山"称号的处罚。

1)信息公开

建立公众参与制度。项目参与单位协助建设单位向公众发布公告，公示工程建设项目的基本情况、主要内容及公众提出意见的方式等，广泛征询公众意见，做到公开透明，提高公众对矿山发展认识的程度及参与意识。建立公众监督机制，主动接受社会监督。定期召开村企协商会议，共同讨论矿山发展战略，及时获取公众反馈。自觉接受财政、监察、国土资源等部门的监督与检查，发布评估结果，及时发现并制止违反规划的行为。对群众关心尤其是关系到群众切身利益的问题要加大公开力度，真正做到绿色矿山建设与本地区经济社会环境的发展相协调。

2)发放调查表

通过走访工程涉及的单位和群众，广泛征询项目建设区所在地土地、农牧、林业、交通、管理等多个部门的意见及建议，并采取发放公众意见调查表的方式来了解群众对绿色矿山建设的想法及意见。

3)增强绿色矿山意识

大力宣传绿色矿山建设法律法规、政策，提高全社会对绿色矿山建设在全面建成小康社会，实施可持续发展战略，保护和建设生态环境中重要作用的认识，增强公众参与和监督意识。扩大内部宣传工作影响，大力倡导绿色矿山理念，牢固树立员工的绿色矿山意识，全力推进绿色矿山建设工作。

通过信息化管理、科学评价体系、长效的支撑机制及社会监督等各方面一体化协同发展形成绿色矿山建设的现代化管理体系。

6.5　绿色矿山(试点)建设实例

6.5.1　广东凡口铅锌矿

凡口铅锌矿位于广东省韶关市仁化县境内，是集"采、选"于一体的特大型国有控股矿山。矿山1958年建矿，1968年正式投产，1999年并入深圳市中金岭南有色金属股份有限公司，是亚洲最大的铅锌银矿种生产基地之一。2012年3月23日，《国土资源部关于第二批国家级绿色矿山试点单位名单的公告》(2012年第8号)，确定凡口铅锌矿为"第二批国家级绿色矿山试点单位"。2015年10月26日由国土资源部和中国矿业联合会授予"国家级绿色矿山"称号，2018年3月30日广东省国土资源厅授予"广东省绿色矿山"称号。该矿具有资源品种多、生产规模大、技术装备先进、科研投入大等优点,同时也存在水文地质条件复杂、矿体赋存条件差、深部开采难度大等一系列问题,经过近些年的努力,凡口铅锌矿在绿色矿山建设方面取得良好成效,为我国"绿色矿山"建设提供了示范与借鉴。主要表现在以下方面:

1)矿区环境

(1)功能分区。矿山按照生产区、管理区、生活区和生态区等功能进行分区,各功能区符合《工业企业总平面设计规范》的规定,生产、生活、管理等功能区有相应的管理机构和管理制度,运行有序、管理规范。

(2)辅助设施。矿山地面运输、供水、供电、卫生、环保等配套设施齐全,在各工作现场设置了操作提示牌(岗位安全操作规程),在危险化学品现场张贴了说明牌(安全技术说明书),在井下主要通道设置了线路示意图(避灾线路图)等标牌,符合标牌相关规定,并在警示安全区域设置了安全标志。

(3)防尘措施。矿山防尘措施分为采场防尘、选厂防尘和其他区域防尘。井下采取以风、水为主的综合防尘措施。作业点采用湿式凿岩和喷雾洒水等防尘措施。井下作业人员个体防护措施主要是佩戴防尘口罩。选厂防尘系统,对主要的粉尘点设置密闭罩,进行强制机械抽风,把捕集到的含尘空气进行净化处理后达标排放;各破碎机给料皮带头部及磨矿设备给料皮带头部采用密闭喷淋除尘。矿山物料在生产、运输、储存过程中均采取了相应的防尘措施,包括喷淋降尘、密闭运输等措施。

(4)污废排放。矿山产生的废水包括生产废水和生活污水,两者分开收集和处理,均100%达标排放。

(5)降噪措施。矿山在生产过程中的噪声污染源主要是各种风机运行和选矿碎磨系统运行时所产生的噪声,采取消音设施、安装密闭罩等措施,降低噪声值。根据监测结果,现有生产系统的噪声对厂界外环境影响不明显,工作场所噪声接触限值符合《工作场所有害因素职业接触限值》的规定,工业企业厂界噪声排放限值符合《工业企业厂界环境噪声排放标准》的规定,各工作场所噪声及工业企业厂界噪声达标排放率为100%。

(6)矿区绿化。凡口铅锌矿是一座环境优美的花园式矿山。矿区绿化与周边自然环境和景观相协调,绿化植物搭配合理,矿区绿化率达94%,绿化覆盖率达100%。凡口铅锌矿已完成了国家矿山公园建设,包括公园广场、主碑、博物馆、标识系统、展示区、采矿遗迹观赏区等,为社区提供了科学文化学习、休闲娱乐健身的场所,在一定程度上促进社区和谐,丰富社区的文化生活。广东凡口铅锌矿全貌见图6-1。

2)资源开发方式

(1)生产工艺

①采矿工艺与装备。

根据矿体赋存特征和矿石性质,大力推广使用盘区机械化上向分层充填采矿法、无底柱深孔后退式采矿法、浅眼上向分层侧向崩矿采矿法等高效、安全、低贫损、高回收率的采矿工艺,结合全尾砂充填技术、泡沫砂浆充填技术、深井降温技术、自动控制提升技术、圆钢管支架索道技术等,解决了深井开采和缓倾斜矿体安全高效开采的一系列技术难题,该工艺处于国内外先进技术水平行列。

矿山先后从德国、芬兰、美国、加拿大等国家引进了潜孔钻机、凿岩台车、装药台车、可视遥控铲运机、可视遥控破碎台车等世界先进的采矿设备,美卓C-100井下破碎机、国外先

图 6-1　广东凡口铅锌矿矿区全貌

进的提升机及电控系统等，采用了自主研发的全尾砂及泡沫砂浆等国内领先的充填技术，大大提高了采矿效率和生产安全性，矿山现有的采矿装备和采矿技术都处于国内先进水平。

②选矿工艺与装备。

选矿选用的"FKNSP 选矿新四产品工艺流程"和高硫项目工艺系统处理能力强、生产指标好、节能明显、综合效益好，大大提高了采、选等生产技术经济指标，使矿山资源得到合理开发和充分利用，处于世界先进水平。

矿山先后引进美卓 HP500 破碎机、陶瓷过滤机、6SL 荧光分析仪、自动给药系统等国内外最新选矿设备，全面提高了选矿厂的自动检测技术和自动控制水平，降低了能耗，大大提升了选矿生产能力和选矿回收指标。

（2）生产指标

凡口铅锌矿是一个多金属硫化物矿床，生产矿产品种较多。近年由于厚大矿体的消耗及原矿品位下降，提升"三率"指标难度更大，但通过采用先进的采选工艺、科学合理的现场管理制度，不断提高采选的各项技术经济指标，各项指标均达到或超过国家规定标准，达到了国家级绿色矿山建设要求。矿山近几年生产指标见表 6-6、选矿品位和回收率见表 6-7。

表 6-6　2013—2017 年采矿贫化率、损失率

年度	贫化率/%	损失率/%
2013 年	11.25	1.39
2014 年	12.37	1.39
2015 年	11.45	2.19
2016 年	12.11	2.22
2017 年	11.76	2.2

表 6-7　选矿品位和回收率

序号	项目名称	技术指标
一	精矿品位	
1	铅精矿/%	59.00
2	锌精矿/%	54.00
3	混合精矿/%	45.00
4	高铁硫精矿/%	47.00
二	回收率	
1	铅综合回收率/%	85.00
2	锌综合回收率/%	95.00
3	高铁硫回收率/%	63.00

3）矿区生态环境保护

（1）环境治理与土地复垦

矿山开展的矿山环境综合治理工程，包括帷幕注浆截流工程、岩溶塌陷治理工程、废石堆场治理工程、旧矿坑区景观整治修复及周边绿化等工程。矿山每年投入环保费用约 4000 万元，用于加强环境保护和清洁生产工作。矿山已于 2012 年 5 月编制完成《深圳市中金岭南有色金属股份有限公司凡口铅锌矿土地复垦方案》，复垦方案结合矿山特色，切实可行。2013 年进行的旧矿坑区及周边绿化、废石堆场治理等地形地貌景观恢复治理项目，已于 2016 年底全面完成。截至 2017 年，凡口铅锌矿已复垦土地面积为 1036.7 hm^2，包括尾砂堆置区、地面塌陷区、1 号尾矿库和 2 号尾矿库等区域。

（2）环境监测与灾害应急预警系统

凡口铅锌矿环保管理中心下设环境监测站，负责矿山生产活动涉及的废水、地表水、有/无组织排放废气、环境空气、土壤及厂界噪声的监测工作，拥有各类监测仪器 30 余台/（套）。环境监测站配备人员 15 人。环境监测站每年年初，根据地方环保部门的相关要求，结合环境监测站工作实际情况，对监测项目及频次进行相应的调整，制订当年的环境监测方案，监测结果上报矿环境管理部门。凡口铅锌矿环境监测站、仁化县和韶关市环境监测站的长期监测结果表明，矿山外排废水、废气、噪声均 100% 稳定达标排放，固废 100% 得到了综合利用或合理处置，COD 排污总量符合仁化县环保局下达的总量控制指标要求。

4）资源综合利用

（1）共伴生资源综合利用

凡口铅锌矿矿产资源丰富，矿石品位高，是中国已探明的地质储量最大的铅锌矿山之一，矿山可称为铅锌银镓锗矿，是中国重要的重工业和信息工业的原料基地。

①综合回收硫和铁资源。

凡口铅锌矿矿石属高硫复合铅锌矿石类型，原矿含硫 28% 左右，其硫化矿物主要成分是黄铁矿 FeS_2。凡口铅锌矿经过十多年的理论研究和持续攻关，研发了"高铁硫精矿选硫新工艺"，形成了以"多晶型硫铁矿同步回收—表面疏水性控制深度精选—高温过氧焙烧脱硫制酸—直接联产铁精矿"为核心的全套新技术，破解了世界性技术难题。成果应用七年来，累计新增经济效益近百亿元。

②综合回收锗和镓资源。

矿山保有锗镓金属储量约2000 t，锗镓金属都伴生在黄铁铅锌矿石中，是锗原料供应基地。经过多年的努力，凡口铅锌矿先后成功开发出快速优先浮选新工艺、电位调控浮选新工艺，特别是电位调控浮选工艺投入生产后，使得锗、镓在锌精矿的富集率得到了大幅度的提高，锗、镓的占有率由87.89%、52.80%，分别提高到92.73%、62.68%，取得了很好的经济效益。

矿山严格执行国家政策，坚持合理开发和利用矿产资源，采用科学合理的采、选矿工艺和有效的贫损管理措施，回收利用矿山难采矿石、低品位矿石和呆滞矿量，受到各级国土资源管理部门的高度赞扬，荣获首届"全国矿产资源合理开发利用先进矿山企业"称号。

（2）固体废物综合利用

①废石综合利用。

矿山采掘产生的废石全部用作充填物料，回填井下采空区，实现采掘废石零排放。每年直接回填废石均在5万 m³ 以上，多余的废石提升出窿经磨砂后作充填骨料，也全部用于井下充填，综合利用率达100%。

②尾矿综合利用。

a.尾矿回收利用。

矿山开展尾砂资源综合回收利用项目，项目总投资1700万元，回收利用选厂550 t/d 锌尾溢流尾矿及150 t/a 矿泥，解决了尾矿堆存问题，总投资收益率为15%以上。主要产品为硫酸、磁铁精矿、铅银精矿、铅精矿、锌精矿、镓铁矿、碳酸钙、硝酸铷、氯化钠等。

b.尾矿充填利用。

选矿产出的尾砂，经脱水、分级处理后用于井下充填，每年回收选矿尾砂100万 t 以上，尾矿充填利用率达76%，减少了尾矿排放量，节约了能耗和成本，延长了尾矿库使用寿命。

c.危废处置措施。

从2008年起，矿山与深圳市东江环保公司签订了危废处理协议，将生产过程中产生的危险废物收集后先暂存于矿危废库，再全部交由该公司进行安全处置。

（3）废水综合利用

①井下疏干废水。

井下疏干废水是井下开采过程中产生的工业废水，其主要成分是地下水和采矿工艺用水，废水中主要污染物是悬浮物及微量的铅、锌、镉等。废水全部用泵输送到废水沉淀池，经物理沉淀后回用或达标排放。

②选矿废水。

凡口选矿废水主要由精矿废水、尾矿废水、选矿设备冷却水、工业场地冲洗废水等组成，年产生选矿废水总量约为960万 t，经过沉降、澄清等一系列技术措施后回用处理。

（4）废气处理与利用

①井下废气。

井下通风主要是为了排除井下爆破产生的污风，其主要成分为少量的粉尘、NO_x、CO等，废气中污染物浓度极低，粉尘浓度均低于排放标准，排气筒高度为15 m。为控制和减少井下通风废气中的粉尘浓度，主要采取了湿式凿岩、工作面洒水喷雾以及在回风巷和进风口安装喷淋设施、定期清洗回风巷等降低粉尘等措施，确保外排污风中粉尘浓度控制在 1 mg/m³ 以下，大大减少了矿山内粉尘的排放量。

②选矿厂废气。

选矿厂废气主要是药剂制备与添加间含有药剂挥发气味的废气，破碎、筛分系统和原料、精矿运输系统所产生的含尘废气，主要采取了洒水喷雾抑尘、密闭抽风和布袋、喷淋除尘器等除尘系统净化措施，确保各厂房内空气质量符合卫生要求，厂房外排的废气达到排放标准。

5）节能减排

（1）节能措施

凡口铅锌矿建立了"凡口铅锌矿设备能源管理中心"管理平台，不仅可对采矿主要设备（压风、通风、排水等）实现远程控制，减少井下作业人员，同时可实时监测全矿主要用电设备能耗，为矿山节能降耗提供依据，同时可实时将能耗数据同步上传到韶关市经信局能源管理平台。

（2）控制污水排放

凡口铅锌矿产生的废水包括生产废水和生活污水，两者分开收集和处理，均 100% 达标排放。

①污水处理系统。

矿山要认真执行《铅、锌工业污染物排放标准》（GB 25466—2010）中的相关规定，研究选矿废水资源化综合利用方案，确定了前端进行选矿废水深度处理后回用、末端修建外排水应急池方案。韶关市环境监测中心站、仁化县环境监测站全年的监测结果显示，外排水中各污染物浓度均能达到《水污染物排放限值》（DB 44—26/2001）中的有关要求。

②控制重金属污染。

矿山尾矿库、条垠冲外排水在线监测系统管理，经韶关市环保局的有效性审核，两套系统运行全部合格，运行正常率达 100%。2013—2017 年，矿山在凡口技校建立了环境空气质量和重金属自动监测站，经验收合格后投入使用，运行正常，为董塘地区环境治理提供科学依据。

（3）控制固体废弃物排放

矿山固体废弃物主要有采掘废石和选矿尾砂。凡口铅锌矿依托自身的技术力量开展攻关，对废弃物进行资源化利用，实现废石回填、尾砂充填和资源综合回收，减少了固废的堆放，减轻了对矿山环境的污染，并带来了显著的经济效益和社会效益。矿山采掘产生的废石全部用作充填物料，回填井下采空区，实现采掘废石零排放。2011—2017 年矿山"三废"综合排放达标率为 100%，COD 总量控制在规范指标以内，无环境污染事故发生，矿山粉尘合格率为 93.6%。

6）科技创新

凡口铅锌矿建立了以企业为主体、市场为导向、产学研用相结合的科技创新体系。每年用于科技创新的资金投入为 1% 以上，科研立项费用为 1000 万~2000 万元，技术改造费用约 5500 万元。仅 2012 年至 2014 年 3 年间，技术重大创新、技术改造项目共计 30 余项，共投入资金 1.05 亿元，科研项目 56 个，投入资金 4050 万元。

7）数字矿山

（1）生产自动化系统

在地质方面，以地质数据库为核心，实现资料管理规范化、标准化；以局域网为平台，实现矿量管理自动化、网络化；以矿山专业软件为工具，大力推行地质图件数字化；加强与高校合作，建立了可视化三维矿床模型。

在测量方面，应用企业局域网平台，实现采掘报表网络化管理；应用扫描矢量化技术，实现高效图件数字化；应用 ActiveX 技术，建立测量数字化管理系统；应用数字化测量设备，实现高效高精度数据采集；应用 CMS 系统，实现大型采空区的三维精密探测；推广三维可视化技术应用，建立井巷工程的三维模型。

在采矿方面，建立了井下生产信息动态管理系统，确保信息及时传达，实现了井下作业信息化管理，通过网络平台实现共享，服务井下安全及生产管理。

在选矿方面，采用自动检测系统，该系统由 1 台库里厄 30 型和 1 台 6SL 型在线 X 荧光分析仪组成，使矿山选矿生产技术指标全面实现自动化检测、自动化取样和选矿产品质量在线检测结果全部取代化验分析结果，并且使选矿生产技术经济指标创历史新高。

（2）安全监测监控系统

①人员定位和安全监控系统。

凡口铅锌矿非常重视安全避险"六大系统"的建设，明确了"借力物联网保障矿山安全"的新任务，建设了全矿井人员、设备的安全感知集成平台，实现全矿井地面远程监控。

②尾矿库监测系统。

凡口铅锌矿尾矿库监测系统软件由监测数据采集模块、库区影像监测模块、数据分析模块、数据查询模块、数据输出模块、安全预警模块和系统管理模块七大模块组成，具备信息共享功能，可满足矿山尾矿库监测的要求，并能够准确及时地反映尾矿库浸润线、坝体变形、库水位、干滩长度、降水量等各重点部位及项目的变化，建立合理的预警值，对各指标进行及时反馈，对矿区安全管理人员判断尾矿库安全情况，做出正确的预防应对措施，保证尾矿库安全具有重大意义。

③微震监测系统。

针对矿山深部采场地压、井巷地压、难采、难支护、岩爆和矿震等问题，凡口铅锌矿采用国外先进的深井地压多通道微震监测系统，总体上由地表监测站、井下数据转换站和传感器三个部分组成，系统的应用实现了地压灾害监测的全天候、数字化、信息化和自动化，提高了矿山井下地压监测技术水平和矿山生产安全保证程度，有力地推动了我国深井矿山地压监测技术和安全管理水平的发展。

（3）机械化、自动化程度

凡口铅锌矿大力推行机械化采矿，随着各种新设备的引进推广，机械化回采比例逐年提高，通过生产组织改革，进一步提高了机械化采矿能力，机械化采矿量创历史新高，2016 年机械化采矿比例超过 80%，基本全面实现机械化采矿，实现了资源安全高效回采。

选矿厂各工段均相应实现自动化生产流程。碎矿工段索道运输系统实现装卸矿半自动化，矿石粗碎、细碎到皮带输送至矿仓实现了全自动化。磨浮工段从圆盘给矿到球磨磨矿实现了全自动化，浮选工艺和给药系统实现了半自动化。精矿工段从浓密机到陶瓷过滤机实现了全自动化。

（4）智能采矿

凡口铅锌矿开展了地下金属矿智能开采研究，配置了矿山智能调度与控制系统、智能采矿爆破设计平台、可自主行驶和智能作业的地下智能装药车、地下智能铲运机、泛在信息采集系统、井下高带宽无线通信系统、井下高精度定位与导航系统。该项目的实施是我国有色行业的里程碑式的成果，具有重要的技术价值和市场前景。开发出具有自主知识产权的地下金属矿智能化装备和通信、调度、定位、导航等关键技术，初步建立了我国地下金属矿智能开采技术体系，有力促进了我国采矿技术向智能化方向的发展，增强了我国采矿行业的核心竞争能力。

8）企业管理与企业形象

（1）企业文化

凡口铅锌矿通过深入开展"企业文化进班组"活动和举办职工企业文化学习班、青年座谈会、传唱《中金岭南公司之歌》等丰富多彩的企业文化宣贯活动，使"做不到，没有理由"的企业文化精神更加深入人心，使企业文化与企业管理工作有效对接，推动了各项工作的不断进步。

（2）企业管理

矿山下发了《凡口铅锌矿环境污染隐患和事故举报奖励制度》《凡口铅锌矿安全隐患举报奖励管理规定》等规章制度，在全矿实施安全环保隐患举报奖励，此举推动了矿山的全员安全管理，有效地促进了安全环保目标的实现；成立了绿色矿山建设规划小组，按建设项目管理程序进行管理，并接受政府职能部门的监督管理，认真执行各项国家标准和规范。

矿山制定了《凡口铅锌矿企业档案管理规定》，保证了各类报表、台账、档案资料等的齐全完整。

矿山制定了职工培训制度，主要有"师带徒"培训、专业技术培训、新工艺（新设备安装）操作培训、管理知识培训、岗位（理论、实操）技能培训、特殊工种培训，等等。

（3）企业诚信

凡口铅锌矿在生产经营活动、履行社会责任等方面坚持诚实守信，严格按照广东省地质勘查行业 ISO 9001 质量管理体系进行管理，严格执行国家勘查资质证管理办法，及时、准确向国土管理部门上报各种勘查资质材料；严格按照法律法规足额缴纳税收，从未发生偷税漏税情况；积极履行社会责任，认真做好安全环保工作，按照 ISO 14000 环境管理体系强化环保管理，确保环保设施运行正常，污染物达标排放，安全方面建立双重预防机制、矿级安全风险挂靠管理机制、全面的安全检查机制、安全责任问责机制，近年来，矿山环保安全态势保持总体稳定。

（4）企地和谐

凡口铅锌矿肩负社会责任，秉着共同富裕、共同发展的原则，一贯以来开展职业技能培训班，帮助周边群众提高就业能力，提高劳动素质，缓解矿山与地方的企地关系，促进矿山的和谐发展。凡口铅锌矿营造良好的社区环境，有效减少与社区群众的纠纷，同时凡口铅锌矿也建立了良好的企地合作机制和区域磋商和协商机制，赢得了很好的社会声誉和形象，构建了和谐的矿山环境。

6.5.2 广西平果铝土矿

中国铝业股份有限公司广西分公司(以下简称中铝广西分公司)是集铝土矿采、选、冶为一体的大型国有企业,旗下平果铝土矿是公司氧化铝生产的矿石原料基地,属岩溶堆积型铝土矿种,拥有那豆、太平、教美、新安、果化五个矿区,矿山总产能为铝土矿 610 万 t/a。

2011 年 3 月,国土资源部确定平果铝土矿为首批国家级绿色矿山试点单位。经过 3 年的扎实工作,绿色矿山建设取得良好成效,为我国"绿色矿山"建设提供了示范与借鉴。

1)绿色矿山建设规划实施情况

平果铝土矿绿色矿山建设规划及其实施以进一步提高矿产资源节约与综合利用水平、高标准推进采空区复垦还地、节能减排、生态环境保护、增进矿地和谐为重点,强化组织、资金、制度、科技、监督五大保障,推进四大类十项重点工程。具体实施情况扼要总结如下:

(1)依法办矿

①严格执行国家和地方法律、法规,资源开发利用符合矿产资源规划,国家产业政策、准入条件、强制标准;证照齐全。

②依法向国家缴纳资源税 2.866 亿元、资源补偿费 2117.9 万元,其他税费均按时按规缴纳。

③矿山从未受到任何行政处罚;未发生重大安全、环境事故。

(2)规范管理

①2012 年完成《平果铝土矿国家级绿色矿山建设发展规划(2012—2020 年)》,通过了上级主管部门评审并实施;2012 年 2 月编制完成《平果铝土矿 2011—2020 年采矿临时用地土地复垦方案》并实施。

②认真执行《矿产资源开发利用方案》,滚动编制《矿山五年资源利用与资源获取规划》,2013 年完成《平果铝土矿十年长远规划》。

③编制完成《矿山地质环境保护与恢复治理方案》并实施,依规缴纳了地质环境恢复治理保证金 1700 万元。

④矿山组织健全,分工明确,责任到位,制度完善,管理规范。

(3)综合利用

①通过技术攻关,已将 0.3~1.0 mm 的细粒矿砂进行了有效回收,采矿回采率达到94.65%,选矿回收率达到 98.76%,指标优异,国内领先。

②开发利用低品位矿石,三年累计利用量为 135.8 万 t。龙律低品位矿山 2015 年投产,已实现低品位利用超过 100 万 t/a。

③残矿回收超过 50 万 t/a;实现伴生资源回收,年选铁 40 万 t,选镓 10 t,资源综合利用率处于国内最佳水平。

(4)技术创新

①投入资金 1800 万元,开展了洗矿细泥资源化利用、Online Mine 在线采矿智能系统等技术研发及应用工作;投入资金 950 万元,改进了矿山浓缩系统;投入资金 800 万元,开展铝土矿压滤系统试验;年均科技投入占主营收入的 1.97%。

②板新洼地回水池、浓密池和沉沙池回水利用总量经过逐年优化,现每天达到 10 万 m³。

（5）节能减排

①采选综合能耗为 7.12 kgce/t，远优于国家标准。

②通过建立并加强管理沉砂池，优化浓缩水循环，实现工业废水零排放；实施回水治理利用项目，年节水 800 万 m^3；实施工业场地照明改造，年节电 22 万 kW·h。

③通过浓缩沉降攻关，在产能提升 20% 的情况下提升尾矿浆底流浓度 5%，年减排 50 万 m^3。

（6）环境保护

①落实环境保护"三同时"，编制了矿山环境保护与治理恢复方案并实施，开展中铝（平果）生态复垦示范园建设及高标准复垦还地，治理水平及效果国内先进。

②开展矿区和开拓公路植树、植竹专项活动，绿化美化环境，绿化覆盖率超过 85%；新建合格铝土矿皮带运输项目，构建矿石运输绿色通道。

（7）土地复垦

①坚持"边开采，边复垦"，编制十年矿区复垦及土地利用整体规划并实施；投入资金 3420 万元，新购进 12 台铰接式卡车，为复垦任务的完成提供设备保障。

②依托"剥离—采矿—复垦一体化联合工艺系统"，三年共完成采空区复垦 413.33 hm^2；矿区复垦技术先进，效率、质量高，复垦率国内领先，复垦业绩成为行业典范。

（8）社区和谐

①开展 ISO 26000 企业社会责任体系试点工作，开创"企地党委九联建"新模式，企地磋商和协作机制好，关系融洽；2014 年 6 月 5 日发布"造福一方百姓，繁荣一方文化，促进一方和谐，带动一方发展"的社会责任报告并获好评。

②积极推进压矿村庄兴棉屯搬迁工作，建设绿色矿山示范村。

③积极协同地方党委政府开展扶贫帮困，力所能及解决矿区群众灌溉引水等生产生活困难。

（9）企业文化

①依托公司"创一流"企业文化，矿山"开拓杯"班组篮球赛等职工文娱活动丰富，文明建设、技术培训有声有色，"艰苦奋斗，开拓进取，团结协作，严守纪律"的矿山精神深入人心，形成了富有矿山特色的企业文化。

②强化运营转型，推进中铝业务系统（CBS）建设，精益矿山持续改进文化逐步形成。

③矿山班子团结、务实、进取，企业氛围优良，职工收入连年提升。

广西平果铝土矿矿区全貌见图 6-2。

2）绿色矿山建设取得的成效

（1）有效保护资源，科学开发资源、综合利用资源

中铝广西分公司自始至终坚定不移坚持规划自采不收购民矿，成立资源保护大队配合政府打击盗采盗运；争取政府支持，实现平果县铝土矿开采"一本证"管理，杜绝"一把锄头挖矿"，为有效保护资源发挥了关键作用；以严密的规划、计划体系指导矿山生产，实现科学有序开采；坚持资源综合利用，"三率"指标行业领先，被国家确立为首批"矿产资源综合利用示范基地"。

（2）采矿临时用地-复垦还地良性循环创新模式得到巩固

完善了采矿临时用地系列管理制度，作为主编单位编写了行业标准《岩溶堆积型铝土矿

图 6-2　广西平果铝土矿矿区全貌

山复垦技术规范》(YS/T 762—2011);大规模高标准开展矿区复垦,累计复垦土地超万亩,采矿临时用地-复垦还地良性循环创新模式得到巩固。

(3)和谐矿区建设迈出新步伐

绿色矿山试点与 ISO 26000 社会责任试点的融合使和谐矿区建设更具系统性;村庄压覆资源利用与政府新农村建设结合成为有益尝试;企地"九联建"活动使矿区所在地政府、企业、群众更为和谐融洽。

(4)安全环保业绩优秀

矿山实现连续十六年安全生产,中铝广西分公司连续十一次荣获"全国安康杯竞赛优胜企业",矿山卓越的节能减排、生态保护业绩获得各方高度认可。

(5)经济效益、社会效益、环境效益显著

绿色矿山建设不是外加负担,而是中铝广西分公司企业发展战略的重要组成;也正是矿山绿色健康发展的显著经济、社会、环境效益,支撑了中铝广西分公司在严酷的行业市场中独领风骚,并为地方产业经济及社会发展提供了宝贵动力。

6.5.3　云南磷化集团

云南磷化集团有限公司(以下简称磷化集团)是国家磷复肥基地配套的磷矿采选生产基地、国家重点化学矿山企业、国家安全标准化一级企业、首批"国家级绿色矿山单位""国家级矿产资源综合利用示范基地""矿产资源节约与综合利用专项优秀矿山企业"、首届"全国矿产资源合理开发利用先进矿山企业"和全国唯一的"国家磷资源开发利用工程技术研究中心",创建的矿地共建和谐矿山"云南磷化集团-汉营模式"得到国家部委等各级主管部门和社会的认可与好评,产生了积极的示范效应。磷化集团所属四个主体矿山昆阳磷矿、海口磷业(合资)、晋宁磷矿、尖山磷矿被原国土资源部评为"国家级绿色矿山"并通过正式验收,实现了绿色矿山全覆盖。

1) 科学规划,合理布局

云南磷化集团矿山复垦工作起步时间较早,20 世纪 80 年代开展的"昆阳磷矿采空区复土植被试验研究"项目获得了国家科技进步三等奖及原化工部科技进步二等奖,云南磷化集团也因此荣获"全国复垦先进单位"称号。但在当时的生产经营环境下,矿山搞复垦的思路还比较局限,投入不大、种植面不宽。进入 20 世纪 90 年代,矿山生产经营处于亏损时期,矿山复垦工作曾一度停止。

随着企业的逐步发展,云南磷化集团深刻地意识到,露天矿山开采对土地林地的需求量大,对生态环境的破坏大,确立了"社会效益、资源效益、环境效益和企业效益'四效'并举,诚信务实、创新发展"的经营理念和"矿开采到哪里,复垦就跟进到哪里,恢复生态,不留遗憾"的工作方针。为此,云南磷化集团制定了《矿山植被恢复建设项目总体规划》,并将其列入中长期发展规划和每个年度生产经营计划。同时,在国土资源和林业部门的支持下,云南磷化集团组织实施了"云南昆阳磷矿地质环境恢复与治理""矿区废弃地生态修复综合控制技术研究与示范"等重点项目。

面对磷矿开采后形成的岩石裸露、植被难长的采空区,云南磷化集团从节约集约利用土地出发,改变剥离物向外部排土场排放的传统工艺方式,实施表土单独堆放、剥离物集中向采空区内排和表土回填铺敷作业。通过采剥工艺的改进,一是不再因开采剥离物向外部排土场排放而占用土地;二是经过内排复土后的采空区可以为重新恢复植被或进行土地资源二次开发利用提供条件。

针对采空区无浇灌管道、适宜生长的植被少、风沙大、干旱等不利因素,云南磷化集团采取了一系列行之有效的措施,在采空区修建高位水池,架设浇灌管网,选择耐旱抗病虫害强的树种,聘请当地村民为管护人员,确保了种植林木的成活率。

2) 持续的技术创新、资源综合利用铸就绿色矿业

我国磷资源储量中的中低品位胶磷矿约为 110 亿 t,至今没有得到科学、合理和有效开发利用,作为磷资源大省的云南尤为突出,近 90% 是难以直接利用的中低品位胶磷矿石。制约中低品位胶磷矿开发利用的瓶颈是磷矿浮选工艺技术和选矿药剂,国内外尚无成熟的技术可借鉴,成为世界性的磷矿浮选技术难题。要实现云南磷化工产业可持续发展,就必须面对这一紧迫而严峻的课题。为此,云南磷化集团制定了《磷矿采选、精细磷化工战略规划方案》,紧紧依靠科技进步,努力提高资源综合利用率。

采用自主研发、获得国家科技进步一等奖的"露天长壁式"采矿方法进行采剥生产作业,与传统采矿方法相比,使矿山开采强度提高了 70%,贫化率降低了 68%,损失率降低了 11%。近 10 年来,云南磷化集团努力实现采掘运输设备的大型化、现代化、系列化,通过严格的采剥技术设计生产地质勘查、资源储量核实、贫富兼采、配矿利用、残矿回收、定额管理、单机考核等制度,主要技术指标超过设计要求,达到企业内控考核标准,长期保持行业先进水平,采矿损失率为 2.37%,贫化率为 1.39%。

在生产过程中,为了更有效地开采利用中低品位胶磷矿,企业先后投入巨资,全力打造技术研发中心、云南省磷资源工程技术研究中心、博士后科研工作站、矿产资源综合利用示范基地,积极实施产学研结合人才战略,与国内外 10 多家知名院校和科研机构建立了战略合作关系,形成了产学研相结合和实验室试验、扩大连续试验、中间工业试验为一体的开放式、产业化的技术研发平台。

在多年深入研究中低品位硅钙质胶磷矿和表层中低品位低镁风化磷矿石中矿物赋存状态、嵌布粒度、解离特性等工艺矿物学特征的基础上，研发团队经过选矿小试、扩大试验与工业试验研究，首次开发出了"正浮-粗联合反浮—粗—扫"的常温"正-反浮选"工艺。通过药剂分子设计理论与技术，首次合成具有常温下溶解性和分散性好、捕收性和选择性强等特点的高效无毒系列浮选药剂，实现了云南胶磷矿中低品位胶磷矿常温正-反浮选成套技术产业化、工业化生产，产品质量达到了Ⅰ级磷精矿标准。

在做好国家磷复肥基地和磷化工用矿保障的同时，磷化集团从提高资源利用率和经济效益出发，加大投入，拓宽领域，转方式、调结构，积极延伸产业链，实现矿化结合。80万t硫酸、30万t磷酸、50万t饲料级磷酸钙盐的大型磷化工项目于2014年6月建成；依托产能4万t的黄磷装置，建成年产4000t磷酐项目；多经商贸和大型机械化土石方工程施工，推进着公司产业链的不断延伸。

云南磷化集团这些年来技术投入比率保持在3.1%左右，成果转化率超过50%，并有一定的技术储备，已拥有胶磷矿浮选工艺技术、浮选药剂、尾水处理等一批技术专利，为云南中低品位磷矿产业化开发提供了决策和工程设计依据，这对提高云南磷化集团科技创新能力、核心竞争力和发展后劲意义重大，影响深远。

3) 环境保护

磷化集团土地复垦、环境保护工作起步于20世纪80年代，始终遵循"保护中开发，开发中保护"原则，特别是2004年以来，加大力度、加大投入、创新管理，复垦形成长效机制，体现了高度的社会责任感，赢得了良好社会声誉，先后荣获"全国土地复垦先进单位""全国环境保护先进单位"及云南省环境保护、绿化造林、环境优美矿山先进单位等称号。截至2016年，磷化集团累计投入复垦资金2亿多元，植树造林2.6万余亩，植草近1万亩，可复垦土地的复垦率达到94%。每年的5月定为植树造林月，3月12日和9月30日为职工护林日。矿山采矿废弃地的地质环境得到有效恢复和治理，土地复垦植被区内形成了一定规模的生态林和经济林，再造了秀美的矿山新环境。同时，结合自身优势，在磷矿主业之外积极探索新的经济增长途径，坚持"盘活存量、发展增量、做好示范、带动周边"的原则，加强复垦区土地资源二次开发，积极打造国家矿山公园、都市农庄，通过育种育苗和林下经济种植示范研究及实施，以此形成对磷矿开采规模下降后的产业承接，实现磷化集团的可持续发展。

昆阳磷矿采矿区复垦前后对比见图6-3、图6-4。

图6-3　昆阳磷矿采空区复垦前矿区全貌

图 6-4　昆阳磷矿采空区复垦后矿区全貌

4) 共建矿地和谐

一条板凳,两个农村老人,就可以让一座矿山全面停产。在很长一段时间内,云南磷化集团 4 座矿山的生产随时都面临着这样的尴尬处境。如何摆脱困境,如何创建一个稳定、和谐的社区环境,实现企地和谐共建,这是每一个矿山企业都面临的一个具体而现实的问题。

"不回避矛盾,主动履行社会责任,自觉回报社会。"这是云南磷化集团的共同意志和决心。用企业的发展带动周边村社的发展,与村社开展多方位的项目合作,把不适宜规模化、专业化作业的项目外委本地村社企业,如嘉赛达公司、盛邦公司、兴滇货运公司、汉营苗圃基地等,这为周边村社提供了就业机会,不仅实现了企地互利双赢,也实现了由赞助捐赠型向工业发展型的转变,由征地补偿短期型向有规划的新农村建设的转变。这些年来,云南磷化集团所属单位所在村社企业通过参与矿山建设,平均每年实现创收近 3 亿元,有力地支持了新农村建设。

企业的真诚支持,也改变了绝大多数村民的传统观念和思维方式,由过去对矿业开发的抵触和与矿山的对立,转变为支持、融入,而彼此之间互相理解和支持,也实现了各自利益的最大化。

经过多年的实践与探索,云南磷化集团在下属单位昆阳磷矿与所在地晋宁县汉营村委会之间,最终形成了"以诚信为基础、以经济为纽带、以文化为核心、互惠共赢和谐发展"的企地建设模式,并把矿山所在地汉营村打造为"云南磷化集团-汉营模式"品牌。

在绿色矿业发展的道路上,云南磷化集团已经迈出了较为坚实的一步,得到各级政府和社会的充分肯定,在未来的发展道路中,将"绿色"概念融入整个企业建设的血脉中,逐步实践并超越绿色矿山的内涵,是云南磷化集团正在努力也必须完成的历史使命。

6.5.4　安徽张庄矿业

安徽马钢张庄矿业有限责任公司(以下简称张庄矿业)是马钢(集团)控股有限公司下属矿业公司的全资子公司。公司地处安徽省六安市霍邱县周集镇,2010 年 6 月注册成立,注册资本 11.42 亿元人民币。张庄矿业年 500 万 t 采选工程项目于 2011 年 11 月通过(国家发改委发改产业〔2011〕2483 号)核准,是安徽省"861"行动计划项目。项目矿床批准地质储量 1.99 亿 t,设计采选规模 500 万 t/a,采出矿石品位 TFe 31.54%,可年产 TFe65%的铁精矿

174 万 t、三种粒级建材 200 万 t。项目总投资约 27 亿元，矿山服务期 31 年。

张庄矿业致力于打造国内一流"安全高效生态智慧"矿山，致力于构建绿色发展体系，坚持与自然和谐共生，按照"总量控制有效、生产过程清洁、资源循环利用、环境风险可控"的经济活动行为原则，全力建设绿色智慧环保矿山。

1）依法办矿

张庄矿业于 2010 年 6 月依法成立，2016 年公司按照工商总局关于《国务院办公厅关于加快推进"三证合一"登记制度改革的意见》的通知要求，将工商行政管理部门核发的工商营业执照、组织机构代码管理部门核发的组织机构代码证、税务部门核发的税务登记证，合并申请新的营业执照。并按程序办理安全生产许可证。

2）规范管理

（1）质量管理体系

公司一直将质量管理体系建设作为提高整体绩效、推动可持续发展的重要抓手，按照《质量管理体系要求》（GB/T 19001）进行质量管理体系建设。《质量管理体系要求》（GB/T 19001）作为一项重要的现代企业质量管理体系标准，将制定质量方针目标、质量策划、质量控制、质量保证和质量改进等作为主要内容，要求企业不仅具有提供合格产品和服务的能力，还能不断改进以增强顾客满意度，充分迎合了企业在质量管理体系建设上的需求。公司质量管理体系获得第三方机构颁的认证。

（2）职业健康安全管理体系

通过一系列的努力，公司在职业健康安全方面取得了显著成绩，得到了社会广泛认可，公司根据实际情况编制了职业健康安全管理手册、程序文件，并获得第三方机构颁发的职业健康安全管理体系认证书。

（3）环境管理体系

张庄矿业一贯将建设"安全高效生态智慧"矿山作为努力目标，按照《环境管理体系要求及使用指南》（GB/T 24001）建设环境管理体系，不断提高品牌绿色竞争力。按照《环境管理体系要求及使用指南》（GB/T 24001）、《职业健康安全管理体系规范》（OHSAS18001）等标准规定并结合自身实际情况，制定发布了《环境/职业健康安全管理手册》《环境/职业健康安全程序文件》《环境管理制度》《绩效测量和监视（监测）控制程序》等系列重要管理文件，建立起了一套完整的环境管理体系，将环境管理体系要求融入设计、开发、采购、生产等各项业务中，不断改进企业环境管理绩效和环境管理体系。公司 2017 年通过了 ISO 14001 环境管理体系认证。

（4）能源与三电管理体系

2016 年矿山开始推进三标一体化建设，并按照闭环管理体系的要求做了大量的准备工作。首先在咨询公司的协助与指导下，从源头抓起，完善了对公司内的管理人员及内审员的体系培训工作，按照三标一体化管理体系以及《能源管理体系 要求》（GB/T 23331）等标准规范要求并结合自身实际情况建立起《能源管理办法》《三电管理办法》等一系列文件，初步建立起了一套相对完整的能源管理体系，定期开展能源评审、能效诊断和对标，发掘节能潜力，构建能效提升长效机制，持续改进企业能源利用效率、降低能源消耗。同时成立了三电管理小组，通过完善管理体系、健全管理制度，明确管理责任、规范管理流程，加大管理力度，提升管理的有效性，优化重组现有的管理模式，在逐步使公司能源管理系统化规范化标准化的同时提高公司的能源管理水平。

3）矿区环境

（1）功能分区。矿山根据生产功能划分，主要有选矿工艺区、尾矿工艺区、充填工艺区、生产动力区、主副井厂区、机修辅助区及办公生活区七大分区，各功能区符合《工业企业平面设计规范》的规定。

（2）污废排放。矿山产生的废水包括生产废水和生活污水，两者分开收集和处理，均100%达标排放。

（3）矿区绿化。绿化方面强调系统性与生态性，依据各厂区场地建筑布局和空间布局特点的不同，采取将中心绿地、车间绿地、沿道路绿化带相融合的形式，将整个厂区绿化形成统一整体，使浓浓绿意渗透到厂区的每一个角落。景观上力图营造粗放式的疏林草地，结合局部重点微环境的小景观设计，各区块以景观绿轴划分南北、东西，随小区整体布局自然形成，结合道路交叉口、水池布置多个景观节点，使之呈串珠状散布于整个区域。景观绿轴、景观节点共同组成了多层次收放有致的序列空间，形成灵活多变的空间形态。周边铺以不同颜色的绿地，配置精美的花坛、花草及树木，在环水池、新水池周围种植树木，形成池中有水、池旁有树的景观。宿舍楼与生产指挥中心四周进行重点绿化，在空间上以草地、灌木、乔木共同组成多层次绿化系统。主干道两侧种植高大乔木形成场地内纵横交叉的道路绿化带。

张庄铁矿选厂全貌见图 6-5。

图 6-5　张庄铁矿选厂全貌

4）综合利用

张庄矿业在生产工艺流程设计、设备选型及生产组织管理等方面始终贯彻"安全高效生态智慧"的经营理念，投产以来，公司已发展成生产规模、劳动生产率、产品品质居全省前列的铁矿山企业。结合公司矿产资源的特点，开发了铁精粉、高炉块矿以及三种不同粒径的建材产品。建材的开发更是"绿色开发"的具体体现，通过充分利用铁精粉生产过程中阶段破碎等作业，阶段抛出尾矿，用作建材销售，改变传统矿山尾矿排放至尾矿库这一方式，既消除了尾矿库带来的风险，又综合利用资源。由于国家加大石材加工行业的管理，取缔大部分非法石材加工厂，借助这一机遇，公司建材产品在周边建材市场的占有率大大提高。

5）技术创新

在集团公司的支持下，公司高度重视自主知识产权核心能力的建设工作，设立研发中心，投入研发经费。截至2017年，累计申请专利20余项，拥有8项有效专项技术，2015—2017年累计完成20项科研项目和技术攻关项目，并迅速完成了科研、攻关成果的转化工作，有效地解决了现场生产存在的部分难点，有效地提高了井下铁矿石回采率和选矿铁回收率，与此同时，尾砂用作建材和井下采空区充填骨料，真正实现了资源的高效综合利用，大大降低了生产成本，提升了公司的核心竞争力。

6）节能减排

（1）实施绿色开发理念

①加大技改力度，持续优化绿色开发工艺。以技术改造优化工艺流程，加大矿山绿色产品生产工艺应用，实现生产过程资源循环利用。按照循环经济理念全方位推进技术创新，采用阶段破碎—阶段干抛工艺，不仅顺利生产出三种不同粒径建材产品，而且有助于提高后续作业的作业效率，降低生产能耗；优化充填系统，取消尾矿库，采用深锥浓密机，实现全部细粒尾砂高浓度连续充填，真正实现选厂尾矿零排放，资源利用率为100%。通过技术改造，将科研成果转化，实现绿色生产。

②采用先进节能、减排工艺和设备，实现绿色生产。充分利用新建矿山优势，借鉴国内外成熟经验、技术，从设计开始的设备选型上，就遵循"生态、高效"理念，先后引进德国魁伯恩高压辊磨机，通过超细碎，实现入磨品位40%、入磨粒度3.15 mm，物料经过辊磨后，矿料颗粒自身会产生裂隙，有利于磨矿，大大减少能耗；采用美国史密斯$\phi20$ m深锥浓密机，实现了大型地下矿山连续充填，深锥浓密机溢流水悬浮物含量小于200×10^{-6}，能够返回选厂重复利用，有效地降低了工业废水排放以及能耗；选厂除尘设备采用微孔膜除尘器，能够有效地降低选厂粉尘排放。通过这些先进工艺和设备，实现了公司绿色生产。

（2）生态设计

为贯彻落实国务院2011年发布的《关于加强环境保护重点工作的意见》提出的"推行工业产品生态设计"的重要举措和工信部、发改委、环保部发布的《关于开展工业产品生态设计的指导意见》等相关政策要求，在生产过程中加强管理和控制，保证产品符合绿色产品（生态设计产品）要求，不在使用过程中危害环境。具体措施如下：

①合理确定生产规模，合理选择生产工艺、产品品种等，注意从生产源头到成品阶段的全过程管理，最大限度、合理地利用资源和能源，构建循环经济型企业。

②加强井下采场出矿管理，提高铁矿石回采率，最大限度节约能源和各种原材料。

③加强生产过程管理，确保系统中设备运转正常，使生产过程中的废物废料最少化、无害化、资源化，对生产废油集中委托具有资质的单位处理，减少生产过程中废弃物数量和危害性。

④采用国际和国内标准生产，并在此基础上，实行铁精粉EVI服务，满足钢厂原材料要求。

⑤取消锅炉等消耗化石燃料设备，使用清洁能源，积极利用太阳能。

（3）碳排放

公司采用磁选工艺生产铁精矿，生产中主要消耗电力等能源，不消耗煤，不存在温室气体的集中持续排放。外购柴油主要是采矿设备消耗。根据能源消耗情况，按照《中国钢铁生产企业温室气体排放核算方法与报告指南（试行）》，公司对厂界范围内的温室气体排放进行盘查，2016 年度碳排放总量为 10238.7 t。另外，由于企业自身开采铁矿石生产铁精粉等产品，有害物质有限，通过选矿作业，有效降低铁精粉中 P、S 等有害元素含量，实现铁精粉中 $w(P)<0.015\%$，$w(S)<0.5\%$ 的指标，大大减少钢厂二氧化硫等废气排放。

（4）分布式光伏发电

矿山临时尾矿池现有面积 300 余亩，基本处于半闲置状态，公司利用该部分土地，建设光伏发电系统。太阳能为清洁能源，其开发符合可持续发展的原则和国家能源发展政策方针，有利于缓解环境保护压力。矿山尾矿池区 12 MWp 分布式光伏发电项目整个 25 年经济寿命期内，预计每年可为电网提供电量 1352 万 kW·h，与相同发电量的火电相比，相当于每年可节约标煤 4124.2 t。每年减轻排放温室效应气体 CO_2 约 1.1 万 t；还可减少大量灰渣的排放，改善环境质量。这对解决当地电力紧张局面，降低综合经营成本、提高公司经济效益，带动地方经济快速发展起到积极作用。

7）环境保护

2010 年 1 月 11 日环境保护部以《关于马钢（集团）控股有限公司霍邱张庄铁矿采选工程环境影响报告书的批复》（环审〔2010〕6 号）对该项目环境影响报告书进行了批复。在建设过程中，公司对选矿厂进行了优化设计，对选矿工艺与设备、选矿布置、充填站、临时堆场、尾矿库、环保工程等进行优化变更。选矿工艺优化后，项目废石尾矿全部利用，正常情况下无废石尾矿排放；尾矿库变更为备用尾矿池，无干滩扬尘和溃坝风险；取消锅炉建设；取消废石周转场和废石加工场，增设临时尾矿堆场和块尾堆场，临时尾矿堆场和块尾堆场加顶棚，三面设围挡；选矿增加 6 套除尘系统；选矿由沿 105 国道两侧布置变为集中布置在 105 国道西侧，厂房更加紧凑；主厂房西北侧厂界围墙内增加隔声屏障；采取上述变更后工程对周边的大气、水、声环境的影响比变更前改善明显。

（1）大气污染处理措施

①选厂除尘。

矿山选矿厂粉尘产生点主要为中细碎车间、主厂房、圆筒仓、高压辊厂房、筛分车间、转运站等，设置 8 套除尘系统，均采用微孔膜高效过滤除尘器，除尘后排放浓度不大于 15 mg/m³，粉尘排放浓度符合《铁矿采选工业污染物排放标准》（GB 28661—2012）中低于 20 mg/m³ 的要求。

②充填站除尘。

矿山充填站产尘点主要为水泥仓卸料点和水泥搅拌槽，水泥仓库顶安装强效滤筒除尘器 2 台，水泥搅拌槽强效滤筒除尘器 3 台，废气处理后由排气筒排出，排气筒高度为 30 m。废气处理后排放浓度不大于 15 mg/m³，粉尘排放浓度符合《铁矿采选工业污染物排放标准》（GB 28661—2012）中低于 20 mg/m³ 的要求。

③无组织粉尘排放控制措施。

矿山无组织粉尘排放主要是备用尾矿池、临时尾矿堆场和块尾堆场。备用尾矿池采用开挖形成，平均开挖深度 6 m。尾砂在水面下，无尾矿干滩形成，因此，不存在备用尾矿池尾矿扬尘问题。块尾堆场三面设围挡，加盖顶棚，基本处于封闭状态，基本不存在扬尘污染问题。粗粒尾砂、中粒尾砂、细粒尾砂临时堆场，三面设围挡，加盖顶棚，基本处于封闭状态，而且尾砂是湿式磁选后抛弃，尾砂含水率较高，湿度大，尾砂临时堆场不会有扬尘污染问题。

中细碎、筛分矿石、块尾矿转运均采用皮带廊道输送，皮带廊道进行全封闭，皮带廊道不会有扬尘污染问题。粗粒尾砂、中粒尾砂、细粒尾砂转运采用管式皮带廊，不会有扬尘污染问题。

④道路扬尘污染防治措施

道路扬尘污染防治措施主要是：

a. 选矿工业场地内的道路进行硬化处理，从源头减少路面扬尘；

b. 对矿区运输道路采取洒水车洒水增湿降尘，在干旱季节矿区运输道路定时进行洒水抑尘。该措施简单、效果好，粉尘的削减率能够达到 75%；

c. 限制车速在 15 km/h 以下，可有效抑制粉尘的产生；

d. 加强对运输车辆装载量的管理，严禁超载；

e. 铁精矿、尾矿运输车辆加盖篷布或使用带盖箱体密封车。

f. 道路硬化、洒水抑尘、限制车速、车辆加盖篷布或使用带盖箱体密封车是常用的道路扬尘治理技术，在矿山使用普遍，效果明显。

（2）废水污染防治措施

矿山污水主要来源于选矿用水及生活区内公寓楼、食堂、办公楼、招待所、选矿及采矿工业场地内采矿综合楼及厕所，生产用水全部循环使用。为综合利用全部生活污水，公司建有一座日处理能力可达 800 m³ 的生物接触氧化法式二级处理成套一体化污水处理站，该处理站包含两套日处理能力可达 400 m³ 的埋地式一体化污水处理设备，1 座 60 m³ 调节池，1 座 300 m³ 回用水池及 2 台 100 m³/h 的输送泵。污水处理完毕后泵送至尾矿池作为选矿厂生产循环水使用，大大减少水资源的消耗。

①井下涌水处理利用措施。

井下涌水收集至井下各中段水仓，水仓容积 4000 m³，再泵送至地表万吨循环水池，作为选矿补充水，不外排。矿山为磁铁矿，对水质要求不高，井下涌水无酸和重金属等污染物，污染物为 SS（悬浮固体或悬浮物），通过井下水仓沉淀，SS 去除率为 60% 以上，SS 大大降低。井下涌水可作为选矿补充用水。

②选矿废水利用。

选矿废水主要包括浓密溢流水、冲洗废水等，收集后进入万吨循环水池，作为选矿补充水，不外排。设备冷却水进入冷却循环水池，直接回用。

③备用尾矿池澄清水利用。

备用尾矿池澄清水自流至新水补充水池，利用水泵打回选矿厂的循环水池，作为选矿补充水，不外排。

④充填站浓缩溢流水利用。

充填站尾砂浓缩溢流水自流进入循环水池，作为选矿补充水，不外排。

⑤生活污水处理利用。

矿山在采选工业场地生活区南侧建有一座处理量为 600 m³/d 的二级处理成套一体化污水处理设备。一体化污水处理设备是将一沉池，一级、二级接触氧化池，二沉池，污泥池集中一体的设备，整体设备埋于地下，污泥采用粪车抽吸外运。处理水质达到《城市污水再生利用　工业用水水质》(GB/T 19923—2005)要求后加压送至循环水池，作为选矿补充水，不外排。

（3）噪声控制措施

矿山采选工业场地变更后，主厂房、浓缩池、过滤厂房等由在 105 国道东侧变更到105 国道西侧。西北侧敏感点张庄(东)距离主厂房距离为 130 m，距离变小，受噪声影响变大；潘庄、前黄庄和丁庄距离主厂房变远，影响减小。为控制选矿对张庄(东)的噪声影响，采取的措施如下：

a. 主厂房车间厂房窗户为隔声窗或双层玻璃，墙体采用隔声材料。

b. 在主厂房西北张庄(东)厂界围墙内采取隔声屏障，材料采用彩钢声屏障隔声墙，型号为 LRS-SPZ001，芯材为玻璃棉，材质为彩钢，平均隔声量大于 20 dB(A)，平均吸声系数大于 0.84。声屏障隔声墙长 50 m，高 5.5 m。采取上述噪声控制措施，可控制选矿噪声扰民，实现采选工业场地周边敏感点达到 2 类声功能区要求。

（4）固体废物处置措施

矿山固体废物主要是废石、尾矿、除尘灰(泥)、废机油和生活垃圾。

①废石、尾矿利用措施。

矿山废石 50 万 t/a，与尾矿混合提升至地表，一起进入中细碎筛分。通过干抛提取块尾矿、粗粒尾矿、中粒尾砂和细粒尾砂，作为建筑材料利用。选矿后所产出的尾矿全部实现高浓度连续充填，真正实现选厂尾矿零排放，资源利用率 100%。矿山开采和选矿产生的废石尾矿主要来源于矿体顶板、底板和围岩，根据《安徽霍邱张庄铁矿床地质勘探报告》，矿体顶板岩石主要为黑云片岩、斜长云母片岩、黑云斜长片麻岩，底板岩石以角闪长片麻岩、黑云斜长片麻岩、云母石英片岩等为主。矿石和废石不具有放射性危害。矿山位于淮河以南平原区，作为建材利用的矿石资源较为缺乏，除霍邱矿区南部沿 105 国道沿线有少量开采石灰石加工为建材碎石料外，霍邱县及邻近的淮河以北广大平原地区严重缺乏作为建材利用的矿石资源的开发和利用，为矿山产生的废石作为建材进行利用提供了较好的市场空间。

②除尘灰(泥)处理利用措施。

选矿共产生除尘灰(泥)2.395 万 t/a，除尘灰(泥)加水后经渣浆泵泵至主厂房磁选回收利用。除尘灰(泥)主要成分为铁矿石，返回选矿工艺利用可回收铁矿。

③废机油贮存措施及可行性。

废机油采用空油桶储存，集中堆放于废机油暂存室，废机油暂存室设在选矿主厂房内，地面采用 HDPE 膜防渗，废机油暂存室满足《危险废物贮存污染控制标准》(GB 18597—2001)要求。废机油定期由厂家回收利用。

8）智能采矿

矿山设计规模为 500 万 t/a，采用地下开采，竖井开拓。采矿方法选用大直径深孔阶段空场嗣后充填法，矿石经三段一闭路破碎、高压辊磨预先抛尾、阶段磨选加工后，可年产 TFe65% 的铁精矿 174 万 t。为提高矿山自动化水平，打造自动化、智能化智慧矿山，公司与有关企业合作，开始对自动化控制系统进行集成与创新，实施地下矿山有轨运输无人驾驶项目，力争实现采矿工艺线操作全系统自动化、智能化。矿山智能化改造体现在以下几个方面：

621

（1）电机车无人驾驶

实现电机车装矿、运输及卸矿全流程无人操作，不需要电机车司机和放矿工，提高矿山生产的本质安全性。

（2）无人驾驶的障碍物检测

电机车无人驾驶要解决的关键问题是障碍物检测，系统在电机车上和巷道内安装了各种检测设备和传感器设备，自动识别电机车前方障碍物，发现问题及时刹车并报警，确保机车的安全行驶。

（3）自动装矿系统

本系统采用了多种检测方式和控制手段，对电机车、放矿机及溜井进行精密的建模，实现了溜井料位监控、装车料位监控、放矿机给矿监控、电机车停车精准控制和放矿机放矿精准控制。

（4）电机车自动调度

在无人驾驶系统之上建立电机车智能调度系统，该系统自动识别机车位置、机车状态、装矿点的状态、卸矿点的状态、信集闭系统的状态，依据班前制订的生产计划和配矿要求对机车进行自动调度，减少机车和装矿点的等待时间，提高生产效率。

（5）与信集闭系统结合

无人驾驶系统将原有的信集闭系统完全纳入到无人驾驶系统，由无人驾驶系统完全操控信集闭系统，这种方式能够减少操作环节，降低风险，提高生产效率。

9）社会责任

张庄矿业作为国有企业，始终牢记国有企业的责任和使命，在创造经济效益的同时，不断深化社会责任意识，自觉履行社会责任，将履行社会责任融入公司生产经营建设的全过程，努力实现公司自身发展和履行社会责任的良性循环。

（1）供岗就业

矿山从项目筹备到开工建设到正式建成，公司规模在不断扩大，为社会提供了近 300 个工作岗位（不包含采矿外包单位提供的工作岗位），其中大多数岗位工是从当地招聘的，极大地提高了当地就业率，造福了当地居民。

（2）依法诚信纳税

张庄矿业始终把依法诚信纳税作为衡量企业信誉的标尺和企业宝贵的无形资产，坚持依法纳税，诚信纳税，主动纳税，努力形成严厉、规范、有序的纳税工作环境和良好的氛围。2014—2018 年上缴税收呈现逐年增长趋势，拉动了当地经济发展。

（3）热心公益事业

张庄矿业作为企业公民，积极回报社会，热心公益事业，参与地方扶贫计划，支持地方发展，为促进和谐社会建设贡献了力量。春节期间，张庄矿业领导积极走访周集地区贫困户，并给他们送去米、油等慰问品；公司积极响应六安市委、市政府办公室联合下发的《六安市爱心扶贫助学行动方案》，支持当地政府开展的扶贫助学活动，张庄矿业积极开展捐赠工作，向扶贫助学基金捐赠人民币 8 万元，扩大了张庄矿业在当地的影响力，有力地维护与当地政府良好的合作关系，树立了良好的企业形象。

（4）加快生态恢复

①减少生态破坏。

矿山在施工建设期间，加强管理，尽量减少生态破坏。各种施工活动尽量避免在雨季等不利气象条件下进行；施工中尽可能减少对耕地的占用，减少植被破坏；施工便道、材料堆放场等尽量利用荒地、闲地；工业场地施工前在四周修建围墙以防止表土扰动后的水土流失，并根据总平面布置及早进行绿化以减少裸露地面；施工临时占地使用结束后，及时进行复垦，恢复土地的使用条件。

②增加矿区绿化。

矿区绿化是矿区生态恢复的重要组成部分，不仅能调节小气候、涵养水分、保持水土、防治污染、维护生态平衡，而且可美化环境，给人以视觉美感。针对矿区的生态特点和受影响范围，着重对采选工业场地、回风井场地等进行绿化。根据各区域特点，进行植物合理配置，使生态得到最大限度的恢复。绿化品种选择以乡土品种为主，如羊胡子、野牛草等，矿区绿化因地制宜，符合实用、经济、美观的原则，并与环境保护密切配合，普遍绿化。采选工业场地办公生活区实行立体绿化，用草坪、花坛、绿篱、常青树、落叶乔木和灌木等构成宜人的空间层次，创造出优雅的环境，同时又具有良好的生态功能。生产区空余裸地较少，且在部分地段，如低矮架空线和地下管道等处不宜种植高大、根系发达的树木。因此，选择栽培小灌木和草坪。

③尾矿管线生态恢复。

尾矿输送管线施工过程中，严格控制了施工作业带宽度，尽量避开雨季和大风季节，管线主要沿道路架设，仅在穿越阜六高速公路和朱庄时采用盖板涵地埋铺设。尾矿管线架设对地表植被破坏较少，盖板涵地埋铺设管线上部有水泥盖封闭，不再需要进行生态恢复。

10）企业文化

张庄矿业坚持文化引领，大力弘扬家园文化，积极创造和谐发展环境，持续改善职工的生产生活条件，稳步提高职工收入，以多种举措加大关爱帮扶职工力度，切实解决职工生活工作中最关心、最迫切的问题，调动和保护职工积极性，最大限度地维护职工利益，使职工共享公司改革发展成果，增强职工家园归属感与幸福感。

（1）建立医务室，引进自来水，满足职工诉求

矿山地处霍邱县周集镇张庄村，远离城市，离周集镇也有 4 km，职工生病就医非常不方便。为此，张庄矿业领导班子多次开会研究讨论在矿内部建立医务室的可行性及具体实施方案，后经霍邱县卫生与计划生育委员会同意，取得卫生许可证，并与六安市中医院签订了服务协议，由六安市中医院委派一名全科医生与护士常驻张庄矿业，张庄矿业医务室正式建成，方便了职工就医。为使职工喝上健康水、放心水，张庄矿业将自来水引进工程作为重点项目，积极与周边乡镇洽谈，并克服复杂的农务矛盾，自来水于 2017 年 6 月份成功引入张庄矿业。医务室的建立、自来水的引进，解决了职工现实难题，方便了职工生活，满足了职工诉求。

（2）建立"送温暖"保障机制，关心关爱职工

矿山在抓生产经营建设的同时，不忘关心关爱职工，每年张庄矿业党政工都要开展"送温暖"活动。张庄矿业在做充分调查的基础上，根据情况组织不同形式的慰问。如"七一"期间会慰问困难党员；"八一"期间会对退伍军人进行慰问；春节期间会组织送温暖走访慰问活动，对困难职工及春节期间仍奋斗在一线的职工进行慰问关怀；此外，职工及直系亲属生病，

公司工会也会进行慰问，使职工感受到公司的温暖。

(3)建立"健康保障"机制，关注职工健康

在做好扶助帮困工作的同时，张庄矿业更加大了对全体职工的呵护与关爱，密切关注职工健康。张庄矿业每2年免费为职工进行一次健康体检，并为每名职工建立起健康档案。健康体检增加了妇科病检查，为女职工防御疾病、保持健康创造了更好的条件，维护了女职工的合法权益。同时张庄矿业还积极开展健康向上的文化体育活动，高标准建设了足球场、篮球场、羽毛球场、阅览室等，成为职工学习健身娱乐的重要场所，满足了职工业余文体活动需求。大力开展劳动保护工作，成立劳动保护监督检查委员会，组织劳动保护专项检查，及时为职工提供合规的劳动保护用品。暑期高温时还组织了"送清凉"活动，购买冰箱、水、饮料、药品等送到一线，为职工营造一个安全、舒适、清凉的工作环境，保障了职工身心健康。

6.5.5 新疆亚克斯黄山铜镍矿

新疆亚克斯资源开发股份有限公司(以下简称亚克斯)是新疆有色集团控股的新鑫矿业股份有限公司的全资子公司，是哈密市较具影响力的一家矿山企业，主要是从事铜镍矿的采选业务。2014年亚克斯旗下黄山铜镍矿被国家批准为第四批国家级绿色矿山试点单位。

亚克斯在绿色矿山建设中，按照"大规模、现代化、新技术、环保型、国内一流、世界领先"的建设理念进行矿山建设，闯出了一条符合自身实际的绿色矿山发展之路，创建了戈壁滩上建设绿色矿山的新模式。

1)创新基建理念 夯实绿色根基

"坚持以高起点、高站位、高标准原则建设一流绿色矿山"，是新疆许多新建矿山的主要经验之一。新动工建设的矿山企业自筹建伊始，就确定了建设现代化一流绿色矿山的目标。大到矿区布置、选场选址、整个采选工艺流程和设备采购，小到照明设施、"三废"利用和矿区的一草一木，都进行了顶层设计、合理布局、精心施工，为建设和发展绿色矿山奠定了坚实的基础。

2)创新工艺实现资源有效利用

"依靠科技进步推广应用先进采选工艺，最大限度地节约与合理开发利用资源"，是公司建设绿色矿山的又一亮点。公司坚持"选矿自动化、控制智能化、分析检测精准化"原则，紧跟国内较成熟的选矿自动化技术，采用全流程监测、监视、控制，不但解放了人力，提升了作业效率，还提高了有效浮选率，进而提高了产率，降低了能耗，增加了经济效益。

3)节能减排

公司在矿区的整体设计和每一个细节上，首先突出的是节能减排和生态环保。在厂房设计上，其利用地形高差，依山而建，实现了物料运送自流；在新疆有色矿山中率先使用了管式皮带，降低了二次倒运矿石的能耗，消除了粉尘污染；充分利用太阳能，满足了道路照明、公共浴室、生活区单身宿舍楼淋浴及其他生活辅助设施的用电需求。

哈密市属极度干旱的荒漠地区，水资源弥足珍贵。该公司在矿山建设过程中，同步建设中水系统，并用中水绿化矿区，既节约了水资源，又降低了成本，保护了环境，这在新疆矿山中尚属首例。

4)企业文化

亚克斯在企业文化建设方面，可谓独树一帜。该公司积极推行"家"文化建设，通过建设

家园环境、培养家园意识等方面的工作,增强职工的归属感、荣誉感,将爱"家"的意识转化为建"家"的热情。同时公司在搞好生活区绿化的基础上,还制定了周边防风林和观赏林的建设方案,在黄山铜镍矿附近准备建成百亩胡杨林、千亩梭梭林、万亩红柳沟。并且,还新建了"戈壁百花园"温室生态大棚,引导了健康环保、文明高雅的企业风尚,举办了"戈壁之春——职工养花大赛",开了新疆有色历史上戈壁矿山养花的先河。

更吸引人们眼球的,还是公司的室外矿物博览园。其依托水舞广场,建起了我国同类博览园中收藏品种最全、藏品最丰富、最具文化价值的石文化博览园,全面展示了自然科普文化、赏石文化、化石与地质文化,展现了石头的精美奇妙之处。

通过几年的企业文化建设,"只有荒凉的戈壁,没有荒凉的人生"成为亚克斯人的精神写照,"以现代文化为引领,建造永不枯竭的矿山"成为了亚克斯人的理想,"守住一方净土,确保环境发展可持续"成为了亚克斯人的追求,"把企业建设得像军队,纪律严明、战无不胜;把企业建设得像学校,学习上进、求知创新;把企业建设得像家庭,温情关爱、温暖和谐"成为了亚克斯人正在实践的文化之路。

参考文献

[1] 谢晓锋.绿色发展与绿色矿山建设实例研究[M].北京:煤炭工业出版社,2015.
[2] 任思达.中国矿业经济绿色发展研究[D].武汉:中国地质大学,2019.
[3] 周科平,高文翔,古德生,等.区域矿山创建与集约开采[M].长沙:中南大学出版社,2014.
[4] 武建稳.绿色矿山评价指标体系构建:以湖南有色新田岭钨矿为例[D].北京:中国地质大学,2012.
[5] 刘旭.绿色矿山建设的社区和谐评价指标体系研究[D].北京:中国地质大学,2013.
[6] 王信领,王孔秀,王希荣.可持续发展概论[M].济南:山东人民出版社,2000.
[7] 张坤.循环经济理论与实践[M].北京:中国环境科学出版社,2004.
[8] 冯薇.产业集聚、循环经济与区域经济发展[M].北京:经济科学出版社,2008.
[9] 王广成.矿区生态产业发展模式研究[M].北京:经济管理出版社,2014.
[10] 韩庆华,王晓红,陈华,等.促进经济循环发展的财税政策研究[M].北京:经济科学出版社,2009.
[11] 李凤,吕晓澜.浙江创建绿色矿山出台鼓励政策[N].中国国土资源报,2008-08-21.
[12] 苑菊英.实施"九化"绿色开采新模式创建国家级绿色矿山[J].能源环境保护,2013(1):43-46.
[13] 张绍良,朱立军,侯湖平,等."五位一体"视域下的矿山生态修复[J].环境保护,2014(2):72-74.
[14] 蔡春燕.绿色煤炭矿山土地复垦管理评价指标体系研究[D].北京:中国地质大学,2014.
[15] 吴冷,张作红.绿色矿山评价指标体系研究与构建[J].山西大同大学学报(自然科学版),2020,36(3):72-77,92.
[16] 罗准,陆光艳,徐绍飞,等.绿色矿山建设探索与实践——以瓮安大信北斗山磷矿为例[J].价值工程,2020,39(20):41-42.
[17] 郭冬艳,孙映祥,陈丽新.关于编制绿色矿业发展示范区建设方案的思考[J].中国矿业,2020,29(7):57-60.
[18] 刘亦晴,梁雁茹,刘娜娜,等.基于高质量发展视角的绿色矿山建设评价指标体系研究[J].黄金科学技术,2020,28(2):176-187.
[19] 钟琛,胡乃联,段绍甫,等.有色金属绿色矿山评价体系研究[J].矿业研究与开发,2019,39(7):146-151.
[20] 申斌学,郑忠友,朱磊.新时代背景下绿色矿山建设体系探索与实践[J].煤炭工程,2019,51(2):1-5.

第 7 章

国际矿业咨询

7.1 国际矿业咨询范围

国际矿业咨询范围很广，大致包括以下几个方面：

（1）国际矿业投资战略研究及矿业投资项目战略咨询

国际矿业投资战略研究的主要内容：国际矿业投资公司自身特点研究、投资矿种选择研究、投资国别选择研究、投资矿种市场变化规律研究、投资项目开发周期特点研究等影响矿业投资定位的内容。

矿业投资项目战略咨询根据矿业投资项目不同的矿业投资开发阶段，需要研究的内容和重点有所区别，其主要咨询内容包括矿业项目所在国的法律和政策、项目投资运营社会环境和自然环境影响、交易阶段矿种市场特点、找矿地质环境及矿产资源量特点、项目建设外部基础条件、矿业开发采选冶工艺与技术、项目运营成本等。矿业投资交易项目应特别重视项目尽职调查，区分初步调查与尽职调查的目的、任务及功能的不同，充分利用尽职调查的机会，合理运用尽职调查的方法，控制和降低投资风险。

（2）找矿勘探项目地质勘查咨询和矿产资源量评估

找矿勘探项目地质勘查咨询的主要内容为找矿勘查方案研究、方法研究、地质研究和质量控制等。矿产资源量评估的主要内容为地质勘查数据可靠性和质量分析、地质现象研究、地质模型建立（地质体的圈连）、品位估值数学模型和块模型的建立、矿产资源量分级和矿产资源量估算等。地质勘查咨询和矿产资源量评估结果的准确性与地质师的专业知识、咨询矿种和矿床类型的地质勘查经验、采选冶工艺知识及成本概念和咨询矿种产品市场概念息息相关。

（3）矿业投资建设项目技术研究

按照国际矿业咨询设计研究阶段及工作管理的划分，矿业投资建设项目技术研究分为概略研究、预可行性研究和可行性研究。矿山开发建设前期阶段需要开展地形及工程和水文地质勘察研究、矿山开采技术条件勘察研究、选冶工艺技术性能研究、社会及自然环境现状调查研究、产品市场及建设物资资源市场研究等，主要咨询内容为提出适用于咨询矿种开发的工艺方案、方案对比研究及相关基础研究工作的组织管理。

（4）矿业投资项目设计和建设投产管理技术咨询

矿业投资项目的设计咨询范围从基本设计（初步设计、技术设计）、详细设计（施工图设计、施工设计）、采购施工到试车投产达产，按照国际矿业惯例，EPCM（设计、采购、施工、投产管理）是此阶段典型的咨询内容。矿业投资项目建设投产管理技术咨询内容主要为投产试车及生产运营管理流程的制订、采购施工中对于出现重大困难而需要特殊方案和经验的支持等。

（5）矿业投资项目运营管理技术咨询

矿业投资项目运营管理技术咨询内容是项目在生产运营过程中遇到新的情况，需要开展新措施、新处理方案、新技术研究的咨询，包括矿产资源进一步探勘、资源量升级和资源量估算，新的开拓运输系统的延伸研究，开采技术条件改变时采矿方法研究，新矿石类型或性质不同的矿石的选矿试验研究，基于新的管理技术和手段的管理系统优化技术咨询等。

（6）矿山项目关闭方案技术研究

矿山开发项目都需经历投产、生产运营、减产、停产、关闭这个矿山全生命周期。在经过长期的生产后，矿山开发前期阶段研究的矿山关闭方案中所涉及的矿山状况和关闭工作要求都会发生变化，关闭采用的技术也可能会有进步，在矿山减产时期需重新研究矿山关闭方案、手段和技术，开展矿山项目关闭方案技术研究咨询。

7.2　国际矿业咨询行为准则和技术标准

7.2.1　行为准则

1）全球契约

联合国秘书长于2000年提出"全球契约"，要求各企业在各自的影响范围内遵守、支持以及实施一套在人权、劳工标准、环境及反贪污方面的十项基本原则。该基本原则归纳了《世界人权宣言》《国际劳工组织关于工作中基本原则和权利宣言》以及《关于环境和发展的里约宣言》有关内容，主要涉及人权、劳工标准、环境、反贪污4个方面共10项原则：

（1）企业应该尊重和维护国际公认的各项人权；

（2）企业决不参与任何漠视与践踏人权的行为；

（3）企业应该维护结社自由，承认劳资集体谈判的权利；

（4）企业应该彻底消除各种形式的强制性劳动；

（5）企业应该支持消除童工制；

（6）企业应该杜绝任何在用工与职业方面的歧视行为；

（7）企业应对环境挑战未雨绸缪；

（8）企业应该主动增加对环保所承担的责任；

（9）企业应该鼓励无害环境技术的发展与推广；

（10）企业应反对各种形式的贪污，包括敲诈、勒索和行贿受贿。

上面第1~2项是关于人权方面的原则，第3~6项是关于劳工标准方面的原则，第7~9项是关于环境方面的原则，第10项是关于反贪污方面的原则。

2）赤道原则

赤道原则（the Equator Principles，EPs）由世界主要金融机构根据国际金融公司和世界银行的政策和指南所建立，是一套非强制的自愿性准则，在进行专案融资管理时，用以确定、评估和管理项目所涉及的社会和环境风险。经过多次修改，赤道原则现行版本为2013年第三版。

赤道原则是2002年10月由世界银行下属的国际金融公司和荷兰银行，在伦敦召开的国际知名商业银行会议上，提出的一项企业贷款准则。该赤道原则被国际主要矿业公开资本市场（证券市场）承诺执行，并被列入上市规则的规定中。这项准则要求金融机构，在向一个项目投资时，要对该项目可能对环境和社会的影响进行综合评估，并且利用金融杠杆促进该项目在环境保护以及周围社会和谐发展方面发挥积极作用。赤道原则已经成为国际项目融资的一个新标准，包括花旗、渣打、汇丰在内的主要大型跨国银行已明确实行赤道原则，在贷款和项目资助中强调企业的环境和社会责任。赤道原则列举了赤道银行（实行赤道原则的金融机构）做出融资决定时需依据的特别条款和条件。在实践中，赤道原则虽不具备法律条文的效力，但却成为金融机构不得不遵守的行业准则。

赤道原则是参照IFC绩效标准建立的一套旨在管理项目融资中环境和社会风险的自愿性金融行业基准，适用于全球各行业项目资金总成本达到或超过1000万美元的新项目融资。

赤道原则的主要内容见表7-1。

表7-1　赤道原则的主要内容

条目	名称	主要内容
第一条	审查与分类	当项目提呈进行融资时，作为内部环境和社会审查和尽职调查工作的一部分，赤道原则金融机构（Equatorial Principles Financial Institutions，EPFI）将根据项目潜在的社会和环境影响和风险程度对项目进行分类，分为A类、B类和C类，其中A类项目指对环境和社会有潜在重大不利风险和（或）多样的、不可逆的或前所未有的影响的项目，B类项目指对环境和社会可能造成不利的风险程度有限和（或）数量较少，而影响一般局限于特定地点、在很大程度上可逆且通过减缓措施易于解决的项目，C类项目指对环境和社会影响轻微或无不利风险和（或）影响的项目。这种筛选基于国际金融公司（IFC）的环境和社会分类操作流程。通过分类，EPFI的环境和社会尽职调查工作与项目性质、程度和阶段相称，并与环境和社会风险和影响水平相称
第二条	环境与社会评估	规定对A类和B类项目要进行社会和环境评估，并给出评估报告应包含的主要内容，包括环境影响评估、社会影响评估和健康影响评估以及更深层次的要求
第三条	适用的社会和环境标准	评估过程在社会和环境问题方面，应首先符合东道国相关的法律、法规和许可。对于不同的国家，EPFI要求评估过程符合以下适用标准：当项目位于非指定国家（"指定国"指具有健全的社会和环境治理、立法体系和制度能力来保护其居民和自然环境的国家，主要是高收入的经济合作与发展组织国家）时，评估过程应符合当时适用的国际金融公司《社会和环境可持续性绩效标准》（绩效标准）和世界银行集团《环境、健康和安全指南》（EHS指南）。当项目位于指定国家时，评估过程应符合东道国相关的法律、法规和许可

续表7-1

条目	名称	主要内容
第四条	环境与社会管理系统以及赤道原则行动计划	对于 A 类和 B 类项目，EPFI 要求客户开发或维持一套环境和社会管理体系（ESMS）。此外，客户须准备一份环境和社会管理计划（ESMP），藉以处理评估过程中发现的问题，并整合为符合适用标准所需采取的行动。当适用标准不能令 EPFI 满意时，客户和 EPFI 将共同达成一份赤道原则行动计划（AP），旨在概述根据适用标准，距离符合 EPFI 要求还存有的差距和所需的承诺
第五条	利益相关者的参与	规定借款人应当建立公开征询意见和信息披露制度，征求当地受影响的利益相关方的意见，A 类项目（在适当的情况下包括 B 类项目）的借款人或第三方专家要用各种适当的方式，向受项目影响的个人和团体，包括土著民族和当地的非政府组织征求意见；环境评估报告或其摘要，要在合理的最短时间内以当地语言和文化上合适的方式为公众所获得；环境评估和环境管理方案要考虑公众的意见，对于 A 类项目还需独立的专家审查
第六条	投诉机制	规定借贷应建立投诉机制；建立并遵守项目建设和运营过程中的环境管理方案；定期提供由本单位职员或第三方专家准备的有关环境管理方案遵守情况的报告
第七条	独立审查	对 A 类项目和 B 类项目（如适用）有关的环境评估报告等文件，应由独立的社会和环境专家审查；规定由贷款人聘请的独立环境专家提供补充监督和报告服务
第八条	承诺性条款	规定借款人应承诺遵守东道国社会和环境方面的所有法律法规，在项目建设和运作周期内遵守行动计划以及定期向贷款银行提交项目报告等；制定了违约救济制度，如果借款人没有遵守环境和社会约定，赤道银行将会迫使借款人尽力寻求解决办法并继续履行承诺
第九条	独立监测和报告	规定贷款期间赤道银行应聘请或要求借款人聘请独立的社会和环境专家来核实项目监测信息
第十条	报告和透明度	规定了赤道银行报告制度，EPFI 应至少每年向公众披露其实施赤道原则的过程和经验
免责声明		规定了赤道原则的法律效力，即赤道银行自愿独立采用和实施赤道原则

3）CRIRSCO 模板

CRIRSCO 模板是矿石储量国际报告标准委员会（CRIRSCO）为加入 CRIRSCO 的国家或地区矿业组织制订的用于报告勘查结果、矿产资源量和矿石储量的规则制定模板。CRIRSCO 是国际矿业与金属理事会的一个机构。截至 2017 年，加入 CRIRSCO 的地区和国家有澳大利亚、南非、加拿大、美国、西欧、智利、巴西、俄罗斯、蒙古、哈萨克斯坦和印度尼西亚，中国和印度为观察员国，加入该组织的国家或地区都基于 CRIRSCO 模板制定了各自的规则，其中影响最广泛的有澳大拉西亚的 JORC 规则、南非的 SAMREC 规则、加拿大的 CIM 定义和 NI 43-101 标准。

CRIRSCO 模板统一了报告勘查结果、矿产资源量和矿石储量的规则制定中的几乎所有核心问题的标准或定义，包括报告的对象及目的，报告的原则，统一的"合资格人"定义及要求，对矿产资源量的定义及分级，矿石储量的定义及分级，矿产资源量转化为矿石储量的因素，技术研究的分类及定义，要求报告所包含的最少内容清单，还有可能引起误解的"金属当量"和"原位或原地估值报告"等。因此，加入 CRIRSCO 的所有国家或地区组织制定的报告勘查结果、矿产资源量和矿石储量的规则或标准基本要求是一致的，是可以互认的。

CRIRSCO 成员几乎涵盖了国际几乎所有主要的矿业国家，基于 CRIRSCO 模板制订的JORC 规则、SAMREC 规则、NI 43-101 标准不仅被加拿大多伦多证券交易所、澳大利亚悉尼证券交易所、英国伦敦证券交易所、香港证券交易所和新加坡证券交易所等国际主要矿业资本公开市场(证券市场)所认可，还为国际上主要跨国矿业投资银行等非公开资本市场普遍接受，并成为上市交易规则的一部分，成为在这些交易市场上市的公司必须执行的强制标准。同时，加入这些国家或地区矿业组织的会员执行各自学会制订的规则也是强制性的，因此，基于 CRIRSCO 模板制定的报告勘查结果、矿产资源量和矿石储量的规则已经成为一个事实上真正的国际矿业规则或标准。

该规则主要包含的内容有：

(1)报告的对象或目的

报告的对象或要达到的目的，是为投资者或其顾问的合理预期至少提供规则所规定内容的信息。

虽然最终的公开技术报告只是由合资格人签字，但报告的准备和信息来源于参与项目的各岗位的专业人员。报告准备的原则要求和报告要达成的目标也是参与项目报告准备专业人员的工作行为要求。

(2)报告准备和编制工作的基本原则

对于勘查结果报告、矿产资源量报告或矿石储量报告，无论是报告本身，还是报告准备过程和报告编制过程，即勘查工作过程、资源量估算工作过程、资源量转换成储量工作过程及储量估算工作过程，都要遵循透明性、实质性和合格性原则。

①透明性(transparency)是指要求向公开报告的读者提供充足信息，且信息的表达应该是清晰的和不模糊的，以便读者理解报告，而不会被所提供的信息或因为遗漏了合资格人所知的实质性的信息而误导。透明性事实上规定了工作过程和工作成果的透明要求，体现在工作过程中和工作完成后都能够经得起合格第三方的审核。

②实质性(materality)是指要求公开报告包含所有相关信息。这些信息是投资者及其专业顾问，为了对所报告的勘查结果、矿产资源量或矿石储量做出合乎逻辑和综合的判断，所合理要求和合理预期看到的信息。如果相关信息没有提供，则必须提供合理的解释。实质性要求明确了信息披露内容范围，要求披露客观、真实和具体，评论和推论一定要客观、恰当和准确。

③合格性(competence)是指要求公开报告应以具备相应资格、富有经验的工作人员负责完成的工作为依据，此类合格人员必须遵守具有强制性的专业道德规范。合格性要求不但是对报告审核和签署的合资格人的要求，也是对参与各项工作的各岗位人员的要求。

对于这三条原则，虽然模板规定直接指明的是合资格人，但由于报告编制及准备工作是由一个团队所完成，所以实际上也是对整个团队人员及工作的要求。

(3)公开报告的"合资格人"定义及要求

合资格人(competent person)必须拥有至少五年与所涉矿化类型或矿床类型及所从事工

作相关的经验。

　　合资格人是对公开披露报告的审核人和签署人的基本要求。

　　合资格人必须是国际储量报告委员会(CRIRSCO)"认可专业机构(RPO)"认可的会员(Member)或院士(Fellow);"认可专业机构(RPO)"对其会员具有纪律处分权;同时,参与审核和签署公开报告文件的人还必须拥有至少五年与所涉矿种、矿化类型或矿床类型及所从事工作相关的经验,即矿产资源量公开报告签署人必须拥有至少五年与正在从事的项目所涉矿种、矿化类型或矿床类型相关的经验,矿石储量公开报告签署人必须拥有至少五年与正在从事的项目所涉主要工艺技术类似、工程规模类似等相关工程研究工作经验。

　　(4)矿产资源量及分级定义

　　矿产资源量(mineral resource)是指富集或赋存于地壳中具有经济意义的固体物质,其形态、品位(或质量)及数量具有最终经济开采的合理预期。根据取样等特定的地质依据和认识,矿产资源量的位置、数量、品位(或质量)、连续性及其他地质特征得以确信、估计或解释。矿产资源量按地质可靠程度由低到高,可分为推测的、标示的和确定的三个级别。

　　"推断矿产资源量(inferred mineral resource)"是矿产资源量的一部分,其数量和品位(或质量)是根据有限的地质依据和取样来估算的。地质依据足以推测但无法标示地质及品位(或质量)的连续性;地质依据是采用恰当的方法从露头、探槽、浅井、巷道及钻孔等位置收集的勘查、取样和分析测试资料。推断矿产资源量及其可靠程度低于控制矿产资源量,不准转化为矿石储量。可以合理预期,大部分推断矿产资源量经过继续勘查可能会升级为控制矿产资源量。

　　"控制矿产资源量(indicated mineral resource)"是矿产资源量中的一部分,其数量、品位(或质量)、密度、形态及物理特征的估算有充分的可靠性,可以足够详细地应用转换因素来支持采矿计划设计和矿床经济评价。地质依据是采用适当的方法从露头、探槽、浅井、巷道和钻孔等位置收集的足够详细和可靠的勘查、采样和分析测试资料,地质依据足以推定取样点之间的地质和品位(或质量)的连续性。控制矿产资源量的可靠程度低于探明矿产资源量,只能转化为可信的矿石储量(probable ore reserve)。

　　"探明矿产资源量(measured mineral resource)"是矿产资源量中的一部分,其数量、品位(或质量)、密度、形态及物理特征估算的可靠程度足以应用转换因素来支持详细的采矿设计和矿床经济最终评价。地质依据是采用适当的方法从露头、探槽、浅井、巷道和钻孔等位置收集的详细和可靠的勘查、采样和分析测试资料,地质依据足以确定取样点之间的地质和品位(或品质)的连续性。探明矿产资源量的可靠程度高于控制矿产资源量和推断矿产资源量。探明矿产资源量可以转化为证实的矿石储量(proved ore reserve),在某些情况下只能转化为可信的矿石储量(probable ore reserve)。

　　矿产资源量的合理分级取决于可用数据的数量、分布和质量以及这些数据的可靠程度。矿产资源量合理分级必须由合资格人来确定。

　　(5)矿石储量及分级定义

　　"矿石储量(ore reserve)"是确定的和/或控制矿产资源量中的经济可采部分。它包括通过预可行性研究或可行性研究采用转换因素合理确定的在开采过程中可能产生的矿石损失和贫化。这些研究报告表明,在出具报告时,这部分资源量可以被合理开采。根据可靠程度由低到高,矿石储量可分为可信的矿石储量和证实的矿石储量。

"可信的矿石储量（probable ore reserve）"是控制矿产资源量中的经济可采部分和在某些情况下探明矿产资源量的经济可采部分。适用于可信的矿石储量转换因素的可靠程度，低于用于证实的矿石储量转换因素的可靠程度。

"证实的矿石储量（proved ore reserve）"是探明矿产资源量中的经济可采部分。证实的矿石储量意味着高可靠程度的转换因素。

矿石储量的合理分级，主要取决于矿产资源量估算的相应可靠程度，并应事先考虑转换因素的不确定性。矿石储量分级必须由合资格人来实施。

（6）矿产资源量转换成矿石储量至少需要考虑的因素

"转换因素（modifying factors）"是指用于将矿产资源量转化为矿石储量需要考虑的因素，包括但不限于采矿、加工、选冶、基础设施、经济、市场、法律、环境、社会和政府等方面的因素。

探明矿产资源量可转化成证实的矿石储量或可信的矿石储量。从矿产资源量转为矿石储量时，所考虑的部分或全部转换因素如果存在不确定性，合资格人可将探明矿产资源量转成可信的矿石储量。

在矿产资源量转化成矿石储量的过程中，对转换因素的可靠程度的考虑非常重要。

矿石储量估算结果不得与矿产资源量估算结果合并计算后作为单一的合并数据进行报告。

在将矿产资源量转化成矿石储量的过程中，特别需要防止不重视市场、法律、环境、社会和政府等转换因素的决定性作用研究，强化相关专题单项研究，避免其中的任何一个因素成为决定项目生死的关键因素的突然出现。在国际矿业咨询中，对市场、法律、环境、社会和政府等转换因素的研究，目前仍然是中国咨询设计企业和从业人员意识和研究标准中的弱项。

矿产资源量到矿石储量的转化，至少要已完成预可行性研究，确定了采矿计划在技术上可行和经济上合理，而且已考虑了实质性转换因素。

（7）技术研究分类及定义

概略研究（scoping study）是指对矿产资源的潜在可行性进行粗略的技术与经济研究。该研究将对根据实际情况假定的转换因素以及与运作相关的其他因素进行适当评估，为是否开展预可行性研究提供合理判断依据。概略研究不能作为矿石储量估算的依据。

预可行性研究（或称初步可行性研究）（pre-feasibility study 或 preliminary feasibility study）是针对矿产项目技术可行性和经济合理性开展的一系列开发方案的综合性研究。项目已经进展到需确定合适的开采方案（地下开采）和开采境界（露天开采）以及有效矿石加工/选冶方法的阶段。该阶段研究包括依据合理的转换因素和其他相关因素而进行的财务分析。该分析应足以让合资格人合理确定是否把全部或部分矿产资源量转化为矿石储量。预可行性研究的可靠程度要比可行性研究低。

可行性研究（feasibility study）是指对矿产项目所选定开发方案进行的全面技术与经济研究，包括转换因素和任何其他相关运营因素的详细评价和详细的项目财务分析，以证明在报告时该项目的开采是经济合理的（经济上可开采）。可行性研究的结果可以用作项目拥有者或金融机构最终决策的基础，以继续推进项目发展或项目融资。

4) 其他行为准则

其他有较大影响的国际行为准则如下：

国际劳工组织《矿山安全与卫生建议书》(R183，1995 年)，《联合国国际人权公约》《联合国原住民权利宣言》《国际劳工组织基本公约》《ISO 社会责任国际标准指南》和公司上市规则，如澳大利亚悉尼证券交易所公司上市规则第五章、香港证券交易所公司上市规则第十八章等。

7.2.2　技术标准

国内一般将行为规则和技术标准在一个规范里体现，国际矿业咨询设计领域，常常将行为规则与技术规范用不同的名称区别，即使技术规范需要在行为规则里给出具体详细要求时，也会给出明示，如 CRIRSCO 模板和 JORC 规则都将规则本身与指南、参考资料相区别，明确指出斜体字部分和附件表 1 是指南、参考内容。

国际主要矿业学(协)会一般都只将学(协)会章程、行为规则和职业道德准则作为主要行为规则，将技术标准以指南、最佳经验和参考资料等形式提供给会员参考，指导会员开展业务，如澳大拉西亚矿业与冶金学会的《矿产资源量和矿石储量估算》《矿产经济》等。

但项目公司则常常将国家法律、政府政策、主要矿业国际规则、上市规则、学(协)会规则等强制要求，与项目实际状况结合起来，制定一个适合具体项目公司进行运营管理和技术管理的标准，成为公司内部和进入该项目开展业务及研究的公司和个人必须遵守的要求。

介于上述两种情况之间的矿业集团、矿业咨询设计公司等，一般将国家法律、政府政策、主要矿业国际规则、上市规则(如果是上市公司)、学(协)会规则的强制要求，结合公司自身的专业经验和研究等，制定公司自己的一套标准，此类标准可能是行为规则如岗位职责划分、项目管理流程规定、质量管理程序文件等，也可能是行为规则与技术要求的结合如技术研究内容及深度标准等，成为用于指导下级项目公司制定标准的模板，还有大量用于指导员工开展技术研究工作等的技术标准。

项目公司的设计技术标准，一般在项目开展预可行性研究阶段和可行性研究阶段，由负责项目总体研究的咨询公司负责制定。项目公司所在集团公司的标准和指南按咨询公司的标准模板起草制定，项目公司的运营管理要求和运营操作标准在项目建设后期由咨询公司或 EPC 总包商负责起草制定。

7.3　国际矿业咨询中的技术研究工作

7.3.1　技术研究阶段划分及工作目的

为了协助投资者进行有效风险控制，国际矿业界和 CRIRSCO 模板，都将矿业投资开发过程中的技术研究工作划分为概略研究、预可行性研究和可行性研究三个阶段，三个研究阶段开展工作具备的勘查、基础研究条件或深度不同，工作成果可信度明显不同。

1) 概略研究

概略研究一般在基本完成矿床的总体大致控制时开展，勘查探获资源量以推测资源量占绝大部分，少量标示的资源量，也可能存在部分周边探矿见矿工程，基本没有或仅开展了很少的开采技术和选冶技术研究，在此基础上开展的任何研究都只可能是大致判断矿床开发的经济性。概略研究的目的主要是判断矿床是否值得进一步勘探和研究，此阶段重点开展的研究工作主要应包括矿床成矿条件、找矿前景和矿化初步特征研究，社区研究，建设外部供水供电及运输道路初步研究，重大环境条件研究，政府政策和国家法律研究，大致类比研究采选冶工艺工程技术方案等。

2）预可行性研究

预可行性研究一般是在基本完成了矿床的总体控制性勘查、获得大部分为控制矿产资源量时，开展对矿山投资开发技术及经济初步评估研究工作。这时矿山开采总体技术条件和矿石选冶加工总体技术条件研究已经完成，有条件开展采选冶多方案研究对比，也有条件开展厂址、外部供水、外部供电和外部运输的多方案研究。通过主要方案的多方案对比研究，优选出最优方案，并以此初步评估矿山开发经济效果。预可行性研究的目的是初步判断项目开发的技术经济可行性和基本确定开发主要方案，并以此为依据决定是否需要继续开展矿山的勘探工作和矿山开发可行性研究工作。这个阶段的研究工作是全面的但又是初步的，初步的主要体现在对矿床地质及资源情况勘查程度的有限性以及只是完成了对影响采选冶工艺及工程方案确定的技术条件的总体性研究，对外部供水供电和运输道路方案研究也限于方案性研究，研究过程中大量借鉴类似工程经验，并非完全基于本项目的实测资料。社区研究，建设外部供水供电及运输道路初步研究，重大环境条件研究，政府政策和国家法律研究等，需要更深入和切合项目实际。

3）可行性研究

可行性研究是在完成了满足矿山投资开发建设风险控制要求的勘探程度基础上，基于预可行性研究确定的厂址方案、外部供水、供电和道路运输方案，矿床开拓运输方案，采矿方法和初步排产方案，选冶工艺流程方案，废石及尾砂堆存场地方案等主要开发方案，开展的有针对性的深入研究，是对矿山投资开发的最终技术经济评价。在该阶段，地质矿产勘查程度要满足投资方、融资方和上市规则要求的风险控制要求；针对确定的方案开展的工程勘察和基础性试验及技术研究工作要全面展开和完成，主要工程的总体布置等工程设计工作要基本完成；针对环境现状、社区研究、市场研究、法律研究、政府政策研究、人员物资供应、主要工程施工询价及工程设备询价等单项研究基础工作全面完成，并满足投资风险控制要求。可行性研究要能满足投资方矿山开发投资的决策需要、融资决策需要和政府审批需要。

7.3.2　技术研究内容和深度要求典型案例

1）南非 SAMREC Code 2016

在以往国际矿业领域，知名矿业学（协）会基本没有提出过明确的技术研究（不同阶段可行性研究）范围和深度要求，技术研究范围和深度要求标准一直是国际矿业咨询公司或知名国际矿业公司最基本的公司标准，体现了公司的核心竞争力之一，因此收集此标准难度大。直到 2016 年，SAMREC 首次公开提出了学会标准，并在 SAMREC Code 2016 附表 2 中列出（见表 7-2）。

SAMREC Code 2016 中技术研究的内容与深度成为编制有关矿产资源量和矿石储量的各种研究报告的指南。概略研究、预可行性研究和可行性研究（和矿山全生命周期研究）是在逐渐增多的细节信息和越来越高的精度条件下对相同的地质、工程和经济因素进行分析和评价。因此，同一标准可作为框架性文件用于各研究阶段对研究结果的披露。概略研究不可将推断的资源量转换成矿石储量。技术研究中可不包含找矿靶区或矿化的内容。

　　该标准对技术研究的一般内容、投资成本和运营成本研究内容等方面提出了要求，但作为学会提出标准，仅作为最低要求，范围不全面，深度要求也不具体。

　　技术研究的内容和深度并不等同于可行性评价各阶段研究内容与深度要求，它一般只包含地质及矿产资源、采矿工艺及工程、选冶工艺及工程、基础设施、环境、经济等技术经济方面，并没有对法律、政府、社会、市场等提出研究要求，但可行性评价各阶段，无论是概略研究、预可行性研究还是可行性研究，都要对地质及矿产资源以及影响矿产资源量转换为矿石储量的至少十方面因素开展研究，其研究深度同样要满足可行性评价对应阶段的深度要求。

表 7-2　SAMREC Code 2016 技术研究指引表

General 一般性内容	Scoping study 概略研究	Prefeasibility study 预可行性研究	Feasibility study 可行性研究
Resource categories 资源量级别	Mostly inferred 推断的为主	Mostly indicated 标示的为主	Measured and indicated 确定的和标示的
Reserve categories 储量级别	None 无	Mostly probable 可信的为主	Proved and probable 证实的和可信的
Mining method and geotechnical contraints 采矿方法和工程地质条件	Conceptual 概念性的方案	Preliminary options 初步方案	Detailed and optimized 详细且优化的方案
Mine design 采矿设计	None or high-level conceptual 无或高度概念化的方案	Preliminary mine plan and schedule 初步采矿计划和规划	Detailed mine plan and schedule 详细的采矿设计和规划
Scheduling 排产计划	Annual approximation 大概的年度排产	Quarterly to annual 季度至年度排产	Monthly for much of payback period 投资回收期的月度排产
Mineral Processing 选矿	Metallurgical test work 选冶试验工作	Preliminary options 初步方案	Detailed and optimized 详细且优化的方案
Permitting -(water, power, mining, prospecting & environmental) 许可(水、电、采矿权、探矿权以及环境等方面)	Required permitting listed 罗列要求的相关许可	Preliminary applications submitted 提交的初步许可申请	Authourities engaged and applications submitted 已获得授权的和已提交的许可申请

续表7-2

General 一般性内容	Scoping study 概略研究	Prefeasibility study 预可行性研究	Feasibility study 可行性研究
Social licence to operate 社会经营许可	Initial contact with local communities 与当地社区初步接触	Formal communication structures and engagement models in place 正式的沟通结构和参与模式	Contracts/agreements in place with local communities and municipalities (local government) 与当地社区和市政府(当地政府)的合同/协议
Risk tolerance 风险容忍度	High 高	Medium 中	Low 低
Capital cost category 投资成本类别	Scoping study 概略研究	Prefeasibility study 预可行性研究	Feasibility study 可行性研究
Basis of estimate to include the following areas 涵盖以下部分的估算基础			
Civil/structural, architectural, piping/HVAC, electrical, instrumentation, construction labour, construction labour productivity, material volumes/amounts, material/equipment, pricing, infrastructure 土木/结构、建筑、管道/暖通、电力、仪表、施工人力、施工人力生产率、材料容量/总量、材料/设备、造价、基础设施	Order-of-magnitude, based on historic data or factoring. Engineering <5% complete 基于历史数据和对比估算，按重要顺序排列。工程设计完成量<5%	Estimated from historic factors or percentages and vendor quotes based on material volumes. Engineering at 5%~20% complete 根据历史对比或占比所估算，供应商根据材料量报价。工程设计完成量5%~20%	Detailed from engineering at 20% to 50% complete, estimated material take-off quantities, and multiple vendor quotations 工程设计完成量20%~50%。工料估算，多供应商报价
Contractors 承包商	Included in unit cost or as a percentage of total cost 包含在单位成本中或占总成本的百分比	Percentage of direct cost by area for contractors; historic record for subcontractors 不同领域承包商的直接成本百分比；分包商的历史记录	Written quotes from contractor and subcontractors 承包商和分包商的书面报价

续表7-2

General 一般性内容	Scoping study 概略研究	Prefeasibility study 预可行性研究	Feasibility study 可行性研究
Engineering, procurement, and construction management（EPCM） 工程、采购、施工管理（EPCM）	Percentage of estimated construction cost 预估建设投资的百分比	Key parameters, percentage of detailed construction cost 主要参数，详细建设投资的百分比	Detailed estimate 详细的估算
Pricing 造价	FOB mine site, including taxes and duties 矿区离岸交易，包括税费和关税	FOB mine site, including taxes and duties 矿区离岸交易，包括税费和关税	FOB mine site, including taxes and duties 矿区离岸交易，包括税费和关税
Owner's costs 业主成本	Factored, benchmark, database or historic estimate 因素、基准、数据库或历史估计	Budgeted quotes on key parameters and estimates from experience, factored from similar project 重要参数的预算报价和经验估算，相似项目对比估算	Detailed estimate 详细估算
Environmental compliance/ Closure cost 环保/闭坑成本	Factored from historic estimate 基于历史数据对比估算	Estimate from experience, factored from similar project 基于经验估算，基于相似项目对比估算	Estimate prepared from detailed zero-based budget for design engineering and specific permit requirements 基于设计的工程和特定许可要求的零基预算而进行的估算
Escalation 扩大再生产	Not considered 未涵盖	Based on entity's current budget percentage 基于实体当前预算的百分比	Based on cost area with risk 基于投资领域的风险估算
Accuracy range（Order of magnitude） 精度范围(数量级)	±（25%~50%）	±（15%~25%）	±（10%~15%）

续表7-2

General 一般性内容	Scoping study 概略研究	Prefeasibility study 预可行性研究	Feasibility study 可行性研究
Contingency range (Allowance for items not specified in scope that will be needed) 偶发事件范围(规划中未能提出,但实际发生事件的宽容度)	±30%	15%~30%	10%~15%(actual to be determined based on risk analysis) 10%~15%(实际应通过风险分析决定)
Operating cost category 运营成本类别	Scoping study 概略研究	Prefeasibility study 预可行性研究	Feasibility study 可行性研究
Basis 基础	Order-of-magnitude, based on historic data or factoring 数量级,基于历史数据或因子对比估算	Estimated from historic factors or percentages and vendor quotes based on material volumes 根据材料量的历史对比或百分比和供应商报价估算	Detailed estimate 详细估算
Operating quantities 运营工作量	General 普通	Specific estimates with some factoring 基于一定的对比估算	Detailed estimates 详细估算
Unit costs 单位成本	Based on historic data for factoring 基于历史数据参考对比	Estimates for labour, power, and consumables, some factoring 对人力、电力和耗材等进行估算,可参考对比	Letter quotes from vendors; minimal factoring 供应商的最新报价,最低程度的参考对比
Accuracy range 精度范围	±(25%~50%)	±(15%~25%)	±(10%~15%)
Contingency range (Allowance for items not specified in scope that will be needed) 偶发事件范围(规划中未能提出,但实际发生事件的宽容度)	±25%	±15%	±10%(actual to be determined based on risk analysis) ±10%(实际应通过风险分析决定)

2)隆格公司

在国际矿业咨询历史中,各个矿业咨询公司很少将自己公司的技术标准公开发布,但即便如此,国际主要矿业咨询公司技术研究范围和深度的基本要求并不存在重大差异,但不同咨询公司在执行技术标准时会采取更具体的执行标准，以及咨询人员知识经验存在差异，致使各咨询公司的技术水平和能力有差异。以下介绍隆格公司（Runge Pincock Minarco Ltd）的公司级技术研究标准。

隆格公司的"工程技术研究基本报告内容"基本反映了目前国际矿业咨询公司对矿山投资及工程项目开展技术研究的范围和深度的最基本要求，相比于 SAMREC Code 2016，其研究要求更具体、更明确、更全面。

与 SAMREC Code 2016 中技术研究指引一样，隆格公司的"工程技术研究基本报告内容"（见表 7-3）也只提出了技术研究方面的研究内容和深度最低要求，并没有包含可行性评价要求研究的全部内容。

表 7-3　隆格公司技术研究报告内容的最低要求
(Runge Pincock Minarco Minimum Report Contents for Engineering Studies)

Description 内容	Preliminary economic assessment (PEA, scoping study) 初步经济评价（PEA，概略研究）	Prefeasibility study (PFS) 预可行性研究	Feasibility study (FS) 可行性研究
Introduction 引言			
Location, topography and climate 地理位置、地形地貌和气候特征			
Site location map 矿区位置图	Basic map 基础地图	Preliminary map showing claims and boundaries 标注权属及边界的初步地图	Detailed map showing all claims and boundaries 标注所有权属及边界的详细地图
Topography map 地形图	Basic map showing site topography 显示矿区地形的基础地图	Preliminary map showing site topographic features 显示矿区地形特征的初步地图	Detailed topographic map; aerial surveys verified with ground controls and surveys 详细的地形图；经地表控制及测量校验的航空测量
Property ownership 资产权属	Review of property lease 资产期限评述	Review of property lease; claims list provided; mineral rights known 资产期限评述；已提供的权力清单；明确的矿权	Property lease and rights secured and controlled; claims list and map provided; mineral rights secured 已获得的资产权属；已提供的权属清单及相应的地图；已获得的矿业权
Current status and history 现状和历史			
Historical chronology 历史年代	Basic presentation 基本叙述	Full presentation 完整叙述	Detailed presentation 详细叙述
Past production (if any) 以往生产情况（如果有）	Basic presentation 基本叙述	Full presentation 完整叙述	Detailed presentation 详细叙述
Exploration and geology 勘查和地质			

续表7-3

Description 内容	Preliminary economic assessment (PEA, scoping study) 初步经济评价(PEA, 概略研究)	Prefeasibility study (PFS) 预可行性研究	Feasibility study (FS) 可行性研究
Geologic description 地质描述			
Review 审查	Preliminary review 初步评述	Preliminary site-specific analysis 初步现场定位分析	Detailed site-specific analysis 详细现场定位分析
Data posting 数据展示	Review of available existing maps 对现有可用地图进行评述	Detailed geologic mapping with cross-sections, lithology and mineralogy, and domains 详细的地质绘图,包括剖面、岩性、矿物学和矿化体	Deposit well-defined with three dimensional mapping, geologic maps, long sections, level plans, lithology and mineralogy and domains 通过三维制图、地质图、长剖面图、平面图、岩性和矿物学以及矿化体明确定义矿床
Geologic assessment 地质评价	Preliminary 初步评价	Basic assessment and review 基本评价及评审	Detailed assessment of structures/rock contacts, alteration, mineralization, deposit trends 构造/岩石界限、蚀变、矿化、矿床产状的详细评价
Mineralogical sampling & analysis 矿物学取样和分析	Limited sampling; preliminary assessment 有限采样;初步评价	Preliminary mineralogical sampling and analysis; preliminary mineralogical study 初步矿物学取样和分析,初步矿物学研究	Detailed mineralogical sampling and mapping; detailed mineralogical study 详细矿物学取样和填图,详细矿物学研究
Drilling, sampling and assaying 钻探,取样和化验			
Drill hole parameters 钻孔参数	Wide spaced drilling as appropriate 适当的大间距钻探	Initial in-fills of wide spaced drilling; preliminary grid patterns 大间距钻探的初步加密,初步的网度类型	Close spaced drilling on a detailed grid pattern to support calculated reserve categories 详细网度类型下的密集钻探以支持计算储量类别
Underground drilling 坑内钻探	Review of existing data 现有数据评述	Drilling if accessible 可行的情况下开展坑内钻探	Detailed drilling if accessible 可行的情况下开展详细的坑内钻探
Samples 样品	Preliminary; some outcrop samples 初步;一些露头样品	Geophysical and geotechnical sampling; test pits 地球物理和岩土取样;试验坑	All sampling programs complete 全部采样工作已完成

续表7-3

Description 内容	Preliminary economic assessment (PEA, scoping study) 初步经济评价(PEA，概略研究)	Prefeasibility study (PFS) 预可行性研究	Feasibility study (FS) 可行性研究
Drilling/assay data 钻探/化验分析数据	Preliminary check of existing drill hole data 已有钻孔数据的初步检查	Check of drill holes (coordinates, elevations, angles, etc.), check assays, angled hole vs. vertical hole comparison; assay flow diagram, dependable database 检查钻孔(坐标、高程、角度等)，检查化学分析数据，斜孔直孔对比；化学分析流程图，可靠的数据库	Check of drill holes (coordinates, elevations, angles, etc.), check assays, angled hole vs. vertical hole etc.), check assays, angled hole vs. vertical hole comparison, twin hole drilling; assay flow diagram; validated database 检查钻孔(坐标、高程、角度等)，检查化验分析数据，斜孔直孔对比，验证钻探；化验分析流程图；验证后的数据库
QA/QC protocol and data QA/QC 标准和数据	Defined QA/QC protocol that verify sample and assay results. This protocol should include blanks, standard reference material, coarse and pulp duplicates, field duplicates and third party check assays. The verification samples should constitute a minimum of 10% of the sample stream 检验样品和分析结果的 QA/QC 标准已制定。该标准应该包括空白样、标准样和重复样(粗碎样，研磨样)，现场重复样和第三方检查分析。批次检验样品数应不低于批次总样品数的 10%	Defined QA/QC protocol that verify sample and assay results. This protocol should include blanks, standard reference material, coarse and pulp duplicates, field duplicates and third party check assays. The verification samples should constitute a minimum of 10% of the sample stream 检验样品和分析结果的 QA/QC 标准已制定。该标准应该包括空白样、标准样和重复样(粗碎样、研磨样)，现场重复样和第三方检查分析。批次检验样品数应不低于批次总样品数的 10%	Defined QA/QC protocol that verify sample and assay results. This protocol should include blanks, standard reference material, coarse and pulp duplicates, field duplicates and third party check assays. The verification samples should constitute a minimum of 10% of the sample stream 检验样品和分析结果的 QA/QC 标准已制定。该标准应该包括空白样、标准样和重复样(粗碎样，研磨样)，现场重复样和第三方检查分析。批次检验样品数应不低于批次总样品数的 10%
Condemnation drilling 无矿验证钻探	None 无	None 无	Areas under waste dumps, tailings and plant drilled 废石堆场、尾矿库和工业场地已实施无矿验证孔
Resources and reserves(Internationally Recognized Standards)资源量和储量(国际认可的标准)			
Resources 资源量	Measured, Indicated and Inferred 确定的，标示的和推测的	Measured, Indicated and Inferred 确定的，标示的和推测的	Measured, Indicated and Inferred 确定的，标示的和推测的

续表7-3

Description 内容	Preliminary economic assessment (PEA, scoping study) 初步经济评价(PEA, 概略研究)	Prefeasibility study (PFS) 预可行性研究	Feasibility study (FS) 可行性研究
Geologic controls 地质控制	Assumed 假设的	Established from geologic data and/or variograms 根据地质资料和/或变异函数确定	Well established from geologic data 根据地质资料明确确定
Tonnage factors 吨位因素	Preliminary assessment if available 在条件具备的前提下初步评估	Preliminary analysis and determinations 初步分析和确定	Detailed analysis and determinations 详细分析和确定
Statistical analysis 统计学分析	Preliminary analysis and determinations 初步分析和确定	Preliminary analysis and determinations 初步分析和确定	Detailed analysis and determinations 详细分析和确定
Geostatistical analysis 地质统计学分析	Preliminary analysis and determinations 初步分析和确定	Preliminary analysis and determinations 初步分析和确定	Detailed analysis and determinations 详细分析和确定
Pit optimization 露天境界优化	Pit limit optimization software 露天境界优化软件	Pit limit optimization software 露天境界优化软件	Pit limit optimization software 露天境界优化软件
Reserves 储量	Only resources estimated 仅估算资源量	Proven and probable 证实的和可信的	Proven and probable 证实的和可信的
Calculation parameters 计算参数	Usually no reserves are estimated 通常不估算储量	Known or estimated 已知的或估算的	Detailed analysis and determinations including dilution and losses 详细分析和确定,包括贫化和损失
Cutoff grade (COG) equations 边际品位(COG)公式	Manually calculate to estimate minable inventory, or strategic mine planning software 手工估算可采矿量或利用矿山排产软件	Manually calculate to estimate minable inventory (underground project), strategic mine planning software (underground and open pit) 手工估算可采矿量(坑内工程),矿山排产软件(坑内和露天)	Manually calculate to estimate minable inventory (underground project), strategic mine planning software (underground and open pit) 手工估算可采矿量(坑内工程),矿山排产软件(坑内和露天)

Mining 采矿

Mining method 采矿方法	Assumed between open pit and underground 在露天开采和地下开采之间做出假设性选择	Specific method identified, generic equipment 具体方法已明确,通用设备	Method and mine plan finalized, including optimization of SMU and equipment types 采矿方法和开采计划已最终确定,包括最小可采单元(SMU)和设备类型的优化

Open pit mine plan 露天采矿设计

续表7-3

Description 内容	Preliminary economic assessment（PEA, scoping study）初步经济评价（PEA，概略研究）	Prefeasibility study（PFS）预可行性研究	Feasibility study（FS）可行性研究
Pit slopes 边坡角	Assumed 假定	Preliminary 3D model based on preliminary estimates by rock type and basic geotechnical data 基于岩性和基本岩土工程数据初步分析的初步三维模型	3D model defined by geotechnical data from structural mapping and oriented core holes 由构造填图和定向岩心钻孔获得的工程岩土数据定义的三维模型
Pit design 露天坑设计	Simple LG cone outline of final pit 利用简易 LG 浮动圆锥法确定的最终露天境界	Preliminary pit design from optimized analysis; preliminary haul road incorporated, trade-off studies completed 经优化分析的初步境界设计；初步运输道路已包含，初步方案比较研究已完成	Detailed, optimized pit designs with phases and access for equipment operation 详细、优化的露天坑设计，包含分期境界及提供设备运行道路
Waste dumps 排土场	Simple outline of final dumps 最终排土场的简单轮廓	Preliminary design for total waste tonnage; incremental and final outline of dumps, trade-off studies completed 能够堆存全部废石的排土场的初步设计，排土场的增量和最终轮廓，对比研究已完成	Dump sites identified from geotechnical data; final waste tonnages determined with incremental phases, yearly and final dump outlined 排土场选址已根据岩土工程数据确定；根据分期增量、逐年和最终堆场轮廓确定最终废石吨位
Underground mine plan 地下矿开采设计			
Underground mine plan 地下采矿设计	Assumed mining system; general outline of mine plan and development 假定的采矿系统；开采计划和开拓概况	Preliminary mining system identified from geologic and geotechnical data; preliminary outline of mine plan and development including mine access 根据地质和工程岩土数据确定的初步采矿系统；矿山计划和包括矿山通道的开拓系统的初步概况	Specific mining system identified from geologic and geotechnical data; detailed outline of mine plan and development including mine access 根据地质和工程岩土数据确定的具体的采矿系统；矿山计划和包括矿山通道的开拓系统的详细论述
All mining operations 所有的采矿作业			

续表7-3

Description 内容	Preliminary economic assessment (PEA, scoping study) 初步经济评价(PEA，概略研究)	Prefeasibility study (PFS) 预可行性研究	Feasibility study (FS) 可行性研究
Production schedule 生产进度计划	Basic schedule based on assumed mine life 基于假定矿山服务年限的基本进度计划	Annual schedule for life of mine of ore and waste tonnages and grade, plant grade, recovery and production. Some sequence optimization, e. g., optimize grade or quality profile 服务年限内矿石和废石量、品位、选厂入选品位、回收率和产量的逐年进度计划。部分顺序优化，如品位或品质优化	Detailed schedules with monthly time increments from ramp-up to steady state, then annual thereafter, for life of mine. Should match budget time-line schedule. Multiple iterations to optimize mining sequence. Report ore / product quality and waste tonnages and grades plus plant recovery and production 从投产到达产阶段的月度详细排产，随后是全矿山服务年限的年度详细排产，需和预算时间节点吻合。多次迭代以优化开采顺序。需报告矿石/产品质量、废石量、品位、选矿回收率和产量等信息
Capital cost estimate 投资估算	Order-of-magnitude, factored or from similar operations 数量级、系数法或根据类似矿山	Preliminary equipment list; budget or historical price quotes; some factoring 初步设备清单；预算或历史价格报价；部分指标匡算	Detailed equipment list; firm price quotes for all major equipment items; all capital items identified 详细设备清单；所有主要设备的约定报价；所有投资项已确定
Operating cost estimate 经营成本估算	Order-of-magnitude; factored or from similar operations 数量级、系数法或根据类似矿山	Quantified estimates for labor, power and consumables; budget or historical price quotes for unit prices; some factoring 劳动力、电力和消耗品的定量估算；单位价格的预算或历史报价；部分指标匡算	Detailed engineering estimate by project area based on quotes and studies 基于报价和研究的项目区域详细工程估算
Processing 选矿			

续表7-3

Description 内容	Preliminary economic assessment (PEA, scoping study) 初步经济评价(PEA, 概略研究)	Prefeasibility study (PFS) 预可行性研究	Feasibility study (FS) 可行性研究
Ore sampling and test work 矿石取样和试验工作	Lab bench scale data and ore characterization data used in combination with plant benchmarking to develop preliminary recovery and throughput 根据实验室数据和矿石类型数据, 结合选厂基准指标, 初步确定回收率和处理能力	Range of flowsheets with recovery and throughput developed from bench scale testing and often verified with pilot scale work, especially for new processes 进行实验室规模试验并利用半工业试验不断验证, 用于确定带有回收率和处理能力的工艺流程范围, 尤其对于新的选矿工艺	Sampling of core for variability testing to identify ranges of throughput and recovery backed up with locked-cycle and/or pilot testing 岩心取样进行闭路实验和/或工业试验, 用于确定处理能力和回收率的波动范围

Process engineering and design 选矿工艺和设计

Production rate and product(s) 生产能力和产品	First estimate of production rate and product(s) 大致预估的生产能力和产品	Preliminary mining and processing rates and plant product(s) 初步确定的采矿、选矿生产能力和产品	Fixed mining and processing rates and plant product(s) 确定的采矿、选矿生产能力和产品
Design basis 设计依据	Preliminary using factored estimates 初步采用系数法估算	General design basis; preliminary engineering drawings; trade-off studies completed 采用通用设计依据; 初步的设计图纸完成; 初步方案比较已完成	Complete design basis; basic engineering drawings essentially complete 设计依据确定; 基本设计图纸基本完成
Design concept 设计原则	Outline of design criteria and specifications incorporating area/regional climatic conditions 设计标准和参数概要, 需要考虑地区/区域气候条件	Design criteria established for construction site incorporating known site climatic conditions 建设场地的设计标准已建立, 需要考虑已知的项目所在地的气候条件	Design specifications defined incorporating known site climatic conditions 设计参数已确定, 需要考虑已知的项目所在地的气候条件
Tailings containment 尾矿库	Identify possible sites and capacities 提出可能的尾矿库址和库容	Identify several options and determine the best site or sites 提出多个备选方案, 并确定最佳的一个或几个方案	Finalize sites, location; develop geotechnical data for site and for tailings; generate general arrangement drawings and preliminary specifications 最终确定库址; 获取尾矿库和尾矿的岩土工程数据; 完成总体布置图和初步参数
Process description 工艺描述	General 概述	Narrative; 1% to 2% of detail engineering complete 叙述式说明; 完成1%~2%详细工程设计	Detailed; 5% to 15% of detail engineering complete 详细说明; 完成5%~15%详细工程设计

续表7-3

Description 内容	Preliminary economic assessment (PEA, scoping study) 初步经济评价(PEA, 概略研究)	Prefeasibility study (PFS) 预可行性研究	Feasibility study (FS) 可行性研究
Layout 布置图	Approximate geographic locations and site map; no general arrangement drawings 简略的地理位置和场地位置图; 无须总体布置图	Optimization of facility locations on site map showing topography; simple general arrangement drawings of major equipment items 在地形图上优化设施布置, 主要设备的简单总体布置图	Exact geographic locations on site map with topography; detailed general arrangement drawings; detailed layout of all facilities 在地形图上确定设施设备的准确位置; 详细的总体布置图; 所有设施的详细布局
Flow sheets 工艺流程	Assumed flow sheet from known processes; simple block diagram 参考已知项目的工艺流程; 简单的框图	Establishment of probable flow sheet from preliminary test work data; major process flow diagrams; initial determinations of material and heat balances 基于初步试验数据建立可能的工艺流程; 主要工艺的流程图; 初步确定物料和能源平衡	Detailed flow sheet based on comprehensive beneficiation test program, detailed equipment list; diagrams for all process flows; material and heat balances finalized 基于综合选矿试验结果建立的详细工艺流程; 详细的设备清单; 所有工艺的流程图; 物料和能源平衡已最终确定
Civil work 土建工程	Rough topographic maps; no soil conditions considered or quantities estimated 粗略的地形图; 不考虑土工条件或大致估算工程量	Rough topographic maps; soil conditions report for foundation determinations; basic preliminary quantities 粗略的地形图; 依据土工条件报告确定基础; 初步估算工程量	Detailed topographic maps with soil conditions identified for foundation design, loadings and quantities 依据详细的地形图, 用于基础设计、荷载和工程量估算的土工条件已确定
Equipment specifications 设备规格	Major equipment items listed 主要设备清单	Preliminary listing of major equipment items with initial sizings and specifications 初步列出主要设备, 包含初步的设备选型和规格	Complete listing of major equipment items with detailed sizings and specifications 完整列出主要设备, 包含详细的设备选型和规格
Architectural 建筑	None 无	Sketches 草图	Exterior elevations only 外立面图即可
Piping/HVAC 水暖管道	None 无	Preliminary P&ID 初步管道和仪表流程图	Major P&ID 主要管道和仪表流程图
Electrical distribution 电力配置	None 无	Basic one-line diagram 基本的单线图	All design one-line diagram 全部设计的单线图
Motors 电机	None 无	General description 概述	Detailed list of major items with horsepower 包含电机功率参数的主要设备详细清单

续表7-3

Description 内容	Preliminary economic assessment (PEA, scoping study) 初步经济评价(PEA, 概略研究)	Prefeasibility study (PFS) 预可行性研究	Feasibility study (FS) 可行性研究
Instrumentation 仪表	None 无	General description 概述	Detailed list of components 详细的元件明细表
Infrastructure 基础设施			
Facilities 设施	General overview with types of support facilities described 涉及的辅助设施类型概述	All required support facilities identified, sizes and quantities estimated 所有需要的辅助设施已确定, 规格和数量已估算	All necessary support facilities identified, sized and costed 所有必需的辅助设施已确定, 已选型且已估算费用
Communications 通讯	Communications requirements identified 确定所需通讯要求	Communications systems study 通信系统研究	Communications licensing and standards known 通讯许可和标准已明确
Power 电力	Overview of power availability and regional unit power costs 可用电力和区域单位用电成本概述	Power sources and requirements identified; unit costs obtained from power source 确定电力来源及要求; 基于电力来源的单位成本	Power requirements and unit costs derived from detailed engineering study; unit costs from quotes 基于详细工艺研究的电力要求和单位成本; 单位成本报价
Hydrology 水文			
Water sources 水源	Estimated using regional data 基于区域数据估计	Preliminary hydrology study 初步水文研究	Specific water source identified 具体水源已确定
Water usage 用水量	Factored plant volume and unit costs 系数法匡算选厂用水量和单价	Required plant water volumes and unit costs estimated 估算需要的选厂用水量和单价	Requisite plant volumes and unit costs derived from detailed engineering/geotechnical studies 基于详细工艺/岩土工程研究得出的必需选厂用水量和单价
Description 说明			
Dewatering 排水	Dewatering parameters identified 排水参数已识别	Dewatering parameters estimated 排水参数已估算	Dewatering parameters confirmed and plan defined 排水参数已确认, 排水设计已完成

续表7-3

Description 内容	Preliminary economic assessment (PEA, scoping study) 初步经济评价(PEA, 概略研究)	Prefeasibility study (PFS) 预可行性研究	Feasibility study (FS) 可行性研究
Setting 环境背景	Preliminary evaluation of project setting for potentially significant environmental and social constraints for site data 对项目所在地潜在的重大环境和社会约束的项目环境进行初步评价	Preliminary evaluation of the project's impact on the environment; schedule of environmental and social other permitting requirements; evaluate project setting for potentially significant environmental and social permitting constraints from site data 对项目的环境影响进行初步评价；提出获取环境、社会和其他需要的许可的计划；评价项目所在地潜在的重大环境和社会许可过程中具有约束的项目环境	Characterization of all the project's potential impacts; finalize schedule of environmental and/or other permitting requirements; evaluate project setting for potentially significant environmental and social permitting constraints 确定项目所有潜在影响；最终确定获得环境和/或其他许可的计划；评价潜在的重大环境和社会许可过程中具有约束的项目环境
Data 资料	Collect and review all available, existing data for environmental and social studies, assessments or audits; regulatory inspections, waste handling practices, management plans, and all applicable laws and regulations; social, training or safety programs identified 收集并评审全部可用的现有环境和社会研究、评估或审计数据；监管检查、废物处理方式、管理计划、所有适用法律法规；社会、培训或安全计划等已明确	Collect and review available data from existing databases for environmental studies, assessments or audits; regulatory inspections, waste handling practices; management plans; all applicable laws and regulations; plans; initiate baseline data gathering; social, training and health/safety programs identified 收集并评审环境研究、评估或审计数据库中已有可用数据；监管检查、废物处理方式；管理计划；所有适用法律法规；规划；启动本底数据收集；社会、培训和健康/安全计划等已明确	All requisite environmental data for project are identified; site sampling and analyses are complete; detailed review of the type, scope and schedule for producing environmental and social government reports; comprehensive gathering and evaluation of baseline environmental and social conditions; social, training, and health/safety programs confirmed 所有项目需要的环境数据都已明确；现场采样和分析已完成；对编写的环境和社会管理报告的类型、范围及规划进行详细的评审；广泛收集并综合评价环境本底和社会条件；社会、培训、健康/安全程序已明确
EIS/EA 环评报告书/环境评估	None 无	Draft EIS/EA initiated 启动环评报告/环境评价的草案	Draft EIS/EA submitted to regulatory authorities 环评报告/环境评价草案已提交给了监管机构

续表7-3

Description 内容	Preliminary economic assessment (PEA, scoping study) 初步经济评价(PEA，概略研究)	Prefeasibility study (PFS) 预可行性研究	Feasibility study (FS) 可行性研究
Reporting and plans 报告和计划	Conceptual plans for mitigating any identified environmental issues 为减轻已提出的任何环境问题而作的概念性设计	Preparation of environmental and social plans and monitoring programs; preliminary sediment and erosion control plan; conceptual closure plan; evaluation of acid rock drainage; geotechnical stability review of waste dumps and tailings dam; preliminary impact mitigation plan; preliminary spill and emergency response plan 环境、社区设计和监控程序的准备；初步的沉降和侵蚀控制设计；概念性闭坑设计；酸性岩排水评估；对废石场和尾矿坝的岩土工程稳定性进行审查；初步的缓解影响计划；泄露和应急响应初步预案	Environmental characteristics used in project design; environmental plans and monitoring programs are finalized; sediment and erosion control plan; finalize management plans for tailings and wasterock; management plan finalized for solid and hazardous wastes; finalize impact mitigation plan; geotechnical stability analysis of all major facilities; finalize closure plan; final analysis of acid rock drainage; finalize spill and emergency response plan 项目设计中需考虑的环境因素；环境计划和监测程序均已最终完成；沉降和侵蚀控制计划；尾矿和废石管理计划最终完成；影响缓解计划最终完成；所有主要设施的岩土工程稳定性的分析；最终闭坑计划；酸性水的最终分析；泄露和应急响应预案最终完成
Monitoring 监测	Not considered 未考虑	Outline of a site environmental monitoring plan 场地环境监测计划概要	Complete environmental monitoring plan 完成环境监测计划
Permit requirements 许可要求	General overview 概述	Comprehensive overview and listing of required permits 综述并列举需要的许可清单	Detailed evaluation of all pertinent authorizations and permitting requirements and schedule for obtaining operating license 详细评估所有相关授权和获得许可的要求及获得经营许可的时间表

Project development schedule 项目发展规划

续表7-3

Description 内容	Preliminary economic assessment（PEA, scoping study） 初步经济评价(PEA, 概略研究)	Prefeasibility study（PFS） 预可行性研究	Feasibility study（FS） 可行性研究
Development plan 开发计划	Development period and mine life estimated 开发周期和矿山服务年限已估算	Development period and overall schedule estimated; mine life determined; development schedule set 开发周期和整体进度已估算; 矿山服务年限已确定; 开发进度计划已制定	Detailed development schedule; mine life known; development schedule finalized 详细的开发进度计划; 矿山服务年限已知; 开发进度计划已最终确定
Project master schedule 项目总进度计划	Estimated showing start and end of construction; Gantt bar chart of major work elements 估计的建设期始末; 主要工作的甘特图	Gantt bar chart with overall time frames; schedule outline for detailed engineering; QA/QC program outlined; preliminary construction schedule; preliminary project execution plan 全周期甘特图; 详细的工程进度概况; QA/QC 质量保障/质量控制程序提纲; 初步建设进度计划; 初步项目执行计划	Gantt bar chart with overall time frames and project flow planning; detailed project level schedule showing project deliverables and detailed engineering; CP schedule; major milestones identified; project control system outlined; QA/QC and safety program finalized; preliminary project procedures manual; project design basis finalized 全周期及项目流程计划的甘特图; 详细的项目一级进度, 指明项目可完成的任务和详细工艺; CP 进度; 确定重要节点; 项目控制系统概述; QA/QC 和安全程序最终确定; 初步的项目程序手册; 项目设计依据最终确定
Capital cost estimate 资本成本估算			
Basis 依据	Order-of-magnitude based historic data or factoring 依据历史数据或系数法匡算的数量级估算	Estimates from historical factors, percentages and vendor quotes based on materials volumes 依据历史系数, 百分比和基于材料消耗量的供应商报价开展的估算	Detailed from estimates; engineering 15% to 25% complete; multiple vendor quotes 详细估算; 设计工作完成 15% 至 25%; 多供应商报价

续表7-3

Description 内容	Preliminary economic assessment （PEA，scoping study） 初步经济评价(PEA，概略研究)	Prefeasibility study（PFS） 预可行性研究	Feasibility study（FS） 可行性研究
Civil structural 土木结构			
Architectural 建筑			
Piping/HVAC 水暖管道			
Electrical 电力			
Instrumentation 仪表			
Construction labor 建筑人工			
Construction labor productivity 建筑人工生产率			
Material volumes/ amounts 材料体量/数量			
Material/equipment pricing 材料/装备报价			
Infrastructure 基础设施			
Contractors 承包商	Included in unit cost or as a percentage of total cost 包含于单位成本或作为总成本的百分比	Percentage of direct cost by cost area for contractor; historic for subcontractors 按承包商成本区域的直接成本的百分比；分包商历史记录	Written quotes from contractor and subcontractors 承包商和分包商的书面报价
EPCM 设计采购与施工管理	Percentage of estimated construction cost 估算的建设投资百分比	Percentage of detailed construction cost 详细的建设投资百分比	Calculated estimate from EPC（M）firm 基于EPC(M)公司估算结果
Pricing 造价	FOB mine site including all taxes and duties 离岸价格，包括各类税费	FOB mine site including all taxes and duties 离岸价格，包括各类税费	FOB mine site including all taxes and duties 离岸价格，包括各类税费

续表7-3

Description 内容	Preliminary economic assessment (PEA, scoping study) 初步经济评价(PEA,概略研究)	Prefeasibility study (PFS) 预可行性研究	Feasibility study (FS) 可行性研究
Owner's 业主费用	Historic estimate 采用以往估算结果	Estimate from experience factored for similar project 基于相似项目的经验系数估算	Estimate prepared from detail zero based budget 详细零基预算基础上编制的概算
Environmental compliance 环境保护投资	Factored from historic experience 基于历史经验系数匡算	Estimate from experience factored for similar project 基于相似项目的经验系数估算	Estimate prepared from detail zero based budget for design engineering and specific permit requirements 从设计工程详细零基预算和特定的许可进行估算
Escalation 涨价预备费	Typically not considered 一般不予考虑	Based on company's current budget percentage 基于企业实际预算的占比考虑	Based by cost area with risk 按投资分项的风险分析来考虑
Working capital 流动资金	Factored from historic experience 基于历史经验系数匡算	Estimate from experience factored for similar project 基于相似项目的经验系数估算	Estimate prepared from detail zero based budget 从详细零基预算进行估算
Accuracy 准确度(偏差)	±50%	±25%	±15%
Contingency 基本预备费(不可预见费)	25%	15%	10%

Operating cost estimate 运营成本估算

Basis 基本原则	Order-of-magnitude estimate 数量级估算	Estimates for unit rates and quantified estimates with some factoring 单价估算及系数匡算的定量估算	Detailed from zero-based budget; minimal factoring 基于零基预算的详细估算;尽量不用系数匡算
Operating quantities 工程量	General 大概估算	Quantified by estimates with some factoring 基于一定系数进行定量估算	Detailed estimates 详细估算
Unit costs 单位成本	Historic unit costs and factoring 历史单位成本和系数匡算	Estimates for labor, power and consumables; some factoring 对人工、电力和消耗品等进行估算;部分采用系数匡算	Letter quotes from vendors; minimal factoring 基于供应商报价函估算;尽量不用系数匡算
Accuracy 准确度(偏差)	±35%	±25%	±15%

续表7-3

Description 内容	Preliminary economic assessment (PEA, scoping study) 初步经济评价(PEA，概略研究)	Prefeasibility study (PFS) 预可行性研究	Feasibility study (FS) 可行性研究
Economic evaluation 经济评价			
Financial analysis 财务分析	Preliminary assessment of principal economic parameters 主要经济参数的初步评估	Assessment of the principal economic parameters 主要经济参数评估	Full assessment of all principal economic parameters 所有主要经济参数的全面评估
Marketing and commodity price(s) 销售价格	Industry knowledge and consensus pricing 行业共识定价	Preliminary market analysis to confirm product placement, quality targets and production constraints. Consensus pricing 初步市场分析，确定产品布局，质量目标和生产限制。行业共识定价	Detailed marketing study and consensus pricing or price forecasts 详细的市场研究和行业共识定价或价格预测
Royalties and taxes 许可权费用和税费	Preliminary assessment 初步评估	Preliminary analysis 初步分析	Detailed analysis with tax authority opinion 税务机关建议的详细分析
Smelting, refining and freight 冶炼、精炼和运输	Historic data 历史数据	Budgetary quotes 预算的报价	Firm quotes 确定报价
Cash flow analysis 现金流分析	Simple cash flow 简单现金流	Preliminary cash flow 初步现金流	Formal, detailed cash flow 正式的，详细的现金流
Economic criteria 经济准则	Simple IRR and NPV (pre- and after-tax) 简单估算的内部收益率和净现值(税前和税后)	Preliminary IRR and NPV (pre- and after-tax) 初步估算的内部收益率和净现值(税前和税后)	Fully defined IRR, NPV, ROI, and payback period (pre- and after-tax) 完全明确的内部收益率、净现值、投资回报率和投资回收期(税前和税后)
Sensitivity analysis 敏感性分析	Basic analysis to minimal amount of project variables 极少项目变量的基本分析	Preliminary to selected key project variables 初步选择项目关键变量	Numerous analysis to all key project variables 项目所有关键变量的大量分析
Risk evaluation 风险评价			
Risk assessment 风险评估	General overview 概述	Fatal flaw analysis 重大风险因素分析	Risk workshop. Formal Monte Carlo analysis and fatal flaw analysis 风险研讨。逻辑严密的蒙特卡洛分析和重大风险因素分析

续表7-3

Description 内容	Preliminary economic assessment (PEA, scoping study) 初步经济评价(PEA，概略研究)	Prefeasibility study (PFS) 预可行性研究	Feasibility study (FS) 可行性研究
Project 项目	Preliminary overview of geology, engineering and environmental 地质、工程和环境的初步概述	Preliminary environmental, country, permitting, technology, and business; detailed geology and engineering 环境、国家、许可权、技术和商务的初步信息；地质和工程的详细信息	Detailed geology, engineering, environmental, legal, permitting, country, technology, business, and financial 地质、工程、环境、法律、许可权、商务和金融的详细信息

7.4　国际矿业投资项目可行性研究工作

7.4.1　研究范围及原则

可行性研究是国际矿业项目投资开发最重要的一个工作阶段，该阶段结束的标志是可行性研究成果能够满足投资方和潜在投资方的决策需要，能够满足融资方的融资决策需要，且可行性研究成果形成的文件和准备工作已经能够满足政府相关审批或备案的需要。国际矿业咨询中的可行性研究不是简单的可行性研究报告的编制，是在预可行性研究初步确定的主要技术基础上，对主要技术方案进行深入、具体的实测和研究论证。

矿石储量是可行性研究结果的具体表达形式，可行性研究需要在矿产资源勘查和资源量研究基础上，完成采矿、加工、选冶、基础设施、经济、市场、法律、环境、社会和政府等至少十个方面转换因素的研究后，才能将矿产资源量转换为矿石储量。因此，可行性研究需要对以上至少十个方面开展踏实的、深入的研究，做到使每一个结论都有最基础的实测数据支撑。研究范围确定的原则是：凡是可能影响到项目投资开发的直接因素和可能带来较大影响的间接因素都应该列入研究范围。

可行性研究工作无论在工作准备，还是在工作过程以及工作成果的展示中都要遵循和体现合资格性原则、透明性原则和实质性原则。只有满足相应岗位要求的人员才有资格参与可行性研究，工作计划实施、工作过程和工作成果呈现要按照透明性和实质性原则执行。

7.4.2　研究组织管理

对初步确定的主要技术方案开展深入、具体的实测和研究论证，必须组成多专业研究公司参与的咨询团队。国际矿业开发可行性研究业主一般选择具有丰富矿业开发综合咨询研究的个人和团队，建立一支负责可行性研究工作组织管理、任务及计划管理、研究内容和深度管理、研究质量监督管理、中间研究成果确认和验收等管理工作的团队，一般称之为咨询团队(公司)。业主方管理人员的利益并不总是和投资者或潜在投资者利益一致的，为了保证研究工作是为投资者或潜在投资者利益服务，业主管理团队一般只有限参与项目研究和管理。

咨询团队全权负责项目子专题研究项目、研究内容、研究深度的提出和对研究工作成果评价，为业主寻找和推荐合格的专业研究团队，并对专业团队研究工作进行监督，同时还要对专业研究工作质量全面负责。

可行性研究总咨询团队将负责完成可行性研究的总体执行计划（FSIP），包括确定项目范围（scope of project）、工作范围（scope of work）、服务范围（scope of services）。一般情况下，矿山开发投资项目的可行性研究工作由一家负责总体咨询的单位和数家研究分包单位共同完成，总包单位要对分包单位的工作质量和进度承担监管职责并承担责任，分包单位接受总包单位对技术方案、质量控制方案和工作流程的监督。这种工作方式体现了可行性研究工作的整体性和项目管理的专业性，增加了可行性研究工作的可控性和成果的可靠性。

咨询团队需要在专业团队专项研究基础上，对项目开展综合研究，形成可行性研究（汇总）报告，也就是我们通常习惯的可行性研究报告。

7.4.3　咨询资质

可行性研究中每一个研究和管理岗位人员，都应该具备在该岗位工作的合格性，其合格性按照 CRIRSCO 定义的合格性原则来判别；否则，其工作成果将很可能不被认可。

为了满足国际投、融资决策的需要，矿产地质勘查工作审核和矿产资源量估算审核的审核人一般都要求是 CRIRSCO 定义的合资格人；可行性研究工作和可行性研究报告的审核人，一般也要求是有可行性研究组织管理丰富经验和可行性研究报告审核经验的人，一般都要求是 CRIRSCO 定义的矿石储量报告合资格人。同时，负责项目地质勘查和资源量估算的地质工程师和可行性研究组织管理工作的项目经理最好也是 CRIRSCO 定义的合资格人。

7.4.4　项目研究计划

项目研究计划或项目研究执行计划是可行性研究总体咨询团队为了满足业主对研究工作时间和费用控制需要必须准备的最基础性文件，并不断更新和提供给业主方。目前国际通行采用 PROJECT 软件编制可行性研究工作计划。

项目研究计划主要包括基础研究、工程设计研究和综合研究三大部分。

1）基础研究

基础研究是指根据预可行性研究初步确定的主要工艺工程方案，开展详细的调查研究工作。包括以下内容：

（1）地质勘探和矿产资源量估算；

（2）采矿工艺研究及相关开采技术条件勘察及工程勘察研究；

（3）矿石加工、工艺矿物学研究、选冶工艺研究及相关工程勘察研究；

（4）尾矿堆存工艺及尾矿库工程勘察研究；

（5）外部供水、供电和运输方式及道路勘察研究；

（6）项目适用法律及法律环境研究；

（7）项目所在地政府政策及环境研究；

（8）与项目实施相关的人力资源、相关社会群体等相关社会环境研究；

（9）影响项目开发运营投资和成本的物资供应、采购等调查研究；

（10）项目产品市场调查研究；

（11）项目运行前环境现状调查和项目运行环境影响评估研究等。

可行性研究工作总体负责团队应对基础研究的内容、深度、进度提出要求，并负责基础研究过程质量和进度监控，负责基础研究成果验收和成果确认。

每一项基础研究的内容和深度应该以满足可行性研究深度要求为标准；可行性研究的深度应该满足投资决策和融资决策对风险控制要求；可行性研究偏差一般不应超过±15%，此偏差要求不仅仅指对投资估算偏差要求。

2）工程设计研究

工程设计研究的主要工作是根据基础研究信息，开展相关的工程设计与研究。

项目技术标准或设计标准研究是可行性研究设计的重要内容之一，也是区别于中国标准可行性研究的重要内容之一。

根据预可行性研究初步确定的主要工艺流程方案、主要工程布置方案和设备选型方案，在各单项基础研究成果基础上，利用咨询人员的综合工程经验，结合项目实际，开展更多详细的合适工程配置方案、设备选型方案的对比选择研究，基于月度周期的采矿生产计划及储量估算，并开展必要的工程设计。

为了确保投资估算偏差一般不超过±15%，可行性研究中设备布置和工程布置等设计工作内容应该完成全部设计工作量的30%以上，即至少要完成 PID 图（带控制点的工艺流程图）、MBD 图（物料流程图）、主要工程配置设计图、主要设备选型及其设备基础结构设计图、主要工程场地粗平设计图等。

3）综合研究

综合研究主要包括项目财务模型研究、社会与自然环境影响研究与评估、项目执行计划研究和项目风险研究与评估。

项目财务模型研究应该是涵盖了项目所有投资、运营成本、产品销售、运营效益测算的项目全生命运行周期内财务运行状况的模拟。

社会与自然环境影响研究与评估，需要在社会与自然环境现状调查的基础上，基于可行性研究确定采取的管理措施、技术措施和方案，评估项目运行过程中和运行期后可能造成的影响及程度。

项目执行计划是基于矿山全生命周期制订的，不但需要研究技术执行路线与方案，还需要研究项目运行管理执行方案、与社会沟通方案等。

分析查找和评估项目执行过程中可能出现的每一个风险，并针对不同风险因素制订出合适的处置措施，在国际矿业投资咨询中，尤其是可行性研究中，正越来越得到重视。二十年来，对矿产资源估算，社会、环境、法律和政府等方面的风险研究的重视程度正在越来越接近传统可行性研究中对一般工艺及工程技术研究的重视程度。

7.4.5　基础条件研究

基础研究通常包括两大类，一类是商务性研究，另一类是技术性研究。

商务性研究一般自项目起步阶段就在不断深入开展，一般包括项目投资的法律研究报告、投资政治环境调查报告（包括国家政权权力结构研究、政党研究、社团研究、社会环境研究等）、矿产品市场研究报告、税务及政府政策研究报告等。

技术性研究是针对预可行性研究确定的主要技术方案，具体开展的测试和研究工作，如工程地质勘察、选冶试验研究，设备、材料和施工询价报告等。

每项基础条件研究团队由咨询总负责团队寻找并推荐给业主选择，咨询总负责团队对每一个单项研究内容、范围、研究深度和质量提出具体要求，负责监督单项研究工作质量和进度，并协助业主进行单项研究验收，确认研究成果。为确保可行性研究成果的准确性，必须重视各项基础条件研究实测数据资料的可靠性。

7.4.6　研究深度

衡量可行性研究深度的标准是是否满足项目开发投资决策需要、是否满足融资决策需要、是否满足政府审批备案的需要，包括矿产资源总体勘查研究程度和首采地段勘查研究深度及相应矿产资源量的可靠程度、单项基础研究深度及可靠程度、综合研究深度及可靠程度等。

国际矿业投资项目可行性研究允许误差为±15%，区别于一般国际项目±10%允许误差要求，其中矿产资源量，尤其是首采地段探获的矿产资源量误差，难以支撑可行性研究控制在±10%误差要求范围以内。

另外，为了保证可行性研究误差满足不超过±15%要求，多家国际矿业咨询公司研究后认为，在可行性研究阶段必须完成工程设计工作30%以上设计工作量，才能保证工程量和投资估算额不会超过允许误差，即主要工程总体布置图、主要设备的结构基础图等都必须完成设计。

7.4.7　工程设计标准

在市场经济体系国家，政府一般只制定法律、政策和一些强制性标准，除此之外一般很少有统一的工程设计标准，而国际矿业咨询公司和国际矿业公司一般都会制定自己公司的工程设计标准或指南，针对每一个具体项目，则将咨询公司或矿业公司的工程设计标准或指南结合项目所在国的法律、政策和强制性标准，制定项目工程设计标准。因此，一般情况下，在可行性研究阶段，甚至从预可行性研究阶段，就开始研究制定项目的工程设计标准，该标准是可行性研究文件的重要内容。

市场经济体系国家的法规体系一般层次表现形式为：

（1）国家法律；

（2）政府规定和强制性标准；

（3）协会强制性规则和工程最优经验（技术指南等）；

（4）公司标准或项目专业设计标准（criterion）。

在国内，人们习惯的设计标准一般可能会对应到以上不同层次法规，特别是中央政府行业主管部门和全国性行业协会制定的大量强制性和推荐性技术标准，成为人们习惯的中国标准。而国际惯例中也存在同样类似的安排，但政府主管部门和行业协会的技术标准一般很少，以强制性标准为主，推荐性技术标准一般以指南的方式呈现；同时在项目中普遍推行一种专业设计标准，该项目专业标准将涵盖前三个层次和同一层次的公司标准中在本专业中的强制执行部分，并希望与该项目今后的设计、采购、施工、设备制造和生产需要统一规定的内容融合，最终建立项目的专业设计标准。在预可行性研究和可行性研究阶段，制定该项目专业设计标准，并确保在矿业项目设计、采购、施工、设备制造和生产中执行。制定项目专业技术标准是预可行性研究和可行性研究的重要内容之一。

7.4.8　可行性研究报告及其文件体系

　　按照国际矿业咨询理念，项目可行性研究阶段的最终目标是完成项目的"可行性研究报告"，为了完成这个目标，需要完成大量的支持性文件、过程控制及管理文件，这些文件都是项目可行性研究工作成果的组成部分，它既反映了可行性研究工作的深度，又反映了工作的广度。

　　可行性研究文件一般包括（汇总）可行性研究报告和各级支撑文件。其中各级支撑文件包括：直接支撑文件，有项目执行管理计划、地形测量报告、地质及矿产资源量估算报告、尾矿库及尾矿坝等主要工程的地质勘察报告、采矿开采技术研究报告、各种选冶试验研究报告、外部供电方案研究报告、外部供水研究报告、外部运输方案及道路研究报告、税务研究报告、法律研究报告等各种基础研究报告；项目设计技术标准；综合分析研究报告等；单项研究报告的支撑报告及实测数据记录报告等最原始测试文件。

　　下面提供一个矿山项目可行性研究中部分技术研究工作一级支撑文件目录清单，某国际矿业咨询公司在一个露天开采铁矿项目可行性研究中的部分文件构成清单见表7-4。

表7-4　某国际矿业咨询公司露天开采铁矿项目可行性研究部分文件构成清单表

序号	报告名称	序号	报告名称
1	一般性报告	2	工程设计——矿山
1.1	研究执行计划	2.1	露天设计准则
1.2	研究进度	2.2	露天排水准则
1.3	月报	2.3	采矿计划
1.4	质量计划	2.4	穿孔爆破要求
1.5	项目执行计划	2.5	废石场设计
1.6	项目执行进度	2.6	矿山水管理设计
1.7	研究范围文件	3	工程设计——矿山基础设施
1.8	工作结构分解（WBS）	3.1	设计准则
1.9	投资估算	3.2	设备清单
1.10	经营成本估算	3.3	设备规格及工作范围
1.11	风险评估报告	3.4	矿山行政管理及维修建筑
1.12	财务分析报告	3.5	炸药库
1.13	HSEC程序	3.6	运输道路设计
1.14	分包策略/分包清单	4	工程设计——尾矿、工程地质、水文地质、水管理
1.15	项目第三方评审报告	4.1	设计准则
1.16	可行性研究报告	4.2	试验报告

续表7-4

序号	报告名称	序号	报告名称
4.3	总图布置图	6.9	经营及控制方法
4.4	现场工程地质说明	6.10	设备规格及工作范围
4.5	现场水文地质说明	6.11	设计研究报告
4.6	水管理流程图（PFD）	7	工程设计——港口物料运输
4.7	水量平衡	7.1	第三方设计的确认报告
4.8	水处理设计	7.2	协调会议的备忘录
5	工程设计——选矿厂	7.3	车间评审报告
5.1	设计准则	7.4	设计准则
5.2	试验报告	7.5	总图布置图
5.3	工艺流程图（PFDs）	7.6	设计大纲
5.4	能量、物料和水平衡	7.7	资料清单
5.5	单线图	7.8	设备清单
5.6	总图布置图	7.9	单线图
5.7	设计大纲	7.10	经营及控制方法
5.8	主要设备资料清单	7.11	设备规格及工作范围
5.9	设备规格及工作范围	7.12	设计研究报告
5.10	标准规格	8	工程设计——球团厂
5.11	生产及控制方法	8.1	设计准则
5.12	选厂控制系统说明	8.2	试验报告
5.13	设备清单	8.3	工艺流程图（PFDs）
5.14	设计研究报告	8.4	能量、物料和水平衡
6	工程设计——铁路	8.5	单线图
6.1	第三方设计的确认报告	8.6	经营及控制方法
6.2	协调会议的备忘录	8.7	总图布置图
6.3	车间评审报告	8.8	设计大纲
6.4	总图布置图	8.9	资料清单
6.5	设计大纲	8.10	设备清单
6.6	资料清单	8.11	设计研究报告
6.7	设备清单	9	工程设计——基础及公用设施 （包括配电、饮用水、消防栓、排水、卫生系统、压缩空气、道路、营地、通讯、IT 等）
6.8	单线图	9.1	设计准则

续表7-4

序号	报告名称	序号	报告名称
9.2	公用系统 PFD 图	11.2	分包清单
9.3	单线图	11.3	商务条件
9.4	总体布置图	11.4	报价人资格预审
9.5	设计大纲	11.5	计划要求
9.6	设备数据	11.6	报价接收及登记报告
9.7	设备规格及工作范围	11.7	报价说明及会议备忘录
9.8	标准说明	11.8	物流计划及成本模型
9.9	设备清单	11.9	商务标评审
9.10	设计研究报告	11.10	报价建议(估算输入)
9.11	建筑物明细	12	采购——安装单价费率要求
10	提交的其他设计文件	12.1	投标人名单
10.1	设计文件清单	12.2	投标人资格预审
10.2	估算说明(工程量、材料)	12.3	投标要求
10.3	招标技术文件	12.4	商务标评审
10.4	询价要求	12.5	报价建议(估算输入)
10.5	招标技术评价	13	施工管理
11	采购——设备、材料定价要求	13.1	施工计划(初步的)
11.1	采购执行计划		

7.4.9 可行性研究总报告一般内容

可行性研究(汇总)报告需要将可行性研究工作及成果进行汇总,同时报告的表述一般要求遵循透明性和实质性,客观介绍研究工作过程,准确描述研究成果和结论。国际矿业开发研究中,从预可行性研究到可行性研究阶段,研究的总体内容是基本一致的,只是研究的深度不同,因此,大多数国际矿业咨询公司的预可行性研究报告和可行性研究报告的目录格式和内容是基本一致的。几个国际矿业咨询公司可行性研究报告的目录(到章),见表7-5。

表 7-5　几个国际矿业咨询公司可行性研究报告目录表

某矿业公司 可行性研究报告目录		某咨询公司 可行性研究报告目录		加拿大某金矿公司 可行性研究报告目录	
1	总论与建议	1	执行综述	1	执行综述
2	国家及区域背景	2	前言	2	项目描述
3	法律	3	勘探	3	地质数据确认及矿产资源
4	所有权及商务	4	地质	4	采矿
5	政府及社区关系	5	资源量估算	5	选冶
6	人力资源及培训	6	采矿和矿石储量	6	工艺厂
7	职业健康与安全	7	选冶试验工作	7	尾矿管理
8	环境	8	矿石处理	8	供水
9	地质	9	基础设施	9	供电及配电
10	采矿	10	物流	10	辅助设施和服务
11	选矿流程	11	废物管理	11	健康与安全
12	选厂设计	12	人力资源	12	环境许可
13	基础设施	13	职业健康和安全	13	社会-政治/经济
14	项目执行计划	14	投资	14	项目执行计划及进度
15	生产计划	15	经营成本	15	投资估算
16	投资	16	环境	16	经营成本估算
17	经营成本	17	社区和社会政治	17	财务分析
18	市场	18	市场	18	风险与机会
19	风险评估与管理	19	许可		
20	财务评价	20	项目实施		
21	下一步工作计划	21	风险评估		
		22	财务分析		

7.4.10　可行性研究(汇总)报告建议目录

综合国际可行性研究工作目的、研究范围、专业划分和报告表述习惯,参照几个国际矿业公司矿业项目可行性研究(汇总)报告格式,现提出以下可行性研究(汇总)报告建议目录供参考,见表7-6。

表 7-6 推荐的国际可行性研究报告目录表

1. 总论与建议	4. 政府及社区关系
1.1 项目描述总论	4.1 联邦、国家、省及当地政府
1.2 研究范围	4.2 社会-经济因素
1.3 风险分析	4.3 劳动力雇佣
1.4 主要执行结果(KPI's)	4.4 招聘
1.5 财务评价	4.5 当地服务业
1.6 建议	4.6 媒体与信息发布
1.7 下一步工作计划	4.7 社区服务及沟通
2. 国家及区域背景	4.8 非现场住宿
2.1 概述	4.9 国际贸易事项
2.2 经济与税收	4.10 非政府组织
2.3 气候与地理	4.11 本土/原居民问题
2.4 地震区及风险	4.12 反贪污及行贿受贿
2.5 人口统计与劳动力	5. 人力资源及培训
2.6 文化问题	5.1 组织机构
2.7 政治与国家风险	5.2 教育与文化
2.8 政治/法律/司法系统	5.3 招聘与培训
3. 法律	5.4 劳资关系
3.1 基础协议	5.5 业绩考核与薪酬
3.2 保密协议	5.6 法定责任
3.3 主要协议	6. 职业健康与安全
3.4 合作伙伴协议	6.1 安全风险识别
3.5 矿权	6.2 安全管理
3.6 海运特许	6.3 设计
3.7 水权	6.4 施工策略
3.8 土地所有权	6.5 经营策略
3.9 土地	6.6 安全及通道
3.10 政治风险	6.7 社区问题
3.11 政府对项目的鼓励	7. 环境
3.12 地租权	7.1 评价
3.13 道路开发	7.2 社会-经济问题
3.14 回收与复垦	7.3 政策
3.15 抵押权、留置权、资源使用税	7.4 环境本底和评价
3.16 环境问题	7.5 环境设计基础
3.17 税务问题	7.6 环境缓解方法
3.18 法律系统	7.7 施工环境管理
3.19 权利转移限制	7.8 关闭和复垦
3.20 矿床	7.9 能源供应和管理
3.21 知识产权	7.10 文化的/考古的问题
3.22 技术	

续表 7-6

8. 地质和矿产资源量	11. 选厂设计
8.1 评价基础	11.1 总体描述
8.2 矿权	11.2 设计标准
8.3 区域地质	11.3 流程及说明
8.4 勘查工作及勘查质量	11.3.1 流程方块图
8.5 数据获取	11.3.2 工艺流程图
8.6 矿床地质	11.3.3 物料平衡及流程图
8.7 矿产资源量估算	11.3.4 选厂、基础设施、尾矿总图安排
8.8 矿石性质	11.3.5 设备清单及说明
8.9 水文地质	11.4 总图及规模研究
8.10 工程地质评价	11.5 厂址研究
8.11 矿产资源量综述	11.6 生产及管理
9. 采矿	11.7 废料评价
9.1 评价基础	11.7.1 废料类型划分
9.2 一般设计标准	11.7.2 废料利用计划
9.2.1 现场描述	11.7.3 废料来源与废料量
9.2.2 矿产资源量描述	11.7.4 废料处理
9.2.3 工程地质参数	11.7.5 废料影响
9.2.4 水文事项	12. 基础设施
9.2.5 经济标准	12.1 动力和能源系统
9.3 采矿设计	12.2 港口设施
9.3.1 采矿生产能力	12.3 铁路
9.3.2 采矿方法	12.4 道路
9.3.3 设计参数	12.5 给排水系统
9.3.4 设备需求和选型	12.6 废料处理设施
9.3.5 矿/废石的确定	12.7 通讯及信息管理
9.3.6 矿石储量模型	12.8 医疗设施
9.3.7 矿山总图布置	12.9 现场公用和辅助设施
9.3.8 开采顺序和计划	12.9.1 配电站
9.3.9 剥离和废石排放	12.9.2 原料存放
9.4 矿石储量综述	12.9.3 油库
9.5 生产计划	12.9.4 新水高位水池、水处理站
9.6 矿山生产和管理	12.9.5 工艺水池
10. 选矿工艺流程	12.9.6 废料管理
10.1 流程特性	12.9.7 消防
10.2 选矿采样	12.9.8 通信
10.3 选冶试验和工业试验	12.9.9 信息管理
10.4 流程选择及基础	12.9.10 移动设备
10.5 设施描述	12.10 住房
10.6 工作推进计划	13. 项目执行计划（PEP）
10.7 风险评估和管理	13.1 范围和步骤

续表 7-6

13.2 工作结构分解（WBS）	15.2.4.8 管道
13.3 费用管理	15.2.5 间接费用
13.4 计划和进度	15.2.5.1 设计采购
13.5 设计	15.2.5.2 施工管理
13.6 采购和承包	15.2.5.3 施工临时设施
13.7 施工	15.2.5.4 承包商费用
13.8 试车	15.2.5.5 运费和关税
13.9 投产和移交	15.2.5.6 第三方设计服务
13.10 项目关闭	15.2.5.7 备品备件
13.11 职业健康、卫生和安全	15.2.5.8 投产试车
13.12 环境	15.2.5.9 第一次充填料
13.13 风险管理	15.2.5.10 培训
13.14 质量	15.2.5.11 供应商代表
13.15 专有技术	15.2.5.12 操作手册
13.16 信息交流	15.2.5.13 保险、许可证
13.17 财务管理	15.2.5.14 其他业主费用
13.18 项目功能	15.2.6 不可预见费估算
13.19 项目组织	15.3 流动资金及后续投资
14. 生产计划	15.4 资本化利息
14.1 组织机构	15.5 投资估算准确度评价
14.2 人力资源	16. 经营成本
14.3 雇用条件	16.1 概述
14.4 供应及物流	16.2 作业成本估算构成
14.5 销售及市场	16.3 作业成本估算基础
14.6 环境、健康与安全	16.3.1 薪酬
14.7 生产周期	16.3.2 辅助材料
14.8 质量保证/质量控制	16.3.3 动力
15. 投资	16.3.4 备品备件
15.1 概述	16.3.5 外包成本
15.2 估算基础	16.3.6 其他
15.2.1 估算范围	16.4 货币与汇率
15.2.2 工作结构分解（WBS）	16.5 不包括内容
15.2.3 数据来源	16.6 作业成本汇总
15.2.4 直接费用	16.7 作业成本分析
15.2.4.1 土石方工程	17. 市场
15.2.4.2 混凝土	17.1 产品规格
15.2.4.3 钢结构	17.2 供需预测
15.2.4.4 建筑	17.3 营销策略
15.2.4.5 工艺设备	17.4 定价策略与基础
15.2.4.6 电气	17.5 消费者
15.2.4.7 仪表	17.6 市场联系与包销

续表 7-6

17.7 收入预测	20.5 试验工作
17.8 营销资源与组织机构	20.6 风险分析
17.9 产品运输与储存	20.7 技术及工业试验厂
17.10 竞争对象分析	
18. 风险评估与管理	附件:
18.1 投资风险	A 主要工艺流程
18.2 商务风险	B 工程设计标准
18.3 项目风险	C 选冶试验
18.4 经济与财务风险	D 工艺流程图
18.5 进度风险	E 环境设计基础及环境管理
18.6 基准	F 设备清单
18.7 对等评审	G 总体布置图
18.8 风险缓解	H 现场平面图
19. 财务评价	I 电路单线图
19.1 定价假设	J 工艺和仪表图
19.2 估算资料	K 投资详细估算
19.3 税收	L 经营成本详细估算
19.4 现金流量分析	M 特殊研究(单项研究)
19.5 项目回报	N 设计计算
19.5.1 投资内部收益率(IRR)	O 数据库管理
19.5.2 项目净现值(NPV)	P 地质及矿产资源量
19.6 敏感性分析	Q 采矿及矿石储量
19.7 财务风险	R 主要结果指标
19.8 项目控制	S 路径管理
20. 下一步工作计划	T 进度计划
20.1 范围	U 权力矩阵
20.2 执行计划范围和资源需求	X 基础设施
20.3 预算	Y 风险管理
20.4 进度	Z 其他

7.5　国际矿业投资开发应重视的几方面工作

中国企业走出国门参与国际矿业投资开发的历史已经超过二十年了。香港国际矿业协会和海外矿投网统计数据显示,从 2003 年开始中国海外矿产能源投资额大幅增长,累积到 2016 年底,中资海外矿产能源投资总额约 1535 亿美元。2003 年中资海外矿产能源投资仅有 14 亿美元,2013 年达到高峰 372 亿美元,2014 年、2015 年、2016 年分别为 193.3 亿美元、108.5 亿美元、158.96 亿美元。2016 年中资海外固体矿产资源投资完成的项目有 43 宗,其中黄金 11 宗、铜矿 9 宗、铁矿 5 宗、锂矿 2 宗、铀矿 2 宗、锰矿 2 宗以及其他的金属和非金属项目。

部分中国企业在海外的部分在生产或初步建成的矿山项目见表 7-7。

表 7-7 中国企业海外部分矿山项目表

中国企业名称	矿山名称	所在国家	开采方式
中国五矿	拉斯邦巴斯(Las Bambas)铜矿	秘鲁	露天开采
	金赛维尔(Kinsevere)铜矿	刚果(金)	露天开采
	杜加尔河(Dugald River)锌矿	澳大利亚	地采
	罗斯伯里(Rosebery)多金属矿	澳大利亚	地采
中冶集团	瑞木(Ramu)红土镍矿	巴布亚新几内亚	露天开采
	杜达(Duddar)铅锌矿	巴基斯坦	地采
中铝集团	特罗莫克(Toromocho)铜矿	秘鲁	露天开采
中国有色矿业集团	谦比西(Chambishi)铜矿	赞比亚	地采
	卢安夏(Luanshya)铜矿	赞比亚	3个矿,地采和露天开采
	迪兹瓦(Deziwa)铜钴矿	刚果(金)	露天开采
	达贡山(Tagaung Taung)红土镍矿	缅甸	露天开采
	图木尔廷敖包(TumurtinOvoo)锌矿	蒙古	露天开采
金川集团	金森达(Kinsenda)铜钴矿	刚果(金)	地采
	如瓦西(Ruashi)铜钴矿	刚果(金)	露天开采
洛阳栾川钼川集团	Tenke Fungurume 铜钴矿	刚果(金)	露天开采
	北帕克斯(Northparkes)铜金矿	澳大利亚	地采
紫金矿业集团	卡莫阿-卡库拉(Kamoa-Kakula)铜矿	刚果(金)	地采
	毕沙(Bisha)铜锌矿	厄立特里亚	露天开采
铜陵有色集团、中国铁建	米拉多(Mirador)铜矿	厄瓜多尔	露天开采
华刚矿业股份有限公司(中国中铁、中国电建)	Sicomines 铜钴矿	刚果(金)	露天开采
万宝矿业	莱比塘(Letpadaung)铜矿	缅甸	露天开采
	庞比(Pumpi)铜钴矿	刚果(金)	露天开采
宁夏天元锰业	恩苏塔(Nsuta)锰矿	加纳	露天开采
中信泰富	SINO 铁矿	澳大利亚	露天开采
首钢集团	首钢秘鲁铁矿	秘鲁	露天开采

通过对中国企业参与国际矿业投资开发的经验教训进行分析和总结,可以得出国际矿业投资成功案例的一些共同特点:

(1)提前布局,收集研究符合公司投资战略的项目/公司的信息。洛阳栾川钼业集团股份有限公司 2016 年收购自由港集团所属刚果(金)Tenke Fungurume 铜钴矿时,提前 8 年就开始研究该公司及项目资产。

(2)注重项目/公司的尽职调查,特别是矿产资源量等潜在矿业资产和矿石储量等矿业资产的尽职调查。一般都是通过报价前的初步调查(也可称报价尽职调查),实现对项目的估价。合同草签和正式生效前,通过项目尽职调查实现项目或资产转移前的风险控制。如投资赞比亚谦比西铜矿时就是采取了上述程序控制,确保了对一个长期生产矿山的成功收购。

(3)研究矿业市场大势及其规律,并充分利用矿业的周期性发展机会。在上述所举实例中,投资谦比西铜矿、图木尔廷敖包锌矿、拉斯邦巴斯铜矿、北帕克斯铜金矿、Tenke Fungurume 铜钴矿、卡莫阿-卡库拉铜矿等案例都属于抓住了矿业周期性特点的案例,通过平时多收集研究项目/公司信息,矿业低潮时果断投资优质矿业资产,通过降低投资成本,实现了降低投资风险。

同时也应看到,中国企业在过去二十多年时间内,经历了大规模参与国际矿业投资开发的过程,其开发成功率总体是偏低的,特别在较早的一些时候。因为过去中国投资决策人员、矿业开发运营管理人员和矿业工作技术人员长期在计划经济管理体制下的环境中工作,对国际矿业开发了解不够,因此在走出去的过程中存在各种各样的问题也是难免的。现在总结查找成功和不成功投资的原因时,发现必须做好以下几个方面的工作,以提升参与国际矿业投资开发的成功率。

7.5.1 加强投资风险研究

1)树立风险观念和增强风险意识

中国在从计划经济走向市场经济过程中,从投资的可行性研究、投资可行性评估和投资后评估等一系列基于市场运作的规则,无论是可行性研究的分级、方法和要求,还是勘查阶段的划分和资源量分级等,都是从国外借鉴过来的,这些规则设置的根本原因是控制投资风险,因此在参与国际矿业投资开发过程中应重点研究这些规则设置的原因,必须牢固树立风险观念,增强风险意识。

参与国际矿业投资开发,应强化风险控制意识,注重可行性研究成果的质量。国际矿业投资是一种投资大、周期长和风险大的行业,可行性研究本质上是通过对项目投资中存在的各种风险因素的分析研究,提出合适的解决方案防范风险措施的过程。

国际矿业投资项目,特别注重投资前期勘查、可行性研究的投入和可行性研究时间。项目投资决策阶段所花费的投资一般占整个项目投资的 10%~30%,大型项目可行性研究的周期一般在两年以上,常常前期研究投入都以数千万美元计。

2)风险研究范围不能局限于技术研究

中国的矿业投资可行性研究要求,最早来源于联合国工业发展组织 1978 年的《工业可行性研究编制手册》,处于国际项目可行性研究发展的第一阶段,该阶段的研究强调技术经济研究为主。国际咨询界随着对国际投资项目风险的研究,在 20 世纪 90 年代,将可行性研究范围从纯技术经济研究,发展到要求更多对国家法律、政府政策、社会和环境的研究,并将定性研究更多向定量研究发展,21 世纪初更是细化发展了专业的可行性研究标准。但中国的可行性研究要求仍停留在国际项目可行性研究发展阶段的第一阶段,只是政府逐步提出了增加对环境、安全和节能方面的研究要求,直接导致中国矿业咨询机构至今无法与国际矿业咨询标准接轨，今后应全面开展符合国际矿业投资风险控制需要的全面咨询工作。

中国国内过去实行的矿业勘查与矿业开发分部门管理，导致在矿业可行性研究规范中明确拒绝咨询设计部门对地质勘探和矿产资源量的实质性分析研究和评估，将矿产投资中最大、最根本的矿产资源风险排除在可行性研究范围之外，使得矿业投资决策者在国际矿业投资中基本没有了矿产资源风险的意识。中国国内可行性研究标准将可行性研究内容基本只限于采矿、选矿、基础设施、环境、经济和市场等技术研究，而忽视了国际矿业投资中常常可能直接造成投资失败的矿产资源、法律、政府、社会和环境等因素。

3）不能将投资回收和投资收益考量倒置

在参与国际矿业投资项目时，应强化投资回收，而不是过多地关注投资收益。因为购买的矿业资产和项目建设投入的资本是矿业公司实际发生的投资，投资决策时首先应该考虑的是如何将投资安全地回收，其次才是考虑投资的收益。

7.5.2 加强矿业权转让中的初步调查与尽职调查

对于大多数要开展大比例投资入股、并购的国际矿业投资项目来说，无论是处于勘查期的项目，还是处于建设生产期的项目，在项目入股并购前，开展并完成尽职调查是实现财产转移的关键一步，其中技术尽职调查是其中重要构成部分。尽职调查包括大量的工作，需要一定的时间和原有公司及工作人员的大量配合协调，否则，尽职调查就不可能达到"尽职"的要求。在竞争性国际交易中，特别是有多家参与的情况下，出让方不太可能同时满足多家竞标方去开展尽职调查，因此出让方会将项目或公司一些综合性的信息提供给所有竞标方，供其进行研究和估价。但是出让方提供的综合性信息是否完整、准确，需要专业人员从完成专业岗位责任要求角度全面收集研究形成这些综合性信息的实测信息或基础信息，以作出分析判断，这就是尽职调查。因此，在竞标报价前，即使有现场调查等安排，也很难做到"尽职"调查的要求，调查只可能是初步的，一般的尽职调查只有在竞标取得成功并达成初步转让协议后才能真正展开。

1）初步调查

（现场）初步调查应该在研究完出让方提供的用于竞标估价的信息资料后展开。在对该资料进行研究后，需要确认出让方提供的资料是否满足竞标估价需要，若需要出让方补充资料，应提出让出让方补充，若存在有不清楚之处，应让出让方补充更多信息。由于矿业开发项目涉及很多信息，尤其是项目现场及周边建设条件等，单靠资料介绍可能难以做出决策，因此，对现场和出让方的初步考察是投标报价的一个重要阶段。

2）尽职调查

报价是基于出让方提供的综合信息、竞标方的现场初步调查信息和假设出让方所提供综合信息客观真实做出的。但在完成正式手续之前，竞标方还需要通过开展尽职调查，核实出让方提供的综合信息的客观真实性。

尽职调查是基础实测信息与实物、基础实测信息与综合信息、基础实测信息与综合研究资料的核实过程，核实的手段可以全面核实，也可以抽查核实。但抽查核实一定要保证抽查的代表性，没有代表性的抽查结果一方面不能体现真实情况，另一方面将造成出现分歧时双方难以达成共识。对于尽职调查中发现出让方提供的综合信息与基础实测信息或实物严重不符时，应该向出让方提出，甚至重新开展报价和谈判。如果尽职调查未发现重大实质性差异，一般应签字认可，并完成转让。可以说，尽职调查是矿权转让中极其重要和关键的环节和措施。

3）初步调查和尽职调查的必要性

矿权转让项目所涉及的信息量一般巨大，尤其是生产类矿山企业或项目资产的转让，直接用于进行综合评估的技术类信息量本身就很大，如果要将大量的勘查、建设和生产运营信息全面调查清楚，需要的资源和时间都可能会需要多专业人员，持续较长一段时间。初步调查后估价所采用的信息资料是否全面、基本满足报告估算以及用于报告估算的这些综合信息是否可靠，都需要全面核实，只有这样才可能保证投标报价是建立在坚实可靠的基础上。如果出让方为竞标方提供的综合资料的来源不客观真实，原来报价估算的依据是错误的，则出让方需要为此承担相应责任。因此在矿权转让过程中初步调查和尽职调查都是十分必要的，必须充分做好这方面的工作，及时发现问题，避免潜在的风险。

下面是海外矿权转让的一个实例。

澳大利亚某特大型铁矿，矿床完成了总体勘查控制后，其含全铁平均品位为 40%。该矿还完成了多个选矿实验室流程试验，该矿为比较难选的矿石，在矿石磨到 -400 目时产出合格精矿产品，选矿回收率为 65% 左右。澳大利亚公司在国际上发出公开招标进行转让。招标资料中指明了该矿地表有其他公司铁路通过并压覆矿体，同时也指明矿区存在文物压覆矿体现象，但没具体指明矿体压覆程度。国内某矿业公司在并购该铁矿时，出让方在并购报价之前的程序中按照国际惯例，明确设定了尽职调查程序。当该中国公司与出让方达成价格共识后，出让方安排了尽职调查事宜，中国公司通过几天的时间组织开展了尽职调查，随后签字并支付了约定的主要款项，完成了该矿山项目的转让。中国公司随后开展了矿区的进一步勘探和研究工作，发现该矿被通过该矿区的铁路和文物压覆矿体矿量占 50% 左右，而且处于矿床中心部位，经加密勘探后发现资源量明显减少，这时该中国公司向原出让方提出原来提供的资料与实际不符，要求确认原转让无效，退回转让资金，结果遭到原出让方拒绝。理由是：

（1）出让方提供的资料中明确指明了矿区存在铁路压覆矿体和文物压覆矿体情况。

（2）矿区随着地质勘探程度加深出现变化都是正常的，而且变化是在中国公司签字确认了出让方的资料之后发生的，与出让方没有任何关系。

（3）出让方在完成出让前安排了中方公司进行尽职调查，尽职调查完成后中方公司已签字，而且没有提出任何异议，说明中方已经确认，对于之后出现的任何情况都与原出让方无关。

后经司法程序，仍以中方公司失败告终。这就是典型的尽职调查没有"尽职"、只是走过场带来的后果。

7.5.3　加强矿产资源质量研究

中国矿业投资企业在海外投资中，不仅要重视矿产资源的数量，而且要重视矿产资源质量，注重矿产资源量的级别和品位含量。

1）勘查程度和资源量级别

矿产资源的勘查程度（包括控制程度和研究程度）直接影响矿产资源量的分级，矿产资源量的分级实质上是对矿产资源量的估算准确度（估算偏差）和风险大小的分级。严格来说，其他情况都相同的两种不同级别的矿产资源量，其价值是不相同的。确定级的资源量数值估算准确度高，偏差小，风险也就小；标示级的和推测级的资源量的估算数值准确度一般逐渐下降，偏差可能逐渐变大，风险也会变大。

过去通常采用金属资源量价值估算法、净现值法或模拟净现值法估算投资价值。实践证明，金属资源量价值估算法不适合投资价值的估算，净现值法或模拟净现值法适合于探获了标示级别及以上级别的矿产资源量的投资开发项目的矿权价格估算，因此只有重视勘查程度和资源量级别，才能有效控制投资风险。

2)有用组分含量

在海外进行矿业项目投资评估时，除充分考虑资源量级别外，还要重视矿石金属品位含量、有用组分含量等质量因素。例如，两个其他条件完全相同的铜矿项目，都含有500万t铜金属量的矿床，一个矿石平均含铜为0.40%，而另一个则含铜4.00%，前一个铜矿可能没有任何投资价值，后一个矿则可能非常值得投资，开发的总体效益，前者可能为零甚至为负数，后者则会有很不错的投资收益，虽然都是含铜金属500万t，但投资价值和投资收益则可能相差甚远。

如非洲某矿业公司的一个铁矿项目，项目位于非洲西部一个非常贫穷和建设基础设施极为缺乏的国家。该矿号称有数十亿吨铁矿资源量，可以露天开采，但实际上该矿的数十亿吨铁矿资源量平均含全铁只有38%。项目距海岸将近400 km，港口内没有任何可供利用的装矿和转运设施，项目到港口运输没有任何可供利用的运输道路和设施，没有可供利用的外部电网或供电来源，项目所在国为非矿业国家，缺乏熟练技术人员和工人。经过超过十次各种规模的可选性试验、实验室流程试验、连选试验等试验，最好的回收率指标是在磨矿达到-400目情况下，总回收率为61.5%。此类项目在进行海外投资评估时，如只考虑资源量的数量，不分析有益组分含量和可回收性能的分析，将直接导致投资失败。

3)有害组分含量及矿物性质

矿石中有害组分的含量及有害组分矿物性质也是矿业项目开发的重要影响因素，应引起高度重视。如南美某铜矿矿石中铜等有益组分的含量高，但矿石中含砷，且砷赋存于砷黝铜矿中，铜精矿含砷超过0.5%，选矿工艺无法降低铜精矿中砷的含量，导致产品无法销售，该矿床暂不具开发价值。

7.5.4 投资研究和决策中的注意事项

由于中国与市场经济国家过往经济体制的不同，加之历史、法律、文化、语言表达、观念、习惯等方面的差异，中国企业和人员在走向国际矿业投资市场的过程中，进行矿业投资研究和投资决策中应充分注意以下事项，避免混淆，防止投资误判和投资失误，这对于做好国际矿业投资项目是非常重要的。

1)资源量与储量的区别

国际矿业开发中，资源量与储量在概念上存在根本差异，储量是矿产资产，资源量是潜在的矿产资产。也就是说，按照国际上对于矿产资源量和矿石储量的定义，通过论证可以开发利用的资源量才可以转换为储量，而矿柱、小矿体、深边部等零散分布的矿体，虽然按照矿产资源量边际品位指标可以估算资源量，但却不能转换为矿石储量，属不能经济合理开发利用的资源量。

如多年前在非洲有一家上市铜钴矿业公司，该公司在非洲多个国家拥有多家正在生产的矿山，既有露天矿也有地下矿，还有冶炼厂。所有矿山都是生产多年甚至数十年的成熟矿山，超过一半的矿山拥有的矿石储量只能生产不超过三年，有的只能满足半年生产，但拥有的资源量都仍有相当规模。如果按照保有的资源总量和正常生产能力来估算，服务年限都能超过五年，甚至十年。中国一家大型矿业公司组织公司内各方面专家对项目进行考察和研究，认为矿山资源数量和质量都很理想，以自认为很低的价格收购了该上市公司绝大多数股份后退市。公司移交后，这家中国公司采取了信任原管理团队让其继续运营管理该公司的方式，但管理团队随后不断将各个矿山运营亏损和建议关闭矿山的消息向中国公司报告，这结果与中国公司原来估计的完全不同。随后，该中国公司逐步派出中方管理人员，逐渐辞退外方管理团队，但情况并没有改善。原来，投资前中方的技术和管理人员错误地将矿产资源量理解为可开发利用的储量，简单认为资源量都是可以回收利用的。其实，这家非洲矿业公司的年报中已经将该公司各矿山的矿石资源量和矿石储量列得很清楚，只要投资决策人员正确区分了国际矿产资源量和矿石储量的基本概念就不会犯错。

2）专家与合格专家的区别

专家是相对一定的专业和研究领域而言的。国际矿业界将合格性作为一条原则放入矿业工作规则中，它规定每一个工作岗位的人员只有接受过相关专业培训并有相关岗位类似工作经验的人才是满足合格性要求的，尤其是专业岗位的人员更是如此。一个开展矿产资源估算和评估的人员必须是接受矿产地质相关专业培训，并多年从事矿产勘查、资源量估算和评估的人员，不仅如此，还特别注重从业经历；如果过往一直从事煤炭相关地质工作，从事金矿、铜矿的矿产资源估算和评估则是不合格的。

对于开展国际矿业投资咨询的专家，除需要丰富的咨询经验外，专家的从业经历与即将开展的矿业投资咨询是否密切相关至关重要。如矿产地质专家从事的咨询项目中涉及的矿种、矿床类型、矿床规模与个人从业经历存在重大差异，采矿专业专家从事的咨询项目的规模、开采方式、采矿方法、开拓运输系统等与个人从业经历存在重大差异，选矿专业专家从事的咨询项目的规模、碎磨方案、选别工艺方案等与个人从业经历存在重大差异等，都可能严重影响专家对项目的判断，从而造成对项目的判断失误。因此，开展项目投资咨询工作，找到真正合适的专家是非常重要和关键的。

在参与国际矿业投资决策和寻找矿业咨询专家时，建议中国矿业投资公司首先看其是否有资质，其次看专业是否对口，最后关注咨询人员从业经历的符合性。对于一个长期从事区域地质调查和前期找矿的地质专家，虽然可能有非常优秀的找矿能力，但从事矿业开发投资阶段项目的地质勘查和矿产资源量评估，其矿产经济性判断能力、矿产勘查程度及资源风险程度、勘探研究程度和开采技术条件研究程度方面的研究和判断能力可能难以满足要求；对于一个长期从事小规模矿山咨询设计的采矿人员，面对一个超大型矿山的设计咨询，其经验同样无法满足要求；对于一个长期从事磁铁矿选矿咨询设计研究的选矿工程师，如果要处理一个主要有用矿物为金属硫化物的有色金属矿，其以往的经验可能很难起到合适的作用。

过往从业经历与咨询项目不适配的专家，按照国际矿业标准则不是合格专家。

中国矿业公司在走向国际矿业投资过程中应高度重视选用合格专家，避免出现重大咨询失误。

3）参考工业指标的局限性

参考工业指标参数值仅考虑了矿种在一般地质情况、一般建设条件、一般开采技术条件和一般选冶加工技术条件下制订的通用指标；在市场经济体系下，矿产品价格多变，每个矿床矿山地质、采矿、选冶和建设条件千差万别，参考工业指标无法满足各种不同条件下矿产资源评价要求；参考工业指标参数仅能作为资源量评估初步参考依据。

如赞比亚某铜矿，矿床规模为大型，矿体埋深 500～1300 m，矿体厚度为 5～15 m，矿体倾角为 30°～60°，平均含铜品位为 2%，选矿回收率在 85%左右，矿床勘查程度当时处于普查程度。中国铜矿地质勘探规范建议的参考工业指标参数是(地下开采)：边界品位 Cu 0.2%～0.3%，最低工业品位 Cu 0.4%～0.5%，矿床平均品位 Cu 0.7%～1.0%。此矿床如果在中国很可能是一个非常值得投资的矿。但赞比亚深处非洲内陆，当地建设物资匮乏，价格昂贵，投资和运营成本高，当地只能将含铜品位高于 1%的资源圈定为矿，一般含铜品位达到 3%以上的矿床才有投资价值。

4) 不能采用资源量中的金属量来简单进行矿业权价款估算

国际矿业权估值除处于勘查初期的矿业权估值采用成本法为主外，大多数矿业权估值采用收益法或市场法，影响估值的关键因素是模拟开发所产生的总利润及其折现值。

中国企业在参与海外矿业投资中，投资决策者应特别注意不能采用按照矿产资源量中金属含量的单位价格来简单估算矿业权价款的估值方法，这种方法既没考虑矿产资源的贫富等自然禀赋，又没考虑开发的投资生产成本付出，以及开发可能带来的收益和利润。

某大型国企在收购南美洲某大型铜矿时，投资咨询公司提供和最后确定的收购价格就是参照了金属资源含量对矿业权直接估值的方法，经过了十多年的开发和运营，项目开发基本不可能收回投资成本。某私营矿业投资公司在蒙古国某钼矿的收购中也是采用了上述估值方法，当发现该方法估值严重偏离矿业权投资价值时，在该矿已经完成投融资和政府建设审批，并已经开工建设的情况下，公司不得不毅然选择了彻底放弃开发该项目。

5) 土地权与矿业权的区别

土地权是地表土地的使用开发权，矿业权是地下找矿权和地下开矿权，矿业权一般并不包含地表土地开发权(但有少数国家或特殊矿业权例外)。中国和全世界绝大多数国家一样，几乎所有的土地使用权都已经有了归属，要想获取一般只能通过市场交易得到；而探矿权则完全不同，无论是中国还是国际上绝大多数国家，一般大部分区域都处于没有授权的"空白"状态，一般对空白地区探矿权的获取只需向政府缴纳少量的矿业权使用费后就可获取，只有对已经被授予矿业权的区域期望开展探矿和矿业开发工作时，才需要从现有矿业权拥有者手中通过转让获取。

7.5.5　加强矿山企业运营中的合规管理

目前中国在海外控股矿业企业的运营管理工作，一部分由职业管理人构成的国际管理团队负责，一部分由以中国国内控股公司管理人员为主的管理团队负责，还有一部分由国内市场招聘的管理人员构成的管理团队负责。其矿山运营管理的成功经验总结如下：

1) 必须重视各级岗位人员的合规性管理

矿山企业管理中相当多的岗位对专业知识和专业经验有相当高的要求，在国际矿业管理中，合规性管理是企业行政和技术岗位管理中的一条基本管理原则。各级管理及技术岗位人员需要具有相应岗位的专业知识和从业经验。许多发展中国家，为了保证矿山企业的正常运营，通过法律或政府规定对一些特殊岗位的专业知识和经验做出明确要求。在非洲和澳大利亚就多次出现中资企业报出的矿山经理因为不符合当地政府的相关规定要求而未获批准的情况。

2）必须重视企业标准化管理

中国矿业企业标准化管理是基于行业层面制订而不是基于项目层面制定的，基于单个专业而不是基于项目内专业联动性制定的技术规范，与国际矿业企业的技术和管理标准差异大。国外雇员难于掌握和理解中国标准，中国雇员不熟悉国际矿业企业标准，中外雇员较难在同一标准下进行交流，导致双方交流和理解困难，效率低下。

国际矿业企业由于市场经济管理体制的原因，行业不制定或只制定很粗浅的基本管理和技术行为标准，而且一般不是国家或政府强制执行，企业的技术及管理标准需要企业或委托咨询公司制定，标准制定至少基于项目所在地国家法律、政府政策，结合项目实际来制定，可操作性强。标准要能满足项目公司所有行政管理和技术管理需要。该标准是项目公司需要提供给参与项目建设运营的人员、公司或组织执行的标准。

3）必须重视企业行政及技术管理中的透明性管理

市场经济管理体系下，人员流动是人力资源管理的基本特点。而企业的建设与生产运营是一个连续的过程，企业行政及技术管理，保持其连续性要求至关重要。无论是技术信息的完整性和连续性，还是执行技术标准的连续性，都是有效开展技术管理的前提。中国企业在投资国外矿业时，应加强专业研究和企业管理，创新规章制度，提高规范的执行力，注重过程管理，重视管理研究信息的保存保护，总结经验教训，切实落实管理责任。

参考文献

[1] 澳大利亚澳大拉西亚矿业与冶金学会.澳大拉西亚勘查结果、矿产资源量与矿石储量报告规范[M].秦璐山，朱洋扬，译.北京：地质出版社，2014.

图书在版编目（CIP）数据

采矿手册. 第九卷, 矿山建设与管理／廖江南主编.
—长沙：中南大学出版社，2023.3
ISBN 978-7-5487-4777-2

Ⅰ. ①采… Ⅱ. ①廖… Ⅲ. ①矿山开采—技术手册
②矿山建设—技术手册③矿山管理—技术手册 Ⅳ.
①TD8-62

中国版本图书馆 CIP 数据核字（2022）第 002294 号

采矿手册　　第九卷　　矿山建设与管理
CAIKUANG SHOUCE　DIJIU JUAN　KUANGSHAN JIANSHE YU GUANLI

古德生 ◎ 总主编

廖江南 ◎ 主　编

刘福春　　卿仔轩 ◎ 副主编

□ 出 版 人	吴湘华	
□ 责任编辑	史海燕	
□ 封面设计	殷 健	
□ 责任印制	唐 曦	
□ 出版发行	中南大学出版社	
	社址：长沙市麓山南路	邮编：410083
	发行科电话：0731-88876770	传真：0731-88710482
□ 印　　装	湖南省众鑫印务有限公司	

□ 开　　本	787 mm×1092 mm 1/16	□ 印张 43.5	□ 字数 1112 千字	
□ 版　　次	2023 年 3 月第 1 版		□ 印次 2023 年 3 月第 1 次印刷	
□ 书　　号	ISBN 978-7-5487-4777-2			
□ 定　　价	300.00 元			